LES MERVEILLES DE LA NATURE

LA TERRE

AVANT L'APPARITION DE L'HOMME

LIBRAIRIE J.-B. BAILLIÈRE ET FILS

A.-E. BREHM

LES MERVEILLES DE LA NATURE

L'HOMME ET LES ANIMAUX

DESCRIPTION POPULAIRE DES RACES HUMAINES ET DU RÈGNE ANIMAL

CARACTÈRES, MŒURS, INSTINCTS, HABITUDES ET RÉGIME

CHASSES, COMBATS, CAPTIVITÉ, DOMESTICITÉ, ACCLIMATATION, USAGES ET PRODUITS

10 volumes

LES RACES HUMAINES
Par R. VERNEAU
1 volume grand in-8, avec 600 figures.

LES MAMMIFÈRES
Édition française par Z. GERBE
2 volumes grand in-8, avec 770 figures et 40 planches.

LES OISEAUX
Édition française par Z. GERBE
2 volumes grand in-8, avec 500 figures et 40 planches.

LES REPTILES ET LES BATRACIENS
Édition française par E. SAUVAGE
1 volume grand in-8, avec 660 figures et 20 planches.

LES POISSONS ET LES CRUSTACÉS
Édition française par E. SAUVAGE et J. KÜNCKEL D'HERCULAIS
1 vol. gr. in-8 de 750 pag., avec 524 fig. et 20 planch.

LES INSECTES
LES MYRIAPODES, LES ARACHNIDES
Édition française par J. KÜNCKEL D'HERCULAIS
2 volumes grand in-8, avec 2060 figures et 36 planches.

LES VERS, LES MOLLUSQUES
LES ÉCHINODERMES, LES ZOOPHYTES, LES PROTOZOAIRES
ET LES ANIMAUX DES GRANDES PROFONDEURS
Édition française par A.-T. DE ROCHEBRUNE
1 volume grand in-8, avec 1200 figures et 20 planches.

LA TERRE

LA TERRE, LES MERS ET LES CONTINENTS
Par Fernand PRIEM
1 volume grand in-8, avec 757 figures.

LA TERRE AVANT L'APPARITION DE L'HOMME
Par Fernand PRIEM
1 volume grand in-8, avec 900 figures.

Ensemble 12 volumes grand in-8 de chacun 800 pages avec **7 000** *figures intercalées dans le texte et 176 planches tirées sur papier teinté,* **144** *fr.*

CHAQUE VOLUME SE VEND SÉPARÉMENT :

Broché, 12 fr. — Relié en demi-chagrin, plats toile, tranches dorées, 16 fr.

Sous presse :

LE MONDE DES PLANTES
Par Paul CONSTANTIN
2 volumes grand in-8, avec 700 figures.

6140-1893. — Corbeil. Imprimerie Ed. Crété.

A.-E. BREHM

MERVEILLES DE LA NATURE

LA TERRE

AVANT L'APPARITION DE L'HOMME

PÉRIODES GÉOLOGIQUES, FAUNES ET FLORES FOSSILES
GÉOLOGIE RÉGIONALE DE LA FRANCE

PAR

FERNAND PRIEM

ANCIEN ÉLÈVE DE L'ÉCOLE NORMALE SUPÉRIEURE
AGRÉGÉ DES SCIENCES NATURELLES, PROFESSEUR AU LYCÉE HENRI IV
AUTEUR DE « LA TERRE, LES MERS ET LES CONTINENTS »

PARIS
LIBRAIRIE J.-B. BAILLIÈRE ET FILS
19, rue Hautefeuille près du boulevard Saint-Germain

PRÉFACE

Nous avons publié déjà dans la collection des *Merveilles de la Nature* de Brehm un volume ayant pour titre : *La Terre, les Mers et les Continents*. Dans ce premier ouvrage nous considérions le globe dans son état actuel, nous passions en revue les divers phénomènes dont la Terre est aujourd'hui le théâtre, nous nous occupions ensuite des minéraux et des roches, en faisant connaître leur composition, leur structure et leurs principales applications. Enfin l'ouvrage se terminait par une esquisse de la distribution géographique des organismes animaux et végétaux. Mais la Terre a subi de nombreux changements dans le cours des âges, et de curieuses populations animales et végétales se sont succédé à sa surface. L'étude de ces transformations si intéressantes est l'objet du livre que nous présentons aujourd'hui au public comme une suite naturelle du précédent volume.

Dans la *première partie* de l'ouvrage, le lecteur trouvera un exposé très complet des connaissances acquises aujourd'hui sur la distribution des terres et des mers pendant les diverses périodes géologiques.

L'étude des faunes et des flores d'autrefois nous a longtemps retenu et nous nous sommes efforcé de faire ressortir les liens qui les rattachent aux faunes et aux flores actuelles. Nous nous sommes attaché à démontrer l'existence d'une évolution progressive des formes organiques à travers les âges géologiques ; évolution mise en lumière par les travaux de nombreux paléontologistes, au premier rang desquels il faut citer M. Gaudry, membre de l'Institut, professeur au Muséum, dont le beau livre, *les Enchaînements du monde animal dans les temps géologiques*, est aujourd'hui classique ; M. de Saporta, auteur du célèbre ouvrage intitulé *le Monde des plantes avant l'apparition de l'homme* ; MM. Cope et Marsh qui nous ont fait connaître les vertébrés fossiles enfouis dans le sol de l'ouest des États-Unis, M. Ameghino qui s'est donné la même mission dans la République Argentine, et Melchior Neumayr dont la mort prématurée laisse inachevée une œuvre remarquable.

Nous avons cherché à exposer d'une manière à la fois exacte et simple la Géologie des diverses régions du globe, mais l'étude détaillée de notre sol français devait tout naturellement nous retenir le plus longtemps. Nous lui avons consacré toute une série de chapitres qui terminent l'ouvrage et qui constituent une véritable esquisse de la GÉOLOGIE RÉGIONALE DE LA FRANCE. Les nombreux travaux publiés par les géologues des différentes parties du territoire nous permettaient de tracer cette esquisse ; elle sera particulièrement utile aux géographes et aux jeunes gens qui veulent se consacrer spécialement aux études géologiques.

Ils y trouveront la description des grandes régions naturelles : *Plateau Central, Bretagne, Ardennes, Vosges, Alpes, Jura, Pyrénées, Aquitaine, Bassin Parisien, Bassin de la Saône et du Rhône*, et d'autres encore dont l'énumération ici serait trop longue.

L'ouvrage que nous publions contient de

très nombreuses figures : représentation de fossiles, coupes géologiques, vues pittoresques, etc. Nous avons emprunté au livre de Neumayr (*Erdgeschichte der Erde*) un certain nombre de gravures ; beaucoup aussi sont dues à l'obligeance des auteurs français. M. Gaudry, avec sa bienveillance habituelle, nous a autorisé à reproduire ici plusieurs des belles illustrations de ses livres ; il nous a communiqué en outre des dessins relatifs aux curieux vertébrés fossiles des États-Unis. MM. Munier-Chalmas et Vélain, professeurs à la Sorbonne, nous ont donné, le premier, des dessins fort intéressants sur les pseudomorphoses du gypse dans le bassin de Paris ; le second, plusieurs photographies sur diverses régions de la France. M. Gosselet, professeur à la Faculté des sciences de Lille, a bien voulu nous permettre de reproduire un certain nombre de figures tirées de ses ouvrages. Nous exprimons ici à ces savants notre vive reconnaissance et nous adressons en même temps un remercîment collectif à tous ceux dont on retrouvera les noms inscrits dans le texte, et qui ont eu la gracieuseté de nous fournir des matériaux. Nous devons une gratitude toute spéciale au Conseil de la Société Géologique de France qui nous a autorisé à reproduire beaucoup de coupes figurées dans le *Bulletin* de la Société, et à M. Michel-Lévy, directeur du service de la Carte géologique détaillée de la France, qui nous a accordé la même autorisation pour diverses coupes empruntées au *Bulletin* publié par le service.

Puisse ce livre, que tant de bonnes volontés nous ont permis d'écrire, trouver auprès des lecteurs un accueil favorable, puisse-t-il être placé au même rang dans l'estime du grand public auquel il est destiné que les autres volumes de la collection des *Merveilles de la Nature!*

F. PRIEM.

Novembre 1893.

PAYSAGE EUROPÉEN DE LA PÉRIODE TERTIAIRE.
Palmiers, Cycadées, Dragonniers associés sur les bords d'une lagune peuplée de végétaux aquatiques.
dessin de M. de Saporta.

LA TERRE AVANT L'APPARITION DE L'HOMME

LES FOSSILES. — LES PÉRIODES GÉOLOGIQUES.

LES FOSSILES.

La Terre a subi dans le cours des âges de nombreux changements dont les traces sont évidentes pour l'observateur. Si nous examinons les points où l'on peut observer sous la terre végétale les parties profondes, par exemple les carrières, les tranchées, les ravins, ou encore les cassures si nombreuses que nous offrent les pays de montagnes, nous reconnaissons que le globe est formé de couches successives analogues à celles que déposent encore aujourd'hui la mer ou les fleuves. Ce sont les roches *sédimentaires* ou *stratifiées*, interrompues dans diverses régions par des roches *éruptives* plus ou moins analogues aux laves actuelles de nos volcans.

Les roches sédimentaires s'étant déposées dans les eaux ont dû y former à l'origine des couches horizontales absolument parallèles, sauf dans certains cas particuliers. Mais par suite de mouvements du sol ces couches ont pu prendre une position inclinée ; elles ont pu également se plisser. La stratification présente des variations nombreuses dont nous n'avons pas à nous occuper ici (1). Disons seulement que toutes les fois que les couches sédimentaires, horizontales, inclinées ou plissées, sont parallèles entre elles, la stratification est dite *concordante* (fig. 1 à 3). Il peut se faire que sur un système de couches parallèles entre elles, repose un autre système de couches encore parallèles entre elles mais d'inclinaison différente. Par exemple, un système de couches inclinées supporte un ensemble de couches horizontales. La stratification est alors *discordante* (fig. 4). Le premier groupe de couches, d'abord horizontal, s'est redressé plus tard, par suite de mouvements du sol, puis la mer est revenue et a déposé de nouveaux sédiments.

Le but principal de la Géologie historique est de classer toutes les couches du sol, d'en faire la chronologie ; en un mot, d'établir leur âge relatif. Pour ces recherches il faut se baser avant tout sur l'ordre de superposition. Si une couche en recouvre une autre, c'est qu'elle s'est déposée sur celle-ci ; elle est donc plus récente. En d'autres termes, quand nous voyons dans une localité donnée une succession de couches, toujours abstraction faite de perturbations accidentelles, les couches les plus profondes sont les plus anciennes et les couches les plus élevées sont les plus récentes. Mais ce principe fondamental ne suffit pas pour arriver à la détermination de l'âge. Quand on se propose de reconnaître les roches qui se sont formées à la même époque dans deux pays différents, on ne peut compter sur la continuité des couches d'un pays à l'autre, à cause des dislocations de toute nature qui généralement les interrompent. En outre, dans l'intervalle qui sépare les deux contrées, des érosions ont pu se produire qui ont enlevé les couches considérées, ou bien celles-ci ne se sont pas déposées parce qu'à cette époque la région intermédiaire était émergée. Il y a donc des *lacunes* qui interrompent la continuité. On aura recours alors pour la comparaison des couches aux débris d'origine organique, ou *fossiles*, qu'elles renferment.

Dans les alluvions de la mer et des eaux

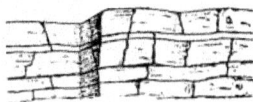

Fig. 1. — Stratification concordante : couches horizontales avec fissures.

douces on trouve des restes des animaux et des végétaux qui ont vécu dans ces eaux ou dans leur voisinage, et particulièrement des coquilles. Tous ces débris d'origine organique ensevelis dans les roches sont les *fossiles*. Ils nous permettent de nous faire une idée de la faune et de la flore de la Terre aux différentes époques géologiques, d'arriver même à nous représenter les conditions physiques qu'elle a

Fig. 2. — Stratification concordante : couches inclinées.

successivement présentées. L'étude des fossiles constitue la Paléontologie, auxiliaire indispensable de la Géologie proprement dite dans la détermination de l'âge des couches.

Pendant longtemps l'origine des fossiles a été méconnue. On les regardait, non pas comme les débris d'êtres ayant autrefois vécu, mais comme des « jeux de la nature », comme des minéraux s'étant formés dans le sol sous l'influence des astres ou de forces spéciales. Nous avons retracé ailleurs l'histoire des progrès de la Paléontologie (1). Rappelons seulement ici que Léonard de Vinci et Bernard Palissy soutinrent les premiers au xvie siècle que les coquilles fossiles avaient été vivantes et avaient été abandonnées par la mer. Leur opinion fut adoptée par le naturaliste Sténon au xviie siècle. il montra que certaines pétri-

(1) Voir *Merveilles de la Nature*, Priem : *La Terre, les Mers et les Continents*, notamment l'Introduction et le chapitre xii, sur les dislocations du sol.

(1) Voir *La Terre, les Mers et les Continents*, introduction, p. 14 et suivantes.

Fig. 3. — Stratification concordante : couches plissées.

ficatious en forme de flèche, communes en Italie et appelées glossopètres, n'étaient que des dents de Squales analogues aux Squales actuels.

L'origine organique des fossiles une fois bien établie, on se mit de toutes parts à les chercher et à les décrire. L'un des principaux fondateurs de la Paléontologie est Cuvier. Il étudia les ossements nombreux découverts dans le gypse de Paris et démontra qu'ils appartenaient à des Mammifères différents des Mammifères actuels, mais qu'on pouvait ce-

Fig. 4. — Stratification discordante.

pendant reconstituer par une comparaison attentive avec les animaux de notre époque. Il fit en particulier cette reconstitution pour le *Palæotherium*, animal ressemblant au Tapir actuel (fig. 5).

Les fossiles étant plus ou moins analogues aux animaux et aux végétaux actuels, on se sert pour les nommer des procédés employés en Zoologie et Botanique et dus à Linné. Les fossiles qui se ressemblent le plus constituent une espèce, et les espèces les plus voisines constituent un genre. Chaque espèce reçoit un nom qui lui est commun avec toutes les espèces du même genre et un autre qui lui est

Fig. 5. — *Palæotherium* restauré.

propre et qu'on appelle le nom *spécifique*, tandis que le premier est le nom *générique*. Ainsi dans le gypse de Montmartre on trouve les ossements d'un animal appartenant au genre Sarigue répandu encore aujourd'hui en Amérique. Ce Sarigue du gypse a été nommé *Didelphys Cuvieri*. *Didelphys* est le nom latin du genre Sarigue, *Cuvieri* est le nom de l'espèce en question et rappelle les travaux de Cuvier sur les Mammifères fossiles. Les noms des fossiles, ainsi que ceux des êtres vivants, sont exprimés en latin, afin que la même es-

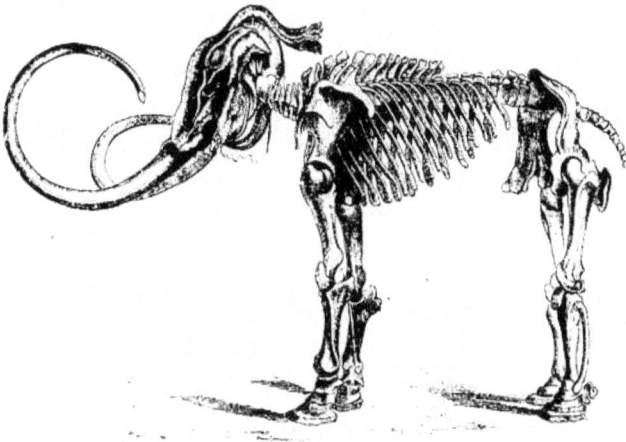

Fig. 6. — Squelette restauré de Mammouth (*Elephas primigenius*).

pèce puisse être désignée par le même nom dans tous les pays. Le latin joue ici le rôle de langue scientifique universelle.

Mais il faut remarquer que les espèces fossiles ne sont généralement représentées que par des restes souvent mal conservés, fréquemment par de simples empreintes, ce qui rend fort difficile la tâche du paléontologiste. Les parties molles se putréfient, disparaissent, et il ne reste que les parties dures. Par suite, des groupes entiers d'animaux, Vers, Méduses, etc., ne peuvent nous être conservés que très exceptionnellement. On peut citer quelques cas où les cadavres ont été entièrement conservés. Ainsi, dans le sol gelé de la Sibérie, on a trouvé des Éléphants fossiles, les Mammouths (fig. 6), encore couverts de leur chair et de leur peau munie de longs poils. Dans l'ambre jaune,

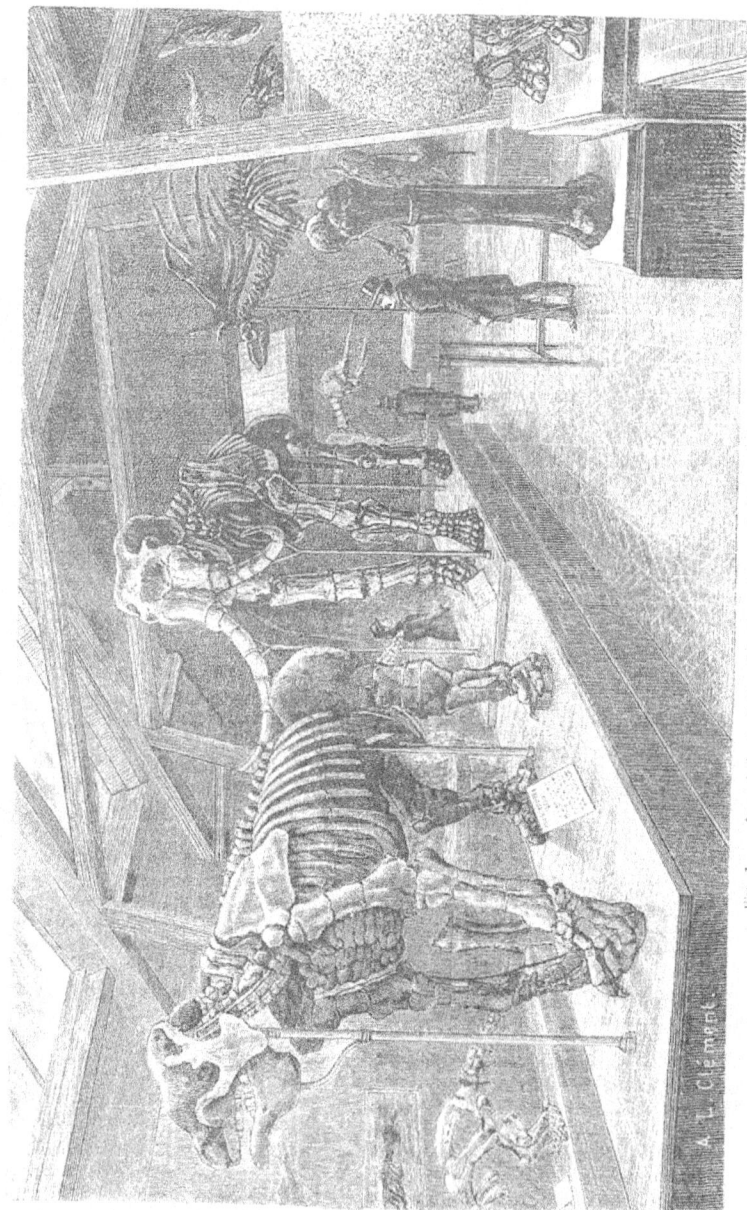

Fig. 1. — La galerie de Paléontologie du Muséum d'histoire naturelle de Paris.

Fig. 8. — *Trigonia navis* (Jurassique). — 1, Coquille conservée; 2 et 3, Moules internes, vus de profil et de face.

sorte de résine fossile qu'on recueille sur les bords de la Baltique, sont inclus des Insectes qui s'étaient englués dans la résine encore liquide.

Il est rare aussi de retrouver les squelettes en place tout entiers; généralement les ossements charriés par les eaux sont séparés les uns des autres. On peut citer cependant l'*Elephas meridionalis* trouvé à Durfort (Gard) par M. Cazalis de Fondouce. Ce squelette, qui était complet, fait aujourd'hui l'ornement de la galerie de la paléontologie du Muséum de Paris, organisée par les soins de M. Gaudry (fig. 7).

Les ossements, les coquilles, ont le plus souvent subi dans leur composition des altérations profondes. La matière organique, support des sels calcaires, disparaît. La matière organique, support des sels calcaires, disparaît, le carbonate de chaux est dissous plus ou moins complétement par les eaux d'infiltration, par suite l'os est devenu poreux, friable et happe à la langue. C'est ainsi que les ossements de l'Éléphant de Durfort risquaient de tomber en poussière; il a fallu les enduire de blanc de baleine au fur et à mesure qu'on les extrayait, afin de pouvoir les conserver et les amener à Paris (1). Très souvent aussi, dans les gisements de fossiles, les coquilles calcaires, très belles d'apparence, sont si peu résistantes qu'elles se brisent au moindre contact; de toutes les parties dures, les dents sont celles qui résistent le mieux.

Il arrive également, comme on le voit au bord de la mer, que les coquilles se remplissent des sédiments encore tendres, sable ou limon, dans lesquels elles se sont déposées. Ensuite

(1) Gaudry, *Les ancêtres de nos animaux* (Bibliothèque scientifique contemporaine), Paris, 1888, p. 279.

les coquilles se dissolvent, et il ne reste que le sédiment intérieur qui s'est durci. Ce sédiment constituera un *moule interne* de la coquille reproduisant d'une manière quelquefois parfaite les détails de l'ornementation extérieure. C'est à l'état de moule interne qu'on trouve souvent les Trigonies (fig. 8) et les co-

Fig. 9. — Cérithes du calcaire grossier. — 1, *Cerithium lapidum* des carrières de Gentilly; 2, *Cerithium giganteum* de Damery, 1/16 gr. nat.

quilles enroulées que nous apprendrons à connaître sous le nom d'Ammonites.

D'autres fois la coquille enveloppée par le sédiment a été ensuite dissoute par les eaux d'infiltration a laissé à sa place une cavité, c'est un *moule externe*. Ainsi dans le calcaire grossier ou pierre à bâtir de Paris, on trouve souvent les empreintes allongées de coquilles

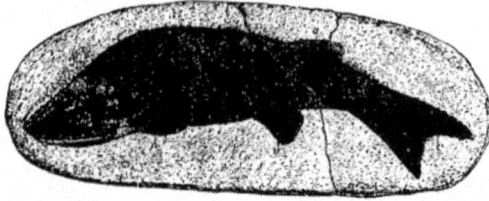

Fig. 10. — *Cheirolepis Cummingiæ* dans un nodule, aux trois quarts de grandeur. Dévonien moyen de Lethen-Bar, Écosse. Collection du Muséum. — *n*, nageoire pectorale; *a*, anale; *d*, dorsale; *c*, caudale (d'après M. Gaudry).

appelées Cérithes (fig. 9). On peut citer encore comme exemple le calcaire de Sézanne (Marne). Ce calcaire est tout criblé de cavités. M. Munier-Chalmas eut l'idée d'y couler du plâtre, puis de dissoudre la roche dans l'acide chlorhydrique. Le plâtre n'est pas attaqué et reste seul. On put voir alors qu'il reproduisait les moules d'animaux délicats, et même des fleurs, des boutons et des fruits. Enfin il peut se faire aussi que le sédiment enveloppe la coquille et en même temps y pénètre; si la coquille disparaît plus tard et si le sédiment s'est durci, on aura à la fois un moule interne et un moule externe séparés l'un de l'autre. C'est ce qui arrive souvent pour les Cérithes.

Fig. 11. — Empreintes de *Chirotherium*.

Des cas où les fossiles méritent bien le nom de pétrifications qu'on leur donne souvent, sont ceux où le corps organisé perd par la putréfaction toute sa matière organique, les vides produits étant remplis par des substances minérales amenées par les eaux d'infiltration : silice, calcaire, pyrite, etc. La structure interne de l'organisme peut être ainsi complètement conservée ; tels sont les bois silicifiés, les Coraux silicifiés, etc., qu'on peut étudier au microscope comme s'ils étaient frais. Ailleurs le calcaire des coquilles a été remplacé molécule à molécule par du carbonate de chaux cristallisé, de la silice, de la pyrite, du phosphate de chaux, etc. Il y a *fossilisation par substitution*. C'est ce qui arrive pour les baguettes et les tests d'Oursins. C'est ce qui s'est produit aussi pour les Brachiopodes de l'Indre. En dissolvant par un acide faible la gangue calcaire de ces Brachiopodes siliceux, M. Munier-Chalmas les a obtenus avec leur appareil brachial si fragile.

Quand le sédiment est argileux et qu'il contient en même temps du calcaire, celui-ci tend à s'isoler autour des corps organisés; de là des masses arrondies ou nodules contenant à leur intérieur un fossile, exemple : les nodules ou *miches* renfermant chacun un Poisson, qu'on trouve en certaines localités de Normandie. Ailleurs c'est le carbonate de fer qui forme des concrétions renfermant des fossiles.

Fig. 12. — Empreinte de Bilobite (*Bilobites Vilanovæ*) du Silurien d'Almaden (Andalousie).

Le vieux grès rouge d'Écosse présente aussi des nodules de calcaire impur concrétionnés autour d'un Poisson (fig. 10).

Il y a encore d'autres modes de conservation des fossiles. L'animal peut être enseveli dans une marne argileuse ou calcaire, et laisser sur cette vase, avant de disparaître, une empreinte qui persistera par suite de la solidification de la vase. Ainsi les plaques de schistes lithographiques de Solenhofen en Allemagne présentent des empreintes de plumes et même d'animaux complètement mous, comme les Méduses.

Toutes les empreintes laissées par des parties d'organismes sont dites *empreintes organiques*. Il faut en distinguer en effet d'autres empreintes, qu'on peut appeler des *empreintes physiologiques*, qui sont des vestiges de l'activité d'êtres disparus. Ainsi sous les plaques de grès bigarré d'Allemagne on trouve souvent des empreintes énormes, à cinq doigts ressemblant à des mains. On les a désignées sous le nom de *Chirotherium* (fig. 11). Ces empreintes sont sur des plaques de grès séparées les unes des autres par des lits argileux. Les animaux ont laissé la trace de leurs pas sur l'argile encore humide. Des sables fins se sont alors déposés sur l'argile, ont pénétré dans le creux et en se solidifiant sont devenus des grès. Par suite les empreintes en question se trouvent en relief à la face inférieure des plaques de grès.

De même le grès blanc si répandu en Bretagne et connu sous le nom de grès armoricain, présente des empreintes remarquables. A la face inférieure d'une plaque de grès, à son contact avec une couche argileuse, se montrent des saillies demi-cylindriques divisées en deux par un sillon médian, ce qui leur a valu le nom de *Bilobites* (fig. 12). Des sillons secondaires placés en chevrons se voient sur les deux lobes et viennent aboutir au sillon médian. Les Bilobites ont été longtemps regardées et sont encore parfois regardées comme des empreintes d'Algues. Mais la plupart des paléontologistes se sont rangés à l'avis de M. Nathorst, qui pense que des animaux ont laissé une piste en cheminant sur la vase, piste remplie plus tard par du sable, lequel ensuite est devenu du grès. Cela explique bien la situation des Bilobites à la face inférieure des grès, D'ailleurs M. Nathorst, en faisant cheminer des Crustacés, des Vers, etc., sur de l'argile mouillée, a obtenu des empreintes dont certaines ressemblent à des Bilobites. Les sillons secondaires sont dus aux traces laissées par les appendices de l'animal : pattes, branchies, etc.

L'ÉVOLUTION DE LA VIE.

Si l'on examine les diverses assises géologiques d'un pays on constate, d'une manière générale, que chacune des assises possède un certain nombre de fossiles qui ne se trouvent dans aucun autre. Ce sont des *fossiles caractéristiques*. Si l'on trouve dans deux pays différents deux couches contenant les mêmes fossiles, on dira qu'elles se sont déposées au fond des eaux à la même époque, qu'elles sont con-

temporaines. On admet donc que chaque époque était caractérisée par un certain nombre d'espèces se trouvant dans des pays différents plus ou moins éloignés les uns des autres, comme on le constate encore de nos jours. Nous verrons plus tard quelles restrictions il faut apporter au principe des fossiles caractéristiques et comment il faut le préciser. Ce principe cependant, joint au principe de su-

Fig. 13. — *Iguanodon Mantelli*.

perposition, a permis de subdiviser l'ensemble des couches sédimentaires.

Celles-ci reposent sur un groupe *primitif* formé de gneiss et de schistes cristallins et elles se partagent en quatre séries ou groupes, qui sont du plus ancien au plus récent : le groupe *primaire* ou *paléozoïque*, le groupe *secondaire* ou *mésozoïque*, le groupe *tertiaire* et le groupe *quaternaire* ou *moderne*. Les deux derniers groupes sont souvent réunis sous le nom de série *cænozoïque*. Chacun des groupes est lui-même partagé en groupes moins étendus appelés *terrains* ou *systèmes*.

Malgré l'imperfection des documents dont elle dispose, la Paléontologie a pu mettre en évidence les lois fondamentales de la distribution des êtres vivants dans les couches géologiques. Chacun des grands groupes est caractérisé par des types organiques particuliers. Ainsi partout où l'on trouve les remarquables Crustacés appelés Trilobites, on a affaire à des terrains primaires. Dans les terrains secondaires se développent les coquilles enroulées appelées Ammonites et des Reptiles gigantesques comme l'Ichtyosaure, le Plésiosaure, l'Iguanodon (fig. 13), etc. Dans l'ère tertiaire les Mammifères sont en plein épanouissement. Le Quaternaire voit se développer des animaux dont les genres, et sou-

vent même les espèces, vivent encore aujourd'hui. Cet âge, que notre époque ne fait que continuer, est surtout caractérisé par la présence de l'homme.

De plus cette succession de formes présente un caractère évident de complication croissante. Les formes les plus simples de chacun des grands types du règne animal apparaissent d'abord. Ainsi les premiers Vertébrés qui paraissent sont les Poissons, viennent ensuite les Batraciens et les Reptiles, plus tard les Oiseaux et les Mammifères. Le même fait se présente pour les Invertébrés. Si l'on considère, par exemple, les Arthropodes, ils ne sont d'abord représentés que par des formes relativement inférieures comme les Crustacés; ensuite apparaissent les Insectes, d'abord ceux à métamorphoses incomplètes, plus tard ceux à métamorphoses complètes. De même, si l'on regarde la succession des Mammifères, les formes moins différenciées précèdent les formes plus différenciées. Les mêmes faits se montrent dans le règne végétal où les végétaux sans fleurs (Cryptogames) précèdent ceux pourvus de fleurs ou Phanérogames. Les termes de paléozoïque, mésozoïque, cænozoïque ne font qu'exprimer le caractère de plus en plus moderne de la faune des périodes géologiques. Paléozoïque veut dire faune ancienne, cænozoïque faune récente, mésozoïque faune intermédiaire entre la faune ancienne et la faune récente.

Ces faits de développement progressif des formes organiques ont été longtemps regardés comme dépourvus de signification. Il en a été ainsi tant qu'on a considéré les faunes qui se sont succédé sur notre globe comme indépendantes les unes des autres, comme résultant de créations distinctes et répétées. Lamarck et Geoffroy-Saint-Hilaire soupçonnèrent les premiers que les animaux fossiles sont les ancêtres de nos animaux actuels, que ceux-ci en sont sortis par des modifications successives des espèces. Geoffroy attachait une grande importance à l'action directe des milieux sur les animaux; Lamarck attribuait les modifications des êtres vivants à l'usage et au défaut d'usage des organes, ces modifications étant conservées par l'hérédité. Il a fallu la puissante impulsion donnée par Darwin aux idées de transformisme pour faire entrer définitivement ce principe de l'évolution dans la science paléontologique. Par la sélection naturelle, Darwin explique comment se conservent et se perfectionnent les modifications déjà acquises. Nous n'avons pas à discuter ici ces doctrines; nous n'avons pas ici à montrer que le principe de la sélection naturelle est insuffisant, que ce principe n'explique en aucune façon l'origine des variations, et qu'il est nécessaire de revenir aux idées de Lamarck pour les préciser et les mettre en pratique méthodiquement. C'est ce que fait avec succès en Amérique M. Cope; il recherche l'effet des causes mécaniques sur l'organisme, et ses écrits tendent à édifier un *néolamarkisme* (1). Mais ces questions sont en dehors de notre sujet. Il nous suffit de les indiquer et de retenir ici l'idée d'évolution pour l'appliquer à l'étude des formes fossiles que nous rencontrerons dans les diverses périodes géologiques. Chaque type tend à se modifier de plus en plus et les formes les plus compliquées dérivent des formes les plus simples. Nous nous bornerons à citer à l'appui de l'évolution des formes animales dans les temps géologiques deux séries de faits relatifs aux formes persistantes et aux formes de passage, renvoyant le lecteur pour

(1) Voir Cope, *Origin of the fittest*, New-York, 1887 et Cope, *The mechanical causes of the development of the hard parts of the Mammalia*, 1889. Voir aussi Priem, *Le Néo-Lamarkisme en Amérique* (*Revue générale des sciences*, 15 juillet 1891).

plus de détails à un ouvrage que nous avons récemment publié (1).

Un résultat remarquable fourni par la Paléontologie est la preuve qu'elle apporte de la persistance d'un certain nombre de formes à travers les divers âges géologiques. Certains Brachiopodes · les Lingules (fig. 14), les Disci-

Fig. 14. — *Lingula ovata* (vue de face et en coupe).

nes. se sont perpétuées depuis les temps primaires jusqu'à l'époque actuelle sans modification sensible. Les Nautiles ont persisté de la même manière. Nos mers actuelles pré-

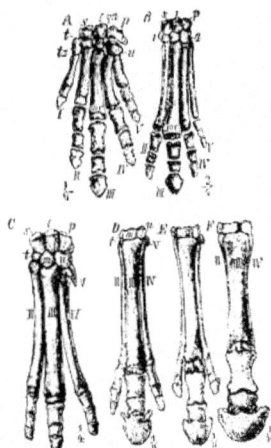

Fig. 15. — Pattes de devant gauches d'ongulés. — A, *Phenacodus primævus*; B, *Hyracotherium venticolum*; C, *Palæotherium magnum*; D, *Anchitherium aurelianense*; E, *Hipparion gracile*; F, Cheval (*Equus caballus*).

sentent des Térébratules peu différentes de celles de la craie blanche. Dans les grandes profondeurs océaniques récemment explorées

(1) Priem, *L'Évolution des formes animales avant l'apparition de l'homme* (Bibliothèque scientifique contemporaine), Paris, 1891.

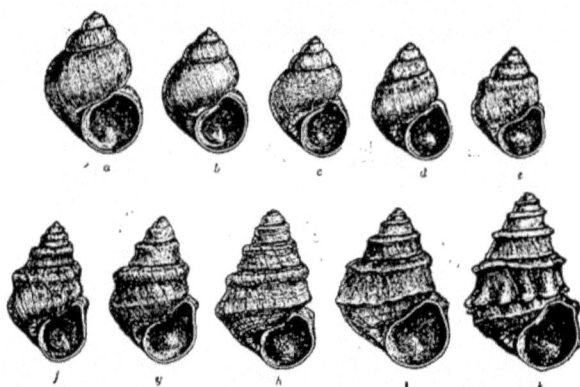

Fig. 16. — Série de formes des Paludines des couches d'eau douce de Slavonie. — *a, Paludina (Vivipara) Neumayri* des couches les plus profondes ; *k, Paludina (Tulotoma) Hœrnesi* des couches les plus récentes ; de *b* à *i*, formes intermédiaires (Neumayr).

par le *Porcupine*, le *Challenger*, le *Talisman*, etc., on a trouvé des Oursins à plaquettes mobiles comme certaines espèces de la craie et les Oursins paléozoïques. Ces faits nous montrent qu'il n'y a pas eu transformation brusque, création nouvelle comme le croyaient Cuvier, d'Orbigny et leurs disciples, mais évolution lente dans le changement des faunes.

Un autre résultat qui vient à l'appui de la théorie de l'évolution, c'est l'existence de formes de passage faisant transition d'un groupe à un autre. Elles attestent la parenté des deux groupes. Par exemple, on possède toute une série de genres qui relient les groupes aujourd'hui séparés des Tapirs et des Chevaux. A l'origine des Ongulés ou Mammifères à sabots on trouve le *Periptychus* et le *Phenacodus* pourvus de cinq doigts. L'*Hyracotherium* n'a plus que quatre doigts, l'un d'eux devenant petit, tandis que le doigt n° III (fig. 15) devient prépondérant. Chez le *Palæotherium* du gypse qui rappelle le Tapir, trois doigts seulement reposent sur le sol, le n° III est prédominant, et le n° V est absolument rudimentaire. Chez l'*Anchitherium* le doigt médian prend une importance toujours croissante, mais les doigts latéraux touchent encore le sol. Chez l'*Hipparion* ou *Hippotherium* le doigt médian touche seul le sol ; les deux doigts latéraux sont courts et réduits. Enfin chez le Cheval il y a un doigt unique, mais sous la peau se trouvent deux baguettes osseuses,

restes des métacarpiens latéraux de l'Hipparion. D'ailleurs il se produit des cas d'atavisme et l'on cite des Chevaux monstrueux chez lesquels se développent les doigts latéraux de l'Hipparion ou au moins le doigt interne qui porte alors un sabot. Des formes de transition analogues se trouvent chez les Reptiles. Ceux-ci ont des rapports de parenté avec les Oiseaux. L'*Archæopteryx* de Solenhofen, que nous étudierons plus tard avec plus de détails, avait des plumes comme les Oiseaux, mais d'autre part il possédait des dents, ses ailes étaient terminées par des doigts armés de griffes, encore sa longue queue rappelait celle des Lézards.

Dans la nature actuelle il existe souvent des passages insensibles d'une espèce à une autre, de sorte qu'il est impossible de dire où la première finit et où la seconde commence. Ces faits sont de la plus haute importance au point de vue de la théorie de l'évolution. Les formes ainsi intimement associées ont évidemment une origine commune. Or elles nous sont fournies aussi bien par la Paléontologie que par la nature vivante. Il nous suffira de citer ici l'exemple fourni par le genre *Paludina* que Neumayr a étudié dans les couches d'eau douce de la Slavonie. Les termes inférieurs de cette série de couches contiennent la *Paludina Neumayri* et les termes supérieurs la *Paludina Hœrnesi* (fig. 16). Les dépôts intermédiaires fournissent toute une suite de transitions reliant étroitement les deux formes extrêmes ; on les appelle des *mutations*.

Tous ces faits, dont nous n'avons rappelé que les plus frappants, nous conduisent à admettre que le monde animal a subi une évolution progressive dans le cours des âges de la terre. Il en est d'ailleurs de même pour le règne végétal. C'est cette idée d'évolution lente qui nous guidera dans l'examen des faunes et des flores des périodes géologiques. Mais il nous faut préalablement fixer la succession de ces diverses périodes et discuter les principes qui ont servi à établir cette succession.

LES PÉRIODES GÉOLOGIQUES.

Nous avons vu que la suite des couches sédimentaires se partage en quatre séries ou groupes qui sont, du plus ancien au plus récent, le groupe primaire, le groupe secondaire, le groupe tertiaire et le groupe quaternaire ou moderne. Chacun de ces groupes est caractérisé par une faune spéciale. L'intervalle de temps correspondant est appelé une *ère* ou un *âge géologique*. La division est poussée plus loin. On partage chacun des groupes fondamentaux en divisions qu'on appelle *terrains* ou mieux *systèmes*. Le temps correspondant au système géologique porte le nom de *période* ; enfin un système se divise en *étages* correspondant à des *époques*. Voici la suite des systèmes, les plus anciens étant les plus inférieurs. Ces derniers reposent sur la série primitive composée de gneiss et de micaschistes.

Cœnozoïque (ou Kainozoïque).	SÉRIE MODERNE.	Système Pléistocène ou Quaternaire.
		Système Pliocène.
	SÉRIE TERTIAIRE.	— Miocène.
		— Oligocène.
		— Éocène.
Mésozoïque	SÉRIE SECONDAIRE.	— Crétacé.
		— Infra-crétacé.
		— Jurassique.
		— Triasique.
Paléozoïque	SÉRIE PRIMAIRE.	— Permien.
		— Carbonifère.
		— Dévonien.
		— Silurien.
		— Huronien ou Précambrien.
SÉRIE PRIMITIVE OU ARCHÉENNE...		Micaschistes et gneiss.

Il est nécessaire d'examiner de plus près ces systèmes et de chercher ce qui les caractérise et comment ils diffèrent les uns des autres. Il faut chercher s'il est possible de marquer la limite entre deux systèmes successifs.

Werner le premier partagea la série des couches sédimentaires en un certain nombre de systèmes [1]. Sa nomenclature ne s'appliquait d'abord qu'à l'Allemagne centrale ; elle fut ensuite modifiée et perfectionnée de ma-

nière à s'étendre au reste de l'Allemagne, à l'Angleterre et à la France. Ce sont là en effet les trois régions, pour ainsi dire classiques, qui ont servi à établir la terminologie géologique. Pour perfectionner la nomenclature de Werner, il fallait avant tout recueillir les fossiles des diverses couches du sol et bien fixer leur succession régulière. C'est à la fin du siècle dernier que William Smith, en Angleterre, puis Alexandre Brongniart et Cuvier, en France, dans les premières années du siècle actuel, posèrent le principe des *fossiles caractéristiques*. Chacune des couches d'un pays possède un certain nombre de fossiles qui ne se trouvent dans aucun autre. En passant d'un pays à un autre on peut retrouver ces fossiles, et les couches de deux régions contenant les mêmes fossiles se sont déposées à la même époque ; elles sont *contemporaines ou synchroniques*. Telle fut la première conception nette des systèmes. On entendait par système géologique un terrain, un groupe de couches caractérisé dans tous les pays par une faune et une flore spéciales absolument différentes de celles des autres systèmes. D'après Cuvier, chaque système correspondait à un acte nouveau de création. A la fin de chaque période géologique se produisait une terrible catastrophe qui détruisait tous les êtres vivants [1]. Ensuite le calme se rétablissait et une nouvelle création se manifestait.

Élie de Beaumont adopta pleinement cette théorie des catastrophes et des créations successives. D'après lui il fallait chercher la cause de ces catastrophes périodiques dans le brusque soulèvement des montagnes. Les soulèvements se produisaient à la limite exacte de deux périodes : ainsi le système du Hünsruck entre le Silurien et le Dévonien, le Thüringerwald entre le Trias et le Jurassique, le système des Pyrénées entre l'Éocène et le Miocène, etc. D'Orbigny poussa à l'extrême l'idée des créations successives et partagea l'ensemble des

(1) Voir sur le rôle important de Werner en géologie, *La Terre, les Mers et les Continents*, page 19.

(1) *La Terre, les Mers et les Continents*, page 23.

dépôts sédimentaires en vingt-sept étages. Chacun de ces étages représente une époque caractérisée par des espèces spéciales, et ce n'est, d'après d'Orbigny, que tout à fait par

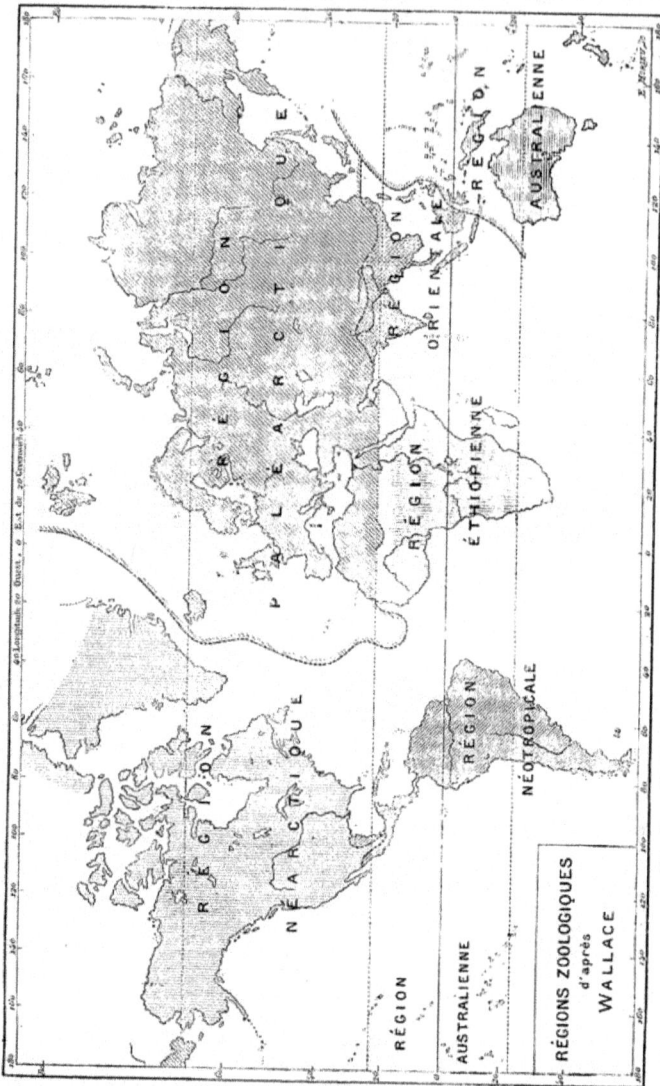

Fig. 17. — Distribution géographique des animaux, régions zoologiques, d'après Wallace.

exception qu'une espèce se retrouve dans deux étages successifs. Cependant cette idée si nette mais si étroite qu'on se faisait jusque vers 1850 des systèmes et des périodes géologiques fut bientôt contredite par les faits. Il y a des transitions entre les étages que d'Orbigny regardait comme si nettement caractérisés par la faune ; et la population des divers systèmes ne diffère pas autant qu'on l'avait cru d'abord. Si par exemple on considère les formations tertiaires récentes, les couches pliocènes, on y trouve un grand nombre de coquilles marines qui vivent encore aujourd'hui dans nos mers, et le nombre de ces espèces communes va en diminuant graduellement au fur et à mesure que l'on considère des dépôts plus anciens. Ainsi donc certaines espèces vivantes se retrouvent à l'état fossile, par suite il y a transition entre notre époque et les périodes géologiques les moins éloignées de nous. Mais des passages du même genre se montrent entre des périodes plus reculées. Les limites entre le Trias et le Jurassique, entre le Jurassique et l'Infra-Crétacé disparaissent complètement dans les régions alpines. Quand on considère dans ces régions les couches de passage entre le Jurassique et l'Infra-Crétacé, la transition est si graduelle qu'on peut presque à volonté marquer la limite soit plus haut, soit plus bas (1).

Citons encore les couches de Laramie dans l'Amérique du Nord entre le Crétacé et le Tertiaire ; les couches de passage en Allemagne entre le Permien et le Carbonifère ; les intermédiaires qui existent en Bohême et dans le Harz entre le Silurien et Dévonien. En somme, le développement des organismes nous apparaît pendant toute la série des temps géologiques comme graduel et ininterrompu, conformément à la doctrine de l'évolution. La division en périodes distinctes a été établie comme nous l'avons vu d'abord pour l'Europe centrale (Allemagne, Angleterre, France) ; elle repose sur des interruptions de la sédimentation ou des changements de distribution des terres et des mers qui se sont produits dans ces régions, mais qui ont très bien pu ne pas s'effectuer partout ; de là des transitions.

Cependant il ne faudrait pas regarder la division en périodes distinctes comme purement artificielle et n'ayant pour but que de rendre l'étude plus facile. Les limites de ces périodes, limites il est vrai parfois flottantes, ont été posées pour une partie déterminée de l'Europe, mais elles sont valables d'une manière générale pour de vastes régions. C'est ainsi, par exemple,

que le système silurien se retrouve avec les mêmes caractères du lac Ladoga aux Andes Argentines et de l'Amérique Arctique à l'Australie. Comme le remarque M. Suess (1), le géologue de la Nouvelle-Zélande ou de l'Australie, au moins s'il s'occupe des formations marines, peut dire aussi bien que son collègue de Russie ou du Spitzberg si la formation qu'il a sous les yeux est paléozoïque, mésozoïque ou plus récente. Les expressions comme calcaire carbonifère, Jurassique, Crétacé, employées d'abord en Europe, ont obtenu droit de cité sur toute la partie du globe explorée par les géologues. Ces grandes coupures de la série sédimentaire doivent être maintenues, car on constate de plus en plus que les changements dans la distribution des terres et des mers qui se sont produits à diverses époques dans l'Europe centrale se montrent souvent à de grandes distances. A la suite de vastes émersions affectant de grandes étendues, la mer est revenue et a étendu ses dépôts par débordement sur des sédiments d'âges variés ; c'est ce qu'on appelle des *transgressions*. Citons celles du Dévonien moyen qui couvre la plaine russe et, d'autre part, le Canada jusqu'à la mer Glaciale, celle du calcaire carbonifère qui s'étend depuis les hautes latitudes jusqu'au Brésil et à l'Australie, se montrant aussi en Chine, au Texas, en Californie. Citons encore comme changements d'une grande extension géographique la transgression du Jurassique moyen, qui affecte toute l'Europe, l'Abyssinie, les bouches de l'Indus et jusqu'à l'Australie. — A la fin du Jurassique se produit une émersion très étendue, puis après cette phase négative de la fin du Jurassique et de l'Infra-Crétacé, se présente à la limite de celui-ci et du Crétacé la plus importante de toutes les transgressions, à laquelle succède à la fin du Crétacé une phase négative. Nous n'insisterons pas ici sur ces phénomènes que nous aurons à étudier en détail, mais ce que nous avons dit suffit pour montrer qu'il est possible de rattacher la distinction des périodes et des étages à des phénomènes de ce genre se présentant sur de vastes étendues. Les progrès de nos connaissances nous permettront sans doute dans un avenir prochain de remanier en ce sens les termes de la classification géologique et de leur enlever tout ce qu'ils ont encore d'imparfait.

(1) Neumayr, *Erdgeschichte*, II, p. 7, Leipzig, 1887.

(1) Suess, *Das Antlitz der Erde*, I, p. 15.

De même qu'il serait excessif de regarder la nomenclature des périodes comme purement artificielle, de même on serait mal inspiré en renonçant au principe des fossiles caractéristiques. Beaucoup de fossiles, en effet, ne méritent plus ce nom et ne peuvent servir à délimiter les étages et les périodes. Mais il en est d'autres qui sont vraiment caractéristiques et qu'on retrouve partout au même niveau. On sait que tous les animaux n'ont pas la même extension géographique. Les habitants de la terre ferme, des eaux douces, des mers peu profondes ont une distribution limitée, tandis que ceux des mers profondes et largement ouvertes ont une extension presque universelle. Or, dans la plupart des systèmes géologiques, les formations terrestres ou d'eau douce sont très clairsemées, tandis que les dépôts marins ont un grand développement. La division géologique est basée surtout sur l'étude des fossiles marins, ce qui la rend valable pour toute la surface du globe. Une période sera donc l'espace de temps pendant lequel les espèces marines les plus fréquentes et les plus répandues sont restées en majorité identiques à elles-mêmes, et les dépôts qui se sont produits pendant cet espace de temps sont dits *contemporains* (1) ; ce seront ainsi ceux qui contiendront ces espèces marines restées immuables. Naturellement le mot contemporain n'a pas ici son sens littéral. « Suivant toute vraisemblance, il faut des milliers d'années pour qu'un changement notable se manifeste dans la faune marine, et tous les dépôts qui se produisent dans cette longue période sont, au point de vue du géologue, contemporains » (Neumayr). Il y a là une équivoque qui a causé souvent des erreurs. Nous ne connaissons pas la longueur des périodes géologiques, et le terme *contemporain*, a besoin, comme on le voit, d'être interprété. Deux dépôts contemporains sont des dépôts qui, par leurs fossiles, occupent la même place dans la série des couches sédimentaires. C'est pourquoi M. Huxley a proposé de remplacer en Géologie le terme de *contemporanéité* par celui d'*homotaxis* (similarité d'ordre) qui indique la correspondance de position (1).

Nous voyons que l'établissement de la succession géologique soulève dans la pratique de grandes difficultés. Il en soulève d'autant plus que deux dépôts d'une même période peuvent différer beaucoup parce qu'ils ne se sont pas formés dans les mêmes conditions, l'un a pu se former dans une mer profonde, l'autre à une profondeur moindre ou sur le littoral ; en un mot, les dépôts sont de *facies différents*. Ils peuvent aussi s'être formés dans des provinces zoologiques différentes, ayant des faunes dissemblables. Nous sommes ainsi amenés à discuter la question des *différences de facies* et des provinces zoologiques aux diverses périodes géologiques.

DIFFÉRENCES DE FACIES. PROVINCES ZOOLOGIQUES DES ANCIENNES PÉRIODES.

Si nous considérons ce qui se passe sur la terre à l'époque actuelle, nous sommes frappés de la grande variété des faunes et des flores. Les organismes présentent trois habitats différents : la mer, la terre ferme et les eaux douces. Chacun de ces milieux présente un ensemble de formes et celles d'un même milieu ne sont unies à celles des autres que par un petit nombre d'intermédiaires. En outre, pour un milieu déterminé, il y a des changements en rapport avec la position géographique. La distribution des organismes est influencée par le climat et par des obstacles infranchissables ou difficiles à franchir. La mer est une barrière entre les continents et les îles ; les hautes montagnes séparent les uns des autres

les pays de plaines ; les déserts gênent les communications entre les régions dont la faune et la flore sont riches. De même les masses continentales limitent l'expansion des organismes marins, et ceux d'entre eux qui fréquentent les bas-fonds et le littoral ne pourront pas, pour s'étendre, franchir les grandes profondeurs océaniques.

Par suite les terres et les mers sont divisées en grandes régions *zoologiques* et *botaniques*, et celles-ci en provinces ayant une faune et une flore spéciales.

Wallace a divisé ainsi les continents en six grandes régions zoologiques, qui sont les suivantes (fig. 17) :

(1) Neumayr, *Erdgeschichte*, II, p. 15.

(1) Huxley, *les Problèmes de la Géologie*, p. 5 (La contemporanéité géologique). Bibliothèque scientifique contemporaine, Paris, 1892.

Fig. 18. — Tatou, Mammifère de l'Amérique du Sud.

1° La *région paléarctique* comprenant l'Europe, le nord de l'Asie jusqu'à l'Himalaya et le nord de l'Afrique jusqu'au Sahara ; 2° la *région néarctique* comprenant l'Amérique du Nord jusqu'au Mexique ; 3° la *région orientale* comprenant le sud de l'Asie et les îles de la Sonde jusqu'à Célèbes et Lombok ; 4° la *région éthiopienne* qui embrasse l'Afrique au sud du Sahara, l'Arabie et Madagascar ; 5° la *région néotropicale* comprenant tout le sud de l'Amérique depuis le nord du Mexique ; enfin 6° la *région australienne* avec l'Australie, la Nouvelle-Zélande, la Polynésie et le sud de la Malaisie depuis Célèbes et Lombok. A ces six régions de Wallace M. Trouessart en ajoute deux autres : la *région arctique* ou du pôle nord, la *région antarctique* ou du pôle sud (1). Chacune de ces régions est divisée en sous-régions ou provinces ayant une flore le plus souvent bien tranchée. Telle est la province brésilienne comprenant la plus grande partie de l'Amérique du Sud et qui nous présente les Singes à 36 dents, les Ouistitis, les Édentés comme les Paresseux, les Tatous (fig. 18), les Tamanoirs, le Tapir, le Pécari, le genre Sarigue. Telle est encore la province australienne tout à fait spéciale

avec ses Marsupiaux, son Ornithorhynque et son Echidné (fig. 19).

Pour les organismes marins l'influence de la chaleur est prédominante, et l'on peut suivre autour du globe de véritables *ceintures homoiozoïques* (1) ayant des espèces marines semblables et correspondant aux grandes zones climatériques. On distingue ainsi la zone équatoriale, les zones tempérées nord et sud, la zone arctique et la zone antarctique. Il faut en outre considérer dans chacune de ces zones les organismes littoraux et ceux qui habitent la pleine mer. La profondeur a une grande importance. Dans les abîmes les différences climatériques n'existent plus, la température est basse et partout la même. Par suite, les continents ne sont plus un obstacle à l'expansion des animaux des grandes profondeurs ; ils peuvent facilement passer, par exemple, de l'Atlantique dans le Pacifique en doublant le cap Horn, ce qui ne serait pas possible pour les organismes vivant à une faible profondeur, à cause des différences de températures qu'ils auraient à subir pendant leur migration. La faune des grandes profondeurs est remarquablement uniforme ; pour de grandes distances les différences sont faibles (2). Comme nous

(1) Trouessart, *La Géographie zoologique* (Bibliothèque scientifique contemporaine), Paris, 1890, p. 16, et Prieur, *La Terre, les Mers et les Continents* (les Faunes et les Flores), p. 603 et suivantes.

(1) Neumayr, *Erdgeschichte*, II, p. 10 et suivantes.
(2) Voir *La Terre, les Mers et les Continents*, p. 88 et 699.

Fig. 19. — Échidné, Mammifère de l'Australie.

l'avons déjà dit, les organismes des mers ouvertes et profondes ont une distribution presque universelle.

Il faut tenir compte aussi, dans la distribution géographique des animaux, de circonstances locales. Un marécage a d'autres habitants qu'un désert, qu'une forêt, qu'une haute montagne. De même, au point de vue de la faune, un fond vaseux diffère d'un fond sableux; une eau claire a d'autres habitants qu'une eau trouble; la teneur en sel, la richesse en débris végétaux ont aussi une grande importance (1). D'autres facteurs moins évidents agissent aussi; souvent en deux points très rapprochés d'une même côte nous trouverons des populations différentes; telle espèce qui se trouve en l'un de ces points avec profusion manque complètement au second. Ces différences de faune qui résultent de circonstances locales sont désignées sous le nom de *différences de facies* (2). A notre époque, elles se montrent avec la plus grande netteté : citons l'argile rouge, la boue à Globigérines

des grands fonds, les dépôts sableux et vaseux des côtes, les formations coralliennes des mers chaudes et peu profondes. Partout il y a là des organismes variés. Les côtes agitées sont habitées par des Mollusques à coquilles épaisses, les mers profondes nourrissent surtout les Éponges siliceuses, les Crinoïdes, des Oursins particuliers.

Ces différences de facies qui se présentent actuellement ont existé aussi dans les anciennes périodes et compliquent singulièrement la tâche du géologue, lorsqu'il veut déterminer l'âge exact d'une formation. Quand on compare la faune d'un dépôt sableux ou vaseux à celle d'une formation corallienne de la même époque, on pourra ne pas trouver une espèce commune, pas même un genre commun. Au contraire, en comparant les formations coralliennes, ou les formations vaseuses de deux périodes relativement voisines, les faunes pourront avoir de grandes analogies, la plupart des genres au moins seront communs. On sera conduit ainsi à ranger dans la même période des formations de même facies, mais d'âge différent, et à séparer au contraire des formations contemporaines, mais de facies différent. Ainsi dans certaines parties de l'Allemagne, de l'Angleterre et du nord de la France il y a des formations coralliennes très étendues, qui se trouvent dans un même

(1) Voir pour toutes ces considérations : Neumayr, *Erdgeschichte*, II, p. 11 et suivantes.
(2) Avec M. von Mojsisovics on appelle *hétéromésiques* des dépôts d'origine différente; *isomésiques*, ceux de même origine (marins, lacustres, etc.). Les dépôts d'une même province zoologique sont *isotopiques*, ceux de provinces différentes *hétérotopiques*. Les facies identiques sont *isopiques*; les facies différents, *hétéropiques*.

horizon du Jurassique supérieur. On en avait fait un étage particulier sous le nom de *Corallien*. Ailleurs dans le Jurassique supérieur du sud de l'Allemagne, du sud de la France, de la Suisse, des Carpathes, il existe aussi des récifs coralliens. A cause de l'analogie des faunes, toutes ces formations furent regardées comme appartenant au même niveau, et l'on en conclut que pendant une certaine période du Jurassique supérieur, l'Europe tout entière avait été couverte d'une mer où se formaient des récifs coralliens. Mais, d'autre part, un seul et même horizon caractérisé par des Ammonites se trouvait tantôt au-dessus, tantôt au-dessous du calcaire corallien. Oppel, Mösch et Waagen démontrèrent que les calcaires coralliens ne formaient pas un niveau géologique déterminé et qu'ils existaient dans les horizons les plus différents du Jurassique supérieur. En réalité, il y a là cinq époques coralligènes différentes qui ont été d'abord confondues à cause de l'analogie du facies.

Aux environs de Vienne les couches tertiaires avaient conduit à une conclusion inverse. On trouve là des dépôts variés : argile d'eau profonde, sables littoraux avec nombreuses coquilles, calcaire formé de Coraux et d'Algues calcaires. On rapporta d'abord tous ces dépôts à des niveaux différents jusqu'à ce que M. Suess démontra que ces couches étaient des facies différents d'une même période. Cette variété de facies est donc une grande cause de difficulté pour la détermination de l'âge des dépôts. On doit suivre pas à pas le même horizon qui se trouve compris entre deux niveaux bien déterminés et noter les différences de facies de cet horizon. Mais il peut se faire que la stratification originelle soit troublée par des dislocations, qu'il faudra alors étudier d'une manière spéciale.

De même qu'il y a à notre époque des provinces zoologiques bien caractérisées, il y en a eu également aux périodes anciennes. Leur existence rend la détermination de l'âge souvent très compliquée ; on peut prendre pour des couches d'âge différent des dépôts formés dans des provinces zoologiques distinctes appartenant à la même période. La comparaison est difficile parfois pour des distances très faibles. A l'époque actuelle la Méditerranée et la mer Rouge, qui ne sont séparées que par l'isthme de Suez, présentent des faunes très différentes ; il n'y a presque pas d'espèces communes. La faune méditer-ranéenne se rapproche de celle de l'Atlantique : la faune de la mer Rouge présente des coquilles qu'on trouve dans l'Océan Indien et jusqu'aux Philippines. Des contrastes semblables se sont produits autrefois. Ainsi un exact parallélisme est presque impossible à établir entre le Jurassique de l'Europe centrale et celui du bassin de Moscou. Les grands phénomènes géologiques, les effondrements qui ont permis la communication de deux mers d'abord séparées, les plissements qui ont au contraire rompu la communication entre deux bassins océaniques, tous ces changements ont dû bien souvent faire varier les limites des provinces zoologiques. De temps en temps il y a eu entre les provinces des unions, puis les liens se sont brisés de nouveau. C'est l'étude attentive des fossiles qui permet de reconstituer les anciennes provinces zoogéographiques. On arrive alors à des résultats qui ne pouvaient être prévus *a priori*. Ainsi le Jurassique de l'Europe centrale et méridionale offre beaucoup d'espèces communes avec celui de l'Inde, de l'Afrique orientale, de la côte ouest de l'Amérique du Sud, tandis que le Jurassique supérieur de la Russie se rapproche de celui du Groenland, du Spitzberg, de l'Asie et de l'Amérique polaire, et aussi du Jurassique de l'Himalaya et du Thibet.

On ne pourra guère reconstituer que les provinces marines, car le nombre des fossiles d'origine océanique l'emporte de beaucoup sur celui des fossiles d'origine terrestre ou d'eau douce. Neumayr évalue le nombre des fossiles animaux aujourd'hui décrits à 70 ou 80 000 espèces, dont la très grande majorité se compose de coquilles. C'est d'ailleurs avec difficulté que l'on arrive à déterminer l'âge exact des formations autres que les formations marines, parce que les faunes des dépôts marins, d'eau douce et de terre ferme sont naturellement sans analogie. Certaines circonstances permettent toutefois de lever la difficulté, tels sont les transports par les vents et les eaux courantes. Alors on trouve souvent dans les couches marines des organismes d'eau douce et dans les couches d'eau douce des organismes terrestres. En outre, par suite de changements du niveau marin, une couche d'eau douce peut s'intercaler entre des formations marines ou inversement, ce qui permettra de déterminer l'âge.

Malgré les difficultés du sujet, provenant de l'insuffisance des matériaux paléontolo-

giques, il faut chercher à établir aussi exactement que possible les provinces zoogéographiques des anciennes périodes. Car, comme
le dit Neumayr, de même que dans la nature
actuelle nous considérons les causes qui ont
produit la distinction de ces diverses régions,
de même nous pouvons rechercher les causes
qui ont eu une influence analogue aux périodes anciennes. Nous sommes conduits à
fixer les zones climatériques, à délimiter les
terres et les mers du passé, à reconstituer
enfin dans ses traits principaux la géographie
physique des périodes les plus reculées.

CONDITIONS PHYSIQUES DES ANCIENNES PÉRIODES GÉOLOGIQUES

Une première question qui se pose, est de
déterminer les conditions de température des
anciennes périodes géologiques. Il faut pro-
céder par analogie. Pour savoir si un ancien
organisme vivait dans les eaux marines, les
eaux douces, ou était terrestre, on le compare aux animaux actuels qui se trouvent
dans ces différents habitats. De même, pour
déterminer le climat dans lequel il a vécu, on
cherche à savoir s'il est allié aux espèces actuelles des régions froides ou des régions
chaudes. Or, dans les plus anciennes formations, on trouve des Fougères arborescentes et
autres végétaux qui n'habitent plus que les
pays chauds.

Les premières plantes à fleurs, qui ont apparu
dans le Crétacé, appartiennent à des types
aujourd'hui tropicaux. Les Insectes anciens
sont alliés à ceux des climats chauds. Au
commencement du Tertiaire paraissent en
Europe des types terrestres des tropiques.
Même chose si l'on s'adresse aux animaux
marins; pendant le Carbonifère se formaient
des récifs coralliens dans les mers polaires.
Cependant on constate à partir du Tertiaire
une prédominance des formes des pays tempérés ou froids sur les types équatoriaux. Les
conclusions les plus remarquables ont été
fournies par les études de Heer sur les flores
fossiles des régions polaires. Pendant la période
crétacée ces régions possédaient des Fougères
tropicales et des Cycadées, entre autres un
Cycas analogue à celui qui habite aujourd'hui
le Japon (fig. 20). Vers la fin de la période un
refroidissement se manifeste, les Séquoias dominent avec les arbres de la zone tempérée
chaude : Chênes à feuilles persistantes, Platanes, Viornes, et aussi Lauriers, Jujubiers
et certains arbres qui vivent encore dans les
Canaries. Ensuite, au Tertiaire se présentent
des types d'arbres d'Europe, et à la fin de la
période le Groenland perd ses derniers arbres :
Sapins, Mélèzes, Bouleaux, Trembles, Sorbiers, etc. Toujours au Groenland, au Spitzberg, etc., les types des régions froides apparaissent dans des couches plus anciennes qu'en
Europe. On en tira cette conclusion longtemps
admise, que depuis les plus anciennes périodes
jusqu'à la fin du Crétacé, un climat chaud

Fig. 20. — *Cycas.*

avait régné sur toute la terre, des pôles à l'é-
quateur, puis à partir du commencement du
Tertiaire la surface de la terre se serait graduellement refroidie à partir des pôles jusqu'à
l'état actuel, et les zones climatériques se seraient peu à peu délimitées.

Cette hypothèse soulève de nombreuses
objections. Il est difficile de concevoir comment la température pouvait être, avant le

Tertiaire, la même des pôles à l'équateur, puisque alors comme aujourd'hui les pôles devaient recevoir des rayons plus obliques et par suite moins chauds que les tropiques. Pour expliquer l'uniformité de température, plusieurs géologues, entre autres d'Omalius d'Halloy, ont supposé que la chaleur interne du globe, se propageant à travers les couches terrestres, venait atténuer les effets de la latitude partout et maintenait la même température. Mais cette opinion est abandonnée ; dès les temps primitifs la croûte terrestre composée de gneiss et de micaschistes avait déjà, comme le montre l'observation, plusieurs kilomètres d'épaisseur, et par suite elle s'opposait très efficacement à l'action du foyer interne. C'est ce que prouvent très nettement les calculs de Fourier et ceux de William Thomson. D'après le premier, le flux de chaleur interne est très faible ; il est moindre qu'un trentième de degré ; d'après le second (1), dix mille ans après la formation d'une première croûte solide, le flux de chaleur devait être déjà sans influence sur la température extérieure.

Une autre hypothèse, assez généralement adoptée, a été émise par le Dr Blandet, et acceptée ensuite par MM. de Lapparent et de Saporta. Elle consiste à admettre une diminution graduelle du diamètre apparent du soleil (2). Cet astre aurait été d'abord beaucoup plus dilaté qu'aujourd'hui. En supposant un diamètre apparent de 47° pour le soleil, au lieu du diamètre apparent actuel égal à un peu plus d'un demi-degré, la distribution de la chaleur et de la lumière sur la terre devient toute différente ; la latitude perd la plus grande partie de son influence, les saisons n'existent plus, les pôles possèdent une température très douce, tandis que vers les tropiques, le soleil étant moins condensé et plus nébuleux qu'aujourd'hui, la chaleur ne doit pas être plus grande qu'à l'époque actuelle. Au fur et à mesure que le soleil se condense, la différenciation des saisons apparaît et les zones climatériques se manifestent. Cette hypothèse est certainement séduisante et elle a le mérite de s'accorder avec la célèbre théorie de Kant et de Laplace sur la nébuleuse primitive, origine de notre système solaire (3). Le soleil de 47° ne serait

(1) Cité par de Lapparent, Traité de géologie, 2e édition, Paris, 1885, p. 1464.
(2) Id., p. 36 et 1465.
(3) Voir, La Terre, les Mers et les Continents, page 48.

qu'une des phases successives de la condensation de cette nébuleuse.

La marche régulière du refroidissement paraît cependant avoir été troublée à diverses reprises. Dans le Pléistocène paraissent les traces évidentes d'une longue période glaciaire avec plusieurs interruptions et après laquelle il y a eu de nouveau à l'époque actuelle des

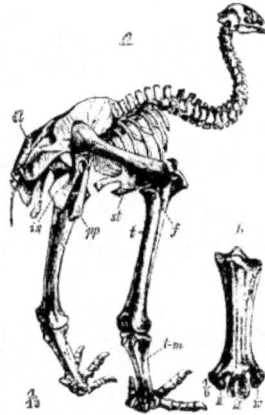

Fig. 21. — *Dinornis parvus*. — A, squelette ; *il*, ilium ; *is*, ischion ; *pp*, pubis ; *st*, sternum ; *t*, tibia ; *f*, péroné ; *t-m*, tarso-métatarse ; B, tarso-métatarse avec articulation des doigts (page 22.)

conditions de température beaucoup plus douces. Ce fait est incompatible avec l'hypothèse d'un refroidissement lent et graduel. De plus les observations semblent montrer qu'il y a eu des phénomènes glaciaires à diverses reprises dans la série des temps géologiques, notamment pendant le Carbonifère et le Permien. Dans les horizons inférieurs des couches houillères d'Ostrau (Haute-Silésie), il y a des blocs d'origine douteuse qui ont été regardés comme erratiques. D'après Ramsay et Geckie, il y aurait dans le Permien inférieur d'Angleterre des indices d'action glaciaire. Dans le Salt-Range des Indes, aux environs de Talchir, dans les couches de Karoo en Afrique australe, dans l'Australie orientale, se trouve un conglomérat formé de blocs qui paraissent être d'origine glaciaire (1). On a été ainsi amené à supposer pour les époques anciennes des retours pério-

(1) Suess, *Das Antlitz der Erde*, II, p. 376.

Fig. 22. -- *Hatteria* de la Nouvelle-Zélande (page 22.)

diques de grands froids alternant régulièrement avec des périodes froides. Plusieurs
hypothèses astronomiques ont été proposées.
D'après Heer, le système solaire tout entier,
tournant autour d'un astre central, aurait pu,
dans le cours d'une révolution de durée pour
ainsi dire infinie, traverser des parties inégalement chaudes de l'espace ; de là pour la
terre des périodes de froid et de chaud (1).
Cette hypothèse assez vague a été remplacée
par une théorie proposée par le Dr Croll, où
il combine les effets de la précession des équinoxes avec ceux des variations de l'excentricité de l'orbite terrestre. Au moment du

maximum de cette excentricité, si précisément
l'hiver de l'un des hémisphères coïncidait avec
l'aphélie, cet hémisphère traverserait une période glaciaire, qui durerait jusqu'à ce que,
par suite de la précession, les deux hémisphères fussent dans des conditions inverses,
c'est-à-dire au bout d'environ dix mille ans.
Nous n'insisterons pas davantage sur ces
théories, car les faits relatifs au retour des périodes glaciaires sont encore peu nombreux
et très controversés.

Neumayr fait diverses remarques fort justes
au sujet des conditions thermométriques des
anciennes périodes. De la ressemblance des
animaux fossiles avec les animaux actuels, on
tire cette conclusion que les premiers devaient être nécessairement soumis aux mêmes
conditions climatériques que les seconds.
Mais on ne tient pas compte de ce fait que,

(1) Voir de Saporta, *Le monde des plantes avant l'apparition de l'homme*, Paris, 1879, p. 143 (les anciens
climats), et aussi du même auteur deux articles sur
Oswald Heer (*Revue des Deux-Mondes*, juillet et
août 1884).

dans le cours des périodes géologiques, les espèces ont pu progressivement s'acclimater. Ainsi l'Éléphant et le Rhinocéros, d'après leur présence actuelle en Afrique et aux Indes, devraient être considérés comme des types caractéristiques des pays chauds, et cependant le Mammouth (*Elephas primigenius*) et le Rhinocéros à narines cloisonnées (*Rhinoceros tichorhinus*) ont vécu sous un climat froid ; on les trouve dans le sol gelé de la Sibérie, ayant entre les molaires des débris de plantes qui ont été reconnues comme vivant encore dans cette région. Une même espèce peut vivre sous des climats très différents : les Lapins et les Rats, transportés volontairement ou non par l'homme, se trouvent maintenant partout ; les mauvaises herbes d'Europe chassent devant elles les plantes indigènes de l'Amérique du Sud, de la Nouvelle-Zélande, etc. Enfin des formes étroitement alliées se sont adaptées aux conditions les plus diverses ; ainsi les Renards, dont des espèces très voisines se trouvent dans les contrées les plus froides (Renard polaire) et dans les plus chaudes (Fennec du Sahara).

Il s'est produit sans aucun doute des acclimatations dans les temps géologiques. Le genre *Astarte*, caractéristique des formations anciennes, se trouve aujourd'hui cantonné dans les mers du nord ; le genre *Trigonia*, si répandu dans le Jurassique et le Crétacé, ne se montre plus aujourd'hui que sur la côte sud d'Australie. Certains Bryozoaires qui existaient dans les anciens dépôts sont relégués maintenant dans des mers froides. Ainsi les organismes des régions chaudes ont pu émigrer dans les régions froides et inversement. Tous les fossiles des anciennes formations ne correspondaient pas à un climat chaud, car dans le Crétacé de Bohême, outre les types tropicaux, on trouve aussi le Cerisier, le Saule, le Lierre.

La prédominance des formes tropicales dans les anciennes formations ne peut pas s'expliquer exclusivement, semble-t-il, par un refroidissement graduel qui les a obligées à émigrer ensuite vers le sud. Neumayr cherche une explication dans des faits bien connus de concurrence vitale. On sait que les animaux et les plantes des grands continents, transportés sur de petites îles, détruisent partout la faune et la flore indigènes. Ces organismes des grands continents ont eu à soutenir une âpre lutte pour l'existence, et se sont fortifiés à cette lutte, de sorte que les petites faunes et les petites flores locales ne peuvent soutenir leur concurrence ; les êtres vivants des contrées méridionales ne peuvent non plus résister à ceux des contrées plus tempérées. Or les masses continentales sont concentrées dans l'hémisphère nord, et cela existait dès les temps paléozoïques, comme nous le verrons plus tard.

La lutte pour l'existence a fourni, dans ces régions, sans cesse de nouveaux types qui graduellement se dirigeaient vers le sud, s'y acclimataient et pouvaient s'y maintenir tout en s'amollissant, tandis que de nouveaux types se formaient dans le nord. Cette idée explique comment il se fait que les faunes australes aient un caractère ancien. A la Nouvelle-Zélande les Mammifères manquent, de gros Oiseaux coureurs (*Dinornis*, fig. 21) ont persisté jusqu'aux temps les plus récents ; on trouve un Reptile l'*Hatteria* (fig. 22), comparable seulement aux Reptiles du commencement de l'époque mésozoïque. L'Australie, par ses Monotrèmes et ses Marsupiaux, rappelle la faune prétertiaire d'Europe ; la faune de Madagascar avec ses Lémuriens a un caractère éocène bien marqué.

En résumé il faut se garder de généraliser des faits trop peu nombreux encore et de conclure hâtivement à un refroidissement graduel du globe depuis les premiers temps géologiques. Il faut surtout n'accepter qu'avec réserve l'idée d'une uniformité primitive de température pour le globe tout entier. Comme nous le verrons, il y a des arguments en faveur de cette idée que les zones climatériques distinctes se sont limitées assez tôt. Neumayr a prouvé leur existence pendant la période jurassique ; il y avait alors, d'après lui, dans l'hémisphère nord trois zones bien marquées, une boréale, une tempérée et une subtropicale, et des zones analogues devaient exister dans l'hémisphère sud. Ces conclusions résultent de l'étude de véritables provinces zoologiques distinctes pendant cette période. L'établissement de ces provinces est encore seulement ébauché, car il exige la connaissance exacte de la distribution et du développement des différents systèmes géologiques sur la terre entière. Les notions obtenues par l'étude de cette distribution et de ce développement nous conduisent aussi à la reconstitution des continents et des bassins maritimes des anciens âges.

Nous venons de donner au lecteur une idée générale des problèmes dont la géologie historique poursuit la solution. Avant d'entrer dans l'étude détaillée des diverses périodes, il faut s'arrêter quelques instants à la question si obscure de la durée des temps géologiques.

On a essayé de prendre comme critérium l'épaisseur des sédiments, en s'appuyant sur le temps qu'exige actuellement la formation d'un dépôt sédimentaire. Mais on se heurte immédiatement à cette objection que les agents naturels ont pu varier dans leur intensité. De plus les dénudations ont été certainement énormes et ont fait disparaître des formations entières (1). On doit donc, comme le remarque M. de Lapparent (2), se borner à calculer, par l'épaisseur des sédiments, les durées *relatives* probables des périodes. William Thomson, en s'appuyant sur l'état calorifique actuel du globe et sur la conductibilité moyenne des matériaux de son écorce, a calculé la rapidité avec laquelle sa chaleur primitive s'est dissipée. D'après lui il n'y a pas plus de 100 millions d'années que notre planète s'est suffisamment refroidie pour pouvoir recevoir les premiers êtres vivants. Le dépôt de tous les sédiments aurait demandé de 20 à 100 millions d'années. D'autre part Dana, d'après les épaisseurs relatives des formations géologiques, exprime par les nombres suivants les durées proportionnelles des grandes ères : ère primaire 12, ère secondaire 3, ère tertiaire 1. Suivant qu'on adopte pour la durée totale 20 ou 100 millions, on trouve que l'ère primaire s'est poursuivie pendant 15 ou 75 millions d'années, l'ère secondaire pendant 4 ou 19, et l'ère tertiaire pendant 1, 2 ou 6 millions. Pour le Pléistocène, il ne s'agirait que de milliers d'années. D'après Prestwich (1), la période glaciaire aurait duré de 15 à 25000 ans, et depuis cette période jusqu'à nos jours ne se sont probablement écoulées qu'un nombre d'années à peu près égal. Toutes ces évaluations sont des plus problématiques. On peut dire seulement, sans crainte de se tromper, que l'épaisseur considérable des couches sédimentaires (environ 50 000 mètres) et l'évolution des formes organiques comportent un temps considérable, certainement des millions d'années.

LE GROUPE PRIMITIF ET LE SYSTÈME HURONIEN.

LE GROUPE PRIMITIF.

Les roches les plus anciennes, celles qui servent de support à la série sédimentaire, constituent le *groupe primitif* ou *archéen*. Elles rappellent à la fois les roches sédimentaires et les roches éruptives. En effet, comme ces dernières, elles sont formées de minéraux cristallisés, tandis qu'elles présentent comme les secondes une sorte de stratification, il est vrai plus ou moins distincte (3). Les termes principaux de la série primitive sont les *gneiss* et les *micaschistes*. Le gneiss présente les trois éléments fondamentaux du granite : feldspath orthose, quartz et mica noir. Mais celui-ci, au lieu d'être distribué irrégulièrement dans la roche, y forme des lits plus ou moins bien marqués, donnant à la roche une apparence rubanée. Le gneiss le plus inférieur ressemble beaucoup au granite parce que l'alignement du mica est peu accusé ; on l'appelle le *gneiss granitoïde*.

Les *micaschistes* ne contiennent que du quartz et du mica noir. Ce dernier forme des plaques séparées par des lits de quartz, de là pour la roche une apparence feuilletée. Généralement il y a dans le gneiss des micaschistes intercalés, mais ils sont surtout bien développés au-dessus du gneiss, constituant ainsi un étage moins ancien. Comme termes subordonnés il y a au milieu des schistes cristallins des roches très ferrugineuses, riches en fer magnétique, et formées d'une association d'amphibole et de pyroxène avec le grenat. On les appelle *amphibolites, pyroxénites, granatites*. On trouve aussi dans les gneiss et les micaschistes des marbres appelés *cipolins* constituant des filons ou des couches régulières. Ils renferment de nombreux minéraux, comme le mica blanc, le grenat, etc.. Ces cipolins forment souvent, comme nous l'avons dit

(1) Voir *La Terre, les Mers et les Continents*, p. 145.
(2) De Lapparent, *Traité de géologie*, 2e édition, p. 1467-1468.
(3) Ce caractère mixte leur avait valu, d'Omalius d'Halloy et de M. Hébert, le nom de *formations cristallophylliennes*.

(1) Prestwich, *Geology*, t. II, Oxford, 1888, p. 534.

ailleurs (1), d'énormes masses faisant saillie à cause de leur plus grande résistance au-dessus des schistes cristallins.

Au sommet de la série des gneiss et mica-schistes se développe une dernière série de roches appelées *amphiboloschistes, chlorito-schistes, schistes à séricite*. On y trouve des élé-ments hydratés, comme le minéral vert appelé *chlorite* et le mica à fibres blanches et d'un toucher onctueux appelé *séricite*.

Partout le groupe primitif se montre avec les mêmes caractères. Tous ses termes sont en concordance parfaite de stratification, ce qui en fait un ensemble très net. Généralement les couches sont redressées ou repliées, indi-quant ainsi de puissants mouvements du sol. L'une des régions de la France où le groupe primitif est le mieux développé est formée du Cotentin et de la Bretagne. Dans cette contrée les gneiss, les micaschistes et les roches gra-nitiques qui leur sont associés forment deux bandes qui courent le long de la péninsule ar-moricaine, l'une de Brest à Saint-Malo, l'autre qui part de Douarnenez (Finistère) pour s'élar-gir au sud-est et couvrir la Vendée. Une autre région primitive est le Plateau Central com-prenant le Limousin, l'Auvergne, la Haute-Loire, l'Ardèche, etc. Il s'élève à environ 750 mètres au-dessus du niveau de la mer. On peut le regarder comme un massif de gneiss et de micaschistes traversé par de nombreuses roches éruptives, comme les chaînes grani-tiques du Limousin, et les chaînes volcaniques récentes du Puy-de-Dôme du Mont-Dore et du Cantal. On trouve aussi le terrain primitif dans les Vosges, et dans le massif des Maures, sur les bords de la Méditerranée où abondent des schistes riches en minéraux. Citons encore les Alpes, les Pyrénées, la Saxe, la Bavière, la Bohême, particulièrement ces régions mon-tagneuses appelées *Bayrischer Wald* et *Böhmer Wald* (2). En Écosse, le groupe primitif est re-présenté par le *gneiss fondamental* ou *lewisien*, appelé ainsi de l'île de Lewis. Il y a des roches gneissiques avec schistes micacés chloriteux associés, en Irlande, dans le pays de Galles et dans une petite partie de l'Angleterre. Mais la contrée de l'Europe la plus riche en roches primitives est la Scandinavie, y compris la Fin-lande. On y trouve des gneiss gris et rouges, des schistes cristallins, et une roche particu-

lière appelée *hälleflinta*, dont la composition, qui se laisse bien voir seulement au micros-cope, laisse reconnaître surtout du quartz et de l'orthose. Dans le terrain primitif de Scan-dinavie existent des gisements de fer magné-tique, exploités comme minerais de fer.

L'Amérique du Nord nous montre au Ca-nada et aux États-Unis une série très complète de roches primitives s'étendant sur des milliers de kilomètres carrés. Logan et les autres géolo-gues du pays ont désigné cette série sous le nom de *Laurentien*. Elle atteint en effet une épaisseur considérable, plus de 30 000 pieds, dans le bas-sin du Saint-Laurent, se montre dans les ré-gions des Lacs en couches horizontales, à la Nouvelle-Écosse, au Nouveau-Brunswick et dans l'est des États-Unis. Sa composition est tou-jours la même, c'est celle que nous avons in-diquée plus haut. Il en est ainsi encore dans l'Amérique du Sud. Ce dernier continent pré-sente quelques-unes des régions les plus carac-téristique au point de vue des roches primi-tives. Celles-ci s'étendent sur la plus grande partie du Brésil, des Guyanes, du Vénézuela et se retrouvent dans les Andes du Chili. Par l'extension du terrain primitif, le Nouveau Monde, comme le dit Prestwich, mériterait beaucoup mieux que le nôtre l'appellation d'Ancien Continent (1).

Les géologues anglais ont retrouvé la série gneissique dans les Indes. Elle forme le plateau qui s'étend de Ceylan à travers la présidence de Madras, le Bengale et le Bundelkhand jus-qu'à l'Assam, sur une distance de 2 000 milles; elle constitue également la masse centrale de l'Himalaya. On la retrouve en Afrique, particu-lièrement en Égypte et à Madagascar, où elle forme la côte est. Enfin la partie sud-ouest de l'Australie et la région nord de la Nouvelle-Zélande présentent aussi ces roches bien déve-loppées (2).

Ainsi la série primitive se montre partout sous le même aspect et avec la même succession de roches. On en a conclu d'abord tout natu-rellement que ce terrain primitif nous repré-sentait la croûte primitive du globe. La terre, d'abord à l'état fluide, aurait produit par refroi-dissement une sorte d'écume qui, en se solidi-fiant, aurait fourni une première croûte super-ficielle de gneiss. L'atmosphère étant ainsi séparée de l'intérieur du globe, une première condensation s'y serait opérée. Cette atmo-

(1) Voir, sur les gneiss et les schistes cristallins : *La Terre, les Mers et les Continents*, p. 450.
(2) Voir, *La Terre, les Mers et les Continents*, p. 452.

(1) Prestwich, *Geology*, vol. II, p. 28.
(2) Id., *ibid.* II, p. 27 et 28.

Fig. 23. — Quartzite archéen « Humboldt Range » Nevada (exploration du 40ᵐᵉ parallèle).

sphère devait contenir à l'état de vapeur toute l'eau et tous les sels des océans actuels : chlorures, bromures, iodures, etc., et sa pression devait être fort élevée. Par suite de la condensation, une eau très chaude tenant en dissolution un grand nombre de composés chimiques, soumise à une pression de 300 atmosphères environ, a formé un premier océan. Elle a agi énergiquement sur l'écorce terrestre. Celle-ci devait d'autre part s'épaissir graduellement à cause des progrès du refroidissement, mais sous l'action de l'eau elle a subi un commencement de stratification en même temps que des cristallisations s'effectuaient ; de là les gneiss feuilletés, les micaschistes, les chloritoschistes, etc. Postérieurement se sont produites les éruptions granitiques qui injectent et disloquent les gneiss, donnant naissance aux premiers îlots au milieu d'un vaste océan, pendant que des plissements énergiques redressaient la série primitive. De là les pre-

miers continents au pied desquels commençait à se déposer la série sédimentaire.

Cette hypothèse généralement adoptée jusqu'à ces dernières années se heurte à de graves objections. Les alternances répétées de feldspath et de lits de mica formant des sortes de membranes au milieu des couches, les alternances d'amphibole et de pyroxène à certains niveaux avec les bandes de feldspath et de quartz, s'expliquent difficilement par une cristallisation tranquille dans un liquide sursaturé. Comme le dit M. Michel-Lévy [1], « c'est surtout la genèse des membranes de mica qui est difficile à expliquer dans cette hypothèse ; il faut supposer une précipitation discontinue de ce minéral, mais à périodicité très rapprochée puisque les gneiss contiennent souvent

[1] Aug. Michel-Lévy, Sur l'origine des terrains cristallins primitifs (Bull. Société géologique de France, 3ᵉ série, t. XVI, 1887, p. 444). Voir aussi La Terre, les Mers et les Continents, p. 383.

un grand nombre de membranes parallèles dans une épaisseur de un centimètre. » D'ailleurs des schistes et des grès franchement sédimentaires peuvent être métamorphisés par les roches granitiques et présentent alors un développement cristallin analogue à celui des gneiss et des micaschistes.

Il est impossible, d'après ce qui précède, de regarder le terrain primitif comme la véritable croûte initiale du globe. On doit le regarder avec M. Michel-Lévy comme un terrain sédimentaire métamorphisé après coup par des roches éruptives. L'origine des terrains sédimentaires serait ainsi reculée encore davantage dans le lointain des âges, ce qui concorde avec les résultats de la Paléontologie. Comme nous le verrons bientôt, les premiers êtres vivants que nous livrent les terrains anciens sont relativement très perfectionnés, « ce qui suppose une longue évolution préalable dont les degrés intermédiaires auraient été effacés par le métamorphisme (1) ».

Quoi qu'il en soit, nous devons retenir de ce qui précède un fait indiscutable, c'est que la série sédimentaire proprement dite présente partout où les observations géologiques ont pu être faites, un substratum identique formé de gneiss et de schistes cristallins, aussi bien dans les plus hautes latitudes boréales que dans l'hémisphère sud.

LE SYSTÈME HURONIEN.

Les dépôts paléozoïques commencent par le système huronien dont les couches se montrent en discordance sur les gneiss et les micaschistes. Le caractère cristallin des roches de ce système les a fait placer souvent dans le groupe primitif; mais on s'accorde aujourd'hui à délimiter un système entre le groupe primitif d'une part et les couches siluriennes d'autre part, à cause de cette discordance avec les gneiss et aussi du caractère nettement détritique qu'affectent souvent les dépôts antésiluriens. On y trouve des galets, des conglomérats indiquant ici une véritable sédimentation par les eaux de la mer, mais la nature et l'inclinaison des dépôts sont différentes de celles du Silurien, et l'on n'y trouve pas de restes organiques; par suite, ils doivent être séparés des couches fossilifères placées au-dessus.

Le nom de *système huronien* a été emprunté aux auteurs américains, parce que ces dépôts sont très développés sur les rives du lac Huron. On désigne aussi ce système sous le nom de *précambrien*, parce que le Silurien inférieur qui repose sur lui est souvent appelé Cambrien. Enfin M. Hébert avait proposé la dénomination d'*archéen*, mais ce terme doit être abandonné parce que les géologues anglais et américains l'emploient fréquemment soit pour désigner le terrain primitif, soit pour tout l'ensemble des couches azoïques : groupe primitif et huronien.

Étudions d'abord ce dernier en Amérique. Il y atteint plusieurs milliers de mètres et sa discordance avec le Laurentien est très nette, de même que son caractère détritique. On trouve des conglomérats empruntés aux roches laurentiennes et attestant l'existence d'un ancien rivage. Il y a des schistes, des grès compacts ou quartzites (fig. 23) alternant parfois vers le sommet avec des calcaires. On trouve aussi des intercalations de roches éruptives : diabases, diorites, porphyres, ce qui montre que ces roches ont été émises pendant que les dépôts huroniens se formaient.

On retrouve des couches semblables en Scandinavie et en Chine, où cette série (système de Wu-taï-Shan), formée de grès et de conglomérats sans fossiles, atteint 4000 mètres d'épaisseur (2). Il est probable qu'elle existe dans les Iles Britanniques, mais la concordance avec les étages distingués par les géologues anglais n'est pas encore bien établie. Ainsi, dans le pays de Galles, les couches précambriennes sont divisées en trois étages qui sont, du plus ancien au plus récent : le *Dimétien*, l'*Arvonien* et le *Pébidien;* les deux premiers paraissent appartenir au groupe primitif. Le troisième présente des schistes, des quartzites, des conglomérats et aussi des tufs d'origine éruptive. D'après le docteur Hicks, le Pébidien correspondrait au Huronien du Canada (3).

En France nous trouvons des dépôts huroniens schisteux en continuité avec les schistes cristallins. Ils existent bien développés dans le Cotentin (département de la Manche), aux environs de Saint-Lô; ce sont les *phyllades* dits

(1) Michel-Lévy, p. 111.
(2) Vélain, *Cours de géologie stratigraphique*, 4e édition, Paris, 1892, p. 250.
(3) Prestwich, *Geology*, II, p. 23.

de *Saint-Lô*, schistes bien feuilletés, très durs, cristallins, employés comme dalles et ardoises. En certains points ils subissent l'action des roches éruptives granulitiques qui les traversent, et se métamorphisent. Ils deviennent ainsi à Cherbourg des schistes luisants remplis de séricite (1), tandis qu'à la Hague ils ressemblent à des gneiss. Ailleurs les phyllades, sous l'action des roches granitiques, se chargent du minéral appelé *macle* ou *andalousite*, remarquable par ses inclusions charbonneuses groupées en forme de croix. Souvent l'andalousite se charge de fer et prend alors le nom de *staurotide* (pierre de croix) (2), parce que ses cristaux se groupent deux à deux en forme de croix rectangulaire ou oblique. Les phyllades ainsi modifiés, communs en Bretagne et dans le Cotentin, sont appelés *schistes maclifères*.

Ailleurs, en Bretagne, nous retrouvons dans les phyllades les intercalations de roches dioritiques, diabasiques, qui existent dans le Huronien d'Amérique et dans le Pébidien d'Angleterre (1). Ainsi, dans tous les pays où il a pu être étudié, le Huronien présente les mêmes caractères et les mêmes traces d'actions détritiques et d'actions éruptives. Partout, les discordances de stratification en font un système bien distinct du groupe primitif et du Silurien.

LES PREMIERS CONTINENTS.

Les couches huroniennes, par leur caractère détritique, leurs conglomérats nombreux, montrent qu'elles se sont formées aux dépens d'un continent primordial, dont on trouvera les vestiges en suivant les conglomérats huroniens. Ceux-ci indiquent la bordure du continent primitif, tandis que les couches schisteuses indiquent une sédimentation s'accomplissant plus tranquillement et par suite une distance plus grande de la terre. Il est probable qu'il existait, au début de l'ère primaire, un grand continent à la place de l'Océan Atlantique nord, et qui entourait le pôle nord. L'existence de cet ancien continent arctique, de cette sorte d'Atlantide paléozoïque, est regardée comme évidente par Hull ; de même, Nordenskiöld, Mohn et Nathorst admettent une liaison originelle entre la Norvège, le Spitzberg, la Terre François-Joseph et l'île des Ours, par un plateau qu'ils appellent *Arktis* (3).

Si l'on considère la partie du Canada comprise entre l'embouchure du Saint-Laurent et celle du Mackenzie, on voit qu'elle répond à un vaste plateau, à une sorte de bouclier plat composé de gneiss et de schistes cristallins, avec une bordure de couches huroniennes. Tout cet ensemble a été fortement plissé, redressé, et se trouve entouré par du Silurien dont quelques lambeaux existent aussi sur le plateau primitif. Il est donc certain que le Canada a été un rivage à l'époque silurienne ; il faisait partie d'un continent primordial émergé avant le début de cette époque et que la mer silurienne est venue battre de ses flots. Dans ce plateau canadien se trouvent creusés la baie d'Hudson et de nombreux lacs ; ceux-ci se trouvent à la limite des régions de gneiss et micaschistes et de la ceinture paléozoïque (2). On retrouve le pays gneissique dans les îles de l'Océan glacial, le long des côtes du Labrador, au Groënland, au Spitzberg.

Si l'on aborde les contrées septentrionales de l'Europe, on y retrouve, ainsi que le remarque M. Suess (3), la plupart des caractères essentiels du plateau canadien. Comme celui-ci, la Finlande et la Laponie sont formées de roches primitives qui étaient déjà plissées avant l'époque silurienne, et elles sont entourées comme le bouclier canadien de sédiments paléozoïques horizontaux. Comme lui encore, elles présentent un réseau de petits lacs, et à la limite des roches primitives et paléozoïques se trouve une série de lacs et de mers intérieures. Le golfe de Bothnie nous représente une partie immergée du plateau primitif, comparable à la baie d'Hudson ; le golfe de Finlande, les lacs Ladoga et Onega, les golfes de la mer Blanche ont une situation analogue à celle des lacs Supérieur, Winnipeg, etc. M. Suess regarde avec Godwin et Geikie les roches primitives de Scandinavie, qui se continuent jusqu'aux Hébrides, comme les restes

(1) Vélain, p. 251.
(2) Voir *La Terre, les Mers et les Continents*, p. 451.
(3) Suess, *Das Antlitz der Erde*, II, p. 83, 281.

(1) Barrois, *Sur les roches éruptives du Trégorrois* (canton de Lanmeur) (Ann. de la Soc. géol. de Lille t. XV, 1888).
(2) Suess, *Das Antlitz der Erde*, II, p. 42 et suivantes.
(3) Id., *ibid.*, p. 58.

Fig. 24. — Eozoon (d'après Logan), demi-grandeur.

d'un continent antésilurien. Ainsi, dès l'origine des temps géologiques, nous pouvons constater autour du pôle cette concentration des terres qui se montre encore aujourd'hui comme l'un des caractères les plus frappants de la distribution des continents. Il faut admettre aussi, avec M. Bertrand [1], que les plissements qui se sont succédé du nord au sud pour former le relief européen, ont commencé avant l'époque silurienne. La discordance entre le groupe primitif et le Huronien d'une part, entre le Huronien et le Cambrien d'autre part, indique l'existence d'une *chaîne huronienne*, première de ces grandes zones de plissements dont la chaîne alpine est la plus récente [1]. Le Plateau Central de la France et la Bohème seraient, d'après M. Bertrand, des chaines à rattacher à la chaine huronienne, mais ne datant que de la fin de la période.

LES PREMIÈRES TRACES DE LA VIE.

Nous allons voir que dès le Cambrien, la vie se manifeste avec une richesse extraordinaire. Des types relativement élevés apparaissent alors et présentent une grande abondance de formes variées. D'après la théorie de l'évolution, ils ont dû sortir de types plus simples dont il faudrait retrouver les restes dans le système huronien et le groupe primitif. L'ensemble de ces formations précambriennes, par sa grande épaisseur, qui peut atteindre 50 000 pieds au Canada, témoigne qu'un temps très long s'est écoulé avant le Cambrien, temps pendant lequel l'évolution a pu se manifester. Mais nous avons vu que les terrains précambriens sont extrêmement méta-morphisés ; l'action des roches éruptives les a profondément modifiés et a probablement détruit de cette manière les traces des premiers organismes.

Cependant, comme nous le disions dans un autre volume [2], bien des indices démontrent que les êtres vivants ont existé avant le cambrien. Il y a du graphite dans le terrain primitif, et en Suède on a trouvé des gisements de gneiss et de schistes bitumineux contenant jusqu'à 10 0/0 de matières organiques. Or, ces matières charbonneuses ne peuvent provenir que de la décomposition de matières organiques, principalement végétales. D'autre part, il y a de nombreux calcaires dans le

[1] Bertrand, *Distribution des roches éruptives en Europe* (*Bul. Soc. géol.*, t. XVI, 1888, p. 577).

[1] Voir *La Terre, les Mers et les Continents*, p. 382.
[2] Voir *La Terre, les Mers et les Continents*, p. 153.

Laurentien d'Amérique, dans les schistes cristallins d'Europe, et l'on sait que les calcaires proviennent de l'activité des animaux, des Coraux en particulier. Il ne serait pas logique d'attribuer à une autre cause ceux des formations antésiluriennes. Les abondants gisements de fer qui existent dans le terrain primitif dénoteraient aussi, d'après M. Le Conte, l'activité organique (1). Le peroxyde de fer, qui est très répandu dans le sol, est réduit par les matières organiques à l'état de protoxyde; celui-ci passe à l'état de carbonate, grâce à l'acide carbonique produit par la décomposition de ces mêmes matières organiques. Il se dissout dans l'eau contenant un excès d'acide et par l'action de l'oxygène de l'air s'oxyde de nouveau et se dépose à l'état d'hydroxyde. On sait d'ailleurs que dans les tourbières se dépose un minerai sous l'action de certaines Diatomées.

Certains corps peu déterminables ont été considérés comme des organismes par Logan et Dawson. Ils proviennent du Laurentien et du Huronien du Canada. Logan les trouva en 1858 et Sir William Dawson les baptisa en 1864 du nom d'*Eozoon canadense*. Des formes voisines furent découvertes dans le Laurentien de Terre-Neuve ; le Dr Gümbel en décrivit une autre (du gneiss hercynien (Cambrien inférieur ou Huronien de Bavière). Ces corps se présentent sous forme de masses discoïdes irrégulières composées de lamelles alternantes de calcite blanche et de serpentine verte (fig. 24). Les lamelles de serpentine présentent des étranglements comme si elles étaient formées d'une suite de globules soudés entre eux (fig. 25) ; d'après Dawson, les parties vertes de l'*Eozoon* représenteraient les loges d'un Foraminifère qui auraient été remplies postérieurement par la serpentine. Carpenter et plusieurs naturalistes ont émis la même idée. On sait que les Foraminifères sont des animaux très simples consistant en une masse protoplasmique à peine différenciée, couverte d'une coquille percée d'une ou plusieurs ouvertures permettant le passage de prolongements protoplasmiques du corps ou pseudopodes. Cette coquille est généralement calcaire ; elle peut être aussi formée de grains de sable agglutinés par l'animal. Les Foraminifères sont habituellement microscopiques. L'Eozoon serait un Foraminifère géant. Chez certains

animaux de ce groupe des Foraminifères, chez les Nummulites, il y a des canaux de communication unissant les diverses loges. Dans l'Eozoon on trouve des filons de serpentine réunissant transversalement les diverses rangées et qui seraient aussi des canaux de communication.

Pour d'autres naturalistes, comme King et Carter, il s'agirait ici tout simplement d'une concrétion minérale qu'on retrouve en Bavière, en Silésie, dans les Pyrénées, etc. C'est également la conclusion de Möbius. La bordure des étranglements est formée de petites fibres où l'on a voulu voir la représentation d'une muraille percée de pores, semblable à

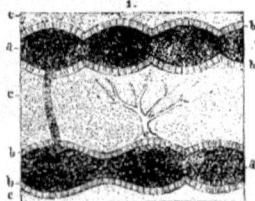

Fig. 25. — Coupe de l'Eozoon (d'après Carpenter). — a, serpentine; b, muraille fibreuse; c, calcaire compacte; e, canal ramifié.

celle des Foraminifères, mais d'après Möbius cette prétendue muraille ne serait qu'un revêtement de cristaux de chrysotile provenant de la décomposition de la serpentine.

Sir William Dawson (1) a récemment étudié de nouveaux exemplaires d'Eozoon, sous l'aspect de petites masses isolées ayant la forme d'un cône, d'une toupie, ou d'un entonnoir tordus en spirale, quelquefois avec une dépression au sommet des canaux traversant à angle droit les masses d'Eozoon, ressemblant aux tubes (canaux osculaires) qui traversent la paroi des Éponges. Sir William Dawson maintient que l'Eozoon est incontestablement d'origine organique. M. Nicholson (2) regarde la question comme n'étant pas encore résolue. Il incline à penser que l'Eozoon est un organisme mais indéterminable, et d'après lui les spécimens de roches rubanées citées par les minéralogistes comme analogues à l'Eozoon, s'en éloignent en réalité beaucoup.

(1) Le Conte, *Elements of geology*, 3e édition, New-York, 1891, p. 144 et 288.

(1) Dawson, *Specimens of Eozoon canadense and their geological and others relations*, Montréal, 1888, analysé dans l'*Annuaire géologique universel*, t. V, p. 1231, par M. J. Dollfus.

(2) Nicholson, *Manual of Palæontology*, 3e édition, 1889, t. I, p. 141, Édimbourg et Londres.

Sir William Dawson a trouvé également dans les calcaires laurentiens du Canada d'autres corps qu'il a appelés *Archæosphærina*. Ce sont de petites masses sphériques de serpentine, simples ou réunies en petit nombre, entourées d'une enveloppe calcaire analogue à celle de l'Eozoon. Suivant lui, ces corps sont ou bien des chambres détachées d'Eozoon, ou bien des organismes plus simples.

En résumé rien ne démontre jusqu'à présent d'une manière absolue la présence d'êtres organisés dans les formations qui précèdent le Cambrien ou Silurien inférieur ; mais, nous l'avons vu, bien des indices permettent d'admettre que la faune cambrienne n'est pas la plus ancienne. Des recherches ultérieures nous éclaireront sans doute sur ces questions encore obscures.

LA FAUNE SILURIENNE.

Le système silurien qui repose sur le système huronien se compose d'une puissante série de formations marines atteignant 10,000 mètres d'épaisseur. On y a trouvé un nombre considérable de fossiles qu'on peut évaluer à plus de 10,000 espèces. Cet ensemble de couches bien développées surtout, comme nous le verrons, en Angleterre, en Scandinavie, en Bohême, en Amérique, a été étudié par un grand nombre de géologues. Barrande particulièrement a immortalisé son nom en poursuivant pendant plus de quarante années l'étude du Silurien de Bohême. Le nom même du système est dû à Murchison ; il rappelle le grand développement de ce système dans la partie de l'Angleterre occupée autrefois par la tribu des Silures. Barrande, dès 1846, divisa nettement la faune silurienne en trois parties auxquelles il donna les noms de *faune primordiale*, *faune seconde* et *faune troisième*. Ces divisions correspondent aux trois étages successifs entre lesquels on répartit aujourd'hui généralement l'ensemble des couches siluriennes, savoir : le *Cambrien* ou Silurien inférieur, l'*Ordovicien* ou Silurien moyen, le *Bohémien* ou Silurien supérieur. Le Cambrien doit son appellation à Sedgwick, qui le tira de l'ancien nom latin *Cambria* du pays de Galles. Le nom d'Ordovicien a été proposé pour le Silurien moyen par le professeur Lapworth ; enfin le nom de Bohémien rappelle la faune troisième particulièrement développée en Bohême. Le nom créé par M. de Lapparent est quelquefois remplacé par celui de *Murchisonien* employé par d'Orbigny, et par celui de *Gotlandien* que M. de Lapparent propose aujourd'hui (1).

La faune silurienne est essentiellement marine et se compose presque exclusivement d'Invertébrés. Jusqu'à présent on n'a trouvé comme Vertébrés qu'un certain nombre de restes de Poissons. Nous allons passer en revue les divers groupes animaux du Silurien en commençant par les plus caractéristiques.

LES TRILOBITES.

Dès le Cambrien les Crustacés apparaissent avec un grand nombre de formes qui se rangent toutes dans l'ordre des Trilobites. Celui-ci ne survit pas à la fin des temps primaires ; il se montre avec le Cambrien (fig. 26) pour disparaître avec le Permien.

L'organisation des Trilobites est très remarquable. Le corps se divise en trois lobes aussi bien dans le sens longitudinal que dans le sens transversal ; c'est ce qui leur a valu leur nom (animaux à trois lobes). Les trois lobes transversaux sont la *tête*, le *thorax* divisé en anneaux plus ou moins nombreux, et l'*abdomen* ou *pygidium*. La tête présente une partie renflée,

la *glabelle* et deux parties latérales ou *joues* qui se terminent souvent par deux longues pointes, les *pointes génales*. Les anneaux du thorax présentent des appendices appelés *plèvres*. C'est à cause de celles-ci que le corps forme trois lobes dans le sens de la longueur.

Beaucoup de Trilobites se présentent enroulés à la manière des Cloportes actuels, ce qui montre une certaine mobilité des segments thoraciques (fig. 27). Cette faculté d'enroulement des Trilobites était évidemment un moyen de défense contre les ennemis qui s'ap-

(1) De Lapparent, *Traité de géologie*, 3e édition, 1893.

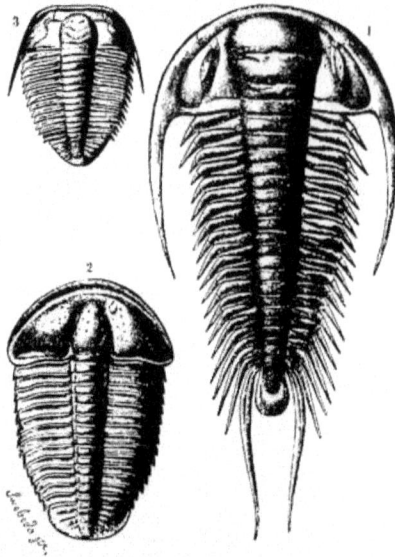

Fig. 26. — Trilobites cambriens. — 1, *Paradoxides* et 2, *Conocephalus* de Bohême, d'après Barrande; 3, *Olenus* de Suède, d'après Angelin.

prochaient d'eux. Un fait remarquable, c'est que les Trilobites cambriens sont presque tous dépourvus de cette faculté, tandis que ceux des étages supérieurs la possèdent à un haut degré. Comme le remarque Neumayr, il y a là un exemple d'adaptation aux conditions extérieures; les Trilobites n'avaient pas encore à redouter d'ennemis dans les mers cambriennes, tandis que plus tard apparaissent des Mollusques Céphalopodes qui, sans aucun doute, si l'on en juge par leurs représentants actuels très friands de Crustacés, devaient poursuivre les Trilobites pour les dévorer. Ceux-ci n'avaient d'autre ressource que de s'enrouler pour cacher sous leur carapace les organes délicats de leur face ventrale.

Le nombre des segments du thorax est variable; le minimum est deux, mais le nombre peut s'élever à vingt ou davantage. Le pygidium ou abdomen est formé de segments qui ne sont jamais mobiles l'un sur l'autre; ils sont toujours soudés, quelquefois toute trace de segmentation disparaît. Généralement, quand le thorax comprend beaucoup d'anneaux, le pygidium est petit, et inversement le *Bronteus*

palifer est remarquable par son grand pygidium (fig. 28). Quant à la tête, elle doit être évidemment formée, comme chez les autres

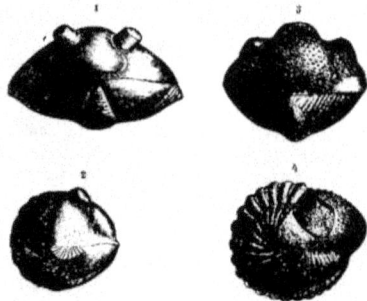

Fig. 27. — Trilobites enroulés. — 1 et 2, *Asaphus* du Silurien de Russie; 3 et 4, *Phacops* du Dévonien rhénan.

Crustacés, d'un certain nombre de segments, mais le plus souvent la segmentation est peu visible. Dans quelques cas on voit des sillons transversaux qui montrent l'existence de segments soudés. Ainsi dans le curieux Trilobite du Silurien de Bohême, appelé *Bohemilla stupenda* (fig. 29), la glabelle présente un lobe frontal suivi de quatre anneaux. Les pointes génales deviennent comme on le voit de véritables cornes.

Les empreintes des Trilobites sur les roches

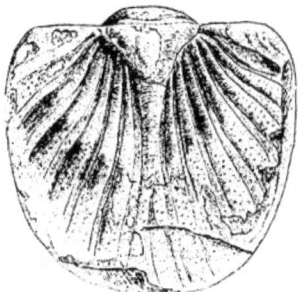

Fig. 28. — Pygidium de *Bronteus palifer* (Barrande).

ne montrent généralement que la face supérieure de l'animal, et comme nous l'avons dit, beaucoup d'individus sont enroulés. Par suite on connaît peu la face inférieure. On ne peut généralement en voir qu'une pièce partant du bord antérieur de la tête et s'étendant au-dessous horizontalement. Sa forme est variable ; on l'appelle *hypostome* (fig. 30), elle est proba-

Fig. 29. — *Bohemilla stupenda* du Silurien de Bohême, d'après Barrande.

blement l'homologue de la lèvre supérieure des autres Crustacés.

Pour la même raison, il est rare de voir les membres. On pensa pendant longtemps qu'ils étaient de nature charnue comme ceux des Phyllopodes et n'avaient pu être conservés. Billings en 1870 découvrit dans le Silurien du Canada un *Asaphus* présentant sur la face ventrale, comme le montre la figure (fig. 31),

huit paires de pattes articulées. Walcott surtout, en faisant des coupes sur plus de 2000 exemplaires bien conservés provenant du calcaire de Trenton en Amérique, réussit à mettre en évidence d'une manière complète les appendices des Trilobites. Il y avait quatre paires de pattes-mâchoires articulées. Chaque segment du thorax et du pygidium possédait une paire d'appendices également articulés

Fig. 30. — Face inférieure de la tête d'un Trilobite, avec hypostome, d'après Barrande.

divisés en une branche externe (*exopodite*) et une branche interne plus longue (*endopodite*). De plus entre les pattes et les plèvres se montrent des filaments généralement enroulés en spirale, qui représentent probablement les branchies (fig. 32).

Fig. 31. — Face inférieure d'un *Asaphus* montrant des restes de membres. Silurien du Canada, d'après Billings.

Les yeux sont très remarquables (fig. 33). On voit souvent sur la tête, à l'endroit où les joues se rattachent à la glabelle, leurs empreintes très nettes. Ce sont des yeux à facettes comme ceux des Arthropodes actuels, et le nombre des facettes peut être très considérable. Dans certains genres, comme le genre *Harpes*, il n'y en a que quelques-unes, mais

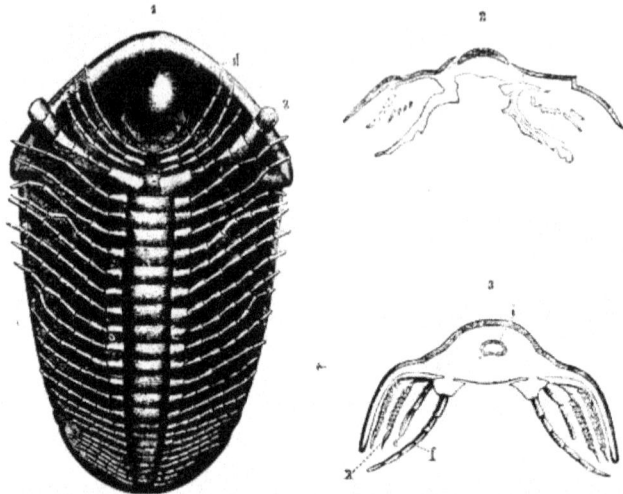

Fig. 32. — *Calymene senaria* du Silurien d'Amérique (d'après Walcott). — 1, face inférieure; *h*, hypostome; *s*, pattes natatoires; 2, coupe réelle; 3, coupe complétée; *i*, intestin; *f*, patte; *e*, épidodite; *k*, branchies.

chez les *Remopleurides* il y en a jusqu'à quinze mille. Certaines espèces, privées complètement d'yeux, sont regardées comme ayant vécu dans les grandes profondeurs de la mer; nous aurons plus tard à discuter cette ques-

tion. Un fait remarquable, indiquant une évolution de certains types, est l'existence dans les mêmes couches cambriennes d'espèces du genre *Conocoryphe* privées d'yeux avec d'autres du même genre qui en sont pourvues.

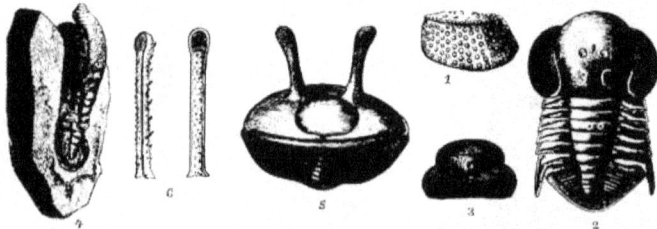

Fig. 33. — Yeux des Trilobites. — 1, Œil de *Phacops latifrons* du Dévonien rhénan grossi; 2, *Æglina* du Silurien de Bohême avec yeux très développés; 3, tête d'*Æglina*, vue de dessous; les deux yeux se réunissent au milieu; 4, *Æglina*, vue de profil (1 à 4, d'après Barrande); 5, *Asaphus Kowalewskyi* avec yeux pédonculés, Silurien russe (d'après Salter); 6, Pédoncules oculaires d'*Acidaspis* du Silurien supérieur de Bohême, grossis (d'après Barrande).

Ou bien la forme primitive du genre ne possédait pas d'yeux et ne les a acquis que par la suite, ou bien au contraire il y a eu régression pour certaines espèces. D'ailleurs, la régression s'observe pour la même espèce considérée à différents âges, sans doute à cause

de changements dans les conditions d'existence. Barrande a montré, en comparant des individus de différentes tailles, que le *Trinucleus Bucklandi* avait pendant sa jeunesse des yeux qui disparaissaient à l'âge adulte. Les organes de la vue, tout en faisant saillie au-

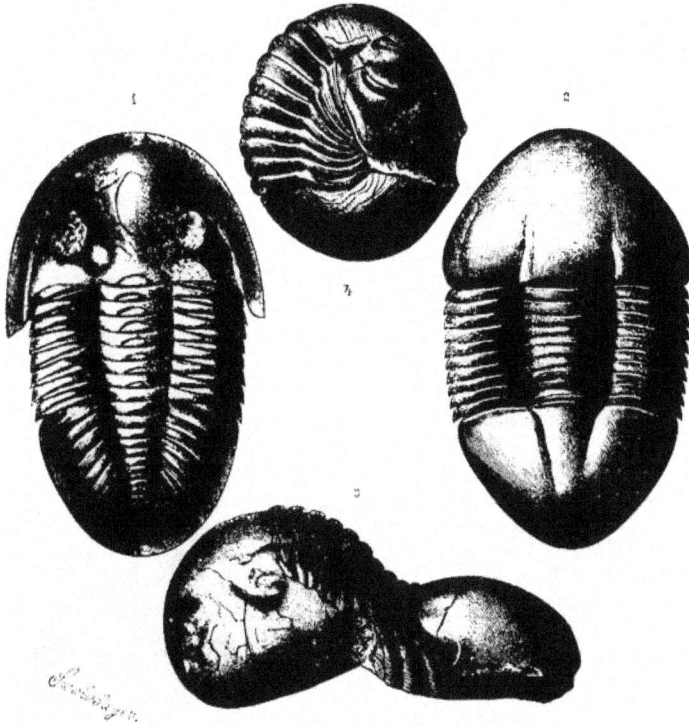

dessus des joues, sont généralement sessiles. Cependant ils peuvent être portés à l'extrémité de longs pédoncules comme ceux des Décapodes actuels (Écrevisses, Crabes, etc.). C'est ce que présente l'*Asaphus Kowalewskyi* du Silurien de Saint-Pétersbourg. La figure 33 montre plusieurs modifications des organes oculaires chez les Trilobites.

Le Cambrien contient au moins 300 espèces de Trilobites, qui se répartissent entre un certain nombre de genres. On évalue à 1,700 le nombre total des espèces de ces Crustacés, et à 140 celui des genres.

Le type le plus inférieur est le genre *Agnostus*, dans lequel la tête et le pygidium se ressemblent beaucoup et où il n'y a que deux segments au thorax.

Le genre *Paradoxides*, au contraire, compte beaucoup d'anneaux au thorax, les pointes génales sont longues et le pygidium est petit.

Ce genre, comme le précédent, se trouve dans le Cambrien et caractérise cette faune primordiale décrite par Barrande en Bohême et retrouvée tout récemment (1888) par M. Bergeron, en France, dans la Montagne-Noire. Un autre genre de la faune primordiale est le genre *Conocephalites* (*Conocephalus*, *Conocoryphe*) dont la glabelle est en forme de cône et dont les plèvres sont arrondies. Citons encore le genre *Olenus*, propre aux couches les plus élevées du Cambrien. Généralement les Trilobites du Cambrien ne se retrouvent plus dans le Silurien moyen. Des genres cambriens, le genre *Agnostus* s'élève seul au-dessus de cet étage (1).

L'Ordovicien est particulièrement riche en Trilobites, et les genres qui se montrent dans le Bohémien, le Dévonien, le Carbonifère y sont déjà représentés. Il faut citer, comme spé-

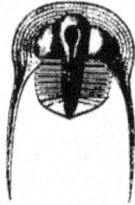

Fig. 35. — *Trinucleus Goldfussi* du Silurien moyen de Bohême (d'après Barrande). La ligne du milieu répond au canal digestif.

cialement caractéristiques, les genres *Asaphus* (fig. 34) et *Ogygia*, auxquels appartiennent les plus grands Trilobites; il n'est pas rare d'en trouver des exemplaires longs de plusieurs décimètres. Le genre *Illaenus* (fig. 34) est remarquable par la grande ressemblance qui existe entre la tête et le pygidium, et aussi

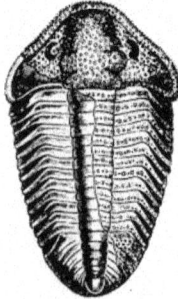

Fig. 36. — *Calymene Blumenbachi*, vu en dessus.

par ses plèvres pleines, tandis que chez les genres précédents les plèvres sont sillonnées en leur milieu. Il y a de huit à dix segments au thorax. Chez le genre *Trinucleus* (fig. 35) la glabelle et les joues sont arrondies comme des noix (d'où le nom de Trinucleus), les pointes génales sont très grandes, les plèvres sont sillonnées; la tête présente de nombreuses granulations.

(1) Neumayr, *Erdgeschichte*, II, p. 45.

Les genres *Calymene* et *Dalmanites* sont aussi répandus dans le Bohémien que dans l'Ordovicien. Les plèvres sont sillonnées. Chez les *Calymene*, qu'on trouve en grand nombre dans les schistes ardoisiers de l'Ordovicien d'Angers et dans le Bohémien (*C. Blumenbachi*) (fig. 36), il y a 13 segments au thorax qui

Fig. 37. — *Calymene Blumenbachi*, vu enroulé.

sont très mobiles l'un sur l'autre; aussi trouve-t-on souvent ces animaux enroulés en boule (fig. 37). Le genre *Dalmanites* (fig. 38) n'a que 11 anneaux au thorax, le pygidium est grand, les yeux présentent de grosses facettes.

Chez certaines formes, les plèvres, au lieu

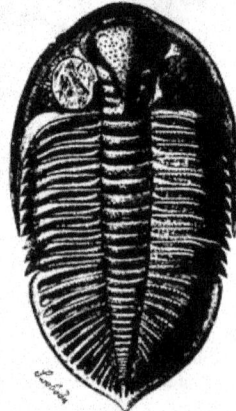

Fig. 38. — *Dalmanites Hausmanni* (d'après Barrande). Silurien supérieur de Bohême.

de présenter un sillon, montrent sur leur ligne médiane un bourrelet. Parmi ces types à plèvres à bourrelets, l'une des plus remarquables est le genre *Acidaspis;* le corps se prolonge par de grandes épines (fig. 39).

Comme spécial au Bohémien, il faut citer le genre *Phacops*, dont les yeux sont encore plus proéminents que ceux des *Dalmanites*.

Certains types présentent des formes bi-

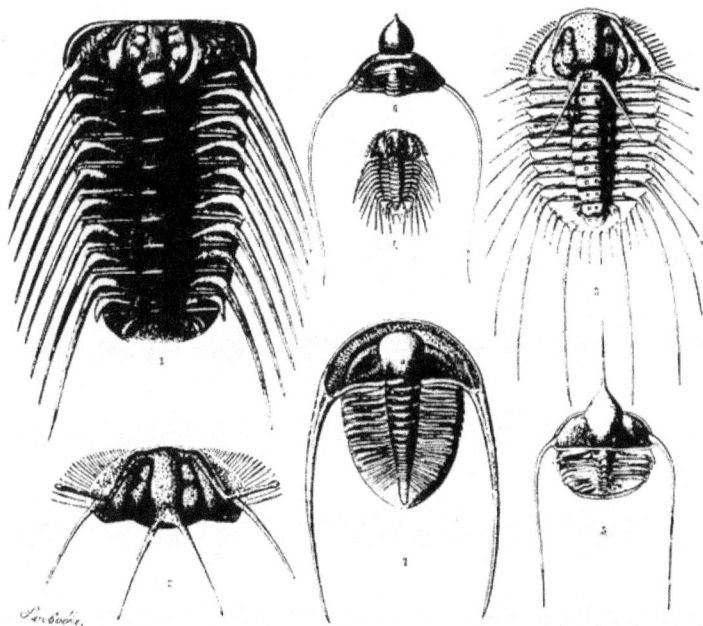

Fig. 39. — Trilobites du Silurien supérieur. — 1, *Acidaspis Buchi*; 2, tête d'*Acidaspis mira*; 3, *Acidaspis Dufrenoyi*; 4, *Acidaspis Roemeri*; 5, *Ampyx Rouaulti*; 6, *Ampyx tenellus* enroulé; 7, *Dionide formosa* (d'après Barrande).

zarres qui méritent une mention spéciale. Le *Staurocephalus* a une énorme glabelle renflée

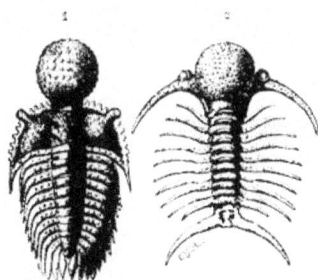

Fig. 40. — *Staurocephalus Murchisoni*. Bohémien d'Angleterre. — *Deiphon Forbesi*. Silurien supérieur de Bohême.

qui fait saillie (fig. 40). Le *Deiphon* montre

deux longues cornes arquées partant de la glabelle; à leur base se trouvent les yeux. Le

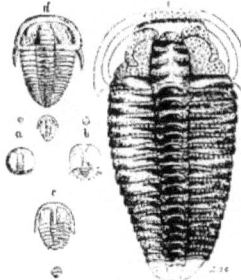

Fig. 41. — *Sao hirsuta* à différents stades de développement.

Dionide porte en avant de très longues épines, et le genre *Ampyx* est remarquable par la longue pointe qui prolonge la glabelle (fig. 39).

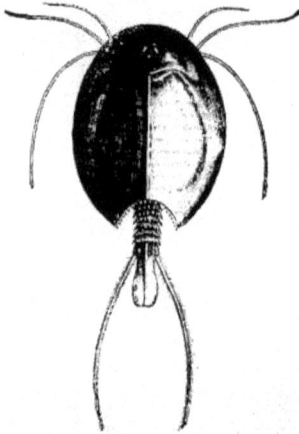

Fig. 42. — *Apus cancriformis.*

Fig. 43. — Limule, vu en dessous.

Fait intéressant, on a pu suivre, en étudiant des individus de divers âges, toute la série des métamorphoses subies par une même espèce de Trilobite, depuis la sortie de l'œuf. Le nombre des anneaux s'accroît progressivement et l'ornementation change. C'est ce qui a lieu pour la *Sao hirsuta* étudiée par Barrande (fig. 41).

On a pu même se servir de ces métamorphoses pour retrouver les phases de l'évolution de certains genres.

Ainsi, d'après Ford, les formes jeunes d'*Olenellus* ressemblent aux *Paradoxides* et le *Paradoxides* serait le type ancestral de l'*Olenellus*, si, comme on l'admet, les formes jeunes d'une espèce passent par les diverses phases de l'évolution de cette espèce.

La place des Trilobites dans la classification n'est pas encore bien fixée. On les a souvent rapprochés des Isopodes, qui ont aussi de nombreux segments, peuvent se rouler en boule (ex. : le Cloporte), et possèdent des pattes abdominales aussi bien que des pattes thoraciques, ce qui est le cas des Trilobites, mais le nombre des segments est constant chez les Isopodes ; il ne l'est pas chez les Trilobites. Burmeister rapprochait les Trilobites des Phyllopodes actuels, car le bouclier céphalique de l'Apus ressemble beaucoup à la tête des Trilobites (fig. 42). Mais c'est chez les Limules actuels ou Crabes des Moluques (fig. 43), qu'il faut chercher des affinités étroites avec les Tribolites. Dohrn, en 1871, a montré que quand la Limule sort de l'œuf, il est nettement trilobé, suivant la longueur, et se compose de neuf segments libres et mobiles. Il y a, en outre, un grand bouclier céphalique, divisé par deux sillons en une glabelle et deux joues. En un mot, il rappelle absolument les Trilobites (fig. 44). Ce stade de développement a été nommé par Dohrn « le stade trilobitique ». Les rapports de parenté des Trilobites avec les Limules sont donc indiscutables, et les derniers représentent dans le monde actuel les Crustacés primitifs.

LES XIPHOSURES ET LES GIGANTOSTRACÉS.

A l'époque actuelle, on trouve sur les côtes d'Amérique et sur celles des îles Moluques, des Crustacés de grande taille, les Limules, qui atteignent un demi-mètre de longueur. Le corps se compose de trois parties mobiles l'une sur l'autre : un bouclier céphalique avec deux grands yeux à facettes, un bouclier thoracique, enfin, un long aiguillon remplaçant l'abdomen. Autour de la bouche, placée sur la face inférieure, sont réunis les membres dont la base élargie et garnie d'épines sert à broyer les aliments. Ainsi, les pattes sont à la

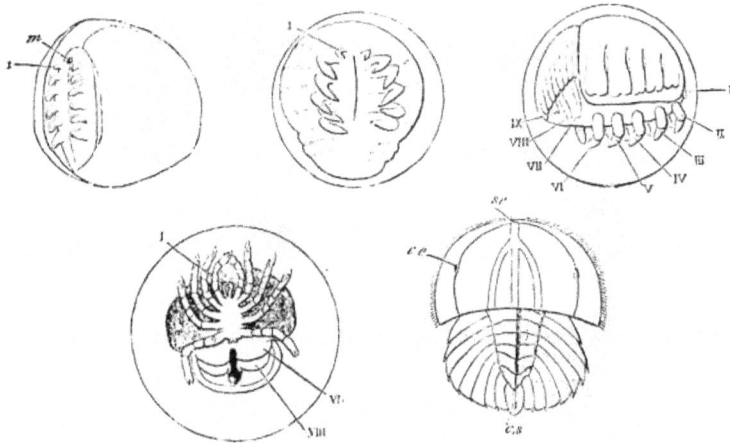

Fig. 44. — Développement embryonnaire du Limule (d'après Packard et Dohrn).

fois ambulatoires et masticatoires. A cause de l'aiguillon caudal (*telson*) en forme de glaive, on a donné au groupe des Limules le nom de Xiphosures.

Les Limules, constitués comme aujourd'hui, n'apparaissent que pendant la période secondaire, mais ils ont été précédés dans les temps primaires par des formes analogues

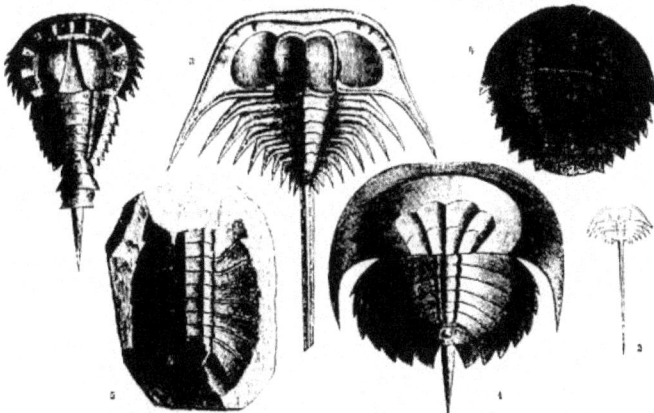

Fig. 45. — Xiphosures paléozoïques (d'après Barrande et Woodward). — 1, *Prestwichia rotunda*, Carbonifère anglais; 2, *Belinurus reginæ*, Carbonifère d'Irlande; 3, le même grossi; 4, *Neolimulus falcatus*, Bohémien d'Angleterre ; 5, *Triopus Draboviensis* de l'Ordovicien ;de Bohême ; 6, *Hemiaspis limuloïdes* du Bohémien d'Angleterre.

qui se montrent dans le Silurien, le Dévonien et le Carbonifère. La figure 45 en montre diffé-

rents types. Ils se rapprochent beaucoup du « stade trilobitique » des Limules actuels ; le

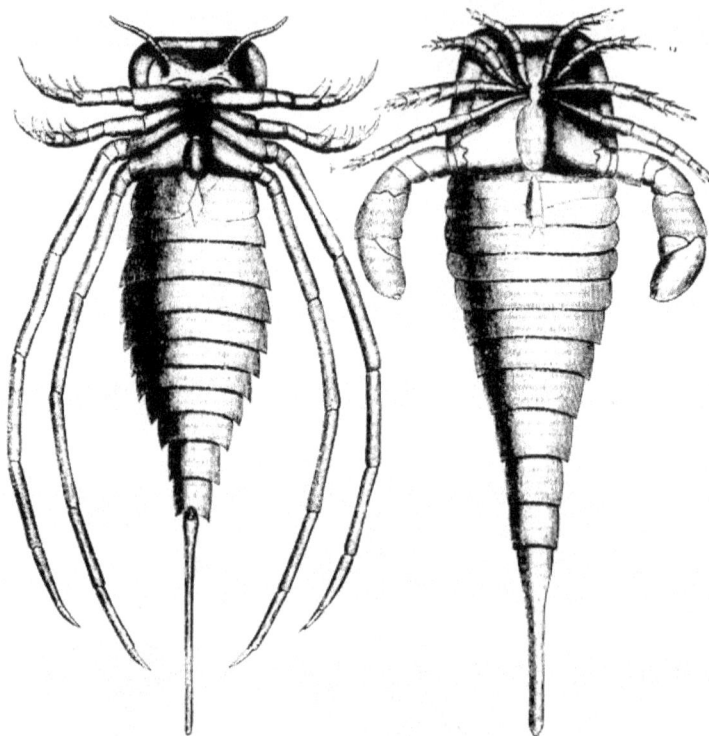

Fig. 46. — *Eurypterus* (à droite) et *Stylonurus* (à gauche) du Bohémien d'Angleterre. Face inférieure (restaurés d'après Woodward).

thorax et l'abdomen sont formés d'anneaux distincts. La division en trois lobes longitudinaires est bien marquée. Il y a un telson généralement à l'extrémité de l'abdomen, sauf chez le *Neolimulus*, où il n'a pas encore été retrouvé. Comme on le voit, chez les *Hemiaspis, Belinurus, Prestwichia*, le bouclier céphalique présente une glabelle saillante (fig. 45). Ces formes ont été réunies pour former une famille spéciale des Xiphosures, celle des *Hemiaspidés*. La segmentation de l'abdomen indique des types moins modifiés que les Limules. Il y a des rapports de descendance évidents. Les *Hemiaspis* sont la souche directe des Limules, dont ils représentent à l'état adulte la forme jeune. Les *Prestwichia*, où les segments du thorax et de l'abdomen sont unis et non mobiles, font passage aux Limules actuels. On voit aussi dans la figure 45 le *Trinpus* rapproché parfois des Hémaspides, mais qui semble plutôt un débris incomplet de Trilobite (1).

À côté des Xiphosures se rangent des Crustacés gigantesques, atteignant jusqu'à 1^{m},50 de longueur et davantage. On les a appelés *Gigantostracés*. Ils se montrent dans le Silurien le plus supérieur et le Dévonien inférieur ; il y en a aussi quelques exemplaires dans l'Ordovicien d'une part et dans le Carbonifère de l'autre.

Le genre *Eurypterus* (fig. 46 et 47) présente

(1) Zittel, *Traité de Paléontologie*, trad. franç., 1887, t. II, p. 623.

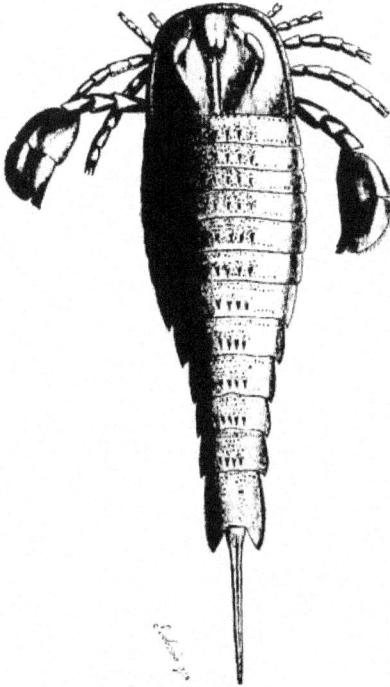

Fig. 47. — *Eurypterus Fischeri*. Bohémien de la Baltique, demi-grandeur (d'après Niedzkowsky).

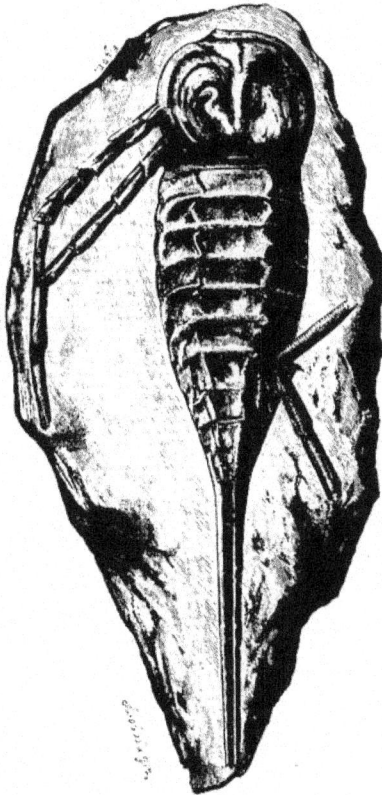

Fig. 48. — *Stylonurus Powriei*. Dévonien d'Écosse (d'après Woodward).

le bouclier céphalique des Limules avec deux gros yeux composés et deux petits yeux simples médians, mais à la suite viennent treize segments mobiles, terminés par l'aiguillon caudal. Il y a six paires de pattes; les cinq premières sont petites, tandis que la dernière est très puissante et devait surtout servir à la natation. Il y a au moins 20 espèces d'*Eurypterus*. Le genre *Stylonurus* (fig. 46 et 48) se distingue par un telson plus long et par les deux dernières paires de pattes minces et très allongées.

Le genre *Slimonia* (fig. 49) présente un telson large et ovale terminé par une pointe.

Il se rapproche ainsi du genre *Pterygotus* où l'aiguillon caudal est remplacé par une plaque arrondie. Le *Pterygotus* est remarquable par les fortes pinces qui terminent la première paire de pattes; la dernière paire forme de puissantes nageoires. Plusieurs espèces ont été découvertes dans le Silurien, mais la plus grande (*Pterygotus anglicus*), que les carriers écossais appellent Séraphin, comparant ses pinces à des ailes, existe dans le grès rouge dévonien (fig. 50).

Les grands Crustacés ne paraissent pas avoir été exclusivement des animaux de haute mer, car les roches dévoniennes où ils sont

Fig. 49. — *Slimonia acuminata* du Bohémien d'Angleterre, réduit, d'après Woodward.

abondants ont dû se former dans des mers intérieures (1) à une faible distance des rivages.

A l'époque actuelle on trouve dans les eaux douces et dans la mer de très petits Crustacés

AUTRES CRUSTACÉS SILURIENS.

ayant à peine quelques millimètres et même 1/2 millimètre de longueur, présentant une certaine ressemblance avec les Mollusques bivalves. Leur carapace comprimée est en effet formée de deux moitiés réunies par un ligament élastique. Ce sont les *Ostracodes*. Les plus connus sont les Cypridines et les *Cythere*, qui sont assez répandus dans les eaux marines,

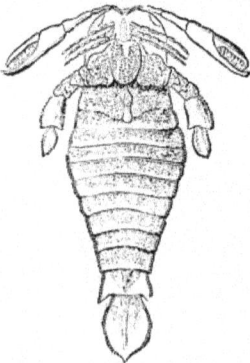

Fig. 50. — *Pterygotus anglicus*.

Fig. 51. — *Aristozoe*.

et le genre *Cypris* qui habitent les eaux douces. Les Ostracodes se montrent déjà pendant la période silurienne avec leurs caractères actuels, mais leur taille était alors notablement plus grande. L'*Aristozoe regina* (fig. 51) de Bohême atteignait une longueur de 90 millimètres. La *Leperditia baltica* (fig. 53) du Silurien supérieur présente une coquille convexe, en forme de haricot, d'une longueur de 20 millimètres. Les *Bolbozoe* et les *Beyrichia* (fig. 54) sont plus petites. Les premières ont une coquille ovale, granulée avec un gros

(1) Neumayr, *Erdgeschichte*, II, p. 95.

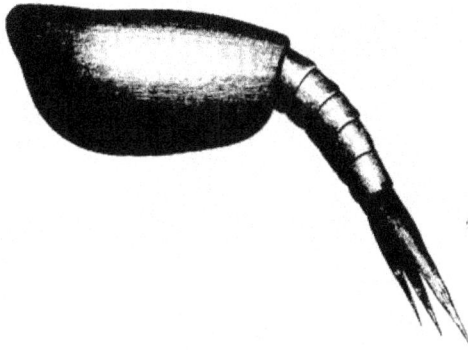

Fig. 52. — *Ceratiocaris.*

tubercule sphérique ; les secondes sont ornées de sillons transversaux et de bourrelets verruqueux. Cette richesse de formes, remplacée aujourd'hui par une pauvreté relative de types

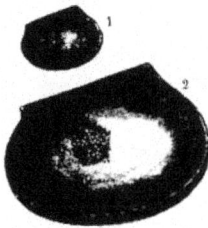

Fig. 53. — *Leperditia baltica.* — 1, grandeur naturelle ; 2, grossie.

et une diminution notable des dimensions, montre que le groupe des Ostracodes est en décadence depuis le Silurien.

On a aussi découvert dans le Silurien des formes d'autant plus intéressantes qu'à l'épo-

Fig. 54. — 1 et 3, *Beyrichia* ; 2, *Bolbozoe.*

que actuelle il est difficile de trouver leurs analogues. Tels sont les *Ceratiocarides.* Ces Crustacés atteignent une longueur de quelques décimètres. La partie antérieure du corps est protégée par une carapace bivalve pro-

longée par un rostre que souvent la fossilisation n'a pas conservé. A la suite de ce bouclier viennent des segments mobiles dont le nom-

Fig. 55. — *Peltocaris.*

bre varie de 5 à 7. Le corps se termine par un fort aiguillon caudal accompagné de deux pointes plus courtes. Il y a plusieurs genres

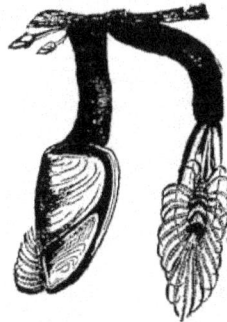

Fig. 56. — Anatife (*Lepas anatifera*) vu de face et de côté.

dont le plus important, *Ceratiocaris* (fig. 52) se rencontre dans le Silurien, le Dévonien et

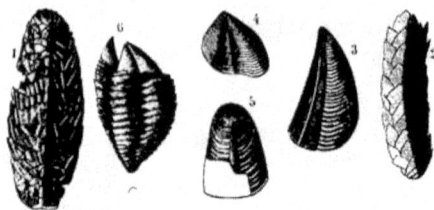

Fig. 57. — *Cirripèdes.* — 1 et 2, *Plumulites (Turrilas)* du Silurien; 3, 4, 5, plaques grossies; 6, *Lorricula* du Crétacé, pour la comparaison.

le calcaire carbonifère. Des représentants isolés du groupe paraissent avoir persisté jusqu'au Jurassique. Il est impossible de rattacher ces formes, comme on l'a fait d'abord, aux Phyllopodes (Apus, Daphnie). Le seul type actuel qui les rappelle est la *Nebalia*, Crustacé aberrant ayant un test bivalve et huit anneaux thoraciques terminés par deux appendices divergents garnis de soies. Par son développement embryonnaire, la *Nebalia* se rapproche des Crustacés supérieurs, ainsi que par ses yeux composés et les pattes articulées de l'abdomen. C'est une forme de transition qui rend d'autant plus intéressant le groupe des Cératiocarides auquel on rapporte aussi des carapaces circulaires du Silurien (*Peltocaris*) (fig. 55).

Les Cirripèdes sont des Crustacés marins généralement fixés aux corps submergés et souvent munis d'un pédoncule (ex. : les Anatifes) (fig. 56). L'animal est logé dans une enveloppe composée de plusieurs pièces calcaires : dorsales, ventrales, latérales. Il y a déjà des Cirripèdes dans le Silurien d'Angleterre et de Bohème; tels sont les *Plumulites*, qui rappellent le genre *Lorricula* du Crétacé (fig. 57).

LES MOLLUSQUES CÉPHALOPODES.

Les Mollusques ou animaux à corps mou, pourvus généralement d'une coquille, se montrent dès le Silurien avec leurs différents types, en particulier avec le type le plus élevé, celui des Céphalopodes. On appelle ainsi les Mollusques comme le Poulpe, la Seiche (fig. 58), le Nautile. Ils ont une tête bien distincte, pourvue de deux gros yeux latéraux. La bouche est entourée de bras ou tentacules munis de ventouses, ce qui leur a valu leur nom. Le corps de l'animal est couvert d'une enveloppe, le *manteau*, constituant du côté ventral une cavité : la *cavité branchiale* contenant les organes respiratoires, c'est-à-dire les branchies. Cette cavité communique avec le dehors par une longue fente transversale. Il y a de plus en haut un tube appelé *entonnoir*, pour la sortie de l'eau (1).

Les Céphalopodes actuels se divisent en deux ordres : les *Dibranchiaux*, qui ont seulement deux branchies, une de chaque côté, et les *Tétrabranchiaux*, munis de quatre branchies, deux de chaque côté.

Les Tétrabranchiaux sont uniquement représentés aujourd'hui par les Nautiles (*Nautilus pompilius*) (fig. 59). Ce sont, avec les Argonautes femelles, les seuls Céphalopodes pourvus d'une coquille externe. Au lieu de grands bras préhensiles, ils ont un grand nombre de petits tentacules courts. La coquille des Nautiles est enroulée en spirale dans un plan et les tours sont contigus. Elle est divisée en chambres successives par des cloisons simples légèrement concaves. La dernière loge ou grande loge est seule occupée par l'animal. Les autres, dites chambres à air, ont été successivement occupées par lui dans le cours du développement et sont réduites à l'état de flotteur. Chaque cloison pousse en arrière une sorte de prolongement en forme de goulot : c'est le *goulot siphonal*. Les goulots servent de gaine à un tube membraneux : le *siphon*. Ce dernier contient un cordon vasculaire, le *funicule*, partant de la partie postérieure du corps de l'animal. Le côté externe

(1) Voir pour plus de détails : Brehm, *Les Vers et les Mollusques*, p. 349.

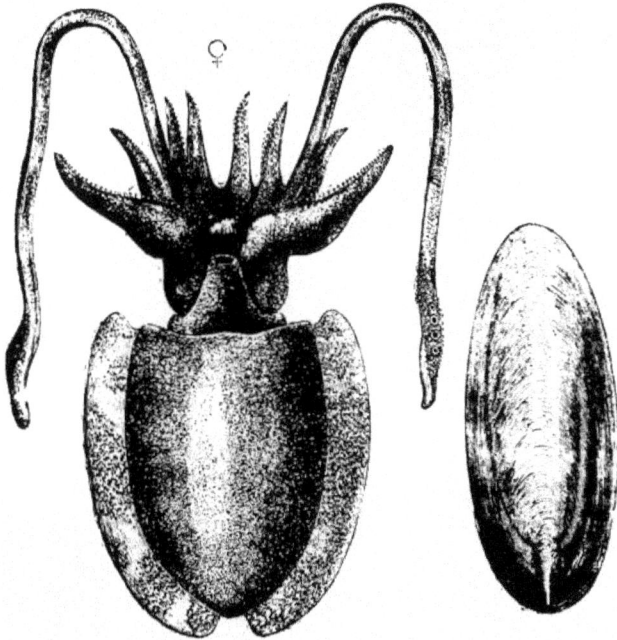

Fig. 58. — Seiche (*Sepia officinalis*), vue de dessous avec sa coquille interne.

de la coquille correspond à la bouche et à l'entonnoir; c'est le *côté ventral*; le côté interne est le *côté dorsal*. Le siphon occupe le centre des loges. Il se prolonge jusqu'au bout de la loge initiale en *nucleus* et arrive au contact de la paroi interne de cette loge. En outre, celle-ci présente à l'extérieur une dépression : la *cicatrice*.

Les Tétrabranchiaux, aujourd'hui si réduits, étaient très bien représentés dans les premières périodes géologiques; dans le Silurien, ils comptent près de 1 800 espèces appartenant à de nombreux genres; mais ils atteignent leur développement maximum dans le Bohémien, et à partir de cette époque, ils vont sans cesse en diminuant, jusqu'à ne plus compter, à l'époque actuelle, que le genre *Nautilus*.

Tous les Tétrabranchiaux fossiles sont reconnus comme tels, à cause de leurs cicatrices et du siphon qui se continue jusqu'au fond de la première loge. Toutefois, celle-ci

n'est probablement pas la loge initiale. Beaucoup de paléontologistes, entre autres Barrande et Hyatt, pensent que la cicatrice était ouverte et communiquait avec une loge à parois membraneuses. On peut même reconnaître la surface d'attache de cette loge caduque au bord d'une area qui entoure la cicatrice.

Dès le Cambrien, on trouve des Tétrabranchiaux et ils deviennent très nombreux dans l'Ordovicien et le Bohémien. Les formes les plus anciennes sont droites, c'est-à-dire que la coquille, au lieu d'être spiralée comme chez les Nautiles, est absolument déroulée. Ces formes ont été appelées *Orthoceras* (fig. 60). Il y en a plus de 1 000 espèces. La coquille se termine en cône, les cloisons sont simples et concaves, le siphon est généralement central. Il peut être soit cylindrique, soit constitué par une série d'étranglements et de rétrécissements successifs. Les Orthocères, où le siphon se renfle ainsi entre deux cloisons suc-

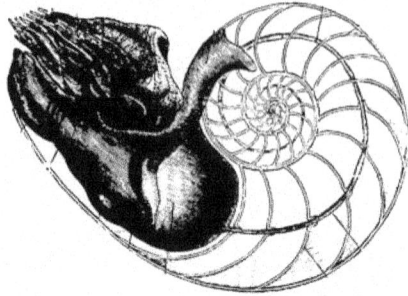

Fig. 59. — *Nautilus pompilius*. Coquille coupée; l'animal occupe la chambre antérieure.

cessives, ont été réunis par Bronn sous le nom d'*Actinoceras*. Dans le siphon, on trouve souvent des dépôts calcaires sous forme d'anneaux (*anneaux d'obstruction*); ils servaient peut-être à augmenter le poids de la coquille.

Le nombre des chambres chez les *Orthoceras* est variable. Dans *Orthoceras truncatum* (fig. 61), la coquille est toujours tronquée postérieurement; il n'y a pas de cicatrice. On trouve au plus 8 chambres dans cette espèce et jamais moins de 4. Barrande en a conclu que les Orthocères rejetaient à intervalles réguliers leurs anciennes chambres et diminuaient ainsi la longueur de leur coquille. Ils réparaient celles-ci par une calotte conique; cette réparation se faisait probablement à l'aide de longs bras analogues à ceux de l'Argonaute femelle.

On trouve des Orthocères ayant une taille de 1 à 2 mètres. D'après l'état de la surface, on distingue plusieurs séries : les *Undulati* à stries transversales, les *Annulati* à anneaux transversaux saillants (*O. Bohemicum*), et les *Lineati* à stries longitudinales.

Les Orthocères de l'Ordovicien qui forment le genre spécial *Endoceras* (fig. 63) (ex. : *E. duplex*) (fig. 64), présentent des particularités remarquables. La chambre d'habitation se continue par un large siphon, et les chambres à air sont rejetées sur le côté. Ainsi, le siphon n'est plus central, il est latéral. En outre, ce large siphon est souvent obstrué par des dépôts calcaires en forme de cônes emboîtés les uns dans les autres. Il n'est pas rare de trouver dans ce siphon des Orthocères plus petits. Hall supposait que les jeunes Orthocères restaient ainsi dans une sorte de chambre incubatrice, mais on a re-

connu depuis qu'ils appartenaient souvent à des espèces différentes; ils n'ont donc été amenés là que par un accident de perfora-

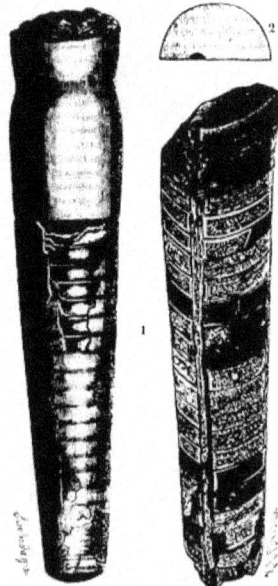

Fig. 60. — *Orthoceras neptuneum* (d'après Barrande, Silurien supérieur de Bohême). — 1, coquille entière et coupée longitudinalement; 2, coupe transversale.

tion. Les *Endoceras* caractérisent avec les vrais *Orthoceras* le calcaire dit calcaire à Orthocères, si développé en Scandinavie, en Russie et dans l'Amérique du Nord.

D'autres formes qu'on rapproche des *Ortho-ceras* constituent le genre *Ascoceras* (fig. 62). La chambre d'habitation est en forme de bou-teille. Sur le côté, on voit des chambres à air

dans lesquelles l'animal devait être étroitement emprisonné. La coquille ventrue, en forme de

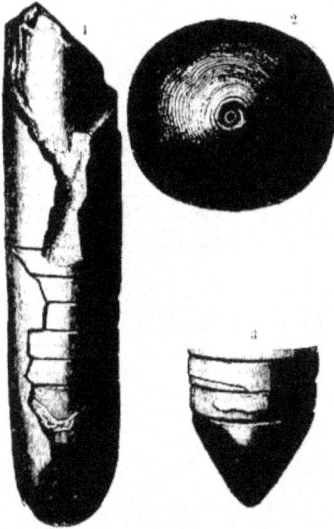

Fig. 61. — *Orthoceras truncatum*. (Silurien supérieur de Bohême, d'après Barrande.) — 1, coquille entière; 2, calotte inférieure, vue de dessous; 3, vue de côté.

qui se prolongent ensuite au-dessous de la grande loge. Le siphon part du fond de cette dernière. Dans toutes les formes précédentes,

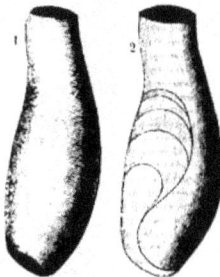

Fig. 63. — *Endoceras longissimum* (Barrande).— 1, coupe longitudinale; 2, coupe trausversale.

Fig. 64. — *Endoceras duplex*. (Ordovicien du nord, d'après Quenstedt.) — 1, la coquille est enlevée à la partie inférieure et laisse voir le siphon ; 2, coupe transversale.

poire allongée, présente une ouverture très rétrécie, ressemblant à un T. Par cette ou-

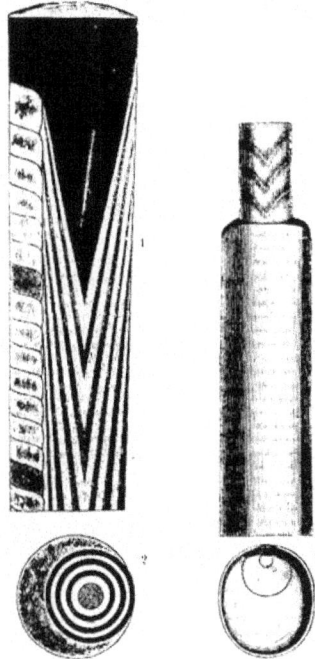

Fig. 62. — *Ascoceras*. (Silurien supérieur de Bohême, d'après Barrande.) — 1, coquille; 2, moule interne.

l'ouverture de la coquille est large ou à peine rétrécie; l'animal, comme celui du Nautile, pouvait faire saillie au dehors. Au contraire, il y en a d'autres, les *Gomphoceras* (fig. 65),

Fig. 65. — *Gomphoceras ellipticus*.

verture sortaient probablement l'entonnoir et les bras.

D'autres Tétrabranchiaux diffèrent des *Orthoceras* par leur coquille plus ou moins arquée. Le siphon se trouve du côté convexe, c'est-à-dire ventral (par analogie avec les Nautiles). On a créé pour ces coquilles le genre *Cyrtoceras*, qui commence au Cambrien (*C. præcox*) et s'étend jusqu'au Permien. Certains *Cyrtoceras* ont une bouche rétrécie ; on en a fait le genre *Phragmoceras*. Les *Cyrtoceras* se rattachent intimement aux *Orthoceras*. Beaucoup de ceux-ci, comme l'a montré Barrande, ont un siphon plus ou moins excentrique et une coquille plus ou moins courbe. L'*Orthoceras dulce* présente des individus droits et d'autres arqués. Dans le genre *Gyroceras* (Silurien supérieur et Dévonien), la coquille s'enroule plus ou moins en spirale, mais les tours ne se touchent pas ; il y a des intermédiaires avec *Cyrtoceras*. Dans le genre *Trochoceras* les tours sont placés dans des plans un peu différents et ont une tendance à s'enrouler en spirale. Il y a tous les intermédiaires entre les deux genres *Gyroceras* et *Trochoceras* et la même espèce présente des variations.

Les coquilles du genre *Nautilus* sont enroulées en spirale ; les tours de spire sont dans un même plan et se touchent de sorte que la coquille est discoïdale. Les formes les plus anciennes, qui remontent à l'Ordovicien, sont largement ombiliquées, c'est-à-dire que la partie centrale correspondant aux premières loges présente plusieurs tours de spire ; il y a souvent un vide au milieu de l'ombilic. Certaines formes nautiloïdes présentent une coquille d'abord enroulée en spirale, mais le dernier tour se déroule et devient droit ; il est parfois très long. Par leur partie droite, ces formes appelées *Lituites* (fig. 66) peuvent donc être confondues avec des *Orthoceras* et par leur partie enroulée avec des Nautiles. Les cloisons sont simples comme celles des Nautiles proprement dits. Les *Lituites* n'existent que dans l'Ordovicien et dans le Bohémien, où elles prennent tout leur développement.

Un fait remarquable, c'est que les Trilobites sont les animaux les plus vigoureux du Cambrien, tandis que la prédominance appartient dans l'Ordovicien et le Bohémien aux Tétrabranchiaux, plus forts et mieux organisés pour s'emparer de leur proie. Ceux-ci à leur tour vont trouver des concurrents redoutables dans les Poissons et vont diminuer rapidement à partir du Silurien supérieur. C'est dans cet

Fig. 66. — *Lituites lituus*. (Ordovicien du nord, d'après Nötling.)

étage qu'ils montrent la plus grande variété

Fig. 67. — *Gastéropodes Siluriens* (d'après F. Römer). — 1, *Ecculiomphalus alatus*. Ordovicien; 2 et 3, *Euomphalus alatus* du Bohémien de Gotland; 4, *Salpingostoma megastoma*. Ordovicien; 5, *Maclurea Logani*, avec opercule. Ordovicien; 6, 7, *Bellerophon cultrijugatus*. Ordovicien; 8, *Acroculia anguis*. Silurien supérieur de Bohème.

de formes; on trouve à la fois des coquilles droites, arquées, spiralées et déviées, dont les formes souches sont certainement les *Orthoceras* du Cambrien (ex. : *O. sericeum*.)

LES MOLLUSQUES GASTEROPODES ET PTÉROPODES

Les Gastéropodes sont des Mollusques plus ou moins analogues à l'Escargot, pourvus d'une tête distincte et dont la partie inférieure du corps forme une large surface (le *pied*) servant à la reptation. Sur le dos se trouve un repli des téguments, le *manteau*, qui se prolonge sur les côtés du corps; entre le pied et le manteau se montrent les branchies. Le corps est généralement protégé par une coquille dont l'orifice livre passage au pied, à la tête et à une partie du manteau. C'est celui-ci qui sécrète la coquille; cette dernière est généralement enroulée en spirale.

Les Gastéropodes apparaissent dès le Cambrien. Presque tous les genres paléozoïques sont holostomes (orifice de la coquille sans échancrure); tous appartiennent, comme l'a montré la comparaison des coquilles avec les genres actuels, au groupe des *Prosobranches*. On appelle ainsi les Gastéropodes dont les branchies sont placées en avant du cœur.

Les genres siluriens les plus remarquables sont les genres *Pleurotomaria*, *Euomphalus*, *Bellerophon*.

Les *Pleurotomaria* ont une coquille large

Fig. 68. — *Murchisonia intermedia*.

et conique. Le Labre, c'est-à-dire le bord externe de l'ouverture, porte une fente plus ou moins profonde qui se ferme d'elle-même en arrière au fur et à mesure que la coquille grandit; il en résulte sur tous les tours une

Fig. 69. — Atlante (*Atlanta Peronii*).

cicatrice ayant la forme d'une bande. Les Pleurotomaires présentent un grand nombre d'espèces et se prolongent à travers le Secondaire et le Tertiaire jusqu'à l'époque actuelle. On en connaît encore aujourd'hui quatre espèces dans l'océan Pacifique. A côté des *Pleurotomaria* se placent les *Murchisonia* (fig. 68) qui s'en distinguent seulement par leur spire plus allongée et turriculée.

Les *Euomphalus* (fig. 67) ont une coquille discoïdale, la spire est très déprimée, les tours se touchent mais ne sont pas embrassants. Il y a une ou deux carènes par tour de spire. La bouche porte une échancrure près de la carène supérieure. Dans le genre *Ecculiomphalus* ou *Phanerotinus* la spire est lâche, les tours ne se touchent pas. Le genre *Maclurea* (fig. 67) intimement uni aux *Euomphalus* et commun surtout dans le Cambrien et l'Ordovicien d'Amérique, présente une coquille convexe à la face supérieure, plane en dessous et munie d'un opercule épais qui forme en dedans deux prolongements saillants pour l'insertion des muscles.

On trouve également dans le Silurien des types rappelant de très près les genres actuels des *Turbo* et des *Trochus*. Les coquilles coniques, en forme de bonnet plus ou moins allongé, qui constituent la famille des Capu-

lidés, sont déjà représentées au Silurien, tel est le genre *Acroculia* (fig. 67).

Tandis que les groupes précédents se sont tous multipliés et ont fourni jusqu'à l'époque actuelle des formes nouvelles, le groupe des *Bellerophon* (fig. 67) n'a eu qu'une existence éphémère. Ce groupe qui comprend plusieurs genres : *Bellerophon Cyrtolites, Porcellia, Salpingostoma* (fig. 67) communs au Silurien, atteint son apogée au Carbonifère et n'est plus guère représenté au Trias. La coquille est remarquable et se distingue de celle des Gastéropodes typiques. Au lieu d'être enroulée en hélice, elle est globuleuse et ses tours sont dans un même plan. Le bord externe de l'ouverture porte une entaille qui se continue sur le dos par une bande qui suit le milieu des tours. Le bord interne est épaissi. Cette coquille ressemble par sa forme à celle des Hétéropodes, Mollusques pélagiques dont le pied constitue une nageoire verticale. Elle rappelle en particulier la coquille des *Atlanta* (fig. 69), elle en diffère cependant par son épaisseur et sa solidité. Les coquilles des Hétéropodes sont en effet très fragiles, ce qui explique leur rareté à l'état fossile. Toutefois on pourrait peut-être considérer les Hétéropodes comme un rameau détaché des Gastéropodes dès le commencement des temps primaires, et les

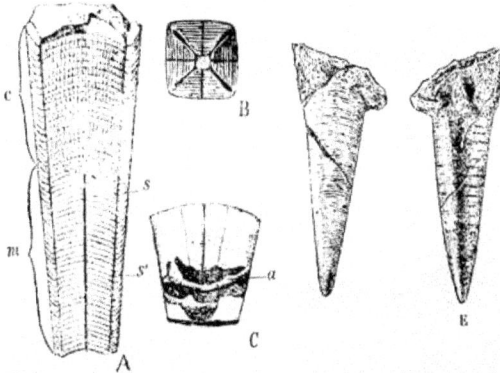

Fig. 70. — Conulaires : A. *Conularia acuta* (Dévonien); *m*, moule interne; *s*, ligne segmentale; *s'*, sillon angulaire. B. *Conularia quadrisulcata* (Carbonifère). C. *C. quichua* (Dévonien de Bolivie). D. E. *Hyolithes princeps* (Cambrien) (sorte de Conulaire à section triangulaire).

Atlanta actuels seraient les descendants des Bellérophons, mieux adaptés à la vie pélagique grâce à la légèreté de leur coquille.

Les Ptéropodes sont de petits Mollusques qui vivent en pleine mer et flottent à la surface. Leur corps, qui est nu ou abrité par une coquille très fragile, présente à la partie antérieure deux nageoires latérales en forme d'ai-

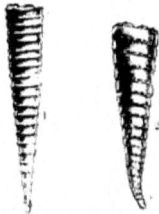

Fig. 71. — 1, *Tentaculites*; 2, *Cornulites* (grossis).

les. Ces animaux délicats n'ont laissé naturellement que peu de traces dans les couches géologiques. Dans les dépôts tertiaires récents on trouve le genre actuel *Styliola*, dont la coquille n'a que quelques millimètres de longueur. Barrande et plusieurs autres paléontologistes rapportent à ce même genre *Styliola* des coquilles plus grandes provenant du Silu-

rien. Mais suivant d'autres savants ces prétendus *Styliola* ne seraient que des tubes de Vers. Il en serait de même des *Tentaculites* et *Cornulites* (fig. 71), très répandus dans le Silurien et le Dévonien. Ce sont des coquilles allongées qui présentent des stries et des anneaux saillants; elles paraissent ainsi composées de nombreux cônes emboîtés les uns dans les autres. Par leur agglomération, les Tentaculites forment parfois des roches entières dans le Silurien.

Ainsi la place des *Styliola* et des *Tentaculites* siluriens est encore douteuse. Il en est de même pour les *Conulaires* (fig. 70), qui atteignent parfois 20 centimètres de long, taille de beaucoup supérieure à celle des Ptéropodes actuels.

Le genre *Conularia* se montre dans les couches paléozoïques depuis le Silurien, sous forme de pyramides quadrangulaires. Chacune des faces est partagée en deux moitiés par un sillon longitudinal d'où partent deux séries de stries parallèles. A la partie postérieure de la coquille on trouve des cloisons parallèles, concaves, rappelant celles des Céphalopodes. L'ouverture de la coquille, rarement conservée, montre quatre replis qui sont les terminaisons des faces pyramidales (fig. 70 B).

LES MOLLUSQUES PÉLÉCYPODES.

Les Pélécypodes ou Lamellibranches sont les Mollusques pourvus, comme l'Unio (fig. 72), la Moule, l'Huître, d'une coquille bivalve. L'a-

nimal n'a pas de tête distincte; il mérite le nom d'acéphale. Les deux valves sont tapissées d'une membrane : le *manteau*. Sous le manteau on trouve de chaque côté les branchies sous forme de feuillets qui se divisent en filets très déliés, c'est ce qui a valu à ces animaux le nom de Lamellibranches. En soulevant les branchies, on voit un organe volumineux presque toujours comprimé sur les côtés. C'est le *pied* de l'animal ; il a le plus souvent la forme d'un fer de hache ; de là est venu le nom de Pélécypodes (pied en forme de hache) donné aujourd'hui aux Mollusques bivalves.

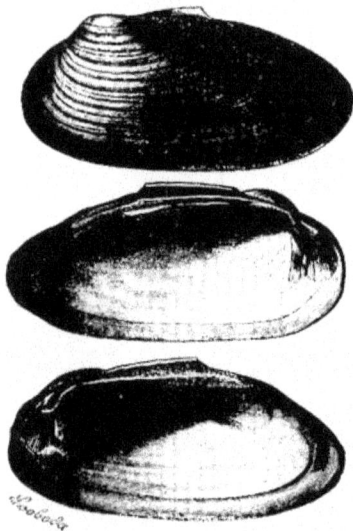

Fig. 72. — *Unio pictorum* (Mulette des peintres). Exemple de Mollusque Pélécypode.

La coquille, plus ou moins ovale, présente sur l'un des bords de chaque valve une saillie qu'on nomme le *crochet*. Si l'on place l'animal en convenant de prendre pour extrémité antérieure celle où se trouve la bouche et pour extrémité postérieure celle qui lui est opposée, on constate que les crochets sont situés du côté de la bouche, donc *antérieurs*. L'extrémité postérieure est arrondie. On appelle *bord dorsal* de la valve celui qui est situé du côté de la charnière, bord *ventral* celui qui est situé du côté opposé. En plaçant l'animal de façon que la charnière soit verticale et dirigée vers l'observateur, et le crochet dirigé vers le haut, on appelle *valve droite* celle située à la droite de l'observateur, et *valve gauche* celle située à sa gauche.

Derrière ou au-dessous des crochets on voit une bande cornée élastique qui unit les deux valves. C'est le *ligament*. En vertu de son élasticité il ouvre passivement les valves. Mais il y a deux muscles allant d'une valve à l'autre et qui, en se contractant à la volonté de l'animal, forment la coquille. On les appelle *muscles adducteurs*. On distingue le muscle antérieur et le muscle postérieur. Ils laissent à l'intérieur de chaque valve, à l'endroit de leur insertion, deux dépressions particulières ; ce sont les *impressions musculaires*.

Derrière le crochet on voit la *charnière* (*cardo*).

Fig. 73. — *Modiolopsis modiolaris*.

Il y a là une portion épaissie appelée le *plancher cardinal*. On y voit des saillies ou *dents* et des fossettes. Les dents de chaque valve pénètrent dans les fossettes de la valve opposée. Les dents situées au centre du plancher, dans le voisinage du crochet, sont les *dents cardinales ;* celles qui sont situées de chaque côté sont les *dents latérales*. Les dents peuvent être remplacées par de faibles saillies ou faire complètement défaut.

Fig. 74. — *Avicula demissa* (Silurien).

Signalons aussi sur chaque valve l'*impression palléale*. C'est la trace laissée par le bord du manteau, lequel s'attache sur les bords de la coquille par des fibres musculaires. L'impression palléale est une ligne plus ou moins nette. Elle présente parfois un enfoncement ou *sinus*, qui correspond à deux longs tubes ou *siphons* servant à l'entrée et à la sortie de l'eau. Quand l'impression palléale est entière, on peut en conclure que les siphons n'étaient pas rétractiles ou faisaient défaut. Quand le sinus existe, on en conclut que l'animal était pourvu de siphons rétractiles.

Les Pélécypodes paléozoïques appartiennent presque tous à un groupe dont Neumayr a fait (1883) l'ordre des *Paléoconques*. La coquille est mince, les dents cardinales manquent complètement ou sont très peu développées. Les im-

Fig. 75. — *Cardiola interrupta* (Sowerby); *a*, valve gauche; *b*, valve gauche montrant l'area au-dessous du crochet (Barrande).

pressions musculaires sont bien nettes et au nombre de deux, l'impression palléale est entière. Ces Pélécypodes sont la souche commune de tous les Lamellibranches.

On les rencontre dès le Cambrien. On a trouvé en effet dans le Cambrien de l'Amérique du Nord une petite coquille : la *Fordilla troyana*. On peut citer encore l'*Antipleura* du Silurien de Bohème ; les *Modiolopsis* (fig. 73)

munis d'une coquille allongée à crochets peu saillants. Les *Cardiola* communes dans le Silurien supérieur (la *C. interrupta* est caractéristique) (fig. 75), présentent sous le crochet une area triangulaire portant des entailles ressemblant à des dents.

Un autre groupe de Pélécypodes qui remonte au Silurien est celui des *Anisomyaires* caractérisé par la présence de deux impressions musculaires très inégales, l'une grande et l'autre petite. Les dents cardinales sont peu développées ou absentes. Il n'y a pas de sinus palléal. Tels sont les genres *Avicula* (fig. 74), *Aviculopecten*, *Pterinea*, *Myalina*. Dans le premier la coquille a des valves inégales, la valve droite est la plus petite et la plus plate. La coquille se termine par une aile postérieure longue, de là le nom d'*Avicula* (petit oiseau).

Les *Taxodontes* sont des bivalves dont les impressions musculaires sont à peu près égales. La charnière porte de chaque côté une série de petites dents semblables entre elles. Tels sont les genres actuels *Arca*, *Cucullæa*, *Pectunculus*, *Leda*, *Nucula*. Ce groupe avait déjà des représentants pendant la période silurienne avec les genres *Pevarca*, *Nuculites*, etc.

LES MOLLUSCOIDES : BRACHIOPODES ET BRYOZOAIRES.

Les Brachiopodes sont des animaux enfermés dans une coquille bivalve et dont l'apparence extérieure rappelle par suite celle des Mollusques Pélécypodes. Ils sont caractérisés surtout par l'existence de deux bandes couvertes de cils vibratiles et placées de part et d'autre de la bouche. On les appelle les *bras*, bien que ces appendices ne servent pas à la locomotion. L'animal reste fixé et les bras, par le mouvement des cils dont ils sont revêtus, servent à produire des courants qui amènent à la bouche l'eau nécessaire à la respiration et à la nutrition de l'animal.

La coquille est tapissée par une membrane ou *manteau* comme celle des Pélécypodes. Les deux valves sont inégales. La grande valve est bombée et se termine par un crochet souvent perforé ; l'ouverture ou *foramen* livre passage à un ligament tendineux par lequel se fixe l'animal. Le crochet de la petite valve n'est jamais perforé. Le Brachiopode est couché dans sa coquille de telle sorte que son corps est symétrique par rapport à un plan perpendiculaire au plan de séparation des

valves. En d'autres termes, l'une des valves correspond au dos de l'animal et l'autre au ventre. Suivant les auteurs, la grande valve est désignée comme dorsale ou ventrale, de même pour la petite. Nous ne tiendrons compte par suite, pour les désigner, que de leur grandeur relative. Quoi

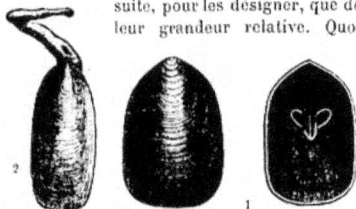

Fig. 76. — 1, *Lingula Lewisi* du Silurien d'Angleterre (d'après Davidson); 2, Lingule vivante avec son pédoncule.

qu'il en soit, nous voyons que le mode de symétrie des Brachiopodes est différent de celui des Lamellibranches, chez lesquels on distingue une valve droite et une valve gauche et où le plan de symétrie passe par la charnière.

Les valves peuvent être réunies l'une à l'autre par des muscles seulement. On dit alors que le Brachiopode est *inarticulé* (*Écardine*), exemple : la Lingule. Les valves peuvent aussi être réunies par un appareil compliqué : la *charnière*, formée de dents et de fossettes. On dit alors que le Brachiopode est articulé (*Testicardine*), exemple : la Térébratule.

Les Brachiopodes inarticulés sont représentés aujourd'hui par les genres *Lingula* et

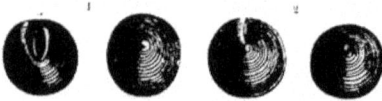

Fig. 77. — Discines. — 1, du Silurien d'Angleterre ; 2, espèce vivante (d'après Davidson).

Discina qui remontent aux temps géologiques les plus reculés. Le plus ancien fossile connu est la *Lingulella ferruginea* dont on trouve les petites coquilles dans le Cambrien inférieur du pays de Galles. Les *Lingulidés* ont des valves presque égales, ovales ou à peu près rectangulaires, terminées en pointes. Ces valves s'écartent pour laisser passer un long pédoncule. Les muscles ne laissent sur la coquille que de faibles impressions. Le genre *Lingula* (fig. 76¹) présente dans les divers étages du Silurien cent cinquante espèces. A l'époque actuelle, il y en a environ trente espèces qui diffèrent très peu des Lingules cambriennes.

Fig. 78. — *Obolus Apollinis* (vue des deux valves et de l'intérieur de la grande valve).

Telle est la *Lingula anatina* des Philippines (fig. 76²). Ce type ne s'est donc pas modifié malgré les changements géologiques.

Les *Discinidés* ont des valves rondes avec des stries d'accroissement concentriques. Le pédoncule passe par un trou de la grande valve, sur laquelle on voit aussi deux impressions musculaires. Le genre *Discina* (fig. 77) se montre dès le Cambrien, et ses espèces se sont maintenues presque identiques à elles-mêmes jusqu'à l'époque actuelle.

Dans le Cambrien on trouve aussi le genre *Obolus* (fig. 78) ; la grande valve présente une cloison médiane.

La coquille des Brachiopodes Inarticulés se compose, comme le montre la figure 79, de couches alternantes de matière cornée et de calcaire. Celui-ci est un mélange de carbonate et de phosphate de chaux, où ce dernier domine.

Chez les Brachiopodes Articulés, la coquille se compose de prismes de carbonate de chaux dirigés obliquement à la surface. Entre ces

Fig. 79. — Coupe à travers une coquille de Lingule, fortement grossie (d'après Davidson).

prismes existent habituellement des canalicules qui s'évasent vers l'extérieur et dans lesquels pénètrent des prolongements du manteau. Un épiderme les recouvre, de sorte qu'ils ne communiquent pas directement avec l'extérieur. Quand on regarde à la loupe une coquille avec de pareils canalicules, on voit une quantité de petits trous. La coquille est dite *ponctuée*. Lorsqu'ils n'existent pas, la coquille

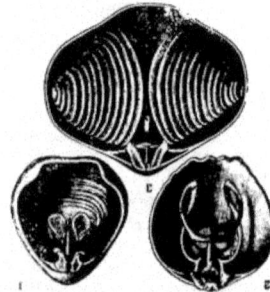

Fig. 80. — Appareil brachial des Brachiopodes. — 1, *Rhynchonella*; 2, *Waldheimia*; 3, *Spirigera*.

est dite *fibreuse* (fig. 81). Ces canalicules sont tout à fait spéciaux aux Brachiopodes et les distinguent des Lamellibranches, chez lesquels d'ailleurs on trouve des prismes placés normalement à la surface de la coquille.

La charnière des Brachiopodes Articulés est constituée de la manière suivante. De part et d'autre du crochet de la grande valve se trouve une dent; ce sont des *dents cardinales*

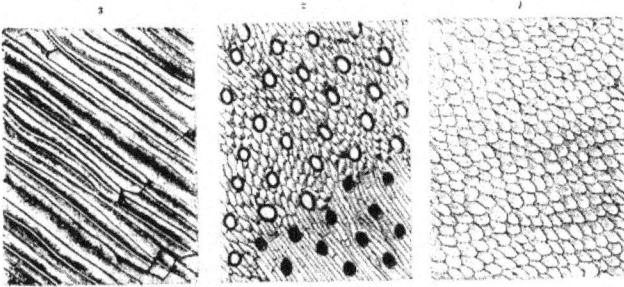

Fig. 81. — Structure de la coquille des Brachiopodes articulés (d'après Davidson). — 1, surface d'une coquille fibreuse; 2, surface d'une coquille ponctuée; 3, coupe perpendiculaire à travers une coquille fibreuse, fort grossissement.

auxquelles correspondent sur la petite valve les *fossettes dentaires*. Entre celles-ci la petite valve présente une pièce solide plus ou moins allongée : l'*apophyse cardinale*, qui sert d'attache aux muscles grâce auxquels s'ouvrent les valves. A cause de la disposition de la charnière, les deux valves ne peuvent glisser l'une sur l'autre ; on ne peut les ouvrir entièrement sans les briser.

Outre l'apophyse cardinale et les fossettes dentaires, la petite valve supporte souvent un appareil calcaire plus ou moins compliqué

Fig. 82. — *Orthis.*

qui soutient les bras de l'animal. C'est l'*appareil apophysaire* ou *brachial* (fig. 80). Il peut être composé seulement de deux baguettes courbes (les *crura*), ou présenter des formes variées sur lesquelles nous aurons à insister plus loin.

Les Brachiopodes Articulés ou Testicardines se divisent en deux grands groupes: ceux qui n'ont pas d'appareil brachial (*Eleutherobranchiata* de Neumayr) et ceux qui sont pourvus d'un appareil de ce genre (*Pegmatobranchiata* de Neumayr). Les *Eleutherobranchiata* sont le type primitif. Ils se rapprochent davantage des Écardines et sont presque cantonnés dans les terrains primaires.

La famille la plus ancienne de ce groupe est celle des *Orthisidés*, qui comprend dans le Silurien et le Dévonien un nombre considérable de formes. Le crochet est peu saillant; sur chaque valve il y a sous le crochet un espace aplati (*area*). La grande valve porte un *foramen* et deux dents cardinales. Sous le crochet des Brachiopodes on trouve souvent une pièce triangulaire, le *deltidium*, qui peut entourer le foramen ou se trouver au-dessous de lui. Chez les Orthisidés il y a une pièce calcaire (*pseudodeltidium*) qui tend à fermer l'ouverture en s'accroissant progressivement du crochet vers le bas. Cette famille contient les genres *Orthis*

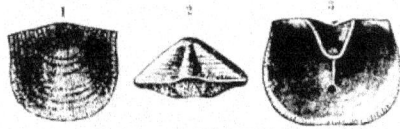

Fig. 83. — *Orthisina.* — 1, de dessus; 2, du côté de la charnière; 3, du dedans.

(fig. 82), *Orthisina* (fig. 83), *Strophomena*, *Leptæna*, *Streptorhynchus* (fig. 84). Dans les trois derniers genres l'une des valves est concave et l'autre convexe; la place occupée par l'animal est très petite. Dans le genre *Strophomena* les deux valves se recourbent jusqu'à faire un angle droit, il y a comme un genou, et qui n'a pas lieu dans les autres genres. L'ornementation consiste en stries d'accroissement ondulées et en lignes rayonnantes.

Une seconde famille d'*Eleutherobranchiata* est celle des *Productidés*, caractérisés par une coquille sans foramen, pourvue de longues épines creuses, par lesquelles sans doute l'animal s'attachait aux plantes marines.

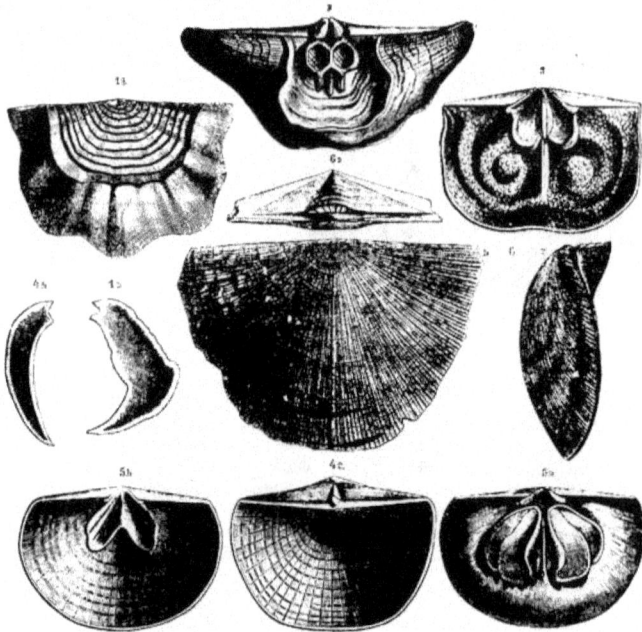

Fig. 84. — *Orthisidés*. — 1-3, *Strophomena rhomboidalis*; 4 et 5, *Leptæna sericea* du Silurien d'Angleterre (d'après Davidson); 6, *Streptorhynchus umbraculum* du Dévonien rhénan.

Cette famille n'est représentée dans le Silurien

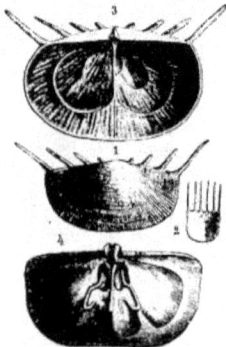

Fig. 85. — *Chonetes*. — 1 et 2, du dehors; 3, grande valve de dedans; 4, petite valve de dedans (d'après Davidson et Quenstedt).

que par la forme *Chonetes* (fig. 85), qui rap-

pelle par tout son aspect les *Leptæna*; il n'en diffère que par les épines implantées sur le bord de la grande valve. Il y a dans la petite valve des empreintes réniformes qu'il faut probablement regarder comme le rudiment d'un appareil de soutien pour les bras qui laissent d'ailleurs sur la grande valve deux empreintes en spirale.

Les *Pegmatobranchiata* se divisent en deux groupes : les *Helicopegmata* où l'appareil brachial se compose de cônes spiraux, et les *Campylopegmata* dépourvus de cônes. Les deux groupes se montrent dès le Silurien. Les *Campylopegmata* sont représentés par le genre *Rhynchonella*, où l'appareil brachial se compose simplement de deux crura recourbées. Ce genre qui existe encore aujourd'hui présente surtout une grande variété de formes dans les terrains secondaires.

Les *Helicopegmata* prennent surtout un grand développement au Dévonien, mais ils existent déjà au Silurien. Citons l'*Atrypa reti-*

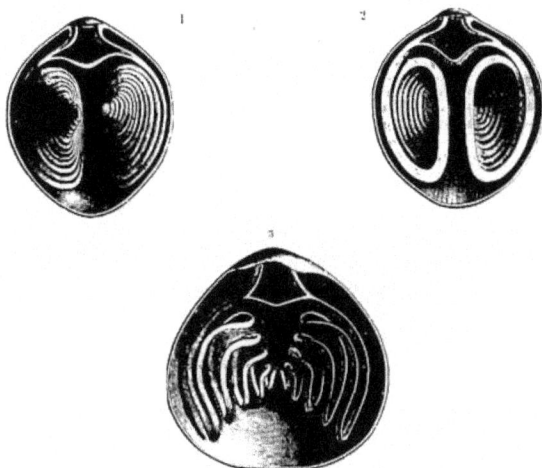

Fig. 86. — 1-2, *Atrypa reticularis*. Silurien supérieur d'Angleterre, vue interne; 3, *Glassia obovata*. Silurien supérieur d'Angleterre (Davidson).

cularis (fig. 86) où les deux cônes spiraux se regardent par leurs sommets, le genre voisin *Glassia*, et les Spiriféridés (*Spirifer*, *Cyrtia*) où les cônes spiraux sont dirigés vers les bords latéraux de la coquille. Le genre *Cyrtia* est caractérisé par une area énorme (fig. 87).

On place à côté des Brachiopodes de petits animaux marins qui en diffèrent par l'apparence extérieure. Ils forment des colonies incrustantes sur les pierres, les coquilles; ce sont les *Bryozoaires* (fig. 88). Leur aspect rappelle celui des Coraux. L'animal est protégé par une enveloppe cornée ou calcaire. Son organisation est beaucoup plus compliquée que celle des Coralliaires. Il possède un tube digestif, un ganglion nerveux. La reproduction se fait au moyen d'œufs et aussi par bourgeonnement. Les cellules provenant d'un bourgeonnement forment une colonie; elles restent souvent en communication par des canaux (1). On peut distinguer parmi les Bryozoaires conservés à l'état fossile deux grandes divisions : les *Cyclostomes* et les *Chilostomes*. Les premiers se reconnaissent bien à leurs longues cellules cylindriques, dont l'orifice n'est pas rétréci; son diamètre est précisément celui de la cellule, ce qui n'a pas

(1) Voir pour plus de détails : Brehm, *les Vers et les Mollusques*, p. 102.

lieu chez les *Chilostomes*. Les Cyclostomes se montrent seuls dans les terrains paléozoïques et apparaissent avec le Silurien. Il y a cependant quelques formes de transition entre les deux groupes, il est donc probable que les Chilostomes sont descendus des Cyclostomes.

Les Brachiopodes ont d'incontestables affinités avec les Bryozoaires et les Vers. Elles

Fig. 87. — *Cyrtia exporrecta*, du Silurien supérieur de Gotland (d'après Davidson).

ont été surtout mises en évidence par Morse. Chez les Brachiopodes et les Bryozoaires, il y a des organes segmentaires de part et d'autre du tube digestif, analogues à ceux des Annélides. Les formes larvaires des Brachiopodes sont libres et ressemblent à celles des Bryozoaires. Les deux bras du Brachiopode correspondent nettement à la couronne de tentacules ciliés (lophophore) des Bryozoaires.

Quant aux rapports des Brachiopodes et des Vers, ils résultent surtout : 1° de l'existence d'organes segmentaires; 2° de la forme de la

Fig. 88. — *Retepora cellulosa*. Exemple de Bryozoaire vivant.

larve. Celle-ci est composée de trois segments comme celles des Annélides et présente comme ces dernières des faisceaux de soies qui se montrent également sur le manteau des Brachiopodes. On sait que la structure de la coquille des Brachiopodes diffère beaucoup de celle des Mollusques, qu'elle est traversée par des canalicules. On a assimilé ces tubes aux pores du derme des Annélides. La conclusion à laquelle il faut s'arrêter, c'est que les Bryozoaires et les Brachiopodes forment un même groupe (celui des *Molluscoïdes*), qui se rattache aux Vers et qui en a tiré son origine. Nous sommes ainsi amenés à rechercher les traces des Vers dans le Silurien.

LES VERS ET LES ORGANISMES PROBLÉMATIQUES.

Les Vers ne peuvent avoir, en paléontologie, qu'une importance secondaire, car ces animaux généralement mous et sans parties dures, n'ont laissé que peu de traces. Les seuls vestiges incontestables de Vers sont les tubes calcaires et les mâchoires de certaines Annélides. Ces mâchoires, dont la grandeur est de quelques millimètres, présentent de nombreuses dents pointues. Il y en a déjà dans le Silurien, le Dévonien et le Carbonifère, surtout en Amérique (*Arabellites cacantus*, *Eunicites clintonensis*).

Il faut rapprocher de ces restes d'autres fossiles appelés *Conodontes* (fig. 89). Ils furent décrits d'abord par Pander, qui les découvrit dans les couches cambriennes de Saint-Pétersbourg. On les a trouvés aussi en Amérique. Ce sont de très petits corps qui ressemblent extérieurement, abstraction faite de leur grandeur, aux dents des Requins. Certains sont des pointes isolées; d'autres se composent d'une grande pointe accompagnée de pointes plus courtes. Pander regarda les Conodontes comme des dents de Poissons, d'autres les prirent pour des épines de Crustacés, des soies protectrices de Vers, etc. Récemment,

MM. Zittel et Rohon (1886) ont étudié microscopiquement la structure des Conodontes et montré qu'au point de vue histologique, ils diffèrent absolument des dents des Poissons. Au contraire, ils ressemblent beaucoup par leur forme extérieure et leur structure interne aux mâchoires des Annélides et des Géphyriens. Mais encore plus récemment, M. Rohon [1] a trouvé, associées aux Conodontes dans les sables à glauconie de Saint-Pétersbourg, de véritables dents de Poissons, ce qui fait hésiter de nouveau sur la véritable

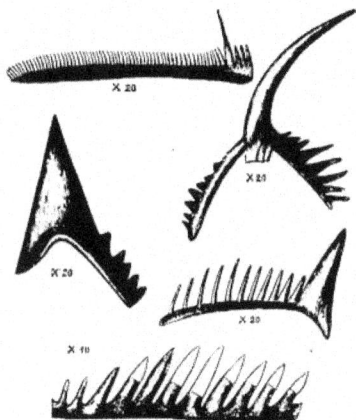

Fig. 89. — *Conodontes*, fortement grossis (d'après Hindt).

nature des Conodontes. La question n'est donc pas encore définitivement tranchée.

Il existe des tubes calcaires de Vers, et nous pouvons citer comme tels les *Tentaculites* dont nous avons parlé à propos des Ptéropodes.

Dans le grès armoricain (Silurien de Bretagne), il existe, avons-nous déjà dit [2], de semblables empreintes appelées *Bilobites* (fig. 12). Elles se montrent à la face inférieure des plaques de grès, à leur contact avec une couche argileuse. Ce sont des demi-cylindres partagés en deux par un sillon médian auquel aboutissent des sillons secondaires placés en chevrons. On a pris d'abord ces *Bilobites* pour des empreintes d'Algues. D'après M. de Saporta [3], le végétal a formé d'abord un moule parfaitement cylin-

[1] Voir *Annuaire géologique universel*, VI, 1889, p. 743.
[2] Page 8.
[3] De Saporta, *Évolution du règne végétal (Cryptogames)*, Paris, 1881, p. 71.

drique, mais qui s'affaissa ensuite par suite de la désagrégation des tissus ; le moule devient ainsi un « demi-relief », un demi-cylindre, et les matières de remplissage prennent la même forme. Cela expliquerait que les Bilobites ne se prolongent jamais dans la masse du grès. Mais cette théorie n'a réuni que peu d'adhérents. A la suite des expériences de M. Nathorst on croit généralement que les Bilobites sont des pistes d'animaux qui ont cheminé sur la vase ; cette piste a été ensuite remplie par du sable qui, en se consolidant, est devenu du

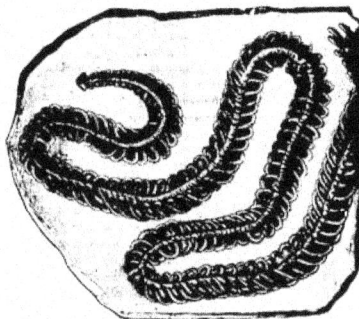

Fig. 90. — *Nereites cambrensis* (d'après F. Römer).

grès ; on comprend bien ainsi la situation des Bilobites à la face inférieure des grès. En faisant cheminer des Vers, des Crustacés, etc., sur de l'argile mouillée, on a obtenu des empreintes dont certaines sont analogues à des Bilobites ; les appendices de l'animal, pattes, branchies, etc., fournissent les sillons secondaires embranchés sur le sillon médian.

Dans le grès à Bilobites on trouve souvent aussi de petits tubes disposés perpendiculairement ou obliquement à la surface des bancs et remplis par la substance minérale de la roche. On leur a donné le nom de *Scolithes* (*Scolithus linearis*). Ils ne seraient autre chose que des traces de Vers perforants ; mais en réalité leur origine est encore douteuse. Il en est de même des empreintes cambriennes appelées *Nemertites, Nereites, Myrianites*, etc., par analogie avec les Vers. Ces traces répondraient, suivant certains paléontologistes, à des Vers cuirassés auxquels on a donné le nom de *Cataphractes*. Pour Nathorst il s'agirait là de pistes de Mollusques et de Crustacés. Ainsi la *Nereites cambrensis* (fig. 90) et la trace laissée par le Gastéropode appelé *Purpura lapillus* sur de la vase, ont une grande ressemblance (1).

A la surface des ardoises d'Angers (Silurien moyen), on remarque souvent des empreintes pyriteuses dendroïdes rappelant les Fougères. M. de Saporta leur a attribué une origine végétale et les a appelées *Eopteris*. Pour Hermite et d'autres paléontologistes, ces empreintes seraient dues à des Vers nus. La matière pyriteuse serait arrivée après coup, et en diffluant à droite et à gauche elle aurait fourni cette apparence dendroïde particulière. On attribue souvent aussi une origine purement minérale à des empreintes qui, comme l'*Oldhamia* du Cambrien, ont été successivement regardées comme appartenant à des Polypes hydraires et à des Algues. Toutes ces traces méritent bien le nom d'organismes problématiques (1). Il n'en est pas de même de ceux qui vont suivre et dont la place est bien marquée.

LES ÉCHINODERMES.

Les Échinodermes sont des animaux qui présentent une symétrie radiaire et se composent généralement de cinq parties semblables régulièrement disposées en forme d'étoile, ainsi les cinq zones ambulacraires des Oursins, les cinq bras des Étoiles de mer. Ils présentent un tube digestif et un système nerveux composé d'un anneau entourant l'œsophage et qui émet des branches rayonnantes. Un appareil particulier aux Échinodermes est le système aquifère. On appelle ainsi un système de tubes dans lequel s'introduit l'eau de mer. Cette eau passe dans des tentacules creux appelés *tubes ambulacraires*, qu'elle gonfle et qu'elle fait saillir hors du corps. Avec ces tubes l'animal peut se fixer comme avec des ventouses et se déplacer.

L'enveloppe du corps souvent couverte de piquants est incrustée de calcaire et forme ainsi un véritable squelette ou test. Ces incrustations calcaires sont très remarquables. Elles forment avec la substance organique un véritable réseau et se présentent à l'état de spath d'Islande, c'est-à-dire de carbonate de chaux cristallisé. Les particules cristallisées montrent les clivages caractéristiques du spath d'Islande. Par la fossilisation, la substance organique disparaît et elle est remplacée par du nouveau carbonate de chaux ; mais généralement on voit bien encore au microscope la fine structure réticulée. Un fragment du squelette d'un Échinoderme, une baguette d'Oursin par exemple, se reconnaîtra toujours à l'état fossile par les clivages du spath d'Islande suivant les faces du rhomboèdre (fig. 91). Chaque plaquette d'Oursin, chaque articulation du pédoncule d'un Crinoïde correspond à un individu de spath d'Islande d'une orientation cristallographique particulière.

On connaît dans la nature actuelle quatre classes d'Échinodermes : les Crinoïdes, les Oursins, les Étoiles de mer et les Holothuries. De ces quatre classes les trois premières sont déjà représentées dans le Silurien ; quant aux Holothuries, qui se prêtent d'ailleurs très mal à fossilisation, on n'en trouve aucune trace.

Fig. 91. — Baguette d'Oursin, rompue suivant les faces du rhomboèdre.

Mais il y a en outre dans le Silurien une classe aujourd'hui éteinte, celle des *Cystides*, qui se montre dès le Cambrien ; elle a son développement maximum dans le Silurien, n'a plus que très peu de représentants dans le Carbonifère et disparaît complètement avant le

(1) Neumayr, *Erdgeschichte*, II, p. 48.

(1) M. Zittel admet cependant la nature végétale des *Bilobites* et de l'*Oldhamia*. — Zittel, *Traité de paléontologie*, partie botanique, par Schimper et Schenk, trad. franç., Paris, 1891.

Permien. Nous ne parlerons pas ici de la petite classe des *Blastoïdes*, qui apparaît dans le Silurien supérieur d'Amérique pour prendre tout son développement dans le calcaire carbonifère. Nous nous en occuperons plus tard.

Le corps des *Cystides* est très remarquable. Il consiste en une masse sphérique, arrondie ou cylindrique, reposant sur un pédoncule articulé très court. Ce corps est entouré de plaquettes hexagonales en nombre variable, disposées sans ordre ou placées en cercles dont les éléments alternent régulièrement. A l'opposé du pédoncule se trouve une ouverture centrale, la bouche, d'où partent de petits bras ou bien des sillons disposés, au nombre de cinq généralement, à la surface du test. Ces bras ou ces sillons constituent les organes ambulacraires ; c'est là que se trouvaient les tentacules ou

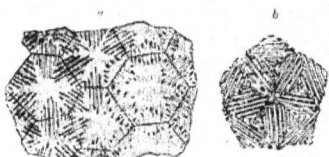

Fig. 92. — Losanges pectinés. — *a*, de l'*Echinosphærites*; *b*, du *Caryocrinus*, grossis.

tubes ambulacraires de l'animal. Les sillons peuvent être couverts de petites plaques. Une autre ouverture, excentrique, est regardée comme l'anus. Elle se trouve à la base d'une pyramide composée de plusieurs clapets. Une autre ouverture latérale très petite servait probablement à l'expulsion des produits génitaux.

Les plaques du calice sont généralement percées de pores très fins disposés régulièrement. Ils peuvent être groupés deux à deux. Mais le plus souvent ils sont disposés de façon à suivre le contour d'un losange (*losanges pectinés*) (fig. 92). La ligne de séparation entre deux plaquettes voisines partage ces losanges et les divise en deux parties égales. Les pores placés symétriquement par rapport à la ligne de séparation sont réunis par un fin canal, ce qui produit une striation caractéristique de la surface. Ces losanges remarquables sont regardés comme ayant servi à la respiration ; on les appelle aussi pour cette raison *hydrospires* ou *hydrophores*. Suivant les genres, ces organes se trouvent sur toutes les plaques ou sur certaines seulement. On peut trouver aussi isolées des parties triangulaires ou en forme

de haricot; ce sont des rudiments d'hydrospires.

Parmi les Cystides les plus remarquables on peut citer les suivants. Chez les *Glyptosphærites* et les *Echinosphærites* la forme est sphérique et rappelle les Oursins. Les plaques sont

Fig. 93. — *Echinosphærites aurantium.*

nombreuses et disposées irrégulièrement. Il y a un petit pédoncule. Chez le *Glyptosphærites* partent de la bouche cinq sillons ambulacraires qui se ramifient à leur extrémité. Dans l'*Echinosphærites* (fig. 93), il y a deux trois ou

Fig. 94. — *Agelacrinus.*

quatre de ces sillons couverts de petites facettes et se terminant par des bras très peu développés.

L'*Agelacrinus* (fig. 94), ressemble à une Étoile de mer posée sur un plateau. Ce dernier, formé de plaques nombreuses, se trouve lui-

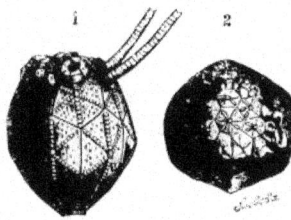

Fig. 95. — *Caryocrinus ornatus.* — 1, de côté; 2, de dessus.

même fixé sur un corps étranger, par exemple sur une coquille de Brachiopode. On voit cinq rayons recourbés partant de la bouche et couverts chacun de deux rangées de plaques alternantes, comme les bras des Étoiles de mer.

Les *Echinoencrinus* et les *Caryocrinus*

(fig. 95) ont une tige articulée; le calice se compose de trois cercles alternants de plaques hexagonales, et il est surmonté de bras courts en nombre variable, six, neuf, treize. Ils ont une grande ressemblance avec les Crinoïdes. Le *Porocrinus* (fig. 96) en est encore plus rap-

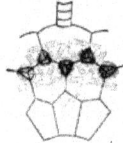

Fig. 96. — *Porocrinus*. Représentation schématique (d'après Beyrich).

proché et n'en diffère que par la présence d'hydrospires. Ces genres sont surtout communs dans le Silurien d'Amérique et des environs de Saint-Pétersbourg.

Les *Crinoïdes*, ou Lis de mer, présentent un pédoncule qui s'enfonce dans le sol sous-marin,

Fig. 97. — *Pentacrinus Caput medusae*; *a*, grandeur naturelle, *b*, calice vu de dessus.

un calice formé de pièces calcaires nombreuses et des bras mobiles et ramifiés. Tel est le *Rhizocrinus loffotensis* qui vit encore aujourd'hui dans les grandes profondeurs, tels sont aussi les *Pentacrinus* (fig. 97) et *Hyocrinus*. Le pédoncule se compose de pièces articulées arrondies ou présentant des angles

(fig. 98). Il se termine inférieurement par des sortes de racines; un canal central le parcourt. Ce pédoncule peut manquer et l'animal est alors fixé directement aux corps étrangers par le calice (*Holopus*); chez d'autres il y a un pédoncule seulement dans la jeunesse, plus tard il disparaît et le Crinoïde nage librement. C'est ce qui a lieu pour les Comatules (*Antedon*) actuelles.

Fig. 98. — Articles du pédoncule des Crinoïdes.

Le calice (fig. 99) est une capsule qui contient les parties molles. La partie inférieure est seule visible parce que la partie supérieure est cachée par les bras. La bouche se trouve sur la face supérieure, c'est le côté ventral. Ce calice se compose des parties suivantes : au-dessus du pédoncule se trouve immédiatement la plaque *centrodorsale* entourée des *ba-*

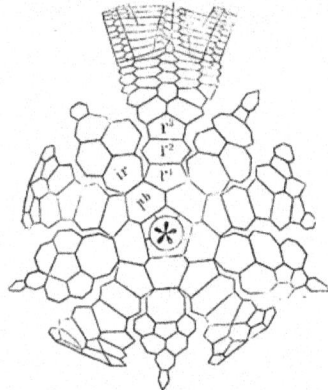

Fig. 99. — Représentation schématique du calice d'un Crinoïde (*Rhodocrinus*), d'après Schulze.

salia. Il y a un premier cercle de basalia appelés *infrabasalia*, et en alternance un second formé de cinq pièces (*parabasalia*). Il peut d'ailleurs n'y avoir qu'un seul cercle. Ensuite viennent les *radialia* alternant avec le cercle précédent. Au-dessus de chacune des *radialia* peuvent s'en trouver deux autres (2e et 3e *radialia*); enfin, entre les *radialia* se trouvent les *interradialia*. Aux plaques radiales s'attachent les bras formés de petites plaques disposées en rangées alternantes. Sur le côté interne du bras, qui regarde la bouche, il y a des appendices très fins et articulés : les *pinnules*.

Fig. 100. — Bouche de Crinoïde entourée de cinq grandes plaques calcaires. Les bras sont coupés (*Hyocrinus* vivant, d'après W. Thomson).

Le côté ventral montre la bouche d'où partent cinq sillons ambulacraires se continuant

Fig. 101. — *Cyathocrinus ramosus*. Silurien supérieur de Gotland.

dans les bras (fig. 100). Chez les Crinoïdes paléozoïques le côté ventral présente des plaques calcaires, mais chez les Crinoïdes récents et les espèces actuelles l'opercule ventral n'existe

pas; il est remplacé par une peau ayant la consistance du cuir et pouvant présenter des plaquettes calcaires.

Les Crinoïdes les plus anciens paraissent provenir du Cambrien, mais on n'en a pas d'exemplaire complet; on n'a trouvé que quelques articulations de la tige. C'est dans le Silurien supérieur qu'ils ont leur dévelop-

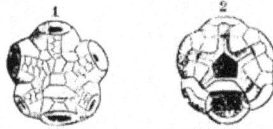

Fig. 102. — *Cyathocrinus malvaceus* (Silurien d'Amérique). — 1, face supérieure du calice complet; 2, après enlèvement des plaques supérieures.

pement maximum. Le calcaire de l'île de Gotland, les provinces baltiques de la Russie, quelques localités d'Angleterre, l'Amérique du Nord, en ont fourni des types remarquables. On peut citer le genre *Cyathocrinus* (fig. 101 et 102), où les bras sont longs et ramifiés; c'est l'un des genres les plus répandus. Le *Barrandeocrinus* (fig. 104) est remarquable par ses bras qui se retournent et se dirigent vers le bas en couvrant le calice. Chez le *Crotalocri-*

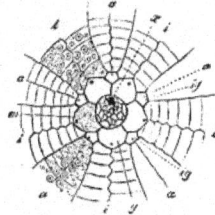

Fig. 103. — Parties constituantes d'un test d'Oursin. — a, aires ambulacraires; i, aires interambulacraires; g, plaques génitales; m, plaque madréporique; ig, plaques ocellaires; r, ouverture anale.

nus (fig. 104), l'apparence est toute spéciale. Les bras sont formés de nombreux rameaux qui se soudent, de sorte que chaque bras ressemble à une large feuille treillisée qui s'enroule et couvre les autres comme le font les feuilles d'un bourgeon.

Les Crinoïdes ont de grandes affinités avec les Cystides. Il y a des formes de transition incontestables. On les trouve chez les Cystides, dont le calice comprend un petit nombre de plaques régulièrement disposées, et où se manifeste déjà la symétrie quinaire; tel est

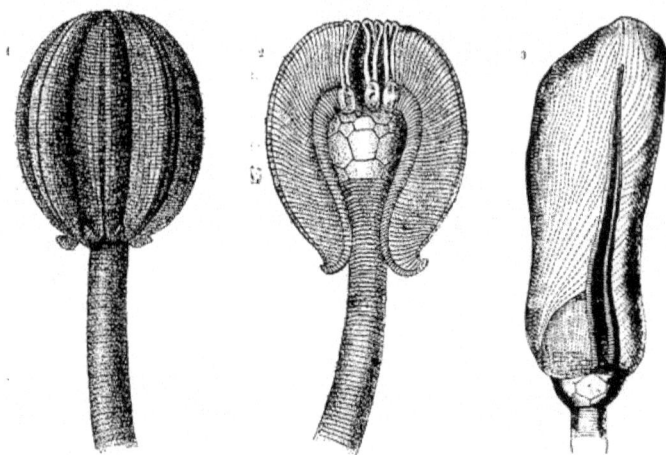

Fig. 104. — 1-2, *Barrandeocrinus sceptrum*. Silurien supérieur de Gotland ; 3, *Crotalocrinus pulcher*, même localité.

le *Porocrinus*. Par la structure de son calice, par ses bras, c'est un véritable Crinoïde, mais il présente les losanges pectinés caractéristiques des Cystides. Tel est aussi le genre *Hybocystites*, qui, d'après Carpenter, réunit les caractères des Crinoïdes, des Cystides et des Blastoïdes. Il faut donc regarder les Cystides comme étant la souche originelle des Crinoïdes.

Les Échinides ou Oursins présentent un test arrondi, couvert de piquants. Quand les piquants sont enlevés, on voit sur ce test cinq *zones ambulacraires* formées chacune de deux rangées de plaquettes hexagonales en alternance (fig. 103). Entre les zones ambulacraires se trouvent les *zones interambulacraires*, formées également de deux séries de plaques. Toutes les zones partent d'une rosette entourant l'anus et composée des *plaques ocellaires* et des plaques *génitales*. L'une de celles-ci, beaucoup plus grande, criblée de trous par lesquels filtre l'eau de mer qui pénètre dans l'appareil aquifère, s'appelle *plaque madréporique*.

Les Oursins ont commencé à apparaître dès le Silurien. La grande différence des Oursins paléozoïques et des Oursins plus récents ou actuels, se manifeste dans les zones interambulacraires. Chez les Oursins actuels, chaque zone présente deux séries de plaques.

Chez les Oursins anciens, il y a généralement cinq séries de plaques interambulacraires et même davantage. Le nombre peut toutefois se réduire à une série ; tel est le cas pour le *Bothriocidaris* du Silurien de Russie (fig. 105).

Le grand nombre de plaques des Oursins paléozoïques conduit à les rapprocher des Cystides. Citons comme genre de transition, le *Cystocidaris* du Silurien supérieur d'Angle-

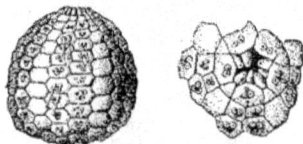

Fig. 105. — *Bothriocidaris Pahleni*.
Vue d'ensemble et appareil apical.

terre ; les zones interambulacraires sont formées de plaques irrégulièrement disposées. Suivant toute vraisemblance, on doit regarder les Oursins comme dérivés des Cystides. Il en est de même pour les Étoiles de mer. Les Cystides seraient ainsi les formes originelles de tous les Échinodermes (1).

(1) Voir pour l'évolution des Échinodermes : Neumayr, *Die Stämme des Thierreiches*, Vienne, 1889, et Priem, *l'Évolution des formes animales avant l'apparition de l'homme*, Paris, 1891.

Les Étoiles de mer se rattachent aux Cystides par l'*Agelacrinus*, dont nous avons

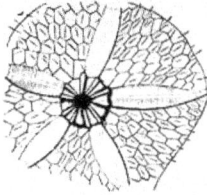

Fig. 106. — *Palæodiscus ferox* (d'après Wright).

parlé déjà, et dont le corps se compose d'un plateau supportant une véritable Astérie. Le

Fig. 107. — *Protaster*.

Palæodiscus ferox (fig. 106) du Silurien supérieur d'Angleterre a un corps pentagonal ; les

bras ne font pas saillie ; ils sont réunis par des plaquettes intermédiaires. La disposition rappelle à la fois les Cystides et les *Astéroïdes*. On sait que ceux-ci comprennent actuellement deux groupes : les *Stellérides* ou Étoiles de mer proprement dites, dont les bras sont larges et non séparés du corps, et les *Ophiurides* à bras mobiles, allongés, bien séparés du disque central. La distinction des

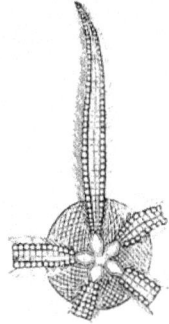

Fig. 108. — *Palæaster* (d'après Hall).

deux groupes est moins nette à l'époque silurienne ; les deux types ne sont pas encore bien différenciés, et chez les anciens Ophiures la séparation des bras et du disque est moins avancée que chez les Ophiurides actuels. C'est ce que montre le *Protaster* (fig. 107) commun surtout dans le Silurien d'Amérique. Le *Palæaster* est un genre de Stellérides qui accompagne les *Protaster* dans le Cambrien de Bala, dans le pays de Galles (fig. 108).

LES CORALLIAIRES.

Les Coralliaires sont des *Polypes*, c'est-à-dire se présentent sous la forme de sacs, munis d'une seule ouverture entourée de tentacules. A l'intérieur des Polypes du Corail, des Madrépores, etc., se trouve un tube ouvert à ses deux extrémités et qui pend au milieu du sac ; c'est le *canal œsophagien*. Il est rattaché aux parois du sac par des replis, les *replis mésentériques*, qui délimitent ainsi des loges se continuant chacune par un tentacule.

Dans les tissus des Polypes des Coralliaires se développent des parties dures, calcaires, servant de soutien et de protection. Il se forme ainsi une loge ou calice au fond de

laquelle peut se retirer le Polype. On donne le nom de *polypiérites* à ces calices, et l'ensemble des parties dures de la colonie de Polypes s'appelle le *polypier*.

A l'époque actuelle, les Coralliaires sont nombreux dans les mers chaudes où ils forment de puissantes colonies auxquelles sont dus les récifs de corail ou récifs madréporiques si communs dans les mers tropicales. Un groupe répandu est celui des *Alcyonnaires* ou *Octoactiniaires*, ainsi appelés parce que les Polypes ont autour de la bouche une couronne de huit tentacules. Les divers individus de la colonie sont unis par un tissu commun,

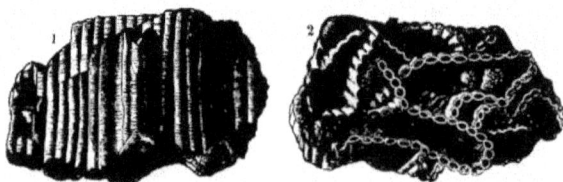

Fig. 109. — *Halysites catenularia* (Silurien supérieur de Gotland). — 1, de côté; 2, de dessus (page 65).

le *cénosarque*, parcouru par des canaux qui mettent en relation les cavités générales de tous ces Polypes. Dans ce tissu se développent des éléments calcaires qui se réunissent pour former un axe solide supportant toute la colonie. Tel est le Corail rouge de la Méditerranée (*Corallium rubrum*) (fig. 110). Tel est encore le genre *Isis* (fig. 111) remarquable par son axe, composé de longues baguettes calcaires, réunies par de courtes articulations cornées.

Un autre groupe est celui des *Hexacoralliaires* ou *Madréporaires*, où le nombre des

Fig. 110. — Branche de Corail (*Corallium rubrum*).

tentacules est égal à 6 ou à un multiple de 6. Le squelette est compliqué. On distingue d'abord, formant le calice, une enveloppe calcaire : la *muraille* ou *thèque*. Elle pousse vers l'intérieur des lamelles radiales qui correspondent aux intervalles des replis mésentériques ; ce sont les cloisons ou *septa*. Vers l'extérieur, la thèque présente des côtes ou bien se couvre d'un dépôt calcaire épais et ridé, qu'on appelle l'*épithèque*. Au centre du calice se trouve souvent une petite colonne calcaire : la *columelle*, qui peut être entourée d'un cercle de petites baguettes appelées *pali*. Les *septa* peuvent aussi se prolonger de ma-

nière à se rencontrer au centre et à former une fausse columelle.

Il y a quelquefois d'autres formations calcaires à l'intérieur du calice. On appelle *synapticules* de fins prolongements horizontaux qui

Fig. 111. — *Isis*. — *a*, la partie gauche montre l'axe interne; *b*, portion coupée et grossie (d'après Bronn).

joignent plus ou moins l'une à l'autre deux septa voisines. D'autres fois, il y a des lames horizontales ou *traverses*, qui divisent plus ou moins complètement les espaces interseptaux en étages superposés. Il peut même arriver que ces planchers prennent un grand développement et se montrent avec une grande régularité. On les appelle alors *tables*.

Les divers Polypes confondent leurs productions calcaires pour former le polypier. Dans le tissu d'union des polypes, le *cénosarque*, se développe une masse calcaire qui

Fig. 112. — Tubipore (*Tubipora organisans*).

cimente les polypiérites ; c'est le *cénenchyme*.
Les Madréporaires se divisent en deux grands
groupes. Chez beaucoup, les murailles et
souvent les cloisons sont poreuses. On les
appelle les *Perforés*; tels sont les Porites et
les Madrépores. D'autres Hexacoralliaires ont
des murailles et des cloisons compactes ; ce
sont les *Imperforés*, exemple : les *Astreidés*
qui forment des récifs.

Dans les temps primaires se sont développés des Polypiers tout spéciaux. Ils ont reçu
de Milne-Edwards et Haime le nom de *Tabu-*

Fig. 113. — *Favosites gottlandicus* (Silurien supérieur
de Gotland), un peu grossi.

lés. Ils consistent en longs tubes placés parallèlement les uns aux autres et divisés par des
planchers transversaux ou *tables* en étages
superposés. Ces planchers sont ou bien plats,
ou bien déprimés en forme d'entonnoir. Les
cloisons radiales (*septa*) n'existent pas ou sont
peu développées. Les Tabulés, sauf de rares
exceptions, sont exclusivement paléozoïques.
Les principaux types sont les suivants :

Dans le genre *Heliolites* du Silurien et du
Dévonien inférieur, les tubes sont prismatiques et réunis par une substance calcaire
(*cénenchyme*) composée de petits tubes. Dans
le genre *Halysites*, les polypiérites ne sont en
relation qu'avec deux de leurs voisins ; ils
forment des chaînes (*Halysites catenularia*)

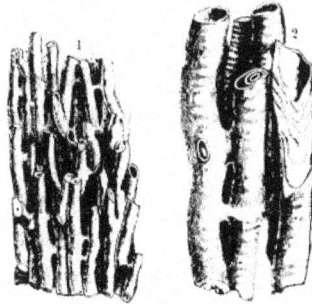

Fig. 114. — *Syringopora cancellata* (Silurien supérieur).
1, grandeur naturelle ; 2, grossi (d'après Römer).

(fig. 109), il n'y a pas de masse intermédiaire.
Chez les *Syringopora*, les polypiérites cylindriques sont réunis les uns aux autres par de
petits tubes transversaux. Les tables sont dé-
primées en forme d'entonnoir.

La famille des *Favositidés* se distingue par
ses polypiérites réunis en touffes circulaires
ressemblant à des nids d'abeilles ou de guêpes (fig. 113). Les murailles sont criblées de

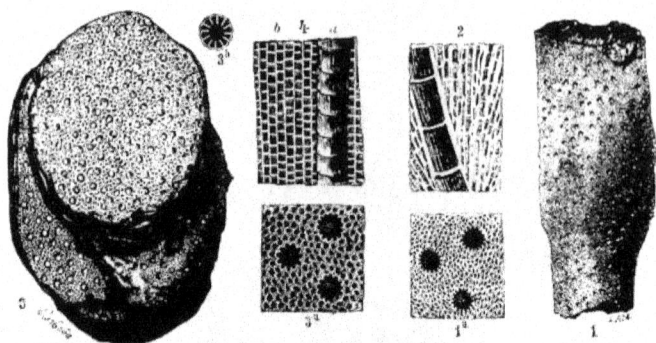

Fig. 115. — *Heliopora cærulea* (mer Rouge). — 1-1*a*, *Heliopora Partschi* (Crétacé supérieur); 2, *Heliolites porosus* (Dévonien); 1 à 4 (d'après Zittel).

trous, ce qui les rapproche des Madréporaires perforés actuels (*Porites*, *Alveopora*, *Favositipora*, etc.). Mais les Tabulés ont surtout de nombreux points de contact avec les Alcyonnaires. Ainsi les *Syringopora* (fig. 114) se rapprochent beaucoup de l'Alcyonnaire actuel appelé *Tubipora* ou Corail en tuyaux d'orgues (fig. 112). Dans ce dernier les différents cylindres sont aussi unis transversalement.

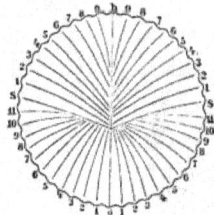

Fig. 116. — Schéma du calice d'un *Tétracoralliaire*. — *h*, cloison principale; *g*, cloison opposée; *s*, cloisons latérales; 1-11, septa secondaires (Kunth).

L'union ne se fait pas par des tubes horizontaux mais par des cloisons transversales, comme dans le genre paléozoïque *Lyellia*. Chez les *Syringopora* les planchers intérieurs sont en forme d'entonnoir, particularité qu'on retrouve assez souvent chez les *Tubipora*. On peut donc regarder les *Syringopora* comme les précurseurs des *Tubipora*.

Un autre genre de Tabulés étroitement allié aux Alcyonnaires est le genre *Heliolites*. Dans ses calices il y a douze cloisons internes assez courtes rappelant l'*Heliopora* actuel (fig. 115).

La seule différence est que le genre actuel est poreux tandis que le genre paléozoïque est dépourvu de pores, mais d'après Moseley les prétendus pores de l'Heliopora seraient seule-

Fig. 117. — *Streptelasma* (Silurien supérieur de Gotland). — 1, de côté; 2, de dessous (d'après Kunth).

ment les ouvertures de polypiérites très petits et rudimentaires (1). Nous regarderons donc

(1) Voir sur les Polypiers Tabulés et Rugueux : Neumayr, *Die Stämme des Thierreiches*, p. 255-332.

les Alcyonnaires comme issus des genres paléozoïques *Syringopora*, *Heliolites*, etc.

Un second groupe de Coralliaires, connu seulement dans les couches primaires, est celui

Fig. 118. — *Cyathophyllum truncatum* (Silurien supérieur de Gotland).

des *Rugueux*, ainsi appelés de leur muraille épaisse, recouverte d'une épithèque ridée. Celle-ci dans certains genres (*Omphyma*) pousse des prolongements en forme de racines. Le caractère le plus important des Rugueux est

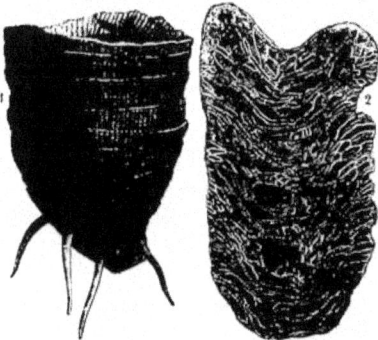

Fig. 119. — *Omphyma subturbinatum* (Silurien supérieur de Gotland). — 1, de côté; 2, coupé.

la symétrie bilatérale de leur calice. Il y a quatre cloisons plus développées que les autres et entre lesquelles s'en forment de nouvelles. On a appelés aussi ces Polypiers pour cette raison, les *Tétracoralliaires*. Les cloisons maî-

tresses se montrent les premières dans le développement de l'animal, comme on a pu le voir sur des séries d'échantillons de diverses grandeurs. L'une des quatre, plus grande que les

Fig. 120. — *Palæocyclus Fletcheri*.

autres, est la *cloison principale* (*hauptseptum*); elle détermine avec la cloison opposée (*gegenseptum*) et les deux cloisons latérales (*seitenseptum*) la symétrie du polypiérite par quatre sillons principaux de la surface (Kunth et Ludwig) (fig. 116). C'est ce qu'on voit très bien sur le *Streptelasma* du Silurien supérieur de Gotland (fig. 117).

Fig. 121. — *Goniophyllum* (Silurien supérieur de Gotland). — 1, de côté; 2, de dessus (d'après Lindström).

Chez certains Tétracoralliaires les intervalles compris entre les cloisons sont vides. Ce sont les *Inexpleta*. Chez d'autres, ces intervalles sont remplis par des planchers (*tabulæ*) et par du tissu vésiculeux. Les Tétracoralliaires où

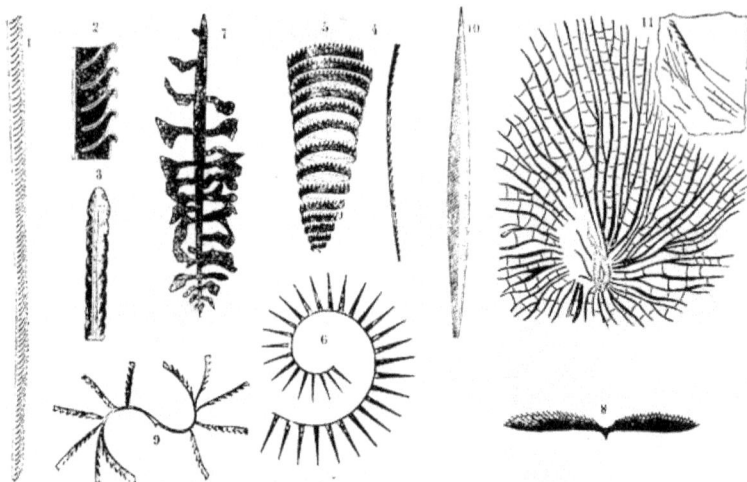

Fig. 122. — *Graptolithes.* — 1, *Monograptus priodon*, grandeur naturelle; 2, coupe longitudinale, grossie; 3, vue dorsale grossie; 4, *Monograptus Nilsoni;* 5, *Monograptus turriculatus;* 6, *Rastrites Linnei;* 7, *Diplograptus*, avec capsules à embryons ; 8, *Didymograptus pennatulus;* 9 , *Cœnograptus gracilis ;* 10, *Retiolites Geinitzianus;* 11, *Dictyonema retiforme* (d'après Zittel).

les parties solides sont ainsi développées s'appellent les *Expleta.* Les Rugueux ont leur maximum de développement dans le Silurien supérieur. On peut citer : le genre *Cyathophyllum* où dans la même espèce les polypiérites peuvent être isolés ou agrégés (fig. 118) ; le genre *Omphyma* (fig. 119) où les polypiérites isolés s'attachent par des sortes de racines ; le genre *Palæocyclus* (fig. 120) où l'on voit les septa devenir avec l'âge toutes sensiblement égales ; la symétrie, de bilatérale qu'elle était, devient radiaire. Nous avons déjà cité le genre *Streptelasma* dont la symétrie bilatérale reste toujours discernable.

Un groupe important de Tétracoralliaires est celui des Polypiers operculés, que nous retrouverons dans le Dévonien. Le polypiérite, toujours isolé, est muni d'un couvercle. Tel est le *Goniophyllum* (fig. 121) du Silurien supérieur de Gotland dont le calice a une ouverture quadrangulaire fermée par un opercule composé de quatre valves. Ce groupe des Operculés, avant Lindström, était rattaché aux Brachiopodes. Le naturaliste suédois mit en évidence leur véritable nature. Il montra que l'opercule n'est pas un caractère exclusif de ces Polypiers ; il existe chez d'autres Tétracoralliaires, comme

le *Fletcheria;* une formation analogue se trouve à l'époque actuelle chez certains Coralliaires de la famille des Gorgonides.

Il faut avec Neumayr (1) rattacher les Operculés aux Cyathophyllidés ; les quatre cloisons caractéristiques des Tétracoralliaires sont d'ailleurs représentées chez eux par des sillons ou des bandelettes.

Les Tétracoralliaires ont avec les Hexacoralliaires des analogies manifestes. Nous avons vu que chez les premiers il y a quatre cloisons principales, que la symétrie est d'abord bilatérale et ne devient radiaire que plus tard. Or, chez les Hexacoralliaires vivants, il y a, comme l'a montré M. de Lacaze-Duthiers, un stade bilatéral. Beaucoup de formes de transition existent entre les Tétracoralliaires et les Hexacoralliaires. Le genre *Calostylis* du Silurien de Gotland avec ses nombreuses cloisons perforées rappelle les Madréporaires ; on retrouve chez certains genres Hexacoralliaires du Jurassique la symétrie des Tétracoralliaires. On peut donc admettre que ces derniers ont fourni comme branche latérale les Hexacoralliaires, tout en persistant eux-mêmes à travers

(1) Neumayr, *Die Stämme des Thierreiches*, p. 270.

Fig. 123. — *Stromatopora.* — 1, grandeur naturelle ; 2, coupe transversale, grossie (d'après Zittel).

les temps secondaires jusqu'à l'époque actuelle ; en effet, les *Moseleya* et les *Guynia* trouvés dans les grandes profondeurs sont de vrais Tétracoralliaires.

LES HYDROZOAIRES.

Il y a des Polypes plus simples que ceux du Corail et des Madrépores. Telle est l'Hydre d'eau douce, dont le sac est dépourvu de tube œsophagien et de replis mésentériques. Les Polypes analogues sont appelés Polypes hydraires ou Hydrozoaires. Ils forment des colonies soutenues souvent par un squelette chitineux. Sur ces colonies bourgeonnent de petites Méduses où se développent les œufs. Les Méduses se détachent de la colonie, et des œufs sortent de nouveaux Polypes qui forment par bourgeonnement de nouvelles colonies.

Les Hydrozoaires sont très anciens. Ils remontent aux premiers temps paléozoïques. Souvent on trouve sur les schistes siluriens de fines empreintes ressemblant à des traits marqués à la plume, de là leur nom de *Graptolithes* (pierres écrites). Ces empreintes ne sont autre chose que la trace d'un hydrosome ou colonie de Polypes hydraires. A un grossissement suffisant on voit que ces traits consistent en un trait carbonisé ou pyritisé portant sur l'un des côtés une série de petites loges analogues aux *hydrothèques* dans lesquelles se renferment les Polypes hydraires. L'axe est parcouru par un canal central avec lequel communiquent les diverses hydrothèques. A l'extrémité inférieure de la colonie se trouve généralement une pointe ou sicule ne portant pas d'hydrothèques.

Les Graptolithes sont assez nombreux (fig. 122). Les *Monoprionidés* sont ceux où les hydrothèques sont d'un seul côté de l'axe. Dans le genre *Monograptus* la tige peut être droite (*M. priodon*), courbe (*M. convolutus*), spirale (*M. turriculatus*). Dans le genre *Rastrites* l'hydrosome est spiral et les cellules

sont séparées par de longs intervalles, comme les dents d'un râteau ; le genre *Cœnograptus* présente deux hydrosomes ramifiés réunis

Fig. 124. — Empreinte d'une Méduse sur les grès cambriens de Suède (d'après Nathorst).

par leurs sicules. Dans le genre *Didymograptus* deux *Monograptus* sont soudés par leur partie inférieure.

Les *Diprionidés* ont des cellules sur les

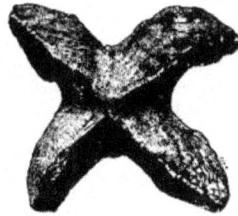

Fig. 125. — *Spatangopsis* des grès cambriens de Suède (d'après Nathorst).

deux côtés de l'axe central. Ainsi le genre *Diplograptus* se compose de deux *Monograptus* soudés dans toute leur longueur. Les *Retiolites* présentent aussi deux rangées de

Fig. 126. — Moulages en plâtre de la cavité d'une Méduse vivante (d'après Nathorst).

cellules. Parfois, comme chez certains *Diplograptus*, on trouve des bourgeons ovales, pédicellés. Ils ont été regardés par Hall comme des cavités dans lesquelles se développaient les embryons des Graptolithes (1).

Les genres bilatéraux (*Didymograptus*, etc.) ont paru les premiers et dès le Cambrien. Les *Monograptus* n'ont apparu que dans le Silurien supérieur; ils dérivent probablement des bilatéraux par atrophie d'une des branches. Les Graptolithes ont commencé avec le Cambrien et ont atteint leur maximum de développement avec le Bohémien. Les derniers se rencontrent dans le Dévonien inférieur. On les rattache aux Sertulaires actuels.

Un autre groupe silurien allié aux Sertulaires est celui des *Dictyonema* (fig. 122). Il n'y a pas ici d'axe central. Les hydrosomes se composent de nombreuses branches partant d'un même point et rattachées par des traverses, ce qui donne à l'ensemble l'aspect d'une corbeille treillissée.

Certains Polypiers paléozoïques, les *Stromatoporides* (fig. 123) ont été longtemps ballottés d'un groupe à l'autre. Ils sont massifs ou lamelleux, souvent mamelonnés et munis d'une épithèque sur le côté inférieur. Dans leur squelette il y a deux sortes d'éléments. Les uns sont des piliers perpendiculaires à la surface, solides et compacts ou bien traversés par un canal qui peut être interrompu par des tables horizontales. Les autres sont des plaques horizontales parallèles à la surface et souvent disposées concentriquement à la surface. Nicholson rapproche les Stromatoporides des Milléporides et des Hydractiniaires actuels,

où l'on trouve aussi des lamelles horizontales et des tubes verticaux qui chez les Milléporides sont tabulés. Les Stromatoporides se trouvent dès le Silurien et le Dévonien, et se continuent dans le Carbonifère et le Permien.

Aux Hydrozoaires appartiennent aussi les grosses Méduses que la mer rejette constamment sur nos côtes. Ces Méduses ont des représentants très anciens et ne paraissent pas s'être sensiblement modifiées depuis les temps primaires. On a trouvé un nombre relativement grand de ces organismes mous destinés au premier abord à disparaître sans laisser de traces. Dans les grès cambriens de la Suède on observe de nombreuses empreintes dont l'origine a été longtemps douteuse (fig. 124). Tels sont des corps pyramidaux à quatre ou cinq lobes qu'on a appelés *Spatangopsis* (fig. 125), *Protolyellia*, etc. M. Nathorst les étudia et reconnut que beaucoup de ces empreintes ressemblent aux étoiles que forment sur le sable les canaux radiaires de l'ombrelle des Aurélies. Il y a surtout une analogie frappante entre certaines empreintes cambriennes et les moulages faits avec le plâtre de la cavité générale du corps des Méduses vivantes (fig. 126). D'autres traces rappellent celles qu'une Méduse produit en nageant lorsque ses tentacules traînent derrière elle. Dans les couches cambriennes les plus anciennes, on trouve aussi des sortes de bourrelets couverts de stries parallèles. On les a appelés *Eophyton*. M. Nathorst a montré qu'ils ne sont autre chose que les traces laissées par des Méduses, non en nageant, mais en rampant sur le fond de la mer (1).

LES SPONGIAIRES ET LES PROTOZOAIRES.

Les Spongiaires ou Éponges sont des animaux de forme généralement irrégulière, de

consistance molle. Il y a de nombreuses petites ouvertures : les *pores inhalants*, par les-

(1) Zittel, *Traité de paléontologie*, traduction française, t. I, p. 300.

(1) Neumayr, *Die Stämme des Thierreiches*, p. 345.

quels pénètrent l'eau et les matières nutritives. Il y a en outre des ouvertures de sortie moins nombreuses et plus grandes : les *oscules*. Le corps est ainsi traversé par un courant continu. Les parties molles sont soutenues par une sorte de squelette solide. Ce dernier consiste en petites baguettes ou *spicules* d'apparences variées. Ces formations squelettiques peuvent être cornées, siliceuses ou calcaires. Par suite on distingue des Éponges molles sans squelette, des Éponges cornées, des

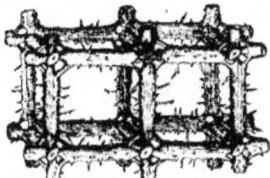

Fig. 127. — Spicules d'Hexactinellide (d'après Zittel).

Éponges calcaires et des Éponges siliceuses.

Celles-ci surtout ont une grande importance paléontologique et se montrent dès le Silurien. On distingue parmi les Éponges siliceuses plusieurs groupes d'après la structure des spicules. Les *Lithistides* comprennent les Spongiaires à spicules ramifiés en forme de racines; ils ont quatre rayons ou une apparence irrégulière. Ils s'entrelacent les uns aux autres, de manière à former un squelette

Fig. 128. — Spicules de Tétractinellide (d'après Zittel).

solide et pierreux. Les *Hexactinellides* ont des éléments squelettiques à six rayons isolés ou réunis; l'union des spicules à six rayons peut donner naissance à un treillage à mailles cubiques (fig. 127). Chez les *Tétractinellides*, les spicules présentent quatre rayons dont l'un peut être très réduit ou très allongé (fig. 128). Les *Monactinellides* sont les Éponges siliceuses

les plus simples; les spicules ne sont pas ramifiés et se trouvent disséminés dans la chair de l'animal. A l'époque actuelle, ce sont de beaucoup les plus nombreuses. Récemment on a trouvé une Monactinellide dans le Silurien supérieur d'Amérique. C'est la *Climacospongia radiata* dont les spicules sont réunis de manière à former un réseau à mailles rectangulaires. Mais pendant la période silurienne les Hexactinellides et surtout les Lithistides dominent. Dans ce dernier groupe on place l'*Aulocopium* (fig. 129) en forme d'entonnoir, et l'*Astylospongia* (fig. 129) sphérique avec une cavité centrale en forme d'entonnoir. Ces Éponges siluriennes présentent un caractère remarquable : elles ne possèdent pas de pédoncule à leur face inférieure. Elles n'étaient

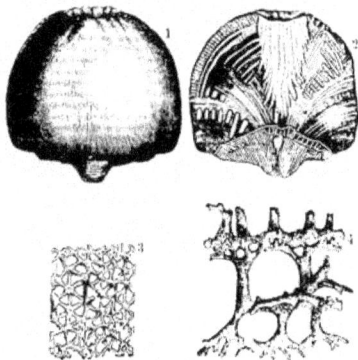

Fig. 129. — *Éponges siluriennes.* — 1, *Aulocopium aurantium*; 2, le même coupé; 3, éléments squelettiques du même, grossis; 4, éléments du squelette d'*Astylospongia*, très grossis (d'après Römer et Zittel).

donc pas fixées, tandis que les Éponges actuelles s'attachent au fond de la mer, leurs formes larvaires seules nageant librement. Il faut donc regarder les Spongiaires siluriens comme représentant un état embryonnaire persistant des Éponges. On s'accorde à regarder les formes fixées comme inférieures à celles du même groupe qui sont libres; on doit par suite se demander si les Spongiaires anciens ne sont pas plus élevés que leurs représentants actuels, si le type Spongiaire n'est pas un type en voie de dégénérescence (1).

Les Protozoaires sont les animaux les plus simples. Ils sont microscopiques et consistent

(1) Neumayr, *Erdgeschichte*, II, p. 63.

en une masse protoplasmique à peine différenciée. Les Protozoaires qui peuvent être conservés à l'état fossile sont naturellement ceux qui possèdent une coquille, c'est-à-dire les Foraminifères et les Radiolaires. Les premiers ont une coquille calcaire et les seconds une coquille siliceuse.

Les Foraminifères jouent, comme on le sait, un rôle important dans la formation des calcaires [1]. On devait donc espérer en retrouver dans les calcaires siluriens. Jusqu'à présent les recherches ont été peu fructueuses. On a

Fig. 130. — Coupe d'un Radiolaire du Silurien de Saxe, très grossie (d'après Rothpletz).

cependant découvert des *Dentalina* dans les grès de Caradoc, on a trouvé aussi des *Lagena*. Les sables à glauconie des environs de Saint-Pétersbourg qui forment la limite entre le

Cambrien et l'Ordovicien ont fourni en grande quantité des moules de Foraminifères. Les grains même de glauconie paraissent être, d'après les recherches d'Ehrenberg, des moules de ce genre [1]. On doit compter sur les découvertes futures pour connaître les Foraminifères siluriens.

Il en est de même pour les Radiolaires siluriens, sur lesquels on a encore moins de renseignements. Ces animaux pélagiques possèdent, comme on sait, un squelette siliceux formé souvent d'une ou plusieurs sphères concentriques, treillissées et présentant des baguettes rayonnantes. On les a recueillis en grande quantité dans les dépôts tertiaires récents de Sicile, d'Oran, des Barbades, des îles Nicobar; mais ils sont beaucoup moins nombreux dans les terrains secondaires, et ils constituent une véritable rareté dans les terrains primaires. En étudiant au microscope les roches siliceuses, Rothpletz est parvenu à retrouver des traces de Radiolaires dans les terrains anciens (fig. 130). Le Silurien de Langenstriegis, en Saxe, lui a donné ainsi en 1880 le *Spongosphæra*. Enfin récemment M. Hinde a trouvé de nombreux Radiolaires dans des schistes siluriens d'Écosse. Ils peuvent presque tous rentrer dans les groupes formés par Hæckel pour les Radiolaires vivants.

FAUNE TERRESTRE DU SILURIEN.

La faune marine du Silurien est, comme on l'a vu, d'une richesse extraordinaire; elle abonde en types variés et ne le cède pas à la faune actuelle. Mais à l'époque silurienne il y avait des continents, comme le montre l'existence de roches clastiques : schistes, grès, conglomérats provenant de la dénudation de la terre ferme. De plus, fait qui prouve encore qu'il y avait déjà des terres émergées, on connaît quelques végétaux du Silurien, Cryptogames analogues à ceux qui ont été trouvés dans le Dévonien et le Carbonifère, et que nous étudierons plus tard. Jusqu'à présent on n'a découvert que deux représentants de la faune terrestre du Silurien. Dans l'Ordovicien de Jurques (Calvados) on a trouvé l'empreinte d'une aile d'Insecte. La disposition des nervures le rapproche des Orthoptères et particulièrement des Blattes. M. Charles Brongniart l'a

appelé *Palæoblattina Douvillei* (fig. 131). En 1884 et 1885 on a trouvé simultanément dans le Bohémien de Gotland et d'Écosse un Scorpion. L'exemplaire de l'île de Gotland, décrit par MM. Thorell et Lindström, est remar-

Fig. 131. — *Palæoblattina Douvillei* (Brongniart).

quable par sa conservation. On l'a appelé *Palæophonus nuncius*. Les pinces sont puissantes, il y a un dard venimeux. On a même reconnu les stigmates de l'animal, ce qui prouve que sa respiration était bien aérienne. Le type Scorpion est donc un type très ancien qui s'est peu modifié jusqu'à nos jours.

[1] Voir *La Terre, les Mers et les Continents*, p. 436.

[1] Neumayr, *Erageschichte*, II, p. 59.

LES DIFFÉRENTS TYPES DU SILURIEN. GÉNÉRALITÉS SUR LES MERS SILURIENNES.

Après avoir étudié dans le chapitre précédent la faune silurienne, nous allons maintenant rechercher le Silurien dans les différentes régions, afin de pouvoir en tirer des conclusions générales sur la distribution et la région des mers pendant cette période. Nous commencerons par l'Angleterre et le pays de Galles, où les couches siluriennes ont été le sujet des importants travaux de Sedgwick et Murchison.

LE SILURIEN D'ANGLETERRE.

Nous avons vu précédemment que le Silurien se divise en trois étages : le Silurien inférieur ou *Cambrien*, le Silurien moyen ou *Ordovicien* et le Silurien supérieur ou *Bohémien*. Ces trois étages se montrent bien représentés dans le pays de Galles et les comtés voisins.

Le Cambrien du pays de Galles atteint une épaisseur de plusieurs milliers de mètres. On peut l'étudier à Longmynd et dans la vallée de Saint-David's. Il débute par un ensemble de schistes, de grès et de conglomérats de couleurs variées : rouges, jaunes, violets, verts, directement appliqués sur la tranche des schistes huroniens redressés. C'est le *groupe de Harlech*. Dans le nord du pays de Galles la base du Cambrien est représentée par des ardoises rouges exploitées depuis longtemps à Penrhyn et à Llanberis (fig. 132). Les seuls indices de vie sont des traces d'Annélides et quelques Brachiopodes inarticulés ; le plus ancien fossile connu jusqu'à présent est, comme nous l'avons déjà dit, la *Lingulella ferruginea*. Cependant le groupe de Harlech devient plus fossilifère dans ses parties supérieures aux environs de Saint-David's ; il présente alors quelques Trilobites : *Paradoxides Harknessii*, *Paradoxides aurora*. Ces derniers sont plus abondants et se mêlent à des *Agnostus*, des *Conocoryphe* dans le *Ménévien*, composé de grès et de schistes gris et bleus. Au Ménévien succèdent les *Lingula-flags* ou groupe de *Festiniog*, schistes tendres avec nombreuses Lingules, *Olenus* et *Agnostus*. Puis le Cambrien se termine par de nouveaux grès, le groupe de *Tremadoc*, où l'on constate un mélange des formes de la faune primordiale et de la faune seconde ; des *Asaphus*, des *Ogygia* se montrent à côté d'*Agnostus*. C'est une couche de passage entre le Cambrien et l'Ordovicien.

L'Ordovicien anglais présente une succession de grès et de schistes puissante de 2 à 3000 mètres et à laquelle se trouvent subordonnés quelques bancs de calcaire. Il y a là aussi des roches éruptives, diabases, porphyres en masses irrégulières, ou ayant donné naissance à des tufs bien stratifiés. La partie la plus inférieure de l'Ordovicien constitue le *groupe d'Arenig*, en discordance sur le Cambrien, composé de conglomérats, de grès et de schistes. On y trouve quelques espèces des grès de Tremadoc, mais ce qui caractérise surtout ce groupe, c'est la présence de nombreux Graptolithes.

Au-dessus du groupe d'Arenig en viennent deux autres : celui de *Llandeilo* et celui de *Caradoc* ou de *Bala*. Ils consistent en schistes avec grès et calcaires subordonnés, et intercalations très importantes de roches éruptives. Le pays de Galles et les contrées voisines devaient se trouver alors dans les conditions actuelles de la Sicile. De nombreux volcans sous-marins déversaient leurs laves et leurs cendres dans la mer où elles se stratifiaient. En même temps des cratères se dressaient au-dessus du niveau marin et il faut probablement regarder certaines montagnes, telles que le Cader Idris, l'Aran Monddwy, etc., comme des volcans siluriens presque détruits par la dénudation. Les groupes de Llandeilo et de Bala contiennent au moins sept cents espèces de fossiles. On y trouve les Trilobites de la faune seconde : *Acidaspis*, *Asaphus*, *Trinucleus*, des Graptolithes, des Échinodermes, des Brachiopodes, des Céphalopodes, et les Coralliaires jusqu'alors peu importants, se montrent en assez grand nombre.

Au-dessus de cet ensemble vient le groupe des couches de *Llandovery*. Il représente une zone de passage entre l'Ordovicien et le Bohé-

Fig. 132. — Col de Llanberis, près de Carnarvon (1).

mien, comme le groupe de Tremadoc en représente une entre le Cambrien et l'Ordovicien. Il y a en effet mélange de faunes. Sur deux cent soixante et une espèces de la partie supérieure du Llandovery, cent vingt-six se retrouvent dans le calcaire de Wenlock qui appartient au Bohémien (Neumayr). Si l'on considérait les Graptolithes, on placerait le Llandovery dans le Bohémien; en considérant les Trilobites (*Illænus, Trinucleus*), on le rangerait dans l'Ordovicien.

Le Bohémien d'Angleterre est caractérisé par une prédominance de l'élément calcaire. Ainsi il débute par les couches de *Wenlock* consistant en schistes et calcaires, avec extension du calcaire dans les parties supérieures. On y trouve une grande abondance de fossiles, surtout des Coraux, des Crinoïdes ; c'est une véritable formation corraligène. A Dudley particulièrement on recueille un grand nombre d'espèces, dont plusieurs caractéristiques, tel le Trilobite appelé *Calymene Blumenbachi*. Les schistes inférieurs de cette formation de Wenlock présentent un Lamellibranche également caractéristique, la *Cardiola interrupta*.

Au-dessus du groupe de Wenlock se présen-

(1) Figure empruntée à *l'Angleterre, l'Écosse et l'Irlande*, par P. Villars.

tent les *schistes de Ludlow* avec nombreux Céphalopodes : *Orthoceras annulatum, Phragmoceras, Lituites*. Puis vient le *calcaire d'Aymestry* qui forme la plus grande partie de cette formation, et contient beaucoup de Brachiopodes (ex : *Atrypa reticularis*). Enfin le Bohémien se termine par une couche faisant passage au Dévonien. C'est une zone très mince, n'ayant parfois qu'un pouce d'épaisseur, et composée de grès fissiles, rouges, employés souvent en guise de tuiles. De là le nom de *Tilestone*. On y trouve des Crustacés de grande taille, comme les *Eurypterus* et aussi des Poissons que nous retrouverons dans le Dévonien.

Dans les autres parties des Iles Britanniques le Silurien présente des caractères différents. Au fur et à mesure qu'on s'élève vers le nord les dépôts deviennent plus uniformes, les Trilobites disparaissent, et dans le Cumberland, surtout dans le sud de l'Écosse, presque tout le système silurien est simplement représenté par des schistes à Graptolithes. Lapworth a pu à l'aide de ces organismes diviser toute cette série en un grand nombre de zones qui correspondent parfaitement à celles que Tullberg a établies dans les schistes de la Scanie, au sud de la Suède. Ces zones sont très nombreuses, Tullberg en a distingué plus de soixante-dix.

Fig. 133. — Colline de Kinnekulle (lac Wener). — A, gneiss; B, roches éruptives; s, s, s, s, couches siluriennes.

Le Silurien des Iles Britanniques nous offre encore un phénomène remarquable qui mérite notre attention. Dans le sud-ouest de l'Écosse près de Croswall dans le Wigtonshire et près de Carrick dans l'Ayrshire, on trouve au milieu des schistes siluriens des cailloux et des blocs de granite et de gneiss dont le diamètre varie de quelques centimètres à 3 mètres. Or les gisements les plus voisins de ces roches ne se trouvent qu'aux îles Hébrides. On s'est demandé d'où elles pouvaient provenir et plusieurs hypothèses ont été énoncées. Le grand nombre de ces blocs ne permet pas de supposer des accidents de transport par l'eau, car la production des schistes au milieu desquels ils se trouvent indique une mer calme, qui n'aurait pu déplacer toutes ces pierres. On sait que les arbres entraînés par les courants transportent souvent des pierres entre leurs racines. Mais le nombre des blocs est ici trop considérable, et d'ailleurs l'action des végétaux n'a pu être que bien faible, puisqu'on trouve dans les couches siluriennes à peine quelques plantes terrestres (Neumayr). Ramsay a émis l'idée que ces blocs du Silurien d'Écosse avaient été transportés par des glaces flottantes; il admettait par suite l'existence d'une période glaciaire silurienne, hypothèse hardie qui repose encore sur un trop petit nombre de faits pour être acceptée.

LE SILURIEN DE LA SCANDINAVIE ET DE LA RUSSIE.

Dans le centre et le sud de la Suède le Cambrien est représenté à sa base par des grès bien horizontaux, contenant des empreintes dont nous avons déjà parlé : Bilobites (*Cruziana*), *Eophyton*, *Scolithes*, Méduses et des empreintes d'Algues (*Fucoïdes*). On y trouve aussi des *Lingulella*. Les schistes supérieurs, ou *schistes alunifères*, présentent la faune primordiale : *Paradoxides* et *Olenus*. Les espèces diffèrent généralement de celles du pays de Galles ; on peut cependant citer comme espèces communes : *Paradoxides Davidis*, *Paradoxides Hicksii* et *Agnostus pisiformis* (1).

Ce facies schisteux de la partie supérieure du Cambrien se continue dans l'Ordovicien qui est représenté par des schistes à Graptolithes noirs et charbonneux. Il y a cependant quelques bancs calcaires intercalés contenant des Trilobites de la faune seconde (*Asaphus expansus*, *Illœnus crassicauda*, *Calymene Odini*). La partie supérieure des schistes à Graptolithes appartient déjà au Bohémien et correspond au groupe de Wenlock. On y trouve des Graptolithes unilatéraux (*Monograptus priodon*) et la *Cardiola interrupta*, comme en Angleterre.

Pour trouver la partie supérieure du Silurien il faut aller à l'île de Gotland, où le calcaire contient le *Calymene Blumenbachi* et de nombreux Coraux et Crinoïdes que nous avons mentionnés dans le précédent chapitre.

En Suède le Silurien couvre une grande partie des provinces de Dalécarlie, Jemtland, Ostgotland et Westgotland, et Scanie. Il s'y trouve en couches horizontales reposant en concordance sur le gneiss. Souvent la dénudation n'en a respecté que des lambeaux qui se dressent sous forme de plateaux au-dessus du sol environnant. C'est ce qui arrive à la colline de Kinnekulle (fig. 133), sur le lac Wener, là les couches siluriennes sont protégées par un manteau de roches éruptives.

A l'inverse de ce qui a lieu en Suède, le Silurien se montre en Norvège bouleversé et redressé comme en Angleterre. Il présente la composition de celui de Suède, et l'on voit dans les schistes métamorphisés de Bergen des Trilobites et d'autres fossiles.

Les provinces baltiques de la Russie offrent le Silurien bien développé avec une succession de couches horizontales. Il n'y a aucune trace de métamorphisme, la roche est argileuse ou sableuse, et ne présente pas plus de cohérence que les couches tertiaires. Le Cambrien est représenté par une argile bleue correspondant sans doute au groupe de Harlech. Viennent ensuite des grès friables avec *Obolus* et des

(1) Prestwich, *Geology*, p. 40.

Fig. 134. — *Coupe à travers le Silurien de Bohême.* — A, schistes cristallins ; B, Huronien et Cambrien inférieur ; C, Cambrien ; D, Ordovicien ; E, Bohémien ; F, Silurien le plus supérieur et Dévonien inférieur ; GH, Dévonien inférieur ; *ca*, Carbonifère ; *cr*, Crétacé supérieur.

schistes à *Dictyonema*. A la limite du Cambrien et de l'Ordovicien se trouvent des sables à glauconie contenant les plus anciens Foraminifères connus. C'est là aussi que Pander a trouvé les Conodontes.

Plus haut se montrent comme dans l'Ordovicien de Suède des bancs calcaires à Céphalopodes (calcaire à Orthoceras) et d'autres contenant une riche faune de Trilobites, Brachiopodes, Cystidés et Coraux. Les couches calcaires des bords du Dniester présentent le *Calymene Blumenbachi*. C'est à l'île d'Œsel qu'on trouve le Silurien le plus supérieur correspondant au groupe de Ludlow. Il y a là de grands Euryptérides et des restes de Poissons assez nombreux.

LE SILURIEN D'ALLEMAGNE ET DE BOHÊME.

Dans la plaine de l'Allemagne du Nord on trouve de nombreux blocs de pierre apportés par les glaces pendant la période quaternaire. Beaucoup de ces blocs proviennent de la Scandinavie et des provinces baltiques, et ont été enlevés au Silurien de ces pays.

Mais le pays de l'Europe centrale où le Silurien est le plus développé, est la Bohême. Il y a là un petit bassin océanique isolé, ayant la forme d'une ellipse dirigée du sud-ouest au nord-est. Le grand axe n'a pas plus de 148 kilomètres de longueur et le petit 30 kilomètres. Sur cet espace restreint, Barrande a trouvé un nombre énorme de fossiles. Il a distingué plus de 4000 espèces ; il y a tel niveau du Silurien supérieur (niveau E_2), qui contient 103 espèces de Trilobites, 777 Céphalopodes, 767 Lamellibranches, 293 Brachiopodes, sans compter les Gastéropodes, les Crinoïdes et les Coraux ; en tout 2500 espèces (1).

Le bassin de Bohême (fig. 134) qui s'étend de Ginetz à Skrey, montre des couches redressées et plissées, les plus récentes se trouvent au centre. Barrande a distingué un certain nombre d'étages qu'il a désignés par les lettres de l'alphabet. A comprend les gneiss et micaschistes, B les schistes huroniens et les schistes et grès à traces d'Annélides, C répond au Cambrien et a fourni la *faune primordiale* (*Paradoxides*, *Agnostus Conocephalites*). L'étage D qui vient ensuite n'est autre que l'Ordovicien. Sa faune appelée par Barrande *faune seconde*

comprend 160 espèces de Trilobites (*Trinucleus ornatus*, *Dalmanites socialis*, *Illænus giganteus*, *Acidaspis Buchi*, etc.) ; 40 Céphalopodes, 70 Lamellibranches et 125 Brachiopodes, en tout près de 500 espèces. Barrande a subdivisé cet étage D en plusieurs niveaux : D_1, D_2, D_3, D_4, D_5, le dernier correspondant au groupe de Caradoc. L'étage E appartient au Silurien supérieur ; E_1 avec ses Graptolithes correspond aux schistes de Llandovery ; E_2 est un calcaire noir bitumineux riche en Céphalopodes, il répond au groupe de Wenlock. La partie inférieure (F_1) de l'étage F est un calcaire correspondant au groupe de Ludlow. Quant à la partie supérieure (F_2) de cet étage et aux étages G et H, ce sont des couches de passage qui semblent devoir être rattachées au Dévonien inférieur (1).

Le Silurien de Bohême présente une particularité qui a donné lieu à de longues discussions. Il s'agit d'intercalations de bancs calcaires et de schistes à Graptolithes avec faune troisième caractéristique, au milieu des couches à faune seconde ; ainsi des parties correspondant à l'étage E se trouvent au milieu des couches de l'étage D. C'est ce que Barrande a appelé des *colonies*. Par suite du percement d'une rue à Prague, on trouva d'abord entre les schistes ordoviciens du niveau D_4 un banc calcaire de quelques centimètres d'épaisseur contenant une faune troisième incontestable avec quelques espèces de Trilobites de l'Ordovicien. Puis Barrande trouva entre les schistes du niveau D_5

(1) Neumayr, *Erdgeschichte*, II, p. 110 et 111.

(1) Neumayr, p. 111 et Suess, *Das Antlitz der Erde*, II, p. 288.

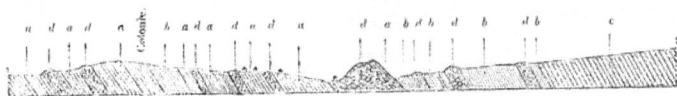

Fig. 135. — Coupe à travers une *colonie* (Barrande). — *a*, Silurien moyen; *b*, schistes à Graptolithes du Silurien supérieur; *c*, calcaire du Silurien supérieur; *d*, roches éruptives.

des schistes ayant la faune du niveau E_1 (fig. 135). Il supposa qu'en Bohême existait la faune ordovicienne à une époque à laquelle existait déjà dans des contrées plus septentrionales la faune troisième. Celle-ci cherchait à occuper le bassin isolé de la Bohême, et y envoyait des représentants. Ceux-ci ne trouvant pas des conditions favorables, ne pouvaient se propager et formaient des *colonies* au milieu de la faune indigène. Ils finissaient par disparaître et il en fut ainsi jusqu'à ce qu'au commencement de E_1 la faune troisième supplanta définitivement la faune seconde.

Barrande énonça cette hypothèse à un moment où régnait encore la doctrine des catastrophes et des créations successives. Il fut donc attaqué, parce que cette coexistence de la faune seconde et de la faune troisième était contraire aux idées reçues. Aujourd'hui que la théorie des créations successives est abandonnée, Barrande a encore trouvé des adversaires. On lui a objecté qu'il y avait eu dislocations, que celles-ci avaient amené quelques parties de l'étage E au milieu des assises de D ; la concordance était seulement apparente. Mais d'après Barrande la concordance est bien réelle, et les gisements des colonies ont une forme lenticulaire. Tout s'explique par la considération des facies (1). Quand le facies reste le même pendant le dépôt de toute une série de couches, il y a dans chaque couche un nombre très considérable d'espèces qui se trouvent aussi dans les couches voisines, c'est ce qui a lieu pour le calcaire de Bala et celui de Wenlock en Angleterre. Au contraire, en Bohême, à la limite des étages D et E se trouve un changement notable de facies, alors se montre la

faune troisième sans transition avec la faune seconde. Mais cette faune troisième existait déjà ailleurs et il n'y a rien d'étonnant à ce que, profitant de circonstances favorables, d'un changement de facies, elle n'envoyât des représentants en Bohême, à une époque où ce pays ne possédait encore que la faune seconde dans toute sa pureté. Comme le remarque Neumayr, le grand intérêt de ce phénomène des colonies, c'est d'avoir fourni un excellent argument contre la théorie des grandes catastrophes géologiques.

Pour terminer ce qui a rapport au Silurien de l'Europe centrale, disons qu'en Thuringe on trouve des schistes à Trilobites ordoviciens. Dans le Fichtelgebirge, il y a des schistes à Graptolithes et des calcaires. A Hof, en Bavière, se montre un mélange de la faune primordiale et de la faune seconde. Les *Conocephalites* et *Olenus* sont associés aux *Asaphus* et aux *Calymene*.

Dans les Alpes, il y a toute une série de schistes, grès, conglomérats, grauwackes et des calcaires subordonnés. Très souvent ces assises sont en relation intime avec des schistes cristallins, qui ont été regardés longtemps comme primitifs. MM. Suess et Stache ont montré qu'ils étaient métamorphisés. Cette série est en réalité paléozoïque et correspond au moins pour une partie au Silurien. En effet, Hauer a trouvé des fossiles siluriens à Dienten au sud de Salzbourg et à Erzberg en Styrie. La faune de Dienten a fourni vingt espèces qui rappellent beaucoup, d'après M. Stache, celles de l'étage E_2 de Bohême (Neumayr). Il y a de même des schistes à Graptolithes en Carinthie et dans les Alpes Italiennes.

LE SILURIEN FRANÇAIS.

Dans les Ardennes françaises et belges le Cambrien est représenté par une puissante succession de schistes durs (phyllades) et de quartzites. C'est un massif que traverse la Meuse

entre Mézières et Givet (fig. 136). On y trouve des ardoises vertes ou violettes exploitées à Deville et à Fumay. Il n'y a pas d'autres fossiles que des empreintes problématiques (*Nereites*, *Oldhamia*) dont nous avons discuté la nature dans le chapitre précédent, et aussi à

(1) Neumayr, *Erdgeschichte*, II, p. 113.

Fig. 136. — Monthermé (vallée de la Meuse). Photographie communiquée par M. Velain.

Revin des *Dictyonema*. Ces phyllades se continuent pour former le sous-sol d'une bonne partie de la Belgique.

Dans le Brabant la série se complète à Gembloux par des schistes contenant la faune seconde : *Trinucleus*, *Calymene incerta*. Enfin, on trouve aussi ici Gembloux des schistes du Silurien supérieur avec *Monograptus priodon* et *Cardiola interrupta*.

L'Armorique, en comprenant sous ce nom avec la Bretagne, la Vendée et le Cotentin qui ont même structure géologique, offre des couches siluriennes sous forme de bandes plissées s'allongeant de l'est à l'ouest. Le Cambrien est représenté par des *schistes rouges* associés à des calcaires lunaires et à des marbres (Laize-la-Ville), et par des *poudingues pourpres* formés de gros cailloux de quartz blanc, unis par une pâte lie-de-vin. On n'y trouve pas d'autres fossiles que des tubes appelés *Scolithes* regardés comme des traces de Vers, et des masses enchevêtrées de *Tigillites* qui sont peut-être des moules d'Algues ; enfin des *Oldhamia*.

L'Ordovicien commence par un grès blanc du *sous-sol*, qui forme la crête du Menez-Hom dans le Finistère, la Montagne du Roule

près de Cherbourg (fig. 137), et les collines de Mortain. On y trouve comme fossiles les célèbres Bilobites (*Cruziana*) et des Lingules, parfois même des Trilobites (*Asaphus armoricanus*). A ce grès succèdent des schistes qui, argileux en Bretagne, deviennent durs et cristallins vers le sud. Ce sont les *schistes à Calymènes* exploités comme ardoises aux environs d'Angers (carrières de Trélazé) [1]. Ces ardoises bleues se divisent en très minces feuilles sur lesquelles on voit souvent du mica et des cristaux jaune d'or de pyrite. Elles sont en couches plissées, contournées qui dénotent une compression énergique. Les fossiles sont également déformés, aplatis. Les Trilobites des ardoises d'Angers sont : *Illænus giganteus*, *Calymene Tristani*; *Calymene Araqoi*. Dans le Calvados le faciès schisteux fait place à un faciès arénacé qui fournit aux environs de Caen les *grès de May* de coloration rose. On les retrouve dans les environs de Rennes. Les fossiles y sont nombreux, d'abord les Calymènes des schistes ardoisiers, puis d'autres Trilobites (*Homalonotus Brongniarti*, *Calymene*

[1] Voy. Priem, *La Terre, les Mers et les Continents*, p. 370.

Fig. 125. — Rochers du Roule, près de Cherbourg (Photographie communiquée par M. Vélain).

Bdotes, des Lamellibranches, *Modiolopsis He-
berti*, des Brachiopodes, *Orthis redux*, variété
Bouilleviplanus, de grandes Cucullaires. Ces gres-
sont surmontés de schistes noirs à *Trinucleus*,
Trinucleus ?, *Fongeavole*, qui fournissent en
Bretagne les ardoises de Riadan.

Le Bohémien est peu représenté dans la
région. On trouve cependant des schistes à
Graptolithes, à Orthoceras, à *Cardiola interrupta*, en diverses localités, à Fougerolles
(Calvados), Saint-Sauveur-le-Vicomte (Manche),
et surtout en Anjou. Le *Colpoceus Rhonembachi*,
caractéristique du Bohémien, est rare en
France ; on le trouve à Erbray (Loire-Inférieure)
dans un calcaire.

On a signalé le Silurien dans la région pyrénéenne, aux environs de Luchon, il y a des
schistes noirs charbonneux (ampelites) à nodules calcaires, appartenant au Bohémien. A
Neffiez, dans l'Hérault, les schistes à Caly-
menes, et les schistes à *Trinucleus*, avec des
Trilobites graptoliques. Dans la même région
vient d'être découverte la faune primordiale
qui, jusqu'alors, paraissait manquer en France.
M. Bergeron l'a trouvée dans les assises de la

Montagne-Noire, aux environs de Ferrals-les-
Montagnes (Hérault) [1]. Là, dans des schistes
argileux, il a recueilli des débris variés de
Trilobites : *Agnostus*, *Paradoxides*, *Conocephalites*. Fait remarquable, plusieurs de ces Crustacés atteignent, dans cette région, une taille
qu'ils ne possèdent pas ailleurs. Certaines
pièces de *Paradoxides* accusent pour le thorax
une largeur de 18 centimètres. L'espèce nouvelle de *Conocephalites*, désignée sous le nom
de *C. Heberti*, avait un thorax de 6 centimètres
de largeur. Il faut noter aussi que ces formes
se rattachent mieux aux formes des bassins les
plus rapprochés, comme ceux d'Espagne et de
Sardaigne, qu'aux fossiles de Bohême et d'Angleterre, ce qui prouve une fois de plus qu'il y
avait, dès la période cambrienne, des bassins
maritimes localisés et assez indépendants. Dans
le Silurien supérieur, que M. Bergeron a également étudié dans la Montagne-Noire [2], il y a,
au contraire, des espèces de Bohême ; donc, à
cette époque, la communication est devenue

[1] C. R. de l'Académie des sciences, du 1er janv. 1888,
et Bull. Soc. géol. de France, 3e série, t. XVI, p. 282.
[2] Bull. Soc. géol., 3e série, t. XVIII, 1889, p. 171.

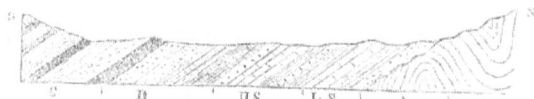

Fig. 133. — Coupe idéale du Canada à la Pensylvanie. A, Archéen; LS et US, Silurien; D, Dévonien; C, Carbonifère (Le Conte).

Fig. 133. — Section idéale du S.-E. au N.-O. à travers les Appalaches (terrains paléozoïques) (Dana).

Fig. 140. — Roches cambriennes de Big Cottowood Cañon, monts Wahsatch (exploration du 40me parallèle).

directe entre les deux bassins. Nous ne nous occuperons pas davantage du Silurien d'Europe. Nous allons retrouver ce système avec un grand développement dans l'Amérique du Nord.

LE SILURIEN D'AMÉRIQUE.

Le Cambrien d'Amérique forme, dans les États-Unis et au Canada, une bordure autour du continent primitif et huronien (fig. 138 et 139). Les roches cambriennes d'Amérique (fig. 140) présentent ce caractère, qu'au lieu d'être alte-rées et métamorphisées, comme en Europe, elles sont presque inaltérées; parfois même on trouve des sables non cimentés [1]. On distin-

[1] Prestwich, Geology, p. 44.

gue à la base le *groupe acadien* formé de grès, d'argiles, de schistes. Comme en Europe, il n'y a comme fossiles que des *Scolithes* et autres empreintes problématiques ; on y observe aussi des traces de clapotement des vagues (*Ripplemarks*), indiquant une côte basse, alternativement occupée et abandonnée par la mer, suivant le jeu des marées. Dans sa partie supérieure, le groupe acadien présente une faune de Trilobites et de Brachiopodes, analogue à la faune primordiale (*Paradoxides, Conocephalites, Agnostus, Lingulella*, etc.). Au-dessus se montre un nouveau groupe : les *grès de Postdam* avec Trilobites différents : *Olenellus, Illæurus*, des Crinoïdes, des Gastéropodes, etc. Il est suivi d'un étage calcaire, le *groupe canadien* ou de Québec, qui indique un changement considérable dans la condition des mers. Les roches cambriennes indiquent l'existence d'eaux peu profondes et de courants variés, tandis que le groupe calcaire canadien montre qu'il y a eu plus tard des eaux profondes et tranquilles. On range le groupe canadien dans l'Ordovicien, mais il y a des difficultés locales. Dans la rangée du Taconic de l'État de New-York, on trouve un ensemble d'ardoises et de grès avec calcaires intercalés, où les fossiles du Cambrien sont associés aux fossiles de l'Ordovicien. C'est ce qui a conduit les Américains à considérer un *système taconique ;* mais ce terme a été employé dans plusieurs sens, soit pour désigner un développement spécial du groupe canadien, soit pour l'ensemble du Cambrien et d'une partie du Canadien, soit même pour l'Acadien et les grès de Postdam (1).

Dans l'Ordovicien d'Amérique on distingue d'abord le groupe calcaire de Québec ou Canadien avec *Agnostus, Olenus*, genres de la faune primordiale, et *Asaphus, Illænus*, genres de la faune seconde. Ces derniers vont surtout deve-

nir prédominants dans le terme qui suit : le *calcaire de Trenton*. Fait à noter, une seule espèce de Trilobite du groupe de Québec passe dans le groupe de Trenton, et encore est-ce douteux.

Le Silurien supérieur forme une puissante série dont le terme inférieur est le *calcaire du Niagara* qui forme le soubassement de la célèbre cataracte. On trouve là les fossiles de la faune troisième, la *Calymene Blumenbachi* (variété *niagarensis*), de nombreux Coraux, etc. Mais vers la fin de la période silurienne certaines parties du bassin maritime furent transformées en lagunes où l'évaporation donna naissance à de puissants dépôts de sel. C'est le groupe de *Salina* (*Onrondaga Salt-group*).

On retrouve le Silurien avec ses caractères généraux à Terre-Neuve et dans les régions arctiques ; ainsi au détroit de Smith, aux îles Parsy, etc. Le Silurien supérieur avec ses Coraux s'y montre très développé.

Il en est d'ailleurs de même en Chine, où les formations coralligènes siluriennes sont très étendues.

Au contraire, dans les régions australes le système silurien paraît fort peu développé. On a trouvé en différents points des Andes de Bolivie et du Chili, des fossiles analogues à ceux d'Europe : Graptolithes, Lingules, *Asaphus, Phacops*. En Australie les assises du Silurien se montrent dans la Nouvelle-Galles du Sud. Bigsby y cite plusieurs genres d'Europe. D'après Mac Coy il y a dans l'Australie occidentale un Brachiopode, un Trilobite et dix-huit Graptolithes d'espèces identiques à celles d'Europe et d'Amérique.

La revue que nous venons de faire des diverses régions siluriennes nous permettra d'établir un certain nombre de conclusions générales relativement aux conditions géographiques et physiques de cette période.

GÉNÉRALITÉS SUR LES MERS SILURIENNES.

Il y a à distinguer plusieurs sortes de sédiments : ceux d'abord qui résultent de substances dissoutes abandonnées par l'évaporation, comme le gypse et le sel marin ; les dépôts clastiques dont les matériaux proviennent de la terre ferme et, entraînés par voie mécanique, sont tombés au fond de la mer : tels sont les sables et l'argile ; enfin les roches qui pro-

viennent de l'activité des organismes, comme les calcaires. Au voisinage d'un continent se trouveraient des conglomérats, des sables et des grès, des argiles. Les dépôts clastiques formeraient une bordure plus ou moins large descendant vers les profondeurs. Au delà de cette ceinture se présenteraient les sédiments organogènes, les calcaires, avec une pureté de plus en plus grande. Quand on considère toute une formation, il y a généralement une succession de

(1) Prestwich, p. 42.

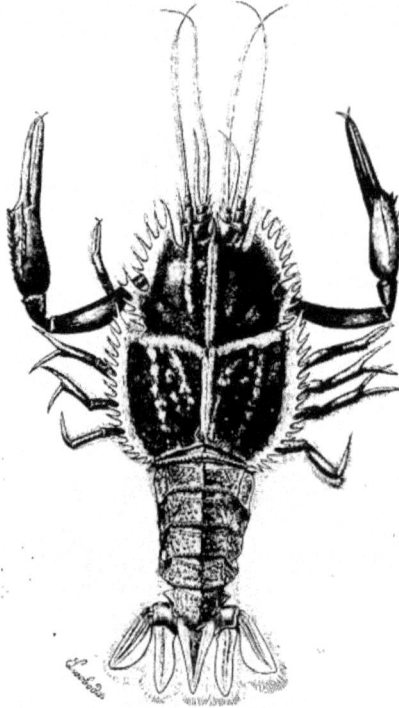

Fig. 141. — *Willemœsia crucifera* (d'après Wyville Thomson).

dépôts différents : des formations d'eau peu profondes au commencement et à la fin, tandis qu'au milieu se trouvent des formations de haute mer. Au début se montre un conglomérat déposé par les vagues qui envahissent la terre ferme, puis vient du sable fin ; le mouvement positif de la mer continuant, se dépose l'argile des grands fonds. Si le mouvement devient négatif, c'est-à-dire s'il y a recul de la mer, se montrent de nouveau le sable et enfin un gravier d'émersion. C'est ce que Rutot et van der Broeck appellent un *cycle sédimentaire* (1). Les formations calcaires indiquent une sédimentation tranquille qui se fait loin de la terre ferme.

Appliquons ces notions au système silurien (2). Le Cambrien nous présente une ceinture de

sédiments clastiques. Dans l'Amérique du Nord les grès et les schistes de cet étage atteignent leur plus grande épaisseur dans les parties est et sud-est du Canada, et la partie nord-est des États-Unis. L'épaisseur diminue ensuite vers le Mississipi, les schistes et les grès disparaissent, tandis que le calcaire l'emporte de plus en plus. De même pour le nord de l'Europe. Dans la Grande-Bretagne et la Norvège il y a de grandes masses de grès et de schistes. Leur épaisseur diminue en Suède et dans les provinces baltiques, tandis qu'avec le Silurien supérieur le calcaire devient prédominant. Ce fait général a conduit à supposer l'existence pendant le Silurien d'un continent qui occupait la partie nord de l'Atlantique actuel. Ces terres ont fourni les matériaux détritiques du Cambrien.

L'examen de la faune cambrienne conduit à cette conclusion, que nous ne connaissons de

(1) Suess, *Das Antlitz der Erde*, II, p. 278.
(2) Voir Suess, *Das Antlitz der Erde*, II, p. 281 et suivantes.

cette époque que les espèces animales habitant les grandes profondeurs (1). En effet, la faune primordiale présente quatre caractères importants : elle est très constante sur de vastes régions; elle se présente comme une faune appauvrie, puisque sur les 10,000 espèces et davantage du Silurien, il n'y a guère que 500 espèces cambriennes; les organismes sécrétant le calcaire sont très rares; enfin il y a beaucoup d'animaux aveugles. Or, la faune abyssale actuelle nous offre précisément ces caractères. Les expéditions du *Challenger*, du *Talisman*, etc., ont montré que les conditions de température étaient constantes dans les grandes profondeurs, et que dans les abîmes de l'Atlantique et de l'océan Pacifique, du cercle polaire nord au centre polaire sud, on trouve les représentants d'une seule et même faune relativement peu variée. Les organismes à coquilles calcaires ne descendent pas à plus de 4,000 mètres. Enfin il y a beaucoup d'espèces de Crustacés dont les organes visuels sont en voie de régression. Tels sont les *Polycheles* et *Willemœsia* (fig. 141), genres qui se rapprochent des *Eryons* jurassiques, et que l'on trouve à 1,900 brasses de profondeur. Les yeux sont si petits et si cachés que pendant longtemps on a cru qu'ils n'existaient pas. Mais Spence Bate a montré que dans les premiers stades du développement de l'embryon de *Willemœsia*, l'organe de la vue existe, construit sur le plan ordinaire de l'œil des Crestacés. Il s'agit donc ici d'une disposition acquise, d'une adaptation au milieu et non d'une disposition primitive. Il en est de même pour les Trilobites. Barrande a trouvé que chez les jeunes individus du *Trinucleus Bucklandi* aveugle, il y a au milieu des joues, à la place des yeux, une petite verrue qui disparaît complètement à l'âge adulte. Ce type correspond donc exactement au *Willemœsia* actuel.

La proportion des espèces aveugles est très grande pour la faune primordiale, elle est de 7 espèces sur 27 de Trilobites, tandis que pour la faune seconde elle est de 25 sur 127, et sur la faune troisième est de une seule sur 205.

Le fait de l'atrophie des yeux avec l'âge montre bien que les fossiles cambriens connus représentent une faune transformée provenant d'une faune plus riche qui existait antérieurement et qui s'est adaptée aux grandes profondeurs. C'est ce que montre encore ce fait que

parfois il y a des espèces à yeux développés associées à celles qui sont aveugles. Le *Conocephalites Sulzeri*, absolument aveugle, se trouve dans les schistes cambriens de Bohême avec le *Conocephalites striatus* qui y voyait. Mais cette faune côtière antérieure est presque inconnue. On ne connaît pas encore de calcaire cambrien d'eau moins profonde avec nombreux Coraux, Échinodermes et Mollusques. M. Marcou (1), toutefois, a trouvé dans les schistes à *Olenus* du Cambrien supérieur du lac Champlain, des lentilles calcaires où des Céphalopodes, des Lamellibranches, des Brachiopodes sont associés à des Trilobites cambriens. C'est un indice de la faune côtière cambrienne.

Citons encore un fait à l'appui du caractère abyssal de la faune primordiale. Dans les grandes profondeurs de la mer, à côté des espèces à yeux atrophiés, il y en a d'autres dont les organes visuels sont énormes et paraissent appropriés à apprécier la faible clarté émise par les nombreux animaux phosphorescents qui vivent dans les abîmes. Tel est le Crustacé appelé *Cystosoma Neptuni* (fig. 142), dont les yeux sont si gros qu'ils viennent se réunir sur le ligne médiane. Ce Crustacé vit pendant le jour dans les grandes profondeurs de l'Atlantique et se laisse pêcher parfois pendant la nuit à la surface. On peut lui comparer les Trilobites appelés *Remopleurides* et *Æglina*. Leurs yeux sont énormes, et ces espèces se trouvent avec celles complètement privées d'yeux (2).

À l'inverse du Cambrien, le Silurien supérieur présente des indices d'une mer peu profonde. Tels sont en Amérique le groupe de Clinton et le grès de Medina par lesquels débute la formation du Niagara. Au-dessus de celle-ci les dépôts de sel et de gypse du groupe d'Onondaga conduisent à la même conclusion. En certains endroits même le groupe salifère conduit par des alternances à un calcaire dolomitique jaune-brun (*Waterlime*), avec restes de grands Crustacés des genres *Eurypterus* et *Pterygotus*. Il s'est déposé, sans nul doute, dans une mer de faible profondeur. En Angleterre les couches supérieures du groupe de Ludlow présentent des bancs littoraux avec grands Crustacés et Poissons. Dans les provinces baltiques, dans la Galicie orientale et les parties voisines de la Russie, le Silurien supérieur contient une dolomie en plaquettes avec grands Crustacés. Des États-Unis jusqu'au

(1) Suess, *Das Antlitz der Erde*, II, p. 270, et Neumayr, *Erdgeschichte*, II, p. 52.

(1) Neumayr, *Erdgeschichte*, II, p. 56.
(2) Suess, *Das Antlitz der Erde*, II, p. 271-272.

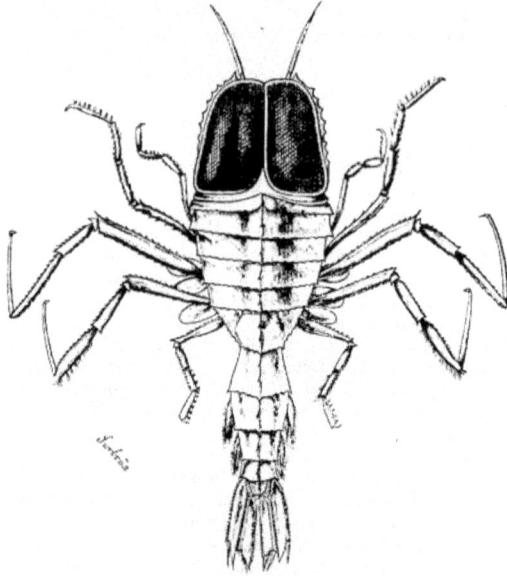

Fig. 142. — *Cystosoma Neptuni* (d'après Wyville Thomson).

Dniester on retrouve les couches à *Eurypterus*, et sur cette vaste étendue le Silurien supérieur indique une diminution de profondeur de la mer (1), un mouvement négatif de la ligne de rivage.

La distribution du Silurien dans les diverses régions du globe donne lieu à quelques remarques intéressantes. Le système silurien s'étend sur une vaste surface de la zone septentrionale ; la bande silurienne comprend les îles Britanniques, la Scandinavie, une partie de la Russie, pousse un prolongement en Thuringe, dans le Fichtelgebirge, la Galicie orientale et les parties voisines de la Pologne jusqu'au Dniester. Dans toute cette zone on trouve les mêmes caractères pour le Silurien, la même faune. Au contraire, la Bohême diffère de ce Silurien septentrional par ses espèces, qui se retrouvent dans les Alpes, la Sardaigne, la France, la péninsule hispanique. Il y a donc en Europe, pour le Silurien, comme l'avait déjà montré Barrande, deux provinces bien distinctes.

(1) Suess, *Das Antlitz der Erde*, II, p. 286-287.

Quand on considère les autres continents, on voit que les couches siluriennes couvrent de vastes étendues en Chine, en Sibérie, se montrent aussi dans l'Himalaya, tandis que l'Afrique jusqu'à présent n'offre ce système qu'au Maroc, où existent des couches à Trilobites et Orthocères. En revanche les couches siluriennes s'étendent dans l'Amérique du Nord depuis les régions arctiques jusqu'au Mexique. L'Amérique du Sud est pauvre en dépôts de cette période, et n'en présente que dans les Andes de la Bolivie, du Chili et de la République Argentine. Enfin nous retrouvons ce système en Australie. Le fait remarquable, c'est que par leur faune toutes les régions précédemment énumérées s'écartent du type de la Bohême et se rapprochent bien davantage du type anglais et scandinave.

On doit se demander quelle est la cause de cette séparation en deux types distincts. Si l'on considérait seulement l'Europe, on pourrait supposer une cause purement climatérique, il y aurait une zone nord et une zone sud. Mais, nous l'avons vu, le type septentrional est général et le type bohémien est local. On pourrait peut-être expliquer les choses en regardant l'Angleterre, la Scandinavie, la Russie, la Chine, l'Amérique du Nord comme répondant à une zone silurienne arctique ; le Chili, la Bolivie, l'Australie comme formant une zone antarctique correspondante, tandis que la Bohême, les Alpes, la Sardaigne, la France, la péninsule hispanique auraient été les parties les plus septentrionales d'une zone équatoriale. Un argument en faveur de cette opinion, c'est qu'on a trouvé en quelques points isolés des régions tropicales des couches siluriennes du type bohémien. Mais les conclusions sur ces régions sont bien difficiles à établir, car du 20ᵉ degré de latitude nord au 20ᵉ degré de latitude sud il n'y a pour ainsi dire pas de dépôts siluriens connus. Il est plus probable que la différence des deux types tient à l'existence de bassins maritimes n'ayant les uns avec les autres que des communications difficiles (1).

LA FAUNE DÉVONIENNE.

La période dévonienne succède à la période silurienne. Le nom de Dévonien vient du comté de Devon, dans le sud de l'Angleterre, où ce système a été bien étudié. Cette dénomination est due à Sedgwick et Murchison. Un fait remarquable présenté par le Dévonien, c'est l'existence, à côté de dépôts franchement marins, de couches littorales souvent fort puissantes. Bien développées surtout dans le nord de l'Angleterre, en Écosse, en Islande, elles y constituent le *vieux grès rouge* (*old red sandstone*). En outre, il y a dans ces couches littorales des restes végétaux relativement nombreux, qui indiquent une flore terrestre assez riche, ce qui n'avait pas lieu pour le Silurien. On partage le Dévonien en trois étages auxquels on donne des noms empruntés aux régions rhénane et ardennaise, où ces dépôts sont très puissants. Le Dévonien inférieur est ainsi appelé *étage rhénan*, le Dévonien moyen *étage eifélien*, le Dévonien supérieur *étage famennien*.

La faune dévonienne est beaucoup moins riche que la faune silurienne ; le nombre des espèces est moindre ; il y en a environ 3,200. Les types sont ceux qui existaient déjà au Silurien, et qui poursuivent leur développement ou au contraire entrent en voie de décroissance et de disparition. Nous passerons en revue les différents groupes d'animaux dévoniens en commençant par les Polypiers et les Échinodermes.

LES POLYPIERS ET LES ÉCHINODERMES.

Les Coralliaires, déjà nombreux dans le Silurien supérieur, forment de puissants récifs dans le Dévonien ; on peut citer entre autres régions l'Eifel, l'Ardenne, la Silésie et certaines régions de l'Amérique du Nord. Les Tétracoralliaires et les Tabulés sont, avec les Stromatoporides, les principaux agents de ces constructions. Quelques genres sont particulièrement intéressants. Tel est parmi les Tétracoralliaires le genre *Cystiphyllum* (fig. 144), qui se rapproche beaucoup des *Cyathophyllum*. Toute la cavité est remplie de tissu vésiculeux et les septa sont seulement indiquées par des lignes rayonnantes qui disparaissent à la surface de l'endothèque. Parmi les Tabulés un genre important est le genre *Pleurodictyum* (fig. 143). Il forme des masses arrondies, composées de polypiérites courts, en forme d'entonnoir et dont les murailles sont criblées de trous ; au centre de la masse, on voit un corps en forme d'S qui s'insinue entre les polypiérites. On le regarde comme le tube d'une Serpule. On a d'abord supposé que ce tube de Ver a servi de support à la colonie de *Pleurodictyum* (fig. 143). Mais sa position même entre les cellules du polypier et sa constance font croire aujourd'hui qu'il s'agit d'un cas de commensalisme, tel qu'il en existe beaucoup de nos jours. On peut en citer plusieurs exemples entre Coraux et Vers. Ainsi chaque exemplaire du Coralliaire vivant *Heterocyathus Michelini* contient un Ver du groupe des Siponcles. Il en est de même pour le genre *Heteropsammia*, et dans les formes fossiles de

(1) Nous traduisons presque textuellement cette discussion sur les deux types siluriens de Neumayr, *Erdgeschichte*, II, p. 101-102.

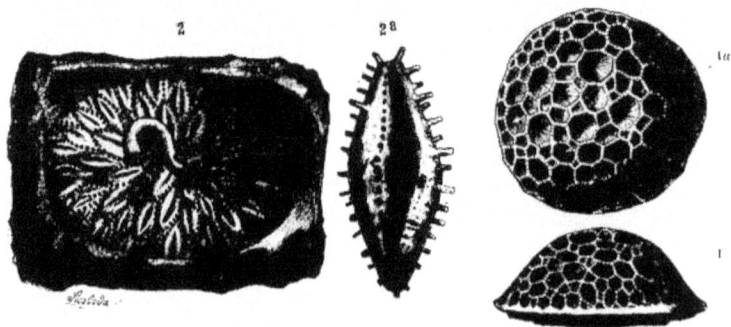

Fig. 143. — *Pleurodictyum americanum* (Dévonien d'Amérique) ; 1, de côté; 1a, de dessus (d'après Römer). *Pleurodictyum problematicum* (Dévonien rhénan) ; 2, colonie entière; 2a, cellule isolée, grossie (d'après Römer).

ce dernier, on peut encore voir la cavité dans laquelle vivait le Ver (1).

Aux Tétracoralliaires, on rattache les Polypiers operculés dont nous nous sommes déjà occupés à propos du Silurien. Ces Polypiers se mon-

l'ouverture se rabat un couvercle plat demi-circulaire. Le tissu calcaire qui forme la muraille est dur et serré. A l'intérieur les quatre cloisons caractéristiques des Tétracoralliaires sont représentées par des sillons.

Fig. 144. — *Cystiphyllum vesiculosum*, Dévonien de l'Eifel (d'après Goldfuss).

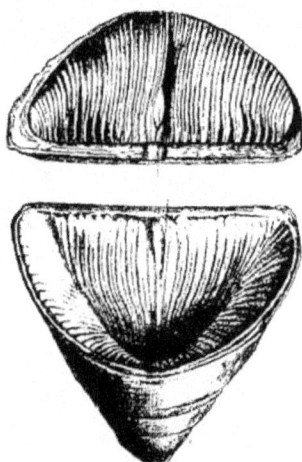

Fig. 145. — *Calceola sandalina*.

trent également dans le Dévonien. Le plus caractéristique est la *Calceola sandalina* (fig. 145). Le polypiérite a la forme d'une pantoufle; sur

(1) Neumayr, *Erdgeschichte*, II, p. 118.

Les Graptolithes si caractéristiques du Silurien ne sont plus représentés dans le Dévonien inférieur que par quelques rares exemplaires. Ils disparaissent ensuite sans laisser de traces.

De même, parmi les Échinodermes, les Cystides, si florissants au Silurien supérieur, sont

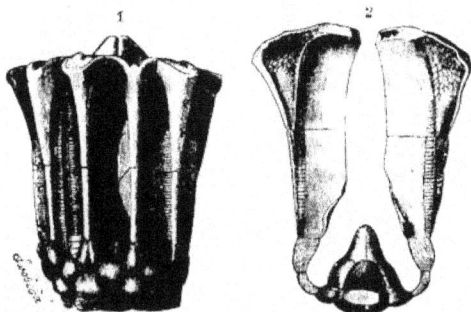

Fig. 146. — 1, *Eucalyptocrinus rosaceus*; 2, le même, coupe à travers le calice (Schultze).

très réduits. Les Blastoïdes que nous verrons s'épanouir dans le Carbonifère sont encore peu représentés. Il en est de même des Oursins et des Étoiles de mer. Cependant les ardoises de Bundenbach ont fourni un grand nombre [de

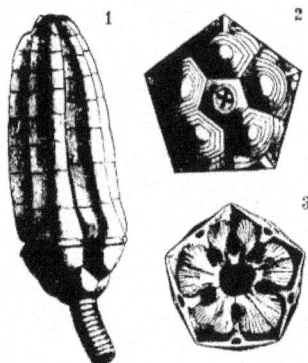

Fig. 147. — *Cupressocrinus inflatus*; 2, *Cupressocrinus abreviatus*, calice vu de dessous; 3, le même, vu de dessus, sans les bras, avec l'appareil de consolidation (d'après Schultze).

ces dernières transformées en pyrite jaune sur le fond noir des schistes (1). Les Crinoïdes sont en plein développement et fournissent des types remarquables. Tel est le genre *Cupressocrinus* du Dévonien de l'Eifel (fig. 147). Aux radialia s'articulent cinq larges bras composés de grandes plaques. Ils sont serrés l'un contre l'autre et forment ainsi une sorte de pyramide. On ne

(1) Neumayr, *Die Stämme des Thierreiches*, p. 311.

voit aucune trace d'opercule, mais à l'intérieur se trouve une plaque en forme d'anneau présentant cinq prolongements correspondant aux cinq interradialia. On regarde cette formation comme un appareil de consolidation. Citons encore le genre *Lecythocrinus* (fig. 148), où le conduit anal est très élevé et formé de nom-

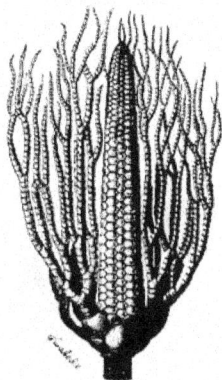

Fig. 148. — *Lecythocrinus Eifelianus*.

breuses plaquettes. Il y a cinq longs bras bifurqués plusieurs fois. Chez l'*Eucalyptocrinus* (fig. 146), les plaques du calice sont très grandes, très développées et en se réunissant forment à la surface dix niches enfoncées dans le calice et qui contiennent chacune une paire de bras soudés. Il existe encore bien d'autres genres très bien représentés surtout dans le Dévonien moyen de l'Eifel.

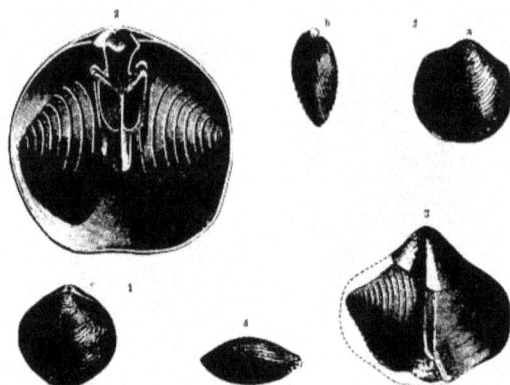

Fig. 149. — 1a et b, c, d, *Spirigera concentrica* (Dévonien rhénan); 2, la même, Dévonien anglais (Davidson); 3, *Merista herculea* du Dévonien inférieur de Bohème (Suess).

LES BRACHIOPODES DÉVONIENS.

Les Brachiopodes atteignent pendant le Dévonien leur développement maximum. Les genres qui existaient déjà au Silurien se retrouvent au Dévonien. Tels sont parmi les Orthisidés les genres *Strophomena*, *Streptorhynchus*, *Orthis*. Parmi les Brachiopodes à appareil brachial simple sans cônes spiraux se retrouvent le genre *Rhynchonella*, le genre *Waldheimia*,

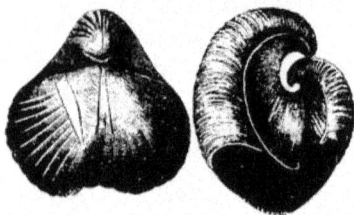

Fig. 150. — *Pentamerus galeatus.*

dont nous avons déjà représenté l'appareil brachial, le genre *Pentamerus* (fig. 150). Ce dernier, qui existe déjà dans le Silurien supérieur, mérite quelques mots de description. La petite valve présente deux cloisons prolongeant les plaques crurales, la grande en présente une qui à sa partie cardinale forme deux plaques (plaques dentaires) allant à la rencontre des deux cloisons de la petite valve. La coquille est ainsi partagée en trois chambres. On a admis l'existence de cinq chambres (d'où le nom de

Pentamerus), en supposant à tort que la ligne commissurale des valves pénétrait sous forme

Fig. 151. — *Atrypa reticularis*, Dévonien rhénan.

de deux cloisons dans les deux chambres latérales. Le genre *Pentamerus* se lie intimement au groupe des *Rhynchonellidés*.

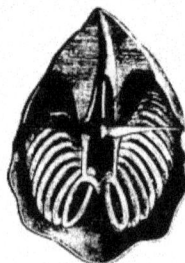

Fig. 152. — *Cyrtia heteroclita* du Dévonien anglais (Davidson).

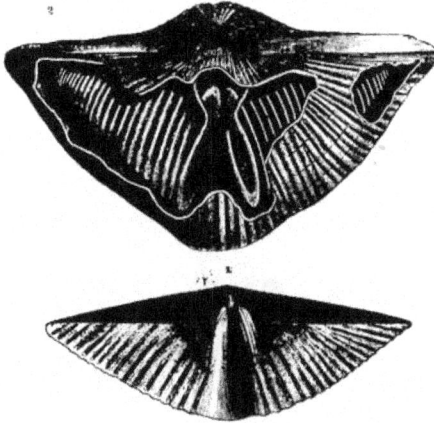

Fig. 153. — 1, *Spirifer speciosus* du Dévonien rhénan ; 2, *Spirifer striatus* (calcaire carbonifère) montrant les cônes spiraux (Davidson).

Parmi les Brachiopodes à cônes spiraux, on trouve, dans le Dévonien, l'*Atrypa reticularis* (fig. 151) qui existait dans le Silurien. On trouve aussi les *Athyris* ou *Spirigera* (fig. 149), dont les cônes spiraux ont leurs sommets se diri-

mence dans le Silurien, et le genre le plus ancien est le genre *Cyrtia* où l'area est énorme (fig. 152). Le genre *Spirifer* se développe sur-

Fig. 155. — *Stringocephalus Burtini.*

tout dans le Dévonien (ex. : *S. speciosus*, fig. 153, *S. Verneuili*). Citons encore dans cette famille le genre *Merista* privé d'area (fig. 149).

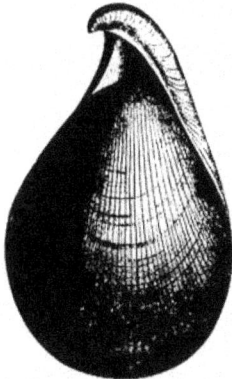

Fig. 154. — *Uncites gryphus* du Dévonien moyen de Paffrath, près de Cologne.

Fig. 156. — Coupe de *Stringocephalus Burtini.*

geant vers les côtés (ex. : *Spirigera concentrica*).

Les *Spiriféridés* ont leurs cônes disposés de la même manière, mais la ligne cardinale est longue et droite, leur area est très développée avec une ouverture triangulaire fermée souvent par un pseudo-deltidium. Cette famille com-

Le genre *Uncites*, propre au Dévonien, appartient à la même famille (fig. 154). Les cônes

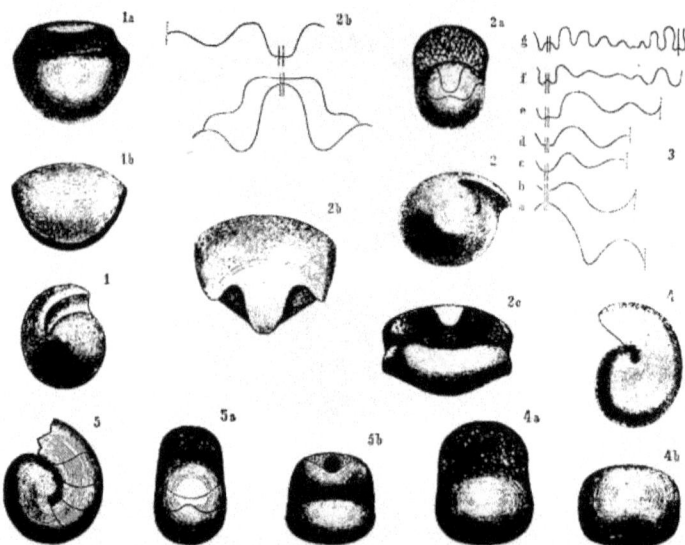

Fig. 157. — Loges initiales et lignes suturales primitives d'*Ammonées* dans diverses positions (d'après Branco). — 1, *Trachyceras erinaceus*; 2, *Phylloceras tortisulcatum*, loge initiale et première ligne suturale; 2d, les trois premières lignes suturales de *Phylloceras tortisulcatum*; 3a-g, développement des sutures de *Sageceras Haidingeri*; 4, *Goniatites multilobatus*; 5, *Clymenia undulata*. Le tout très grossi.

spiraux s'attachent, comme chez les Spirifers, séparément aux crura. Le crochet est très long, recourbé et percé d'un très petit trou. Il y a de fines stries radiales et la structure est fibreuse. Un genre qui accompagne le précédent et qui se rattache aux *Térébratulidés*, est le genre *Stringocephalus* (fig. 155 et 156) (*S. Burtini*). Il ressemble à une Térébratule fortement bombée avec un crochet saillant et crochu. Sous le crochet se trouve un foramen avec un deltidium. L'apophyse cardinale est très grande et se bifurque pour aller embrasser le septum de la grande valve. Il y a un septum à la petite valve et un appareil brachial formant deux anses, dont l'inférieure présente des prolongements en forme de dents.

LES MOLLUSQUES DÉVONIENS.

Les Gastéropodes et les Pélécypodes du Dévonien ne présentent rien de remarquable ; la plupart des types existaient déjà pendant la période silurienne. Citons, parmi les Gastéropodes, les *Euomphalus* et les *Murchisonia*. Dans les Pélécypodes, il faut mentionner, parmi les Paléoconques, les *Grammysia* (*G. Hamiltonensis*, du Dévonien supérieur) à coquille allongée et ventrue, à crochets accusés devant lesquels on trouve une profonde dépression (lunule). Le genre *Schizodus* est la souche des Trigonies. Les Mytilidés (ex. : la Moule) remontent au Dévonien. Un genre remarquable de la même période est le genre *Megalodon* (*M. cucullatus*) à crochets saillants et recourbés, à dents fortes et striées.

Les Mollusques Céphalopodes sont beaucoup plus importants. A l'époque silurienne, nous l'avons vu, les Nautilidés ont présenté une richesse de formes extraordinaire. Au Dévonien, les *Orthoceras* et *Cyrtoceras* existent encore, mais réduits, les *Gomphoceras* et *Phragmoceras* sont en forte décroissance. Les seuls genres qui s'épanouissent au Dévonien en un grand nombre d'espèces sont le genre *Nautilus* et les *Gyroceras*, dont la coquille s'enroule en spirale.

Mais si les Tétrabranchiaux diminuent, en revanche apparaît un nouveau groupe, celui des *Ammonées*. On appelle ainsi des coquilles appelées vulgairement cornes d'Ammon, à cause probablement de leur ressemblance avec les cornes enroulées du bélier, dont on ornait, en Libye, la figure de Jupiter Ammon. Ces coquilles furent décrites au siècle dernier sous le nom d'Ammonites. On en faisait un seul genre, mais ce genre contient aujourd'hui trois ou quatre mille espèces. Aussi l'a-t-on démembré, et a-t-on fait de toutes ces formes un ordre, celui des Ammonées.

La coquille est généralement enroulée en spirale dans un même plan et à tours contigus.

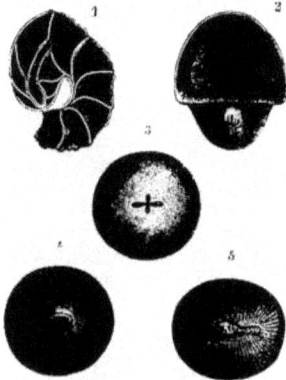

Fig. 158. — Loges initiales des *Nautilidés* (Barrande et Brancô). — 1, 2, *Nautilus pompilius*; 3, *Orthoceras mundum*; 4, *Orthoceras embryo*; 5, *Cyrtoceras fugax*.

Ainsi, par l'extérieur, ces coquilles ressemblent à celles des Nautilidés. Il en est de même de la constitution histologique. On distingue trois couches : la couche externe (*ostracum*), la couche interne (*couche nacrée*), et une couche accessoire tout à fait interne (*couche ridée*). Les moules internes des Ammonées portent une ornementation extérieure formée de stries creuses correspondant à la couche ridée du test.

La coquille se divise en deux parties distinctes : une centrale, formée par des loges à air et un siphon, et une partie périphérique, constituée par une grande chambre d'habitation.

On sait que chez les Tétrabranchiaux le siphon occupe le centre des loges, et qu'il se prolonge jusqu'au bout de la loge initiale ou nucléus, arrivant au contact de la paroi interne de cette loge. En outre, celle-ci présente à l'ex-

térieur une dépression, la *cicatrice*, soit linéaire, soit elliptique, soit cruciforme (fig. 158).

Au contraire, chez les Dibranchiaux actuels, comme la Spirule, le siphon ne s'étend pas jusqu'au bout de la loge initiale (*nucleus* ou *ovisac*) de forme vésiculeuse. Il s'y termine par un petit cæcum : le *protosiphon* (Owen), uni à la paroi de la loge initiale par un ligament fibreux : le *prosiphon* (Munier-Chalmas). Enfin, il n'y a pas de cicatrice (fig. 157). Or, ce qui se présente chez la Spirule se montre également chez les Ammonées. La loge initiale est vésiculeuse, sans cicatrice, il y a un *protosiphon* et un *prosiphon*. Les Ammonées se rapprochent donc, sous ce rapport, des Dibranchiaux, et s'éloignent des Nautiles (fig. 159).

Elles s'en éloignent encore par d'autres caractères. Les chambres sont séparées par des

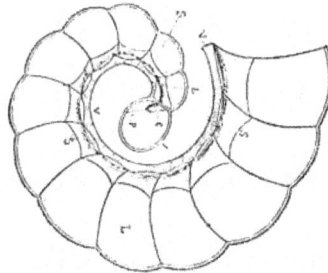

Fig. 159. — *Spirula Peroni* (d'après Munier-Chalmas). — *i*, loge initiale ; *p*, prosiphon ; *c*, cæcum siphonal ; *ll*, loges aériennes ; *ss*, siphon ; *rv*, paroi ventrale de la coquille.

cloisons qui, sur une section de la coquille, paraissent simples, mais qui doivent se replier vers le bord d'une manière sinueuse, car on trouve sur les moules des lignes plus ou moins compliquées appelées *lignes suturales*. Ces lignes ne sont pas simples comme chez les Nautiles ; elles présentent une série de dépressions dont la concavité est tournée vers l'ouverture de la coquille ; ce sont les *lobes*. Ces dépressions sont intercalées entre des saillies à convexité dirigée vers l'ouverture et nommées les *selles*.

Les lobes et les selles sont distribués avec régularité. On distingue six lobes principaux : 1° un lobe placé près de la convexité, c'est le lobe *ventral* ou *siphonal*, parce que l'on regarde la convexité comme correspondant à l'entonnoir, par analogie avec le Nautile ; 2° un lobe placé tout juste à l'opposé, le lobe *dorsal* ;

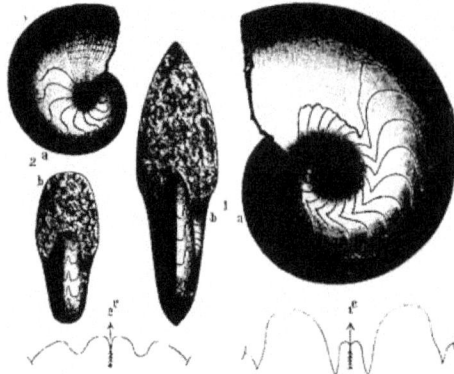

Fig. 160. — *Goniatites* du Dévonien (d'après Rœmer). — 1, *Goniatites (Gephyroceras) intumescens*; 2, *Goniatites (Tornoceras) retrorsus; a,* vue de côté; *b,* vue de face; *c,* ligne suturale.

et 3° deux *lobes latéraux* de chaque côté. Les selles et les lobes sont parfois simples (*Goniatites*); en général, ils sont découpés en lobes et en selles secondaires, et la ligne suturale, alors très découpée, est dite *persillée*. D'ailleurs, comme on le voit sur la figure précédente, cette ligne suturale se complique avec l'âge. Si l'on considère les premières lignes suturales, celles qui correspondent aux loges les plus centrales, elles sont d'abord simples comme celles des *Nautilidés*, des *Clyménies* et des *Goniatites;* plus tard, la ligne s'échancre et devient ondulée, puis très sinueuse (fig. 157).

La grandeur de la chambre d'habitation est notable ; elle occupe la moitié ou les deux tiers du dernier tour. Cela permet de supposer que les animaux des Ammonites y étaient contenus en entier et par conséquent que leur coquille était externe comme celle des Nautilidés. Plusieurs faits viennent à l'appui de cette opinion; d'abord l'ouverture de la coquille est très contractée et souvent partagée en plusieurs orifices; on a trouvé au fond de la chambre d'habitation l'impression des muscles d'attache et l'anneau d'adhérence du manteau ; la structure du test est identique à celle des Nautiles ; enfin sur la coquille ou sur le moule on trouve des ornements, par exemple des épines, qui semblent caractéristiques de coquilles externes. En résumé les Ammonées ont des rapports avec les Dibranchiaux, mais d'autre part elles devaient assez peu différer des Nautilidés. Elles ont probablement avec eux une parenté réelle

et en sont vraisemblablement dérivées. On peut donc en faire un ordre à part reliant les Tétrabranchiaux aux Dibranchiaux.

Cet ordre se montre dès le commencement du Dévonien. Il est alors représenté par les *Goniaties* et les *Clyménies* qui forment ensemble la grande famille des *Goniatitidés*. Elle est caractérisée par une ligne suturale simple ; il y a des selles et des lobes, mais non divisés.

Fig. 161. — *Clymenia Sedgwicki.*

Les Goniatites (fig. 160) présentent dans le Dévonien un grand nombre d'espèces; on les trouve même dans les étages F, G, H, de Bohême, rattachés d'abord au Silurien supérieur et qui font vraisemblablement partie du Dévonien. Les Goniatites se partagent, d'après von Mojsisovics, en deux groupes caractérisés par leur ligne suturale. Dans le premier il n'y a sur chaque côté qu'un lobe latéral ou plusieurs

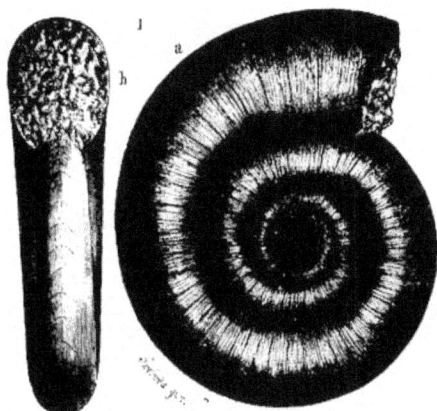

Fig. 162. — *Clymenia undulata*, vue de face et de profil (Dévonien supérieur de Silésie), d'après Tietze et Römer.

égaux ; dans le second groupe les lobes latéraux sont plus nombreux et inégaux. Ces deux séries sont les *Anarcestinés* et les *Mimocératinés*. Dans la première on peut citer *Anarcestes Tornoceras*, *Gephyroceras*. Dans la seconde série se trouvent des genres importants comme *Mimoceras*, *Agoniatites*, *Prolecanites*. On peut citer en particulier le genre *Bactrites* dont la coquille n'est pas enroulée en spirale et ressemble à un *Orthoceras*, mais présente une chambre initiale. C'est évidemment une forme de transition rattachant les Ammonées aux Nautilidés.

Quant aux Clyménies (fig. 161, 162 et 163) dont toutes les espèces, au nombre de trente, sont cantonnées dans le Dévonien supérieur, il est évident qu'elles devaient exister avant cette époque : on trouvera sans doute leurs formes primitives dans les couches inférieures. Elles se distinguent des Goniatites et de toutes les Ammonées par la position du siphon qui se trouve sur le côté interne au lieu d'être placé sur le côté externe et convexe. De plus il y a un seul lobe latéral. Mais Branco a montré que dans la première jeunesse les Clyménies possédaient un lobe externe qui n'existe plus à l'âge adulte, et le siphon était d'abord externe et ne devient interne que plus tard (1). En un mot la Clyménie jeune est un Ammonite typique. De plus, chez les Ammonites véritables le siphon

1) Neumayr, *Erdgeschichte*, II, p. 125.

est d'abord interne comme chez les Clyménies bien développées, devient central, puis finalement externe. Il faut noter en outre que le siphon des Ammonites est formé de goulots

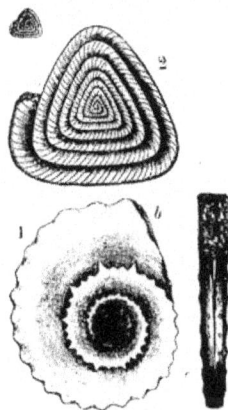

Fig. 163. — *Clyménies* du Dévonien supérieur de Silésie (d'après Tietze et Römer). — 1, *Clymenia binodosa*; 2, *Clymenia paradoxa*.

calcaires présentés par les cloisons embrassant probablement un siphon membraneux. Ils sont dirigés vers l'ouverture, tandis que chez les Goniatites et les Clyménies les goulots sont

Fig. 164. — *Holoptychius* (d'après Traquair).

dirigés en arrière, mais chez les jeunes Ammonites, la disposition des goulots est précisèment celle des Clyménies ; ce n'est qu'à partir du second tour qu'ils deviennent antérieurs. Les Clyménies se rattachent donc intimement aux Ammonites, dont elles sont un rameau aberrant rapidement éteint.

Si les Céphalopodes sont en plein épanouis-sement dans le Dévonien, les Crustacés sont au contraire en décroissance. Il n'y a plus que deux cents espèces environ de Trilobites, appartenant à des genres tous représentés déjà dans le Silurien, entre autres les genres *Dalmanites, Phacops, Homalonotus, Bronteus*. Les Euryptérides sont encore nombreux ; il en est de même des Ostracodes et des Cératiocaridés.

LES POISSONS DÉVONIENS.

Les Poissons ont apparu dès le début des temps primaires. Ils sont rares dans le Silurien, mais prennent un développement extraordinaire pendant la période dévonienne. Ils ont débuté par des formes à squelette cartilagineux. A l'époque actuelle les Poissons cartilagineux, abstraction faite des Cyclostomes qui ne sont pas représentés à l'état fossile, comprennent les Squales, les Raies et les Chimères, réunis sous le nom de *Sélaciens*. Ce groupe remonte jusqu'au Silurien supérieur, car on y trouve des dents et des piquants semblables à ceux des Squales actuels. Les épines dites *Ichthyodorulites*, et de grandes dimensions sont souvent les seuls restes des Sélaciens. On rapporte celles du Silurien supérieur à un genre disparu, le genre *Onchus*; celles du Dévonien sont rapportées au genre *Ctenacanthus*.

Jusqu'à ces derniers temps on pensait que les Poissons ne remontaient pas plus haut qu'au Silurien supérieur. En 1889 M. Rohon (1) a démontré l'existence de Poissons dans les sables verts qui, aux environs de Saint-Pétersbourg, sont à la limite du Cambrien et de l'Ordovicien. Il y a là, avec les Conodontes que nous avons déjà étudiés, des dents de Poissons. Ces dents présentent une cavité pulpaire, de la dentine et de l'émail bien caractérisés. M. Rohon en a fait deux genres : les genres *Palæodus* et *Archodus*. Le premier contient des dents coniques arrondies au sommet ; le second des dents très

(1) Voir *Annuaire géologique universel*, t. V, année 1889, p. 743, Paris, 1891.

effilées. D'après M. Rohon on ne peut rapprocher ces dents de celles des Sélaciens, composées surtout de vaso-dentine. Il faut peut-être les attribuer à des Ganoïdes voisins de ceux du Bohémien de l'île d'Œsel.

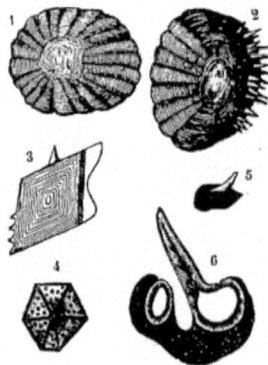

Fig. 165. — Écailles de poissons. — 1, écaille cycloïde ; 2, écaille cténoïde ; 3, écaille ganoïde ; 4, écaille en plaque; 5, écaille en boucle; 6, coupe de la même grossie.

Agassiz a appelé *Ganoïdes* des Poissons caractérisés surtout par la nature des écailles qui sont osseuses, le plus souvent rhomboïdales et couvertes d'émail. Ces écailles brillantes sont tout à fait particulières et servirent à Agassiz à délimiter le groupe des Ganoïdes. Il fut conduit à distinguer chez les Poissons

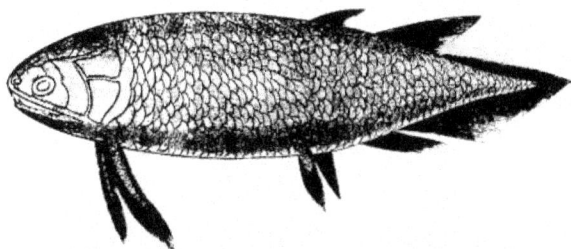

Fig. 166. — *Osteolepis* (d'après Traquair).

Fig. 167. — *Acanthodes* (d'après Römer). (L'exemplaire figuré provient du Carbonifère.)

quatre divisions d'après la nature des écailles : les *Placoïdes* correspondant aux Sélaciens, dont les écailles sont de simples petits grains osseux ou des plaques munies d'appendices épineux; les *Ganoïdes*, les *Cténoïdes* à écailles non émaillées et pectinées sur le bord, enfin les *Cycloïdes* à écailles circulaires dont le bord est entier (fig. 165).

Les Ganoïdes ont aussi le plus souvent des écailles en forme de chevrons (*fulcres*) placés sur le bord supérieur des nageoires, sur la nageoire caudale surtout. Le squelette est osseux ou cartilagineux. L'un des rares Ganoïdes actuels, l'Esturgeon, a un squelette cartilagineux et des écussons osseux disposés sur le corps en plusieurs rangées. La queue des Ganoïdes est *hétérocerque*, c'est-à-dire partagée en deux lobes inégaux; dans le lobe supérieur qui est le plus grand, se continue la colonne vertébrale qui se relève. L'hétérocercie existe chez les Ganoïdes et les Sélaciens, mais dans le très jeune âge le Poisson est diphycerque, c'est-à-dire que la colonne vertébrale n'est pas infléchie et est entourée symétriquement par la nageoire caudale. Ensuite l'hétérocercie se ma-

nifeste. Il en est de même chez les Poissons osseux ou Téléostéens; ils sont d'abord diphycerques, puis deviennent hétérocerques, mais chez eux se développent des pièces hypurales et des rayons osseux qui masquent l'hétérocercie; la queue se divise en deux lobes égaux et au moins en apparence elle devient symétrique; le Poisson est dit pour cette raison *homocerque*. Ces faits embryologiques diminuent la distance qu'on supposait autrefois exister entre les Ganoïdes et les Téléostéens.

Les Ganoïdes sont extrêmement nombreux pendant le Dévonien. Certains sont diphycerques et gardent ainsi un caractère embryonnaire. Il y en a dont les écailles sont arrondies (*Ganoïdes cyclifères*), exemple : *Holoptychius* (fig. 164). D'autres ont des écailles rhomboïdales (*Ganoïdes rhombifères*), exemple : *Osteolepis* (fig. 166). Il y en a de très grande taille. Certains Ganoïdes forment le passage des Ganoïdes typiques aux Sélaciens. On en a fait la famille des *Acanthodidés* (*Acanthodes*, fig. 167, *Diplacanthus*). La queue est fortement hétérocerque, le corps est couvert de petites écailles rhomboïdales émaillées, mais qui ne se recouvrent

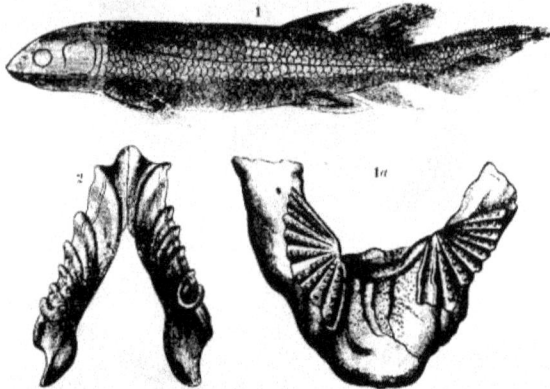

Fig. 168. — 1, *Dipterus Valenciennesi* du vieux grès rouge d'Écosse (d'après Traquair); 1*a*, ses plaques dentaires; 2, plaques dentaires du *Ceratodus* actuel.

pas naturellement et donnent à la peau l'aspect du chagrin, comme chez les Squales. Il y a en outre, comme chez les Sélaciens, de forts piquants en avant des nageoires.

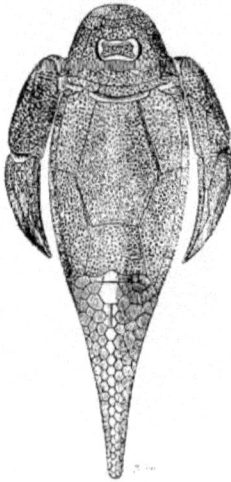

Fig. 169. — *Pterichthys cornutus.*

Les Ganoïdes ont un squelette généralement très peu ossifié; chez beaucoup les centres vertébraux n'existent pas ou sont rudimentaires.

On retrouve cette ossification incomplète

chez les *Dipnoïques*. Ceux-ci ont à la fois des branchies et des poumons. Ils sont représentés à l'époque actuelle par trois genres : *Ceratodus* (Australie), *Lepidosiren* (Amérique du Sud) et *Protopterus* (Sénégambie). Le groupe des Dipnoïques remonte aux temps primaires. C'est ainsi que dans le vieux grès rouge d'Écosse on trouve le *Dipterus Valenciennesi* (fig. 168),

Fig. 170. — *Coccosteus decipiens.*

Ganoïde hétérocerque, muni de deux nageoires dorsales et dont les dents rappellent celles du *Ceratodus* actuel.

On rapproche des Ganoïdes un autre groupe,

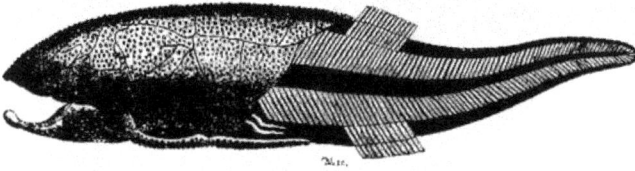

Fig. 171. — *Cephalaspis Lyelli*.

celui des *Placodermes*, confiné dans le Silurien supérieur et le vieux grès rouge. Ces êtres étranges méritent bien le nom de Poissons cuirassés qu'on leur donne aussi : la colonne vertébrale n'est pas ossifiée ; toutes les parties du

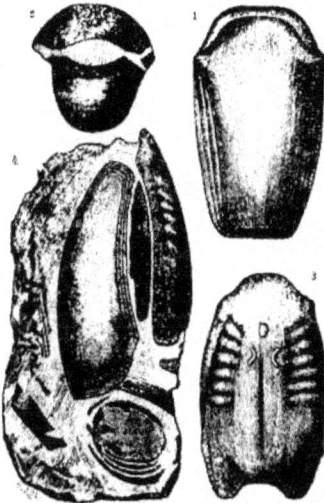

Fig. 172. — *Pteraspis* d'un galet silurien de Berlin (d'après Kunth). — 1, vu de dessous ; 2, d'avant ; 3, de dessus ; 4, de côté.

squelette sont absentes ou rudimentaires, mais en revanche le corps est couvert de grandes plaques osseuses.

Dans le *Pterichthys* (*P. cornutus*, fig. 169), la tête est couverte de plaques et porte en son centre un trou correspondant peut-être à un œil impair, comme celui dont on trouve les traces chez les Lacertiens actuels. La carapace thoracique est composée en dessus de six plaques et en dessous de sept. Il y a deux nageoires pectorales ressemblant à des ailes ou à des rames et composées de deux pièces articu-

lées. La partie postérieure du corps se termine en pointe ; elle est couverte de petites écailles ganoïdes et porte une nageoire dorsale. Les *Bothriolepis* ressemblent au précédent, mais la

Fig. 173. — *Pteraspis* du Dévonien de la Galicie orientale (d'après Alth).

partie postérieure du corps est dépourvue d'écailles.

Les *Coccosteus* (*C. decipiens*, fig. 170) ont aussi une armure céphalothoracique, mais le tronc et la queue sont nus. La colonne vertébrale n'est pas ossifiée ; il n'y a pas de centres vertébraux, mais on trouve des arcs hémaux et neuraux. La mâchoire inférieure porte de petites dents aiguës.

Les *Cephalaspis* (*C. Lyelli*, fig. 171) ressemblent plus que les précédents aux Ganoïdes typiques. La tête est couverte d'un bouclier pré-

Fig. 174. — *Spirophyton* du Dévonien rhénan (d'après Kayser).

sentant des pointes en arrière, mais le reste du corps est couvert d'écailles ganoïdes rhomboïdales, et la queue est hétérocerque. On ne trouve pas d'os internes, mais l'étude histologique du bouclier céphalique a montré que ce bouclier était vraiment formé de tissu osseux; il y a des ostéoplastes. Ces Poissons atteignaient 2 mètres. Le *Dinichthys* du Dévonien d'Amérique, voisin du *Coccosteus*, atteignait aussi de grandes dimensions, car la tête seule a 3 pieds de long et elle est presque aussi large.

On range aussi parmi les Placodermes d'autres formes : *Pteraspis, Cyathaspis*, qui ne sont connues que par leur bouclier et leur plastron ventral. On les a longtemps confondus avec des os de Seiche et la carapace de Crustacés. Huxley le premier montra qu'il s'agissait d'os de Poissons. On a aussi regardé le plastron ventral comme la carapace d'un genre à part : le genre *Scaphaspis*. C'est Kunth qui démontra la concor-

dance du *Scaphaspis* et du *Pteraspis*; chez ce dernier le bouclier est formé de sept pièces (fig. 172 et 173), chez le *Cyathaspis* de quatre; le prétendu *Scaphaspis* est simple et ovale.

L'origine des Placodermes est très problématique. Leur cuirasse leur donne une ressemblance extérieure avec les Arthropodes anciens comme les Trilobites et les Euryptérides. Mais il ne s'agit que d'analogies superficielles; les Placodermes sont bien des Vertébrés. La question se pose de savoir si ce sont de vrais Poissons. Tandis que M. Zittel et la plupart des paléontologistes en font simplement un groupe de Ganoïdes qui se serait différencié de bonne heure, M. Cope les écarte des Poissons véritables parce qu'ils n'ont pas de ceinture scapulaire, parce qu'ils n'ont pas non plus, sauf les *Coccosteus*, de mandibule. D'après M. Cope il faudrait les placer à la base des Vertébrés, à côté des Cyclostomes (1).

LES ANIMAUX TERRESTRES DU DÉVONIEN.

Jusqu'à présent on ne connait que très peu de chose sur la faune terrestre du Dévonien. Cependant les continents étaient certainement peuplés, car M. Scudder a trouvé dans le Dévonien du Nouveau-Brunswick en Amérique un certain nombre d'empreintes d'ailes d'Insectes. Elles rappellent les ailes des Névroptères et en particulier des Éphémères. Tel est le *Platephemera antiqua* relativement gigantesque, car, d'après ses ailes, il devait avoir 20 centimètres d'envergure. Tel est encore l'*Homothetus fossilis*, qui semble avoir été un intermédiaire entre les Libellules et les Éphémères actuels. Les mêmes couches renferment aussi en Écosse des Myriapodes, comme l'*Archidesmus* dont les côtés du corps portent des appendices foliacés arrondis.

La flore dévonienne est également peu connue. Dans les couches du Dévonien inférieur d'Amérique on trouve des empreintes spirales, qu'on a appelées *Spirophyton caudagalli*, à cause de l'enroulement rappelant une queue de coq (fig. 174). Il s'agit là probablement d'une Algue. Quant à la flore terrestre, elle consiste en Cryptogames comme les Fougères, les Sigillaires et les Lépidodendrons que nous retrouverons dans le Carbonifère. Citons encore le *Psilophyton* très répandu dans le Dévonien d'Amérique et qu'on rattache aux Lycopodiacées.

(1) Cope, *American Naturalist*, t. XXI, p. 887 et t. XXII. 1888.

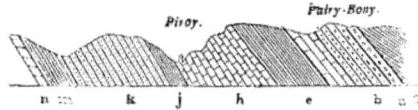

Fig. 175. — Coupe du terrain dévonien à Pairy-Bony dans le bassin de Namur (d'après M. Gosselet). — G, schistes siluriens ; *a*, poudingue ; *b*, psammites à végétaux ; *c*, calcaire à Stringocéphales ; *e*, schistes ; *h*, calcaire frasnien ; *j*, schistes fissiles avec oligiste ; *k*, psammites ; *m*, psammites ; *n*, calcaire d'Etrœungt.

LES DIFFÉRENTS TYPES DU DÉVONIEN. GÉNÉRALITÉS SUR LES MERS DÉVONIENNES.

La fin de la période silurienne a été marquée par la formation d'une grande chaîne montagneuse qui s'étendait à travers l'Écosse et la Scandinavie. C'est la chaîne *calédonienne* de M. Suess (1). Elle marque le bord du continent arctique dont nous avons déjà parlé à plusieurs reprises. Au sud de cette chaîne s'ouvrait la mer dévonienne, qui a fourni deux sortes de dépôts : des assises d'origine continentale, provenant de l'érosion des terres de cette période ; c'est le *vieux grès rouge* (old red sandstone) ; puis plus loin des continents des couches contenant des fossiles marins et où l'élément calcaire prédomine. Nous allons étudier d'abord le Dévonien dans une région classique : l'Ardenne.

LE DÉVONIEN DE L'ARDENNE.

Dans l'Ardenne, les dépôts dévoniens occupent un faible espace entre Charleville et Namur (fig. 175). Ils se sont produits dans un détroit qui faisait communiquer la mer dévonienne du Nord avec celle qui couvrait l'Allemagne centrale. Les trois étages du Dévonien sont bien représentés.

Le Dévonien inférieur ou *étage rhénan* débute par des agglomérations de galets cimentés entre eux et formant des poudingues appelés *poudingues de Fépin*. Il n'y a pas de fossiles. Cette formation montre que dans le détroit dévonien il y eut d'abord des courants intenses soumettant les rivages à une érosion énergique. Ensuite viennent des schistes et des grès de colorations rouges et jaunes, auxquels succèdent des couches fossilifères. Celles-ci consistent en grès (grès d'Anor) et en *grauwackes*, roches qui tiennent le milieu entre les grès et les schistes ; elles se composent de fragments de quartz et de schistes réunis par un ciment argileux. Comme fossiles on y trouve des Brachiopodes comme les *Spirifer paradoxus* et *cultrijugatus*, quelques Trilobites (*Homalonotus*), et le Polypier singulier que nous avons décrit sous le nom de *Pleurodictyum problematicum*. Au milieu de ces assises il y a encore des poudingues ; tels sont les *poudingues de Burnot*.

L'étage moyen ou *eifélien* s'est produit dans une mer plus calme, il est coralligène, l'élément calcaire domine. Cet étage débute par des schistes contenant les Polypiers operculés appelés *Calceola sandalina*. Au milieu de ces schistes à Calcéoles se montrent des amas calcaires construits par des Polypiers (*Favosites*) des Stromatopores, des Crinoïdes. Tel est le calcaire de Couvin. Il y a aussi des Brachiopodes : *Spirifer speciosus, Atrypa reticularis, Pentamerus galeatus*, etc. Les formations coralligènes deviennent de plus en plus puissantes. et sur les schistes à Calcéoles on trouve le *calcaire de Givet* (fig. 176), souvent transformé en marbre et contenant de nombreux Polypiers : *Favosites, Cyathophyllum*, etc. Comme Brachiopodes caractéristiques il faut citer deux espèces que nous avons déjà étudiées : le *Stringocephalus Burtini*, et l'*Unceites gryphus*.

Dans l'étage supérieur ou *famennien*, les formations calcaires ont continué sous forme d'îlots isolés. Elles constituent les calcaires de Frasne en Belgique ; il y a là des marbres

(1) Voir *la Terre, les Mers et les Continents*, page 382.

Fig. 176. — Carrière du bois d'Angres (calcaire de Givet), près de Bavai (Nord), d'après M. Boursault.
(*Le Naturaliste*.)

estimés, comme le marbre *Sainte-Anne* employé pour les cheminées ; il est noir avec des taches blanches dues à des Stromatopores. Comme fossiles caractéristiques des calcaires frasniens, il faut citer des Brachiopodes : *Rhynchonella cuboïdes* et *Spirifer Verneuili*. Entre ces amas calcaires se sont déposés des schistes verdâtres couvrant la région peu fertile de la Famenne ; ils renferment aussi le *Spirifer Verneuili*. Plus au nord les schistes sont remplacés par des grès micacés, appelés psam-mites du *Condroz*, qui renferment de nombreuses empreintes de Fougères. Enfin le Dévonien des Ardennes se termine par un calcaire surtout exploité à Étrœungt et contenant un mélange de fossiles dévoniens et de fossiles carbonifères. C'est une couche de passage. On y trouve à la fois : *Spirifer Verneuili*, *Athyris concentrica*, *Phacops latifrons* du Dévonien, et *Spirifer tornacensis*, *Spirifer distans* du calcaire carbonifère.

LE DÉVONIEN DES PROVINCES RHÉNANES.

Le Dévonien de l'Ardenne se rattache par celui de l'Eifel à celui du centre de l'Allemagne. Les pays du Taunus, du Hunsrück, de l'Eifel (fig. 177), du Westerwald, du Hohes Venn sont dévoniens et présentent, au point de vue géologique, les mêmes caractères généraux.

L'étage inférieur ou *rhénan* débute par des grès compacts, des quartzites, pauvres en fossiles : les *grès taunusiens* ; le terme des conglo-mérats, des poudingues qui existait dans l'Ardenne, ne se montre pas ici. Au-dessus viennent des schistes fossiles, employés comme ardoises, les *schistes du Hunsrück* sur lesquels apparaît le terme le plus important de l'étage rhénan : la *grauwacke de Coblentz*, avec les fossiles de l'Ardenne : Spirifers et *Pleurodictyum problematicum*. Mais l'étage rhénan se termine par des couches qui n'ont pas leurs analogues dans

Fig. 177. — Profil géologique de l'Eifel. — b, grauwacke du Dévonien inférieur; d, calcaire de l'Eifel; c, schistes et grès; m, grès bigarrés.

la région ardennaise. Ce sont des schistes ardoisiers, ceux de Wissembach et du Ruppbach, qui renferment avec le Pleurodictyum, des Goniatites et d'autres Céphalopodes à affinités siluriennes comme les Orthocères et les Bactrites. On trouve une association semblable dans le calcaire de Greifenstein et de Bicken, près Herborn, dans le nord-est du Nassau. Ces couches appartiennent soit au Dévonien inférieur, soit à la partie inférieure du Dévonien moyen, et la présence de Céphalopodes indique qu'elles se sont déposées plus loin des continents que les précédentes.

Le Dévonien moyen ou *Eifélien* présente comme dans l'Ardenne les schistes à calcéoles et le calcaire à Stringocéphales ainsi que des assises très riches en Crinoïdes, en Polypiers et Stromatopores (fig. 178). Il y a là des localités célèbres par les beaux fossiles qu'elles ont fournis ; tels sont Prüm pour les schistes à Calcéoles, Paffrath près de Cologne et Gerolstein pour les calcaires. A Brilon en Westphalie on trouve dans une roche ferrugineuse de nombreux fossiles, entre autres des Brachiopodes et des Goniatites à sutures encore très simples.

Le Dévonien supérieur des provinces rhénanes se compose de schistes contenant à leur partie inférieure le *Rhynchonella cuboïdes* et des Goniatites (*Goniatites intumescens, G. retrorsus*). A la partie la plus élevée se trouvent les Clyménies, ces Ammonées dont la distribution a été si limitée. Elles ne se montrent que dans le Dévonien supérieur des provinces rhénanes, du Harz, de Silésie, de Styrie et du sud-ouest de l'Angleterre. Dans ces régions le Dévonien se laisse facilement identifier avec celui de l'Eifel et de la Westphalie. Cependant le Harz, la Thuringe et les pays voisins présentent un développement particulier du Dévonien inférieur. On put croire pendant longtemps que ce dernier était dépourvu de formations calcaires et ne contenait que la grauwacke de Coblentz, pauvre en fossiles. Mais cette pauvreté de la faune, en contraste avec la richesse de faune du Silurien supérieur, n'était qu'apparente. En réalité le Dévonien inférieur présente un facies

calcaire considéré autrefois comme silurien. Beyrich et surtout Kayser ont montré l'existence dans le Harz d'une série de couches comprises à la suite du Silurien et du Dévonien. Cette série est la suivante (1) :

Schistes de Wieda supérieurs.

Quartzite avec faune de la grauwacke de Coblentz.

Schistes de Wieda inférieurs avec intercalations nombreuses de calcaires, grauwackes, quartzites, et riche faune marine.

Grauwacke de Tanne avec plantes terrestres.

Ces schistes de Wieda inférieurs, qui se trou-

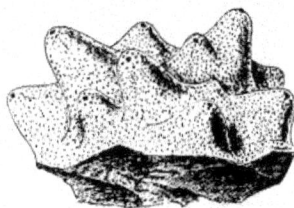

Fig. 178. — *Stromatopora polyostiolata*, Dévonien de l'Eifel (Goldfuss).

vent sous la quartzite avec faune de Coblentz, constituent l'*étage hercynien* de Kayser. La faune se compose de nombreux Trilobites, Céphalopodes, Gastéropodes, Lamellibranches et Brachiopodes. Il y a des types siluriens comme quelques Graptolithes et la *Cardiola interrupta*; mais les types dévoniens dominent. D'autre part, une étude attentive des fossiles de la quartzite qui surmonte ces schistes, a montré que cette quartzite du Harz ne représente pas tout le Dévonien inférieur et toute la grauwacke de Coblentz, mais seulement la partie supérieure de cette dernière ; la liaison géologique étroite de la quartzite et des schistes de Wieda inférieurs doit faire placer ceux-ci dans le Dévonien inférieur. Cette conclusion de Kayser est encore justifiée par ce fait que le calcaire de Bicken et de Greifenstein dans le

(1) Neumayr, *Erdgeschichte*, t. II, p. 138.

Nassau, dont la faune se rapproche beaucoup de celle de l'étage hercynien, doit être rapporté à un horizon très élevé du Dévonien inférieur, peut-être même au Dévonien moyen.

On doit placer dans ce même étage hercynien des couches regardées autrefois comme siluriennes; tels sont les étages F₂, G et H du bassin de Bohême qui montrent de grandes analogies avec les couches du Harz, bien que les types siluriens soient plus prédominants que dans le Harz. En résumé l'étage hercynien est un passage entre le système silurien et le système dévonien. C'est le représentant pélagique du Dévonien inférieur. On le retrouve dans les Alpes orientales, dans les Pyrénées, dans l'Oural du sud, tandis que dans le nord de l'Europe, ce Dévonien inférieur n'est formé que de sédiments sublittoraux.

LE DÉVONIEN DU NORD DE L'EUROPE. LE VIEUX GRÈS ROUGE.

Quand on se dirige vers le nord de l'Angleterre, en Écosse, en Irlande, on trouve au-dessus du Silurien une formation particulière atteignant plusieurs millions de mètres d'épaisseur. C'est le *vieux grès rouge* (*old red sandstone*), ainsi appelé des Anglais pour le distinguer d'un grès plus récent. La roche consiste en un grès rouge-brique ou brun ferrugineux, dont les bancs sont entremêlés de conglomérats et de marnes rouges et vertes, par exemple à Cromarty. Il y a aussi des nodules calcaires (*Cornstones*) à l'intérieur desquels on trouve les Poissons Ganoïdes : *Cephalaspis, Pterichthys Coccosteus*, dont nous avons parlé dans le chapitre précédent. La matière calcaire s'est donc déposée autour des Poissons, les préservant ainsi de la destruction. Il y a aussi les grands Crustacés appelés *Pterygotus* et *Eurypterus*. A la partie supérieure des grès, la roche devient jaune et elle contient, outre les Poissons, des empreintes végétales appartenant à des Lycopodiacées (*Psilophyton, Lepidodendron*) et à des Fougères (*Palæopteris, Sphenopteris*). Ce fait montre que les grès rouges sont des formations littorales ou même lacustres. M. Geikie pense qu'ils se sont déposés dans des bassins intérieurs d'eau douce ou d'eau très peu salée. Il distingue plusieurs *lacs du grès rouge :* le *lac du pays de Galles* s'étendant sur les parties voisines de l'Angleterre, le *lac calédonien* couvrant l'Écosse méridionale et une partie de l'Irlande, le *lac orcadien* auquel correspondent les dépôts du nord de l'Écosse, des Orcades et des Schetland, enfin quelques autres lacs d'importance secondaire. Il faut probablement rapporter au lac orcadien les grès et conglomérats dévoniens qui existent dans le sud de la Norvège. Ce lac s'étendait donc sur l'emplacement occupé aujourd'hui par la mer du Nord. Toutefois il faut admettre que ces bassins étaient mis en communication fréquente avec la haute mer, car au milieu du vieux grès rouge d'Écosse il y a des bancs calcaires avec faune purement marine, consistant en Brachiopodes tels que les Spirifers. Nous sommes amené à conclure que pendant la période dévonienne le nord de l'Europe était occupé par un continent sur les côtes duquel la mer faisait de fréquentes irruptions.

Le vieux grès rouge correspond certainement à tout l'intervalle de temps compris entre le Silurien et le Carbonifère. En effet dans le grès du Lanarkshire on trouve à 1,500 mètres au-dessus de la base de cette formation, des Graptolithes et autres fossiles siluriens, tandis qu'à l'île d'Arran la partie supérieure des grès contient des *Productus* et autres fossiles carbonifères. On peut diviser la masse du vieux grès rouge en deux étages séparés par une discordance. L'étage inférieur débute par des couches à grands Crustacés : *Pterygotus, Eurypterus* ; puis viennent les Poissons tels que *Cephalapsis, Pteraspis, Coccosteus*. L'étage supérieur à grès plus fins et moins colorés est caractérisé par les *Holoptychius* et *Pterichthys*.

Cette division repose d'ailleurs sur les faits que présente le Dévonien du sud de l'Angleterre. Ici, dans le Devonshire on peut distinguer les trois étages du Dévonien de l'Ardenne : un étage inférieur de grès et de schistes avec Spirifers et *Pleurodictyum*, c'est le *groupe de Lynton* ; ensuite un étage moyen avec Calécoles et Stringocéphales (*groupe d'Ilfracombe*), enfin un étage supérieur calcaire, le *groupe de Pilton* avec *Rhynchonella cuboïdes, Spirifer Verneuili* et autres fossiles de l'Ardenne. Mais dans cette série s'intercalent les Poissons du vieux grès rouge. Dans le groupe de Lynton se montrent les *Pteraspis* et *Cephalaspis*, dans le groupe d'Ilfracombe le *Coccosteus* domine, enfin le groupe de Pilton renferme des *Pterichthys*. La place du vieux grès rouge est donc bien marquée dans la série géologique. Cependant cette formation remarquable présente encore plusieurs difficultés. On ne sait comment expliquer le dépôt de pareilles épaisseurs de plusieurs milliers de mètres dans des bassins qui devaient avoir par suite une profondeur extraordinaire. De plus il y a dans les grès rouges des conglomérats formés de cailloux et de blocs souvent anguleux, parfois striés, et unis les uns aux autres par un ciment argileux. Ce sont là tous les caractères d'une formation glaciaire. Peut-être y avait-il des glaciers sur les hautes terres d'Écosse qui formaient la séparation du lac calédonien et du lac orcadien, et qui certainement étaient beaucoup plus élevées à l'époque dévo-

nienne qu'à l'époque actuelle (1). C'est là cependant une hypothèse que nous ne pouvons encore avancer qu'avec doute.

Cette formation du vieux grès rouge se retrouve dans les provinces baltiques de la Russie. L'étage supérieur à *Pterichthys* parait seul bien représenté ; il y a toutefois aussi des *Coccosteus*. Comme dans le Devonshire il y a mélange des Poissons et des fossiles des provinces rhénanes et de l'Ardenne. Avec les Crinoïdes, les Polypiers, les *Rhynchonella cuboïdes* et *livonica*, on trouve *Pterichthys major* et *Holoptychius nobilissimus*.

LE DÉVONIEN DE FRANCE ET DU SUD DE L'EUROPE.

Le faciès marin du Dévonien des provinces rhénanes et des Ardennes françaises et belges se retrouve dans le Boulonnais où l'on voit les schistes et les calcaires du Dévonien moyen et du Famennien. A Ferques, on exploite un marbre d'un bleu noirâtre contenant le *Spirifer Verneuili*.

Le Dévonien est représenté sur les bords de la Bretagne et du Cotentin. Ces régions étaient donc émergées et formaient une île baignée par l'Océan dévonien. Les couches dévoniennes consistent surtout en une grauwacke avec calcaires noirs, marmoréens, riches en Polypiers. On les exploite particulièrement à Néhou dans le Cotentin, à Viré dans la Sarthe, à La Baconnière dans la Mayenne. Avec le *Pleurodictyum*, on peut citer dans ces couches du Cotentin et des régions voisines *Spirifer Rousseaui* et *Rhynchonella sub-Wilsoni*. On retrouve dans le Finistère, près de Brest, la grauwacke et le calcaire, et à la partie inférieure se montrent des quartzites (*quartzites de Plougastel*) et des grès (grès à *Orthis Monieri*).

Les Dévoniens moyen et supérieur sont beaucoup moins étendus. Ils n'existent que du côté de Brest et dans la Basse-Loire. Ainsi à Porsguen il y a des schistes à Orthocères et à Goniatites semblables à ceux qui séparent à Wissembach le Dévonien inférieur du Dévonien moyen. Dans le bassin d'Ancenis, sur une grauwacke à *Pleurodictyum*, il y a le calcaire de l'Ecocbère à Stringocéphales, et le calcaire de Cop-Choux à *Rhynchonella cuboïdes*. Ainsi, vers la fin de la période, la mer a été refoulée de plus en plus, laissant la Bretagne émergée, sauf en quelques points du Finistère et de la Loire-Inférieure.

Le Dévonien du midi de la France indique

une mer largement ouverte. Le faciès est pélagique. Ainsi, dans la Montagne-Noire, on trouve des dolomies et des calcaires à Polypiers contenant dans leurs assises supérieures de nombreux Céphalopodes : Goniatites et Clymenies, comme le Dévonien le plus élevé des provinces rhénanes. Ces couches à Céphalopodes se retrouvent dans les Pyrénées françaises et espagnoles. Il y a là des marbres estimés (2). L'un d'eux est vert, c'est le *marbre Campan*, exploité dans la vallée de ce nom. Un autre est rouge, c'est le *marbre griotte*, exploité à Caunes, près de Carcassonne. Ces marbres ont été récemment étudiés par M. Barrois. Il y a trouvé des espèces comme *Goniatites crenistria* et *G. cyclolobus* qui existent dans le calcaire carbonifère du Harz et de la Silésie. D'après M. Barrois, les marbres des Pyrénées doivent être détachés du Dévonien supérieur; ils formeraient le marbre inférieur du terrain carbonifère (3).

La mer dévonienne s'étendait sur l'Espagne et sur une bonne partie du midi de l'Europe. On retrouve les fossiles des Ardennes et des provinces rhénanes sur les rives du Bosphore (*Pleurodictyum Constantinopolitanum*) et jusqu'en Asie. Ainsi le *Spirifer Verneuili* existe en Chine. En Australie, on trouve des espèces du calcaire de Givet. L'Afrique, avons-nous dit dans un chapitre précédent, est très pauvre en dépôts siluriens; elle devait être émergée à cette époque. Au contraire, la mer dévonienne l'a couverte sur de vastes étendues. On a décou-

(1) Neumayr, *Erdgeschichte*, II, p. 133.
(2) Voy. Priem, *La Terre, les Mers et les Continents*, page 474.
(3) Barrois, *Le marbre griotte des Pyrénées* (*Annales Société géologique du Nord*, 4 juin 1879).

vert des fossiles dévoniens en Algérie, au Maroc, dans le centre du Sahara et jusqu'au lac Tchad. Ce sont toujours les Spirifers, les Rhynchonelles, les Polypiers du Dévonien d'Europe. Il en est de même pour l'Afrique australe. Les couches dévoniennes existent en Bolivie, au Brésil, aux îles Falkland. Donc, la

mer dévonienne couvrait une bonne partie de l'Amérique du Sud. Elle avait aussi une grande extension dans l'Amérique du Nord. Ce Dévonien des États-Unis et du Canada mérite une mention spéciale. Nous allons maintenant l'étudier avant d'établir des conclusions générales sur les mers dévoniennes.

LE DÉVONIEN DE L'AMÉRIQUE DU NORD.

Il est difficile d'établir la concordance entre les divers étages du Dévonien de l'Amérique du Nord et ceux du Dévonien d'Europe. A la base se trouvent les *grès d'Oriskany* rapportés autrefois au Silurien supérieur : ils renferment un végétal rapporté aux Lycopodiacées : le *Psilophyton princeps*. A la base également se trouve le *groupe inférieur d'Helderberg* (*Lower Helderberg group*) avec couches puissantes de calcaire. Kayser le regarde comme l'équivalent de l'étage hercynien du Harz. Ce groupe se place tout à fait au début du Dévonien, encore au-dessous des grès d'Oriskany. Il y a aussi dans le *groupe inférieur d'Helderberg* des empreintes d'Algues en forme de queue de coq (*Spirophyton crista-galli*). Au-dessus du grès d'Oriskany vient le *groupe supérieur d'Helderberg* (*Upper Helderberg group*) avec nombreux Polypiers, des Spirifers et le *Pleurodictyum*. Tout ce qui précède constitue le Dévonien inférieur ou l'*étage cornifère* des Américains, ainsi appelé des veines de silex corné qu'il contient.

Le Dévonien moyen constitue le *groupe d'Hamilton*, formé surtout de schistes avec intercalations calcaires; on y distingue les *schistes de Marcellus*, les *couches d'Hamilton* proprement dites et les *schistes de Genessee*. Il y a dans ce groupe des *Goniatites*, des *Spirifers* et les schistes de Genessee contiennent, ainsi

que ceux de Marcellus, des bancs entiers constitués de petites coquilles de 1 millimètre et demi à 2 millimètres de *Styliola*, Ptéropodes rejetés sur la côte par les vagues dévoniennes. Le groupe d'Hamilton présente toute une flore terrestre : *Sigillaires, Lepidodendrons,· Fougères*, etc. On y trouve aussi les premiers Insectes, entre autres le *Platephemera antiqua* dont nous avons déjà parlé.

Le Dévonien supérieur comprend les groupes de *Portage*, de *Chemung* et de *Catskill*, formés de schistes et de grès. On ne sait trop à quoi ils correspondent en Europe. Les deux groupes supérieurs paraissent cependant correspondre au Famennien; on a même trouvé dans les grès de Catskill une espèce de Fougère des Psammites du Condroz.

On peut remarquer que le Dévonien d'Amérique ne contient presque pas de calcaire dans ses parties moyenne et supérieure, ce qui le distingue de celui de l'Europe centrale. Au Canada on trouve une formation de grès à Poissons et à végétaux qui correspond au vieux grès rouge anglais. On la désigne sous le nom de grès de Gaspé, de la baie de Gaspé à l'embouchure du Saint-Laurent. Rappelons que le Dévonien d'Amérique est très riche en gisements pétrolifères (1).

GÉNÉRALITÉS SUR LES MERS DÉVONIENNES.

Nous pouvons maintenant résumer l'histoire de la période dévonienne (1). A la fin du Silurien se manifestent des traces d'émersion par le dépôt de couches d'eau peu profonde à grands Crustacés, couches qui se prolongent du centre des États-Unis à l'ouest jusqu'au Dniester à l'est.

Cette phase d'émersion, ou phase négative, se continue par le dépôt de la partie inférieure du vieux grès rouge, qui indique l'existence

d'un continent au nord. On retrouve encore dans ce grès rouge inférieur l'*Eurypterus*, le *Pterygotus* et autres grands Crustacés. Mais ensuite une transgression se produit; les couches dévoniennes empiètent sur les couches siluriennes. Cette phase positive correspond au Dévonien moyen.

On voit le vieux grès rouge sur une bonne partie de l'ancien continent arctique. Il existe, avons-nous vu, jusque dans le nord de l'Écosse,

(1) Voir Suess, *Das Antlitz der Erde*, t. II, p. 287 et suivantes.

LA TERRE AVANT L'HOMME.

(1) *La Terre, les Mers et les Continents*, page 509.

11 — 14

dans les Orcades, les Schetland. Dans les provinces baltiques on le voit aussi sur le Silurien supérieur, et les Poissons qu'on y trouve correspondent, non pas à ceux des couches profondes, mais à ceux des couches moyennes et supérieures des grès rouges écossais, ce qui donne bien pour la date de cette transgression le Dévonien moyen. Dans l'extrême nord de la Norwège, au Spitzberg, on voit des restes de grès rouges. Il en est de même au Groënland dans les environs d'Igaliko, à Gaspé au Canada, et dans le Nouveau-Brunswick. Mais cette transgression qui fut d'abord sublittorale devint bientôt marine; à une mer peu profonde, n'entamant que les bords des continents, va succéder une mer profonde qui a déposé ses matériaux au loin sur le Silurien. On peut observer cette phase positive en Russie. Il y a là une suite de couches de dolomies et de calcaires avec fossiles marins, qui répondent au Dévonien moyen. Elles empiètent en Livonie et en Courlande sur le grès rouge; dans les gouvernements d'Orel et de Woronej le Dévonien moyen et supérieur existent avec une riche faune marine et les sondages les montrent s'étendant au loin vers le nord sous la plaine. Au nord-est, sur l'Uchta qui se jette dans la Petchora supérieure, on voit de nouveau des dépôts dévoniens moyens et, au-dessus, des schistes appelés *schistes de Domanik*. Ils sont tellement bitumineux qu'ils brûlent facilement avec une flamme fuligineuse. Cette région est pétrolifère. On trouve des rognons calcaires avec fossiles qui correspondent à ceux des couches à Goniatites du Dévonien supérieur des provinces rhénanes. Après le dépôt des schistes de la Petchora il y aura une nouvelle phase négative, un nouvel assèchement jusqu'au calcaire carbonifère.

Une transgression analogue à celle du Dévonien russe se montre en Amérique. Nous avons vu tout à l'heure que le Dévonien moyen des États-Unis se compose à la base du groupe de Marcellus, puis du groupe d'Hamilton proprement dit, enfin du groupe de Genessee. Ces trois termes sont les équivalents des couches calcaires et dolomitiques de Livonie et de Courlande. Au-dessus on trouve le *Naples-Slate*, contenant des matières bitumineuses et un calcaire noduleux à Goniatites qui fait correspondre cette assise aux parties inférieures du Dévonien supérieur d'Europe. Elle correspond évidemment aux schistes de Domanik sur la Petchora. La transgression américaine s'est faite du bord ouest du bouclier canadien et de la vallée du Mackenzie, au loin sur les formations siluriennes. On trouve les fossiles du groupe d'Hamilton depuis Clear Water à 56°30′ latitude nord jusqu'à l'Océan arctique, sur 30 degrés de latitude.

Donc, à la même époque, qui remonte au Dévonien moyen, la mer s'est étendue de l'Oural sur la plaine russe vers l'ouest et le nord-ouest, et des Montagnes Rocheuses vers l'est dans la région du Mackenzie. L'analogie est telle que les schistes de Domanik sur la haute Petchora et les schistes de Genessee sur l'Athabasca sont tous deux caractérisés par le pétrole [1]. Ainsi la phase positive du milieu du Dévonien se montre en même temps des deux côtés de l'Atlantique. A cette phase positive succède une phase négative, et la mer est refoulée vers le sud où nous la voyons s'étendre sur l'Asie, l'Afrique, l'Amérique du Sud, l'Australie. Nous retrouverons par la suite bien des mouvements du même genre.

LA FAUNE CARBONIFÈRE.

LES FORAMINIFÈRES, LES POLYPIERS ET LES ÉCHINODERMES.

Avec la période carbonifère nous pourrons pour la première fois distinguer nettement la faune continentale de la faune marine. Pour la première fois, la faune terrestre présentera un nombre relativement considérable de formes.

Dans la faune marine carbonifère les Foraminifères jouent un rôle important. Il faut y distinguer d'abord les Agglutinants, couverts d'une carapace formée surtout de grains de sable et ne présentant pas de pores. Tels sont les *Saccamina* (fig. 179) dont les chambres isolées ou réunies en file ont une paroi épaisse

(1) Suess, *Das Antlitz der Erde*, II, p. 294.

parcourue par des canaux larges et réguliers. Ces petits êtres sont assez nombreux pour caractériser des couches spéciales dans le Carbonifère d'Écosse (couches à *Saccamina*). Dans le Carbonifère apparaît une des familles les plus élevées des Foraminifères perforés, celle des Fusulinidés, dont le type est la *Fusulina cylindrica* (fig. 180). Elle l'emporte sur la plupart des autres par le degré de complication de la coquille. Celle-ci se compose d'un grand nom-

Fig. 179. — *Saccamina Carteri*, Brady (Carbonifère du Northumberland).

bre de chambres disposées en une spirale dont le dernier tour est seul visible. La forme est celle d'un fuseau ou d'un cylindre. A la surface se trouvent de nombreux sillons longitudinaux répondant aux lignes de séparation des rangées de loges. Il y a une fente centrale ou une série d'ouvertures arrondies. La longueur de la coquille ne dépasse guère 10 à 12 millimètres. Outre le genre *Fusulina*, la famille en contient

Fig. 180. — *Fusulina cylindrica*, grossie, en long et en travers.

d'autres, tels que *Fusulinella*, *Hemifusulina*, *Schwagerina*. Ces Foraminifères constituent en Russie par l'agglomération de leurs coquilles un calcaire qui se retrouve aussi en Chine, au Japon et dans le nord de l'Amérique. Le calcaire à Fusulines du Japon, de couleur grisâtre et tout parsemé de petites taches blanches qui ne sont autre chose que les Foraminifères, est utilisé pour la fabrication de vases et autres objets semblables. On en voit souvent en Europe, et cette matière a été considérée jusqu'à Gümbel comme étant du calcaire nummulitique, c'est-à-dire d'âge tertiaire (1). Les Fusulinidés disparaissent à l'époque permienne. Leur vie a été courte, mais nous aurons l'occa-

(1) Neumayr, *Erdgeschichte*, II, p. 142.

sion de constater à plusieurs reprises que les formes les plus perfectionnées d'un type animal ont généralement une existence bien moins longue que des formes moins élevées, comme

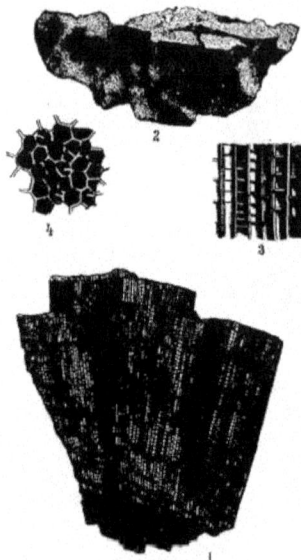

Fig. 181. — *Chaetetes radians* (calcaire carbonifère de Moscou). — 1, de côté; 2, de dessus; 3, de côté, grossi; 4, de dessus, grossi.

s'il leur eût été plus difficile de trouver des conditions de vie favorables.

Les Polypiers carbonifères appartiennent aux groupes que nous avons déjà étudiés.

Fig. 182. — Calice de *Menophyllum* (calcaire carbonifère de Tournai), vu de dessus.

Parmi les Tabulés citons les *Chaetetes* (fig. 181). Parmi les Tétracoralliaires se distingue la famille des *Zaphrentidés*, où la symétrie bilatérale reste toujours discernable; elle est particulièrement nette dans le genre *Menophyllum* (fig. 182). Un autre genre important du Carbo-

Fig. 183. — *Woodocrinus* du Carbonifère d'Angleterre (d'après de Koninck).

nifère est le genre *Amplexus* (*A. coralloïdes*). Les polypiérites sont isolés, très longs et leurs

cloisons sont faibles, tandis que les planchers transversaux sont plus développés que dans

Fig. 184. — Couronne de *Stemmatocrinus* du Carbonifère de Russie (d'après Trautschold).

tout autre Tétracoralliaire. La famille des *Axophyllidés*, du même groupe, se distingue par la colonne centrale des polypiérites. L'un

Fig. 185. — *Codonaster* du Carbonifère anglais, vu de dessus (d'après F. Römer).

des genres les plus intéressants est le *Litho-strotion* dont les grandes colonnes souvent polygonales (*L. basaltiforme*), qui se multiplient

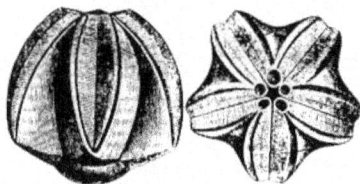

Fig. 186. — *Pentatrematites florealis* du Carbonifère d'Amérique, un peu grossi (d'après F. Römer).

par bourgeonnement latéral, sont communes dans le calcaire carbonifère.

Les Échinodermes sont beaucoup plus importants. Les Crinoïdes présentent un certain

Fig. 187. — 1, *Palæchinus elegans*, grandeur naturelle ; 2, appareil apical, grossi ; 3, plaquette isolée ; 4, groupe de plaquettes, grossi ; 5, appareil apical de *Palæchinus sphæricus*, Carbonifère d'Irlande (d'après Baily).

nombre de types assez voisins des Encrines que nous verrons prospérer dans le Trias ; tels sont les genres *Woodocrinus* (fig. 183), *Stematocrinus* (fig. 184), *Belemnocrinus*. Les Cystides si abondants à l'époque du Silurien moyen et supérieur sont en pleine décadence. Au contraire, un type jusqu'alors peu représenté, celui des *Blastoïdes*, prend un grand développement pour disparaître bientôt. Les Blastoïdes ont un pédoncule. Leur calice se compose de treize plaques : trois forment la base (*basalia*), cinq autres viennent au-dessus (*radialia*), enfin cinq dernières (*interradialia*) en alternance avec les précédentes ont une forme qui les a fait appeler pièces *deltoïdes* ou *trapézoïdes*. De la bouche partent cinq zones ambulacraires qui échancrent les *radialia* et sont limitées sur les côtés par les pièces deltoïdes. La zone ambulacraire se compose d'une pièce médiane dite en *lancette* et de deux séries latérales de pièces arrondies perforées pour le passage des tubes ambulacraires. Sur ces pièces on voit encore les dépressions sur lesquelles se trouvaient portées des tentacules plumeux ou *pinnules* analogues à ceux des Crinoïdes. Les Blastoïdes s'unissent intimement aux Cystides et ils en tirent certainement leur origine. On peut citer comme type de transition le genre *Codonaster* (fig. 185), commun dans le Dévonien et le Carbonifère. Il présente des hydrospires absolument semblables à ceux des Cystides ; ils existent sur les *radialia* et les pièces deltoïdes. Les Blastoïdes typiques sont les *Pentatrematites* ou *Pentremites* (fig. 186). Leur forme est celle d'une poire supportée par un pédoncule articulé. Autour de la bouche on voit cinq ouvertures qu'on appelle les *spiracles*. Les hydrospires du

Codonaster n'existent pas ici, mais on trouve en revanche une disposition toute spéciale. Si l'on fait une coupe d'une zone ambulacraire, on trouve à droite et à gauche à l'intérieur du calice un faisceau de tubes calcaires plissés. Les tubes contigus de deux zones ambulacraires voisines viennent s'ouvrir ensemble dans un spiracle. Ces spiracles forment la terminaison des pièces deltoïdes. On a attribué aux tubes plissés différents rôles. Billings les a assimilés aux hydrospires et leur a donné le même nom. Il leur attribue un rôle respiratoire analogue à celui des branchies. Ludwig les a comparés aux bourses sexuelles des Ophiures. Etheridge et Carpenter leur attribuent un double rôle : ils auraient servi à la fois à la respiration et à la sortie des produits génitaux. Le nombre des tubes plissés et leur position diffèrent. Dans d'autres genres que *Codonaster*, les spiracles typiques manquent. Ainsi dans *Orophocrinus* ils n'existent pas et on trouve en place dix fentes sur les côtés des zones ambulacraires, une à droite et l'autre à gauche de chacune de ces zones.

Dans le Carbonifère on trouve de nombreux Oursins qui diffèrent des Oursins actuels par la disposition des zones interambulacraires. Au lieu de présenter deux séries de plaques, ces zones chez les Oursins paléozoïques ou Paléchinides présentent un nombre de rangées qui varie de un à neuf et même plus rarement à onze. Ainsi le genre *Archæocidaris*, très répandu dans le Carbonifère, présente quatre rangées de plaques interambulacraires ; les plaques de cet Oursin sont disposées à la manière des tuiles d'un toit, ce qui les rend mobiles comme dans l'*Echinothuria* de la craie et le

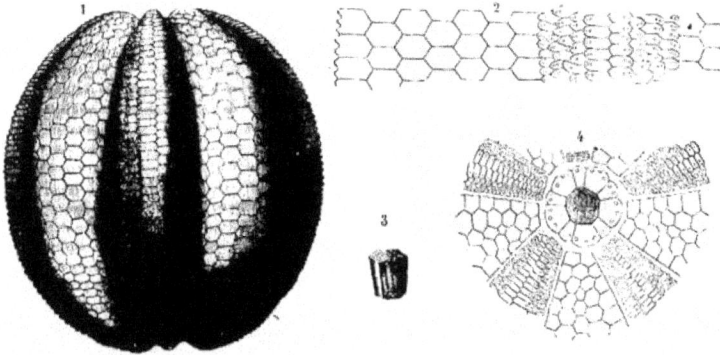

Fig. 188. — *Melonites multiporus* du Carbonifère de l'Amérique du Nord. — 1, exemplaire complet; 2, une partie du test, grossie; 3, plaquette isolée; 4, appareil apical : au centre l'anus, les cinq plaques génitales et les cinq plaques ocellaires (d'après F. Römer).

Calveria des mers actuelles. Chez l'*Archæocidaris* chaque plaque interambulacraire porte un très gros tubercule servant de base à une baguette. Le *Palæchinus* (fig. 187) et les genres voisins, à l'inverse des *Archæocidaris*, ont simplement leurs plaques interambulacraires granulées. Chaque zone interambulacraire présente cinq rangées de plaques. Il y a une rosette apicale formée de dix pièces (génitales et ocellaires) disposées en anneaux, et il y a autour de ces anneaux deux autres anneaux de dix pièces (plaques subanales). Un genre important de Paléchinides est le *Melonites* du calcaire carbonifère (fig. 188). Le corps est arrondi,

entouré de cinq zones ambulacraires, en saillie comme les côtes d'un melon; les zones interambulacraires présentent sept ou huit rangées de plaques. Les Paléchinides, comme nous l'avons déjà dit à propos de ceux du Silurien, présentent beaucoup d'analogie, par le grand nombre de leurs plaques, avec les Cystides. Chez le *Palæchinus*, au lieu d'un seul trou sur les plaques génitales, on en trouve deux, trois et plus; chez le *Perischocidaris* il y en a jusqu'à seize. Ces nombreux pores rappellent aussi les Cystides, que l'on peut regarder comme les souches de tous les Échinodermes.

LES BRACHIOPODES ET LES MOLLUSQUES.

Les Brachiopodes, de formes si variées dans le Dévonien, sont en décroissance dans le Carbonifère. Il y a encore des *Spirifers*, mais la famille la plus importante est celle des *Productidés*. Il n'y a pas de foramen, la grande valve est convexe et la petite concave (fig. 189). Chez le genre *Productus* la coquille ne présente pas trace de dents. Elle porte de longues épines creuses, dont nous avons déjà parlé à propos des *Chonetes* siluriens; ces appendices s'ouvrent à l'intérieur de la coquille. Le *Productus costatus* en est absolument couvert. Dans la petite valve il y a des empreintes réniformes qu'on appelle moules brachiaux. Il faut probablement les regarder comme le rudiment

d'un appareil de soutien pour les bras. Le genre *Productus* présente dans le Carbonifère

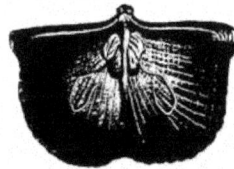

Fig. 189. — Intérieur d'une petite valve de *Productus* avec moules brachiaux (d'après Davidson).

un grand nombre d'espèces intéressantes (fig. 190 et 191). Outre le *Productus costatus*, on

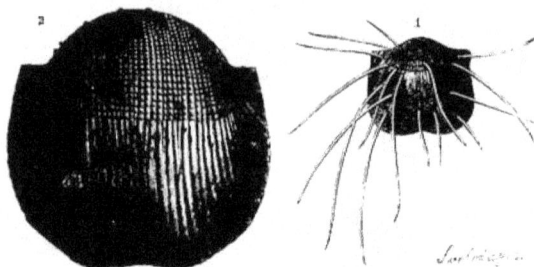

Fig. 190. — 1. *Productus longispinus* du calcaire carbonifère (d'après Davidson); 2, *Productus semireticulatus* du calcaire carbonifère.

peut citer le *P. Cora*, le *P. semireticulatus*, le *P. complectens*. Chez celui-ci les épines, au lieu d'être, comme chez les autres, droites ou faiblement courbées, s'enroulent autour d'un corps étranger, par exemple autour d'une tige de Crinoïde ; elles servent ainsi à attacher l'animal. C'est parmi les *Productus* qu'on trouve les plus grands Brachiopodes ; le *P. giganteus* a une longueur dépassant un pied.

Aux Productidés se rattachent étroitement quelques formes du Carbonifère supérieur de Chine et des Indes connues sous le nom de

Fig. 191. — *Productus complectens* du Carbonifère anglais (d'après Etheridge).

Richthofenia. Au premier abord on croit avoir affaire à des Coralliaires présentant des prolongements radiculaires. Ceux-ci ne sont autre chose que les traces d'épines creuses brisées, comme chez les Productidés. La forme coralliaire provient de la croissance rapide d'une couche extérieure de la coquille qui manque chez les autres Brachiopodes et qui enveloppe ici toute la coquille ; en l'enlevant on trouve deux valves normalement construites. La grande valve a un accroissement en hauteur très rapide que n'a pu suivre l'animal ; par suite il s'est retiré vers le haut et s'est séparé du reste par des cloisons irrégulières, de sorte qu'il y a une sorte de tabulation rappelant celle de certains

Coralliaires. En résumé le genre *Richthofenia* est un genre aberrant se rattachant aux Productidés (1).

Les Gastéropodes et les Pélécypodes présentent un grand nombre d'espèces, mais dont les caractères sont de médiocre importance. Le groupe des Bellérophontidés que nous avons déjà signalé dans les terrains précédents prend

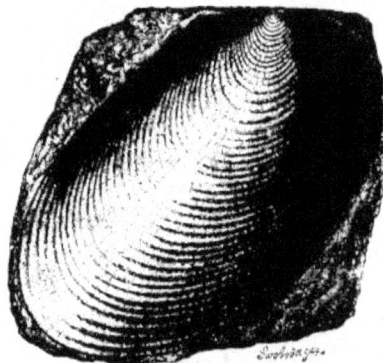

Fig. 192. — *Posidonomya Becheri* du Carbonifère.

tout son développement pendant le Carbonifère. Parmi les Pélécypodes, il faut citer les *Conocardium* et la *Posidonomya Becheri* (fig. 192).

Les Nautilidés, parmi les Céphalopodes, jouent encore un rôle important. On trouve de nombreux Orthocères et des Nautiles proprement dits. Il y a souvent un vide au milieu de l'ombilic ; c'est ce qui a lieu dans le sous-genre *Trematodiscus* (*T. Koninckii*). Les Ammonitidés

(1) Neumayr, *Die Stämme des Thierreiches*, p. 542.

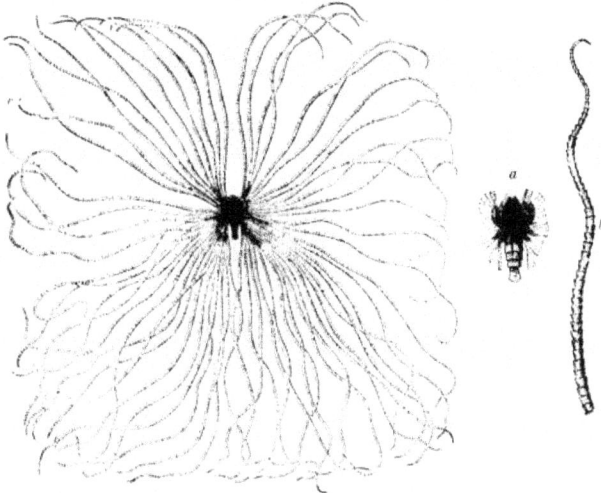

Fig. 193. — *Bostrichopus antiquus*. — *a*, le corps; *b*, appendice très grossi; *c*, animal entier, faiblement grossi.

sont représentés par un grand nombre de *Gonia-tites*, dont la ligne suturale présente des lobes latéraux plus nombreux que chez les espèces anciennes.

LES CRUSTACÉS.

Les Trilobites, déjà en décadence dans le Dévonien, se réduisent, pendant la période carbonifère, au seul genre *Phillipsia*, caractérisé par un thorax à neuf segments et un pygidium semi-circulaire à bords entiers (fig. 194). On trouve aussi des Cératiocarides. Enfin, les Crus-

Fig. 194. — *Phillipsia* du Carbonifère.

tacés supérieurs, les Décapodes, font leur première apparition. Ce grand ordre comprend deux subdivisions principales : les *Macroures* et les *Brachyures*. Les Macroures sont ceux qui ont un long abdomen, comme l'Écrevisse, la Langouste. Les Brachyures sont les Crabes;

leur abdomen, très petit, se recourbe et se dissimule sous un grand céphalo-thorax. Au point de vue de l'évolution des formes, les Macroures

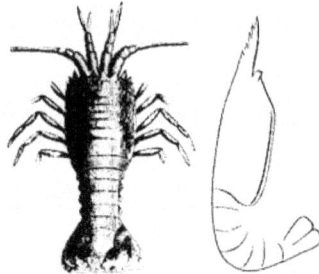

Fig. 195. — *Anthracopalæmon* du Carbonifère d'Amérique.

sont moins différenciés que les Brachyures, et par leur corps allongé se rapprochent davantage des Crustacés inférieurs.

Fig. 196. — Mâchoire inférieure de *Cestracion* actuel (d'après Nicholson).

La Paléontologie conduit aux mêmes conclusions. Les Macroures apparaissent les premiers; il y en a quelques-uns dans le Carbonifère, tel est l'*Anthracopalæmon* (fig. 195).

On rattache aussi aux Crustacés un type singulier, dont on ne connaît encore qu'un seul exemplaire : c'est le *Bostrichopus antiquus* des schistes des environs d'Herborn, dans le Nassau (fig. 193). Il n'atteint pas plus de 3 millimètres. Le corps se compose d'un céphalothorax arrondi portant les yeux, et d'un abdomen divisé en plusieurs segments et présentant un sillon longitudinal. De chaque côté du corps partent quatre membres courts, relativement forts, qui portent de nombreux filaments segmentés, au nombre de plus de soixante, formant autour de l'animal une sorte de chevelure. Tout lien manque entre le *Bostrichopus* et la nature actuelle ; ses quatre paires d'appendices, nombre normal chez les Arachnides, peuvent même faire douter qu'il s'agit bien là d'un Crustacé (1).

LES VERTÉBRÉS CARBONIFÈRES.

On ne retrouve plus, dans le Carbonifère, les Poissons étranges du Dévonien désignés sous le nom de Placodermes. Mais les Ganoïdes proprement dits, à écailles émaillées, à queue hétérocerque, sont nombreux. L'un des genres les plus communs est le genre *Palæoniscus*, qui existe aussi dans le Permien. Nous avons déjà trouvé, dans le Dévonien, des Poissons qu'il faut rapprocher des Dipnoïques actuels, tels que le *Ceratodus* d'Australie ; les dents sont caractéristiques, ce sont des plaques présentant plusieurs denticules saillants. Il y a des formes analogues représentées par leurs plaques dentaires dans les couches carbonifères.

D'autres Poissons actuels, appartenant au groupe des Sélaciens, ont des plaques dentaires en pavé, avec une crête médiane saillante d'où partent des plis d'émail. Ce sont les *Ces-*

tracions (fig. 196). Il faut leur rattacher le *Cochliodus* du Carbonifère (fig. 197). Les Séla-

Fig. 197. — Plaques dentaires du *Cochliodus* du Carbonifère d'Irlande.

ciens sont d'ailleurs abondants à cette époque,

(1) Neumayr, *Erdgeschichte*, II, p. 148.

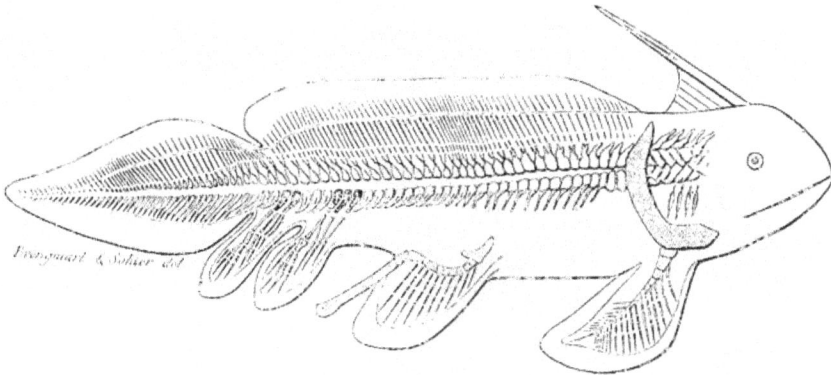

Fig. 198. — *Pleuracanthus Gaudryi*, nouveau Poisson fossile du Houiller de Commentry (Allier), d'après M. Ch. Brongniart. (*Le Naturaliste.*)

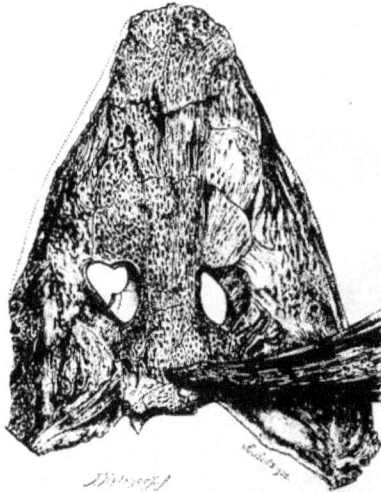

Fig. 199. — Crâne d'*Anthracosaurus* (Carbonifère d'Angleterre).

et sont surtout représentés par des dents. Tels sont les *Cladodus* dont les dents, à base large, sont surmontées de plusieurs pointes longues et acérées. On les rapproche des Squales. Un Poisson remarquable, trouvé récemment à Commentry, est le *Pleuracanthus Gaudryi* (fig. 198).

Les Poissons ne sont pas les seuls Vertébrés carbonifères. On voit apparaître à cette époque les *Stégocéphales*, animaux qui se reconnaissent comme des Batraciens à leurs membres en forme de pattes et non plus de nageoires et à leur double condyle occipital. Par les Dipnoïques, qui possèdent une double respiration aérienne et aquatique, les Stégocéphales se rattachent aux Ganoïdes dont les rapprochent leur armure dermique et diverses particularités. Nous les étudierons en détail à propos du

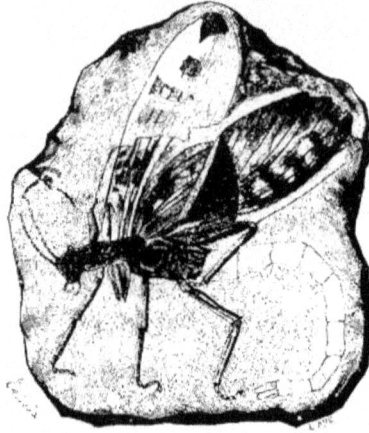

Fig. 200. — *Protophasma* de Commentry (d'après Ch. Brongniart).

Permien, période où ils ont pris tout leur développement. Nous nous contenterons ici de

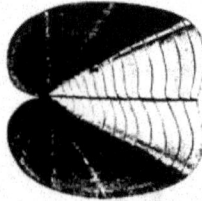

Fig. 201. — *Leaia*.

citer l'*Anthracosaurus* d'Huxley, provenant du

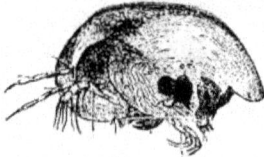

Fig. 202. — *Palæocypris Edwardsi* du Houiller de Saint-Étienne (d'après M. Ch. Brongniart).

Carbonifère du Northumberland (fig. 199). Il est

connu seulement par son crâne long de 36 centimètres sur 33 centimètres de largeur. Souvent les vertèbres des Stégocéphales sont biconcaves et ressemblent à celles des Poissons ou à celles des grands Reptiles nageurs de l'époque secondaire, appelés *Enaliosauriens* (Ichthyosaure, Plésiosaure). Quand on ne trouve que des vertèbres isolées, il est souvent difficile de décider si

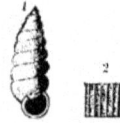

Fig. 203. — 1, *Pupa vetusta* du Carbonifère de la Nouvelle-Écosse un peu grossi; 2, fragment de la surface de la coquille, fortement grossi (d'après Dawson).

l'on a affaire à un Stégocéphale ou à un Énaliosaurien. Ainsi dans le Carbonifère d'Amérique on a découvert des vertèbres de grandes dimensions (10 centimètres de diamètre) auxquelles Marsh a attribué le nom d'*Eosaurus acadianus*. Suivant lui il s'agit d'un Enaliosaurien; suivant Huxley et d'autres paléontologistes, ces vertèbres sont celles d'un Stégocéphale.

LA FAUNE TERRESTRE CARBONIFÈRE.

Les continents existaient, avons-nous dit, dès le début des périodes géologiques, mais le Silurien et le Dévonien nous ont fourni jusqu'à présent peu de traces d'une faune terrestre. Il

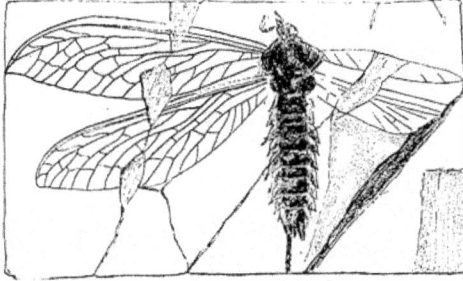

Fig. 204. — *Corydaloïdes Scudderi*. Houiller de Commentry (Brongniart). Insecte rappelant les Névroptères.

n'en est plus de même pour la période carbonifère. Les Stégocéphales indiquent déjà la présence d'eaux peu profondes et douces ou saumâtres. Il est de même de certains Pélécypodes comme les *Anthracosia*, qui se rattachent de très près aux Unios et Anodontes actuels. De même les Phyllopodes, Crustacés d'eau saumâtre ou marécageuse, sont représentés par les *Estheria* et les *Leaia* dont la carapace bivalve est ornée de plis concentriques très fins (fig. 201), les *Palæocypris* (fig. 202). Les Gastéropodes pulmonés, c'est-à-dire dépourvus de branchies et munis d'une cavité respiratoire, vivent, comme on le sait, dans les eaux douces ou sur le sol. En particulier le *Pupa* se trouve sur les rochers, dans la mousse, sous l'écorce des arbres morts.

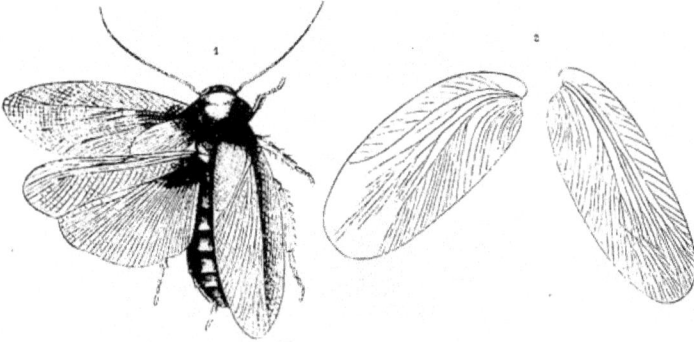

Fig. 205. — 1, Blatte vivante; 2, *Blattina abnormis* du Permien de Weissig en Saxe (d'après Geinitz).

Ce genre existait déjà à l'époque carbonifère (fig. 203). On l'a trouvé à la Nouvelle-Écosse dans les troncs des Sigillaires ; depuis la période houillère jusqu'à nos jours, ce genre n'a pas subi de modifications notables. De même le Houiller d'Amérique a fourni le genre *Zonites* (*Z. priscus*) qui nous montre la plus ancienne forme d'Escargot.

Les Insectes sont assez fréquents dans les couches carbonifères. Ils sont remarquables par leur grande taille. Ils appartiennent presque tous aux ordres des Névroptères et des Orthoptères, ou plutôt ils rappellent à la fois ces deux ordres. Les couches houillères de Commentry ont fourni à M. Ch. Brongniart de nombreux débris; entre autres ils lui ont permis de reconstituer une espèce : le *Protophasma Dumasii* qui rappelle les Phasmes (fig. 200). Une espèce voisine, également de Commentry, est de *Titanophasma Fayoli*, qui devait avoir 25 centimètres de long. Chez ces deux espèces les ailes sont celles des Névroptères et le corps rappelle les Or-

Fig. 206. — *Lithomantis carbonaria*. Carbonifère d'Angleterre (d'après Woodward).

thoptères. Citons encore *Corydaloïdes Scudderi* (fig. 204). Le Houiller d'Europe et d'Amérique ainsi que le Permien renferment aussi beaucoup d'Insectes rappelant par les ailes les Blattes ac- tuelles (fig. 205); ce sont les *Blattina*. D'autres, comme le *Lithomantis carbonaria* (fig. 206), sont alliées de très près aux Mantes. L'*Eugereon* (fig. 207) du Permien de Birkenfeld et de Bo-

Fig. 207. — *Eugereon Bœckingi*. Permien de Birkenfeld (d'après Dohrn).

hême est un type singulier reliant entre eux les deux ordres des Névroptères et des Hémiptè- res. Ses ailes, au nombre de quatre, et mem- braneuses, sont des ailes de Libellules, tandis que les pièces buccales en forme de lancette forment une trompe analogue à celle des Hé- miptères.

Tous les Insectes que nous venons d'énumé-

Fig. 208. — *Cyclopthalmus senior*. Houiller de Bohême (d'après Fritsch).

rer ont des caractères communs. Ils se rapprochent des Orthoptères et des Névroptères, sans toutefois appartenir réellement à l'un ou à l'autre de ces ordres. Ce sont des types collectifs d'où sont sortis plus tard, pendant l'ère mésozoïque, les ordres encore actuellement vivants. Ces précurseurs ont été réunis dans un groupe spécial, celui des *Palæodictyoptères*. Il ne faut pas s'étonner de ne trouver à l'époque carbonifère, ni Hyménoptères, ni Lépidoptères,

neau. C'est le *Palæocampa anthrax*, qui a 3 ou 4 centimètres de long. Il est remarquable par de grands tubercules disposés sur sa face supérieure en séries longitudinales et portant des touffes de longues aiguilles ; cette disposition l'avait même fait prendre tout d'abord pour une Chenille. Des formes plus voisines des Millepattes actuels sont les *Archiulus* et les *Xylobius* recueillis à la Nouvelle-Écosse dans les troncs de Sigillaires où ils allaient chercher leur nourriture et un abri (fig. 209).

Les Scorpions constituent un type remar-

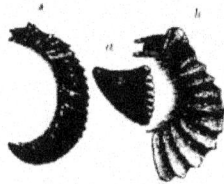

Fig. 209. — *Xylobius sigillariæ*. Carbonifère d'Amérique (d'après Davidson). — 1, animal entier ; *a*, partie antérieure ; *b*, partie postérieure, grossis.

Fig. 210. — *Protolycosa*. Houiller de Silésie (d'après Römer).

ni Coléoptères. On sait combien sont étroits, dans la nature actuelle, les liens qui unissent ces Insectes aux végétaux à fleurs. Bien souvent une espèce donnée ne se trouve que sur une plante déterminée. Et la flore carbonifère ne consiste qu'en Cryptogames et en Gymnospermes ; les plantes à fleurs bien caractérisées apparaissent seulement au Crétacé.

Les deux autres ordres d'Arthropodes aériens, les Myriapodes et les Arachnides se montrent aussi dans le terrain carbonifère. Dans le Houiller de l'Illinois se trouve un Myriapode ayant seulement une paire de pattes par an-

quable d'Arachnides. Dans leur organisation, ils présentent des analogies remarquables avec les Limules et les Euryptérides. L'apparence extérieure rappelle celle des *Eurypterus* et des *Pterygotus*. Ces animaux sont donc probablement sortis des Gigantostracés. Ils remontent aux premiers temps géologiques. Ils sont déjà représentés, comme nous l'avons vu, dans le Silurien. A l'époque houillère, ils sont assez nombreux et nous en représentons ici une espèce : le *Cyclopthalmus senior* du Carbonifère de Bohême (fig. 208).

Il y a également dans le Carbonifère des

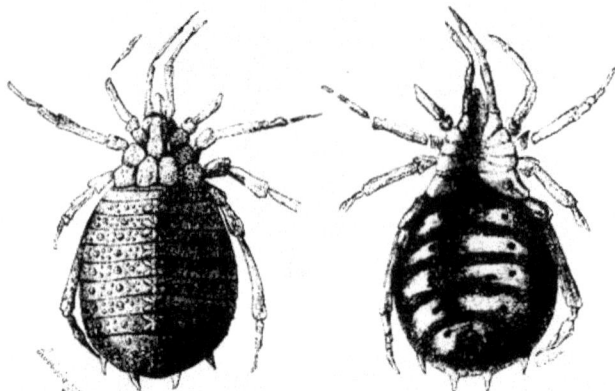

Fig. 211. — *Eophrynus Prestwichi* du Carbonifère d'Angleterre (grandeur double), d'après Woodward.

Arachnides dont les affinités principales sont avec les Phalangides actuelles. Celles-ci, dont le type dans nos pays est le Faucheur aux pattes longues et grêles, se distinguent des véritables Araignées pour leur respiration trachéenne, leur abdomen segmenté qui s'unit par toute sa largeur au céphalothorax au lieu d'être pédiculé. Le genre *Kreischeria* est celui qui se rapproche le plus des Phalangides actuelles. Le genre *Eophrynus* s'en écarte et rappelle les Faux-Scorpions actuels, tels que les Phrynes, dépourvus de dard venimeux et à abdomen large. Chez l'*Eophrynus* le céphalothorax est partagé en un certain nombre de plaques tuberculeuses ; l'abdomen très grand porte deux séries latérales de tubercules ronds et une région médiane de grands tubercules étoilés (fig. 211).

Les vraies Araignées (Aranéides) ont un abdomen pédiculé et non segmenté. Il y a cependant quelques espèces constituant le genre *Liphistium* de la côte de Malacca, qui tout en présentant les autres caractères des Aranéides, ont cependant la peau de l'abdomen segmentée. Ce groupe des Liphistides, aujourd'hui si réduit, remonte à l'époque carbonifère. La *Protolycosa* du Houiller de Silésie (fig. 210), la *Pharanea* du Houiller de Bohême en sont des représentants. Il est probable que les Liphistides carbonifères sont les formes originelles des Aranéides. Mais il faut remarquer que de la fin du Carbonifère au commencement des temps tertiaires, les couches géologiques ne nous fournissent aucune trace d'Arachnides. Nous en sommes donc réduits à des hypothèses.

LA FLORE ET LE CLIMAT DE LA PÉRIODE CARBONIFÈRE.

La végétation carbonifère nous est connue grâce au grand nombre d'empreintes que présentent les schistes qui accompagnent la houille. Dans celle-ci on peut aussi reconnaître des feuilles, des écorces, des morceaux d'arbres carbonisés. Souvent aussi les débris végétaux ont laissé en se décomposant un vide qui a été rempli ensuite par les sables calcaires ou siliceux. On a ainsi des moules très exacts,

comme cela a lieu pour les tiges trouvées debout dans le Houiller de Saint-Étienne, pour celles de Commentry, de Bessèges, etc. Il peut arriver également que la matière fossilisante soit arrivée à l'état de dissolution à l'intérieur des tissus, puis qu'en se solidifiant elle ait conservé les détails les plus délicats de la structure. On voit dans ces plantes silicifiées ou carbonatées les sculptures des cellules, les vaisseaux rayés, ponctués, aréolés, les trachées, etc. En somme les couches carbonifères constituent un vaste herbier. Mais malheureusement les échantillons de cet herbier sont rarement complets ; ils consistent en empreintes de feuilles, en rameaux, en racines, en fructifications isolées. Rarement on trouve un végétal entier, et il est difficile de reconstituer avec ces restes les plantes telles qu'elles étaient à l'état vivant. Les paléophytologues rencontrent dans leur tâche encore plus de difficultés que les paléontologistes qui étudient les fossiles animaux. Bien des erreurs ont été commises, et la place de certains fossiles végétaux dans la classification est encore discutée. Quoi qu'il en soit, les matériaux s'accumulent de plus en plus dans nos collections et la Paléontologie végétale fait des progrès rapides. Nous aurons à les enregis-trer ici. Ils sont dus à un grand nombre de savants, au premier rang desquels nous devons citer en France, pour la flore houillère, MM. Renault, Grand'Eury et Zeiller (1).

Les végétaux du Carbonifère sont très différents des végétaux actuels. Ce sont des *Cryptogames*, c'est-à-dire des plantes sans fleurs, et des *Gymnospermes*. On appelle ainsi des plantes dont les ovules ne sont pas dans un ovaire clos et dont les graines, par suite, sont à découvert. Le Cycas, le Pin, le Sapin, etc., en sont des exemples.

Les Cryptogames carbonifères sont des *Cryptogames vasculaires*, c'est-à-dire pourvus de racines et, par suite, de vaisseaux ; ils se rattachent aux trois groupes actuels des Équisétacées, des Fougères et des Lycopodiacées.

LES ÉQUISÉTACÉES.

Les Équisétacées sont représentées aujour-

Fig. 212. — *Equisetum arvense* muni de son rhizome et de sa fructification en forme d'épi.

d'hui par les Prêles ou *Equisetum*, bien recon-naissables à leur tige cannelée entourée de collerettes de petites feuilles réduites à l'état d'écailles. Au sommet de la tige se forme un épi composé d'écailles en tête de clou portées par un court pédicelle. Chacune présente sur le bord de cinq à six sporanges. De ceux-ci sortent des spores nombreuses. Les *Equisetum* (fig. 212) n'ont jamais qu'une faible hauteur. Au contraire, pendant la période houillère, existaient des Prêles géantes, atteignant 4 ou 5 mètres, les *Calamites*. Comme chez les Prêles, les tiges s'élèvent d'un rhizome souterrain ; elles ont une large cavité médullaire ; elles sont articulées et cannelées. D'après M. Grand' Eury, les feuilles sont nulles ou rudimentaires. Des fructifications appelées *Calamostachys* ont été rapportées aux *Calamites*. Ce sont des épis longs de 20 à 22 millimètres, articulés et portant des bractées au-dessous desquelles sont les sporanges. Le nom de *Calamites* vient de *calamus* (roseau) et fait allusion à la tige fistuleuse de ces plantes.

On rattache aussi aux Équisétacées les *Asterophyllites* et les *Annularia* (2). Les feuilles forment des collerettes autour de la tige, mais elles ne sont pas soudées à leur base ; elles sont complètement libres. La tige est creuse. Les rameaux sont au nombre de deux pour chaque

(1) Voir en particulier Renault, *Les plantes fossiles* (*Bibliothèque scientifique contemporaine*), Paris, 1888.
(1) *La Terre, les Mers et les Continents*. Les figure 593 et 594, page 479, représentent les *Calamites* et les *Annularia*.

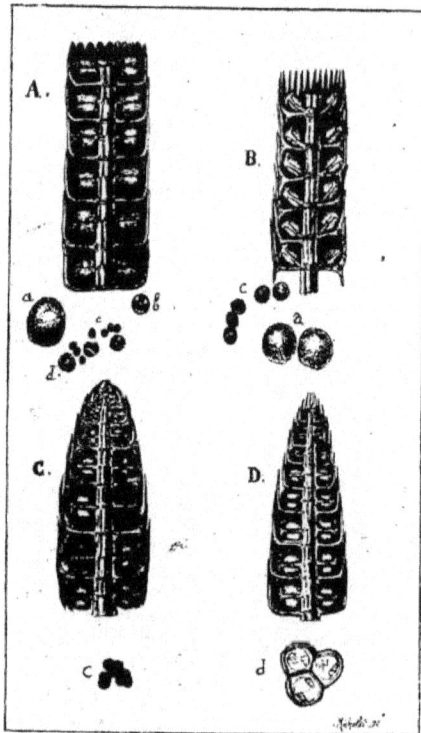

Fig. 213. — Fructifications : A, d'*Annularia*; *a, b, c, d*, spores; B, d'*Asterophyllites*; C, d'*Arthropitus*
(Groupe des Calamodendrées); D, de *Calamodendron* (M. Renault).

collerette de feuilles chez les *Annularia*; il y
en a plusieurs chez les *Asterophyllites*. Les
deux noms d'*Annularia* et d'*Asterophyllites*
expriment que les feuilles sont disposées en
anneaux, en étoiles autour de la tige. On pense
que les *Annularia* étaient des plantes à demi
submergées dont les feuilles flottaient à la surface de l'eau; d'ailleurs, la présence des Équisétacées indique l'existence de marécages; les
Prêles actuelles se trouvent dans les endroits
humides. On ne connaît pas encore d'une manière positive les fructifications des *Asterophyllites* et des *Annularia*. On regarde comme
telles des épis allongés; celles qui auraient
appartenu aux *Annularia* sont appelées *Bruck-
mannia* et celles des *Asterophyllites* sont dési-

gnées sous le nom de *Volkmannia*. Les sporanges sont de deux sortes; les uns contiennent de petites spores (*microspores*) et les autres
des spores plus grandes (*macrospores*). Les
Annularia et les *Asterophyllites* auraient donc
été hétérosporées comme beaucoup des Lycopodiacées, tandis que les *Equisetum* et les *Calamites* sont isosporées (fig. 213).

MM. Renault et Grand'Eury rangent à côté
des Équisétacées des végétaux dont la place
est encore douteuse. Ils constituent le groupe
des *Calamodendrées*. Le genre principal est le
Calamodendron (fig. 214), dont il faut rapprocher les genres *Arthropitus* et *Bornia* (fig. 215).
Ce sont des plantes arborescentes et non plus
herbacées comme les précédentes. Le bois est

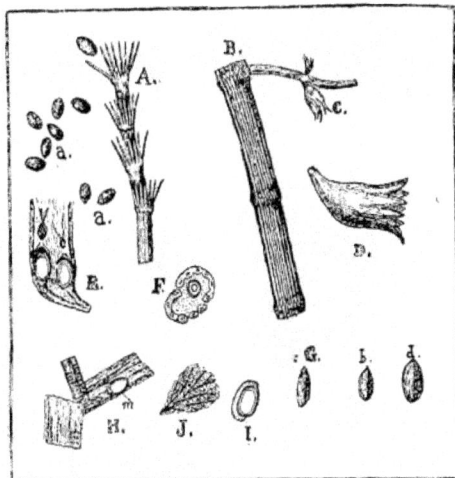

Fig. 214. — Fructifications de Calamodendrées. — A, rameau feuillé ; α, spores ; B, rameau fertile avec l'inflorescence ; D, inflorescence grossie ; E, coupe de la même ; F, coupe transversale de la même ; G, b, d, graines appelées *Guetopsis* (Gnétacées?) ; H, rameau et bractées d'*Arthropitus* avec une spore ; I, cette spore coupée ; J, bractée protectrice de cette spore (M. Renault).

bien développé et 'entoure une moelle assez volumineuse, souvent cloisonnée. Il y a des rameaux articulés portant soit des ramules, soit des feuilles verticillées. Les racines naissent le plus souvent en verticilles et présentent une écorce épaisse. Les fructifications sont encore imparfaitement connues. Il y aurait des fructifications mâles et des fructifications femelles, auxquelles correspondraient des microspores et des macrospores.

LES FOUGÈRES.

Les Fougères ou *Filicinées* présentent, comme on le voit, des feuilles ou frondes très découpées ; on donne le nom de *pinnules* à leurs divisions (fig. 216). Au-dessous des feuilles, on voit des taches brunes qui, vues à la loupe, se présentent comme formées de sporanges. Ces amas de sporanges sont appelés les *sores*. Les diverses Fougères se distinguent les unes des autres par le mode de nervation de leurs pinnules et par la structure des sporanges. Mais il est rare de trouver les fructifications à l'état fossile, et, d'autre part, la nervation ne suffit pas pour caractériser le genre ; il en résulte qu'on a souvent réuni des Fougères que leurs fructifications, si elles étaient connues, feraient probablement séparer. Ce sont des types de nervation plutôt que des genres naturels. Quoi qu'il en soit, les Fougères du Carbonifère sont très nombreuses et beaucoup sont arborescentes, ce qui n'a plus lieu aujourd'hui que dans les pays chauds. Les tiges, appelées *Psaronius* (fig. 217), sont souvent silicifiées, et il est possible d'en étudier avec soin la structure anatomique. Ces Fougères arborescentes atteignaient de 10 à 20 mètres de hauteur.

Les groupes suivants sont très répandus dans le Carbonifère. Le type *Palæopteris* présente des frondes avec deux rangées de folioles ovales se rétrécissant en un court pétiole. Dans le type *Pecopteris* (fig. 219), qui comprend un grand nombre de genres, les pinnules s'attachent sur toute leur étendue à la nervure médiane. Elles présentent chacune en son milieu une nervure d'où partent des nervures secondaires disposées comme des barbes de plume. Le type *Neuropteris* (fig 218) présente quatorze genres ; les pinnules présentent à leur base un rétrécissement et leurs nervures se

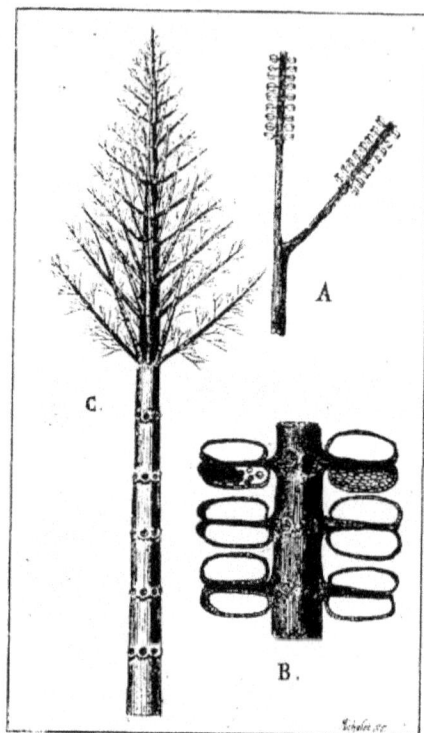

Fig. 215. — *Bornia*. — C, Bornia restaurée; A, rameau fructifère avec deux épis; B, fragment d'épi grossi (M. Renault).

disposent en éventail. Dans le type *Sphenopteris* (fig. 220) les feuilles sont très découpées et les dernières ramifications (fig. 222), de forme ovale allongée ou linéaire, ont des nervures peu nombreuses. Citons encore les *Nœggera-thia* (fig. 223) dont la place est encore mal définie. On les range généralement aujourd'hui parmi les Fougères de la famille des Ophioglossées (fig. 221); mais on les a regardées longtemps comme des Cycadées.

LES LYCOPODIACÉES

Les Lycopodiacées sont représentées à notre époque par le Lycopode et les Sélaginelles (fig. 224) qui sont de petite taille. Le caractère de ce groupe est le suivant : les tiges se ramifient en formant des fourches successives; chaque branche se divise à son extrémité en deux rameaux qui se comportent de même, et ainsi de suite. C'est ce qu'on nomme une dichotomie.

La plupart des Lycopodiacées sont hétérosporées, c'est-à-dire ont deux espèces de spores. Ces plantes aujourd'hui si faibles qui, par leur aspect, rappellent les Mousses, ont été représentées pendant la période carbonifère par des arbres de grande taille. Tels étaient les *Lepidodendrons* (fig. 225), atteignant 20 à 30 mètres de haut. Ils avaient un tronc cylindrique se dichotomisant plusieurs fois. Les feuilles étaient étroites, à une seule nervure ; leur longueur variait de 1 à 15 centimètres. Elles avaient alors l'aspect des feuilles de Graminées. Ces feuilles laissaient sur l'écorce en tombant une cicatrice losangique (1). Le nom de *Lepidodendron* rappelle les cicatrices ou écailles de la tige.

Fig. 216. — Fougère vivante (*Aspidium*) montrant les sores à la face inférieure des feuilles.

Ces losanges sont disposés en hélice le long de la tige ; ils présentent trois marques. Celle du milieu est la trace du faisceau vasculaire de la feuille, les deux autres sont les traces de canaux aérifères. M. Renault a étudié la structure

(1) *La Terre, les Mers et les Continents*, figure 598, page 481.

des tiges de *Lepidodendron*. Chez certaines (ex : *L. Harcourtii*) il y a une moelle assez épaissie ; chez d'autres (ex : *L. rhodumnense*) il

Fig. 217. — *Psaronius infractus* coupé transversalement.

n'y a pas de cylindre médullaire ; le centre de la tige est occupé par un cordon formé de vaisseaux scalariformes sur lequel s'insèrent

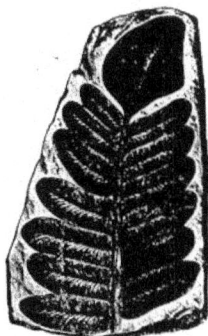

Fig. 218. — *Neuropteris flexuosa*.

les faisceaux foliaires (1). Les racines de *Lepi*

(1) Pour la structure des plantes carbonifères, voir : Zittel, *Paléontologie*, t. III, par Schimper et Schenck, traduction française, Paris, 1891, et Renault, *Les Plantes fossiles*, Paris, 1888.

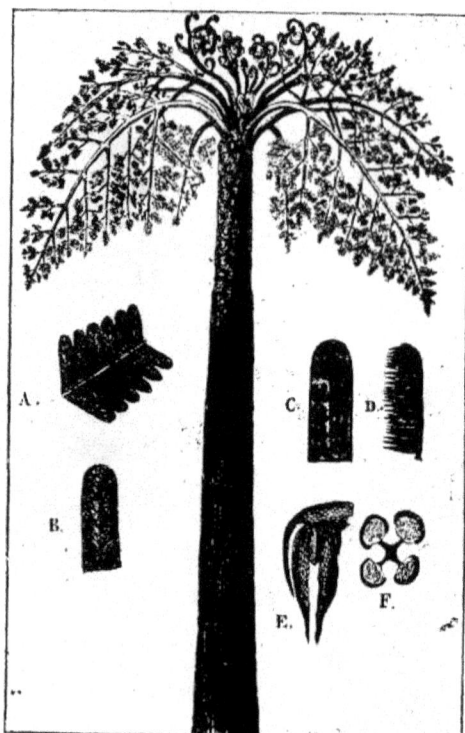

Fig. 219. — *Pecopteris polymorpha*. Fougère arborescente. — A et B, penne et pinnule; C, sporanges par groupes de quatre; D, coupe perpendiculaire au limbe montrant les sporanges allongés; E, groupe de quatre sporanges, grossi; F, coupe transversale d'un groupe de sporanges.

dodendron sont dichotomes. Les fructifications appelées *Lepidostrobus* (fig. 226) ont la forme de cônes ovoïdes ou cylindriques portés à l'extrémité des rameaux. Il y avait deux sortes de spores : microspores et macrospores, contenues dans des sporanges distincts, microsporanges et macrosporanges. Suivant les cas, les fructifications ne contenaient que des microsporanges ou des macrosporanges, ou bien elles contenaient les deux sortes d'organes réunis ; alors les microsporanges étaient en haut de l'épi et les macrosporanges en bas.

On rapproche des Lepidodendrons les *Sigillaires* qui atteignent les mêmes dimensions. Leur tronc n'était pas divisé ou présentait seulement une ou deux dichotomies. Il y a sur la tige des cannelures verticales et des cicatrices arrondies en forme de cachet ; ce qui a fourni le nom de Sigillaire (*sigillum :* sceau) (1). Ces cicatrices proviennent, comme celles des Lepidodendrons, de la chute des feuilles et présentent comme elles des marques. Les feuilles étaient très longues, étroites, semi-cylindriques, terminées en pointe. Elles formaient une sorte de panache au sommet de la tige. On a longtemps décrit les racines des Sigillaires comme des plantes distinctes sous le nom de *Stigmaria* (fig. 227, 228). Celles-ci consistent en souches pourvues de quatre racines primaires étendues horizontalement et qui peuvent être dichotomi-

(1) *La Terre, les Mers et les Continents*, figure 599, p. 483.

séés. Ce sont des rhizomes plutôt que des racines ; leur signification est aujourd'hui bien

Fig. 220. — *Sphenopteris acutiloba.*

Fig. 222. — *Sphenopteris Hœninghausi.*

établie, car on les a trouvées en connexion avec
des troncs de Sigillaires. Les fructifications ne

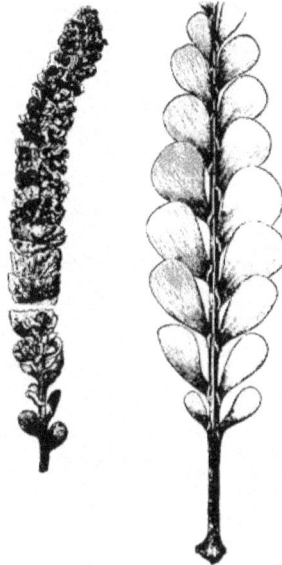

Fig. 223. — *Nœggerathia* du Carbonifère (d'après Stur).

sont pas encore bien connues. On regarde
comme telles des épis formés de longues brac-

Fig. 221 — *Botrychium lunaria* (Ophioglossée vivante).

Fig. 224. — Exemple de Lycopodiacée vivante : *Selaginella spinulosa* (grandeur naturelle).

tées où se trouvent des macrosporanges et des microsporanges. Binney a figuré une portion d'épi qui, par la disposition des bractées et des sporanges, correspond aux Lepidodendrons, mais dont l'axe porte des cicatrices foliaires semblables à celles des Sigillaires (1). Tant qu'on n'aura pas trouvé une plante avec les épis en place, on ne pourra placer définitivement dans la classification les Sigillaires. On s'accorde généralement à les ranger parmi les Lycopodiacées, mais elles ont été regardées par Brongniart et d'autres botanistes comme des Cycadées.

Un autre genre singulier est le genre *Sphenophyllum*. Il comprend des plantes herbacées à tige articulée et rameuse portant deux sortes de feuilles (fig. 229, 230). Celles de la partie supérieure sont plus ou moins larges, entières ou dentées seulement au bord, tandis que les feuilles inférieures sont extrêmement découpées, laciniées même. C'est ce qui arrive chez beaucoup de plantes en partie immergées, par exemple chez les Renoncules aquatiques ; les feuilles

(1) Voir Fayol, *Études sur le terrain houiller de Commentry (Lithologie et Stratigraphie*, 1887).

aériennes sont larges, tandis que les feuilles nageantes sont comme décomposées en lanières. Le *Sphenophyllum* est sûrement un Cryptogame

Fig. 225. — *Lepidendron Sternbergi*.

vasculaire ; on a trouvé des épis portant des sporanges de deux sortes, macrosporanges et microsporanges. D'autre part, cette plante s'écarte des Lycopodiacées par sa tige articulée ayant une ramification axillaire, tandis que chez les Lycopodiacées la ramification est dichotome. On peut dire que le *Sphenophyllum* forme à côté des Lycopodiacées un groupe à part sans analogue dans le monde végétal actuel.

LES GYMNOSPERMES.

Les Gymnospermes sont représentés aujourd'hui par trois familles : les *Cycadées* (*Cycas*), les *Conifères* (Pin, Sapin) et les *Gnétacées* (*Gnetum, Welwitschia*). Ce groupe apparaît dans la période carbonifère pour la première fois, mais les groupes actuels y sont encore peu représentés. Les Cycadées n'y sont connues que par quelques empreintes de feuilles; elles vont prendre au contraire un grand développement dans l'ère secondaire.

rains secondaires. Mais il y a un type de Gymnospermes qui se montre à l'époque houillère et qui a disparu au Permien. C'est le groupe des *Cordaïtes*, dont le nom rappelle le naturaliste Corda (1). Les Cordaïtes étaient de grands arbres de 20 à 30 mètres de haut avec des ramifications inégales. Les racines étaient courtes et ne s'enfonçaient pas profondément

Fig. 227. — *Stigmaria* muni de ses appendices.

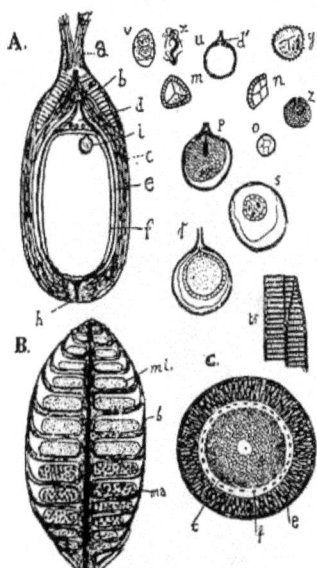

Fig. 226.— *Lepidodendron*. — C, coupe du tronc; *tr*, vaisseaux rayés; B, fructification de *Lepidodendron* (*Lepidostrobus*); *mi*, microsporanges; *ma*, macrosporanges; A, spore de Calamodendrée. A droite se trouvent figurées des spores à différents états de développement de divers Cryptogames vasculaires actuels et fossiles.

Les Conifères présentent un type, le *Walchia*, que nous retrouverons dans le Permien et qui se rapproche du genre *Araucaria*, aujourd'hui cantonné dans l'hémisphère sud. Les Gnétacées authentiques ne se montrent que dans les ter-

dans le sol. Le bois ressemble par sa structure à celui d'*Araucaria* et de *Dammara*.

Les feuilles étaient de dimensions très diverses. Elles pouvaient atteindre une longueur de 1 mètre et une largeur de 20 centimètres. Les nervures sont parallèles, égales ou inégales.

La forme de ces feuilles est variable, elles peuvent être ovales, lancéolées ou spatulées. Les fleurs sont désignées sous le nom de *Cordaianthus*. Il y a comme chez les Gymnospermes des fleurs mâles et des fleurs femelles.

(1) *La Terre, les Mers et les Continents*, figure 600, p. 483.

Fig. 228. — *Stigmaria* en place, d'après Schimper (page 125).

Les premières ressemblent tout à fait à celles des Conifères. Les fleurs femelles sont analogues à celles des Cycadées ; comme chez celles-ci le nucelle de l'ovule se prolonge en une longue pointe sous laquelle on trouve une chambre pollinique produite par résorption.

Mais il y a deux téguments à l'ovule, comme chez les Gnétacées. On trouve souvent les graines mûres des Cordaïtes (*Cordaispermum, Cordaicarpus*) ; elles sont ovales ou en forme de cœur. Le tégument externe devient charnu et l'intérieur très dur, la graine a ainsi l'aspect d'une prune. En résumé les Cordaïtes constituent parmi les Gymnospermes un type collectif réunissant les caractères des diverses familles actuelles.

LA FORMATION DE LA HOUILLE.

Le Carbonifère est caractérisé par la présence de la houille ou charbon de terre, substance noire contenant au moins 80 p. 100 de carbone. La houille se présente en lits superposés ayant de quelques centimètres à 2 mètres breuses empreintes végétales et des moulages de troncs d'arbres. A première vue la houille ne montre d'ordinaire aucune trace d'organisation. Quand on peut la réduire en lames

Fig. 229. — *Sphenophyllum* restauré (d'après Schimper) (page 127).

Fig. 230. — *Sphenophyllum angustifolium* (page 127).

d'épaisseur. Ils sont séparés les uns des autres par des couches de schistes.

Il serait inexact de croire que c'est dans la houille elle-même que se trouvent la plupart des végétaux carbonifères, Calamites, Fougères, Lepidodendrons, Sigillaires, etc. Ce sont, au contraire, les schistes qui présentent de nom- minces et transparentes, et quand on regarde ces plaques au microscope, on ne voit généralement qu'une masse amorphe d'aspect résinoïde, de couleur brune. Toutefois il n'est pas douteux que la houille provienne de la décomposition des végétaux dont nous avons parlé plus haut. On peut distinguer parfois à la loupe des indices d'organisation, et quand on regarde au microscope ces morceaux de houille, dont les cassures présentent un aspect brillant particulier, on voit des débris de tissus, des fragments de bois, d'écorce, de feuilles, etc. ; on peut distinguer des vaisseaux rayés ou ponctués, des cellules, des spores. Gümbel surtout a mis en évidence l'origine végétale de la houille au moyen de procédés chimiques. On soumet de minces fragments de ce combustible à l'action d'une solution saturée de chlorate de potasse accompagnée d'acide azotique concentré. La solution, à la suite d'un contact prolongé ou par l'action de la chaleur, transforme la grande partie de la houille en acide ulmique et se colore fortement en brun foncé ; le reste de la houille devient brun clair ou jaune et peut s'observer au microscope, soit immédiatement, soit après avoir été soumis à l'action de l'alcool ou de l'ammoniaque. Quand ce procédé ne réussit pas, on peut faire un mélange de houille et de chlorate de potasse sec, et y verser de l'acide azotique concentré. Ces deux procédés, surtout le dernier, doivent être appliqués avec précaution par suite du danger d'explosion. Ils conduisent à de bons résultats, et mettent en évidence des débris de membranes végétales, des cuticules de feuilles ou de rameaux. Parfois il suffit, pour discerner des traces d'organisation, de décolorer par l'alcool absolu, sans avoir besoin d'attaquer par les alcalis. Il peut arriver aussi, comme l'a montré M. Fayol à Commentry, que l'on reconnaisse directement des écorces changées en charbon et même des troncs houillifiés. On voit les cicatrices des écorces, les vaisseaux du bois, etc. Il est alors possible de démontrer que la houille provient de la décomposition des Sigillaires, des Cordaïtes, etc.

Si l'origine végétale de la houille est au-dessus de toute contestation, il n'en est pas de même de son mode de formation. S'est-elle formée sur place ou est-elle un produit de transport ? La première opinion est la plus ancienne. D'après cette hypothèse, la végétation houillère formait d'épaisses forêts dans des vallées marécageuses. Les débris tombés des arbres s'accumulaient sur le sol, que venaient couvrir les eaux d'inondation, et s'y carbonisaient lentement. A l'appui de cette idée, on citait l'existence dans les houillères de Belgique de racines qui traversent les schistes inférieurs au lit de houille, tandis que les schistes supérieurs renferment des empreintes de feuilles et que la houille interposée présente des tiges. Il s'agit bien alors d'une forêt dont les schistes inférieurs représentent l'ancien sol. Les lits successifs de houille s'expliquaient par des affaissements et des exhaussements alternatifs du sol.

Cette théorie a bien des points faibles. D'où proviennent les schistes qui alternent régulièrement avec la houille ? D'autre part, M. Grand'Eury a montré que la houille des bassins du plateau Central est formée de débris végétaux posés à plat, comme si un liquide avait servi de véhicule. De plus tous ces fragments sont de petites dimensions ; s'ils avaient été houillifiés et ensevelis là où on les trouve, le combustible devrait être très riche en troncs entiers, en branches et en feuilles complètes.

On admet plus généralement aujourd'hui la théorie de M. Fayol, suivant laquelle la houille est un produit de transport, un dépôt sédimentaire qui s'est effectué dans des lacs ou dans des estuaires. M. Fayol s'appuie à la fois sur les observations qu'il a pu faire à Commentry et sur des expériences directes (1). Quand on met dans l'eau du gravier, du sable, de l'argile et des débris végétaux, on observe que lorsque l'eau perd de sa vitesse, elle dépose d'abord le gravier, puis le sable, ensuite l'argile et enfin, quand la vitesse est tout à fait nulle, les débris végétaux. Quand un torrent arrive ainsi dans un lac, à son embouchure se déposeront les galets, les graviers en couches très inclinées ; plus loin les grès, les argiles, les végétaux en couches moins inclinées, presque horizontales. L'apport continuant, la couche végétale, qui s'étend toujours du côté opposé à l'embouchure, sera recouverte de ce côté-là par les sables et les grès. On aura donc un lit végétal recouvert de sable et de grès qui supportent eux-mêmes, du côté de l'embouchure, les graviers et les galets de plus en plus volumineux. Cette disposition se manifeste à Commentry et dans les autres bassins houillers du plateau Central. Quant aux tiges dressées, il ne faut pas en conclure qu'elles ont poussé sur place. Dans les deltas on trouve souvent des arbres qui ont été déposés ainsi verticalement par les eaux. A Commentry les tiges dressées sont accompagnées d'autres tiges simplement inclinées et de tiges couchées. Le nombre des arbres inclinés ou debout est dix

(1) Fayol : *Études sur le terrain houiller de Commentry* (*Lithologie et Stratigraphie*. Paris, 1887.

fois moindre que celui des arbres couchés. D'ailleurs M. Fayol a trouvé une tige de Fougère verticale mais la tête en bas. On ne peut donc admettre ici la croissance sur place.

En résumé, la formation de la houille par transport paraît être le cas habituel. Il y a bien dans certains cas des troncs enracinés dans les schistes, mais ils n'ont pas concouru à la formation de la houille placée au-dessus. Le sol où ils ont vécu a été recouvert par les lacs et dans ces lacs se sont produits des phénomènes de charriage.

Quand on admettait la formation sur place, on devait conclure que la houille s'était produite très lentement. Dans la seconde théorie, chaque couche de houille pourrait être le produit d'un seul transport. Il y a d'ailleurs de nombreuses divergences au sujet du temps nécessaire à la formation de la houille. Suivant les uns, il a fallu un million d'années ; suivant les autres, quelques milliers d'années auraient suffi. M. Fayol, en évaluant à 200 hectares la surface et à 7 milliards de mètres cubes le volume du bassin de Commentry, trouve sept mille ans pour le temps nécessaire à sa formation. Il suffit d'admettre que les torrents y déversaient chaque année un million de mètres cubes de débris, ce qui est le onzième du volume charrié actuellement par la Durance. Au contraire Élie de Beaumont, admettant la croissance sur place, trouvait pour la durée nécessaire huit mille siècles.

Dans les bassins houillers du nord de l'Europe on trouve des intercalations de petits bancs calcaires contenant des fossiles marins, *Productus*, *Goniatites*, etc. La houille s'est donc formée souvent dans des lagunes où débouchaient des fleuves entraînant à la mer une foule de débris. On peut admettre aussi que dans certains cas, au moins, des forêts houillères s'étaient établies sur des côtes basses que la mer couvrait parfois de ses eaux. Ces dépôts houillers indiquent ainsi les limites des continents à l'époque houillère.

LE CLIMAT DE LA PÉRIODE CARBONIFÈRE.

La connaissance de la flore carbonifère conduit à se demander quelles étaient les conditions physiques de cette période. Il serait inexact tout d'abord de penser que la flore a été absolument la même par toute la terre. Un certain nombre de plantes carbonifères très communes dans l'Amérique du Nord manquent en Europe. Les dépôts houillers d'Australie, des Indes, du sud de l'Afrique présentent une flore spéciale très analogue à celle des dépôts mésozoïques. Mais, en dépit de ces différences, un fait remarquable est la grande analogie de la flore en Europe, en Sibérie, en Chine, dans le nord de l'Amérique, au Brésil, en Australie, et même dans les régions arctiques comme le Spitzberg et la Nouvelle-Zemble. On a été immédiatement porté à admettre qu'une végétation, aussi luxuriante que celle des tropiques à l'époque actuelle, couvrait toute la terre de l'équateur aux pôles, et que toute la surface du globe possédait une température uniforme et très élevée. Toutefois, comme le fait justement remarquer Neumayr (1), il est faux de penser qu'une végétation luxuriante ne peut subsister que dans les contrées chaudes. Les forêts de la Terre de Feu, celles de bien des régions tempérées renferment assez de végétaux pour suffire à la formation d'énormes masses de houille. En outre, il n'est pas sûr que cette formation ait été la conséquence d'une végétation particulièrement riche. A l'époque actuelle nous ne trouvons pas dans les contrées tropicales des accumulations de substances végétales en rapport avec la grande masse de plantes qui meurent tous les ans. Au contraire, les accumulations de ce genre nous sont fournies uniquement par les tourbières, et sont dues à des plantes de dimensions très médiocres, les Sphaignes. Pour des gisements de cette sorte, le facteur le plus important n'est pas la masse de débris végétaux, c'est la rapidité plus ou moins grande de leur destruction et l'état plus ou moins complet de cette décomposition. Or, une température élevée détruit les restes végétaux beaucoup plus rapidement et plus complètement qu'une température basse ; aussi jamais dans les contrées chaudes n'y a-t-il de tourbières ni d'autres formations analogues de combustibles. Les tourbières n'existent que dans les contrées à température peu élevée ; Neumayr en tire cette conclusion, que la houille n'a pas dû se former dans des contrées très chaudes, et en effet, sur une étendue de 30 degrés de part et d'autre de l'équateur, il n'y a pas de dépôts houillers avec Lepidodendrons et Sigillaires, plantes qui caractérisent les dépôts houillers du nord. D'au-

(1) Neumayr (*Erdgeschichte*, II, p. 174), auquel nous empruntons la plupart des éléments de cette discussion.

tre part, les dépôts du même genre avec riche végétation manquent entre le 30ᵉ et le 60ᵉ degré. Il faut en conclure que le phénomène houiller a eu tout son développement à des latitudes correspondant aux régions aujourd'hui tempérées et où la chaleur devait être modérée.

On donne souvent comme argument à l'appui de cette idée d'une haute température à l'époque houillère, les grandes dimensions des Calamites, des Sigillaires, des Lepidodendrons; mais ces végétaux sont trop différents des végétaux actuels pour qu'on puisse en tirer quelques conclusions sur les conditions auxquelles ils ont été soumis. Quant aux Fougères arborescentes, si la plupart sont tropicales ou subtropicales, il y en a cependant dans la zone tempérée australe et même dans la zone froide de l'Amérique du Sud. Comme nous l'avons vu dans le premier chapitre, il faut aussi tenir compte de la lutte pour l'existence. De ce qu'une plante est aujourd'hui dans des contrées chaudes, on ne peut conclure avec certitude, que tous les pays où on trouve à l'état fossile des plantes analogues aient été autrefois des pays chauds.

Ces plantes ont pu prospérer dans ces pays parce qu'elles ne trouvaient pas de concurrences. Or, précisément pendant la période houillère, les Cryptogames n'avaient pas à compter avec les Monocotylédones et les Dicotylédones qui ont paru beaucoup plus tard. On donne aussi comme argument la présence dans les couches carbonifères de l'extrême nord, des polypiers constructeurs de récifs, comme le *Lithostrotion*. On sait que les animaux de ce genre exigent aujourd'hui une mer dont la température ne descende pas au-dessous de 20°. Mais des phénomènes d'acclimatation et de lutte pour l'existence pourraient aussi probablement expliquer ce fait. Quoi qu'il en soit, la végétation houillère, si elle n'indique pas nécessairement un climat très chaud, indique au moins une température remarquablement uniforme pour toute la terre.

Il n'est pas possible, comme nous l'avons déjà dit (1), de faire intervenir, pour expliquer cette uniformité, l'influence de la chaleur interne. Elle aurait suffi, pensait-on autrefois, pour atténuer les effets de la latitude et maintenir partout la même température. Cette idée est aujourd'hui complètement abandonnée. On a aussi imaginé qu'à l'époque carbonifère la terre

(1) Page 20.

était environnée d'une atmosphère chargée de vapeur d'eau et d'acide carbonique, obscurcie par d'épais nuages. Ceux-ci auraient empêché la déperdition de la chaleur interne, le soleil n'aurait envoyé qu'une lumière diffuse, et d'un pôle à l'autre aurait régné une chaleur lourde et humide très propre à favoriser un épanouissement extraordinaire de la végétation. Les Insectes carbonifères ont même fourni un argument en faveur de cette hypothèse. Nous avons vu qu'il y avait à cette époque des Blattes (*Blattina*) et l'on avait cru trouver des Termites. Or ces Insectes affectionnent une lumière faible et crépusculaire. Mais il y a aussi, avons-nous vu, d'autres Insectes, comme des Phasmes et des Mantes, qui ne se prêtent pas à cette supposition. Enfin celle-ci n'est pas recevable, car la végétation ne peut prospérer sans une quantité de lumière suffisante; la formation de la chlorophylle ne serait pas possible.

On a aussi invoqué, comme preuve d'une atmosphère beaucoup plus riche en acide carbonique que l'atmosphère actuelle, précisément la formation de la houille. Tout ce carbone, disait-on, a été emprunté à l'atmosphère; mais il faut remarquer qu'une telle abondance d'acide carbonique ne serait pas compatible avec le développement de la vie animale pendant la période carbonifère. On a été en réalité conduit à cette hypothèse parce que les combustibles manquent complètement dans les périodes antérieures et sont relativement peu développés dans les périodes postérieures. Mais il faut compter ici avec les dénudations; rien ne prouve qu'il ne s'est pas formé de houille avant la période carbonifère; nous ne connaissons guère que les dépôts marins du Silurien et du Dévonien; le reste a été détruit ou se trouve caché sous les mers. Il y a de la houille, comme nous le verrons, dans le Jurassique, et les terrains tertiaires offrent d'abondants gisements de lignite. Le phénomène de la carbonification des débris végétaux est un phénomène continu. Rien ne paraît s'opposer à conclure que la teneur en acide carbonique n'a jamais été beaucoup plus forte que maintenant. Le grand développement de la végétation houillère dans les contrées du nord s'expliquerait par une température douce, analogue à celle des climats insulaires de nos jours. Cette température modérée et uniforme pourrait trouver son explication dans la théorie de Blandet que nous avons déjà exposée et d'après laquelle le soleil

Fig. 231. — Exploitation de la houille à Commentry (photographie communiquée par M. Vélain) (page 138).

subissait une diminution graduelle de son diamètre apparent (1). La différenciation des zones climatériques ne se serait produite qu'assez tard, et à l'époque houillère la chaleur, tout en n'étant guère plus grande qu'à l'époque actuelle, aurait été répartie d'une manière beaucoup plus uniforme. Mais nous avons vu que des objections peuvent être faites à cette séduisante hypothèse. La question des conditions climatériques de la période carbonifère est complexe, bien des facteurs doivent être pris en considération et l'on ne peut espérer la solution du problème que du développement graduel de nos connaissances géologiques.

LE CARBONIFÈRE DANS LES DIFFÉRENTS PAYS.

LE BASSIN FRANCO-BELGE.

Le système carbonifère peut se diviser en deux étages : l'étage inférieur, ou *anthracifère*, est caractérisé par des couches calcaires d'origine marine très étendues; l'étage supérieur, appelé aussi *houiller*, présente les plus riches gisements de combustibles. Nous pouvons étudier la composition de ce système en Belgique et dans le nord de la France.

(1) Page 20.

Les vallées de la Sambre et de la Meuse offrent une épaisse série de couches calcaires atteignant 800 mètres de puissance. Cette formation est due à de nombreux Coralliaires et Crinoïdes dont on retrouve les débris. La partie de la Belgique où se montrent ces couches était occupée par un détroit faisant communiquer la mer carbonifère qui couvrait la Grande-Bretagne avec une autre mer couvrant la Westphalie. L'étage anthracifère débute par un calcaire schisteux, le *calcaire de Tournai*, contenant comme fossiles caractéristiques un *Spirifer* (*Spirifer mosquensis*, variété *tornacensis*), des *Productus* (*P. Heberti*) et autres Brachiopodes. Il y a aussi, dans cette assise, des calcaires compacts, remplis de débris de Crinoïdes, et qui fournissent des marbres estimés, comme le marbre bleu des Écaussines appelé aussi marbre *petit-granite*. Ensuite viennent des dolomies grisâtres, toutes criblées de cavités, bien développées près de Namur. L'étage anthracifère se continue par des calcaires : le *calcaire de Dinant*, auquel sont subordonnées les dolomies précédentes, et le *calcaire de Visé*. Le calcaire de Dinant a valu à l'étage anthracifère le nom de *Dinantien* que lui donne M. de Lapparent. Ces calcaires contiennent de nombreux *Productus* (*P. semireticulatus, P. cora, P. giganteus*, etc.). Souvent, on trouve des silex noirs (*phtanites*) alignés régulièrement dans les calcaires. Aux calcaires succèdent des schistes qui indiquent des conditions toutes différentes pour la sédimentation. Ils sont noirs, tendres, imprégnés d'une matière charbonneuse qui tache fortement le papier. Ce sont les *ampélites de Chokier*. Les fossiles qui s'y trouvent sont d'origine marine (*Productus carbonarius, Goniatites diadema*), mais vers le sommet s'intercalent quelques lits de houille. Il s'agit donc ici d'une formation littorale ou lagunaire.

Le Houiller débute par une sorte de grès à grains de quartz, de feldspath, de mica, dont les éléments ont été empruntés à des sables granitiques. Cette formation, également littorale, porte le nom d'*arkose de Liége*. Le Houiller lui-même consiste en schistes alternant avec des couches de combustible. L'épaisseur totale est d'environ 3,000 mètres. Il y a cent soixante couches de houille dont la puissance varie de 0^m,40 à 1^m,60. La superficie totale du bassin belge est de 160 kilomètres de longueur sur 6 à 9 de large. Les couches ne sont pas horizontales, elles sont fortement plissées, dessinent

des zigzags, montrent de grandes fractures. Il y a donc eu de puissants mouvements du sol dans cette région. La flore du houiller franco-belge se compose surtout de Sigillaires, de Calamites et de Fougères des genres *Pecopteris* et *Neuropteris*. Au fur et à mesure qu'on s'élève dans la série des couches, on constate une richesse plus grande de la houille en matières bitumineuses. La houille inférieure est sèche et anthraciteuse, vient ensuite le charbon demi-gras, puis le charbon gras, enfin la houille à gaz ou *flénu* (1). Au milieu des formations houillères s'intercalent de petits lits calcaires d'origine marine avec la faune des ampélites (*Goniatites, Productus carbonarius*), ou avec une faune d'eau saumâtre (*Anthracosia*).

Le Carbonifère de Belgique se prolonge souterrainement en France, dans les départements du Nord et du Pas-de-Calais. Il disparaît sous une grande épaisseur de couches crétacées ou tertiaires constituant les *morts-terrains*. Au-dessous de la craie se trouve une argile : la *diève*, puis une couche de cailloux réunis par une pâte argilo-calcaire; ce poudingue s'appelle le *tourtia*. Il surmonte immédiatement le Carbonifère. On peut citer comme localités particulièrement importantes de ce terrain en France, Anzin près de Valenciennes, Lens, Bully, Grenay.

Le Carbonifère, après avoir plongé ainsi souterrainement en Flandre et en Artois, revient au jour dans le Boulonnais. On trouve le calcaire à *Productus* aux environs de Boulogne, et l'on exploite à Marquise un marbre-grès appelé le *marbre Napoléon*. A Hardinghen se montrent les grès à *Productus carbonarius*, qui indiquent la base du Houiller. Enfin, à Locquinghen, il y a des exploitations de houille dans des schistes qui contiennent la flore du bassin franco-belge. En résumé, le bassin du Boulonnais sert d'intermédiaire entre le bassin de la Belgique, du Nord et du Pas-de-Calais, et le Carbonifère si développé en Angleterre.

LE CARBONIFÈRE EN ANGLETERRE ET EN ÉCOSSE.

De tous les pays d'Europe, la Grande-Bretagne est le plus riche en houille. La superficie totale des gisements houillers d'Angleterre et d'Écosse a été évaluée à 10,000 kilomètres carrés, et l'épaisseur peut atteindre 3,600 mètres. Le Carbonifère s'étend du Devonshire au sud, jusqu'au Northumberland dans le nord. On

peut distinguer plusieurs bassins ou plutôt plusieurs groupes de bassins houillers. Le premier groupe comprend la partie sud du pays de Galles; le second s'étend sur le pays de Galles

(1) Voir pour la composition et l'exploitation de la houille, *la Terre, les Mers et les Continents*, page 478 et suivantes.

Fig. 252. — Cascade de Provo dans le calcaire carbonifère des monts Wahsatch, Utah (Exploration du 40me parallèle (page 139).

nord, le Schrewsbury, le Lancashire, le York-shire, etc.; un troisième groupe comprend les bassins de Newcastle, de Durham, de Cumberland. Par sa composition, le Carbonifère anglais rappelle absolument celui de Belgique et du nord de la France.

Il débute par un calcaire d'origine marine, avec des *Productus* comme celui de Visé. Il a reçu le nom de *Mountain-limestone* (calcaire de montagnes), parce qu'il forme les grands massifs montagneux du pays. Son épaisseur peut atteindre 1,500 mètres. Ensuite viennent des schistes noirs (*Yoredale série*) avec la faune des ampélites de Chokier. Le Houiller débute, comme en Belgique, par des couches gréseuses, mais celles-ci atteignent, en Angleterre, une épaisseur qui peut être de 1,500 à 1,700 mètres. Elles constituent le *Millstone-grit*. Les grès sont employés à la fabrication des meules. Dans le *Millstone-grit*, on trouve comme fossiles des

Goniatites, des *Productus* et des fossiles d'eau saumâtre (*Anthracosia*). Il y a quelques minces couches de houille. Le Houiller productif (les *coal measures* des Anglais) forme un vaste ensemble de schistes, de grès, de minerais de fer, avec des couches de houille très nombreuses. Les végétaux sont ceux du bassin franco-belge, des Sigillaires, des Calamites, des *Pecopteris* et *Neuropteris*. Toutefois, le niveau supérieur du Houiller d'Angleterre (*Upper coal-measures*) se rapproche, par les plantes, de la houille du Plateau central français, de celle de Saint-Étienne, où apparaissent les Cordaïtes et les Calamodendrées. Il y a intercalation de couches marines à *Productus carbonarius*.

Au fur et à mesure qu'on se rapproche du nord et surtout quand on arrive en Écosse, le Carbonifère change de composition. L'étage inférieur ou authracifère qui était caractérisé par un développement abondant du calcaire présente un autre facies. Les formations marines font place à des formations littorales gréseuses et schisteuses avec couches de houille. Ainsi le combustible en Écosse est exploité dans l'étage anthracifère. L'étage houiller proprement dit est beaucoup moins productif. Cette houille de l'étage anthracifère est désignée sous le nom de *Culm*. Elle est anthraciteuse. Ses végétaux diffèrent de ceux de la houille supérieure. Les Sigillaires y sont mal représentées, tandis que les Lepidodendrons dominent avec les *Sphenopteris*, les *Cyclopteris*, les *Sphenophyllum*. A la base même se trouve une flore à afûnités dévoniennes, par ses Fougères du genre *Palæopteris*. Dans ces couches du Culm, il y a des Poissons (*Megalichthys, Holoptychius*) et des Mollusques d'eau saumâtre (*Anthracosia*).

En Irlande, on retrouve le Carbonifère avec le type franco-belge, mais vers le nord l'étage anthracifère présente des veines de houille et prend les caractères qu'il possède en Écosse.

LE CARBONIFÈRE D'ALLEMAGNE.

Le bassin franco-belge se prolonge jusqu'en Westphalie avec les mêmes caractères, calcaire à la partie inférieure et houille à la partie supérieure. La région de la Ruhr a 2,400 mètres de puissance et renferme cent trente-deux couches de houille dont soixante-seize sont exploitées. La stratification est régulière et contraste avec les bouleversements observés en Belgique. Au fur et à mesure qu'on s'avance vers l'est, les caractères de ce terrain se modifient. A la place du calcaire carbonifère, on voit paraître dans le Nassau, le Harz, la Hesse, la Saxe des schistes, des grès, des grauwackes. C'est le facies du *Culm*. Il y a là des Lepidodendrons et autres plantes indiquant un horizon inférieur au Houiller. Au milieu de ces schistes et de ces grès peuvent se trouver comme à Ebersdorf des lits de combustible exploitable.

Le Culm acquiert toute sa puissance, encore plus à l'est, en Moravie et en Silésie. Son épaisseur est d'après M. Stur de 14,000 mètres. On y trouve des grès et des conglomérats avec la flore à *Lepidodendron* et *Sphenopteris*, et contenant comme coquilles des *Goniatites*, des *Phillipsia* et la *Posidonomya Becheri*. En outre, il y a dans ce Culm des intercalations du calcaire *Productus*. Au-dessus du Culm se trouve le Houiller proprement dit, très exploité en Silésie ; il contient la flore du bassin franco-belge.

Le bassin de la Sarre et différents bassins de la Bohême montrent le passage graduel du Houiller au Permien ; nous les étudierons avec ce dernier.

LE CARBONIFÈRE DES VOSGES, DE BRETAGNE ET DU PLATEAU CENTRAL.

Dans les Vosges, à Plancher-les-Mines, on trouve des schistes avec les fossiles du calcaire carbonifère : *Productus giganteus, Euomphallus, Amplexus*, etc. A Burbach près de Thann existe une grauwacke contenant les mêmes fossiles ; mais, en outre, cette grauwacke présente le facies du *Culm ;* elle en renferme les végétaux caractéristiques. Ailleurs, dans les Vosges, à Saint-Hippolyte, à Roderen, à Ronchamp, etc., il y a des lambeaux houillers qui sont exploités. Leur végétation correspond à celle du niveau franco-belge et même à un niveau supérieur représenté dans le Plateau Central.

Quand on arrive sur la lisière de la Bretagne, dans la Sarthe et la Mayenne, on retrouve l'étage anthracifère. Aux environs de Sablé (Sarthe) et à Changé (Mayenne), existe le facies calcaire à Spirifers et à Productus. Mais en d'autres points, il y a des gisements d'anthracite, et l'on a affaire au facies littoral du *Culm*, comme l'indiquent les empreintes végétales. Tels sont les gisements de la Baconnière, de Montigné, de l'Huisserie. Il en est de même pour le bassin d'anthracite de la Basse-Loire aux environs d'Ancenis. Au contraire, le gisement de combustible de Saint-Pierre-la-Cour près de Laval appartient bien au Houiller proprement dit ; sa flore est celle des couches de Saint-Étienne.

On retrouve le calcaire carbonifère à Productus dans le Cotentin, à Regnéville. Il y a donc eu invasion de la mer sur les côtes de Normandie à l'époque anthracifère. A Littry (Calvados), on trouve la houille.

En Bretagne, on voit en plusieurs points des couches carbonifères. A Châteaulin existe un vaste bassin schisteux où l'on exploite des ar-

Fig. 253. — Couches carbonifères incurvées à la jonction de Yampa et de Green Rivers, monts Uinta (exploration du 40ᵐᵉ parallèle) (page 129).

doisières. Ces schistes sont redressés sur les couches dévoniennes. M. Barrois a montré qu'ils étaient d'âge carbonifère. Ils alternent avec des couches de psammites contenant des tiges d'Encrines. Les schistes fournissent des empreintes végétales assez mal conservées : *Stigmaria*, pétioles de Fougères, etc. Dans quelques bancs calcaires interstratifiés, on trouve des *Phillipsia* et des Productus (*P. semi reticulatus*). Ces dépôts présentent donc les alternances de conditions terrestres et marines générales à cette époque dans l'ouest de la France.

A Quimper existe le Houiller qui d'ailleurs n'y est plus exploité. Le bassin de Quimper est formé de schistes charbonneux, d'arkoses, de psammites et de poudingues. Le charbon ne forme que des nids et des filets minces dans le schiste. On a trouvé des empreintes de Fougères, surtout des *Pecopteris*. D'autres petits

bassins houillers sont ceux de Plogoff et de Kergogne.

Le Plateau Central présente les deux faciès anthracifères, le faciès calcaire et le faciès détritique. Le premier commence à être bien connu grâce aux recherches persévérantes de M. Julien qui a recueilli de nombreux fossiles. Dans le Morvan, il a retrouvé le calcaire de Tournai; plus au sud, le calcaire de Dinant, partie inférieure du calcaire de Visé. Ce dernier même est connu en une localité, celle de l'Ardoisière près de Vichy. Au faciès détritique, il faut rapporter certains grès du Morvan à fragments de roches éruptives, la grauwacke et le grès à anthracite du Roannais. Dans la Creuse, à Manzat, existent des tufs porphyriques contenant des boules irrégulières d'anthracite. Celle-ci est accompagnée de schistes et de grès à empreintes végétales qu'il faut rapporter au Culm (*Bornia, Cyclopteris*).

LA TERRE AVANT L'HOMME.   11 — 18

Mais c'est surtout le Houiller qui se montre bien développé dans le Plateau Central ; ce plateau est entouré de toute une couronne de bassins houillers ; en outre, il y a une série de gisements disposés suivant une ligne traversant le Plateau, de Decize à Pleaux, en passant par Commentry (fig. 231). Ces bassins sont d'origine lacustre ; ils ont été remplis par des débris de plantes entraînés par les eaux torrentielles et y formant des deltas. A Rive-de-Gier, on trouve un faisceau houiller qui est représenté à Saint-Étienne par des grès et des schistes stériles présentant la flore du bassin franco-belge, caractérisée par la présence des Sigillaires. Au-dessus se montre le faisceau de Saint-Étienne caractérisé par une flore différente. Il faut y distinguer trois zones : la zone inférieure avec *Cordaïtes*, la zone inférieure avec nombreuses Fougères arborescentes : *Pecopteris arborescens*, *Caulopteris*, *Odontopteris*, enfin la zone supérieure avec *Calamodendron*. Le tout

est terminé par une série de couches argileuses et quartzeuses stériles. Comme on le voit, il n'y a plus ici de fossiles marins. La partie inférieure du Houiller, celle qui est caractérisée par la flore du bassin franco-belge, est parfois désignée sous le nom d'*étage westphalien*, tandis que les couches supérieures, celles de Saint-Étienne, constituent l'*étage stéphanien*. Le Houiller supérieur du centre de la France, tel qu'il se présente à Saint-Étienne, à Decazeville, à Commentry, indique un régime beaucoup plus continental que le Houiller du Nord, car dans ce dernier la mer faisait de temps en temps invasion dans les lagunes où se produisait le combustible.

Nous n'énumérerons pas ici les différents bassins du Plateau Central français, ni ceux des Pyrénées (1) ; nous allons étudier le Carbonifère dans quelques autres régions où il présente des caractères dignes d'intérêt.

LE CARBONIFÈRE DE RUSSIE.

En Russie le Carbonifère s'étend sur une très vaste superficie évaluée à 2 millions de kilomètres carrés. Mais il est couvert en grande partie par des formations plus jeunes et ne se montre au jour que dans trois régions : à l'ouest aux environs de Moscou, à l'est au pied de l'Oural, et au sud dans le bassin du Donetz. Sa constitution est toute différente de celle du Carbonifère franco-belge ou anglais. L'élément calcaire est de beaucoup prédominant ; la Russie a été couverte par la mer pendant la plus grande partie de la période.

Aux environs de Moscou, la formation débute par des calcaires jaunes ou grisâtres, avec *Productus giganteus* et autres fossiles rappelant ceux du calcaire de l'Europe occidentale. Il y a dans ces calcaires des intercalations de grès, de schistes et de houille présentant le faciès du *Culm*, comme l'indique la flore. Au sommet de l'étage le *Spirifer mosquensis* s'adjoint aux *Productus*. La formation carbonifère de Moscou se prolonge sur les gouvernements de Riazan, Toula, Olonetz et Arkhangel et vient de nouveau se montrer au jour dans l'Oural. Elle y présente la même composition que dans le bassin de Moscou. A la base se trouvent les calcaires à *Productus giganteus* avec des intercalations de

houille. Plus haut viennent d'autres calcaires à *Sipirifer mosquensis* et *Productus giganteus*, mais ici il y a une nouvelle intercalation de couches de houille anthraciteuse avec flore du Culm. Enfin le Carbonifère de Moscou et de l'Oural se termine par des calcaires blancs ou grisâtres, ressemblant à de la craie et qui atteignent une épaisseur de 500 à 800 mètres. Ces calcaires sont remarquables par la présence de nombreux Foraminifères appartenant au genre *Fusulina* (*F. cylindrica*). Ils renferment aussi des Productus, entre autres des espèces à longues épines, comme *P. longispinus*, qui annoncent le Permien. Ces calcaires à Fusulines constituent une formation de mer ouverte. Ils nous représentent le faciès marin du Houiller, dont nous ne connaissons dans l'Europe occidentale que le faciès continental. Les deux faciès se montrent ensemble dans le bassin du Donetz, où l'on voit de petites couches de houille s'intercaler au milieu des calcaires à Fusulines. Dans ce bassin il y a du combustible de deux âges : la houille anthraciteuse de l'étage du Culm, et la houille de l'étage supérieur du Carbonifère.

(1) Voir *La Terre, les Mers et les Continents*, p. 491.

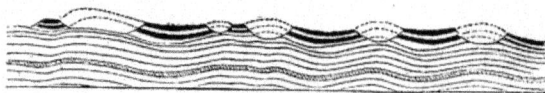

Fig. 234. — Coupe du Houiller des Appalaches (Pensylvanie) montrant les effets de l'érosion sur les couches plissées (d'après Lesley).

AUTRES RÉGIONS CARBONIFÈRES.

On trouve dans les Alpes méridionales un Carbonifère analogue au Carbonifère russe. Ainsi en Carinthie, en Styrie, en Carniole on rencontre des schistes et des conglomérats quartzeux avec les *Productus* de Belgique (*P. semireticulatus, P. giganteus*). Au-dessus vient le calcaire à Fusulines. Dans celui-ci M. Stache a trouvé des affleurements de schistes présentant à la fois des Fusulines et des empreintes végétales du Houiller supérieur. Le calcaire à Fusulines se montre donc encore ici l'équivalent marin du Houiller.

Dans les Alpes occidentales c'est le facies continental qui se montre. Les gisements d'anthracite de la Suisse, de la Savoie (Petit-Cœur en Tarentaise), du Dauphiné (la Mure), présentent la flore du Houiller, celle du faisceau inférieur de Saint-Étienne. Le gisement de Petit-cœur a soulevé de nombreuses discussions. On y trouve des grès végétaux houillers régulièrement intercalés dans des schistes jurassiques à Bélemnites. Elie de Beaumont supposait que la flore carbonifère avait persisté jusqu'au milieu de la période jurassique. Mais il a été prouvé depuis que ce fait provenait d'un contournement des assises; la succession des faunes et des flores est la même dans ce pays que dans tous les autres.

Le facies continental anthracifère se montre en Espagne dans la Sierra Morena; on y trouve le *Culm* typique avec *Posidonomya Becheri*. Il en est de même dans les Balkans d'après M. Toula. Au contraire, à l'île de Chio, d'après M. Teller, on voit le facies pélagique du Houiller se manifester par la présence du calcaire à Fusulines.

Le facies marin de l'étage anthracifère existe en Afrique. Lenz l'a trouvé dans la partie occidentale du Sahara, entre le Maroc et Tombouctou. Overweg a trouvé dans le Sahara central du Carbonifère productif; il en a rapporté des empreintes végétales. La péninsule du Sinaï a fourni des fossiles du calcaire carbonifère et des restes de *Lepidodendron*; ceux-ci sont particu-

lièrement intéressants parce qu'on ne les trouve pas dans l'hémisphère nord à une latitude plus méridionale. Les types caractéristiques de la flore carbonifère : Lepidodendrons et Sigillaires manquent dans la zone équatoriale; ils reparaissent dans le sud de l'Australie, l'Afrique australe et la partie méridionale du Brésil.

Dans les régions arctiques se montre la flore carbonifère du nord de l'Europe. C'est ce qui a lieu en Sibérie, à la Nouvelle-Zemble, au Spitzberg, à l'île des Ours, comme l'ont prouvé Heer et M. Nathorst. A l'île des Ours, par 75° de latitude nord et au Spitzberg, existent des grès et des argiles dont la flore a beaucoup d'analogie avec celle du Culm. On y trouve *Bornia radiata, Lepidodendron Veltheimianum, Sphenopteris Schimperi*. Ces couches constituent l'étage *ursien* de Heer. Il y a aussi du calcaire à *Productus*. Enfin dans ces pays le Houiller proprement dit existe avec les plantes caractéristiques du Houiller d'Europe. Il en est de même pour diverses localités de l'archipel polaire du nord de l'Amérique.

Aux États-Unis le Carbonifère est très développé et présente de grands rapports avec celui d'Europe. Dans les parties ouest et centrale des États-Unis, l'étage anthracifère est représenté par des couches très puissantes de calcaire, tandis que dans la région des Appalaches on trouve des grès et des conglomérats présentant des végétaux rappelant ceux du Dévonien (*Cyclopteris obtusa*) et des traces de Stégocéphales. Dans l'Illinois, le Kentucky, l'Iowa, le Missouri, le calcaire carbonifère atteint une puissance de 500 mètres. Outre les *Productus*, il contient de nombreux Crinoïdes, Blastoïdes et Polypiers. On le partage en plusieurs groupes qui sont de bas en haut : le groupe de Kinderhock, le calcaire de Burlington, le calcaire de Keokuk, celui de Saint-Louis et celui de Chester. Les groupes de Burlington et de Keokuk sont particulièrement riches en Crinoïdes. Dans l'ouest le calcaire carbonifère a une puissance considérable (fig. 232 et 233);

le grand canon du Colorado est creusé en grande partie dans cette roche.

Le Houiller est aussi très développé dans la régions des Appalaches (fig. 234) et dans la partie australe des États-Unis (1). On y distingue un horizon inférieur à *Lepidodendron* et *Sigillaria*, et un horizon supérieur avec Fougères. Comme dans les bassins du nord de l'Europe, se présentent de nombreuses intercalations de calcaires marins au mileu des schistes houillers. Dans la région des Montagnes Rocheuses, les couches de houille deviennent peu puissantes, tandis que se développe le calcaire à Fusulines. Le facies continental est ainsi remplacé par le facies pélagique.

Le Carbonifère a aussi une grande importance dans la Nouvelle-Écosse et le Nouveau-Brunswick. Il y débute par des grès et des conglomérats avec Poissons et Crustacés, et quelques couches de houille avec la flore du Culm. Ensuite vient le calcaire à Productus, auquel succèdent des grès et des schistes correspondant au *Millstone grit* d'Angleterre. La houille qui surmonte ce système atteint, surtout à la Nouvelle-Écosse, une grande épaisseur; sa puissance est de 1,200 mètres. On y trouve les espèces végétales d'Europe, en particulier les Sigillaires. M. Dawson a découvert, comme nous l'avons déjà dit, dans ce Houiller de la Nouvelle-Écosse des Gastéropodes terrestres, *Pupa*, *Zonites*, *Dawsonella*. Il a découvert aussi dans un tronc de Sigillaire un petit Stégocéphale qui a été appelé *Dendrerpeton*. Le tronc de l'arbre était rempli d'un grès où se trouvaient enfouis ces restes de Vertébrés et d'autres débris organiques. Sans doute l'arbre, qui était devenu creux par vieillesse, avait été charrié, dans les eaux où se formait la houille et rempli de sable et de vase qui se sont ensuite solidifiés et auxquels étaient mélangés des restes d'animaux.

Le Houiller de la Nouvelle-Écosse et du Nouveau-Brunswick a fourni également des Insectes, des Myriapodes et des Arachnides.

LA RÉGION CARBONIFÈRE DE L'OCÉAN INDIEN. LA FLORE A GLOSSOPTERIS.

Dans les contrées que nous venons de passer en revue, le Carbonifère se présente dans l'ensemble avec les mêmes caractères. Nous devons maintenant étudier d'autres régions où ce système montre des particularités importantes. Ces contrées se concentrent autour de l'océan Indien. Il s'agit de l'Afrique australe, de l'Afghanistan, des Indes et du sud de l'Australie; en outre la Chine se rattache par la plupart de ses caractères à ce groupe. Le calcaire à Fusulines se rencontre en Arménie, en Perse et se continue à travers l'Asie jusqu'en Chine et au Japon. En Chine le Houiller atteint une puissance considérable. On le trouve dans toutes les provinces du nord : le Petchili, le Chansi, etc. ; il existe aussi au sud de l'empire dans le Setchouen. La flore diffère déjà notablement de celle du Houiller d'Europe et de l'Amérique du Nord; jusqu'à présent on n'y a pas trouvé de Sigillaires; les Lepidodendrons et les Calamites sont fort rares, les Fougères dominent. Mais le Carbonifère d'Australie est bien plus remarquable et a donné lieu à de nombreuses discussions et à des erreurs. Il débute dans le Queensland et la Nouvelle-Galles du Sud par des assises analogues à celles du Culm d'Europe. Les couches à combustibles avec *Lepidodendron Veltheimianum* et *Palæopteris* alternent avec des couches calcaires à Productus. Au-dessus il y a encore une alternance de dépôts marins et de dépôts à combustibles. Dans les premiers, comme l'a montré de Koninck, se trouvent des fossiles nettement carbonifères. Mais dans les seconds la flore est toute spéciale. Il n'y a plus ni Sigillaires, ni Lepidodendrons, ni Calamites, Astérophyllites ou Annularias. Les végétaux sont surtout des Fougères du genre *Glossopteris* (fig. 235) et des tiges articulées : *Phyllotheca* et *Vertebraria* qui appartiennent au groupe des Equisétacées. Toutes ces plantes existent dans les termes inférieurs des formations mésozoïques. On crut d'abord à une erreur d'interprétation, et qu'il s'agissait là de couches secondaires. Mais il n'y a pas de doute possible. Sur la série alternante dont nous venons de parler se trouvent des couches purement continentales avec la même flore, celles dites de Newcastle, puis viennent les couches de Hawksbury avec *Palæoniscus* et d'autres Poissons, qui appartiennent sûrement au Permien. Les couches inférieures à

.(1) Voir, pour la description détaillée des bassins houillers d'Amérique, *La Terre, les Mers et les Continents*, p. 498.

Fig. 235. — *Glossopteris indica*, couches de Damuda aux Indes (d'après Medlicott et Blanford).

Glossopteris et *Phyllotheca* sont donc bien carbonifères (1).

Il faut donc conclure, qu'à une époque où, en Europe et en Amérique, se montrait une flore à Lepidodendrons et à Sigillaires, se développait déjà en Australie une flore qui ne se montre dans nos pays que beaucoup plus tard, dans le système triasique. Même chose a lieu dans d'autres pays.

Dans l'Hindoustan on ne voit pas, comme cela a lieu en Australie, un terme inférieur avec les végétaux d'Europe. On trouve seulement des couches continentales formant l'étage dit de *Gondwana*, contenant des restes de plantes et de Vertébrés. Cet étage correspond au Carbonifère, au Permien et à la base des terrains secondaires. Sa partie inférieure, qui doit seule nous occuper ici, se divise elle-même en trois groupes de couches : le groupe de *Talchir* à la base, puis le groupe de *Damuda*, enfin le groupe de *Panchet*. Toutes ces assises montrent la plus grand analogie avec les termes supérieurs de la série australienne; on y trouve les genres *Glossopteris*, *Phyllotheca*, *Vertebraria*. Le groupe de Talchir est remarquable par la présence de blocs et de cailloux disposés sans ordre et de dimensions variables. Ces blocs se trouvent disséminés dans une argile tendre et dans des grès à grain très fin. Ils sont pour la plupart arrondis et souvent ils présentent des stries, aussi les a-t-on attribués à des phénomènes glaciaires, mais cette interprétation est encore douteuse. Beaucoup plus au nord, dans le Salt-Range (chaîne saline), sur le haut Indus, on retrouve ces couches à blocs de Talchir; mais ici, d'après Waagen, au lieu de plantes, on trouve des fossiles d'origine marine, des Conulaires (*Conularia lævigata* et *tenuistriata*) qui précisément existent dans les intercalations marines des couches à *Glossopteris* d'Australie. Dans ce dernier pays il y a aussi, d'après Oldham, des blocs de ce genre

dans cet horizon. D'après Waagen, les couches à blocs du Salt-Range sont recouvertes par le calcaire à Fusulines, ce qui met hors de doute l'âge carbonifère de toutes ces couches de Talchir.

Dans l'Afrique australe on trouve sur le gneiss des couches dévoniennes, puis les couches houillères inférieures de l'Australie avec Lepidodendrons et Sigillaires. Ensuite se montre un ensemble de couches appelé *formation de Karoo*, qui paraît correspondre au Carbonifère supérieur, au Permien et au Trias. Elle débute comme la formation de Gondwana par une assise de blocs : les couches d'*Ecca*, présentant la flore inférieure des couches de Gondwana; au-dessus viennent les couches de *Koonap* et de *Beaufort* correspondant au Carbonifère le plus élevé et au Permien; elles contiennent de nombreux restes de Reptiles et doivent être peut-être rapportées aux formations mésozoïques, ainsi que les couches de *Stormberg* qui les surmontent.

Ainsi l'Australie, l'Hindoustan, l'Afghanistan et le sud de l'Afrique présentaient pendant le Carbonifère une flore différente de celle de l'Europe et qui ne s'est montrée dans nos régions qu'à la période triasique. L'étendue sur laquelle on trouve cette flore à *Glossopteris* répond à 30 degrés de latitude et à 130 de longitude; il est vrai que la plus grande partie de cette vaste région est occupée par l'océan Indien. Nous devons admettre que les pays, aujourd'hui séparés par la mer, où l'on trouve la même flore, étaient autrefois réunis. Il y avait donc pendant la période carbonifère sur l'emplacement actuel de l'océan Indien un vaste continent que nous pouvons appeler continent indo-africain ou continent de Gondwana. L'analogie de la faune d'Amphibiens et de Reptiles que l'on trouve dans les couches plus récentes des Indes et de l'Afrique australe, porte à croire que la rupture entre l'Afrique et l'Hindoustan ne s'est produite que vers le milieu

(1) Neumayr, *Erdgeschichte*, II, p. 192.

de la période tertiaire; elle avait eu lieu plus tôt pour l'Australie (1).

Neumayr fait remarquer avec raison que cette flore à *Glossopteris*, qui, d'abord limitée aux contrées australes, a gagné l'hémisphère nord dans la période triasique, ne pouvait s'être développée à l'origine que sur un vaste continent. En effet, les flores des îles ont un pouvoir d'expansion très limité et sont toujours vaincues dans la lutte pour l'existence par les flores des grands continents. On ne peut s'expliquer la prépondérance de la flore à *Glossopteris* à l'époque secondaire qu'en supposant qu'elle a pris naissance sur une terre de grande étendue.

La présence de blocs paraissant présenter des marques d'action glaciaire, à la base des couches à *Glossopteris*, a été l'occasion de plusieurs hypothèses. Sur le continent indo-africain ou de Gondwana, on voit disparaître la flore à Lepidodendrons et Sigillaires, se produire des phénomènes glaciaires et apparaître ensuite la flore à *Glossopteris*. On a été conduit à supposer que la première de ces flores caractérise un climat chaud et que la seconde caractérise un climat plus froid. Par suite il semble qu'un refroidissement ait commencé à se produire pendant la période houillère dans les régions voisines de l'océan Indien et que ce refroidissement se soit propagé peu à peu vers les pôles, amenant sur ceux-ci la flore à *Glossopteris* à l'époque triasique. Mais cette hypothèse conduit à admettre que les pôles se sont déplacés et que les régions aujourd'hui les plus chaudes étaient autrefois des régions polaires. Rien ne nous permet d'adopter une pareille opinion.

On peut supposer aussi que la flore à *Glossopteris* était une flore de régions montagneuses couvertes de glaciers, mais on est encore ramené par cette voie à imaginer pour les régions équatoriales un climat froid et pour les régions polaires à la même époque un climat chaud. En résumé, nos connaissances actuelles ne nous suffisent pas pour interpréter ce fait important sur lequel on ne saurait trop insister, à savoir que dans les Indes, en Afrique et en Australie, la flore à *Glossopteris* a été contemporaine pendant la période houillère d'une flore toute différente en Europe et dans l'Amérique du Nord. Il y avait donc déjà des régions botaniques bien caractérisées.

COUP D'OEIL GÉNÉRAL SUR LES MERS CARBONIFÈRES.

Vers le milieu du Dévonien, il y a eu, comme nous l'avons déjà dit, une transgression très étendue. Les calcaires et les dolomies du Dévonien supérieur se montrent sur la plaine russe jusque vers l'Oural, et une transgression du même genre s'observe en Amérique, dans le Canada oriental, jusqu'à la mer Glaciale. Ensuite la mer recule et la période carbonifère commence.

Elle débute par une série d'oscillations, de déplacements positifs et négatifs du rivage, comme le montre la présence, à la base de cette formation, des dépôts littoraux ou terrestres. Ainsi, en Écosse, on trouve des dépôts gréseux (*Calciferous sandstone*), de même en Irlande (*Coomhola grit*), dans le Canada (*Lower Coal Measures*, la Pensylvanie (*Vespertine* et *Umbral series*). Il y a là des alternances, surtout dans le *Calciferous sandstone*, de couches de houille et de grès et de couches calcaires à coquilles marines. Il en est de même au Nouveau-Brunswick, à la Nouvelle-Écosse. Il faut peut-être rapporter à cette époque la série de grès et les couches à combustibles qui s'étendent dans les régions polaires de l'Amérique, de la terre de Banks vers la baie de Baffin.

A la même époque cependant la mer couvrait l'Illinois, où l'on trouve un calcaire dolomitique à coquilles marines, le *Kinderhookgroup*, dont on retrouve les fossiles dans le calcaire marin du sud-est de la Russie. Il y avait là des conditions pélagiques qui devaient bientôt s'étendre sur une grande partie de la surface terrestre. C'est la grande transgression du calcaire carbonifère. Ce dernier, par sa faune marine et sa grande puissance, montre que la haute mer a couvert pendant longtemps de vastes régions. En Angleterre son épaisseur, comme nous l'avons vu, est considérable; elle atteint 1,500 mètres, en Belgique elle est de 800 mètres; il couvre la plus grande partie de l'Irlande, il existe en France, il s'étend en Allemagne et sur la plus grande partie de la Russie. On le trouve depuis les régions polaires, comme le Spitzberg et les îles Parry, jusqu'au Brésil à l'Australie; de l'est à l'ouest, on le trouve depuis la Chine jusqu'au Texas et à la Californie. Il repose sur tous les terrains plus

(1) Neumayr, *Erdgeschichte*, II, p. 196.

anciens et s'avance au delà de leurs limites. En Irlande, en Écosse, en Angleterre on le trouve sur le vieux grès rouge; en Chine il se trouve sur le Dévonien et le Silurien, sur lesquels il transgresse vers Shan-tung et Liau-tung pour s'étendre sur les schistes cristallins. Dans l'est des États-Unis il repose sur le Dévonien et transgresse vers l'ouest et le sud-ouest. Dans le Dakota et le Colorado il s'étend sur les schistes cristallins comme dans le nord de la Chine; nous l'avons cité déjà dans le Grand Canon; sur le plateau du Texas on voit les schistes cristallins en concordance au-dessous du calcaire carbonifère. A cette époque donc la mer a envahi les continents, et les contours de ceux-ci nous sont indiqués par les dépôts arénacés et schisteux avec restes de végétaux, qu'on appelle le Culm.

A cette grande transgression succède une phase négative très étendue. Les continents sont asséchés, une végétation puissante s'y établit et fournit d'épaisses couches de combustibles. C'est l'époque houillère. Il y a toutefois, dans la partie inférieure du Houiller, des intercalations marines indiquant des retours offensifs de la mer. Ces intercalations se trouvent aussi bien en Angleterre (*Gannister beds*) que dans le bassin franco-belge, en Silésie, en Moravie, et en Amérique (Illinois, Ohio, Pensylvanie). A la phase négative succède de nouveau une phase positive, c'est-à-dire une invasion de la mer; d'abord la mer reléguée au sud remonte vers le nord et elle dépose le calcaire à Fusulines, mais elle ne s'étend pas aussi loin que celle du calcaire carbonifère. Ainsi en Europe on voit les calcaires à Fusulines alterner avec des couches à végétaux dans le sud de la Russie. On les voit s'étendre en Asie Mineure et en Chine. En Amérique ils alternent dans l'Illinois avec le

Houiller, mais ils diminuent vers l'Ohio et la Virginie du Nord et n'atteignent ni la Pensylvanie, ni le Canada. Pendant la période permienne, après une phase négative, nous trouverons encore une transgression, mais moins étendue encore que celle du calcaire à Fusulines. .

Ces diverses phases positives ou négatives, que nous avons constatées pendant les temps paléozoïques, ne semblent pas pouvoir être expliquées par des bombements ou des dépressions de l'écorce terrestre. Pendant le Carbonifère et à d'autres époques il y a eu des plissements considérables, des dislocations de cette écorce, mais ces phénomènes sont localisés et n'ont rien de commun avec ces submersions et ces assèchements étendus. Les plissements paléozoïques sont par leur origine complètement indépendants des transgressions, par l'extension desquelles ils ont même été arasés et recouverts.

Il faut chercher ailleurs la cause de ces mouvements généraux de la surface des mers. Il faut le chercher dans des effondrements de certaines parties des continents, ayant pour résultat immédiat d'amener une baisse générale des eaux, puisque celles-ci doivent combler le vide formé. Il faut le chercher aussi dans un phénomène inverse, l'accumulation des sédiments dans les bassins maritimes, entraînant une inondation progressive des terres voisines. Comme on le voit, à une phase positive dans une partie de la terre doit correspondre une phase négative dans une autre région. Mais nos connaissances ne sont pas encore suffisantes pour résoudre le problème; il ne nous est pas encore possible d'opposer pour les temps primaires, à une région positive déterminée, une région négative complémentaire (1).

LA FAUNE ET LA FLORE PERMIENNES. LE PERMIEN DANS LES DIFFÉRENTS PAYS. LES ÉRUPTIONS DE L'ÈRE PRIMAIRE.

A la période carbonifère succède une autre période qui n'en est que la continuation. Il y a en effet des transitions nombreuses entre le Houiller et le système Permien. Ce dernier doit son nom, créé par Murchison, à ce qu'il a été d'abord étudié en Russie dans le gouvernement de Perm. D'Omalius d'Halloy lui a donné

aussi le nom de *Pénéen* (d'un mot grec signifiant pauvre), qui fait allusion à la pauvreté relative de sa faune. Il renferme trois ou quatre cents espèces d'animaux fossiles, ce qui est fort peu de chose si l'on songe à la faune si riche du Si-

(1) Suess, *Das Antlitz der Erde*, t. II, p. 294-319.

lurien. La faune et la flore permiennes continuent la faune et la flore carbonifères. On voit s'éteindre certains groupes déjà en décadence pendant la période antérieure et s'épanouir d'autres groupes déjà existants. C'est ce que nous allons prouver par ce qui suit.

LES BRACHIOPODES ET LES MOLLUSQUES.

Il n'y a rien à dire de saillant sur les Coralliaires de la période permienne. Il y en avait près de cent cinquante espèces dans le Carbonifère; il n'y en a plus que quelques espèces dans le Permien. Les Foraminifères sont très clairsemés, il en est de même pour les Spongiaires. Parmi les Échinodermes on ne connait qu'une seule espèce de Crinoïde appartenant au genre *Cyathocrinus* et quelques Oursins.

Les Bryozoaires sont relativement nombreux. Ils constituent dans le calcaire de la Thuringe appelé *Zechstein* de véritables ré

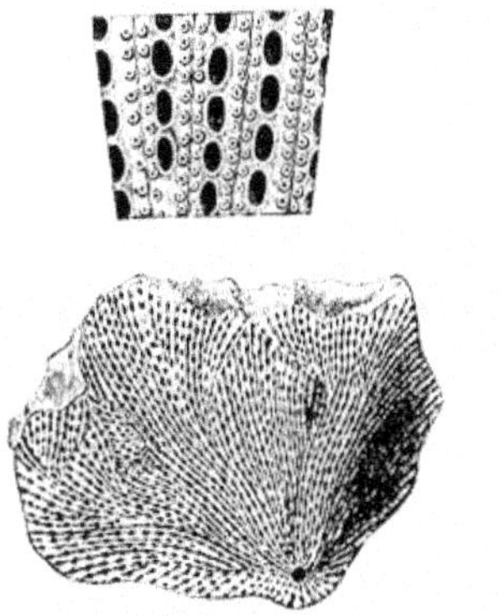

Fig. 236. — *Fenestella retiformis* (vue d'ensemble et grossie).

cifs comparables aux récifs coralliens actuels. On les trouve particulièrement au voisinage de Neustadt et au nord de Ruhla. Ces Bryozoaires appartiennent à la famille des Fenestellidés. Dans le genre *Fenestella* (fig. 236), la colonie ressemble par sa forme à une feuille ou à un entonnoir. Elle consiste en branches droites ou courbes rapprochées les unes des autres et réunies par de nombreuses baguettes transversales; de sorte que l'ensemble ressemble à un réseau. Les ouvertures des loges forment deux rangées sur le côté interne des branches. Le côté extérieur et les baguettes transversales n'en portent pas. Un autre genre de Bryozoaires également commun dans le Permien est le genre *Acanthocladia*. Il se présente sous forme de petites arborisations aplaties qui ne portent de cellules que sur l'une des faces; sur l'autre il n'y a que des stries.

Mais les deux groupes d'animaux marins les plus intéressants de la période permienne sont les Brachiopodes et les Mollusques. Les Brachiopodes fournissent quelques fossiles caractéristiques. Ils ne sont toutefois qu'un reste des familles si florissantes aux périodes dévo

Fig. 237. — *Productus horridus.*

nienne et carbonifère. Parmi les Spirifers on peut citer *Spirifer undulatus*. La famille des Productidés nous fournit le *Productus horridus* (fig. 237), portant de longues épines; elles sont encore plus longues et plus nombreuses chez le *Productus Geinitzii*. Dans la même famille se présente la *Strophalosia Goldfussi* (fig. 238). La grande valve est bombée, la petite concave; toute la surface est absolument garnie de lon

Fig. 238. — *Strophalosia Goldfussi.*

gues épines creuses. La famille des Rhynchonellidés est représentée par la *Camarophoria Schlotheimii* avec une cloison médiane dans la grande et la petite valve; la famille des Térébratulidés existe aussi dans le Permien (*Terebratula* ou *Dielasma elongata*) (fig. 239); nous la retrouverons avec un développement extraordinaire de formes dans les terrains secondaires.

Les Mollusques Pélécypodes présentent surtout des Aviculidés, coquilles caractérisées par

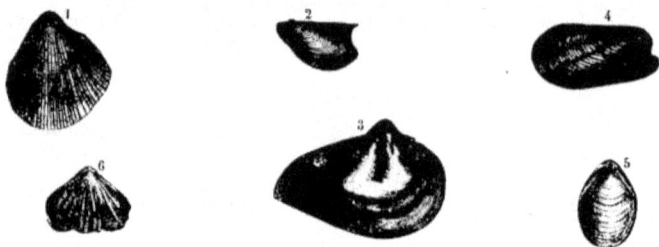

Fig. 239. — Coquilles du Zechstein de Thuringe (d'après Geinitz). — 1, *Pseudomonotis speluncaria*; 2, *Gervillia ceratophaga*; 3, *Schizodus obscurus*; 4, *Pleurophonus costatus*; 5, *Terebratula elongata*; 6, *Camarophoria Schlotheimi*.

la présence de deux prolongements ou oreilles plus ou moins développés. Telle est la *Gervillia ceratophaga* à oreille antérieure très petite; telle est encore la *Pseudomonotis speluncaria* (fig. 239) à coquille ovale, couverte de stries rayonnantes; l'oreille antérieure est très faible. — La famille des Trigonidés existe aussi. Le genre *Schizodus* (fig. 239), qui a débuté au Dévonien, compte beaucoup d'espèces dans le Carbonifère et le Permien (*S. obscurus*). La coquille a une surface lisse; la valve gauche présente une grande dent médiane bifide et deux latérales; la valve droite présente deux fortes dents. Ces dents ne sont pas striées, comme cela a lieu chez les véritables Trigonies. Les Gastéropodes les plus répandus au Permien appartiennent au groupe des Bellérophontidés.

Les Céphalopodes tétrabranchiaux sont réduits à quelques espèces de Nautiles et d'Orthocères. Mais les Ammonitidés prennent un rôle important. Nous avons vu que dans le Carbonifère les Goniatites sont représentées par un grand nombre de formes, dont la ligne suturale se complique et offre des lobes latéraux plus nombreux que chez les espèces anciennes; tels sont les genres *Prolecanites* et *Pronorites*. Dans le Permien se montrent les premières Ammonites véritables. Les vraies Ammonites sont caractérisées, comme on le sait, par leur ligne suturale compliquée et leurs goulots siphonaux dirigés en avant. Mais dans les premiers types les caractères ne sont pas aussi tranchés; dans les premiers tours des Ammonites permiennes, c'est-à-dire chez les jeunes individus, les goulots siphonaux sont encore en arrière comme chez les Goniatites et les lignes

suturales passent par le stade goniatite. Il est donc incontestable que les Ammonites vraies descendent des Goniatites.

Les Ammonites permiennes appartiennent à plusieurs genres. Les *Medlicottia* (fig. 240) (*M. primas*, *M. Orbignyana*) ont une coquille lisse; leur ligne suturale rappelle celle des *Prolecanites*; les selles sont linguiformes, à contour simple, les lobes sont bifides. Les *Arcestes priscus* et *antiquus* ont des selles arrondies et des lobes faiblement dentés. Ils servent de passage entre les *Goniatites* et les *Arcestes* du Trias. Dans

Fig. 240. — *Ligne suturale de Medlicottia*.

le *Cyclolobus Oldhami* (fig. 241) du Salt-Range des Indes orientales, les lobes et les selles sont très nombreuses, découpées en forme de feuilles. Dans le *Xenodiscus carbonarius* du même gisement, les selles sont à contour simple, les lobes sont simplement dentés au fond; la ligne suturale ressemble en somme à celle des *Ceratites* du Trias. Ainsi dans le Permien on voit apparaître les véritables Ammonites, qui prendront un si grand développement dans les terrains secondaires. Mais comme bien d'autres groupes, les Ammonites n'apparaissent pas brusquement et manifestent une véritable évolution; leur filiation est évidente, elles dérivent des Goniatites.

Fig. 241. — *Ligne suturale du Cyclolobus.*

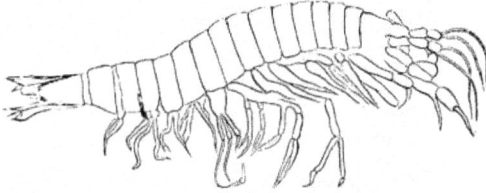

Fig. 242. — *Gampsonychus* (d'après Fritsch).

LES CRUSTACÉS.

Tandis que les Ammonitidés s'enrichissent d'un grand nombre de formes dans le Permien, les Trilobites disparaissent définitivement. Les dernières espèces du genre *Phillipsia* sont permiennes. En revanche, on trouve un certain nombre de petits Crustacés de l'ordre des Amphipodes, analogues aux Crevettines (*Gammarus*) actuelles. Tel est le genre *Gampsonychus* (fig. 242) commun dans les couches permiennes de Sarrebrück et de Bohème. Le corps a environ 25 millimètres de longueur. La tête porte quatre antennes. Le thorax et l'abdomen composés de quatorze anneaux portent des pattes dont les premières sont fortes et munies de griffes. La nageoire caudale ou telson, garnie de cils sur ses bords, est munie de chaque côté de deux nageoires foliacées. Un type analogue est le *Nectotelson* du Permien d'Autun. Il est plus petit et les nageoires latérales du telson sont relativement plus grandes.

Comme Arthropodes du Permien, il faut citer aussi des Scorpions et des Insectes analogues à ceux que nous avons déjà signalés à propos du Carbonifère.

LES POISSONS.

Les Poissons du Permien appartiennent à l'ordre des Ganoïdes. Ils sont nettement hétérocerques. On trouve surtout ces Vertébrés dans une mince couche de schistes bitumeux bien développés en Thuringe, où on lui donne le nom de *Kupfer-Schiefer*. Cette couche d'une épaisseur de 60 centimètres s'étend sur une distance de 40 lieues. On y exploite des minerais cuprifères. Parmi les genres les plus répandus, il faut citer le genre *Palæoniscus*, qui existe aussi dans le Carbonifère. Le corps est fusiforme et couvert d'écailles rhomboïdales ; les vertèbres sont bien ossifiées, mais il n'y a pas de côtes osseuses ; la nageoire dorsale est simple et courte, toutes les nageoires sont munies à leur base de fulcres développés ; les dents sont petites, coniques ou cylindriques. Les espèces les plus répandues sont *P. Freislebeni* (fig. 243), *P. Blainvillei, P. Dufresnoysi.* D'autres genres voisins sont le genre *Amblypterus* qui atteint une grande taille et le genre *Pygopterus*.

Le genre *Platysomus* diffère du genre *Palæoniscus* par la forme du corps qui devient court et large, à contour ovoïde ou rhomboïdal. Le genre *Acanthodes* déjà développé au Dévonien se termine au Permien. La tête est courte et large, les dents semblent absentes ; il y a une nageoire dorsale simple placée très en arrière, à la hauteur de la nageoire anale.

Fig. 243. — *Palæoniscus Freislebeni.*

Le genre *Megapleuron* du Permien d'Autun est rapporté aux Dipnoïques à cause de la forme de ses dents. Il a des écailles rhomboïdales de Ganoïde. Les côtes sont particulièrement fortes et bien ossifiées, tandis qu'il n'y a pas de centres vertébraux ossifiés. D'après M. Vaillant, il devait être peu différent du *Ceratodus* actuel d'Australie; il faut probablement le réunir à ce genre (1).

LES STÉGOCÉPHALES ET LES REPTILES.

Les Vertébrés terrestres sont représentés pendant la période permienne par les Stégocéphales et de vrais Reptiles. Les premiers sont des Batraciens. Ils commencent, comme nous l'avons vu, au Carbonifère, acquièrent tout leur développement dans le Permien et disparaissent pendant la période triasique. Certains atteignent une grande taille; il y en a dont le crâne mesure jusqu'à 3 ou 4 pieds de long. La tête est couverte de plaques osseuses qui rappellent celles des Ganoïdes. Parmi ces os, il y en a qui manquent chez les autres Batraciens et qui se retrouvent chez beaucoup de Reptiles; ce sont les post-orbitaires et les supra-temporaux. Plus loin, on trouve les épiotiques et le supra-occipital qui ici est pair. Il y a un anneau sclérotique osseux comme chez beaucoup de Reptiles. Toutes ces plaques en s'unissant couvrent le crâne d'un toit continu, ce qui a valu à ces animaux le nom de Stégocéphales. Entre les pariétaux se trouve un trou. Il correspond à celui qu'on voit chez beaucoup de Reptiles fossiles et chez les Lacertiens actuels. Il devait être, comme chez ces derniers, en relation avec la glande pinéale. Celle-ci, chez beaucoup de Lézards (Orvet, *Lacerta agilis, Hatteria punctata*), se développe et possède la structure d'un œil véritable qui ne peut pas, il est vrai, fonctionner, car le trou pariétal est obstrué par une masse conjonctive et recouvert par la peau. On peut admettre que l'œil impair existait chez les Stégocéphales et était capable de fonctionner, car le *foramen parietale* est remarquablement vaste. Les os du crâne sont traversés par des canaux muqueux comme ceux des Poissons.

La colonne vertébrale présente une corde dorsale persistante qui s'élargit, suivant les cas, entre les vertèbres ou à l'intérieur même des vertèbres. Celles-ci peuvent former une gaine simple autour de la notocorde ou être composées de plusieurs pièces séparées. Souvent, avons-nous déjà dit, elles rappellent par leur forme celles des Poissons et des grands Reptiles nageurs de l'époque secondaire, ce qui a conduit à des erreurs.

Les vertèbres portent des côtes, y compris souvent quelques vertèbres caudales. La ceinture scapulaire est remarquable; il y a sur la face pectorale trois larges pièces placées l'une contre l'autre, une médiane et deux latérales. Ce sont des plaques dermiques qui cachent le sternum et les clavicules. La plaque du milieu est un épisternum dont les plaques latérales sont les prolongements claviculaires. Cette formation correspond aux plaques sternales des Crocodiliens et à l'armure ventrale des Ganoïdes. Outre ces plaques, on trouve le plus souvent sur la face ventrale des écailles épineuses disposées en plusieurs rangées. En outre, le reste du corps est souvent aussi couvert d'écailles arrondies. Les plaques thoraciques ainsi que les plaques du crâne sont généralement sculptées et émaillées comme celles des Ganoïdes, d'où le nom de *Ganocéphales* donné à un grand nombre de Stégocéphales.

Les dents sont disposées un peu partout, sur les maxillaires, les palatins, le vomer, comme cela a lieu chez les Poissons, les Batraciens et beaucoup de Reptiles actuels.

(1) Vaillant, *Comptes rendus de l'Académie des sciences,* 1892.

Celles des maxillaires sont enfoncées dans des alvéoles (ex. : *Stereorachis*), ce qui rapproche des Crocodiles. Ces dents sont aiguës, coniques, et leur ivoire est parcouru par des sillons longitudinaux plus ou moins marqués. Les plis peuvent être très contournés au lieu d'être simples, ce qu'on ne voit pas à l'extérieur parce que le cément pénètre dans les interstices, mais sur une coupe transversale cette structure mé-

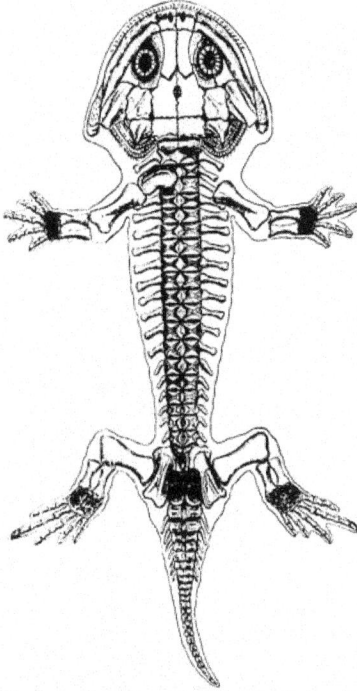

Fig. 244. — *Branchiosaurus*, agrandi (d'après Fritsch).

andriforme se constate très bien et a valu aux Stégocéphales qui la présentent le nom de *Labyrinthodontes*.

On connaît aujourd'hui un grand nombre de Stégocéphales provenant soit d'Europe, soit d'Amérique. M. Credner en Saxe, M. Fritsch en Bohême, ont particulièrement étendu nos connaissances sur ces animaux qui peuvent être divisés en plusieurs groupes.

Certains Stégocéphales rappellent par toute leur apparence les Salamandres. Ils n'atteignent

que 10 à 13 centimètres de longueur. La tête est large avec de grandes cavités orbitaires ; il y a de petites dents, les côtes sont faiblement développées. Tel est le *Branchiosaurus amblystomus*

Fig. 245. — *Protriton petrolei*, grandeur naturelle, vu sur le ventre. Permien de Millery, près d'Autun. Collection du Muséum (d'après M. Gaudry).

du Permien de Saxe (fig. 244). M. Credner a pu suivre tout le développement, depuis des larves longues de 30 millimètres jusqu'à l'animal adulte long de 12 centimètres. Chez la larve, qui

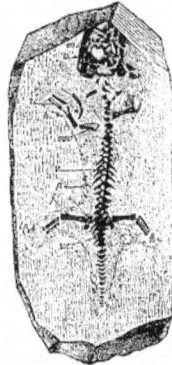

Fig. 246. — *Pleuronoura Pellati*, vu sur le dos, grandeur naturelle. — *o*, orbite ; *m*, mandibule ; *c*, clavicule ; *om*, omoplate ; *h*, humérus ; *rc*, radius et cubitus ; *v*, vertèbres avec leurs côtes bien visibles ; *rc*, vertèbres caudales avec côtes ; *i*, iliaque ; *f*, fémur ; *tp*, tibia et péroné. On voit autour du squelette une teinte plus foncée due sans doute au corps de l'animal. Permien de Millery, près d'Autun. Collection de M. Pellat (d'après M. Gaudry).

est le *B. gracilis*, il y a quatre paires d'arcs branchiaux. L'animal subissait des métamorphoses comme les Batraciens actuels et était complètement aquatique dans sa jeunesse.

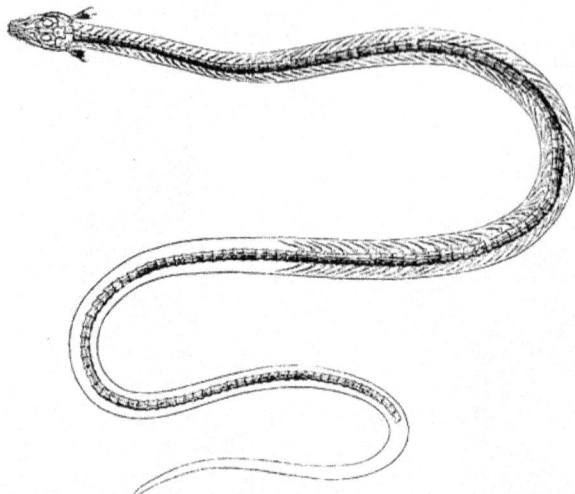

Fig. 247. — *Dolichosoma*, couches de Nürschan en Bohême (d'après Fritsch).

Plus tard il perdait ses branchies ; les arcs disparaissent quand il atteint 70 millimètres de longueur. L'adulte était couvert d'écailles ; la larve était nue.

M. Gaudry a trouvé dans le Permien d'Autun deux formes salamandroïdes qu'il a appelées *Protriton petrolei* (fig. 245) et *Pleuronoura Pellati* (fig. 246) (1). Les cavités orbitaires sont très grandes, les côtes sont très simples. La queue est plus courte que chez les Salamandres actuelles ; chez le *Pleuronoura* elle est un peu plus longue que chez le *Protriton ;* pour 51 millimètres il y a 46 vertèbres dont les premières portent des côtes. Le *Protriton* était nu et le *Pleuronoura* avait une peau plus consistante. Ces animaux ne sont autre chose que les formes larvaires des *Branchiosaurus* et doivent être probablement identifiés avec le *B. gracilis*, larve du *B. amblystomus*.

Les *Branchiosaurus* remontent aux couches de passage du Carbonifère et du Permien (ex. : *B. salamandroïdes* de Nürschan en Bohême. On a même trouvé dans les schistes du Dévonien supérieur de Modave en Belgique des restes qui ont été considérés comme appartenant à des *Branchiosaurus.*

Ce genre est souvent accompagné dans le

(1) Gaudry, *Enchaînements du monde animal : Fossiles primaires*, Paris, 1883, p. 253.

Carbonifère et le Permien de formes très voisines. Tel est le *Melanerpeton pulcherrimum.* Il y a des plaques thoraciques comme chez le *Branchiosaurus*, mais la plaque du milieu (épisternum) se prolonge par une sorte de pédoncule, ce qui n'a pas lieu dans le genre précédent. Ces formes sont réunies pour former le sous-ordre des *Branchiosauri* ou Urodéloïdés, précurseurs des véritables Salamandres. On y place également l'*Apateon* du Permien d'Allemagne, long de 35 millimètres, et qui est probablement une forme larvaire de *Melanerpeton* ou de *Branchiosaurus.*

A l'époque actuelle existent des Batraciens serpentiformes, les *Cécilies* ou *Gymnophiones*, qui sont dépourvus de membres. Ils ont dans l'épaisseur de la peau de petites écailles rondes avec une série de cercles concentriques, comme celles de certains Poissons. Parmi les Stégocéphales il en est qui rappellent les Cécilies par la longueur de leur corps et par la forme des vertèbres qui sont biconcaves. Tel est le *Dolichosoma longissimum* de Nürschan en Bohême (fig. 247). Il y a 150 vertèbres, les côtes sont rudimentaires, les membres manquent. Il en est de même de l'*Ophiderpeton* qui a, par contre, une armure écailleuse. Dans le *Discosaurus gracilis* de Saxe, les écailles sont identiques à celles des Cécilies actuelles. Certains de ces

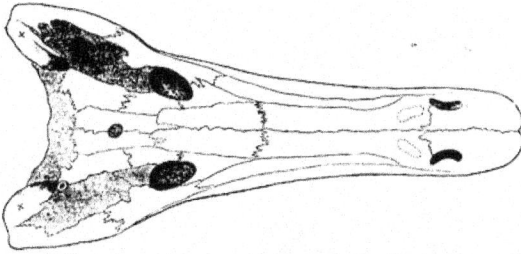

Fig. 248. — *Archegosaurus Decheni.* — Les os caractéristiques des Reptiles et qui manquent chez les autres Batraciens sont ombrés.

Stégocéphales serpentiformes devaient avoir une taille énorme si l'on en juge par les dimensions des vertèbres isolées qu'on a parfois trouvées. Ainsi le *Palæosiren* a des vertèbres semblables par leur forme à celles des *Dolichosoma*, mais beaucoup plus larges; on suppose qu'il devait avoir 15 mètres de longueur tandis que les Cécilies actuelles n'atteignent que 0ᵐ,75.

Beaucoup de Stégocéphales ont la forme de Lézards. Ils se distinguent les uns des autres par la structure des vertèbres plus ou moins bien ossifiées. Chez certains (*Rhachitomes* de Cope), le corps de la vertèbre se compose de plusieurs pièces distinctes : une au-dessous (*hypocentrum*), et deux autres (*pleurocentrum*) sur le côté. Chez les autres (*Embolomères* de Cope), le corps vertébral se compose de deux disques placés l'un derrière l'autre et entre lesquels se trouve un reste de la corde dorsale.

Parmi ces formes lacertines il faut citer l'*Hylonomus* trouvé dans le Carbonifère de la Nouvelle-Écosse et aussi en Europe dans le Permien. Les côtes sont grandes, les vertèbres bien ossifiées ; il y a des écailles. Les dents sont lisses, simples, avec une grande cavité pulpaire. L'animal devait respirer dans l'air et grimper sur les arbres. D'autres genres voisins sont l'*Urocordylus* et le *Keraterpeton* à queue très longue, composée parfois de quatre-vingts vertèbres.

Au groupe précédent se rattachent intimement les Labyrinthodontes caractérisés par la structure méandriforme de leurs dents. Mais il y a tous les intermédiaires depuis la dent lisse des genres précédents jusqu'à la dent vraiment labyrinthiforme. Chez beaucoup de genres les dents sont simplement sillonnées, les plis sont droits et une coupe transversale ne montre qu'une structure rayonnée. C'est ce qui a lieu

chez l'*Archegosaurus Decheni* du Permien de Lebach (fig. 248). La tête a tout à fait l'aspect de celle des Crocodiles avec ses orbites petites et ses narines terminales. Les dents sont nombreuses, pointues, à plis simples. Chaque vertèbre est composée de trois pièces (type rhachitome). L'armure ventrale est composée de petites écailles aciculées ; les membres sont tournés en arrière et devaient servir à la natation ; chez les jeunes animaux on trouve des traces d'arcs branchiaux, ce qui indique l'existence de métamorphoses. La longueur atteint 1 mètre et demi.

L'*Actinodon Frossardi* du Permien d'Autun a été étudié par M. Gaudry (fig. 249 et fig. 250). Le crâne est recouvert de plaques très nettes; il atteint une vingtaine de centimètres de longueur. Les condyles occipitaux sont concaves; ils étaient probablement complétés par une partie cartilagineuse convexe. Les corps des vertèbres sont composés de trois pièces comme chez le précédent. Les mâchoires et les palatins portent des dents pointues dont la coupe a une disposition étoilée ; sur le vomer se trouvent de petites dents en carde. Le ventre est couvert d'écailles ganoïdes beaucoup plus grandes que chez l'*Archegosaurus*. A côté des débris d'*Actinodon* on a trouvé des coprolithes indiquant par leur surface couverte de plis hélicoïdaux la présence d'une valvule spirale dans l'intestin, ce qui est une analogie avec les Poissons Ganoïdes.

L'*Euchirosaurus* du Permien d'Autun également a un crâne plus large que l'*Actinodon* ; il est aussi rhachitome. La neurépine a une forme particulière ; elle est dilatée transversalement en forme de plaque.

Chez les *Stereorachis* du même gisement, armé d'écailles épineuses, l'ossification des vertèbres est achevée ; le corps vertébral est composé d'une seule pièce et il est biconcave comme chez les Poissons ; les dents sont grandes et pointues avec des plis droits. Il se rapproche du genre carbonifère *Anthracosaurus*, et aussi du *Loxomma* du Carbonifère de Glascow et du *Macromerion* chez lesquels les plis sont irréguliers. Quant aux Labyrinthodontes typiques

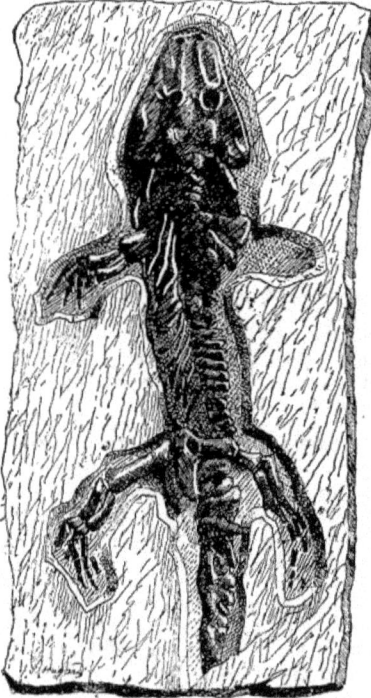

Fig. 249. — Squelette entier d'un *Actinodon Frossardi*, vu sur le dos, trouvé par M. Bayle aux Télots, près d'Autun. Coll. du Muséum de Paris, 1/6 grandeur naturelle (d'après M. Albert Gaudry).

à dents pourvues de plis méandriformes, ils se montrent dans tout leur développement dans le Trias où nous les retrouverons.

En résumé, les Stégocéphales appartiennent à la classe des Batraciens. C'est de ce groupe que sont dérivés les Batraciens actuels et aussi fort probablement les Reptiles. On trouve en effet des types de transition qui unissent les Reptiles aux Stégocéphales.

Les Reptiles les plus anciens sont les Rhynchocéphales du Permien, également développés dans le Trias. Ils présentent différents caractères les rapprochant des Stégocéphales. Ils

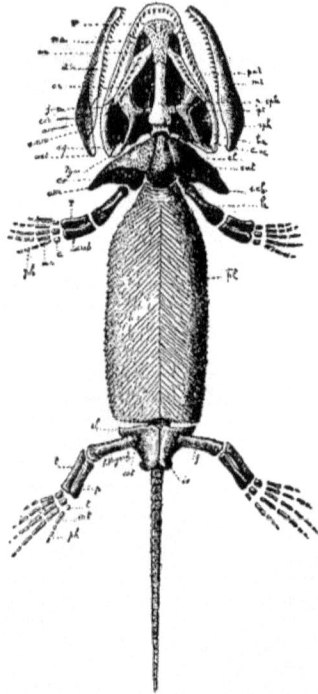

Fig. 250. — Essai de restauration du squelette d'*Actinodon Frossardi* supposé vu sur la face ventrale à 1/7 de grandeur (d'après M. Gaudry). — *im*, intermaxillaire ; *m*, maxillaire ; *v*, vomer ; *pal*, palatin ; *jug*,; jugal ; *pt*, ptérygoïde ; *sph*, sphénoïde ; *psph*, présphénoïde ; *ba*, basilaire ; *co*, condyle occipital ; *sq*, squameux ; *tym*, tympanique ; *ent*, entosternum ; *el*, épisternum ; *scl*, sus-claviculaire ; *om*, omoplate ; *co*, coracoïde ; *h*, humérus ; *r*, radius ; *cub*, cubitus ; *c*, os du carpe ; *mc*, métacarpiens ; *ph*, phalanges ; *pl*, plastron formé d'écailles ganoïdes pointues ; *il*, ilion ; *cot*, cavité cotyloïde ; *is*, ischion ; *f*, fémur ; *t*, tibia ; *p*, péroné ; *t'*, os du tarse ; *mt*, métatarsiens.
Les mandibules *mi* sont dessinées à part : *a*, dentaire ; *an*, angulaire ; *sau*, sus-angulaire ; *cor*, coronoïde ; *art*, articulaire.

ont des vertèbres biconcaves, les arcs neuraux sont libres, en outre ces vertèbres ont leur corps formé de pièces distinctes (deux pleurocentrum sur les côtés et intercentrum ou hypo centrum à la partie inférieure). L'intercentrum pénètre entre deux vertèbres successives et porte les côtes. Cette disposition rappelle ce qui se trouve chez les Stégocéphales rhachitomes. Il y a un foramen pariétal comme chez ces derniers et aussi un épisternum en forme de T bien développé. Une particularité qui n'existe pas chez les Stégocéphales, mais que nous trouverons chez beaucoup de Reptiles primitifs, est une perforation de l'humérus analogue à celle qui existe chez les Mammifères.

Les Rhynchocéphales sont représentés pendant la période permienne par plusieurs genres comme les genres *Palæohatteria* et *Proterosaurus*. Chez ces animaux il y a des dents non seulement sur les mâchoires, mais aussi sur les palatins et le vomer. Celles de *Palæohatteria* sont acrodontes, c'est-à-dire fixées sur le bord de l'os et soudées avec lui ; celles de *Proterosaurus* ont des alvéoles. M. Credner a spécialement étudié ces Reptiles. Récemment il a décrit le squelette d'un animal du même groupe, le *Kadaliosaurus priscus*. Il se rapproche du *Palæohatteria* ; il en diffère cependant par ses os pleins sans cavité médullaire, ses épiphyses ossifiées et non plus cartilagineuses, ses membres plus effilés, son humérus percé d'un trou épicondylien et non plus épitrochléen comme chez le *Palæohatteria*. Les côtes sont aussi plus fortes et plus recourbées. Les Rhynchocéphales se sont conservés à travers tous les temps secondaires, tertiaires et existent encore, bien que très réduits, à l'époque actuelle. En effet ils sont représentés aujourd'hui par le genre *Hatteria* ou *Sphenodon* de la Nouvelle-Zélande, très voisin de *Palæohatteria* et qui contient des Lézards de 60 centimètres de longueur.

Les Rynchocéphales descendent vraisemblablement des Stégocéphales dont il est souvent difficile de les distinguer. La présence d'un condyle occipital unique chez les Reptiles et d'un double condyle chez les Stégocéphales, ne constitue pas une difficulté à opposer à cette filiation ; en effet les jeunes *Hatteria* et les Chéloniens ont aussi deux condyles externes formés par les occipitaux latéraux, outre le condyle médian formé par l'occipital basilaire. Les Rhynchocéphales constituent la souche principale sinon unique des Reptiles, et il faut y chercher en particulier les formes primitives des Sauriens.

En résumé, la faune permienne est pauvre en genres et en individus, mais elle présente cependant un grand intérêt. Cette période en effet a vu se produire l'extinction définitive des Trilobites, l'apparition des véritables Ammonites et celle des vrais Reptiles. Elle sert de trait d'union entre les temps primaires et les temps secondaires, ce qui met en évidence une fois de plus l'évolution graduelle des organismes.

LA FLORE PERMIENNE.

La flore permienne présente les mêmes caractères de transition. Dans les couches inférieures, on trouve encore des formes carbonifères, mais leur nombre est restreint. On y voit les derniers représentants des Calamites, des Lépidodendrons, des Sigillaires ; les genres *Annularia* et *Sphenophyllum* sont aussi en pleine décroissance. Parmi les espèces caractéristiques du Permien se trouve le *Calamites gigas*, ainsi désigné par Brongniart, mais qui est en réalité un *Calamodendron*. Les *Pecopteris* disparaissent, tandis que les *Callipteris* et les *Neuropteris* se multiplient.

Un genre de Conifères caractéristique de la flore permienne est le genre *Walchia*, dont l'espèce la plus répandue est *W. piniformis* (fig. 251). Ces arbres ont le port des *Araucaria* actuels, avec leurs branches latérales distantes disposées sur deux rangs ; les feuilles sont linéaires et pointues, souvent recourbées. On ne connaît pas encore complètement les fleurs, mais on peut cependant rapprocher ce genre

Fig. 251. — *Walchia piniformis.*

de certains Conifères jurassiques comme *Brachyphyllum.*

Un autre genre permien est le genre *Ullmannia* qui rappelle les *Pagiophyllum* de la période secondaire. Ce genre se rapproche

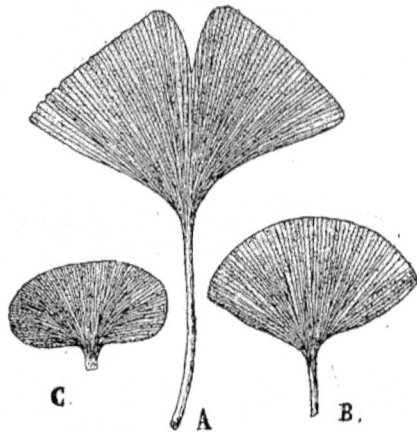

Fig. 252. — Feuilles de Salisburiées diverses : A, *Ginkgo biloba* du Japon, actuel ; B, *Ginkgo (Salisburia) antarctica* du Jurassique d'Australie ; C, *Gingko (Salisburia) martenensis* du Permien (Martenet, près Toulon-sur-Arroux).

aussi des *Araucaria* actuels. On n'en connaît que les rameaux. Les principales espèces sont *U. frumentaria* à feuilles larges à la base, et *U. selaginoides* à feuilles lancéolées.

A l'époque actuelle, on trouve en Chine et au Japon des Conifères à feuilles larges en forme d'éventails. Ils constituent la famille des Salisburiées, ne comprenant aujourd'hui qu'un seul genre, le genre *Ginkgo* et une seule espèce (*G. biloba*.) (fig. 252). Ce genre a présenté un maximum de développement dans les terrains secondaires. Il a débuté dans le Permien avec *G. primigenia*. Plusieurs types, également permiens, s'y rattachent étroitement ; ainsi le genre *Ginkgophyllum* (*G. Grasseti*) et le genre *Baiera* (fig. 253) qui se continue dans le Jurassique et le Crétacé. Comme le dit M. de Saporta (1) : « Le Permien, comme toutes les périodes de transition, présente à certains égards une ambiguïté de caractères jointe à une indigence de particularités réellement distinctives, qui est de nature à accroître les difficultés de l'étude ; mais cette ambiguïté même n'est pas sans attrait ; il semble qu'on suive les oscillations graduelles

d'une végétation qui se transforme et se dis-

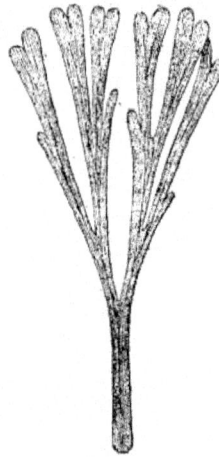

Fig. 253. — *Baiera Raymondi*.

pose insensiblement à changer de direction. »

LE PERMIEN D'ALLEMAGNE ET DE BOHÊME.

Le Permien doit son nom, comme nous l'a-

(1) De Saporta, *Le monde des plantes avant l'apparition de l'homme*, Paris, 1879, p. 185.

vons dit, à ce qu'il est bien développé dans le gouvernement de Perm en Russie, mais il a été reconnu depuis que les assises stratifiées de ce

gouvernement n'appartiennent que partiellement à cette formation, le reste est du Trias.
On a supposé longtemps aussi que partout le
Permien pouvait être divisé en deux étages,
comme il est possible de le faire en Thuringe
et en Saxe. Cette division, qui lui a valu souvent
le nom de *Dyas*, comporte dans certaines régions de l'Allemagne, à la base des grès rouges
et au sommet un étage marin, le *zechstein*. Mais
les recherches les plus récentes ont montré
qu'il fallait diviser en réalité le Permien en
trois étages.

Le Permien inférieur se présente en Bohême
avec un faciès exclusivement continental. Il est
en concordance sur le Houiller et l'on y remarque des transitions évidentes avec ce dernier
étage. C'est un ensemble de couches de grès
et de schistes avec dépôts productifs de houille.
A la base se montre la série de Nürschan, qui
présente une association singulière de la flore
carbonifère avec la faune permienne. C'est là
que M. Fritsch a trouvé un grand nombre de
Stégocéphales (fig. 254). Au-dessus se montre
la série de Rakonitz, également avec animaux
permiens; elle est surmontée par des grès
rouges avec flore permienne.

Le même faciès du Permien inférieur se voit
dans le bassin de Saarbrück, présentant de
nombreuses couches de passage entre le Houiller
et le Permien. Au-dessus des couches de houille
avec flore analogue à celle du bassin franco-
belge, il y a les *couches dites d'Ottweiler*, correspondant à la flore de Saint-Étienne. Elles sont
surmontées des *couches de Cusel* où il y a un mélange de formes houillères et de formes permiennes comme *Walchia piniformis*, *Callipteris
conferta* et *Calamites gigas*. Ces couches de
Cusel forment donc la base du Permien. Elles
sont couvertes par les *couches de Lebach* où il
y a une faune permienne bien caractérisée :
Acanthodes, *Palæoniscus*, *Branchiosaurus*, *Archegosaurus*, etc. Les fossiles sont contenus
surtout dans des rognons de fer carbonaté.

Dans le Harz et en divers points de la Saxe,
on voit reposer directement sur le Silurien des
schistes à conglomérats contenant des Poissons
et des Stégocéphales permiens.

Ainsi, dans toutes ces régions, au commencement de la période permienne, se sont produites des formations analogues aux formations
houillères; il y a eu comblement de bassins
lacustres par les apports des cours d'eau.
Ensuite s'est produite une puissante série de
grès, ce qui constitue le Permien moyen. Ce

n'est autre chose qu'une formation d'eau douce
ou tout au plus saumâtre, analogue au vieux
grès rouge dévonien.

Le Permien moyen se montre avec toute son
importance dans la Thuringe et le Mansfeld. Il
y atteint 4 à 500 mètres d'épaisseur. Il se compose de grès rouges (*Rothliegende*) qui deviennent plus schisteux et grisâtres à leur partie
supérieure. Cette partie supérieure porte le
nom de *Weissliegende*. On trouve 60 espèces de
végétaux, surtout dans le haut de la formation.
Les plus caractéristiques sont *Walchia piniformis* et *Callipteris conferta*. Comme animaux
se trouvent des Mollusques d'eau douce, des
Poissons, des Stégocéphales et des Reptiles,
bien étudiés surtout par M. Credner. L'époque
des grès rouges a été marquée par des éruptions très importantes de porphyres et de mélaphyres. On trouve souvent des coulées et
des tufs de roches de ce genre au milieu des
grès à flore permienne. Les conglomérats très
nombreux à la base des grès rouges renferment
aussi des galets de porphyre. Il existe également dans les grès rouges de Thuringe et
d'Angleterre de gros blocs anguleux, parfois
striés et que bien des géologues rapportent à
des phénomènes glaciaires. Nous avons déjà
mentionné la présence de pareils blocs dans le
Carbonifère des Indes (couches de Talchir),
d'Australie (couches d'Hawksbury), et de l'Afrique australe (couches d'Ecca). Il y aurait eu
d'après cela, depuis le milieu du Carbonifère
jusqu'à la fin des temps paléozoïques, des changements climatériques qui auraient affecté
successivement les diverses régions, et il faudrait sans doute attribuer à cette période de
température plus basse le changement de la
flore. Mais on a élevé des objections contre
l'hypothèse de phénomènes glaciaires dans les
temps primaires, et ces gros blocs permiens ont
été probablement transportés par les eaux;
les courants devaient être particulièrement
puissants à l'époque des grès rouges, si l'on en
juge par la grande extension de cette formation
dans l'Europe centrale et septentrionale. Quant
aux stries observées sur ces blocs, elles ont pu
être produites par des glissements qui ont
suivi le dépôt. En résumé, l'origine de ces
blocs demande, pour être élucidée, de nouvelles
recherches.

Le Permien supérieur débute par des schistes bitumineux très étendus dans le Mansfeld et
qui contiennent beaucoup de minerai de cuivre;
de là leur nom de *Kupfer-Schiefer*. 100 parties

Fig. ... — Stégocéphales permiens de la Bohême (d'après M. Fritsch. — 1, *Branchiosaurus*; 2, *Melanerpeton* ...; 4, *Ophiderpeton*; 5, *Dasynotylus*; 6, *Keraterpeton*; 7, *Limnerpeton*; 8, *Hylophesion*; 9, *Seeleya*; 10, *Ewaretion*; 11, *Orthocosta*; 12, *Macrodontion*).

de schiste donnent 3 parties de cuivre, et 100 parties de cuivre environ donnent 1 partie d'argent. Il y a aussi du cobalt et du cinabre. Ces schistes n'atteignent que 60 centimètres d'épaisseur, et la couche métallifère ne se trouve qu'à la base. Il y a dans le *Kupfer-Schiefer*, de nombreux Poissons, entre autres des *Palæoniscus*, des *Platysomus*, des *Amblypterus*. On a quelquefois attribué l'abondance de ces Poissons ... aux émanations métallifères qui auraient apporté les chlorures de cuivre et d'argent; ces animaux peut-être auraient été très subitement par des émanations d'acide sulfhydrique. Mais ... il vraisemblablement, admettre avec M. Daubrée que les schistes se sont déposés dans d'... eaux peu profondes, dont le degré de salure augmentait progressivement par la suite de l'évaporation de l'eau. La salure s'accroissant, toute vie animale est devenue impossible, et l'évaporation progressive a déterminé ... la précipitation des sels de cuivre et d'argent, qui seraient toujours en proportions très faibles dans les eaux de la mer[1]. D'ailleurs, ... rencontre, dans les schistes cuivreux, ... du sel gemme, chlorures et sulfates ... dépôts produits par l'évaporation de la mer ...

[1] La Terre, les Mers et les Continents, p. 31.

Le Kupfer-Schiefer du Mansfeld est surmonté par des marnes bleues. Au-dessus vient un calcaire marin, le *Zechstein*, contenant une faune très pauvre (*Productus horridus*, *Strophalosia Goldfussi*, etc.). La mer du Zechstein a été, d'ailleurs, peu profonde et soumise à l'évaporation après un intervalle de temps relativement court. En effet, on trouve, à la partie supérieure du calcaire, des couches dolomitiques et des argiles contenant de puissants amas de gypse et de sel gemme. Le principal de ces gisements est celui de Stassfurt. Le sel gemme est mélangé de différents autres sels servant à la fabrication de la potasse, du salpêtre, de l'alun, etc. ... Ce gisement de Stassfurt présente des dépôts de 200 mètres d'épaisseur. La même assise se retrouve à Sperenberg, au sud de Berlin, où on l'a suivie jusqu'à 1.200 mètres de profondeur. Si on le considère dans son ensemble, le gisement de Stassfurt fournit le succès ... complet des dépôts salins abandonnés par les eaux des mers modernes; l'ordre relatif de succession est le même. Le principaux sels contenus dans les trois couches supérieures: sulfates de potasse, de magnésie, chlorure double de potassium et de magnésium se produisent dans l'ordre où ils se produisent actuellement dans l'évaporation de l'eau

[1] La Terre, les Mers et les Continents, p. 310.

de mer. On trouve dans ces mêmes couches le borate de soude qui, ainsi que l'a montré M. Dieulafait, existe normalement avec les sels déliquescents dans les dernières eaux-mères des marais salants du midi de la France. L'origine marine du gisement de Stassfurt n'est donc pas contestable. Mais de ce qui précède il faut aussi tirer cette conclusion, que la mer du Zechstein est arrivée, à la fin de la période, à un état d'évaporation complet, et que les eaux se sont alors retirées complètement du centre de l'Allemagne.

LE PERMIEN DE FRANCE ET D'ANGLETERRE, ETC.

On retrouve le Permien dans la forêt Noire et dans les Vosges, qui ne forment avec elle qu'un seul et même massif. Dans la région vosgienne (1), le Permien a comblé les inégalités du terrain ; il remplit des cuvettes dont le fond peut être indifféremment les gneiss, les schistes du culm ou les schistes houillers. Il consiste en un grès rouge avec nombreux conglomérats empruntés à des porphyres. En effet, de grandes éruptions ont eu lieu dans les Vosges pendant la période permienne. On trouve de grandes coulées de porphyres pétrosiliceux, ainsi à la cascade de Nideck où la roche forme de grandes colonnades prismatiques. Les éruptions ont fourni des tufs argileux, les *argilolites*, traversées par des filons pétrosiliceux. Au val d'Ajol, ces argilolites, dont la couleur varie du bleu au rouge et au blanc, contiennent des troncs silicifiés de Fougères et de *Walchia*.

La montagne de la Serre, qui relie les Vosges au Morvan, présente aussi des grès rouges et des argiles avec flore permienne.

Dans le Plateau Central, on retrouve le Permien inférieur (l'*Autunien* de M. Hébert) avec le faciès continental de la Bohême et de diverses localités d'Allemagne. Aux environs d'Autun, on trouve des schistes bitumineux atteignant 1,200 mètres de puissance ; ils sont exploités pour la fabrication du pétrole. Leur faune est exclusivement permienne et comprend des Poissons et des Batraciens (*Protriton petrolei, Pleuronoura*). M. Gaudry a décrit avec soin ces animaux. Au point de vue de la flore, les schistes d'Autun se divisent, d'après M. Grand d'Eury, en plusieurs horizons. L'horizon inférieur (*schistes d'Igornay*) présente une flore presque exclusivement houillère (*Cordaïtes, Calamodendron*) ; l'horizon moyen (*schistes de Muse*) contient encore des plantes houillères (*Odontopteris, Pecopteris*), mais déjà la flore prend des caractères permiens (*Callipteris conferta, Walchia piniformis*) ; enfin, dans l'horizon supérieur (*schistes de Millery*), la flore est

purement permienne. Au-dessus apparaissent les grès rouges du Permien moyen, qui se prolongent dans les bassins de Blanzy et du Creusot, où ils recouvrent le Houiller. A Commentry, ces mêmes grès sont accompagnés de porphyres pétrosiliceux et de tufs. Dans la Corrèze, aux environs de Brives, les grès se montrent entremêlés d'argiles rouges ; ils contiennent d'assez nombreuses empreintes végétales.

Le Permien remplit dans l'Hérault un bassin creusé dans les dolomies dévoniennes. A Lodève on voit des schistes rouges avec conglomérats, puis des grès fins et des ardoises ; celles-ci contiennent des *Walchia* et des Fougères. Au-dessus se montrent des schistes bitumineux renfermant des Poissons.

Il faut signaler aussi le Permien dans le massif des Maures et de l'Esterel, sur le littoral de la Provence. Ainsi dans le bassin de Saint-Nazaire, aux environs de Toulon, il y a sur le Houiller des grès rouges permiens. Aux environs de Fréjus on peut voir des schistes avec *Callipteris* et *Walchia*, puis des grès rouges. Dans ce massif la période permienne a été marquée par des phénomènes éruptifs comme dans les Vosges. Elles ont donné lieu à des porphyres et autres roches dont beaucoup sont vitreuses.

Il y a aussi du Permien dans la région pyrénéenne, représenté par des schistes rouges et jaunes, ainsi à la montagne de la Rhune.

On trouve un lambeau permien dans le Calvados, à Littry, sur la houille. C'est un grès rouge avec un calcaire magnésien et des schistes bitumineux qui correspondent à ceux des environs d'Autun.

Dans les Alpes septentrionales le Permien n'existe pas, mais dans les Alpes occidentales il faut lui rapporter un conglomérat rouge alternant avec des schistes et contenant souvent des cailloux de prophyres. Ces roches sont connues en Lombardie et en Vénétie sous les noms locaux de *Verrucano* et de *Servino*. M. Suess a trouvé dans le Verrucano du val Trompia des plantes permiennes comme *Wal-*

(1) Vélain, *Le Permien dans la région des Vosges* (*Bull. Soc. géol. de France*, 3ᵉ série, t. XIII, 1885).

chia piniformis. Il y a aussi à Botzen, dans le sud du Tyrol, des épanchements porphyriques intercalés dans le Permien. Les grès de Gröden, qui surmontent ces porphyres, contiennent une flore permienne, ce qui ne permet pas, comme on le faisait d'abord, de les rapporter au Trias. On trouve au-dessus d'eux un calcaire marin, le calcaire à Bellerophons qui, outre des Gastéropodes, contient des Spirifers, des Productus et même une Fusuline. Il rappelle le Zechstein. On doit sans doute le regarder comme la partie supérieure du Permien, mais il s'est formé dans un océan largement ouvert, c'est-à-dire dans de toutes autres conditions que le Zechstein d'Allemagne.

Dans d'autres contrées de la région alpine et du sud de l'Europe il y a du Permien mais très pauvre en fossiles, et seulement en Sicile nous trouvons des Ammonites permiennes indiquant pour le Permien inférieur un facies marin analogue à celui que nous verrons dans l'Oural.

En Angleterre le Permien existe avec les caractères qu'il présente dans l'Allemagne centrale. On peut l'étudier dans le centre et dans l'est, notamment dans le Staffordshire, le Warwickshire, le Worcestershire, le Yorkshire, le comté de Durham. Comme en Allemagne, il débute par des grès rouges entremêlés de marnes et de conglomérats. Pour les distinguer du vieux grès rouge dévonien d'une part, et des grès rouges triasiques d'autre part qui viennent plus haut, les Anglais désignent les grès permiens sous le nom de nouveau grès rouge inférieur (*lower new red sandstone*).

On y trouve des empreintes végétales, quelques restes de Labyrinthodontes et de vrais Reptiles (*Proterosaurus Huxleyi*). Il y a, comme dans la région allemande, des blocs anguleux polis et finement striés, que Ramsay a considérés comme étant d'origine glaciaire. Mais il est plus vraisemblable d'attribuer ces apparences à des courants rapides et à des phénomènes de compression latérale, laquelle produit souvent sur les surfaces un poli et une striation qui simulent ceux qui résultent de l'action glaciaire. Le grès rouge anglais peut atteindre 500 mètres d'épaisseur.

Au-dessus, avec une épaisseur de 200 mètres environ, se présentent des calcaires magnésiens de couleur claire (*magnesian limestone*), mélangés de marnes rouges. Ces calcaires peuvent être cristallins et compacts, ou au contraire de structure celluleuse. Parfois le carbonate de chaux se sépare sous forme de masses concrétionnées, laissant un sable magnésien. Le calcaire dolomitique est surtout fossilifère dans le Durham. Il contient les fossiles du Zechstein allemand, *Productus horridus*, *Strophalosia Goldfussi*, *Terebratula elongata* et aussi des *Schizodus*. Toutes ces coquilles sont généralement de petite taille et indiquent une mer peu propre à la vie. Ainsi la Thuringe et l'Angleterre étaient couvertes pendant la période permienne d'eaux peu profondes et soumises à une forte évaporation, comme le montrent les dépôts de gypse qui, de même qu'en Thuringe, se trouvent en Angleterre dans les marnes associées au calcaire.

FACIES PÉLAGIQUE DU PERMIEN.

En Bohême, en Allemagne, dans l'Autunois, nous n'avons vu qu'un facies littoral du Permien inférieur, mais dans l'Europe orientale, en Asie, dans diverses autres régions du globe, on peut étudier le facies marin de cet étage. Déjà M. de Verneuil avait trouvé à Artinsk, au pied de l'Oural, un grès singulier rappelant à la fois par ses fossiles le Carbonifère et le Trias. Il renferme des Productus, des Spirifers, des Fusulines, et d'autre part des Ammonitidés. On retrouve, comme l'ont montré les géologues russes, entre autres Stuckenberg, des couches de passage analogues dans le nord de la Russie, dans la région de la Petchora et au Spitzberg, où il y a un remarquable mélange de Productus carbonifères et de Productus permiens. D'autre part,

l'étage d'Artinsk a sa place bien marquée. Il recouvre le calcaire à Fusulines, facies marin du Houiller, et sur le versant occidental de l'Oural il est lui-même recouvert par des couches à végétaux dont la flore a des affinités avec celle du grès rouge, c'est-à-dire du Permien moyen. L'étage d'Artinsk est donc un facies marin de la partie inférieure du Permien. Alors que l'Europe centrale était émergée ou tout au plus occupée par des bassins peu profonds d'eau saumâtre, la Russie était couverte par une mer largement ouverte, comme le montre la présence des Ammonitidés, car les Céphalopodes sont des animaux éminemment pélagiques.

L'étage d'Artinsk, appelé parfois aussi *Premo-*

Carbonifère, à cause de ses caractères de transition, a été étudié avec soin par M. Karpinsky (1). Les Céphalopodes des grès d'Artinsk sont des plus intéressants, car ce sont les premières Ammonites. Il y a en particulier le genre *Medlicottia* qui, ainsi que d'autres encore, indique d'une manière évidente les rapports de filiation qui unissent les Goniatites paléozoïques aux Ammonites mésozoïques.

L'étage d'Artinsk occupe dans la Russie orientale une bande de plus de 100 kilomètres de large, il s'étend depuis les steppes des Kirghisses sur le versant occidental de l'Oural jusqu'à la mer Blanche.

La mer du Permien inférieur s'étendait fort loin dans la région méditerranéenne. Elle se trouvait en Bulgarie, elle gagnait la Sicile où se montre un calcaire très épais contenant soixante-cinq espèces d'Ammonites réparties dans dix-huit genres. Il y a là des espèces de l'Oural (*Medlicottia Orbignyana*), d'autres espèces ayant de grandes affinités avec celles de Russie, ainsi l'*Agathiceras Suessi* très voisine de l'*A. uralicum*, mais en outre il y a de nombreuses espèces inconnues dans l'Oural (genres *Cyclolobus* et *Hyattoceras*). La mer du Permien inférieur a laissé aussi des traces en Arménie où les calcaires de Djoulfa ont fourni un remarquable mélange de formes carbonifères et permiennes avec des Ammonites ; le *Gastrioceras Abichianum* de Djoulfa rappelle les espèces d'Artinsk. Dans le Turkestan, à Darwas, on retrouve encore la faune de l'Oural ; elle existe peut-être en Perse.

Dans le Salt-Range de l'Inde se trouvent des calcaires marins à Productus où des formes carbonifères (*Productus longispinus*) sont associées à des formes permiennes (*Strophalosia Morrisi*). Ce calcaire à Productus est très riche en Ammonites appartenant aux genres *Cyclolobus*, *Xenodiscus*, *Medlicottia*. Il répond au calcaire de Djoulfa.

Le faciès marin du Permien inférieur existe aussi en Australie, dans le nord du Queensland. Il existe également en Amérique, car au Texas on a trouvé des couches marines renfermant, entre autres fossiles, une Ammonite (*Popanoceras Parkeri*) très voisine d'une forme d'Artinsk. Mais le faciès littoral du Permien inférieur se montre aussi aux États-Unis en concordance sur le Houiller. Dans l'Illinois et la région des

Appalaches le Permien consiste en marnes et en conglomérats avec une flore contenant *Callipteris conferta* d'Europe, mais aussi beaucoup d'espèces spéciales. Le Permien d'Amérique a fourni à MM. Cope et Marsh 16 espèces de Poissons, 7 de Stégocéphales et 28 de vrais Reptiles. Dans les Montagnes Rocheuses, il y a des couches marines avec Brachiopodes carbonifères et fossiles du Zechstein d'Europe.

Nous pouvons maintenant résumer les phénomènes qui se sont produits pendant la période permienne. A la fin du Carbonifère il y eut pour l'Europe un régime continental ; les mers reculèrent vers l'est et vers le sud, déposant dans ces régions le calcaire à Fusulines. Cette phase négative se continua pendant la première partie du Permien pour l'Europe centrale. Pendant le Permien moyen se déposa sur une vaste étendue le grès rouge, le Rothliegende des Allemands, mais le régime marin persista pour la Russie, la région méditerranéenne et l'Asie. Le Rothliegende se montre en transgression sur les terrains anciens dans une partie de la Russie, l'Europe centrale et même quelques parties du sud des Alpes. Il y eut ensuite une phase positive correspondant au Zechstein. Mais elle fut peu marquée. La mer s'étendit de la Russie à travers l'Allemagne, atteignant l'Angleterre. Le Zechstein forme une récurrence particulière à l'Europe centrale et à une partie de l'Europe septentrionale (1). Partout il suit le Rothliegende, nulle part il ne le dépasse. Il s'est déposé dans une mer peu profonde soumise à l'évaporation, comme le montrent les gisements de gypse et de sel qui s'y trouvent ; cette mer a disparu bientôt par assèchement, de sorte qu'à la fin des temps primaires il y a une régression remarquable des eaux marines pour l'Europe centrale et septentrionale.

Si nous jetons un coup d'œil général sur les temps paléozoïques, nous constatons une succession de phases positives et négatives, une émersion à la fin du Silurien, une transgression étendue pendant le Dévonien moyen et supérieur, puis, après une phase négative caractérisée par une série d'oscillations de la ligne de rivage, se manifeste une transgression encore plus marquée, celle du calcaire carbonifère. Une nouvelle phase négative se produit, suivie d'une nouvelle transgression moins considérable que la précédente, c'est celle du calcaire

(1) Voir une analyse du mémoire original publiée par M. Bergeron dans l'*Annuaire géologique universel*, t. VI, 1889, p. 161.

(1) Suess, *Das Antlitz der Erde*, II, p. 313.

à Fusulines. La période permienne est caractérisée par une phase positive encore moins marquée, celle du Zechstein, suivie d'un assèchement.

Il faut aussi retenir le fait de l'existence pendant les temps primaires, sur l'emplacement actuel de l'océan Indien, d'un vaste continent qui ne s'est détruit que plus tard, tandis que sur l'emplacement même de notre Océan Atlantique septentrional se trouvait aussi une terre dont le Groënland est un reste. La destruction de ces continents a dû faire naître, comme le dit M. Suess, des mouvements négatifs généraux : le niveau des mers a dû baisser sur tout le globe, et certaines régions ont été ainsi mises à sec. Il faut remarquer aussi que le régime des terres et des mers n'a pas été le même pendant les temps primaires dans les régions septentrionales d'une part, et les régions orientales et méridionales d'autre part. Déjà l'extension des études géologiques a permis de reconnaître l'existence de trois faunes qui sont étrangères au nord de l'Europe ; elles correspondent à l'étage hercynien, au calcaire à Fusulines et à l'étage d'Artinsk et de Djoulfa, qui sont respectivement les représentants pélagiques du Dévonien inférieur, du Houiller et du Permien inférieur.

LES ÉRUPTIONS DE L'ÈRE PRIMAIRE.

Pendant l'ère primaire se sont produites de nombreuses éruptions qui ont fourni toutes les catégories de roches, des roches acides comme les granites, des roches basiques comme les diorites, les diabases, des roches neutres comme les syénites, les porphyrites (1). Pour bien faire comprendre la succession de ces roches, il est nécessaire de rappeler ici les idées nouvelles introduites récemment en Pétrographie par M. Rosenbuch. D'après lui toutes les roches éruptives proviennent d'un magma initial plus ou moins profond, mais toutes ne sont pas arrivées à la surface. Certaines sont restées au-dessous du sol ; elles ont été soumises à une pression énergique et à un refroidissement lent, il s'est formé ainsi de grands cristaux et la roche s'est entièrement cristallisée. C'est ce qui a lieu pour les granites. Si nous les voyons aujourd'hui à la surface, il faut attribuer ce fait à l'érosion grâce à laquelle ont disparu les roches sédimentaires qui recouvraient la roche éruptive.

Dans d'autres cas la roche s'est formée dans un filon ; le magma a été en mouvement et la pression des parois encaissantes a gêné la production des cristaux, qui sont petits et brisés ; la structure de la roche est à grain fin. C'est ce qui a lieu pour les microgranites, les kersantites, etc. Enfin, pour que la roche arrive à la surface, il faut qu'elle soit encore en partie liquide ; le reste du magma cristallise en microlithes alignés à cause du mouvement. Exemples : les porphyres quartzifères, les porphyres pétrosiliceux, les pechsteins. Ainsi de même magma peut donner suivant les cir-

(1) Voir sur la composition des roches, *la Terre, les Mers et les Continents*, p. 383 et suivantes.

constances une roche profonde, une roche de filons ou une roche d'épanchement. Les trois catégories de roches se sont produites aux différentes époques géologiques. Les roches d'épanchement, comme les porphyrites, les porphyres pétrosiliceux, sont certainement venues au jour par des appareils analogues à nos volcans, car elles sont accompagnées de tufs de projection comme les laves actuelles.

La période cambrienne présente en Bretagne et dans le Cotentin des roches de profondeur comme le *granite* proprement dit et le *granite à amphibole*, et des roches d'épanchement accompagnées de brèche et de tufs de projection comme des *porphyrites* et des *porphyres pétrosiliceux*. On constate en bien des points des exemples de métamorphisme ; ainsi dans le Cotentin le granite, appelé granite de Vire, a injecté les schistes encaissants.

Le Silurien de la baie de Douarnenez en Bretagne présente les intercalations de *diabases* accompagnées de tufs. Il en est de même en Bohême pour les schistes à Graptolithes, et dans le pays de Galles où l'on trouve intercalés dans le Silurien moyen des *porphyrites* avec tufs.

Les éruptions dévoniennes et carbonifères ont été particulièrement importantes. On peut leur attribuer en Bretagne les *diabases* du Menez-Hom et des Montagnes-Noires, les *diorites* qui dans la même région forment des filons minces, et la roche appelée *Kersanton*, qui constitue autour de la rade de Brest de nombreux petits filons postérieurs aux schistes carbonifères de Châteaulin. Le *porphyre quartzifère* forme de nombreux filons. Il a dû commencer ses éruptions après le Dévonien et se continuer pendant tout le Carbonifère inférieur, car on en trouve des galets remaniés à la base du Carbonifère et des filons dans le Culm et les granites préhouillers (1).

On regardait autrefois les roches granitiques comme les plus anciennes roches éruptives; on les regardait comme huroniennes ou tout au moins siluriennes. Mais il est établi maintenant que les granites se sont produits aussi dans le Carbonifère. En Bretagne beaucoup de schistes siluriens sont métamorphisés par le granite. Tels sont ceux des Salles de Rohan en Bretagne, où l'on trouve de grands cristaux de macle à côté de Trilobites bien conservés. Tels sont les schistes du Carbonifère inférieur de Carhaix. M. Barrois a montré que leur métamorphisme est dû à l'action d'un granite très remarquable par la grande dimension de ses cristaux de fedspath, le granite porphyroïde de Rostrenen. Le granite du Huelgoat est aussi carbonifère ; l'érosion de cette roche a donné naissance dans cette localité à des blocs de formes variées. Les granites à deux micas, ou granulites, avec tourmaline et grenat, qui s'observent à Quimper, à Morlaix, etc., sont aussi carbonifères et postérieurs aux précédents.

Dans le Limousin et le Plateau Central de la France on trouve beaucoup de *pegmatites* et de *granulites*, généralement d'âge dévonien ou anthracifère. Dans le Morvan M. Michel Lévy a étudié dans les schistes du Culm des tufs porphyriques associés à des coulées de *porphyrites* et d'*orthophyres*. Ces tufs sont analogues aux produits des volcans modernes. Des éruptions semblables ont eu lieu à la même époque dans les Vosges, où la grauwacke de Thann présente des brèches à fragments de porphyrites.

Dans le Houiller apparaissent les *porphyres à quartz globulaire* et des roches de couleur vert foncé, compactes, connues sous le nom de *trapps*. Ce sont des porphyrites micacées ou des mélaphyres préludant aux mélaphyres permiens. Ces roches sont accompagnées de tufs. Elles ont été rejetées certainement par des appareils volcaniques. Leur âge n'est pas douteux, car on les voit traverser le Culm ; elles lui sont donc postérieures. De plus, on en trouve des coulées intercalées dans le Houiller, par exemple, dans le bassin de Commentry ; à leur contact la houille est transformée en coke.

(1) Barrois, *Bull. Soc. géol. de France*, 3ᵉ série, t. XIV, 1886, p. 662.

Ces roches sont donc bien contemporaines de la houille.

La période permienne a été marquée par des éruptions importantes. On ne connaît pas encore de roches granitiques datant de cette époque. Les roches permiennes par excellence sont les *porphyres pétrosiliceux*, si remarquables par la présence dans leur pâte amorphe de sphérolithes à structure radiée. Ceux-ci peuvent devenir très volumineux et visibles à l'œil nu ; la roche s'appelle alors une *pyroméride*. Enfin les sphérolithes peuvent devenir au contraire rares ou manquer complètement ; la pâte est alors complètement amorphe avec structure fluidale et fissures très fines. Ces roches appelées *pechsteins* ressemblent à des verres d'éclat résineux. La couleur est le brun, le jaune ou le vert olive. Tous les pays permiens d'Europe, la Thuringe, les Vosges, le Var, etc., présentent les mêmes roches.

M. Wallerant a récemment étudié les roches permiennes du Var (1). Une grande partie de la masse de l'Esterel est constituée par des porphyres rouges divisés en prismes par des fentes presque verticales. Le microscope montre qu'il s'agit ici de porphyres pétrosiliceux, comme l'indique l'existence d'une pâte amorphe disposée en traînées et contenant parfois des sphérolithes. Du côté de Cannes, ces porphyres prennent une teinte verte. D'autres porphyres de couleur violette, interstratifiés au milieu des couches permiennes, sont également des porphyres pétrosiliceux, mais encore plus amorphes et où les cristaux de quartz sont encore plus rares. Il existe des pyromérides et des pechsteins. Les roches basiques sont surtout des porphyrites. Il y a aussi des roches à péridot : les dolérites ophitiques. Les porphyres rouges et les porphyres tabulaires ont fait éruption à partir de la base du Permien et se sont fait jour jusque pendant le dépôt du Permien supérieur. Les pyromérides et les pechsteins sont sortis vers la fin du Permien supérieur. Les dolérites et porphyrites ont fait éruption pendant tout le Permien supérieur et ont continué probablement à s'épancher encore postérieurement.

Dans le Permien il y a eu des phénomènes thermaux et solfatariens, comme le montrent les tufs porphyriques ou *argilolites* des Vosges contenant des végétaux silicifiés et en rapport avec des filons de quartz. Comme le fait remar-

(1) Wallerant, *Étude stratigraphique et pétrographique de la région des Maures et de l'Esterel*, Paris, 1889.

quer M. de Lapparent, ces phénomènes thermaux et solfatariens dénotent généralement la décroissance de l'activité volcanique. Celle-ci va en effet sommeiller presque entièrement dans nos pays pendant toute la durée des temps secondaires (1).

M. Marcel Bertrand a récemment étudié la distribution géographique des roches éruptives en Europe (2). Il a montré que cette distribution est dans un rapport très intime avec les zones successives de plissement. Les plissements se sont succédé du nord au sud. Comme on le sait, à l'origine des temps géologiques, se trouvait au voisinage du pôle un continent arctique; dans le nord existent les restes d'une chaîne antécambrienne, qu'on peut appeler *chaîne huronienne*. Plus au sud, on trouve une chaîne de plissements siluriens, la *chaîne calédonienne*, ensuite vient la *chaîne hercynienne* correspondant aux plissements carbonifères, enfin les plissements tertiaires ont donné naissance à la *chaîne alpine*. On peut grouper les éruptions autour de ces quatre chaînes. A chaque zone de plissement est liée la venue d'une série de roches éruptives, et chaque série présente les mêmes termes. Dans une première période le magma fluide s'est solidifié sans arriver au jour; dans une seconde, il y a des manifestations véritablement volcaniques. La première période a fourni des roches granitoïdes, et la seconde des roches porphyriques. Ainsi la chaîne huronienne présente des roches granitiques et toute une série de roches basiques (diorites, porphyrites) et des porphyres pétrosiliceux accompagnés de tufs, bien visibles surtout dans le pays de Galles et le Cumberland. Même succession dans la chaîne calédonienne; même succession encore dans la chaîne hercynienne: nous avons dans les pages précédentes cité les granites carbonifères, les roches basiques carbonifères et permiennes. On est amené, avec M. Bertrand, à concevoir les éruptions comme une conséquence des mouvements de plissement. Ces mouvements ont fait pénétrer le magma liquide dans l'écorce terrestre; sous la zone plissée se sont formés des lacs liquides plus ou moins étendus, analogues aux *laccolithes* américains (1) et qui ont alimenté toute une série d'éruptions. Le refroidissement et les solidifications successives expliquent les variations dans la composition des roches. Ainsi à chaque zone de plissement correspondrait un grand laccolithe qui se serait solidifié après des phases successives d'activité et de morcellement. Le laccolithe huronien se serait éteint ou solidifié à l'époque silurienne, le laccolithe calédonien à l'époque carbonifère, le laccolithe hercynien au début des temps secondaires, et nous serions aujourd'hui dans la phase d'extinction du laccolithe alpin (2).

LA FAUNE ET LA FLORE DU TRIAS.

L'ère secondaire comprend trois périodes : la période triasique, la période jurassique et la période crétacée. Le Trias a été d'abord étudié dans l'Europe centrale, où il présente un étage marin compris entre deux étages d'eau douce ou lagunaire. C'est cette division bien nette en trois étages qui a valu son nom au Trias. Mais ce facies mixte bien développé en Souabe, en Franconie, est remplacé plus à l'ouest par un facies purement continental; l'étage marin, le calcaire coquillier, appelé en allemand *muschelkalk*, n'existe plus, on trouve simplement les deux étages extrêmes : les *grès bigarrés* et les marnes gypsifères et salifères dont l'ensemble porte le nom de *Keuper*. Enfin à l'est au contraire domine un facies pélagique; la faune ne comprend que des animaux de haute mer. Nous étudierons ces trois facies, mais il est nécessaire de passer d'abord en revue la faune et la flore du système triasique.

LES ANIMAUX MARINS.

Les animaux marins offrent de grands rapports avec ceux des temps paléozoïques. On retrouve dans le Trias beaucoup de types qui rappellent ceux de la fin des terrains primaires. Toutefois les différences considérables qui se montrent, lorsqu'on regarde l'ensemble, entre

(1) De Lapparent, *Abrégé de géologie*, 2e édition, Paris, 1892, p. 161.
(2) M. Bertrand, Conférence faite à la Société géologique de France (*Bull. Soc. géol.*, 3e série, t. XVI, 1888).

(1) *La Terre, les Mers et les Continents*, p. 248.
(2) Bertrand, p. 614.

la population des couches secondaires et celle des couches paléozoïques, commencent à se manifester, et le Trias se présente ainsi comme un terme de transition, manifestant une fois de plus l'évolution graduelle des organismes à travers les périodes géologiques.

Les Foraminifères sont encore peu connus. Les Fusulines disparaissent définitivement; les *Trochammina*, *Cornuspira*, etc., déjà représentées dans le Permien, se retrouvent dans le Trias alpin, qui appartient au faciès pélagique.

Les Éponges ne présentent rien de particulier. Les Éponges calcaires se trouvent dans le Trias pélagique de Saint-Cassian (Tyrol); il faut citer en particulier le genre *Peronella* qui remonte au Dévonien.

Parmi les Polypiers, les Tétracoralliaires qui dominaient à l'époque paléozoïque sont extrêmement rares au Trias. On peut y rapporter cependant le genre *Coccophyllum*, présentant quatre cloisons primaires très nettes. Ce type même se continue dans le Crétacé par le genre *Holocystis* et même jusqu'à l'époque actuelle par le genre *Moseleya*, découvert par les naturalistes du *Challenger*. Les Hexacoralliaires vont se développer pendant l'ère mésozoïque, mais leur type ne se fixe réellement qu'après le Trias. Les formes triasiques du muschelkalk et de Saint-Cassian s'éloignent plus ou moins du type normal par le nombre des cloisons, tels sont les *Calamophyllia* et les *Montlivaultia*. Certaines espèces de ce dernier genre paraissent bien appartenir au type sénaire, mais leurs cloisons sont de grandeur irrégulière.

Les Cystidés et les Blastoïdes ne survivent pas à l'ère paléozoïque, mais leur extinction s'est déjà opérée au commencement du Permien. Les Crinoïdes paléozoïques ont, comme on l'a vu, un type spécial. Ces Paléocrinoïdes se distinguent par un opercule composé de plaques nombreuses et un calice formé le plus souvent de pièces non articulées, unies par simple contact. Les Crinoïdes actuels, les Néocrinoïdes, apparaissent avec les temps mésozoïques, les pièces du calice sont généralement articulées. Cependant on constate entre les deux groupes des liens évidents. Ainsi dans le Trias le genre *Encrinus* est très répandu. La base est dicyclique, mais les infrabasalia sont petits et le calice est relativement peu développé. Il est très voisin des genres *Stemmatocrinus* et *Belemnocrinus* du Carbonifère. L'espèce la plus connue est l'*Encrinus liliiformis* (fig. 255);

il y a des calcaires qui sont entièrement formés d'articles de la tige des Encrines. Chez ceux-ci les bras sont très longs; il y en a dix bifurqués. La tige est arrondie. On sépare du genre *Encrinus* les petites espèces du muschelkalk inférieur et on en a fait le genre *Dadocrinus*, caractérisé par sa forme en poire et sa forme anguleuse.

Dans les terrains paléozoïques les Oursins sont représentés par des formes remarquables; leurs zones interambulacraires, au lieu de présenter deux séries de plaques comme chez les

Fig. 255. — *Encrinus liliiformis*.

Néoéchinides, en ont un nombre variable, généralement cinq séries, souvent davantage. Les Paléchinides caractérisent les terrains primaires, tandis que les Néoéchinides se développent dans les terrains secondaires; mais la succession des deux types n'est pas brusque. Déjà dans le Permien apparaît un représentant des Néoéchinides avec le genre *Hypodiadema*; le genre permien *Eocidaris*, regardé d'abord comme un Paléchinide, est en réalité un Néoéchinide avec deux rangées de plaques interambulacraires (Kolesch et Döderlein, 1887). Dans le Trias de Saint-Cassian, le genre *Tiarechinus* (fig. 256) présente les caractères des deux groupes (1). C'est un petit Oursin hémisphérique, la face supérieure est bombée et l'inférieure aplatie. L'appareil apical est bien développé et présente cinq grosses plaques génitales et des plaques ocellaires très petites. Les zones

(1) Neumayr, *Die Stämme des Thierreiches*, p. 365.

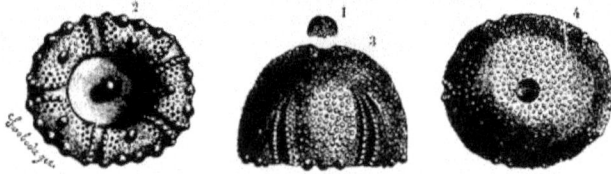

Fig. 256. — *Tiarechinus princeps* (Saint-Cassian, Tyrol). — 1, grandeur naturelle ; 2-4, grossi ; 2, de dessous ; 3, de côté ; 4, de dessus.

ambulacraires sont normales, mais les zones interambulacraires sont très spéciales. Elles se composent de quatre plaques seulement : une au-dessus de la bouche et les trois autres plus haut. Sur chacune il y a un gros tubercule. En résumé, par ses trois plaques parallèles du haut, la zone interambulacraire rappelle les zones des Paléchinides à plusieurs rangées, mais elle s'en éloigne par la plaque unique du bas. Quant à l'aspect général de l'Oursin, il rappelle les Néoéchinides de la famille des Cidaridés, surtout à cause des gros tubercules supportant les baguettes.

Les Cidaridés sont représentés dans le Trias par plusieurs formes à plaquettes mobiles comme chez beaucoup de Paléchinidés. Tous ces faits indiquent nettement que les Néoéchinides sont sortis des Paléchinides.

Les Bryozoaires assez communs dans le Permien où s'épanouissait le genre *Fenestella*, sont très rares dans le Trias. On a seulement trouvé dans les couches de Saint-Cassian des *Ceriopora* et quelques *Chætetes*.

Les Brachiopodes paléozoïques partagent pour la plupart le même sort. Les genres *Productus*, *Camerophoria*, *Streptorhynchus* du Permien disparaissent. Comme genres qui se continuent dans le Trias on ne peut guère citer que *Spirigera*, *Spiriferina* (*S. fragilis*) et *Retzia* (*R. trigonella*). La famille la plus répandue est celle des Térébratulidés caractérisée par son appareil brachial en forme de nœud. Elle débute dans le Silurien par le genre *Waldheimia* où le nœud est long. Dans *W. juvenis* du Dévonien l'appareil brachial se raccourcit sensiblement ; c'est encore plus net dans le *Dielasma* du Dévonien et du Carbonifère. L'espèce la plus répandue dans le Trias est la *Terebratula* ou *Cœnothyris vulgaris*. Le nœud brachial est plus long que chez les Térébratules du Jurassique et du Crétacé, et il y a encore un septum qui manque dans les espèces suivantes. On peut donc dire que les formes à nœud court sont

sorties des formes à long nœud. Nous retrouverons les Térébratules dans tous les terrains mésozoïques ; elles se continuent dans le Tertiaire et à l'époque actuelle (fig. 257).

Les Pélécypodes ou Lamellibranches sont

Fig. 257. — Térébratules actuelles attachées par leur pédoncule.

représentés dans les couches triasiques par un assez grand nombre de genres. La famille des Trigonidés, qui a débuté au Dévonien par le genre *Schizodus*, se continue au Trias par le genre *Myophoria* (*M. vulgaris*) (fig. 259) où les

Fig. 258. — *Myalina eduliformis*.

dents sont striées mais moins nettement que chez les Trigonies qui vont lui succéder. Parmi les Aviculidés, le genre *Pseudomonotis* du Permien prend dans le Trias tout son développement, et le genre *Monotis* apparaît dans le Trias alpin (*M. salinaria*). Il dérive du précé-

Fig. 259. — Coquilles du muschelkalk. — 1, *Lima lineata*; 2, *Gervillia socialis*; 3, *Myophoria vulgaris*.

dent. La coquille porte seulement une oreillette postérieure ; l'oreillette antérieure n'existe plus, elle était déjà très faible chez les *Pseudomonotis*. Les Mytilidés étaient représentés dans les couches paléozoïques par le genre *Myalina*. Ce genre, dont la forme extérieure est absolument celle des Moules, se continue jusque dans le Trias (*Myalina eduliformis* du muschelkalk) (fig. 258). Les Moules véritables (*Mytilus*), absolument dépourvues de dents ou à charnière légè-

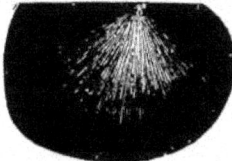

Fig. 260. — *Daonella Lommeli*.

rement crénelée, n'apparaissent qu'à la fin du Trias dans les couches de Saint-Cassian. Elles tirent vraisemblablement leur origine du genre *Myalina* et se sont conservées jusqu'à nos jours (*Mytilus edulis*) sans changement notable. Le genre *Pecten* ne se développe aussi qu'à partir du Trias ; il en est de même des genres *Spondylus* et *Plicatula* encore vivants à l'époque actuelle. Les genres *Lima* et *Gervillia* sont deux des plus répandus à l'époque triasique et fournissent des espèces caractéristiques (*Lima*

lineata (fig. 259), *Gervillia socialis* (fig. 259). Les genres *Halobia* et *Daonella* forment parfois des couches entières dans le Trias alpin (*Halobia rugosa*, *Daonella Lommeli* (fig. 260). Il est de même du genre *Megalodon*, remarquable par ses crochets saillants et recourbés. Déjà exis-

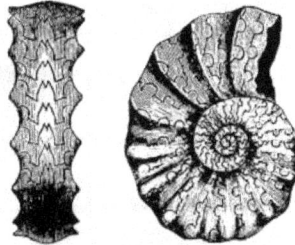

Fig. 261. — *Ceratites nodosus*.

tant dans le Dévonien, il remplit de ses coquilles les calcaires dolomitiques du Trias des Alpes. On les désigne à Dachstein, à Watzmann, etc., sous le nom de « pieds de boucs » (*Hirschtritten*) ou de « cœurs pétrifiés » (*Versteinerten Herzen*).

Les Gastéropodes existent en assez grand nombre ; certains genres paléozoïques ont leurs derniers représentants au Trias. Tels sont le genre *Porcellia* de la famille des Bellérophontidés si répandus dans les terrains primaires ;

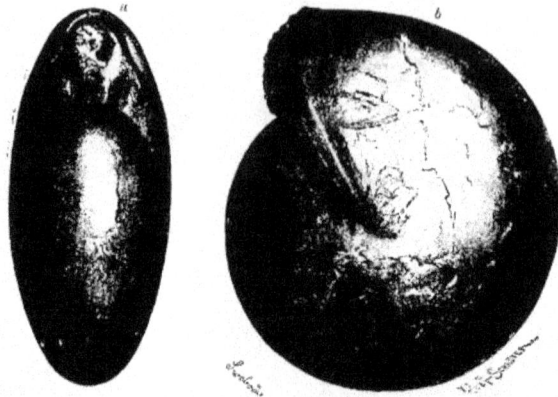

Fig. 262. — *Arcestes intuslabiatus* de Halstatt (d'après von Mojsisovics). — *a*, devant; *b*, de côté.

tels sont les genres *Murchisonia*, *Macrocheilus*, *Loxonema*. Ce dernier a donné naissance au genre *Chemnitzia*, qui en diffère très peu et qui se continue à travers le Jurassique et le Crétacé jusque dans l'Éocène. Certains calcaires des Alpes, comme celui d'Esino, sont remplis de grandes coquilles de *Chemnitzia* (*Ch. Aldrovandii*, *Ch. princeps*).

Beaucoup plus importants sont les Céphalopodes; ils méritent de nous arrêter. On a cru longtemps que les Goniatites et les Orthoceras

aussi précédemment que les vraies Ammonites ont paru dans le Permien et caractérisent le facies pélagique de ce système. Il n'y a don pas, entre l'ère paléozoïque et l'ère mésozoïque, cette distinction bien tranchée qu'on admettait d'abord. Une fois de plus se manifeste l'évolution graduelle des organismes. Les Orthocères du Trias alpin les plus répandus sont *Orthoceras dubium*, *O. elegans*. Les Ammonitidés sont très nombreux; MM. von Hauer et von Mojsiso-

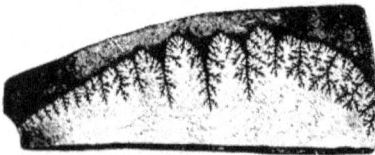

Fig. 263. — Ligne suturale de *Pinacoceras Metternichi* (d'après Quenstedt).

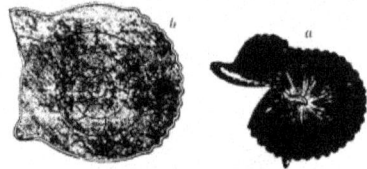

Fig. 264. — *Lobites delphinocephalus* (d'après von Hauer). — *a*, vue de profil; *b*, coupe d'un échantillon.

caractérisaient nettement les terrains primaires. Il y avait, pensait-on, séparation complète entre les couches paléozoïques et le Trias; dans les premières les Nautilidés et les Goniatites, dans le second les premières Ammonites représentées par le genre *Ceratites*. Mais il n'en est pas ainsi. Le Trias alpin du Saint-Cassian dans le Tyrol et de Hallstatt dans le Salzkammergut a fourni un mélange singulier de formes de Céphalopodes. Dans le même échantillon du calcaire de Hallstatt on peut souvent trouver un *Orthoceras* et une *Ammonite*. Nous avons vu

vics en ont distingué un grand nombre de formes. Dans le Muschelkalk on n'a d'abord connu que le genre *Ceratites* (fig. 261) qui y est très répandu (*C. nodosus*); la ligne suturale présente des selles simples et arrondies tandis que les lobes sont dentelés. Plus tard on découvrit dans diverses localités de la Thuringe et à Rüdersdorf près de Berlin des Ammonites à ligne suturale entièrement dentelée. Elles constituent le genre *Ptychites*, bien répandu surtout dans le Trias alpin (*P. flexuosus*). Ce facies pélagique du Trias, si remarquable à Saint-Cassian, à Hallstatt, présente, peut-on dire, tous les degrés de complication de la ligne suturale des Ammonites. Il y en a qui ont à peine dépassé le stade Goniatite tandis que d'autres, comme le *Pinacoceras Metternichi* (fig. 263), montrent le degré le plus élevé de complication et ne se laissent dépasser sous ce rapport par aucune forme du Jurassique ou du Crétacé.

Nous allons citer seulement les types les plus remarquables. La famille des Arcestidés déjà représentée dans le Permien par *Cyclolobus Oldhami* et *Arcestes antiquus*, se développe dans le Trias et va disparaître avec cette époque. Il y a une large selle ventrale. Dans le genre *Arcestes* (*A. intuslabiatus*) (fig. 262), la ligne suturale est très découpée ; dans le genre *Johannites* (*J. Johannis-Austriæ*), non seulement les selles sont découpées mais elles sont bifurquées. Le genre *Lobites* (fig. 264) a une ligne suturale très simple rappelant les Goniatites, l'ouverture est remarquable et présente un étranglement suivi d'une sorte de capuchon ou de casque (*L. delphinocephalus*). La famille des Pinacocératidés est également limitée au Trias, elle ne se prolonge pas au delà. Toujours la ligne suturale présente de nombreux lobes et selles, mais ces parties peuvent être très découpées comme chez les *Pinacoceras* (fig. 263), ou très simples comme dans le genre *Sageceras*, voisin des *Medlicottia* du Permien. La famille des Trachycératidés, exclusivement triasique, débute dans les couches inférieures par des formes à ligne suturale simple (genres *Tirolites*, fig. 265 et *Dinarites*), puis fournit le genre *Ceratites* dont nous avons déjà décrit la ligne suturale à lobes dentelés, à selles simples et arrondies. Dans les couches supérieures les dentelures des lobes augmentent mais restent régulières, les selles sont toujours simples. Tel est le genre *Trachyceras*, remarquable par les séries concentriques de nodosités qui se montrent sur la coquille (*T. Aon*, fig. 266). Un genre d'Ammonites également spécial au Trias est le genre *Tropites*. Certaines formes alliées aux *Trachyceras* sont particulièrement remarquables parce qu'elles sont plus ou moins déroulées. Ainsi chez les *Choristoceras* les tours de la spirale sont à peine embrassants, et le dernier est séparé des précédents. Chez les *Cochloceras* la coquille est enroulée en forme de vis et rappelle celle des Gastéropodes ; chez les *Rhabdoceras* elle est entièrement déroulée et ressemble à une baguette ornée de côtes annulaires obliques. Fait remarquable, des formes déroulées du même genre se retrouvent, mais en beaucoup plus

Fig. 265. — *Tirolites carniolicus* (d'après von Mojsisovics).

Fig. 266. — *Trachyceras Aon* de Saint-Cassian (d'après von Mojsisovics).

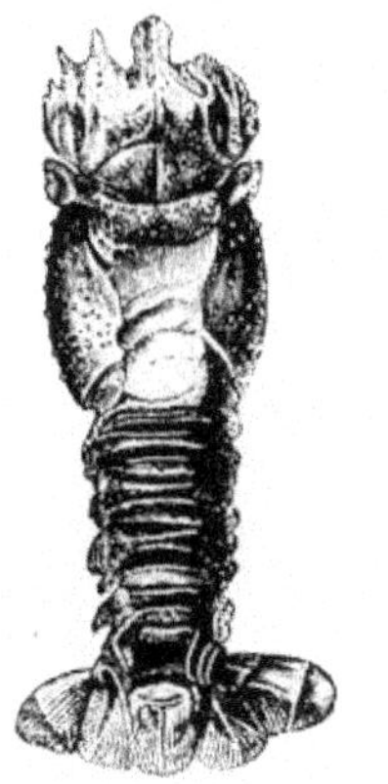

Fig. 267. — *Pemphix Seuerii.*

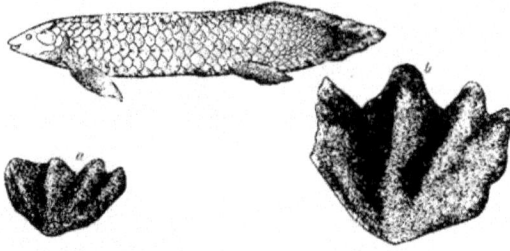

Fig. 268. — *Ceratodus Forsteri* d'Australie. — *a* et *b*, dents de *Ceratodus* du Trias.

grande abondance, dans le Crétacé alors que le type Ammonite va s'éteindre.

Outre ces Ammonées propres au Trias, il y en a d'autres dont les types se développent dans le Jurassique et y jouent un rôle important ; tels sont les genres *Phylloceras, Lytoceras, Psiloceras,* que nous retrouverons plus tard.

Les Crustacés du Trias sont encore peu connus. On a trouvé dans le muschelkalk d'Allemagne et de France des Décapodes Macroures, c'est-à-dire des Crustacés ayant les membres et l'abdomen des Écrevisses et des Langoustes. Tel est le genre *Pemphix ;* l'espèce la plus répendu est le *Pemphix Sueurii* (fig. 267) qui atteint 15 centimètres de longueur.

Comme Poissons on n'a trouvé jusqu'à présent que des écailles et des dents isolées. Elles existent surtout dans les dépôts d'eau saumâtre ou d'eau douce qui sont connus en Allemagne sous le nom de Keuper. Il faut citer surtout des dents toutes particulières découvertes en Thuringe et dans le Wurtemberg. Ce sont des plaques présentant quatre ou cinq denticules saillants qu'on a comparés à des cornes. On avait appelé *Ceratodus* le Poisson auquel on les attribuait et qu'on croyait depuis longtemps éteint. Mais en 1870 fut trouvé dans les rivières de l'Australie un Poisson dipnoïque ayant la même dentition ; il y a seulement un denticule de plus. C'est le Barramunda des indigènes. Le *Ceratodus* (fig. 268) existe donc encore aujourd'hui et a traversé sans presque se modifier le ères mésozoïque et cœnozoïque. D'autres animaux, entre autres les Lingules, qui se trouvent à partir du Cambrien et vivent encore dans les mers actuelles, nous ont déjà fourni des exemples de la persistance de certains types. Le *Ceratodus* a le corps allongé et couvert de larges écailles. Il atteint six pieds de long. La

tête est petite, les nageoires sont en forme de palettes. Il appartient à cet ordre de Poissons appelés Dipnoïques qui, outre les branchies,

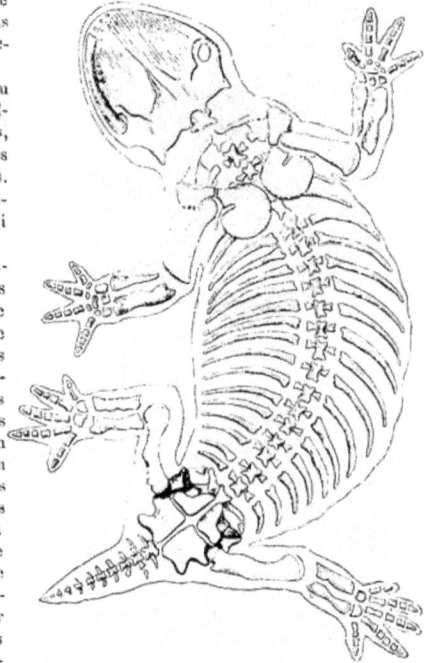

Fig. 269. — *Labyrinthodon Ruetimeyeri,* 1/4 de la grandeur naturelle (d'après Wiedersheim).

ont aussi un ou deux poumons. Le *Ceratodus* en a un seul.

Il y a aussi dans le Trias des Sélaciens

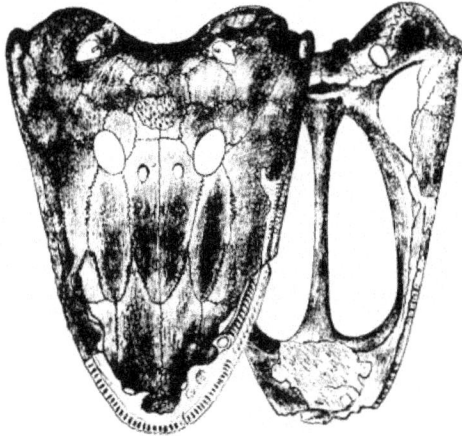

Fig. 270. — Crâne de *Capitosaurus* (d'après Fraas).

Nemacanthus, Hybodus, etc.), des Cestracions (*Acrodus*) et des types ganoïdes qui ont survécu à la fin de la période paléozoïque (*Amblypterus, Cœlacanthus, Saurichthys*).

LES LABYRINTHODONTES ET LES REPTILES.

Les Vertébrés les plus remarquables du Trias sont les Stégocéphales et les Reptiles qui existent dans les couches d'origine continentale. Ce sont des animaux de fleuves ou de rivages. Dans le Permien, avons-nous déjà dit, on trouve de nombreux Stégocéphales, Batraciens dont la tête est couverte de plaques osseuses. Dans ce groupe il faut distinguer les Labyrinthodontes (fig. 269), ainsi nommés à cause de leurs dents dont l'ivoire est parcouru par des sillons plus ou moins marqués, souvent très contournés (fig. 271). Ces plis se voient sur une coupe transversale tandis qu'à l'extérieur ils sont dissimulés par la présence du cément qui pénètre dans les interstices. Les Labyrinthodontes typiques à dents pointues méandriformes se montrent avec tout leur développement à l'époque triasique. Les os du crâne et les plaques thoraciques sont très richement sculptés et couverts d'un émail brillant. Il n'y a plus chez eux, où l'ossification est complète, cette armure ventrale formée d'écailles que nous avons signalée chez les Stégocéphales du Permien. Aussi Zittel sépare-t-il les Labyrinthodontes typiques des genres précédents qu'il réunit sous le nom de *Gastrolepidoti*. Mais les transitions qui se montrent entre les deux familles quand on considère la structure des dents, la sculpture des os du crâne et l'ossification des vertèbres indiquent que les vrais Labyrinthodontes dérivent des *Gastrolepidoti* et les ont remplacés.

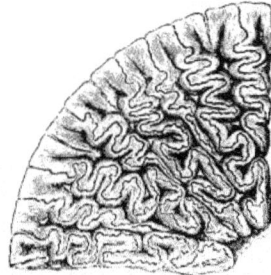

Fig. 271. — Coupe transversale grossie d'une dent de Labyrinthodonte.

L'une des espèces les plus remarquables est le *Mastodonsaurus giganteus* du Trias du Wurtemberg et d'Angleterre. Le crâne atteint jusqu'à un mètre de long. Les orbites sont reportées en arrière. Elles reculent encore davantage chez le *Capitosaurus* (fig. 270), chez le

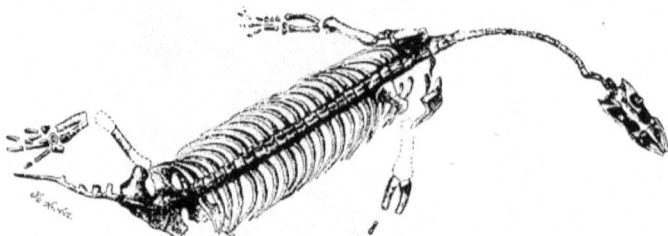

Fig. 272. — *Neusticosaurus* du Lettenkohle de Ludwigsburg (d'après Seeley).

Trematosaurus elles sont au milieu de la longueur du crâne. Les dents vont en croissant d'arrière en avant, de sorte que finalement elles se transforment en crocs analogues à ceux de l'*Archegosaurus*. Ce nom de *Trematosaurus* vient de l'ouverture interpariétale qui existe chez tous les Labyrinthodontes, mais que Burmeister avait d'abord reconnu dans ce genre. Rappelons que ce trou correspond à l'œil impair dont on retrouve les vestiges chez certains Reptiles actuels.

Les Labyrinthodontes ont laissé d'autres traces de leur existence que des ossements. On trouve souvent dans les grès bigarrés de bien des localités en Thuringe, en Franconie, etc., des empreintes énormes, à cinq doigts et ressemblant à des mains. On les attribue à des Labyrinthodontes et on les désigne sous le nom de *Chirotherium* (fig. 11) (1). Ces empreintes sont sur des plaques de grès séparées par des lits argileux. Les animaux ont laissé leurs traces sur l'argile encore humide. Le sable fin s'est ensuite déposé sur l'argile; il a pénétré dans les creux et en se solidifiant est devenu du grès. Par suite, les empreintes se trouvent en relief sous les plaques de grès. Des empreintes du même genre existent dans le Carbonifère et le Permien. Dans le Houiller de Greensburg en Pensylvanie, certaines empreintes appelées *Batrachopus* ont un pied de long et dépassent celles des Labyrinthodontes triasiques. Dans la même contrée on trouve aussi des traces encore plus anciennes, peut-être dévoniennes; on les appelle *Sauropus*.

Il ne faut pas confondre les traces de Labyrinthodontes avec des empreintes généralement à trois doigts qui existent sur les grès triasiques du Connecticut (fig. 273). Tel est le genre d'empreintes appelé *Brontozoum* qui a 43 cen-

timètres de long; il y a un intervalle de 1ᵐ,35 entre les empreintes des deux pieds. On a d'abord rapporté ces empreintes du Connecticut à des Oiseaux, ce qui leur a valu le nom d'*Ornitichnites*, mais il est plus probable qu'il s'agit ici de Reptiles à station bipède que nous étudierons plus tard sous le nom de Dinosauriens. Suivant M. Marsh, on voit souvent en avant des empreintes de pattes de derrière, celles plus faibles des petites pattes de devant, ce qui montre

Fig. 273. — *Brontozoum* et empreintes de gouttes de pluie sur les grès du Connecticut.

que ces traces sont celles d'un quadrupède reposant parfois ses membres antérieurs sur le sol.

Les Reptiles, qui ont commencé déjà leur évolution pendant le Permien, présentent dans la période triasique un grand nombre de types remarquables. Le muschelkalk a fourni beaucoup d'ossements de Reptiles adaptés à la vie aquatique et pourvus de membres conformés pour la nage, comme ceux que nous signalerons dans le Jurassique; mais la différenciation des membres est encore relativement peu avan-

(1) Page 7.

Fig. 274. — *Dactylosaurus* du muschelkalk de la Haute-Silésie (d'après Gürich).

cée, ils n'ont pas cette forme de palettes natatoires qui caractérisent les Plésiosaurus de la
période suivante. Ces membres ressemblent
beaucoup aux pattes des Reptiles terrestres.
C'est ce que présente le *Nothosaurus*, qui devait
être un Reptile non pas de haute mer, mais
simplement de rivage ou de fleuve, assez semblable par son habitat au Crocodile ; ses pattes
étaient munies de griffes; l'humérus et le fémur étaient allongés et non courts et aplatis
comme chez les formes franchement aquati-

ques. Le *Simosaurus* en diffère par une tête
plus large et des dents plus courtes. L'un des
Reptiles les mieux conservés du muschelkalk et
qui se trouve aussi à la base du keuper dans
les schistes à lits charbonneux qui ont reçu
le nom de *Lettenkohle*, est le *Neusticosaurus*
(fig. 272). Le cou est très long et rappelle celui
des Plésiosaures jurassiques, la queue est courte,
l'humérus est relativement court et élargi. D'a-
près M. Seeley les membres de devant devaient
être des palettes natatoires, et les membres de

Fig. 275. — *Belodon* du Keuper de Stuttgart (restauré d'après Fraas).

derrière de véritables pattes. Cette conclusion
n'est pas acceptée par M. Baur, qui pense que
les deux paires de membres étaient conformés
pour la marche. Le *Lariosaurus* diffère peu du
Neusticosaurus. Il est de même d'un petit Reptile du Trias de Silésie, le *Dactylosaurus*
(fig. 274) dont les pattes de devant sont certainement conformées pour la vie terrestre; ces
animaux étaient probablement amphibies et
non exclusivement aquatiques.

D'autres types, très imparfaitement conservés et dont on ne connaît que la tête, sont le
Placodus et le *Cyamodus*. Le crâne est court et
rappelle par la grandeur des fosses temporales
le *Nothosaurus*, mais le caractère le plus remar-

quable consiste en l'existence de larges molaires ressemblant à des pavés ; il y en a de semblables sur la voûte du palais. Ces dents ont fait
prendre longtemps ces animaux pour des Poissons ; elles constituent de véritables meules
permettant de broyer la coquille des Mollusques. On ne connaît pas avec certitude les autres parties du corps des *Placodus* ; on leur a
rapporté d'énormes vertèbres d'abord nommées *Tanistrophæus* ; elles paraissent correspondre par leurs dimensions au crâne des
Placodus et *Cyamodus* et semblent pouvoir s'y
articuler, mais cette conclusion est encore hy-
pothétique.

Les Crocodiliens sont, comme on sait, des

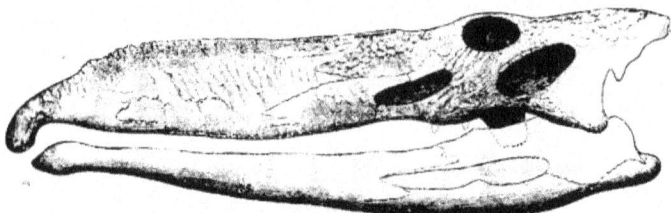

Fig. 276. — Crâne de *Belodon*, sans les dents.

Reptiles nageurs à pattes courtes et en partie munies d'ongles ; il y a une membrane natatoire aux pattes de derrière. La queue est longue et porte des arcs inférieurs. Les dents sont contenues dans des alvéoles. L'animal est pourvu d'une armure dermique formée de plaques osseuses qui sont le plus souvent profondément sculptées ainsi que les os du crâne. Les Crocodiliens ont commencé à paraître dès le Trias. Les plus anciens diffèrent encore peu des Rhynchocéphales dont ils doivent être sortis.

Tel est le *Belodon* (fig. 275) qui fut découvert dans le keuper des environs de Stuttgart. La tête est allongée, aplatie, avec des intermaxillaires très développés (fig. 276). Les narines sont très longues et les arrière-narines, au nombre de deux, s'ouvrent dans la partie antérieure du plancher de la bouche. L'armure dermique est composée de forts écussons irréguliers. L'animal devait avoir de grandes dimensions, peut-être 6 ou 7 mètres de long. L'*Aëtosaurus* a été trouvé dans le même gise-

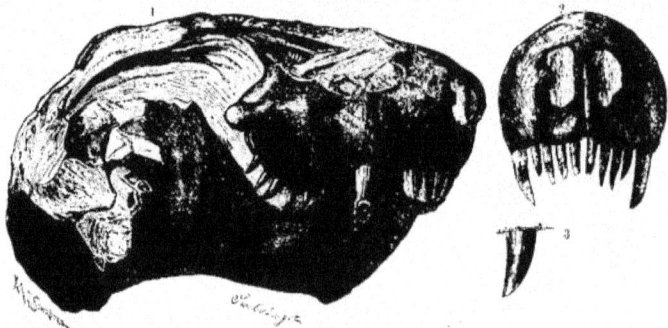

Fig. 217. — *Lycosaurus*. — 1, crâne vu de profil ; 2, vue antérieure ; 3, dent isolée (d'après Owen).

ment près de Stuttgart. Le musée de cette ville possède une plaque de grès sur laquelle sont réunis un grand nombre d'individus ayant 80 à 90 centimètres de long ; on n'en compte pas moins de treize, presque tous bien conservés. Les vertèbres sont procœliques (concaves en avant), tandis que celles du *Belodon* sont amphicœliques (biconcaves). Le *Stagonolepis* du Trias d'Angleterre se rapproche des genres précédents ; il avait une armure dermique ventrale bien développée. Un genre voisin, trouvé dans le Trias des États-Unis, a reçu le nom d'*Episcoposaurus*.

Le Trias de l'Afrique australe a fourni un grand nombre de Reptiles singuliers. La colonie du Cap présente une région de plateaux, le Karoo ou Karou, formés de grès. On y distingue plusieurs horizons. Les parties inférieures appartiennent, comme nous l'avons déjà dit, au Carbonifère (grès d'Ecca), puis viennent les couches de Koonap sans fossiles, et les couches de Beaufort ; enfin, celles supérieures de Stormberg, qui sont rapportées au Trias, mais qui appartiennent peut-être en partie au Permien. C'est dans ces couches que les Reptiles dont nous allons parler ont été découverts.

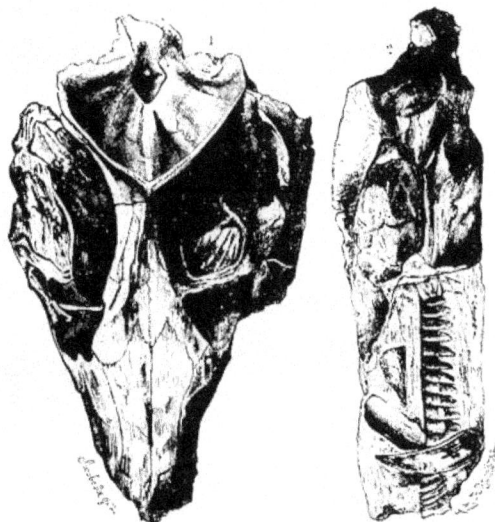

Fig. 278. — *Galesaurus.* — 1, crâne vu de dessus; 2, vu de profil (d'après Owen)

M. Cope a trouvé des types analogues au Texas dans des couches regardées comme permiennes. Tous ces Reptiles sont réunis pour former un ordre désigné par M. Cope sous le nom de *Théromorphes*. Ils présentent des analogies évidentes avec les Stégocéphales et les Reptiles Rhynchocéphales et sont vraisemblablement dérivés de ces derniers, eux-mêmes sortis des Stégocéphales. Le corps est lacertiforme, les membres sont faits pour la marche. Les vertèbres sont biconcaves; il y a des intercentra, un foramen pariétal, l'humérus est perforé; il y a souvent des dents au vomer. Ces caractères rapprochent des Rhynchocéphales. D'autre part, ces Reptiles rappellent les Mammifères, d'abord par la perforation de l'humérus, puis par le mode d'articulation des côtes, la structure du palais et les dents. Celles-ci, au lieu d'être toutes semblables comme chez les autres Reptiles, se différencient. Elles sont dans des alvéoles, et on peut distinguer, d'après leur forme, des incisives, puis de fortes canines, enfin des molaires; la dentition est ainsi hétérodonte comme chez les Mammifères. Les affinités des Théromorphes et des Mammifères ont conduit plusieurs paléontologistes, entre autres M. Cope, à voir dans ces Reptiles les formes-souches des Mammifères. Quoi qu'il en soit, ce groupe présente un singulier assemblage de caractères qui se retrouvent chez les Mammifères, les Rhynchocéphales et les Stégocéphales. La perforation [de l'humérus se voit chez certains de ces derniers, comme le *Stereorachis* du

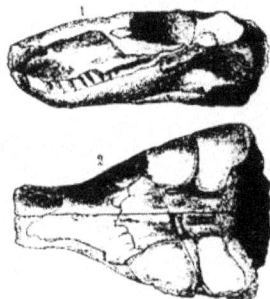

Fig. 279. — *Cynodraco* (Owen). — 1, crâne vu de profil; 2, vu de dessus.

Permien d'Autun et le *Brithopus* du Permien de Russie.

Le type qui se rapproche le plus des Labyrinthodontes est le genre *Pareiosaurus*, représenté par deux espèces : *P. bombidens* et *P. serridens* dans les grès du Karoo. M. Seeley a pu récemment étudier ce type en détail (1). C'est une forme de transition entre le type Labyrinthodonte et le type Reptile. La surface du crâne est sculptée comme chez les Labyrinthodontes et les Crocodiliens ; comme chez les premiers, il y a un canal mucoso-lacrymal. Le crâne diffère de celui des Labyrinthodontes par la présence d'un seul condyle occipital au lieu de deux ; mais M. Seeley fait remarquer que cette distinction n'est pas aussi fondamentale

Théromorphe. Les dents ne sont pas différenciées et sont toutes de même grandeur ; elles sont implantées dans des alvéoles distincts. On peut faire du *Pareiosaurus* le type d'un premier sous-ordre de l'ordre des Théromorphes, unissant ceux-ci aux Labyrinthodontes.

Un autre sous-ordre, celui des *Thériodontes*, est celui qui rappelle le mieux les Mammifères, par les dents différenciées, la forme du bassin, de l'humérus et par les phalanges, dont le nombre est le même que chez les Mammifères.

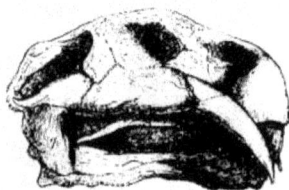

Fig. 281. — *Dicynodon feliceps.* — *q*, os carré.

La structure du membre postérieur, en particulier, les rapproche des Monotrêmes, les Mammifères les plus inférieurs. Ces animaux ont été étudiés par Owen sur les débris provenant des couches de Stormberg et de Beaufort au cap de Bonne-Espérance. Le *Lycosaurus currimola* rappelle le Chien par la forme du crâne (fig. 277). Il y a, en haut, quatre incisives, deux fortes canines et cinq ou six molaires. L'arcade de l'humérus pour le passage de l'artère cubitale est très nette. Dans le *Galesaurus planiceps*

Fig. 280. — Bras d'*Anomodonte* (Owen).

qu'on le supposait d'abord. Beaucoup de Stégocéphales possèdent, en effet, des intercentra pareils aux véritables centres vertébraux, sauf l'arc neural qui est absent. Si l'on conçoit l'existence d'un intercentrum entre l'atlas et le crâne, et qu'on le suppose soudé au crâne, on considérera l'existence d'un condyle unique comme une modification d'une partie de la colonne vertébrale primitive. Il y aurait simplement changement dans le mode d'union du crâne avec les vertèbres.

Le *Pareiosaurus*, par la structure du palais, la forme du sacrum, le bassin, est un véritable

Fig. 282. — Crâne d'*Oudenodon* (Owen).

(fig. 278) du même gisement, les canines sont très longues, et il y a douze molaires. Le *Cynodraco* (fig. 279), de la taille du Lion, possédait de grandes canines dentelées, comme celles d'un Carnassier tertiaire appelé *Machairodus*. L'*Empedocles molaris* du Texas, découvert par M. Cope, a des canines peu allongées, les molaires sont très fortes avec de petites pointes. Le vomer porte de petites dents.

Les Théromorphes les plus singuliers constituent le sous-ordre des *Anomodontes* (fig. 280),

(1) Analyse par M. Depéret dans l'*Annuaire géologique universel*, t. VI, 1889.

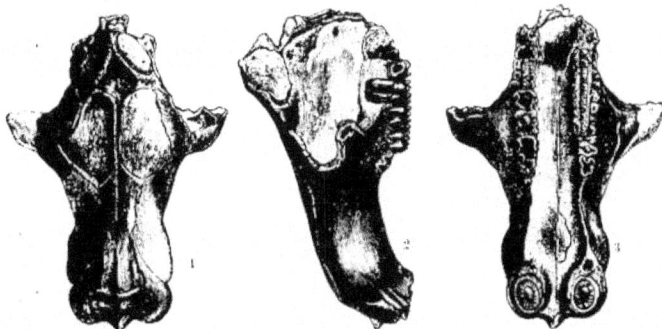

Fig. 283. — Crâne de *Tritylodon* (d'après Owen). — 1, vu de dessus; 2, de côté; 3, de dessous.

également étudié par Owen (1). Ils présentent la perforation de l'humérus, les vertèbres sont biconcaves et ne présentent plus de reste de la corde dorsale; il y a un anneau sclérotique. Les mâchoires sont absolument dépourvues de dents, sauf dans certains genres, deux grosses canines supérieures; le bec ressemble à celui des Tortues, de là le nom de Tortues à dents donné aussi à ces animaux. Le genre *Dicynodon* (fig. 281), qui présente plusieurs espèces (ex. : *D. feliceps*), est caractérisé par la présence de crocs énormes et à croissance continue. Le crâne peut atteindre 60 centimètres de longueur. Le bassin est remarquable par sa forme massive; les os des membres ressemblent à ceux des Chéloniens. Le genre *Ptychognathus* (*P. declivis*) est très voisin du précédent, mais la mandibule se redresse obliquement vers le haut, formant ainsi un angle qui donne à l'ani-

mal une physionomie bizarre. Certains, comme l'*Oudenodon* (fig. 282), sont absolument privés de dents, et la tête ressemble encore davantage à celle des Chéloniens. On a pensé que les *Oudenodon* et les *Dicynodon* pourraient être des animaux de même espèce, mais de sexes différents; les *Oudenodon* seraient les femelles privées de défenses, et les *Dicynodon* seraient les mâles; mais il y a dans la structure des divers crânes des différences qui ne permettent pas d'adopter cette opinion. D'autres types voisins des *Dicynodon* sont les genres *Kistecephalus*, *Keirognathus*, *Platypodosaurus*. Dans ce dernier, le bassin présente très nettement la structure de celui des Mammifères. Un autre genre, l'*Endothiodon*, est caractérisé par la présence de dents sur le palais, qui rappelle d'ailleurs celui des Mammifères.

LES MAMMIFÈRES DU TRIAS.

C'est dans le Trias qu'apparaissent les premiers Mammifères, mais ils ne sont encore que peu connus. La formation du Karoo a fourni un crâne presque entier dont on a fait le genre *Tritylodon* (fig. 283). Il est associé aux Reptiles Théromorphes dans les couches du Cap. La formule dentaire pour la mâchoire supérieure est 2*i*, 0*c*, 2 *pm*, 4 *m*. L'incisive interne d'en haut est grande tandis que l'incisive inférieure est très petite. Les molaires présentent trois sillons longitudinaux. La partie antérieure de

ce crâne est particulièrement large. D'après ses dimensions, il devait appartenir à un animal de la grosseur d'un Lapin. Fraas a trouvé dans des couches du Wurtemberg rapportées par les uns au Trias supérieur, par les autres à la base du Jurassique une dent qu'il a décrite sous le nom de *Triglyphus* (fig. 284), mais elle paraît appartenir au genre *Tritylodon*; il y aurait identité entre ces deux genres. Les dépôts du Cap ont fourni aussi une plaque de grès portant l'empreinte d'un membre antérieur de Mammifère décrit sous le nom de *Theriodesmus*. Il présente dans le carpe deux os centraux comme cela a lieu chez certains Insectivores.

(1) Voir en particulier : P. Fischer, *Recherches sur les Reptiles fossiles de l'Afrique australe* (*Nouvelles Archives du Muséum d'histoire naturelle de Paris*, 1868).

On peut probablement rapporter aussi ce membre au genre *Tritylodon*.

Fig. 284. — Dent de *Triglyphus*, grandeur naturelle et faiblement grossie, vue sous différents aspects (d'après Fraas).

Les couches du Wurtemberg qui font passage du Trias au Jurassique ont bien aussi des dents détachées dont on a fait le genre *Microlestes* (*M. antiquus*). Nous discuterons plus loin leurs analogies à propos des Mammifères jurassiques.

Enfin le Trias de la Caroline du Nord, aux

Fig. 285. — Mâchoire inférieure de *Dromatherium sylvestre*.

États-Unis, contient de petits Mammifères représentés par des demi-mandibules. Tels sont le *Dromatherium sylvestre* (fig. 285) et le *Microconodon* qui est analogue mais plus petit. Il s'agit là probablement de Mammifères tout à fait primitifs ; les molaires ressemblent à celles de certains Reptiles Théromorphes.

LA FLORE DU TRIAS.

Les plantes du Trias appartiennent encore aux deux grands groupes déjà développés dans le Carbonifère et le Permien, c'est-à-dire aux Cryptogames et aux Gymnospermes.

Fig. 286. — *Voltzia heterophylla* (d'après Fraas).

Les Calamites ont complètement disparu, mais la famille des Équisétacées est représentée par le genre *Equisetum* encore vivant. Tandis que les Prêles actuelles sont de taille et d'épaisseur très médiocres, celles du Trias étaient des

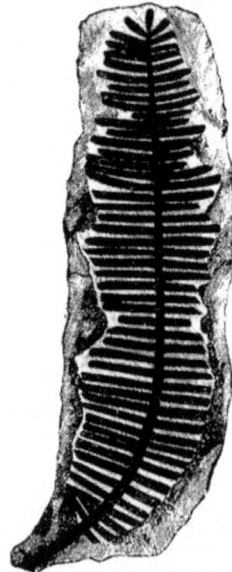

Fig. 287. — *Pterophyllum Jægeri*.

formes géantes. Dans les grès bigarrés se trouve l'*Equisetum Mougeotii* dont le tronc pouvait atteindre 20 centimètres d'épaisseur : ces troncs sont cannelés et remplis en bas. L'*Equisetum arenaceum*, ayant même épaisseur mais à tronc lisse, forme des couches entières dans le keuper d'Allemagne. Dans le genre *Schizoneura* (*S. paradoxa*) des grès bigarrés, la tige porte des rameaux verticillés munis de feuilles engainantes assez longues et beaucoup plus développées que dans le genre *Equisetum*. La tige diffère de celle des *Equisetum* par de très larges sillons concaves.

Les Fougères appartiennent à des types différents de ceux des terrains plus anciens. L'*Anomopteris Mongeotii*, caractéristique des grès bigarrés présente des pennes découpées en folioles rappelant celles des *Pecopteris*. Les *Lepidopteris* (*L. Stuttgartensis*) ressemblent aussi à ces dernières. Les pinnules et les rameaux sont recouverts de poils écailleux et durs. Un autre genre voisin est le genre *Merianopteris*. Il y a aussi des Fougères qui ne sont connues que par leur tronc arborescent, comme les *Thamnopteris* et *Cyathopteris*.

Une espèce caractéristique de Conifère est la *Voltzia heterophylla* (fig. 286). Le genre *Voltzia* existe déjà dans le Permien. Ce sont des arbres de grande taille qui par l'aspect des rameaux et des feuilles ressemblent à l'*Araucaria excelsa* d'aujourd'hui. Comme chez ce dernier type, il y a deux espèces de feuilles, des feuilles longues sur les parties jeunes des rameaux, des feuilles courtes sur les parties anciennes. Le cône ne ressemble pas à celui des *Araucaria*, il est analogue à celui de *Taxodium* ou Cyprès chauve actuel. Le genre *Albertia* du grès bigarré (*A. elliptica*), appartient aussi aux grès bigarrés. Les feuilles allongées ou elliptiques, rétrécies à la base, assez larges et munies de nombreuses nervures, rappellent celles des *Dammara*.

Les Cycadées, représentées aujourd'hui par un petit nombre de genres relégués dans les régions tropicales, étaient extrêmement développées en Europe pendant la période triasique. On en connaît beaucoup d'espèces. Le genre *Zamites* annonce le genre actuel *Zamia*. Le genre *Pterophyllum* a les pinnules des feuilles minces et portant de nombreuses nervures parallèles, elles sont impaires. Il existe déjà dans le Carbonifère supérieur et le Permien, mais ne prend tout son développement que dans le keuper (*P. Jægeri*, *P. longifolium*) (fig. 287). Il en est de même du genre *Macropterygium* dont les feuilles sont très grandes; on le trouve dans les couches de Raibl en Carinthie. Toutes ces Cycadées triasiques sont de taille médiocre et n'atteignent pas les dimensions des espèces actuelles, mais par leur abondance elles donnent à la flore du Trias un caractère particulier, qu'elle partage avec la flore du Jurassique.

LE TRIAS DANS LES DIFFÉRENTS PAYS.

FACIES OCCIDENTAL. TRIAS D'ALLEMAGNE ET DES VOSGES.

Le Trias de Souabe, de Franconie, des Vosges, comprend un étage inférieur de formation littorale, les *grès bigarrés;* un étage moyen d'origine marine, le *muschelkalk* ou calcaire coquillier; enfin, un étage supérieur constitué par des marnes gypsifères et salifères. C'est une formation de lagunes appelée le *keuper* ou marnes irisées. Dans toute cette région occidentale s'étendait, à l'époque triasique, une mer poussant des prolongements entre des îles comme la Bohême, le Harz, l'Ardenne. On s'explique ainsi le facies mixte, à la fois littoral et marin, des formations triasiques occidentales. A la fin de la période, un assèchement s'est produit, fournissant les dépôts de sel et de gypse du keuper.

Le Trias occupe en Allemagne une vaste étendue qui comprend la Thuringe, le Hanovre, le Wurtemberg, la vallée du Rhin. La plus grande région triasique d'Allemagne peut être limitée par une ligne qui passe par Osnabrück, Bâle, Neumark (au sud-est de Nuremberg) et Hall sur la Saale, et il faut ajouter les bassins triasiques de Baireuth et Stassfurt, la rive gauche du Rhin et aussi une partie de la Haute-Silésie, aux environs de Tarnowitz.

Sur tout ce territoire, le Trias présente la même succession. Les grès bigarrés (*Buntsandstein*), qui forment le terme inférieur, ont des colorations vives, rouges, jaunes, vertes, blanches ou panachées. On y voit de nombreux cristaux de quartz à peine roulés et des cou-

Fig. 258. — Vue de Hallstatt, près de Salzbourg (Autriche) (page 181).

ces micacées où se montrent les empreintes végétales qui caractérisent cet étage : *Voltzia heterophylla*, *Anomopteris Mougeotii*. Il y a aussi des argiles blanches réfractaires ou kaolin; elles sont exploitées dans les grès bigarrés blancs du Thüringer Wald et de la vallée de la Werra, où se trouvent de nombreuses manufactures de porcelaine. La partie supérieure de cet étage, qui atteint une épaisseur totale de 400 à 500 mètres, est formée d'argiles rouges ou vertes, surtout développées dans l'Allemagne du Nord. Elles contiennent aux environs de Hanovre et de Brunswick du gypse, du sel gemme, de la dolomie. Vers le sud, au contraire, l'étage se termine par des marnes gréseuses où se montrent les fossiles marins du muschelkalk. On voit donc que la mer, peu

profonde à cette époque, a subi en certains points une évaporation plus ou moins complète. D'une manière générale, les grès bigarrés sont pauvres en fossiles, et pour trouver d'abondantes empreintes de pas de *Chirotherium*, il faut aller en des localités privilégiées comme Hildburghausen et Iéna. On a aussi trouvé de nombreux restes de Labyrinthodontes près de Bernburg et aux environs de Bâle.

L'étage moyen du Trias ou muschelkalk consiste en une succession de marnes et de calcaires argileux. A la base, il y a des bancs de calcaires argileux, caractérisés par leur surface ondulée qui leur a valu le nom de *Wellenkalk*. Puis vient une succession de calcaires, de dolomies, de dépôts d'anhydrite et de gypse, contenant aussi des gisements de sel gemme. Ceux-ci sont particulièrement exploités à Friedrichshall, Wilhemsglück et Schevenningen dans le Wurtemberg, près de Duisheim dans le grand-duché de Bade, près d'Haigerloch dans la principauté de Hohenzollern, aux environs de Bâle, et aussi en Thuringe, à Buffheim et Stotternheim. Au-dessus de ces assises gypsifères se trouve le muschelkalk supérieur presque exclusivement calcaire et atteignant une épaisseur variant de 50 à 150 mètres. C'est là que se trouvent de nombreux fossiles, comme *Encrinus liliiformis*, *Ceratites nodosus* et *bipartitus*, *Lima lineata*, *Myophoria vulgaris*, *Terebratula vulgaris*. Ces coquilles sont réunies en grande quantité et forment souvent par agglomération presque toute la roche. Il faut noter aussi la présence des Crustacés, comme les *Pemphix* indiquant des eaux saumâtres et par suite des conditions littorales et les restes de *Ceratodus* et de Reptiles qui proviennent surtout des environs de Baireuth et de la Haute-Silésie. Ces fossiles montrent que vers la fin du muschelkalk se dessinait déjà le facies lagunaire que le *keuper* nous montre dans tout son développement.

Le keuper est un système de couches argileuses et gréseuses où se trouvent rarement des formations marines. C'est un dépôt lagunaire. Il débute en Allemagne par des schistes charbonneux appelés *Lettenkohle*. Il y a là des débris de plantes (*Voltzia*, *Pterophyllum*) et des restes de Poissons et de Stégocéphales. Près de Tubingue, d'Heilbronn et en différents points de la Thuringe, on trouve une véritable brèche osseuse contenant des puits de *Ceratodus* et des restes variés comme des crânes de *Mastodonsaurus*. Dans les grès intercalés aux schistes charbonneux se trouve la flore du Lettenkohle, tandis que certains schistes contiennent de petits Crustacés comme *Bairdia* et *Estheria minuta*. Au sommet de cette formation, il y a des calcaires dolomitiques (dolomie-limite) avec quelques espèces marines : *Lingula tenuissima*, *Myophoria Goldfussi*, et même en Thuringe on y a trouvé un Céphalopode *Ceratites Schmidti* dont on n'a trouvé qu'un seul exemplaire.

Sur la dolomie-limite repose le keuper proprement dit, formé d'argiles bariolées, rouges, grises, vertes, atteignant de 100 à 300 mètres d'épaisseur, tandis que la Lettenkohle n'a que 70 mètres de puissance. Il y a des amas de gypse qui indiquent une évaporation partielle. Les argiles, abstraction faite de débris

de Labyrinthodontes, ne contiennent que peu de fossiles. On peut trouver en Thuringe, en Franconie, en Souabe, des intercalations marines avec *Corbula keuperiana* et une grande coquille appelée *Myophoria Raibliana* qui caractérise les couches de Raibl dans le Trias des Alpes. Dans le sud de l'Allemagne, le keuper supérieur présente deux intercalations gréseuses avec plantes terrestres et ossements de Labyrinthodontes et de Poissons. Le niveau de grès le plus inférieur est appelé grès à Roseaux (*Schilfsandstein*) à cause de l'abondance des Equisétacées qu'il renferme (*Equisetum arenaceum*). Le niveau supérieur qui termine le keuper fournit un sable dont on recouvre le sol des habitations, de là le nom de *Stubensandstein*. Près de Cobourg, il renferme des empreintes d'un Poisson Ganoïde, le *Semionotus Bergeri*, et aux environs de Stuttgart il a fourni plusieurs Reptiles comme *Aëtosaurus ferratus* et *Belodon Kappfii*. Tous ces grès sont exploités pour la construction.

Dans les Vosges le Trias présente la même composition avec quelques différences. Il débute par le *grès vosgien* qui forme la base des grès bigarrés. C'est un grès rouge, grossier, contenant de nombreux galets de quartz pouvant atteindre jusqu'à 20 kilogs et maintenus soudés par un ciment argilo-ferrugineux; ils forment ainsi des poudingues. Leur existence prouve l'existence dans la région, pendant la période triasique, de courants rapides capables de déplacer des matériaux lourds. Il y a dans le grès vosgien des cristaux de quartz avec facettes très nettes couvertes d'une enveloppe de peroxyde de fer. On ne trouve pas de fossiles. Le grès vosgien, qui peut atteindre une grande épaisseur (500 mètres à Raon-l'Étape), couvre la plus grande partie des sommets des Vosges et repose souvent sur les schistes cristallins. Élie de Beaumont le regardait comme distinct du Trias et appartenant au Permien ; le Trias est souvent au pied de la montagne surmonté par le grès vosgien. C'est pourquoi Élie de Beaumont regardait ce dernier comme antérieur au Trias ; d'après lui la dislocation des Vosges avait eu lieu entre le Permien et le Trias. Mais en certains cas comme à Saverne, on voit nettement le grès vosgien sous le grès bigarré, dont il n'est que le terme inférieur. On passe graduellement du premier au second.

Les grès bigarrés proprement dits qui viennent au-dessus sont à grain fin et contiennent du mica, ce qui les distingue du grès vosgien.

Ils sont rouges, gris, jaunes, violets. Leur épaisseur est de 50 mètres. On les emploie comme pierres de construction en Alsace et sur les bords du Rhin. Les bancs inférieurs compacts sont employés comme pierres de taille; ceux de la partie moyenne plus micacés servent pour les meules; enfin les bancs supérieurs, encore plus micacés, sont employés comme pierres à daller. On trouve dans ces grès des empreintes végétales : *Equisetum*, *Voltzia*, etc., surtout à Soultz-les-Bains. Il y a aussi des pistes de Labyrinthodontes à la partie inférieure des plaques de grès séparées par des lits argileux, comme nous l'avons déjà expliqué. Il y a même sur le grès de petites empreintes arrondies en relief, dues aux gouttes de pluie tombées sur l'argile encore fraîche; des sables fins ont pénétré dans les creux formés sur la vase par ces gouttes et en se solidifiant sont devenus des grès.

Le muschelkalk se montre au-dessus des grès bigarrés, mais sans présenter les dépôts gypsifères et salifères qu'il contient en Allemagne. Ici, par suite, la profondeur de la mer n'a pas varié et l'évaporation ne s'est pas produite. On distingue des couches inférieures à *Lima lineata* et des couches supérieures à Cératites. A Lunéville la partie supérieure devient marneuse et s'associe à des marnes noires contenant des débris de végétaux, de Poissons, de Labyrinthodontes.

Viennent ensuite les marnes bariolées improprement appelées irisées. Elles constituent une dernière zone triasique en avant du muschelkalk qui est lui-même en contre-bas des grès bigarrés. Cet étage débute par des marnes charbonneuses à empreintes végétales qui répondent au Lettenkohle d'Allemagne. Dans les marnes bariolées de Lorraine, se trouvent des amas de sel gemme. Ils forment des lentilles allongées séparées par des couches de marnes et d'argiles contenant du gypse. Ces amas ont un grand développement à Dieuze. Il y a là sur 58 mètres de puissance trois couches de sel dont la plus puissante a 13 mètres d'épaisseur. On exploite activement le sel à Dieuze, à Varangéville près Nancy, etc. La formation se termine par des schistes à *Equisetum* avec des couches de charbon pyriteux exploitées en Lorraine et dans la Haute-Saône.

En se dirigeant vers le Luxembourg, on voit les marnes bariolées perdre leurs amas salifères, tandis que ceux-ci se montrent comme en Allemagne dans le muschelkalk. Dans le Jura au contraire, le Trias présente le facies de la Lorraine, et aux environs de Salins on exploite le sel. Entre les Vosges et le Jura se dresse la montagne de la Serre, où les trois étages du Trias sont représentés sur le terrain Permien : 25 mètres de grès bigarrés, 30 à 40 mètres de muschelkalk et quelques mètres de marnes bariolées avec gypse. Le même facies existe dans le Mâconnais, tandis que dans le Morvan l'élément calcaire disparaît. Alors le Trias est purement littoral, il ne comprend que les grès bigarrés et les marnes bariolées gypsifères. Dans le sud du Plateau Central, dans l'Aveyron, le muschelkalk reparaît. Il en est de même dans les Maures et l'Esterel aux environs de Toulon, ce qui indique un régime plus marin. Nous verrons en effet qu'une vaste mer s'étendait au sud-est.

Aux environs de Lyon le Trias complet existe. A Chessy, il y a dans les grès bigarrés des minerais de cuivre (azurite et malachite).

Le versant occidental des Alpes, montre le Trias sans muschelkalk dans l'Oisans et la Savoie. Les gisements de gypse et d'anhydrite avec sel gemme sont très étendus à Moutiers et à Bourg-Saint-Maurice. Les trois étages sont développés à Modane, mais extrêmement pauvres en fossiles : à la base des grès blancs, puis des calcaires magnésiens avec quelques coquilles du muschelkalk, enfin des schistes avec amas de gypse.

Dans le sud-est de la France, le Trias existe. Près de Lodève les grès bigarrés contiennent de nombreuses empreintes de Labyrinthodontes. Dans les Pyrénées le Trias affleure en divers points, et de même en Espagne. On trouve surtout des grès bigarrés et des marnes bariolées gypsifères et salifères, mais il y a aussi des calcaires gris avec fossiles marins correspondant au muschelkalk.

FACIES CONTINENTAL: ARDENNES, ANGLETERRE.

A l'époque triasique l'Ardenne, le Boulonnais, l'Angleterre formaient une vaste surface émergée comprenant aussi le Bretagne. Il y avait là un continent atlantique sur les bords duquel le Trias n'est représenté que par les formations littorales et lagunaires. Dans l'Ardenne, surtout dans la vallée de la Semoy et aux environs de Malmédy, on trouve des conglomérats, des poudingues formant des épaisseurs de 100 à 150 mètres appliqués sur le Dévonien et surmontés de marnes bariolées. Les poudingues proviennent sans doute de dépôts torrentiels amenés par un grand fleuve venant déboucher dans un golfe profondément encaissé entre l'Ardenne et le Hunsrück (1). Il faut citer aussi les poudingues à ciment rougeâtre affleurant en divers points du nord de la France, ainsi à Fléchin, Audincthun (Pas-de-Calais). Près de Douai, en creusant des puits pour chercher la houille, on a trouvé aussi un conglomérat dont les blocs sont empruntés au Dévonien et au calcaire carbonifère.

On trouve des affleurements triasiques à Littry dans le Calvados. Ils consistent en grès bigarrés à Labyrinthodontes et en marnes bariolées. Tous ces matériaux ont été empruntés à la terre ferme.

Un faciès semblable s'observe en Angleterre. Le Trias y débute par des grès rouges (new red sandstone) avec conglomérats intercalés également de couleur rouge. Ces blocs peuvent atteindre de grandes dimensions ; ils proviennent, comme l'indiquent les empreintes de coquilles qu'il srenferment, des terrains sous-jacents : Silurien, Dévonien, Carbonifère. L'épaisseur de ces grès rouges peut atteindre en certains points 600 mètres. Comme fossiles on y voit des empreintes de plantes et des traces de Labyrinthodontes. Ces dernières sont surtout abondantes à Storeton-Hill près de Liverpool.

Au-dessus des grès rouges se trouvent des marnes rouges (red marls) parfois mélangées de marnes grises et vertes et de petits lits gréseux. Elles atteignent dans le Cheshire et le Lancashire une épaisseur de 500 mètres. Elles renferment des amas lenticulaires de gypse et de sel gemme, de 60 mètres de puissance quelquefois. Ils sont exploités dans le Cheshire aux environs de Nortwich, Nantwich et Droitwich. Les marnes rouges présentent en Angleterre des empreintes végétales, des traces de Labyrinthodontes et des débris de Reptiles. Près de Bristol il y a un conglomérat dolomitique particulièrement riche en dents de Ceratodus.

En Écosse, à Elgin, il y a un gisement célèbre. Ces grès d'Elgin ont d'abord été rapportés au vieux grès rouge ; mais en réalité ils doivent être placés au niveau des marnes rouges. Il y a là des restes d'un Reptile, le Stagonolepis, voisin des Crocodiles. On y a trouvé aussi le Telerpeton elginense et l'Hyperodapedon. Le premier doit être rapproché des Lacertiens actuels, bien que présentant certains caractères des Batraciens. Le second qui atteint 2 mètres de longueur est considéré par Huxley comme voisin du genre Hatteria encore vivant à la Nouvelle-Zélande. Enfin, on a découvert récemment à Elgin (1) un Reptile du genre Dicynodon, qui jusqu'alors n'avait été trouvé que dans les grès du Karoo (Afrique australe) et dans les couches de Panchet aux Indes. Il y a aussi des restes de Dinosauriens, Reptiles que nous étudierons plus loin en détail.

En résumé le Trias anglais diffère du Trias typique allemand et vosgien par l'absence d'un étage équivalent au muschelkalk.

LE FACIES PÉLAGIQUE DU TRIAS. LE TRIAS ALPIN.

Pendant longtemps on a pensé que le Trias avait partout la même composition que dans les régions classiques de l'Allemagne, des Vosges, d'Angleterre. Mais en réalité ce n'est là qu'un faciès littoral du Trias qui se retrouve également dans les Alpes françaises et quelques autres régions. Au contraire un faciès de haute mer, un faciès pélagique s'observe ailleurs, et le type s'en montre dans les Alpes orientales où se dressent dans le Tyrol de hautes montagnes calcaires et dolomitiques. On l'observe aussi dans les Carpathes, en Sicile, puis dans une partie de l'Asie, l'Himalaya, Timor, le Japon, à la Nouvelle-Calédonie, la Nouvelle-Zélande, une partie de l'ouest de l'Amérique du Nord : la Californie, les États de Nevada, d'Idaho, enfin au Pérou. Ce type pélagique ne manque pas dans les régions arctiques en Sibérie et au Spitzberg (2). On peut dire que le faciès alpin du Trias est le faciès océanique de cette période. Un vaste océan s'étendait dans le sud-est de l'Europe et couvrait l'Asie méridionale et les régions du Pacifique. Au contraire, le faciès occidental est celui d'un bassin peu profond dont les ramifications étaient encaissées entre des terres de grande étendue.

Nous devons à l'étude du Trias alpin aux efforts d'un grand nombre de savants, parmi lesquels il faut citer surtout Emmerich, Gümbel, von Hauer, von Klipstein, Benecke, de Richtho-

(1) Vélain, Géologie stratigraphique, 4e édition, 1892, p. 393.

(1) Prestwich, Geology, t. II, Oxford, 1888, p. 164.
(2) Neumayr, Erdgeschichte, II, p. 240.

Fig. 289. — Dolomie du Schlern (d'après von Mojsisovics). Récifs coralliens (page 181).

fen, Stache, Suess, de Mojsisovics. Un caractère très remarquable du Trias alpin est l'existence de nombreuses Ammonites associées à des formes paléozoïques comme les Orthoceras. Il en est ainsi à Saint-Cassian dans le Tyrol méridional, à Hallstatt et Aussee dans le Salzkammergut (fig. 289). La faune du Trias alpin montre de grandes différences avec celle du Trias occidental, différences qui tiennent à ce qu'il s'agit ici d'une mer largement ouverte. Les rapports avec le faciès occidental sont les mêmes que ceux qui ont été observés plus haut entre le Permien de l'Europe occidentale et celui d'Arménie et des Indes, si remarquable par sa faune d'Ammonites.

Dans le chapitre précédent nous avons déjà cité un certain nombre de formes d'Ammonitides du Trias alpin, telles que le *Pinacoceras Metternichi*, remarquable par la complication de sa ligne suturale, le *Tirolites cassianus*, le *Trachyceras Aon*, etc. Il y a là aussi les premiers types d'un groupe de Céphalopodes que nous aurons à étudier en détail à propos du Jurassique, le groupe des Bélemnitides. Les Gastéropodes sont représentés par un grand nombre de petites espèces à Saint-Cassian et à Esino

sur le lac de Côme. Parmi les Lamellibranches les plus caractéristiques sont *Daonella Lommeli* et *Monotis salinaria*. Il faut citer aussi des Oursins (*Tiarechinus*) et des Brachiopodes (*Terebratula*, *Spiriferina*, etc.) dont plusieurs genres remontent à l'ère paléozoïque.

À Raibl en Carinthie on a trouvé des Crustacés ; il en est de même pour Seefeld dans le Tyrol septentrional, localité qui a fourni aussi des Poissons Ganoïdes. Il y a aussi des Reptiles du genre *Nothosaurus*, caractéristique du muschelkalk. On a même découvert à Reifling, à la limite de la Haute-Autriche et de la Styrie, des restes d'Ichthyosaure, Reptile remarquable très commun, comme nous le verrons, dans le Jurassique.

En certains points des Alpes il y a des gisements de plantes terrestres. Près de Recoaro, au nord de Vicence, on a découvert de nombreux restes d'un arbre Conifère du groupe des *Araucaria*. Dans le Trias supérieur, notamment près de Raibl en Carinthie et près de Lunz dans la Basse-Autriche, se trouvent des empreintes végétales qui sont analogues à celles du keuper occidental. Il faut citer aussi, à cause de leur grande extension dans le Trias alpin, certaines Algues calcaires, les *Dactyloporidées*, qu'il faut ranger près des Siphonées vivantes. Elles sont construites sur le type des *Cymopolia* vivantes, et consistent en une sorte de tige surmontée de rameaux verticillés. Entre les ramifications se trouvent des sporanges sphériques qui peuvent s'incruster de calcaire comme le reste de la plante. A l'état fossile il ne reste plus que le squelette calcaire, présentant des sortes de pores correspondant aux rameaux verticillés et des cavités dans lesquelles se trouvaient les sporanges. Il y a ainsi une grande ressemblance entre ces fossiles et les Polypiers des Bryozoaires ou des Foraminifères. Aussi les Dactyloporidées ont-elles été rangées dans le règne animal jusqu'aux recherches de M. Munier-Chalmas qui a mis en évidence leur nature végétale (1). Ces Algues se trouvent dans un grand nombre de couches, depuis le Trias jusqu'au Tertiaire. L'un des genres les plus répandus est celui que Gümbel a nommé *Gyroporella*. Beaucoup de montagnes du Tyrol méridional sont presque exclusivement formées de débris de *Gyroporella cylindrica*. Celle-ci consiste en tubes formés d'articles courts avec des pores disposés en deux ou plusieurs rangées sur chaque article.

La détermination de l'ordre dans lequel se succèdent les couches triasiques dans les Alpes, est très laborieuse, car cette étude rencontre de grandes difficultés : d'abord les dislocations locales qui troublent la disposition des couches, puis la distribution irrégulière des fossiles, qui sont parfois extrêmement nombreux en un point déterminé et très rares en un autre , le mauvais état de ces fossiles en certains points, ce qui ne permet pas de voir si on a affaire à la même espèce ou à des espèces différentes. Mais le principal obstacle consiste dans la variété de facies d'un même horizon. Celui-ci peut, sur une faible étendue, présenter successivement des marnes et des calcaires bien stratifiés, et des dolomies presque dépourvues de stratification ; d'autre part une même espèce de roche peut se retrouver dans les horizons les plus différents.

Malgré ces difficultés, nous avons aujourd'hui, grâce aux efforts des savants que nous avons cités, une idée assez complète du Trias alpin.

Ce dernier repose sur les grès de Gröden qui répondent par leur flore au Rothliegendes

(1) Munier-Chalmas, *Siphonées verticillées* et *dichotomes* (*Comptes rendus de l'Académie des sciences*, 1877, et *Bulletin de la Société géologique*, 1879.

permien. Il débute par un complexe de couches, appelé *schistes de Werfen*, du nom d'une localité au sud de Salzbourg. La partie inférieure (*couches de Seiss*) consiste en grès schisteux généralement rouges, quelquefois gris ou verts, contenant en grande quantité la *Monotis Clarai*. Les assises supérieures (*couches de Campil*) présentent des bancs calcaires, et localement des gisements gypseux. On trouve dans les calcaires comme fossiles caractéristiques des Ammonites, notamment *Tirolites cassianus*. Les schistes de Werfen contiennent aussi deux coquilles : *Myophoria costata* et *Myacites fassænsis* qui existent en dehors des Alpes dans les assises supérieures des grès bigarrés. La présence de ces coquilles permet de rapporter les schistes de Werfen à l'âge des grès bigarrés. Il faut toutefois remarquer qu'ils semblent ne répondre qu'à la partie supérieure de ces grès, et dans les Alpes il paraît y avoir une lacune entre les grès bigarrés supérieurs et les couches permiennes les plus jeunes. Cependant on voit dans le sud du Tyrol s'intercaler entre les grès permiens de Gröden et les schistes triasiques de Werfen le calcaire à Bellérophon. On le regarde généralement comme répondant à la partie supérieure du Zechstein, mais il se pourrait que ce fût un terme de passage entre le Permien et le Trias.

En résumé l'étage inférieur du Trias classique d'Allemagne et des Vosges trouve son représentant dans les Alpes orientales, et l'homologie est assez facile à établir. Pour l'étage moyen les difficultés sont plus grandes. Le muschelkalk alpin se présente sous plusieurs aspects : calcaires rouges ou noirs à Ammonites ou à Brachiopodes, calcaires marneux avec Crinoïdes, Lamellibranches et Gastéropodes, masses calcaires ou dolomitiques très épaisses et très pauvres en fossiles, toutes ces roches alternent et il n'est possible d'établir une homologie avec le muschelkalk classique que pour certaines assises. A la partie inférieure se trouvent des calcaires noirs bien stratifiés, contenant des Brachiopodes et quelquefois des Ammonitidés. Cette assise, appelée assise à *Ceratites binodosus*, présente de grandes analogies avec le muschelkalk occidental, surtout avec sa partie inférieure composée de calcaires à surface ondulée connus sous le nom de *Wellenkalk*. Il y a des espèces communes : telles sont la *Terebratula vulgaris* et la *Retzia trigonella*. Le calcaire à Brachiopodes de Recoaro près de Vicence rappelle absolument celui de la haute Silésie. Il faut aussi noter à ce niveau des schistes avec plantes terrestres.

La partie supérieure du muschelkalk alpin (assise à *Ceratites trinodosus*, appelée aussi *calcaire de Virgloria, calcaire de Reifling*), n'a plus que des analogies lointaines avec le muschelkalk extra-alpin. Il n'y a plus d'espèces communes. Ce calcaire mérite le nom de calcaire à Céphalopodes ; il en contient un très grand nombre d'espèces, surtout des genres *Ptychites* et *Ceratites*. L'un des gisements les plus connus se trouve aux environs de Gosau dans le Salzkammergut. Neumayr en cite un également découvert depuis peu à Serajewo, en Bosnie ; il est remarquable par la belle conservation des fossiles.

Si l'on considère maintenant le Trias supérieur des Alpes orientales, on ne trouve presque pas de ressemblance avec le Keuper allemand et vosgien. A peine quelques coquilles isolées et quelques plantes terrestres sont-elles communes aux deux formations, et les facies sont très variés dans les Alpes. Il est nécessaire de distinguer dans le Trias supérieur de cette région, deux étages distincts : l'*étage norien* qui est l'étage inférieur, l'étage *carnien* qui est l'étage supérieur. Ils ont été spécialement étudiés par M. de Mojsisovics. Il y a reconnu un grand nombre de zones caractérisées par des Ammonites. Le calcaire de Hallstatt dans le Salzkammergut est particulièrement remarquable par l'abondance des Céphalopodes.

L'étage norien du Salzkammergut débute par les couches de Zlambach et d'Aussee composées de marnes et de calcaires. Il y a là aux environs d'Ischl, Hallstatt, Aussee, à Hallein dans le district de Salzbourg, à Berchtesgaden, etc., de riches gisements de sel gemme dont beaucoup sont exploités depuis longtemps. Comme fossiles on trouve des Bivalves, des Coralliaires et un grand Céphalopode qui caractérise cette assise : le *Choristoceras Haueri*.

Au-dessus des couches de Zlambach vient le calcaire de Hallstatt rouge, jaune, ou de couleurs variées et dont les variétés les plus dures sont exploitées comme marbre. On peut y distinguer plusieurs zones caractérisées par des Ammonites ; elles sont de bas en haut : 1re zone à *Pinacoceras Metternichi*, 2e zone à *Pinacoceras parma*, 3e zone à *Arcestes ruber*, 4e zone à *Didymites textus*; 5e zone à *Tropites subbullatus*.

L'étage carnien du Salzkammergut comprend, d'après M. de Mojsisovics, à la base, les couches de Raibl, formées de marnes et de calcaires rougeâtres avec des schistes à Poissons et à végétaux. Ces couches constituent une première zone caractérisée par le *Trachyceras aonides*, qui ressemble à une Ammonite de Saint-Cassian (*T. aon*). Puis au-dessus se placent une énorme masse de dolomies (*dolomie principale*, *Hauptdolomit*) et le calcaire du Dachstein. Dans les calcaires de cette assise les fossiles caractéristiques sont un Bivalve, *Avicula exilis* et un Gastéropode, *Turbo solitarius*.

M. de Mojsisovics avait signalé il y a déjà longtemps un fait remarquable et qui était inattendu, le fait que beaucoup des Ammonites du Salzkammergut sont limitées à cette région et ne se trouvent pas dans les autres parties des Alpes. Cela se présente surtout pour l'étage norien dont les caractères dans le Salzkammergut sont tout à fait spéciaux, tandis que l'étage carnien a des espèces moins étroitement cantonnées. Ces différences qui existent entre le Salzkammergut et le reste des Alpes orientales paraissaient répondre cependant absolument à celles qui se montrent à l'époque actuelle entre deux provinces zoologiques distinctes, et le contraste est aussi brusque que pour deux mers voisines séparées par un seuil émergé, comme l'isthme de Suez ou l'isthme de Panama. M. de Mojsisovics regardait par suite le Salzkammergut d'une part et le reste des Alpes orientales comme formant deux provinces : le Salzkammergut constituait la province *juvavique* (1), la partie sud des Alpes appartenait à une province *méditerranéenne* (2). Aucune espèce juvavique de l'étage norien n'avait été trouvée jusqu'ici dans les dépôts de la province méditerranéenne. Il y a même des genres entiers qui sont limités à l'une ou à l'autre des deux provinces. A la province juvavique appartiennent les Ammonites des genres : *Phylloceras*, *Halorites*, *Didymites*, *Tropites*, *Rhabdoceras*, *Cochloceras*, et parmi les Bivalves le genre *Halobia;* au contraire les genres *Lytoceras*, *Sageceras*, et le genre *Daonella*, allié à *Halobia*, sont purement méditerranéens. Si l'on considère la faune d'Ammonites de toutes les régions alpines à l'époque du muschelkalk, on constate qu'elle est partout la même aussi bien dans le Salzkammergut que dans le sud des Alpes, en Bosnie, dans le Bakonyer Wald, en Transylvanie, etc. Pour l'étage norien, les espèces de

---

(1) De Juvavo (l'ancien Salzbourg).

(2) Neumayr, *Erdgeschichte*, t. II, et Credner, *Elemente der Geologie*, 7e édition, Leipzig, 1891.

la province méditerranéenne sont intimement alliées à celles du muschelkalk ; il y a des espèces communes, tandis que pour le norien du Salzkammergut, il n'y a plus de ces analogies. De nouveau à l'époque carnienne les faunes deviennent semblables et la distinction entre les deux provinces s'atténue de plus en plus. Ainsi, au muschelkalk et à l'époque carnienne les deux provinces étaient en communication ; un échange de formes animales pouvait se produire ; au contraire il y avait rupture des communications à l'époque norienne. En étudiant le Trias pélagique dans les diverses parties du globe, on a pu voir que la province méditerranéenne se prolongeait en Espagne, en Sicile ; au contraire dans l'Himalaya, sur les côtes du Pacifique, au Spitzberg, il y a un type différent analogue à celui du Salzkammergut, et correspondant par suite à la province juvavique ; une espèce en particulier du juvavique se rencontre dans les parties du monde les plus éloignées, c'est la *Pseudomonotis ochotica;* de même l'*Halobia Lommeli* a une extension remarquable. On doit en conclure que dans les Alpes, à l'époque norienne, il y avait deux bassins absolument séparés, et que celui du Salzkammergut faisait partie d'une immense province océanique qui s'étendait d'une part sur les Indes, la Nouvelle-Calédonie, la Nouvelle-Zélande, la Californie, l'Amérique du Sud, d'autre part vers le Spitzberg et la mer d'Ochotsk. Au contraire la province méditerranéenne était beaucoup plus limitée et correspondait au sud de l'Europe. Il devait y avoir là une mer analogue à notre Méditerranée, mais cependant plus étendue, probablement une vaste mer intérieure comme la *Méditerranée centrale* dont Neumayr a prouvé l'existence pendant la période jurassique.

Cette théorie de M. de Mojsisovics, que nous avons tenu à exposer en détail, a été renversée il y a quelques mois à peine par son auteur lui-même. Les couches prétendues noriennes du Salzkammergut sont en réalité *supérieures* au carnien, et par suite plus récentes. Ces différences de faune s'expliquent donc par les différences d'âge sans avoir recours à l'hypothèse de deux provinces zoologiques distinctes. Il faut réunir la province juvavique et la province méditerranéenne de l'époque norienne en une seule (1).

En examinant de près la constitution des assises de la province méditerranéenne, on voit

(1) Haug, *Le Trias alpin (Revue générale des sciences,* 30 avril 1893).

dans le muschelkalk les deux zones à *Ceratites binodosus* et à *Ceratites trinodosus* de la Salzkammergut. Dans l'étage norien du méditerranéen on distingue deux zones : 1° la zone à *Trachyceras Reitzi;* 2° la zone à *Trachyceras Archelaus;* 3° la zone à *Trachyceras Aon;* il y a beaucoup moins de variété dans les formes d'Ammonites que dans la Salzkammergut. Quant à l'étage carnien on y retrouve les deux zones déjà distinguées dans le Salzkammergut : 1° la zone à *Trachyceras aonides;* 2° la zone à *Turbo solitarius.* Cette dernière zone est presque partout formée de masses considérables de calcaires et de dolomies. C'est comme nous l'avons vu déjà pour la prétendue province juvavique la *dolomie principale (Hauptdolomit).* Elle repose sur la zone à *Trachyceras aonides* (couches de Raibl) formée de roches souvent schisteuses et où le calcaire et la dolomie sont rares. Quant au norien de la province méditerranéenne il consiste soit en un ensemble ininterrompu de dolomies pouvant atteindre 200 mètres, soit en deux parties très nettes : la partie supérieure calcaire et dolomitique, l'inférieure marneuse. On peut dire que le Trias supérieur consiste le plus souvent, de haut en bas : 1° en marnes *(couches de Partnach);* 2° une première masse de calcaires et de dolomies (calcaire de Wetterstein, d'Alberg, dolomie du Schlern (fig. 289) ; 3° une nouvelle partie schisteuse et marneuse (couches de Raibl) ; 4° la dolomie principale. Mais ces systèmes de couches ne répondent pas absolument à des horizons géologiques bien délimités, caractérisés par des fossiles spéciaux ; l'élément calcaire n'est pas toujours au même niveau ; il commence plus haut ou plus bas suivant les points considérés. En outre cet élément calcaire et dolomitique ne se présente pas en tous lieux avec la même apparence. Il peut offrir en certains points des couches bien nettes très régulières, où l'on trouve de nombreux débris d'Algues calcaires (*Gyroporella*) et des Bivalves du genre *Megalodon.* Ailleurs les calcaires et les dolomies forment des masses sans stratification distincte, où les fossiles les plus communs sont des Gastéropodes de grande taille, à coquille épaisse appartenant au genre *Chemnitzia.* Tandis que les dolomies stratifiées s'étendent régulièrement sur de vastes espaces, les dolomies non stratifiées se présentent en rochers de dimensions très variées ; leur distribution est irrégulière, et leur forme rappelle les récifs coralliens de l'époque actuelle. C'est dans le

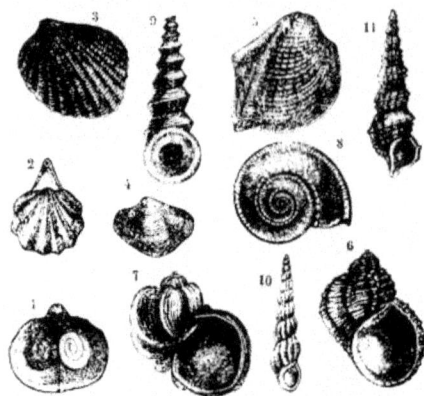

Fig. 290. — Fossiles de Saint-Cassian. — 1, *Koninckina Leonhardi*; 2, *Retzia lyrata*; 3, *Cardita crenata*; 4, *Nucula lineata*; 5, *Myophoria decussata*; 6, *Narica striatocostata*; 7, *Neritopsis cincta*; 8, *Pleurotomaria radians*; 9, *Cochlearia ornata*; 10, *Holopella punctata*; 11, *Cerithium bolivum* (d'après Laube). — 3, 4, 9, en grandeur naturelle, les autres grossis.

Tyrol méridional qu'on peut le mieux étudier cette formation (1).

Là on trouve une région dolomitique très curieuse, comprenant la partie orientale de la vallée de l'Adige et de l'Eisack et la partie sud du Pusterthal. Cette région est connue depuis Dolomieu et Léopold de Buch par les roches éruptives qui s'y trouvent. On peut y observer des porphyres augitiques dont les tufs sont souvent très développés.

Ce pays a été tout particulièrement étudié par de Richthofen, puis par M. de Mojsisovics. De toutes les parties des Alpes calcaires, c'est la région la plus belle et la plus extraordinaire. On y voit de sauvages montagnes calcaires et dolomitiques en forme d'aiguilles, d'obélisques, de murailles, et dont la coloration rosée contraste avec les verts pâturages qui sont à leur pied (1). La stratification est régulière et ne s'éloigne jamais beaucoup de l'horizontale; il n'y a pas de grands plissements, mais il existe des failles nombreuses produisant d'importantes dénivellations. Aux schistes de Werfen (fig. 291), qui appartiennent au Trias inférieur, et au muschelkalk qui vient ensuite, succèdent les couches de Buchenstein à *Trachyceras Reitzi*. Là on peut voir de la dolomie et des roches plus molles, en couches plus minces, con-

sistant le plus souvent en bancs calcaires. Quand le premier élément domine, il en résulte une fusion complète avec le muschelkalk supérieur qui a ici un facies dolomitique. Les deux réunis forment une masse dolomitique inférieure, qui est toujours séparée nettement des masses supérieures.

L'assise de Wengen, qui vient ensuite, est caractérisée par *Trachyceras Archelaus;* on y trouve de puissantes masses de mélaphyre et de tufs mélaphyriques. Cet horizon, et l'horizon de Saint-Cassian à *Trachyceras Aon* qui lui fait suite, sont en grande partie dolomitiques, et en bien des endroits leur ensemble constitue des rochers d'une hauteur de 1,000 mètres. Le Schlern, le Langkofel et d'autres montagnes sont ainsi constitués ; la dolomie de Wengen en forme la plus grande masse, et celle de Saint-Cassian n'atteint qu'en certains points une grande puissance. Il y a là, en outre, des dépôts formés mécaniquement : les tufs de Wengen, les schistes et les marnes de Saint-Cassian, qui sont souvent très riches en fossiles.

Le gisement de Saint-Cassian, dans l'Abteithal, a fourni environ cinq cents ou six cents espèces. Cette faune des marnes de Saint-Cassian est remarquable par la petite taille des individus. Nous avons déjà parlé, dans le chapitre précédent, du *Tiarechinus princeps*, petit Oursin ayant beaucoup d'affinités avec les Oursins paléozoïques. En dehors de deux espèces

(1) Nous traduisons ici presque littéralement la description donnée par Neumayr, *Erdgeschichte*, t. II, p. 253 et suivantes.

de *Daonella* et de deux ou trois Gastéropodes, toutes les coquilles, qu'on trouve par centaines, sont de faibles dimensions (fig. 290). Les Ammonites aussi sont petites; mais ce fait est peu important, car il indique seulement que nous avons affaire ici non à la coquille entière, mais à sa partie la plus jeune, tandis que la partie extérieure a été détruite, et celle-ci pouvait être de grande taille. Les Brachiopodes sont de dimensions exiguës. On n'a trouvé, jusqu'ici, que de petits tests d'Oursins, mais on en a découvert aussi des piquants qui sont de taille ordinaire. Les Crinoïdes ont la taille habituelle, tandis que les Spongiaires et les Coralliaires sont de taille très inférieure à la normale. La figure 290 donne une idée de cette faune remarquable. On doit naturellement se demander quelle a pu être la cause de cette petitesse des animaux. On sait que les Mollusques marins, lorsqu'ils vivent dans une eau peu salée, éprouvent une diminution de taille ; c'est ce qui a lieu pour la Baltique et pour d'autres bassins du même genre. On peut donc supposer qu'il s'agit aussi, à Saint-Cassian, d'une faune d'eau saumâtre. Mais une telle faune est caractérisée non seulement par la petitesse des coquilles, mais par leur minceur et par le petit nombre des individus, ce qui n'est pas le cas pour les Mollusques de Saint-Cassian. On pourrait aussi supposer qu'il s'agit ici de jeunes individus, et qu'il y avait là un golfe abrité où de nombreux animaux seraient venus pondre leurs œufs, et où les jeunes auraient subi leur développement. Les jeunes individus seraient restés dans ce lieu de leur naissance pendant un certain temps, pour gagner ensuite la haute mer. Mais la grande majorité des animaux de Saint-Cassian ont toute leur croissance, et appartiennent à des espèces qui restent petites toute leur vie. De plus, les animaux à l'état de croissance sont généralement incapables de se déplacer, ou se déplacent si peu et si lentement, que de pareils voyages sont impossibles. Il faut remarquer aussi que dans le gisement de Saint-Cassian il y a beaucoup d'espèces appartenant à des genres qui ne présentent pas, au moins au Trias, des individus de grande taille; c'est le cas, en particulier, des genres *Nucula*, *Corbula*, *Cardita*, dont certaines espèces sont assez petites, quoique répondant aux plus grandes de celles de Saint-Cassian. On trouve aussi en d'autres points, parmi des types de grandes dimensions, de petites espèces de ces mêmes divisions.

Il en résulte qu'on ne peut invoquer, pour Saint-Cassian, un dépérissement des Mollusques. Il vaut mieux supposer que dans cette localité les conditions extérieures n'étaient favorables qu'à l'épanouissement de petites espèces. Quelles étaient ces conditions? c'est ce que

Fig. 291. — Profil géologique à travers le Schlern et la Seisser Alp (d'après de Mojsisovics). — *a*, schistes de Werfen; *b* et *c*, muschelkalk; *d*, couches de Buchenstein; *d'*, dolomie de Buchenstein (faciès dolomitique des couches de Buchenstein); *e*, porphyre argilique ; *f*, couches de Wengen; *f'*, dolomie du Schlern (faciès dolomitique des couches de Wengen); *h*, couches du Raibi *i*, dachsteinkalk.

nous ne pouvons pas encore préciser. On peut cependant remarquer à ce sujet qu'à l'époque actuelle de semblables conditions existent. Ainsi, au milieu des Algues si nombreuses dans cette région de l'Atlantique appelée mer des Sargasses, il y a de nombreux petits Mollusques, dont les coquilles tombent après leur mort au fond de la mer. Il n'est pas probable que la faune de Saint-Cassian vivait dans des conditions analogues, car elle dénote, par les genres qui la composent, une eau peu profonde ; mais le fait invoqué plus haut suffit, comme le constate Neumayr, pour montrer qu'il n'est pas nécessaire d'invoquer, à l'égard des petites espèces de Saint-Cassian, des conditions locales extraordinaires (1).

Au-dessus de la zone à *Trachyceras Aon* commence l'étage carnien avec les couches de Raibl (*T. aonides*). C'est un ensemble de grès, de schistes, de calcaires argileux, d'argiles de couleur rouge, contenant en certains points de nombreuses coquilles. Cet ensemble est recouvert par la dolomie principale et le calcaire du Dachstein, avec de grands *Megalodon*. Ces roches forment souvent avec l'étage rhétien, base du Jurassique, un assemblage inséparable dont l'épaisseur est comparable à celle des dolomies de Wengen et de Saint-Cassian. Beaucoup de hautes montagnes, comme les trois créneaux de Schluderbach, le Monte-Cristallo, la Tofana, l'Antelao près d'Ampezzo, et d'autres encore, sont ainsi constituées ; ailleurs, la partie inférieure des montagnes répond aux horizons de la dolomie de Wengen et de Saint-Cassian. En beaucoup de points de la partie est du Tyrol méridional, il y a trois masses dolomitiques superposées : l'inférieure répond au muschelkalk supérieur et au Norien inférieur (dolomie de Mendola) ; la seconde au Norien supérieur et au Carnien inférieur (dolomie du Schlern) ; enfin, la plus élevée au Carnien supérieur et au Rhétien.

Les dolomies, comme nous l'avons vu, sont ou bien nettement stratifiées ou bien dépourvues de toute stratification. Les dolomies non stratifiées se présentent en blocs massifs irréguliers à pentes raides, pauvres en fossiles. Leurs caractères les ont fait regarder d'abord par de Richthofen, puis par M. de Mojsisovics, comme des constructions coralliennes analogues aux récifs actuels. D'après M. de Mojsisovics, à l'époque triasique, les roches cristallines de la chaîne centrale des Alpes formaient déjà une île, et les calcaires et dolomies non stratifiées sont les restes d'une puissante barrière de récifs, séparée de l'île cristalline par une lagune, comme cela se présente aujourd'hui sur

les côtes de la Nouvelle-Calédonie (1). Quant aux dolomies et calcaires stratifiés de l'âge de la dolomie du Schlern, ils se seraient déposés dans la lagune ; ils se trouvent, en effet, entre les récifs dolomitiques et la zone cristalline des Alpes.

L'opinion de M. de Mojsisovics sur l'origine des dolomies non stratifiées est généralement adoptée. C'est la seule hypothèse qui puisse rendre compte des faits, malgré un certain nombre de difficultés. Ainsi dans les récifs dolomitiques du Tyrol on peut remarquer la rareté des restes de Polypiers. Ceux-ci cependant, malgré leur mauvais état de conservation, sont encore les fossiles les plus communs dans ces récifs ; on n'y trouve en outre que des Algues calcaires, des Échinodermes et quelques grands Gastéropodes. Mais la plus grande partie de la roche est dépourvue de fossiles, a presque une texture cristalline et comme l'a montré Loretz, même au microscope on n'y constate généralement pas une structure organique. Cette rareté des fossiles ne doit cependant pas faire douter de l'origine de ces récifs. En effet, à l'époque actuelle, beaucoup de calcaires proviennent de la trituration des débris de Coraux, toute trace de structure organique peut y disparaître et la roche se présente avec un grain régulier. Les récifs coralliens actuels des régions tropicales se montrent avec des débris de Coraux plus nombreux que ceux des récifs du Tyrol méridional, mais il faut observer que ces derniers datent d'une époque très reculée ; puis la circulation des eaux chargées d'acide carbonique a eu le temps d'altérer leur structure, d'autant plus que les Coralliaires résistent beaucoup moins à l'action de l'eau riche en acide carbonique, que ne le font les Échinodermes, les Foraminifères, les Algues calcaires et autres organismes. Il faut remarquer aussi que les récifs du Tyrol poussent des contreforts dans la région des marnes, et ces prolongements qui ont été ainsi protégés contre l'action de l'eau par des couches peu perméables, présentent en beaucoup de points de nombreux restes de Coralliaires et de Crinoïdes. Les récifs du Tyrol sont donc bien d'origine corallienne. Il est plus difficile de s'expliquer les calcaires et dolomies stratifiés, formant des masses d'une épaisseur énorme et très pauvres en fossiles. M. de Mojsisovics les regarde, avons-nous dit, comme s'étant produits dans la lagune entourée par la muraille

(1) Neumayr, p. 253.

(1) Voir pour les récifs coralliens, *la Terre, les Mers et les Continents*, p. 426.

Fig. 292. — Traces de pas sur les grès du Connecticut (d'après Dana) (page 193).

de récifs. Telle a pu être leur origine dans beaucoup de cas, mais dans d'autres il est impossible d'accepter cette hypothèse. Ainsi les dolomies bien stratifiées qui sont disposées sur les parties les plus élevées des récifs, n'ont pu se former de cette manière; il en est de même pour la dolomie principale (*Hauptdolomit*) des Alpes septentrionales qui ne présente aucune relation avec des récifs. D'après les recherches de Walther, les Algues calcaires auraient pris part à la formation de ces masses; dans d'autres terrains elles se montrent aussi comme d'actifs agents de construction.

Il ne faut pas distinguer, dans ce qui précède, entre les calcaires et les dolomies, car il y a tous les passages entre le calcaire pur et le calcaire complètement dolomitisé, et l'on ne trouve aucune différence dans la manière d'être des deux sortes de roches; leur structure, leur mode de stratification sont indé-

pendants de la composition minéralogique.

La dolomitisation, c'est-à-dire la transformation plus ou moins complète du carbonate de chaux en carbonate de magnésie, paraît être due à plusieurs causes. Il y a souvent au voisinage des dolomies des porphyres augitiques et des mélaphyres. Les éruptions de ces roches ont été accompagnées, d'après la plupart des géologues, d'émanations magnésiennes qui auraient transformé le calcaire préexistant en dolomie. Toutefois il y a de nombreux massifs au voisinage desquels on ne voit pas de roches éruptives. Il faut alors supposer que la dolomitisation s'est faite progressivement de la même manière que dans les récifs coralliaires actuels, où d'après Dana on peut trouver 38 p. 100 de carbonate de magnésie. Les sels magnésiens de l'eau de mer se sont peu à peu infiltrés dans le calcaire et l'ont graduellement transformé (1).

AUTRES RÉGIONS TRIASIQUES.

Le faciès alpin se retrouve, comme nous l'avons déjà dit, dans un grand nombre de régions triasiques, mais on ne trouve nulle part une faune aussi riche que dans les Alpes orientales. Dans certains horizons seulement on peut obtenir de beaux fossiles. Ainsi, dans le nord-est de la Dalmatie, se montre bien représentée la faune à Cératites des couches de Werfen; à Serajewo, en Bosnie, le muschelkalk est bien développé sous son faciès alpin. Au contraire, dans ces mêmes régions, le Trias supérieur consiste en un calcaire très pauvre en fossiles où les gisements importants sont peu nombreux. Il faut citer aussi la région de la Hongrie appelée le Bakonyer Wald,

au nord du lac Balaton. Là existent le muschelkalk et le Norien inférieur avec les fossiles de la province méditerranéenne. Dans les Carpathes il y a des calcaires et des dolomies sans fossiles, et aussi des schistes et des argiles rouges et des grès de couleur claire qui paraissent correspondre au keuper de l'Europe occidentale. En un petit nombre de points, comme à Pozoritta, en Bukowine, il y a un calcaire à Ammonites du faciès méditerranéen; dans la région de Balan en Transylvanie, les dépôts noriens ont le caractère juvavique. Toula a trouvé le muschelkalk dans les Balkans. Le

(1) *La Terre, les Mers et les Continents,* p. 410.

Fig. 203. — « Les Palissades de l'Hudson » près de New-York. — *a*, gneiss laurentien ; *b*, grès du Trias ; *c*, colonnes de roche éruptive de 130 mètres de hauteur (page 190).

Trias à Ammonites existe près de Palerme, en Sicile ; de Verneuil a aussi découvert une petite faune de l'âge norien près de Mora sur l'Èbre en Espagne. On peut dire que la partie sud-est de la Péninsule hispanique présente le facies alpin et le nord-ouest le facies occidental. On peut encore citer quelques points isolés où se montre le Trias inférieur avec le facies alpin. Ainsi dans la steppe d'Astrakan se dresse le mont Bogdo où déjà L. de Buch avait trouvé des Ammonites. D'après M. de Mojsisovics, les fossiles y appartiennent à la province alpine du Trias inférieur ; tels sont les genres *Tirolites* et *Balatonites ;* le *Tirolites cassianus* est commun aux deux pays. Abich a trouvé les mêmes analogies de faune dans les couches de Djoulfa sur l'Araxe, en Arménie. Les fossiles sont ceux des couches de Werfen, de sorte qu'au Trias inférieur ces points appartenaient à une seule et même province géographique méditerranéenne.

Au contraire, on observe sur une vaste étendue un Trias inférieur de faune différente, où, au lieu des *Tirolites*, les genres caractéristiques sont *Dinarites, Xenodiscus*, etc. C'est ce qui résulte des travaux de Mojsisovics, sur les documents fournis par plusieurs voyageurs (1). A l'embouchure de l'Olonek, dans la Sibérie orientale se trouve un gisement déjà exploré par Middendorf et Keyserling. Czekanowski en a rapporté un grand nombre de fossiles (1878). La faune est certainement du même âge que celle des couches de Werfen, mais elle est différente ; les genres dominants sont *Dinarites, Ceratites, Sibirites, Xenodiscus, Meekoceras.* Ces Ammonites ont des relations intimes avec la faune permienne, et les genres *Xenodiscus* et *Meekoceras* sont caractéristiques des plus anciennes couches triasiques des Indes. Au Spitzberg on trouve dans le Trias inférieur une faune analogue à celle des couches d'Olonek. Il en est de même pour les contrées qui avoisinent l'océan Pacifique, comme le Japon, l'île de Timor, le Salt Range et l'Himalaya dans les

(1) Voir un résumé des travaux de M. de Mojsisovics dans l'*Annuaire géologique universel*, t. III, 1887, p. 210.

Indes, où il y a un mélange de formes arctiques et de formes alpines, la partie ouest des États-Unis (États d'Idaho et de Wyoming) où les couches à *Meekoceras* sont synchroniques des couches à *Dinarites* de l'Olonek, et les Andes chiliennes.

Dans le Trias moyen ou muschelkalk la même opposition subsiste ; il y a encore deux provinces océaniques, l'une méditerranéenne, l'autre qui s'étend sur les régions arctiques et les régions du Pacifique. Au Spitzberg le muschelkalk est représenté par des calcaires à Posidonomyes et à Cératites, et par des couches supérieures, également calcaires, à Daonella et à Céphalopodes. Ce muschelkalk de l'ouest de l'Amérique du Nord, celui des Indes diffère aussi de celui de la région alpine, bien que riche en Céphalopodes. En résumé, dans le Trias inférieur et moyen, on peut distinguer deux grandes provinces océaniques : l'une méditerranéenne comprenant la région alpine, la Méditerranée actuelle et s'étendant vers l'orient ; l'autre beaucoup plus vaste, qu'on peut appeler province arctico-arctique et correspondant à l'Océan glacial arctique et au Pacifique actuel. Mais le fait que dans les Indes on trouve des types des deux régions, un mélange de formes arctiques et de formes méditerranéennes, conduit à cette supposition que le bassin méditerranéen communiquait par un détroit oriental avec le bassin arctico-pacifique.

Au Trias supérieur les choses changent de face. Comme on l'a vu, il n'y a pas en réalité alors dans la région alpine deux provinces bien distinctes : la province méditerranéenne proprement dite et la province juvavique comprenant le Saltztrammergut et le Salzbourg. Mais les espèces prétendues juvaviques ont une extension extraordinaire, elles se retrouvent dans toute la province arctico-pacifique. Les groupes des *Ceratites geminati* et *obsoleti* du Salzkammergut, le genre *Arpadites* du même pays se montrent au Japon, en Californie (Star-Peach-group), au Pérou, à la Nouvelle-Zélande. Dans toutes ces régions on trouve les *Pseudomonotis*. Une espèce de ce genre, *P. ochotica*, découverte par Widdendorf et Keyserling sur la côte méridionale de la mer d'Okhotsk, retrouvée par Czekanowski près de Werchojansk sur la Jana (Sibérie sud-orientale), présente une extension extraordinaire. Elle existe au Japon, à la Nouvelle-Calédonie, la Nouvelle-Zélande, la Colombie Britannique, la Californie, le Pérou, etc. L'océan arctico-pacifique, à l'époque norienne, poussait vers l'ouest, pensait-on, jusqu'à ces derniers temps un bras qui pénétrait dans la Salzkammergut, tandis que le reste de la région alpine séparée de cet océan gardait une faune dont les types sont assez analogues à ceux de l'époque précédente, et sont probablement descendus de ceux des muschelkalk. Au contraire, aux types autochtones était venue s'adjoindre ou se substituer dans la prétendue province juvavique une colonie originaire du grand Océan Pacifique.

Le Trias des États-Unis mérite quelques indications particulières. Dans la région de l'ouest nous venons de voir que c'est le facies marin arctico-pacifique qui se montre. Au contraire dans l'est, sur le versant atlantique, le Trias appartient au facies continental et il en est ainsi jusqu'aux Montagnes Rocheuses. Ce Trias d'Amérique consiste en grès rouges bruns avec des conglomérats. Sur l'espace compris entre la Nouvelle-Écosse et la Caroline du Nord, ces formations présentent les mêmes caractères. On y trouve, particulièrement dans le Connecticut, des traces nombreuses de pas de Labyrinthodontes et de Dinosauriens (fig. 292) et aussi des empreintes de gouttes de pluie.

Il y a aussi des empreintes végétales, des Conifères (*Voltzia*), des Cycadées (*Pterophyllum*, *Podozamites*), des Fougères (*Clathropteris, Pecopteris*), des Équisétacées. La flore ressemble plutôt à celle du Rhétien, base du Jurassique, qu'à celle du Trias d'Europe. Les débris végétaux sont parfois assez nombreux pour fournir des couches de combustibles. Il y en a quatre superposées près de Richmond en Virginie, la plus inférieure ayant une vingtaine de mètres de puissance. On trouve aussi des couches exploitables à Deep River dans la Caroline du Nord. Dans le Trias d'Amérique on observe de nombreuses roches mélaphyriques et porphyritiques. Ces roches éruptives traversent les couches sédimentaires et se montrent souvent en colonnes gigantesques, comme dans le Connecticut et aux célèbres Palissades de l'Hudson, au-dessus de New-York (fig. 293). Il y a là des prismes de 130 mètres de hauteur. L'épaisseur totale du Trias de l'est des États-Unis varie de 1,500 à 15,000 pieds. Il est impossible d'y pratiquer la division en trois étages comme pour le Trias d'Europe. Les couches paraissent correspondre au Keuper, et elles sont d'origine lacustre (1). Il faut en conclure que pendant la période triasique le versant atlantique des États-Unis était occupé par une vaste surface émergée présentant de grandes mers intérieures d'eau douce. Un fait qui prouve aussi l'existence d'un continent dans cette région, c'est la découverte des Mammifères (*Dromatherium sylvestre*) dans les grès de la Caroline du nord.

GÉNÉRALITÉS SUR LES MERS ET LES CONTINENTS DU TRIAS.

Nous pouvons maintenant, après avoir examiné le Trias des différents pays, nous faire une idée générale assez exacte des mers et des continents du Trias.

L'Océan glacial arctique existait ainsi que le Pacifique et ils se trouvaient en communication, formant un seul et même bassin océanique. C'est ce que prouve, comme nous l'avons vu, la présence des Trias de facies pélagique dans les régions polaires et sur les côtes du Pacifique actuel. Au contraire l'océan Indien était occupé par un continent, le continent de Gondwana ou indo-africain dont nous avons déjà reconnu l'existence au Carbonifère et au Permien. Et en effet les parties supérieures des couches de Gondwana dans l'Inde sont triasiques. On leur donne le nom de couches de Panchet. Elles contiennent des végétaux et

des restes de Vertébrés. Ce sont assurément des formations lacustres. Elles indiquent la présence d'un continent, et comme on y trouve certains Reptiles (*Dicynodon*) des grès du Karoo au cap de Bonne-Espérance, on doit en conclure que ces deux contrées faisaient partie d'un même ensemble continental, auquel se rattachait aussi probablement l'Australie, où le Trias est également lacustre (couches à végétaux).

L'océan Atlantique n'existait pas non plus à l'époque triasique; en effet, on ne voit nulle part sur ses bords de Trias marin, ni en Europe, ni en Afrique, ni en Amérique, et il faut arriver beaucoup plus tard dans les terrains secondaires pour trouver une ceinture atlanti-

(1) Voir une analyse d'un mémoire de Cook sur le Trias des États-Unis dans l'*Annuaire géologique universel*, t. III, 1887, Paris, p. 228.

que d'origine marine; il faut descendre jusqu'au Crétacé moyen ou supérieur. Sur l'emplacement de ce bassin il y avait sans doute
des terres de vaste étendue. Nous avons vu que
le versant atlantique des États-Unis présente
un Trias de faciès continental. De même l'ouest
de l'Europe était occupé par des continents ou
des îles comme la Bohême, le Harz, l'Ardenne,
le Plateau Central. L'Ardenne, le Boulonnais,
l'Angleterre, la Bretagne formaient sans doute
une seule et même terre dont les contours sont
indiqués par des couches triasiques paraissant
continentales. Entre les îles il y avait des bras
de mer profondément encaissés où se sont déposées les couches du muschelkalk. A la fin
de la période un assèchement s'est produit, la
plus grande partie de l'Europe occidentale a
été complètement mise à sec, et c'est alors surtout que se sont produits par évaporation de
vastes dépôts de gypse et de sel. Toutefois des
oscillations se sont produites, il y a dans le
keuper d'Allemagne des intercalations marines,
et l'on trouve particulièrement la *Myophoria
raibliana* très répandue dans les Alpes orientales. Cela montre que les bras de mer qui
prolongeaient entre les terres de l'Europe se

occidentale étaient en relation avec le bassin
marin qui couvrait le sud de l'Europe. Ce bassin qu'on peut déjà appeler la Méditerranée
s'étendait sur les Alpes, l'Europe du sud-est et
se prolongeait vers l'orient en Asie, allant rejoindre par un détroit, au moins pendant le
Trias inférieur et moyen, le bassin arctico-pacifique. A l'époque, norienne qui commence le
Trias supérieur, ce bassin méditerranéen, pensait-on jusqu'à ces derniers temps, s'était divisé
en deux : une partie de la région alpine actuelle
(Salzkammergut) était en relation avec le bassin
arctico-pacifique, tandis que le reste de cette
Méditerranée en était séparé. Nous avons vu
plus haut que M. de Mojsisovics abandonne
cette manière de voir. Quoi qu'il en soit, les
communications entre l'Europe centrale et la
mer de la région alpine se sont rompues au
cours du Trias supérieur, au fur et à mesure
que la première contrée était abandonnée par
les eaux marines. Plus tard, pendant la période rhétienne, au début du Jurassique, il y a
eu de nouveau réunion; la mer s'est étendue
jusqu'en Angleterre, en Suède, et elle a couvert la plus grande partie de l'Europe.

LES ÉRUPTIONS DE LA PÉRIODE TRIASIQUE.

Les éruptions, très nombreuses et très importantes pendant le Carbonifère et le Permien,
ont continué pendant le Trias, mais avec beaucoup moins d'intensité. On peut les étudier en
Allemagne, dans les Alpes, dans les Pyrénées
et dans quelques autres régions.

En Allemagne, il n'est pas rare de trouver
des roches mélaphyriques et porphyriques
traversant en massifs ou en filons les grès bigarrés, le muschelkalk, le keuper, pour venir
former à la surface des cimes isolées. Ainsi au
Katzenbuckel, à Steinsberg non loin d'Heidel-
berg et sur le versant sud du Thuringer Wald
(Gleichberg, Gebaberg, Dollmar, etc.). Dans le
Tyrol méridional il y a eu de nombreuses éruptions de mélaphyres, de porphyres augitiques,
de porphyrites, accompagnées généralement de
tufs. Nous avons déjà eu l'occasion d'en parler.
On peut citer particulièrement dans les couches
de Wengen une roche verte (*pietra verde*) qui
est probablement un tuf. Il faut citer aussi l'A-
damello, le massif éruptif de Predazzo et celui
de Monzoni. A Predazzo le noyau interne est de
la granulite à tourmaline recouverte de syénite,
et la partie la plus élevée est constituée par du

mélaphyre et du porphyre augitique qui en-
voient d'innombrables filons dans les roches
sous-jacentes et dans les roches sédimentaires
voisines. La roche de Monzoni ou Monzonite
est une sorte de syénite ou de diabase avec du
fer oxydulé.

Dans les Alpes du Dauphiné, de la Savoie,
le Trias est traversé par des roches vertes, les
euphotides, accompagnées de serpentines. Ces
euphotides sont des roches à labrador et à
diallage. Elles constituent le mont Genèvre. A
la partie intérieure des massifs d'euphotide il y
a une autre roche de même composition et de
même couleur, mais présentant de grandes taches arrondies et blanches. Ces roches sont
appelées *variolites*. Les taches sont des globules
constitués de microlithes de feldspath et de granules pyroxéniques. Elles tiennent à un refroidissement brusque des bords du massif.

Dans les Pyrénées les roches triasiques sont
remarquables. On leur a donné le nom d'*ophites*. Elles ressemblent par leur composition aux
précédentes; il y a du pyroxène diallage, de
l'amphibole, des feldspaths plagioclases. La
texture est toute spéciale; le feldspath est sous

une forme et avec des dimensions intermédiaires entre les grands cristaux et les vrais microlithes. En somme les roches vertes appelées ophites sont plutôt caractérisées par leur structure spéciale que par leur composition ; on peut les appeler des diabases ou des gabbros à structure ophitique et les considérer comme l'équivalent des euphotides des Alpes. L'âge des ophites a été longtemps méconnu ; elles ont été regardées d'abord comme tertiaires. Le maximum d'épanchement date du keuper. On peut citer les ophites de Saint-Béat, de Saint-Jean-Pied-de-Port. Des roches plus ou moins semblables aux euphotides, aux ophites, se montrent aussi en Italie dans la région des Apennins. Les ophites ont pu être reproduites par fusion ignée (Fouqué et Michel Lévy). Leur texture spéciale,

montrant des microlithes de feldspath moulés par des plaques étendues de pyroxène, a été parfaitement obtenue.

Dans le Morvan les marnes bariolées du Trias sont traversées par des filons de quartz qui forment au-dessus de ces marnes des nappes épaisses de plusieurs mètres. Le quartz est accompagné de barytine, de galène, de pyrite, d'oligiste, de carbonate de cuivre, etc., qui indiquent un phénomène thermal analogue à ceux donnant naissance aux filons métallifères.

Rappelons enfin l'émission à l'époque triasique de nombreuses éruptions porphyritiques et mélaphyriques de l'ouest des États-Unis. Ces roches, appelées *trapps*, se présentent en filons et en coulées découpées en colonnes prismatiques. Telles sont les palissades de l'Hudson.

LA FAUNE ET LA FLORE JURASSIQUES.

La période jurassique qui succède à la période triasique est caractérisée par une grande extension des formations marines. Au début de cette période les eaux de la mer, venant du sud, ont envahi la plus grande partie de l'Europe. Il y a eu un mouvement positif graduel du niveau marin donnant lieu à des transgressions que nous aurons bientôt à étudier ; puis vers la fin de la période, le nord et l'ouest de l'Europe ont subi une émersion progressive ; ces régions ont été occupées par des grands lacs et des forêts, tandis que le régime marin a été reporté dans le sud-est, où les formations coralligènes prennent un grand développement.

Le nom de Jurassique indique que les dépôts dont il va être question sont particulièrement développés dans le Jura, mais nous verrons qu'ils existent sur tout le globe. En France, les couches jurassiques constituent le sol d'une grande partie de la Lorraine et de la Normandie, ils forment une ceinture complète autour du bassin de Paris, et une ceinture analogue autour du Plateau Central. Les deux boucles se rejoignent, donnant ainsi l'apparence d'une sorte de 8 ouvert en haut.

Les sédiments du Jurassique sont variés ; on trouve surtout à la partie inférieure des marnes, des argiles, des calcaires argileux, des grès ; mais la roche dominante est un calcaire auquel sa structure a valu le nom de calcaire oolithique. Il consiste en petits grains calcaires

de la grosseur d'un œuf de poisson réunis par un ciment également calcaire. Ces roches remarquables, qui fournissent beaucoup de matériaux de construction, sont d'origine corallienne. Il s'en produit encore actuellement d'analogues dans les mers chaudes où les Polypiers élèvent leurs édifices (1). D'une manière générale les roches du Jurassique présentent une coloration d'autant plus claire qu'elles sont plus récentes. C'est pourquoi le système jurassique est souvent divisé en trois groupes d'assises, qui ont reçu respectivement des Allemands les noms de *Jura noir* (*Schwarzer Jura*), *Jura brun* (*Brauner Jura* ou *Dogger*), et *Jura blanc* (*Weisser Jura* ou *Malm*). Les géologues français s'accordent généralement pour distinguer dans le système jurassique trois grands groupes : le groupe inférieur ou *liasique*, dont le nom vient d'un calcaire argileux noirâtre que les carriers anglais appellent *lias*, le groupe *oolithique*, enfin le Jurassique supérieur. Ces groupes sont eux-mêmes subdivisés, comme nous le verrons, en un grand nombre d'étages qui ont reçu le nom de localités remarquables par les caractères des assises jurassiques qui s'y présentent.

Le monde animal et le monde végétal du Jurassique méritent de nous arrêter, car les deux règnes organiques nous montrent dans

(1) *La Terre, les Mers et les Continents*, p. 436.

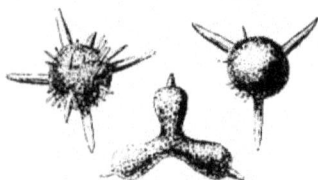

Fig. 294. — Radiolaires du Lias des Alpes, très grossis (d'après Dunikowski).

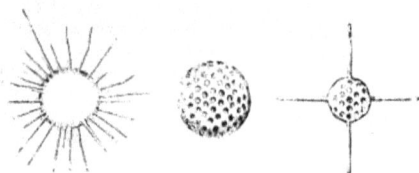

Fig. 295. — Radiolaires du Lias d'Italie, très grossis (d'après Pantanelli).

cette période une série de types curieux, très importants au point de vue de l'évolution des êtres. Nous commencerons cette étude par celle des animaux marins les plus inférieurs.

LES PROTOZOAIRES ET LES SPONGIAIRES JURASSIQUES.

Les Protozoaires sont représentés dans les Jurassiques par de nombreux Foraminifères et Radiolaires. On serait presque tenté de croire que c'est à partir de cette période que les Fora- minifères ont pris tout le développement. Mais en réalité il n'en est pas ainsi ; les schistes des terrains paléozoïques sont durs et il est difficile d'en extraire des coquilles aussi délicates que

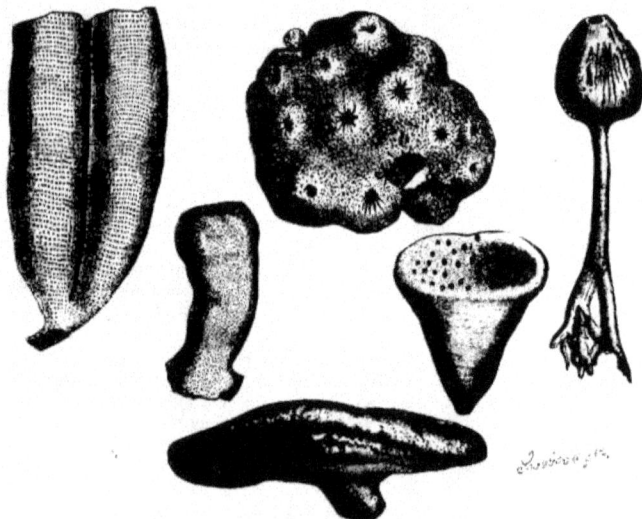

Fig. 296. — Spongiaires du Jurassique et du Crétacé.

les Foraminifères, tandis que les assises jurassi- ques contiennent beaucoup d'argiles plastiques qu'il suffit de traiter par l'eau pour mettre les coquilles en liberté dans un bon état de conser- vation. L'abondance des Foraminifères jurassi- ques s'explique donc par des conditions parti- culières de fossilisation. Ces coquilles ont été surtout décrites et figurées en France par M. Terquem. Parmi les genres les plus répan- dus, on peut citer : *Cristellaria*, *Dentalina*, *Textularia*, *Frondicularia*, *Rotalina*, *Trunca- tulina*. Comme nous avons déjà eu l'occasion

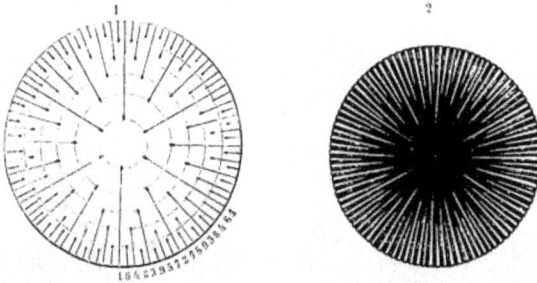

Fig. 297. — 1, représentation schématique des cloisons d'un Hexacoralliaire; 2, Hexacoralliaire vu de dessus (d'après Bronn).

de le remarquer, à propos des terrains paléozoïques, les Foraminifères ont persisté jusqu'à nos jours sans modifications sensibles ; beaucoup d'espèces même diffèrent à peine des espèces actuelles. Il en est de même pour les Radiolaires (fig. 294 et 295). M. Rust a récemment étudié ceux du Jurassique de l'Europe centrale. Ils sont très nombreux et peuvent être répartis en 76 genres qui étaient déjà connus. M. Rust a simplement décrit deux genres nouveaux (Podocapsa, Salpingocapsa). Les Radiolaires paraissent avoir pris part, à l'époque jurassique, à la formation de beaucoup de roches siliceuses ; il faut citer particulièrement les Cænosphæra très communs dans le Jurassique alpin.

Les Spongiaires (fig. 296) ont joué un rôle important pendant la période jurassique, mais leur distribution est très irrégulière, comme le fait remarquer Neumayr. Les Éponges siliceuses actuelles manquent dans les eaux peu profondes et également dans les plus grandes profondeurs ; elles se trouvent dans les profondeurs intermédiaires et même là, suivant les régions, elles sont extrêmement communes ou au contraire manquent complètement. Il en est de même pour le Jurassique et le Crétacé. Certaines couches du Jurassique de Franconie et de Souabe en renferment par milliers en certains points, tandis qu'à une faible distance, dans ces mêmes couches, on n'en trouve plus du tout. Les Éponges jurassiques les plus communes

sont les Lithistides, dont les spicules s'entrelacent de manière à former un squelette pierreux, et parmi les Lithistides il faut noter la famille des Rhizomorines à spicules ramifiés, noueux, allongés dans une même direction ; exemple : les Cnemidiastrum. Une autre famille est celle des Mégamorines à spicules plus longs, lisses et peu ramifiés ; telle est la Megalithista foraminosa du Jurassique de Nattheim. Un autre groupe de Spongiaires siliceux, celui des Hexactinellides, dont les spicules présentent six rayons, est aussi très répandu. Le calcaire jurassique supérieur de Suisse et d'Allemagne est littéralement pétri de leurs spicules. Parmi les genres les plus remarquables sont le Tremadictyon et la Cypellia. Le premier se présente sous la forme d'une coupe très évasée avec de grandes ouvertures ovales sur les parois. Les spicules, dont les rayons sont très aplatis et les nœuds de croisement très épais, forment un réseau à mailles régulières. Dans la Cypellia, de forme plus allongée, la paroi est percée de nombreux canaux très fins la traversant de part en part, ce qui n'a pas lieu chez le Tremadictyon. Les spicules sont très nets et ceux de la couche extérieure présentent quatre rayons.

Il y a aussi des Éponges calcaires appartenant au groupe des Pharetrones aujourd'hui éteint. Les types actuels ne sont représentés dans le Jurassique que par un Sycon (Protosycon punctatus).

LES POLYPIERS JURASSIQUES.

Nous avons déjà dit que les formations coralligènes sont très développées dans le Jurassique, aussi les Polypiers sont-ils très nombreux, et surtout en France et en Suisse ; ils sont moins

abondants en Angleterre, dans le nord-ouest de l'Allemagne, en Franconie, dans les Alpes et les Carpathes. Le Jurassique supérieur est de beaucoup le plus riche en débris de Coraux ; le

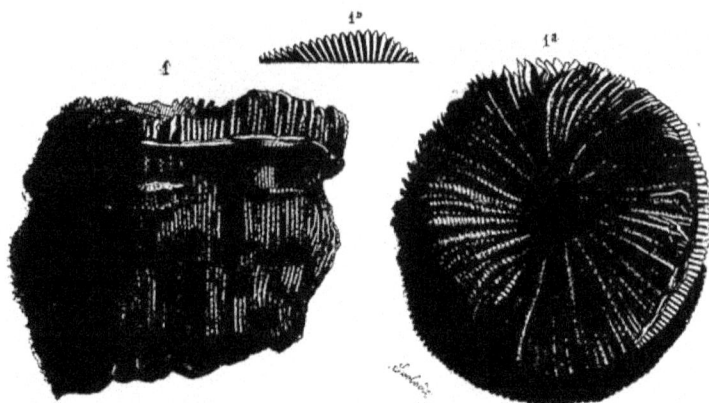

Fig. 298. — *Montlivaultia* du Jurassique supérieur de Nattheim, Wurtemberg (d'après Becker). — 1, de profil; 1a, de dessus; 1b, bord d'un septum grossi.

Lias, au contraire, semble très pauvre en fossiles de ce genre. Dans les terrains paléozoïques, les groupes de Polypiers représentés sont les Tabulés et les Rugueux ou Tétracoralliaires. Ces derniers manifestent, dans la disposition de leurs cloisons, une symétrie bilatérale. Les Polypiers secondaires appartiennent, sauf de très rares exceptions, au groupe des *Hexacoralliaires*, remarquables par la symétrie senaire de leurs cloisons (fig. 297). Mais il y a des termes de transition qui indiquent nettement que les Hexacoralliaires sont issus des Tétracoralliaires. Ainsi, dans le genre *Mitrodendron* (*Lithodendron*) du Jurassique supérieur, la symétrie bilatérale est encore bien nette. Il y a une grande cloison (cloison columellaire) qui partage le calice en deux moitiés; de part et d'autre se trouvent deux paires de petites cloisons, et de plus il existe douze septa rangés radialement, plus petits que les cinq septa rangés bilatéralement. Les Hexacoralliaires jurassiques, qui ont joué le rôle prédominant dans la construction des récifs, sont les *Astræidés*, Madréporaires imperforés à structure ab-

solument compacte (ex. : les *Montlivaultia*, fig. 298). Ils existaient déjà au Trias. Des *Astræidés* sont sortis les *Thamnastræidés*, où les cloisons sont généralement poreuses. Ils se sont développés surtout dans le Jurassique supérieur et le Crétacé. Le genre *Omphalophyllia*, du Trias de Saint-Cassian, est une forme de passage entre les deux familles. Les Hexacoralliaires perforés, c'est-à-dire à murailles et souvent à cloisons poreuses, comme les Madrépores actuels, se rattachent aux Thamnastræidés. Les genres les plus communs du Jurassique sont : *Haplaræa* et *Diplaræa*. Des familles d'Imperforés actuels, qui remontent aussi au Jurassique, sont les *Oculinides* et les *Turbinolides*.

Les Méduses se rattachent, comme on sait, aux Polypiers. Leurs empreintes sont communes sur les schistes lithographiques de Solenhofen. On les a rapportées à huit genres ayant de grandes analogies avec les genres actuels. Tels sont les *Rhizostomites*, *Acraspedites*, etc. La *Palægina gigantea* se distingue des Æginides vivantes par sa grande taille.

LES ÉCHINODERMES JURASSIQUES.

Les Échinodermes sont extrêmement remarquables à l'époque jurassique. Ils ont fourni un grand nombre de formes curieuses. Parmi les Crinoïdes se trouvent les *Pentacrines* (fig. 299). Ils commencent dès le Lias; on en a même trouvé des restes dans le Trias, mais imparfaits.

Ces Crinoïdes sont remarquables par la continuité avec laquelle ils ont persisté à travers les époques géologiques. Ils se multiplient pendant tout le Jurassique, se montrent dans le Crétacé et les terrains tertiaires en nombre décroissant; enfin, ils existent encore aujourd'hui dans les grands fonds de l'Atlantique et du Pacifique, où l'on en a trouvé neuf espèces.

La tige des Pentacrines est généralement pentagonale ou à cinq rayons ; rarement elle est arrondie (*Balanocrinus*). Ses côtés présentent des cirres. Chez beaucoup d'espèces, elle s'attache à des corps étrangers, tels que des pierres, et chez d'autres elle se termine en pointe et ne devait pas être fixée. Le calice est relativement petit et composé d'une seule couronne basale ; il y a ensuite une couronne de radialia à laquelle succèdent des radialia de second et de troisième ordre. Les bras sont d'une di-

Fig. 299. — *Pentacrinus fasciculosus.* — *a*, vue d'ensemble ; *b*, *c*, articles de la tige grossis.

mension extraordinaire ; ils se divisent un grand nombre de fois, et chez les plus grands exemplaires il y a jusqu'à mille quatre cents rameaux. Ces Pentacrines géants (fig. 300) proviennent des schistes liasiques du Wurtemberg, et notamment de la localité appelée Reutlingen. Sur une plaque de 8 mètres de long et de 5 mètres de large, exposée à l'Université de Tubingen, il y a les restes d'une centaine d'individus, dont vingt-quatre bien conservés réunis en faisceau. Le plus grand a une tige de 17 mètres de long et un diamètre, avec les bras étendus, de plus de 1 mètre. Quenstedt évalue à cinq millions le nombre des plaquettes calcaires de

cet individu. Les Pentacrines du Lias diffèrent en certains points des Pentacrines actuels. C'est ce qu'on voit bien, surtout dans le *Pentacrinus Briareus* du Lias d'Angleterre. L'opercule est calcaire et présente une éminence unique cor-

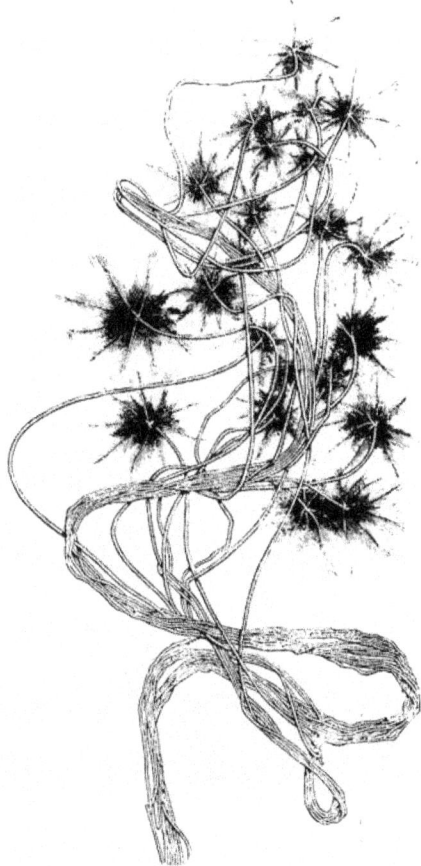

Fig. 300. — Colonie de Pentacrines géants du Lias de Reutlingen (Wurtemberg), très réduits (d'après Quenstedt).

respondant à l'anus. Ce caractère le rapproche des *Cyathocrinus* paléozoïques, et l'éloigne des Pentacrines vivants où la couverture du calice est molle, membraneuse, avec de petites plaquettes.

Un autre genre, qui présente beaucoup d'espèces dans le Jurassique supérieur, est le genre *Apiocrinus* (fig. 301). Le calice piriforme est très développé, et l'on trouve à sa base une plaque centrale de grandes dimensions. La tige est très longue et composée de nombreux articles

Fig. 301. — *Apiocrinus*. Crinoïde du Jurassique supérieur.

très répandus dans l'oolite. Dans le genre voisin, *Millericrinus*, le pédoncule est très variable. Dans la même espèce de l'oolite : *Millericrinus Pratti*, il peut atteindre 5 centimètres et comprendre soixante-dix articles. ou bien, au

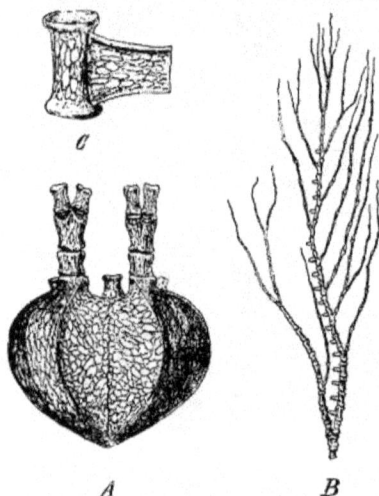

Fig. 302. — *Saccocoma pectinata*, d'Eichstädt. — A, calice grossi ; B, un bras isolé faiblement grossi ; C, un article du bras très grossi (Zittel).

contraire, il peut n'y en avoir que deux ; les articles peuvent même manquer complètement, et la plaque centrale, alors convexe, montre qu'il n'y avait pas de pédoncule. La présence ou l'absence de celui-ci est donc peu importante.

Citons encore le *Saccocoma* des schistes lithographiques de Solenhofen et d'Eichstädt (fig. 302). Il n'y a pas de pédoncule ; il y a cinq grandes plaques ovales et cinq bras qui se bifurquent et s'enroulent à leur extrémité. En outre, le calice, au lieu de présenter des plaques compactes, a une structure treillissée qu'on ne retrouve chez aucun Crinoïde développé ; on ne trouve quel-

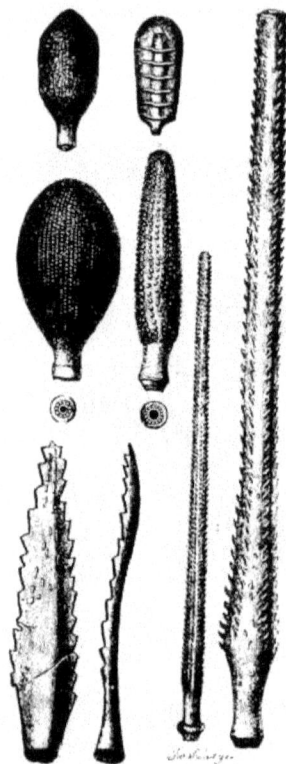

Fig. 303. — Baguettes de différents Cidaridés (d'après Desor).

que chose d'analogue que chez les larves des Comatules actuelles. Le *Saccocoma* pourrait donc être une forme larvaire.

Les Étoiles de mer, dont on trouve peu de traces dans les terrains paléozoïques, sont plus abondantes au Jurassique, et se rapprochent des espèces de nos jours. Dans le Lias, on voit apparaître les genres actuels : *Asterias*, *Solaster*,

Astropecten. Ainsi, dans l'étage oxfordien développé aux Vaches-Noires (Calvados), existe l'*Asterias Deslongchampsi* qui se rapproche beaucoup des espèces actuelles. Les *Goniaster*, dont les bras sortent à peine des disques, apparaissent aussi dès l'Oxfordien, et se continuent à travers le Crétacé et les terrains tertiaires jusqu'à nos jours. Les Ophiurides, Étoiles de mer à bras mobiles bien séparés du disque, présentent aussi de grands rapports avec les espèces qui vivent de nos jours ; tel est le *Geocoma elegans*.

Les Oursins ou Échinides, clairsemés dans les formations anciennes, deviennent très importants pendant la période jurassique. Ils jouent un grand rôle au point de vue géologique, et doivent nous arrêter quelque temps (1). Considérons d'abord les Oursins absolument réguliers, c'est-à-dire dont la symétrie quinaire est

échinides ; exemple : le *Tiarechinus* du Trias.

Les Néoéchinides réguliers sont symétriques par rapport à un axe vertical qui réunit l'ouverture anale à l'ouverture buccale. L'anus est au milieu de la rosette apicale. Les Réguliers les plus caractéristiques sont les *Cidaridés*, dont les zones ambulacraires sont étroites (d'où le nom d'*Angustistellés*), les zones interambulacraires sont larges avec de gros tubercules supportant chacun une *radiole* ou baguette très développée (fig. 303). Les Cidaridés se montrent dès le Permien (*Eocidaris*) et le Trias, mais ne prennent tout leur développement qu'au Jurassique. On peut citer particulièrement *Cidaris coronata* (fig. 304). Ce genre existe aussi dans le Tertiaire et se continue dans les mers chaudes et peu profondes.

D'autres Oursins réguliers constituent la famille des *Diadématidés*. Les zones ambulacraires

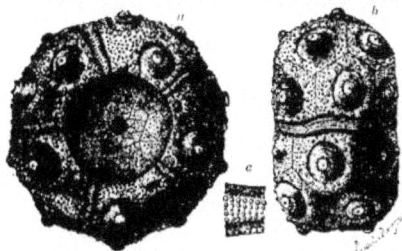

Fig. 304. — *Cidaris coronata*. — *a*, de dessus ; *b*, de côté ; *c*, zone ambulacraire (d'après Quenstedt).

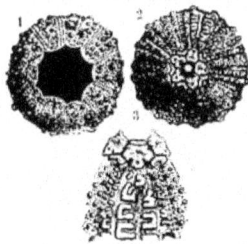

Fig. 305. — *Glypticus hieroglyphicus*. — 1, vu de dessous ; 2, de dessus ; 3, portion du test grossie.

évidente. Au sommet du test se trouve, comme on sait, l'anus entouré d'une rosette dite apicale, formée de cinq plaques ocellaires et de cinq plaques génitales, dont l'une, plus grande et criblée de trous, s'appelle plaque madréporique. La bouche est sur la partie inférieure aplatie, opposée à l'anus. On voit, sur le test, cinq zones ambulacraires correspondant aux plaques ocellaires, et cinq zones interambulacraires correspondant aux plaques génitales. Ces zones sont composées chacune de deux rangées de plaques hexagonales disposées en alternance ; nous avons vu, au contraire, que chez les Oursins paléozoïques ou Paléchinides les zones interambulacraires présentent plus de deux rangées de plaques. Mais nous savons aussi qu'il y a des types de transition entre les Paléchinides et les Oursins ordinaires ou Néo-

(1) Voir surtout pour les Oursins : Neumayr, *Die Stämme des Thierreiches*.

sont larges (d'où le nom de *Latistellés*). La bouche n'est pas arrondie comme chez les Cidaridés ; elle est décagone, et dans les angles présente des incisions (de là le nom de *Glyphostomes*). Les auricules, pièces particulières sur lesquelles s'appuient les mâchoires, ne sont pas limitées seulement aux zones interambulacraires, comme chez les Cidaridés, elles s'attachent aussi aux zones ambulacraires. Il en résulte que chez les Diadématidés on ne verra pas, comme chez les Cidaridés, les plaques ambulacraires se développer jusque sur la membrane (péristome) qui entoure la bouche. Le genre *Pseudodiadema* présente, sur ses aires ambulacraires larges, des tubercules surmontés de piquants comme les zones interambulacraires ; les tubercules sont perforés. Ce genre est remplacé dans les mers actuelles par le genre *Diadema*.

Un autre genre jurassique est le genre *Glyp-*

Fig. 306. — *Hemicidaris*, avec une partie de ses baguettes (d'après Desor).

ticus, arrondi et de petite taille (fig. 305). Malgré les différences qui les séparent des Cidaridés, les Diadématidés présentent des genres de transition qui les rattachent au groupe précédent. Ainsi chez le *Microdiadema* du Lias la bouche ne présente pas d'incisions. Chez l'*Hemicidaris* (fig. 306) les zones ambulacraires ne sont guère plus larges que chez les *Cidaris* et elles ne portent de gros tubercules que vers la bouche. Dans le *Pelanechinus* du Jurassique supérieur il y a, comme chez les *Cidaris*, des plaques ambulacraires sur le péristome. Ce genre *Pelanechinus* est également intéressant, parce qu'on a trouvé ses pédicellaires, c'est-à-dire les pinces qui servent aux Oursins de moyen de défense et qui s'entremêlent aux piquants. Un autre genre de transition est le *Mesodiadema* du Lias de Toscane. Ses zones ambulacraires sont semblables à celles des *Cidaris*, à peine plus larges, simplement granulées; la bouche est très légèrement incisée; la forme générale du corps est déprimée.

D'autres Glyphostomes qui ont commencé avec le Jurassique sont les *Échinidés*, remarquables en ce que les pores des zones ambulacraires ne sont pas disposés en une double série de chaque côté. Ils sont placés d'une manière plus compliquée et sur chaque plaque ambulacraire on trouve trois paires de pores ou davantage; exemple : le *Stomechinus*. Il y a des liens nombreux avec les familles précé-

dentes. Chez l'*Heterocidaris*, de la famille des Diadématidés, les pores commencent aussi à se disposer suivant l'ordre des Échinidés. Il faut remarquer en outre que le développement des Échinidés montre qu'ils ont une réelle parenté avec les Cidaridés. Les très petits individus, en effet, ont des zones ambulacraires étroites et simples, de larges zones interambulacraires avec de gros tubercules; la bouche est arrondie et sans incisures. Tous ces liens qui unissent les Cidaridés aux deux autres familles doivent conduire à cette conclusion que les Glyphostomes (Diadématidés, Échinidés) dérivent des Cidaridés. Ceux-ci seraient la souche de tous les Oursins réguliers.

Chez les Oursins irréguliers, il n'y a plus symétrie par rapport à un axe vertical unissant l'anus à la bouche. La symétrie se manifeste par rapport à un plan; elle est bilatérale. Chez ceux où cette symétrie est le plus manifeste on constate, en plaçant le test devant soi de manière à avoir l'anus de l'animal en arrière, que trois zones ambulacraires sont en avant, c'est le *trivium*: en arrière se trouvent deux autres zones, formant le *bivium* et comprenant entre elles la zone interambulacraire qui contient l'anus. A cette dernière zone correspond en avant la zone ambulacraire la plus antérieure du *trivium*. Le plan de symétrie passe par l'anus et coupe verticalement la zone ambulacraire (ou *radius*) et la zone interambulacraire (ou *interradius*) impaires.

Le genre irrégulier le plus ancien est le genre *Pygaster* (fig. 307), qui dès le Lias moyen présente une espèce : *P. Reynesi*. L'anus est allongé et se trouve sur la face supérieure au-dessous du sommet. La forme du corps est aplatie. Le genre voisin *Holectypus* est arrondi; l'anus est descendu sur la face inférieure près de la bouche. Ces Oursins de la famille des *Pygastéridés* possèdent un appareil mastica-

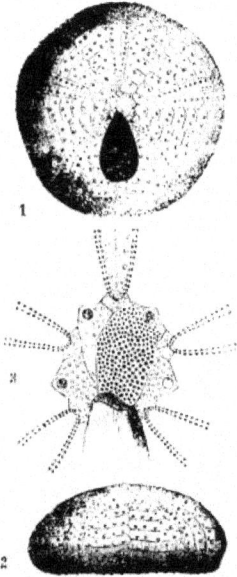

Fig. 307. — *Pygaster umbrella*. — 1, vu de dessus; 2, vu de profil; 3, rosette apicale grossie.

teur, de là le nom de *Gnathostomes*. Il y a des formes de transition entre les Oursins régu-liers et les *Gnathostomes*. Telle est la famille des *Salénidés*. Ceux-ci, par la plupart de leurs caractères, sont réguliers; par leurs petites zones ambulacraires ils se rattachent aux Cida-ridés; par leurs larges zones interambula-craires couvertes de tubercules ils se rattachent aux Diadématidés. Mais chez eux la rosette api-cale porte en son milieu une ou plusieurs pla-ques centrales, ce qui rejette l'anus sur le côté. Le genre le plus ancien de la famille est le genre *Acrosalenia* (fig. 309) du Jurassique, où il y a une ou deux plaques centrales; l'anus est

rejeté vers le bas, mais toujours dans le plan vertical de symétrie. Dans le Crétacé, le Ter-tiaire et également à l'époque actuelle dans les grandes profondeurs se trouve le genre *Sale-nia*. Les Salénidés peuvent être regardés comme une forme jeune persistante des Régu-liers Glyphostomes. En effet, chez ceux-ci, il y a toujours un stade de développement dans lequel la rosette apicale présente une plaque centrale; elle est ensuite résorbée en totalité ou en partie (Neumayr).

Chez certaines espèces d'*Acrosalenia* l'anus

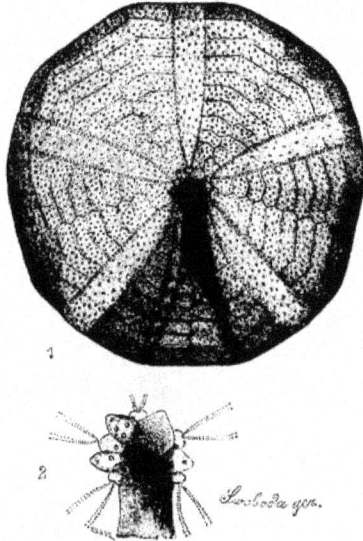

Fig. 308. — 1, *Galeropygus oyaricoïdes*; 2, son appareil apical.

est si éloigné du centre de la rosette apicale, que la plaque génitale qui lui correspond s'al-longe beaucoup et ne forme plus autour de lui qu'une mince bande fourchue. Si dans une forme de ce genre l'anus grandit encore et est plus repoussé du centre, il traverse la plaque génitale et l'Oursin devient irrégulier. C'est ce qu'on peut voir chez certaines espèces de *Py-gaster*. L'anus très grand sort de la rosette, tandis que la plaque génitale placée derrière lui disparaît. On peut dire que les Salénidés ratta-chent les Réguliers aux Irréguliers et en parti-culier au plus ancien des genres de ces der-niers, le genre *Pygaster*. Il est donc probable

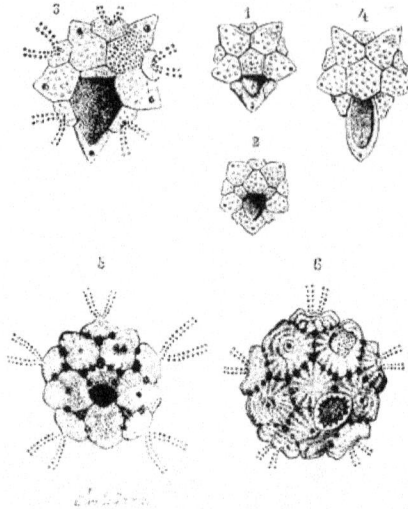

Fig. 309. — Rosette apicale de différents Salénidés. — De 1 à 4, *Acrosalenia*; 5, *Pellastes*; 6, *Salenia*.

que les Irréguliers ont dérivé des Réguliers pendant le Trias ou au commencement du Jurassique, c'est-à-dire dans une période qui a fourni jusqu'ici peu d'Échinides fossiles. De nouvelles recherches feront sans doute disparaître la lacune entre les Salénidés et les Pygastéridés (Neumayr).

Les Irréguliers dépourvus d'appareil masticateur, ou *Atélostomes*, sont sortis des Pygastéridés par atrophie des mâchoires. C'est ce que montre le groupe des *Échinonéidés* étroitement allié aux Pygastéridés. Ce groupe commun au Lias atteint dans le Jurassique supérieur son plus grand développement et se continue jusqu'à l'époque actuelle. Le genre le plus ancien, *Galeropygus* (fig. 308) ne diffère du *Pygaster* que par le manque des mâchoires et des auricules qui leur correspondent ; d'ailleurs les dents chez les Pygasters sont faibles. Certaines formes d'Échinonéidés n'ont plus la bouche exactement au centre, les pores des zones ambulacraires sont en forme de fentes ; ces zones tendent à devenir pétaloïdes ; enfin la rosette apicale prend une forme allongée, de sorte que le *trivium* et le *bivium* ne partent plus du même point et s'écartent l'un de l'autre (fig. 310). C'est ce qui a lieu dans le genre *Hyboclypus*, d'où

LA TERRE AVANT L'HOMME.

probablement les *Cassidulidés* ont pris naissance.

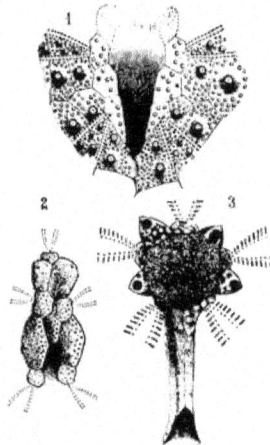

Fig. 310. — Rosette apicale de différents Oursins irréguliers du Jurassique. — 1, *Loriolia*; 2, *Hyboclypus gibberulus*; 3, *Clypeus Trigeri*.

Les Cassidulidés (fig. 311) ont des carac-

II — 26

téres remarquables. Les zones ambulacraires sont pétaloïdes, c'est-à-dire qu'elles sont très étroites près du sommet, s'élargissent ensuite en se dirigeant vers la bouche; leur ensemble ressemble ainsi à une fleur. Il y a des *floscelles*, c'est-à-dire que les zones ambulacraires s'enfoncent au voisinage de la bouche, de sorte que les extrémités des champs interambulacraires font saillie autour de la bouche sous forme de lèvres; cette sorte d'étoile à cinq branches entourant la bouche s'appelle *floscelle*. Ces caractères des zones pétaloïdes et

Vu de dessous.   Vu de dessus.

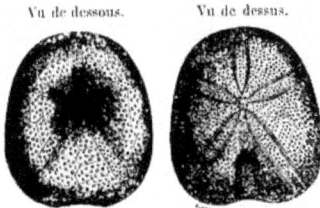

Fig. 311. — *Echinobrissus clunicularis* de la famille des Cassidulidés.

des floscelles sont très nets dans le genre *Pygurus*, mais dans les plus anciennes formes ils sont beaucoup moins nets et apparaissent déjà chez certains Échinonéidés comme *Hyboclypus*. Ce fait montre bien la parenté des deux groupes.

Les *Collyritidés* sont aussi sortis des Échinonéidés. Les zones ambulacraires sont rubanées et la bouche est excentrique; elle est près du bord antérieur. Les deux genres principaux sont *Dysaster* et *Collyrites*, où la rosette apicale s'allonge, et où le *bivium* et le *trivium*

s'écartent par suite l'un de l'autre. Mais chez les plus anciennes espèces, comme *Coll. Ebrayi* (fig. 312), la bouche est encore peu excentrique et le *trivium* et le *bivium* s'écartent peu, de sorte que la différence avec l'*Hyboclypus* n'est pas considérable.

On voit qu'une évolution se manifeste d'une

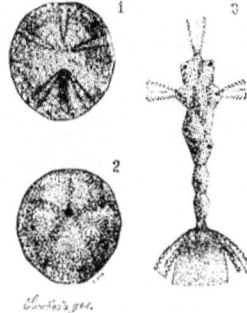

Fig. 312. — *Collyrites Ebrayi*. — 1, de dessus; 2, de dessous; 3, rosette apicale (d'après Cotteau).

manière très nette chez les Oursins jurassiques. Leur distribution géologique est inégale. Le Lias, où dominent presque partout les couches à Céphalopodes, a fourni un nombre restreint d'espèces, tandis que ces animaux deviennent plus abondants à l'époque suivante, ainsi que les Coraux et les Gastéropodes; enfin dans les couches coralligènes du Jurassique supérieur ils atteignent leur maximum; ils s'y trouvent souvent en nombre considérable, et beaucoup d'entre eux se placent au rang des fossiles caractéristiques.

LES BRACHIOPODES JURASSIQUES.

Les Brachiopodes sont relativement peu développés dans les couches jurassiques. On trouve d'abord un certain nombre d'espèces des genres *Lingula* et *Discina*, qui datent des premiers temps paléozoïques. Les *Koninckinellidés* sont de petits Brachiopodes particuliers au Trias et au Lias. On trouve à l'intérieur de la coquille deux cônes spiraux dont les sommets se dirigent vers la grande valve. Exemple : *Koninckina* du Trias, *Koninckella* du Trias et du Lias. La grande valve est convexe et la petite concave, de sorte que la place occupée par l'animal était petite. Par toute leur apparence ces Brachiopodes se rapprochent des *Stropho-*

mena et des *Leptæna* et n'en diffèrent que par leur appareil brachial. La famille des *Spiriféridés*, si importante dans les temps paléozoïques, est représentée dans le Jurassique par le genre *Spiriferina* qui commence au calcaire carbonifère, mais se développe surtout dans le Lias (*S. rostrata*) (fig. 314). La coquille a une structure ponctuée, ce qui n'a pas lieu chez les vrais Spirifers.

Les deux familles de Brachiopodes les mieux représentées au Jurassique sont les *Rhynchonellidés* et les *Térébratulidés;* à ces deux familles appartiennent plus des neuf dixièmes des Brachiopodes jurassiques.

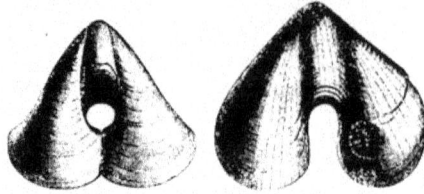

Fig. 313. — *Terebratula (Pygope) janitor* du Tithonique des Alpes. Forme perforée et forme ouverte.

Les *Rhynchonellidés* commencent, comme nous l'avons vu, au Silurien. Le genre *Rhynchonella* se montre dans les couches géologiques avec une grande variété de formes et particulièrement dans le Jurassique et le Crétacé. A l'époque actuelle on en trouve encore six espèces qui habitent pour la plupart les mers froides (ex. : *Rhynchonella psittacea*), ce qui

Fig. 314. — *Spiriferina rostrata* du Lias anglais (d'après Davidson).

montre une fois de plus que les formes géologiquement les plus anciennes n'habitent pas toujours les mers chaudes, comme on le dit souvent. La plasticité du genre *Rhynchonella* est remarquable ; il est souvent difficile de distinguer les espèces ; une série de formes se rattachent aux *R. rimosa, R. varians, R. lacunosa* du Jurassique, *R. vespertilio* du Crétacé. C'est probablement la mobilité du type Rhynchonelle qui lui a permis de se maintenir jusqu'à nos jours.

La famille des *Térébratulidés* est remarquable, comme nous le savons déjà, par son appareil brachial en forme de nœud. Le genre *Waldheimia* est le plus ancien ; il remonte au Silurien ; le nœud brachial est long et il y a

dans la coquille un septum bien développé. Certains genres du Jurassique se rattachent intimement à la *Waldheimia* et n'en diffèrent que par quelques particularités secondaires. Dans *Zeilleria* (ex. : *Z. numismalis* du Lias (fig. 315), l'appareil brachial est le même, mais il y a deux petites cloisons dans le crochet ; dans *Aulacothyris* (ex. : *A. impressa* de l'étage oxfordien), il y a une dépression sur la petite valve. Dans la *Terebratella* du Lias, l'appareil brachial est identique à celui de la *Waldheimia*, mais chacune des branches descendantes est unie au septum par une traverse, disposition qui se retrouve aussi dans la *Megerlea* du Jurassique supérieur et encore mieux dans des types crétacés (*Magas, Platidia*). Or, dans sa

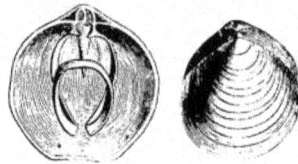

Fig. 315. — *Terebratula (Zeilleria) numismalis*.

jeunesse, la *Waldheimia* traverse des phases de développement qui rappellent ces genres ; le septum est aussi uni par des traverses à l'appareil brachial. Ainsi les genres précités doivent être considérés comme des descendants de la *Waldheimia* qui, à l'âge adulte, conservent les caractères embryonnaires de la forme originelle.

Les vraies *Térébratules* ont un appareil brachial moins long que la Waldheimia et pas de septum. Mais nous avons vu qu'il y avait des formes de transition (*Cœnothyris vulgaris* du muschelkalk).

La forme des Térébratules est très variable et il y a toute une série d'espèces difficiles à distinguer les unes des autres et qui présentent des formes de passage. Parmi les Térébratules les plus singulières, il faut citer celles dont on a fait le genre *Pygope* (fig. 313), commun dans l'étage du Jurassique supérieur appelé le Tithonique. La partie centrale de la coquille s'accroît beaucoup moins que les côtés. De cette manière se développent deux ailes latérales qui s'allongent de plus en plus et convergent enfin sur la ligne médiane en laissant un trou central (*P. diphya*, *P. janitor*). Ce caractère singulier est d'ailleurs très variable, et au lieu

d'un orifice central il peut y avoir une simple échancrure.

Un fait important est l'influence de la sédimentation sur la forme des Térébratules. La modification de forme est en rapport avec le mode de dépôt des couches, comme l'a montré M. Œhlert. Il y a passage entre deux formes extrêmes quand la sédimentation a été ininterrompue. Ainsi les *Zeilleria cornuta* et *Z. quadrifida* du Lias passent de l'une à l'autre en Angleterre et restent distinctes en Normandie où les conditions du dépôt sont différentes.

LES MOLLUSQUES GASTÉROPODES ET PÉLÉCYPODES DU JURASSIQUE.

Les Mollusques Gastéropodes et Pélécypodes présentent dans le Jurassique un grand nombre de formes dont nous ne pouvons citer que les plus remarquables. On trouve les *Pleurotomaridés* (fig. 316), les *Trochidés*, les *Naticidés*, dont les types existaient déjà dans les terrains paléozoïques. Les *Turritellidés*, remarquables par leur coquille très allongée et qui prennent un

le genre *Nerinea* proprement dit (fig. 317) il y en a de trois à cinq, dans *Ptygmatis* de cinq à sept, dans *Trochalia* un seul qui se trouve sur la lèvre interne. C'est dans les calcaires coralliens qu'on trouve surtout les Nérinées.

Les Pélécypodes jurassiques nous fournissent plusieurs types intéressants. Le genre *Pholadomya* se distingue par sa coquille mince,

Fig. 316. — *Pleurotomaria anglica* du Lias (d'après d'Orbigny).

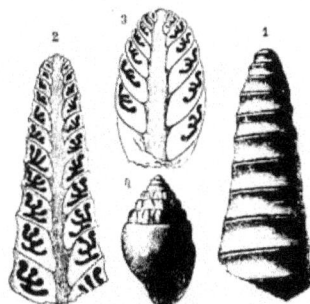

Fig. 317. — Nérinées du Jurassique supérieur. — 1 et 4, coupe extérieure ; 2 et 3, coupe longitudinale.

grand développement dans la période tertiaire, sont déjà représentés dans le Trias et le Jurassique.

Les *Nérinéidés*, à l'inverse des précédents, sont limités au Jurassique et au Crétacé. La coquille est allongée, conique, la bouche se prolonge en un court canal. Le trait caractéristique du groupe est la présence à l'intérieur de la coquille sur les lèvres interne, externe et sur la columelle de plis spiraux généralement très forts. A la bouche on trouve généralement trois de ces bourrelets ; il peut aussi y en avoir cinq et même sept. Suivant leur nombre on a créé plusieurs genres. Dans

équivalve, sa charnière sans dents et les côtes rayonnées de ses valves. Les deux bords des valves sont inégaux et la coquille bâille en avant et en arrière comme chez les *Homomya* et les *Pleuromya* déjà existantes au Trias. Il y a beaucoup d'espèces. Chez certaines il y a un écusson, c'est-à-dire que, en arrière des crochets, on voit un espace entouré par un sillon (ex. : *Ph. decemcostata*). Chez d'autres l'écusson n'existe pas, ainsi dans la *Ph. multicostata* et la *Ph. Murchisoni* (fig. 319). A l'époque actuelle on ne trouve plus qu'une seule espèce de *Pholadomya* qui vit sur les côtes des Antilles : la *Pholadomya candida*. Cette dernière se

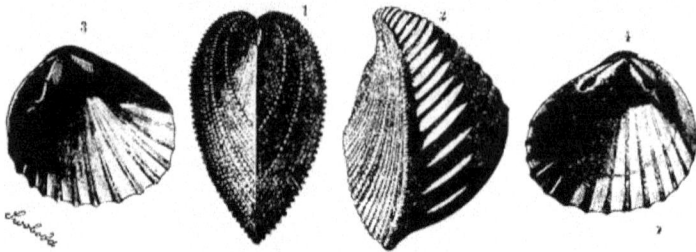

Fig. 318. — 1 et 2, *Trigonia costata* du Jurassique ; 3 et 4, *Trigonia pectinata*, espèce vivante d'Australie, montrant la charnière caractéristique des Trigonies.

rattache directement aux espèces éteintes. M. Moesch a montré que la *Pholadomya corrugata* du groupe liasique a fourni en se modifiant des formes qui ont vécu à l'époque crétacée (*Ph. decussata*, *Ph. Esmarki*) et dont la *Ph. candida* est très voisine.

Le genre *Myophoria* du Trias et de la base du Jurassique a donné naissance au genre *Trigonia*. Ici les dents présentent de nombreuses stries transversales. La dent médiane de la valve gauche est très forte. La surface est gé-

Fig. 319. — *Pholadomya Murchisoni.*

néralement ornée. Il y a une carène mousse s'étendant du crochet au coin inférieur du bord postérieur. Chaque valve est ainsi divisée en deux parties inégales portant une ornementation différente ; la plus petite s'appelle *écusson* ou *corselet*.

Le genre *Trigonia* paraît au Lias. Les espèces les plus anciennes, comme *T. modesta*, ont encore de grandes ressemblances avec le genre *Myophoria*. Les Trigonidés atteignent tout leur développement dans le Jurassique, perdent de leur importance dans le Crétacé et deviennent très rares dans le Tertiaire. Aujourd'hui le

genre *Trigonia* ne se trouve plus représenté que dans les mers de l'Australie. On divise les Trigonies en plusieurs sections. On distingue entre autres : 1° les *Costatæ* couvertes de côtes concentriques avec un écusson orné de côtes rayonnantes (ex.: *T. costata*)(fig. 318) de l'Oolite, dont se rapproche beaucoup le *T. semi-undulata* de l'Australie ; 2° les *Clavellatæ* avec de gros tubercules ; 3° les *Glabræ* où les côtes peu nombreuses sont tuberculeuses (*T. gibbosa* du Jurassique supérieur) ; 4° les *Pectinatæ* où toute la coquille, y compris l'écusson, est ornée de côtes rayonnantes garnies de tubercules. Ce groupe comprend des espèces tertiaires et récentes, comme *T. pectinata* (fig. 318) et *T. Jukesii* d'Australie.

Fig. 320. — *Gryphæa arcuata.*

On trouve des *Aviculidés* ; le genre *Avicula* fournit plusieurs espèces caractéristiques. On sépare du genre *Avicula* sous le nom de *Méléagrines* (*Meleagrina*) des coquilles à valves plates, rugueuses, dont l'intérieur présente une épaisse couche de nacre. Ces coquilles sont appelées vulgairement Huitres perlières. On en trouve à partir du Jurassique supérieur (*M. Gessneri*). Il y a aussi des *Pectinidés* (*P. æquivalvis* du Lias).

Les *Ostréidés* se montrent en abondance dès le commencement du Jurassique. Les Huitres, qui constituent cette famille, ont une coquille

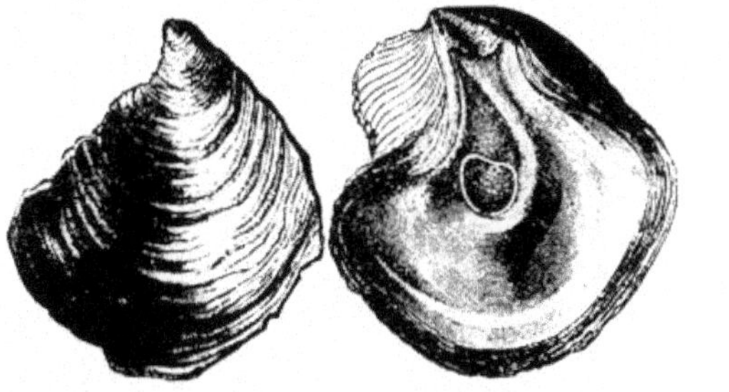

Valve supérieure.   Valve inférieure.

Fig. 321. — *Ostrea deltoïdea.*

irrégulière, lamelleuse, à valves inégales. Elle est fixée par sa valve la plus grande qui est la valve gauche. Il n'y a qu'une seule impression musculaire, l'impression palléale n'existe pas, la charnière est dépourvue de dents. Le genre le plus remarquable du groupe est le genre *Gryphæa* dont l'une des valves est convexe et possède un crochet saillant; l'autre est petite et ferme la première à la manière d'un opercule. Dans le Lias inférieur se trouve la *G. arcuata* à crochet saillant (fig. 320); plus haut apparaît la *G. cymbium*, qui n'est qu'une modification de la précédente; elle est plus dilatée, son crochet n'est pas aussi saillant, enfin elle ne présente plus sur le côté un sillon très net qui existait dans la *G. arcuata*. Une nouvelle modification a formé la *G. dilatata* qui est de grande taille. Ce genre *Gryphæa* a continué dans le Crétacé, les terrains tertiaires et existe encore de nos jours; c'est à ce genre en effet qu'appartient l'Huître dite portugaise (*G. angulata*).

Le genre *Gryphæa* a fourni dès le Jurassique supérieur le genre *Exogyra* (*E. virgula*) où les crochets sont recourbés latéralement et plus ou moins spiraux. Ce genre présente dans le Crétacé plusieurs espèces importantes. Le genre *Ostrea* proprement dit, reconnaissable à ses valves aplaties à crochet droit et saillant, se montre dès le Trias et remonte même au Carbonifère, mais prend surtout son développement dans le Jurassique et le Crétacé. On peut citer en particulier l'*O. deltoïdea*, dont les valves ne présentent ni plis ni côtes (fig. 321). D'autres espèces munies de plis et de côtes sont appelées Huîtres crête de coq. Elles remontent très haut; exemple : *O. montis-caprilis* du Trias, *O. gregaria*, *O. solitaria* du Jurassique. Par une série conti-

nue elles aboutissent à l'*O. crista-galli* actuelle de l'océan Indien.

Les *Mégalodontidés* à crochets saillants et recourbés commencent au Dévonien, se trouvent dans le Trias alpin et s'éteignent dans le Lias. Leur importance serait donc médiocre s'ils n'avaient donné naissance à un groupe très important, celui des *Chamacés*, riche en formes étranges dont l'existence a été très éphémère. Les Chamacés, aujourd'hui réduits au genre *Chama*, ont fourni dans le Jurassique et

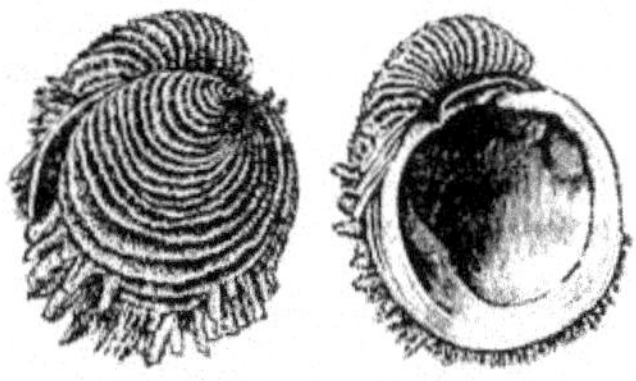

Fig. 322. — *Chama lamellosa.*

le Crétacé un grand nombre de formes. Étudions d'abord les *Chamas* pour bien comprendre la structure et la disposition de la coquille des Mollusques de ce groupe.

La coquille est épaisse, à valves inégales. Sa texture est caractéristique; la couche extérieure est d'une épaisseur considérable, elle est formée de couches parallèles traversées de tubulures; dessous se trouvent des prismes verticaux, enfin une couche interne, mince, poreuse et translucide. Les *Chamas* (fig. 322) sont fixés par le crochet de la plus grande valve, qui est généralement la gauche. Les crochets sont recourbés tous deux et antérieurs. Du côté postérieur on trouve une rainure profonde (rai-

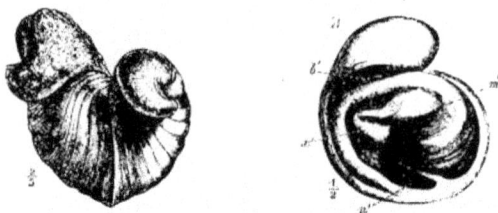

Fig. 323. — *Diceras arietinum.* — A, coquille entière ; B, valve gauche vue de dedans; *b'*, sillon latéral; *m'* impression musculaire antérieure ; *n'*, impression postérieure ; *x'*, dent.

nure ligamentaire) qui reçoit le ligament. Les impressions musculaires sont fortes, surtout celles des adducteurs ; l'impression palléale est simple. Les dents sont fortes et recourbées. En avant de la rainure ligamentaire on trouve sur la valve gauche une fossette allongée et une dent triangulaire saillante. Appelons, pour abréger, *f* la fossette et D la dent. Sur la valve droite on trouve une dent allongée F correspondant à la fossette *f*, et une fossette triangulaire *d* correspondant à la dent D. Les *Chamas* sont remarquables encore par la structure feuilletée de leur coquille, couverte de plis concentriques brillants, souvent épineux. Ce genre a commencé dans le crétacé et se trouve encore aujourd'hui dans les mers chaudes.

Les Chamacés ont été l'objet de bien des études, et en particulier MM. Munier-Chalmas et Douvillé leur ont consacré plusieurs mémoires importants (1).

Pour bien se rendre compte des divers genres, il faut d'abord remarquer que les *Chamas*, généralement fixés par leur valve gauche, peuvent aussi se fixer par la valve droite. Dans ce dernier cas c'est la valve gauche qui présente la dent F et la fossette *d*. Les formes fixées par la valve gauche sont dites *formes normales ;* on trouve sur leur valve droite F et *d*. Les formes fixées par la valve droite sont dites *formes*

inverses ; c'est sur leur valve gauche qu'on trouve F et *d*.

Le groupe des Chamacés commence au Jurassique avec les genres *Diceras* (fig. 323) et *Heterodiceras*. Ce sont des formes normales dont les crochets *d* surtout le gauche sont fortement enroulés en manière de cornes. Ils diffèrent des *Chamas* par l'existence d'une petite dent mousse (que nous appellerons F') au-dessous de la fossette *d* de la valve droite. Dans *Diceras* le muscle postérieur est fixé sur une lame spéciale (*lame myophore*) tandis que dans *Heterodiceras*, ce muscle s'attache dans le plan cardinal lui-même. Ces deux genres sont très abondants dans le Jurassique et caractérisent les formations coralliennes de cette époque. Ils se rattachent directement aux Mégalodontidés. C'est ce que démontre la lame myophore des Dicéras qui se trouve également chez les Mégalodontidés ; c'est ce que prouvent encore les formes de passage entre les deux familles. L'une de ces formes est le *Dicerocardium* du Jurassique inférieur (étage rhétien des Alpes) dont les crochets proéminents et enroulés ressemblent à ceux des Diceras, mais dont les valves sont inégales. Nous verrons plus loin que les genres *Diceras* et *Heterodiceras* ont donné naissance dans le Crétacé à de nombreuses formes très singulières.

LES AMMONITES ET LES BÉLEMNITES JURASSIQUES.

Les Céphalopodes jouent dans le Jurassique un rôle beaucoup plus important que les groupes de Mollusques qui précèdent. Les Ammonites ne montrent pas la grande richesse du Trias en types différents, mais au point de vue du nombre des espèces, ces coquilles ont at-

teint leur plus haut degré de développement dans le Jurassique. Souvent leurs formes ne présentent avec celles du Trias que de faibles modifications, ce qui montre bien qu'il y a filiation directe. Ainsi les *Amalthéidés* sont vraisemblablement sortis des *Ptychitidés* triasiques et il est souvent difficile de bien distinguer les deux groupes. Chez les Amalthéidés on retrouve le caractère linguatiforme des lobes. La coquille

(1) Munier-Chalmas, *Journal de conchyliologie*, 1873, *Bull. Soc. géol. de France*, 1882 ; Douvillé, *Bull. Soc. géol.*, 1886 et 1887.

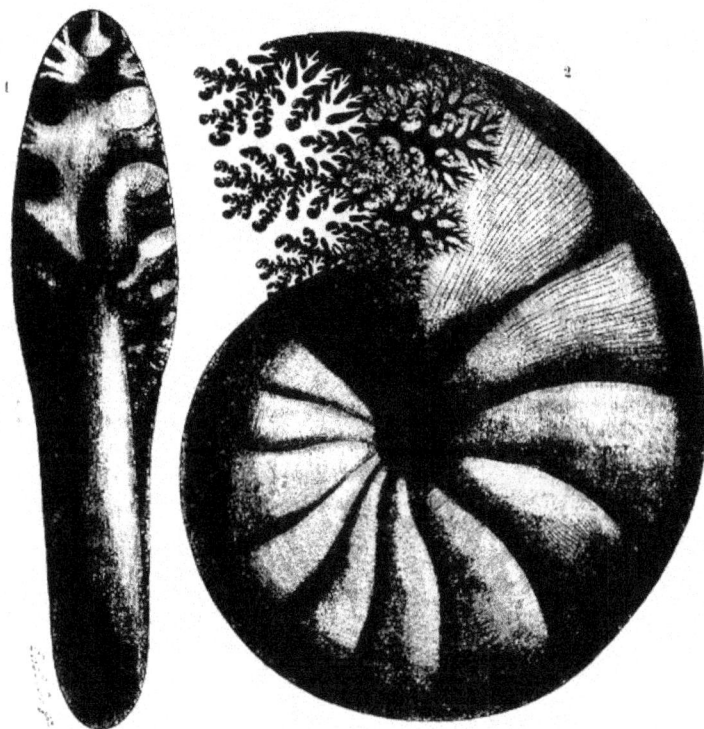

Fig. 324. — *Phylloceras Zetes* du Lias (d'après Quenstedt). — 1, vue de l'ouverture; 2, vue de profil.

est carénée, l'ombilic est petit. Dans le genre *Oxynoticeras* (*O. Oxynotum* du Lias), la coquille est aplatie et tranchante; des côtes fines s'infléchissant en avant donnent à la carène un aspect finement dentelé. Dans le genre *Amalthéus* les côtes qui traversent la carène se surélèvent et forment comme une rangée de perles (*A. margaritatus*, fig. 325) (Lias). Chez les *Cardioceras* (*C. cordatum*, étage oxfordien), la carène est très saillante et très dentelée et les côtes avant d'y arriver forment un tubercule à partir duquel elles se divisent. Les individus sont aplatis ou renflés. Ce fait, qui se présente pour beaucoup d'espèces, faisait croire à d'Orbigny, mais sans preuve tout naturellement, que les formes épaisses correspondaient à des femelles et les formes minces à des mâles.

Les *Phyllocératidés* sont des Ammonites lan-

céolatiformes, c'est-à-dire que les lobes et les selles, ramifiés en forme de feuilles, sont amin-

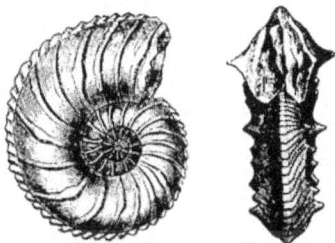

Fig. 325. — *Amaltheus margaritatus*.

cis à la base et s'élargissent ensuite. Ce groupe, composé des trois familles des Phyllocératidés,

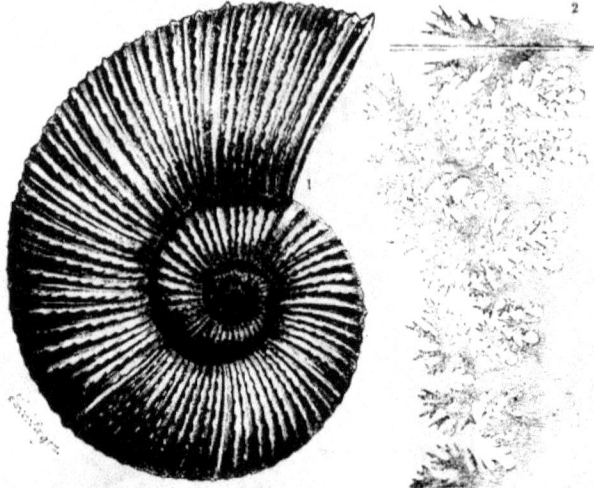

Fig. 326. — *Lytoceras fimbriatum* du Lias (d'après Wright). — 1, vue de profil; 2, ligne suturale.

Lytocératidés et Ægocératidés, est sorti, comme le montre la comparaison des lignes suturales des Goniatites appartenant aux genres *Pronorites* et *Prolecanites* (Carbonifère, Permien). Les Phyllocératidés ont des selles et des lobes diminuant de dimensions de dehors en dedans; les selles se terminent par des têtes arrondies en forme de feuilles. Cette famille débute dans le Trias avec le genre *Megaphyllites*. Le genre *Phylloceras* (fig. 324), à tours très embrassants, à ombilic étroit, se développe dans le Lias et l'Oolite (*Ph. heterophyllum*). Il y a des stries passant sur le dos sans s'interrompre. Les *Lytocératidés*, au lieu d'avoir des tours embrassants comme les précédents, ont des tours contigus, de sorte que l'ombilic est large. Dans le genre *Lytoceras* qui débute au Lias, on voit sur les tours des côtes parallèles à l'ouverture et dont certaines forment des bourrelets saillants passant sur le ventre (*L. fibriatum* (fig. 326), *L. cornucopiæ*). Les lobes et les selles sont divisés symétriquement.

Les *Ægocératidés* sont le groupe le plus important des lancéolatiformes. A cette grande famille, qu'on a subdivisée en trois : les *Ægocératidés* proprement dits, les *Harpocératidés* et les *Stéphanocératidés*, appartiennent les quatre cinquièmes de toutes les Ammonites du Jurassique et du Crétacé. Elle n'existe pas dans le

Trias alpin, et montre seulement quelques représentants isolés dans l'étage rhétien, base du Jurassique. Comme le remarque Neumayr, on a affaire probablement ici à une migration provenant d'un bassin maritime dont les dépôts ne nous sont pas encore connus. Chez les Ægocératidés on trouve des corps particuliers

Fig. 327. — Aptychus bivalve lamelleux (*Aptychus lamellosus*) du Jurassique supérieur.

qui existent souvent dans la chambre d'habitation des Ammonites et qu'on appelle *aptychus* (fig. 327). Un aptychus est une pièce aplatie, cornée ou calcaire, simple ou bien composée de deux valves. Lorsqu'il est simple et corné, on l'appelle *anaptychus*; quand il est calcaire et bivalve, c'est un *synaptychus*. Les Amalthéidés et les Ægocératidés proprement dits possèdent un

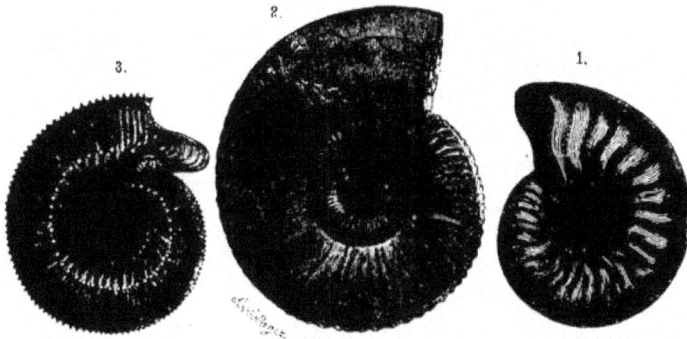

Fig. 328. — 1, *Harpoceras opalinum*; 2, *Parkinsonia Parkinsoni*; 3, *Stephanoceras Humphriesianum*.

anaptychus, les Harpocératidés ont un anaptychus bivalve, allongé et sillonné, les Stéphacératidés ont aussi un synaptychus, mais large et lisse ou granuleux. La nature des aptychus n'est pas bien connue. Suivant divers paléontologistes, ils protégeaient les glandes nidamentaires; suivant d'autres, ce sont simplement des opercules. Souvent en effet l'aptychus s'adapte bien à la forme de l'ouverture; d'ailleurs il faut remarquer que chez beaucoup de Gastéropodes l'opercule n'a ni la forme ni les dimensions de l'ouverture.

Le grand groupe des Ægocératidés commence dans les couches les plus profondes du Lias avec le genre *Psiloceras* (*P. planorbis*), où les tours sont à section elliptique et présentent des lignes d'accroissement simples et très fines. Ce genre a fourni deux séries de forme : les *Carinati* qui présentent une quille médiane sur le côté externe, et les *Annulati* qui n'en ont pas; leur coquille présente des côtes fortes et droites.

Dans les *Carinati* on peut citer le genre *Arietites* où la quille est bordée de deux sillons (*A. bisulcatus*); les côtes sont droites. Il y a aussi le genre *Harpoceras* également bien caréné, où l'ouverture présente des oreillettes (*H. opalinum* fig. 328). Ce genre a lui-même donné naissance aux *Oppelia* dont la carène est mousse. La bouche ressemble à celle des *Harpoceras*. Ce genre commun dans l'oolite (*H. subradiata*) se distingue aussi par ses grosses côtes infléchies en avant et globuleuses.

Les *Annulati* commencent avec le genre *Schlotheimia* du Lias inférieur (*S. angulata*), où les côtes se réunissent sur la ligne médiane

en formant un angle aigu. Le genre *Ægoceras* (*Æ. capricornu*) s'en rapproche et s'y rattache intimement. Les côtes droites et simples se continuent sur la partie externe en s'aplatissant et s'élargissant.Les genres *Parkinsonia* (*P. Parkinsoni* (fig. 328, Oolite) et *Stephanoceras* (*S. Humphriesianum* fig. 328, Oolite) sont dérivés des formes précédentes. Ils présentent sur les flancs une rangée de tubercules d'où partent des côtes qui passent sur le dos. Aux Annulati du Lias inférieur se rattachent aussi les *Perisphinctes* qui se continuent dans le Jurassique supérieur. Ils sont reconnaissables à leurs côtes qui se bifurquent sur le côté extérieur (*P. polyplocus*) : l'ouverture porte des oreillettes. De ce genre est sortie toute une série de formes du Jurassique supérieur, reconnaissables aux tubercules qui se développent sur les côtes. Il y a généralement une rangée de tubercules sur le côté ombilical et une autre sur le côté externe; ex. : *Aspidoceras perarmatum, Aspidoceras circumspinosum* (fig. 329).

Nous verrons plus tard que, grâce aux travaux de Neumayr, on a pu mettre en évidence pour la période jurassique, l'existence de régions zoologiques distinctes. Les Ammonites sont cantonnées dans ces diverses régions. Les Phyllocératidés et les Lytocératidés se trouvent surtout dans la région équatoriale. Le grand groupe des Ægocératidés au contraire est peu représenté dans la région équatoriale et dans la région boréale; il a pris tout son développement dans les régions tempérées de la période. Les Amalthéidés sont aussi très communs dans la zone tempérée, mais ont pris probablement naissance dans les contrées boréales.

Le Jurassique a fourni un grand nombre de coquilles en forme de javelot appelées pour cette raison *Belemnites* par Agricola au seizième siècle.

Fig. 329. — *Aspidoceras circumspinosum* avec *aptychus* en place.

La coquille, quand elle est complète, se compose des parties suivantes (fig. 330) : 1° Une pièce pleine, allongée, terminée en pointe ; c'est le

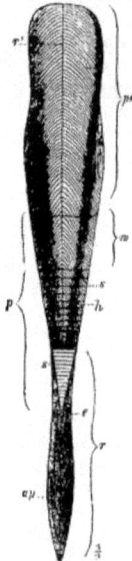

Fig. 330. — Bélemnite complète. — *r*, rostre ; *p*, phragmocône ; *po*, *proostracum* ; *w*, chambre d'habitation ; *e*, loge initiale.

Fig. 331. — Rostre de Bélemnite avec fragment du phragmocône.

rostre, partie qui le plus souvent est seule conservée (fig. 331). Le rostre est constitué par des

fibres disposées autour d'un axe appelé *ligne apicale*, s'étendant jusqu'à l'extrémité inférieure.

2° Un cône creux appelé *alvéole* ou *phragmocône*, à paroi interne nacrée et mince. Ce phragmocône est enveloppé par la partie supérieure du rostre qui est pourvue d'une cavité profonde. Ce phragmocône est formé d'une série de chambres séparées par des cloisons transversales convexes en dessous. Ces cloisons sont traversées par un siphon portant des contractions correspondant aux diverses cloisons. Par analogie avec les autres Céphalopodes, le siphon indique le côté ventral. Le phragmocône se ter-

Fig. 332. — Restauration d'une Bélemnite.

Fig. 333. — *Belemnites clavatus.*

mine par une petite loge (*loge initiale* ou *ovisac*) globuleuse. Le siphon s'y termine par un *protosiphon* rattaché à la paroi par un ligament ou *prosiphon*. Le phragmocône, en résumé, est analogue à la série des loges aériennes des Spirules actuelles, et les Bélemnites, par suite, ne sont autre chose que les coquilles de Céphalopodes dibranchiaux.

3° Le phragmocône se prolonge supérieurement du côté dorsal par une expansion cornée très mince, rarement conservée. C'est le *proostracum* ou *plume*.

On a trouvé des empreintes très nettes de Bélemnites dans lesquelles l'animal était con-

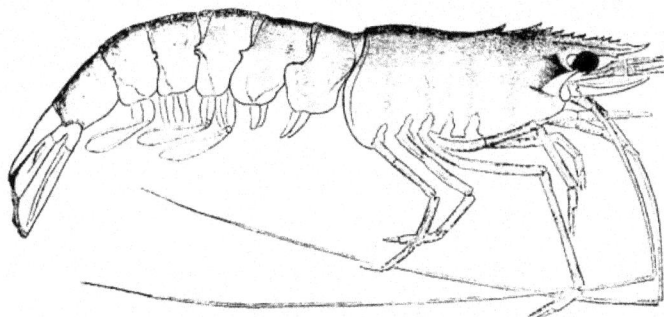

Fig. 334. — *Penæus*. Crustacé des schistes de Solenhofen (d'après Oppel).

servé presque entier. Il faut citer surtout les Bélemnites trouvées dans le Lias d'Angleterre, et
celles aussi de l'argile oxfordienne de Wiltshire
en Angleterre et du Wurtemberg. On connaît
des empreintes du genre *Belemnites* proprement dit, du genre *Belemnoteuthis* (Wiltshire)
et d'autres genres voisins. Les restaurations
faites par Mantell, Owen, Huxley, etc., ont appris que l'animal possédait dix bras munis de
griffes, comme ceux de certains Calmars actuels.
La coquille était cachée par le manteau. Il y
avait une poche à encre placée un peu au-dessus du phragmocône. Les crochets montrent
que les Bélemnitidés étaient des animaux carnassiers; leur forme élancée, les nageoires latérales qu'ils possèdent souvent indiquent qu'ils
avaient une natation rapide. Le phragmocône
devait les soutenir dans leur natation comme
une sorte de vessie natatoire ; le rostre formait
la partie postérieure du corps; il devait les empêcher de se buter aux obstacles dans leur
marche rétrograde (fig. 332). Parfois, ce rostre
atteint une longueur énorme; il y en a de 60 à
80 centimètres, d'où l'on peut conclure que
l'animal entier atteignait au moins 2 mètres de
longueur.

Les Bélemnitidés ne se trouvent pas avant le
Trias. Ils dérivent probablement de certains
Goniatitidés à forme droite et à première cloison simple, comme les *Bactrites*. Dans le Trias,
les Bélemnitidés sont encore peu nombreux, et
sont représentés par les *Aulacoceras*, où les goulots siphonaux des cloisons sont dirigés en
avant; le rostre est relativement petit. Il en est
de même chez les *Belemnoteuthis*, qui apparaissent également au Trias; chez eux, le rostre est
réduit à un mince enduit calcaire déposé sur

un phragmocône bien développé. Les *Aulacoceras* ont donné naissance aux *Belemnites* proprement dites, où le rostre est plus ou moins développé, parfois très grand. Les goulots siphonaux sont dirigés en arrière. Ces animaux
débutent dans le Lias et atteignent leur maximum dans le Jurassique supérieur et le Crétacé
inférieur. Les espèces sont très nombreuses et
présentent, dans le rostre, de grandes variations de formes d'après lesquelles on les distingue. Ainsi, il peut y avoir de petits sillons à la
pointe (*B. tripartitus* du Lias supérieur), ou un
profond sillon ventral suivant tout le rostre
(*B. canaliculatus*, Jurassique moyen), ou bien le
rostre peut s'élargir en arrière pour se terminer
ensuite en pointe (*B. hastatus* et *B. clavatus*
(fig. 333) du Lias et de l'Oxfordien). Les formes
les plus récentes, celles du Tithonique, étage
supérieur du Jurassique et du Crétacé inférieur,
ont un sillon dorsal (*Notocœli*).

On trouve encore dans le Jurassique d'autres Céphalopodes dibranchiaux. Ainsi, il existait déjà des animaux possédant à l'intérieur
du corps un osselet allongé, transparent, de
consistance cornée comme la *plume* des Calmars actuels. Cette plume correspond au
proostracum des Bélemnitidés. Dans le Lias on
a trouvé des empreintes d'animaux analogues
aux Calmars. Leur plume est composée de
feuillets à la fois cornés et calcaires. Tels sont
les *Beloteuthis* du Lias supérieur du Wurtemberg; la plume est foliacée et se termine en
avant par une pointe. Il en est de même des
Geoteuthis trouvés en Souabe et en Angleterre.
La poche à encre est conservée ; la matière colorante, en partie soluble dans l'alcool, a même
été utilisée par Buckland pour exécuter les

figures des osselets fossiles qu'il avait découverts dans les schistes lithographiques du Jurassique supérieur; on a trouvé également des empreintes complètes de *Plesioteuthis*, munis de plumes très longues et étroites en forme de lancette.

Les Calmars et les animaux voisins réunis sous le nom de *Chondrophores* ont probablement tiré leur origine des Bélemnotenthidés du Trias et du Jurassique, dont le proostracum est une mince feuille calcaire, tandis que le rostre est réduit, ce qui les écarte des vrais Bélemnitidés.

On sait que les Poulpes actuels ont huit bras (de là le nom d'Octopodes), un corps en forme de bourse, et qu'ils sont privés d'osselet interne. Dès le Jurassique supérieur, on trouve des empreintes de ces formes à huit bras. Tels sont les *Acanthoteuthis* et les *Cirroteuthis* des schistes lithographiques, dans lesquels il faut voir vraisemblablement les ancêtres des Poulpes de nos jours.

LES CRUSTACÉS ET LES INSECTES JURASSIQUES.

Il faut citer également les nombreuses empreintes de Crustacés trouvées en certaines localités dans les couches jurassiques, surtout dans les schistes lithographiques de Solenhofen et d'Eichstätt en Franconie, dans ceux de Nusplingen en Wurtemberg, enfin dans ceux de Cirin en France (département de l'Ain). Beaucoup d'entre eux appartiennent à l'ordre des Décapodes, c'est-à-dire possèdent dix pattes ambulatoires, et la plupart sont des Macroures; ils ont un long abdomen comme l'Écrevisse, le Homard, la Langouste. Parmi les plus remar

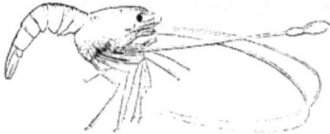

Fig. 335. — *Blaculla*. Crustacé des schistes de Solenhofen (d'après Oppel).

quables se trouvent des sortes de Crevette appartenant au genre *Æger* (*Æ. insignis*), au genre *Penæus* (fig. 334) encore représenté aujourd'hui, au genre voisin *Blaculla* (fig. 335). Les plus voisins de l'Écrevisse (*Astacus*) sont *Pseudastacus* et *Eryma* (fig. 336), et *Calianassa* encore vivant à l'époque actuelle. A côté des Langoustes actuelles (*Palinurus*) se rangent le genre *Mecochirus* (fig. 337), remarquable par ses longues antennes et ses grandes griffes qui terminent les pattes antérieures, et le genre *Cancrinus* (fig. 338) avec des antennes en forme de massue. On trouve aussi dans les couches jurassiques, et notamment à Solenhofen, un genre remarquable : les *Eryons* (fig. 339), à céphalothorax large et à abdomen raccourci, qui forment un passage des Macroures aux Brachyures ou Crabes. Ces formes singulières sont représentées aujourd'hui par le genre *Willemœsia*, qui habite les grands fonds de l'Océan; ce genre présente le large céphalothorax des

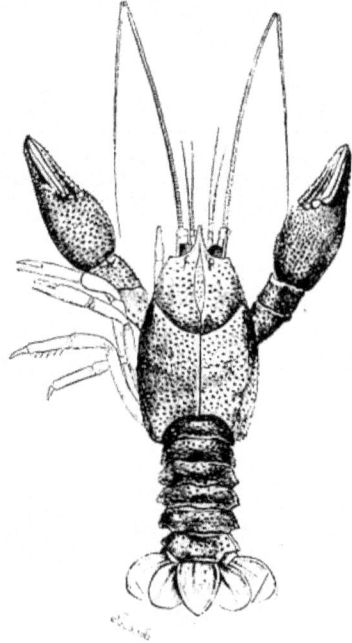

Fig. 336. — *Eryma*. Crustacé des schistes de Solenhofen (d'après Oppel).

Eryons. Les premiers Crabes se montrent aussi dans les schistes lithographiques de Solenhofen avec le genre *Prosopon*. Ces mêmes schistes

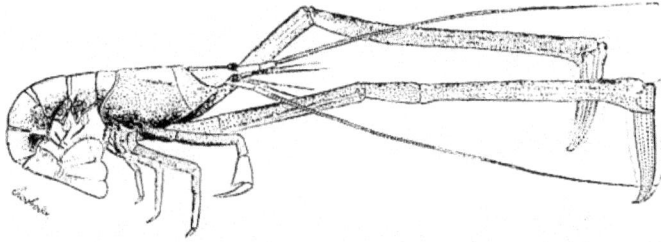

Fig. 337. — *Mecochirus*. Crustacé des schistes de Solenhofen (d'après Oppel).

ont même fourni des empreintes de larves de Langouste (*Phyllosoma priscum*). Ils contiennent également des Crustacés appartenant à des ordres moins élevés que celui des Décapodes : ainsi le genre *Sculda* (fig. 341), rappelant les Squilles actuelles, et rangé par suite parmi les Stomatopodes, et le genre *Urda* (fig. 342), qui est analogue aux Isopodes actuels.

Les Arthropodes terrestres du Jurassique nous sont beaucoup moins connus que les Crustacés. Jusqu'à présent, les Arachnides et les Myriapodes n'ont pas été découverts dans les assises de cette période. Au contraire, les Insectes sont assez nombreux en certains points. Ainsi, à Solenhofen, on trouve des Névroptères très bien conservés, comme des Éphémères et

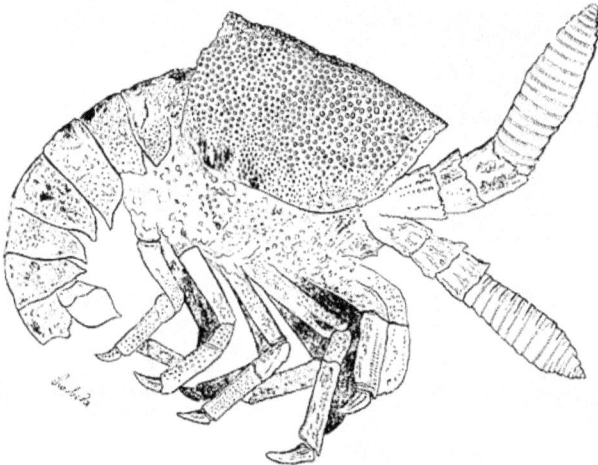

Fig. 338. — *Cancrinus*. Crustacé des schistes de Solenhofen (d'après Oppel).

des Libellules de grande taille (*Petalia longialata* (fig. 343), un certain nombre d'Hémiptères comme de véritables Cigales, des Nèpes et une autre Punaise d'eau voisine des Bélostomes de nos jours : le *Scarabæides deperditus*, d'abord rapporté aux Coléoptères.

L'une des localités qui a fourni le plus d'Insectes jurassiques est Schambelen, dans le can-

ton d'Argovie (Suisse). Là se trouvent des marnes liasiques qui se sont probablement déposées dans une baie tranquille où venait se terminer un cours d'eau ; ces conditions expliquent la richesse de ce gisement en Insectes et en végétaux. Heer a trouvé à Schambelen cent quarante-trois espèces d'Insectes appartenant à divers ordres (fig. 340). Les Orthoptères sont représentés par les premiers Perce-Oreilles connus (*Baseopsis*), par des Blattes dont le type a peu varié jusqu'à nos jours, par des Saute-relles et des Criquets. Les Névroptères de

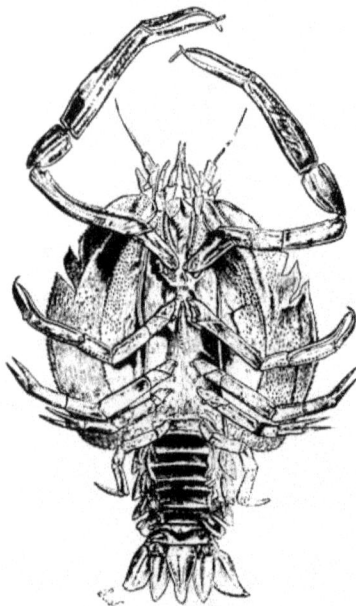

Fig. 339. — *Eryon*. Crustacé des schistes de Solenhofen (d'après Oppel).

Schambelen sont des Termites, des Libellules, des Æschnes. Il y a aussi des Coléoptères, ainsi des Charançons, des Buprestes, Insectes dont les larves vivent enfermées dans les bois ;

Fig. 340. — Insectes du Lias de Schambelen (d'après Heer).

des Lampyres ou Vers luisants, des Gyrins (*Gyrinites*) analogues à ceux qui, à l'époque ac-tuelle, glissent en tournoyant sur l'eau; des Hydrophyles (*Hydrophilites*) et des Carabes

(*Carabites*), Coléoptères carnassiers. La faune entomologique de Schambelen indique un cli-mat plutôt tempéré que chaud, tandis que les types trouvés à Solenhofen ont leurs analogues dans les contrées tropicales. On remarque l'ab-

Fig. 341. — *Sculda pennata*. Crustacé stomatopode des schistes de Solenhofen (d'après Kunth).

sence, dans les gisements jurassiques, des Hy-ménoptères, des Lépidoptères et des Diptères. On ne les trouve que dans les terrains tertiai-res. Les Hyménoptères sont souvent regardés comme remontant à l'ère secondaire, mais en

Fig. 342. — *Urda rostrata*. Crustacé isopode des schistes de Solenhofen (d'après Kunth).

réalité les empreintes provenant des schistes lithographiques sont très douteuses.

Il y a à faire en terminant ce paragraphe, une remarque importante sur les schistes litho-graphiques. On pourrait supposer à première

Fig. 343. — Libellule (*Petalia longialata*) des schistes de Solenhofen (d'après Zittel).

vue qu'ils sont particulièrement riches en fossiles, car ils fournissent la moitié de tous les Crustacés jurassiques connus, de nombreux Insectes, des Poissons, des Reptiles, etc. Mais, comme le remarque Neumayr(1), rien ne nous autorise à penser qu'une période géologique a été plus riche en formes animales qu'une autre ; tout dépend des conditions plus ou moins favorables à la fossilisation. Or, les schistes lithographiques proviennent de sédiments fins qui se sont déposés dans une eau tranquille, dans un golfe peu profond où les Crustacés, les Poissons, les Reptiles vivaient en nombre relativement grand et où pouvaient arriver facilement les Insectes des terres voisines. Le Jurassique nous présente beaucoup de gisements schisteux, où sont enfouis dans un bon état de conservation des exemplaires entiers; en outre ces gisements sont activement exploités et les fossiles sont recueillis avec soin par les ouvriers qui en connaissent aujourd'hui la valeur. En revanche, celui qui croirait récolter immédiatement à Solenhofen de nombreux fossiles s'exposerait à une véritable désillusion. C'est l'exploitation continue de ces schistes qui a permis de réunir tous les exemplaires remarquables que l'on cite; en réalité ces schistes peuvent être rangés parmi les roches les plus pauvres en fossiles du Jurassique.

LES POISSONS JURASSIQUES.

Les schistes lithographiques de Solenhofen en Allemagne, ceux de Cirin en France, ne sont pas les seules localités jurassiques qui aient fourni des Vertébrés. Il faut citer aussi les schistes bitumeux du Lias de Franconie et de Souabe qui sont aussi exploités que les schistes lithographiques, et aussi le Jurassique supérieur des environs de Hanovre. En Angleterre les gisements se trouvent dans les schistes du Lias, les schistes de Stonesfield, l'argile du Kimmeridge et les couches d'eau douce de Purbeck. En France, outre Cirin, il y a des gisements riches en Reptiles en Normandie, en Suisse les environs de Soleure, enfin en Amérique M. Marsh a trouvé de nombreux Vertébrés ju-

rassiques dans le territoire compris entre les Montagnes Rocheuses et la Sierra-Nevada.

On trouve un grand nombre de Poissons dans les schistes lithographiques de Solenhofen et dans ceux de Cirin. Ces derniers ont été particulièrement étudiés par Thiollière. Les Sélaciens devaient être abondants, si on en juge par la fréquence relative de leurs débris. Parmi les Squales il faut citer les *Notidanus*, les *Oxyrhina*, les *Phorcynis*. Certains Squales actuels, les Cestracions, ont des dents en pavés réniformes avec une crête médiane saillante d'où partent des plis rayonnants d'émail. Ce genre commence au Jurassique. Le *Cestracion falcifer* de Solenhofen a les dents et la peau chagrinée des Cestracions actuels, ainsi qu'une épine massive en avant des nageoires dorsales.

(1) Neumayr, *Erdgeschichte*, II, p. 287.

Fig. 344. — *Lepidotus gigas* des schistes de Solenhofen (d'après Zittel).

Le genre *Cestracion* tire son origine du genre *Acrodus*, particulièrement commun dans le muschelkalk et le Lias; les dents sont très analogues.

Les *Squatina*, Sélaciens, dont la forme élargie est celle des Raies, mais dont les ouvertures branchiales sont cependant latérales comme chez les Squales, existent dès le Jurassique et sont communes dans les schistes lithographiques.

Les formes élargies, à ouvertures branchiales inférieures comme les Raies actuelles, se montrent généralement un peu plus tard que les Squales. Les Rhinobates à museau allongé et pointu sont représentés à Cirin et à Solenhofen par le *Spathobatis mirabilis*. Il faut citer aussi le genre *Belemnobatis*.

Les Chimères ou Holocéphales, qui constituent une forme à part des Sélaciens, remontent aux terrains paléozoïques. Elles n'ont pas varié depuis le Jurassique; elles sont représentées à Solenhofen par le genre *Ischyodon* qui se continue à travers le Crétacé et le Tertiaire.

Les Ganoïdes continuent leur évolution. Les types à queue diphycerque ou à demi hétérocerque deviennent rares; ils sont représentés par le genre *Undina* muni d'écailles circulaires et de deux nageoires dorsales; l'espèce *Undina cirinensis* est remarquable par la présence, outre les nageoires pectorales et ventrales, d'une troisième paire de nageoires qui s'attache au-dessus des pectorales.

Les hétérocerques sont rares également. On peut citer le *Chondrosteus* du Lias, dont la peau était nue et la tête couverte de plaques osseuses. La *Spatularia* actuelle des fleuves d'Amérique rappelle les *Chondrosteus* par sa peau nue et sa bouche privée de dents.

Les Ganoïdes, dans la période secondaire, passent insensiblement aux Poissons osseux ou Téléostéens. Leur queue tend à devenir homocerque, leur squelette s'ossifie, leurs écailles deviennent molles et minces. Ainsi dans le *Pholidophorus* du Lias on trouve une colonne vertébrale encore imparfaitement ossifiée, de même dans le *Pycnodus*; mais chez ce dernier et chez le *Gyrodus* qui en est très voisin la queue devient nettement homocerque; de même chez

Fig. 345. — *Leptolepis* des schistes de Solenhofen.

les *Lepidotus* (fig. 344) et les *Dapedius*, très répandus dans le Jurassique.

Dès le Lias supérieur il est souvent difficile de distinguer les Ganoïdes des Poissons osseux; d'ailleurs on sait que les principaux caractères distinctifs des deux groupes sont fournis non par le squelette mais par les organes internes, comme le bulbe aortique, l'intestin, les nerfs optiques. Les formes de transition constituent le groupe des Téléostéides. Ainsi le *Leptolepis* (fig. 345) a des écailles émaillées mais très minces; il est homocerque; de même le *Thrissops* des schistes lithographiques, le *Megalurus* et le *Caturus* à grande nageoire caudale des mêmes gisements (Bavière, Cirin).

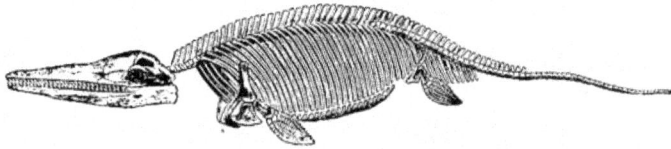

Fig. 346. — Squelette d'Ichthyosaure.

LES REPTILES ET LES OISEAUX JURASSIQUES.

Un fait remarquable est l'absence jusqu'à présent complète des Batraciens dans les couches jurassiques. Ils ont joué, comme on l'a vu, un rôle important dans les périodes carbonifère, permienne et triasique; au Jurassique on ne les connaît pas; les débris qu'on leur a rapportés ne leur appartiennent pas en réalité; M. Marsh cite toutefois un Batracien voisin des Grenouilles : *Eobatrachus agilis*, dans le Jurassique supérieur d'Amérique.

Les Reptiles sont au contraire très abondants et présentent un grand nombre de types remarquables. Beaucoup sont adaptés à la vie aquatique. Tels sont les *Ichthyosauriens* (fig. 346). Ils ont des vertèbres biconcaves en rapport d'une manière peu solide avec l'arc neural. Les côtes

Fig. 347. — Crâne d'Ichthyosaure.

s'appuient sur les centres vertébraux par deux têtes; elles présentent sur leur longueur un sillon qui leur donne l'aspect de deux côtes étroitement soudées l'une à l'autre. Il y a de 110 à 140 vertèbres toutes semblables; la colonne vertébrale est toujours brisée vers son extrémité, ce qu'on a attribué à l'existence d'une nageoire caudale assez lourde.

La tête (fig. 347) est allongée, mais le cou n'existe pour ainsi dire pas, ce qui a lieu aussi chez les Cétacés actuels. Les orbites sont grandes, la sclérotique est renforcée par un anneau composé de pièces osseuses. L'orifice des fosses nasales est situé immédiatement en avant de l'orbite. Les mâchoires sont allongées, les intermaxillaires sont très développés. Les dents sont logées dans une rigole qui occupe toute la longueur des mâchoires; il y en a plus de 90 de

chaque côté. Ces dents sont coniques et généralement striées.

Les membres (fig. 348, 349) sont très remarquables ainsi que les ceintures. Le sternum

Fig. 348. — Membre antérieur d'Ichthyosaure. — H, humérus; R, radius; u, cubitus; r.i.u, osselets radial, intercalaire, cubital; Cp, carpiens; Me, métacarpiens; Ph, phalanges; mr, mu, osselets du bord radial et cubital.

est en forme de T (épisternum) les coracoïdiens qui s'articulent avec lui sont très larges. Il existe des clavicules. L'humérus est court et large; à la suite viennent deux autres os qui correspon-

Fig. 349. — Membre postérieur d'Ichthyosaure. — E, fémur; t, tibia; Fb, péroné; Ts, tarsiens; Mt, métatarsiens; t.i.f, osselets tibial, intercalaire, pérouéen; Ph, phalanges; mtb, osselets du bord tibial.

dent au radius et au cubitus, mais le reste de la patte est difficile à homologuer avec les membres des autres Vertébrés. Au lieu de trouver cinq doigts composés de trois phalanges, on constate l'existence de cinq, six et

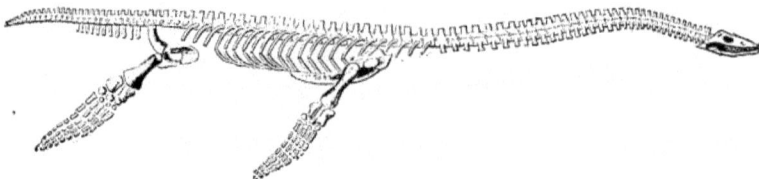

Fig. 350. — Squelette de Plésiosaure. (Page 220.)

même sept rangées de petits os polygonaux. Chaque série en contient un très grand nombre qui deviennent de plus en plus petits quand on s'éloigne de la base du membre. Il y a donc ici multiplication des doigts et des phalanges. Le tout forme une sorte de palette bien adaptée à la vie aquatique. Cette palette devait être couverte d'une peau solide, car les différents petits os n'ont aucune adhérence entre eux. Les membres postérieurs ont la même structure que les membres antérieurs, mais ils sont plus petits et même rudimentaires. Les pubis et les ischions se rejoignent sur la ligne médiane pour former une double symphyse. La peau devait être nue, on ne trouve pas d'écailles.

On a quelques notions sur l'organisation et le genre de vie des Ichthyosauriens. A la place que devait occuper l'estomac on a trouvé une masse de couleur sombre contenant des débris de Crustacés, d'Ammonites, et des débris de Poissons qui indiquent quel était le mode d'alimentation de ces animaux. Les résidus fossilisés de la digestion, ou *coprolithes*, sont enroulés en spirale, ce qui indique l'existence d'une valvule spirale dans l'intestin.

On a trouvé des squelettes d'Ichthyosaures contenant un squelette de même espèce mais plus petit. Plusieurs naturalistes en ont conclu qu'ils étaient vivipares; suivant d'autres, les gros ichthyosaures mangeaient les petits.

Les Ichthyosauriens atteignaient de grandes dimensions. Certains (*Ichthyosaurus communis*) avaient jusqu'à vingt pieds de long et davantage.

La disposition des os du crâne, le trou pariétal, l'épisternum, la forme des vertèbres, établissent des rapports entre les Ichthyosauriens et les Rhynchocéphales. Les Ichthyosauriens se rattachent intimement aux formes primitives des Reptiles. Ils sont probablement sortis des Rhynchocéphales, et la disposition particulière de leurs membres, qui les rapproche des Cé-

tacés, doit s'expliquer par une adaptation à la vie aquatique.

Les plus connus du groupe sont les Ichthyosaures, très communs dans le Lias du Wurtemberg et d'Angleterre. Les schistes de Boll en Wurtemberg en contiennent beaucoup, et c'est dans le Lias inférieur de Lyme-Regis en Angleterre qu'on trouva en 1814 les premiers restes d'Ichthyosaures. Il y en a aussi en France, ainsi dans le Lias de Curcy (Calvados) et l'étage kimméridgien du Jurassique supérieur du Havre. Récemment aussi a été trouvé dans les calcaires du Lias supérieur de Sainte-Colombe, à 12 kilomètres de Vassy (Yonne), le plus grand Ichthyosaure connu jusqu'à présent en France. M. Gaudry l'a nommé provisoirement *Ichthyosaurus Burgundiæ* (1). Il devait avoir en son entier 8 mètres de long; la tête seule mesure 1^m,57 de long, et comme son extrémité antérieure est brisée, on peut l'évaluer à près de 1^m,80. L'œil garni de ses plaques sclérotiques a un diamètre de 0^m,24. Le museau est fort allongé; il y a quatre-vingts dents d'un seul côté en comprenant les deux mâchoires; quatre-vingt-une vertèbres sont conservées, elles occupent une longueur de 4^m,40. Cet Ichthyosaure figure aujourd'hui dans la galerie paléontologique du Muséum d'histoire naturelle de Paris.

Le genre *Ichthyosaurus* a paru dès le Trias (*I. atavus*), s'est développé dans le Jurassique et s'est étendu jusqu'à la fin du Crétacé. Ce genre a été précédé dans le Trias par un genre très voisin : *Mixosaurus*. A une époque moins reculée que celle de l'apparition de l'Ichthyosaure s'est montré le genre *Sauranodon* ou *Baptanodon*, découvert par M. Marsh dans le Jurassique supérieur d'Amérique (*B. natans*). On a pu constater que l'adaptation s'est faite peu à peu; le *Mixosaurus* est moins différencié que l'Ichthyosaure, et celui-ci l'est moins que le

(1) *Comptes rendus de l'Académie des sciences*, 1891.

Fig. 351. — Téléosaure restauré.

Baptanodon. En effet, dans le premier genre les membres sont moins modifiés ; le radius et le cubitus sont plus longs que larges et sont séparés l'un de l'autre par un intervalle vide. Chez l'Ichthyosaure, ces deux os sont aussi larges que longs et ne sont plus séparés l'un de l'autre. Enfin chez le *Baptanodon* l'humérus s'articule non plus avec deux os mais avec trois pièces arrondies, qui sont le radius, l'intermédiaire et le cubitus. L'humérus est plus court ; de plus le *Baptanodon* est privé de dents à l'état adulte, tandis que chez les jeunes il y a des dents rudimentaires. La différenciation progressive est donc bien nette.

D'autres Reptiles nageurs ont été longtemps réunis aux précédents et on leur donnait le nom commun d'*Enaliosauriens.* Ce sont les *Plésiosauriens.* Ils diffèrent moins des Lézards que les Ichthyosauriens. Le cou est assez long ou même très long ; les vertèbres sont très légèrement biconcaves ou biplanes ; les membres peuvent avoir les formes de palettes natatoires, mais les os sont moins déformés et s'il y a de nombreuses phalanges, il n'y a jamais plus de cinq doigts.

Les plus différenciés du groupe sont les *Plésiosaures,* très répandus dans le Jurassique (fig. 350). La queue est courte mais le cou est très long. Il est composé de trente-trois vertèbres, tandis que le cou du Cygne auquel on peut le comparer n'en présente que vingt-trois. Les mâchoires sont garnies de dents coniques ayant chacune son alvéole. Il n'y a pas d'anneau sclérotical. Les deux paires de membres sont égales, tandis que chez les Ichthyosaures les membres postérieurs sont plus courts ; le pied et la main convertis en palettes natatoires sont aussi moins modifiés. Il n'y a pas d'épisternum, mais dans la région abdominale il existe des pièces osseuses imbriquées disposées transversalement et réunissant les côtes d'une même paire.

Dans le Jurassique supérieur, le genre *Plésiosaurus* est remplacé par le genre *Pliosaurus.* Celui-ci est plus différencié et se rapproche davantage de l'Ichthyosaure ; la tête est plus longue, le cou plus court (12 vertèbres) ; même ressemblance pour les os de l'avant-bras. Certains ont des dimensions géantes ; chez *P. macromerus* les pattes natatoires ont 6 pieds de long.

Les *Plésiosauriens* ou *Sauroptérygiens* ont débuté au Trias par des formes moins différenciées, moins bien adaptées à la vie aquatique, tels que les *Nothosaurus, Dactylosaurus,* etc., du Trias, que nous avons déjà décrits et qui se rapprochent des formes primitives des Reptiles, c'est-à-dire des Rhynchocéphales. Les membres de ces derniers se sont peu à peu modifiés et adaptés à la vie aquatique. L'adaptation commence chez les *Nothosaurus,* et se manifeste davantage chez le *Lariosaurus* du Lettenkohle où l'humérus est court et aplati. Enfin des Nothosauridés dérivent les Plésiosauriens qui se différencient de plus en plus et finissent avec le *Pliosaurus* par se rapprocher beaucoup des Ichthyosauriens. Il y a ici un phénomène de convergence. Les Ichthyosauriens paraissent descendre directement des Rhynchocéphales également, mais se différencient plus vite ; les Plésiosauriens forment un rameau à part également sorti des Rhynchocéphales et qui, par une adaptation plus lente, finit par se rapprocher beaucoup du premier rameau.

Les Crocodiliens ont commencé, comme nous le savons déjà, au Trias avec le *Belodon* et l'*Aëtosaurus.* Les Crocodiliens du Jurassique se rapprochent davantage des Crocodiliens actuels. Les vertèbres sont amphicœliques

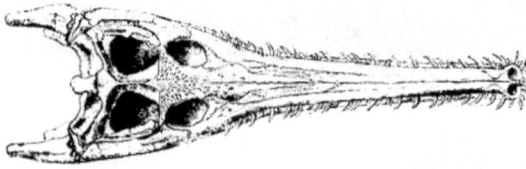

Fig. 352. — Crâne de Téléosaure (d'après Fraas).

(biconcaves), les arrière-narines s'ouvrent sur la voûte du palais plus loin que chez les Crocodiliens triasiques. Les plus connus forment le genre *Teleosaurus* créé par Geoffroy Saint-Hilaire en 1825 et regardé déjà par lui comme la souche des Crocodiles. Les Téléosaures sont abondants dans le Jurassique de Caen (fig. 351). Ils sont remarquables par leur long bec ressemblant à celui du Gavial (fig. 352). Il y a non seulement des écussons osseux dorsaux comme chez les Crocodiles, mais aussi des écussons ventraux, disposition qui ne se trouve plus que chez les Alligators actuels. Les dents sont très nombreuses (45 ou 50), longues et striées. L'espèce la plus commune est le *Teleosaurus Cadomensis* ou de Caen. Le *Pelagosaurus typus* du Lias supérieur de Curcy (Calvados) lui ressemble, mais les orbites sont plus latérales au lieu d'être supérieures; la longueur est de 1 mètre et demi. Le *Steneosaurus Heberti* de l'étage oxfordien a les orbites supérieures, les dents sont striées et présentent deux angles au lieu d'être arrondies. Les *Gonopholis* ont une tête plus large, ressemblant moins à celle du Gavial qu'à celle du Crocodile. Les fosses sus-temporales, grandes chez les Téléosaures, deviennent ici plus petites; elles le sont encore davantage et se rapprochent de celles des Crocodiliens actuels chez les *Bernissartia* qui, comme le genre précédent, commencent dans le Crétacé le plus inférieur (étage Wealdien). Tandis que chez les Téléosauriens, il n'y a sur le dos que deux rangées d'écussons osseux, il y en a plusieurs rangées chez les Crocodiliens wealdiens comme chez les Crocodiliens actuels.

Les Tortues ont commencé avec le Trias (*Psammochelys keuperiana* ou *Proganochelys Quenstedti*). Dans le Jurassique supérieur de Soleure, dans les schistes lithographiques de Solenhofen et de Cirin, apparaissent les *Thalassemydés*, Tortues marines munies de pattes natatoires. La carapace est très aplatie. Il y a toujours des ouvertures ou fontanelles sur les

os de la carapace ou sur le plastron chez les *Thalassemys*; cette ossification incomplète laisse un grand vide au milieu du plastron, qui devait être rempli chez l'animal vivant, comme chez les Tortues marines actuelles, par des parties cartilagineuses ou membraneuses.

Les *Platychélydés*, qui ont vécu depuis le Jurassique jusqu'à l'Éocène, sont, comme le montre la disposition des pièces de la carapace, voisins des Thalassemydés, mais il n'y a pas de fontanelles. Le genre *Platychelys* se trouve dans le Jurassique supérieur de Soleure. La carapace est aplatie avec de forts tubercules coniques; il y a sur le plastron une pièce spéciale (mésoplastron) qui forme une fontanelle originelle.

Les restes de Lézards sont assez peu répandus dans le Jurassique. Le *Telerpeton* du Trias supérieur anglais rappelle par ses membres les Lacertiens actuels. Il en est de même de l'*Homœosaurus* des schistes de Solenhofen. Le *Saphœosaurus* des schistes de Solenhofen et de Cirin ressemble par l'empreinte de ses écailles à l'Iguane.

Le Jurassique est remarquable par le grand nombre de Reptiles volants ou *Ptérosauriens* qu'il présente. Les plus connus sont les *Ptérodactyles*. Les os des Ptérosauriens sont pneumatiques, les vertèbres sont procœliques; il y a un sacrum formé de 3 à 6 vertèbres; le sternum présente un bréchet bien net rappelant celui des Oiseaux. La tête est grande et ressemble à celle des Oiseaux, par la longueur des mâchoires, sa forme générale, son anneau sclérotical. Il n'y a pas de clavicules, mais il existe des os coracoïdiens. Les membres antérieurs sont remarquables par la membrane alaire qu'ils supportent. Cette membrane est analogue à celle des Chauves-Souris, mais chez celles-ci elle est soutenue par les quatre doigts devenus très longs tandis que le pouce est court et muni d'une griffe (fig. 354): au contraire, chez

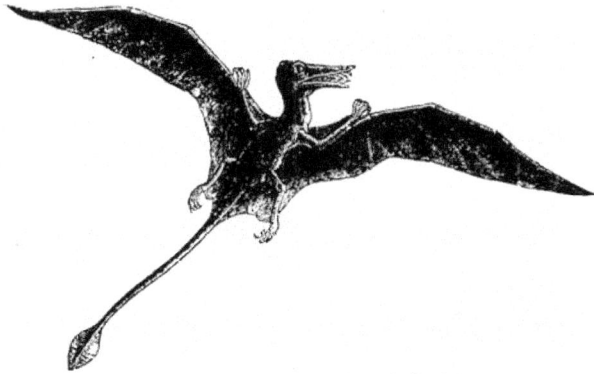

Fig. 353. — Restauration du Rhamphorhynque.

les Ptérosauriens l'aile est soutenue par le cinquième doigt, correspondant au petit doigt de l'homme. Ce doigt est très allongé et composé de quatre phalanges, le pouce est rudimentaire, les trois autres doigts sont courts et portent des griffes (fig. 355).

Les Ptérosauriens les plus anciens constituent la famille des *Ramphorhynchidés*. Ils sont moins différenciés que les autres ; le cou est court, la queue très longue, les mâchoires sont courtes et garnies de dents placées dans les alvéoles. Chez le *Dimorphodon* du Lias inférieur d'Angleterre, il y a des dents sur toute la mâchoire et les plus antérieures sont les plus longues. Chez le *Ramphorhynchus* des schistes lithographiques de Solenhofen, les mâchoires sont plus longues ; il n'y a pas de dents sur leur partie antérieure qui était probablement terminée par un bec corné. M. Marsh a étudié un *Ramphorhynchus* bien conservé (*R. phyllurus*) des schistes lithographiques d'Eichstätt. Il avait la taille d'un Corbeau ; sa longue queue était terminée par une expansion membraneuse en forme de disque, servant de gouvernail pendant le vol (fig. 353).

Le genre *Pterodactylus* se sépare de la famille précédente par sa queue tout à fait rudimentaire (fig. 355). Il se rapproche encore davantage des Oiseaux ; la tête a tout à fait un faciès avien et elle ne présente de dents qu'à la partie antérieure des mâchoires ; ces dents étaient très petites. Le cinquième doigt antérieur est extrêmement long ; il dépasse six fois les autres en longueur. L'aile a, comme le remarque M. Zit

tel, la même forme que celle des Oiseaux bons voiliers, comme les Hirondelles et les Mouettes ; le pouvoir des Ptérodactyles pour le vol devait donc être considérable. De plus, leurs os sont pneumatiques comme ceux des Oiseaux. Les Ptérodactyles se trouvent dans le Jurassique supérieur et surtout dans les schistes lithogra

Fig. 354. — Patte antérieure d'une Chauve-Souris.

phiques de Bavière. Ils sont tous de petite taille ; les plus petits (*P. brevirostris*) ont celle du Moineau, les plus grands celle du Corbeau.

Les Ptérosauriens se retrouvent dans le Crétacé, puis disparaissent définitivement. Ce groupe, comme on le voit, a rapidement évolué, mais s'est éteint aussi très rapidement. Il faut le regarder comme un groupe aberrant

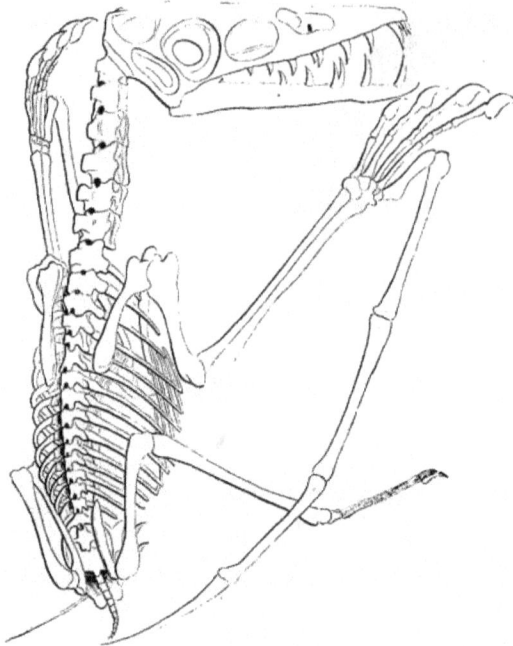

Fig. 355. — Squelette de Ptérodactyle.

de Sauriens qui s'est adapté au vol et a pris ainsi des caractères aviens. Ils présentent des phénomènes de convergence avec les Oiseaux sans qu'il y ait fort probablement de parenté réelle.

Les Reptiles secondaires nous offrent encore un groupe très remarquable contenant un grand nombre de formes variées. C'est le groupe des *Dinosauriens*, ainsi appelé à cause de la grande taille d'un certain nombre de types. Ces animaux ont pour caractères communs d'avoir des vertèbres biconcaves ou opisthocœliques, un sacrum développé, ce qui n'a pas lieu généralement chez les Reptiles, des membres allongés, ce qui est encore une particularité du groupe. Les membres postérieurs sont les plus longs et le plus souvent l'animal pouvait se tenir verticalement en s'appuyant sur sa queue très longue et très forte. Les dents sont comprimées, à double tranchant, souvent d'une structure compliquée; elles sont enfoncées dans des alvéoles distincts ou dans des sil-

lons alvéolaires. Par la structure du bassin ils se rapprochent beaucoup des Oiseaux. L'iléon,

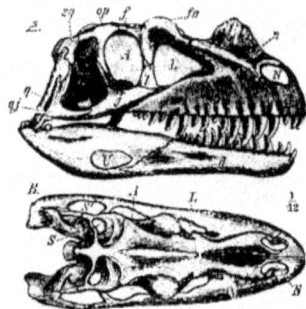

Fig. 356. — *Ceratosaurus nasicornis*. — A, crâne vu de profil; B, crâne vu de dessus : A, cavité orbitaire; L, fossette lacrymale; N, cavité nasale; S, S', fosses temporales.

comme chez ces derniers, est très allongé et se

Fig. 357. — *Compsognathus* des schistes de Solenhofen.

prolonge en avant et en arrière de la cavité cotyloïde. L'ischion et le pubis sont deux os longs et grêles, parallèles entre eux. Le pubis présente une forte apophyse (*postpubis*) qui existe aussi chez l'Autruche. La cavité cotyloïde est perforée comme chez les Oiseaux.

Les Dinosauriens sont très nombreux. Ils ont apparu au Trias. Les plus anciens ont certains rapports, par le crâne et la forme des vertèbres, avec les Crocodiliens les plus anciens. Ils doivent être sortis d'une souche commune, dérivée elle-même des Rhynchocéphales. Les Dinosauriens triasiques appartiennent au sous-ordre des *Théropodes*. Ils étaient carnassiers, comme le montrent leurs dents aiguës munies de deux arêtes tranchantes. Les pieds ressemblent à ceux des Carnivores ; ils sont pourvus de griffes rétractiles ; ces animaux étaient digitigrades. Le bassin était bien développé avec une symphyse pubienne ossifiée ; les postpubis étaient encore rudimentaires. Le

Zanclodon triasique (Wurtemberg) avait des griffes puissantes ; les os et surtout le fémur étaient énormes. L'animal devait avoir une dizaine de mètres de long.

Le *Megalosaurus* qu'on trouve dans le Jurassique et aussi dans la craie d'Europe avait des dents arquées en forme de sabre, rappelant celles du Carnassier tertiaire appelé *Machairodus*. Il devait avoir, d'après la longueur de ces dents, de 12 à 15 mètres de long. Le tibia était pneumatique.

Le *Ceratosaurus nasicornis* (fig. 356) trouvé par M. Marsh dans les couches dites à *Atlantosaurus* du Colorado (Jurassique supérieur) avait une corne sur le nez. La longueur du corps atteint 6 mètres. Les vertèbres cervicales sont particulières ; elles sont opisthocœliques tandis que les autres sont biconcaves. Les pattes antérieures, petites comme celles des Kangouroos, étaient armées de griffes. Les métatarsiens sont soudés, mais encore faciles à

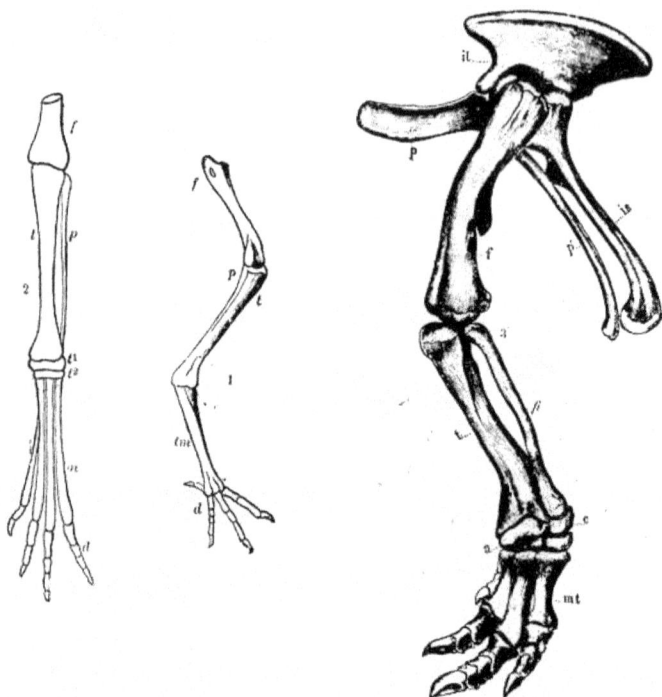

Fig. 358. — 1, Patte de Poulet; 2, patte d'un embryon de Poulet (grossi) dont on n'a conservé que la partie inférieure du fémur (d'après Schmidt); *f*, fémur; *t*, tibia; *p*, péroné; *tp*, jambe (tibia et péroné soudés); *ts*, tarse; *m*, métatarse; *tm*, os canon; 3, bassin et patte de *Camptonotus dispar*, Dinosaurien du Jurassique d'Amérique (d'après Marsh); *il*, ilion; *is*, ischion; *p*, *p'*, pubis; *f*, fémur; *t*, tibia; *fi*, péroné; *a*, astragale; *c*, calcanéum; *mt*, métatarse.

distinguer. Cette soudure rappelle ce qui a lieu chez les Oiseaux et en particulier chez les Manchots, où ces os tout en étant soudés ne sont pas fusionnés. La symphyse pubienne dirigée vers le bas constitue une large sole. D'après M. Marsh, l'animal devait s'asseoir en s'accroupissant sur les talons et alors cette sole correspondait au centre de gravité du corps. Il y avait tout le long du dos des plaques osseuses dermiques, comme chez les Crocodiliens.

Le *Compsognathus* (fig. 357) est un petit Dinosaurien Théropode des schistes de Solenhofen. Sa taille est celle d'un Chat. Le cou est très long, les membres antérieurs courts, les postérieurs très longs et très grêles ont un caractère avien des plus prononcés. Considérons en effet le membre postérieur des Oiseaux (fig. 358).

Il se compose, comme on sait, du fémur, de la jambe formée du tibia et du péroné qui sont soudés, puis entre la jambe et les doigts se trouve une longue baguette osseuse : l'os canon ou tarso-métatarse. Mais si l'on considère un embryon d'Oiseau, le membre postérieur est construit sur le type normal; il y a deux séries d'os tarsiens et autant de métatarsiens que de doigts. Puis, par les progrès du développement, la partie supérieure du tarse se soude au tibia, tandis que les métatarsiens et la partie inférieure du tarse se soudent pour former l'os canon. Ainsi l'articulation entre la jambe et l'os canon se trouve entre les deux moitiés du tarse. Si l'on considère maintenant le membre inférieur des Dinosauriens, il rappelle le membre embryonnaire de l'Oiseau, et le *Compso-*

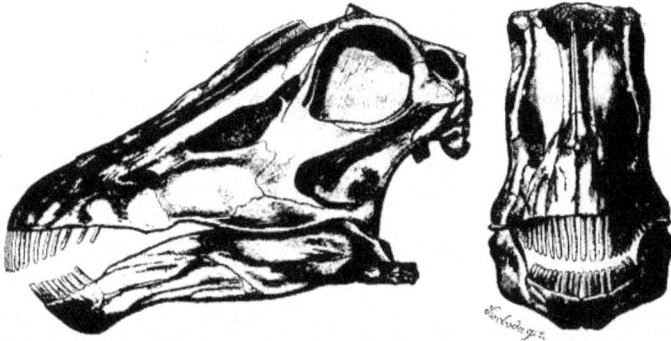

Fig. 359. — *Diplodocus* du Jurassique d'Amérique (d'après Marsh).

gnathus en particulier présente nettement cette analogie. Le fémur est beaucoup plus court que l'os canon, l'articulation inférieure est entre les deux moitiés du tarse; la partie supérieure de ce dernier (calcanéum et astragale) est comme chez les Oiseaux soudée au tibia; l'os canon est long et formé de métatarsiens soudés, il y a trois doigts. Le bassin rappelle aussi celui des Oiseaux par la longueur et la minceur de l'ischion et du pubis; enfin la région sacrée a aussi des caractères aviens.

Un second sous-ordre de Dinosauriens est celui des *Sauropodes*. Ce sont des animaux de grande taille, herbivores, car les dents sont élargies en forme de spatule. Ils sont plantigrades et pentadigités; les membres postérieurs sont à peine plus grands que les antérieurs. La symphyse pubienne est cartilagineuse. Le sternum est pair, il se compose d'un os droit et d'un os gauche. Ces animaux se rapprochent des Crocodiliens triasiques, *Belodon*, *Aëtosaurus*. Ils avaient probablement une vie aquatique, car les narines sont très en arrière vers le sommet du crâne.

Il y a dans ce groupe des formes géantes. Elles ont été étudiées par M. Marsh et proviennent des couches du Jurassique supérieur du Colorado. L'*Atlantosaurus immanis* était énorme. Le fémur a 2^m,70 de long et 0^m,63 de largeur à sa partie antérieure. L'animal devait avoir environ 36 mètres de longueur. On se fait difficilement une idée de ce que pouvait être un animal de cette taille; cependant il est probable que le poids n'était pas en rapport avec les dimensions, car les vertèbres ne sont pas massives, leurs centres sont creux et de-

vaient être sans doute remplis d'air pendant la vie de l'animal; la queue était toutefois entièrement ossifiée.

Le *Diplodocus* (fig. 359) est remarquable par la forme de la tête, qui ne peut se comparer qu'à celle du Cheval. Les mâchoires portent à leur partie antérieure des dents de forme cylindrique, tandis que la partie antérieure est complètement édentée, ce qui est un cas spécial, car généralement, quand une réduction du nombre des dents se produit, ce sont les dents antérieures qui disparaissent, et celles du fond qui persistent.

Le *Brontosaurus excelsus* (fig. 360) est entièrement connu. Son sacrum se compose de cinq vertèbres; trois vertèbres de la queue étaient creuses. Le cou était très long et la tête remarquablement petite, aussi le cerveau devait-il être très réduit. D'après M. Marsh, en comparant le cerveau des Dinosauriens en général avec celui d'un Alligator, et en supposant les deux animaux ramenés au même volume, le cerveau des Dinosauriens, et à plus forte raison celui du *Brontosaurus*, était cent fois plus petit que le cerveau de l'Alligator. Le squelette du *Brontosaurus* a été complètement reconstitué; sa longueur totale est de 16 mètres. L'animal était probablement aquatique. Dans le même gisement (*Atlantosaurus beds*) se trouve le *Morosaurus grandis* ayant aussi un crâne très exigu. La longueur totale est de 13 mètres. L'*Apatosaurus* était aussi de grande taille; ses vertèbres cervicales ont 1 mètre de large.

D'autres Dinosauriens herbivores constituent le sous-ordre des *Stégosaures*. Les dents très comprimées ont une large couronne dentelée

Fig. 360. — *Brontosaurus excelsus*, Marsh. Jurassique supérieur des Montagnes Rocheuses (d'après un dessin communiqué par M. Gaudry).

en avant et en arrière. Ces animaux étaient plantigrades, il y avait cinq doigts en avant et trois ou quatre en arrière. Les pattes de devant sont beaucoup plus courtes que celles de derrière. La station devait être bipède. Les pubis sont dépourvus de symphyse, dirigés librement en avant et munis d'un long postpubis.

Ce bassin ressemble beaucoup à celui des Oiseaux. Toutes les vertèbres sont biconcaves, le corps était couvert de plaques dermiques ou de piquants. Le *Scelidosaurus* se trouve dans le Lias anglais, les pattes ont 1^m,15 de long. Le *Stegosaurus ungulatus* (fig. 361), qui a donné son nom au groupe, est le mieux connu. Il a

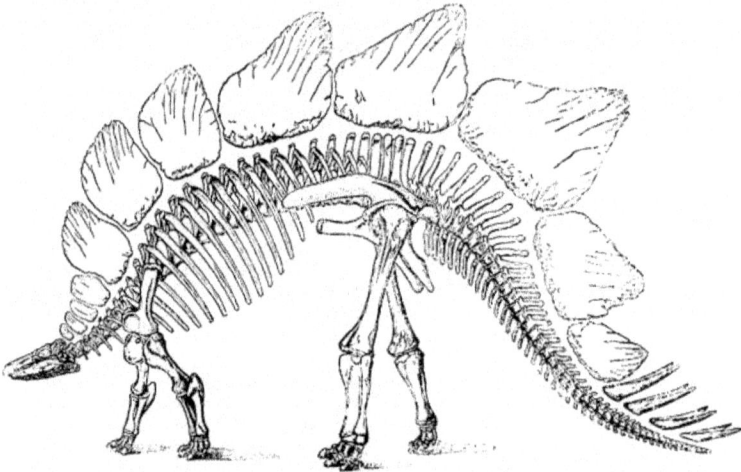

Fig. 361. — *Stegosaurus ungulatus*, Marsh. Jurassique supérieur des Montagnes Rocheuses (d'après un dessin communiqué par M. Gaudry).

10 mètres de long et provient des couches à *Atlantosaurus*. La tête est remarquablement petite. Le fémur est très long, le pied a cinq doigts pourvus de sabots. Les membres antérieurs sont très courts. La queue est très puissante. Elle devait servir de support pour la station bipède ; elle était ornée d'une ou plusieurs paires de fortes épines. Le côté ventral

de l'animal porte de grandes plaques dermiques. On a trouvé aussi les *Stegosaurus* (*S. armatus*) dans le Jurassique supérieur d'Angleterre. Récemment M. Marsh a trouvé un squelette presque entier d'une petite espèce, le *S. stenops*, dans le Colorado. Il a vu que le crâne et le cou étaient protégés par de petites plaques osseuses ; sur le tronc et la queue elles sont beaucoup plus grandes. Le poids de cette armure et la forme comprimée de la queue font supposer à M. Marsh que l'animal était aquatique.

Les Dinosauriens qui rappellent le plus les Oiseaux par leur organisation sont appelés *Ornithopodes*. Les os sont creux comme ceux des Oiseaux ; le bassin est bâti sur le même type ; les pubis sont très allongés, parallèles aux ischions, il n'y a pas de symphyse. On peut répéter ici pour les membres postérieurs ce que nous avons dit plus haut à propos du *Compsognathus*. Les membres antérieurs sont très réduits. On peut citer parmi ces Dinosauriens le *Nanosaurus* du Jurassique américain, qui n'avait que la taille d'un Chat. Mais beaucoup sont de dimensions colossales, tels sont les animaux du genre *Iguanodon*, développé dans le Crétacé inférieur, et dont nous parlerons plus tard avec détails. Un genre voisin est le genre *Camptonotus* (fig. 358).

En résumé, les Dinosauriens présentent avec les Oiseaux des relations étroites. M. Huxley le premier attira l'attention sur ces rapports et donna aux Dinosauriens le nom d'*Ornithoscélides*, pour exprimer ces analogies de structure. Le bassin des Dinosauriens, comme nous l'avons vu, rappelle beaucoup celui des Oiseaux et il en est de même des membres postérieurs. Rappelons les ischions et les pubis allongés parallèles entre eux, les postpubis dont on trouve un vestige chez certains Oiseaux (Autruches, Aptéryx), la cavité cotyloïde perforée, le tarse n'ayant de rapports chez les Ornithopodes qu'avec le tibia et plus avec le péroné comme chez les Oiseaux, les métatarsiens et les doigts ayant la disposition avienne. Les métatarsiens sont généralement libres, mais chez le *Ceratosaurus* par exemple, ils sont soudés en grande partie, de même chez le *Compsognathus* et chez les Oiseaux très jeunes (Autruche, Manchot), ils existent en partie séparés. En bas du tibia se trouve un os appelé astragale qui n'est peut-être qu'une épiphyse du tibia; chez les jeunes Oiseaux marcheurs il y a un os semblable. Le fémur des Oiseaux présente à la partie inférieure une tubérosité qui sépare les facettes articulaires du tibia et du péroné. Elle existe chez les Dinosauriens à l'exclusion des autres Reptiles.

Le troisième trochanter de l'Iguanodon (qu'il vaut mieux appeler quatrième trochanter, car il n'a rien de commun avec le troisième trochanter des Mammifères), se retrouve chez les

Palmipèdes. Rappelons enfin les os souvent creux des Dinosauriens. Tous ces caractères témoignent de la parenté des deux groupes. Il faut penser que le type Oiseau dérive des Dinosauriens, ou que les deux types sortent d'ancêtres communs.

Suivant M. Marsh, les plus proches alliés des Oiseaux doivent être de petits Dinosauriens Jurassiques dont les os ne peuvent être distingués de ceux des Oiseaux quand le crâne est absent. Plusieurs de ces petits Dinosauriens

Fig. 362. — *Archæopteryx lithographica* (exemplaire du British Muséum de Londres).

avaient probablement des habitudes arboricoles, et la différence entre eux et les Oiseaux devait consister surtout dans le plumage.

Il existe d'ailleurs un intermédiaire entre les Reptiles et les Oiseaux; c'est l'*Archæopteryx lithographica* (fig. 362), découvert dans les schistes lithographiques de Solenhofen. De Meyer en 1860 découvrit d'abord une plume isolée, puis on découvrit en 1861 un squelette entier que Andreas Wagner regarda d'abord comme celui d'un Reptile qu'il appela *Gryphosaurus*. Cette pièce unique fut achetée par le British Muséum au prix de 15,000 francs (600 livres sterling), et étudiée par Owen, qui recon-

Fig. 363. — *Archæopteryx* des schistes d'Eichstätt, exemplaire du Musée de Berlin (d'après Dames).

nut dans ce singulier animal un véritable Oiseau. Enfin en 1887 fut découvert dans les schistes d'Eichstätt, au voisinage de Solenhofen, un second squelette beaucoup mieux conservé. Depuis 1880 il se trouve au Musée de l'Université de Berlin, qui l'acheta pour 25,000 francs (20,000 marks). Cet échantillon a été l'objet des études de Dames, et nous possédons aujourd'hui des détails complets sur l'*Archæopteryx* (fig. 363).

Cet animal, par toute son organisation, se rapproche beaucoup plus des Oiseaux que des Reptiles, et les caractères qui le différencient des Oiseaux actuels, rappellent en partie les Reptiles, mais surtout les Oiseaux à l'état embryonnaire.

L'*Archæopteryx* atteint la grosseur d'un Corbeau de forte taille. Ce qui frappe d'abord c'est la structure de la queue. Tandis que chez les Oiseaux actuels la queue ou croupion se compose d'un très petit nombre de vertèbres et porte un bouquet de plumes, celle de l'*Archæopteryx* est longue et formée de vingt vertèbres portant des plumes disposées par paires. Cette queue de Lézard emplumée a fait créer pour l'Archæoptéryx un ordre à part, celui des *Saururæ*. Les membres antérieurs, qui sont emplumés, portent trois doigts se terminant par des griffes recourbées, tandis que chez les Oiseaux actuels, comme on le sait, il y a un seul doigt bien développé et deux autres rudimentaires. Les membres postérieurs présentent quatre métatarsiens dont trois sont soudés; les quatre doigts portent respectivement 2, 3, 4, 5 phalanges. Les os du bassin sont distincts et rappellent les Dinosauriens. On voit que l'*Archæopteryx* présente des caractères de fœtus ou d'Oiseau très jeune. En effet la queue d'une jeune Autruche est formée de vertèbres distinctes, et d'après Parker l'os en forme de soc de charrue du Canard, au sortir de l'œuf, comprend dix segments. De même chez la jeune Autruche les métacarpiens sont distincts et portent des phalanges. Enfin, chez les Oiseaux très jeunes, les os du bassin sont distincts comme chez l'*Archæopteryx*.

Les vertèbres sont biconcaves comme chez un Oiseau du Crétacé, l'*Ichthyornis*. Les côtes rappellent les Reptiles : elles ne présentent pas les apophyses récurrentes ou uncinées des Oiseaux. Il y a un large sternum. La ceinture scapulaire n'est pas bien connue, mais il paraît y avoir une fourchette et l'humérus ressemble tout à fait à celui des Oiseaux. Il en est de même du crâne. L'anneau sclérotical est formé de douze pièces. Il y avait aux deux mâchoires des dents implantées dans des alvéoles. M. Marsh, comme nous le verrons plus tard, a découvert dans le Crétacé d'Amérique d'autres Oiseaux pourvus de dents. Dès 1820, Étienne Geoffroy Saint-Hilaire avait signalé la présence des dents rudimentaires chez les embryons des Perroquets, mais il s'agit en réalité de productions épidermiques cornées analogues aux papilles du bec du Canard (1).

Les plumes de l'*Archæopteryx* sont bien conformées, avec un axe et des barbules. Outre celles des ailes et de la queue, s'en trouvaient d'autres recouvrant les pattes jusqu'au bas du tibia. Le reste du corps en était probablement dépourvu. On suppose que l'*Archæopteryx* était un animal grimpeur, se servant de ses membres antérieurs emplumés comme de parachute plutôt que comme de véritables ailes.

Un animal trouvé dans le Jurassique d'Amérique (Wyoming), et encore mal connu, a été appelé *Laopteryx priscus*. Il paraît se rapprocher de l'*Archæopteryx*.

LES MAMMIFÈRES JURASSIQUES.

Les Mammifères se montrent, avons-nous déjà dit, dans les couches triasiques de l'Afrique australe et de la Caroline du Nord. Le Jurassique en a fourni un assez grand nombre. Ainsi, à la base du Jurassique, dans l'étage rhétien, qui est souvent rattaché au Trias, il existe des dents polycuspides à deux racines auxquelles on a donné le nom de *Microlestes antiquus* (fig. 364). Ces débris existent près de Degerloch, non loin de Stuttgart en Wurtemberg et aussi en Angleterre, à Frome (Somerset). Le calcaire oolithique de Stonesfield près d'Oxford (étage bathonien) a fourni des mandibules d'*Ampitherium Broderipi* (fig. 365), *Phascolotherium Bucklandi*, *Stereognathus oolithicus*. M. Seeley y a trouvé aussi des os d'extrémités qui ont des analogies avec les pièces correspondantes chez les Monotrèmes (Ornithorhynque, Échidné).

Les couches de Purbeck (île de Purbeck et côte du Dorsetshire), qui appartiennent au Jurassique supérieur, ont fourni onze genres de Mammifères qui ont été bien étudiés par Owen, entre autres les *Plagiaulax*, les *Triconodon* et les *Spalacotherium*. Dans tous ces genres, les molaires sont denticulées et parfois assez compliquées, sauf le *Stylodon* dont les dents sont simples.

Les gisements qui ont fourni jusqu'ici le plus de documents sur les Mammifères secondaires sont les couches à *Atlantosaurus* du Jurassique supérieur d'Amérique. La principale région est le Wyoming, sur le versant ouest des Montagnes Rocheuses, vient ensuite le Colorado. De ces gisements M. Marsh a retiré un grand nombre d'ossements appartenant à plusieurs centaines d'individus. Ces restes consistent non seulement en mâchoires inférieures, ce qui est le cas le plus fréquent, mais aussi en portions variées du crâne, en vertèbres, en os des membres, etc. Ils appartiennent à plus de vingt-cinq espèces réunies en une quinzaine de genres.

Les Mammifères secondaires sont de très petites dimensions; d'après les débris trouvés et qui sont surtout des mâchoires inférieures, ils avaient la taille de petits Rats ou de petits Insectivores. Le plus grand de tous provient du Trias de l'Afrique australe, c'est le *Theriodesmus*

(1) Rémy Perrier, *Éléments d'anatomie comparée*. Paris, 1893, p. 824.

qui, d'après M. Seeley, avait la taille d'un Glouton.

Un fait remarquable est le grand nombre des dents de ces Mammifères. Ainsi le *Dromatherium sylvestre* du Trias de la Caroline du Nord présente, pour la moitié de la mandibule, trois incisives, une canine, trois prémolaires pointues et sept molaires tricuspidées. En admettant le même nombre de dents pour la mâchoire supérieure, on trouverait cinquante-six, nombre dépassé par l'*Amphitherium* qui possédait soixante-quatre dents. Ce nombre considérable de

Fig. 364. — Dent de *Microlestes antiquus*, vue sous différentes faces.

dents éloigne des Mammifères supérieurs où il y a au plus quarante-quatre dents, et rappelle les Reptiles. Chez les Marsupiaux actuels il y a aussi un grand nombre de dents ; il y en a cinquante chez l'Opossum.

Les molaires sont pointues, denticulées et ressemblent surtout à celles des Insectivores. Le *Stereognathus*, connu d'abord par un morceau de mandibule présentant trois molaires à couronne large, fut pris à première vue pour un Omnivore ou un Herbivore, mais on a trouvé plus tard une mâchoire supérieure dont les

Fig. 365. — Mâchoire inférieure d'*Amphitherium*, du gisement de Stonesfield.

molaires sont des molaires d'Insectivores. Il faut supposer avec M. Marsh que presque tous les Mammifères antérieurs au Tertiaire mangeaient surtout des Insectes.

Les *Plagiaulax*, cependant, ont des dents particulières. La mâchoire inférieure présente quatre prémolaires dont la couronne porte des sillons transversaux ; à la suite viennent deux molaires tuberculeuses (fig. 366). Ces prémolaires en forme de scie se retrouvent chez le genre *Ctenacodon* du Jurassique d'Amérique ; il y a aussi des molaires tuberculeuses, et de plus des dents tranchantes ont été trouvées à la mâchoire supérieure, opposées aux prémolaires. Il est probable que les Plagiaulacidés

avaient une nourriture variée animale et végétale. Il est possible même, comme le pense M. Marsh, qu'il y ait eu changement graduel dans la nourriture. En effet, au *Plagiaulax* succède dans l'Éocène le *Neoplagiaulax*, où il y a seulement une prémolaire et à la suite deux tuberculeuses, enfin à l'époque actuelle le Kangouroo Rat (*Hypsiprymnus penicillatus*) qui présente à la suite d'une prémolaire sillonnée quatre tuberculeuses. Ce Marsupial herbivore paraît être le descendant actuel des Plagiaulacidés. Ainsi l'alimentation d'abord variée serait devenue exclusivement herbivore et il y aurait eu une adaptation correspondante dans la dentition.

On regarde généralement les Mammifères secondaires comme des Marsupiaux ; mais, suivant d'autres naturalistes, leurs affinités seraient beaucoup moins simples.

Fig. 366. — Mâchoire inférieure de *Plagiaulax Becklesii*.

Les premiers, tels que M. Gaudry, donnent comme arguments en faveur des affinités marsupiales, les faits suivants :

1° L'angle de la mâchoire inférieure est recourbé vers le dedans comme chez les Marsupiaux. C'est ce qu'on peut constater chez le *Plagiaulax*, le *Triconodon*, le *Spalacotherium*.

2° A la face interne de la mâchoire inférieure on trouve chez certains Marsupiaux, comme le Myrmécobie, un sillon en rapport avec l'insertion du muscle mylo-hyoïdien. On retrouve ce sillon chez le *Triconodon*, l'*Amphitherium*, etc.

3° Les molaires rappellent par leur forme celles des Marsupiaux. Ainsi les *Plagiaulax* rappellent les Kangouroos-Rats ou Bettongias (*Hypsiprymnus*), le *Triconodon* rappelle les Myrmécobies, le *Curtodon* (ou *Kurtodon*) le Wombat.

4° Les molaires sont très nombreuses comme chez les Marsupiaux. Il peut y en avoir dix sur chaque moitié de la mandibule (*Spalacotherium*) et même onze (*Curtodon*) ou douze (*Amphitherium*). Il y en a neuf chez les Myrmécobies. Les Placentaires n'en ont pas plus de sept.

5° Les arrière-molaires sont semblables, ce

qui n'arrive que chez les Insectivores et les Marsupiaux.

6° Il y a peu de dents de remplacement, ce qui rapproche encore des Marsupiaux. Le seul Mammifère secondaire où l'on ait reconnu une dent de remplacement est le *Triconodon serrula*.

M. Marsh divise les Mammifères secondaires en deux groupes. La plupart se rangent dans le groupe des *Pantotheria*, auquel M. Marsh donne comme caractères distinctifs les suivants : les hémisphères sont lisses, la mâchoire inférieure ne présente pas d'inflexion, le condyle est vertical ou arrondi mais pas transverse, il n'y a pas de symphyse à la mandibule, les canines ont une racine bifide, les prémolaires et les molaires sont imparfaitement différenciées, il y a un nombre de dents excédant ou égalant le nombre normal de quarante-quatre (exception pour le *Paurodon*). Les principaux genres sont *Dromatherium* (Trias), *Triconodon*, *Amphitherium*, *Stylodon*, *Curtodon*.

Les autres genres : *Plagiaulax*, *Allodon*, *Bo-lodon*, *Ctenacodon*, *Microlestes*, forment le groupe des *Allotheria*. L'angle de la mâchoire inférieure présente le rentrant caractéristique des Marsupiaux ; il n'y a pas de sillon mylo-hyoïdien comme chez les *Pantotheria*, les dents sont bien au-dessus du nombre normal. Les canines sont transformées en incisives, les prémolaires et les molaires sont spécialisées, les prémolaires sont comprimées latéralement et sillonnées en forme de scie, les molaires sont tuberculeuses.

D'après M. Marsh, les *Pantotheria* sont la souche des Mammifères placentaires et les Insectivores sont ceux qui s'éloignent le moins du type primitif. Les *Allotheria* sont la souche des Marsupiaux. Ainsi les Aplacentaires et les Placentaires seraient séparés dès le commencement des temps secondaires et proviendraient de deux branches indépendantes. Celles-ci seraient sorties de formes ovipares inconnues, alliées aux Reptiles ou aux Batraciens, et que M. Marsh appelle *Hypotheria*.

COUP D'ŒIL GÉNÉRAL SUR LA FAUNE JURASSIQUE.

En terminant cette revue des formes animales jurassiques, jetons un coup d'œil général sur la faune.

Les animaux de terre ferme ou d'eau douce sont encore relativement peu connus ; au contraire les animaux marins sont très nombreux et si on fait la comparaison avec ceux des mers actuelles, on voit que la variété des types n'est pas moindre. Les Foraminifères, les Radiolaires, les Éponges, les Polypiers paraissent aussi abondants qu'aujourd'hui ; si les Échinodermes irréguliers sont moins répandus que dans nos mers, les formes régulières sont plus nombreuses. Les Bryozoaires sont très variés, les Brachiopodes sont plus développés qu'à l'époque actuelle, les Céphalopodes à coquille n'ont jamais été plus abondants qu'au Jurassique. On connaît encore peu de Crustacés, mais leur abondance dans les schistes lithographiques semble indiquer que pendant la période entière ils ont été très répandus. Les Poissons Téléostéens, qui forment aujourd'hui la majorité, sont rares, mais en revanche les Ganoïdes maintenant très réduits sont alors au contraire très florissants ; dans les mers jurassiques il n'y a pas de Cétacés, mais leur place est remplie par des Reptiles comme les Ichthyosaures, les Plésiosaures, les Téléosaures, etc. En somme, à première vue, la faune jurassique prise dans son ensemble paraît aussi riche et aussi variée que la faune actuelle. Mais il faut remarquer que la période jurassique est composée d'un grand nombre d'époques dont chacune est comparable par la durée à l'époque présente. Or en tout il existe certainement dans les océans de nos jours plus de 50,000 espèces possédant des parties dures et par suite susceptibles de conservation, tandis que la somme des espèces jurassiques connues ne dépasse pas 10,000. Ces espèces sont très inégalement réparties dans les divers étages. Certains contiennent plus de 1,000 espèces différentes connues, tandis que d'autres sont beaucoup plus pauvres. Dans certains on connaît des facies très variés, ce qui comporte les différences des types animaux, tandis que pour d'autres on ne connaît que le facies à Ammonites ; nos connaissances sur le Jurassique sont donc très incomplètes. On doit remarquer encore avec Neumayr (1), que les faunes marines actuelles que nous connaissons bien sont les faunes littorales ; nous nous sommes encore peu occupés des faunes profondes, tandis que certainement beaucoup de dépôts jurassiques sont des formations d'eau profonde. Celles-ci présentent une grande uniformité de types animaux, et au contraire les faunes d'eau

(1) *Erdgeschichte*, II, p. 308.

peu profonde sont beaucoup plus variées. Pour toutes les raisons qui précèdent, il n'est donc pas possible de faire une comparaison absolument exacte entre la faune de la période jurassique et la faune actuelle. Dire qu'elles sont également riches et variées n'est pas assez dire. Comme les zones climatériques existaient déjà à cette époque et que c'est une condition excellente au point de vue de la richesse des faunes, on est en droit de supposer que pendant chaque phase de la période jurassique correspondant à un étage, la faune marine devait être aussi riche que la faune actuellement vivante; dès lors on doit évaluer le nombre des espèces de la période à dix ou quinze fois celui d'aujourd'hui, soit à un demi-million ou trois quarts de million au moins. Les 10,000 espèces marines jurassiques sont donc peu de chose auprès de celles qui nous restent absolument inconnues. On peut dire la même chose pour les espèces terrestres et d'eau douce sur lesquelles nous savons encore moins. Il faut attendre beaucoup des découvertes futures. Un nouveau gisement mis en lumière suffit pour bouleverser toutes les conclusions générales établies pour une période déterminée. Ainsi

pendant longtemps on a regardé les Mammifères comme ayant apparu seulement aux temps tertiaires. Il a suffi des découvertes faites en Angleterre et en Allemagne pour faire abandonner cette manière de voir; ensuite les données recueillies par M. Marsh ont prouvé que le type Mammifère était déjà très varié pendant le Jurassique supérieur, et les gisements de l'Afrique australe, qui nous réservent sans doute encore plus d'une surprise, ont permis de reculer la date de l'apparition de ce type jusqu'au Trias. De même les Oiseaux ont été longtemps inconnus et nous n'en connaissons encore que quelques exemplaires. Il a fallu la découverte de l'Archæoptéryx, celle des Mammifères, pour montrer qu'il était inexact de regarder les Poissons et les Reptiles comme les seuls Vertébrés jurassiques. Il serait également inexact de supposer que les Batraciens n'ont pas existé pendant cette période, parce qu'on ne les a pas encore découverts, sauf une espèce en Amérique. La lacune qui existe entre les Stégocéphales paléozoïques et triasiques, et les Batraciens du Crétacé et du Tertiaire sera un jour comblée.

LA FLORE JURASSIQUE.

On connaît un assez grand nombre de gisements de plantes jurassiques, qui se trouvent répartis sur toute la surface du globe. Ainsi, il en existe un au Spitzberg, sur le bord septentrional de l'Is-fjord, par 78° de latitude nord. Il y en a un aussi en Norwège, à Andö. Dans la Scanie, province du sud de la Suède, l'étage rhétien, base du Jurassique, présente une flore assez riche, et il y a même là des dépôts importants de combustibles provenant de la décomposition des végétaux. Les houilles des Indes, du Tonkin, de la Nouvelle-Galles du sud en Australie, appartiennent aussi au même étage. Le Jurassique du Japon est également riche en empreintes végétales, il en est de même de celui de la Perse. Dans le Lias, dans l'Oolithe, dans le Jurassique supérieur, il existe aussi des végétaux. Les marnes liasiques de Schambelen, en Suisse, ont été explorées par Heer, qui y a décrit un grand nombre d'Insectes et de végétaux. Citons encore l'île de Portland.

On peut donc se faire aujourd'hui une idée assez nette de la flore jurassique. La végétation de cette période est caractérisée par la prédominance des Cryptogames vasculaires et des

Gymnospermes. Les premiers ont fourni un grand nombre de Fougères (1). Celles qui occupaient les stations humides au voisinage des estuaires sont des plantes à frondes développées, comme les *Clathropteris, Thaumatopteris, Dictyophyllum, Sagenopteris, Thinnfeldia*. Celles des stations plus sèches, sablonneuses ou calcaires, ont des frondes médiocrement grandes et coriaces, telles que *Ctenopteris, Lomatopteris, Scleropteris*, etc.

Les Gymnospermes sont représentés par les trois familles actuelles des Cycadées, des Conifères et des Gnétacées. Les Cycadées, aujourd'hui reléguées dans les contrées tropicales, étaient très répandues et très variées dès le commencement du Jurassique, et même, comme nous l'avons déjà dit, au Trias. Les genres principaux sont : *Zamites, Otozamites, Pterozamites* (fig. 367). *Podozamites, Sphenozamites, Nilssonia, Pterophyllum*. M. Morière a trouvé, dans le Lias du Calvados, un nouveau genre de Cycadées, *Schizopodium*, ayant un bois très développé entouré d'une

(1) De Saporta, *Le monde des plantes avant l'apparition de l'homme*, p. 190.

zone de liber, des canaux gommeux dans l'écorce et des cellules gommeuses dans la moelle. Le *Clathropodium* de Portland, étudié par M. Renault, a une structure histologique semblable à celle des Cycadées actuelles.

Les Conifères jurassiques rappellent, pour la plupart, celles qui existent maintenant. Ainsi l'une des plus répandues, qui se montre aussi bien à Schambelen qu'en Angleterre et en France, est une sorte d'*Araucaria* (*Araucarites peregrinus*). Il y a aussi des arbres analogues au Cyprès, au Ginkgo actuel du Japon, et même à nos Pins et Sapins. On a découvert, en effet,

Fig. 367. — *Pterozamites comptus.*

plusieurs espèces de Pins au Spitzberg et à Andö. Il faut signaler aussi, parmi les Conifères, les *Baiera*, qui se rapprochent des Ginkgos, et les *Brachyphyllum*, à rameaux raides, portant des feuilles épaisses et contiguës recouvrant les rameaux comme des écussons. La place de ce genre est encore douteuse, parce qu'on n'en connait pas les cônes. Il en est de même de l'*Echinostrobus* des schistes de Solenhofen.

Les Gnétacées constituent une petite famille de Gymnospermes aujourd'hui très réduite. Elle s'est montrée dès les temps paléozoïques, si on en juge par les appareils reproducteurs trouvés par M. Renault à Rive-de-Gier, et qu'il

appelle *Gnetopsis*. C'est dans le Jurassique qu'on trouve des Gnétacées absolument authentiques. M. de Saporta a découvert, dans le Jurassique d'Armaille et d'Étrochey, des graines et des rameaux analogues à ceux des *Ephedra* actuels. M. Nathorst à Bjuf, en Scanie, a recueilli des graines ailées rappelant celles du genre vivant *Welwitschia*.

Un genre singulier, assez répandu dans le Jurassique, est le genre *Williamsonia*. Il a été étudié par M. de Saporta, ainsi que plusieurs genres voisins, comme *Goniolina*. M. de Saporta regarde ces plantes comme les premières Angiospermes, il les appelle Proangiospermes, et d'après lui on peut les comparer aux Monocotylédones de la famille des Pandanées, par leurs inflorescences constituées par des spadices terminaux unisexués, entourés d'un bouquet de feuilles. Celles-ci ont des nervures longitudinales reliées entre elles par des veinules ramifiées en réseau. Mais M. Nathorst a récemment montré que les *Williamsonia* ne sont autre chose que des inflorescences d'*Anomozamites*, d'*Otozamites* et de *Zamites*. Il a trouvé les *Williamsonia angustifolia* attachées aux *Anomozamites minor*. D'après lui, ces *Anomozamites* et autres plantes prises d'abord pour des Cycadées, seraient les représentants d'un ordre indépendant, celui des Williamsoniées. Il y a donc encore des doutes sur la place des *Williamsonia* et de leurs analogues, et l'on ne peut affirmer qu'elles doivent être rangées parmi les Monocotylédones, ou être regardées comme la souche non encore différenciée d'où sont sorties les deux classes des Dicotylédones et des Monocotylédones. Parmi ces Proangiospermes, dont on ne peut dire si l'on doit les ranger dans les Monocotylédones ou les Dicotylédones, M. de Saporta a appelé *Yuccites* des feuilles rappelant celles du Yucca actuel.

On a signalé dans le Jurassique de vraies Monocotylédones. Ainsi M. Gardner a trouvé, en Angleterre, des inflorescences paraissant entourées d'une spathe, des feuilles qui semblent avoir appartenu à une Monocotylédone aquatique, un tronc qui doit être celui d'une Graminée arborescente (1). M. de Saporta a découvert de son côté, et décrit sous le nom de *Palæospadix*, des spadices ou inflorescences analogues à ceux des Palmiers. Toutefois, ces débris sont encore bien incomplets, et l'on peut dire, en terminant, que la flore jurassique est

(1) Voir dans l'*Annuaire géologique universel*, t. III, une analyse de M. Zeiller.

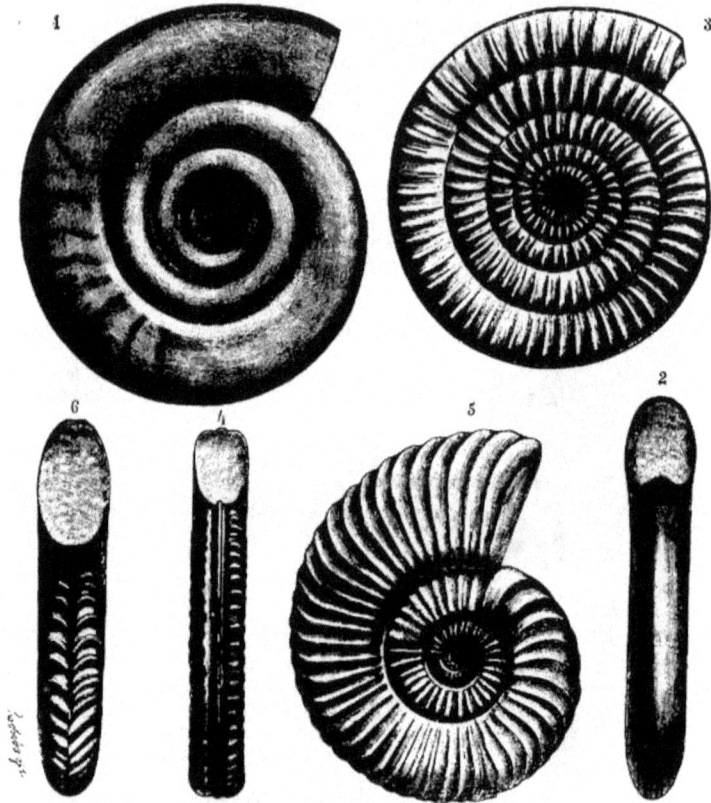

Fig. 368. — Ammonites de l'Hettangien et du Sinémurien. — 1, 2, *Psiloceras planorbis*; 3, 4, *Schlotheimia angulata* (Hettangien); 5, 6, *Arietites spiratissimus* (Sinémurien).

caractérisée par des types particuliers de Fougères, des Cycadées, des Conifères, des Gnétacées, et par des formes particulières qui paraissent être les formes primitives non différenciées des Angiospermes.

LE JURASSIQUE DANS LES DIVERSES RÉGIONS.

Le Jurassique présente un grand nombre d'étages caractérisés surtout par des genres différents ou des espèces différentes d'Ammonites. En outre il est possible de distinguer en Europe trois provinces distinctes, absolument analogues aux régions zoologiques des mers actuelles. La première de ces provinces, celle de l'Europe centrale, comprend la France, l'Allemagne, l'Autriche, le nord-ouest de l'Espagne, le nord du Portugal, et s'étend aussi sur la Pologne russe, le sud de la Russie, et d'autre part sur l'Angleterre. La seconde province, qu'on appelle province méditerranéenne ou alpine, comprend la région des Alpes, l'Italie, les Carpathes, la chaîne des Balkans, et à l'ouest se prolonge sur la plus grande partie de l'Espagne et sur le sud du Portugal. La province moscovite enfin, très différente des deux autres, est formée de la Russie centrale et septentrionale, et s'étend en Norwège vers les îles Lofoten. Chaque province présente ses formes marines spéciales. La province de l'Europe centrale est caractérisée par les Ammonites des genres *Oppelia* et *Peltoceras*, la province alpine par les genres *Phylloceras, Lytoceras, Simoceras* et

Harpoceras qui sont rares dans la province précédente; enfin la province moscovite est remarquable par le manque absolu des genres alpins la rareté des genres *Oppelia* et *Peltoceras* et par celle des récifs coralliens, enfin par le grand développement des Ammonites du genre *Cardioceras*, celui du groupe du *Belemnites excentricus* et d'un genre remarquable de Pélécypodes, le genre *Aucella* (1).

Nous étudierons chacune des provinces jurassiques européennes, en commençant par la province de l'Europe centrale.

PROVINCE DE L'EUROPE CENTRALE. LE JURASSIQUE INFÉRIEUR.

Dès le début de la période jurassique, la mer a envahi la plus grande partie de l'Europe centrale, ne respectant que les massifs anciens. Ceux-ci formaient quelques grandes îles : l'Armorique avec le Cotentin, les Vosges, l'Ardenne qui faisait partie d'une grande terre émergée se continuant jusqu'en Angleterre à travers la Belgique, enfin le Plateau central. Entre l'Armorique et le Plateau central se trouvait un détroit qu'on peut appeler le détroit de Poitiers ; entre le Plateau central et les Vosges s'en trouvait un autre : le détroit de Dijon. Il y avait en outre quelques îlots comme celui qui marquait la place future des Pyrénées, la Montagne Noire séparée du Plateau central par un détroit dans lequel se sont déposés les calcaires de la région des Causses, enfin dans le sud-est le Massif des Maures et de l'Esterel.

Vers le milieu du Jurassique un mouvement d'émersion s'est graduellement produit dans le nord de la France et en Angleterre et à la fin de la période toute cette région était à sec, l'emplacement actuel de la Manche était occupé par des lacs et des forêts.

On distingue le jurassique inférieur ou *groupe liasique*, le Jurassique moyen ou *groupe oolithique*, enfin le Jurassique supérieur.

Le Jurassique inférieur se compose surtout de marnes, de grès et d'un calcaire noirâtre plus ou moins argileux. C'est le Jura noir (*Schwarzer Jura*) des Allemands. On le partage d'abord en *Infra-Lias* et en *Lias*, ce dernier nom n'étant autre qu'une désignation locale usitée en Angleterre. L'Infra-Lias qui est le groupe le plus inférieur a été partagé depuis en deux étages : le *Rhétien* ainsi nommé des Alpes rhétiques où il présente un faciès particulier et l'*Hettangien*, bien développé à Hettange, près de Thionville.

Le Lias lui-même comprend trois étages qui sont de bas en haut : le *Sinémurien* (de Semur dans l'Auxois), le *Liasien* et le *Toarcien* (de Thouars en Poitou).

Le *Rhétien* repose immédiatement sur le Trias. Il est caractérisé par la présence d'un

Fig. 369. — Coquilles du Rhétien. — 1, *Anatina præcursor*; 2, *Modiola minuta*; 3, *Gervillia præcursor*; 4, *Avicula contorta*; 5, *Myophoria Ewaldi*; 6, *Lima præcursor* (d'après Quenstedt).

Pélécypode remarquable, l'*Avicula contorta*, accompagné d'autres coquilles comme *Anatina præcursor, Modiola minuta, Myophoria Ewaldi, Lima præcursor* (fig. 369). Cet étage se présente avec des caractères littoraux très marqués. Il présente fréquemment des couches à ossements

(1) Neumayr, *Erdgeschichte*, t. II, p. 310.

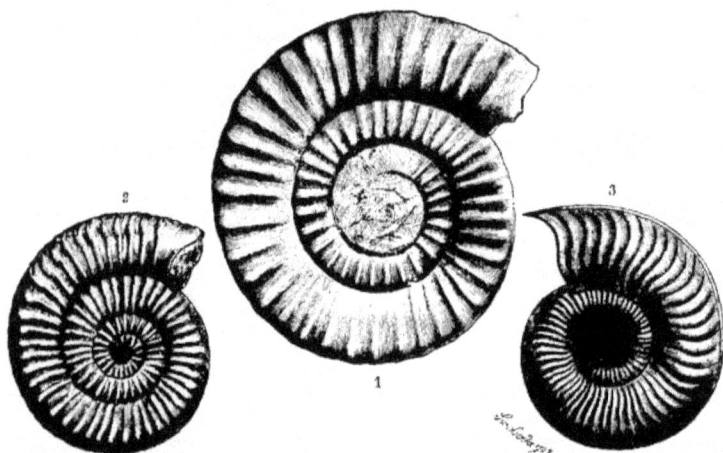

Fig. 370. — Ammoniates du Lias (Liasien et Toarcien).— 1, *Aegoceras bipunctatum*; 2, *Cœloceras crassum*; 3, *Harpoceras radians* (Voy. p. 230).

(*bone-beds*) avec débris de Reptiles, de Poissons (*Saurichthys, Hybodus*, etc.), et aussi de petits Mammifères, comme le *Microlestes antiquus*. On trouve de ces couches à ossements en Angleterre, dans le Sommerset, en Hanovre, dans le Wurtemberg, près de Stuttgart, et dans d'autres parties de l'Allemagne. En Bourgogne on trouve aussi de ces *bone-beds* et des grès à empreintes végétales.

Vers le nord-est le caractère littoral du Rhétien s'accentue encore et les grès de cet étage présentent des dépôts charbonneux. Ils prennent tout leur développement en Scanie, province méridionale de la Suède. A l'époque rhétienne, la péninsule scandinave et la Russie faisaient partie d'un continent couvert d'une riche végétation. Les assises rhétiennes de Suède contenant des houilles ligniteuses constituent le groupe de Höganäs. Outre les nombreux bancs charbonneux, il y a des grès, des conglomérats, des argiles. La flore étudiée par Nilsson est très riche en Fougères, en Cycadées, en Conifères (*Lepidopteris, Thaumatopteris, Nilssonia, Anomozamites, Podozamites, Baiera*, etc.). La faune comprend 76 espèces, pour la plupart marines. Les végétaux terrestres et les Mollusques d'eau douce occupent la partie inférieure, mais le passage aux couches marines du sommet est insensible et indique des variations graduelles du niveau marin, qui ont donné lieu à

une alternance de couches à végétaux et de bancs à fossiles marins. Au-dessus du groupe d'Höganäs, viennent les grès de Hör avec quelques lits charbonneux, mais M. Lundgren [1] les place dans l'étage hettangien à cause de leurs fossiles marins. D'autres couches charbonneuses, celles de Kurremölla, appartiennent au Lias proprement dit. Ainsi la formation lignitifère de la Scanie s'est produite pendant toute la période liasique. Remarquons que la flore rhétienne est toute différente de celle du keuper, c'est une raison pour séparer le Rhétien du Trias. Une raison opposée qui l'y fait placer parfois, c'est la présence de genres triasiques, comme les *Myophoria*, dans le Rhétien.

En France les couches rhétiennes affectent des caractères particuliers suivant les localités, car elles ont emprunté leurs éléments aux terrains préexistants. Ainsi, en suivant la bordure du bassin de Paris, on les trouve très quartzeuses en Lorraine, à l'état d'arkose provenant de la décomposition des roches granitiques dans le Morvan, dolomitiques en Normandie.

L'*Hettangien* est caractérisé surtout par des Ammonites (fig. 368). On y distingue deux zones : la zone inférieure à *Psiloceras planorbis* et la zone supérieure à *Schlotheimia angu-*

(1) *Annuaire géologique universel*, t. V, 1883.

lata. Un fait remarquable, c'est la substitution brusque de ces Ammonites l'une à l'autre, la *Psiloceras planorbis* disparaît complètement pour faire place à la *Schlotheimia angulata*, et le genre *Schlotheimia* fait place à son tour au genre *Arietites* dans le Sinémurien qui fait suite à l'Hettangien. Au premier abord ces substitutions sont tout à fait contraires à l'idée d'une évolution graduelle. Mais, comme le remarque Neumayr, cette difficulté disparaît si l'on considère les mêmes couches dans les Alpes. Ici les genres *Psiloceras* et *Schlotheimia* se trouvent ensemble, et il existe entre eux des formes de passage; de même le genre *Arietites* s'y montre comme dérivant graduellement des *Psiloceras*. Dans les couches plus élevées, les genres *Schlotheimia* et *Arietites* sont réunis, et c'est graduellement que le second prend peu à peu la prédominance. La substitution brusque qui se montre dans l'Europe centrale s'explique par

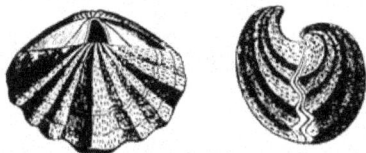

Fig. 371. — *Spiriferina Walcotii.*

des migrations successives des faunes alpines, par suite de communications favorables des bassins maritimes. La première migration, celle des *Psiloceras* s'est faite dans des conditions peu avantageuses; les formes de l'Europe centrale sont plus petites que celles des Alpes et se montrent comme étiolées; il en est de même pour la faune à *Schlotheimia;* la faune à *Arietites* manifeste au contraire l'existence de conditions favorables à la vie des espèces de haute mer dans l'Europe centrale (1).

Dans le Luxembourg et aux environs de Metz, de Thionville, l'Hettangien se présente avec un faciès sableux. Tels sont les grès d'Hettange de la zone à *Schlotheimia angulata.* Ils atteignent 60 mètres d'épaisseur. On y trouve de nombreux Gastéropodes et Pélécypodes d'eau saumâtre comme *Littorina clathrata* et *Hettangia orata.* La présence de ces Gastéropodes indique le voisinage d'un continent, ce que prouvent aussi les galets empruntés au Devonien de l'Eifel et de l'Ardenne, et l'existence de plantes terres-

(1) Neumayr, *Erdgeschichte*, t. II, p. 312.

tres de la famille des Cycadées. Il y avait donc dans cette région un golfe, le golfe du Luxembourg qui s'étendait entre l'Eifel et l'Ardenne et où venaient s'accumuler avec des dépôts littoraux des débris apportés par les cours d'eau. Ailleurs l'Hettangien présente un faciès calcaire indiquant une mer plus profonde. Ainsi en Bourgogne la zone à *Psiloceras planorbis* est représentée par le calcaire *lumachelle*, et la zone à *Schlotheimia angulata* par un calcaire d'un jaune brun appelé *foie de veau* par les carriers de l'Auxois. Ailleurs le faciès est calcaro-siliceux, tels sont le *calcaire pavé* de Saint-Amand

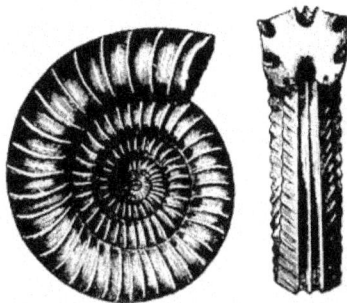

Fig. 372. — *Arietites bisulcatus.*

(Berry) et les grès calcarifères de Valognes et d'Osmanville dans le Cotentin, où les fossiles principaux sont des Cardinies et le *Pecten valoniensis.* Ces grès de Valognes correspondent au *Lias blanc* des Anglais et appartiennent à la zone supérieure de l'Hettangien. Dans cette zone supérieure il y a déjà des coquilles que l'on retrouve dans l'étage suivant, comme *Gryphea arcuata* et *Lima gigantea.*

On doit signaler dans l'Hettangien des minerais de fer à l'état de fer hydraté d'un brun jaunâtre. Tels sont les gisements de Thostes, près de Semur, et celui de Mazenay, près du Creusot.

L'étage sinémurien ou Lias inférieur, qui vient ensuite, se confond dans le Luxembourg avec l'Hettangien supérieur. Mais en Lorraine et dans les Ardennes, dans l'Auxois, le Sinémurien consiste en un calcaire gris alternant avec des argiles. Il vient s'étendre sur les terrains anciens du Morvan, qui à cette époque était entièrement recouvert par la mer. Comme fossiles caractéristiques, il faut citer particulièrement des Huîtres de forme remarquable : *Gry-*

phea arcuata; il faut citer aussi la *Lima gigantea,* le *Pleurotomaria gigas,* Gastéropode parfois abondant, un Brachiopode : le *Spiriferina Walcotii* (fig. 371), un Crinoïde : *Pentacrinus tuberculatus.* Les Ammonites du Sinémurien appartiennent au genre *Arietites* (*A. bisulcatus,* fig. 372, *A. Bucklandi, A. spiratissimus*). Certains atteignent un mètre de diamètre.

L'étage sinémurien correspond au *lias bleu* des Anglais, où l'on trouve à Lyme-Regis une couche contenant de nombreux restes de Reptiles et même des squelettes entiers de Plésiosaures, d'Ichthyosaures, de Ptérodactyles. On y rencontre aussi de nombreuses concrétions de phosphate de chaux. Celui-ci se trouve également en Lorraine à plusieurs niveaux du Lias. Il a été étudié récemment par M. Bleicher (1). D'après lui ces nodules phosphatés sont ou bien des organismes entiers, tels que des coquilles, des Polypiers, etc., ou bien des débris d'organismes parmi lesquels dominent les fragments de coquilles et de Foraminifères réunis par un ciment calcaire phosphaté. M. Bleicher a très rarement trouvé dans ces débris des restes de Vertébrés. La proportion de phosphate de chaux des nodules paraît être d'autant plus forte que ces corps ont été exposés plus longtemps aux intempéries atmosphériques; et cette remarque serait spécialement juste pour les échantillons du Lias moyen.

Le Lias moyen ou *étage liasien,* appelé aussi *Charmouthien,* de Charmouth en Angleterre, est bien développé comme le précédent en Lorraine et en Bourgogne. A Semur et dans le Morvan on y trouve des phosphates exploitables; à Venarey et à Pouilly-en-Auxois, les calcaires sont exploités pour ciment. L'étage liasien est bien représenté aussi en Normandie, dans le Calvados, le Cotentin. A May, près de Caen, on observe le Liasien en contact avec les grès de l'Ordovicien (Silurien moyen). Ces dépôts jurassiques de May ont un caractère littoral bien marqué, car ils renferment de nombreux Gastéropodes (*Pleurotomaria*) et des Brachiopodes. Il y a là une association de genres mésozoïques : Térébratules, Rhynchonelles avec des genres paléozoïques comme *Spiriferina* (*S. rostrata*), *Leptæna* (*L. liasina*), etc. L'étage liasien est surtout caractérisé par la présence d'une Gryphée différente de celle du Sinémurien. C'est la *Gryphea cymbium.* Celle-ci présente même plusieurs formes dont chacune

(1) Congrès des Sociétés savantes, 1892.

caractérise une assise. Dans l'assise inférieure cette Huître est relativement petite et étroite (variété *elongata*), dans l'assise moyenne elle s'élargit (variété *lata*), enfin dans l'assise supérieure elle devient très large (variété *gigantea*). Des modifications analogues de formes s'observent chez un autre Pélécypode du Liasien : le *Pecten æquivalvis.* Les Ammonites du Liasien (fig. 370) appartiennent à plusieurs genres. Dans l'assise inférieure les espèces caractéristiques sont *Arietites raricostatus* et *Amaltheus oxynotus;* dans l'assise moyenne *Aegoceras*

Fig. 373. — *Belemnites tripartitus.*

Davœi, dans l'assise supérieure *Amaltheus spinatus, A. margaritatus.* Il y a aussi des Bélemnites, comme *Belemnites niger, B. clavatus.*

L'*étage toarcien* ou Lias supérieur débute en Lorraine par des marnes schisteuses, parfois bitumineuses, contenant de nombreuses coquilles de petits bivalves, les Posidomies ou Posidonomyes (*P. Bronni*). Ce niveau est très développé dans le Wurtemberg, où les schistes de Boll ont fourni un grand nombre de Poissons et de Reptiles. Dans l'Auxois ces marnes alternent avec des bancs de calcaires argileux qui fournissent le ciment de Vassy. Le Toarcien fournit aussi des minerais de fer; telle est l'oolithe ferrugineuse exploitée près de Longwy, le gisement de Beaumont dans la forêt de Hay près de Nancy, le gisement de la Verpillière près de Lyon. Il arrive souvent que les fossiles du Toarcien, surtout de l'assise supérieure, soient complètement transformés en oxyde de fer.

Les Ammonites du Toarcien (fig. 370) sont nombreuses et appartiennent surtout au genre *Harpoceras*: *H. bifrons*, *H. radians*, *H. opalinus*, celle-ci caractérisant le niveau le plus supérieur. Il faut citer aussi *Cœloceras crassum*, *Lytoceras jurense*. Parmi les Bélemnites il y a: *Belemnites irregularis*, *B. tripartitus* (fig. 373);

parmi les Pélécypodes : *Trigonia navis*.

Dans les argiles toarciennes de Curcy (Calvados), on trouve de grosses concrétions calcaires ou *miches* renfermant chacune un Poisson bien conservé. En Angleterre le Toarcien est représenté par un argile présentant quelques bancs de calcaires à Ammonites et Bélemnites. L'ensemble est une formation littorale, car il y a là des couches à Poissons, des empreintes d'Insectes, des tiges de Conifères transformées en jayet, etc.

PROVINCE DE L'EUROPE CENTRALE. LE JURASSIQUE MOYEN.

Le Jurassique moyen ou groupe oolithique, le *Dogger* ou Jura brun des Allemands, se compose presque exclusivement de calcaire oolithique, c'est-à-dire de dépôts franchement marins. Les grès, les conglomérats, les marnes et les argiles sont l'exception. Le groupe oolithique se divise en deux étages : l'étage inférieur porte le nom de *Bajocien*, du nom de la ville de Bayeux en Normandie ; l'étage supérieur s'appelle le *Bathonien*, de Bath en Angleterre. Dans la plupart des pays de l'Europe centrale, le Jurassique moyen présente de nombreuses Ammonites, notamment du genre *Stephanoceras*, des Bélemnites telles que *Belemnites giganteus*, des Pélécypodes du genre *Trigonia* qui prend un grand développement. Les calcaires oolithiques sont très riches en Coraux et en Oursins (*Cidaris*, *Stomechinus*, *Pygurus*, etc.). Ils préludent aux formations coralligènes qui prennent toute leur importance dans le Jurassique supérieur.

En Normandie le Bajocien débute par un calcaire argileux, appelé dans le pays *malière*, avec *Lima heteromorpha*, puis vient un calcaire blanchâtre à silex avec un Ammonite caractéristique : *Harpoceras Murchisonæ*. A ces premières assises succède une oolithe ferrugineuse avec *Harpoceras Sowerbyi*, *Stephanoceras Humphriesianum*, des Belemnites (*B. giganteus*), des Térébratules (*T. sphæroidalis*), etc. L'étage se termine par l'oolithe blanche de Bayeux avec des Oursins (*Stomechinus bigranularis*), des Térébratules (*T. Phillipsi*) et une Ammonite : *Parkinsonia Parkinsoni*, qui existait déjà dans l'assise précédente.

Le Bathonien de Normandie débute dans les falaises de Port-en-Bessin par des marnes avec de nombreuses Huîtres de petite taille (*Ostrea acuminata*), et des calcaires marneux

contenant des Ammonites de grande taille (*Perisphinctes procerus*). Ces calcaires perdent plus loin leur caractère marneux et fournissent près de Caen une belle pierre de construction,

Fig. 374. — *Euhellia gemmata*, Polypier du Bathonien de Langrune.

exploitée dans les carrières dites d'Allemagne. C'est là qu'on a découvert une énorme quantité de Reptiles : Ichthyosaures, Plésiosaures, Téléosaures. Sur ces calcaires ou ces marnes se montre une oolithe à grain fin, *l'oolithe miliaire*,

Fig. 375. — *Zeilleria digona*.

qui couronne les falaises de Port-en-Bessin. Ce calcaire est peu fossilifère et ne contient guère que des Polypiers (fig. 374). Mais il est surmonté dans les falaises de Luc, de Langrune, de Lion-sur-Mer près de Caen,

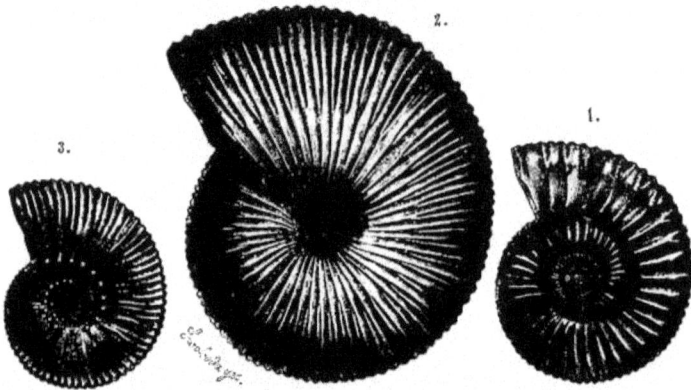

Fig. 376. — Ammonites du Callovien. — 1, *Peltoceras athleta*; 2. *Stephanoceras (Macrocephalites) macrocephalum*; 3, *Cosmoceras Jason*.

par d'autres calcaires au contraire très riches en Bryozoaires, en Rhynchonelles (*Rhynchonella decorata*) et en Térébratules (*Zeilleria lagenalis, Z. digona*) (fig. 375).

Sur la lisière orientale et méridionale du bassin de Paris, le Bajocien est représenté surtout par un calcaire à débris d'Encrines et de Polypiers (*calcaire à entroques*), qui dans la région voisine des Vosges et du Morvan forme de grands plateaux secs limités par des escarpements ruiniformes; tel est le plateau de Langres. Le Bathonien comprend dans le même pays des calcaires marneux à *Ostrea acuminata*, puis aux environs de Toul une formation vaseuse constituant les plaines de la Woëvre. Au delà de Toul apparaissent les calcaires oolithiques de la partie supérieure de l'étage.

Dans l'Auxois le Bathonien a un facies vaseux et consiste en calcaire marneux jaunâtres à *Pholadomya gibbosa*. Si de là on gagne le Berry, on retrouve de beaux calcaires oolithiques (pierre de Charly), qui sont également exploités dans le Cher, la Creuse et la Vienne.

Dans la Franche-Comté le Bajocien est représenté surtout par un calcaire à entroques; le Bathonien offre à la base des marnes à *Ostrea acuminata* (*marnes de Vesoul*) et une oolithe blanche et compacte terminée par des plaquettes calcaire (*dalle nacrée*).

En Allemagne, dans la Souabe et la région du nord-ouest, le groupe oolithique n'offre

rien de particulier, sauf que l'oolithe miliaire du Bathonien moyen fait ici défaut.

En Angleterre, dans les contrées du sud et du centre, les caractères sont les mêmes qu'en Normandie. Le Bathonien débute en particulier par des couches argileuses utilisées comme terre à foulon (*Fuller's earth*), ensuite vient la grande oolithe (*great oolit* ou *oolithe de Bath*) correspondant à l'oolithe miliaire de Normandie. Enfin la série se termine par des couches argileuses à Térébratules (*Bradford clay*), un calcaire coquillier compact (*Forest marble*) et des calcaires marneux propres à la culture des céréales; de là le nom de *corn-brash*. Cet ensemble correspond au Bathonien supérieur du Calvados.

Dans l'ouest et le nord de l'Angleterre les caractères sont différents. Pendant la période oolithique, une vaste terre émergée s'étendait dans cette région, comprenait d'une part l'Irlande et l'Écosse, de l'autre la péninsule de Cornouailles à laquelle était soudée la Bretagne. Sur les bords de ce continent, le Bajocien et le Bathonien présentent des caractères littoraux et lacustres très marqués. Déjà sur la lisière de l'Armorique, dans la Sarthe, les calcaires bathoniens contiennent des empreintes végétales. Le Bajocien du Yorkshire présente des schistes et des grès à végétaux; il en est de même du Bathonien de Scarborough avec des végétaux et des coquilles d'eau douce (*Unio*). Dans le comté

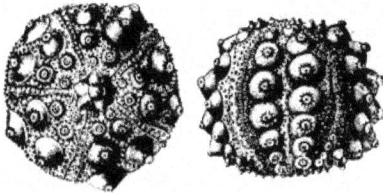

Fig. 377. — *Hemicidaris crenularis*. On voit les mamelons d'insertion des baguettes.

Valve supérieure.   Valve inférieure.
Fig. 378. — *Exogyra virgula*.

d'Oxford, les schistes de Stonesfield, avec les fossiles marins du *Fuller's earth* (*Ostrea acuminata*), renferment aussi des végétaux et des débris de Mammifères dont nous avons déjà parlé (*Amphitherium*, *Phascolotherium*).

PROVINCES DE L'EUROPE CENTRALE. LE JURASSIQUE SUPÉRIEUR.

Le Jurassique supérieur, le *Malm* des Allemands, présente une grande variété dans la manière d'être des dépôts. Il y a des argiles et des marnes, des calcaires qui doivent leur origine à des Polypiers et qui indiquent d'anciens récifs, enfin des formations lacustres, démontrant que vers la fin du Jurassique, il s'est produit un mouvement d'émersion de l'Europe centrale. On a divisé le Jurassique supérieur en six étages qui sont, de bas en haut, du plus ancien au plus récent : le *Callovien*, l'*Oxfordien*, le *Séquanien*, le *Kimmeridgien*, le *Portlandien* et le *Purbeckien*. Tous ces noms sont tirés de localités d'Angleterre, sauf celui de *Séquanien* qui rappelle la Franche-Comté (ancien pays des Séquanes). Le Séquanien se subdivise lui-même en deux sous-étages : un sous-étage inférieur : le Séquanien proprement dit ou *Rauracien*, dont le nom fait allusion à la région du Jura, et un sous-étage supérieur appelé l'*Astartien*.

Nous commençons par établir la succession des couches en Angleterre.

L'étage callovien tire son nom des grès durs de Kelloway près de Chippenham, qui reposent sur le *Cornbrash*. Ces grès qui sont épais d'une dizaine de pieds contiennent une faune caractéristique. Les Ammonites (fig. 376) appartiennent aux genres *Cosmoceras* (*C. Jason*), *Peltoceras* (*P. athleta*), et *Stephanoceras* (*S. macrocephalum*). Le groupe de formes du *Stephanoceras macrocephalum*, dont on a fait le sous-genre *Macrocephalites*, est remarquable par sa grande extension dans le Callovien, suivi d'une disparition rapide, puisqu'on ne le trouve que dans les cou-

ches les plus inférieures. Ce groupe a été longtemps une véritable anomalie, mais on connaît maintenant dans le Jurassique de l'Amérique du Sud des formes qui doivent être sans doute ses avant-coureurs, et le même groupe a persisté longtemps dans les Indes. On aurait donc affaire en Europe, d'après Neumayr, à une migration des *Macrocephalites*, provenant de

Fig. 379. — *Pholadomya acuticosta*.

l'Amérique du Sud ou des Indes. Ces Ammonites se sont répandues rapidement, à cause de circonstances favorables, mais n'ont pas réussi à persister.

L'étage oxfordien est représenté par des argiles et des calcaires argileux ; l'épaisseur aux environs d'Oxford atteint 200 mètres. Comme Ammonites caractéristiques, il faut citer *Aspidoceras perarmatum*, et *Cardioceras cordatum*.

Le Rauracien (Séquanien inférieur), qui vient ensuite, est composé d'un calcaire à Polypiers et à Oursins (*Cidaris florigemma*, *Hemicidaris crenularis*, etc., fig. 377), appelé en Angleterre *Coral-rag*.

L'étage kimméridien ou kimmeridgien tire son nom de la baie de Kimmeridge. Il consiste en

Fig. 380. — Vue d'une falaise près de Villers-sur-Mer montrant les blocs éboulés (photographie communiquée par M. Velain).

une argile très riche en petites huîtres contournées, appelées *Exogyra virgula* (fig. 378). Cette formation a fourni de même que l'argile d'Ox-

bord un grand nombre de squelettes de reptiles bien conservés (ichthyosaures, Plésiosaures). On a même découvert récemment une nouvelle es-

Fig. 381. — Falaise près de Villers-sur-Mer. Vue d'ensemble (photographie communiquée par M. Velain).

pèce d'*Iguanodon* (*I. Prestwichi*), type de Dinosauriens qui prend tout son développement
dans l'étage wealdien, base du Crétacé.

Au-dessus du Kimméridgien, se montre le
Portlandien, étage étudié d'abord à Portland.
Il débute par des dalles peu fossilifères, auxquelles succèdent des calcaires célèbres comme
pierres de construction. Ils contiennent de grandes Ammonites (*Olcostephanus portlandicus* ou
gigas, *Perisphinctes bononiensis*). Il faut citer
aussi l'*Ostrea solitaria*, la *Pholadomya acuticosta*, etc. (fig. 379).

Dans l'île de Purbeck, le Portlandien se termine par un lit contenant un grand nombre de
coquilles de ces Huîtres et dans le centre de
l'Angleterre il présente des couches avec co-

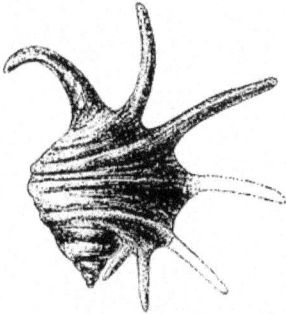

Fig. 382. — *Pterocera Oceani* (Kimméridgien).

quilles d'eau saumâtres telles que les Cyrènes. A
la fin de l'époque portlandienne s'est donc manifesté un mouvement d'émersion des régions
septentrionales de l'Europe. L'étage purbeckien
correspond à une émersion tout à fait caractérisée. Il consiste en un calcaire d'eau douce à
Cypris, avec intercalations marines, et que surmonte un calcaire d'origine absolument lacustre à Paludines et Limnées. Ce calcaire compact
constitue une sorte de marbre. On trouve dans
le Purbeckien des couches ligniteuses avec souches de Cycadés et de Conifères encore en place.
Il y a là aussi d'abondants débris de Mammifères, tels que *Plagiaulax* et des empreintes
d'Insectes.

On peut conclure de ce qui précède, qu'il y
avait dans le sud de l'Angleterre une région
couverte de forêts et de lacs. Elle s'étendait
aussi dans le Boulonnais où l'on retrouve le
calcaire d'eau douce. Il y avait alors continuité
de la France et de l'Angleterre.

En Normandie, dans le département du Calvados, on trouve le Jurassique supérieur bien
développé. Près de Dives, le Callovien est constitué par des argiles constituant des falaises qui
s'éboulent constamment. Ce sont les *Vaches-
Noires*, situées entre Dives et Villers (fig. 380 et
381). On y voit plusieurs horizons d'Ammonites ;
l'inférieur avec *Stephanoceras macrocephalum*
(fig. 376) et *Cosmoceras ornatum*, le moyen avec
Stephanoceras coronatum et *Reineckia anceps*,
le supérieur avec *Cardioceras Lamberti*. Ce dernier horizon affleure à marée basse au pied des
falaises des Vaches-Noires.

L'Oxfordien vient ensuite sous forme d'argiles qui constituent le sol de la vallée d'Auge.
On y trouve des bancs contenant des Huîtres
très élargies, comme *Ostrea dilatata*, des calcaires à oolithes ferrugineuses avec des Ammonites comme *Cardioceras cordatum* et *Aspido-*

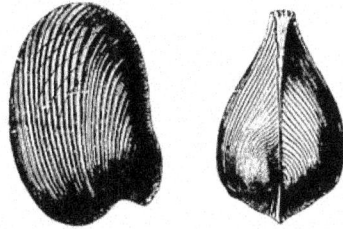

Fig. 383. — *Ceromya excentrica*.

ceras perarmatum, qui présente sur les flancs
deux rangées de tubercules. L'Oxfordien se
termine par une zone à *Perisphinctes Martelli*.

A Trouville, l'Oxfordien supérieur supporte
des falaises constituées par les calcaires coralligènes du Rauracien (Séquanien inférieur). Ces
calcaires contiennent des fossiles caractéristiques, comme les Oursins appelés *Cidaris florigemma*, *Hemicidaris crenularis*, *Glypticus hieroglyphicus*. Ces calcaires à Polypiers et à Oursins du Rauracien portaient autrefois le nom
d'étage *corallien*, parce qu'on pensait à tort
qu'ils n'existaient qu'à ce niveau ; ce qui est
inexact, comme nous le verrons plus loin. Ces
récifs sont surmontés par les couches du Kimméridgien que l'on peut très bien étudier à
Honfleur et au Havre. Sur les grès à *Trigonia
Bronni*, qui appartiennent encore au Rauracien,
on trouve des couches calcaires contenant des
bivalves comme les Astartes et *Ostrea deltoidea*.
Cette dernière assise est souvent appelée Astar-

Fig. 384. — Tranchée d'Odre, près de Boulogne-sur-Mer, dans le Kimmeridgien supérieur (d'après M. Boursault).

tien. Elle forme le sommet des falaises de Trouville. L'assise suivante (Kimmeridgien inférieur) s'appelle le *Ptérocérien*, à cause de la présence de Gastéropodes du genre *Pterocera* (*P. Oceani*, fig. 382). Il y a aussi d'autres fossiles, comme la *Ceromya excentrica* (fig. 383). On trouve cette assise à la base des falaises de Sainte-Adresse et de Honfleur. Enfin, elle supporte le Kimmeridgien supérieur à *Exogyra virgula*, appelé pour cette raison le *Virgulien*. Les Exogyres sont accompagnées d'Ammonites dont les flancs sont tuberculés, comme *Aspidoceras longispinum* et *A. orthocera*. Le Kimmeridgien se montre aussi dans les falaises de Boulogne-sur-Mer

Fig. 385. — Falaises de la Crèche, à Boulogne-sur-Mer (Kimmeridgien et Portlandien), d'après M. Boursault.

(fig. 384 et 385). Il y est surmonté par le Portlandien, qui fournit en ce point un excellent ciment hydraulique. Ce Portlandien du Boulonnais, comme celui du pays de Bray, présente trois assises, savoir de bas en haut : le calcaire à Ammonites (*Olcostephanus portlandicus*), l'argile à *Ostrea expansa*, et enfin un calcaire à Trigonies (*T. gibbosa*). Enfin le Purbeckien est représenté encore plus haut par un calcaire à coquilles lacustres.

Sur la bordure orientale et méridionale du bassin de Paris, le Jurassique supérieur présente des modifications. Les récifs coralligènes du Rauracien sont beaucoup plus développés : ainsi en Lorraine où ils fournissent une bonne pierre de construction, celle de Commercy ; dans l'Yonne où l'on trouve une oolithe rauracienne avec des coquilles de *Diceras* et une oolithe plus récente, celle de Tonnerre avec Nérinées, qui appartient à l'Astartien, sommet de l'étage Séquanien.

En différents points, comme dans la Haute-

Marne, le Rauracien prend un autre caractère; il présente un facies vaseux et ses couches viennent buter contre les récifs coralliens. Ces assises marneuses contiennent des Spongiaires et des Ammonites spéciales, comme *Peltoceras bimammatum, Perisphinctes Achilles, P. Tiziani* (fig. 386), etc. On les retrouve dans les Charentes.

Les calcaires portlandiens sont très importants dans la région appelée le Barrois (Bar-sur-Seine, Bar-sur-Aube, Bar-le-Duc). Ils sont employés, soit comme pierres de construction, soit comme ciment hydraulique. Déjà à l'époque portlandienne la mer a reculé notablement, la zone portlandienne est étroite et le bassin de Paris n'est plus qu'un simple golfe occupant le Barrois, le pays de Bray et le Boulonnais. Les deux détroits de Poitiers et de Dijon sont définitivement fermés.

Le Jurassique supérieur ne montre pas dans toute l'Europe centrale les mêmes caractères. Il se présente sous différents facies. Ainsi, dans les cantons de Soleure et d'Argovie, on trouve en des points peu éloignés l'un de l'autre, le Rauracien sous le facies coralligène et sous le facies vaseux. A Soleure, sur une couche à Ammonites (*Peltoceras transversarium*) appartenant à l'Oxfordien supérieur, se montrent des calcaires coralliens surmontés d'une couche à Ammonite (*Oppelia tenuilobata*), appartenant au niveau du calcaire à Astartes. En Argovie, entre les mêmes couches à *Peltoceras transversarium* et *Oppelia tenuilobata*, se trouvent les couches marneuses à *Peltoceras bimammatum*, et le passage se produit entre les deux facies. Dans une partie du Jura suisse, le nord de la France, l'Angleterre, les calcaires coralligènes sont plus anciens que la zone à *Oppelia tenuilobata*, mais ailleurs ils commencent plus tard. Les calcaires coralliens de Valfin et d'Oyonnax, aux environs de Saint-Claude, sont au-dessus de cette zone et doivent être rapportés au Kimmeridgien. De même dans l'Allemagne du Sud, les calcaires en plaquettes (*Plattenkalke*) et les calcaires coralligènes de Nattheim (Wurtemberg), sont aussi du Kimmeridgien, et les calcaires également coralliques de Kelheim sur le Danube sont rapprochés soit au Kimmeridgien soit au Portlandien (1). En somme il n'y a pas, comme on le pensait autrefois, un étage corallien spécial. Les formations coralligènes se sont produites pendant tout le Jurassique supérieur à des niveaux variés: on peut même remarquer qu'au fur et à mesure

(1) Neumayr (*Erdgeschichte*), et Credner (*Elemente der Geologie*, 1891).

qu'on s'avance vers le sud, ces formations se montrent à des niveaux de plus en plus élevés du Jurassique supérieur. La cause de ce recul de la zone de Coraux vers le sud doit être cherchée, suivant M. de Lapparent, dans l'émersion progressive du nord de l'Europe. La mer a été rejetée vers le sud et les Polypiers constructeurs l'ont suivie dans sa retraite.

Le Jurassique supérieur offre en Allemagne de grandes variations de facies. Dans la partie nord-ouest l'Oxfordien inférieur se présente sous le facies marneux à Ammonites indiquant une eau profonde, tout le reste consiste en dépôts coralligènes, ou en d'autres dépôts d'eau peu profonde. A la partie supérieure, il y a même des couches d'eau saumâtre ou d'eau douce (marnes de Münder, calcaire à Serpules), correspondant au Purbeckien. Au contraire, dans le sud de l'Allemagne, les dépôts d'eau profonde se montrent seuls avec les Spongiaires et les Ammonites caractéristiques jusque dans le Kimmeridgien inférieur; ce n'est qu'ensuite qu'apparaissent les formations attestant une moindre profondeur de la mer, comme les calcaires de Nattheim et de Kelheim. Aux couches du Kimmeridgien supérieur du sud de l'Allemagne (Virgulien) ou, suivant plusieurs auteurs, du Portlandien, appartiennent aussi les célèbres schistes lithographiques de Solenhofen. Ceux-ci, comme le remarque Neumayr, s'éloignent déjà du type normal par leur division en plaquettes. Il faut supposer que ces calcaires schisteux ne doivent pas leur origine, comme les autres calcaires, à des débris d'organisme : Foraminifères, Mollusques, Algues calcaires, etc., mais qu'ils proviennent d'une boue calcaire apportée d'une terre voisine, dans un golfe ne communiquant pas librement avec la mer. D'ailleurs dans tout le Jurassique du sud de l'Allemagne, il y a une inclinaison graduelle des couches vers le sud et le sud-est, qui est probablement en rapport avec une inclinaison originelle du fond de la mer. Lors de la retraite de la mer, les régions septentrionales ont par suite été d'abord à sec ; il se trouvait donc là, vers le nord, une terre étendue formée de calcaires encore peu adhérents, auxquels les cours d'eau pouvaient facilement enlever des particules ; celles-ci ont fourni la matière des schistes de Solenhofen (1). Dans ces sortes de lagunes vivaient des Poissons, des Reptiles, des Crustacés, peu de Mollusques, des Méduses, des Crinoïdes,

(1) Neumayr, t. II, p. 320.

Fig. 386. — Ammonites du Jurassique supérieur. — 1, *Perisphinctes Tiziani* (Rauracien), *Aspidoceras iphicerum* (Kimmeridgien) ; 3, *Oppelia Bachiana* (Oxfordien).

des Étoiles de mer, des Vers ; les animaux terrestres du rivage les fréquentaient, et les animaux aériens comme les Oiseaux, les Ptérodactyles, les Insectes, y étaient entraînés par le vent. Tous ces organismes se sont facilement conservés dans la boue calcaire qui se déposait au fond de l'eau.

Le Jurassique inférieur d'Allemagne donne lieu aussi à une remarque importante. Le Lias manque dans la partie orientale de la province de l'Europe Centrale. Sur la Baltique, à Kammin, on l'a trouvé encore dans un sondage, mais plus à l'est il n'existe pas. De même dans l'Allemagne du Sud, il manque déjà près de Passau ; il n'existe pas non plus en Moravie, aux environs de Cracovie, ni dans la Pologne russe. Dans toute cette région, le Jurassique est représenté par des couches des étages moyens ou supérieurs. Le même fait se présente en Podolie, dans la Russie méridionale. Au Donez et au mont Bogdo sur le Volga inférieur, partout le Lias manque. Dans les autres provinces du Jurassique, on peut observer le même phénomène. Abstraction faite du Caucase, toute la Russie européenne et asiatique, l'Asie Mineure, la Syrie, les Indes, le Spitzberg, la Nouvelle-Zemble, le nord-ouest de l'Amérique, ne présentent aucune trace de couches liasiques marines. On doit en conclure qu'au commencement du Jurassique, ces vastes régions faisaient partie d'un continent qui n'a été couvert par les eaux que vers le milieu du Jurassique moyen. Cela permet de comprendre qu'au temps du Jurassique supérieur, les dépôts d'origine mécanique : grès, conglomérats, argiles, sont très rares dans l'Europe centrale, tandis que les dépôts d'origine organique, les calcaires, ont pris un grand développement. C'est parce que le continent oriental qui s'étendait du Fichtelgebirge au Pacifique, étant immergé, ne fournissait plus aux mers de l'Europe centrale de matériaux suffisants pour la sédimentation. Celle-ci était due presque entièrement aux organismes constructeurs (1).

PROVINCE ALPINE OU MÉDITERRANÉENNE.

Dans la province alpine ou méditerranéenne le Jurassique se présente avec des caractères particuliers, tant au point de vue de la faune que de la nature des dépôts. Ainsi les Ammonites appartiennent surtout aux genres *Phylloceras*, *Lytoceras*, *Haploceras* et *Simoceras*, qui sont au contraire très peu répandus dans le Jurassique de l'Europe centrale, et y disparaissent très vite. En outre, quand on les rencontre dans cette dernière province, ils ne se montrent que sur la lisière de la province méridionale, en Souabe, à Cracovie, dans le Jura suisse et la vallée du Rhône. Ils indiquent par suite des migrations venues du sud.

Le Jurassique de l'Europe alpine se montre le plus souvent sous forme de couches d'eau

(1) Neumayr, t. II, p. 321.

profonde, tels sont les calcaires rouges à Ammonites du Tyrol, des Apennins, des Carpathes et d'Espagne. Neumayr cite aussi comme remarquable le facies sinémurien de Hierlatz dans le Tyrol, constitué par des calcaires très purs, blancs ou d'un rouge-clair avec nombreux Brachiopodes (*Spiriferina rostrata, Waldheimia numismalis,* etc.). Ces dépôts ont une stratification peu distincte, remplissent souvent des dépressions de roches anciennes, et l'existence de cailloux roulés paraît indiquer le voisinage d'une côte et une eau peu profonde, tandis que la pureté des calcaires est un argument contre cette supposition. Ils se sont formés probablement dans une eau modérément profonde, sous l'influence de courants rapides qui ont entraîné les matériaux et ne leur ont permis de se rassembler que dans des points bien abrités (1).

Il faut citer aussi comme particularité de la province alpine les couches dites à *optychus*, qui existent dans les étages supérieurs du Jurassique des Alpes et des Carpathes. Ce sont des calcaires grisâtres, rouges ou bruns, pauvres en fossiles et contenant seulement ces opercules problématiques des coquilles d'Ammonites appelés aptychus. On a supposé que ces couches se sont produites dans des mers profondes ; les aptychus seraient tombés au fond avec l'animal mort, tandis que la coquille remplie d'air aurait surnagé et se serait échouée plus loin sur la côte. Mais une séparation de ce genre entre la coquille et l'animal n'exige pas nécessairement une eau profonde, et l'on connaît des couches de mers profondes contenant des coquilles d'Ammonites. Il faut probablement faire intervenir ici des courants marins ; lorsque ceux-ci étaient faibles, les coquilles tombaient au fond, tandis que s'ils étaient forts, l'eau de mer s'introduisait dans la coquille et l'entraînait plus loin, laissant l'animal et son aptychus (Neumayr).

Les calcaires marneux, les schistes avec Ammonites, les calcaires coralliens existent, mais sont moins répandus que dans l'Europe centrale. En somme les dépôts alpins se présentent comme des formations d'eau profonde qui se sont produits dans une mer parcourue par des courants rapides ; les sédiments, d'origine mécanique, argiles et sables, sont peu développés parce que les côtes étaient éloignées.

Entrons maintenant dans le détail des couches.

(1) Neumayr, *Erdgeschichte,* t. II, p. 322.

Le Rhétien dans les Alpes orientales est caractérisé par des couches à *Avicula contorta,* et par des couches à *Terebratula piriformis.* A Salzbourg on trouve des Céphalopodes (*Choristoceras Marski, Ægoceras planorboïdes*). Au sud du lac de Garde il y a passage insensible du Trias de facies pélagique au Lias. Dans le Salzkammergut, le Tyrol, la faune du groupe liasique est riche en fossiles, surtout en Ammonites. Ce groupe se termine par le calcaire rouge marmoréen d'Adneth près d'Hallein, contenant des Ammonites des genres *Arietites, Harpoceras, Phylloceras* et *Phytoceras.* En certains points se manifestent au contraire des conditions littorales. Ainsi il y a des couches à végétaux sur le bord sud du massif de Bohême, de même à Rotzo en Lombardie. La région des Carpathes offre des couches de houille, ainsi en Hongrie à Funfkirchen, à Steierdorf, à Berszaska dans le Banat ; ces gisements sont attribués à l'Hettangien. Ils indiquent à cette époque, au nord-ouest des Balkans, l'existence d'une grande île qui a fourni les matériaux de ces dépôts.

Le Jurassique moyen, le Dogger des Allemands, se montre dans les Alpes en gisements isolés, souvent très pauvres en fossiles et qu'il est souvent difficile de séparer du Jurassique supérieur. C'est ce qui a lieu dans les Alpes orientales pour les couches argileuses et marneuses à aptychus, qui représente l'ensemble du Jurassique postliasique. Dans les Alpes méridionales l'oolithe à *Harpoceras Murchisonæ* représente le Bajocien ; à Vils, dans le Tyrol du nord, on trouve là un calcaire à Brachiopodes représentant le Dogger supérieur, de même que les couches de Klaus à Posidonomyes. Quand on se rapproche de l'Europe centrale on trouve un facies qui rappelle davantage celui du nord de la France et de l'Angleterre, ainsi en Savoie, en Dauphiné, en Provence. Il faut citer toutefois, à la base du Bajocien, des couches à empreintes d'algues (couches à Fucoïdes), et au sommet des schistes noirs à Posidonomyes qui font passage entre le Bathonien et le Callovien.

Les différences avec l'Europe centrale deviennent beaucoup plus sensibles dans le Jurassique supérieur. L'Oxfordien présente dans la zone à *Cardioceras cordatum* des espèces particulières : *Peltoceras transversarium, Phylloceras tortisulcatum.* Puis viennent des calcaires marneux représentant le facies vaseux du Rauracien ; ils sont caractérisés par *Peltoceras*

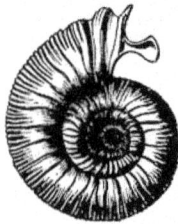

Fig. 387. — *Perisphinctes polyplocus.*

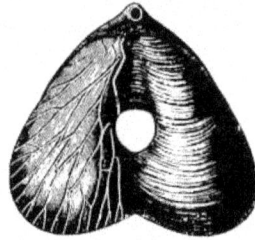

Fig. 388. — *Terebratula diphyoïdes (Pygope diphyoïdes).*

bimammatum. Le Kimmeridgien inférieur, représenté dans le Nord par le calcaire à Astartes et les couches à *Peltoceras,* renferme ici des Ammonites spéciales : *Oppelia tenuilobata, Perisphinctes polyplocus* (fig. 387), *Aspidoceras acanthicus.*

Le Kimmeridgien supérieur (Virgulien) et le Portlandien de l'Europe alpine et méditerranéenne se composent des calcaires le plus souvent bréchiformes, à stratification peu distincte, et qui se relient d'une manière graduelle aux couches crétacées placées au-dessus. Ce facies particulier du Jurassique le plus supérieur de l'Europe orientale a reçu d'Oppel le nom de facies *tithonique.* Il faut regarder l'étage tithonique comme l'équivalent pélagique du Virgulien, du Portlandien et du Purbeckien de l'Europe occidentale. Sa faune, comme nous allons le voir, est très caractéristique.

Étudions d'abord ce Tithonique dans le Dauphiné et le bassin du Rhône.

Au Lémenc près de Chambéry on trouve, au-dessus de la zone à *Oppelia tenuilobata,* un calcaire dit du Calvaire de Lémenc, contenant des Térébratules perforées : *Pygope janitor.* Il faut regarder cette couche comme correspondant au Virgulien, car elle contient plusieurs fossiles de cet étage, entre autres *Oppelia lithographica* et *O. steraspis,* des schistes de Solenhofen. Le calcaire à *Pygope janitor* a un grand développement près de Grenoble, aux carrières de la Porte de France.

Il existe également dans la colline de Crussol en face de Valence, où l'on trouve *P. janitor, Oppelia lithographica, Phylloceras ptychoicum.*

Au-dessus des calcaires à *Pygope janitor* se montre au Lémenc un autre calcaire avec des Oursins, comme *Cidaris glandifera,* des Ammonites : *Perisphinctes transitorius,* l'*Ostrea soli-*

taria, etc. Au même niveau il faut rapporter les calcaires coralliens de la montagne du Salève près de Genève, du mont du Chat près de Chambéry, de l'Échaillon près de Grenoble (1).

Il y a là toute une formation coralligène, un grand récif pétri de Nerinées, de Dicérates (*Heterodiceras Luci*) et contenant aussi une Térébratule caractéristique, *Terebratula moravica* et la *Rhynchonella astieriana.* Au sommet de la couche à *Terebratula moravica* se montre une Térébratule perforée voisine de *P. janitor,* on l'appelle *P. diphya.*

Les assises à *Pygope janitor* et à *Terebratula moravica* constituent le Tithonique inférieur. Le Tithonique supérieur est constitué par les marnes et le calcaire de Berrias (Ardèche) bien étudié surtout par M. Toucas. Il contient une Térébratule perforée : *P. diphyoïdes* (fig. 388), des aptychus, des Ammonites nombreuses : *Phylloceras ptichoicum, Perisphinctes transitorius,* et surtout beaucoup d'espèces appartenant au genre *Hoplites : H. Calisto, H. privasensis, H. occitanicus, H. Malbosi,* etc., et aussi des Bélemnites plates. On peut voir dans ces couches de Berrias l'équivalent marin du Purbeckien. Elles sont immédiatement recouvertes par le Crétacé inférieur (Néocomien) et les faunes du Tithonique supérieur et du Néocomien sont en liaison intime. C'est ce que montre l'existence des Bélemnites plates que nous retrouverons dans le Crétacé, celle des Ammonites néocomiennes qui se trouvent déjà dans le calcaire de Berrias : *Hoplites neocomiensis, Phylloceras Calypso.* Le *Phylloceras ptichoïcum* qui se présente à toutes les hauteurs du Tithonique à Térébratules perforées, res-

(1) *La Terre, les Mers et les Continents,* p. 477.

II — 32

semble beaucoup à *Phylloceras tortisulcatum* des marnes néocomiennes.

Le tithonique est bien représenté dans l'Espagne du sud, en Algérie dans les Hauts-Plateaux où l'on retrouve les Térébratules perforées. Cette formation joue surtout un rôle très important dans les Alpes lombardes et vénitiennes, et dans les Carpathes. Elle y est connue sous le nom de calcaires à *Diphya* (*Diphyakalk*), sorte de marbres d'un gris clair ou rouges, disposés en falaises ou en récifs déchiquetés appelés *Klippen*, qui s'étendent entre Rogoznik en Galicie et Zeben en Hongrie. Les fossiles principaux sont, outre les Térébratules perforées, des Ammonites des genres *Phylloceras* et *Lytoceras* (*Phylloceras ptichoïcum*, *Lytoceras quadrisulcatum*, etc.).

Dans le nord des Carpathes, à Stramberg,

se trouve un calcaire très riche en fossiles, que l'on retrouve aussi dans le Salzkammergut et les Alpes sud. Il est supérieur au *Diphyakalk*. On peut le comparer, au moins par ses traits généraux, au calcaire de Berrias; toutefois, d'après M. Munier-Chalmas et d'autres géologues, le niveau de Stramberg serait un peu plus ancien; le niveau de Stramberg étant caractérisé par la prédominance des Ammonites du genre *Perisphinctes* et celui de Berrias par le genre *Hoplites*. Il semble cependant y avoir une relation intime entre les deux faunes. M. Toucas a signalé dans l'Ardèche un mélange des Céphalopodes de Berrias et de Stramberg, et M. Haug à Rovere di Velo, près du lac de Garde, a constaté un mélange analogue. Le calcaire de Rovere représente donc à la fois les deux zones.

PROVINCE MOSCOVITE.

On a vu plus haut que la Russie a été émergée au commencement du Jurassique; on n'y trouve pas en effet de Lias. C'est plus tard seulement que le pays a été occupé par la mer. Les couches marines les plus anciennes remontent au Callovien et correspondent à la zone à *Stephanoceras macrocephalum*, mais en bien des points cette zone manque et ce sont des zones plus récentes qui reposent sur les roches anciennes. Le Jurassique occupe une grande étendue en Russie, mais il faut supposer aussi que ses couches, formées de couches de sables et d'argiles peu résistantes, ont subi une érosion considérable. On doit vraisemblablement admettre qu'à l'époque du Jurassique supérieur toute la Russie intérieure, depuis les bords de la mer Glaciale jusqu'à l'Oural, se trouvait sous les eaux, probablement même l'Oural ne s'élevait pas tout entier au-dessus du niveau marin. La Sibérie jusqu'au détroit de Behring était aussi recouverte, car on y trouve des couches jurassiques marines, jusqu'au lac Baikal, Nertschinsk et les sources de l'Amour. Il est plus difficile de préciser jusqu'où s'étendait vers l'ouest et vers le sud cette mer moscovite (1).

La province jurassique moscovite diffère par sa faune des provinces de l'Europe Centrale et de la région alpine. Les genres d'Ammonites: *Phylloceras, Lytoceras, Harpoceras, Simoceras*, si répandus dans la province alpine, clairsemés dans la province centrale, font ici complètement

(1) Neumayr, *Erdgeschichte*, t. II, p. 326.

défaut. Il en est de même des genres *Oppelia*, *Aspidoceras* et de *Belemnites canaliculatus* de l'Europe Centrale et aussi des Coraux. Les fossiles caractéristiques de la région moscovite sont les Ammonites du groupe des *Cardioceras*, le *Belemnites excentricus* et des Bélemnites analogues, et avant tout les Pélécypodes du genre *Aucella*.

Le Jurassique russe a un faciès argileux. Il se compose d'argiles et de grès tendres. Il y a souvent de la glauconie. Les calcaires jouent un rôle très subordonné. Dans les formations argileuses il y a des Foraminifères; les fossiles les plus abondants sont d'abord les Ammonites dont la couche nacrée de la coquille est souvent conservée, les Bélemnites et les Pélécypodes, ensuite les Gastéropodes et les Brachiopodes.

Le Jurassique russe débute par le Callovien avec *Stephanoceras macrocephalum, Cosmoceras ornatum*, et ces premières assises peuvent facilement s'identifier avec celles des autres parties de l'Europe qui sont du même âge. Vient ensuite l'Oxfordien avec *Cardioceras cordatum* à la base et *Cardioceras alternans* au sommet. L'identification est encore facile, bien qu'il y ait là des types étrangers à l'Europe Centrale. Mais les couches suivantes paraissent être tout à fait spéciales. Elles débutent par un horizon à *Perisphinctes virgatus* (fig. 389), Ammonite tout à fait particulière au bassin de Moscou. A cet horizon succèdent des couches plus jeunes à *Olcostephanus subditus, Periophinctes Nikitini*. Dans toutes ces assises est répandue le genre

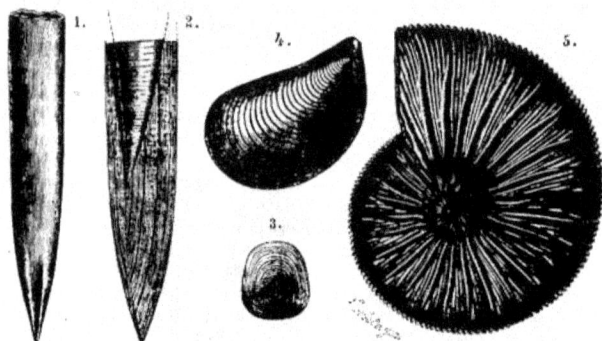

Fig. 389. — Fossiles du Jurassique russe. — 1, 2, 3, *Belemnites Panderianus* (d'après d'Orbigny); 4, *Aucella mosquensis*; 5, *Perisphinctes virgatus*.

Aucella (fig. 389) qui présente un grand nombre d'espèces et qui se continue dans le Crétacé inférieur. M. Nikitin a donné le nom d'*étage volgien* à toutes ces couches à *Aucella*. M. Lahusen, par la considération des espèces d'Aucelles, a subdivisé l'étage volgien en plusieurs zones. Déjà il y a des Aucelles dans l'Oxfordien : *Aucella radiata* dans la zone à *Cardioceras cordatum* et *Aucella Pallasi* dans la zone à *Cardioceras alternans*. Dans le Volgien inférieur à *Perisphinctes virgatus* l'*Aucella Pallasi* abonde et elle est remplacée dans la partie supérieure de cette zone par *Auc. mosquensis*. Le Volgien supérieur à *Olcostephanus subditus* contient surtout *Auc. Fischeriana* et *Auc. terebratuloïdes*. La zone la plus élevée du Volgien supérieur (zone à *Olinodiger*) contient *Auc. volgensis*.

On discute encore la question de l'âge du Volgien. Il est difficile d'établir le parallélisme avec le Jurassique supérieur du reste de l'Europe. Cependant on a recueilli sur ce point un certain nombre de données. M. Pavlow, sur le Volga inférieur, au voisinage de Simbirsk, a trouvé entre les couches à *Cardioceras alternans* et celles à *Perisphinctes virgatus* des couches dont les Ammonites sont celles du Jurassique occidental : *Aspidoceras acanthicum*, *Hoplites Eudoxus* et d'autres encore du Kimmeridgien, par suite les couches à *Perisphinctes virgatus* qui sont plus jeunes doivent correspondre au Portlandien. Récemment MM. Pavlow et Nikitin ont eu l'occasion de comparer les fossiles du Portlandien d'Angleterre à ceux du Volgien. Ils ont constaté qu'il y a des espèces communes (1). Tels sont : *Perisphinctes biplex* identique à *Per. Pallasi*, *Per. bipliciformis*, *Per. Lamonassari*, etc. L'étage volgien supérieur a, d'après Nikitin, son équivalent en Angleterre dans les argiles néocomiennes à *Olcostephanus Astierianus* de Specton et les couches de Purbeck. D'après M. Pavlow, les étages volgiens inférieur et supérieur correspondent absolument au Portlandien d'Angleterre. Mais M. Nikitin au contraire, tout en reconnaissant les liaisons entre les deux formations, regarde le Volgien comme un système particulier ni jurassique ni crétacé et remplaçant en Russie les horizons les plus supérieurs du Jurassique et les plus inférieurs du Néocomien.

Neumayr fait remarquer que les différences entre le Jurassique de Russie et celui de l'Europe centrale vont sans cesse en s'accusant depuis le début jusqu'à la fin, tandis que celles qui existent entre les dépôts alpins et les dépôts de l'Europe centrale restent les mêmes pendant toute la période, ou au moins qu'elles sont soumises à des variations irrégulières (2). Cela peut s'expliquer. Les premiers dépôts marins du Jurassique de Russie datent du Callovien et sont analogues à ceux de l'ouest; donc, au début, le bassin russe a communiqué avec la mer de l'Europe centrale. Les lambeaux jurassiques de la Courlande et de la Lithuanie montrent que la communication se faisait par un détroit situé dans ces régions. Un autre détroit existait vers Cracovie et un

(1) *Annuaire géologique universel*, t. V, 1888, p. 751.
(2) Neumayr, t. II, p. 328.

troisième vers le Caucase, où l'on trouve encore quelques types de l'Europe centrale. Ces communications ont persisté jusque vers la fin du Kimmeridgien. Le détroit du milieu a même dû rester ouvert au commencement de l'époque volgienne, comme l'indiquent les couches à *Perisphinctes virgatus* du type moscovite découvertes en Pologne, près de Kielce, par Michalsky.

Des formations du type moscovite, caractérisées par le genre *Aucella*, existent dans toute la Sibérie jusqu'à l'océan Pacifique, et d'autre part se montrent au Spitzberg, dans la Norwège septentrionale à Andö, à la Nouvelle-Zemble et à la Nouvelle-Sibérie. Elles se continuent sur la côte occidentale d'Amérique dans l'Alaska, l'île Charlotte, et même dans le Dakota à Black Hills. On 'les retrouve dans l'archipel arctique américain et jusque sur la côte orientale du Groënland. Neumayr en conclut qu'il y avait, pendant la période jurassique, un grand océan polaire qui poussait vers le sud deux prolongements importants, l'un dans le bassin de Moscou, l'autre dans la partie occidentale de l'Amérique du Nord.

AUTRES RÉGIONS JURASSIQUES.

Considérons maintenant rapidement les autres régions jurassiques.

Dans les Indes, les parties supérieures du groupe de Gondwana, dont nous avons déjà parlé, présentent des assises qu'il faut rapporter au Rhétien ou à l'Hettangien. Elles constituent les couches de Rajmahal, contenant des grès et des dépôts de combustible. La flore se compose de Cycadées (*Pterophyllum*, *Cycadites*). Le système supérieur de Gondwana contient également des combustibles. Il faut probablement le rattacher au Jurassique moyen. Dans le district de Cutch, on peut reconnaître le Bathonien, le Callovien, l'Oxfordien et les étages supérieurs.

Au Tonkin, il existe des gisements de houille qui sont sûrement rhétiens, comme l'a montré M. Zeiller par l'étude de la flore, qui contient : *Nilssonia polymorpha*, *Podozamites distans*, etc. Le Rhétien existe probablement aussi en Chine.

On a signalé le Jurassique dans le sud de l'Afrique, ainsi dans la colonie du Cap, où la formation dite d'Uitenhage, composée de grès, de calcaires, de conglomérats, paraît représenter tout le Jurassique, et peut-être le Crétacé inférieur. Les couches inférieures contiennent une flore qui, d'après Blanford, correspond à celle des couches de Rajmahal dans les Indes. Au Mozambique, à Madagascar, il y aurait aussi du Jurassique.

L'Australie présente, dans la Nouvelle-Galles du Sud et la province de Victoria, des couches jurassiques. Dans la première région, la série de Wianamatta contient des Mollusques d'eau douce et des plantes telles que *Tinnfeldia* et *Tœniopteris*. Dans le Victoria, des couches très importantes ont fourni les mêmes fossiles et en outre *Zamites*. La Nouvelle-Zélande présente des couches marines rapportées au groupe liasique ; de plus, des couches à végétaux (*Mataura serie*) et des couches marines (*Pututaka serie*), peut-être du Jurassique supérieur.

Les États-Unis montrent dans l'ouest (Dakota, Uintah, Wahsatch), avons-nous dit déjà, une formation jurassique rappelant le Jurassique russe. Dans le Colorado et le Wyoming existent les couches dites à *Atlantosaurus* qui sont rapportées au Jurassique supérieur. On y trouve de nombreux Dinosauriens, un oiseau à affinités reptiliennes (*Laopteryx*) et environ trente-cinq espèces de Mammifères décrites par Marsh et présentant de grandes affinités avec ceux des couches du Purbeck anglais. Nous avons décrit précédemment toute cette faune.

Le Jurassique est également connu dans l'Amérique du Sud. Ainsi, au Chili, à la Ternara, district d'Atacama, existe un gisement de charbon dont la flore ressemble à celle du Rhétien. M. Zeiller y signale *Podozamites distans*, *Palissya Brauni*.

En différents points des Andes du Pérou et de Bolivie, notamment à Caracoles, dans la dernière contrée, le Jurassique marin existe. On y a recueilli des fossiles qui indiquent la présence des étages bathonien, callovien et oxfordien ; tels sont : *Stephanoceras Humphriesianum*, *Stephanoceras macrocephalum*, et des formes voisines du *Reineckia anceps*, Ammonite du Callovien d'Europe.

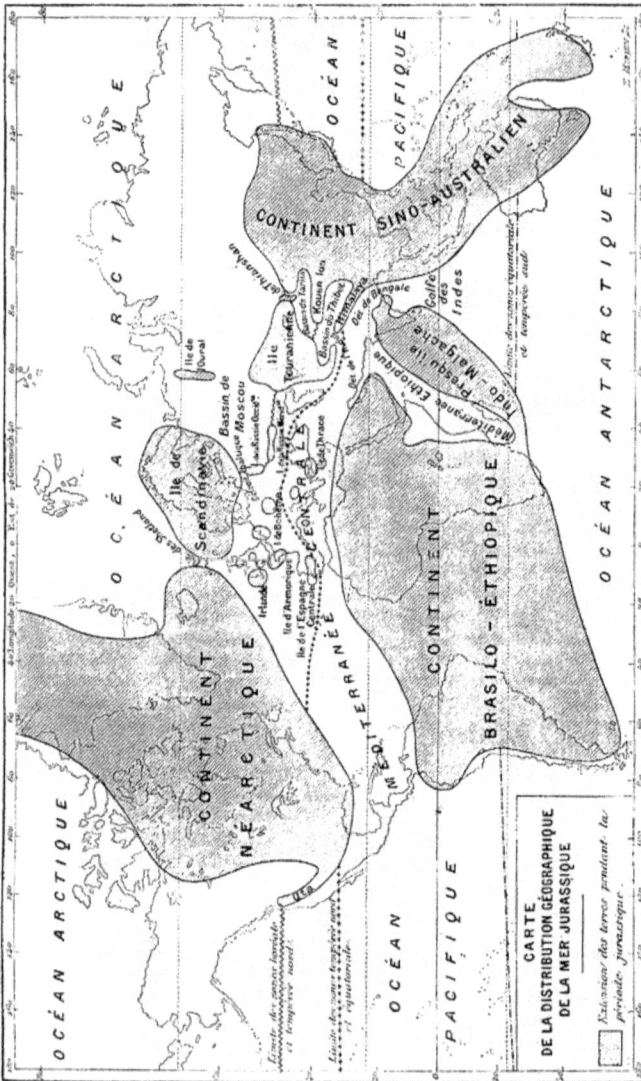

Fig. 30. — Carte de la distribution des terres et des mers vers le milieu de la période jurassique, d'après Neumayr.

LE CLIMAT. LA DISTRIBUTION DES TERRES ET DES MERS PENDANT LA PÉRIODE JURASSIQUE.

Les données recueillies sur le Jurassique des | diverses régions sont maintenant assez nombreuses pour qu'on puisse tenter de reconstituer les principaux traits de la géographie de cette période. Ce travail a été fait par M. Neumayr, qui a publié en 1883 et 1885 deux mémoires sur les zones climatériques et la distribution géographique du Jurassique (1) et qui est revenu sur cette question dans son *Erdgeschichte* (tome II, pages 330 et suivantes). Nous résumons ces divers documents dans les pages qui suivent.

Un premier point très important est l'existence bien établie au Jurassique de zones climatériques distinctes. Elles sont prouvées par la localisation des animaux marins, surtout des Ammonites.

Une première zone est la *zone boréale*, caractérisée par le manque absolu des genres *Lytoceras*, *Phylloceras* et *Simoceras*, la rareté des *Oppelia* et *Aspidoceras*, la grande extension des bivalves du genre *Aucella* des Bélemnites du groupe de *B. excentricus* et par le manque des formations coralliennes. Cette bande boréale comprend le Spitzberg, la Nouvelle-Zemble, les rives de la Petchora, de ,'Obi, de l'Iénisséi, de la Léna, la Nouvelle-Sibérie, le Kamtschatka, les Îles Aléoutiennes, le territoire d'Alaska, l'archipel polaire américain et s'étend vers le sud jusqu'au Dakota. Le bassin de Moscou et le Thibet sont deux golfes de cette zone boréale. Neumayr distingue dans cette zone une *province russe* et une *province de l'Himalaya*.

Une seconde zone est la *zone tempérée septentrionale*, caractérisée par les genres *Oppelia* et *Aspidoceras*. Elle comprend toute l'Europe centrale, que nous avons étudiée en détail. Elle s'étend sur l'Angleterre, la France sauf la région alpine, la partie sud-ouest de l'Espagne et du Portugal, l'Allemagne, l'Autriche-Hongrie, la Pologne russe. Elle pousse un prolongement dans la Russie méridionale vers les bords du Donetz, le versant nord du Caucase, et vraisemblablement jusqu'à la presqu'île de Mangischlak, sur le bord oriental de la Caspienne. La zone tempérée marine est ensuite interrompue par un continent, mais elle se retrouve au Japon et même en Californie, avec les fossiles du type extra-alpin. Neumayr distingue dans cette zone tempérée plusieurs provinces marines ayant des espèces particulières. Ce sont la *province de l'Europe centrale* jusqu'au Donetz, la *province caspienne*, la pro-

(1) Ces mémoires ont été résumés par M. Choffat dans l'*Annuaire géologique universel*, t. III, 1887.

vince *du Penjab* et la *province californienne*.

Ensuite vient la *zone tropicale* caractérisée par les genres *Phylloceras*, *Lytoceras* et *Simoceras*. Elle comprend en Europe toute la région alpine, le sud-ouest du Portugal et de l'Espagne, le sud de la France, l'Italie, les Carpathes et se prolonge en Crimée et dans l'intérieur du Caucase. La limite entre cette zone tropicale et la zone tempérée passe au 47° de latitude nord, entre le Donetz et la Crimée, à 50° près de Cracovie; c'est son maximum de hauteur. Elle descend ensuite jusqu'aux environs de Vienne, puis au lac de Constance et elle passe à travers le midi de la France, l'Espagne et le Portugal pour atteindre les côtes de l'Océan entre 38° et 39°; la différence avec son point le plus septentrional est de 11°. La délimitation brusque des faunes des deux zones tropicale et tempérée ne peut s'expliquer par la présence d'une langue de terre qui les aurait séparées, puisque cette langue aurait dû s'étendre depuis le Caucase jusqu'au Portugal. Neumayr suppose l'existence d'un courant d'eau chaude. En dehors de l'Europe la zone tropicale se prolonge en Algérie, en Asie Mineure, dans les Indes, vers l'embouchure de l'Indus. De l'autre côté de l'équateur, elle comprend le Jurassique signalé près de Mombas et Mozambique dans l'Afrique orientale et à Madagascar. Elle se poursuit en Amérique dans le Guatemala et le Pérou, et aussi en Colombie où il n'y a pas de Jurassique, mais où le Crétacé inférieur, auquel la division en zones s'applique, a le caractère alpin. En résumé la zone tropicale s'étend depuis 38° de latitude nord en Portugal jusqu'à 15° ou 20° de latitude sud à Madagascar. Neumayr le partage en plusieurs provinces : la *province alpine* ou *méditerranéenne* que nous avons étudiée à propos de l'Europe, la *province criméo-caucasienne*, la *province* de l'*Inde méridionale*, la *province éthiopienne*, la *province colombienne* et la *province péruvienne*.

Ainsi du nord au sud on peut distinguer trois zones : une boréale, une tempérée et une tropicale; et cette distinction doit être naturellement rapportée à des différences climatériques. On devait retrouver au delà de la zone tropicale, une zone tempérée où les genres *Phylloceras*, *Lytoceras*, disparaîtraient pour faire place à des types analogues à ceux de l'Europe centrale. C'est en effet ce qui a lieu. Au delà de 20° de latitude sud au Chili, en Bolivie, le Jurassique existe et montre de grandes analogies avec celui de la France et de l'Angleterre. On connaît encore peu le Jurassique de l'Afrique australe, de l'Australie, de la Nouvelle-Zélande, mais il paraît présenter cependant des caractères qui le rapprochent de celui de l'Europe centrale. On peut donc admettre l'existence d'une *zone tempérée sud*, dans laquelle Neumayr distingue une *province chilienne*, une *province australienne* et une *province du Cap* ou du *sud de l'Afrique*. On n'a pas encore de données permettant de reconnaître une *zone polaire australe*.

La disposition de ces bandes homoïozoïques (c'est-à-dire de même faune) permet de les considérer comme étant dues à des conditions climatériques; leur parallélisme avec l'équateur actuel fait voir en outre que l'axe de la terre n'a pas changé de position depuis la période jurassique. Celle-ci est la première où l'on puisse sûrement délimiter des zones climatériques, mais il ne faut pas conclure que la distinction des climats n'existait pas aux périodes antérieures. Nous avons vu qu'il devait y avoir déjà des zones climatériques pendant la période carbonifère. Neumayr fait remarquer que, pour la délimitation des zones marines jurassiques, l'Europe offre de bonnes conditions à cause du contraste marqué entre deux provinces zoologiques qui se manifeste depuis le Portugal jusqu'à la mer Noire, c'est-à-dire dans des pays bien étudiés au point de vue géologique. Au contraire, pour les périodes précédentes, nous n'avons pas en Europe des conditions favorables. Le Trias extra-alpin d'Europe a des caractères spéciaux, c'est une formation de mer intérieure, et la différence avec la région alpine est si grande, la faune est si pauvre qu'il n'est pas possible d'y étudier les effets des conditions climatériques sur les faunes marines. Même difficulté pour le Permien, pour le Carbonifère où l'existence de dépôts houillers nous présente pour les études de ce genre un obstacle invincible, pour le Dévonien également à cause de la formation spéciale si étendue du grès rouge. La distinction en provinces zoologiques marines et en zones climatériques pour les périodes antérieures au Jurassique, ne pourra être tentée que lorsqu'on aura des données suffisantes sur les régions autres que l'Europe.

Remarquons d'ailleurs que, même pour le Jurassique, nos données sur les zones climatériques sont forcément incomplètes. Il nous est impossible de préciser quelles étaient pour ces zones les conditions de température. Nous pouvons dire simplement que la zone boréale devait avoir une température plus basse que la zone tempérée, et celle-ci une température moins élevée que la zone tropicale. Les récifs coralliens peuvent seuls nous donner quelque idée des différences climatériques. On sait qu'à l'époque actuelle ils ne se développent que dans les mers dont la température ne descend pas au-dessous de 20°. Or on les trouve pendant le Jurassique en Angleterre, en Allemagne, jusqu'à une latitude de 53° nord, tandis qu'aujourd'hui ils ne se trouvent qu'à partir de 32° de latitude nord. On pourrait en conclure que la température était notablement plus élevée pendant la période jurassique qu'aujourd'hui et que depuis cette période, les lignes isothermes ont reculé vers le sud d'environ 20°. Mais il faudrait admettre alors que les organismes constructeurs de récifs ont toujours vécu dans les mêmes conditions climatériques, ce qui n'est pas démontré, ce qui n'est pas même vraisemblable, si l'on tient compte de tous les faits d'acclimatation graduelle des organismes à des conditions vitales différentes.

On peut se faire une idée générale de la distribution des terres et des mers pendant la période jurassique. Il serait désirable de connaître cette distribution pour toutes les époques de cette période, car les mers ont subi de grandes oscillations à diverses reprises; ainsi, sur de vastes régions, comme nous l'avons vu, on ne trouve pas de dépôts marins répondant au groupe liasique, tandis que ces mêmes régions présentent des dépôts marins du Jurassique supérieur. Mais nous parlerons plus loin de ces oscillations des mers jurassiques et nous étudierons ici spécialement la distribution des terres et des mers à l'époque du Jurassique supérieur, époque de la plus grande extension des dépôts marins dans l'hémisphère nord.

La carte ci-jointe (fig. 390), exécutée d'après le résultat des études de Neumayr, représente la distribution des terres et des mers vers le milieu du Jurassique supérieur. Les continents et les îles sont ombrés, les mers sont en clair; les limites entre les zones boréale, tempérée et tropicale sont marquées.

Les dépôts du Jurassique de l'Europe centrale et de la région alpine présentent, malgré les différences qui tiennent évidemment aux conditions climatériques et aux variations de faciès, une grande analogie. On doit en conclure l'existence vers le milieu du Jurassique, d'une mer largement ouverte qui s'étendait sur l'Europe centrale et méridionale, sur la Méditerranée actuelle, l'Algérie, la Tunisie et dont on peut suivre les traces dans le Caucase, l'Asie Mineure et la Syrie. L'Europe était réduite à une douzaine d'îles dont les principales sont : le massif de Bohême, l'Ardenne, l'Espagne centrale, l'Irlande et la Bretagne qui était probablement jointe au pays de Galles. Il est probable que les Vosges et la Forêt-Noire étaient immergées. Quant au Plateau Central de la France, MM. Vélain et Michel-Lévy ont démontré que le Morvan a dû être entièrement recouvert par la mer pendant cette période, et d'après M. Magnan on peut tout au plus admettre que le centre du Plateau formait une île très petite, qui n'est pas figurée sur la carte. Entre cette île et le massif bohémien il n'y aurait pas eu de terres immergées (1). En Écosse et en Angleterre il n'y avait que des îlots. Le Harz formait peut-être aussi une île. Le bassin de Moscou, comme nous l'avons déjà vu, s'ouvrait largement du côté de l'Océan arctique, et ne communiquait avec l'Europe centrale que par des détroits. Il y avait entre ces détroits deux îles : l'une s'étendant du Don jusque près de Lublin en Pologne, c'est l'île de la Russie méridionale ; l'autre s'étendant au nord de Lublin jusqu'à Kowno. Un détroit la séparait du massif scandinave qui s'étendait probablement jusqu'aux îles Schetland. Le Jurassique du nord de l'Écosse présente des caractères septentrionaux qui indiquent une communication avec l'Océan arctique.

On ne trouve pas de Jurassique dans la partie orientale des États-Unis, sauf peut-être en Virginie. La plus grande partie du Groënland est composée de roches primaires, et la côte occidentale ne présente que des dépôts d'estuaires. Ces différents faits, joints à plusieurs autres, portent Neumayr à supposer l'existence d'un vaste continent, le *continent néarctique*, occupant une grande partie du nord de l'Atlantique actuel et s'étendant jusque vers l'Écosse.

Dans toute la région du nord de l'Afrique et de l'Arabie, les dépôts jurassiques manquent et le Crétacé repose immédiatement sur les terrains paléozoïques. Il y avait donc là une côte qui limitait au sud la mer couvrant l'Europe australe et méridionale.

Si l'on se dirige vers l'est, on trouve dans le sud-ouest de la Sibérie, dans le Touran, le Turkestan, des formations jurassiques contenant des combustibles et indiquant par suite la présence à cette époque d'une terre ferme ou de lacs. Il y avait donc là une grande île, l'*île*

(1) Choffat, *Annuaire géologique universel*, t. III, 1887, p. 237.

touranienne. Mais la mer devait passer entre elle et le plateau d'Arabie, car, d'après les recherches de Waagen, le Jurassique de Cutch, à l'embouchure de l'Indus, a de grandes analogies avec celui de l'Europe centrale, ce qui indique une communication par la Perse et l'Afghanistan. Ces dernières régions devaient donc se trouver sous les eaux. En outre, le Jurassique de Mombas sur la côte orientale d'Afrique à 4° latitude sud correspond d'après Beyrich à celui de Cutch. La mer s'étendait sur ces régions, de même sur le Mozambique, la côte ouest de Madagascar et Antalo en Abyssinie. A l'ouest de ce bassin on ne trouve pas de Jurassique marin, ce qui prouve l'existence d'un continent africain s'étendant jusqu'à la région des déserts du nord de l'Afrique actuelle.

Dans la colonie du Cap on trouve les dépôts d'Uitenhage, qui répondent au Crétacé le plus inférieur ou, en partie du moins, au Jurassique le plus supérieur. Leur faune n'a pas la moindre analogie avec celle de l'Afrique orientale ou de Madagascar et rappelle au contraire celle des Indes orientales et de la côte ouest de l'Amérique du Sud. Il faut donc supposer, entre la mer qui baignait la côte orientale d'Afrique et celle qui baignait la côte méridionale, une terre qui empêchait la communication, tandis qu'un bras de mer devait unir le bassin des Indes orientales au cap de Bonne-Espérance. Neumayr est ainsi disposé à admettre une presqu'île jurassique s'étendant de l'Afrique aux Indes à travers la côte est de Madagascar, Ceylan et le Dekkan. C'est la *presqu'île indo-malgache* dont les débris forment aujourd'hui les Seychelles, les Amirantes, les Maldives, les Laquedives et Ceylan. Cette hypothèse a en outre l'avantage d'expliquer les rapports que présente encore la faune du sud de l'Afrique avec celle de Madagascar et des Indes orientales. Il y a dans ces pays des types animaux étroitement alliés, dont les plus intéressants sont les Lémuriens ou Prosimiens. La presqu'île indo-malgache serait la *Lémurie* admise par un certain nombre de zoologistes qui, pour expliquer la distribution géographique actuelle des Lémuriens, supposent qu'une vaste terre, aujourd'hui engloutie sous les eaux de l'océan Indien, a été le lieu d'origine de cet ordre de Mammifères.

La formation d'Uitenhage conduit encore Neumayr à une autre hypothèse. Cette formation n'a pas d'analogie avec celle de l'Europe, mais en présente quelques-unes avec les Andes du Chili. Il ne s'agit pas d'animaux de haute mer, mais de coquilles d'eau peu profonde qui ne peuvent se répandre qu'en suivant les rivages. Si l'Atlantique sud avait existé déjà, cette parenté des coquilles d'eau peu profonde d'Uitenhage avec celles du sud de l'Amérique ne se comprendrait pas. En outre les coquilles jurassiques de nature côtière, en Bolivie et au Chili, ressemblent à celles d'Europe. Il devait donc y avoir pour celles-ci des migrations possibles le long d'une côte. On doit donc supposer que le Brésil était uni au massif africain pour former un continent *brasilo-éthiopique* s'étendant transversalement sur l'emplacement actuel de l'Atlantique sud ; cette hypothèse est encore appuyée par ce fait que sur les côtes de l'Atlantique sud on ne trouve pas trace de Jurassique. L'Amérique centrale et le Mexique devaient être couverts, en revanche, par une mer communiquant avec celle de l'Europe centrale et méditerranéenne, au moyen de la mer des Antilles actuelle.

Ainsi de l'ouest à l'est s'étendait un bassin maritime que Neumayr appelle la *Méditerranée centrale* et qui couvrait l'Amérique centrale, l'Europe centrale et méridionale, l'Asie Mineure, la Perse, l'Afghanistan, le Béloutchistan ; elle envoyait vers le voisinage de l'embouchure actuelle de l'Indus, un golfe, la *Méditerranée éthiopique*, arrivant jusqu'au Mozambique et à Madagascar. La côte sud de cette Méditerranée centrale était formée par le continent brasilo-éthiopique ; au nord se trouvaient le continent néarctique et l'île de Scandinavie, à l'est la grande île touranienne. Enfin cette mer était parsemée, sur l'emplacement de l'Europe actuelle, d'une douzaine d'îles de médiocre importance.

Il nous reste à considérer les régions orientales, celles qui sont à l'est de la grande île touranienne. On n'y trouve pas de Jurassique ou celui-ci n'est représenté que par des dépôts d'eau saumâtre avec végétaux fossiles et couches de combustibles. Tel est le cas du Thianshan, de la Sibérie orientale, de la région de l'Amour. Les îles de la Sonde, les Moluques, les Philippines, ne présentent pas trace de Jurassique. Au Japon, au bord occidental de l'Australie, au sud-est de ce continent (Queensland), enfin à la Nouvelle-Zélande, il y a des couches de houille et des dépôts marins jurassiques, unis de telle sorte que cet ensemble indique que la côte se trouvait là. L'identité des végétaux de l'Australie avec ceux de la Nouvelle-

Zélande et de la Tasmanie indique que toutes ces îles faisaient partie d'un même continent, et l'absence de dépôts jurassiques dans les régions intermédiaires permet de conclure que ce continent était réuni à celui qui comprenait l'Indo-Chine, la Chine, la Malaisie, la Papouasie, la Sibérie sud-orientale, et qui occupait l'emplacement actuel des mers de Chine et du Japon. Neumayr admet par suite un continent *sino-australien*, dont probablement la Nouvelle-Zélande, étant donnée sa faune actuelle, a dû se séparer au plus tard à la fin de la période jurassique.

Dans le Thianshan, le Karakorum, le Pamir, il y a des couches jurassiques marines. Il y en a aussi dans le Thibet, où le genre *Aucella* et les Ammonites indiquent des rapports avec la mer jurassique arctique, et où d'autres espèces isolées rappellent les couches de Cutch sur l'Indus. Il y avait donc communication entre ce bassin et celui des Indes. Par suite le continent sino-australien était séparé de l'île touranienne. D'autre part, il était aussi séparé du continent brasilo-éthiopique et de la presqu'île indo-malgache, car le Jurassique marin d'Australie contient des espèces européennes, entre autres *Stephanoceras Humphriesianum ;* cela prouve l'existence d'une communication avec la Méditerranée centrale. De tout ce qui précède sur la délimitation des terres jurassiques, il résulte enfin que l'océan Pacifique existait déjà, que l'océan Arctique existait aussi et couvrait même la plus grande partie de la Sibérie, de la Russie centrale et du nord-ouest de l'Amérique, enfin qu'il y avait un océan Antarctique.

Nous arrivons à cette conclusion, que vers le milieu du Jurassique supérieur, de grandes masses continentales couvraient les régions tropicales. Celles-ci devaient sans doute être émergées alors dans la moitié de leur étendue, tandis qu'aujourd'hui elles présentent un cinquième seulement de terre ferme pour quatre cinquièmes d'eau. Au contraire, l'hémisphère nord était beaucoup plus océanique qu'il ne l'est aujourd'hui. Ce résultat était inattendu, car nous avons été amené à plusieurs reprises, dans les chapitres précédents, à conclure à l'existence, dès les premiers temps géologiques, de terres étendues dans la région polaire arctique. Mais il faut tenir compte ici de ce que nous n'avons établi la distribution des terres et des mers que pour le milieu seulement du Jurassique supérieur. Dans tout le cours de la période, il y a eu des changements importants. Le Lias marin, avons-nous vu, est beaucoup moins répandu dans l'hémisphère nord que le Jurassique supérieur. Dans le bassin russe et en Sibérie il manque, ainsi que le Jurassique moyen. Au Spitzberg, à la Nouvelle-Zemble, aux îles Aléoutiennes, au Groënland, etc., il y a seulement du Jurassique supérieur. Le Lias marin manque sur toute la région arctique, de même en Asie, où il n'est connu qu'au Caucase et au Japon. On doit en conclure qu'il y avait pendant le Lias des terres étendues dans la région polaire et en Asie, et probablement aussi qu'à cette époque, même dans les pays de l'Europe où le Lias marin existe, les îles étaient beaucoup plus nombreuses, l'étendue océanique était beaucoup plus faible qu'au temps du Jurassique supérieur. Vers le milieu de la période oolithique, il s'est produit une invasion de la mer qui a envahi toutes ces terres. Cette invasion a eu son maximum pendant le Callovien.

On doit remarquer d'ailleurs que les dépôts du Jurassique supérieur en Russie, en Sibérie, etc., sont des formations d'eau peu profonde composées d'argiles, de sables avec nombreux Bivalves et Gastéropodes ; le calcaire est peu répandu et les organismes d'eau profonde, comme les Crinoïdes, les Éponges siliceuses, manquent complétement. Ainsi, dans ces régions, les anciens continents n'ont été couverts que d'une mince épaisseur d'eau marine.

A la fin de la période jurassique, une retraite de la mer s'est produite, et notamment dans la région de l'Europe centrale. Dans ces pays, les étages supérieurs du Jurassique sont des dépôts d'eau peu profonde ou lacustres. Il y a eu émersion de la France, de l'Angleterre, de l'Allemagne, d'une partie de la Suisse ; la même chose a eu lieu à l'embouchure de l'Indus. En somme, la grande extension de la mer sur l'hémisphère nord vers le milieu du Jurassique supérieur, paraît avoir été un simple épisode interrompant le développement normal (1).

Une question se pose maintenant tout naturellement. Au moment où les terres étaient concentrées dans l'hémisphère nord, il devait y avoir

invasion de la mer dans d'autres régions, puisque la masse océanique reste constante. Est-il possible de délimiter ces régions occupées par la mer, à l'époque liasique, vers l'équateur ou le pôle sud ? Les données actuellement recueillies sur ce sujet sont encore insuffisantes. Cependant on sait qu'à la Nouvelle-Zélande le Lias marin est beaucoup plus développé que les étages supérieurs du Jurassique. Il est possible que la mer liasique ait couvert la partie sud-orientale du continent sino-australien, et il a été peut-être de même pour la côte occidentale d'Afrique ou pour le Brésil.

Neumayr se demande aussi, dans son mémoire sur la distribution des terres et des mers jurassiques, si cette distribution a exercé une influence sur le climat. Une idée souvent admise est celle-ci : lorsque les terres sont concentrées autour des pôles, il en résulte pour tout le globe un climat froid ; quand elles sont concentrées autour de l'équateur, il en résulte un climat chaud. Ce qui s'est passé pendant la période jurassique montre que cette opinion n'est pas recevable. Au Lias les terres fermes se trouvent au nord ; plus tard elles disparaissent sous les eaux et l'Océan prend au Jurassique supérieur la plus grande extension qu'il ait peut-être jamais eue depuis le Silurien. Ce changement cependant n'a pas amené de grandes variations dans le climat. En effet la distribution des Céphalopodes est restée la même pendant toute la période. Quand on examine l'Europe centrale, on constate que la limite entre la zone tempérée et la zone tropicale n'a pas varié pendant tout le Jurassique. Dans le Crétacé, comme on le verra plus loin, les variations sont aussi très faibles. Cette constance des limites climatériques montre en outre combien est peu recevable l'hypothèse de Croll, d'après laquelle il y aurait en pour toute la terre, depuis le Cambrien jusqu'à l'époque actuelle, un grand nombre de périodes glaciaires alternant avec des périodes interglaciaires. S'il en avait été ainsi, les traces devraient s'en trouver, pendant le Jurassique et le Crétacé, dans la distribution des organismes.

COUP D'ŒIL GÉNÉRAL SUR LES OSCILLATIONS DES MERS JURASSIQUES.

Nous pouvons maintenant résumer, pour terminer ce chapitre, les notions recueillies jusqu'aujourd'hui sur les oscillations des mers

(1) Neumayr, *Erdgeschichte*, t. II, p. 317.

jurassiques, sur les déplacements positifs et négatifs des lignes de rivage pendant cette période. Une phase positive, une invasion de la mer, s'est produite au début de la période, à l'époque rhétienne. Les dépôts du Rhétien s'étendent en effet au delà de l'aire occupée par les dépôts triasiques. Le rivage qui se trouvait dans les Alpes centrales pendant la période triasique s'est déplacé vers le nord et a atteint l'Écosse, l'Irlande et la Russie.

Il faut remarquer que nous ne connaissons guère que les sédiments littoraux du Rhétien. Dans les assises les plus élevées seulement des Alpes apparaissent les Ammonites (*Choristoceras*) indiquant un facies pélagique. La transgression du Rhétien sur les dépôts plus anciens peut se reconnaître en bien des points. MM. Hébert et Martin l'avaient prouvé pour tout le pourtour du Plateau Central : l'Ardèche, le Gard, la Lozère, la Corrèze, la Dordogne, la Nièvre, la Côte-d'Or, la Saône-et-Loire, ce que M. Hébert expliquait par un affaissement graduel du Plateau Central. Des faits du même genre s'observent en Angleterre et dans d'autres pays. Cependant la transgression rhétienne ne s'est pas produite d'un seul coup ; il y a eu des oscillations, comme le montre le calcaire à plaquettes (*Plattenkalk* ou *Dachsteinkalk*) des Alpes(1). Ces oscillations ont été bien mises en évidence par M. Suess. Le calcaire à plaquettes est connu depuis le Vorarlberg jusqu'à l'extrémité est des Alpes, près de Vienne, à travers tout le pays des Alpes calcaires sud et dans les montagnes qui traversent la Carinthie. Il forme la partie la plus élevée du Trias et présente des récurrences au milieu des couches rhétiennes. On y trouve des Foraminifères, des *Megalodon*, des récifs coralliens formés de *Lithodendron*, des lits rouges comme ceux qui se forment en Océanie à la surface des calcaires coralliens émergés. Dans les terres les plus élevées du *Plattenkalk*, là où l'on se rapproche des couches les plus profondes du Rhétien, ainsi à Osterhorn au sud du Wolfgangsee, il y a des intercalations de petits lits charbonneux, des schistes noirs avec restes de Ganoïdes et des débris de plantes comme *Araucarites alpinus*. A la Waldegger Mühle, dans la vallée de Piesting, où la puissance du Plattenkalk atteint mille mètres, il y a dans les plus hautes couches une argile rouge remplissant les petites dépressions de la surface du calcaire et formant une couche mince. On y voit des écailles et des dents de Poissons (*Gyrolepis*, *Sargodon*, *Saurichthys*, *Acrodus*). C'est le représentant des couches à ossements ou *bone-beds* des dépôts rhétiens littoraux. Ces intercalations se répètent plu-

(1) Suess, *Das Antlitz der Erde*, t. II, p. 332 et suivantes.

sieurs fois dans le calcaire à *Megalodon*, ensuite se montre le Rhétien. Cet ensemble indique une lutte entre l'élément marin et le facies littoral.

Dans le massif d'Osterhorn, le Rhétien se présente sous plusieurs facies qui sont, de bas en haut : le *facies* côtier, bien connu, avec *bone-beds Avicula contorta*, *Mytilus*, et dont les Brachiopodes sont absents ; le *facies carpathique*, à *Avicula contorta*, *Terebratula gregaria* ; il est moins répandu que le précédent ; le *facies de Koessen*, avec nombreux Brachiopodes (*Spirigera oxycolpos*) ; le *facies pélagique* ou de Salzbourg à Ammonites (*Choristoceras Marshi*). La succession de ces facies indique la profondeur croissante de la mer rhétienne dans la région des Alpes et des Carpathes. Les oscillations de cette mer ont eu pour résultat final d'amener sur l'emplacement des Alpes orientales une mer largement ouverte, dont le rivage était repoussé vers l'Écosse et la Scanie.

Cette phase positive du Rhétien s'est continuée pendant le Lias et la transgression liasique a dépassé la transgression rhétienne, tout en étant très inférieure à celle qui s'est produite vers le milieu du Jurassique. Là encore il y a eu des oscillations, car en Écosse il existe dans le Lias inférieur des dépôts clastiques avec plantes, au-dessus desquelles se trouvent des couches marines du Lias inférieur et du Lias moyen. La mer liasique s'est avancée dans le nord-est de l'Écosse (Sutherland) et en Allemagne, où par des sondages on a trouvé le Lias près de Kammin. La mer est arrivée jusqu'au massif de Bohème.

Les oscillations ont continué jusque dans la partie inférieure de l'Oolithe. Ainsi M. Deslongchamps a montré qu'il y avait en Normandie, à diverses hauteurs, des surfaces nettoyées par l'eau, polies, ou attaquées par des Mollusques perforants, surfaces qu'on appelle dans le pays des *chiens*, et qui indiquent une interruption dans les progrès de l'invasion marine. M. Deslongchamps a pu conclure que la mer s'était étendue graduellement sur le pays au Lias, qu'elle avait ensuite fortement reculé vers la fin de cette époque ; plus tard est revenue une eau peu profonde (couches à *Trigonia navis*) qui a reculé de nouveau pour revenir et s'étendre plus loin (couches à *Harpoceras Murchisonæ*). Au Callovien (couches à *Stephanoceras macrocephalum*) enfin, la submersion a été complète. Les intercalations de couches à végétaux du Yorkshire dans l'Oolithe inférieure montrent que là aussi la mer a subi des oscillations à cette époque et s'est momentanément retirée. De même en Écosse, où il y a dans le Jurassique moyen une alternance répétée de bancs fluviatiles et littoraux suivie, avec l'Oxfordien, par une formation marine. Près de Londres des sondages ont montré l'existence du Bathonien. A cette époque la mer est venue envahir la contrée, et en même temps elle a recouvert près de Boulogne l'îlot dévonien de Marquise. A l'est les dépôts oolithiques sont plus loin que ceux du Lias. Ils arrivent à Passau, près de Brünn en Moravie, à Balin près de Cracovie. Les dépôts du Jurassique en Abyssinie, près d'Antalo, ont commencé aussi avec le Bathonien, comme l'a montré M. Douvillé. Les recherches de Waagen dans la région de Kachh aux Indes ont montré que le terme le plus ancien du Jurassique, le groupe de Putchum, appartient au Bathonien. A Madagascar et dans l'ouest de l'Australie les couches mésozoïques les plus profondes correspondent au Jurassique moyen. Ainsi au Rhétien la mer subit en Europe des oscillations et s'étend enfin sur une grande partie de l'Europe centrale. Les oscillations se prolongent dans le Lias, et au commencement de l'Oolithe la mer ne gagne que peu sur ses rivages. Avec le Bathonien la ligne de niveau avance ; les eaux s'étendent sur le bassin de Londres, sur le Dévonien du Boulonnais, et en même temps commence une grande transgression en Abyssinie et dans le nord-ouest des Indes.

Le mouvement positif s'accentue encore au Callovien. La mer se trouve dans la partie nord de l'Écosse sur les couches à combustibles du Sutherland, transgresse en Poméranie et en Lithuanie, ainsi que sur le Lias de Ratisbonne. A cette époque l'Océan jurassique s'étend de la Petchora et du Sutherland jusqu'en Abyssinie et à Kachh, et même encore plus loin vers le sud et le sud-est. On trouve dans tous ces pays la couche à *Stephanoceras macrocephalum*.

La phase positive ne se termine pas là. Pendant que le Callovien et l'Oxfordien inférieur atteignent près de Brünn, à Olomutschan, la hauteur de la zone dévonienne des Sudètes, pendant l'Oxfordien supérieur et le Kimmeridgien inférieur, la ligne de rivage atteint la hauteur du massif de Bohême et passe par dessus jusque vers la Saxe. La plaine russe est submergée ; de même la Dobrutscha et probablement la plaine bulgare. Le Kimmeridgien a une très grande extension. L'horizon de l'*Exogyra virgula* se montre en Espagne, en Angle-

terre, dans tout le nord de la France, au Hanovre, dans le calcaire à plaquettes d'Ulm, et aussi en Pologne et dans la Russie sud-orientale.

Avec la fin du Kimmeridgien les choses changent de face. Le niveau marin s'abaisse partout, une phase négative commence. En Russie apparaît une faune marine étrangère à celle du reste de l'Europe (*étage volgien*). Aux Indes, sur le grès de Kutrol qui correspond au Kimmeridgien d'Europe il y a des couches à végétaux. Au sud de l'Afrique paraît aussi une faune étrangère à l'Europe, celle d'Uitenhage.

Dans l'Europe centrale la phase négative est bien évidente. Les dépôts kimmeridgiens sont surmontés d'autres dépôts marins, ceux du Portlandien ; la limite entre les deux étages est peu tranchée, ainsi en Hanovre 74 p. 100 des espèces du Portlandien inférieur appartiennent à l'étage précédent. A la partie supérieure du Portlandien, il y a au contraire prépondérance de formes d'eau saumâtre, telles que *Corbula inflexa*, *Cyrena rugosa*. On les trouve aussi bien dans la Charente, dans l'est de la France et le Jura qu'en Angleterre, en Hanovre et dans la région du Dniester supérieur. La mer se réduit considérablement, et dans les parties qu'elle abandonne restent des flaques où se déposent l'argile, le gypse et çà et là le sel. Ces couches gypseuses ont été trouvées par un sondage dans le district du Weald en Angleterre. En Allemagne on les appelle marnes de Münder. Elles atteignent 300 mètres d'épaisseur, et sous la ville de Hanovre présentent une couche de sel. Dans le Jura les couches de marnes gypseuses existent sur le Portlandien, en partie masquées par le Crétacé. Dans les Charentes elles marquent aussi la fin du Jurassique.

Ce grand mouvement négatif, qui a produit un état de choses absolument différent des précédents, a séparé l'Europe orientale de l'Europe occidentale. A partir de ce moment, qui correspond au Purbeckien inférieur, les deux régions ont une histoire différente. Les bassins lagunaires se remplissent de nouveau, et dans le Jura on constate des alternances de couches marines et de couches d'eau douce. Dans l'Yonne rien ne se dépose. Dans l'Allemagne du Nord se forme sur les marnes de Münder une série de bancs calcaires avec coquilles marines, saumâtres et d'eau douce. D'après la grande quantité de *Serpula coacervata* qu'ils contiennent, on les appelle *Serpulites*. Cette formation se trouve aussi près de Boulogne; elle répond en Angleterre à la partie du Purbeckien supérieure au gypse. Les oscillations sont si fréquentes que sur l'île de Purbeck on peut reconnaitre le sol de quatre anciennes forêts, puis onze bancs d'eau douce en alternance avec quatre bancs d'eau saumâtre et trois d'eau marine.

Dans la Charente il y a aussi des bancs calcaires avec coquilles d'eau douce, d'eau saumâtre et d'eau marine. Ces dernières présentent le même type que les coquilles des bancs plus profonds. C'est une faune jurassique appauvrie. Dans tout l'ouest du bassin de Paris et dans le pays de Bray la terre était sans doute émergée, tandis qu'à l'est continuaient à vivre les restes de la faune marine jurassique mêlée à une faune d'eau douce. Nous arrivons ainsi au commencement de la période crétacée dont nous étudierons plus loin l'histoire.

Quant à la cause de ces oscillations des mers on ne la connaît pas. On est réduit à des hypothèses. Suivant les uns, les eaux pendant de longues périodes se rassemblent alternativement sur l'hémisphère nord et sur l'hémisphère sud; suivant les autres, il y a alternativement afflux des eaux marines vers les pôles et vers l'équateur. Mais les données qu'on a recueillies sur cette question sont encore trop peu nombreuses pour permettre de conclure d'une manière définitive. On peut dire seulement, avec Neumayr, que la solution du problème exige la connaissance préalable des couches jurassiques de l'hémisphère austral et en particulier l'étude de la structure géologique des terres antarctiques. On arrivera dans la suite, en tenant compte de toutes les observations, à décider s'il s'agit de causes générales, de causes cosmiques, ou de causes locales telles que l'accumulation des sédiments dans un bassin maritime produisant une phase positive sur les côtes avoisinantes, ou un effondrement dans lequel la mer se précipite, donnant lieu ainsi à une phase négative.

LA FAUNE ET LA FLORE DE LA PÉRIODE CRÉTACÉE.

LE SYSTÈME CRÉTACÉ. LA CRAIE.

Le système crétacé, qui succède au système jurassique, tire son nom de la présence de la craie (en latin *creta*). Mais la craie ne forme que la partie supérieure du système. La partie inférieure est constituée par des argiles et des calcaires compacts. En outre les phénomènes ont été différents dans le Crétacé inférieur et le Crétacé supérieur. Ce dernier a été caractérisé par une extension beaucoup plus grande des mers. Il s'est produit une transgression considérable à son début, tandis que pendant le Crétacé inférieur il y a eu une phase négative, une retraite de la mer. On doit donc diviser le système crétacé en deux groupes : le groupe *infra-crétacé*, et le groupe *crétacé supérieur* ou *crétacé* proprement dit. Le premier se divise en trois étages qui sont des plus anciens au plus récent, le *Néocomien* (de Neuchâtel en Suisse), l'*Aptien* (d'Apt en Provence) et l'*Albien* (du département de l'Aube). Le Crétacé proprement dit se divise aussi en plusieurs étages qui ont reçu de d'Orbigny des noms tirés des localités où ils sont bien développés : le *Cénomanien* (de *Cenomanum*, le Mans), le *Turonien* (de Tours), le *Sénonien* (de Sens), et le *Danien* créé par Desor (du Danemark). En Angleterre, en Hanovre, dans le nord de la France, la base du Crétacé a un faciès spécial. Dans ces pays il y a des formations d'eau douce indiquant un régime continental, et le type de ces dépôts se présente dans la région du Weald en Angleterre, de là le nom de *Wealdien* donné à ces dépôts inférieurs.

Nous étudierons plus loin avec détails les différents étages crétacés et les changements de niveau des mers aux diverses époques. Nous nous occuperons ici de la faune et de la flore, mais il faut tout d'abord considérer de plus près la nature de la craie.

La craie est un calcaire tendre, pulvérulent, formé de particules de carbonates de chaux amorphe presque pur. On y trouve des coquilles de Foraminifères et aussi des corpuscules appelés *coccolithes* et *coccosphères*. Les coccolithes sont de petits corps arrondis, souvent formés de deux disques accolés. Les coccolithes se réunissent aussi pour former une sorte de sphère (*coccosphères*). En somme la craie est comparable par sa structure à la boue calcaire à Globigérines qui se dépose aujourd'hui dans les grandes profondeurs des mers (1). Il y a même des espèces de Foraminifères communes aux deux formations, telles que *Globigerina bulloïdes*, *Dentalina communis*, *Cristellaria rotulata*, etc. On dit même souvent que la boue à Globigérines est une véritable craie et que les dépôts de la période crétacée continuent à se former dans nos mers. Mais c'est une exagération. Il y a en réalité des différences notables. Tandis que les genres *Globigerina* et *Orbulina* dominent dans la vase calcaire actuelle, ce sont les genres *Rotalia* et *Textularia* qui se présentent le plus fréquemment dans la craie; en outre les Foraminifères sont beaucoup plus nombreux dans la boue à Globigérines. Ils sont relativement rares dans la craie blanche et ne sont vraiment communs que dans la craie marneuse (Turonien). L'identité des espèces de la craie et des espèces actuelles paraît, d'après les travaux de MM. Munier-Chalmas et Schlumberger, n'être qu'apparente : d'ailleurs le genre et à plus forte raison l'espèce sont difficiles à déterminer chez les Foraminifères. Quoi qu'il en soit, la craie semble bien être une formation de mer relativement profonde. Comme dans la boue à Globigérines actuelles, il y a dans la craie de nombreuses Éponges siliceuses, des Oursins analogues à ceux des grands fonds, des Crinoïdes, des Brachiopodes. Quand on y trouve des Pélécypodes dont les genres prennent tout leur développement dans des eaux peu profondes, ces coquilles sont plus petites et plus minces, ce qui indique qu'elles ne vivaient pas là dans leurs conditions normales (Neumayr). M. Cayeux, s'appuyant sur les recherches microscopiques qu'il a poursuivies sur la craie des environs de Lille, a récemment émis l'idée que la craie est au contraire un dépôt qui s'est formé à proximité des côtes et sous une faible profondeur d'eau. Il la qualifie de sédiment terrigène parce qu'il y a trouvé des minéraux ou des débris volumineux provenant de roches préexistantes qui formaient le rivage et qui auraient été apportés par les marées ou par les courants. Ainsi près de Tournai il y a dans la craie des galets de même nature que les roches primaires sous-jacentes. Il est certain, malgré ces exceptions, que la plus grande partie de la craie s'est formée loin des rivages et à une profondeur notable.

La craie contient souvent des nodules de silex pyromaque ou pierre à fusil alignés en bancs parallèles; on doit citer particulièrement la craie de Meudon et les falaises de la Manche. Certains de ces silex sont gris et zonés, d'autres blonds ou noirs. On les a expliqués de diverses manières. Remarquons d'abord qu'ils n'existent pas dans la boue à Globigérines des mers actuelles. Cette boue contient bien de la silice qui est fournie par les spicules des Éponges et les carapaces de Radiolaires ou de Diatomées, mais cette silice est régulièrement disséminée dans tout le sédiment, tandis que dans la craie elle est concentrée à l'état de nodules. On regarde quelquefois les nodules de la craie comme des Spongiaires dont la forme est devenue indiscernable, et l'on trouve en effet souvent à l'intérieur des silex une Éponge siliceuse qui s'est en outre recouverte de silice. Mais il y a aussi dans d'autres silex des Oursins, et fréquemment les fossiles de la craie, primitivement calcaires, sont transformés en silice ou remplis de silice. Il vaut mieux supposer par suite que la silice provenant des Diatomées et des Radiolaires était primitivement distribuée régulièrement dans la craie, et que sous l'action de l'eau circulant dans la roche elle s'est ensuite concrétée autour de centres qui n'étaient autres que des corps en décomposition. De cette manière se seraient formés les silex.

On trouve également dans la craie des masses noduleuses de surface ocreuse, qui, lorsqu'on les fend, présentent une cassure métallique et rayonnée. Ces boules métalliques sont appelées par les paysans des *pierres de foudre*. Elles ne sont autre chose que des nodules de pyrite (sulfure de fer). Quelquefois la pyrite est d'un beau jaune d'or (pyrite jaune). Le plus souvent elle est d'un jaune verdâtre (pyrite blanche) et alors sa surface est altérée et ocreuse.

LES ANIMAUX MARINS INFÉRIEURS DU CRÉTACÉ. LES ÉCHINODERMES.

La série crétacée nous offre un très grand nombre d'animaux marins inférieurs. Outre les

(1) Voir la *Terre, les Mers et les Continents*, p. 436.

Foraminifères de la craie dont les espèces sont très variées, il faut citer les Éponges siliceuses dont les spicules constituent des couches entières, particulièrement en Angleterre et dans le nord de l'Allemagne. Les genres *Siphonia*

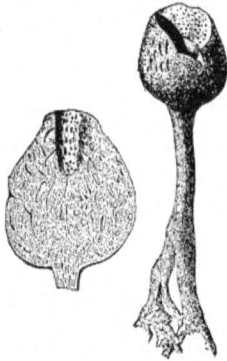

Fig. 391. — *Siphonia ficus*.

(fig. 391) et *Jerea* sont communs dans le Cénomanien et le Sénonien. Ces Spongiaires ont la

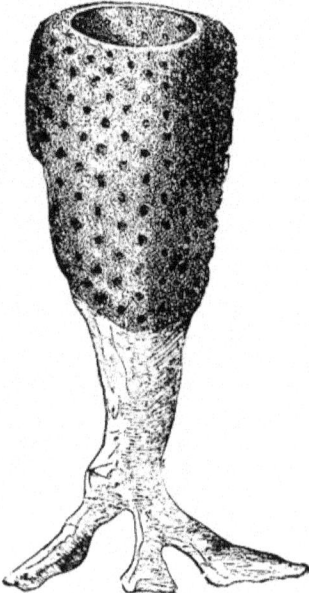

Fig. 392. — *Ventriculites*.

forme d'une figue ou d'une poire et sont portés par un pédoncule, ils étaient donc fixés. Le

groupe des Mégamorines nous présente les *Doryderma* de la craie supérieure, de forme arborescente. La ramification du corps se fait dichotomiquement, la hauteur atteint 40 centimètres ; les éléments squelettiques, longs de 2 millimètres, faiblement ramifiés, se réunissent en un lacis à mailles peu serrées. Parmi

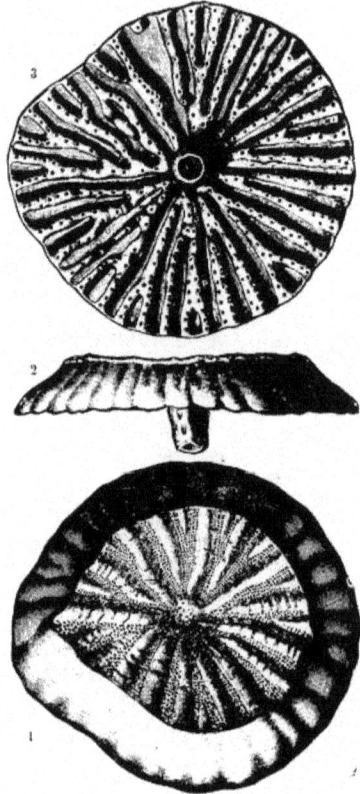

Fig. 393. — *Cœloptychium* de la craie supérieure, d'après Zittel. — 1, de dessus ; 2, de côté ; 3, de dessous.

les Hexactinellides, un genre crétacé important est le genre *Ventriculites*, en forme d'entonnoir (fig. 392). Sur les deux faces se trouvent des plis longitudinaux, et les parois présentent aussi des canaux très courts ; les nœuds de croisement des spicules sont octaédriques. Le genre *Cœloptychium* (fig. 393), voisin des *Ventriculites*, et qu'on n'a trouvé jusqu'à présent que dans le Sénonien, a la forme d'un Champignon avec un pied et un chapeau bien distincts. Les Éponges calcaires sont représentées par des Pharetrones, groupe qui remonte au Dévonien. Beaucoup forment des masses compactes, mais les *Barroisia* de la craie étaient divisées en segments cylindriques réunis en touffes.

Les Polypiers sont communs et ressemblent dans leurs traits principaux à ceux du Jurassique. Il y a cependant des différences dans leur distribution. Au Jurassique ils formaient des récifs dans toute la province de l'Europe centrale et la province alpine ; au Crétacé inférieur ils sont rares dans l'Europe centrale, y disparaissent complètement au Crétacé supérieur, mais présentent un grand développement dans la province alpine.

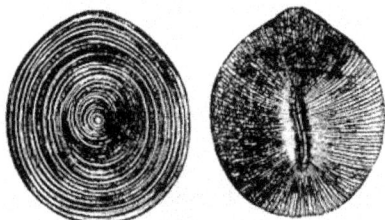

Fig. 394. — *Cyclolites elliptica* (face inférieure et face supérieure).

L'un des genres les plus remarquables est le *Cyclolites* (fig. 394) comprenant des Coraux isolés, larges, couverts d'une épithèque ridée. Il y a plus de cent cloisons réunies entre elles par de nombreuses et fines traverses et par des synapticules. Ce ne sont pas, comme beaucoup de Coraux isolés, des espèces des grandes profondeurs ; ils vivaient dans les eaux peu profondes ou sur les récifs coralligènes. La famille des Fungidés, qui est celle des Hexacoralliaires présentant aujourd'hui le plus grand développement, remonte au Crétacé. On trouve aussi, dès cette époque, le *Caryophyllia cylindrica* qui vit encore aujourd'hui. Les Polypiers Tétracoralliaires, caractéristiques des formations paléozoïques, sont représentés pendant le Crétacé par le genre *Holocystis*.

Parmi les Échinodermes, les Crinoïdes, encore abondants au Jurassique, ne jouent plus qu'un rôle médiocre dans le Crétacé. Le genre *Apiocrinus* jurassique, à tige très longue, se montre encore dans la série crétacée. Le genre *Bourgueticrinus* de la craie supérieure, dont les bras sont simples, rappelle complètement le *Rhizocrinus* et le *Bathycrinus* encore vivants dans les grandes profondeurs. Certains types non pédonculés, par leurs plaquettes nombreuses, la structure compliquée et la grande cavité de leur calice, ont des relations intimes avec les Crinoïdes les plus anciens (Paléocrinoïdes). Tel est le genre *Marsupites*, dont l'extension géographique est considérable ; on le trouve dans le Sénonien de France, d'Angleterre, d'Allemagne et aussi dans l'Amérique du Nord et les Indes. Le *Marsupites* (fig. 395) a

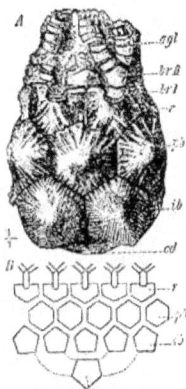

Fig. 395. — *Marsupites ornatus.* — A, calice avec la partie inférieure des bras ; B, schéma du calice ; *cd, centro dorsale ; ib, infrabasalia ; pb, parabasalia ; r, radialia ; br I et br II*, premiers et seconds *brachialia* ou seconds et troisièmes *radialia ; agl*, bras.

un calice à grandes plaques qui diffère de celui de tous les autres Crinoïdes en ce qu'il y a, outre deux couronnes de plaques basales, une plaque centrale. Le Paléocrinoïde qui s'en rapproche le plus est l'*Agassizocrinus* ou *Astylocrinus* du Carbonifère. L'*Uintacrinus*, découvert d'abord dans l'Amérique du Nord, puis en Westphalie, n'a pas non plus de pédoncule. Il se distingue par le nombre extrêmement considérable des plaquettes du calice. Les Paléocrinoïdes dont il se rapproche le plus sont les Ichthyocrinidés (*Ichthyocrinus, Mespilocrinus, Forbesiocrinus*), communs dans le calcaire carbonifère, et où il y a également un calice formé de pièces nombreuses.

Les Oursins sont bien plus importants à l'épo-

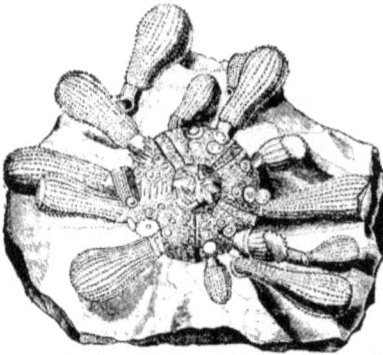

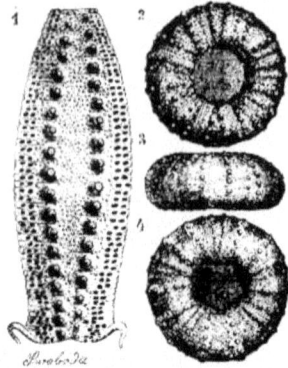

Fig. 396. — *Cidaris clavigera.*

Fig. 397. — *Pseudodiadema Bourgueti* du Néocomien, vu sous divers aspects (2, 3, 4), et aire ambulacraire grossie (1) (d'après Cotteau).

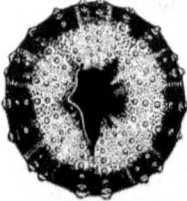

Fig. 398. — *Heterodiadema libycum* Turonien, vu de dessous (d'après Cotteau).

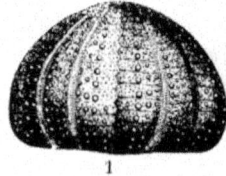

1

Fig. 399. — *Tetracidaris Reynesi.*

2

Fig. 400. — *Stomechinus denudatus* du Néocomien : 1, vu de profil; 2, portion du test grossie (d'après Cotteau).

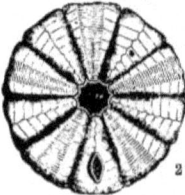

2

3

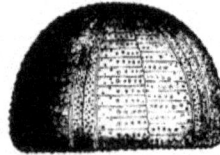

1

Fig. 401. — *Discoidea cylindrica* du Sénonien. — 1, test; 2 et 3, moule interne (d'après Desor).

que crétacée que les Crinoïdes et fournissent un grand nombre d'espèces caractéristiques. Les Oursins réguliers sont très abondants. Parmi eux, les *Cidaridés* ne sont plus aussi nombreux qu'à l'époque jurassique (*Cidaris clavigera*, fig. 396), mais les Glyphostomes à larges zones ambulacraires, à bouche incisée, prennent un développement considérable. On doit citer entre autres les genres *Pseudodiadema* (fig. 397) et *Heterodiadema* (fig. 398) et les Échinidés déjà existants au Jurassique. Chez les Échinidés (ex. *Stomechinus*, fig. 400), les pores des zones ambulacraires sont nombreux et il y en a trois paires ou davantage sur chaque plaque. Il y a des formes de transition avec les Diadématidés, où les pores sont disposés régulièrement en une double série de chaque côté de la zone. Ainsi, dans le *Pseudodiadema rotulare* du Néocomien, on voit, au fur et à mesure qu'on s'approche de la bouche, les pores se multiplier; il y a non plus une seule série, mais plusieurs de doubles pores.

Une famille remarquable d'Oursins réguliers est celle des *Échinothuridés*. Elle se rattache aux Diadématidés par la plupart de ses caractères, entre autres par ses zones ambulacraires larges; elle rappelle aussi les Cidaridés par les plaquettes du péristome, mais elle présente un caractère très intéressant : les plaques sont mobiles comme chez certains Paléchinidés; elles sont disposées comme les tuiles d'un toit et réunies par des membranes. Cette famille est représentée dans la craie blanche par le genre *Echinothuria*. Dans les grandes profondeurs de la mer, on a trouvé des Échinothuridés vivants. Tel est le genre *Asthenosoma* (*Calveria*), trouvé en 1860 par Wyville Thomson entre les Hébrides et les Faeroër; les plaques y sont très mobiles. Keeping considère comme l'ancêtre direct des Échinothuridés le *Pelanechinus* du Jurassique, qui a aussi des plaquettes mobiles. Citons encore parmi les Oursins réguliers le *Tetracidaris* (fig. 399) du Néocomien. Comme chez les Paléchinides, les aires interambulacraires ont plus de deux rangées de plaques; il y a quatre rangées qui ne se réduisent à deux qu'au voisinage de l'anus.

Les Oursins irréguliers, à anus disposé excentriquement, sont très bien représentés dans le Crétacé. La famille des *Pygastéridés*, dont nous avons déjà parlé à propos du Jurassique, nous offre ici un genre important, le genre *Discoïdea* (fig. 401), où l'anus est descendu sur la face inférieure près de la bouche. Dans le genre *Echinoconus* (*Galerites*), l'anus, tout à fait descendu, se trouve encore près du bord (*E. conicus*). Les *Échinonéidés* sont intimement alliés aux Pygastéridés et n'en diffèrent que par l'atrophie des dents. La différence est même difficile à saisir; on conclut souvent à la présence des dents à cause d'entailles autour de la bouche analogues à celles des Glyphostomes, mais certains genres, d'abord considérés comme dentés, sont regardés aujourd'hui comme privés de dents. Tel est le genre *Galerites*, d'après Duncan (1884). En réalité, il n'y a pas de limite précise entre les Échinonéidés et les Pygastéridés, et il faut regarder les premiers comme dérivés des seconds par atrophie progressive des mâchoires. Les *Cassidulidés* (ex. : *Pygurus*, fig. 402) et les *Collyritidés* (ex. : *Dysaster*) sont aussi des familles d'Oursins irréguliers jurassiques se continuant dans le Crétacé.

Au contraire, les familles des *Ananchytidés* et des *Spatangidés* sont nouvelles. Chez l'une et chez l'autre, non seulement l'anus est excentrique, mais il en est de même de la bouche. Les Ananchytidés ont des zones ambulacraires qui s'étendent du sommet à la bouche, tandis qu'elles sont pétaloïdes chez les Spatangidés.

Ces Ananchytidés débutent dans le Crétacé inférieur par le genre *Holaster* (ex. : *H. subglobosus*) du Cénomanien. La bouche est encore peu excentrique et la filiation avec les Échinonéidés du genre *Hyboclypus* est manifeste. La zone ambulacraire impaire est logée dans une dépression, caractère qui se retrouve dans un genre de grande taille, *Hemipneustes*, de la craie de Maëstricht. D'autres genres importants sont : *Stenonia*, *Infulaster* et surtout *Ananchytes* ou *Echinocorys*. Ce dernier se trouve dans la craie blanche. La face inférieure est ovale; sur ses deux bords se voient la bouche et l'anus. Le test est bombé. L'*Echinocorys* ou *Ananchytes vulgaris* du Sénonien présente plusieurs variétés : *ovatus* (fig. 403), *conicus*, *striatus*, *gibbus*, regardées par d'Orbigny comme des espèces distinctes et réunies par M. Cotteau. Les Ananchytidés, si communs dans la craie, deviennent extrêmement rares dans le Tertiaire (ex. : *Oolaster*); jusqu'à présent, on ne les connaît pas dans le Tertiaire supérieur. Les opérations de sondage des grandes profondeurs ont prouvé l'existence dans ces abîmes, à notre époque, d'Oursins analogues aux Ananchytidés. Ceux-ci étaient donc des animaux des grandes profondeurs, et leur absence dans

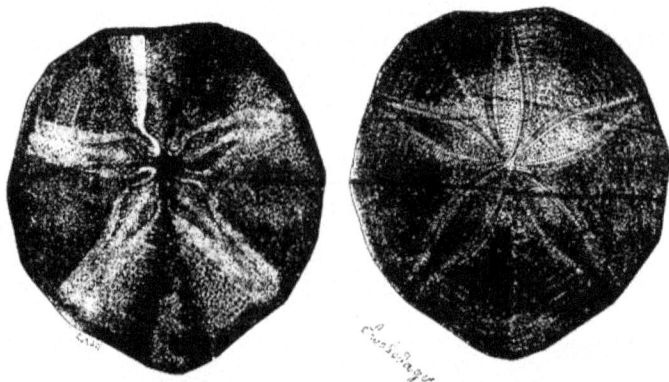

Fig. 402. — *Pygurus Montmolini* du Néocomien (d'après d'Orbigny).

le Tertiaire s'explique parce que nous ne connaissons pas de dépôts de cette époque s'étant formés dans des eaux profondes (Neumayr.)

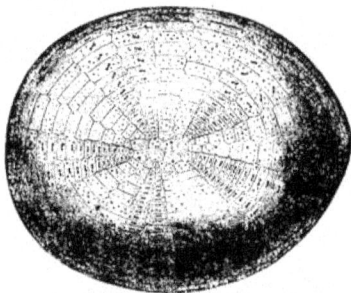

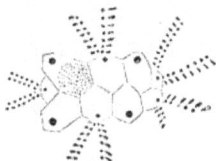

Fig. 403. — *Ananchytes ovatus* du Sénonien (d'après Desor). On voit dessous l'appareil apical grossi.

Au contraire, les Spatangidés, déjà nombreux dans la craie, sont encore aujourd'hui bien représentés. Leur test est en forme de cœur, leurs ambulacres sont pétaloïdes; l'ambulacre impair est généralement dans un sillon pro-

fond et se distingue aussi des autres par sa taille moindre et ses pores plus faibles. Ils présentent également une particularité qui n'existe que chez quelques Ananchytidés, la présence de *fascioles*. On appelle ainsi des bandes étroites, lisses ou finement granulées, ne portant pas de tubercules ni de radioles et qui, pendant la vie de l'animal, sont couvertes de soies. Une fasciole entoure les zones ambulacraires (fasciole péripétale), ou bien elle forme une couronne au-dessus de laquelle se trouve l'anus (fasciole subanale), ou encore se poursuit sur le bord de l'Oursin (fasciole marginale), etc.

Les Spatangues apparaissent dans le Crétacé inférieur avec le genre *Toxaster* (*Echinospatagus*) du Néocomien (*T. complanatus*, fig. 404), les zones ambulacraires paires antérieures sont plus grandes que les autres. Il en est de même et d'une manière encore plus marquée dans le genre voisin *Heteraster* (*H. oblongus*). Dans ces deux genres anciens de Spatangues, il n'y a pas encore de fascioles, et la bouche est pentagonale. Ce dernier caractère des anciens Spatangues se retrouve dans un genre actuel (*Palæostoma*), qui doit en être la descendance directe.

Dans les étages supérieurs apparaissent les Spatangidés typiques. Le genre *Micraster* en particulier joue un rôle très important dans le Sénonien. La forme est celle d'un cœur, les zones ambulacraires pétaloïdes sont petites et ne couvrent qu'une partie du test (d'où le nom de *Micraster*, petite étoile). Il y a une fasciole subanale. La bouche est rejetée en avant et

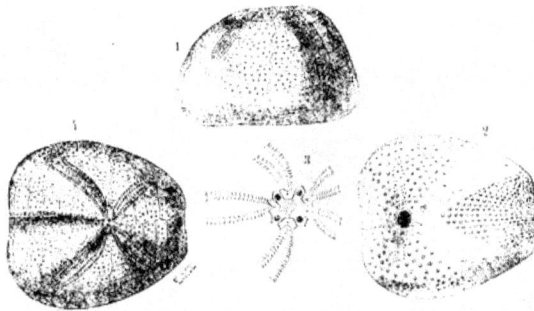

Fig. 404. — *Toxaster complanatus* du Néocomien (d'après Desor). — 1, de profil; 2, de dessous; 3, appareil apical; 4, de dessous.

présente deux lèvres. Ce genre contient plusieurs espèces qui se succèdent dans des couches de plus en plus récentes du Sénonien et qui paraissent des modifications l'une de l'autre. Ce sont d'abord *Micraster breviporus*, puis *M. cortestudinarium*, *M. curanguinum* (fig. 405) *M. glyphus*, *M. Bronguiarti* (craie de Meudon).

Le genre *Hemiaster*, très voisin du genre *Micraster*, n'en diffère que par sa fasciole péripétale. Il est encore représenté aujourd'hui par l'*Hemiaster cavernosus* (fig. 406) des grandes profondeurs de la mer. Son développement a été étudié par A. Agassiz. Les exemplaires dont le diamètre est de deux ou trois millimètres ont entièrement les caractères des Oursins réguliers. La bouche est pentagonale et centrale, les zones ambulacraires sont petites et rubanées, les zones interambulacraires ont de grands tubercules, l'anus se trouve au centre de la rosette apicale, enfin rien, si ce n'est la fasciole péripétale, ne rappelle un jeune Spatangidé (Neumayr).

Les Spatangidés actuels (*Spatangus*, *Euspatangus*, *Schizaster*, etc.) vivent pour la plupart à une faible profondeur; quelques-uns seulement vivent dans les grands fonds sans s'y trouver exclusivement (*Schizaster Moseleyi*). Ils ont tous les ambulacres fortement pétaloïdes et s'écartent assez notablement des Ananchytidés. Mais dans les grands fonds on a trouvé un grand nombre de genres (*Pourtalesia*, *Argopatagus*, *Spatangocystis*, etc.), auxquels nous avons fait allusion plus haut, et qui rappellent les *Ananchytes* par leurs ambulacres pétaloïdes peu marqués. De plus chez les Spatangues actuels (*Schizaster*, etc.), qui vivent accidentellement dans les eaux profondes, les pétaloïdes sont plus faiblement marqués que chez

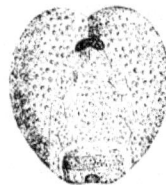

Fig. 405. — *Micraster coranguinum* vu par-dessous.

les Spatangues littoraux; cela paraît tenir à la profondeur de l'eau. D'après cela Neumayr admet que les Spatangidés et les Ananchytidés sont sortis des mêmes souches, qui sont les Echinonéidés, mais qu'il y a eu deux séries : une série des eaux profondes comprenant les Ananchytidés et les Spatangues des grands fonds (Pourtalésiadés), et une autre série comprenant les Spatangues littoraux. Ces deux séries ont divergé de plus en plus dans la suite des temps.

LES BRYOZOAIRES ET LES BRACHIOPODES CRÉTACÉS.

Les Bryozoaires sont très communs dans le Crétacé; on en connaît plus de 1 000 espèces surtout répandues dans le Sénonien. Ils forment des colonies incrustantes ou arborescentes comptant un grand nombre d'individus. Les Bryozoaires des terrains anciens, jusque et y

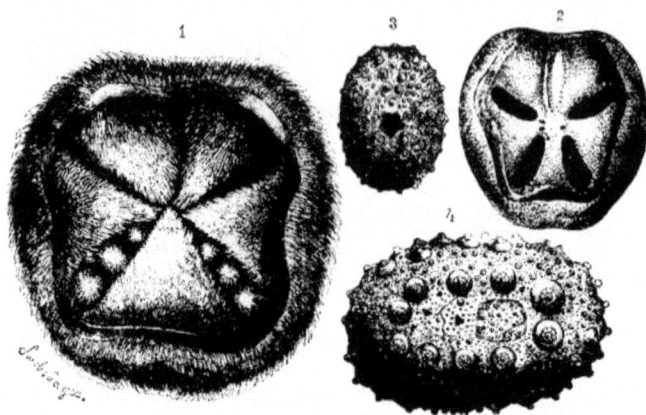

Fig. 406. — *Hemiaster cavernosus* actuel. — 1, Exemplaire avec les piquants sur les deux ambulacres postérieurs; 2, exemplaire jeune sans ses piquants; 3, exemplaire très jeune vu de dessous, montrant sa bouche pentagonale; 4 exemplaire très jeune vu du côté dorsal très grossi (d'après Al. Agassiz).

compris le Jurassique, sont des Cyclostomes, c'est-à-dire que les cellules sont cylindriques et munies d'une ouverture terminale non rétrécie, son diamètre est précisément celui de la cellule; il n'y a aucune trace de couvercle. Il y a encore des Cyclostomes dans le Crétacé, mais ils vont sans cesse en décroissant pour faire place aux Chilostomes. On doit citer parmi les Cyclostomes crétacés les *Defrancia* communs dans la craie et particulièrement dans les couches de Maëstricht; ils se composent de tubes nombreux cylindriques disposés en forme de disques isolés ou réunis. Chez les *Cariopora* les cellules sont cylindriques et disposées en couches superposées. Ils forment de véritables bancs dans certaines couches crétacées.

Les Chilostomes débutent dans le Cénomanien. Ils se reconnaissent à leurs cellules courtes, ovales, dont la bouche rétrécie se trouve sur le côté au lieu d'être à l'extrémité supérieure. Il y a un opercule. Dans le Crétacé inférieur les Chilostomes sont accompagnés de Cyclostomes, mais ceux-ci vont en diminuant, et dans le Crétacé supérieur ainsi que dans les couches tertiaires les Chilostomes acquièrent la prédominance. On peut citer particulièrement les *Lunulites* (fig. 407) communs dans la craie de Meulon; les cellules de forme carrée sont disposées régulièrement autour d'un centre; d'autres encore très importants sont les *Eschara* en forme d'arborisations. Certaines

couches de la craie tuffeau de Maëstricht et de Fauquemont en Hollande, sont presque entièrement formées de Bryozoaires, et l'on y trouve presque en nombre égal les Cyclostomes et les Chilostomes.

Les Brachiopodes sont encore nombreux dans la série crétacée, mais si on les compare

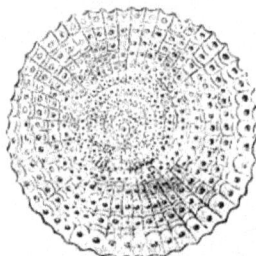

Fig. 407. — *Lunulites* (vu par la face supérieure).

à ceux du Jurassique on constate qu'ils sont en décroissance. Les Brachiopodes Inarticulés présentent une famille remarquable, celle des *Craniadés*. Ce sont des coquilles de taille médiocre fixées par la petite valve aplatie. Dans cette valve se trouve une saillie médiane nasiforme soutenant les muscles des bras. Les impressions musculaires sont très nettes et l'ensemble produit, quand on regarde l'intérieur de la valve fixée, l'apparence d'une tête de mort. Il y a aussi des impressions digitiformes provenant du manteau. Le genre *Crania* (fig. 408) commence au Silurien, mais se développe surtout dans le Crétacé supérieur (*Crania parisiensis*, craie de Meudon). On le trouve encore

Fig. 408. — *Crania divaricata*, intérieur de la petite valve.

aujourd'hui et surtout dans les mers froides (*C. anomala*), fait d'autant plus remarquable que la plus grande partie des Cranies fossiles se rencontre surtout dans les couches du nord de l'Europe, Angleterre, Belgique, Scandinavie ; la distribution géographique de ce genre n'a donc pas changé depuis des temps très reculés.

Les Brachiopodes les plus communs du Crétacé appartiennent aux familles des Rhynchonellidés et des Térébratulidés. Parmi les Rhynchonelles les plus remarquables se trouvent *Rhynchonella vespertilio* et *R. dimidiata*

(fig. 409). Le genre *Terebratulina* du Jurassique prend un grand développement à l'époque crétacée ; les branches descendantes de l'appareil brachial forment une sorte de collier. Celui-ci ne se produit que dans le cours du dé-

Fig. 409. — *Rhynchonella dimidiata*, craie supérieure de Saxe.

veloppement, il est d'abord ouvert, ce qui conduit à penser que les Térébratulines ont pris naissance des Térébratules. Ces dernières fournissent dans le Crétacé un grand nombre d'espèces, entre autres la *Terebratula substriata* de la craie blanche, qui diffère à peine de la *T. caput serpentis*, encore vivante dans la mer du Nord. Il paraît y avoir continuité de l'une à l'autre. Dans le genre *Magas* du Sénonien supérieur (*Magas pumilus*), le septum médian de la coquille est très dilaté en bas et s'unit intimement à l'appareil brachial.

MOLLUSQUES PÉLÉCYPODES ET GASTÉROPODES DU CRÉTACÉ

Les Pélécypodes et les Gastéropodes sont extrêmement abondants dans les couches crétacées et ils y jouent un rôle plus important que dans les formations précédentes ; il en est de même dans les terrains tertiaires. Cela tient à cette circonstance que les dépôts les plus récents sont souvent des dépôts d'eau peu profonde, condition favorable au développement de ces Mollusques. Parmi les Pélécypodes il faut citer en particulier les Pholadomyes voisines de l'espèce actuelle (*Pholadomya candida*), le genre *Pectunculus* (*P. sublævis* du Cénomanien) et surtout le groupe des Inocérames à coquille arrondie, à crochets peu saillants et à fossettes ligamentaires multiples. La structure de la coquille est caractéristique ; il y a des prismes relativement gros perpendiculaires à la surface, de sorte que la coquille, quand on la brise, paraît striée. Citons l'*Inoceramus labiatus* du Turonien présentant des lignes d'accroissement ondulées et l'*I. concentricus* (fig. 410). Il y a aussi des Trigonies, des Pectens.

Le groupe des Huîtres est bien représenté.

Le genre *Exogyra*, à crochets recourbés plus ou moins spiraux, nous offre l'*E. aquila* de l'Aptien, *E. columba* (fig. 411) souvent de grande taille, l'*E. auricularis* du Sénonien, etc. Les Huîtres crête de coq à valves plissées, dont nous avons déjà parlé à propos du Jurassique, présentent plusieurs espèces : *Ostrea* (*Alectryonia*), *macroptera* du Néocomien, *O. carinata* du Cénomanien, *O. frons* et *O. larva* du Sénonien.

Le groupe des Chamacés, qui a débuté dans le Jurassique avec les genres *Diceras* et *Heterodiceras*, a fourni dans le Crétacé de nombreux types intéressants particulièrement étudiés par M. Douvillé. Tel est le genre *Requienia* (*R. ammonia*). Il contient des formes normales, c'est-à-dire fixées par la valve gauche, qui est très grande, en forme de corne, surmontée d'un opercule spiral à surface concave. Ce dernier n'est autre chose que la valve droite. Dans *Requienia* le muscle adducteur est inséré directement sur la valve, tandis que dans un genre voisin, *Toucasia* (*T. carinata*), il y a une lame

Fig. 410. — *Inoceramus concentricus* de la craie supérieure.

Fig. 411. — *Exogyra columba* du Cénomanien.

Fig. 412. — *Caprina adversa.*

myophore comme dans les *Diceras*. *Requienia* serait donc dérivé de *Heterodiceras* et *Toucasia* de *Diceras*.

Dans le Cénomanien paraît le genre *Apricardia* dérivé de *Toucasia*, où la lame myophore est plus séparée sur la valve droite du plancher cardinal. Enfin dans le Crétacé le plus supérieur se montrent les *Chamas*.

Les genres *Diceras* et *Heterodiceras* ont donné naissance aussi à des formes *inverses* (fixées par la valve droite), de même que les *Chamas* sont tantôt normaux, tantôt inverses. Il faut remarquer d'ailleurs que dans le genre *Diceras*, c'est tantôt la valve droite, tantôt la valve gauche qui est fixée, bien que les dents (que nous avons appelées F et F') (1) soient toujours portées par la valve droite. La forme inverse *Monopleura*, commune dans le Crétacé, présente une valve fixée conique et une valve libre aplatie, operculiforme. Cette dernière est symétrique de la valve droite de l'*Heterodiceras* et porte les dents F et F'; c'est donc une valve gauche. Les deux

dents sont presque égales. Les impressions musculaires sont superficielles comme chez l'*Heterodiceras*; elles ne sont jamais portées par une apophyse saillante (ex : *M. varians*). Le genre *Valletia* se distingue par un enroulement plus marqué des deux valves qui rappelle celui des *Diceras*. Le genre *Gyropleura* qui accompagne les *Monopleura* présente sur la valve fixée une lame myophore postérieure. L'enroulement de la valve fixée est inverse de celui des *Requienia*.

Toutes ces formes inverses apparaissent dans l'Infra-Crétacé, par conséquent après les formes normales (*Diceras*, *Heterodiceras*) d'où elles sont sorties. A leur tour elles fournissent dans le Crétacé supérieur d'autres formes inverses : les *Caprotines*. Le genre *Caprotina* (Cénomanien, ex.: *C. striata*) ressemble par la disposition des valves aux *Monopleura*, mais il a, sur la valve supérieure une lame myophore saillante pour le muscle postérieur pénétrant dans une fossette de la valve inférieure.

Les Monopleurinés ont donné naissance dans le Cénomanien à un second rameau, celui des

Caprinidés. Le genre *Caprina* (*C. adversa*, Cénomanien, fig. 412) présente comme les *Monopleura* et les *Caprotina* deux dents saillantes à la valve supérieure; il n'y a pas de lame myophore supérieure. Il y en a une inférieure. La valve fixée est la petite; elle est droite et conique; la valve supérieure est longue et spiralée. La valve supérieure est traversée par des canaux longitudinaux dus à la cause suivante. La couche interne de la coquille est très épaisse; elle est formée de feuillets superposés qui ne sont pas adhérents entre eux, de là des lacunes. Ces lacunes (appelées aussi chambres à eau) se trouvent également sous les crochets chez les *Diceras* et sont représentés par des stries chez les *Monopleura* et les *Requienia*. Ils existent aussi très développés dans les deux valves des *Caprinula* (*C. Boissyi* du Turonien).

Le genre *Plagioptychus* se trouve dans le Turonien et le Sénonien. Il dérive du genre *Caprina*. Sa charnière est la même avec une dent plus développée. La valve libre est plus petite (*P. Aguilloni*).

Les Rudistes sont des Pélécypodes très aberrants également issus des Monopleurinés. Ils prennent leur développement maximum dans le Turonien supérieur, le Sénonien et le Danien. La valve inférieure est conique et la valve supérieure operculiforme au lieu d'être enroulée. Leur test présente une structure qui n'existe pas chez les autres Pélécypodes. La couche externe est formée de prismes parallèles qui au lieu d'être normaux à la surface de la coquille, sont parallèles à cette surface. Ils sont traversés par des planchers transverses, horizontaux, qui se relèvent vers le haut, ce qui donne lieu à une structure articulée; cette couche est épaisse et la loge occupée par l'animal est petite. La valve supérieure présente toujours deux fortes dents cardinales F et F' correspondant à celles de *Monopleura*. En avant de ces dents se trouvent deux fortes saillies (*apophyses musculaires*) qui supportent les muscles adducteurs et qui s'engrènent dans des cavités de la valve inférieure. La présence de ces apophyses est constante chez les Rudistes.

Le genre *Sphærulites* paraît dans le Cénomanien supérieur en même temps que les *Caprotina* (*Sp. foliaceus* de l'île d'Aix). Sur la valve fixée on voit un sillon qui est le repli ligamentaire ou *arête cardinale* aboutissant à une cavité ligamentaire. Sur le test de la valve fixée, on voit deux inflexions que M. Douvillé, par analogie avec ce qui a lieu chez les *Chamas* actuels, regarde comme correspondant aux ouvertures anale et respiratoire. Ces inflexions sont indiquées sur la coquille de certaines formes appelées *Sauvagesia* par deux bandes à côtes fines.

Le genre *Radiolites* se développe en même temps que les *Sphærulites*. Il en diffère par l'absence de l'arête cardinale et de la cavité ligamentaire. Il n'y a donc plus de ligament et la valve supérieure est réduite à l'état d'opercule analogue à celui des Gastéropodes. Chez les *Biradiolites*, on voit sur la grande valve conique inférieure deux bandes à côtes fines comme chez les *Sauvagesia* (ex.: *Birad. cornupastoris* du Turonien et *Birad fissicostatus* du Sénonien).

Fig. 413. — *Hippurites cornuvaccinum*

Chez certains Radiolites, les bandes sont remplacées par des crêtes internes (piliers). On en a fait un groupe spécial, le genre *Lapeirousia* (ex.: *Lap. Jouanettii* du Danien).

A côté des Radiolitidés il faut placer les *Ichthyosarcolithes* (*Caprinelles* de d'Orbigny). Ce sont des Rudistes connus surtout par leur moule interne. Ils sont remarquables par le cloisonnement transversal de la cavité de la grande valve. Ces cloisons arquées donnent au moule une certaine ressemblance avec la chair des Poissons (de là leur nom). Les falaises de la Rochelle en sont remplies. L'étude de l'appareil cardinal de l'*Ichthyosarcolithus triangularis* par M. Douvillé montre que ce genre généralement confondu avec le genre *Caprinula* doit être rapproché des Radiolitidés.

Les *Hippurites* qui apparaissent un peu plus tard

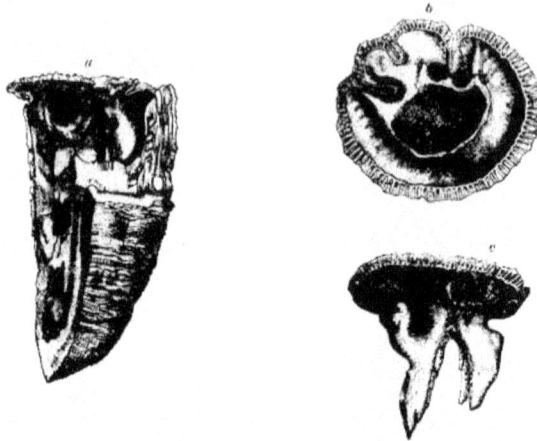

Fig. 414. — *Hippurites radiosus*, d'après Bayle. — *a*, Coquille coupée longitudinalement; *b*, intérieur de la grande valve, vue d'en haut; *c*, petite valve avec les dents cardinales.

que les *Sphærulites* à la base du Turonien forment souvent de véritables récifs dans le Crétacé supérieur de l'Europe méridionale. La valve inférieure en cône allongé est souvent rugueuse (d'où est venu le nom de *Rudistes* donné par Lamarck à tout le groupe). La valve supérieure est plate ou légèrement convexe. Les *H. cornuvaccinum* (fig. 413), *H. organisans*, *H. Toucasianus* atteignent une grande taille, de 50 centimètres à 1 mètre, et se pressent souvent parallèlement en manière de jeux d'orgues (de là le nom de *H. organisans*). La valve supérieure présente des canaux rappelant ceux des Caprines. On y voit en outre deux ouvertures ou *oscules* qui correspondent au sommet de deux piliers internes de la valve inférieure. Ils répondent vraisemblablement aux ouvertures respiratoire et anale du manteau. La cavité ligamentaire paraît manquer chez un certain nombre d'Hippurites (ex.: *H. giganteus*); l'arête cardinale disparaît même chez certains (*H. bioculatus*). On retrouve la lame et la fossette myophore des Caprotines. Les Hippurites commencent dans le Turonien supérieur (*H. cornuvaccinum*) et disparaît avec le Danien (*H. radiosus*, fig. 414). Les Hippurites ont, comme on le voit, des affinités complexes; ils ont la lame myophore postérieure des *Caprotina*, tandis que les canaux de la petite valve rappellent les Caprines. Il faut probablement les regarder comme dérivés de ces dernières, tandis que les autres Rudistes

LA TERRE AVANT L'HOMME.

sont sortis directement des Monopleurinés dont ils ont l'appareil cardinal.

Les Rudistes se trouvent dans certaines couches par millions d'individus, mais leur distribution géographique est limitée et ils caractérisent seulement certains facies. En Europe ils se trouvent surtout dans la partie méridionale de la province méditerranéenne; dans la partie septentrionale, comme dans les Carpathes, ils sont clairsemés. On les rencontre aussi dans la province de l'Europe centrale, comme le centre de la France, la Bohême, mais relativement peu nombreux. Ils manquent dans les régions du nord. Hors de l'Europe, les Rudistes caractérisent la ceinture équatoriale : nord de l'Afrique, Asie Mineure, Perse, Afghanistan, Indes, Thibet, partie sud des États-Unis, Mexique, partie nord de l'Amérique méridionale. Ils étaient certainement limités aux eaux peu profondes, comme le montrent leurs épaisses coquilles faites pour résister à l'action des vagues; il leur fallait aussi des eaux peu chargées de sédiments d'origine mécanique. Ils ont construit de véritables récifs de calcaire pur dans le Crétacé supérieur, à la fin duquel ils disparaissent brusquement, disparition qui est encore pour nous inexplicable (Neumayr).

Les Gastéropodes crétacés sont nombreux, bien qu'ils ne puissent soutenir la comparaison avec les pélécypodes. Ils présentent encore un grand nombre de types anciens, comme les

II — 35

Fig. 415. — *Actaeonella* de la craie de Gosau (Salzkammergut). — 1, coquille entière; 2, coquille coupée.

Pleurotomaires, les Nérinées du Jurassique. Mais les Siphonostomes, c'est-à-dire les Gastéropodes dont la coquille se prolonge par un canal bien développé, prennent pour la première fois une grande importance. Il y a notamment dans la craie supérieure des Fusidés, des Muricidés, des Buccinidés, des Volutidés, qui prospéreront p endant la période tertiaire. Les Cérithes typiques se montrent avec le Crétacé (*C. hispidum*). Parmi les Gastéropodes les plus caractéristiques du Crétacé, il faut citer les *Actaeonella* (fig. 415), coquilles ventrues, épaisses, à spire courte et dernier tour très grand. La bouche est allongée, entière et présente sur son côté interne des plis saillants. Ces coquilles accompagnent les Hippurites en Provence et dans les Alpes orientales. Le genre *Glauconia* ou *Omphalia* à coquille holostome, conique ou turriculée très épaisse, est également très commun dans le Crétacé des Alpes et son extension géographique est énorme, car on l'a retrouvé jusque sur les hauts plateaux de l'Asie aux environs de Lhassa (Thibet).

MOLLUSQUES CÉPHALOPODES CRÉTACÉS.

Les Ammonites prennent leur dernier essor pendant le Crétacé. Elles vont disparaître avec la fin de cette période. Les dernières Ammonites se trouvent, d'après des recherches récentes, dans le Tertiaire inférieur de Californie. Avec le Crétacé se produit une sorte de renouvellement dans ce groupe de Céphalopodes. Les genres *Stephanoceras*, *Perisphinctes*, *Simoceras*, *Aspidoceras*, *Harpoceras*, *Oppelia*, si abondants pendant le Jurassique, disparaissent, tandis que des formes nouvelles ou jusqu'ici peu développées prennent une grande importance. Toutefois, ce changement n'est pas brusque et ne se produit pas à la limite exacte du Jurassique et du Crétacé. Il se fait graduellement, conformément à la théorie de l'évolution.

Le genre *Perisphinctes* s'éteint au début du Crétacé, mais donne naissance à plusieurs autres portant des tubercules d'où partent les côtes. Tels sont le genre *Olcostephanus* (*O. Astierianus*) avec étranglements sur les tours, le genre *Hoplites* avec un sillon sur le côté externe (*H. splendens* de l'Albien), le genre *Acanthoceras*. Dans celui-ci, les côtes sont simples ou se divisent dès l'ombilic. Elles traversent la région ventrale et y présentent des tubercules (*Acanthoceras Rothomagense*, Cénomanien).

Les Ægocératidés fournissent au Crétacé de nombreux genres; ainsi du genre *Haploceras* dérivent les genres *Desmoceras* (*D. difficile*, Néocomien) et *Pachydiscus*. Dans ce dernier la coquille, qui peut atteindre un mètre de diamètre (*P. peramplus*, Turonien), porte de fortes côtes se continuant sur le côté externe.

Les Amalthéidés fournissent le genre *Schloenbachia* qui rappelle les *Cardioceras*. Il y a une carène, les côtes partent de tubercules saillants. Telle est la *Schloenbachia varians* du Cénomanien, dont l'aspect extérieur varie beaucoup; il y a des formes épaisses et d'autres minces. Dans ce genre, il peut arriver que les lobes ne soient pas divisés et la ligne suturale rappelle par sa simplicité celle des *Ceratites* du Trias. C'est ce qui se produit d'une manière encore plus frappante dans le genre *Buchiceras* du Crétacé supérieur. Il y a ainsi retour à une forme primitive. On trouve ces Cératites crétacés dans le sud de la France, l'Algérie,

Fig. 416. — *Crioceras Roemeri* de la craie inférieure de l'Allemagne du Nord.

le désert libyque, la Syrie, l'Amérique, etc.

Un autre fait remarquable présenté par les Ammonites du Crétacé, est le grand nombre de formes plus ou moins déroulées qu'elles présentent. Il y en avait peu dans le Jurassique, cependant dès l'Oolithe et l'Oxfordien se trouvent des coquilles à tours non contigus, parfois se redressant en forme de baguette; Neumayr les a rattachées au genre *Cosmoceras* de la famille des Ægocératidés, sous le nom d'*Ancyloceras* (*A. annulatum*). Les formes déroulées sont très communes dans le Crétacé. On les regardait autrefois comme appartenant à une même famille naturelle, mais on sait aujourd'hui qu'elles appartiennent à des genres différents d'Ammonites qui ont subi en même temps cette singulière déviation tout à fait inexpliquée.

On appelle *Crioceras* les formes déroulées dans un plan. Le dernier tour peut se redresser, puis se terminer en crochet, ce qui correspond à l'ancien genre *Ancyloceras* de d'Orbigny. Ce genre *Crioceras*, représenté par de nombreuses espèces du Crétacé inférieur (*C. Duvali*, *C. Matheroni*, *C. Roemeri* (fig. 416), se rattache aux *Hoplites* et aux *Acanthoceras*. Les formes sim-

plement arquées appelées *Toxoceras* par d'Orbigny, ont été réunies au genre *Crioceras*. Au contraire, certaines formes déroulées dans des plans différents constituent le genre *Heteroceras* (*H. Astieri*).

Les *Scaphites* ont des tours embrassants formant un ombilic étroit; le dernier tour seul quitte la spirale et se recourbe en crochet. Il y a un aptychus. Ce genre, commun dans le Crétacé supérieur (*S. æqualis* du Cénomanien, *S. Roemeri* du Sénonien), se rattache aussi aux Ammonites tuberculées du groupe des *Acanthoceras* ou des *Olcostephanus* (fig. 417) et en est une forme particulière de développement.

D'autres Ammonites déroulées se rattachent aux *Lytocératidés*. Elles sont dérivées du genre *Lytoceras*, qui se continue d'ailleurs jusque dans la craie (*L. Honorati*). Chez les *Hamites* (fig. 418) la coquille présente simplement deux ou trois coudes (*H. attenuatus* et *H. rotundus* de l'Albien). Les *Macroscaphites* par leur enroulement rappellent les Scaphites, mais l'ombilic est très large et la ligne suturale est celle des *Lytoceras* (*Macr. Ivanii*, Néocomien, fig. 419). Les *Hamulina* ne sont arquées qu'une fois (*H. Astieri*, Néocomien), les *Ptetstia* ont l'apparence des

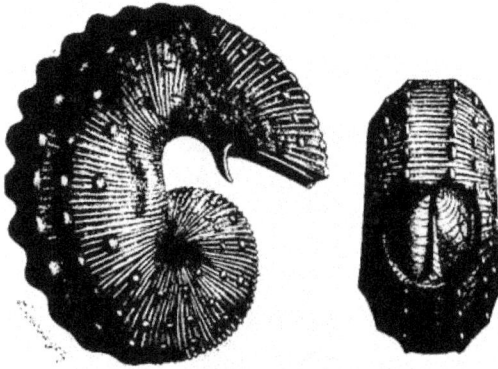

Fig. 417. — *Scaphites spiniger* de la craie supérieure du nord de l'Allemagne, avec aptychus bivalve (d'après Schlüter).

Crioceras (*P. Asteri*, Albien). Toutes ces formes doivent être réunies aux *Hamites*.

Chez les *Turrilites* (fig. 423) les tours sont dans des plans différents, et la coquille rappelle la spirale d'un escargot (*T. catenatus* de l'Albien, *T. costatus* du Cénomanien, *T. polyplo-*

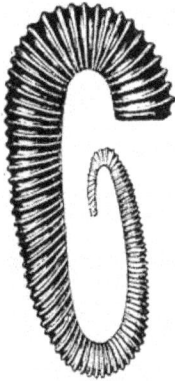

Fig. 418. — *Hamites rotundus.*

cus du Sénonien supérieur). Enfin chez les *Baculites* (*B. anceps*, Danien, fig. 420), la coquille absolument droite, un peu aplatie latéralement, ressemble à un bâton. Ils se rattachent aussi par leur suture, avec six lobes et six selles, aux *Lytoceras*.

La distribution des Ammonitidés du Crétacé est très irrégulière. Ils sont surtout communs

dans la partie inférieure, tandis qu'ils diminuent généralement dans le Crétacé supérieur. Il en est ainsi pour l'Europe, le nord de l'Afrique, la plus grande partie de l'Asie, l'est de l'Amérique, mais au contraire le Crétacé supérieur des Indes, du Japon, de l'ouest de l'Amé-

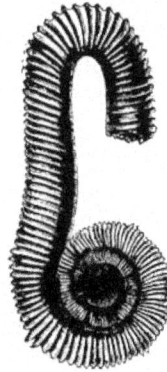

Fig. 419. — *Macroscaphites Ivanii.*

rique du Nord présente encore une faune d'Ammonites très riche.

Les Bélemnites sont encore bien représentées à l'époque crétacée. Il y en a d'arrondies (*B. conicus* du Néocomien); d'autres au contraire sont aplaties latéralement, telles sont les *B. latus* et *dilatatus* (fig. 421) dont on fait parfois un genre à part (*Duvalia*). Dans le Crétacé supé-

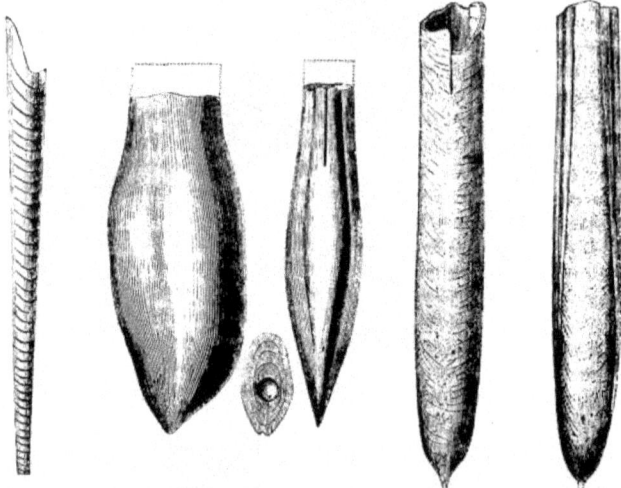

Fig. 420. — *Baculites anceps.*   Fig. 421 — *Belemnites dilatatus* (face, profil et coupe).   Fig. 422. — *Belemnitella mucronata.*

rieur paraît le genre *Belemnitella*, remarquable par un sillon ventral court formant une entaille à la partie supérieure du rostre. Celui-ci se termine par une petite pointe ou *mucron* (ex. : *Belemnitella mucronata* du Sénonien supérieur, fig. 422). Il y a sur le rostre des impressions vasculaires.

Enfin, parmi les Céphalopodes crétacés, il faut aussi signaler plusieurs Nautiles (*N. plicatus* de l'Aptien).

Si nous passons maintenant aux Crustacés, nous trouvons des *Décapodes* Macroures et aussi de vrais Crabes, dont la première apparition date du Crétacé supérieur. On sait fort peu de chose sur les Insectes du Crétacé, ils sont très rares dans ces couches, on n'en a guère trouvé qu'en Bohême. Jusqu'à présent les Arachnides manquent complètement et, quant aux Myriapodes, on connaît

seulement un Jule (*Julopsis cretacea*) signalé

Fig. 423. — *Turrilites catenatus.*

par Heer dans le Crétacé du Groënland.

VERTÉBRÉS DE LA PÉRIODE CRÉTACÉE. POISSONS ET REPTILES.

Le groupe des Poissons subit de grands changements pendant la période crétacée. Dans les terrains paléozoïques, les Ganoïdes et les Plagiostomes existent seuls; dans le Jurassique commencent à se montrer les Poissons osseux ou Téléostéens, tandis que les Ganoïdes sont en pleine décroissance. Même chose a lieu pendant

le Crétacé. On trouve de nombreux Téléostéens qui se rattachent intimement aux Poissons actuels. Les principales localités sont: Sendenhorst en Westphalie, Comen près de Trieste, l'île de Lesina en Dalmatie, et surtout le Liban et l'ouest des États-Unis. Le genre *Clupea* (Hareng) est déjà représenté au Crétacé. La *Clupea*

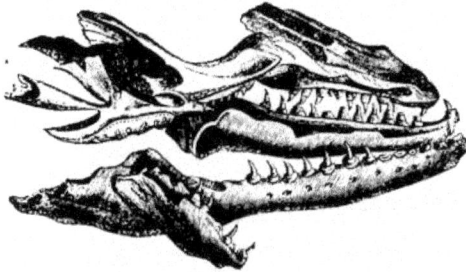

Fig. 424. — Tête du *Mosasaurus Camperi*.

brevissima du Liban est analogue à la Sardine. On doit probablement regarder les Clupéidés comme la souche de la plupart des Téléostéens *Physostomes*, c'est-à-dire dont la vessie natatoire est pourvue d'un canal aérien.

Le groupe des Poissons aujourd'hui le mieux représenté est celui des *Physoclistes* dont la vessie natatoire est privée de canal aérien. La plupart remontent à la craie, mais des types intermédiaires entre eux et les Physostomes (*Trichophanes, Erismatopterus*) montrent qu'ils dérivent des Physostomes. Les Bérycidés, encore vivants aujourd'hui, sont très communs dans la craie.

Les Batraciens manquent presque complètement; ils étaient même jusqu'à ces dernières années tout à fait inconnus dans le Crétacé, mais on en a trouvé en Amérique quelques débris clairsemés, rappelant les formes tertiaires et actuelles. Il faut citer aussi l'*Hylæobatrachus* du Wealdien de Belgique, qui paraît être la forme ancestrale du Protée.

Les Reptiles crétacés sont extrêmement remarquables, comme ceux du Jurassique. Les Plésiosauriens sont encore représentés à cette époque par le genre *Pliosaurus* dont nous avons déjà parlé. Il y a encore des Ichthyosauriens. Les Crocodiliens existent dans le Wealdien (base du Crétacé), et l'origine des Crocodiliens actuels doit être cherchée parmi ceux du Wealdien, comme les *Bernissartia*, les *Goniopholis*, les *Pholidosaurus*. Les *Bernissartia* sont probablement la souche des Crocodiliens à museau court (Crocodilidés, Alligatoridés), et les *Pholidosaurus* celle des Crocodiliens à museau long (Gavialidés). Les Crocodiliens actuels débutent au Crétacé. Ils ont des vertèbres procœliques; les arrière-narines réunies en une seule sont très reculées, mais il faut remarquer que chez les jeunes l'ouverture est plus large et moins

reculée, ce qui rappelle les formes anciennes et montre que les types actuels sont la descendance des types crétacés. Les Gavials paraissent dès la fin du Crétacé. Le *Gavialis* (*Tomistoma*) *macrorhynchus* du Mont-Aimé (Danien) ressemble à ceux vivant encore actuellement à Sumatra. En résumé, d'après la situation des narines, on peut diviser les Crocodiliens en trois groupes : 1° les *Parasuchia* (*Belodon* du Trias), 2° les *Mesosuchia* à narines plus reculées (*Teleosaurus* du Jurassique, *Bernissartia, Goniopholis, Pholidosaurus* du Wealdien), 3° les *Eusuchia* actuels (*Crocodilus, Alligator, Gavialis*). Les *Parasuchia* se sont séparés au Trias des Rhynchocéphales ; ils ont donné naissance aux *Mesosuchia* jurassiques et wealdiens. Ces derniers sont eux-mêmes la souche des *Eusuchia* crétacés, tertiaires et actuels.

Les Tortues existent dans le Crétacé ; elles descendent des Tortues jurassiques. Les Thalassémydés du Jurassique supérieur ont donné naissance aux Chélonidés, tout à fait adaptés à la vie aquatique ; les membres sont devenus de véritables nageoires. Il y a plus d'articulations aux doigts et le nombre des phalanges a augmenté. Le genre *Chelone* existe depuis la craie et vit encore aujourd'hui dans les mers chaudes. La *Chelone Hoffmanni* de la craie supérieure de Maëstricht ressemble beaucoup aux *Chelone* actuelles.

A l'époque crétacée ont vécu des animaux qui présentent à la fois des caractères de Lézards et des caractères de Serpents. Ce sont les Reptiles serpentiformes ou *Pythonomorphes*, comme les a appelés M. Cope. Ils ont été particulièrement étudiés par M. Dollo, de Bruxelles, qui continue ses beaux travaux.

Le plus anciennement connu est le *Mosasaurus Camperi* (fig. 424), trouvé dans les carrières de Saint-Pierre à Maëstricht. Une tête

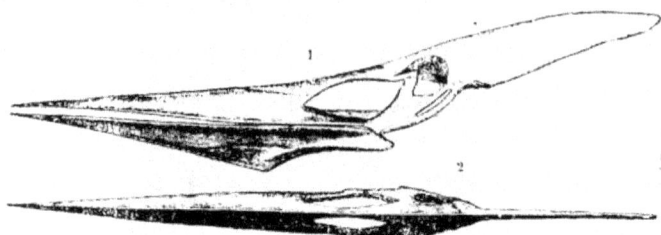

Fig. 425. — Crâne de *Pteranodon*, de la craie supérieure d'Amérique, d'après Marsh. — 1, vu de côté ;
2, de dessus.

ayant 1^m,30 de long est conservée au Muséum de Paris ; elle a été rapportée de Maëstricht par l'armée française lors de la prise de cette ville en 1795. L'animal était très allongé ; la longueur totale dépasse 6 mètres, dont plus d'un mètre pour le crâne. Il y a cent trente-trois vertèbres procœliques ; le cou est long et la queue remarquablement développée. Ces vertèbres ont diverses formes ; celles du cou ont un arc neural très développé, les vertèbres dorsales ont de longues apophyses épineuses ; celles de la queue présentent des arcs inférieurs (hémapophyses). Les côtes disparaissent vers le milieu du tronc. Le crâne ressemble à celui des Lézards. Il y a un anneau sclérotical. Les dents se trouvent non seulement sur les mâchoires, mais aussi sur les ptérygoïdes ; ce qui a lieu également chez les Lézards, où le palais est aussi denté. Ces dents sont comprimées, à deux arêtes. Les membres sont relativement petits et rappellent ceux des Cétacés ; ils constituent des nageoires ; les doigts, au nombre de cinq, sont très écartés, pourvus de nombreuses phalanges sans articulations. Il n'y a pas de sacrum ; le bassin consiste en os minces non soudés. M. Cope a cru d'abord qu'il n'y avait pas de sternum et rapprochait pour cette raison les Pythonomorphes des Ophidiens ; en réalité il y a un sternum délicat. Les *Mosasaurus* sont très abondants dans la craie de l'Amérique du Nord. Le *Mosasaurus princeps* du grès vert de New-Jersey avait 75 pieds de long.

M. Dollo a reconnu qu'il fallait subdiviser l'ancien genre *Mosasaurus* en plusieurs : *Mosasaurus*, *Haniosaurus*, *Leiodon*, *Plioplatecarpus*, etc. Chez le dernier existe une particularité qui le sépare des autres Pythonomorphes : la présence d'un sacrum, formé de deux vertèbres soudées. Chez le *Leiodon* l'intermaxil-

laire s'allonge pour former un rostre dépourvu de dents. Ce genre se trouve dans le Crétacé supérieur d'Europe (*L. anceps*) et celui d'Amérique.

Une autre Pythonomorphe est le *Clidastes* (fig. 426) de la craie du Kansas, dont le corps est extrêmement allongé et atteint une trentaine de mètres. Les membres sont extrêmement réduits et rappellent ceux du Plésiosaure.

En résumé, la présence d'un sternum, d'ailleurs très fragile, ne permet pas de rattacher tous ces Reptiles aux Ophidiens. Ils se rapprochent des Lacertiens et l'on doit les considérer avec M. Dollo comme des Lézards adaptés à la vie aquatique ; ils seraient aux Sauriens ce que les Phoques sont aux Carnassiers. Ils ont paru d'abord à la Nouvelle-Zélande où ils sont cénomaniens, ne se montrent en Amérique qu'au Turonien, et encore plus tard en Europe. La Nouvelle-Zélande serait donc, d'après M. Dollo, le centre d'irradiation du groupe.

Il faut rapporter aussi aux Lézards le *Dolichosaurus* de la craie de Kent. Il a un corps très allongé, mais les ceintures de l'épaule et du bassin existent ; on ne doit donc pas le classer parmi les Ophidiens, comme on l'avait fait d'abord.

Les Reptiles volants sont représentés dans la craie du Kansas en Amérique par les diverses espèces du genre *Pteranodon* (fig. 425). Ils diffèrent des Ptérodactyles jurassiques par leur tête très allongée complètement dépourvue de dents. Plusieurs vertèbres dorsales se soudent entre elles et les omoplates s'articulent sur les apophyses épineuses de ces vertèbres, fournissant ainsi un appui plus ferme à la ceinture scapulaire. Le *Pteranodon nanus* avait 1 mètre d'envergure, mais d'autres espèces étaient colossales ; d'après M. Marsh, le *P. ingens* avait jusqu'à 8 mètres d'envergure.

Parmi les Reptiles Dinosauriens, il faut citer d'abord ceux du genre *Iguanodon* très répandu à la base du Crétacé (Wealdien). La première espèce découverte est l'*I. Mantelli* (fig. 427) du Wealdien d'Angleterre. En 1878, M. de Paw a retiré du Wealdien qui recouvre le Houiller à Bernissart, près de Tournai, les débris de vingt-deux squelettes d'*Iguanodon* (*I. bernissartensis*). Deux de ces squelettes ont été montés pour le Musée de Bruxelles. Ces animaux, étudiés surtout par M. Dollo, atteignaient une dizaine de mètres de long. Lorsqu'ils étaient debout, ce qui était certainement leur habitude, comme l'indiquent leurs membres postérieurs allongés et leur énorme queue, ils étaient hauts de 4^m,50.

Les dents des Iguanodons sont caractéristiques (fig. 428). Elles sont comprimées en forme de spatules, leurs bords sont denticulés et elles présentent en outre des plis longitudinaux. Elles ressemblent aux dents des Lézards appelés Iguanes et devaient servir à broyer des végétaux. Il n'y a pas de dents sur les prémaxillaires. Les pattes de devant relativement courtes présentent cinq doigts, le pouce est réduit et forme une sorte d'ergot qui devait être une arme défensive. Aux pattes de derrière d'une grosseur extraordinaire, il y a trois orteils dont les phalanges unguéales devaient porter des sabots ; il y a en outre un rudiment de premier orteil (fig. 427). Le fémur est très long. Il présente une crête puissante (troisième trochanter), comme chez les Palmipèdes où elle sert de point d'insertion au muscle coxo-fémoral qui produit les mouvements latéraux de la queue ; un autre muscle (ischio-fémoral) s'insère à cette crête. Cette disposition devait exister aussi chez les Iguanodons où la queue est puissante. Cette crête n'a rien de commun avec le troisième trochanter des Mammifères. Dollo appelle cette apophyse le quatrième trochanter et la crête qui la surmonte crête épitrochantérienne. Le sternum des Iguanodons est pair. Les vertèbres du cou sont opisthocœliques, celles du dos sont biplanes et celles de la queue biconcaves. Le sacrum est formé de cinq ou six vertèbres.

La station bipède permettait sans doute à l'animal d'observer, grâce à son long cou, ses ennemis carnassiers. Il devait fréquenter les marécages, comme le montrent les traces de palmures que présentent certaines empreintes. La queue devait lui servir de balancier. Le gisement de Bernissart si riche en Iguanodons a un caractère fluvial bien marqué, d'après M. Dupont. On y trouve des Poissons et des Fougères. Il devait y avoir là une vallée traversée par un cours d'eau sujet à des crues ; la rivière était poissonneuse et bordée de marécages favorables au genre de vie des Iguanodons. Ceux-ci se nourrissaient à la fois, comme l'indiquent leurs coprolithes, de Poissons et de végétaux.

En Amérique existent dans le Wyoming des couches remarquables, dites de Laramie, qui correspondent au Crétacé supérieur et au Tertiaire inférieur. On trouve là de singuliers Reptiles. Citons d'abord un Dinosaurien, l'*Hadrosaurus* ou *Diclonius mirabilis*, décrit par M. Cope. Il avait 38 pieds de long ; la tête mesure 1^m,20. Le bec est allongé, en forme de spatule et devait être corné à sa partie antérieure privée de dents. Sur les maxillaires les dents sont extrêmement nombreuses ; en tout on en compte 2072, d'ailleurs très petites. La tête est à angle droit sur le cou comme chez beaucoup d'Oiseaux. Les membres antérieurs sont courts, les postérieurs longs ; la queue est forte comme chez l'*Iguanodon*. L'animal était sans doute aquatique et se nourrissait des végétaux croissant dans l'eau, comme les *Potamogeton* et les *Nymphea*.

M. Marsh a découvert aussi récemment dans les couches de Laramie de singuliers Dinosauriens armés de cornes, qu'il a appelés *Cératopsidés*. Cette famille nouvelle contient plusieurs genres, tels que *Ceratops* pourvu d'une paire de proéminences divergentes et *Triceratops* (fig. 430 et 431) qui avait en outre sur le nez une saillie aplatie en forme de hache. Ces proéminences ne sont autre chose que des axes osseux semblables à ceux des Ruminants, et qui étaient recouverts d'un étui corné. En outre les pariétaux formaient chez le *Triceratops*, en arrière du crâne, une sorte de toit couvrant les premières vertèbres cervicales, et dont le bord était hérissé de pointes revêtues également d'une enveloppe cornée. Le crâne peut atteindre 2 mètres de long (*T. horridus*), mais sa cavité est petite, et d'après M. Marsh qui a pu mouler la boîte cérébrale, le cerveau était plus petit en proportion que dans aucun autre Vertébré connu. Les prémaxillaires sont dépourvus de dents, et se soudent avec un os spécial placé en avant, l'os rostral. Il y avait un bec corné. Sur les maxillaires il y avait des dents à deux racines comme chez les Mammifères. Il est vrai que, d'après M. Baur, il y a là une erreur ; les dents seraient simples, mais la dent de rempla-

Fig. 426. — *Clidastes de la craie supérieure d'Amérique, très fortement réduite (d'après Cope).*

Fig. 427. — Squelette d'*Iguanodon Mantelli* (page 280).

cement restée au fond de l'alvéole aurait formé en dessous de la dent en place une empreinte que l'on aurait regardée comme la cavité logeant une seconde racine. M. Marsh, dans une note récente, revient sur l'armure céphalique du *Triceratops*; elle se compléterait, d'après lui, par des cornes attachées à l'extrémité inférieure des os des pommettes (1).

LES VERTÉBRÉS DE LA PÉRIODE CRÉTACÉE. OISEAUX ET MAMMIFÈRES.

Le Crétacé d'Amérique, qui nous offre des Reptiles extraordinaires, recèle des Oiseaux non moins singuliers pourvus de dents. M. Marsh les découvrit en 1870 dans la craie du Kansas, et leur donna le nom général d'*Odontornithes*. Actuellement les Oiseaux se divisent en deux grands groupes. Certains, comme l'Autruche, le Casoar, l'Aptéryx, ont un sternum dépourvu de bréchet et ne peuvent pas voler. On les appelle les *Ratites* Les autres, beaucoup plus nombreux, sont adaptés pour le vol et possèdent un bréchet; ce sont les *Carinates*. Les Oiseaux dentés d'Amérique semblent réaliser déjà ces deux types.

L'*Hesperornis regalis* (fig. 432) et (fig. 433), en effet, bien étudié par M. Marsh, avait la taille du

Cygne, mais ressemblait plutôt aux Plongeons

Fig. 428. — Dent d'Iguanodon.

actuels. Le sternum est dépourvu de carène, les ailes sont atrophiées, réduites à un os très

(1) *Annuaire géologique universel*, t. VII, 4e fascicule, mars 1892.

Fig. — Empreintes d'Iguanodon. En haut deux empreintes du Wealden de Buckeburg d'après Struckmann. En dessous des empreintes du Wealden d'Angleterre.

habite. La queue rappelle celle du Castor ; elle | formant une sorte de palette horizontale. Les présente 12 vertèbres dilatées latéralement et | pattes sont fortes et devaient servir à la nata-

Fig. — Essai de restauration du Triceratops d'après Frass.

... Le thorax est grand et massif. Le côté est | la mandibule inférieure présente deux branches ... les quatre doigts. Le bec est pointu, la ... réunies par une articulation cartilagineuse. Elle

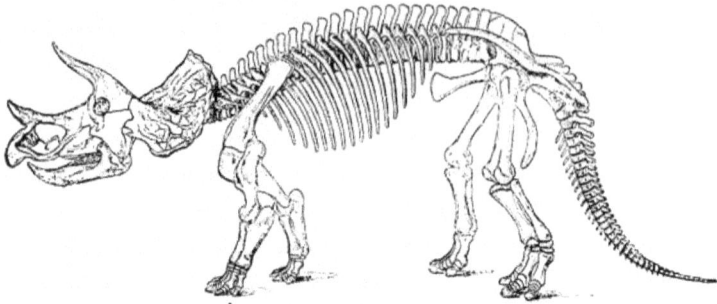

Fig. 431. — *Triceratops prorsus* Marsh. — Crétacé supérieur des Montagnes Rocheuses (d'après un dessin communiqué par M. Gaudry).

porte 33 dents. La mâchoire supérieure n'a de dents que sur les maxillaires ; les prémaxillaires qui forment la pointe du bec en sont dépourvus. Ces dents sont implantées dans une rainure commune, elles sont coniques, leur pointe est dirigée en arrière. On trouve latéralement des dents de remplacement. Les os ne sont pas pneumatiques. Le corps n'était couvert

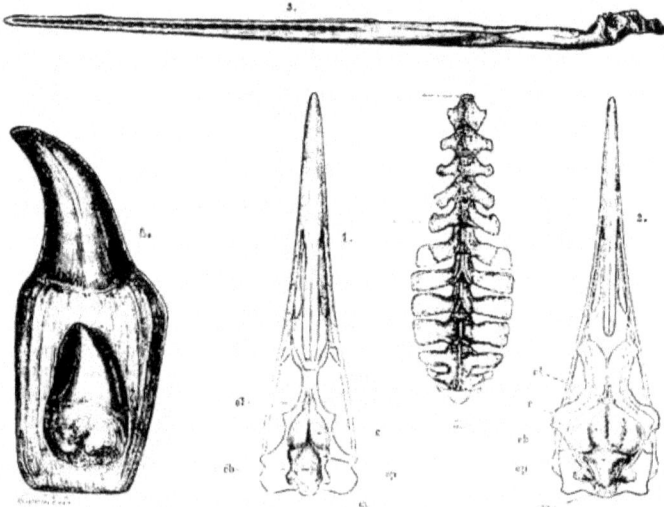

Fig. — 432. *Hesperornis regalis* (d'après Marsh). — 1, Crâne avec le moulage du cerveau : *ol*, lobes olfactifs ; *c*, hémisphères ; *op*, lobes optiques ; *cb*, cervelet ; *m*, bulbe rachidien ; 2, crâne de Plongeon (*Colymbus torquatus*) pour la comparaison ; 3, mâchoire inférieure sans les dents, vue de dessus ; 4, dent et germe d'une dent de remplacement (grossis) ; 5, terminaison de la colonne vertébrale.

que de plumes très fines. On a pris le moule du cerveau ; les hémisphères cérébraux étaient petits ; les lobes optiques et le cervelet étaient relativement grands. L'*Hesperornis* était évidemment aquatique et incapable de voler.

L'*Ichthyornis victor* (fig. 434) était très différent de l'*Hesperornis*. Sa taille était celle du Pigeon. Ses vertèbres sont biconcaves comme celles des Poissons, ce qui lui a valu son nom. Les dents sont placées dans des alvéoles sépa-

Fig. 433. — *Hesperornis regalis*. — A, squelette; B, dent et germe dentaire; *sc*, omoplate; *cl*, clavicule; *co*, os coracoïdien; *st*, sternum; *h*, humérus; *fe*, fémur avec rotule (*p*) très saillante; *t,f*, tibia et péroné; *t,m*, tarse et métatarse; *il*, iléon; *is*, ischium; *pp*, pubis.

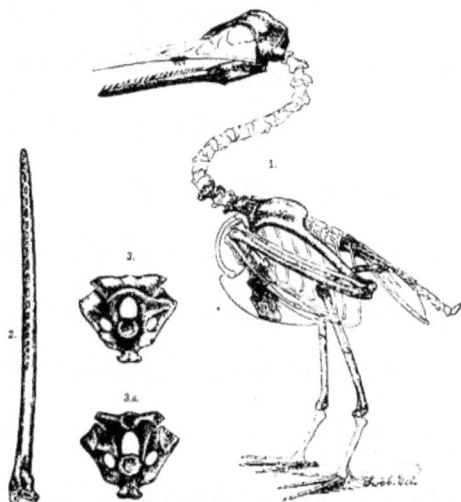

Fig. 434. — *Ichthyornis victor* (d'après Marsh). — 1, squelette restauré; 2, mâchoire inférieure sans les dents, vue de dessus; 3 et 3 *a*, vertèbre dorsale, vue de dessus et de dessous.

rées; leur remplacement se faisait verticalement. Les ailes sont puissantes, le sternum est pourvu d'un bréchet développé, enfin les os sont pneumatiques. Il s'agit ici d'un Oiseau bon voilier voisin des Mouettes. L'*Apatornis* trouvé dans les mêmes couches (couches à *Pteranodon*) en différait peu.

On admet généralement que les Oiseaux jurassiques, les *Saururæ*, dont le type est l'*Archæopteryx*, ont fourni deux branches ayant pour représentants, l'une l'*Hesperornis*, l'autre l'*Ichthyornis*. Les Ratites dériveraient du premier, les Carinates du second. Mais suivant d'autres auteurs, entre autres M. Fuerbringer, les Ratites ne constitueraient pas un groupe primitif. Les premiers Oiseaux seraient les Carinates, et les Ratites seraient de leurs descendants qui auraient perdu la faculté de voler. Les Ratites, pour M. Fuerbringer, sont seulement un groupe artificiel composé de formes très différentes modifiées dans des directions convergentes. Les Autruches descendraient des Palmipèdes, les Casoars des Échassiers, l'Aptéryx se rattacherait aux Gallinacés et l'Hesper-

ornis aux Palmipèdes. M. Thomson d'Arcy vient encore de mettre en évidence l'analogie de l'*Hesperornis* avec les Carinates du groupe des Plongeons (*Colymbus*). D'après lui il y aurait chez l'*Hesperornis* un sternum avec des traces certaines de carène (*Annuaire géologique universel*, t. VII). En somme les opinions sont partagées sur les relations des Carinates et des Ratites.

Les Mammifères, relativement nombreux au Jurassique, sont jusqu'à présent restés très rares dans le Crétacé. On en a seulement trouvé dans les couches d'eau douce de Laramie, qui font transition entre le Crétacé et le Tertiaire en Amérique. M. Cope avait découvert il y a quelques années dans le groupe de Laramie, du Wyoming une espèce qu'il a appelée *Meniscoessus conquistus*. En 1889 M. Marsh a découvert dans les mêmes couches, mêlés à des ossements de Dinosauriens (*Megalosaurus*, *Hadrosaurus*, *Ceratops*), d'assez nombreux débris de Mammifères. M. Marsh les a répartis en un grand nombre de genres. La plupart peuvent se ranger à côté des *Allotheria* du Jurassique, qui paraissent être la souche des Marsupiaux et qui présentent aussi des caractères de Monotrèmes par la présence d'un os coracoïdien distinct. Tels sont *Cimolomys, Cimolodon, Dipriodon*, etc. Le genre *Halodon* se rapproche des *Plagiaulax*. Certains types ne peuvent être distingués des genres jurassiques ; ainsi il y a des *Dryolestes* représentant le groupe des *Pan-* *totheria*. D'autres, comme *Pediomys*, rappellent les Insectivores actuels du genre *Tupaia*. Il y a donc parmi ces Mammifères du Crétacé supérieur une assez grande variété. Ils ont d'ailleurs besoin d'être étudiés de plus près, si l'on en juge par les controverses qui divisent à leur sujet MM. Marsh et Osborn.

LA FLORE CRÉTACÉE.

Les couches crétacées sont assez riches en empreintes végétales et elles nous offrent un fait important, l'apparition des premières Dicotylédones. Celles-ci ont été d'abord découvertes dans le Cénomanien, particulièrement dans celui de Bohême, de Moravie, de Silésie, de Saxe. Il y a là un mélange curieux, comme le dit M. de Saporta, de genres éteints, de genres devenus exotiques et tropicaux et de genres demeurés septentrionaux.

Parmi les premiers se trouvent les *Credneria*, arbres à feuilles larges, grandes et à nervures saillantes ; on les regarde comme voisins des Platanes. Parmi les genres devenus tropicaux se trouvent les *Hymenia*, faisant partie des Césalpiniées, groupe auquel appartient le Caroubier actuel ; enfin, les genres restés septentrionaux sont le Lierre, le Magnolia. Ce dernier existe, comme on le sait, dans les régions extra-tropicales de l'Amérique. Ainsi, les plantes à feuillage large apparaissent au Crétacé ; il n'y avait, avant cette période, que des Cryptogames, des Gymnospermes comme les Cycadées et les Conifères, et des Monocotylédones. Jusqu'à ces dernières années, l'époque cénomanienne était considérée comme celle de l'apparition des Dicotylédones, mais un certain nombre de découvertes toutes récentes (1888-1889) ont montré qu'il fallait reculer cette apparition jusqu'au Wealdien, base du Crétacé.

En effet, M. de Saporta a étudié la flore des couches de Buarcos et de Nazareth, en Portugal. On y trouve des espèces wealdiennes caractéristiques ayant un cachet encore jurassique, telles que *Sphenopteris Martlebeni*, et avec ces espèces, il y a des Dicotylédones authentiques. Il y a des Saules voisins du *Salix fragilis*, des Laurinées (*Sassafras*), des feuilles de *Magnolia*, etc. D'autre part, la *Potomac Formation* de Virginie, rapportée au Crétacé le plus inférieur (Wealdien), ou au Néocomien, a récemment fourni de nombreux végétaux. MM. Fontaine et Lester Ward ont trouvé dans les couches de Potomac 370 espèces végétales, dont 76 Dicotylédones, toutes espèces nouvelles. Il y a là des Fougères et des Conifères du Wealdien et du Néocomien, comme *Sphenopteris Mantelli, Pecopteris Dunkeri, Sequoia ambigua, Seq. rigida, Seq. gracilis*. Les Dicotylédones sont représentées par des types mal définis, encore très différents des types bien fixés du Cénomanien. On peut citer parmi eux : *Sassafras, Aralia, Populophyllum, Querciphyllum, Juglandophyllum, Saliciphyllum*, etc., ainsi des formes qui rappellent nos arbres actuels (Saules, Peupliers, Chênes, Noyers, etc.).

À cette flore de Potomac succède en Amérique la flore de Dakota, semblable à notre flore cénomanienne d'Europe, puis celle de Laramie (Crétacé supérieur).

Un fait très remarquable aussi, est la présence d'une flore crétacée très riche au Spitzberg et au Groenland. C'est ce qui résulte des documents recueillis par Nordenskiöld et étudiés par Oswald Heer dans sa *Flore fossile arctique*. Au Groenland, dans la presqu'île de Noursoak, par 70° de latitude nord, on a trouvé trois niveaux successifs contenant des plantes. Le premier de ces niveaux est celui des couches de Kome, qui correspond au Néocomien. Il y a là des *Gleichenia*, Fougères actuellement intertropicales, des Cycadées (*Cycadites Dicksoni*), des Pins, des Sequoias, des Ginkgos, des Cupressinées, quelques Monocotylédones, entre autres un Bambou (*Arundo Groenlandica*), enfin des restes d'un arbredicotylédone qu'il faut probablement ranger parmi les Peupliers. Cette flore de Kome est analogue à celle de Wernsdorf dans les Carpathes ; ainsi, à cette époque, le climat devait être le même au Groenland et dans l'Europe centrale, malgré une différence de 30 degrés de latitude. Au cap Staratschin, au Spitzberg, se retrouve la flore de Kome.

Les couches de Kome sont surmontées des couches d'Atané qui se retrouvent le long des

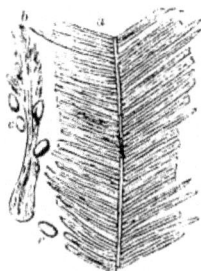

Fig. 435. — *Cycas Steenstrupi*. — *a*, portion de fronde ; *b*, appareil fructificateur ; *c*, graines éparses.

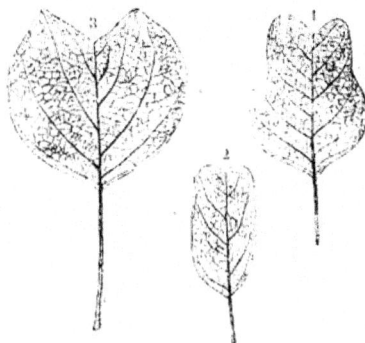

Fig. 436. — Formes ancestrales du Tulipier. — 1, 2. *Leriodendron Meekii*, Tulipier de la craie polaire ; 3. *Leriodendron tulipiferum*, Tulipier actuel d'Amérique (M. de Saporta).

plages orientales de l'île de Disko. Elles correspondent à la craie cénomanienne d'Europe et aux couches de Dakota, en Amérique. On y trouve plus de 180 espèces. Il y a encore de nombreuses Gleichéniées et des Cycadées, entre autres un vrai Cycas analogue au *Cycas revoluta* actuel du Japon. Heer l'a appelé *Cycas Steenstrupi* (fig. 435) ; il concluait de ce fait que le Groenland avait dû jouir à cette époque du climat du Japon, soit d'une température moyenne de 18° à 20° : mais il faut tenir compte, comme nous l'avons déjà dit plusieurs fois, des phénomènes d'acclimatation. On doit citer aussi des Fougères arborescentes : Cyathées et Dicksoniées, et de nombreuses Conifères comme les Pins, les Sapins, les Sequoias, les Thuyas, etc. Il y a de nombreux arbres à feuillages larges, tels que des Chênes rappelant ceux du Japon, des *Credneria*, des Platanes, des Peupliers ressemblant à ceux qui croissent actuellement sur les bords de l'Euphrate, des Noyers, des Lauriers, des Myrtes, des Magnolias, des Tulipiers (fig. 436), des Cannéliers, etc. On trouve aussi le Lierre. La flore atteste déjà, par l'abondance de genres caractéristiques de la zone tempérée boréale : Peupliers, Platanes, Lierre, Chênes, Sequoias, Thuyas, un refroidissement relatif du climat polaire.

Enfin, les couches d'Atané sont surmontées par celles de Patoot, gisement de la côte occidentale de la presqu'île de Noursoak. On rapporte ces couches au Crétacé le plus supérieur ou au début des terrains tertiaires. Les Cycadées n'existent plus : les Gleichéniées, les Fougères arborescentes ont beaucoup perdu, tandis que les Conifères prennent le premier rang avec les arbres de nos pays : Chênes, Ormes, Peupliers, Hêtres, Platanes, Frênes, Bouleaux, etc., et quelques espèces de pays plus chauds : Lauriers, Camélias, Aralias, Jujubiers, etc.

Ce qui précède montre que le refroidissement a commencé assez tard, puisque vers la fin du Crétacé le climat devait être celui du Japon ou de l'Italie méridionale. Quant aux causes du refroidissement, on en est encore réduit aux hypothèses.

En Europe, à la même époque, il y a de nombreuses plantes tropicales, entre autres les Palmiers, qui remontent à la craie. Ainsi le *Flabellaria chamæropifolia* de Tiefenfurt, en Silésie, rappelle le Palmier éventail ; le *Phœnicophorium* des Séchelles, l'un des plus beaux végétaux des tropiques, est représenté par une espèce voisine, *Flabellaria longirhachis*, de Muthmansdorf, en Autriche, et de la craie d'eau douce de Provence. C'est un type qui tient le milieu entre les Palmiers à feuilles flabellées (Sabals) et les Palmiers à feuilles pinnées (Dattiers) (1).

La période crétacée est, comme on le voit, une phase très importante au point de vue botanique. A cette époque, les Cryptogames vasculaires et les Cycadées ont perdu la prédominance qu'ils possédaient jusqu'alors, les Conifères présentent des types très semblables à ceux qui vivent actuellement ; les Monocotylé-

(1) De Saporta, *le Monde des plantes avant l'apparition de l'homme*, Paris, 1879, p. 204.

donés, encore douteuses et mal caractérisées au Jurassique, se précisent et deviennent nombreuses. Enfin, les Dicotylédones apparaissent et présentent tout de suite un grand nombre de types encore existants, en outre la plupart des arbres de nos pays. Cette apparition date non pas du Cénomanien comme on le pensait encore il y a quatre ans, mais du début de la période crétacée. Nos connaissances sur les flores anciennes s'accroissent rapidement, et il

faudra probablement reculer encore plus loin dans les temps géologiques l'origine des Dicotylédones. Quoi qu'il en soit, on peut déjà établir la filiation d'un certain nombre de types végétaux, résultat qui est dû surtout aux belles recherches de M. de Saporta, consignées dans son ouvrage intitulé *L'Évolution du Règne végétal*, en collaboration avec M. Marion, et dans son volume sur l'*Origine paléontologique des arbres* (1).

LE CRÉTACÉ DANS LES DIVERSES RÉGIONS.

L'INFRACRÉTACÉ DES RÉGIONS ALPINE ET JURASSIENNE.

Nous avons vu qu'à la fin de la période jurassique s'est produit un mouvement d'émersion dans la partie septentrionale de l'Europe. Les premiers dépôts du Crétacé se lient intimement dans ces régions aux derniers dépôts jurassiques; ce sont des couches d'eau douce, des formations de lacs ou de deltas, qui constituent le *Wealdien*. Elles existent en Angleterre, dans le nord de l'Allemagne et de la France; elles se trouvent aussi dans l'ouest de la Suisse, dans le nord du Portugal. Toutes ces régions étaient abandonnées par la mer, tandis que la région alpine était couverte par l'océan; la région jurassienne forme le passage entre le type continental et le type pélagique du commencement du Crétacé.

Nous allons étudier d'abord le type pélagique. L'Infracrétacé se divise, avons-nous déjà dit, en trois étages, qui sont du plus ancien au plus récent, le *Néocomien*, l'*Aptien* et l'*Albien* appelé aussi le *Gault*, d'un nom qui désigne en Angleterre certaines couches argileuses.

Le Néocomien repose, en Provence, en Dauphiné et dans les régions voisines des Alpes, sur le calcaire de Berrias qui y forme la partie supérieure du Tithonique. Ce calcaire contient, comme nous le savons, des espèces du Jurassique supérieur et quelques espèces néocomiennes. Il y a même une couche supérieure de ce calcaire qui paraît être franchement néocomienne et qui est regardée souvent, entre autres par M. Kilian, comme la base du Néocomien. On la désigne sous le nom de *Berriasien*, elle renferme des Ammonites telles que *Hoplites occitanicus* et *H. Boissieri*. Dans le Néocomien proprement dit qui vient au-dessus, on

distingue plusieurs faunes successives : 1° celle à *Belemnites (Duvalia) latus* (fig. 437), contenant des Bélemnites aplaties, des Ammonites comme *Hoplites neocomiensis* ; elle se termine par des couches contenant entre autres l'*Aptychus Didayi*; 2° la zone à *Belemnites dilatatus*, conte-

Fig. 437. — *Belemnites (Duvalia) latus*.

nant des Ammonites déroulées (*Crioceras Duvali*, et des Ammonites normales : *Hoplites cryptoceras*, *Olcostephanus astierianus* (fig. 438), *Haploceras grasianum*, *Phylloceras substriatum*, *Lytoceras subfimbriatum*, *Hoplites radiatus*, etc.; 3° la zone à *Macroscaphites Ivanii*, contenant beaucoup d'Ammonites déroulées (*Crioceras Emerici* (fig. 439), *Hamulina*, etc.) et des types d'Ammonites particuliers (*Pulchellia compressissima*, *Costidiscus*, *Pachydiscus*, *Desmoceras*

(1) Paris, 1888 (Bibliothèque scientifique contemporaine).

difficilis, etc.). Cet horizon porte le nom de *Barrémien*, d'une localité du sud de la France; on le trouve aussi bien développé à Wernsdorf, dans le nord des Carpathes.

Si l'on étudie le Néocomien dans le Jura, et particulièrement aux environs de Neuchâtel en Suisse, d'où il tire son nom, on le retrouve reposant sur les marnes gypsifères et les calcaires à Planorbes du Purbeckien. Il débute par un horizon d'eau peu profonde qui a reçu le nom de *Valanginien*, de la localité de Valangin près de Neuchâtel. C'est un calcaire compact avec grands Gastéropodes à coquilles épaisses (*Strombus Leviathan*, *Nerinea gigantea*); il y a aussi des Ammonites (*Oxynoticeras gevrilianum*), des Bélemnites (*B. dilatatus*, *B. pistiliformis*). Ce n'est qu'un facies particulier du Néocomien inférieur. Il faut l'assimiler à l'horizon à *Belemnites latus*. Il y a en effet des points où l'on peut voir le passage d'un facies à l'autre. Au Fontanil (Isère) il y a une faune mixte; on trouve *Hoplites neocomiensis* avec des espèces du Valanginien typique : *Hoplites Thurmanni*, et de grands Gastéropodes. Le facies valanginien vient aux environs de Grenoble se terminer en biseau dans les marnes à *Belemnites latus* (1). En résumé le Valanginien présente dans le Jura un facies à Gastéropodes de mer peu profonde, au Fontanil un facies mixte et aux environs de Grenoble un facies vaseux à Bélemnites. Les couches à *Aptychus Didayi* correspondent au Valanginien supérieur.

Le Valanginien du Jura est surmonté par des marnes dites d'Hauterive (d'où le nom d'*Hauterivien*) qui passent plus haut à des calcaires. Cet horizon renferme des Huîtres (*Ostrea Couloni*), des Oursins (*Toxaster complanatus*), des Bélemnites (*B. dilatatus*) et aussi des Ammonites comme *Hoplites radiatus*. L'Hauterivien n'est autre que l'horizon à *Belemnites dilatatus*, mais tandis qu'il présente dans le Jura un facies à Oursins et à Ostracés, il présente dans les Alpes un facies d'eau profonde à Céphalopodes.

Le Barrémien est représenté dans le Jura par un facies de récifs analogues aux récifs coralliens, caractérisés par de nombreux Chamacés et Rudistes : *Requienia ammonia*, *Radiolites neocomiensis*, etc. Ce facies existe aussi en divers points de la France méridionale, entre autres à Orgon en Provence. On le regardait autrefois comme un étage particulier compris

(1) Voir Kilian, *Annuaire géologique universel*, t. VII, p. 318.

entre le Néocomien et l'Aptien, et qui était appelé *Urgonien*. Ce même facies se retrouve dans une partie de l'Aptien, de sorte que l'Urgonien répond en réalité à la partie supérieure du Néocomien et à la base de l'Aptien.

En résumé le Néocomien doit être divisé en quatre sous-étages : le Berriasien, le Valanginien, l'Hauterivien et le Barrémien, qui peuvent présenter différents facies, facies d'eau peu profonde à Bivalves et Gastéropodes, facies de récifs, à Chamacés et Rudistes, facies vaseux ou d'eau profonde à Céphalopodes. C'est grâce aux études de nombreux savants, parmi lesquels nous citerons particulièrement MM. Renevier, Matheron, Kilian, Sayn et Uhlig, qu'on a pu débrouiller cette question difficile et controversée des différents facies du Néocomien.

A celui-ci succèdent les marnes et calcaires marneux de l'Aptien qui tire son nom de la ville d'Apt en Provence. A cet étage appartient une partie des calcaires à *Requienia ammonia* de la Provence. On y trouve des Ammonites particulières : *Amaltheus Nisus*, *Hoplites Deshayesi*, *Acanthoceras Milletianum*, etc., des *Ancyloceras* (*A. Matheroni*) (fig. 441), des Bélemnites (*B. semi-canaliculatus*), des Bivalves comme *Exogyra aquila* et *Plicatula radiola*. On y distingue deux sous-étages : un sous-étage inférieur ou *Rhodanien* (de *Rhodanus* : le Rhône), où il y a encore quelques types du Barrémien (*Costidiscus recticostatus*), et un sous-étage supérieur contenant les types nouveaux sans mélange. C'est le sous-étage bien développé à Gargas et à la Bédoule (*Gargasien*).

A l'époque albienne ou du Gault, qui succède à l'Aptien, se produisent des changements notables. La mer gagne dans le nord de l'Europe, préparant déjà la grande transgression du Cénomanien. Au contraire sa profondeur diminue dans le sud et les sédiments perdent leur caractère pélagique. Ils deviennent gréseux et indiquent une formation littorale, par leur faune appauvrie et leurs cailloux roulés. Les couches albiennes sont représentées à la perte du Rhône au-dessous de Genève, dans la Drôme, les Basses-Alpes, les Alpes-Maritimes, par des grès glauconieux (*grès verts*) avec cailloux roulés et nodules de phosphate de chaux. On y trouve comme fossiles des Ammonites (fig. 440), comme *Acanthoceras mamillare*, *A. Lyelli*, *Hoplites Deluci*, *H. splendens*, *H. auritus*, des Bélemnites (*B. minimus*) et quelques autres coquilles surtout répandues dans les couches supérieures. Souvent on observe un

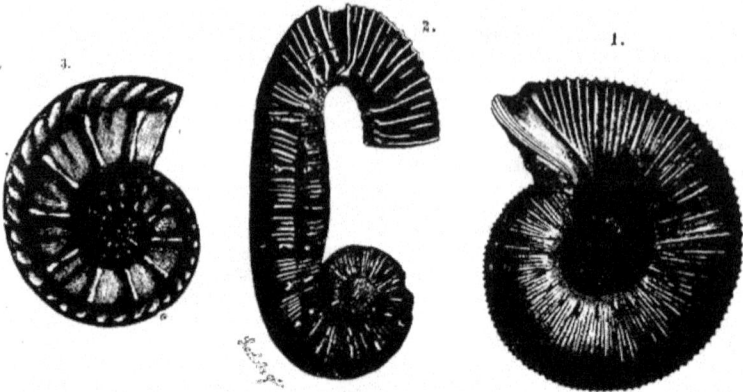

Fig. 438. — Ammonites du Néocomien. — 1, *Oleostephanus astierianus*; 2, *Crioceras Tabarellii*; 3, *Hoplite radiatus* (d'après d'Orbigny et Uhlig).

passage au Cénomanien, base du Crétacé supérieur. Ainsi dans le Jura, la Suisse, à la Vraconne près de Sainte-Croix et à Cheville dans le Valais, on trouve en même temps des espèces de l'Albien (*Schloenbachia inflata*)(fig. 443) et des espèces cénomaniennes (*S. varians, Acanthoceras Mantelli*). Cette assise de transition a été appelée par M. Renevier le *Vraconnien*. A Clansayes (Drôme) on observe également cette couche de passage: l'*Hoplites Deluci* est associée au *Pecten asper* du Cénomanien.

On trouve le système infracrétacé avec les caractères généraux de celui de la région al-

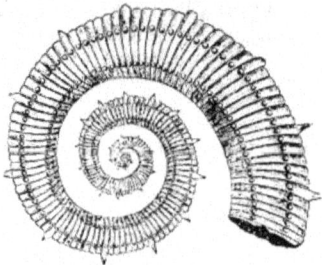

Fig. 439. — *Crioceras Emerici*.

pine française et de la région jurassienne dans toutes les Alpes, les Carpathes et aussi dans les Apennins. Ainsi, dans le Vorarlberg, la Bavière, le Tyrol méridional, on trouve le Valanginien à *Aptychus Didayi*. Le calcaire appelé *Schrattenkalk* est le calcaire à *Requienia ammonia*. Au Rossfeld, dans les Alpes autrichiennes, on retrouve les calcaires et les marnes de l'Hauterivien. Dans les Carpathes, le Néocomien est représenté par une épaisse série de marnes, de schistes, de calcaires, et à Wernsdorf se montre la faune du Barrèmien, notamment avec *Macroscaphites*

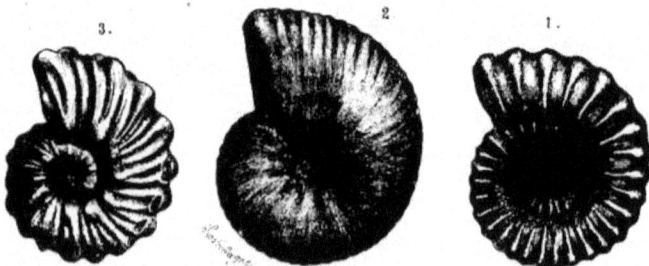

Fig. 440. — Ammonites du Gault. — 1, *Schloenbachia varicosa*; 2, *Hoplites splendens*; 3, *Hoplites auritus*.

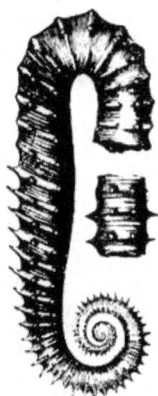

Fig. 441. — *Ancyloceras Matheroni.*

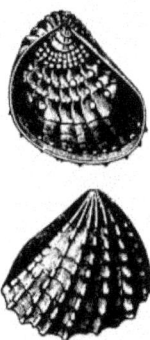

Fig. 442. — *Plicatula radiola.*

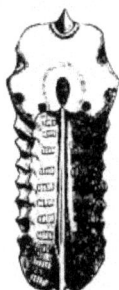

Fig. 443. — *Schloenbachia inflata.*

Ivanii, Crioceras Emerici, Crioceras Tabarellii, etc. Les couches du Godula-Berg semblent appartenir à l'Albien. L'Aptien existe aussi dans le Frioul et l'Istrie; le système infracrétacé est constitué, d'après M. Munier-Chalmas, par des calcaires à Radiolitidés. Le Néocomien est représenté dans les Alpes italiennes par un calcaire blanc, en couches minces, pauvre en fossiles, appelé *Biancone.* Le Gault se retrouve avec les caractères qu'il présente dans les Alpes et la région jurassienne, jusque dans les Carpathes et même, comme l'a montré Bittner, jusqu'en Grèce, où il existe sur les pentes du Parnasse.

Dans les Pyrénées, le Néocomien inférieur n'existe pas. On ne le retrouve que près de Valence et dans les Baléares. En revanche, on constate à Orthez, dans la Haute-tiaronne et en Espagne, les calcaires à *Requienia ammonia.* Il y a aussi dans ces régions de l'Aptien et du Gault. Ce dernier se montre même dans les Pyrénées, d'après M. Seunes, sous un facies de récifs avec *Toucasia Seunesi, Horiopleura Lamberti,* etc., qui jusqu'alors avait été regardé comme appartenant à l'Aptien ou au Cénomanien. Un facies analogue à Rudistes existe aussi en Portugal. Au contraire, dans la province d'Alicante, d'après M. Nicklès, le Gault présente le type ordinaire, et en Andalousie il est surmonté de couches correspondant au Vraconnien.

L'INFRACRÉTACÉ DU NORD DE L'EUROPE.

Passons maintenant au nord de l'Europe. Quand on part du Jura et qu'on se dirige vers le bassin de Paris, on constate l'existence d'oscillations répétées, d'alternatives entre le régime continental et le régime marin, mais ces alternatives ne correspondent qu'au Néocomien; l'invasion marine l'emporte à l'époque aptienne, et pendant le Gault le bassin de Paris tout entier est sous les eaux.

Le Néocomien du bassin de Paris débute dans la Haute-Marne par une couche marneuse à ossements de Tortues, surmontée d'un grès ferrugineux sans fossiles. Cela indique une émersion de ce pays pendant le Purbeckien et le Valanginien. La mer du Valanginien ne s'est avancée que jusqu'au Berri. A ces premières couches succède un calcaire dit à Spatangues, contenant *Toxaster complanatus, Ostrea Couloni,* etc. Ce n'est autre chose que l'Hauterivien, qui s'étend dans l'Yonne, l'Aube et jusqu'à la limite de la Meuse et de la Marne. Il se termine par des marnes avec véritables bancs d'Huitres (*Ostrea Leymeriei*) : les *argiles ostréennes,* où les coquilles peuvent être assez nombreuses et agglomérées pour donner lieu à une lumachelle dure comme du marbre (marbre de Chaource, dans l'Aube). Après ce dépôt, la mer s'est retirée et les sédiments qui succèdent sont des formations d'eau douce, des *argiles panachées* de rouge et de blanc, avec minerai de fer en grains et coquilles fluviatiles (Unios, Paludines). La mer est ensuite revenue à la fin du Néocomien pour déposer des argiles dures (*couche rouge de Vassy*), contenant des fossiles de l'Urgonien du midi, entre autres un Oursin, l'*Heteraster oblongus*, et correspondant par suite à la base de l'Aptien.

L'Aptien de l'Yonne, de l'Aube, de la Haute-Marne, est constitué par une argile bleuâtre, souvent d'une épaisseur considérable et contenant l'*Exogyra aquila* et de nombreuses Plicatules, ainsi que quelques Ammonites : *Amaltheus* ou *Placenticeras Nisus* et *Ancyloceras Matheroni*.

Le Gault ou Albien est, comme nous l'avons dit en commençant, bien développé dans le bassin de Paris et indique une invasion marine complète. Le nom d'Albien vient du département de l'Aube.

L'Albien se compose de sables verts et d'une argile supérieure à ces sables ; c'est cette argile qui a reçu en Angleterre le nom de Gault. Les sables verts compris entre les marnes aptiennes et l'argile du Gault sont aquifères ; les eaux s'y accumulent ; c'est cette couche de sable qui alimente à Paris les puits artésiens de Grenelle et de Passy (1) ; elle se continue depuis les Ardennes jusqu'à la Nièvre. On y trouve peu de fossiles ; à la base, dans les Ardennes, il y a des sables argileux avec *Acanthoceras mamillare*. On y trouve aussi des nodules irréguliers formés de phosphate de chaux et qui sont activement exploités. L'argile du Gault ou *argile téguline* est employée pour faire des tuiles et des poteries. Les fossiles y sont nombreux. On y trouve particulièrement des Ammonites dont les moules sont encore recouverts de la couche nacrée qui tapissait la coquille elle-même (*Hoplites auritus, H. splendens*). Il y a aussi des Bivalves comme *Inoceramus concentricus* et *Plicatula radiola* (fig. 442). L'argile du Gault contient aussi des nodules phosphatés ; ainsi, dans l'Argonne où ils sont plus riches que ceux des sables verts. Enfin, le Gault se termine par une couche de passage au Cénomanien, contenant *Schloenbachia inflata* (fig. 443), *Inoceramus sulcatus*, etc. Elle représente le Vraconnien. On l'appelle en Champagne la *gaize* ; c'est un grès poreux composé de calcaire, d'argile et de silice. Il constitue les collines de l'Argonne.

(1) *La Terre, les Mers et les Continents* : les Puits artésiens, page 136.

Il faut citer, parmi les localités où l'argile du Gault est le plus riche en fossiles, la localité de Wissant, dans le Boulonnais. On la trouve aussi aux environs de Beauvais, dans le pays de Bray. En Normandie, l'Albien est assez faiblement représenté. Dans les falaises du Havre, on voit sur le Kimmeridgien à *Exogyra virgula* des poudingues à *E. aquila* correspondant à l'Aptien, et au-dessus des couches d'argiles sableuses du Gault contenant des fossiles phosphatés et une couche correspondant à la *gaize*.

Quand on s'avance vers le nord-est du bassin de Paris, on voit se manifester le faciès continental de l'Infracrétacé. Il y a là des dépôts d'eau douce qui peuvent présenter par place des lits à fossiles marins appartenant à l'Hauterivien ; ainsi dans le pays de Bray il y a des couches épaisses d'argiles à poteries (Forges, Gournay), avec des sables blancs et des veines charbonneuses contenant des empreintes de Fougères (*Lonchopteris Mantelli*). On les rapporte au Wealdien dont nous allons étudier plus loin le type en Angleterre. Dans le Bas-Boulonnais, la même formation est composée de sables ferrugineux avec des coquilles d'eau douce ou d'eau saumâtre (*Unio, Cyrena*), et elle est couronnée par l'Aptien et le Gault. Elle correspond donc au Néocomien du type continental.

En Flandre également, en faisant des sondages pour la recherche de la houille, on a trouvé des sables et des argiles qui sont rapportés au Wealdien. Ces sables s'introduisent dans les crevasses du calcaire carbonifère et gênent l'exploitation de la houille ; ils constituent ce qu'on appelle le *torrent d'Anzin*. A Bernissart, près de Tournai, les argiles de cette assise ont rempli une poche du Houiller ; on y a trouvé des fossiles wealdiens comme *Lonchopteris Mantelli*, des Poissons, des Tortues d'eau douce et plusieurs squelettes de ce Dinosaurien gigantesque, l'*Iguanodon*, dont nous avons déjà parlé.

En Angleterre, sur le territoire de Kent et de Sussex, s'étend une région particulière, le *Weald*, où ces formations d'eau douce et d'eau saumâtre sont bien représentées. On trouve à la base les *sables et grès d'Hastings* avec *Iguanodon*, ossements de Tortues, Poissons, coquilles des genres *Unio, Cyrena, Cyclas*, etc., et des empreintes de Fougères, de Cycadées et de Conifères. Au-dessus vient l'argile bleue ou du Weald (*Weald-clay*) qui atteint une épaisseur de 300 mètres. Elle renferme aussi des Iguano-

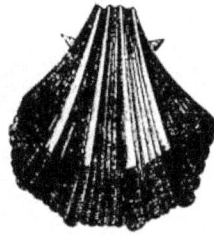

Fig. 444. — *Janira quinquecostata*. Page 295.

dons, des coquilles, et souvent les Paludines sont assez nombreuses pour former un calcaire compact (marbre de Sussex). Il y a parfois des intercalations marines indiquant des oscillations de la mer et un commencement d'invasion marine sur les plages du continent auquel appartenaient alors l'Angleterre et le Boulonnais. Ainsi, à Punfield, il y a des couches à fossiles marins qui ont été assimilées à l'Urgonien. L'Aptien est aussi représenté (grès vert inférieur), mais c'est à l'époque albienne que la mer a définitivement occupé le sud de l'Angleterre. A Folkestone existe, sur l'argile aptienne à *Exogyra aquila* et sur des couches à *Acanthoceras mamillare*, l'argile du Gault épaisse d'une trentaine de mètres. Ailleurs, par exemple dans l'île de Wight, se montre le grès vert supérieur correspondant à l'Albien, y compris la gaize.

Le nord de l'Angleterre a une autre histoire géologique que la région du sud. Tandis que celle-ci présente le Wealdien, le nord nous offre des dépôts marins dès le début de la période infracrétacée. Ainsi à Specton, dans le Yorkshire, les couches argileuses très épaisses correspondent de bas en haut à l'Hauterivien, au Néocomien supérieur (ancien Urgonien), à l'Aptien et au Gault. Il y a d'ailleurs passage graduel d'un étage à l'autre, ce qui est naturel, étant donnée l'uniformité du régime marin.

Le facies wealdien se retrouve au Hanovre. Cette région était aussi émergée au début du Crétacé comme à la fin du Jurassique, et il ne s'y est formé que des couches d'eau douce. Elles sont bien développées au massif du Deister. On y voit à la base, sur le Purbeckien, un grès qu'il faut assimiler aux sables et grès d'Hastings, et au-dessus l'argile wealdienne. Les grès sont employés comme pierres de construction ; ils ont servi pour la cathédrale de Cologne. Ces grès sont accompagnés de schistes bitumineux contenant de la houille. Les fossiles

sont surtout des Poissons, des ossements de Tortues et des coquilles telles que *Unio* et *Cyrena*. L'argile contient des plaquettes calcaires avec Cyrènes et Mélanies (*Melania strombiformis*) ; elle est caractérisée surtout par *Unio Wealdensis* et *Paludina fluviorum*.

Mais on ne trouve pas par toute l'Allemagne du Nord ce facies continental. Le Néocomien est représenté au sud du Hanovre et dans le Brunswick et en Westphalie par des couches marines qu'on appelle le *Hils*. Elles commencent par un conglomérat (*Hils conglomerat*) auquel succède l'argile dite *Hilsthon*, à *Belemnites subquadratus*. Le minerai de fer oolithique de Salzgitter, au sud de Brunswick, est un type spécial du Hils, qui répond en outre à une partie de l'Aptien. En Westphalie, par exemple dans la forêt de Teutoburg, le Hils est représenté par un grès (*Quadersandstein de Teutoburg*). Dans le Hils se montrent un certain nombre des fossiles de l'Hauterivien du Jura, comme *Hoplites radiatus*, *Oleostephanus bidichotomus*, *Toxaster complanatus* ; l'analogie est cependant faible, ce qui s'explique par la séparation des deux bassins. Il y a quelques fossiles communs avec le Wealdien du Hanovre ; ainsi on a trouvé dans le Hils de Delligsen l'*Unio Menkei*; ce fait montre le synchronisme du Wealdien et du Hils.

L'Aptien est représenté en Allemagne par des argiles et des marnes bien développées à Salzgitter. L'horizon inférieur est caractérisé par *Belemnites Brunswicensis* et l'horizon supérieur par *Belemnites Ewaldi* et *Amaltheus* (*Placenticeras*) *Nisus*. L'Albien comprend l'argile à *Acanthoceras Milletianum*, l'argile à *Belemnites minimus* et les *marnes flambées* (*Flammenmergel*), ainsi appelées de taches de couleur sombre en forme de flammes. Ces marnes représentent la gaize ; elles contiennent *Schloenbachia inflata*.

On peut remarquer que les espèces de l'Aptien et du Gault sont beaucoup plus cosmopolites que celles du Néocomien. Ce dernier présente dans la région alpine et jurassienne un grand nombre de formes spéciales peu répandues ailleurs (*Crioceras Duvali*, *Olcostephanus astierianus*), tandis que l'*Amaltheus* (*Placentireras*) *Nisus*, l'*Hoplites Deshayesi*, l'*Acanthoceras Milletianum*, la *Schloenbachia inflata* de l'Aptien et du Gault, se trouvent dans la région septentrionale. On peut dire que les deux bassins du midi et du nord ont beaucoup d'espèces communes dans l'Hauterivien, peu dans le Néocomien supérieur, beaucoup encore dans l'Aptien et le Gault. Ces différences ne peuvent s'expliquer que par des communications plus ou moins faciles entre les bassins, dues aux changements de niveau de la mer. Celle-ci s'est étendue graduellement dans l'Europe centrale à partir du début du Crétacé, mais il y a eu cependant une décroissance vers la fin du Néocomien, qui a entraîné la rupture des communications (Neumayr).

La mer infracrétacée s'est étendue aussi en Russie, et la partie supérieure de l'*étage volgien* dont nous avons parlé à propos du Jurassique, correspond, d'après M. Nikitin, au Crétacé inférieur, tandis que M. Pavlow parallélise le Volgien avec le Portlandien. A Simbirsk sur le Volga existent des argiles à *Inoceramus nucella* et à *Olcostephanus versicolor* qu'il faut regarder comme néocomiennes. Au-dessus vient l'Aptien dont le caractère est celui de l'Aptien français. On y trouve *Hoplites Deshayesi*, *H. fissicostatus*, etc. L'Albien de Saratoff et de Moscou appartient aussi au type de l'Europe centrale. Au-dessus se montrent les dépôts cénomaniens.

Il nous reste à dire quelques mots de l'Infracrétacé des autres régions. Ces couches existent en Amérique depuis la Californie jusqu'à l'extrémité sud du continent, où Darwin les a découvertes lors de son voyage à bord du *Beagle*. On doit citer particulièrement les gisements de la Colombie, qui présentent une grande ressemblance avec ceux de Barrême et de Wernsdorf (Néocomien supérieur ou Barrêmien); les fossiles sont les mêmes, ce qui peut faire supposer, comme le dit Neumayr, une migration d'espèces venues de la région sud-américaine en Europe. De plus ces couches infracrétacées nous montrent qu'il y avait au début du Crétacé comme pendant le Jurassique un bras de mer entre l'Amérique du Nord et l'Amérique du Sud (1), d'autant plus que l'on trouve des traces de ces dépôts dans les Antilles. Sur la côte est de l'Amérique du Nord et sur tout le pourtour de l'Atlantique sud, aussi bien du côté américain que du côté africain, il n'y a pas trace d'Infracrétacé marin; il n'y en a pas non plus à l'intérieur des deux continents. Il y en a au contraire sur le pourtour du Pacifique. On le trouve à la Nouvelle-Zélande et en Australie. Il y a là, entre autres fossiles, le *Crioceras australe*, que Waagen a rencontré à l'embouchure de l'Indus avec des Ammonites d'Europe. L'Infracrétacé existe aussi dans le Salt Range (Pendjab). Le Néocomien paraît exister dans l'Himalaya; au Japon existent des couches probablement albiennes surmontées du Crétacé supérieur. A Madagascar Neumayr a fait connaître *Belemnites conicus*, *B. pistiliformis* du Néocomien. Enfin il faut citer dans le sud de l'Afrique deux points remarquables : la formation d'Uitenhage à Port-Élisabeth, qui est particulière et semble correspondre au Jurassique ou au Néocomien le plus inférieur, et les gisements du fleuve Conduzia près de Mozambique, où se trouvent des Ammonites identiques à *Phylloceras substriatum* du Néocomien alpin (Neumayr).

LE CRÉTACÉ DU BASSIN DE PARIS.

Au début du Crétacé supérieur ou Crétacé proprement dit, la mer a envahi les régions du nord et s'est étendue sur les dépôts anciens plus loin qu'à toute autre époque. C'est ce qu'on nomme la transgression cénomanienne. Dans la partie ouest du bassin de Paris elle a déposé ses sédiments sur les terrains paléozoïques, dans l'est elle les a déposés sur le Jurassique. Vers le nord-est du bassin il y avait depuis longtemps une grande île qui, au temps du Jurassique et de l'Infracrétacé, comprenait toute la Belgique, l'Ardenne, une partie de l'Allemagne occidentale, le Hunsrück, l'Eifel et les régions voisines. Cette grande île fut aussi envahie dès le début de la période crétacée. Les dépôts de cette période comprennent quatre étages : le *Cénomanien*, le *Turonien*, le *Sénonien* et le *Danien*.

(1) Neumayr, *Erdgeschichte*, t. II, p. 376.

Fig. 155. — Ancienne carrière de tuffeau (craie marneuse) à Château-du-Loir (Sarthe), d'après M. Bourgault. Page 296.

Le Cénomanien forme la base du Crétacé supérieur, ce qu'on appelle quelquefois le Crétacé moyen. Il tire son nom de *Cenomanum*, le Mans, où il est très bien développé. Il consiste principalement en une craie chargée de petits grains verts du minéral appelé glauconie;

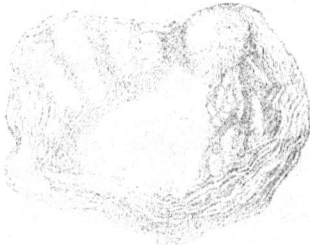

Fig. 156. — Ostrea flabellata des craies du Maine.

ces grains représentent souvent des moules internes de Foraminifères. La craie glauconieuse cénomanienne était autrefois appelée *craie chloritée*; on attribuait sa coloration à la chlorite. Cette craie forme les falaises du cap de la Hève près du Havre, où elle repose sur la gaize à *Schloenbachia inflata* qui fait transition au Gault. A Honfleur elle a une épaisseur de

60 mètres. A Rouen elle forme la côte Sainte-Catherine que traverse le tunnel du chemin de fer de Paris. On peut y distinguer trois zones caractérisées par des Oursins du genre *Holaster* et par les Ammonites non enroulées dans le même plan qu'on appelle *Turrilites*. La zone

Fig. 157. — Crioceras émericianus.

inférieure est caractérisée par *Holaster subglobularis* et *Turrilites Bergeri*, la zone moyenne par *H. nodulosus* et *T. tuberculatus*, la zone supérieure par *H. subglobosus* et *T. costatus*. C'est aussi dans cette zone supérieure qu'on trouve le plus d'Ammonites : *Acanthoceras Rothomagense* et *A. Mantelli*, *Schloenbachia varians*. On doit citer aussi dans le Cénomanien

Fig. 448. — Falaise de Belleville-sur-Mer, près de Dieppe, contact de la craie blanche à silex et de la craie marneuse (d'après M. Boursault). Page 296.

comme fossiles caractéristiques : le *Scaphites æqualis*, un Oursin : *Discoidea cylindrica*, et un Bivalve, *Janira quinquecostata* (fig. 444). Il est remarquable que les Ammonites, très nombreuses dans l'Infracrétacé et qui se montrent encore dans le Cénomanien avec assez d'abondance, deviennent rares dans les étages supérieurs du Crétacé.

Quand on se dirige vers l'Artois, le Boulonnais, on voit le Cénomanien devenir marneux. Depuis Sangatte près de Calais jusqu'à Boulogne s'étendent des falaises de craie. La plus haute est celle du cap Blanc-Nez (134 mètres), au nord de Wissant. Cette falaise est constituée par le Cénomanien et le Turonien. La craie cénomanienne y est marneuse et sert à la fabrication du ciment hydraulique de Boulogne. De l'autre côté du détroit on distingue par un temps clair les falaises blanches de Douvres qui ont valu à l'Angleterre le nom d'Albion (*albus*, blanc). Elles sont constituées comme celles de Boulogne et, avant la rupture de l'isthme qui unissait la France et l'Angleterre, ne formaient qu'une même masse avec les premières. C'est dans la craie du Cénomanien, marneuse et par suite imperméable, qu'on a proposé de creuser le tunnel sous-marin entre a France et l'Angleterre. Plus loin, en Flandre, les marnes cénomaniennes perdent complètement leur calcaire et deviennent ainsi des argiles vertes ou bleues : les *dièves*, qui surmontent les terrains primaires, dont elles sont séparées par un poudingue à cailloux roulés : le *tourtia* des mineurs.

Vers l'ouest au contraire il y a un nouveau facies, un facies sableux. Le passage du facies sableux de l'ouest au facies calcaire du nord-est s'observe près de Nogent-le-Rotrou. On voit alors succéder au calcaire les *sables* et les *grès du Maine* contenant des Oursins particuliers : *Anorthopygus orbicularis*, *Pigaster truncatus*, *Codiopsis doma*, et des Trigonies : *Trigonia crenulata*, *T. sulcatoria*, etc. Mais toujours on retrouve les fossiles caractéristiques du nord : *Acanthoceras Rothomagense*, *A. Mantelli*. Cette formation gréseuse se termine par une marne remplie de bancs d'Huîtres (*Ostrea biauriculata*, *O. flabellata* (fig. 446), *Exogyra columba* (fig. 447). En outre dans ces marnes à Ostracés on voit s'intercaler un calcaire rempli de Rudistes qui rappellent le facies du Cénomanien du midi. La communication du bassin du nord avec celui du sud-ouest se faisait par un détroit situé aux environs de Tours.

Cette ville a donné son nom à l'étage qui surmonte le Cénomanien, l'étage turonien. Avec lui les Ammonites deviennent rares et les Bélemnitelles apparaissent. Le Turonien se montre bien développé en Normandie et dans tout le nord-est du bassin. Il débute par une craie grise à *Belemnitella plena* reposant sur la craie glauconieuse. Ensuite vient la craie marneuse qui caractérise le Turonien, et où l'on voit de nombreux Inocérames (*Inoceramus labiatus*). Cette craie marneuse constitue la base des falaises de la Manche, à Dieppe et au Tréport. Elle ne renferme guère de silex, mais beaucoup de pyrite ainsi en Champagne. Il y a dans les niveaux inférieurs de grandes Ammonites (*Pachydiscus peramplus*), et dans les niveaux supérieurs des *Scaphites*. En Touraine le Turonien se présente sous forme d'une craie

jaune et micacée, sableuse, durcissant à l'air. C'est le *tuffeau de Touraine*, exploité sur les bords du Cher sous le nom de pierre de Bourré. Les habitants du pays s'y sont creusé des demeures (fig. 445). Le tuffeau contient des *Exogyra columba* géantes et de grands exemplaires des *Pachydiscus peramplus*. On y trouve aussi d'autres Ammonites comme *Acanthoceras papalis* et *A. Deverianus*.

A la craie marneuse turonienne succède la craie blanche de l'étage sénonien, qui doit son nom à la ville de Sens. Cette craie, où l'on voit alignés de nombreux cordons de silex, atteint une épaisseur considérable ; les sondages pour puits artésiens l'ont rencontrée à l'intérieur du bassin sur plus de 300 mètres. Dans les falaises de la Manche (Dieppe, fig. 448, Étretat) elle est épaisse de 200 mètres. Elle forme aussi avec le Turonien les plaines arides de la Champagne pouilleuse. Près de Paris on voit la partie supérieure de cette craie. Elle est absolument blanche ; on l'exploite à Meudon pour la fabrication du blanc d'Espagne, et celle de la chaux hydraulique qu'on obtient en mélangeant la craie à l'argile. Les assises inférieures du Sénonien sont caractérisées par des Oursins du genre *Micraster* et les assises supérieures par des Bélemnitelles. On distingue à la base la zone à *Micraster cor testudinarium* (fig. 450) et *Epiaster brevis*, plus haut la zone à *Micraster cor anguinum*. Il y a d'autres Oursins comme *Echinoconus*, *Galerites albogalerus* (fig. 449). Les assises supérieures à Bélemnitelles comprennent à la base la craie de Reims à *Belemnitella quadrata* et la craie de Meudon à *Belemnitella mucronata*. La craie à Bélemnitelles, à cause de sa grande importance en Champagne, est désignée aussi sous le nom de sous-étage *campanien ;* la craie à *Micrasters* constitue le sous-étage *santonien* (craie de Saintonge). Celui-ci se voit bien vers le sud ; en Touraine la craie devient jaune, noduleuse ; c'est la *craie de Villedieu* correspondant à l'assise à *M. cor testudinarium*. Elle contient le *Micraster turonensis*, et aussi des Ammonites, comme la craie du sud-ouest. Il y avait donc une communication au début du Sénonien entre le bassin de Paris et la mer sénonienne atlantique. La craie à *Micraster cor testudinarium* est d'ailleurs l'assise la plus étendue ; l'autre assise à Micrasters est en retrait sur elle, ce qui indique une retraite de la mer, retraite encore plus accusée à l'époque de la craie à Bélemnitelles. Dans la Somme, aux environs de Doullens, et dans le Cambrésis ainsi

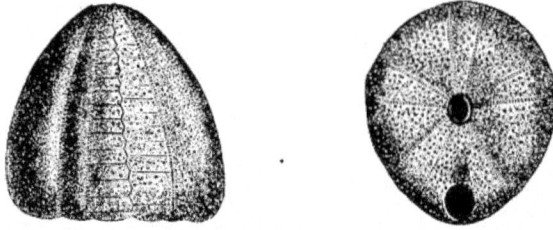

Fig. 449. — *Galerites albogalerus*.

qu'en d'autres points du nord de la France, la craie à *Belemnitella quadrata* renferme des nodules de phosphate de chaux et des sables phosphatés provenant du lavage de la craie par les eaux d'infiltration (1).

Aux environs de Paris, à Meudon, à Bougival, à Laversine, près Beauvais au mont Aimé (fig. 452) et en d'autres points, on voit des lambeaux d'un calcaire tendre, jaune et sableux, à petits grains arrondis. C'est le *calcaire pisolithique* (fig. 451). Il présente comme fossiles *Nautilus danicus*,

Fig. 451. — Coupe du calcaire pisolithique à Bougival (Elie de Beaumont). — 5, argile plastique; 4, calcaire dur à Polypiers; 3, marne argileuse; 2, couche pisolithique; 1, craie.

N. Heberti, *Cidaris Tombecki*, *Pecten subgranulatus*, *Cerithium dimorphum*, *C. uniplicatum*. Il représente l'étage danien. Mais la base de cet étage ne s'observe que dans le Cotentin, sous forme du calcaire à Baculites d'Orglandes près Valognes. Là se montrent des Ammonites absolument déroulées (*Baculites anceps*), des Scaphites (*S. constrictus*), etc. Cette formation correspond à la craie de Maëstricht.

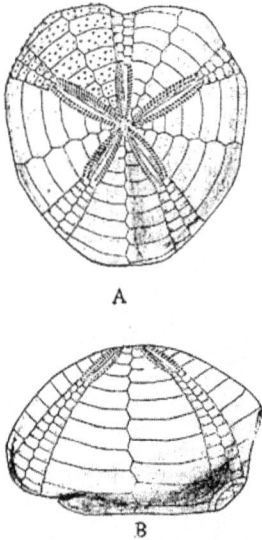

Fig. 450. — *Micraster cor testudinarium*. — A, vu de dessus; B, vu de profil.

LE CRÉTACÉ DU NORD DE L'EUROPE.

En Belgique et dans le Limbourg hollandais, à Maëstricht, on trouve le Danien bien développé. A Maëstricht on voit reposer sur la craie à Bélemnitelles et à silex noirs une craie jaune facile à tailler et un calcaire plus dur pétri de Bryozoaires et de Polypiers. Cette craie ou *tuffeau de Maëstricht* est bien connue depuis la description qu'a donnée Faujas Saint-Fond de la montagne de Saint-Pierre (fig. 453) où l'on a trouvé le grand Reptile (*Mosasaurus Camperi*), désigné d'abord sous le nom de grand animal de Maëstricht. Il y a aussi de nombreuses Tor-

(1) Voir sur le phosphate de chaux, *la Terre, les Mers et les Continents*, page 517.

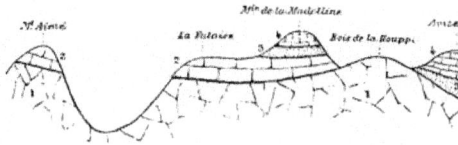

Fig. 452. — Coupe du mont Aimé à Avize (Marne). — 4, calcaire de Brie; 3, sable de l'argile plastique; 2 calcaire pisolithique; 1, craie.

tues, des Poissons, des Crustacés, et comme coquilles : *Baculites anceps, Ostrea larva, Hemipneustes striatoradiatus,* grand Oursin caractéristique des couches daniennes.

Lorsqu'on se dirige vers le Hainaut on retrouve le Danien avec des caractères remarquables. Sur la craie de Spiennes et de Nouvelles à Bélemnitelles se trouve une craie blanchâtre ou jaunâtre renfermant à la base des petits grains bruns de phosphate de chaux. C'est la *craie* ou *tuffeau de Ciply.* Il y a là de nombreux Bryozoaires et des fossiles de la craie de Maëstricht : *Ostrea larva, Hemipneustes striatoradiatus, Cidaris Faujasi,* etc.

Il faut donc regarder ce tuffeau comme correspondant au tuffeau de Maëstricht. Telle est l'opinion de MM. Briart et Cornet. D'après MM. Rutot et Van den Broeck, le tuffeau du Hainaut se partage en deux assises : l'assise inférieure (tuffeau de Saint-Symphorien) renferme les fossiles de Maëstricht, et l'assise supérieure (véritable tuffeau de Ciply) correspond à un âge plus récent, à celui du calcaire de Mons. Ce dernier couronne le Crétacé et il a été classé par MM. Briart et Cornet à la base du Tertiaire. Il a des rapports avec le calcaire grossier. On y voit de nombreux Cérithes : *Cerithium inopinatum, C. montense,* des *Fusus,* des *Physes,* des Bythinies indiquant un dépôt d'estuaire. Mais on y retrouve les Bryozoaires de la craie de Ciply et de Maëstricht. C'est donc un terme de passage du Crétacé au Tertiaire. On en fait un sous-étage : le *Montien,* surmontant le *Maëstrichtien.* Il est encore impossible de décider si l'on doit ranger le Montien dans le Danien ou à la base de l'Éocène, premier étage du Tertiaire. Remarquons aussi que, d'après M. Dollfus, le calcaire pisolithique du bassin de Paris a des affinités sérieuses avec le calcaire de Mons, de sorte que sa place n'est pas non plus encore bien fixée. Une comparaison attentive et une étude particulière de la faune devront décider la question de savoir si le calcaire piso-

lithique est vraiment crétacé ou bien tertiaire.

Les couches supérieures du Crétacé sont bien développées dans certaines parties de la Scandinavie, à Faxe ou Faxoe en Danemark, à l'île de Saltholm et en Scanie, province méridionale de la Suède. A Rügen et dans la Scanie occidentale (Rödmölla) existe la craie à Bélemnitelles. A Balsberg et à Ignaberga existent des couches contenant les fossiles de Maëstricht : *Baculites anceps* et *Crania Ignabergensis* (fig. 454), Brachiopode également représenté dans le tuffeau de Maëstricht. La craie d'Ignaberga est donc maëstrichtienne. Le calcaire de Faxoe et de Saltholm, épais souvent de dix à quinze mètres, est composé surtout de Polypiers et de Bryozoaires. On y trouve *Baculites Faujasi, Nautilus danicus,* de nombreux restes de Crabes (*Dromia rugosa*), etc. Il a des affinités avec le calcaire pisolithique et aussi, à un moindre degré, avec le calcaire de Mons. On peut donc diviser, au moins provisoirement, le Danien en trois sous-étages : le *Maëstrichtien* (Saint-Symphorien, Maëstricht, Ignaberga, craie du Cotentin), le *Faxien* ou Danien proprement dit (Faxoe, calcaire pisolithique), et le *Montien* (Ciply, calcaire de Mons). Les études ultérieures modifieront probablement cette subdivision.

En Angleterre, le Crétacé ressemble à celui du nord de la France. Sur l'Infracrétacé repose le grès vert supérieur qui répond à la partie inférieure du Cénomanien ; ensuite se trouve une craie marneuse (*Chalkmar*) qui représente le Cénomanien supérieur. Ce n'est autre chose que la couche marneuse que nous avons signalée près de Boulogne. Au-dessus, on voit la craie turonienne pauvre en silex. Nulle part il n'y a de Danien. Il faut remarquer également qu'en Angleterre le Crétacé ne s'étend pas régulièrement sur le Gault ; il le dépasse notablement et s'étale sur des roches beaucoup plus anciennes, laissant des lambeaux en de nombreux points de l'Écosse, de l'île de Mull et de l'Irlande. Cela indique d'une manière bien nette l'existence

Fig. 453. — Vue intérieure de la principale entrée de la caverne, sous le fort de la montagne de Saint-Pierre, près de Maëstricht (d'après Faujas-Saint-Fond) page 297.

d'une grande transgression cénomanienne, d'une invasion de la mer qui s'est fait sentir dans tout le nord de l'Europe.

En Allemagne, le Crétacé est bien représenté. Dans le nord-ouest, en Hanovre, en Westphalie, il y a des calcaires marneux très épais (*Pläner*) où l'on peut distinguer, par les fossiles, les diverses assises du Cénomanien, du Turonien et du Sénonien à Micrasters (Santonien). Puis viennent des couches correspondant au Campanien inférieur et qui se terminent près d'Osnabrück par la craie de Haldem à *Baculites anceps* et à *Heteroceras polyplocum*; on appelle ainsi une Ammonite déroulée, alliée de très près aux Turrilites. La craie de Haldem est un faciès pélagique de la craie à *Belemnitella mucronata*.

Quand on se dirige de l'Allemagne nord-occidentale vers l'est et le sud-est, vers la Saxe, la Bohême et la Silésie, on trouve d'autres conditions. L'Infracrétacé manque complètement et le Crétacé repose sur des couches anciennes, paléozoïques ou primitives. La mer envahit donc à cette époque un pays depuis longtemps émergé et la destruction des roches sous-jacentes a fourni de puissantes formations gréseuses.

D'ailleurs, il est probable que tout le massif bohémien n'a pas été envahi par la mer. Les grès de cette région se débitent en blocs parallélépipédiques, on leur donne le nom de *Quadersandstein*; ils sont surmontés de calcaires marneux (*Pläner*). Les horizons les plus inférieurs correspondent au Cénomanien ; à leur base il y a, par exemple à Perutz en Bohême et à Niederschöna en Saxe, des couches à végétaux très riches en fossiles que nous avons déjà cités (*Credneria*, *Aralia*, *Magnolia*, etc.). Le reste du système répond au Cénomanien supérieur (marnes de Ratisbonne à *Exogyra columba*), au Turonien et au Sénonien (couches à Baculites de la Suisse saxonne).

Vers l'est, le Quadersand-tein se prolonge en Moravie, et la localité de Moletein a fourni une riche flore crétacée. Plus loin il existe, caché sous une couverture de roches plus récentes, ainsi en Galicie et dans la Pologne russe. Mais là les sédiments sableux dont les matériaux proviennent du massif bohémien n'existent plus et le Crétacé prend un autre caractère ; le Cénomanien est glauconieux, le Sénonien est crayeux, ou bien, comme aux environs de Lem-

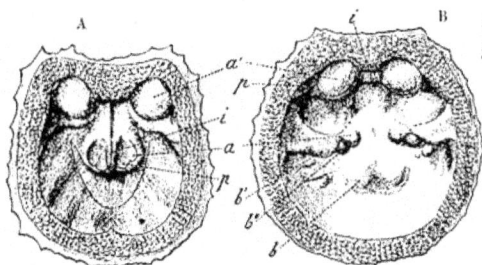

Fig. 454. — *Crania Ignabergensis.* — A. *Valve ventrale :* a, a', muscles adducteurs; i, muscle rétracteur de la valve dorsale; p, muscle rétracteur de la valve dorsale. B. *Valve dorsale :* p, muscle protracteur ; b, b' b', muscles des bras.

berg et de Nagorzany, il se compose d'une marne jaune et sableuse correspondant à la craie de Haldem. Le Crétacé couvre aussi de grandes étendues en Russie, mais il ne paraît pas dépasser le 55° de latitude nord, soit qu'il ait été détruit par les agents de dénudation, soit que la mer crétacée n'ait jamais couvert la contrée, ce qui est probable, car dans le même pays le Jurassique composé de matériaux peu résistants occupe de vastes surfaces (1).

LE CRÉTACÉ DU MIDI DE L'EUROPE ET DE LA RÉGION ALPINE.

Considérons maintenant le Crétacé du sud-ouest. Il se présente sous un facies particulier qu'on peut étudier dans les Charentes, le Languedoc, la Provence, les Corbières, la région pyrénéenne, l'Espagne et le Portugal. Au lieu de se composer de craie, il est formé de calcaires compacts remplis de Rudistes. Il y a de véritables récifs élevés par ces animaux ; on trouve aussi des Gastéropodes à coquille épaisse appartenant aux genres *Actæonella*, *Glauconia*, *Nerinea*, et des Coralliaires isolés, tels que *Cyclolites*. Les Céphalopodes sont rares et ont un caractère spécial. On trouve parmi les Ammonites le genre *Lytoceras* déjà commun dans les formations supérieures du sud de l'Europe; il y a aussi des types alliés aux Amalthéidés, mais qui rappellent les Cératites par la simplification de leur ligne suturale; ces Cératites de la craie constituent le genre *Buchiceras*; on peut les regarder comme caractéristiques des régions méridionales de l'Europe et de l'Amérique. Les Bélemnitelles sont rares; il en est de même des Inocérames.

Dans les Charentes le Cénomanien débute par des grès glauconieux avec *Anorthopygus orbicularis*, *Pygurus lampas* et un Foraminifère de taille relativement grande, *Orbitolina concava*. Mais outre ces grès à fossiles marins il y a des argiles à lignite qui alternent avec eux, ainsi à l'île d'Aix et à Fouras. Cet ensemble correspond au Cénomanien du bassin de Paris et du Maine, dont on a fait le sous-étage *rothomagien ;* au-dessus se présentent des couches épaisses de calcaires à Ichthyosarcolithes ou Caprinelles. Les falaises de la Rochelle en sont remplies. Cela constitue le sous-étage *carentonien* (c'est-à-dire des Charentes).

Le Turonien s'observe aux environs d'Angoulême. Il commence par des calcaires à *Inoceramus labiatus* et des calcaires à *Terebratella carentonensis*, ensemble qui correspond au Turonien du nord et du bassin de la Loire (sous-étage *ligérien*, c'est-à-dire de la Loire). La partie supérieure forme le sous-étage *angoumien*. C'est le calcaire à Radiolites (*Radiolites cornupastoris*) et à Hippurites (*H. organisans*, *H. cornuvaccinum*), constituant la pierre blanche d'Angoulême.

Le Sénonien des Charentes débute par des calcaires, durs à *Rhynchonella petrocoriensis*, *Rhynchonella vespertilio* (fig. 455) et à *Buchiceras*. C'est le sous-étage *coniacien* (ou de Cognac). Ensuite il y a des calcaires et des marnes à *Micraster turonensis*, *Ostrea auriculata* et à Ammonites ; c'est le sous-étage *santonien*. Le Sénonien se termine par les couches de Talmont

(1) Neumayr, *Erdgeschichte*, t. II, p. 379.

et de Royan qui représentent le *Campanien*. Il y a là *Ostrea talmontiana*, *O. matheroniana*, *O. vesicularis*, des Scaphites, des Baculites, des Ammonites (*Pachydiscus Neubergicus*) et aussi l'*Ananchytes ovata* de Meudon. Il y a des intercalations de couches à Hippurites (*H. dilatatus*, *H. bioculatus*).

Aux environs de Royan, le Danien est représenté par des couches qui constituaient l'étage *dordonien* de Coquand. On y trouve les fossiles du Maëstrichtien, entre autres les *Hemipneustes*.

Dans le Languedoc, les Corbières, les Pyrénées, le Crétacé présente la même composition. Là encore les Rudistes apparaissent dès le Cénomanien, mais le Sénonien a des caractères remarquables. A Tercis près de Dax on trouve des couches campaniennes avec les fossiles de

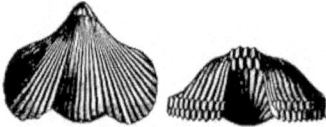

Fig. 455. — *Rhynchonella vespertilio.*

la craie de Haldem en Hanovre, entre autres *Heteroceras polyplocum*. Il y a de plus à la base du Sénonien, des schistes et des grès avec empreintes d'Algues, les schistes à Fucoïdes. Enfin, dans la région des Pyrénées, le Danien est bien développé. Il contient des Oursins remarquables, tels que *Stegaster Heberti* (fig. 456). Il est formé d'assises alternantes d'origine marine et d'eau douce ; Leymerie en faisait son étage *garumnien*. Il y a là au-dessus des couches maëstrichtiennes à *Hemipneustes* (*H. pyrenaicus*), les calcaires d'Auzas à faune saumâtre (*Cyrena garumnica*, *Actæonella Baylei*), le calcaire à coquilles lacustres de l'Ariège et les marnes du Tuco à *Micraster turonensis*. Il y a eu là à la fin du Crétacé des oscillations remarquables du niveau marin. Dans les Corbières le Garumnien offre des *argiles rutilantes* gypsifères alternant avec les calcaires à Cyrènes. Elles indiquent un assèchement des bassins maritimes.

En Provence, à la Bédoule, au Beausset, à Uchaux, le Cénomanien débute par les couches contenant les fossiles de la craie de Rouen (*Rothomagien*) et *Orbitolina concava*, après lesquelles apparaissent les calcaires à Caprines ou à Ichthyosarcolithes. Le Turonien se divise encore en Ligérien à *Inoceramus labiatus* et Angou-

mien avec Radiolites et Hippurites. A Uchaux, le Turonien est surtout gréseux. Le Sénonien prend un grand développement au Beausset près de Toulon et aux Martigues, et présente à différents niveaux des calcaires à Hippurites (*H. dilatatus*, *H. Toucasianus*, fig. 457, *H. organisans*). Mais des formations d'eau douce occupent le sommet du Crétacé de Provence, indiquant aussi un mouvement d'émersion du pays

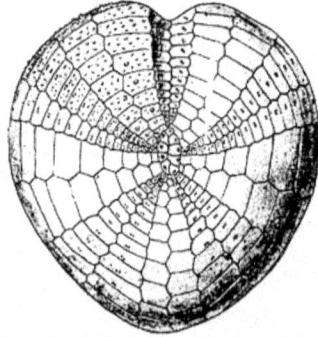

Fig. 456. — *Stegaster Heberti.* Danien des Pyrénées (Seunes).

à la fin de cette période. On doit regarder ces formations comme daniennes. Tels sont les calcaires lacustres de Fuveau, du Plan d'Aups, du Beausset où l'on trouve *Cyrena galloprovincialis*, *Unio subrugosa* et de nombreuses couches de lignites presque transformées en houille. Tels sont encore, au-dessus des lignites de Fuveau, les calcaires de Rognac avec Gastéropodes terrestres: *Lychnus ellipticus*, *Bulimus terebra*, *Cyclostoma solarium*, etc. Il y a là aussi des argiles rutilantes, ainsi à Vitrolles.

Le faciès crétacé à Rudistes existe aussi en Espagne, en Portugal. Comme le fait remarquer Neumayr (1), il y a ici une différence avec l'état de choses existant au Jurassique. Les limites des régions zoologiques méditerranéennes et de l'Europe centrale ne sont plus les mêmes. Antérieurement l'Espagne et le Portugal, au moins dans la partie nord-ouest, présentaient le régime de l'Europe centrale; il n'en est plus de même pour le Crétacé; le type méridional s'est notablement avancé vers le nord. Au contraire, dans la France orientale, le type méridional a reculé; le Jura, le Dauphiné appartiennent complètement au type sep-

(1) *Erdgeschichte*, t. II, p. 380.

Fig. 457. — *Hippurites Toucasianus*.

Fig. 458. — Traces de progression d'animaux inférieurs à la surface
des schistes ardoisiers de la mer du flysch.

tentrional. En Italie, sur le littoral de l'Adriatique, dans la région du Karst près de Trieste,
en Dalmatie, en Bosnie, en Herzégovine, en
Albanie, en Grèce, les calcaires à Rudistes prennent un développement extraordinaire; ils peuvent atteindre 3000 mètres de puissance; le
Parnasse, les montagnes étoliennes, presque
tout le Pinde, en sont composés.

En différents points du midi de l'Europe on
trouve cependant d'autres caractères. Ainsi
dans les Alpes vénitiennes le Crétacé est représenté par un calcaire à silex que les Italiens
appellent *scaglia*. Il est souvent d'un *rouge vif*.
Ses fossiles sont assez peu nombreux. On y
trouve des Échinides comme *Stenonia tubercu-
lata, Seaghaster concavus*, etc. M. Munier-Chalmas attribue au Danien la partie supérieure de
la *scaglia* (1).

En Calabre on trouve une autre particularité. Le Cénomanien y consiste en couches qui
contiennent de nombreuses Huîtres. Il est analogue à celui du sud de l'Atlas, où se montre
une faune d'Huîtres et d'Oursins caractérisant
ce que M. Zittel a appelé le facies *africano-
syrien*. M. Welsch (2) a récemment étudié les

terrains secondaires du département d'Oran
(Algérie). Le Crétacé est là aussi riche en Ostracés, pauvre en Céphalopodes et en Rudistes.
D'après M. Welsch, ce facies est analogue à
celui que M. Choffat a décrit en Portugal. Le
facies à Ostracés se serait développé pendant
la période crétacée, depuis la Syrie jusqu'au
sud-ouest de la péninsule Ibérique.

Considérons maintenant l'Europe orientale à
partir des Alpes septentrionales. En Suisse,
dans le Tyrol nord et le sud de la Bavière le
Crétacé est peu fossilifère et appartient plutôt
au type septentrional qu'au type méridional.
Il y a des grès, des calcaires marneux et des
schistes. Ces derniers contiennent de nombreuses empreintes d'Algues et de pistes d'animaux
(fig. 458). Ces schistes à Fucoïdes portent le
nom de *flysch*. On les rapporte souvent au Tertiaire ancien (Éocène), mais en bien des endroits ils contiennent des Inocérames, ce qui
prouve leur âge crétacé, au moins pour la
partie inférieure (1).

A partir des environs de Salzbourg les calcaires à Rudistes se montrent et se continuent
à travers le Salzkammergut, la Basse-Autriche
et la Haute-Autriche, jusqu'à la terminaison
orientale des Alpes près de Wiener-Neustadt. A
Gosau, en particulier, près d'Hallstatt, le facies

(1) Munier-Chalmas, *Étude du Tithonique, du Crétacé
et du Tertiaire du Vicentin* (Thèse de doctorat, 1891).
(2) Welsch, *les Terrains secondaires des environs de
Tiaret et de Frendn* (département d'Oran, Algérie).
Thèse de doctorat, 1890.

(1) *Erdgeschichte*, t. II, p. 381.

méridional est très accusé. Il y a des calcaires et des marnes à Hippurites répondant au Sénonien provençal. La partie supérieure, plus marneuse, renferme *Pachydiscus Neubergicus*. A la limite inférieure entre le Turonien et le Sénonien il y a un horizon à Ammonites rappelant les marnes de Westphalie appelées *Emschergrund*.

Dans les Alpes de Vienne le facies du flysch de la Suisse orientale se continue sous forme de grès. Il en est de même dans les Carpathes, où tout le Crétacé et le Tertiaire inférieur, désignés sous le nom de *grès des Carpathes*, répondent au flysch. Ces grès ont une très grande épaisseur et forment la plus grande partie de la chaîne. Ils paraissent appartenir au type septentrional du Crétacé. Il en est de même des couches plus riches en fossiles de la Silésie autrichienne. En beaucoup de points au sud de la zone des grès dans les Carpathes occidentaux se trouvent des dolomies et des calcaires (*dolomies de Chocs*), qui par leur apparence ressemblent aux calcaires à Rudistes, mais ceux-ci n'y existent pas, non plus que dans les couches de Schipkow où l'on a seulement trouvé des Inocérames.

Plus au sud, dans le Bakony (Bakonyer-Wald), dans les montagnes de Peterwardein, dans le Banat et la Transylvanie, le Crétacé présente le facies à Rudistes. Ainsi la limite entre la province septentrionale et la province méridionale ne présente plus, comme le remarque Neumayr (1), les irrégularités qu'elle montrait pendant le Jurassique et l'Infracrétacé. Là où elle était reportée au sud comme sur les côtes de l'Atlantique, elle remonte du Portugal méridional jusqu'au nord des Pyrénées ; dans les Alpes et dans les Carpathes elle rétrograde au contraire vers le sud. Pendant la période jurassique le type septentrional descendait jusqu'à 39° de latitude nord et en quelques points le type méditerranéen remontait jusqu'à 70° de latitude nord. La limite des deux types à Crétacé se tient entre 44° et 48°. On ne connaît pas encore la cause de ces changements dans les zones climatériques. On ne pourra la déterminer que si on observe des faits analogues pour les périodes suivantes, car alors on sera en état sans doute d'établir la loi de ces variations. Il faut probablement aussi faire intervenir ici, comme nous le verrons plus tard, l'influence de courants marins se dirigeant du sud vers le

(1) Neumayr, *Erdgeschichte*, t. II, p. 384.

nord et de courants descendant au contraire du nord vers le sud. Remarquons encore avec Neumayr qu'à l'époque jurassique la limite des deux régions nord et sud suivait le relief des Alpes et des Carpathes depuis le Jura jusqu'en Transylvanie, de sorte qu'on pouvait employer les expressions de type alpin et de type extra-alpin. Ce n'est déjà plus absolument vrai pour l'Infracrétacé, et pour le Crétacé il n'y a plus de rapports entre la ligne de relief et la séparation des zones climatériques.

Nous avons constaté le grand développement des formations d'eau douce à la fin du Crétacé en Provence. Un phénomène du même genre se manifeste dans d'autres parties de la région méridionale, ainsi dans la vallée de Gosau près d'Hallstatt, à Hieflau en Styrie, près de Wiener-Neustadt, enfin en Hongrie à Ajka, au voisinage du lac Balaton. Dans cette dernière localité, il y a des couches de houille exploitées. On y trouve une soixantaine d'espèces de coquilles, qui ont été étudiées par Tausch. Cette faune a des rapports remarquables. Tandis que la faune conchyliologique du Purbeckien et du Wealdien se rapproche plutôt des types actuels de l'Amérique du Nord, celle d'Ajka rappelle les coquilles des régions éthiopienne et malaise. Parmi les Gastéropodes terrestres il y a beaucoup de Cyclostomidés (*Cyclotus*, *Megalomastoma*, *Strophostoma*, *Palaina*, etc.) On trouve aussi les genres *Helix* (Escargot), *Bulimus*, *Lychnus*. Les Bivalves d'eau douce sont : *Unio*, *Cyrena*, *Cyclas*, et le plus remarquable est le genre *Spatha*, aujourd'hui exclusivement éthiopien. Les Gastéropodes d'eau douce appartiennent aux genres *Dejanira*, *Melania*, *Melanopsis*, *Pyrgulifera* (fig. 459), *Paludina*, *Hydrobia*. Le genre *Pyrgulifera* montre une grande variété de formes et se trouve dans les couches d'eau douce du Crétacé supérieur de Rognac jusqu'à Ajka. Il se retrouve dans les couches de Laramie dans l'Amérique du Nord, qui relient le Crétacé au Tertiaire.

Un intérêt particulier s'attache à ce genre. On le retrouve en effet vivant dans le lac Tanganika en Afrique. Autre fait curieux, le même lac contient de petits Gastéropodes dont on a fait le genre *Sirnulopsis*. Or dans les couches de Cosina sur l'Adriatique, qui font le passage du Crétacé au Tertiaire, M. Stache a trouvé une coquille qu'il a appelée *Fascinella* et qui n'est autre que le *Sirnulopsis*. On n'a pas encore de données suffisantes pour expliquer ces singulières relations des espèces d'eau douce du Crétacé supérieur d'Europe avec la faune actuelle du Tanganika.

Les couches de Cosina s'étendent en Carniole, en Istrie et en Dalmatie entre les calcaires à Rudistes et les dépôts marins de l'Éocène. Elles contiennent une faune très riche, où l'on peut citer, outre le genre *Fascinella*, les genres *Stomatopsis* (fig. 460), *Paludomus*, *Melampus*, *Helix*, *Megalomastoma* et beaucoup de Cérithes et de Mélanies. A l'exception de quelques espèces

Fig. 459. — *Pyrgulifera*. Crétacé supérieur de Ajka, en Hongrie (d'après Tausch).

qui existent dans l'Éocène des environs de Paris, les coquilles de Cosina n'ont été trouvées jusqu'ici dans aucune autre localité. Les couches de Cosina font partie de l'ensemble appelé par M. Stache étage *liburnien*, correspondant au groupe de Laramie et faisant, comme ce dernier, passage du Crétacé à l'Éocène.

En résumé, dans les régions méridionales il y a eu à l'époque crétacée beaucoup de formations d'eau douce. Les calcaires à Rudistes indiquent une eau peu profonde ; comme formation d'eau profonde on ne peut guère citer dans le sud de l'Europe que la *scaglia* des Alpes

méridionales et des Apennins. Quant à la craie, elle est limitée aux régions septentrionales. Son origine, comme nous l'avons vu en commençant cette étude du Crétacé, est assez controversée. Suivant les uns elle se serait déposée dans une eau médiocrement profonde, suivant les autres,

Fig. 460. — *Stomatopsis*, couches de Cosina, en Istrie (d'après Stache).

au contraire, dans les grandes profondeurs. Quoi qu'il en soit, elle paraît indiquer pour le nord de l'Europe une épaisseur de la nappe océanique plus grande que celle des mers méridionales. Il a là un contraste singulier avec ce qui se présentait dans le Jurassique et l'Infracrétacé, où au contraire les sédiments alpins indiquaient une mer plus profonde que celle des régions septentrionales. La grande transgression cénomanienne qui s'est manifestée dans les régions du nord semble avoir eu pour conséquence une diminution de la profondeur océanique dans le sud.

TYPES DIVERS DU CRÉTACÉ.

Nous allons maintenant passer en revue diverses régions crétacées extérieures à l'Europe. Il est possible aujourd'hui de tirer des conclusions intéressantes des documents assez nombreux sur le Crétacé des pays lointains (1).

Dans le nord de l'Afrique le Crétacé a une grande extension. Tandis que le Jurassique et l'Infracrétacé existent seulement dans les chaînes plissées du nord-ouest en Algérie et en Tunisie, nous voyons le Crétacé s'étendre sur la plus grande partie de la région des déserts. Il est redressé en Algérie et dans l'Atlas, mais

(1) Neumayr, *Erdgeschichte*, t. II, p. 386 et suivantes, et *Annuaire géologique universel*, t. V et VII.

ailleurs les couches sont horizontales. En beaucoup de points, entre autres dans l'ouest de l'Afrique, le Crétacé débute par des grès rouges assez pauvres en fossiles qu'on appelle *grès nubiens*. Ils occupent de vastes étendues dans le désert libyque parcouru par M. Zittel.

Un caractère du Crétacé d'Afrique est, comme nous l'avons dit plus haut, la présence de couches riches en Ostracés dans le Cénomanien et dans le Sénonien. C'est ce que M. Welsch a trouvé dans le département d'Oran ; les espèces d'Ostracés existent aussi en Portugal et en Calabre. Sur la route de Tripoli à Ghadamès, Overweg a trouvé des couches sénoniennes particulièrement riches en Ostracés (*Ostrea Over-wegi*) et ces dépôts ont été découverts depuis en beaucoup de points. Les couches cénomaniennes du désert arabique entre le Nil et la mer Rouge sont aussi très fossilifères. En beaucoup de localités également on trouve des assises rappelant la craie d'Europe ; M. Le Mesle a constaté au centre de la Tunisie l'existence de la faune de Haldem (*Heteroceras polyplocum*).

Nulle part on ne retrouve en Afrique les Bélemnitelles caractéristiques de la craie supérieure d'Europe. Au contraire les Ammonites à ligne suturale simple, rappelant les Céra-tites (genre *Buchiceras*), sont très répandues dans le nord de l'Afrique et se montrent depuis l'Algérie jusqu'à la mer Rouge. Les Rudistes n'ont là qu'un rôle subordonné.

M. Rolland a retracé récemment l'histoire géologique du Sahara (1). Pendant le Cénomanien la Méditerranée couvrait le Sahara algérien et tunisien et le nord du Sahara oriental. A l'ouest elle baignait le flanc du grand Atlas marocain, au nord duquel un canal la faisait communiquer avec l'Atlantique. Le Sahara occidental était émergé. Vers la fin du Crétacé un mouvement d'inondation se produisit pour le Sahara septentrional.

Au sud du Sahara on ne trouve presque aucune trace de Crétacé. Cette vaste région africaine était alors un continent sur les côtes duquel le Crétacé n'a laissé que quelques rares dépôts marins. Les couches d'Uitenhage appartiennent, comme nous le savons, au Jurassique supérieur ou plutôt au Néocomien d'après Neumayr. On trouve le Crétacé d'après M. Schenk au sud d'Uitenhage et sur la côte d'Utamfuna, où il y a des couches à Ammonites et à Trigonies. Le Crétacé existe aussi dans la province d'Angola et à Loango sur l'Océan Atlantique, mais il est difficile jusqu'à présent d'identifier les assises crétacées de ces pays avec celles d'Europe.

L'Asie occidentale présente des dépôts crétacés qui ont des rapports avec ceux de l'Europe et ceux d'Afrique. Les calcaires à Rudistes couvrent les îles de la mer Égée et une partie de l'Asie Mineure. Dans le Caucase existent des calcaires à Rudistes et à Actæonelles, analogues à ceux de Gosau, tandis que dans la Crimée, qui n'est pas très éloignée, se retrouve la *Belemnitella mucronata* des régions septentrionales.

En Syrie, en Palestine on voit, comme dans le

nord de l'Afrique, les grès nubiens. Il y a aussi des calcaires à Rudistes et à *Buchiceras*. Les calcaires à Hippurites couvrent une vaste zone depuis l'Arabie jusqu'au nord des bouches de l'Indus, à travers la Perse, l'Afghanistan et le Béloutchistan. De plus, dans le Karakorum et près de Lhassa, au Thibet, on a trouvé quelques exemplaires du genre *Glauconia* caractéristique des couches de Gosau dans les Alpes autrichiennes. Ainsi, comme le dit Neumayr, il y a eu dans ces régions une remarquable extension du type méridional vers le nord. Au Jurassique la mer qui s'étendait au sud de l'Himalaya ne communiquait avec celle du nord que par un petit détroit ; au contraire, pendant le Crétacé supérieur, la communication se faisait largement par le Thibet.

Dans le Touran, le Turkestan, les recherches de Muschketow et Romanowsky ont démontré l'existence du Crétacé supérieur. Il y a là des couches riches en Ostracés, et dont les espèces ressemblent un peu à celles du nord de l'Afrique, mais plutôt à celles d'Europe et du nord de l'Amérique, ce qui indique une zone climatérique tempérée. Quant à la Sibérie, les couches crétacées y sont très peu développées ; le nord de l'Asie paraît avoir été en grande partie à sec pendant cette période.

Les parties sud et orientale de l'Asie, depuis les Indes jusqu'à la région de l'Amour, présentent pendant la même période des caractères tout différents de ce qu'on a vu jusqu'ici et qui vont se retrouver dans tout le bassin de l'Océan Indien et de l'Océan Pacifique. Dans le voisinage de Pondichéry et de Tritchinopoli, le Crétacé, depuis le Cénomanien jusqu'au Sénonien, repose sur les schistes cristallins. La faune en a été étudiée par Forbes, Blanford et surtout par Stoliczka ; elle comprend environ 800 espèces. On y distingue l'*Utaturgroup* correspondant au Cénomanien, le *Tritchinopoli group* (Turonien) et l'*Ariatur group* (Sénonien). Les Céphalopodes forment environ un cinquième des espèces, tandis qu'ailleurs ils ne constituent tout au plus que le dixième de la faune. En outre, les Ammonites diffèrent peu de celles du Jurassique et de l'Infracrétacé, tandis que ces types anciens n'existent plus dans le Crétacé d'Europe, de l'Afrique du nord, de l'Asie centrale et de l'Amérique orientale. Les genres *Olcostephanus*, *Phylloceras*, *Lytoceras* se sont conservés dans la craie des Indes, tandis que le genre *Buchiceras* (Cératites crétacés) n'existe pas. Les genres *Phylloceras* et *Lytoceras* domi-

---

(1) *Bull. Soc. géol.*, 3ᵉ série, tome XIX, 1891, p. 237.

nent surtout; il y a aussi beaucoup de Coralliaires, çà et là des Rudistes, un grand nombre de Gastéropodes et de Pélécypodes. Le Crétacé des Indes nous offre encore une particularité intéressante. En beaucoup d'endroits il présente des intercalations de roches éruptives analogues à des basaltes. Ce sont des roches noires qui couvrent de vastes étendues de leurs bancs horizontaux. Dans le Dekhan, elles alternent avec des couches d'eau douce, ce qui montre qu'elles ont fait éruption au voisinage de lacs. Près de Nagpur, on a trouvé beaucoup de coquilles d'eau douce, de grandes espèces de Physes, de Limnées (*Acella*), des Unios, des Cyrènes, semblables à celles des couches de Laramie en Amérique. Il faut noter ces éruptions de l'époque crétacée dans les Indes, et noter aussi dans le Néocomien de l'Afghanistan l'existence de débris empruntés à des roches éruptives qui datent du Jurassique. Ainsi, tandis que l'activité éruptive était éteinte en Europe pendant le Jurassique et le Crétacé, sauf en quelques points isolés, elle se manifestait avec intensité dans d'autres régions. Ce fait montre combien il est imprudent de généraliser les résultats d'observations particulières. Ne trouvant pas de roches éruptives dans les terrains secondaires d'Europe, on en avait conclu que, par toute la terre, les éruptions avaient cessé pendant l'ère mésozoïque.

Si l'on compare les espèces du Crétacé de Pondichéry avec celles du Crétacé du sud de l'Afrique, on trouve une grande analogie. Forbes et Griesbach ont trouvé dans le Crétacé de Natal et du Zoulouland bon nombre d'Ammonites, de Gastéropodes, de Pélécypodes et d'Oursins de la craie de Pondichéry. Ces analogies et la différence qui se manifeste entre le Crétacé du sud-est et celui du nord-est des Indes montrent que, pendant le Crétacé, la péninsule indo-malgache du Jurassique et de l'Infracrétacé existait encore. Une terre continue s'étendait des Indes à l'Afrique australe.

Au nord-est de Pondichéry, dans l'Assam et au pied sud de l'Himalaya oriental, le Crétacé existe aussi; de même en Birmanie, sur les îles Andaman et Nicobar, et vers Sumatra. Mais ces couches sont encore peu connues; elles paraissent consister en grès et en schistes analogues au flysch des Alpes. A Bornéo, le Crétacé véritable existe; il y a là des Ammonites et des Rudistes.

On a signalé aussi le Crétacé en Australie avec des Ammonites qui paraissent semblables à celles des Indes méridionales. A la Nouvelle-Zélande, les *Whararika-Beds* contiennent des Ammonites, des Baculites, des Bélemnites, des Inocérames, etc., et au-dessus se trouve une formation faisant passage au Tertiaire (*Cretaceo-tertiary*), constituée par des conglomérats, des couches argileuses, des lits de charbon et des brèches volcaniques.

Au Japon, d'après les travaux les plus récents, la craie d'Urakana renferme des espèces identiques à celles du Gault d'Europe avec des Céphalopodes rappelant la craie indienne. Les îles d'Yesso et Sachalin renferment, comme l'a montré Naumann, des fossiles du Crétacé de Pondichéry, et la même analogie existe, d'après Schmidt, pour la région de l'Amour. Même chose a lieu pour les côtes occidentales de l'Amérique du Nord, les îles Vancouver et Charlotte et la Californie. Ainsi, il y a une série de couches à Ammonites bordant le bassin de l'Océan Indien et du Pacifique, depuis l'Afrique australe jusqu'à la Californie, indiquant une grande province zoologique et distincte de celle qui comprend l'Amérique orientale, le Brésil, l'Europe, le nord de l'Afrique et de la partie des Indes située à l'ouest d'une ligne allant de Bombay vers le nord-est. On pourrait s'attendre à retrouver la faune de Pondichéry sur la côte pacifique de l'Amérique du Sud, mais il n'en est pas ainsi. Jusqu'à présent, au moins, on n'a trouvé dans ces régions que des fossiles caractéristiques du Crétacé du sud de l'Europe, du nord de l'Afrique et de l'est de l'Amérique, entre autres le genre *Buchiceras*, qui caractérise le type équatorial.

Dans toute l'Amérique du Nord, à l'exception du bord occidental, l'Infracrétacé manque et le Crétacé supérieur repose sur les couches du terrain primitif ou sur les terrains paléozoïques. De New-Jersey jusqu'à la Caroline du Sud se trouvent des couches analogues à celles de l'Angleterre et du Nord de la France. D'autre part, dans la partie sud des États-Unis, surtout au Texas, il y a des couches à *Buchiceras* et à Hippurites analogues à celles du sud de l'Europe. Il y a donc là comme en Europe une division bien nette en deux zones climatériques nord et sud. Le faciès à Hippurites se continue au Mexique, dans l'Amérique centrale et jusqu'au Pérou et en Bolivie.

Au centre du continent, le Crétacé prend une grande extension; ainsi au pied est des Montagnes Rocheuses et à l'ouest de ces montagnes dans le Wahsatch. A la base du système se montrent les couches de Dakota, rapportées par la plupart des géologues américains au Cénomanien et par M. Marcou au Turonien. La partie supérieure du système n'a plus de caractères marins. C'est le groupe de Laramie, ensemble de couches d'eau saumâtre ou d'eau douce, faisant passage au Tertiaire. Il atteint plusieurs milliers de pieds d'épaisseur. On y exploite des lignites qui diffèrent à peine des houilles d'âge carbonifère. La flore a un cachet tertiaire très prononcé, et sur 323 espèces il y a 226 Dicotylédones. Les coquilles, comme nous l'avons vu, rappellent celles des couches d'eau douce de la région alpine, mais elles ont aussi des rapports avec celles du bassin de Paris; il y a là, en effet, des Physes de grande taille. Nous avons cité les Dinosauriens remarquables du groupe de Laramie (*Triceratops*, etc.) et les Mammifères trouvés par M. Marsh. Ce groupe de Laramie est en somme très complexe et répond sans doute à la fin du Crétacé et au commencement du Tertiaire. C'est un étage de transition comme les couches de Cosina de l'Adriatique (étage liburnien de M. Stache). Le Guaranien de Patagonie, où l'on rencontre aussi à la fois des Dinosauriens et des Mammifères, est un terme du même genre. Remarquons, en passant, que de ce fait qu'on trouve des Dinosauriens dans une assise, on ne peut pas affirmer qu'elle est d'âge secondaire. Rien ne s'oppose à ce que les Dinosauriens se soient éteints au début de la période tertiaire.

Nous avons déjà constaté l'existence du Crétacé à Ammonites indiennes en Californie et dans la Colombie anglaise. Dans le sud de la Californie se montrent des Rudistes, de sorte qu'on se trouve là à la limite de deux provinces zoologiques distinctes.

Le Brésil est une terre ancienne qui, au Jurassique et à l'Infracrétacé, était réunie à l'Afrique. Le pays est resté émergé du Dévonien jusqu'au Crétacé. A Bahia, il y a des couches infracrétacées avec coquilles d'eau douce, Dinosauriens et Crocodiliens. Elles paraissent correspondre au Wealdien. Au-dessus viennent des couches marines à Inocérames, *Buchiceras* et Mosasauriens. Ces couches constituent çà et là des lambeaux qui indiquent une formation étendue détruite en grande partie par les agents de dénudation. Ce que l'on connaît du Crétacé des Andes paraît indiquer un facies du type des dépôts crétacés de la région atlantique et méditerranéenne. D'après MM. Hettner et Linck, la craie repose, dans les Andes de Colombie, sur des schistes cristallins qui sont peut-être des portions métamorphisées du Crétacé. Il se serait produit là un phénomène analogue à celui qui, d'après Neumayr et Bücking, aurait transformé en marbres une partie des assises crétacées de la Grèce.

Notons en terminant l'existence dans les Andes de nappes et de coulées porphyriques indiquant une grande activité éruptive pendant le Crétacé, tandis que l'Europe était en repos presque complet, puisque l'on ne peut guère citer d'éruptions crétacées, et encore avec doute, qu'en Silésie et en quelques points des régions orientales (Banat autrichien, Volhynie, Crimée) (1).

COUP D'ŒIL GÉNÉRAL SUR LES OSCILLATIONS DES MERS CRÉTACÉES.

Il nous reste maintenant à résumer ce que nous apprennent les faits exposés jusqu'ici sur les oscillations des mers pendant la période crétacée. M. Suess en a donné un tableau des plus instructifs dans son grand ouvrage (1).

Vers la fin du Jurassique, il y a eu dans l'ouest de l'Europe, comme nous l'avons appris plus haut, une phase négative bien marquée. La mer s'est retirée et les dépôts du Purbeck, puis du Wealdien, se sont formés. Mais en même temps les eaux marines, tandis qu'elles abandonnaient l'Europe occidentale, s'étendaient sur l'Europe orientale et y produisaient une phase positive. C'est à cette phase positive que correspond l'étage volgien des géologues russes, équivalent probablement du Jurassique supérieur et de l'Infracrétacé. La mer s'est avancée du nord d'une part sur Kostroma, Tver, Moscou et Rjasan, et d'autre part, d'Orembourg et Samara sur Simbirsk. Elle s'est étendue aussi en Sibérie jusqu'au 63° de latitude nord. Vers l'ouest, la mer ne s'est pas avancée plus loin que les îles Lofoten, où l'on trouve encore le genre *Aucella*, caractéristique du Volgien.

Dans l'ouest de l'Europe, la phase négative a été suivie d'oscillations répétées qui ont donné lieu finalement à un mouvement positif,

(1) Suess, *Das Antlitz der Erde*, t. II, p. 358 et suivantes.

(1) De Lapparent, *Abrégé de Géologie*. Paris, 1892.

à un retour offensif de la mer. Le Valenginien arrive jusqu'au Cher et jusqu'à Valence. La mer hauterivienne envahit le bassin de Paris, le sud de l'Angleterre et dépose dans l'Allemagne du Nord les couches du Hils. Puis vient le Barrémien, remarquable par la présence dans les assises de la Provence, des Carpathes, etc., d'Ammonites du genre *Pulchellia*, qui sont sud-américaines. Ce fait indique une liaison des mers infracrétacées d'Europe avec celles de la côte ouest de l'Amérique du Sud. La mer gagne pendant l'Aptien et les mêmes espèces se trouvent dans l'Europe occidentale, en Russie et jusqu'aux Indes. La région des Alpes est restée sous les eaux pendant toute la période infracrétacée.

La grande transgression qui se préparait dès l'Aptien et le Gault, atteint son maximum au Cénomanien. La mer couvre les hauteurs de la Meseta espagnole, la plus grande partie de la France, s'étend en Écosse et jusqu'aux côtes de Norvège, où l'on a trouvé, par des dragages, des sédiments du Sénonien des hautes latitudes. Le massif de Bohême est recouvert, de même le Danemark, le sud de la Suède (Scanie). La mer s'étend en Pologne et atteint l'Oural, mais respecte la moitié nord de la Russie. La région de la Caspienne est également occupée. La phase positive couvre la Méditerranée centrale et l'agrandit. Elle envahit l'Europe méridionale, la Syrie, la partie sud du Sahara et de l'Arabie et atteint les Indes. En Amérique, les intercalations marines dans les couches à végétaux de Disko à 70° de latitude nord, indiquent que la mer du Crétacé s'est étendue jusque-là. Elle a occupé la partie orientale des États-Unis, le Mexique, le Texas et s'est avancée par les territoires de l'ouest jusque dans le bassin du Mackensie. On en retrouve aussi les traces dans l'Amérique du Sud jusqu'aux Andes, à travers le bassin du fleuve des Amazones. Le sous-sol des Pampas est constitué par la craie. La transgression se présente avec des caractères particuliers à Tritchinopoli et Schillong, dans les Indes, et dans le sud de l'Afrique. Elle a atteint aussi l'Australie.

Les terres qui ont été épargnées par la transgression cénomanienne sont le Groënland et le Spitzberg, probablement le nord de la Scandinavie, le nord de la Russie, de la Sibérie et de la Chine. Une bonne partie du territoire de Gondwana, dans les Indes, est restée aussi émergée, car les sédiments crétacés sont seulement étendus sur les bords du plateau. D'après l'état actuel de nos connaissances, il semble qu'autour du pôle nord, surtout du côté de l'Asie, beaucoup de terres fermes soient restées à sec. Ainsi, au début de la période crétacée, il y a eu une invasion marine venant du nord et déposant le Volgien ; à la même époque, une invasion est venue du sud et a déposé la série d'Uitenhage (Afrique australe). Tandis que ces deux invasions sont venues des pôles et se sont avancées vers l'équateur, la transgression cénomanienne est partie des régions équatoriales pour s'étendre vers les pôles. Elle a eu pour point de départ la « Méditerranée centrale » de Neumayr. C'est celle-ci qui a donné naissance, en s'élargissant dans le sens des degrés de latitude, à l'Océan Atlantique. Celui-ci n'existait pas à l'époque wealdienne, car les formations d'eau douce viennent librement contre le littoral actuel en Espagne et en Portugal. La Méditerranée centrale s'étendait à travers l'emplacement de l'Atlantique actuel jusque dans l'Amérique du Sud. L'Océan Atlantique ne date certainement pas d'une époque antérieure au Crétacé moyen (Cénomanien), car il n'existe pas sur ses côtes de sédiments plus anciens que ceux du Cénomanien. Au contraire l'Océan Pacifique existait déjà depuis longtemps, ainsi que l'Océan Indien, car on trouve sur la bordure du premier les couches marines du Trias et sur les côtes du second le Jurassique.

Vers la fin du Crétacé se sont produits des phénomènes semblables à ceux qui ont terminé le Jurassique. La mer s'est rétrécie ; une phase négative a succédé à la phase positive cénomanienne. Ce recul est surtout accusé dans les territoires de l'ouest de l'Amérique du Nord, où se sont déposées les couches saumâtres et lacustres de Laramie, et dans le bassin du fleuve des Amazones. Mais en Europe il ne manque pas de preuves de ce recul de la mer. Nous avons vu s'étendre en Provence et dans les régions pyrénéennes, sur les couches marines crétacées, les dépôts d'origine lacustre du Danien supérieur (*Garumnien* de Leymerie). De la même époque datent les couches d'eau douce des bords de l'Adriatique (*Liburnien* de M. Stache).

Quant aux zones climatériques du Crétacé, on peut dire qu'elles ne diffèrent pas de celles du Jurassique. Il y a cependant quelques variations. Ainsi la zone équatoriale remonte vers le nord dans la péninsule hispanique, de même dans les Indes, tandis qu'elle recule vers le sud dans la France méridionale, les Alpes septentrionales et les Carpathes. Dans l'Amérique méridionale la zone tempérée sud paraît s'être largement étendue. Ces variations se sont produites, comme le remarque Neumayr, précisément dans les régions où pendant la période jurassique il y avait empiètement de la faune des zones tempérées vers le sud, et de la faune de la zone équatoriale vers le nord. Par suite, une égalisation s'est faite et les limites des zones se sont plus rapprochées du trajet des parallèles ; c'est un acheminement vers les conditions climatériques actuelles.

On sait que la composition des faunes marines est singulièrement modifiée par l'influence des courants d'eau chaude venant du sud ou des courants d'eau froide descendant du nord. De pareils courants ont certainement existé dans les mers anciennes, et il faut en tenir compte quand on étudie la répartition géographique des animaux. C'est ce que vient de faire M. Munier-Chalmas pour le Crétacé supérieur (Cénomanien, Turonien, Sénonien) (1).

Il distingue dans les mers secondaires et tertiaires trois zones : la première comprend les régions préméditerranéennes, où les mers sont chaudes, la seconde comprend les mers tempérées du Jura et du bassin anglo-parisien, la troisième enfin comprend les mers boréales, où la température est relativement plus froide. A la fin du Tertiaire s'établit une quatrième zone, la zone polaire, caractérisée par la faune arctique.

A une même époque, les limites respectives de ces zones peuvent varier par rapport aux parallèles suivant les courants marins chauds ou froids.

La faune cénomanienne des mers méridionales est composée des Rudistes et présente Ostrea flabellata, O. biauriculata, Orbitolina concava. Les faunes turonienne et sénonienne des mêmes mers sont caractérisées par les Rudistes, des Foraminifères spéciaux (Lacazina, Poriloculina) et les Algues calcaires (Lithothamnium). Il n'y a pas de Bélemnitelles.

Les mers cénomaniennes de la zone tempérée ne contiennent qu'accidentellement les êtres précédents. Le Turonien et le Sénonien de la même zone présentent peu de Rudistes et en revanche les Bélemnitelles, les Micrasters,

les Ananchytes. Les Bélemnitelles dominent dans les mers boréales turoniennes et sénoniennes avec des Brachiopodes particuliers (Rhynchora, Rhynchorina).

D'après M. Munier-Chalmas, la mer crétacée de Dalmatie, du Frioul, du Vicentin était protégée des courants venant du nord par le relief des Alpes. On ne trouve jamais dans ces régions de Micrasters ni de Bélemnitelles. A partir du Beausset, les assises crétacées sont interrompues par des couches contenant des Micrasters, soit du nord, soit du sud, suivant les points.

Les mers crétacées du bassin de Paris communiquaient avec les mers voisines par le détroit morvano-vosgien à l'est, le détroit du Poitou au sud. A l'ouest, le synclinal de la Manche établissait des relations avec l'Atlantique, et au nord un grand canal permettait l'arrivée des courants boréaux.

Les courants de la mer cénomanienne de l'Aquitaine ont pénétré dans le bassin de Paris par suite d'une simple différence de niveau, et ils ont amené dans le Maine : Caprotina, Radiolites, Ostrea flabellata, O. biauriculata, etc. Pendant le Sénonien, les mêmes courants du sud au nord ont amené en Touraine par le détroit du Poitou, Micraster brevis, Ostrea Matheroniana, Rhynchonella vespertilio, qui ne se retrouvent ni à l'est ni au nord.

Les Bélemnitelles ont leur maximum de développement en Scanie. Les courants venant des régions boréales ont amené dans le bassin anglo-parisien Belemnitella quadrata et B. mucronata. Arrêtés dans leur marche le S.-O. par les courants du détroit du Poitou et de la Manche, ils ont été rejetés vers le S.-E. et ont pénétré dans le détroit morvano-vosgien pour longer le plateau central. Par suite de la configuration de ce plateau au nord de Lyon, ces courants ont été rejetés vers l'Est. Leur parcours est indiqué par la présence des Micrasters du bassin de Paris et par celle de la Belemnitella mucronata. Jusque dans les Alpes-Maritimes on retrouve les Micrasters du nord (M. cortestudinarium, M. coranguinum). Partout, sur leur trajet, jusqu'à leur arrivée dans la Méditerranée, les courants des régions boréales ont empêché, par l'abaissement de température qu'ils ont produit, le développement des Rudistes. Ceux-ci, au contraire, se montrent dans l'Aquitaine sous la même latitude.

(1) Munier-Chalmas, Sur le rôle, la distribution et la direction des courants marins en France pendant le Crétacé supérieur. Comptes rendus de l'Académie des sciences, 4 avril 1892.

L'ÉOCÈNE. — SA FAUNE ET SA FLORE.

L'ère cænozoïque ou récente succède aux temps secondaires. Elle comprend, comme nous le savons, le Tertiaire et le Quaternaire ou Pléistocène, qui relie le Tertiaire à l'ère actuelle. Pendant le Tertiaire les conditions physiques et biologiques ont subi de grands changements qui ont préparé les conditions actuellement existantes. Le relief de nos continents a pris alors les traits principaux qu'il présente aujourd'hui. Les dislocations, les plissements du sol ont acquis une grande importance pendant le Tertiaire ; les Pyrénées, les Apennins, les Alpes, datent de cette époque ; il en est de même de l'Atlas et de l'Himalaya.

En même temps l'activité éruptive presque éteinte, au moins en Europe, pendant l'ère mésozoïque, s'est manifestée de nouveau avec énergie. De nombreuses éruptions se sont produites en Auvergne, dans les provinces rhénanes, dans le bassin du Danube, en Italie, sur les côtes d'Algérie et de Tunisie, etc. Mais il ne faudrait pas cependant généraliser ainsi qu'on l'a fait souvent et considérer le Tertiaire comme une ère particulièrement caractérisée par une activité éruptive toute spéciale et par des dislocations d'une amplitude bien plus grande qu'aux époques antérieures. Remarquons que si l'Europe paraît avoir échappé aux éruptions pendant les temps secondaires, il n'en est pas de même d'autres parties du monde, de l'Hindoustan par exemple, et de la région des Andes. D'ailleurs nous avons signalé quelques phénomènes éruptifs en Silésie, en Crimée, etc., dans le Crétacé. L'activité volcanique semble être périodique et se manifester successivement en différents points, mais nous voyons qu'il n'y a pas ici d'opposition tranchée, de contraste véritable entre les temps secondaires et les temps tertiaires. De même pour les dislocations et les plissements du sol. La formation des montagnes n'est pas un phénomène brusque, comme on le supposait autrefois ; c'est une œuvre de longue haleine, et tandis que le relief s'accentue, les forces destructives, l'atmosphère, les eaux, entrent déjà en jeu pour l'atténuer et le réduire (1). Aux époques antérieures il y eu également des mon-

(1) Voir la *Terre, les Mers et les Continents*, page 368.

tagnes élevées, mais elles ont subi pendant de longues périodes une érosion qui les a singulièrement diminuées ; il en est ainsi des Grampians, des collines de Bretagne, de l'Ardenne, des Vosges, etc. ; en un mot, des deux chaînes que nous avons appris à connaître sous les noms de *chaîne calédonienne* et de *chaîne hercynienne*. Si les montagnes de la région méditerranéenne, Alpes, Pyrénées, et l'Himalaya qui continue la série, sont beaucoup plus élevées et paraissent formidables comparées à celles du nord, c'est que les mouvements du sol qui leur ont donné naissance se sont terminés plus tard et que les forces destructives n'ont pas encore eu le temps de les niveler. Aux anciennes théories de catastrophes soudaines, de changements brusques, il faut substituer l'idée de changements successifs, d'évolution graduelle.

Cette idée s'applique tout aussi bien au développement organique. Certainement la faune tertiaire diffère notablement de celle du Crétacé, mais ici encore on observe des passages. Souvent il est difficile de séparer le Tertiaire ancien du Crétacé le plus supérieur ; il nous suffira de rappeler ici le groupe de Laramie et le calcaire de Mons. C'est graduellement, par une lente évolution que le monde organique du Tertiaire est remplacé par les types actuels ; nous aurons l'occasion dans les pages qui vont suivre de donner de nombreux exemples, surtout pour les Mammifères, de cette évolution.

Les temps tertiaires ont été divisés en plusieurs périodes, surtout d'après la considération des coquilles souvent très abondantes dans les terrains de cette époque, et d'après le nombre de ces coquilles qui existent encore dans les mers actuelles. Lyell distinguait trois périodes qui sont de la plus ancienne à la plus récente : l'*Éocène*, le *Miocène* et le *Pliocène*. Éocène veut dire aurore des espèces récentes (de *eos*, aurore, et *kainos*, récent); les assises de ce système contiennent d'après Lyell et Deshayes 3 [p. 100 seulement de coquilles actuelles ; exemple : la plupart des couches supérieures des bassins de Paris et de Londres. Pliocène signifie plus récent (*pleion*, plus) ; il y a jusqu'à 52 p. 100 de coquilles actuelles; exemples : le *crag* d'Angle-

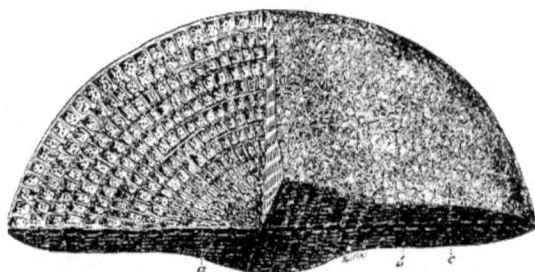

Fig. 461. — *Nummulites lucasanus.* — *a*, cordon dorsal ; *b*, cloison ; *c*, muraille (Éocène du Kressenberg. Zittel).

terre et les marnes subapennines d'Italie. Le terme de Miocène signifie moins récent que le

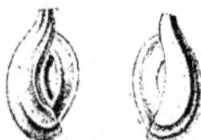

Fig. 462. — *Quinqueloculina Maria* (Miocène).

Pliocène (*meion*, moins) ; il y a environ 19 p. 100

Fig. 463. — *Nummulites lævigata.*

de coquilles actuellement vivantes ; par exemple,

dans les faluns de Touraine et de Bordeaux. Beyrich a distingué entre l'Éocène et le Miocène un quatrième système sous le nom d'*Oligocène* (*oligos*, peu). Les terrains tertiaires comprennent donc quatre systèmes : l'Éocène, l'Oligo-

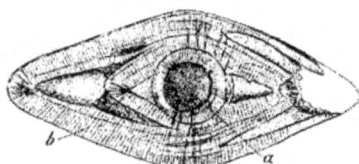

Fig. 464. — *Nummulites pristina* (calcaire carbonifère de Belgique). — *a*, loge initiale ; *b*, canaux du test (d'après Brady).

cène, le Miocène et le Pliocène. Souvent l'Éocène et l'Oligocène sont réunis sous le nom de Tertiaire inférieur ou *Paléogène*, tandis que le Miocène et le Pliocène forment le Tertiaire supérieur ou *Néogène*.

LES ANIMAUX MARINS INFÉRIEURS DE L'ÉOCÈNE.

Les Foraminifères se montrent très nombreux dans l'Éocène. Les Miliolites, à coquille imperforée, porcelanique, qui existaient déjà dans les terrains secondaires, prennent tout leur développement dans le Tertiaire inférieur. Ces Foraminifères, qui n'ont que la grosseur d'un grain de millet (de là leur nom), sont extrêmement abondants dans certaines assises du calcaire grossier de l'Éocène parisien (calcaire à Miliolites). Ils sont formés de chambres qui se recouvrent les unes les autres, de sorte qu'un certain nombre seulement sont visibles à l'extérieur. Il y en a deux visibles chez les *Biloculina*, trois dans les *Triloculina*, cinq dans les

Quinqueloculina. Ces coquilles existent aussi dans le Tertiaire supérieur (fig. 462) et à l'époque actuelle.

Les plus importants Foraminifères de l'Éocène sont les *Nummulites*, constituant le type le plus compliqué et le plus grand du groupe (fig. 461). Les Nummulites se présentent sous forme de disques aplatis rappelant les pièces de monnaie, ce qui leur a valu leur nom. Beaucoup de ces coquilles ont simplement la grosseur d'une lentille, mais certaines espèces atteignent un diamètre de 6 centimètres. La coquille est perforée ; une coupe permet d'y reconnaître toute une série de chambres disposées en spirale ;

les cloisons laissent à leur partie médiane une petite fissure par laquelle les loges communiquent entre elles. Les cloisons sont relativement épaissés et les dépôts calcaires qui remplissent ces cloisons et qui recouvrent l'extérieur de la coquille portent le nom d'intersquelette; ils sont parcourus par tout un système compliqué de canaux anastomosés où pénétrait le protoplasma de l'animal. M. Munier-Chalmas a prouvé en 1880 que les Nummulites étaient dimorphes et que chaque espèce était représentée par deux formes. Le genre *Nummulites* ou *Nummulina* est très ancien. On en trouve des représentants isolés dans le Carbonifère (*Nummulites pristina*) (fig. 464), Gümbel en a décrit une espèce du Jurassique, et ces coquilles ne manquent pas complètement dans le Crétacé supérieur. Mais dans le Tertiaire ancien ce genre présente un développement vraiment extraordinaire aussi bien dans le nombre des individus que dans la variété des espèces. Le calcaire grossier de Paris en contient de nombreuses espèces de petite taille (*Nummulites lævigata* (fig. 463), *N. Lamarcki*). L'Éocène du pourtour de la Méditerranée, de la Perse, de l'Asie centrale, consiste en un calcaire tout rempli de Nummulites (*formation nummulitique*). Le calcaire d'Égypte qui a servi à la construction des pyramides en est littéralement pétri (*N. Gizehensis*). C'est dans la formation nummulitique qu'on trouve les espèces de grande taille. La *N. Gizehensis* est une des plus volumineuses, son diamètre est celui d'une pièce de deux francs. Ces Foraminifères si développés dans l'Éocène entrent bientôt en régression; ils sont déjà très peu nombreux dans l'Oligocène (*N. Boucheri*, *N. Vasca*) et ils sont aujourd'hui extrêmement rares. On n'en connaît qu'une espèce vivante (*N. Cuminghi*, Carpenter). Cette disparition brusque est une exception remarquable à cette évolution graduelle qui relie le monde organique tertiaire au monde actuel. Les Nummulites ont évolué et ont disparu avec la même rapidité que les Fusulines dans les temps primaires, et les deux cas sont également énigmatiques jusqu'à présent. Il est remar-

quable, comme le fait observer Neumayr, que la distribution géographique des Nummulites dans l'Éocène corresponde à celle des Rudistes dans le Crétacé. Les uns et les autres ont occupé la même zone, c'est-à-dire les bords de la Méditerranée actuelle, s'étendant depuis la région des Alpes et des Carpathes jusqu'aux Indes. En dehors de cette région ils se montrent très clairsemés.

Les Radiolaires se présentent en grande quantité dans les couches tertiaires, mais seulement en des localités isolées, de sorte que leur importance géologique est médiocre. On en a recueilli surtout dans les dépôts tertiaires supérieurs de Sicile, d'Oran, des Barbades, des îles Nicobar. Ils paraissent avoir éprouvé peu de changements depuis le commencement de l'ère tertiaire. Les divers genres actuels existent dans les couches tertiaires et souvent avec les mêmes espèces; ainsi le *Rhopalastrum lagenosum* du Miocène de Sicile vit encore aujourd'hui dans la Méditerranée.

Les Spongiaires que nous avons signalés comme très abondants dans certaines couches anciennes, sont au contraire très rares dans les terrains tertiaires. Ces animaux sont communs, comme on sait, dans les grandes profondeurs des mers actuelles. Leur rareté pendant l'ère tertiaire vient de ce que nous ne connaissons pas de faunes d'eau profonde de cette époque. La liaison des Spongiaires actuels et des Spongiaires crétacés est attestée cependant par la présence de spicules isolés dans les sables éocènes de Belgique et surtout par l'existence d'Hexactinellides nombreux, tels que *Aphrocallistes* dans le Miocène d'Oran et dans le Pliocène de Bologne (*Craticularia*).

Les Coralliaires ont formé des récifs puissants pendant l'Éocène; tels sont ceux des Corbières, de Suisse, et surtout ceux du Vicentin (San Giovanni Ilarione, Ronca) et du Frioul. Les Astréidés sont les Polypiers dominants. On trouve aussi le genre *Corallium*, qui date de la craie supérieure, les genres *Isis*, *Heliopora*. Il y a de même des Hydraires (*Millepora*, *Axopora*).

LES OURSINS ÉOCÈNES.

Si l'on considère les Échinodermes de l'Éocène, on constate que les Crinoïdes sont extrêmement rares, ce qui tient à l'absence de dépôts de mer profonde; les genres qui ont été reconnus jusqu'ici sont : *Pentacrinus Comatula*,

Cyathidium, qui existent encore aujourd'hui. On connaît dans les grands fonds actuels de l'Atlantique et du Pacifique au moins neuf espèces de Pentacrines.

Les Étoiles de mer sont également rares dans

le Tertiaire et appartiennent à des genres encore existants. Les Holothuries tertiaires sont aussi peu répandues et peu connues. Cependant M. Schlumberger (1889 et 1890) a trouvé dans

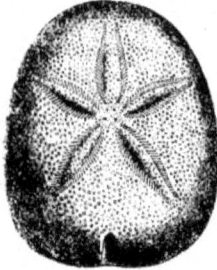

Fig. 465. — *Echinanthus scutella*. Éocène de Vicence (d'après Dames).

le calcaire grossier de Paris de nombreux spicules d'Holothuries ressemblant aux types actuels.

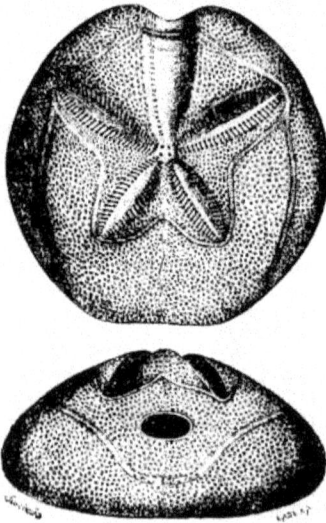

Fig. 466. — *Linthia Heberti* de l'Éocène supérieur de Vicence (d'après Dames).

Les Oursins sont les Échinodermes de beaucoup les plus importants dans les terrains tertiaires et ils méritent de nous arrêter.

Les Oursins réguliers, relativement moins

développés, sont encore représentés par de nombreuses espèces. Le genre *Cidaris* très ancien, comme nous le savons, existe dans l'Éocène et se continue à travers le Tertiaire jusque dans les mers actuelles chaudes et peu profondes. Le genre *Echinus*, que représentent aujourd'hui de nombreuses espèces vivantes, commence avec l'Éocène.

Une famille intéressante d'Oursins irréguliers est celle des *Cassidulidés*. Les zones ambula-

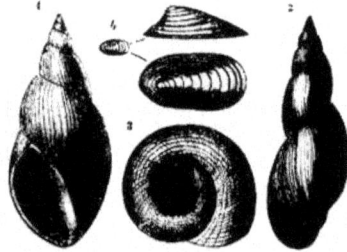

Fig. 467. — Pulmonés tertiaires d'eau douce. — 1, *Physa gigantea*. Éocène ; 2, *Limnæus longiscatus*. Éocène ; 3, *Planorbis cornu*. Miocène ; 4, *Ancylus illyricus*. Miocène (d'après Sandberger).

craires sont pétaloïdes ; leurs extrémités au voisinage de la bouche s'élargissent comme au voisinage du sommet, ce qui forme les *phyllodies*. Dans le Tertiaire inférieur cette famille est représentée surtout par les genres *Echinolampas* et *Echinanthus* (fig. 465), de forme ovoïde et où la bouche n'est plus au centre. L'anus est sur le bord inférieur dans *Echinanthus* et tout à fait sur la face inférieure dans *Echinolampas*.

Les *Clypéastridés* et les *Spatangidés* sont très importants dans le Tertiaire. Les Spatangidés sont déjà, comme nous le savons, très nombreux dans la craie, où existent les genres *Micraster*, *Hemiaster*, etc., mais ils atteignent tout leur développement dans le Tertiaire et à l'époque actuelle. Dans l'Éocène il faut citer le *Linthia Heberti* (fig. 466) avec des fascioles très nets et des ambulacres enfoncés dans des sillons, surtout l'ambulacre antérieur ; un genre voisin est le genre *Schizaster*.

Les *Clypéastridés* tirent leur nom du genre *Clypeaster* renfermant de très grands Oursins de forme déprimée, avec des zones ambulacraires pétaloïdes larges formant bourrelet. Les Clypéastridés débutent dans le Crétacé supérieur et l'Éocène. Il y a des *Clypeasters* de taille moyenne dans l'Oligocène de la Haute-Italie, mais les géants du groupe se rencontrent dans le Miocène. Une particularité remarquable de ce type est la présence à l'intérieur du test d'une couche calcaire d'où partent des aiguilles, des colonnes et même des cloisons qui divisent l'intérieur en compartiments. Ce caractère existe déjà dans le genre crétacé *Discoidea*, qui appartient à la famille des Pygastéridés, famille d'où les Clypéastridés ont tiré leur origine.

D'autres Invertébrés que les Échinodermes et assez répandus, sont les Bryozoaires. Ils appartiennent au groupe des Chilostomes ; l'orifice des loges se trouve sur le côté. On peut citer les genres *Lunulites, Eschara, Cellepora*, etc. Certaines localités, comme Kressemberg dans les Alpes septentrionales, Priabona et Mossano près de Vicence, sont surtout riches en fossiles de ce groupe.

Les Brachiopodes ne jouent plus qu'un rôle subordonné et ne se montrent nombreux que dans quelques localités.

Arrivons maintenant aux Mollusques, qui ont une toute autre importance.

LES MOLLUSQUES ÉOCÈNES.

Les Mollusques Pélécypodes et Gastéropodes sont extrêmement nombreux dans l'Éocène et les autres terrains tertiaires. Pour les Pélécypodes l'Éocène est caractérisé par l'extension des Huîtres proprement dites (ex. : *Ostrea bellovacina*) ; les genres *Anomia, Perna, Crassatella*, sont communs. Parmi les coquilles ayant un sinus palléal et par suite appartenant à des Pélécypodes pourvus de siphons rétractiles, il faut citer surtout les *Cytherea* et les *Venus*. Les Rudistes du Crétacé ont disparu complètement ; les Pholadomyes, autrefois si nombreuses et si variées, sont en pleine décroissance ; les Trigonies sont cantonnées dans la région australienne où on les trouve encore maintenant.

Pour les Gastéropodes il faut noter la disparition des genres *Actæonella* et *Glauconia* à coquilles épaisses, qui accompagnaient les Rudistes. Les Gastéropodes Siphonostomes, c'est-à-dire dont l'ouverture de la coquille se prolonge en un canal plus ou moins long, se développent beaucoup dans les diverses couches de l'Éocène (fig. 468). Il y en a déjà beaucoup d'ailleurs dans le Crétacé supérieur, notamment en Californie. Les *Cérithidés* prennent une grande extension dans l'Éocène. Le genre *Cerithium* compte de nombreuses espèces dans le calcaire grossier de Paris. Chez les Cérithes le canal est assez long. On a séparé du genre *Cerithium* les formes d'eau saumâtre à épiderme brun et à faible canal. On en a fait le genre *Potamides*. Les *Fusus* à canal allongé, sans bourrelet, transverses, présentent de nombreuses espèces dans l'Éocène : *Fusus Noæ, F. maximus, F. rugosus*, etc. Les *Murex* sont surtout abondants dans le Miocène. Citons encore les genres *Voluta, Nassa* encore rare dans l'Éocène et qui prend plus tard son développement maximum ; les genres *Mitra, Cassis, Tritonium, Cypræa, Pleurotoma, Conus*, etc., qui s'épanouissent aussi à partir de l'Éocène et le genre *Melania* d'eau douce, commun dans l'Éocène (*M. inquinata*). Les Gastéropodes d'eau douce ou terrestres commencent à être abondants (fig. 467). Les Limnées (*Limnæus*) sont extrêmement communes dans certains calcaires d'eau douce comme celui de Saint-Ouen (*L. longiscatus*). Le genre *Physa* diffère du genre *Limnæus* par son enroulement qui est sénestre. La *Physa gigantea* est caractéristique du calcaire de Rilly, dans l'Éocène inférieur. Le genre *Planorbis* se distingue par sa coquille dont les tours nombreux sont à peu près dans le même plan ; elle est ainsi discoïdale ; on peut citer entre autres le *Planorbis rotundatus* du calcaire de Saint-Ouen. Les Limnées, les Physes, les Planorbes sont des Gastéropodes Pulmonés d'eau douce. Les Pulmonés terrestres, comme les *Helix* (Escargots), les Bulimes, les Clausilies existent aussi. Les Clausilies éocènes sont même beaucoup plus grandes que les espèces vivantes.

On doit citer aussi parmi les Gastéropodes terrestres, les *Cyclostomides* (fig. 468), très communs aujourd'hui sous les tropiques et dépourvus de branchies ; ils respirent l'air en nature dans une cavité disposée comme celle des Pulmonés. Ces Gastéropodes se reconnaissent à l'ouverture circulaire de leur coquille. Ils se trouvent dans le Crétacé et se multiplient dans le Tertiaire (ex. : *C. munia* de l'Éocène de Paris).

Les Céphalopodes si répandus dans les terrains secondaires, sont en pleine décroissance au début du Tertiaire. Les Ammonites disparaissent ; elles n'ont plus que quelques rares représentants. On a cru longtemps qu'elles n'avaient pas franchi la limite qui sépare le Crétacé de l'Éocène, mais récemment on a

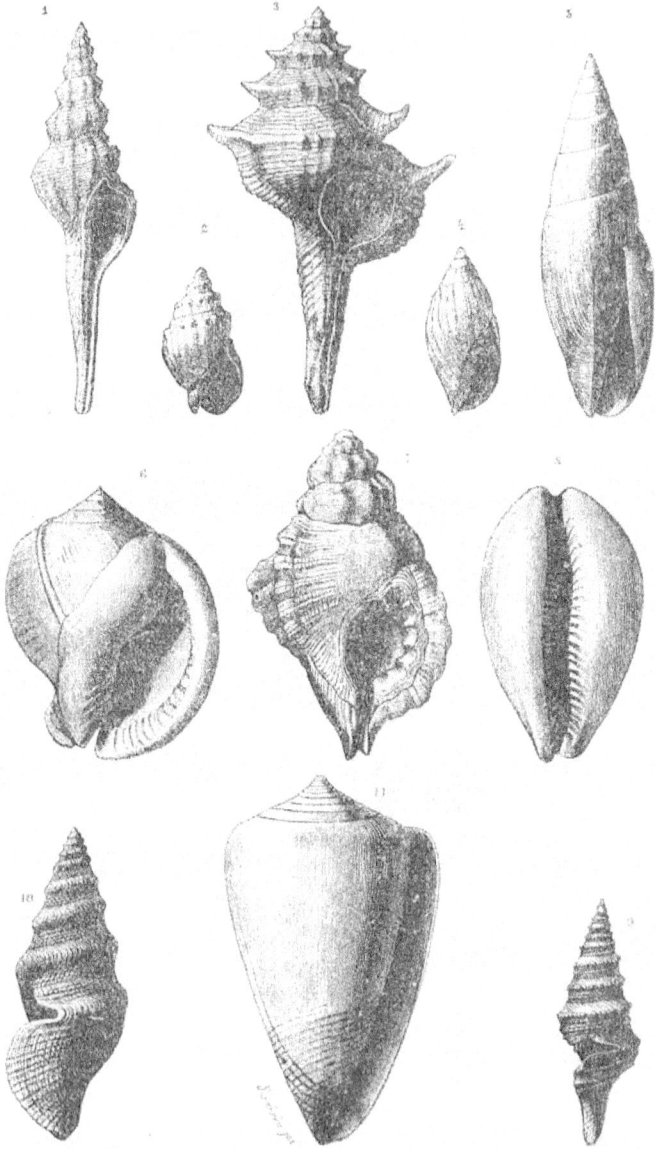

Fig. 468. — Siphonostomes tertiaires. — 1, *Fusus*; 2, *Nassa*; 3, *Murex*; 4, *Voluta*; 5, *Mitra*; 6, *Cassis*; 7, *Tritonium*; 8, *Cyprœa*; 9, 10, *Pleurotoma*; 11, *Conus*. (*après Harris*).

trouvé les dernières Ammonites dans le Tertiaire le plus inférieur de la Californie; il y aurait là des Scaphites. Il faut d'ailleurs remarquer avec Neumayr (1) que les Ammonites sont très répandues dans le Crétacé supérieur du bassin du Pacifique, tandis que dès cette époque elles sont en nombre très réduit dans la région Atlantique; on s'explique donc qu'elles aient persisté plus longtemps dans la région du Pacifique que chez nous.

Les Bélemnites ont presque entièrement disparu. Elles ne sont plus représentées dans l'Éocène que par quelques genres remarquables par leur rostre grêle muni d'une très profonde alvéole où pénètre le phragmocône. Celui-ci occupe presque tout le rostre. Tels sont les genres *Bayanoteuthis* et *Vasseuria*. Ces genres forment le passage aux Spirulidés, où il n'y a plus de rostre et où le phragmocône est enroulé en spirale. Déjà dans le genre *Vasseuria* le phragmocône est souvent légèrement arqué. Dans le *Beloptera* du calcaire grossier il en est de même et le rostre s'élargit en forme d'ailes.

Les Seiches actuelles (*Sepia*) ont une coquille interne ovale, un peu allongée, qu'on peut comparer à un *proostracum*. A sa base se trouve un rostre extrêmement petit, dans lequel s'enfonce un très petit phragmocône cloisonné dépourvu de siphon. Le passage des Bélemnitidés aux Sépiadés actuels nous est fourni par le genre *Belosepia* de l'Éocène (*B. Blainvillei*, Éocène moyen de Paris). Le rostre assez accusé et arqué contient un phragmocône qui montre à la place du siphon un large entonnoir. Le genre *Sepia* aujourd'hui très commun (*S. officinalis*) est représenté par les osselets internes (os de seiche) dans les couches éocènes (*S. vera*).

On ne sait trop comment expliquer cette disparition des Ammonites et des Bélemnites au début du Tertiaire. On peut observer toutefois qu'elle coïncide avec le développement des Poissons osseux déjà très communs dans le Crétacé supérieur, animaux qui se nourrissent aux dépens des êtres plus faibles qu'eux, notamment aux dépens des Céphalopodes.

Avant de passer aux Vertébrés de l'Éocène, il faut dire un mot des Crustacés. Les Crabes deviennent très communs en certaines localités, notamment aux environs de Vicence (fig. 470).

LES VERTÉBRÉS ÉOCÈNES : POISSONS, REPTILES ET OISEAUX.

Les Poissons éocènes ressemblent beaucoup aux Poissons actuels. Il faut citer notamment le genre *Amia* qui ne se trouve plus que dans les fleuves de l'Amérique du Nord; il existait dans les eaux douces de la période tertiaire aussi bien en Europe qu'en Amérique (*A. longecauda* du gypse de Montmartre).

Un gisement éocène très riche en Poissons est celui du Monte Bolca, près de Vicence. On y trouve en particulier le genre *Diodon*, commun aujourd'hui dans les mers chaudes. Il appartient au groupe des Plectognathes, caractérisés par leur mâchoire supérieure soudée au crâne et par leurs plaques dermiques souvent épineuses. Les Coffres ou Ostracions sont des Plectognathes couverts de plaques osseuses polygonales; il en existe une petite espèce (*O. micrurus*).

Les Lophobranches représentés aujourd'hui par les Syngnathes et les Hippocampes (Chevaux marins) ont également le corps cuirassé; leurs branchies se composent de filaments réunis en houppes qui sortent par des orifices très étroits. Ils existent dans l'Éocène. Au Monte Bolca on trouve des Syngnathes et un genre éteint (*Calamostoma*).

Les Squales sont très nombreux; on en trouve souvent des dents (*Lamna*, et autres genres) dans le calcaire grossier de Paris (fig. 471).

Les Batraciens sont inconnus dans l'Éocène. On en trouve au contraire des restes assez abondants dans certains gisements oligocènes.

Les Reptiles éocènes diffèrent peu des Reptiles actuels. Les genres Crocodile, Gavial et Alligator existent. Chose remarquable, les trois familles modernes des Gavialidés, Crocodilidés, Alligatoridés ne se trouvent plus réunies dans les mêmes localités, tandis que dans l'Éocène de Londres on les trouve ensemble. Il y a des Tortues. Les Lacertiens sont rares et difficiles à distinguer des genres actuels. Le premier Serpent authentique est le *Palæophis typhæus* de l'argile de Londres (Éocène). Ses vertèbres sont si grandes, qu'il devait atteindre la taille des plus forts Serpents actuels.

Les Oiseaux se sont développés dans l'Éocène, mais leurs restes ne sont jamais bien abondants. Les gisements les plus riches sont ceux du gypse de l'Éocène supérieur de Paris. On trouve là un certain nombre d'espèces rappelant celles

(1) *Erdgeschichte*, t. II, p. 509.

qui vivent aujourd'hui dans les régions chaudes. M. Flot a récemment étudié deux Oiseaux du gypse (1). Il leur a donné le nom de *Laurillardia parisiensis* et *L. Munieri*. D'après lui ils ont beaucoup d'analogie avec les Merles actuels de Madagascar (*Hartlaubius madagascariensis*).

Fig. 469. — Cyclostomidés tertiaires. — 1, *Cyclostoma bisulcatum* avec son opercule. Miocène ; 2, *Megalomastoma infra-nummuliticum* des couches de Cosina; 3, *Strophastoma tricarinatum*. Miocène (d'après Sandberger).

D'autres espèces n'ont plus leurs analogues. Telles sont celles du genre *Gastornis*. Les restes d'un grand Oiseau furent d'abord trouvés par Gaston Planté dans l'argile plastique de Mou-

Fig. 470. — *Cancer quadrilobatus* vu du côté ventrale. Crabe de l'Éocène des environs de Vicence (d'après Bittner).

don. On l'appela *Gastornis parisiensis*. Des débris plus complets furent découverts par M. Lemoine dans les couches cernaisiennes (Éocène inférieur) près de Reims. L'Oiseau était de grande taille, il avait quatre doigts. Les ailes étaient petites mais cependant plus développées que celles de l'Autruche. Le crâne est remar-

quable par ce fait que les sutures sont persistantes comme chez les jeunes Autruches. Les mâchoires présentent des dépressions qui rappellent les alvéoles des Reptiles, mais on n'a pas encore trouvé de dents en place. On ne peut donc pas affirmer que le *Gastornis* était denté. L'espèce de Cernay a été appelée *G. Edwardsi*. Par la structure de sa jambe, le *Gastornis* rappelle les *Anatidæ* (Canards, Oies, Cygnes) et notamment le *Cereopsis Novæ Hollandiæ*.

L'*Argillornis longipennis* est représenté par quelques ossements trouvés dans l'argile éocène de Sheppey près de Londres. Il paraît se rapprocher de l'Albatros. Le bec est denté.

L'*Odontopteryx toliapicus* du même gisement

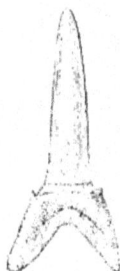

Fig. 471. — Dent de *Lamna elegans*.

est caractérisé par les dentelures du bec qui rappellent celles du Harle actuel (*Mergus*).

Un fait remarquable est l'extinction des grands Reptiles aquatiques si communs dans les dépôts secondaires : Ichthyosaures, Plésiosaures, Mosasaures, et la disparition complète aussi des gigantesques Dinosauriens ainsi que celle des Ptérodactyles. La disparition des grands Reptiles coïncide avec l'épanouissement des Mammifères. Il est probable que ces énormes animaux, qui devaient exiger une forte dose de nourriture et dont le cerveau, comme nous le savons, était extraordinairement réduit, n'ont pu s'adapter à des conditions d'existence nouvelles; dès lors leur vie est devenue difficile et ils n'ont pas tardé à périr (1).

LES VERTÉBRÉS ÉOCÈNES : MAMMIFÈRES.

L'Éocène et les autres termes de la série tertiaire sont caractérisés par le grand nombre d'ossements de Mammifères qui ont été découverts. Il y a là contraste absolu avec les terrains secondaires où ce type n'a jusqu'à présent fourni que peu de représentants. Nous

(1) *Mémoires de Paléontologie*, t. II, 1891.

(1) Neumayr, *Erdgeschichte*, t. II, p. 539.

avons cité plus haut les quelques Mammifères du Trias, ceux du Jurassique étudiés par M. Marsh, ceux du groupe de Laramie qui fait transition du Crétacé à l'Éocène. Les gisements éocènes de Mammifères sont aujourd'hui assez nombreux. Le premier, Cuvier, signala une riche faune de Mammifères fossiles dans le gypse de Montmartre ; mais depuis le commencement du siècle les découvertes, tant en Europe qu'en Amérique, se sont accumulées et elles nous permettent d'esquisser la filiation d'un grand nombre de types actuels. M. Gaudry surtout, dans son livre célèbre : Les Enchaînements du monde animal, a appelé l'attention sur les relations qui unissent les diverses formes de Mammifères [1].

Les Mammifères fossiles ont été trouvés en grand nombre dans les couches éocènes les plus inférieures : ainsi dans les couches de Cernay près de Reims par M. Lemoine, dans les couches de Laramie de l'Amérique du Nord, qui servent de transition entre le Crétacé et l'Éocène, et dans les couches de Puerco qui les surmontent. Récemment enfin M. Ameghino a découvert de nombreux restes de Mammifères en Patagonie dans l'étage qu'il a appelé le Guaranien.

Les Mammifères éocènes les plus anciens sont les Plagiaulacidés qui appartiennent à l'ordre des Marsupiaux. Le genre Plagiaulax, comme nous l'avons vu, existe dans le Jurassique supérieur (Purbeck), mais M. Lemoine a découvert dans l'Éocène de Cernay (1880) un type semblable : le Neoplagiaulax dont il a décrit plusieurs espèces (N. eocænus, N. Marshii, N. Copei). Chez le Plagiaulax il y a à la mâchoire inférieure de chaque côté deux prémolaires dont la couronne montre des sillons transversaux ; à la suite viennent deux molaires tuberculeuses. Chez le Neoplagiaulax il y a seulement une seule prémolaire. M. Marsh a décrit dans les couches de Laramie des molaires qu'il a figurées sous les noms de Tripriodon, Cimolodon, Cimolomys et Halodon. D'après M. Lemoine on y retrouve les formes caractéristiques du Neoplagiaulax. Chez le Ptilodus mediævus des couches de Puerco (Nouveau-Mexique) il y a deux prémolaires. A Rio de Santa-Cruz, en Patagonie, M. Ameghino a décrit des formes alliées aux Plagiaulax. Ce genre Dipilus est celui qui rappelle le mieux les

genres européens et nord-américains. Dans Abderites meridionalis, Acdestis Oweni et Epanorthus, il y a des dents plus nombreuses et la quatrième prémolaires correspondant à la grande dent striée de Neoplagiaulax est peu striée ou même sans sillons. Ce sont des types plus primitifs [1]. Les dents sillonnées se retrouvent à l'époque actuelle chez les Hypsiprymnus (Kangouroo-Rat) de l'Australie. Ces genres Acdestis et Abderites rappellent davantage certains Phalangers (genre Cuscus) de la région australienne.

On sait qu'aujourd'hui l'Australie est caractérisée par la présence d'une faune marsupiale très variée, tandis qu'on n'y connaît comme Mammifères placentaires que les Chauves-Souris qui proviennent sans aucun doute d'une émigration qu'expliquent leurs ailes, de Rats sûrement introduits par l'homme et d'un Chien sauvage, le Dingo qui a sans doute la même origine. La faune d'Australie a un caractère mésozoïque des plus remarquables ; on doit en conclure que cette région s'est séparée du continent asiatique à la fin des temps secondaires ; les types animaux qu'elle renfermait alors sont restés isolés et ont gardé le caractère marsupial, tandis que dans les régions situées plus au nord les Marsupiaux ont cédé la place aux Mammifères placentaires.

Dans l'Éocène supérieur d'Europe, ainsi dans le gypse de Montmartre, il y a encore des Marsupiaux, mais tout différents de ceux de l'Éocène inférieur. Cuvier découvrit dans le gypse la partie antérieure d'un animal qu'il n'hésita pas, d'après les dents, à comparer aux Sarigues (Didelphys) qui existent aujourd'hui en Amérique. En dégageant de la pierre le reste du squelette, on constata en effet au bassin la présence d'os marsupiaux. Il n'y avait donc pas de doute possible, on avait bien affaire à un animal voisin des Sarigues, et qui fut appelé Didelphys Cuvieri. Depuis on en a fait le genre Peratherium. Ainsi, à l'époque éocène supérieure, il y avait encore des Marsupiaux en Europe, mais appartenant au type américain et non plus au type australien. Ce fait vient encore à l'appui de l'opinion d'un isolement, après la fin des temps secondaires, de l'Australie ; il est conforme aussi à l'idée qu'à une époque relativement récente, des communications ont existé entre l'Europe et l'Amé-

(1) Gaudry, Les Enchaînements du monde animal dans les temps géologiques, Mammifères tertiaires. Paris, 1878.

(1) Voir des articles de M. Trouessart, sur les Mammifères fossiles de la République Argentine. Le Naturaliste, 1890.

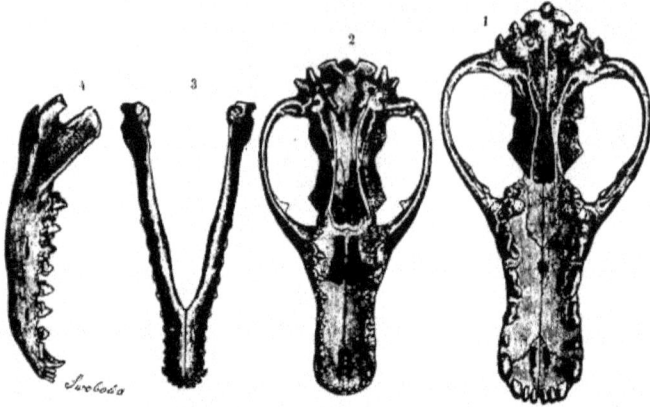

Fig. 472. — 1, Crâne de Loup vu de dessous; 2, crâne de Thylacine vu de dessous; 3 et 4, Mâchoire de Thylacine vu de dessous et de côté.

rique. Le genre *Didelphys* se montre en Amérique depuis le Miocène ; le genre *Peratherium* vivait en Europe et dans l'Amérique du Nord à la fin de l'Éocène ou pendant l'Oligocène ; on doit en conclure que le type Sarigue est originaire des contrées du nord et n'est arrivé qu'au Miocène dans l'Amérique du Sud.

Les Insectivores sont apparus en grand nombre dès l'Éocène inférieur. Ce sont les Mammifères placentaires qui se rapprochent le plus des Mammifères jurassiques du groupe des *Pantotheria* de Marsh. Les *Amphitherium*, *Dryolestes*, etc., du Jurassique rappellent beaucoup les Insectivores actuels et doivent probablement être regardés comme leurs formes-souches. M. Lemoine a découvert à Cernay au moins quatre genres d'Insectivores. L'*Adapisorex* est caractérisé par la forme allongée de son maxillaire inférieur presque complètement dépourvu d'apophyse coronoïde, le développement spécial de sa quatrième prémolaire et la disposition cupuliforme des arrière-molaires dont la troisième manque de talon. Le genre *Adapisoriculus* beaucoup plus petit est aussi un Insectivore ; les genres *Pleuraspidotherium* et *Orthaspidotherium*, considérés par M. Lemoine comme des Ongulés, sont bien d'après M. Schlosser des Insectivores. L'Éocène du Wahsatch, dans l'Amérique du Nord, a fourni à M. Cope les genres *Ictops*, *Leptictis*, *Esthonyx* qui ont bien une dentition d'Insectivore. M. Cope regarde le genre *Esthonyx* comme la souche des Hérissons.

Les Chauves-Souris ressemblent trop aux Insectivores par leur dentition pour ne pas en être dérivées. Il faut les regarder comme des Insectivores qu'une modification des doigts antérieurs a adaptés au vol. Les plus anciens Chéiroptères remontent à l'Éocène le plus supérieur. On a trouvé le genre *Vespertilio* dans le gypse de Montmartre.

Un groupe de Mammifères de l'Éocène très remarquable est celui des *Créodontes*. Ces animaux, qui doivent leur nom à M. Cope, vivaient

Fig. 473. — Mâchoire de *Pterodon*.

de chair, mais on ne peut les confondre avec les Carnassiers, car ils ont des affinités avec les Marsupiaux carnivores et avec les Insectivores. Ils sont pentadactyles et plantigrades. Chez beaucoup d'entre eux le membre antérieur diffère de celui des Carnassiers proprement dits par le naviculaire et le semi-lunaire qui ne sont pas soudés. Souvent aussi il y a moins d'incisives à la mâchoire inférieure que chez les Carnassiers; toutes les molaires sont semblables, il n'y a pas de dent carnassière bien différenciée. Le cerveau est très simple, les hémisphères son lisses et laissent à découvert les tubercules quadrijumeaux et le cervelet. Cependant les différences avec les Carnassiers peuvent être moins considérables chez les Créodontes les plus récents, ceux de l'Oligocène. Le cerveau est alors d'un type plus élevé, les os scaphoïde et semi-lunaire sont soudés ; la dent carnassière commence à se différencier et il y a le nombre complet d'incisives. La formule dentaire devient alors : $\frac{3}{3}$ i. $+\frac{1}{1}$ c. $+\frac{4}{4}$ pm. $+\frac{3}{3}$ m., c'est-à-dire que chaque demi-mâchoire supérieure et inférieure présente 3 incisives, 1 canine, 4 prémolaires et 3 molaires, en tout 44 dents. Chez les *Miacidés*, la quatrième prémolaire du haut et la première molaire du bas l'emportent sur les autres dents et deviennent des dents carnassières ; il faut y voir les formes originelles des véritables Carnivores.

Les Créodontes ont été trouvés abondamment par M. Cope dans l'Éocène de Puerco au Nouveau-Mexique ; ils existent aussi en Europe dans l'Éocène et l'Oligocène. Les *Arctocyons* (*A. primævus*) des grès de La Fère (Éocène inférieur) ont une grande ressemblance avec les Ours par la forme tuberculeuse de leurs molaires, mais le cerveau est lisse et les palatins sont troués comme chez les Marsupiaux carnivores.

Dans l'Oligocène existent les *Proviverra*, les *Hyænodon*, etc. Dans le gypse de Paris et l'Oligocène se montre le genre *Pterodon* (fig. 473) ; il y a ici une prémolaire très forte analogue à une carnassière. Ces animaux, comme l'indiquent leurs dents fortes et usées, devaient vivre à la manière des Hyènes et broyer les os les plus durs.

Les genres précédents présentent, outre leurs analogies avec les Carnassiers, des analogies non moins remarquables avec les Marsupiaux carnivores, tels que le *Thylacine* ou Loup-à-Bourse de la Tasmanie (fig. 472.) Ce dernier ressemble par la structure de son crâne à un Loup, mais les molaires sont toutes semblables et ont la structure de carnassières, en outre les palatins sont troués. Les différences sont toutefois beaucoup trop grandes pour qu'on puisse confondre les Marsupiaux carnivores et les Créodontes ; chez ceux-ci l'angle de la mâchoire inférieure ne présente pas l'inflexion vers le dedans caractéristique des Marsupiaux ; de plus les Créodontes ont une dentition de lait complète, tandis que chez les Marsupiaux une seule prémolaire est remplacée.

Les Créodontes se rapprochent des Insecti-

vores précisément par les caractères qui les éloignent des Carnassiers proprement dits. On ne peut établir une limite précise entre les deux ordres. Ainsi un Insectivore de Madagascar, le Tanrec (*Centetes*), a été rangé parfois parmi les Créodontes tandis que l'*Arctocyon* a été à tort placé récemment parmi les Insectivores.

Ces relations multiples entre les Créodontes, les Insectivores et les Marsupiaux s'expliquent par l'évolution du type mammifère. Si l'on admet avec beaucoup de paléontologistes que tous les Mammifères secondaires sont des Marsupiaux insectivores, les caractères marsupiaux des Créodontes proviendraient de leur origine marsupiale. Les Créodontes étant sortis de ces types insectivores doivent avoir retenu des caractères qui existent aujourd'hui soit chez les Marsupiaux, soit chez les Insectivores. Mais, d'après M. Marsh, les Aplacentaires et les Placentaires auraient été séparés dès le commencement des temps secondaires ; la question devient ainsi plus complexe, et elle ne pourra être élucidée que par l'étude plus complète des Mammifères secondaires et surtout par la découverte, dans un avenir plus ou moins lointain, des Mammifères du Crétacé. Nous ne connaissons en effet que les Mammifères de la craie la plus supérieure ; il existe une lacune dans nos connaissances, correspondant à presque toute la période crétacée.

Les Rongeurs n'apparaissent guère qu'à l'Éocène supérieur. Ils sont probablement dérivés d'anciens Insectivores. Un argument en faveur de l'origine des Rongeurs considérés comme provenant des Insectivores, par suppression des canines, nous est fourni par le Lémurien de Madagascar, appelé Aye-Aye (*Cheiromys madagascariensis*) ; il a des canines au début, puis il les perd et prend une dentition de Rongeur. Ce qui se produit aujourd'hui a pu se produire également dans les périodes géologiques.

Les Rongeurs les plus anciens constituent le genre *Tillotherium* de l'Éocène du Wyoming dans l'Amérique du Nord (fig. 474). Ces animaux possédaient en haut et en bas deux grandes incisives à croissance continue comme celles des Rongeurs ; derrière s'en trouvaient deux autres plus petites. Les incisives étaient séparées par un grand intervalle vide de 5 ou 6 molaires tuberculeuses.

Le *Tillotherium fodiens* devait avoir la taille d'un Mouton. On doit probablement le regarder comme la souche des Rongeurs. Un autre groupe de l'Éocène de l'Amérique du Nord,

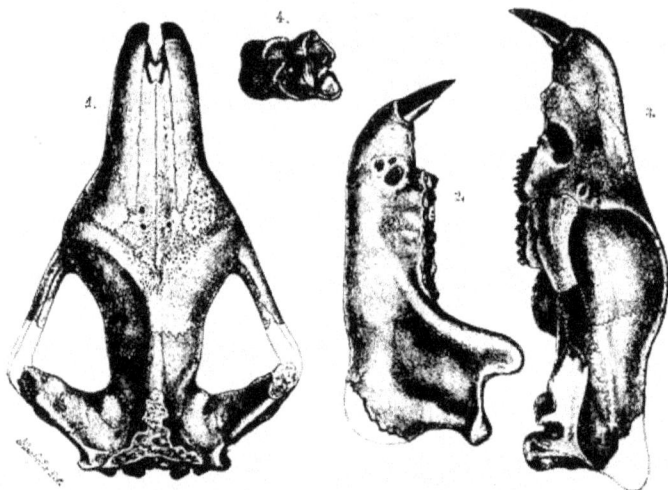

Fig. 474. — *Tillotherium fodiens* de l'Éocène d'Amérique (d'après Marsh'. — 1, Crâne vu de dessus; 2, mâchoire inférieure; 3, crâne vu de côté; 4, une molaire.

mais encore peu connu, est celui des *Tæniodontes;* il est allié au *Tillotherium* mais en diffère par la présence de fortes canines et par ce fait que les dents n'ont pas d'émail ou en ont fort peu ; tels sont le *Psittacotherium* de Puerco et le *Calamodon* des couches du Wahsatch. Le manque d'émail a fait regarder les Tæniodontes comme les formes originelles des Édentés (Tatous, Fourmiliers, etc.), mais ce n'est qu'une hypothèse dépourvue de bases suffisantes, car la diminution ou la disparition de l'émail peut s'observer dans les groupes les plus différents des Mammifères.

Avant d'étudier les Ongulés éocènes, il faut dire un mot des Lémuriens ou Prosimiens. Ils ont le pouce opposable aux deux paires de membres comme les Singes. Ils sont presque tous cantonnés à Madagascar (Makis, Indris). Leurs affinités sont complexes. La dentition des Lémuriens ressemble beaucoup à celle des Insectivores : les molaires présentent des pointes coniques et aiguës. D'autre part, ils ont avec les Ongulés des rapports incontestables. L'*Adapis parisiensis*, trouvé par Cuvier dans le gypse, a été rangé par lui parmi les Ongulés à cause de ses molaires inférieures ressemblant à celles des Lophiodons, mais il a une astragale munie d'une gorge, analogue à celle des Makis.

Les Lémuriens descendent de types très anciens, alliés aux Insectivores et aux Ongulés primitifs. Dès l'Éocène inférieur on a trouvé de ces types originels qui sont souvent séparés des Lémuriens actuels sous le nom de *Mésodontes* ou *Lémuroïdes.* M. Lemoine a trouvé à Cernay de ces animaux; ils constituent les genres *Plesiadapis* et *Protoadapis.* Ils n'ont pas comme les Lémuriens actuels des canines inférieures incisiformes et des prémolaires caniniformes. M. Cope regarde comme des Lémuroïdes les types de l'Éocène d'Amérique tels que *Pelycodus, Hyopsodus,* qui ont encore le nombre primitif de dents (quarante-quatre); tels sont encore le *Microsyops*, l'*Indrodon*, etc.

M. Cope a trouvé aussi un crâne presque complet d'un Lémurien qu'il a appelé *Anaptomorphus homunculus.* D'après M. Cope, c'est le Lémurien qui se rapproche le plus des Singes anthropomorphes et il doit en être l'une des souches. Il a la taille d'un Ouistiti ; il y a deux prémolaires seulement à la mâchoire supérieure, bilobées comme celles des Singes, la canine est petite et dépasse à peine les prémolaires, les vraies molaires diminuent de taille en arrière, les incisives sont droites au lieu d'être proclives, comme chez les Lémuriens. La cavité crânienne est grande, les hémisphères cérébraux devaient être volumineux ; le palais est large, ce qui rappelle encore les Anthropomorphes.

D'ailleurs les Lémuriens ne sont pas les seuls Primates très anciens. M. Ameghino a récemment annoncé la découverte d'un Singe véritable dans l'Éocène inférieur de la Patagonie. Il l'a appelé *Homunculus patagonicus*. Cet animal était de petite taille, il avait les dimensions du Sajou actuel, mais il présente les caractères squelettiques de Singes élevés (1).

Les Mammifères Ongulés, c'est-à-dire ceux dont la dernière phalange au lieu de porter un ongle est entourée d'un sabot, présentent pendant la période éocène un grand nombre de formes primitives. Les Ongulés correspondent, comme on le sait, aux deux anciens ordres des Pachydermes et des Ruminants de Cuvier. On peut les diviser aujourd'hui de la manière suivante :

Un premier ordre est celui de *Hyracoïdes*, ne comprenant que le genre *Hyrax* ou Daman (fig. 475). Les Damans sont de petits animaux de la taille des Lapins, qui habitent les parties rocheuses de la Syrie et de l'Afrique. Ils ont des incisives de Rongeurs, pas de canines et des molaires qui ressemblent à celles des Tapirs et des Rhinocéros. Il y a quatre ou cinq doigts aux pattes de devant et trois à celles de derrière. Le carpe présente deux rangées d'os, ceux d'une rangée étant exactement placés sur ceux de l'autre ; il y a correspondance parfaite des os des deux rangées, ces os forment ainsi des séries linéaires.

Un second ordre est celui des *Proboscidiens* ou Éléphants caractérisés, comme on sait, par la présence d'une trompe et par une dentition remarquable. Il n'y a jamais de canines ; les incisives supérieures, qui existent seules chez les Éléphants actuels, sont à croissance continue et forment les défenses ; les molaires ont une large surface triturante et sont séparées des incisives par un large espace vide ou barre. Comme chez les Hyracoïdes, les os du carpe sont en séries linéaires, disposition qui se retrouve chez les Ongulés les plus anciens de l'Éocène d'Amérique. La figure ci-jointe indique la disposition des os du carpe d'un Éléphant, comparée à la disposition alternante de ces os chez un autre Ongulé, le *Coryphodon* (fig. 476, p. 324).

Un troisième groupe beaucoup plus important que les deux précédents est celui des *Di-*

(1) Trouessart, *Revue scientifique*, 1891, 2ᵉ semestre, p. 508.

plarthra, qui comprend le plus grand nombre des Ongulés. Le carpe ne présente plus de séries linéaires ; les os des deux rangées alternent. En outre, l'os du tarse appelé astragale est pourvu d'une facette double pour l'articulation du scaphoïde et du cuboïde ; de là est venu le nom de *Diplarthra* (articulation double). Ce groupe des *Diplarthra* comprend deux ordres. Le premier est celui des *Périssodactyles* dont les membres portent un nombre impair de doigts ; tels sont les Tapirs, les Rhinocéros, les Chevaux. Les molaires présentent des crêtes transversales sur la couronne (type *zygodonte*) et peuvent prendre, par exemple chez le Cheval, une disposition très compliquée.

Le second ordre des *Diplarthra* est celui des *Artiodactyles* dont les membres sont munis d'un nombre pair de doigts. On les divise en deux sous-ordres d'après la conformation des molaires. Chez certains, les denticules des molaires sont mamelonnés, on dit qu'ils sont *Bunodontes* (Hippopotames, Porcins) ; chez les autres ces denticules sont en forme de croissants entourés d'émail. On les appelle pour cette raison *Sélénodontes*. Ce sont les Ruminants. Il faut donc distinguer les Artiodactyles Bunodontes et les Artiodactyles Sélénodontes ou Ruminants.

Les Ongulés descendent de formes primitives que nous ont fait surtout connaître les beaux travaux de M. Cope. Dès 1874, ce naturaliste avait émis l'idée que le type primitif devait être pourvu de cinq doigts et que, par l'atrophie de certains doigts, ce type avait fourni plus tard les Périssodactyles et les Artiodactyles. En 1883, il découvrit ces formes prévues dans l'Éocène du Nouveau-Mexique et du Wyoming (couches du Wahsatch et de Puerco). Il en a fait l'ordre des *Condylarthra*, caractérisé par la structure du carpe et du tarse ; les os, au lieu d'alterner comme chez les *Diplarthra*, sont disposés en séries linéaires comme dans le carpe des Hyracoïdes et des Proboscidiens. Au tarse le cuboïde s'articule seulement avec le calcanéum ; en d'autres termes, l'astragale n'a qu'une seule facette articulaire, celle du scaphoïde. L'humérus est perforé à sa partie inférieure, caractère qui n'existe que chez quelques Ongulés anciens et qui est au contraire très répandu chez les Créodontes et les Carnassiers. Des deux os de l'avant-bras, le radius est plus faible que le cubitus, fait qui se présente aussi chez l'Éléphant et l'Hyrax, tandis que chez les autres Ongulés c'est au contraire le cubitus qui est plus faible.

Il y a là un rapport remarquable avec la disposition du carpe. Chez les *Condylarthra* (ex. : le *Phenacodus*), chez l'Éléphant, l'Hyrax, où le cubitus est fort, les os du carpe sont en séries linéaires ; chez les autres Ongulés, où le cubitus est faible, les os du carpe sont en séries alternantes. Si nous considérons un Ongulé pentadactyle, le *Coryphodon*, assez peu éloigné des *Condylarthra* et où le cubitus devient déjà plus faible, nous verrons que l'os du carpe avec lequel il est en rapport, le pyramidal, devient plus petit, tandis que les autres os de la première rangée qui correspondent au radius deviennent plus grands et dépassent les os correspondants de la seconde rangée ; la disposition des os du carpe devient ainsi alternante. C'est la réduction du cubitus qui produit la première déviation dans la disposition normale du carpe. Cette déviation est aussi, suivant toute vraisemblance, en rapport avec la réduction du nombre des doigts chez la plupart des Ongulés. Toutes ces modifications, qui se sont produites graduellement dans le cours des temps géologiques ont eu pour résultat final d'adapter de mieux en mieux les membres des Ongulés à la course.

Les dents des *Condylarthra* sont au nombre de quarante-quatre ; les molaires sont bunodontes. Les plus anciens de ces animaux proviennent de l'Éocène de Puerco. Ils constituent la famille des *Périptychidés*, comprenant plusieurs genres : *Periptychus, Haploconus, Zetodon*. Le cou est court, l'astragale comme chez l'Éléphant est dépourvu de poulie articulaire ; les prémolaires sont très simples, ne présentent qu'une pointe ; les molaires présentent trois tubercules principaux. Le *Periptychus* atteignait la taille d'un Mouton ; il était pentadactyle et nettement plantigrade, la queue était très forte.

Une famille de *Condylarthra* est celle des *Phénacodontidés* qui se trouve surtout dans les couches éocènes du Wahsatch, plus récentes que celles de Puerco. Les prémolaires sont plus compliquées que chez le *Periptychus*, les molaires présentent quatre tubercules principaux, le cou est long. Il y a une poulie articulaire à l'astragale. Les genres principaux sont *Protogonia* et *Phenacodus*. Le *Phenacodus primævus* a été bien étudié par M. Cope. Il avait la taille d'un Tapir, les os nasaux se prolongent aussi en arrière comme chez ce dernier. Les molaires présentent quatre tubercules principaux avec de petites pointes intermédiaire, la dernière molaire inférieure a un cinquième tubercule. M. Cope a pu

prendre le moulage de la boîte crânienne ; le cerveau est peu compliqué, comme chez les Mammifères éocènes : les hémisphères étaient lisses, une encoche seulement représente la scissure de Sylvius, le lobe de l'hippocampe était volumineux, le vermis et les lobes olfactifs étaient bien développés, comme dans les types inférieurs. Les *Phenacodontidés* sont certainement les formes primitives des Périssodactyles ; ils ne sont plus plantigrades ; le doigt numéro I et le doigt numéro V (petit doigt) sont raccourcis et ne touchent pas le sol, enfin le doigt médian ou numéro III est déjà le plus fort et rappelle ainsi les Périssodactyles actuels (fig. 478, p. 323).

Quant aux *Périptychidés* ils seraient, d'après M. Cope, les ancêtres de tous les Ongulés. Ils seraient eux-mêmes dérivés des Créodontes. En effet la dentition de plusieurs genres, avec les molaires à trois tubercules, ressemble à celle des Créodontes ; la distinction tirée des phalanges unguéales est aussi réduite à sa plus simple expression, car les ongles de certains Créodontes, comme le *Mesonyx*, sont presque des sabots. Dans les couches éocènes du Wyoming, M. Cope a trouvé un Ongulé à molaires tuberculeuses n'ayant que quatre doigts à chaque patte : c'est le *Pantolestes*. M. Cope le regarde comme dérivé des Périptychidés et comme étant la souche commune de tous les Artiodactyles ou Ongulés à nombre de doigts pairs.

Remarquons que les Ongulés actuels qui rappellent le plus les *Condylarthra* sont les Hyracoïdes. Aussi M. Cope a-t-il réuni les *Condylarthra* et les Hyracoïdes sous le nom de *Taxéopodes*, qui signifie pieds rapides.

M. Cope désigne sous le nom d'*Amblypodes* des Ongulés éocènes pentadactyles ne sont pas très éloignés des *Condylarthra* et qui en sont certainement dérivés. Les pieds sont courts et plantigrades. Les os du tarse sont en disposition alternante comme chez les Périssodactyles, c'est-à-dire que le cuboïde s'articule avec l'astragale et le calcanéum ; l'astragale est plat comme chez les Éléphants. Les os du carpe conservent souvent la disposition en séries linéaires de ceux du carpe des *Condylarthra*. Les molaires sont trituberculeuses. Ce groupe des Amblypodes est limité à l'Éocène, et ne se trouve, sauf un genre, que dans l'Amérique du Nord.

La famille la plus ancienne est celle des *Taligrada* de l'Éocène de Puerco. Elle ne renferme que le genre *Pantolambda*. L'astragale est muni d'une tête ; il y a un troisième trochanter au

Fig. 475. — Squelette de Daman (*Hyrax*).

fémur. Les molaires supérieures présentent des crêtes en forme de V.

La famille des *Pantodonta* provient des couches du Wahsatch, supérieures à celles de Puerco. Le genre le plus connu est le *Coryphodon*, également représenté en Europe dans le conglomérat de Meudon et l'argile de Londres. Cope le décrit en ces termes : « Par son squelette, c'est à l'Ours que le *Coryphodon* ressemble plus qu'à aucun autre animal, avec cette différence que ses pieds sont semblables à ceux de l'Éléphant et qu'il a en outre, de plus que les Ours, une queue de longueur moyenne. Nous ne savons s'il était couvert de poils, car ses alliés, les Éléphants, sont les uns nus, les autres couverts d'une toison (Mammouth). Le sommet de la tête était sans doute chauve et pouvait être couvert chez les vieux animaux d'un épiderme mince, comme celui des Crocodiles, de manière à ne présenter à l'ennemi qu'un front dur et impénétrable. Dans ses mouvements le *Coryphodon* devait rappeler l'Éléphant

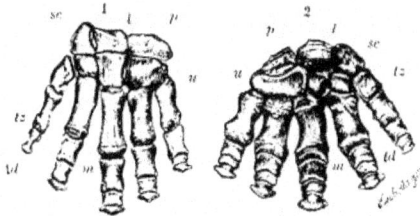

Fig. 476. — Patte antérieure de (1) Éléphant et de (2) *Coryphodon*. On a désigné par des lettres les os du carpe : *p*, os pyramidal ; *l*, semi-lunaire ; *sc*, scaphoïde ; *u*, unciforme ; *m*, grand os ; *tz*, trapézoïde ; *td*, trapèze.

avec son amble vacillant. Comme compensation au manque de rapidité, il était armé de fortes canines dirigées en avant et qui, à la mâchoire supérieure, étaient plus grosses et plus longues que celles des Carnassiers. La taille varie, suivant les espèces, de celle du Bœuf à celle du Tapir. La nourriture principale du *Coryphodon* était certainement végétale, mais comme les Porcs actuels, il devait être à un notable degré omnivore. » Les mâchoires portaient quarante-quatre dents ; les canines étaient remarquables par leur grandeur. Les molaires étaient bâties à peu près sur le plan de celles des *Pantolambda* ; il y a un V avec une crête élevée sur le côté interne, bordée d'un bourrelet saillant. Les os du carpe sont disposés en séries alternantes, le cubitus est plus faible que le radius, le doigt numéro III est le plus fort comme chez les Périssodactyles, mais les doigts par leur forme lourde et courte, le carpe et le tarse par leur force, rappellent l'Éléphant (voir fig. 476). On a pu voir par le moulage de la boîte crânienne que les hémisphères étaient lisses et remarquablement petits ; c'est ce que montre la figure 479, qui permet de comparer le cerveau du *Coryphodon* à celui du Cheval.

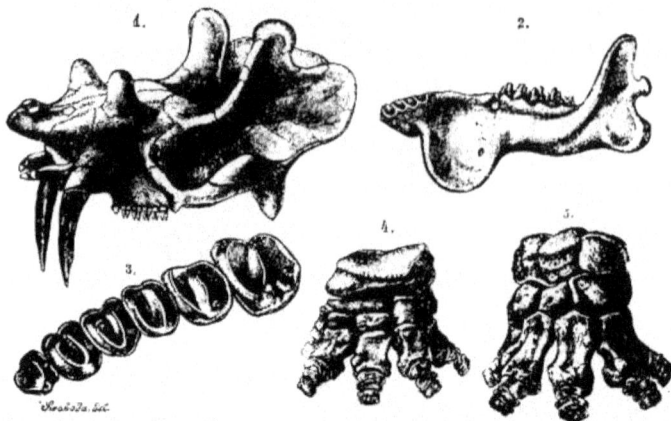

Fig. 477. — *Dinoceras mirabile* de l'Éocène d'Amérique (d'après Marsh). — 1. crâne ; 2, mâchoire inférieure; 3, molaires supérieures; 4, patte de derrière; 5, patte de devant.

Les Coryphodontidés, issus des *Taligrada*, ont eux-mêmes fourni un autre groupe, celui des *Dinocerata*, limité aux couches de Bridger plus récentes que celles du Wahsatch. La distribution géographique des Dinocérates est très limitée. On les trouve seulement dans la partie sud-ouest du Wyoming, dans le bassin de Green River, qui est limité à l'ouest par la chaîne du Wahsatch, au sud par la chaîne d'Uintah, au nord par la chaîne de Wind River.

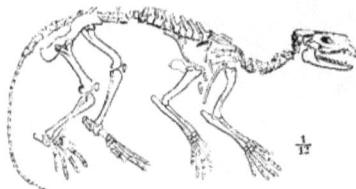

Fig. 478. — *Phenacodus Wortmanni* (Wyoming).

Ce bassin était occupé pendant la période éocène par un grand lac d'eau douce, dont les sédiments atteignent une épaisseur d'un mille anglais. Dans cette région aride, soumise à une dénudation intense, et qui mérite bien son nom de Mauvaises Terres du Wyoming, on trouve à la surface du sol, de nombreux ossements de Vertébrés, surtout ceux des Dinocérates. M. Marsh a pu recueillir les os de plus de deux cents individus. Il les a répartis en trois genres : *Dinoceras*, *Loxolophodon* et *Uintatherium*. Ce

sont des animaux colosses, comparables par la grandeur et la puissance du squelette à des Éléphants, mais les jambes étaient plus courtes et très fortes. Le *Dinoceras mirabile*

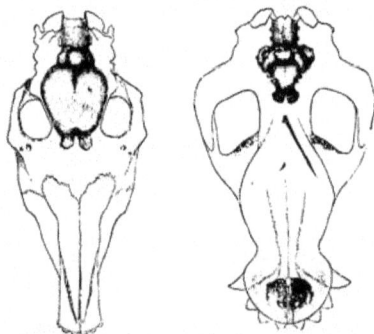

Fig. 479. — Crânes de *Coryphodon* et de Cheval avec le contour du cerveau; à droite se trouve le crâne du *Coryphodon* avec un cerveau remarquablement petit; à gauche celui du Cheval.

mesure de 2 à 4 mètres de long sur 2 mètres de haut. Le *Loxolophodon ingens* avait, du nez à l'extrémité de la queue, 5 mètres de long, et sans la queue 3m,65 de long. La longueur d'un Éléphant, sans la trompe ni la queue, est de 3m,35, avec une hauteur de 4 mètres (1). Le cou

(1) Neumayr, *Erdgeschichte*, t. II, p. 450.

est plus long et plus mobile que celui de l'Éléphant et par toute son apparence, cet animal tient le milieu entre l'Éléphant et le Rhinocéros. La patte est pentadactyle, mais l'axe du membre correspond au troisième doigt. Le fémur est court sans troisième trochanter. L'astragale ressemble à celui de l'Éléphant. Les os du tarse sont en disposition alternante et ceux du carpe en séries linéaires. Le crâne est long et étroit (fig. 479). Il porte trois paires de protubérances osseuses qui supportaient sans doute des cornes; les deux plus petites protubérances sont à l'extrémité des os nasaux, les moyennes sont sur les maxillaires en avant des orbites, enfin les plus fortes se trouvent sur les pariétaux. En avant des os nasaux il y a des os prénasaux qui, chez l'adulte, se soudent avec eux. Il n'y a jamais d'incisives supérieures même chez le jeune. Les canines supérieures sont longues, recourbées, tranchantes, ressemblant à celles du Morse. Les molaires présentent un V et un bourrelet comme celles du *Coryphodon*. La formule dentaire est $\frac{0}{3} i + \frac{1}{1} c + \frac{3}{3} pm + \frac{3}{3} m$. Ces animaux énormes et d'une lourdeur de formes extraordinaire devaient être stupides, car les hémisphères cérébraux étaient petits et lisses avec des lobes olfactifs développés; ils avaient, d'après M. Marsh, un cerveau reptilien. Les Dinocérates nous présentent l'épanouissement des Coryphodontidés; ils se sont éteints dans l'Éocène sans laisser de postérité.

Les Périssodactyles ont joué un grand rôle dès l'Éocène, alors que les Ruminants n'existaient pas encore. Ils étaient presque les seuls herbivores de cette époque et devaient vivre, si l'on en juge par l'abondance de leurs débris, en troupes nombreuses. Par leur apparence extérieure, ils rappellent les Tapirs actuels. Leur taille varie depuis celle d'un Chien jusqu'à celle d'un Cheval. Les Périssodactyles les plus anciens constituent la famille des *Hyracothéridés* sortie des *Condylarthra*. Le genre *Hyracotherium* (fig. 481) se trouve dans l'Éocène inférieur d'Europe et d'Amérique. Les incisives sont très développées, les molaires sont bunodontes. Il y a 44 dents. La formule dentaire est : $\frac{3.1.4.3}{3.1.4.3}$. Le pouce (doigt numéro I) a complètement disparu, le doigt numéro V devient petit et disparaît même aux pattes de derrière; enfin le doigt numéro III devient prépondérant, le caractère périssodactyle est donc bien marqué. Les *Hyracotherium* sont de petite taille; leur grandeur

varie entre celle d'un Renard et celle d'un Mouton. Les plus anciens on été appelés par M. Marsh *Eohippus*; ceux des couches plus élevées, les couches de Bridger de l'Amérique du Nord, ont été appelés *Orohippus* et il faut les identifier avec les *Pliolophus* d'Owen, découverts dans l'argile de Londres. Chez l'*Eohippus* le doigt numéro V est rudimentaire, et chez l'*Orohippus* il disparaît. Au genre *Hyracotherium* succède le genre *Pachynolophus*, où les tubercules des molaires commencent à prendre la forme de crêtes des molaires des Tapirs.

Ces derniers ont quatre doigts aux pattes de devant et trois aux pattes de derrière. Ils ont quarante-quatre dents. Les molaires sont caractéristiques; elles présentent deux crêtes transversales qui unissent les denticules externes aux denticules internes correspondants; par suite, la couronne présente deux collines séparées par une vallée profonde. Les os nasaux sont allongés. Les genres tapiroïdes les plus anciens de l'Éocène supérieur et de l'Oligocène d'Amérique sont *Systemodon*, *Helaletes*, *Hyrachius*. Le dernier paraît se trouver aussi en Europe, mais c'est le genre *Lophiodon* (fig. 480) qui représente surtout le type Tapir dans l'Éocène d'Europe. On le trouve dans le calcaire grossier supérieur. Il a quatre doigts en avant et trois en arrière, comme les Tapirs.

L'Éocène supérieur a fourni aussi des formes remarquables, qui unissent les deux types aujourd'hui bien distincts des Tapirs et des Chevaux. Ce sont les Ongulés du genre *Palæotherium*, découvert par Cuvier dans le gypse de Montmartre. Les os nasaux sont très développés; il devait y avoir une trompe comme chez le Tapir (fig. 482). Le *P. magnum* de Cuvier atteint la taille du Cheval; les *P. medium* et *P. crassum* celle du Tapir. Il y a seulement trois doigts reposant tous sur le sol et un rudiment du cinquième doigt. Il y a quarante-quatre dents. Les molaires de la mâchoire supérieure présentent une crête externe en forme de W et deux crêtes transversales, tandis que les molaires inférieures ont une forme de croissant. Nous verrons plus tard comment le *Palæotherium* prend place dans la série généalogique du Cheval.

Les Artiodactyles ont commencé à se constituer pendant l'Éocène. Nous les avons vus dériver des *Condylarthra* par le genre *Pantolestes* qui a quatre doigts à chaque patte et des molaires tuberculeuses. Dans le *Chæropotamus parisiensis* du gypse de Montmartre, on trouve les molaires bunodontes des Cochons actuels,

Fig. 480. — Mâchoire inférieure du *Lophiodon parisiensis* au 1/4 de la grandeur.

mais les deux doigts latéraux sont encore presque égaux à ceux du milieu, tandis que chez les Porcins d'aujourd'hui les doigts latéraux sont beaucoup plus courts.

Dès l'Éocène supérieur, on trouve des types ambigus qui font la transition entre les Porcins et les Ruminants. Chez eux, les tubercules des molaires prennent progressivement la forme en croissant de ceux des Ruminants, et les pieds deviennent peu à peu bidactyles de tétradactyles qu'ils étaient. Leidy a appelé ces types les Porcs-Ruminants, pour bien indiquer leurs analogies. Il faut noter encore que la dentition est

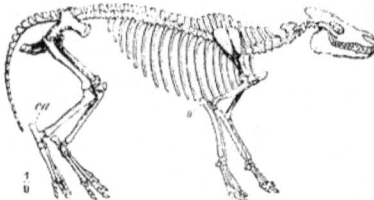

Fig. 481. — *Hyracotherium vaticolum* (Wyoming). — o, olécrâne; ca, calcanéum.

complète, qu'il y a quarante-quatre dents, des incisives et des canines développées, tandis que chez les Ruminants les canines et les incisives manquent généralement. Les *Dichobune* du gypse de Paris avaient la taille d'un Lièvre; les tubercules sont encore arrondis, les croissants commencent seulement à se dessiner. Les *Anoplotherium* du gypse également constituent encore une forme primitive; les canines sont petites, les molaires offrent des croissants; il n'y a que deux doigts développés. L'animal était muni d'une longue queue dont il se servait peut-être pour nager. Sa taille atteignait celle de l'Âne. Le *Xiphodon*, animal qui avait le port d'une Gazelle, se rattache à l'*Anoplotherium*. Les molaires sont sélénodontes, mais les tubercules internes des molaires inférieures rappellent encore la forme conique primitive. Les canines de la mâchoire supérieure sont fortes et font

saillie, comme chez les Chevrotains. C'est la présence de ces dents et de prémolaires tranchantes qui a valu son nom de Xiphodon (dents en forme de glaive) au genre en question. Il n'y a que deux doigts aux pattes, la queue est longue. Le *Xiphodon gracilis* est commun dans le gypse de Paris. Nous verrons que les couches oligocènes ont fourni également de nombreux types de transition entre les Porcins et les Ruminants.

On rattache aux Ongulés certains Mammifères aquatiques : les *Siréniens* (Dugong, Laman-

Fig. 482. — Tête de *Palæotherium medium*.

tin). Ils n'ont de commun avec les Cétacés (Dauphins, Baleines) que la forme extérieure. Comme chez les Cétacés, les membres antérieurs sont transformés en nageoires, tandis que les membres postérieurs n'existent plus. Mais le bassin est moins réduit que chez les Cétacés, les membres antérieurs ne sont pas aussi rigides, et l'avant-bras reste mobile sur le bras; les vertèbres du cou sont mobiles, tandis qu'elles sont ankylosées chez les Cétacés. Le crâne des Siréniens est normal, celui des Cétacés est tout à fait particulier. Les Siréniens sont hétérodontes, c'est-à-dire que leurs dents n'ont pas toutes la même forme; il y a des incisives au moins dans les premiers temps de la vie, pas de canines, des molaires à large couronne. Au contraire, les dents des Cétacés, quand elles existent (Dauphins), sont toutes semblables (dentition homodonte). En somme, les Siréniens

Fig. 183. — Ancêtre du Lierre d'Europe, *Hedera prisca* de l'Éocène de Sézanne (M. de Saporta).

Fig. 184. — Ancêtres éocènes de la Vigne cultivée (M. Munier-Chalmas). — *Vitis sezannensis* des tufs de Sézanne : 1 et 2, feuilles ; 3, fragment du cep ; 4, fragments de vrilles.

se rattachent aux Ongulés par leur crâne, leur cou distinct, leur dentition et leurs lèvres charnues munies de vibrisses. Il faut les regarder comme une branche des Ongulés qui s'est adaptée à la vie aquatique. Cette adaptation s'est faite de bonne heure, car on trouve, dans l'Éocène de la Jamaïque, un véritable Sirénien : le *Prorastomus*. Les incisives et les canines sont simples, les molaires ressemblent à celles des Tapirs, mais le nombre des dents est considérable ; il y en a 48 disposées suivant la formule $\frac{3.1.4.4}{3.1.4.4}$. Ce nombre, supérieur au nombre normal de 44, paraît indiquer, ainsi que la disposition pentadactyle des membres, que ce type s'était détaché de la souche des Ongulés avant l'Éocène, probablement dans le Crétacé, car nous savons que les Mammifères mésozoïques ont des dents nombreuses (1).

Quant aux Cétacés, leur origine est douteuse. Ils apparaissent dès l'Éocène, avec le genre *Zeuglodon*, mais celui-ci a des caractères mixtes. Il se rapproche des Pinnipèdes, tels que le Phoque, par leur crâne ; les os nasaux sont placés d'une manière normale, ce qui n'a pas lieu chez les Cétacés actuels ; les dents consistent en

incisives coniques à une seule racine, et en molaires biradiculées, de forme comprimée et crénelée, rappelant celles des Phoques et des Carnassiers. Les vertèbres du cou, à l'inverse des Cétacés, sont longues et libres, les doigts sont quelque peu mobiles. A cause du *Zeuglodon* et aussi du genre *Squalodon*, assez analogue au précédent, et qui est commun dans le Miocène, il semble naturel de faire dériver les Cétacés d'un type terrestre, des Créodontes, par l'intermédiaire des Pinnipèdes. Mais il faut remarquer que les Cétacés rappellent, par un grand nombre de points d'organisation, les Reptiles. Ainsi, le tissu osseux est spongieux, il n'y a pas de cavité médullaire dans les os longs, la dentition est homodonte, et les dents sont placées souvent dans une rigole générale sans alvéoles distinctes, il n'y a pas de lèvres charnues et mobiles, le cerveau est peu développé, enfin le nombre de phalanges des doigts est souvent très supérieur à trois, ce qui rappelle les Ichtyosaures et les Plésiosaures. A cause de ces ressemblances, plusieurs naturalistes regardent les Cétacés comme dérivés directement des grands Reptiles nageurs des temps secondaires.

LA FLORE ÉOCÈNE.

Les conditions climatériques ne semblent pas avoir été très différentes dans le Crétacé supérieur et l'Éocène. Les limites entre les zones nord et sud sont restées les mêmes, et il paraît même y avoir eu, dans le climat, moins de différence entre le Crétacé supérieur et l'Éocène, qu'entre l'Infracrétacé et le Crétacé supérieur. Dans nos pays, le climat de l'Éocène a été plus chaud, et par suite moins semblable à celui

d'aujourd'hui, que dans la seconde moitié du Crétacé. La flore de l'Éocène inférieur nous montre des types de climats tempérés, ou tout au plus subtropicaux ; il n'y a pas de plantes tropicales, les Palmiers manquent presque complètement. Le genre *Sabal*, très répandu aujourd'hui dans les Florides et les Antilles, se montre cependant dès l'Éocène inférieur en Angleterre et dans le nord de la France. Il existe dans les grès éocènes d'Angers.

Les gisements des plantes fossiles de l'Éocène

(1) Neumayr, *Erdgeschichte*, t. II, p. 470.

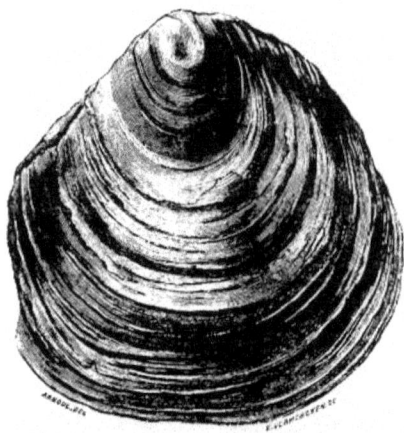

Fig. 485. — *Ostrea bellovacina* (valve supérieure).

Fig. 486. — *Cyrena cuneiformis.*

Fig. 487. — *Ostrea bellovacina* (valve inférieure).

Fig. 488. — *Cerithium variabile.*

inférieur sont assez nombreux dans le nord et le centre de l'Europe. Il y en a notamment à Sézanne, près d'Épernay, dans un travertin bien connu par ses nombreuses empreintes; dans les grès de Belleu, près de Soissons; à Gelinden en Belgique, et aussi en Angleterre, à Reading, dans le bassin de Londres. On trouve là des arbres des pays tempérés, des Chênes, des Châtaigniers, des Noyers (*Juglandites* de Sézanne), des Lierres, des Vignes, etc. Celles-ci ont été dé-

couvertes dans l'Éocène de Sézanne par M. Munier-Chalmas (fig. 484). Il a recueilli les feuilles et aussi la tige sarmenteuse et les vrilles. Le *Vitis sezannensis* présente deux variétés : *V. Dutaillyi* et *V. Balbiani.* Cette Vigne, la plus ancienne connue, a des feuilles peu incisées et ressemble à notre Vigne (*Vitis vinifera*) spontanée, c'est-à-dire maintenue ou rendue à l'état sauvage(1).

(1) De Saporta, *Origine paléontologique des arbres cultivés.*

Le Lierre existait déjà dans la craie ; il se retrouve dans la flore de Sézanne (fig. 483) ; c'est l'*Hedera prisca* qui tient le milieu entre la forme la plus ordinaire et la race canarienne actuelle (*H. canariensis*). A côté de ces types des climats tempérés, on trouve aussi des types de climats plus chauds : Magnolias, Camphriers, Canneliers, Myrtes, etc. Cette végétation, exotique aujourd'hui, se développe encore mieux dans l'Éocène moyen (Bournemouth en Angleterre, calcaire grossier parisien) et l'Éocène supérieur. La température était plus élevée et comparable à celle de l'Afrique et de l'Asie méridionale. Il y a des Camphriers, des Canneliers, des Lauriers-Roses (*Nerium parisiense*), des Palmiers, des Euphorbiacées arborescentes (*Euphorbiophyllum vetus*), etc. Il semble, comme le pense M. de Saporta, qu'il y ait eu une recrudescence de chaleur vers le milieu de la période éocène, probablement à cause de la mer nummulitique, qui faisait communiquer l'Europe avec les régions tropicales. Pendant que ces plantes vivaient dans les plaines, d'autres arbres, comme les Ormes, les Peupliers, les Saules, les Bouleaux, couvraient les hauteurs où la température était plus basse. Il faut d'ailleurs remarquer que ces végétaux, dont les genres existent encore aujourd'hui dans nos régions, ressemblent beaucoup plus aux espèces habitant actuellement les contrées chaudes qu'à celles des pays tempérés. En somme, d'après M. de Saporta, la flore de l'Éocène d'Europe, surtout du milieu de la période, indique une contrée chaude, sèche, ne recevant que peu de précipitations atmosphériques. Dans les gisements du Tertiaire ancien des régions arctiques, comme ceux du Groënland et du Spitzberg, on trouve des Noyers, des Platanes, des Chênes, des Peupliers, du Lierre. Le climat de ces régions devait être celui des Vosges actuelles.

L'ÉOCÈNE DANS LES DIVERSES RÉGIONS.

L'Éocène se divise en trois étages. L'étage inférieur, bien développé en France dans les environs de Soissons et en Angleterre à Thanet, a reçu le nom d'étage *suessonien*. Sa base constitue le sous-étage *thanétien*. L'étage moyen présente une grande extension dans le bassin de Paris où il comprend le calcaire grossier ; il a reçu pour cette raison le nom d'*étage parisien* ou *lutétien*. Enfin l'étage supérieur, très développé dans le nord de l'Italie, où il a été étudié par MM. Hébert et Munier-Chalmas, porte le nom d'*étage ligurien* ou *priabonien*, de la localité de Priabona dans le Vicentin, ou encore celui d'étage *ludien*, de la localité de Ludes, près de Reims.

Pendant l'Éocène la mer a occupé en Europe un espace bien moindre que pendant le Crétacé supérieur ; nous avons signalé plus haut une retraite très marquée de la mer à la limite du Crétacé et du Tertiaire. On peut distinguer pendant la période éocène trois bassins maritimes où se sont produites d'ailleurs à de nombreuses reprises des oscillations du niveau. L'un de ces bassins, où les oscillations ont été très marquées, est celui de Paris et de Londres, comprenant aussi la Belgique ; le second correspond aux régions méditerranéennes ; il comprenait la France méridionale, les Alpes, les Carpathes et le Caucase ; le troisième beaucoup moins connu a laissé des sédiments dans la Russie méridionale, au voisinage de Kiew et de Cherson.

Les sédiments marins éocènes du nord de la France et du sud de l'Angleterre se sont déposés dans un grand golfe de l'océan Atlantique. Les dépôts de Belgique répondent à un golfe intérieur en partie séparé du bassin de Paris par les Ardennes. Il existe des lambeaux éocènes dans le Cotentin et la Bretagne, indiquant une extension plus grande de la mer dans ces régions qu'à l'époque actuelle et prouvant que des fjords s'y avançaient très loin dans l'intérieur des terres. Un lambeau isolé éocène sur l'île de Seeland, près de Copenhague, et des galets d'âge éocène dans le Diluvium du nord de l'Allemagne et en Scandinavie démontrent qu'un golfe s'étendait au loin vers l'est (1).

L'ÉOCÈNE DU BASSIN DE PARIS.

L'Éocène du bassin de Paris mérite de nous arrêter à cause de sa grande importance et des nombreux travaux dont il a été l'objet. Il a été étudié tout d'abord au point de vue stratigraphique par Alexandre Brongniart. Cuvier y a trouvé la matière de ses travaux immortels sur

(1) Neumayr, *Erdgeschichte*, t. II, p. 476.

les Mammifères fossiles, Deshayes en a décrit la faune malacologique. Les dépôts du bassin de Paris sont très variés et indiquent de nombreuses oscillations du niveau marin. Outre les dépôts d'origine marine, il y a des sédiments d'eau saumâtre et d'eau douce, des argiles et des lignites. A plusieurs reprises la mer s'est retirée et son emplacement à beaucoup varié aux diverses époques; elle a acquis son maximum d'extension à l'époque du calcaire grossier supérieur. Il faut noter la grande abondance des Pélécypodes et des Gastéropodes dont on connaît environ deux mille cinq cents espèces. Les genres *Cerithium* et *Pleurotoma* sont surtout prédominants et le caractère de cette faune est tropical dans son ensemble, mais la présence des genres *Voluta*, *Mitra*, *Harpa*, *Rostellaria*, *Terebellum*, etc., nous montre qu'il ne faut pas trop généraliser et conclure à un climat vraiment tropical; d'ailleurs à l'époque actuelle on trouve çà et là dans les mers froides des représentants de genres tropicaux (Neumayr).

Nous avons vu qu'en Belgique existe un calcaire appelé *calcaire de Mons*. Ce calcaire étudié par Cornet et Briart contient un mélange d'espèces du Danien et de l'Éocène inférieur. C'est un terme de passage entre le Crétacé supérieur et le Tertiaire. Dans le bassin de Paris, ce terme de transition paraît représenté par les *marnes blanches de Meudon*, qui contiennent des nodules calcaires où l'on trouve des Cérithes du calcaire de Mons (*Cerithium inopinatum*). Cette formation, que la dénudation a fortement réduite, repose directement sur le calcaire pisolithique.

L'Éocène inférieur ou Suessonien débute dans le bassin de Paris par un dépôt marin, les *sables inférieurs du Soissonnais*, appelés aussi *sables de Bracheux*, du nom d'un village de l'Oise. On y trouve comme fossiles caractéristiques une grande Huître (*Ostrea bellovacina*) (fig. 485 et 487), la *Turritella bellovacina*, la *Cardita multicostata*. Ces sables verts, glauconieux, en discordance marquée sur les terrains sous-jacents, atteignent de 35 à 40 mètres à Laon. Ils s'étendent en France dans le Beauvaisis, la Picardie où ils deviennent gréseux, et se continuent en Angleterre et en Belgique. Leur faune indique plutôt une mer froide, car on y trouve des Cyprines (*Cyprina scutellaria*), Mollusques aujourd'hui très-répandus dans les mers septentrionales (*Cyprina islandica*). A leur sommet les sables de Bracheux prennent un ca-

ractère de dépôts saumâtres; ils contiennent des Cyrènes, des espèces lacustres (*Limnées, Paludines*) ou terrestres (*Bulimes, Cyclostomes*). Cette formation côtière ou lagunaire se manifeste en particulier à Châlons-sur-Vesle et à la Fère où le sable se change en un grès peu cohérent appelé tuffeau. On a trouvé à la Fère, outre les coquilles d'eau saumâtre ou d'eau douce, le plus ancien Mammifère de l'Éocène du bassin de Paris, l'*Arctocyon primævus*. Sur le bord méridional de la mer des sables de Bracheux s'étaient établis des lacs. A Rilly, près de Reims, au-dessus des sables à Cyrènes existe un calcaire lacustre rempli de coquilles d'eau douce, Limnées, Paludines (*Paludina aspersa*), Physes (*Physa gigantea*). Cette faune lacustre se rapproche d'après Neumayr de celle qui vit aujourd'hui dans les Indes, en Afrique et au Brésil. En se dirigeant plus au sud, vers Sézanne, on trouve, au lieu du calcaire de Rilly, un travertin rempli d'empreintes végétales. Cette formation, bien étudiée par M. Munier-Chalmas, n'est autre, d'après lui, que le dépôt de sources calcaires issues de la craie, sur les flancs d'une vallée occupée alors par un grand fleuve dont on retrouve encore les galets dans le travertin. Nous avons parlé déjà des empreintes nombreuses de végétaux trouvées dans le calcaire de Sézanne. M. Munier-Chalmas a pu reconstituer aussi, par d'habiles moulages, les Crustacés (*Astacus Edwardsi*) qui habitaient les sources et les Insectes qui fréquentaient leurs rives.

Au-dessus des couches de Bracheux et de Rilly se montrent l'*argile plastique* et les *lignites* qui indiquent une retraite de la mer. La région parisienne fut alors couverte de lacs et de lagunes entourés de la riche végétation qui a fourni les matériaux des lignites. Dans ces lacs se déposèrent les argiles plastiques exploitées à Vanves et à Meudon (fig. 489) pour faire des poteries. Ces argiles d'un gris-bleu présentent souvent des conglomérats contenant de nombreux restes d'animaux. Ainsi à Cernay, près de Reims, M. Lemoine a trouvé, comme nous l'avons déjà dit, une faune très riche caractérisée par les *Neoplagiaulax*, les *Arctocyons*, les *Plesiadapis*, *Protoadapis*, etc., et par un gros Oiseau le *Gastornis*. Au Val-Fleury du Bas-Meudon existe un conglomérat de même nature, le *conglomérat de Meudon* formé de fragments de craie, d'argiles, de lignites, de gypse. C'est là qu'on a trouvé le *Gastornis parisiensis* et un Ongulé remarquable, le *Coryphodon*

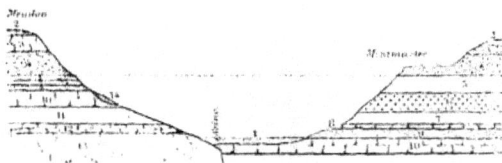

Fig. 489. — Coupe de Meudon à Montmartre. — 13, craie; 12, calcaire pisolithique; 11, argile plastique; 10, calcaire grossier; 9, sables de Beauchamp; 8, travertin de Saint-Ouen; 7, marnes inférieures au gypse; 6, gypse; 5, marnes supérieures au gypse; 4, sable de Fontainebleau; 3, meulière supérieure; 2, limon du plateau; 1, dépôt cailouteux de la Seine; 14, loess.

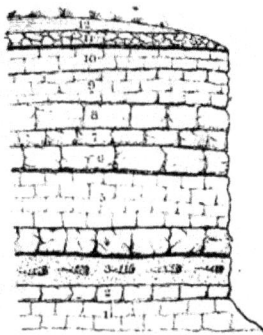

Fig. 490. — Coupe générale du calcaire grossier. — 12, terre végétale; 11, caillasses; 10, roche de Paris; 9, banc franc; 8, cliquart; 7, banc vert; 6, Saint-Nom; 5, banc royal; 4, vergelés ou lambourdes; 3, banc à *Cerithium giganteum*; 2, pierre de Saint-Leu; 1, banc à *Nummulites lævigata*.

A l'époque de l'argile plastique, il y eut cependant des invasions temporaires de la mer, car on trouve avec l'argile des couches sableuses contenant des fossiles d'eaux saumâtres (*Cyrena cuneiformis* (fig. 486), *Cerithium variabile* (fig. 488), *Melania inquinata*) et même l'*Ostrea bellovacina*. Ces couches argilo-sableuses constituent donc un dépôt d'estuaire : ce sont les *fausses glaises*. Ce mélange se voit bien dans les environs de Laon et de Soissons où les argiles se mêlent en outre à des lignites pyriteux exploités sous le nom de *cendres* pour la fabrication de l'alun et du sulfate de fer. Là existe une faune d'eau saumâtre et d'eau douce (*Cyrena cuneiformis, Melania inquinata, Paludina suessoniensis, Unio,* etc.). En beaucoup de points se sont déposés vers la fin de cette époque des sables grossiers et argileux, par exemple à Sinceny, près de la Fère, et souvent agglomérés sous forme de grès à pavés. Tels sont les grès de Belleu dans le Soissonnais, contenant avec la faune des lignites de nombreuses empreintes végétales étudiées par Watelet. Il y a là des Palmiers, des Araucarites, etc., indiquant une flore d'un caractère plus tropical que celle de Sézanne. Au sud, vers Montereau, l'argile plus pure prend le caractère d'un dépôt de sources; elle est entremêlée de gros galets non fossilifères formant le *poudingue de Nemours*.

Après l'époque de l'argile plastique la mer est revenue du nord pour occuper les parties qu'elle avait respectées, elle a couvert tout le Soissonnais, le Laonnais, et s'est étendue jusqu'à Saint-Denis. Elle a déposé des sables, dits *sables supérieurs du Soissonnais* ou *sables de Cuise*, du village de Cuise-la-Motte, près de Pierrefonds. Ils atteignent 30 à 35 mètres d'épaisseur. Ces sables sont riches en Nummulites de petite taille (*Nummulites planulata*) (fig. 496). Il y a en outre des Gastéropodes : *Cerithium acutum, C. papale, Turritella edita, Nerita Schmidelliana* (fig. 491 et 493), etc. La zone inférieure (dite d'Aisy) contient de nombreux Pétoncles développés par bancs (*Pectunculus ovatus*) et de grandes Rostellaires (*R. Geoffroyi*). Il y a au sommet des sables de Cuise des espèces saumâtres (*Cyrena Gravesi*). Ces sables se relient au calcaire grossier qui vient au-dessus : il y a souvent des espèces communes à la limite des deux formations, même la *Nummulites planulata*.

Vers le milieu de la période éocène la mer s'est étendue beaucoup plus loin dans le bassin de Paris; elle a couvert toute l'Ile-de-France, s'est avancée à l'ouest jusqu'à Louviers et a atteint à l'est Vertus et Épernay; au nord elle allait rejoindre par l'Artois le bassin de la Belgique. L'Éocène moyen ou étage parisien débute par le *calcaire grossier* ou pierre à bâtir de Paris. Ce calcaire rempli de coquilles atteint une épaisseur de 30 à 35 mètres. Il a fourni la pierre de taille nécessaire à la construction de Paris, et les catacombes ne sont autre chose que d'anciennes carrières souterraines où l'on

Fig. 491. — *Nerita Schemidelliana* (vue de profil).

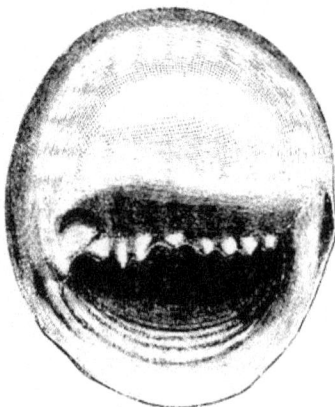

Fig. 492. — *Cyclostoma munia.*

Fig. 494. — *Cerithium giganteum.*

Fig. 495. — *Turritella imbricataria.*

Fig. 493. — *Nerita Schemidelliana* (vue de dessous).

Fig. 496. — *Nummulites planulata.*

Fig. 497. — *Orbitolites complanata.*

Fig. 498. — *Rostellaria fissurella.*

a   *b*

Fig. 499. — *Cerithium (Potamides) lapidum.*

a transporté des ossements lors de la suppression des cimetières intérieurs de Paris. On exploite activement ce calcaire, notamment à Vaugirard, et surtout aux environs de Creil (1).

On peut reconnaître dans le calcaire grossier plusieurs subdivisions fig. 490.

La partie inférieure est caractérisée au début par une persistance du régime sableux. On y voit, à la base, la *Nummulites planulata* des sables de Cuise associée à une Nummulite nouvelle, plus grande, plus convexe, la *N. lævigata*. Celle-ci est très abondante dans le calcaire

grossier du Soissonnais, qui a reçu, pour cette raison, des ouvriers le nom de *pierre à liards*. Aux environs immédiats de Paris, par exemple à Meulon, sur l'argile plastique, la zone à *Nummulites lævigata* débute par une couche contenant beaucoup de dents de Squales (*Otodus, Lamna*).

La partie moyenne, tout à fait calcaire, déborde sur la zone à Nummulites. Elle se présente sous divers aspects. A la base se trouvent des bancs glauconieux, avec des Cérithes de grande taille (*Cerithium giganteum*) (fig. 494) des Turritelles (*T. imbricataria*) (fig. 495) et des Oursins (*Echinolampas chaumontianus, Echinanthus grignonien-*

(1) Voir *La Terre, les Mers, et les Continents*, page 461.

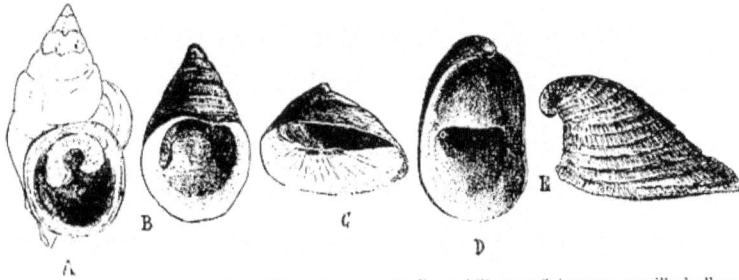

Fig. 500. — *Hipponyx cornucopiæ* et coquilles analogues. — A, disque d'*Hipponyx* fixé sur une coquille de *Fusus*; B, coquille montrant l'impression musculaire en fer à cheval; C, *Calyptræa trochiformis*; D, *Crepidula gibbosa* du Miocène inférieur (Langhien); E, *Hipponyx sublamellosus*.

sis). Ensuite viennent des calcaires blancs à grain fin avec de nombreuses coquilles (*Corbis pectunculus*, *Corbis lamellosa*, *Lucina gigantea*, *Fusus longævus*, *Rostellaria fissurella*) (fig. 498), etc. Ces calcaires se terminent par des bancs tendres, faciles à tailler (calcaires vergelés ou lambourdes), constitués presque entièrement par des Foraminifères ayant la grosseur de grains de millet et appelés pour cette raison *Milliolites*. Les calcaires à Milliolites contiennent aussi des Mollusques, tels que *Cerithium lamellosum*, *Terebellum convolutum*, et un Foraminifère de grande taille, *Orbitolites complanata* (fig. 497).

Après le dépôt des calcaires à Milliolites, il se produit un changement important. Les eaux s'étendent plus loin vers le sud, mais en même temps elles perdent en profondeur. Le régime du bassin de Paris devient lagunaire et lacustre; en certains points, comme à Chaumont-en-Vexin, il reste marin. Dans ce cas, on trouve un calcaire très fossilifère, dit calcaire à Cérithes, un autre Gastéropode, *Hipponyx cornucopiæ* (fig. 500). Il contient entre autres *Cerithium denticulatum*, *C. hexagonum*, *C. cristatum*, *C. angulosum*, *C. nudum*, *Potamides lapidum* (fig. 499). Ailleurs, il y a mélange de fossiles marins, d'eau douce ou terrestre : il y a des Cérithes associés aux Planorbes (*Planorbis pseudo-ammonius*), aux Cyclostomes (*Cyclostoma mumia*) (fig. 492), à des débris de Tortues, de Crocodiles. Dans les couches lacustres dites *banc vert*, il y a aussi des ossements de Mammifères, tels que le *Lophiodon*, Ongulé voisin du Tapir et des empreintes végétales. Parmi ces végétaux, il faut citer les Lauriers-Roses (*Nerium parisiense*), des Palmiers-Éventails, des plantes aquatiques à feuilles flottantes (*Ottelia parisiensis*), des fruits de Nipa (*Nipadites*). Un gisement semblable se trouve au Trocadéro; on l'a mis au jour en 1867, lors des travaux entrepris à l'occasion de l'Exposition. A Provins, tout le calcaire grossier supérieur est lacustre. Enfin, l'évaporation des eaux dans les lagunes de la fin du calcaire grossier a laissé déposer du gypse que nous retrouverons ensuite à un niveau plus élevé. Les sondages révèlent l'existence de 7 à 8 mètres de gypse dans le calcaire grossier supérieur. Un autre phénomène remarquable du calcaire grossier supérieur est celui qui a fourni les caillasses. On appelle ainsi un mélange de calcaires et de marnes fissiles avec grand développement de cristaux de fluorine, de quartz, de calcite et de pseudomorphoses de gypse, c'est-à-dire que divers minéraux ont remplacé le gypse en en conservant la forme. Ces pseudomorphoses (fig. 501) sont constituées par une association de quartz cristallisé, de calcite en rhomboèdre inverse, de fluorine pseudo-cubique et de deux formes nouvelles du silice (*quartzine* et *lutécite*) (fig. 502) étudiées par MM. Michel-Lévy et Munier-Chalmas. Dans ces substitutions il y a souvent des sphéroïdes ayant la constitution suivante : quartzine au centre, puis cristaux de quartz en rosettes aplaties, et sur le quartz la lutécite. Ce phénomène des caillasses a souvent été attribué à des sources thermales, à des geysers qui auraient introduit dans le calcaire de la silice. Mais M. Munier-Chalmas a donné récemment une explication beaucoup plus satisfaisante des caillasses (1). Il a constaté que les pseudomorphoses en question ne s'observaient que sur le bord des vallées quaternaires (fig. 503), là où les eaux pluviales pouvaient agir sur les

(1) Munier-Chalmas, *C. R. de l'Académie des Sciences*, 1890, t. CX, page 663.

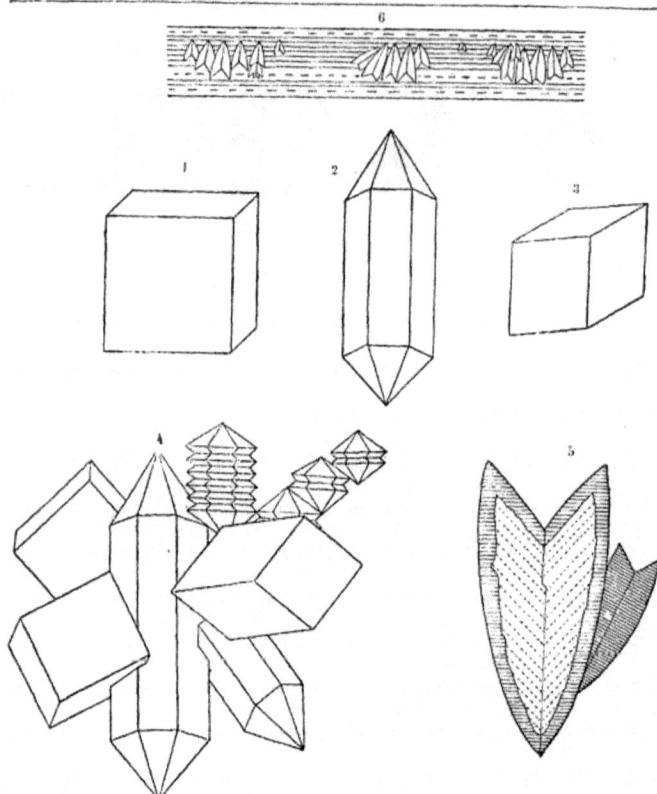

Fig. 501. — Pseudomorphoses du gypse. — 1, cube de fluorine; 2, cristal de quartz; 3, rhomboèdre inverse de calcite; 4, groupement de quartz (au milieu), de lutécite (en bas), de fluorine (à droite) et de calcite (à gauche); 5, fers de lance du gypse en voie de pseudomorphose; celui de droite est complétement transformé en silice; 6, pseudomorphoses vues en place (d'après des dessins communiqués par M. Munier-Chalmas).

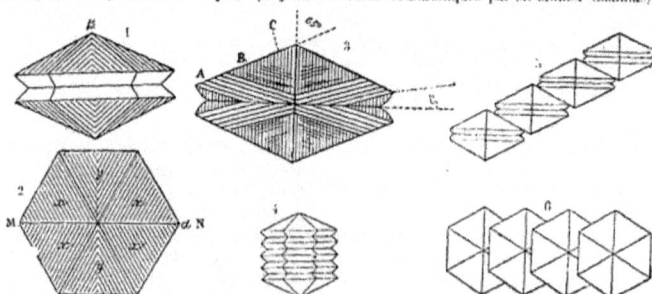

Fig. 502. — Cristaux de lutécite (variété de silice). — 1, bipyramide hexagonale surbaissée; 2, projection suivant la base; 3, section suivant le plan diamétral MN, montrant la disposition des fibres élémentaires composant la lutécite; 4, 5, 6, empilements de cristaux de lutécite (d'après M. Munier-Chalmas).

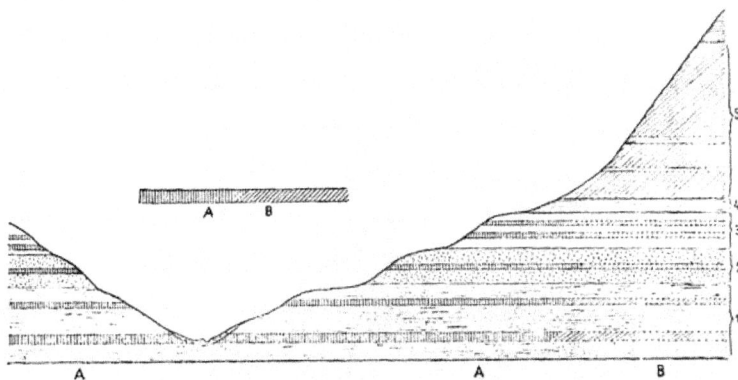

Fig. 504. — Coupe schématique prise aux environs de Paris pour montrer les rapports de la silice avec le gypse, suivant les lignes d'affleurement des couches tertiaires. — 1, Lutétien supérieur (calcaire grossier) avec bancs de gypse; 2, Bartonien inférieur et moyen (sables de Beauchamp); 3, Bartonien supérieur (calcaire de Saint-Ouen ; 4, Ludien inférieur; 5, Ludien supérieur renfermant les trois grandes masses de gypse du bassin de Paris. — A, zone où la silice s'est substituée au gypse; B, zone du gypse (d'après un dessin communiqué par M. Munier-Chalmas).

calcaires. Loin des vallées, on ne trouve que du gypse encore intact. Ce dernier est dû à l'évaporation des eaux marines dans des lagunes peu profondes. Mais les eaux d'infiltration chargées d'acide carbonique et de carbonate alcalin dissolvent du carbonate de chaux, du gypse ainsi que la fluorine et la silice plus ou moins solubles qui existent toujours, en *quantités infinitésimales*, dans le calcaire grossier. Le gypse seul est assez soluble pour que les eaux puissent s'en saturer; cette saturation suffit pour que les eaux laissent déposer les autres corps

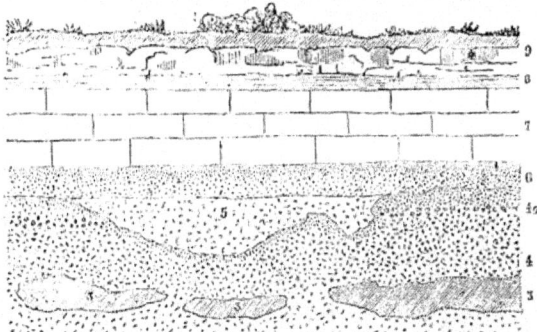

Fig. 505. — Coupe de la Sablière d'Herblay (MM. Munier-Chalmas et Vélain). — 9, calcaire de Saint-Ouen; 8, marnes à *Avicula fragilis;* 7, calcaire de Ducy; 6, sable vert à *Melania hordacea;* 5, poche sableuse avec Cyclostomes et Limnées; 4 a, niveau du *Cerithium mutabile;* 4 et 3, sables et grès de Beauchamp (horizon moyen).

dissous. Comme la saturation ne peut se produire que dans les bancs de gypse, on s'explique que les pseudomorphoses ne se trouvent que dans ces bancs seuls. La silice et la fluorine ne peuvent se rencontrer que sur les bords des vallées, là où la circulation des eaux d'infiltra- tion est plus active. Les caillasses ne renferment pas de fossiles, précisément parce qu'elles sont des dépôts de lagunes où les éléments salins se sont assez concentrés pour rendre la vie impossible.

La partie supérieure du calcaire grossier est

Fig. 505. — La pierre du Coq, grès de Beauchamp, près de Crépy-en-Valois (d'après M. Boursault).

Fig. 506. — Cirque de grès, près de Crépy-en-Valois (d'après M. Boursault).

LA TERRE AVANT L'HOMME.

criblée de trous de Pholades, ce qui indique une interruption dans la sédimentation. La mer est ensuite revenue et a déposé les *sables de Beauchamp*. Ces sables sont aussi appelés *sables moyens*, quand on réserve le nom de *sables inférieurs* à ceux de Bracheux et de Cuise, et le nom de *sables supérieurs* aux sables oligocènes de Fontainebleau. On y distingue plusieurs horizons très riches en fossiles. L'horizon inférieur (horizon d'Auvers et du Guépel) est franchement marin. Il contient avec des fossiles du calcaire grossier des espèces caractéristiques comme *Turritella sulcifera*, *Voluta labrella*, *V.*

Fig. 507. — *Pholadomya Ludensis.*

athleta. L'horizon moyen (horizon de Beauchamp et d'Herblay) consiste en sables fins (fig. 504) et en grès (fig. 505 et 506) avec des Cérithes de petite taille, *C. Bouei* (fig. 511), *C. mutabile* (fig. 512), *C. mixtum* et des Bivalves (*Cytherea elegans*). Une tendance à l'émersion se manifeste, des coquilles saumâtres et d'eau douce apparaissent (*Melania hordacea* (fig. 510), *Limnæus incomptus*), et à Ducy se dépose un calcaire lacustre à Limnées. Il y a dans les sables de Beauchamp, comme l'ont révélé les sondages, deux niveaux lagunaires du gypse. Après, la mer revient et dépose des sables (horizon de Mortefontaine) contenant de nombreuses coquilles, *Fusus polygonus*, *F. subcarinatus*, *Cerithium tricarinatum* (fig. 513).

Enfin s'établit un régime lacustre. Au-dessus des sables de Beauchamp on constate la présence d'une formation d'eau douce considérable, le *calcaire de Saint-Ouen*. C'est un calcaire marneux, souvent siliceux et qui passe alors à la meulière. On y trouve des Mollusques d'eau douce, *Limnæus longiscatus*, *Planorbis rotundatus* (fig. 514). Dans le calcaire il y a des nodules de silex légers et pulvérulents (*silex noctiques*) et d'autres plus lourds dits *silex ménilite*,

parce qu'ils sont abondants à Ménilmontant. Tous ces silex sont formés d'opale, c'est-à-dire de silice hydratée. On trouve aussi dans ces dépôts des gisements de gypse provenant de l'évaporation des eaux marines dans les lagunes. Le calcaire de Saint-Ouen, d'ailleurs, débute par des couches saumâtres à *Cerithium concavum* et se termine par des sables verdâtres avec le même fossile. Les marnes de Saint-Ouen sont communes à Paris sur la rive droite de la Seine.

L'Éocène supérieur, ou étage ligurien ou ludien, du bassin de Paris, est constitué essentiellement par des marnes et des dépôts de gypse qui indiquent un régime entièrement lagunaire. Le sol n'était certainement couvert que d'une très faible épaisseur d'eau, et celle-ci laissait souvent les marnes exposées au contact de l'air. Les marnes présentent en effet des plissements, des retraits qui ne peuvent s'expliquer autrement que par des émersions fréquentes (Munier-Chalmas). A la base se trouvent les *marnes à Pholadomya Ludensis* (de Ludes, près Reims, fig. 507), dont le fossile caractéristique indique des eaux vaseuses et tranquilles. On y observe quelques espèces des sables de Beauchamp, mais le gypse s'y trouve déjà à Argenteuil (quatrième masse des carriers, qui numérotent les bancs du gypse de haut en bas).

Au-dessus vient une alternance puissante de marnes et de gypse; celui-ci constitue des amas étendus. Cette formation se trouve dans la plupart des collines de Paris et des environs : Montmartre, Montmorency, Sannois, etc. Au point de vue de l'industrie, on distingue trois masses gypseuses séparées par des marnes. La basse masse, ou *troisième masse* des carriers, est composée de gypse en cristaux assez volumineux de couleur blanche, c'est le gypse *pied d'alouette*; dans la masse moyenne, ou *deuxième masse*, le gypse se présente en cristaux *fer-de-lance*; enfin, dans la haute masse, ou *première masse*, il est finement grenu; c'est le *gypse saccharoïde*. Dans les marnes qui séparent ces masses les unes des autres, on trouve des Lucines (*Lucina Heberti*) (fig. 515) ou des Cérithes (*C. Bouei*, *C. tricarinatum*) indiquant un retour de la mer. C'est dans la haute masse du gypse que Cuvier a trouvé tous les Mammifères qu'il a décrits : *Palæotherium*, *Anoplotherium* (fig. 508), *Xiphodon*. Cette masse atteint 20 mètres d'épaisseur. Au-dessus existent des marnes bleues ou blanches, dites *marnes de Pantin*. Elles renferment des coquilles d'eau douce, *Limnæus*

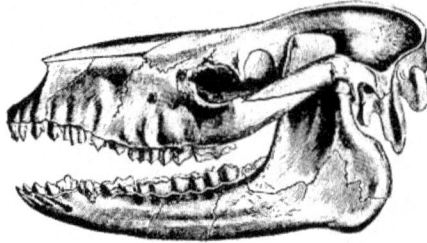

Fig. 508. — Tête d'*Anopotherium commune*.

strigosus. On les rapporte maintenant à l'Oligocène.

La formation gypseuse doit être attribuée, comme les autres dépôts gypseux dont nous avons parlé, à l'évaporation des eaux marines dans des lagunes séparées de la haute mer. Naturellement, l'eau qui s'y trouvait ne pouvait fournir par évaporation une couche de gypse de 20 mètres d'épaisseur; de l'eau nouvelle devait sans cesse arriver par les tempêtes ou par les marées dans ces lagunes où elle s'évaporait à son tour. Les dépôts marneux avec coquilles marines indiquent que de temps en temps la mer faisait invasion dans ces bassins d'évaporation. Il y arrivait aussi des eaux douces entraînant avec elles les restes d'animaux terrestres, et ce sont ces restes qu'on retrouve dans la formation gypseuse.

Entre les marnes marines à Pholadomyes et les marnes supra-gypseuses à Limnées, on trouve à l'est de Paris, dans la vallée de la Marne, une autre formation que le gypse, c'est le *travertin de Champigny* (fig. 509) qui ne contient pas de fossiles. Il consiste en un calcaire

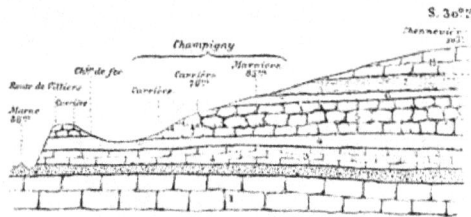

Fig. 509. — Coupe du travertin de Champigny. — 8, travertin; 7, marne grise sans fossiles; 6, marne avec fossiles marins et *Pholadomya ludensis*; 5 et 4, calcaire marneux et marin; 3 et 2, argile, sables et bancs de calcaire marin; 1, calcaire de Saint-Ouen.

tubuleux dont les tubes sont remplis de silice à l'état de calcédoine. Il représente le faciès calcaire et lacustre du gypse parisien. D'après M. Munier-Chalmas, des cours d'eau venaient se déverser dans un lac. Le courant se dirigeait vers les lagunes où se déposait le gypse; par suite, les sels des eaux de ces lagunes ne pouvaient se répandre dans les eaux remplissant le lac. Les accidents siliceux de ce travertin ont été souvent attribués à des sources siliceuses analogues aux gypses d'Islande, qui seraient venus se déverser dans des eaux lacustres riches en sels calcaires. Il n'en est rien; la silice du travertin est de deux origines: 1° des silex contemporains du dépôt et dont la silice provient des spicules d'Éponges, des carapaces de Diatomées, etc.; 2° de la silice secondaire récente résultant de la décalcification par les eaux météoriques comme dans le calcaire grossier supérieur (Munier-Chalmas).

En résumé, le bassin de Paris a été soumis pendant la période éocène à de nombreux changements de régime; il y a eu successivement des dépôts marins, lagunaires ou lacustres. Le bassin de Londres a présenté à la même époque des variations analogues.

L'ÉOCÈNE DU BASSIN DE LONDRES ET DE BELGIQUE.

L'Éocène du bassin de Londres débute par des sables fins et glauconieux reposant sur la craie ; ce sont les *sables de Thanet*, qui correspondent aux sables de Bracheux des environs de Paris. Ils contiennent des Cyprines et des Astartes, Mollusques caractérisant les mers' froides. Au-dessus viennent *l'argile d'Hastings* et des sables avec lignites, surtout développés à Woolwich et à Reading où ils atteignent 30 mètres. Cette formation correspond à l'argile plastique et aux lignites du Soissonnais ; on y retrouve *Cyrena cuneiformis* et *Melania inquinata*. Les *sables de Bagshot* jaunes et fossilifères correspondent à peu près aux sables de Cuise, mais au niveau de ces derniers on trouve en Angleterre un dépôt différent : c'est une argile bleue, *l'argile de Londres* (*London-Clay*), atteignant 160 mètres d'épaisseur. La faune en est intéressante. On y trouve des restes de Mammifères (*Coryphodon*), d'Oiseaux (*Odontopteryx*), de Tortues (*Tryonix*), associés à des empreintes végétales. Tout cela indique le voisinage de la terre ferme. Mais d'autre part il y a des Mollusques, en première ligne le genre *Pleurotoma*, puis les genres *Fusus*, *Conus*, *Murex*, les genres *Nucula*, *Leda*, *Arca*, *Corbula*. On trouve dans le Tertiaire, à différents niveaux de l'Éocène jusqu'au Pliocène, des argiles semblables à Pleurotomes. Elles n'indiquent pas un dépôt d'eau peu profonde, 'mais au contraire une eau profonde quoique peu éloignée des côtes, assez près de la terre pour recevoir d'abondants dépôts argileux. En somme, sans qu'on puisse dire que les argiles à Pleurotomes se soient formées dans les grandes profondeurs, elles se sont cependant déposées sous une épaisseur d'eau relativement grande. On pense que l'argile de Londres s'est formée à environ 200 mètres au-dessous du niveau de la mer, et beaucoup de formations analogues se sont produites probablement à des profondeurs plus grandes (1).

On pense que les sables de Bagshot représentent la partie supérieure des sables de Cuise et le début de l'Éocène moyen. On y trouve la *Nummulites planulata*. Le calcaire grossier des environs de Paris est remplacé dans le Hampshire par un ensemble d'argiles, de marnes, de sables avec une riche faune marine ; ce sont les *couches de Bracklesham*. On y retrouve *Cardita planicosta*, *Cerithium giganteum*, *Turritella imbricataria* du calcaire grossier. Quant aux sables de Beauchamp, ils ont pour équivalent *l'argile de Barton* avec *Voluta athleta* et *Fusus minax*.

L'Éocène supérieur est représenté dans le sud de l'Angleterre, notamment dans l'île de Wight, par un ensemble de couches d'eau saumâtre et d'eau douce. Ce sont les *couches de Headon, Bembridge* et *Osborne*. On y retrouve des Limnées, des Planorbes et des ossements de *Palæotherium* et d'*Anoplotherium*.

Le bassin de Londres était certainement en communication avec celui de Paris, comme l'indiquent les lambeaux éocènes trouvés au sommet des falaises crayeuses à Varangeville, près de Dieppe, et ceux qu'on peut observer à Montreuil-sur-Mer.

Le bassin de Paris était aussi en communication avec celui de Belgique. Il y a en Artois des blocs épars de calcaire à Nummulites, et le calcaire grossier se retrouve au mont Cassel (157 mètres) dans le département du Nord. Là il y a encore des sables surmontés par un grès à *Nummulites lævigata*.

En Belgique l'Éocène commence par le *calcaire de Mons*, terme de transition, comme nous l'avons vu, entre le Crétacé et le Tertiaire. Les sables de Bracheux s'étendent largement en Belgique où on les désigne sous le nom d'*étage landenien*. Les *sables hersiens* et les *marnes hersiennes* correspondent aux sables de Rilly et au travertin de Sézanne. Ensuite vient *l'étage yprésien* comprenant des sables qui correspondent à ceux de Cuise, et *l'argile des Flandres* qui est l'argile de Londres. La mer du calcaire grossier a pénétré en Belgique, et on en trouve les traces sous forme de sables sur les collines du Brabant, aux environs de Bruxelles. Quant à l'Éocène supérieur il n'est représenté que par des sables marins peu fossilifères.

(1) Neumayr, *Erdgeschichte*, t. II, p. 479.

L'ÉOCÈNE DES RÉGIONS MÉDITERRANÉENNES. FORMATION NUMMULITIQUE.

Dans le sud de l'Europe l'Éocène se présente avec des caractères tout différents. Il constitue ce qu'on appelle la *formation nummulitique*, à cause de la grande abondance de ces Foraminifères aplatis. Cette formation consiste en calcaires durs associés aussi à des sables, à des

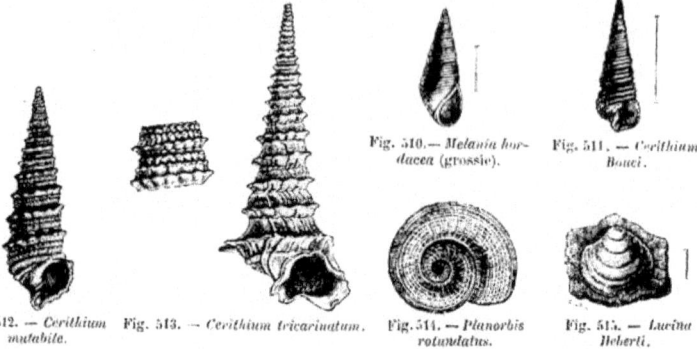

Fig. 510.— *Melania hor-dacea* (grossie).

Fig. 511. — *Cerithium Bouei.*

Fig. 512. — *Cerithium mutabile.*

Fig. 513. — *Cerithium tricarinatum.*

Fig. 514.— *Planorbis rotundatus.*

Fig. 515. — *Lucina Heberti.*

argiles et à des marnes et également à des tufs volcaniques qui en bien des points prennent une grande importance. L'Éocène des régions méridionales montre encore dans sa distribution de grands rapports avec les conditions que nous avons constatées dans les temps secondaires. A l'époque jurassique, avons-nous vu, une vaste mer bordée par les continents au nord et au sud, s'étendait de l'ouest à l'est, perpendiculairement à l'emplacement de l'océan Atlantique actuel et couvrait l'Europe centrale et méridionale, l'Asie Mineure, la Perse, l'Afghanistan, et venait s'ouvrir vers le sud-est dans l'océan Indien. Cette *Méditerranée centrale* a subi dans le cours des temps de grandes modifications. Nous n'avons pas à discuter pour le moment la question de savoir si au commencement du Tertiaire l'Afrique était encore réunie au Brésil et l'Europe à l'Amérique du Nord, et si l'océan Atlantique existait déjà dans son contour actuel; mais la mer s'étendait encore, à l'époque éocène, depuis la côte atlantique d'Europe jusqu'aux Indes. C'est probablement à la fin de l'Oligocène que cet état prit fin. Notre Méditerranée actuelle est le dernier reste de cette Méditerranée centrale (1).

Pendant l'Éocène s'accomplirent de grands changements qui se préparaient déjà pendant le Crétacé. La partie nord de la Méditerranée centrale devint terre ferme; la limite septentrionale recula jusqu'à la lisière nord de la région alpino-carpathique. Dans le sud de la France la mer s'étendait plus loin et couvrait les environs de Bordeaux. Vers le sud les eaux couvraient le nord de l'Afrique, le Sahara, le désert libyen, l'Égypte. On trouve là des calcaires

tout remplis de Nummulites; ils ont servi à la construction des Pyramides. Vers l'est, la mer nummulitique couvrait la Hongrie, la péninsule des Balkans, le Caucase, l'Asie Mineure, la Syrie, l'Arabie, pénétrait sur l'emplacement du Karakorum et de l'Himalaya, arrivait au golfe du Bengale, et l'on en peut suivre les traces à Java, à Sumatra et jusqu'à Bornéo et les Philippines.

La mer nummulitique poussait des prolongements au nord à travers les terres fermes, mais dans ces golfes septentrionaux la faune change, les Nummulites deviennent rares. C'est à ces prolongements qu'il faut rapporter les couches éocènes échappées à la dénudation dans la Russie méridionale, les dépôts de l'Asie centrale qui s'étendent sur de vastes espaces, d'après Muschketow et Romanovsky dans le Pamir et le Thianschan.

D'ailleurs la Méditerranée centrale devait présenter des îles de grande étendue. Il en était ainsi pour la partie centrale des Alpes et des Carpathes. Cependant, bien qu'une partie des hautes chaines : Alpes, Carpathes, Apennins, Pyrénées, Himalaya, fût déjà élevée au-dessus de la mer, ces montagnes étaient loin d'être entièrement soulevées; les principaux mouvements du sol qui leur ont donné naissance ne se sont produits qu'après le dépôt des calcaires nummulitiques. En effet, ceux-ci se présentent à de grandes hauteurs sur les flancs de ces chaines; ces régions étaient donc encore en grande partie sous les eaux. Dans les Alpes on trouve les calcaires nummulitiques jusqu'à 3,500 mètres d'altitude, de même dans les Pyrénées, enfin dans l'Himalaya ils se montrent à plus de 5,000 mètres.

Dans les Pyrénées les calcaires nummulitiques sont surmontés de poudingues formés de gros

(1) Neumayr. *Erdgeschichte*. t. II, p. 480.

cailloux. On les appelle *poudingues de Palassou*, du nom d'un géologue du commencement du siècle. Ils partagent l'inclinaison des flancs des Pyrénées et en constituent la couche la plus extérieure. Il en résulte que les Pyrénées se sont soulevées après leur dépôt. Comme on trouve dans ces poudingues des ossements de *Palæo-therium*, ce qui les fait rapporter, au moins en partie, à l'âge du gypse, on doit en conclure que les Pyrénées ont subi leur dernier et plus

Fig. 516. — *Semiophorus velicans*. — Poisson de Monte-Bolca.

important mouvement orogénique à la fin de la période éocène.

Outre les Nummulites, la formation éocène de l'Europe centrale contient un grand nombre de fossiles, entre autres beaucoup d'Oursins, dont deux genres seulement : *Echinolampas* et *Echinanthus*, restent communs avec le bassin de Paris. Ainsi, dans l'Aquitaine, l'Éocène débute par le calcaire à *Echinolampas Michelini*, correspondant à une lacune qui existe dans le bassin de Paris entre les sables de Cuise et le calcaire grossier. Ce dernier est représenté par un calcaire, *calcaire de Blaye* et de *Biarritz* à *Echinanthus, Conoclypus, Echinus*, etc. Les sables de Beauchamp ont pour équivalent des *argiles à Huîtres de Blaye*, le calcaire de Saint-Ouen est représenté par un calcaire lacustre à *Limnæus longiscatus*. Enfin l'Éocène supérieur est formé des *marnes de Biarritz à Serpula spirulæa* et des *grès de Biarritz à Euspatagus ornatus*.

En Provence on trouve de l'Éocène avec des couches marines et d'eau douce. Celles-ci présentent les lignites de la Débruge, près de Gargas, contenant la faune du gypse.

L'Éocène a été bien étudié par MM. Hébert et Munier-Chalmas en Hongrie et dans le Vicentin. On peut y reconnaître plusieurs subdivisions d'après la considération des Nummulites.

Considérons le Vicentin, sur la géologie duquel M. Munier-Chalmas a fait récemment paraître une importante monographie (1).

M. Munier-Chalmas distingue cinq groupes nummulitiques, quatre correspondant à l'Éocène et le cinquième qui termine la série nummulitique, synchronique de tout l'Oligocène. Ce qui domine, ce sont les formations marines, mais il y a des assises saumâtres, des assises d'eau douce et des tufs volcaniques fossilifères témoins de nombreuses éruptions qui ont eu lieu pendant l'Éocène et l'Oligocène. Il y a dans les assises saumâtres des combustibles : ainsi à Monte Pulli dans l'Éocène, à Monte Viale et Zovencedo dans l'Oligocène. En Istrie également les lignites, très largement exploités, sont éocènes. D'après M. Munier-Chalmas, ces assises de combustibles se trouvent englobées sans délimitations précises au milieu des formations marines; il n'est pas possible de supposer qu'elles puissent appartenir à des bassins indépendants de la mer au moment de leur formation; les bancs de lignites proviennent sans doute de végétaux qui ont été entraînés *au milieu de la mer* par des cours d'eau venant des Alpes (2).

L'Éocène inférieur ou *groupe de Monte Spilecco* est caractérisé par plusieurs Foraminifères tels que *Nummulites Spileccensis* et *N. Bolcensis*, et des Brachiopodes comme *Rhynchonella polymorpha*.

L'Éocène moyen comprend le deuxième et le troisième groupe nummulitique. Le deuxième groupe présente deux faciès : le premier, celui de la Guichellina, est caractérisé par les *Nummulites lævigata* du calcaire grossier parisien et par des Alvéolines, Foraminifères qui deviennent très abondants dans le second faciès, celui de Monte Postale. Au second groupe nummulitique appartiennent les couches de Monte Bolca

(1) Munier-Chalmas, *Étude du Tithonique, du Crétacé et du Tertiaire du Vicentin*, (Thèse de doctorat). Paris, 1891.
(2) Munier-Chalmas, page 8.

Fig. 517. — Les Mauvaises Terres (Bad-Lands), d'après Hayden.

extrémement riches en Poissons. On en connaît plus de 180 espèces comprenant surtout des Téléostéens (fig. 516). Les unes sont actuellement éteintes (*Holosteus*, *Smerdis*, etc.); d'autres habitent actuellement les mers tropicales ou les grands cours d'eau comme le Nil, le Gange ou les fleuves de l'Australie. La destruction de ces Poissons est due sans doute à l'irruption plus ou moins brusque, dans les lagunes, d'eaux douces provenant des fleuves alpins. En effet il y a dans les couches de Monte-Bolca de nombreux végétaux. Parmi les formes de Poissons communes avec l'Éocène du bassin de Paris, il faut citer : *Lates gracilis* et *Zanclus eocœnicus*. Le troisième groupe nummulitique renferme la faune très connue de San-Giovanni-Ilarione. Les Mollusques sont ceux de l'Éocène du bassin de Paris, les Oursins (*Conoclypus*, *Amblypygus*, *Prenaster*) sont très abondants, ainsi que les Crustacés. La Nummulite caractéristique est la *Nummulites perforata*. Ce groupe nummulitique se termine par l'horizon de Ronca, où existent quelques fossiles identiques à ceux qui caractérisent les sables de Beauchamp.

L'Éocène supérieur comprend le quatrième groupe nummulitique du Vicentin. M. Munier-Chalmas y distingue trois parties : les couches de la Granella à *Cerithium Diaboli*; les calcaires de Priabona, dont la faune a beaucoup d'analogie avec celle de Biarritz; on y trouve *Nummulites striata* et de nombreux Foraminifères du genre *Orthophragmina* (*Orbitoïdes*); enfin les marnes de Brendola à Bryozoaires. Ces marnes renferment aussi la *Clavulina Szaboi*, Foraminifère qui caractérise les marnes de l'Éocène supérieur à Bude en Hongrie. A Crosara se trouve un calcaire très riche en Polypiers.

L'Éocène se présente encore dans le sud de l'Europe sous un autre aspect que celui du calcaire nummulitique; c'est le facies du *flysch*. On appelle ainsi un ensemble de grès fissiles, de schistes et de marnes, dépourvu presque entièrement de fossiles; il y a seulement, outre quelques rares horizons à Poissons et à Mollusques, des empreintes d'Algues. Cette formation s'étend sur le bord septentrional des Alpes et des Carpathes, et atteint souvent une grande épaisseur. Dans les Alpes suisses où on l'a d'abord étudiée, elle est d'âge éocène et oligocène, mais plus à l'est elle répond en partie au Crétacé, et dans les Alpes orientales et les Carpathes le flysch, qu'on désigne là sous le nom de grès de Vienne et de grès des Carpathes, correspond à toute la série des couches depuis la fin du Jurassique jusqu'au commencement du Tertiaire.

L'origine de ces grès et de ces schistes marins dépourvus de fossiles est encore très controversée. Le flysch est vraisemblablement un facies littoral; suivant plusieurs géologues, sa présence indique une mer trop salée pour permettre aux animaux d'y vivre. Un fait très remarquable est la grande extension du flysch. Il existe en Italie, en Istrie, en Dalmatie, en Bosnie, en Albanie, en Grèce, dans l'Asie Mineure, le Caucase. En Istrie et en Dalmatie il semble seulement éocène, en Grèce seulement crétacé; en Italie, en Bosnie et dans les Carpathes, en partie crétacé et en partie tertiaire. On retrouve cette formation sur la côte ouest de Bornéo, aux îles Andaman et Nicobar, sur la côte de Californie, sur une grande partie de la côte ouest de l'Amérique du Sud, et en beaucoup de localités des Antilles (1).

(1) Neumayr, II, p. 484.

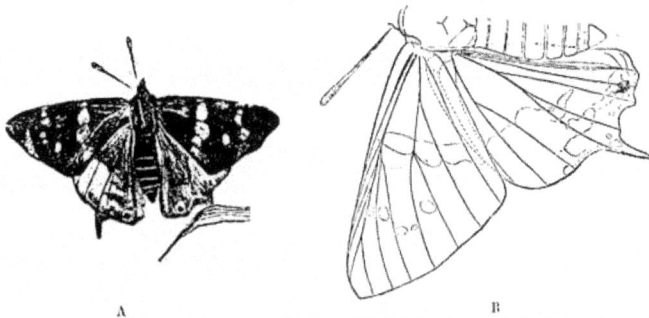

Fig. 518. — *Prodryas persephone*, Papillon fossile de Florissant (Colorado), d'après M. Scudder. — A, grandeur naturelle; B, grossi. Ce papillon appartient à la famille des *Nymphalidæ*.

L'ÉOCÈNE EN DEHORS DE L'EUROPE.

La formation nummulitique, avons-nous dit, s'étend sur le nord de l'Afrique, sur une grande partie de l'Asie et se retrouve jusque dans les îles de la Sonde et aux Philippines. Il nous reste à voir la distribution de l'Éocène dans le reste du monde.

Le sud de l'Australie présente des couches éocènes avec une faune de Mollusques qui sous

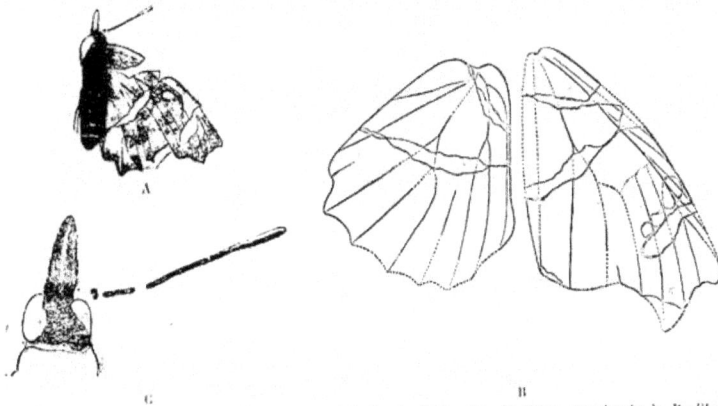

Fig. 519. — Papillon fossile de Florissant (Colorado), d'après M. Scudder. La figure représente le *Prodibythea vagabunda* (famille des *Libytheinæ*). — A, de grandeur naturelle; B, ailes grossies; C, tête fortement grossie.

bien des rapports rappelle celle du bassin de Londres, mais où les coquilles de Gastéropodes gardent des caractères embryonnaires, ce qui tient vraisemblablement à l'influence des conditions extérieures.

Dans l'Amérique du Sud, sur la côte pacifique, Philippi a découvert un grand nombre de coquilles qui sont éocènes ou oligocènes. Dans la partie méridionale de ce continent, depuis l'Atlantique jusqu'à l'intérieur de la République

Argentine et de la Patagonie, existe sur de vastes espaces une formation tertiaire et quaternaire. Elle est composée surtout de couches d'eau douce, mais il y a aussi des intercalations d'assises marines. Dans cette formation on a trouvé de nombreux Mammifères qui ont été surtout étudiés par M. Ameghino. La partie inférieure de cette formation est appelée le *Guaranien*, et paraît faire transition au Crétacé ; cet étage se compose de grés rouges et d'argile

Fig. 320. — Escarpements rocheux de Green-River, Wyoming (exploration du 40e parallèle).

et s'étend aussi vers le Brésil. Dans le Guaranien de la Patagonie, M. Ameghino a trouvé, comme nous l'avons déjà dit, de nombreux Mammifères Marsupiaux du groupe des Plagiaulacidés ; au Guaranien succède l'étage *parânien* où l'on a trouvé en beaucoup de points de nombreuses coquilles marines, qui n'existent plus aujourd'hui et ne se trouvent que dans l'Amérique du Sud. Il faut citer un genre de Gastéropodes remarquable, le genre *Struthiolaria* qui existe encore aujourd'hui à la Nouvelle-Zélande. Les couches d'eau douce constituant l'étage *mésopotamien* contiennent des Mammifères qui semblent les précurseurs des types actuellement vivants de l'Amérique du Sud, mais qui sont mêlés à des Mammifères voisins de ceux de l'Éocène supérieur d'Europe (*Anoplotherium, Palæotherium*). On n'y trouve

pas d'analogie avec la faune tertiaire du nord de l'Amérique [1]. La présence de Marsupiaux du type australien (*Prothylacinus, Protoviverra*) dans le Patagonien, présence démontrée récemment par M. Ameghino, vient témoigner en faveur de l'hypothèse d'une continuité aux temps tertiaires entre l'Australie et l'Amérique du Sud [2].

Le continent nord-américain nous montre des couches très importantes d'âge éocène. Les formations marines sont limitées aux côtes ; on les trouve le long du golfe du Mexique, en Floride, en Virginie et elles remontent dans le bassin du Mississipi jusque vers le confluent de l'Ohio ; elles paraissent avoir assez d'analogie

[1] Voir sur l'Éocène en dehors de l'Europe, Neumayr, *Erdgeschichte*, t. II, p. 497.
[2] Lydekker, *Nature* (analysé), 1892, et *Revue des sciences pures et appliquées*, 1892.

Fig. 521. — Crâne et cerveau de *Peratherea*.

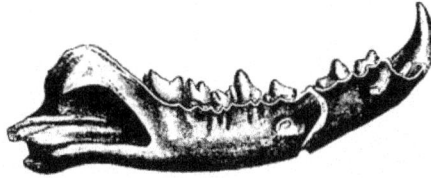

Fig. 522. — Mâchoire inférieure de *Hyænodon*.

avec l'Éocène du nord de l'Europe. Sur la côte Pacifique des États-Unis, l'Éocène est constitué par le groupe de Tejon où, d'après Gabb, Heilprin et Marcou, il y a des Gastéropodes, des Pélécypodes et aussi quelques restes d'Ammonites. L'intérieur du continent était couvert pendant la période éocène de grands lacs dont les sédiments ont fourni de nombreux ossements de Mammifères.

Ces assises tertiaires atteignent tout leur développement dans l'espace compris entre les Montagnes Rocheuses et la chaîne du Wahsatch. Il y a là toute une étendue de contrées désertes, les Mauvaises Terres (fig. 517), privées presque de végétation, formées de plateaux à pentes raides d'une hauteur variant de 60 à 200 mètres, et que les agents de dénudation ont découpées d'une manière bizarre, en obélisques, en tours, en châteaux forts, etc.

Les assises éocènes de l'Amérique du Nord, composées de sables et de marnes, ont été partagées par les géologues américains en plusieurs étages. La partie inférieure du système constitue le *groupe de Laramie*, qui, comme nous l'avons déjà dit à plusieurs reprises, est un étage de transition entre le Crétacé supérieur et l'Éocène. Sa faune rappelle celle de Cernay. A Florissant dans le Colorado, la partie inférieure de l'Éocène a fourni beaucoup d'empreintes d'Insectes étudiés par M. Scudder (fig. 518 et 519). Après la formation de ce système, tout l'espace compris entre les Montagnes Rocheuses et la chaîne du Wahsatch fut recouvert par un seul et même lac, dont les sédiments constituent le *groupe de Puerco* et le

groupe du Wahsatch; la puissance de ces couches est de plus de 4,500 mètres. Dans le groupe de Puerco, M. Cope a trouvé une foule d'animaux intéressants, des Créodontes, des *Condylarthra (Periptychus)*, etc. Dans le groupe du Wahsatch qui est plus récent se montre le *Phenacodus*, forme primitive des Périssodactyles, le *Coryphodon*, le *Pliolophus* et l'*Hyracotherium*, deux des termes les plus anciens de la série généalogique du cheval. Ce groupe du Wahsatch présente plusieurs types communs (*Coryphodon, Hyracotherium, Pliolophus*) avec les couches à *Coryphodon* de l'Éocène inférieur d'Europe (argile plastique et lignites); on en conclut qu'à cette époque il existait une terre mettant en communication le nord de l'Amérique avec l'Europe.

Après le groupe du Wahsatch il y eut une diminution du lac des Mauvaises Terres, et sur une étendue plus faible se sont déposées les *couches de Green-River* atteignant une épaisseur de 2,000 pieds (fig. 520). Elles n'ont pas fourni jusqu'ici de Mammifères; on y a trouvé en revanche de nombreux restes de Poissons. Ensuite le lac se sépare en deux bassins distincts où se sont déposées avec une puissance de 2,500 pieds les *couches de Bridger*, très riches en Mammifères fossiles. Il y a là les gigantesques *Dinoceras* absolument inconnus en Europe. Il y a cependant aussi des genres analogues à ceux de nos pays, ainsi les *Hyracotherium* et *Pliolophus* communs aux deux continents; le genre américain *Hyrachius* ne diffère pas beaucoup du genre européen *Lophiodon*; enfin on trouve dans ces mêmes couches le genre *Adapis* d'Europe. Ces couches de Bridger paraissent répondre à notre Éocène moyen, caractérisé par le *Lophiodon*.

En Amérique n'existent pas de couches à *Palæotherium* et *Anoplotherium*, *Xiphodon*, etc., analogues à notre Éocène supérieur. Aux couches de Bridger succèdent les *couches d'Uinta* épaisses de 500 pieds. Elles répondent au dernier reste du lac du Wahsatch, dans la partie nord-est de l'Utah, au pied sud de la chaîne d'Uinta. Le grand lac du Wahsatch s'est ainsi rétréci sans cesse pour disparaître à la fin de l'Éocène ou au commencement de l'Oligocène. La faune du groupe d'Uinta est toute différente de celle d'Europe; on y trouve des genres d'Ongulés : *Diplacodon*, *Amynodon*, *Hyopsodus*, absolument inconnus dans nos pays. On peut en conclure qu'à la fin de l'Éocène ou au commencement de l'Oligocène, la communication entre l'Europe et le continent nord américain a été rompue. Les couches d'Uinta représentent probablement en Amérique l'Éocène supérieur et une partie de l'Oligocène.

L'OLIGOCÈNE. SA FAUNE. SA FLORE. SA RÉPARTITION GÉOGRAPHIQUE.

LA FAUNE DE L'OLIGOCÈNE.

L'Oligocène, qui fait suite à l'Éocène, est caractérisé par une grande extension marine qui s'est produite en Europe dans les régions septentrionales vers le milieu de cette période. A cette phase d'extension des mers correspondent les sables dits de Fontainebleau, très communs dans le bassin de Paris ; ils ont couvert le Limbourg, et constituent l'*étage* dit *tongrien*, de la localité de Tongres dans le Limbourg. On donne le nom d'*étage infra-tongrien* à tous les dépôts mixtes, marins, saumâtres et lacustres qui ont précédé la phase de grande transgression marine. Quant à la partie supérieure de l'Oligocène, celle qui surmonte le *Tongrien* et qui correspond à l'assèchement de la plus grande partie de l'Europe, on l'appelle *Aquitanien*, à cause de son développement dans le sud-ouest de la France. L'Oligocène comprend donc trois étages : l'Infra-Tongrien, le Tongrien et l'Aquitanien.

La faune de l'Oligocène ne présente pas, au point de vue des types marins, de grandes différences avec l'Éocène. Les variations ne portent guère que sur les espèces et non sur les genres ; c'est ce qui a lieu en particulier pour les Cérithes. On peut citer aussi de grosses Natices (*Natica crassatina*) des sables de Fontainebleau. Les Nummulites disparaissent complètement avec l'Oligocène ; on n'en trouve dans ce système que quelques espèces de petite taille.

Les animaux les plus importants de l'Oligocène sont les Mammifères. Ils ont été trouvés en abondance dans certains gisements ; tels sont : les couches de Saint-Gérand-le-Puy (Allier), celles de Ronzon près du Puy-en-Velay (Haute-Loire), les Phosphorites du Quercy (Lot). Il faut citer aussi les dépôts de minerais de fer en grains du Jura, du Berri, du Poitou, appelés dépôts sidérolithiques.

Nous allons passer en revue les principaux types de Mammifères de l'Oligocène.

Les Créodontes sont représentés par les *Proviverra* (fig. 521), très communes dans les Phosphorites. La dentition rappelle celle des Marsupiaux carnivores appelés Dasyures. Il y a une crête sagittale sur le crâne. L'encéphale est très simple, comme on a pu le voir par un moulage de la boîte crânienne. Les hémisphères sont lisses et laissent à découvert les tubercules quadrijumeaux et le cervelet. Les *Hyænodon* (fig. 522) sont aussi très répandus à la base de l'Oligocène, à la fois dans les deux hémisphères. Les molaires deviennent tranchantes, le nombre des dents diminue; chez les *Hyænodon*, la dernière molaire supérieure devient rudimentaire. Ces animaux pouvaient atteindre la taille d'un Ours.

Les familles de Carnassiers qui rappellent le mieux le type primitif des Créodontes sont celles des Mustélidés et des Viverridés qui existent dès l'Oligocène. Elles sont bien représentées dans les phosphorites. Le premier Mustélidé est le *Plesiocyon*, où le nombre des arrière-molaires est 2/3. Ensuite la dentition se modifie, comme l'a montré M. Filhol, auquel on doit l'étude détaillée des Mammifères des Phosphorites. La série *Plesictis*, *Stenoplesictis*, *Palæoprionodon* nous conduit au genre *Mustela* (Marte), où le nombre des arrière-molaires est 1/2. Ce genre ne se montre qu'au Miocène, tandis que le genre *Lutra* (Loutre) existe déjà à Saint-Gérand-le-Puy (*Lutra Valetoni*).

Les Viverridés (Civettes) présentent aussi de nombreuses espèces dès les Phosphorites; le nombre des molaires est réduit à 2/2. La dent carnassière est très bien développée. La forme primitive paraît être le genre *Cynodictis* (Chien-Civette) où la formule des molaires est 2/3. Mais dans *C. intermedius* la troisième molaire inférieure devient très petite; elle disparaît dans *C. Viverroides* et on a alors le type Civette (*Viverra*) avec 2/2. Les Civettes actuelles qui se rapprochent le plus par leur dentition de celles de l'Oligocène sont celles de Madagascar (genre *Eupleres*).

Les *Cynodictis* rappellent déjà les Canidés; il en est encore de même des *Cynodon*, où cependant la carnassière par son denticule interne est celle de la Civette. A leur origine, les trois familles des Viverridés, des Mustélidés et des Canidés sont très voisines l'une de l'autre. On peut regarder le genre *Cynodictis* comme leur souche commune. D'après M. Filhol, il aurait donné naissance par le genre *Plesictis* aux Mustélidés; il aurait directement fourni les Viverridés, enfin par le *Cynodon* il serait le progéniteur des Canidés. De même les types de carnassiers des Phosphorites rattachent les Félidés aux Mustélidés. Il y a des types intermédiaires entre les deux familles. Tel est le genre *Proælurus* reliant les Martes aux Chats. Il y a deux tuberculeuses supérieures, mais chez certaines espèces il n'y en a plus qu'une comme chez les Chats; en même temps la carnassière prend un tubercule. Une autre forme de passage est l'*Ælurogale* des Phosphorites; il avait la taille d'une Panthère, la mâchoire supérieure d'un Chat et la mâchoire inférieure d'un Mustélidé.

Les Insectivores sont représentés dans l'Oligocène par plusieurs genres. L'*Amphidozotherium* des Phosphorites du Quercy est le plus ancien représentant des Talpidés. Le genre *Palæoerinaceus* a la formule dentaire du Hérisson (*Erinaceus*). Le *Tetracus nasus* de Ronzon se rapproche aussi du Hérisson, mais la dernière molaire présente quatre pointes principales au lieu de trois, comme chez les vrais Hérissons. C'est une affinité avec le Desman, la Musaraigne.

Il y a aussi des Chauves-Souris. M. de Saporta a trouvé dans le gypse d'Aix-en-Provence, qui appartient à l'Oligocène inférieur (Infra-Tongrien), des débris de Chauve-Souris (*Vespertilio aquensis*) avec indices de la membrane des ailes. Dans l'Allier la *Palæonycteris robustus* présente des caractères qui rappellent à la fois les Vespertilions et les Rhinolophes actuels.

Les Rongeurs ne manquent pas non plus pendant l'Oligocène. Les genres *Sciurus* (Écureuil), *Myoxus* (Loir), *Arctomys* (Marmotte), commencent à se montrer. Le genre *Cricetodon*, trouvé dans le calcaire de Ronzon et qui existe aussi dans les dépôts supérieurs, ressemble plus par ses molaires aux Hamsters (*Cricetus*) qu'aux Rats. On le regarde comme la forme primitive des Muridés. Le genre *Theridomys* de Ronzon est remarquable parce que ses analogies sont surtout avec les Rats épineux, qui habitent aujourd'hui l'Amérique. Les Rongeurs du type Lièvre se montrent déjà dans l'Oligocène où ils sont représentés par le genre *Palæolagus*.

Les Lémuriens sont aussi représentés dans l'Oligocène. Le plus remarquable est le *Necrolemur* (fig. 523) des Phosphorites. Nous avons déjà vu plus haut que les Lémuriens existaient aussi en Europe et en Amérique pendant l'Éocène. Or ils ne font plus partie actuellement de la faune de ces régions et sont presque entièrement cantonnés à Madagascar. Cette île a par sa faune des caractères très singuliers qui permettent de comparer sa population animale à celle de l'Oligocène ou du Miocène inférieur d'Europe. Elle a les Lémuriens, une sorte de Civette (*Eupleres*) rappelant celles de l'Oligocène, un Félidé, la *Fossa* ou Cryptoprocte, dont toutes les affinités sont avec ceux du Miocène inférieur appelés *Pseudælurus;* un Insectivore, le Tanrec (*Centetes*), qui a des affinités avec les Créodontes. Madagascar en revanche est privée de types de l'Afrique actuelle : Lion, Panthère, Hyène, Girafe, Antilope, Éléphant, etc. On doit en conclure que Madagascar était réunie aux autres masses continentales à l'époque oligocène et qu'elle est devenue une île au commencement du Miocène. Elle était pendant l'Oligocène certainement en relation avec l'Afrique, mais les avis sont partagés sur la question de ses rapports avec Ceylan et les Indes. Il paraît certain cependant que la communication a existé, car on trouve des Lémuriens dans une partie de la région indienne; en outre, bien des faits montrent que l'Afrique et les Indes ont été largement en communication même pendant le Miocène. Les Rhinocéros, les Éléphants, les Buffles, les Félidés, animaux

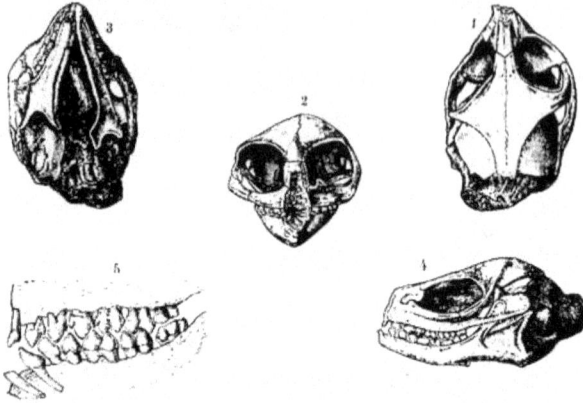

Fig. 523. — Crâne de *Necrolemur*, Lémurien des Phosphorites du Quercy. — 1, vu de dessus; 2, vu de face; 3, de dessous; 4, vu de côté; 5, mâchoires grossies.

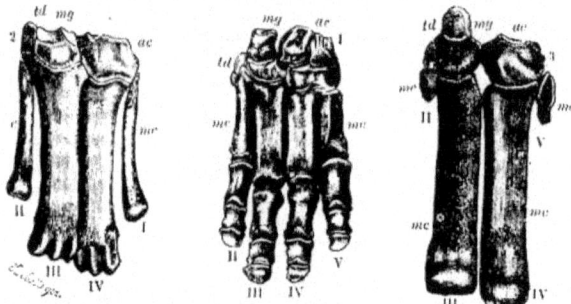

Fig. 524. — Pattes de devant. — 1, d'Hippopotame; 2, de Pécari; 3, d'*Elotherium* (d'après Kowalewsky); II, III, IV, V, second, troisième, quatrième, cinquième doigts : *mc*, métacarpiens; *td*, os trapézoïde; *mg*, grand os; *uc*, os unciforme.

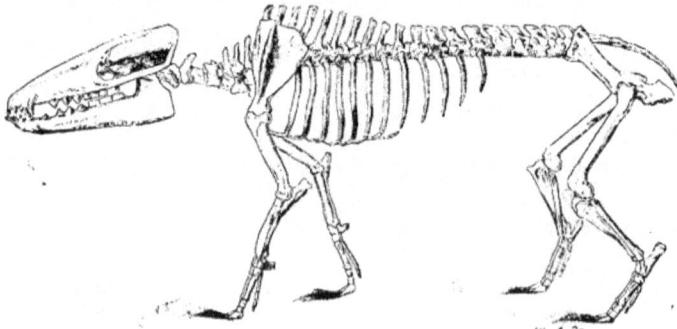

Fig. 525. — *Anthracotherium magnum* restauré (d'après Kowalewsky).

fossiles chez nous pendant le Pliocène, s'étendent du Soudan aux Indes; la mer Rouge n'existait pas au milieu du Tertiaire, de là des relations faciles entre les deux contrées. Certains types disséminés maintenant, comme les Singes Anthropomorphes à Bornéo et dans l'Afrique occidentale, les Pangolins et quelques autres, la distribution des végétaux au Carbonifère et au Trias, la délimitation des faunes marines, comme nous l'avons déjà dit plus haut, pendant le Jurassique et le Crétacé, tous ces faits indiquent l'existence d'un continent primitif indo-éthiopique, qu'on peut appeler la *Lémurie*. Il a commencé à disparaître vers le commencement du Miocène et ses derniers débris sont aujourd'hui Madagascar, les Seychelles et les Amirantes (1).

Passons maintenant aux Ongulés de la période oligocène. On y trouve au début, par exemple dans le calcaire de Ronzon, les derniers animaux du genre *Palæotherium*. Ils sont accompagnés d'un autre type que Cuvier avait confondu avec eux, le genre *Paloplotherium*, où les prémolaires sont plus simples et le cément plus développé. Il y a aussi des animaux plus voisins du Tapir, tel est le genre *Protapirus* des Phosphorites.

Les Rhinocéros, comme on sait, ont trois doigts sensiblement égaux aux pattes de devant et aux pattes de derrière. Les os nasaux ont un développement énorme et supportent une corne ou deux cornes placées l'une derrière l'autre. Il n'y a pas de canines supérieures et souvent pas d'incisives; les canines inférieures sont fortes. Les molaires et les prémolaires supérieures sont semblables. Ces dents présentent une crête longitudinale d'où partent deux crêtes transversales; mais, malgré leur ressemblance avec celles du Cheval, elles en diffèrent par l'absence de piliers internes. Les Rhinocéridés proviennent de formes tapiroïdes; il y a des genres intermédiaires entre les Tapiridés et les Rhinocéridés; tels sont les *Amynodon* et *Hyracodon* de l'Éocène supérieur et de l'Oligocène d'Amérique.

Les véritables Rhinocéridés commencent à l'Oligocène par le genre *Aceratherium*. On le trouve dans le calcaire de Ronzon près du Puy-en-Velay, d'où le nom de *Ronzotherium* donné d'abord à ce genre. Les Aceratheriums étaient des Rhinocéros, mais vraisemblablement dépourvus de cornes, car les os nasaux sont très faibles. Ils ont fourni peu à peu les vrais Rhi-

(1) Neumayr, *Erdgeschichte*, t. II, p. 441.

nocéros, car nous verrons plus tard qu'on découvre toutes les transitions d'un genre à l'autre.

Les Artiodactyles comprennent, comme on sait, les Hippopotames (fig. 524), les Porcins et les Ruminants. Chez les premiers il y a quatre doigts égaux bien développés, chez les Porcins les deux doigts du milieu sont seuls développés, les deux autres ne touchent pas le sol; enfin chez les Ruminants il n'y a plus que deux doigts portés par un os unique : l'*os canon;* ce dernier provient de la soudure de deux métacarpiens ou métatarsiens, et avant la naissance on peut constater très nettement qu'il y a là deux os d'abord séparés. Même à l'époque actuelle il y a des formes de transition entre les Porcins et les Ruminants, au point de vue de la structure de la patte. Ainsi chez les Porcins d'Amérique ou Pécaris (genre *Dicotyles*), qui ont quatre doigts en avant et trois en arrière, les métacarpiens et métatarsiens se soudent à la partie supérieure. On sait aussi que l'*Hyæmoschus* ou Biche-Cochon du Gabon présente des métatarsiens soudés, mais des métacarpiens séparés, et les métacarpiens externes subsistent en entier avec leurs doigts, de sorte qu'il y a quatre doigts à la patte de devant. Dans l'Éocène supérieur, l'Oligocène et le Miocène, les formes de transition entre les Porcins et les Ruminants abondent; on trouve des intermédiaires au point de vue des membres et au point de vue des molaires qui, bunodontes chez les Porcins, présentent des croissants (sélénodontes) chez les Ruminants.

Nous avons déjà parlé du *Dichobune* et du *Xiphodon* à propos de l'Éocène. Le *Cainotherium* des Phosphorites du Quercy est dérivé du *Dichobune;* les tubercules des molaires supérieures sont en forme de croissant, ceux de la mâchoire inférieure sont coniques. Ces animaux devaient vivre en troupeaux, car leurs débris se trouvent en abondance dans certains gisements. Les *Anthracotherium* et les *Hyopotamus* ressemblent davantage aux Porcins; les molaires supérieures présentent cinq tubercules dont deux en forme de croissant; les incisives sont projetées en avant comme chez les Porcs; les canines sont très fortes, surtout dans le premier genre. L'*Anthracotherium* avait la taille de l'Hippopotame (fig. 525). Le genre *Ancodus*, tétradactyle comme le Porc et commun à Ronzon, a été réuni par Kowalewsky au genre *Hyopotamus*. Il le met en parallèle avec le *Diplopus*, qui suivant lui serait un *Ancodus* dont les deux doigts latéraux s'atrophiaient alors que les médians se développaient proportionnellement.

On trouve aussi à Ronzon un Artiodactyle remarquable par l'atrophie des doigts latéraux. C'est l'*Elotherium* ou *Entelodon*, qui se montre aussi bien en Amérique qu'en Europe.

Les *Oréodontidés* sont des Artiodactyles spéciaux à l'Oligocène et au Miocène de l'Amérique du Nord. Leurs molaires sont celles des Ruminants, mais les incisives supérieures existent, ce qui n'a pas lieu chez la plupart des Ruminants, et les canines sont très puissantes comme celles des Porcins, sans être toutefois proéminentes. Il y a quatre doigts bien développés ; même dans le genre *Oréodon* le cinquième est bien net aux pattes de devant. Ainsi beaucoup de formes de l'Oligocène font transition entre les Porcins et les Ruminants et il est difficile de les attribuer à l'un ou à l'autre de ces deux groupes. Cela nous démontre l'origine commune des Porcins et des Ruminants. Ces derniers ont donc pris naissance d'ancêtres tétradactyles ayant une dentition complète et des molaires bunodontes. Plusieurs faits embryologiques viennent encore prouver cette origine. D'abord, comme nous l'avons vu, l'os canon qui est encore double avant la naissance ; puis ce fait que, si la plupart des Ruminants actuels sont dépourvus d'incisives supérieures à l'âge adulte, on trouve du moins, avant la naissance, dans la mâchoire supérieure du Veau, des germes dentaires qui s'atrophient plus tard. Ce fait rappelle la dentition primitive des ancêtres.

Outre les formes de transition, pendant l'Oligocène, ont vécu de véritables Porcins et de véritables Ruminants. Tel est, parmi les premiers, le *Cebochoerus* des Phosphorites du Quercy ; il est bunodonte comme les Cochons actuels ; les deux doigts latéraux sont presque égaux à ceux du milieu. Le *Gelocus communis* du calcaire de Ronzon et des Phosphorites du Quercy, est regardé comme le plus ancien des Ruminants d'Europe. Il ressemble aux Chevrotains actuels, mais il y a encore des incisives supérieures, et les métacarpiens sont libres. Les métacarpiens médians (III et IV) sont presque entièrement soudés ; les latéraux (II et V) ont perdu leur partie médiane ; ils sont réduits à leurs extrémités supérieure et inférieure.

Pour terminer cette étude des Mammifères de l'Oligocène, nous devons mentionner des formes singulières aberrantes, et qui n'ont pas laissé de postérité : ce sont les animaux appelés par M. Marsh *Brontotherium* ou *Titanotherium ingens* (fig. 526) et *Brontops robustus* (fig. 527). On trouve leurs débris dans l'Oligocène du Colorado et du Nebraska. Leur taille dépassait celle du Rhinocéros. C'est de ce dernier que le *Brontotherium* et le *Brontops* se rapprochent le plus par la forme du crâne. La cavité crânienne est très petite, le cerveau était donc peu développé. Les os nasaux, très forts et soudés entre eux, portent de chaque côté de la face une énorme protubérance qui a dû être enveloppée de matière cornée. Il y a quatre doigts en avant et trois en arrière. Les incisives et les canines sont rudimentaires ou manquent à la mâchoire inférieure ; les canines supérieures sont courtes et puissantes. Les molaires présentent deux tubercules en forme de croissant et deux autres, les internes, sont coniques.

LA FLORE OLIGOCÈNE.

Les gisements de végétaux oligocènes sont assez nombreux. Dans l'Infra-Tongrien se trouve le gypse d'Aix-en-Provence, rapporté souvent encore à l'Éocène supérieur, et dont M. de Saporta a bien étudié la flore, et le calcaire de Ronzon (Haute-Loire). Les couches de Saint-Zacharie (Var), d'Armissan (Aude), sont rapportées au Tongrien supérieur ainsi que celles de Sotzka (Croatie), peut-être cependant aquitaniennes. Enfin le gisement très important de Manosque en Provence appartient au niveau de l'Aquitanien.

Il y a dans les couches oligocènes un mélange de formes végétales des climats tempérés et des climats chauds, mais les premières l'emportent de plus en plus. Les types à feuilles caduques se multiplient graduellement, tandis que les Palmiers décroissent en nombre et en importance vers la fin de la période.

Les Palmiers sont relativement nombreux dans l'Infra-Tongrien et le Tongrien. On trouve des *Flabellaria*, des Palmiers du genre *Sabal*, des *Phœnicites*, type voisin du Dattier actuel (*Phœnix*). Le *Sabal major*, l'un des plus grands Palmiers fossiles, s'observe jusqu'au 55°, au nord de la Bohême. Les *Phœnicites* se trouvent dans la Haute-Loire, et les *Phœnix* véritables existaient aussi dans le nord de l'Europe (fig. 528).

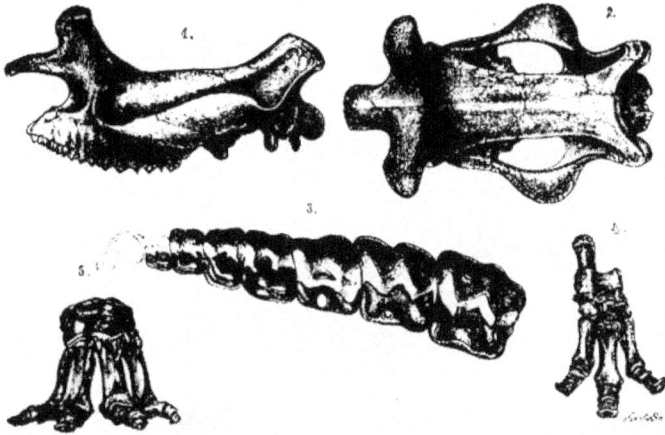

Fig. 526. — *Brontotherium* ou *Titanotherium ingens* de l'Oligocène supérieur et du Miocène inférieur d'Amérique (d'après Marsh). — 1, crâne vu de côté; 2, crâne vu de dessus; 3, molaires de la mâchoire supérieure; 4, patte de derrière; 5, patte de devant.

Fig. 527. — *Brontops robustus*, Marsh. Oligocène des Montagnes Rocheuses (d'après un dessin communiqué par M. Gaudry).

Le *Dracæna* ou Dragonnier, très développé aujourd'hui aux îles Canaries, se montre à Aix et à Armissan où le *Dracæna narbonensis* affecte les allures d'un puissant végétal (1).

(1) De Saporta, *Origine paléontologique des arbres*, p. 120.

Fig. 528. — Palmiers oligocènes européens. — 1, *Fla-bellaria Raniniana*; 2, *Sabal major*; 3, *Phœnicites spectabilis*.

Fig. 531. — *Populus oxyphylla* de l'Aquitanien de Ma-nosque, ancêtre éloigné de notre *Populus nigra* (M. de Saporta).

Fig. 529. — Ancêtres des Aulnes et des Bouleaux. 1, 3, feuille, samarie et écaille fructifère de *Betula macrophylla* du Tertiaire d'Islande; 4, 5, *Alnus Spora-dum* de l'Aquitanien de Manosque; 6, 7, 8, feuille écaille détachée et strobile de l'*Alnus Aymardi* du Pliocène de Ceyssac (Haute-Loire) (M. de Saporta).

Fig. 532. — Formes ancestrales des Frênes européens. — 1, *Fraxinus longinqua* d'Aix; 2-4, *F. juglandica* de Manosque; 5, *F. ulmifolia* de Manosque; 6, 7, *F. gra-cilis*, folioles et samare, ancêtre pliocène du *F. oxy-phylla* des bords de la Méditerranée.

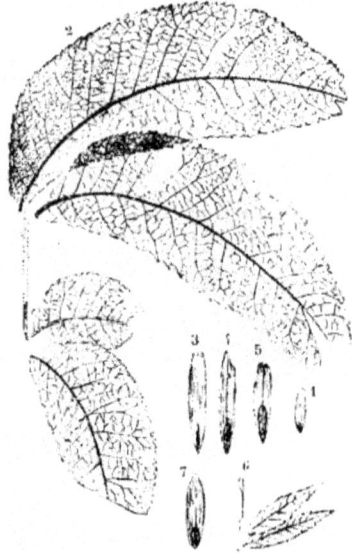

Fig. 530. — Forme ancestrale du Châtaignier européen, *Castanea arvernensis* de l'Aquitanien de Ménat (M. de Saporta).

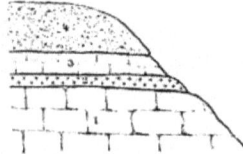

Fig. 533. — Coupe des meulières à la Ferté-sous-Jouarre. — 1, calcaire; 2, gypse; 3, meulière de la Brie; 4, sables de Fontainebleau.

Il y a aussi des Bambous et probablement des Bananiers.

Les Pins sont nombreux ; à Aix il y en a une douzaine d'espèces se rapprochant beaucoup des types asiatiques. Il en est de même à Armissan. Les *Sequoia* aujourd'hui cantonnés en Californie, sont nombreux à Armissan et à Manosque ; c'est un type venu du Nord, qui a longtemps habité l'Europe avant de se restreindre à quelques parties de l'Amérique.

Les Aulnes, les Bouleaux et autres arbres à feuilles caduques (fig. 529), tels que les Ormes, les Saules, les Peupliers, les Érables, sont de plus en plus abondants. Ils se rattachent à des types aujourd'hui méridionaux. Les Aulnes d'Aix, de Saint-Zacharie, de Manosque (*Alnus Sporadum*), rappellent les Aulnes (*Alnaster*) du Népaul ; de même les Bouleaux d'Aix ou d'Armissan se rattachent aux *Betulaster*, type plus méridional que celui du Bouleau ordinaire. Les Châtaigniers d'Armissan reproduisent le type actuel d'Amérique (*Castanea pumila*) ; notre Châtaignier européen descend du *Castanea arvernensis* de Ménat (Puy-de-Dôme) (fig. 530). Les Chênes rappellent ceux du Japon ; à Aix on trouve la forme ancestrale des chênes verts ou genres actuels (*Quercus iliciformis*). Les Peupliers appartiennent pour la plupart à des types devenus exotiques ; cependant le *Populus oxyphylla* (fig. 531) de Manosque paraît être l'ancêtre éloigné de notre Peuplier européen (*Populus nigra*). Les types de Saules oligocènes sont aujourd'hui africains ou asiatiques. Il en est de même pour les Ormes.

Les Figuiers, qui comptent aujourd'hui dans la zone tropicale des centaines d'espèces et pénètrent dans la zone tempérée boréale, existent dans l'Oligocène d'Europe. Il y en a à Aix (*Ficus venusta*) congénères de ceux des tropiques, dans le Tongrien de Célas, dans l'Aquitanien de Manosque (*F. demersa*), etc. Ces formes ont quitté l'Europe de bonne heure pour se retirer vers le sud. Les Camphriers, les Canneliers (*Cinnamomum*) d'Aix et de Manosque, rappellent les espèces japonaises actuelles.

Les Oliviers, les Frênes (fig. 532) paraissent relativement rares. Ils se multiplient cependant dans l'Aquitanien. Les Lauriers (*Laurus primigenia*) étaient répandus, par toute l'Europe, rappelant le *Laurus canariensis* d'aujourd'hui. Les Érables ne se montrent en Europe qu'à partir du gisement d'Aix et sont intermédiaires entre certaines espèces des États-Unis et du Japon. Les Jujubiers (*Zizyphus*), aujourd'hui presque absolument intertropicaux et dont on ne connaît qu'une espèce en Europe (*Z. vulgaris*), existaient dans l'Éocène et l'Oligocène ; il en est de même des Noyers du type asiatique. Les *Rhus* ou Sumacs, particulièrement nombreux aujourd'hui dans les régions chaudes, se rencontrent fréquemment dans l'Oligocène. Notamment à Armissan, se rencontre une espèce (*R. atavica*) qui est l'ancêtre tertiaire d'un Sumac actuellement japonais. Citons encore les *Mimosa*, et surtout les Acacias, qui sont très communs. On en connaît à Aix, à Armissan, etc., plus de dix espèces qui sont les formes ancestrales des Acacias africains ou Gommiers.

En somme, la flore de l'Oligocène dénote un climat très chaud, quoique plus humide que celui de l'Éocène moyen ou supérieur ; et il faut retenir le fait remarquable de l'existence en Europe, à cette époque, de types du Japon et des parties subtropicales de l'Amérique du Nord. La flore de l'ambre, formation qui appartient à l'Oligocène, et des lignites qui l'accompagnent, présente un certain nombre de types de climats plus froids. Mais quoique la température dans l'Europe centrale et méridionale n'ait pas été probablement aussi élevée qu'on l'admet souvent, rien n'indique, comme on l'a parfois supposé, l'existence en Europe, pendant la période oligocène, d'une période glaciaire (Neumayr). Les gisements du Tertiaire moyen des régions arctiques, si bien étudiés par Heer, montrent l'existence dans ces régions de plantes dont les genres occupent aujourd'hui les contrées tempérées ; le refroidissement ne faisait donc encore que des progrès très lents.

L'OLIGOCÈNE DU BASSIN DE PARIS ET DU SUD DE LA FRANCE.

L'Oligocène du bassin de Paris comprend deux formations saumâtres ou lacustres séparées par une formation marine.

L'Éocène supérieur se termine, avons-nous vu, par des marnes blanchâtres à Limnées qu'on place souvent à la base de l'Oligocène ; mais elles renferment encore parfois des restes de Vertébrés du gypse, comme le *Xiphodon gracile*, des Oiseaux et les Tortues. Au-dessus commence l'Infra-Tongrien proprement dit avec des marnes à Cyrènes (*Cyrena convexa*) et un petit Crustacé des marais salants, du genre *Spheroma* ; c'est donc un dépôt d'eau saumâtre. Après un second horizon saumâtre presque sans fossiles (glaises vertes), on arrive au calcaire de Brie, grand dépôt d'eau douce indiquant que le bassin de Paris était couvert à cette époque d'un grand lac et avait été abandonné par la mer.

Le calcaire de Brie est riche en Limnées (Limnæus corneus). Il se présente sous deux formes. Il peut être à l'état de calcaire marneux compact et alors il forme une pierre de taille estimée, celle de Château-Landon, employée pour la construction de l'Arc de Triomphe et de la basilique de Montmartre. Souvent il est à l'état de meulière et devient siliceux. Cette formation couvre tout le plateau de la Brie (département de Seine-et-Marne). La meulière est particulièrement exploitée aux environs de la Ferté-sous-Jouarre, où elle atteint douze à quinze mètres d'épaisseur (fig. 533). Dans l'est du bassin le calcaire de Brie peut avoir une puissance d'environ quarante mètres. En certains points, par exemple à Argenteuil, il devient marin et contient les fossiles du Tongrien.

Ce dernier indique une nouvelle invasion de la mer venant du nord, qui couvrait tout le bassin de Paris jusqu'à l'Orléanais. Elle déposa les sables et les grès de Fontainebleau qui dépassent de beaucoup les limites de la mer éocène. Cette formation débute par des marnes à Huîtres, Ostrea cyathula (fig. 538), Ostrea longirostris (fig. 534), très développées dans les collines de Paris et des environs, par exemple à Romainville.

Les sables de Fontainebleau présentent, notamment près d'Étampes, plusieurs horizons très fossilifères. L'horizon inférieur ou de Jeurres est caractérisé par une grande Natice, Natica crassatina; il y a aussi des Cérithes : Cerithium plicatum (fig. 535), C. trochleare (fig. 536) et Deshaysia parisiensis (fig. 537). A cette couche appartiennent des grès consistants dus à des infiltrations calcaires ou siliceuses (grès de Romainville). L'horizon suivant ou de Morigny est caractérisé par de nombreux Pétoncles (Pectunculus obovatus, fig. 539) et des Cythérées (Cytherea splendida, C. incrassata). Ensuite viennent des sables blancs très épais, sans fossiles. Ces sables sont souvent consolidés en grès calcaires qui ont donné lieu par érosion à toutes ces accumulations de blocs arrondis, si nombreuses dans la forêt de Fontainebleau (1). Les grès les plus durs du sommet de cette formation sont employés pour paver Paris.

(1) La Terre, les Mers et les Continents, p. 112.

Le dernier horizon est celui d'Ormoy, dont le fossile caractéristique est la Cardita Bazini. Au sommet apparaissent des Cérithes d'eau saumâtre (Potamides Lamarckii, fig. 540) et des coquilles d'eau douce ou terrestres, Limnées, Cyclostomes, Hélix. Dès la fin du Tongrien se préparait donc un mouvement d'émersion qui devint définitif avec l'Aquitanien.

L'Aquitanien du bassin de Paris se compose d'un calcaire lacustre, le calcaire de Beauce. Aux environs immédiats de Paris, il est remplacé par des meulières (meulières de Montmorency) employées pour les constructions. Ces meulières couronnent les environs de Paris (Montmorency-Sannois, etc.). Dans les niveaux inférieurs se trouvent encore des fossiles d'eau saumâtre, tels que les Potamides. Au sommet, il y a des coquilles d'eau douce (Limnæus corneus, Planorbis cornu) ou terrestres (Helix Ramondi, fig. 541).

Le grand lac de la Beauce se prolongeait au sud dans l'Orléanais. Là, le calcaire s'épaissit et se divise en deux assises séparées par une petite couche argilo-sableuse (mollasse de Gâtinais). L'assise supérieure, dite calcaire de l'Orléanais, contient de nombreux Hélix. On trouve aussi dans ces assises des restes de Vertébrés, tels que l'Anthracotherium.

La mer tongrienne a pénétré dans le Plateau Central par deux fractures N.-S. qui sont devenues les vallées de la Loire et de l'Allier. Les arkoses, sorte de grès composés des éléments remaniés des granites, remplissent le fond de ces vallées. Elles appartiennent à l'époque infra-tongrienne et tongrienne. On y trouve la Cyrena convexa et les Mollusques du calcaire de Brie. Le calcaire marneux de Ronzon près du Puy-en-Velay est rapporté aussi à l'époque du calcaire de Brie, comme l'indiquent les Mollusques qu'on y rencontre.

Nous avons cité la faune des Mammifères de Ronzon (Paléoplotherium, Gelocus, Elotherium, etc.). Au-dessus des couches tongriennes se sont étendus des calcaires lacustres à Limnées, à Planorbes et à Hélix, correspondant aux calcaires de Beauce et de l'Orléanais. Ils deviennent riches en ossements de Mammifères, par exemple à Saint-Gérand-le-Puy (Allier). Dans la Limagne d'Auvergne, les calcaires lacustres sont remplis souvent de tubes de Phryganes. On appelle ainsi des Insectes voisins des Éphémères; leurs larves vivent dans l'eau et s'enveloppent d'un tube ou indusie qu'elles construisent avec des grains de sable, ou de

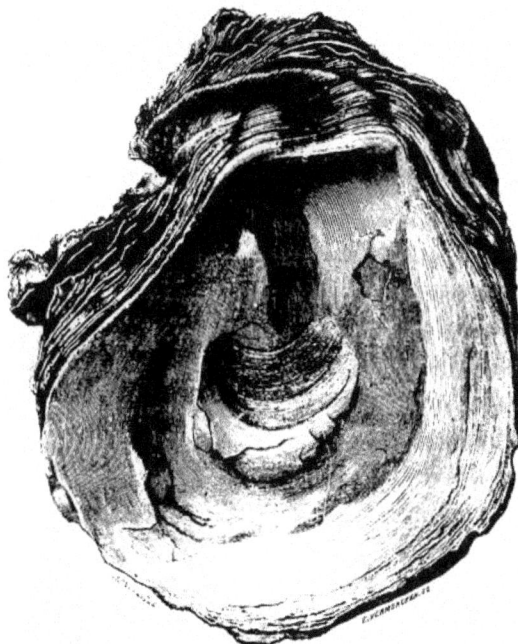

Fig. 535. — *Cerithium plicatum.*

Fig. 536. — *Cerithium trochleare.*

Fig. 537. — *Deshayria parisiensis* (Tongrien).

Fig. 534. — *Ostrea longirostris.*

Fig. 538. — *Ostrea cyathula.*

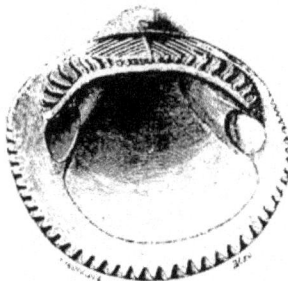

Fig. 539. — *Pectunculus obovatus.*

Fig. 540. — *Potamides Lamarckii* (Tongrien).

petites coquilles de Gastéropodes. En Auvergne il y a des couches de calcaire à indusies épaisses de plusieurs mètres (fig. 542).

Il faut rapporter aussi à l'Oligocène les dépôts de phosphate de chaux du Lot, ou *phosphorites du Querry*, remplissant des fentes ou des po-ches dans les calcaires jurassiques. M. Filhol a trouvé là toute une faune de Mammifères dont nous avons parlé plus haut; tels sont le *Cainotherium*, le *Gelocus*, le *Plesictis*, etc. On rapporte aussi à l'Oligocène, à l'époque du calcaire de Brie, les couches de minerais de fer en grains.

appelés *terrain sidérolithique*, du Jura, du Berri,

Fig. 541. — *Helix Ramondi*, Aquitanien.

du Poitou, etc. Ce sont des dépôts de sources.

Fig. 542. — 1, Larve de Phrygane dans son étui ; 2,
calcaire à indusies du Tertiaire d'Auvergne (d'après
Lyell).

A l'Infra-Tongrien appartiennent les gisements d'Aix en Provence, intercalés au milieu
de marnes où l'on a trouvé de nombreux Poissons appartenant aux genres *Lebias* et *Smerdis* (fig. 543) et des empreintes très bien conservées d'insectes. M. de Saporta a découvert là le
premier l'apillon fossile connu ; on l'a rangé
parmi les Satyridés sous le nom de *Neorinopsis
sepulta* (fig. 544). Nous avons vu plus haut que
le gisement d'Aix a également fourni à M. de
Saporta toute une flore fossile. Les gisements à
végétaux d'Armissan et de Manosque sont regardés comme aquitaniens.

En Aquitaine on trouve à l'époque infra-tongrienne des couches saumâtres, lacustres à
Bythinies (*Bythinia Duchastelli*) correspondant
au calcaire de Brie (*calcaire de Castillon*). Aux
époques tongrienne et aquitanienne la mer
s'étendait dans le Bordelais et la Gascogne. Il y
a là en effet un calcaire sableux très coquillier
(*falun de Gaas*) contenant des espèces des sables

de Fontainebleau (*Cerithium plicatum*, *C. trochleare*) et un calcaire où abondent des restes
d'Étoiles de mer (*calcaire à Astéries du Bordelais*). A Bazas, Saint-Avit, etc., l'Aquitanien
est représenté par des faluns très puissants
à *Cerithium margaritaceum* (fig. 545), *Lucina
columbella*, etc. Dans l'Agenais l'Aquitanien est
représenté par un grés calcaire tendre ou
mollasse à *Anthracotherium magnum*, et un calcaire lacustre à *Planorbis solidus* et *Helix
Ramondi*. Ces dépôts correspondent au calcaire
de Beauce. Ainsi à l'époque aquitanienne un
grand lac s'étendait sur cette région.

Fig. 543. — *Smerdis macrurus*.

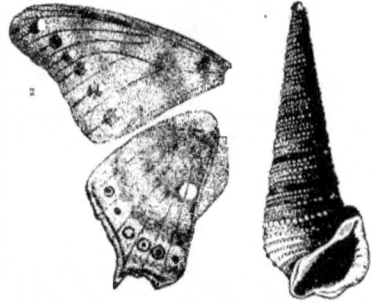

Fig. 544. — Papillon fossile d'Aix   Fig. 545. — *Ceri-
en-Provence (d'après Scudder).   thium margari-
                                        taceum*.

La mer tongrienne de l'Aquitaine envoyait
par Nantes un prolongement en Bretagne.
M. Vasseur a en effet reconnu l'existence près
de Rennes d'un calcaire à Foraminifères longtemps confondu avec le calcaire grossier. Il
renferme, à Saint-Jacques, avec les fossiles caractéristiques des sables de Fontainebleau (*Natica crassatina*, *Cerithium plicatum*, *Cardita Bazini*, etc.), des fossiles du calcaire à Astéries.

L'OLIGOCÈNE DU NORD DE L'EUROPE.

En Angleterre, l'époque tongrienne n'est pas
caractérisée comme dans le bassin de Paris
par une grande extension de la mer. Elle n'a
guère fourni que des formations d'eau douce

avec quelques rares dépôts marins. La série de
Hempstead renferme des marnes à Cyrènes,
et des sables avec quelques fossiles des sables
de Fontainebleau. Elle est surmontée par les

lignites et argiles de Bovey contenant de nombreux débris de végétaux.

Au contraire, la transgression tongrienne s'est étendue au loin en Belgique. La mer des sables de Fontainebleau y a déposé les *sables inférieurs du Limbourg* à *Cytherea splendida*, *Voluta Ratieri*, et les *sables supérieurs du Limbourg* à *Cerithium plicatum*. Il y a aussi là des argiles bleues spéciales, avec des espèces particulières comme *Leda Deshaysi*. Ces argiles présentent une particularité : elles offrent de nombreuses fentes et crevasses remplies de concrétions cristallisées, telles que spath calcaire et dolomie ferrière (braunspath). Ces concrétions appelées, *septaria* ont valu à l'argile le nom d'*argile à septaria;* mais cette particularité ne lui appartient pas exclusivement et le nom précédent a été remplacé par celui de *Rupélien* emprunté à une localité belge.

L'Oligocène de l'Allemagne du Nord est très intéressant. On peut y reconnaître trois phases comme pour le bassin de Paris, savoir : une phase d'extension marine comprise entre deux phases où les dépôts saumâtres et lacustres dominent.

L'Infra-Tongrien est caractérisé par la formation de vastes dépôts de lignites, couvrant un espace d'un millier de milles. Il y a, outre ces lignites activement exploités, des galets de quartz souvent réunis en poudingues par un ciment siliceux, des sables, des grès, des argiles plastiques grises ou blanches contenant souvent des restes de plantes. Cette *formation lignitifère* s'étend de l'Elbe à Cracovie. Dans la région basse, couverte de lacs, où se formaient ces lignites, la mer faisait de temps en temps des invasions. C'est ce qui prouve l'existence en certains points d'intercalations marines, comme à Lattdorf, à Hermsdorf au nord de Berlin (fig. 546), à Egeln et Ascherleben au sud-ouest de Magdebourg. Ces couches marines sont ou des sables ou des argiles du type des argiles à Pleurotomes que nous avons déjà trouvés dans l'Éocène. Ces Mollusques caractéristiques sont : *Spondylus Buchi*, *Leda perovalis*, *Astarte Bosqueti*, *Pleurotoma Beyrichi*, *P. subconoïdea*, *Nassa bullata*, etc. (1), coquilles dont les genres ne se trouvent plus aujourd'hui que dans la plupart des mers chaudes : au contraire, les grosses coquilles et les Coraux qui jouent un grand rôle dans l'Oligocène du sud de l'Europe, manquent ici comme dans tous les dépôts oligocènes du nord, fait qui tient peut-être au caractère sableux ou argileux des sédiments.

Il faut signaler aussi un dépôt local, les gisements d'ambre jaune ou succin du Samland près de Königsberg (fig. 546). On trouve bien cette substance en Sicile et en quelques autres localités, par exemple dans l'argile plastique à Meudon, mais elle y est toujours disséminée, tandis qu'en Prusse elle existe en abondance ; on l'y exploite depuis le temps des Phéniciens.

Le succin n'est autre chose que la résine fossile de plusieurs espèces conifères, surtout du *Pinus succinifer*, qui couvrait le pays à l'époque infra-tongrienne. Vraisemblablement des forêts de ces arbres couvraient alors la Scandinavie et la Finlande ; elles ont fourni de grandes masses de résines, qui, emportées par les fleuves dans la mer et enfermées dans les sédiments marins, s'y sont transformées en succin au cours de longs espaces de temps.

L'ambre jaune se trouve dans les dépôts marins glauconieux du Samland, qui sont surmontés de lignites. Leur âge n'est pas encore fixé d'une manière absolue. On les regarde généralement comme infra-tongriens, mais ils appartiennent peut-être d'après Nöthling à l'Éocène supérieur; on ne connaît pas assez les Mollusques de ces couches pour pouvoir se prononcer avec certitude.

La formation succinifère comprend plusieurs parties qui ont reçu des chercheurs d'ambres des noms spéciaux. En haut se trouve le *mur vert* (grüne mauer), viennent aussi le *mur blanc* (weisse mauer) et le *sable vert* (grün sand), dans lesquels il est rare de trouver le minéral. Encore plus bas, des sables glauconieux et argileux contiennent une couche appelée *terre verte* (blaūe Erde); c'est là que le succin est accumulé (1). Pour l'obtenir on exploite aujourd'hui la *terre bleue* comme un minerai, mais cependant on se contente généralement de recueillir l'ambre enlevé par les vagues aux assises succinifères, qui sont en beaucoup de points exactement au niveau de la mer. L'ambre, qui est seulement un peu plus dense que l'eau, ne va pas au fond et la mer le rejette à la côte avec d'autres corps flottants, animaux, débris de navires, etc. La terre bleue a subi l'érosion de la mer à des époques antérieures à la nôtre, pendant le Tertiaire et le Quaternaire, aussi trouve-t-on de l'ambre dans des couches plus récentes, par exemple dans les lignites du Sam-

(1) Neumayr, *Erdgeschichte*, t. II, p. 486.

(1) Neumayr, p. 48?.

land et dans des sédiments plus jeunes et même assez loin du gisement principal ; il y en a sur la côte ouest du Jutland, au Schleswig et dans les îles de la Frise.

Au point de vue scientifique l'ambre offre un

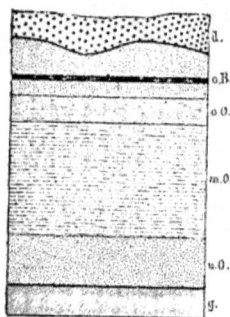

Fig. 546. — Coupe à travers le Tertiaire des environs de Berlin, d'après Berendt. — d, diluvium du nord ; oB, formation lignitifère supérieure (60 mètres) ; oO, Oligocène supérieur marin (30 mètres) ; mO, Oligocène moyen marin (argile à *Septaria* et sables de Stettin), 170 mètres ; uO, Oligocène inférieur marin, 75 mètres ; g, roches de fond.

intérêt considérable. En effet le succin contient un grand nombre d'Insectes (fig. 548), d'Arachnides (fig. 549 et 551), de Myriapodes (fig. 552) et aussi des restes de plantes. Tous ces organismes ont été englués par la résine encore li-

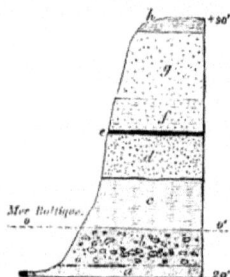

Fig. 547. — Coupe à travers les couches à ambre jaune du Samland, près d'Hubniken (d'après Runge). — h, humus ; g, diluvium ; f, sable ; e, lignite ; d, sable blanc ; c, sable et couche à glauconie ; b, terre bleue à ambre ; a, terre stérile ; o, niveau de la mer.

quide, et préservés du contact de l'air ; ils se présentent actuellement encore dans un état parfait de conservation.

On trouve en particulier dans l'ambre des Névroptères, des Diptères : Mouches, Cousins, Taons ; des Hyménoptères comme des Abeilles,

et des Bourdons, des Fourmis ; il y a aussi des Coléoptères et des Papillons de petite taille. Il y a des Araignées de différentes sortes ; des Iules et des Scolopendres. Le nombre des espèces de l'ambre peut être évalué à 2000. On doit en conclure que la faune entomologique du nord de l'Europe, à l'époque oligocène, était extrêmement riche, car l'ambre n'a pu nous conserver qu'une faible partie des Insectes ; tous ceux qui vivaient dans l'eau, tous ceux qui vivaient sur des plantes déterminées sans s'en écarter, ou qui se nourrissaient de détritus, enfin tous les Insectes de forte taille ont échappé, sauf des cas très rares, à cette fossilisation par la résine.

La mer tongrienne qui couvrait le bassin de Paris et la Belgique s'est étendue sur toute la plaine d'Allemagne, remplissant plusieurs bassins placés entre les chaînes anciennes. Le bassin de la Basse-Silésie s'étendait de Liegnitz sur l'Oder au-dessus de Breslau jusqu'à Neisse et Oppeln ; celui de la Thuringe couvrait toutes les vallées de cette région ; le bassin du Bas-Rhin se prolongeait jusqu'au sud de Bonn. La mer ne pénétrait pas plus loin dans la vallée du Rhin, car la profonde coupure qui traverse aujourd'hui les schistes rhénans au-dessus de Mayence n'existait pas encore. Au contraire il y avait un détroit qui, du nord au-dessus de Cassel et Ziegenhain, conduisait le long du pied ouest du Vogelsberg en Vétéravie et dans le bassin de Mayence ; un autre détroit se dirigeait peut-être à l'est du Vogelsberg de Cassel sur Fulda. Les eaux s'étendaient sur la région de Mayence et de Francfort et allaient rejoindre la mer du sud par l'effondrement qu'occupe aujourd'hui la vallée du Rhin entre la Forêt-Noire et les Vosges. Dans cette direction la mer avait ainsi une extension qu'elle ne possédait plus depuis l'époque du Jurassique supérieur [1].

Les dépôts tongriens d'Allemagne sont représentés par les *sables de Stettin*, de *Magdebourg* et de *Mayence*. La faune est celle des sables de Fontainebleau. Au sommet se montrent des formations d'eau douce ou saumâtre indiquant déjà une retraite de la mer. Ainsi à Mayence il y a des *Potamides* (*P. Lamarckii*), des Cyrènes, des Planorbes, etc. Il y a également des espèces de l'Oligocène subalpin, telles que *Cerithium margaritaceum* et *Cyrena semistriata* ; elles indiquent une communication persistante pendant l'Aquitanien entre le bassin de Mayence et

(1) Neumayr. p. 485.

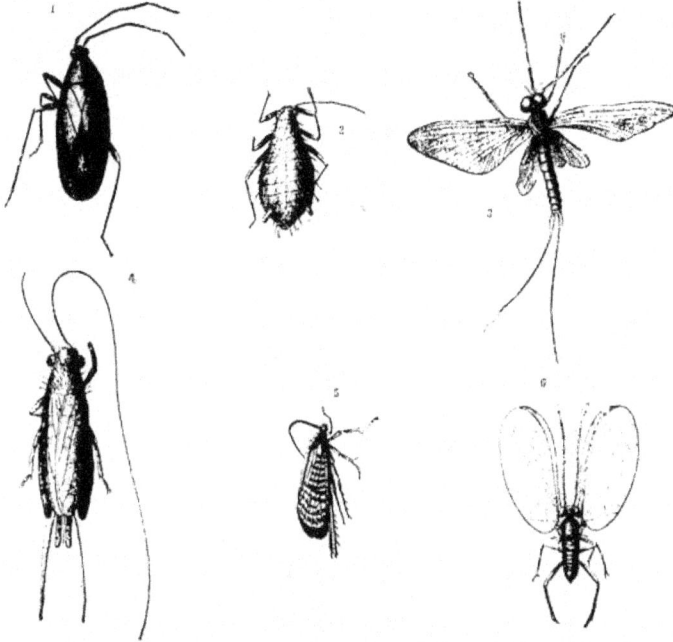

Fig. 548. — Insectes de l'ambre. — 1, *Phytocoris vetustus* (Hétéroptère); 2, *Aphis hirsuta* (Homoptère); 3, *Bætis anomata* (Éphéméridé); 4, *Gryllus macrocercus* (Orthoptère); 5, *Phryganea antiqua* (Névroptère); 6, *Monophlebus pinnatus* (Homoptère) (Germar et Berendt).

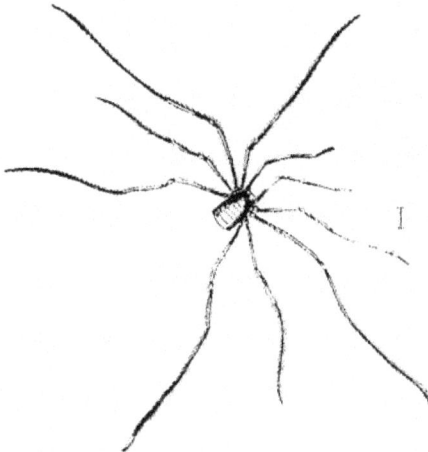

Fig. 549. — *Nemastoma denticulatum*, Araignée de l'ambre.

Fig. 550. — *Stylophora contorta*, Oligocène de Castel Gomberto.

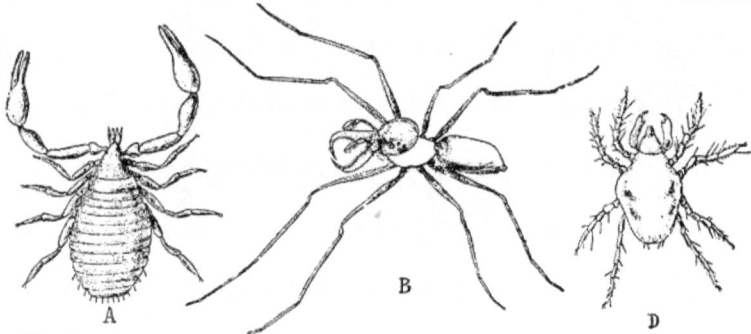

Fig. 551. — Arachnides de l'ambre. — A, *Chelifer Kleemani* (Pseudoscorpionide); B, *Archæa paradoxa* (Aranéide); C, *Cheyletus portentosus* (Acarien) (Koch et Berendt).

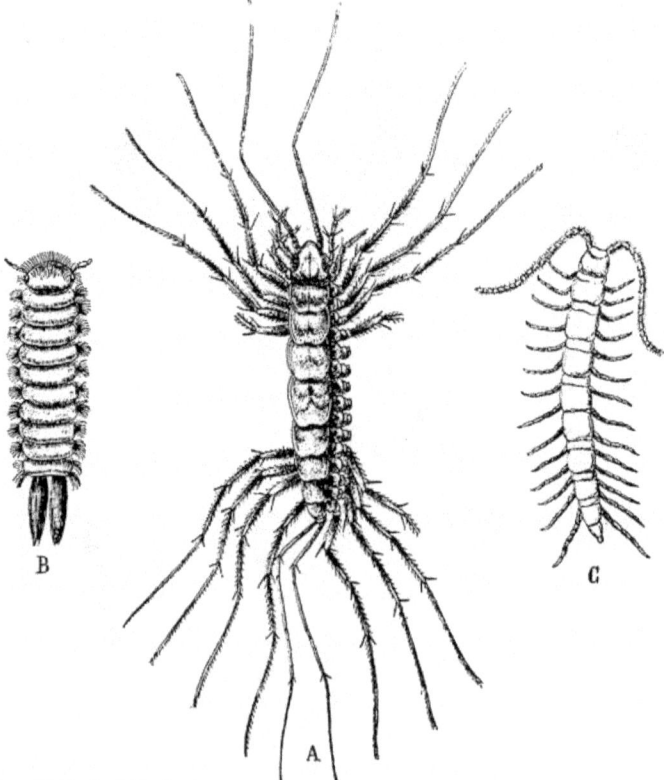

Fig. 552. — Myriapodes de l'ambre. — A, *Cermatia Illigeri*; B, *Polyxenus conformis*; C, *Lithobius longicornis* (très grossis) (Koch et Berendt).

la mer alpine. A l'époque aquitanienne la mer s'étendait encore dans le nord de l'Allemagne, comme le montrent les dépôts d'Hildesheim, d'Osnabrück et du Doberg près Bünde, où il y a un riche gisement d'Oursins et de Brachiopodes (*Echinolampas Kleini, Hemipatagus Hoffmanni, Terebratula grandis*). L'érosion a respecté aussi des dépôts aquitaniens vers Cassel. A Sternberg, dans le Mecklembourg, on trouve des galets calcaires et siliceux remplis de coquilles de l'Oligocène supérieur, en trop grand nombre pour que ces galets aient été transportés de loin.

A l'Aquitanien appartiennent aussi certains gisements de lignites aux environs du Siebengebirge, du Westerwald, du Vogelsberg et en Vétéravie.

Il y a en Bohême une formation lignitifère analogue à celle de l'Allemagne du Nord; elle s'étend aux environs d'Eger, de Bilin, etc. De puissantes éruptions de basaltes sont en relation intime avec ces lignites. M. Stur a reconnu qu'il y avait à distinguer trois étages de lignites, l'un plus ancien que les basaltes, un autre contemporain de ces roches éruptives, un troisième enfin plus récent qu'elles. Les lignites anté-basaltiques correspondent au Tongrien, les lignites basaltiques à l'Aquitanien, on y trouve en effet des restes d'*Anthracotherium;* enfin les lignites post-basaltiques paraissent appartenir, d'après les Mammifères qu'on y a découverts, au Miocène inférieur. Il n'y a pas en Bohême de dépôts oligocènes marins; la mer n'a pas réussi à pénétrer dans cette sorte de cuvette entourée de montagnes.

La mer oligocène a gagné vers l'est les plaines de la Russie et même les environs du lac d'Aral; cependant elle ne paraît pas s'être étendue dans ces régions plus loin que la mer éocène.

L'OLIGOCÈNE DE LA RÉGION ALPINE.

A l'époque oligocène les Alpes n'avaient pas encore acquis leur relief définitif. Les dépôts de cette période constituent une ceinture au nord de celle du flysch. Ils couvrent généralement des montagnes peu élevées, cependant en certains points ils atteignent 2,000 mètres d'altitude. Dans la Haute-Souabe et en Suisse ils s'étendent au loin vers le nord et atteignent la région du Jura. Partout ils sont fortement plissés et redressés, montrant ainsi que les derniers mouvements qui ont donné naissance aux Alpes se sont produits après leur formation.

Tous ces dépôts de la région alpine ont reçu le nom de *mollasse*. Ils consistent en grès calcaires tendres et en conglomérats. On y distingue la *mollasse marine inférieure* qui est tongrienne et la *mollasse d'eau douce inférieure* qui est aquitanienne. Au-dessus vient une mollasse supérieure qui est miocène.

Dans le Vicentin on peut étudier des couches oligocènes très développées et presque exclusivement marines. Elles constituent ce que M. Munier-Chalmas appelle le cinquième groupe nummulitique, caractérisé par la *Nummulites Tournoueri* (1), et comprennent l'ensemble de l'Infra-Tongrien, du Tongrien et de l'Aquitanien. A différents niveaux, surtout dans les deux étages inférieurs, on trouve de nombreuses intercalations de tufs volcaniques; il y a

aussi un grand nombre de dykes basaltiques.

L'Infra-Tongrien du Vicentin s'observe très bien dans les environs de Montecchio-Maggiore sous forme de tufs volcaniques et de calcaires compacts. Les fossiles caractéristiques sont les Échinides, tels que *Euspatagus Meneguzzei, Toxopneustes Fouquei, Clypeaster Breunigi.* Dans les calcaires il y a des Polypiers comme ceux que nous verrons dans le Tongrien. Aux environs de Salcedo le facies est différent; c'est un dépôt argilo-gréseux avec des tufs cinéritiques très fossilifères. La faune de Mollusques qu'on y recueille est un assemblage d'espèces éocènes comme *Ostrea Brongniarti*, et d'espèces tongriennes comme *Cytherea incrassata, C. splendida, Nummulites Tournoueri.*

Le Tongrien du Vicentin s'observe surtout aux environs de Castel-Gomberto. Il se compose de couches calcaires avec des intercalations de tufs volcaniques et de dépôts de combustibles. Les Échinides sont rares, les Mollusques sont ceux des sables de Fontainebleau (*Cerithium plicatum, C. trochleare, Natica crassatina*), ou du Tongrien d'Aquitaine (*Cerithium margaritaceum, Strombus auricularis*, etc.). Ce qui caractérise ces couches, c'est la présence de très beaux Coralliaires. La localité de Monte-Gruni en fournit beaucoup (*Trochosmilia, Parasmilia, Isastræa, Stylophora*, etc.) (fig. 350). A Zovencedo, Monte Viale, etc., on exploite des lignites. Il y a là des assises saumâtres et d'eau douce.

(1) Munier-Chalmas, Thèse, 1891, p. 66 et suivantes.

On y recueille l'*Anthracotherium magnum*.

L'Aquitanien, encore mal connu, présente des calcaires avec de rares empreintes de Cérithes. A Isola di Malo, M. Munier-Chalmas a étudié un calcaire contenant des Foraminifères du genre *Orthophragmina* et des Algues calcaires (*Litho-thamnium*). Au-dessus se montre le Miocène.

Un développement de l'Oligocène analogue à celui du Vicentin s'observe dans d'autres régions plus ou moins voisines. Les calcaires à Polypiers de Castel-Gomberto se montrent près d'Oderbourg en Carinthie, et même non loin de Vienne, près de Stockerau.

En Hongrie on trouve des couches oligocènes à *Cerithium margaritaceum*, *Cyrena semistriata*, *Anthracotherium magnum*. A l'Aquitanien répondent les couches de combustibles de Miesbach, Peissenberg et autres localités des Alpes bavaroises; les couches de lignites de Stozka, Sagor, etc., en Styrie, en Carniole, en Croatie, en Slavonie, sont ou aquitaniennes ou du Tongrien le plus supérieur. Il faut citer encore les dépôts de combustibles de la vallée du Schyl en Transylvanie, de Monte Promina en Dalmatie et de Cadibona en Ligurie.

Si nous considérons maintenant l'Oligocène en dehors de l'Europe, on voit qu'il s'est étendu moins loin en Afrique que l'Éocène. On peut l'observer dans la moyenne Égypte.

Dans l'Amérique du Nord l'Oligocène se montre à l'est des Montagnes Rocheuses. Il y avait là, entre le Missouri et les confins orientaux du Wyoming et du Colorado, de grands lacs qui étaient vraisemblablement en communication; il y en avait aussi dans l'Orégon et le Nevada. Les dépôts lacustres de ces régions sont désignés sous le nom de *couches de White-River*. On y trouve des restes de Mammifères certainement oligocènes, comme l'*Elotherium*; il y a aussi l'*Hyænodon* et des formes spéciales à l'Amérique, telles que *Brontotherium* et *Oreodon*. D'autre part les couches de White-River contiennent des types miocènes comme *Mastodon*, *Anchitherium*; il est probable que ces couches constituent plusieurs horizons d'âges différents.

Dans la vallée du fleuve des Amazones, Böttger a trouvé une faune de coquilles d'eau douce toute particulière, qu'il regarde comme oligocène.

Dans les Antilles les couches oligocènes sont très développées sur beaucoup d'îles; elles présentent une grande analogie par l'abondance des Polypiers avec celles de Castel-Gomberto dans le Vicentin. Ce fait est important, car les Coralliaires n'ont pu se propager à travers l'Atlantique tel qu'il est aujourd'hui. On doit admettre une communication continentale ou une chaîne d'îles réunissant l'ancien continent à l'Amérique et le long desquelles les Polypiers ont pu s'étendre. On peut même fixer approximativement la place de cette voie de communication. Depuis la fin du Jurassique les Coraux ont abandonné le nord et le centre de l'Europe; leur limite nord coïncide presque avec la lisière septentrionale de la région alpine. Si une communication avait existé pendant l'Oligocène entre l'Europe et l'Amérique, par le nord de l'Atlantique, par la France ou l'Angleterre par exemple, elle n'aurait pu avoir aucune influence sur la distribution des Polypiers. D'autre part le sud de l'Europe et le nord de l'Afrique étaient alors sous les eaux; la communication a donc dû exister par l'Afrique tropicale et les latitudes correspondantes de l'Amérique (1).

LE MIOCÈNE. SA FAUNE ET SA FLORE.

Le Miocène est une période géologique importante. C'est à cette époque que les Alpes se sont définitivement constituées. La Méditerranée centrale, si étendue dans les périodes antérieures, commence à se retirer dans ses limites actuelles. Il n'y a plus de communication entre elle et l'océan Indien; la Méditerranée miocène est ainsi fermée vers l'est, toutefois elle a encore, comme nous le verrons plus loin, une forme très différente de celle qu'elle possède aujourd'hui.

LA FAUNE MARINE MIOCÈNE.

Dans sa faune marine, le Miocène présente une analogie plus grande que les faunes antérieures avec la faune actuelle. Le nombre des espèces miocènes encore vivantes aujourd'hui

(1) Neumayr, *Ergeschichte*, t. II, p. 493.

est considérable, et les faunes tertiaires marines à partir du Miocène se rapprochent de plus en plus de celle qui vit actuellement dans la Méditerranée ; c'est pourquoi on les désigne souvent sous le nom de première, deuxième, troisième, quatrième faunes marines méditerranéennes. La première et la seconde sont miocènes, la troisième et la quatrième pliocènes. Il ne faudrait pas cependant croire, comme le remarque justement Neumayr, qu'au commencement du Miocène s'est développée une faune dans la Méditerranée d'alors, qui est restée presque semblable à elle-même jusqu'à l'époque actuelle. En réalité les faunes de la Méditerranée et des côtes de l'Atlantique en Europe étaient presque les mêmes ; toutes deux depuis se sont modifiées en conservant de grandes analogies, mais dans un bassin fermé les formes animales peuvent persister plus longtemps que dans un océan largement ouvert, et l'arrivée d'espèces nouvelles est difficile. C'est pour ces diverses raisons que la faune marine méditerranéenne a conservé un caractère plus ancien que la faune atlantique.

Les coquilles marines miocènes de la Méditerranée et de la côte Atlantique présentent de nombreux types qui ne vivent plus aujourd'hui dans ces régions et sont cantonnés dans des régions plus chaudes. Il y avait alors dans la Méditerranée des coquilles comme celles qui se trouvent sur la côte du Sénégal et des îles du Cap-Vert. On en a conclu qu'il y avait alors une communication entre la Méditerranée et la Sénégambie par une mer occupant le Sahara. Cette hypothèse n'est pas nécessaire, car les coquilles en question existaient alors sur les côtes atlantiques beaucoup plus au nord que maintenant et pouvaient de là gagner facilement la région méditerranéenne. La faune

miocène présente aussi des types des Antilles, tandis qu'il n'y a presque aucun rapport avec la faune marine de l'océan Indien, de l'océan Pacifique ou de la mer Rouge. De même aujourd'hui l'isthme de Suez, malgré sa faible importance, joue le rôle de barrière ; près de Suez on trouve une faune qui a de très grands rapports avec celle de l'océan Indien ; à Port-Saïd au contraire existe la faune de la Méditerranée. A l'époque miocène la mer Rouge n'existait pas ; plus tard, pendant quelque temps se produisit une communication limitée entre les deux mers, mais aucune forme méridionale ne s'est propagée vers le nord ; seules quelques espèces méditerranéennes ont passé dans la mer Rouge, ce qui explique que quelques types de la Méditerranée soient représentés dans la mer Rouge par des formes très voisines (1).

Dans le Miocène il faut noter particulièrement la présence des *Clypéastres*, qui deviennent très nombreux (fig. 533) ; ils sont aujourd'hui cantonnés dans les mers chaudes jusqu'à une profondeur de 120 brasses. Le genre *Scutella* (*S. subrotunda*) comprend des Oursins larges et aplatis chez lesquels les sillons ambulacraires se ramifient sur la face inférieure.

Parmi les Gastéropodes les Cérithes, les Fusus, les Nérites (fig. 534), les Volutes, les Murex sont très abondants. Le *Murex brandaris* du Miocène existe encore aujourd'hui. Les Pélécypodes des genres *Lucina, Cardita*, etc., jouent aussi un rôle important dans les couches miocènes. D'ailleurs il n'y a pas, surtout au point de vue de la faune marine, une distinction absolue à établir entre l'Oligocène et le Miocène ; beaucoup d'espèces sont communes aux deux systèmes et la séparation se produit graduellement.

LES VERTÉBRÉS DU MIOCÈNE.

La différence entre l'Oligocène et le Miocène au point de vue des Mammifères est beaucoup plus nette. Déjà, avant la fin de l'Oligocène, avaient disparu les *Palæotherium, Anoplotherium*, etc., et en effet nous savons qu'à l'époque tongrienne la mer a pris une grande extension ; les masses continentales ont été réduites à l'état d'îles qui ne pouvaient nourrir un aussi grand nombre de gros animaux. Dans l'Aquitanien ont apparu des Ongulés vivant vraisemblablement dans des marécages, tel est l'*Anthracotherium*. Au Miocène il y avait de grandes

étendues émergées sur lesquelles se sont multipliés les Mammifères.

Les principaux gisements sont ceux de Sansan et de Simorre dans l'Armagnac, ceux du mont Léberon (Vaucluse) et de Pikermi en Grèce, si bien étudiés par M. Gaudry, enfin celui de Maragha en Perse.

L'un des Carnassiers les plus remarquables est l'*Amphicyon*, qui se trouve dans le Miocène de Sansan. Il relie les Chiens aux Ursidés.

(1) Neumayr, t. II, p. 503.

Fig. 553. — Cryptoprocte féroce de Madagascar.

Tandis que les Chiens et les Ours ont la formule dentaire suivante : $\dfrac{3.1.4.2}{3.1.4.3}$, et possèdent

Fig. 554. — *Nerita Plutonis*, Langhien de Mérignac.

42 dents, l'*Amphicyon* a 2 molaires sépérieures de plus et présente 44 dents comme les formes

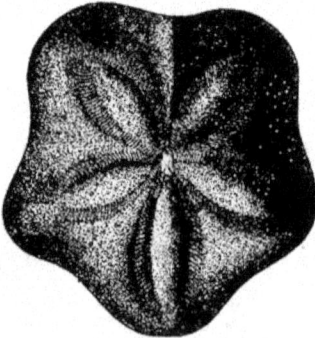

Fig. 555. — *Clypeaster scutellatus.*

primitives des Onguiculés et des Ongulés. Ses

dents ont une grande ressemblance avec celles des Chiens ; ses molaires sont cependant plus grosses, plus massives et rappellent celles des Ours ; en outre, l'animal est plantigrade comme ces derniers. On peut donc regarder l'*Amphi-*

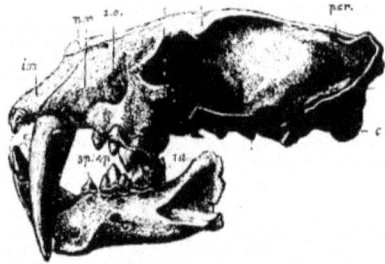

Fig. 556. — Tête de *Machairodus megantherœon* vue de profil, à 1/3 de grandeur. Pliocène de Perrier, près d'Issoire, d'après M. Gaudry. — *i*, incisives ; *c*, canines ; *3p*, troisième prémolaire ; *4p*, quatrième prémolaire ; *1a*, première incisive molaire inférieure ; *im*, inter-maxillaire ; *m*, maxillaire ; *s.o.* trou sous-orbitaire ; *n*, nasal ; *j*, jugal ; *fr*, frontal ; *par*, pariétal ; *t*, temporal ; *zyg*, arcade zygomatique ; *oc*, occipital ; *c*, condyle occipital.

cyon comme la forme originelle d'où sont sortis les Canidés et les Ursidés. Comme l'a montré M. Gaudry, le genre *Hyænarctos* du Miocène et du Pliocène et le genre actuel *Æluropus* du sud de la Chine font transition de l'*Amphicyon* à l'Ours. Leurs molaires sont plus larges et plus basses que celles de l'Ours.

Dans les couches miocènes on trouve des Mustélidés et des Viverridés. Le genre *Mustela* (Marte) se montre dès le Miocène. Récemment M. Filhol a trouvé à Sansan, entre autres espèces, la *Mustela Larteti*, assez voisine de la Moufette d'Algérie (*Zorilla*); elle en diffère par sa carnassière plus courte et sa première prémolaire moins conique et moins effilée. Le genre *Ictithe-rium*, qui appartient à la famille des Viverridés, se rapproche d'autre part des Hyænidés par le grand développement de la carnassière et le peu d'importance de la dernière tuberculeuse. Il y a quatre doigts aux pattes de derrière, comme chez les Hyènes. Ce genre existe dans le Miocène supérieur de Pikermi. Il faut avec M. Gaudry le regarder comme la souche par laquelle les Hyænidés se sont séparés des Viverridés. Les Hyènes caractérisées par le nombre des vraies molaires $\frac{1}{1}$, débutent à Pikermi par le genre *Hyænictis* où il n'y a plus en haut qu'une seule tuberculeuse.

Les Félidés dérivent des Mustélidés. Nous avons déjà cité à propos de l'Oligocène des intermédiaires entre les deux familles ; tels sont le *Prœlurus* et *Æluregale* ; le genre *Pseudælurus* du Miocène ne diffère du genre Chat (*Felis*) que par la présence d'une petite prémolaire à la mandibule. Il était plantigrade. Le genre qui s'en rapproche le plus est le *Cryptoprocte* ou *Fossa* (fig. 553) de Madagascar (*Cryptoprocta ferox*) dont la dentition est celle du *Pseudælurus*. Cet animal plantigrade, à griffes rétractiles, muni de cinq doigts aux quatre pattes, est le seul représentant actuel des Félidés primitifs. Ces derniers peuvent être réunis pour former la tribu des *Cryptoproctinés*. Celle-ci a fourni elle-même par son évolution deux autres tribus, les *Nimravinés* et les *Félins* proprement dits. Les Nimravinés sont des Carnassiers très voisins, par leur dentition, des Cryptoproctinés. Ils en diffèrent par le grand développement des canines supérieures, fortement comprimées et en forme de sabre. Ce groupe est composé d'animaux digitigrades surtout communs dans l'Oligocène et le Miocène de l'Amérique du Nord. Tel est le genre *Nimravus*.

Les véritables Félins qui se distinguent par la formule des molaires : $\frac{3}{2}$ sm $+ \frac{1}{1}$ m. se montrent dès le Miocène. On en trouve à Sansan (*Felis media*) et à Pikermi (*F. attica*).

Au groupe des Nimravinés se rattachent les *Machairodus*, Félidés remarquables par leurs véritables défenses. Les canines supérieures déjà très fortes chez les Nimravinés, entre autres chez le *Pogonodon*, deviennent ici énormes et sortent de la gueule. Elles sont comprimées et tranchantes comme des poignards. Chez certaines espèces elles sont dentelées. La formule dentaire est plus concentrée que chez les Chats ; elle est la suivante : $\frac{3}{3}$ i. $+ \frac{1}{1}$ c. $+ \frac{2}{2}$ par $+ \frac{0}{1}$ m.

Il y a 26 dents au lieu de 30 comme chez les vrais Félins. Le genre *Machairodus* marque le point extrême de l'évolution des Nimravinés. Il se montre dans le Miocène supérieur de Pikermi, dans le Pliocène de Perrier, dans celui des Indes et de l'Amérique du Nord ; enfin il s'est maintenu dans le Pléistocène (Quaternaire). Il comprend plusieurs espèces ; celles d'Europe sont *M. cultridens* et *M. meganthereon* (fig. 556).

On trouve dans le Miocène des Insectivores appartenant aux types actuels : Hérisson (*Eri-naceus*), Musaraigne (*Sorex*), Taupe (*Talpa*). M. Filhol a trouvé à Sansan un genre nouveau : *Lantanotherium*, voisin des Cladobates de la Malaisie, Insectivores arboricoles de la même famille que les Musaraignes.

Les Rongeurs appartiennent également pour la plupart aux genres actuels *Sciurus* (Écureuil), *Myoxus* (Loir), *Arctomys* (Marmotte).

Le genre *Steneofiber* du Miocène inférieur de l'Allier représente les Castoridés. On a trouvé aussi de vrais Castors. M. Gaudry a découvert des Porcs-Épics (*Hystrix primigenia*) dans le Miocène supérieur de Pikermi. Le Lièvre (*Lepus*) se trouve en Amérique dès le Miocène et en Europe seulement au Pliocène. Le *Lagomys* de la Sibérie se montre dans le Miocène d'Œningen. On en rapproche le genre *Titanomys*, qui diffère des *Lagomys* par la suppression de la dernière molaire, d'ailleurs très petite chez les *Lagomys*.

Les Ongulés du Miocène sont particulièrement remarquables. Les animaux du type Éléphant, les Proboscidiens, apparaissent à partir du Miocène inférieur. Le genre *Mastodon* se montre le premier. Les Mastodontes sont communs dans les sables de l'Orléanais et surtout dans les couches plus récentes. Chez ces animaux il y a généralement des incisives supérieures et des incisives inférieures, tandis que ces dernières manquent chez les Éléphants proprement dits. Les molaires sont énormes et sont formées de séries parallèles de mamelons. Ces mamelons sont composés d'ivoire recouvert d'émail. Il n'y a jamais plus de trois molaires à la fois à chaque mâchoire et leur remplacement se fait d'arrière en avant, transversalement, comme chez les Éléphants ; toutefois, chez le *Mastodon angustidens* (fig. 557), qui est la forme primitive, il y avait trois molaires de lait, dont les deux postérieures étaient remplacées verticalement.

On sait que les molaires des Éléphants sont différentes de celles des Mastodontes. Au lieu de présenter des mamelons, elles offrent des crêtes transversales qui, par l'usure, forment des rectangles ou des losanges plus ou moins ondulés, bordés d'émail et unis entre eux par du cément. Mais les distinctions entre les Mastodontes et les véritables Éléphants ne sont pas tranchées ; il y a des passages insensibles. Ainsi dans *Mastodon angustidens* les molaires présentent de gros mamelons, et il y a de grands intervalles vides parce que le cément est peu développé ; mais chez *Mastodon turicensis* du Miocène supérieur de Pikermi, *Mastodon latidens* du Miocène des Indes, etc., les mamelons se réunissent en rangées transversales analogues aux collines des Tapirs (dents tapiroïdes) ; le nombre des collines va en croissant, la proportion de cément augmente et on arrive ainsi aux molaires d'Éléphants. Nous avons vu qu'il y a des prémolaires à évolution verticale chez *M. angustidens*, mais il n'en est pas de même chez d'autres espèces comme *M. turicensis* de Pikermi, tandis que Falconer en a trouvé chez l'*Elephas planifrons* des Indes. Les défenses inférieures qui existent che *M. angustidens*, dont le menton est allongé, manquent chez d'autres espèces dont le menton est court. Tous ces faits prouvent qu'il est impossible de délimiter nettement le type Mastodonte et le type Éléphant, et que le second est dérivé du premier.

Les Éléphants véritables se montrent dans les couches inférieures du Tertiaire des monts Siwalik dans les Indes, qui semblent correspondre au Miocène supérieur. La plus grande partie de cette formation est pliocène. On trouve là deux espèces : *Elephas planifrons* et *Elephas bombifrons*, qui paraissent représenter les deux types actuels de l'Éléphant d'Afrique et de l'Éléphant d'Asie. En Europe le type Éléphant apparaît dans le Pliocène.

Un type particulier de Proboscidiens est le *Dinotherium giganteum*, dont les premiers restes furent découverts dans le Miocène supérieur d'Eppelsheim près de Mayence. On y trouva une tête complète en 1837. L'animal présente à la mâchoire inférieure deux énormes défenses recourbées vers le bas. Il n'y a pas d'incisives supérieures ni de canines. Les molaires ressemblent à celles des Tapirs (fig. 558). Pendant longtemps on ne connut que la tête du *Dinotherium* et l'on pensa qu'il s'agissait d'un animal aquatique du groupe des Siréniens ; les dents présentent quelques analogies avec celles des Lamantins et la lourde mâchoire inférieure recourbée vers le bas est comparable à celle du Dugong de l'océan Indien. On supposait donc que le *Dinotherium* vivait dans l'eau et se hissait à terre au moyen de ses défenses, comme le font les Morses actuels. Mais M. Gaudry a trouvé à Pikermi les os des membres, ce qui lui a permis d'affirmer que le *Dinotherium* était bien un animal terrestre voisin des Éléphants. Les os sont énormes, le tibia est long d'un mètre. L'animal devait atteindre 4m,50 de hauteur. Les os nasaux allongés permettaient l'insertion d'une trompe. Il faut considérer le *Dinotherium* comme un type aberrant qui se rattache aux Mastodontes. Il est répandu depuis l'ouest de l'Europe jusqu'aux Indes, mais ce genre a disparu de bonne heure ; on ne le trouve que dans le Miocène supérieur et le Pliocène le plus ancien.

Nous connaissons aujourd'hui suffisamment la faune tertiaire d'Europe et celle de l'Amérique du Nord pour être sûrs que ce n'est pas dans ces régions que le type Proboscidien s'est élaboré. Il n'a pu arriver dans nos pays que par migration. La voie qu'il a suivie est encore peu connue. On en est réduit à des hypothèses. Cependant les Mastodontes n'ont pu venir du sud de l'Afrique, étant donnée la largeur de la Méditerranée miocène ; on ne peut pas supposer qu'ils proviennent des terres arctiques, car précisément on ne trouve dans les hautes latitudes que très peu de grands animaux ; de plus la migration aurait pu se faire de ces latitudes aussi bien en Amérique qu'en Europe, et précisément les Mastodontes, sont extrêmement rares dans le Miocène d'Amérique et le *Dinotherium* n'y est pas connu. Reste la voie de l'est et du sud-est. Nous avons vu qu'au début du Miocène le détroit qui faisait communiquer directement l'ouest de l'Europe avec les Indes a disparu. Une communication a été ainsi rendue possible. Il est probable que les Proboscidiens nous sont venus des Indes et de la Lémurie : nous devons nous attendre à rencontrer les ancêtres de ces animaux quand nous connaîtrons les gisements oligocènes des Indes méridionales, de Madagas-

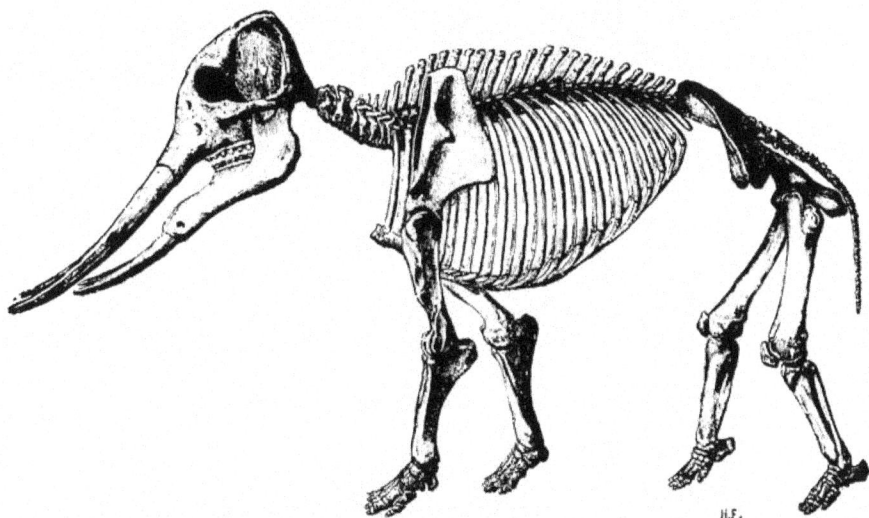

Fig. 557. — Restauration du *Mastodon angustidens*. (Galerie de Paléontologie du Muséum.)

Fig. 558. — Tête de *Dinotherium giganteum*.

Fig. 559. — Bois de *Cereus (Capriolus) Matheronis* à 1/5 de grandeur. Miocène supérieur du mont Léberon (d'après M. Gaudry).

car et de l'Afrique centrale et australe (1).

(1) Neumayr, *Erdgeschichte*, t. II, p. 504.

Le Miocène présente des animaux qui sont les véritables précurseurs des Chevaux. L'*Anchitherium* du Miocène de l'Orléanais a encore des

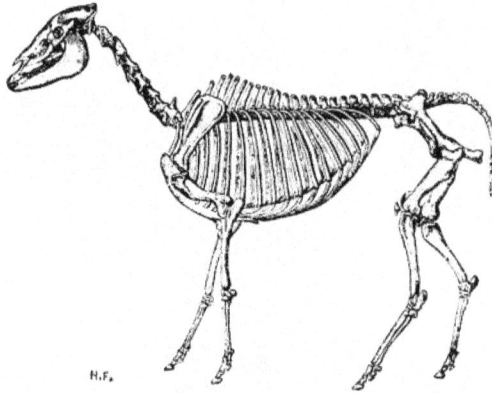

Fig. 560. — Restauration de l'*Hipparion gracile* (d'après M. Gaudry).

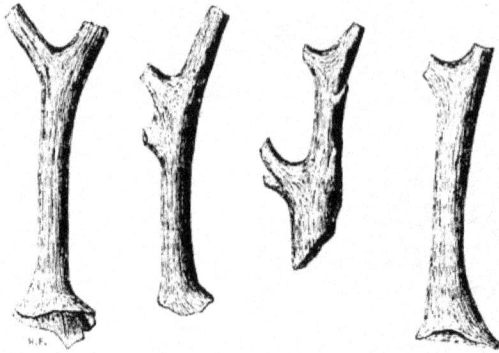

Fig. 561. — Bois de *Procervulus aurelianensis* au 2/5 de grandeur. Sables de l'Orléanais, à Thenay, près de Pontlevoy (Loir-et-Cher), d'après M. Gaudry.

Fig. 562. — Tête d'un *Halitherium*, vue de profil.

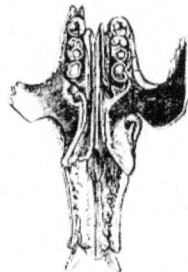

Fig. 563. — Mâchoire inférieure d'un *Halitherium*.

molaires se rapprochant de celles du *Palæothe-rium*, mais le doigt médian prend une grande importance, les doigts latéraux sont courts, quoique touchant encore le sol. A Pikermi et au mont Léberon existaient en grand nombre des Ongulés beaucoup plus voisins des Chevaux : on en a fait le genre *Hipparion* ou *Hippotherium* (fig. 560). Chez eux il y a encore trois doigts, mais un seul touche le sol ; les deux doigts laté-raux sont courts et réduits. Chez le Cheval il y a, comme on sait, un doigt unique, mais sous la peau se trouvent deux baguettes osseuses, restes des métacarpiens latéraux de l'Hippa-rion. D'ailleurs on a pu constater des cas d'a-tavisme, et observer des Chevaux monstrueux chez lesquels les doigts latéraux de l'Hippa-rion étaient développés, ou au moins le doigt interne. Nous reviendrons plus tard, à propos du Pliocène, sur la phylogénie du Cheval. Par les dents, l'Hipparion rappelle encore le Cheval ; ses molaires sont semblables, sauf que chez le Cheval, les piliers forment des presqu'îles, tandis que chez l'*Hipparion* l'un des piliers forme une île bien nette et arrondie.

Le genre *Tapir* a habité l'Europe depuis le Miocène supérieur jusqu'au Pliocène supérieur. Les Rhinocéridés sont d'abord représentés par le genre *Aceratherium* qui date de l'Oligocène. Les espèces anciennes de ces Rhinocéros sans cornes sont de petite taille, mais leur grandeur va en croissant (*A. incisivum* du Miocène supé-rieur). Les véritables Rhinocéros sont sortis des *Aceratherium* du Miocène. Il y a toutes les tran-sitions d'un genre à l'autre. Ainsi le *Rhinoceros aurelianensis* des sables de l'Orléanais avait des os nasaux encore faibles et n'était muni que d'une petite corne. Les os s'épaississent chez le *R. Schleiermacheri* de Pikermi et du mont Lé-beron. Le *Rhinoceros pachygnathus* de Pikermi est certainement, comme l'a montré M. Gaudry, le précurseur du Rhinocéros bicorne actuel d'Afrique (*Atelodus*).

Les Porcins, qui commençaient déjà à se constituer dendant l'Oligocène deviennent nom-breux au Miocène. Dans le Miocène de l'Allier, de l'Orléanais, on trouve le genre *Hyotherium* ou *Palæochœrus*. C'est la forme primitive du genre *Sus* actuel. Ce dernier apparaît dès le Miocène supérieur (*Sus antiquus* d'Eppelsheim, *Sus erymanthus* de Pikermi). Notre Sanglier (*Sus scrofa*) est la descendance directe de ces Por-cins miocènes.

Les Hippopotames sont des Artiodactyles bunodontes propres à l'ancien continent. Ils cons-tituent un type très transformé au point de vue du crâne et de la dentition. Le crâne est large et aplati, les canines sont énormes et à croissance continue comme les incisives, les tubercules des molaires ont la forme de trèfle. D'autre part les pattes reproduisent celles du type originel ; il y a quatre doigts également développés. Ces animaux tirent probablement leur origine du genre *Hyotherium*, comme les Porcins. Les plus anciens Hippopotames se montrent dans les couches miocènes supérieures des Indes (monts Siwalik). On en a fait le genre *Hexaprotodon*, parce qu'il y a en haut et en bas six incisives au lieu de quatre.

Les Ruminants deviennent extrêmement nombreux et présentent des formes intéres-santes. L'*Hyæmoschus* ou Biche-Cochon du Gabon apparaît dans les couches de Sansan et d'Eppelsheim. Nous avons déjà dit, à propos des Ruminants de l'Oligocène, que chez l'*Hyæ-moschus* il y a quatre doigts aux pattes de de-vant. Le genre *Tragulus* ou Chevrotain apparaît dans les couches miocènes supérieures des monts Siwalik. Il comprend de petits animaux de la taille des Lièvres, vivant encore à l'époque ac-tuelle dans les Indes. Les métacarpiens et méta-tarsiens moyens sont entièrement soudés, tandis que les doigts II et V sont très réduits. Le canon caractéristique des Ruminants est désormais bien constitué. Il n'y a plus d'incisives supé-rieures, elles avaient disparu chez l'*Hyæmoschus*.

Les Moschidés représentés aujourd'hui par le seul genre *Moschus* (Porte-Musc) tirent leur ori-gine des Tragulidés. Dans les couches miocènes de l'Allier et de Sansan se trouve le genre *Dremotherium*, qui était dépourvu encore, de cornes. Il tire son origine du *Prodremotherium* des Phosphorites. Il est impossible de le sépa-du genre *Palæomeryx* des mêmes gisements. Ce sont ces animaux dépourvus de cornes qui ont donné naissance aux Cervidés d'une part et aux Antilopidés d'autre part.

Chez les Cervidés le développement des bois ou cornes caduques a été progressif ; ces bois paraissent avoir été d'abord permanents chez le *Procervulus* (fig. 561) des sables de l'Orléanais, les bois sont bifurqués mais il n'y a pas à la base de cercle de pierrures, par suite ces bois sem-blent ne pas avoir été caducs. Chez le *Dicroce-rus* de Sansan, le bois bifurqué est devenu caduc, mais le pédicule osseux qui le supporte est encore très long. Il en est encore ainsi chez le *Cervulus Muntjac* actuel de Java, qui semble être la descendance directe du *Dicrocerus*. En-

ûn les véritables Cerfs, à bois ramifiés se renouvelant dès la base, apparaissent au Miocène
supérieur. Dès lors, les Ruminants à bois
caducs et ceux à cornes creuses et persistantes
sont nettement distincts. Le Chevreuil se trouve
au mont Léberon (*Capreolus Matheronis*)
(fig. 559), le Cerf (*Cervus*), à bois très ramifiés,
est commun dès le Pliocène.

La Girafe se rattache aux Cervidés, tout en s'en
distinguant par ses petites cornes permanentes
couvertes d'une peau velue, par la hauteur
extraordinaire de l'avant-train et la longueur
du cou. Ce genre (*Camelopardalis*), aujourd'hui
relégué en Afrique, se trouve, comme l'a montré
M. Gaudry, dans le Miocène supérieur de Pikermi en Grèce. A Pikermi, et aussi à Maragha en
Perse, on trouve également le genre *Helladotherium*, qui rappelle beaucoup la Girafe par la
forme générale du corps, mais ne possède pas
de cornes (fig. 564).

Les Ruminants cavicornes, appelés aussi
Antilopidés ou Bovidés, possèdent des cornes
creuses et persistantes. Elles consistent en un
étui corné entourant un noyau osseux dépen-
dant de l'os frontal. Ces cornes sont simples.
Ces animaux tirent leur origine de genres dépourvus de cornes, comme les *Palæomeryx*, et
à l'origine, ainsi que nous l'avons vu, tous les
Ruminants dérivés de ces genres étaient pourvus de cornes persistantes. Un genre actuel et
remarquable d'Antilope, l'*Antilocapra* de l'Amérique du Nord, fait transition entre les Cervidés
et les Cavicornes. En effet, les cornes, d'abord
simples, sont ensuite munies à leur base d'un
court andouiller. De plus, l'étui corné tombe et
est remplacé par un nouvel étui. Ce genre provient directement du genre *Cosoryx* (Miocène
supérieur d'Amérique), étroitement allié au
Palæomeryx.

Les premiers Cavicornes qui apparaissent
sont des Antilopes. Elles sont très nombreuses,
comme l'a montré M. Gaudry, dans le Miocène
de Pikermi et du mont Léberon. On trouve là
des Gazelles (*Gazella brevicornis*), le *Palæoreas*
à cornes spiralées rappelle l'*Oreas* actuel d'A-
frique. C'est du groupe des Antilopes que sont
sortis les Moutons (Ovinés) et les Bœufs (Bovinés). Il y a des genres de transition. Le *Trago-
ceros amaltheus* de Pikermi a les membres
élancés des Antilopes et les cornes courtes des
Chèvres; les *Palæoryx* sont de grandes Antilopes à formes lourdes et dont les dents prismatiques ressemblent à celles des Bœufs.

Il faut rattacher aux Ongulés certains types

aberrants qui rappellent les Édentés. Tel est
le *Chalicotherium* du Miocène de Sansan et
aussi des Phosphorites. Il a été récemment
étudié par M. Filhol. Ce naturaliste a démontré
qu'il fallait lui rapporter comme synonyme le
Macrotherium de Sansan, qu'on avait d'abord
regardé comme un Édenté. Les membres, en
effet, rappellent les Édentés; les pattes sont
munies d'ongles mousses et bifides, et la phalange unguéale se relève pour ne pas gêner la
marche. La dentition rappelle également celle
des Édentés; les incisives manquent complètement et les canines sont très petites. Les molaires ressemblent à celles du *Brontotherium* de
l'Oligocène d'Amérique. Le genre *Ancylotherium*
de Pikermi présente les mêmes caractères que
le *Macrotherium* et doit être identifié comme
lui avec le genre *Chalicotherium*.

Les Siréniens, Ongulés adaptés à la vie
aquatique, sont représentés dans le Miocène,
notamment par le genre *Halitheruim* (fig. 562 et
563) qui débute dans l'Oligocène. Chez les Sir-é-
niens tertiaires, le bassin est encore bien développé, et il y a même un fémur rudimentaire. Cet
os se trouve chez les espèces anciennes, comme
celles des sables de Fontainebleau et disparaît
dans les espèces plus récentes. Les incisives
supérieures assez fortes deviennent même des
défenses comme celles des Dugongs mâles
actuels. Il faut regarder l'*Halitherium* comme
un type intermédiaire entre les Dugongs et les
Lamantins.

Dans le Miocène du Tarn, on a trouvé un
Sirénien très voisin du Dugong actuel(*Halicore*).
Il a été étudié par M. Flot, qui l'a appelé
Prohalicore. L'extrémité antérieure est exactement celle des Dugongs; les molaires sont biradiculées, tandis que chez le Dugong la racine
de la molaire est seulement parcourue par un
sillon.

Les Cétacés sont représentés par les *Squalodon* et par le genre Dauphin. On trouve aussi
dans le Miocène le genre *Cetotherium*, sorte de
petite Baleine dont les vertèbres cervicales sont
encore libres et relativement longues.

Pour terminer cette revue des Mammifères
du Miocène, il nous reste à parler des Singes.
Les traces de ces animaux sont relativement
rares dans les couches tertiaires, et Cuvier niait
absolument leur existence dans les époques
géologiques antérieures à la nôtre. Cependant
les recherches récentes ont permis de combler
en partie cette lacune. Déjà en 1837, dans le
Miocène de Sansan, Lartet trouva une mâchoire

inférieure et un humérus d'un petit Singe qu'il appela *Pliopithecus antiquus*. L'animal se rapproche des Gibbons actuels des Indes ; c'est donc un Singe anthropomorphe.

A Pikermi, M. Gaudry a découvert les restes d'environ vingt-cinq individus, et notamment huit crânes. Il put reconstituer entièrement le squelette d'un Singe qu'il appela *Mesopithecus Pentelici* (fig. 565). Les membres sont égaux et ressemblent à ceux du Macaque, la tête est celle des Semnopithèques, l'angle facial est de 57°. Ce Singe est donc un type de transition entre deux genres actuellement distincts ; c'est ce qu'exprime le nom de *Mesopithecus* (1).

Dans le Miocène de Saint-Gaudens, Lartet découvrit, en 1856, le Singe qui se rapproche le plus jusqu'à présent des Anthropomorphes actuels. Il fut appelé *Dryopithecus Fontani*. Tout récemment, M. Gaudry a étudié une mâchoire inférieure de ce Singe qui vient d'être découverte à Saint-Gaudens, et le résultat de ses observations est des plus importants. La mâchoire inférieure du Dryopithèque est très longue, la face devait donc être très proéminente. En outre, le menton s'épaissit beaucoup et se porte très en arrière entre les deux branches de la mâchoire ; par suite, la langue avait fort peu de place ; elle devait être très étroite et très différente de celle de l'Homme. La faculté du langage articulé ne pouvait donc exister à aucun degré. Par ce menton épais, le Dryopithèque est très inférieur aux Anthropomorphes actuels. Celui dont il se rapproche le plus est le Gorille. Les canines sont très fortes et dépassent beaucoup le niveau des autres dents. Les prémolaires ressemblent à celles des Singes et non à celles de l'Homme ; les arrière-molaires, au lieu d'être arrondies comme chez l'Homme, sont allongées d'avant en arrière, les denticules sont moins élevés, plus ridés ; enfin, ces dents présentent un léger rudiment de bourrelet qui n'existe pas dans les dents humaines. En somme, le Dryopithèque est le moins élevé des Singes anthropomorphes ; il est difficile d'y voir, comme plusieurs naturalistes l'ont pensé tout d'abord, le précurseur de l'Homme. La différence est énorme entre le plus inférieur des hommes préhistoriques et le Dryopithèque (2).

(1) Gaudry, *Enchaînements du monde animal, Mammifères tertiaires* et les *Ancêtres de nos animaux dans les temps géologiques* (Bibliothèque scientifique contemporaine).
(2) Voir Gaudry dans *Mémoires de Paléontologie*, t. I, 1890.

Si l'on cherche à comparer la faune des Mammifères miocènes à la faune actuelle, on voit que les quatre types les plus caractéristiques sont : les Tapirs, qui vivent aujourd'hui dans l'Amérique du Sud et la région malaise, des Cervidés dont les types existent encore dans cette région, le Rhinocéros et les Singes anthropomorphes qui habitent l'Afrique équatoriale et les îles Malaises. En somme, le Miocène d'Europe rappelle surtout, par ses Mammifères, la Malaisie d'aujourd'hui (1).

Les Oiseaux de la période miocène montrent d'autres rapports que les Mammifères. Ils ont été étudiés surtout par MM. Alph. Milne-Edwards. Tandis que les Mammifères ont leurs analogues de nos jours dans les contrées chaudes, les Oiseaux, abstraction faite de quelques genres éteints, ne diffèrent pas beaucoup des Oiseaux européens actuels. On trouve des Passereaux comme les Bergeronnettes, les Pies, les Corbeaux, les Corneilles ; des Rapaces comme les Aigles, les Milans, les Hiboux, les Chouettes ; des Échassiers et des Palmipèdes, tels que les Outardes, les Hérons, les Râles, les Mouettes, les Pélicans et les Canards. Il y a aussi des types étrangers, la plupart tropicaux ; ainsi des Trogons, insectivores qui habitent aujourd'hui l'Amérique du Sud, les Indes et également l'Afrique ; de petits Perroquets (*Psittacus*) du type africain, et le Secrétaire, Rapace à pattes d'Échassier et destructeur de Serpents, également africain. Il y a aussi des Ibis et une Salangane (*Collocalia*), Oiseaux caractéristiques des Indes. Les Pélicans sont particulièrement nombreux. Dans le voisinage de Nordlingen se trouvent des calcaires d'eau douce contenant des restes abondants de ces Oiseaux, les coquilles de leurs œufs incrustées de calcaire, et les débris de leurs nids.

Le contraste entre le caractère de la faune mammalogique et celui de la faune ornithologique miocène est assez frappant. La première indique une relation avec les types de la Malaisie, et la seconde présente la plupart des genres qui habitent aujourd'hui l'Europe, avec quelques types tropicaux presque tous africains. Ces différences entre les Mammifères et les Oiseaux conduiraient à des conclusions opposées sur le climat de l'Europe pendant le Miocène, mais il faut surtout considérer pour se faire une idée exacte du climat la flore de cette période.

(1) Neumayr, *Erdgeschichte*, t. II, p. 505.

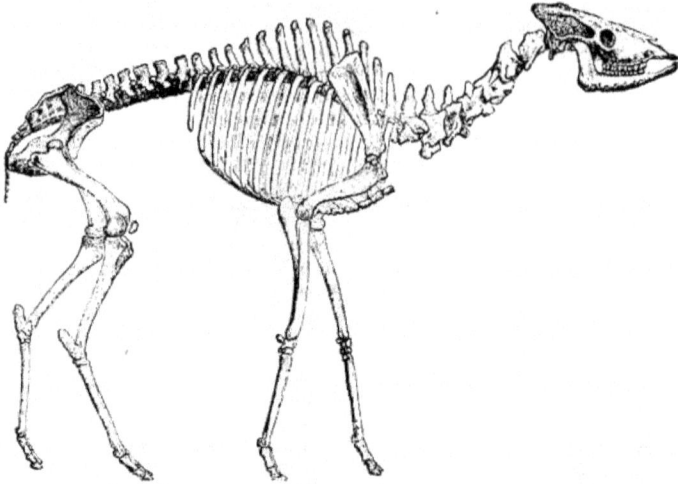

Fig. 564. — Squelette d'*Helladotherium Duvernoyi* (d'après M. Gaudry).

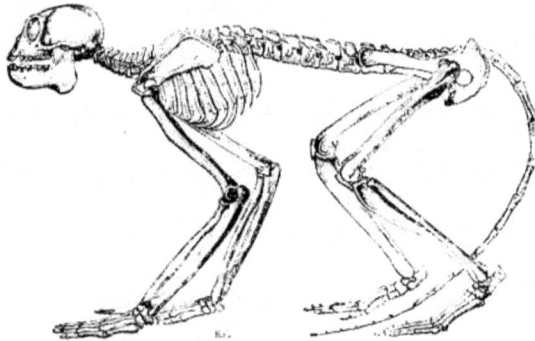

Fig. 565. — *Mesopithecus Pentelici* (d'après M. Gaudry).

LA FLORE ET LE CLIMAT PENDANT LE MIOCÈNE.

La flore du Miocène est très riche; les gisements de végétaux de cette période sont nombreux; il faut citer surtout ceux d'OEningen, près de Constance en Suisse, et celui de Radoboj, en Croatie, rangé parfois dans l'Oligocène supérieur; de Bilin en Bohême, etc. Ces gisements ont été étudiés avec soin. Heer a exploré celui d'OEningen et en a extrait plus de 500 espèces végétales. La flore miocène présente une variété beaucoup plus grande que celle qui existe actuellement dans les mêmes contrées; il y a un certain nombre de plantes qui ne vivent plus que dans des pays chauds. La température était certainement plus élevée qu'aujourd'hui, car on trouve des arbres toujours verts en grand nombre, des Palmiers (*Chamœrops helvetica*), des Figuiers et des Acacias. Il y a surtout des types qui, tout en indiquant un climat plus chaud que le climat actuel, existent encore aujourd'hui dans la partie sud des régions tempérées; on peut les appeler subtropicaux; ils vivent dans les pays méditerranéens, en Asie Mineure, en Perse, en Chine, au Japon et dans le sud des États-Unis; tels sont les Tulipiers, les Camphriers, les Lauriers, les Myrtes, les Chênes verts, les Cyprès chauves (*Taxodium*). D'autres habitent encore nos pays, comme les Saules, les Aulnes, les Hêtres, les Bouleaux, les Houx, les Érables, les Airelles, les Nénuphars. Il y a aussi des Amygdalées présentant les caractères de nos Pêchers et Amandiers (*Amygdalus pereger*), des Ormes (*Ulmus punctata*), des Peupliers (*Populus latior*, *P. melanaria*), et des Séquoias en grand nombre.

On constate d'ailleurs que les éléments de la flore miocène ne sont pas régulièrement distribués; les types des pays chauds se trouvent surtout dans les couches inférieures; on a là des types tropicaux et des types subtropicaux, tandis que dans les couches supérieures du Miocène les végétaux sont ceux des contrées tempérées chaudes et ceux qui vivent aujourd'hui dans les régions méditerranéennes et dans l'Amérique du Nord. Quand on passe du Miocène inférieur au Miocène supérieur, on constate un déclin de plus en plus prononcé des Palmiers, des formes subtropicales et des types à feuilles persistantes, une multiplication croissante des Charmes, des Saules, des Peupliers, et l'introduction des Chênes à feuilles caduques ou marcescentes. Ces faits indiquent un refroidissement graduel. Si en outre on compare les gisements septentrionaux à ceux du sud, on constate des différences indiquant une température plus basse dans le nord. Ainsi la flore de Schossnitz près de Breslau manque complètement des types tropicaux ou subtropicaux d'Œningen ou de Carinthie; les *Taxodium*, les Séquoias et les Chênes verts s'y rencontrent encore.

En somme, les végétaux du Miocène indiquent pour la première partie de cette période des conditions subtropicales, et pour la seconde partie des conditions assez analogues à celles de l'Europe méridionale actuelle. Les Insectes conduisent aux mêmes conclusions. Heer en a décrit plus de 850 espèces, trouvées à Œningen dans le Miocène supérieur. Il y a là surtout des Coléoptères (plus de 500 espèces); il y a cependant aussi des Orthoptères, des Hémiptères, des Névroptères. Les Hyménoptères sont abondants; on rencontre des Guêpes, des Abeilles, des Bourdons, des Fourmis. A la surface des feuillets marneux d'Œningen on trouve rassemblés un grand nombre de ces dernières, ce qui démontre que, dès le Miocène, les Fourmis avaient des habitudes sociales. On a rencontré en particulier sur une même plaque une grande quantité d'ailes de Fourmis; les Fourmis ailées s'envolent en foule pendant la saison chaude pour aller s'accoupler dans les airs, meurent après s'être dépouillées de leurs ailes et tombent au milieu des lacs; le même fait s'est produit aux environs du lac d'Œningen. Il y a des Diptères; les Papillons sont peu nombreux, on en connaît seulement trois espèces à Œningen. On sait combien sont étroits les rapports qui unissent aujourd'hui les Insectes et les végétaux; bien souvent une espèce d'Insecte ne se trouve que sur une plante déterminée. Oswald Heer a cherché à établir les rapports qui existaient au Miocène entre le monde des Insectes et celui des plantes, et il est arrivé à présumer le genre de vie de certaines espèces. Ainsi un Coléoptère d'Œningen, le *Rhynchite silenus*, aurait vécu sur une Vigne, le *Vitis teutonica*; un autre Coléoptère, la *Chrysomela calami*, aurait vécu sur un Roseau (*Phragmites œningensis*); un Puceron, le *Pemphigus bursifer*, aurait passé son existence sur le *Populus latior*, etc. En résumé, les Insectes d'Œningen présentent les caractères de la faune sud européenne, avec un mélange de types du nord de l'Amérique et quelques formes des contrées chaudes comme les Cigales et les Termites. A Radoboj, en Croatie, on trouve aussi une riche faune d'Insectes, où les types subtropicaux jouent un plus grand rôle qu'à Œningen (fig. 567).

Les Mollusques marins, comme nous l'avons déjà vu, appartiennent pour la plupart à des types des régions subtropicales, comme le Sénégal ou les Indes occidentales. Les Coraux, qui sont très communs dans le Miocène supérieur des environs de Vienne (calcaire de la Leitha), sont des formes tropicales; nous avons constaté le même fait pour les Mammifères, tandis que les Oiseaux présentent des caractères européens. Ainsi, suivant les groupes organiques que l'on considère, on arrive à des conclusions différentes sur le climat de la période miocène. Nous devons discuter maintenant tous ces résultats [1].

On doit avant tout tenir compte des changements que les organismes ont dû subir de-

(1) Nous suivrons ici Neumayr, *Erdgeschichte*, t. II, p. 507 et suivantes.

puis le Tertiaire au point de vue de leur capacité de résistance à des températures plus basses que celles de leur lieu d'origine. Suivant Oswald Heer, la température d'Œningen était comparable à celle de Madère aujourd'hui ; la moyenne devait être de 18° et demi. La température actuelle d'Œningen est de 9°, mais comme l'altitude au-dessus du niveau de la mer était pendant le Miocène beaucoup plus faible qu'aujourd'hui, il faut pour la comparaison accorder à Œningen une moyenne de 11° et demi ; par suite cette moyenne aurait perdu 7° depuis le Miocène. Une telle conclusion est trop absolue, il en est de même de toutes les tentatives faites pour évaluer la température d'une localité pendant la période tertiaire ou pendant des périodes antérieures ; les résultats sont toujours trop positifs, étant donnés les faits qui ont servi à les établir.

A coup sûr le climat pendant le Miocène était plus chaud qu'aujourd'hui ; le sud de l'Europe et la partie méridionale de l'Europe centrale étaient moins élevés qu'aujourd'hui au-dessus du niveau de la mer ; en outre, le climat avait un caractère moins continental ; il y avait pendant la première moitié du Miocène un bras de mer dans le bassin du Rhône, poussant un prolongement le long de la lisière nord des Alpes jusqu'à Vienne, et pendant tout le Miocène tout l'est de l'Europe a été couvert d'une vaste mer intérieure. Le climat devait donc être insulaire ; les extrêmes de température étaient moins accusés que maintenant et les vents dominants étaient plus chauds. Ces conditions nous permettent déjà d'expliquer en partie les caractères de la flore miocène ; mais il est vraisemblable que d'autres facteurs sont intervenus, facteurs qui ont vraisemblablement exercé leur influence sur toute la terre. Pour les déterminer autant qu'il est possible de le faire actuellement, on doit considérer les faunes et les flores miocènes dans d'autres régions que l'Europe.

Les gisements de plantes fossiles des régions arctiques sont particulièrement importants à ce point de vue. Les empreintes végétales recueillies par diverses expéditions de découvertes ont été étudiées par Oswald Heer dans son remarquable ouvrage sur les *Flores fossiles arctiques*. Il rapporte ces gisements à la période miocène, opinion qui d'ailleurs soulève un certain nombre de difficultés sur lesquelles nous aurons à revenir. Voici en quels termes Heer décrit ces faunes polaires :

« Nous connaissons aujourd'hui en Islande, au Groënland, à la terre de Grinnell, au Spitzberg et au nord du Canada 363 espèces de plantes miocènes. Le gisement le plus septentrional est celui de la terre de Grinnell à 81°45′ lat. nord ; il fut découvert en 1876 par le capitaine anglais Feilden. Là dans des schistes noirs se trouvent 30 espèces de plantes, dont 10 sont des Conifères : le Cyprès chauve (*Taxodium distichum*, qui existe encore aujourd'hui dans le sud des États-Unis), est très commun et il est représenté non seulement par ses élégants rameaux couverts de fossiles, mais aussi par ses fleurs mâles ; le Pin est un second type encore vivant, que nous rencontrons dans ces régions polaires ; il y en a deux espèces (*Pinus Feildeniana* et *P. polaris*). Un genre particulier, aujourd'hui éteint, de la famille des Ifs, est le genre *Feildenia*, dont trois espèces vivaient dans le haut nord. Un Orme (*Ulmus borealis*) formait avec un Tilleul, deux Bouleaux et deux Peupliers les essences forestières ; deux Noisetiers et une Viorne (*Viburnum Nordenskioldi*) formaient les broussailles ; dans le lac qui se trouvait là croissait un Nénuphar (*Nymphæa arctica*), et ses bords étaient couverts de Carex et de Roseaux. La végétation de ce pays tertiaire correspond à celle de la partie septentrionale de notre zone tempérée et indique une température moyenne d'au moins 8°, tandis que la moyenne de ce lieu est aujourd'hui de — 20°. Vient ensuite la flore du Spitzberg, où nous connaissons, entre 77° et demi et 78° deux tiers de lat. nord, de nombreux gisements avec 179 espèces de plantes. Ici aussi dominent les Conifères ; on y trouve encore les Cyprès chauves, les Pins, les *Feildenia* ; il y a un grand nombre de Pins, de Sapins, et aussi des *Sequoia* (actuellement vivants en Californie), des *Glyptostrobus* ; les Cupressinées ne manquent pas, il y a notamment deux élégantes espèces de *Libocedrus* (*L. sabineana*, *L. gracilis*). Parmi les espèces forestières nous rencontrons les Peupliers avec sept espèces dont deux sont répandues sur toute la côte ouest du Spitzberg, de Bell-Sound à Kings' Bay ; les Saules sont rares, de même les Aulnes, les Bouleaux et les Hêtres. D'un intérêt particulier sont deux espèces de Chênes à grandes feuilles, un Platane, un Orme, un Tilleul (fig. 566), un Noyer, deux Magnolias (fig. 568) et quatre Érables, dont une espèce (*Acer arcticum*) a laissé de belles feuilles et des fruits. Trois Viornes, plusieurs Cornouillers (*Cornus*, *Nyssa*) et des Aubépines formaient les broussailles avec les Noisetiers. Le Néphar arctique, un Plantain d'eau et un *Potamogeton* (*P. Nordenskiöldi*) croissaient sur les eaux d'un lac qui était sans doute entouré d'un terrain tourbeux où poussaient des *Cyperus*, des *Carex*, des *Sparganium*, des *Iris*. Si nous considérons cette flore du Spitzberg, nous n'y voyons plus de formes de la zone chaude, mais cette flore diffère absolument de celle du Spitzberg actuel et de la zone arctique ; elle a le caractère de la flore actuelle de la zone tempérée, telle qu'on la trouve dans le nord de l'Allemagne, et répond à une moyenne de 9°.

« Un gisement plus méridional est celui du nord du Groënland, sur la côte ouest, à 70° lat. nord. Sur 169 espèces végétales nous trouvons un Magnolia à feuilles toujours vertes, tandis que les deux espèces du Spitzberg ont des feuilles caduques, un Châtaignier, un *Ginkgo*, un *Diospyrus*, un *Sassafras*, des *Macclintockia* à feuilles coriaces et des *Coculites*. Les *Sequoia*, *Taxodium* et Peupliers sont aussi communs qu'au Spitzberg ; les Chênes présentent sept espèces et ont pour la plupart de grandes et belles feuilles ; il y a aussi des Platanes et des Vignes. C'est une flore qui annonce un climat comme celui des environs du lac de Genève, près de Montreux, avec une moyenne de 10° et demi.

« Que la terre de Grinnell, le Groënland et le Spitzberg n'aient pas eu seuls pendant le Miocène un climat beaucoup plus chaud qu'aujourd'hui, c'est ce que nous montrent les flores fossiles d'Islande, de la rivière des Ours au Canada (65° lat. nord), de Simonova dans la Sibérie orientale, d'Alaska, du Kamtschatka et de l'île Sachalin. Dans tous ces pays on a découvert des restes d'arbres et d'arbrisseaux qui le prouvent et qui indiquent sans doute possible que cette haute température régnait sur toute la zone arctique.

« Tandis que pour la Suisse une élévation de température de 9° suffit pour expliquer les phénomènes de la période miocène, il n'en est pas ainsi pour la zone arctique. Au Spitzberg, à 78° de latitude nord, la moyenne actuelle est de — 8°6 ; au Groënland à 70° de latitude nord, elle est de — 7°. Une augmentation de 9° porterait seulement la moyenne du dernier pays à + 2°, celle du premier à + 0°,4, celle enfin de la terre de Grinnell à — 11° seulement ; ces températures ne suffiraient pas au développement des flores miocènes que nous connaissons. La différence entre la température d'autrefois et celle

d'aujourd'hui devait être de 17° 1/2, et pour la terre de Grinnell de 28°. La différence entre la flore miocène et la flore actuelle est donc encore plus grande dans la région arctique que dans la zone tempérée, de sorte qu'elle va en s'accentuant vers le nord. »

Il faut remarquer que l'âge des gisements étudiés par Heer n'est pas bien fixé. Pour le naturaliste suisse, ces dépôts sont miocènes, mais il prend ce terme de miocène dans un sens beaucoup trop étendu ; il y range les couches de l'Oligocène moyen et supérieur, époques auxquelles régnait dans l'Europe centrale une flore tropicale. De plus, dans nos régions, depuis l'Éocène moyen jusqu'à la fin du Pliocène, la flore d'abord tropicale devient de plus en plus pauvre en types des régions chaudes et prend graduellement les caractères de la flore des régions tempérées. C'est naturellement aussi le cas lorsque, restant dans les limites d'un seul et même système, on s'avance du sud vers le nord. Ainsi les plantes d'un système sous les hautes latitudes sont semblables ou analogues à celles d'un système plus récent dans le sud. En s'appuyant sur ces considérations, les géologues anglais ont cherché à démontrer que les flores fossiles arctiques analogues à nos flores fossiles miocènes sont en réalité plus anciennes et remontent à l'Éocène, et d'après M. de Saporta beaucoup de plantes du haut nord sont très voisines de celles de l'Éocène le plus inférieur de France.

Cette opinion est encore rendue plus vraisemblable par ce que nous apprennent les flores fossiles de l'Amérique du Nord. Là les plantes crétacées ont un caractère plus tropical que celles de la même période en Europe ; cela est vrai aussi des couches éocènes inférieures de Laramie, dont la flore d'après Lesquereux est analogue à celle du Miocène européen. De même les coquilles d'eau douce de Laramie (*Tulotoma*, *Acella*, *Goniobasis*), encore aujourd'hui caractéristiques de l'Amérique du Nord, apparaissent en Europe dans le Miocène et le Pliocène, pour disparaître ensuite. L'analogie de la flore éocène d'Amérique avec la flore miocène d'Europe montre que probablement les dépôts des régions polaires sont plus anciens qu'on ne l'a d'abord pensé. Il faut donc reculer davantage dans le passé l'époque à laquelle le pôle nord possédait une végétation luxuriante. De plus ce décroissement de chaleur qui paraît s'être graduellement manifesté en Europe, de l'Éocène à la fin du Miocène,

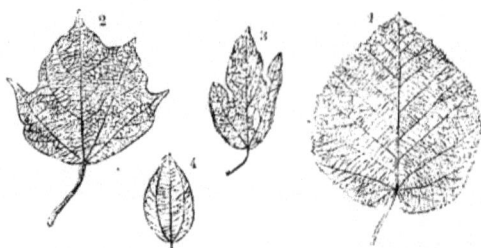

Fig. 566. — 1, *Tilia Malmgreni* des régions polaires, ancêtre de notre Tilleul ; 2, 3, feuilles de Sterculier-tertiaires, arbres aujourd'hui exotiques ; 4, *Zizyphus ovata* du gisement d'Aix, ancêtre de notre Jujubier actuel (M. de Saporta).

n'est pas un phénomène général ; il ne s'est pas produit partout avec la même intensité dans l'hémisphère nord, puisque dans l'Amérique du Nord le refroidissement, s'il a existé, n'a été que très faible, comme l'indique la permanence de la flore.

Les couches de l'Amérique du Nord ne sont pas les seules qui présentent un contraste avec celles d'Europe. Nordenskiöld a recueilli dans le voisinage de Nagasaki au Japon une flore fossile qui a été l'objet des recherches de Nathorst. Elle consiste pour une moitié en espèces éteintes, et pour l'autre moitié en formes qui vivent encore aujourd'hui au Japon, ou dans l'Amérique du Nord, mais en des localités dont

Fig. 567. — Papillon fossile du gisement de Radoboj, en Croatie (d'après Scudder).

le climat est plus froid que ne l'est aujourd'hui celui de Nagasaki. D'après le nombre des espèces vivantes, on a affaire ici à un dépôt plus récent que le Miocène, probablement du Pliocène supérieur. Mais si on considère en Europe des flores de la même époque, telles que celles de Ceyssac (Haute-Loire), de Saint-Mar-

tial (Hérault), de Durfort (Gard), on constate que ces flores indiquent encore un climat plus chaud que le climat actuel, et c'est dans les dépôts pléistocènes, comme le *forest bed* du sud

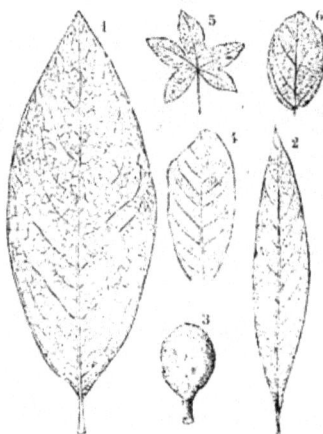

Fig. 568. — Ancêtres du Magnolia actuel (M. de Saporta). — 1, *Magnolia Inglefieldi* du Tertiaire ancien de l'extrême nord ; 2, 3, *M. Ludwigi*, Oligocène de Salzhausen, feuille et fruit ; 4, *M. fraterna* du Pliocène de Meximieux ; 5, *Liquidambar europæum* du Tertiaire ancien du Groënland ; 6, *Panolia pristina* du Pliocène de Meximieux (sorte de Cornouiller aujourd'hui exotique).

de l'Angleterre, où l'on ne rencontre plus que des types encore vivants, que se manifeste pour la première fois un climat plus froid que le climat actuel. Ainsi nous voyons que les variations de température n'ont pas suivi partout la même marche qu'en Europe.

On peut donner un autre exemple de ce fait ;

il nous est fourni par les dépôts tertiaires marins du Chili. Philippi a trouvé vers 35° de latitude sud un grand nombre de coquilles dont les unes sont certainement miocènes, tandis que les autres pourraient être éocènes. Dans toute cette série de fossiles, il n'y en a pas un qui indique un climat plus chaud que le climat d'aujourd'hui. C'est d'autant plus frappant qu'à l'époque actuelle un courant d'eau froide, venant du pôle sud, agit sur la faune malacologique et lui donne un cachet plus septentrional que ne le comporte la situation géographique.

Il résulte de tous ces faits qu'une diminution considérable de température s'est produite graduellement en Europe pendant le Tertiaire, mais que le phénomène ne s'est pas étendu à tout le globe. L'Europe pendant l'ère tertiaire a joui d'un climat chaud tout à fait anormal, comparé à celui de beaucoup d'autres régions.

Comment expliquer ce fait? Comment expliquer surtout que pendant le Tertiaire, la terre de Grinnell à 82° de latitude nord ait été couverte d'une luxuriante végétation, alors qu'aujourd'hui elle est ensevelie sous un manteau de glace et que sa température moyenne de — 20° est l'une des plus basses qu'on connaisse? Même en supposant une distribution différente des terres et des mers, en supposant la chaleur propre du globe plus considérable et le rayonnement du Soleil plus intense, on n'arrive pas à résoudre la question. En effet, la distribution géographique différente des masses continentales ne pourrait contribuer à élever suffisamment la moyenne. La chaleur interne du globe n'a pas d'influence sensible sur la température de la surface, comme nous avons eu déjà l'occasion de le dire (1). Enfin si la chaleur émanée du Soleil était plus grande au Tertiaire qu'aujourd'hui, elle aurait dû manifester partout son influence; or nous savons qu'il n'en est rien; de plus, si la chaleur solaire a toujours été en décroissant depuis les temps les plus anciens, elle devait être tellement forte pendant l'ère paléozoïque qu'on ne s'explique pas la présence de la vie à cette époque sur notre globe. On a fait encore d'autres hypothèses; on a supposé que le système solaire avait autrefois traversé une partie des espaces célestes plus chaude qu'aujourd'hui, ou bien que la Terre était autrefois entourée d'une atmosphère plus épaisse et plus humide. On a imaginé encore que le Soleil avait eu autrefois un diamètre plus considérable, et

(1) Page 20

que ce diamètre diminuait graduellement. Nous avons déjà discuté plus haut ces hypothèses, qui prêtent à de nombreuses objections ou sont absolument gratuites. La plus satisfaisante est la dernière, relative à la diminution graduelle du diamètre du Soleil. Elle est soutenue avec beaucoup de talent par MM. Lapparent et de Saporta.

D'autres géologues ont invoqué un déplacement des pôles, entraînant naturellement un déplacement corrélatif de l'équateur. Neumayr discute cette hypothèse et s'attache à démontrer qu'elle n'est pas inadmissible. Tout déplacement de masse sur la Terre doit changer la position du centre de gravité et par suite doit produire un déplacement aussi minime qu'on voudra des pôles; la question est de savoir si les phénomènes géologiques sont capables de produire des déplacements de masses suffisants. Schiaparelli a récemment étudié la question. Les phénomènes qui agissent pour le déplacement des masses sont la formation des montagnes, les effondrements, la dénudation s'exerçant pendant de longs espaces de temps. L'influence de ces facteurs sur la position des pôles doit être très différente suivant que la Terre est regardée comme un corps absolument rigide, ou qu'elle possède, comme l'admettent beaucoup de physiciens, un certain degré de plasticité. Dans le premier cas on peut à peine supposer un déplacement notable du pôle; dans le second les déplacements pourront être très importants au bout d'un temps suffisant. D'après Schiaparelli, l'Astronomie n'est pas encore en état de résoudre définitivement la question, mais suivant lui le déplacement des pôles n'est pas impossible. « Si, dit-il, les géologues, par l'examen des faits de leur domaine, sont conduits à admettre de grands changements des latitudes géographiques sur la Terre, l'Astronomie se gardera bien de leur opposer un veto absolu. »

Neumayr, admettant l'idée du déplacement du pôle, cherche comment elle est confirmée par les faits géologiques. Les gisements de plantes fossiles forment une couronne autour du pôle nord. A environ 30° de longitude est de Greenwich se trouvent les gisements de la terre du Roi-Charles, puis vers l'ouest ceux du Spitzberg, du Groënland est, du Groënland ouest, de la terre de Grinnell, de la terre de Banks, de Sitka, d'Alaska, du Kamtschatka, et de la Léna inférieure (65° lat. nord). Ainsi le pôle n'est pas sorti de cette ceinture pendant le Tertiaire, mais il s'agit de savoir s'il a occupé une autre position à l'intérieur de ce cercle.

Un fait remarquable, c'est que les gisements les plus élevés vers le nord, terre de Grinnell, terre du Roi-Charles, Spitzberg et Groënland se trouvent dans un espace compris entre 30° longitude est et 70° longitude ouest de Greenwich; le point isolé au nord de 70° latitude nord, qui n'est pas situé dans cet espace, est la terre de Banks, il y a là une accumulation de bois tertiaires qui certainement n'ont pas poussé à la place où on les trouve aujourd'hui; ils ont été apportés par les courants marins. La flore d'Alaska, qui se trouve dans une direction presque opposée à celle des dépôts précédents, présente, malgré la latitude de 60° seulement, un cachet plus septentrional que celle du Groënland (70°), et presque le même que celle du Spitzberg (78°).

Si nous déplaçons maintenant le pôle nord dans le méridien de l'île de Fer, d'environ 10° vers le nord-est de l'Asie, nous obtenons un groupement très anormal. Le 70° de latitude nord passerait par le Spitzberg, la Nouvelle-Zemble, l'embouchure de l'Obi, se dirigerait de là en Sibérie au voisinage d'Irkoutsk, couperait la partie nord de la mer d'Ochotsk et du Kamtschatka, passerait au sud du détroit de Behring et remonterait l'Amérique vers l'embouchure de la rivière du Cuivre; dans l'archipel arctique américain, il occuperait les îles du Prince-Albert et du Prince de Galles, le Nord-Devon et atteindrait le Groënland là où passe aujourd'hui le 78° latitude nord. Avec une pareille position du pôle, aucun des gisements des plantes fossiles ne serait au nord du 73°, et l'on s'explique aussi que les gisements d'Alaska, Sachalin, etc., aient un caractère relativement plus septentrional que ceux du Spitzberg et du Groënland. On

s'explique aussi que les plantes pliocènes du Japon semblent indiquer un climat plus froid que le climat actuel. L'Europe, dont les dépôts tertiaires indiquent un climat beaucoup plus chaud qu'aujourd'hui, aurait été au commencement du Tertiaire de 8 ou 10° plus éloignée du pôle que maintenant; d'autre part, la région centrale de l'Amérique du Nord se trouverait à

Fig. 569. — *Pyrula condita.*

une latitude où un pareil déplacement du pôle n'aurait que peu d'influence; or on constate que sa flore n'a presque pas changé. Ainsi l'hypothèse d'un déplacement du pôle semble s'accorder avec la plupart des faits connus. Mais, comme le remarque Neumayr, cette discussion montre seulement que l'hypothèse d'un déplacement du pôle d'environ 10° est admissible: il ne s'agit pas de décider définitivement la question des climats tertiaires. Nous connaissons encore trop peu de faits; il faudra accumuler beaucoup de documents et les soumettre à une sévère critique avant qu'on puisse se faire une idée exacte des conditions de température pendant les diverses périodes géologiques.

LE MIOCÈNE DANS LES DIVERSES RÉGIONS.

LE MIOCÈNE EN FRANCE.

Le Miocène a commencé en Europe par une phase d'émersion. C'est ce qui s'est particulièrement manifesté dans le centre de la France. Les lacs aquitaniens se sont desséchés et sur cet emplacement un grand cours d'eau, première ébauche de la Loire, a déposé des sables granitiques, dits *sables de l'Orléanais*. Ils recouvrent le calcaire de l'Orléanais et présentent un certain nombre d'ossements de Mammifères:

ainsi des Mastodontes (*Mastodon angustidens*), des Rhinocéros (*R. aurelianensis*), des *Dinotherium* (*D. Cuvieri*). Au-dessus viennent de nouveaux sables et des argiles qui recouvrent la Sologne et rendent le sol imperméable. Cet ensemble de dépôts d'eau douce formant la base du Miocène, constitue l'*étage langhien* (des collines de Langhe en Italie).

Une invasion de la mer s'est produite ensuite

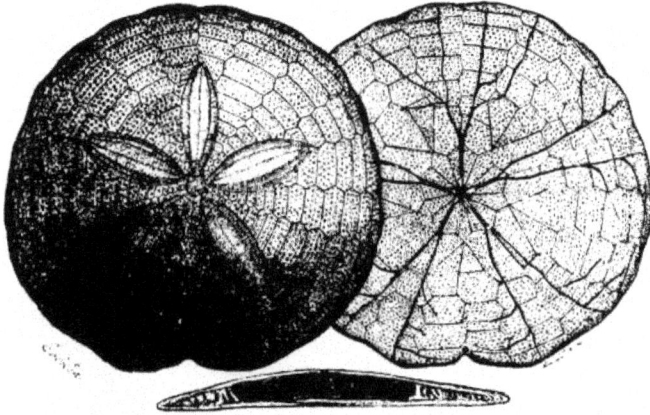

Fig. 570. — *Scutella subrotunda*, vue de dessus et de dessous. Au-dessous se trouve une coupe transversale montrant à l'intérieur des piliers calcaires (d'après Desor).

par la vallée de la Loire et a déposé des sables calcaires très coquilliers, les *faluns de Touraine*. Ils ont couvert la Touraine, l'Anjou et les contrées voisines. Ils sont particulièrement riches à Pont-Levoy, où ils sont agglutinés sous

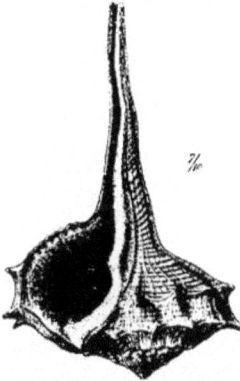

Fig. 571. — *Tudicla* ou *Pyrula rusticula*.

forme d'une pierre tendre par un ciment calcaire. Il faut citer comme fossiles des Polypiers, de nombreux Bryozoaires, de nombreux Gastéropodes (*Cerithium tricinctum*, *C. crassum*, *Pyrula condita* (fig. 569), *P. rusticula* (fig. 571), *Murex Turonensis*), des Pélécypodes, entre au-

tres une Huître très longue (*Ostrea crassissima*).

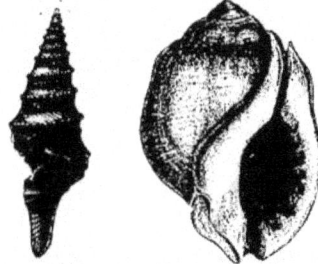

Fig. 572. — *Pleurotoma (Genotia) cataphracta*.

Fig. 573. — *Ranella marginata*, Tortonien, Astien.

Les faluns d'Anjou sont un peu plus récents que ceux de Touraine.

Fig. 574. — *Ancillaria glandiformis*, Tortonien.

La mer des faluns envoyait un prolonge-

Fig. 575. — Le lac des Quatre-Cantons et le Righi.

ment en Bretagne par l'Ille-et-Vilaine. Elle allait ainsi rejoindre la Manche, et faisait de la Bretagne une île. Près de Rennes se trouvent plusieurs gisements avec les fossiles des faluns, entre autres Saint-Grégoire.

À la même époque la mer échancrait fortement l'Aquitaine et y occupait un golfe étendu. Les faluns de Dax et de Léognan, avec grands Oursins tels que *Conoclypus subglobosus*, *Echinolampas hemisphericus*, *Scutella subrotunda* (fig. 570) contenus surtout dans la *mollasse de la Chalosse*, correspondent à la base du Miocène (*étage langhien*). À ce même étage correspondent ceux de Saucats. Au-dessus se montrent les *faluns de Salles* à *Ostrea crassissima* et *Cardita Jouanetti*. Ils sont du même âge que ceux d'Anjou et contiennent les mêmes nombreuses coquilles (*Volutes*, *Pyrules*, *Fusus burdigalensis*, etc). Dans l'Armagnac, pendant l'Helvétien il y avait des lacs où se sont déposés des calcaires avec les Vertébrés des sables de l'Orléanais; les gisements de Sansan et de Simorre sont particulièrement célèbres.

L'étage des faluns de Touraine et d'Anjou porte le nom d'*étage helvétien* à cause de la grande importance des dépôts de la même époque en Suisse. La mer de cette époque a non seulement pénétré dans le bassin de la Loire et en Aquitaine, mais elle s'est avancée aussi dans la vallée du Rhône et jusqu'en Dauphiné et au Jura. Elle a déposé à Aix et à Beaucaire un grès calcaire tendre, la *mollasse à Ostrea crassissima*.

L'étage qui succède à l'Helvétien porte le nom d'*étage tortonien* (de Tortone, en Italie). Il est caractérisé par la présence d'argiles bleues riches en Pleurotomes. On trouve ces argiles à Saubrigues dans les Landes, avec des coquilles telles que *Pleurotoma cataphracta* (fig. 572), *Rouella marginata* (fig. 573), *Ancillaria glandiformis* (fig. 574). Nous verrons plus loin qu'il faut ranger dans le Miocène un autre étage supérieur au Tortonien. Il est très développé surtout dans l'est de l'Europe, aux environs du Pont-Euxin (mer Noire), ce qui lui a valu le nom d'*étage pontien*. Il a laissé quelques traces en France;

telles sont les *couches* dites à *Congeries* qui existent à Bollène (Vaucluse), et le gisement

célèbre du mont Léberon (Vaucluse), dont nous avons déjà cité plus haut les Mammifères.

LE MIOCÈNE DE L'EUROPE CENTRALE ET MÉRIDIONALE. ÉTAGES LANGHIEN ET HELVÉTIEN.

En Europe la distribution des mers n'a pas beaucoup changé au commencement du Miocène; les eaux ont abandonné le nord et se sont au contraire étendues dans le sud. En Allemagne il y avait un golfe dans le Schleswig; il commençait près de Wismar et s'étendait sur les îles de la Frise, une grande partie de la Hollande et aux environs d'Anvers. Les limites de ce golfe sont encore marquées par les points isolés à faune miocène qui émergent de la couche de diluvium. Le bassin de Mayence, qui était occupé par la mer pendant l'Oligocène, devint un lac d'eau douce au Miocène. A la base se trouvent des couches à faune saumâtre et d'eau douce, avec beaucoup de Gastéropodes terrestres; elles sont particulièrement développées entre Francfort et Mayence et aussi dans le sud de l'Allemagne et en Bohême. Ensuite viennent les couches à Littorinelles de Mayence, indiquant que le bassin était devenu à cette époque entièrement lacustre. On y trouve, notamment à Weisenau, les Mammifères des sables de l'Orléanais. Les couches du bassin de Mayence correspondent donc au Langhien.

L'Angleterre ne présente pas trace de dépôts miocènes, pas plus d'ailleurs que le nord de la France. Ces régions étaient émergées, et d'après Neumayr une communication devait exister entre l'Écosse et l'Amérique du Nord par les îles Fœroer et l'Islande (1). Du côté de l'Atlantique la mer empiétait sur le continent; nous avons vu que la mer des faluns pénétrait dans la vallée de la Loire et sur les côtes de l'Aquitaine. Il en était de même sur les côtes du Portugal, de l'Espagne du sud-ouest et au Maroc; dans tous ces pays existent des couches marines miocènes. Les dépôts miocènes du bassin du Guadalquivir forment une bande ininterrompue, qui montre que la Méditerranée communiquait alors avec l'Atlantique, bien que le détroit de Gibraltar fût encore fermé.

La Méditerranée était plus importante qu'aujourd'hui. Elle poussait, comme nous l'avons déjà dit, un prolongement dans la vallée du Rhône et arrivait jusqu'au Dauphiné et au Jura. Elle se prolongeait par un canal étroit qui

suivait le bord nord des Alpes par la Suisse, la Souabe supérieure, le sud de la Bavière, le Salzbourg, la Haute et la Basse-Autriche jusqu'à Vienne. Les Alpes d'ailleurs n'avaient pas encore la hauteur qu'elles atteignent aujourd'hui; le dernier mouvement qui a constitué cette chaîne n'a eu lieu qu'à la fin de l'Helvétien, mais dès le début du Miocène les Alpes formaient déjà une île montagneuse dans la Méditerranée d'alors. A Vienne le canal étroit de la lisière des Alpes venait s'ouvrir dans un bassin où se dressait une île qui n'est autre chose que la chaîne des Carpathes encore inachevée. Un golfe s'étendait de là au bord nord des Carpathes vers la Moravie, mais n'atteignait pas la Galicie. Un autre grand bras de mer pénétrait dans le grand bassin pannonien qui comprend la plaine de Hongrie, une partie de la Carinthie et de la Carniole, la Croatie et la Slavonie, et poussait des prolongements en Bosnie et en Transylvanie (1).

La Méditerranée proprement dite empiétait sur l'Algérie, l'Italie, la Sicile; Malte est entièrement formée de dépôts miocènes. La mer pénétrait dans la vallée du Pô et dans les vallées des Alpes méridionales, mais en revanche la plus grande partie de l'Adriatique était encore terre ferme et occupée comme la Dalmatie, la Bosnie méridionale et l'Herzégovine par des lacs d'eau douce. La mer s'étendait sur l'Asie Mineure, Chypre et poussait vers l'est un golfe en Perse et en Arménie; mais d'après le caractère de la faune, il n'y avait pas communication avec l'océan Indien.

Dans la Haute-Italie le Miocène inférieur est représenté par les sables serpentineux de la Superga près de Turin, dont les conglomérats contiennent des fossiles semblables à ceux de la Touraine. On a donc affaire ici à l'Helvétien.

Dans le Vicentin, on trouve sur les dépôts aquitaniens des sables quartzeux qui ravinent les couches aquitaniennes et indiquent des courants plus rapides. On y trouve les *Lithothamnium* aquitaniens et des Oursins miocènes; ceux-ci sont très abondants à Isola di Malo et

(1) Neumayr, t. II, p. 515.

(1) Neumayr, p. 516.

à Schio. Il y a là *Scutella subrotunda*, *Clypeaster scutum*, *C. formosus*, *C. Michelini*, *Echinolampas conicus*. Ces couches sont rapportées par M. Munier-Chalmas au Langhien. Au-dessus se trouvent des couches plus récentes qui lui semblent devoir être rapportées à l'Helvétien (1).

Dans les Alpes suisses les falans de Touraine et d'Anjou sont représentés par la *mollasse marine supérieure*. On y trouve les fossiles des falans : *Ostrea crassissima*, etc. Elle constitue le type de l'Helvétien. Cette mollasse se trouve jusqu'à 1,235 mètres d'altitude; elle atteint une épaisseur considérable, notamment près de Berne. La mollasse est un grès marneux ou calcaire se durcissant à l'air, mais elle est accompagnée souvent de bancs énormes de con-

Fig 576. — *Cerithium margaritaceum* (Langhien).

glomérats constitués par des cailloux réunis par un ciment argilo-calcaire, dans lequel ils font saillie comme des têtes de clou; de là le nom de *nageflüh* (rochers en clous) donné à ces conglomérats. Ils sont notamment très développés au Righi (fig.575). Les cailloux calcaires de ces poudingues sont souvent *impressionnés*, c'est-à-dire que de deux galets en contact l'un a pénétré dans l'autre en y faisant une impression profonde. On attribue ce phénomène à une dissolution lente de l'un des cailloux sous l'action des eaux chargées d'acide carbonique. La mollasse marine supérieure constitue la partie la plus extérieure de la chaine des Alpes, où elle présente des couches redressées. Ainsi les Alpes ont subi les derniers mouvements auxquels elles doivent leur relief actuel, après le dépôt de la mollasse supérieure. Ces mouvements sont post-helvétiens.

Aux environs de Vienne en Autriche la mol-

(1) Munier-Chalmas, Thèse, p. 77.

lasse est remplacée par des couches de composition variable, les *couches de Horn* (peut-être aquitaniennes), sables coquilliers dont les coquilles varient suivant qu'elles ont vécu sur une côte plate ou à pente brusque, ou à quelque distance du rivage. Citons-y le *Cerithium margaritaceum*, déjà signalée dans l'Oligocène (fig.576).

Fig. 577. — *Fusus longirostris*.

Les sables de Gauderndorf correspondent à une côte plate, on y trouve des Tellines, tandis que les sables grossiers et les calcaires à Bryozoaires d'Eggenburg se sont formés dans une eau agitée. Le bassin de Vienne est constitué par un effondrement de la chaine des Alpes, qui prolonge vers le sud jusqu'au pied du Semmering

Fig. 578. — *Nassa prismatica*.

un large golfe. On constate que les dépôts helvétiens s'arrêtent au bord extérieur du golfe, tandis que le bassin est rempli de couches plus récentes que l'Helvétien. Cela montre que cet effondrement s'est produit après l'Helvétien, immédiatement avant le Tortonien.

Dans la région autrichienne on trouve en bien des endroits, à la limite entre l'Helvétien et le

Tortonien, une formation spéciale qui a été redressée aussi le long des Alpes. On l'appelle le *Schlier*. Cette formation consiste en argiles sableuses et en marnes de couleur gris bleu, accompagnées souvent de gypse et d'où sortent en bien des points des sources salées. La faune ne se compose que de quelques espèces qui sont rares dans les autres dépôts miocènes. On trouve surtout un Nautile (*Aturia aturi*), quelques Bivalves comme *Pecten denudatus* et *Solenomya Doderleini*, et des Ptéropodes, animaux de haute mer voisins des Gastéropodes. Il y a aussi les écailles d'un Poisson voisins des Sardines : *Meletta sardinites*. Ailleurs cependant, comme à Ottnang, R. Hörnes a trouvé dans le Schlier une faune plus riche qui rappelle celle des argiles à Pleurotomes du Tortonien. De la Basse-Autriche, ces couches du Schlier se poursuivent sur le bord nord des Carpathes à travers la Moravie et la Galicie. On doit leur rapporter les importants gisements de sel gemme exploités à Wieliczka, Bochnia, etc., et aussi ceux de Moldavie et de Transylvanie. Ce *Schlier* est encore l'objet de nombreuses discussions. Son origine est difficile à expliquer. En effet les Nautiles, les Ptéropodes indiqueraient un dépôt de haute mer formé dans une eau profonde, tandis que la présence du gypse et du sel gemme semble caractériser un bassin peu profond, isolé, où l'eau subit une évaporation intense. Fuchs a trouvé des dépôts analogues en Italie, de la lisière des Alpes jusqu'en Sicile et à Malte; ils s'étendent aussi en Asie Mineure, et à travers l'Arménie et la Perse jusqu'à la lisière des Indes. Toujours on y rencontre des gisements de gypse et de sel-gemme (1).

LE MIOCÈNE DE L'EUROPE CENTRALE ET MÉRIDIONALE. ÉTAGE TORTONIEN.

L'étage helvétien que nous venons d'étudier est désigné aussi sous le nom de *premier étage méditerranéen*, à cause des analogies de faune qu'il manifeste avec la Méditerranée actuelle. Ces analogies deviennent encore plus grandes dans le *Tortonien* ou *second étage méditerranéen*. Ce dernier débute dans les environs de Vienne par des lignites faiblement développés mais qui prennent plus d'importance vers le sud, en Styrie. Ensuite viennent des *couches* dites de *Grund*, où se trouve un mélange de coquilles helvétiennes et tortoniennes. Le Tortonien proprement dit se présente sous deux aspects différents. Dans les eaux peu profondes et très agitées, au voisinage de la côte, se sont déposés des calcaires, les *calcaires de la Leitha*. Ils sont remplis de débris d'algues calcaires, les (*Lithothamnium*); il y a aussi des Foraminifères (*Amphistegina Haueri*). Par place, des calcaires contiennent aussi des Coraux. Les Oursins sont représentés par des Clypéastres ; les Mollusques ne sont généralement pas bien conservés ; on n'en trouve guère que le moule interne. Le calcaire de la Leitha est la pierre de construction de Vienne.

A la même époque se sont déposées dans les eaux profondes et peu agitées des argiles bleues très épaisses, les *marnes de Baden*. Elles sont très riches en fossiles. On y connaît plus de 1,000 espèces de Mollusques, surtout des Gastéropodes du genre *Pleurotoma* (*P. cataphracta*), *Fusus longirostris* (fig. 577) et les genres *Natica* et *Nassa* (*N. prismatica*) (fig. 578).

Ces argiles bleues à Pleurotomes sont très développées en Italie, notamment aux environs de Tortone ; nous les avons citées aussi en France, à Saubrigues. Des calcaires à *Lithotamnium*, analogues à ceux de la Leitha, se retrouvent aussi en Sicile, à Malte, en Corse, en Sardaigne.

Dans les Alpes suisses, on constate un changement important. Le canal étroit par lequel la mer arrivait dans cette région pendant l'Helvétien n'existe plus. La mer s'est définitivement retirée et à sa place se sont établis de grands lacs, analogues à ceux de la Suisse actuelle. Ils ont déposé des calcaires constituant la *mollasse d'eau douce supérieure*. Ces calcaires très développés à OEningen, près de Constance, ont fourni, comme nous l'avons vu plus haut, de nombreuses empreintes végétales et de nombreux restes d'Insectes étudiés par Oswald Heer. Au siècle dernier le naturaliste Scheuchzer découvrit à OEningen une Salamandre géante de 1ᵐ,25 de long, l'*Andrias Scheuchzeri*, analogue aux Salamandres géantes du Japon (*Cryptobranchus japonicus*). Scheuchzer regarda ce fossile comme le squelette d'un homme antédiluvien (*homo diluvii testis*). C'est Cuvier qui démontra sa véritable nature (fig. 579).

Vers l'est, la mer tortonienne présentait une grande extension. Elle atteignait la Galicie, arrivait jusqu'à la Silésie prussienne ; d'autre

(1) Neumayr, p. 519.

Fig. 579. — *Andrias Scheuchzeri* (Homo diluvii testis).

part, elle couvrait la Podolie, la Bukowine, la
Moldavie et une partie de la Russie méridionale.
A Belgrade on trouve aussi des couches torto-

niennes, de même dans la vallée de la Morava
et en Bulgarie, par exemple à Plewna. Cette
vaste étendue, dont les limites sont marquées

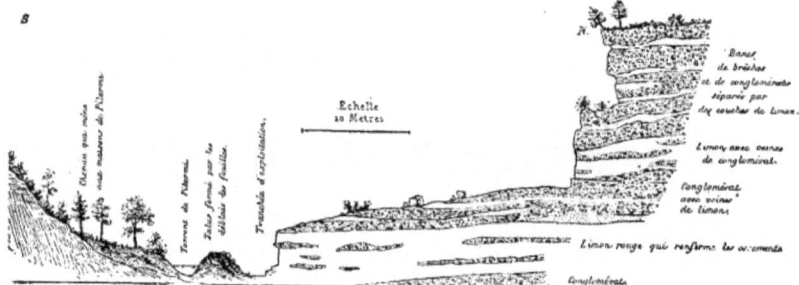

Fig. 580. — Coupe du ravin de Pikermi (d'après M. Gaudry).

par Vienne, Kertsch, la Haute-Silésie et l'intérieur de la Serbie, est aujourd'hui isolée de
toutes parts; on serait tenté de supposer qu'elle

a été occupée à l'époque tortonienne par cette
mer intérieure. Mais la vie animale y était très
variée. On connaît dans les dépôts tortoniens

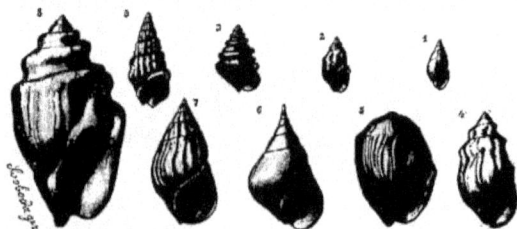

Fig. 581. — Mélanopsidés miocènes et pliocènes. — 1, *Melanopsis pygmæa*; 2, *Melanopsis Bouei*; 3, *Melanopsis
æolica*; 4, *Melanopsis Heldreichi*; 5, *Melanopsis vindobonensis*; 6, *Melanopsis Gorceixi*; 7, *Melanopsis Proteus*;
8, *Melanopsis Martiniana*; 9, *Melanoptychia Bittneri*.

plus de 1,000 espèces de Mollusques, de
nombreux Coraux, des Oursins, des Bryozoaires,
des Foraminifères, etc. Cette faune est beaucoup
plus riche que ne peut l'être celle d'une mer

intérieure, où les courants sont très limités,
où la salinité devient rapidement soit trop
grande par suite de l'évaporation, soit trop faible par suite de l'afflux des eaux douces. La

mer en question devait donc être en communication avec un vaste bassin. Nous savons que cette communication ne se faisait pas avec la Méditerranée occidentale, car le canal de la lisière des Alpes était fermé; ce n'était pas non plus par l'Adriatique, encore en grande partie terre ferme. On doit chercher le détroit en Serbie et en Albanie, ou bien supposer une communication par la Russie méridionale avec l'Arménie, qui était d'ailleurs en relation avec la Méditerranée pendant l'Helvétien par l'Asie Mineure.

La Méditerranée, proprement dite, couvrait pendant le Tortonien tous les pays qu'elle occupait pendant l'Helvétien. Les couches dites de Grund, qui marquent la base du Tortonien, se trouvent dans le nord-est de l'Afrique, dans le désert libyque à l'oasis de Jupiter Ammon et dans les hauteurs qui bordent l'isthme de Suez. La mer Rouge n'existait pas encore, et il n'y avait pas de communication avec l'océan Indien, ou tout au plus une communication très limitée. Les fossiles du Miocène d'Afrique ont, en effet, un caractère strictement méditerranéen; on y trouve seulement une coquille isolée (*Carolia*), voisine du genre *Placuna*, qui caractérise aujourd'hui l'océan Indien et l'océan Pacifique (1).

L'ÉTAGE SARMATIEN.

Tandis que la faune marine miocène se développait avec les caractères que nous avons indiqués dans la région de la Méditerranée et de l'Atlantique, un faciès tout particulier, plus récent que le Tortonien, était réalisé dans l'Europe orientale. Nous allons résumer, d'après Neumayr, les caractères de ces couches auxquelles M. Suess a donné le nom d'*étage sarmatien*, parce qu'elles couvraient l'ancien pays des Sarmates. On peut les suivre depuis Vienne jusqu'au bord oriental du lac d'Aral. Elles couvrent le golfe de Vienne, la Hongrie, la région du bas Danube et de la mer Noire. La mer sarmatique était donc une vaste mer intérieure qui commençait à Vienne et s'étendait à travers la Hongrie, sur une grande partie de la Russie méridionale et atteignait au sud les bords de la mer Égée; les derniers dépôts se trouvent près de Troie et sur la péninsule Chalcidique. De la mer Noire, la mer sarmatique se prolongeait dans la région caspienne et caucasique où, d'après Abich, ses dépôts se montrent jusqu'à 2,000 mètres d'altitude.

La faune en est très pauvre, comparée à celle de la Méditerranée, et il y a, de même que dans la mer Noire actuelle, des formes d'eau saumâtre dues à une médiocre salinité, comme cela se produit souvent dans des mers intérieures où débouchent des fleuves. On ne trouve, dans les couches sarmatiques, aucun Mollusque de grande taille, appartenant à des genres des mers chaudes, tels que *Conus*, *Oliva*, *Voluta*, *Mitra*, *Terebra*, *Cypræa*, *Tritonium*, *Spondylus*, etc. Les genres qui s'y trouvent sont représentés par de petites espèces montrant de plus grande variabilité et très nombreuses en individus. On peut distinguer dans cette faune deux sortes d'éléments. Dans la partie occidentale de la région sarmatique, les couches en question reposent régulièrement sur le Tortonien; dans la partie orientale elles dépassent de beaucoup ce dernier et transgressent dans le sud de la Russie et l'ouest de l'Asie sur les terrains anciens. Dans l'ouest il y a, dans les couches sarmatiques, un certain nombre d'espèces de l'étage tertiaire, notamment de petits Gastéropodes, des genres *Murex*, *Pleurotoma* et *Cerithium*; aussi, dans les grès sarmatiques de Vienne, il y a par milliers les *Cerithium pictum* (fig. 583) et *C. rubiginosum*, qui se trouvaient déjà dans le Tortonien. Au fur et à mesure qu'on s'avance vers l'est, ces espèces méditerranéennes deviennent de plus en plus rares et finissent par disparaître. Alors se montrent exclusivement plusieurs espèces des genres *Trochus*, *Nassa*, *Phasianella*, et quelques Pélécypodes caractéristiques, comme *Mactra podolica* et *Tapes gregaria* (fig. 584). Plusieurs de ces formes se mêlent, dans l'ouest, aux coquilles méditerranéennes. Il y a aussi dans les couches sarmatiques de nombreux Mammifères marins, des Phoques, des Dauphins, de petites Baleines et un petit Sirénien particulier: *Pachyacanthus*. On en a trouvé de nombreux restes à Russdorf et Hernals, près de Vienne, et aussi en Roumanie, dans le sud de la Russie et aux environs de Troie. Enfin, il y a parfois des restes de Mammifères terrestres enfouis dans les couches du Sarmatien; ce sont les formes qui se montraient dans le Langhien de l'Europe occidentale: *Mastodon angustidens* et *Anchitherium aurelianense*.

(1) Neumayr, p. 522.

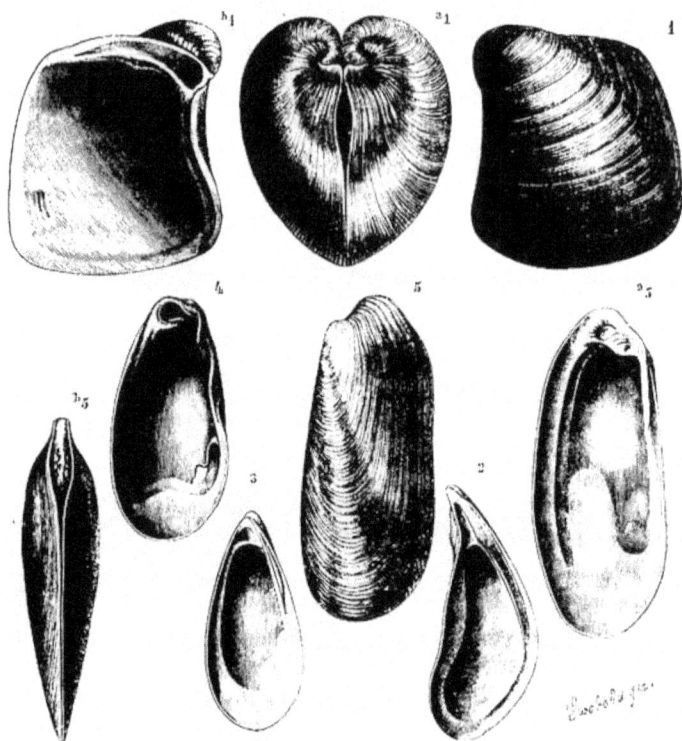

Fig. 582. — Congéries pontiques vues sous différents aspects. — 1, *Congeria subglobosa*; 2, *Congeria spatulata*; 3, *Congeria Czizeki* (d'après Hörnes); 4, *Dreissenomya aperta*; 5, *Dreissennaya Schröckingeri* (d'après Th. Fuchs).

On s'est demandé d'où provenaient les éléments particuliers de la faune sarmatique : *Mactra podolica*, *Tapes gregaria*, etc. Ils n'appartiennent pas au facies méditerranéen, on

Fig. 583. — *Cerithium pictum*, Tortonien, Astien.

ne les trouve jamais dans les couches de ce facies, même exceptionnellement. On doit donc supposer que ces éléments sont arrivés dans la mer sarmatique par émigration. Il est peu probable qu'ils proviennent de l'océan Glacial arc-

tique par une communication qui existait, sui-

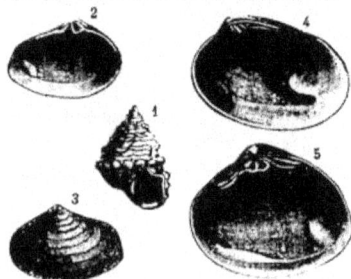

Fig. 584. — Coquilles du Sarmatien. — 1, *Trochus podolicus*; 2, 3, *Ervilia podolica*, à l'extérieur et à l'intérieur; 4, *Tapes gregaria*, vue à l'intérieur; 5, *Mactra podolica*, vue à l'intérieur (d'après Hörnes).

vant plusieurs géologues, à travers la Sibérie et le lac d'Aral ; il est encore moins probable qu'ils proviennent de l'océan Indien. Peut-être existait-il dans l'Asie intérieure un golfe de la Méditerranée miocène, dont les dépôts nous sont encore inconnus et d'où sont sortis la *Mactra podolica* et ses compagnons. Quoi qu'il en soit, l'origine de la faune sarmatique est encore énigmatique. La région comprise entre Vienne et le lac d'Aral a formé à la fin du Miocène un monde à part, et si frappantes que soient les particularités des couches sarmatiques au point de vue de leur répartition et de leur faune, elles n'ont qu'une valeur purement locale. En dehors de ce bassin, les organismes ont poursuivi sans trouble leur évolution régulière.

L'ÉTAGE PONTIEN.

A la limite du Miocène et du Pliocène se place l'*étage pontien*, qui est rapporté par les uns au premier, et par les autres au second de *ces* systèmes. On le désigne aussi sous le nom de Miopliocène. Ces couches de transition se sont déposées dans des eaux douces ou médiocrement salées. Elles correspondent à une phase d'émersion du continent européen et des régions voisines, qui a suivi le Tortonien.

Les animaux les plus caractéristiques de l'étage pontien sont les Mammifères. Les gisements les plus célèbres sont celui d'Eppelsheim, près de Mayence, de Concud en Espagne, du mont Léberon dans le Vaucluse, de Pikermi entre Athènes et Marathon en Grèce (fig. 580), des environs de Troie en Asie Mineure, et de Maragha en Perse. La base des couches des monts Siwalik dans les Indes appartient aussi à l'étage pontien. Les Mammifères les plus caractéristiques sont les *Hipparions*, le *Dinotherium*, l'*Helladotherium*, la Girafe et de nombreuses Antilopes, le *Mastodon longirostris*, le Carnassier appelé *Machairodus*, le Singe appelé par M. Gaudry *Mesopithecus*. Cette faune a un caractère africain, comme l'indique la présence des Antilopes, notamment *Palæoryx* et *Palæoreas* et des Girafes. Il serait cependant prématuré de conclure à une communication à l'époque postérieure entre l'Europe et le nord de l'Afrique. La faune mammalogique était la même en Europe et dans la plus grande partie de l'Asie jusqu'en Perse, mais nous ne savons pas si cette faune vivait aussi en Afrique. D'ailleurs, la mer Rouge n'existait pas encore ; une communication était donc assurée entre l'Afrique et l'Asie, et l'hypothèse d'une liaison de l'Afrique et de l'Europe est superflue. Il est probable, d'après M. Munier-Chalmas, que toutes les grandes îles de la Méditerranée orientale, les Baléares, la Corse, la Sardaigne, la Sicile, l'Archipel faisaient partie d'une seule et même grande terre, car les nombreux troupeaux d'herbivores dont on trouve les traces dans ces pays exigent pour leur nourriture de vastes espaces et n'auraient pu se développer sur des îles de faible étendue.

Les Invertébrés des couches pontiennes sont des Gastéropodes et des Bivalves d'eau douce ou saumâtre ; ils habitaient les grands lacs qui couvraient à cette époque l'Europe orientale et une partie de l'Asie. Le grand bassin sarmatique qui s'étendait auparavant de Vienne jusqu'au lac d'Aral, sur l'emplacement actuel de la mer Noire et de la Russie méridionale, et qui était en communication avec un Océan ouvert, en un point encore inconnu, a perdu cette communication à l'époque pontienne. A sa place se sont établis des bassins fermés dont les eaux furent fortement modifiées par l'apport des fleuves, sans toutefois perdre absolument leur salure (1). Ces lacs s'avançaient comme la mer sarmatique aux environs de Vienne ; de là ils s'étendaient sur la plaine hongroise, la Transylvanie, le Banat, la Roumanie et les alentours de la mer Noire et de la mer Caspienne.

La faune est caractéristique. Le genre le plus important est le genre *Congeria* ou *Dreissensia*, sorte de Moule d'eau douce ou saumâtre très commun encore aujourd'hui dans les cours d'eau de l'Europe. C'est à l'époque pontienne que les Congéries ont eu leur maximum de développement et de variété. Elles forment souvent des bancs entiers dans le Pontien ; de même que le genre *Dreissenomya* (fig. 582) qui leur est étroitement allié. Le genre *Cardium* qui est marin a formé aussi dans le Pontien des sous-genres (*Monodacna*, *Adacna*, etc.), adaptés aux eaux faiblement salées. Les Gastéropodes du genre *Melanopsis* (fig. 581) présentent aussi une grande abondance de formes. Outre ces trois types dominants, il y en a d'autres moins importants comme le genre *Valenciennesia*, comprenant des Gastéropodes voisins des types d'eau douce,

(1) Neumayr, p. 529.

à coquille aplatie de grandeur anormale et portant une striation particulière. On trouve ce genre en Croatie, en Slavonie, en Hongrie, en Crimée. Enfin beaucoup de gisements correspondant à des golfes bien abrités ont fourni de nombreuses formes locales étroitement cantonnées.

Beaucoup des types de Mollusques pontiens vivent encore aujourd'hui, à peine modifiés, dans la mer Caspienne et dans les lacs des environs de la mer Noire. On peut regarder la Caspienne comme le dernier reste de ces grands bassins qui s'étendaient à la fin du miocène de Vienne au lac d'Aral. La mer Noire a présenté longtemps aussi ce caractère, mais elle a été mise en communication au Pléistocène avec la Méditerranée, de sorte que sa faune a été modifiée alors par l'immigration d'éléments nouveaux.

Les Congéries se sont propagées, comme nous l'avons dit, dans les cours d'eau de l'Europe. On a pu suivre les migrations d'une petite espèce : Congeria ou Dreissensia polymorpha. Elle vivait à l'époque pontienne en Slavonie; à la fin du Tertiaire elle entra en décroissance comme les autres types de cette période, mais elle put se maintenir dans la mer d'Azow et les lagunes des côtes de la mer Noire. Elle ne vit pas d'une manière continue dans les mers fortement salées, mais elle peut résister longtemps à l'action d'une eau assez chargée de sel. S'attachant par son byssus à la coque des navires, la Congérie a été ainsi transportée de la mer d'Azow dans les ports de l'Europe occidentale et de là dans la plupart des fleuves de cette région. On trouve même aujourd'hui la Congeria polymorpha à Paris, jusque dans les conduites d'eau. Ses migrations continuent. Elle a parcouru aujourd'hui plus de la moitié de la terre, et elle est notamment revenue dans son pays d'origine, le bassin du Danube et de la Save dont elle avait disparu depuis des milliers d'années.

Les Mollusques de l'époque pontienne se trouvent surtout aux environs de Vienne, d'Agram en Croatie, à Tihany sur le lac Balaton, à Arpad en Hongrie, à Radmanest dans le Banat, et près d'Odessa et en Crimée.

Les couches à Congéries se retrouvent dans d'autres régions de l'Europe, où il y avait sans doute à cette époque des lacs moins étendus que ceux de l'est. Ainsi ses couches forment en Italie le terrain sulfogypseux du Livournais. En France elles existent dans la vallée du Rhône, notamment à Bollène (Vaucluse).

Les couches à Congéries sont accompagnées souvent de sables et de cailloux roulés jaunes ou rouges qui ont été entraînés par les fleuves dans les bassins de l'époque pontienne; on y trouve de nombreux restes de Mammifères. C'est ce qui se présente dans le bassin de Vienne pour les graviers du Belvédère, dépôt étendu qu'un grand fleuve, venant de la Bohême se jeter dans le lac pontien, a étalé au-dessus des couches à Congéries. A Baltavar en Hongrie, au contraire, les Mammifères se rencontrent dans les couches à Congéries elles-mêmes. La faune du Belvédère et de Baltavar est celle de Pikermi et du mont Léberon. Ces deux derniers gisements consistent en un limon rouge avec conglomérats.

L'étage pontien n'est connu que dans l'Europe méridionale et dans une partie de l'Asie. Il manque complètement dans le nord de l'Europe et de l'Asie. En Afrique on a seulement cité un gisement dans le nord de l'Algérie. En Amérique le genre Hipparion qui caractérise le Pontien existe, mais il n'est pas possible jusqu'ici de trouver en Amérique, parmi les formations tertiaires, un équivalent exact de cet étage (1).

LE PLIOCÈNE. SA FAUNE. SA FLORE. SA RÉPARTITION GÉOGRAPHIQUE.

LA FAUNE PLIOCÈNE.

Le Pliocène, dernier terme de la série tertiaire, se rapproche par sa faune et sa flore de la période actuelle. Beaucoup de Mollusques marins du Pliocène vivent encore aujourd'hui dans nos mers. Les Mollusques terrestres se rapprochent aussi de plus en plus des formes vivantes. Citons parmi les espèces pliocènes marines le Cerithium vulgatum qu'on

(1) Neumayr, p. 532.

rencontre encore dans la Méditerranée, l'Ostrea edulis (Huître comestible), le Pecten Jacobeus (coquille de Saint-Jacques), l'Aporrhais pespelicani (fig. 585), etc.

Les Mammifères pliocènes rappellent, pour la plupart, les Mammifères actuels et appartiennent souvent aux mêmes genres.

Les couches pliocènes renferment les types d'Insectivores actuels : Taupe (Talpa), Hérisson (Erinaceus), etc., et de Rongeurs actuels : Rat (Mus), Hamster (Cricetus), Porc-Épic (Hystrix). Le Lièvre (Lepus) se montre en Europe au Pliocène. Parmi les Carnassiers on trouve les Civettes (Viverra) et les Martes (Mustela). Le genre Hyène (Hyæna) devient commun dans le Pliocène. Le genre Chien proprement dit (Canis), caractérisé par la formule dentaire $\frac{3}{3} i + \frac{1}{1} c + \frac{4}{4} pm + \frac{2}{3} m$, ne se montre qu'à

Fig. 585. — Aporrhais pespelicani. Pliocène.

partir du Pliocène supérieur (Canis etruscus du Val d'Arno), mais il a, comme nous l'avons vu, des précurseurs dans le Miocène (Amphicyon) et l'Oligocène (Cynodictis, Cynodon). En examinant le crâne et le squelette des Canidés, Huxley a été conduit à diviser le groupe en deux séries : la série alopécoïde (Renards) et la série thoöide (Chiens, Loups). M. Boule a récemment étudié le Canis megamastoïdes du Pliocène de Perrier près d'Issoire. Par son crâne et la forme de ses membres, il se rattache au Renard de nos pays ; par la mandibule il rappelle les Renards américains (C. cancrivorus, C. Azaræ, etc.), et l'Otocyon megalotis ou Chien Oreillard de l'Afrique australe ; enfin la dentition le rapproche des Cynodictis. Il est probable que la série alopécoïde et la série thoöide sortent de souches différentes. Les Renards ont pris naissance du Cynodictis, qui relie les Viverridés et les Mustélidés aux Canidés ; les

Chiens proprement dits sont sortis du genre Amphicyon, qui les relie aux Ours. Ainsi la famille des Canidés nous offrirait un exemple de convergence ; elle aurait une double origine, et l'évolution de ses formes primitives aurait fourni en même temps que des Renards et des Chiens proprement dits, d'une part les Viverridés et d'autre part les Ursidés. Le

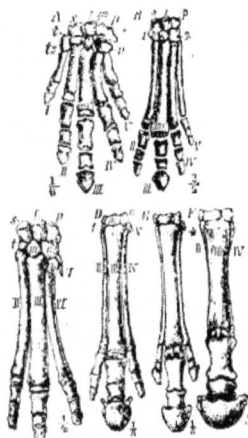

Fig. 586. — Pattes de devant gauches d'Ongulés. — A, Phenacodus primævus ; B, Hyracotherium venticolum ; C, Palæotherium magnum ; D, Anchitherium aurelianense ; E, Hipparion gracile ; F, Cheval (Equus caballus).

genre Cuon (Chien Buansu) de l'Inde a encore la dentition des Civettes ($\frac{2}{2} m$) ; il descend directement de Cynodictis. M. Boule a montré que dès le Pliocène les Loups, les Chiens, les Chacals, sont déjà distincts. Chacun de ces types a probablement fourni plus tard des races domestiques.

Les Ursidés, comme nous le savons, ont pour origine l'Amphicyon et l'Hyænarctos. De véritable Ours (Ursus arvernensis) se montrent dans le Pliocène d'Auvergne.

Les véritables Félins existaient déjà dans le Miocène. Le Pliocène de Perrier en fournit aussi plusieurs espèces comme le Felis arvernensis, de la taille du Jaguar, et le F. pardinensis, de la taille de la panthère. Le genre Machairodus, aux formidables canines, qui avait paru au Miocène, s'est continué pendant le Pliocène. On le trouve dans le Pliocène de Perrier, dans celui du Roussillon, celui des In- des, etc. Les races pliocènes sont moins fortes que celles du Miocène de Pikermi et d'Eppels- heim.

Si nous passons maintenant aux Ongulés, nous voyons que les Mastodontes disparaissent en Europe à la fin du Pliocène (ex. : *Mastodon Borsoni*). Les Éléphants au contraire se déve- loppent. L'espèce répandue dans le Pliocène d'Europe est l'*Elephas meridionalis*, qui a beaucoup de rapports avec l'Éléphant actuel d'Afrique. Il atteignait cependant une taille plus considérable, environ 4ᵐ,50. A Durfort, dans le Gard, on a trouvé des squelettes entiers ; l'un d'entre eux se trouve dans la galerie de Paléontologie du Muséum de Paris.

Il y a des Tapirs, des Rhinocéros (*R. etruscus*), le genre Cheval (*Equus*) apparaît au Plio- cène en Europe et aussi en Amérique, où il est accompagné d'un autre genre : *Hippidium*, chez lequel les os du nez sont allongés. Nous pouvons maintenant retracer la phylogénie du genre Cheval. Nous avons signalé déjà dans les terrains précédents un certain nombre de genres ayant des rapports plus ou moins loin- tains, par la disposition des membres et la forme des dents, avec les Chevaux. On s'accorde généralement, avec M. Marsh, à établir la filiation du genre cheval de la manière sui- vante :

La souche primitive, comme pour tous les Périssodactyles, est l'*Hyracotherium* (fig. 586), sorti lui-même du *Phenacodus* pentadactyle ; déjà dans l'*Hyracotherium* le doigt nº III de- vient prédominant et le pouce (nº I) a dis- paru. Au genre *Hyracotherium* de l'Éocène in- férieur succède le genre *Pachynolophus*, puis le genre *Palæotherium*. Comme le montre la figure, il y a encore dans la forme du crâne de grandes différences avec le Cheval, notamment la cavité orbitaire est beaucoup plus antérieure chez le *Palæotherium* que chez le Cheval (fig. 587). Une ligne abaissée perpendiculaire- ment du bord antérieur de l'orbite sur l'axe de la tête rencontrerait la première vraie mo- laire, tandis que chez le Cheval, cette même ligne tomberait après la première molaire. Les dents sont encore différentes, et les trois doigts reposent sur le sol ; de même chez le *Paloplo- therium*. Chez l'*Anchitherium*, le doigt médian prend une grande importance ; chez l'*Hippa- rion* ou *Hippotherium* du Miocène supérieur les deux doigts latéraux courts et réduits ne

touchent plus le sol. Les molaires, comme nous l'avons dit déjà, ressemblent presque absolument à celles du Cheval (1). Chez ce dernier il y a sous la peau, sur les côtés du seul métacarpien bien développé, deux ba- guettes osseuses, restes des métacarpiens la- téraux de l'Hipparion. Le Cheval pliocène d'Europe (*Equus Stenonis*) présente dans la structure de la patte tous les intermédiaires entre l'Hipparion et le Cheval ; les métatarsiens rudimentaires II et IV ne sont pas encore soudés à III, tandis que chez le Cheval actuel cette soudure a lieu vers sept ou huit ans.

En Amérique la phylogénie du Cheval est aussi bien établie qu'en Europe, et les termes de transition sont plus nombreux (fig. 588). Après l'*Hyracotherium* (*Eohippus* et *Orohippus*, on trouve *Epihippus* (couches d'Uinta), voisin du *Pachynolophus* ; ce dernier est d'ailleurs représenté pour le genre *Lophiotherium*. Le *Palæotherium* n'existe pas en Amérique, mais le genre *Mesohippus* est voisin du *Paloplo- therium* et d'*Anchitherium*; *Miohippus* n'est autre que ce dernier ; viennent ensuite *Mery- chippus*, dont la dentition ressemble davantage à celle de l'Hipparion, *Hipparion* ou *Hippo- therium*, *Protohippus* qui a les pattes du Che- val, mais rappelle encore l'Hipparion par ses dents, enfin *Equus* et *Hippidium*. Le Cheval, comme on le voit, dérive sur les deux conti- nents de deux lignées concordantes présentant un parallélisme presque parfait. C'est ce que montre le tableau suivant.

EUROPE.	AMÉRIQUE.
Equus.	*Equus. Hippidium.*
	Pliohippus.
	Protohippus.
Hipparion.	*Hipparion.*
	Merychippus.
Anchitherium.	*Miohippus (Anchitherium).*
Paloplotherium.	*Mesohippus.*
Palæotherium.	
	Epihippus.
Pachynolophus.	*Lophitherium (Pachynolophus).*
Hyracotherium.	*Hyracotherium (Orohippus, Eohippus).*

Récemment madame Marie Pavlow a émis des idées nouvelles sur la phylogénie du Che- val. Elle exclut de la ligne ancestrale du Cheval le *Palæotherium* et l'*Hipparion* ; ces deux types

(1) Voir page 370.

auraient disparu sans laisser de descendance, il s'agirait là de branches collatérales. D'après madame Marie Pavlow, la ligne directe serait la suivante :

Fig. 587. — Crâne de *Palæotherium* (à gauche) et crâne du Cheval (à droite), d'après Kowalewsky.

Phenacodus — Hyracotherium (Eohippus, Orohippus) — Pachynolophus — Anchilophus — Anchitherium (Miohippus, Mesohippus) — Protohippus — Hippidium (Pliohippus) — Equus.

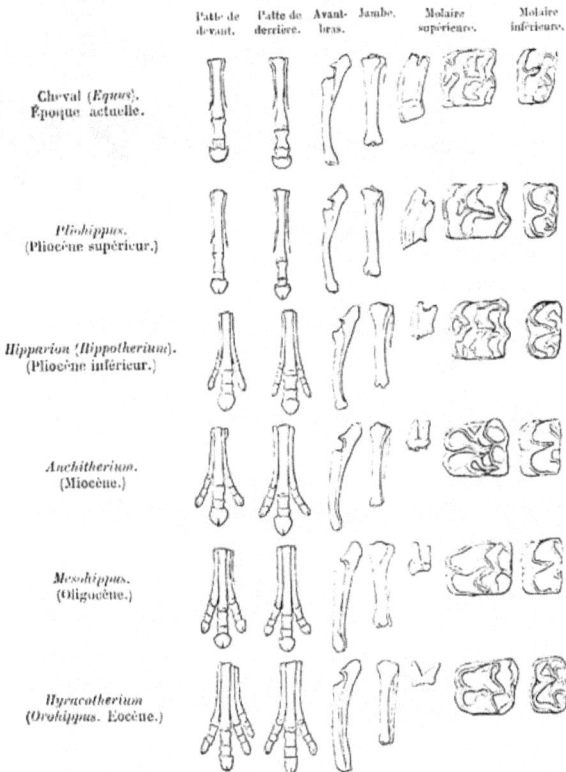

Fig. 588. — Ligne généalogique américaine du Cheval (d'après Marsh).

Fig. 589. — Antilope Portax ou Nilgau.

Cette opinion nouvelle est loin d'être encore bien établie et prête à de nombreuses objections. Notamment le genre *Hipparion* est écarté de la ligne directe et le *Protohippus* est conservé. Or il est souvent très difficile de distinguer ces deux genres ; ils semblent même ne pas différer véritablement ; il n'y aurait d'autre différence que le degré plus ou moins accusé d'usure des dents (1).

Parmi les autres Ongulés du Pliocène, il faut citer les Porcs et les Hippopotames. L'*Hippopotamus major*, peu différent de l'espèce actuelle d'Égypte (*H. amphibius*), vivait dans l'Europe centrale et méridionale, aux périodes pliocène et quaternaire ; mais en Sicile et au val d'Arno, on trouve une autre espèce (*H. minor*), de la taille du Porc, et qui rappelle la petite espèce actuelle (*Chœropsis*) de Libéria.

Les Ruminants sont nombreux et se rapprochent de plus en plus des espèces actuelles. Le Cerf (*Cervus*) est commun dans les couches pliocènes. Il en est de même des Antilopes.

(1) Voir Trouessart dans *Annuaire géologique universel*, t. VI.

L'Antilope *Portax* ou *Nilgau*, qui habite les Indes, se trouve dans les couches des monts Siwalik (fig. 589). C'est elle qu'on peut regarder comme la forme souche des Bœufs, car c'est l'Antilope qui s'en rapproche le plus par la forme du crâne. En effet, chez les Bœufs, les pariétaux sont rejetés sur la face postérieure du crâne, tandis que les frontaux recouvrent tout le sommet. Chez le Veau les pariétaux se voient encore sur la face supérieure et par ce caractère il rappelle les Antilopes. L'Antilope *Portax* se distingue de toutes les autres par ses frontaux très développés. Les trois genres de Bovinés, *Bubalus* (Buffle), *Bison* et *Bos* (Bœuf), sortent probablement de trois types différents d'Antilopes qui leur ressemblent par la position des cornes. Les trois genres apparaissent au Pliocène, et ils sont tous trois représentés dans les couches des monts Siwalik. Le *Bubalus sivalensis* est la souche des Buffles de l'Inde et d'Europe. Le genre *Bos* se rattache aux Antilopes par plusieurs espèces dont on a fait des genres distincts. Les *Leptobos* des Siwalik et du Pliocène d'Italie dérivent directement de l'Antilope *Portax* par leurs frontaux relativement petits. Les *Bibos* du Pliocène supérieur d'Italie (*B. elatus*) dérivent des précédents; leurs frontaux sont plus larges. Le genre *Bos* proprement dit, à frontaux très longs et très larges, est représenté dans le Pliocène des Indes pour le *B. planifrons*.

Le genre Chameau (*Camelus*) apparaît au Pliocène supérieur dans les Indes (Siwalik), et le genre Lama (*Auchenia*) apparaît à la même époque dans l'Amérique du Sud. Le groupe des Camélidés, seuls Ruminants actuels pourvus d'incisives supérieures et de canines, est un groupe ancien qui doit dériver probablement des Artiodactyles du Tertiaire ancien, comme *Dichobune* et *Cainotherium*. On trouve dans l'Amérique du Nord toute une série de formes conduisant au Chameau et au Lama. Le *Pœbrotherium* de l'Oligocène avait encore les métacarpiens et les métatarsiens séparés et quatre prémolaires. Chez le *Protolabis* du Miocène supérieur, il y a un os canon, mais la dentition est encore complète. Chez le *Procamelus* du Pliocène, il y a encore en haut toutes les incisives, et toutes les prémolaires subsistent. Le *Pliauchenia* a quatre prémolaires en haut et seulement trois en bas; dans le genre *Camelus* il y a une seule paire d'incisives en haut, trois prémolaires en haut et deux en bas; dans le genre *Auchenia*, il y a deux prémolaires en haut et une en bas. Dans l'Amérique du Nord, à la fin de la période pliocène, vivaient des genres voisins des Lamas (*Holomeniscus*, *Eschatius*) et n'en différant que par la forme des prémolaires. Actuellement les Camélidés ont complètement disparu de l'Amérique du Nord; les Lamas ne se trouvent que dans l'Amérique du Sud, et les Chameaux en Afrique et en Asie.

Les Siréniens et les Cétacés deviennent communs dans le Pliocène. Le *Felsinotherium* du Pliocène d'Italie peut être à peine distingué du Dugong actuel. Les sables pliocènes d'Anvers ont fourni beaucoup de Cétacés et notamment les genres de Baleines actuellement vivants (*Balænoptera*, *Megaptera*, *Balæna*).

On connaît quelques Singes du Pliocène. Aussi dans le Pliocène de Montpellier, on a découvert des Semnopithèques (*Semnopithecus monspessulanus*). Tout récemment M. Donnezan a découvert près de Perpignan un gisement pliocène très riche en Vertébrés fossiles. C'est le Serrat d'en Vaquer. M. Depéret a étudié les ossements trouvés. Parmi les pièces les plus importantes se trouvent une Tortue gigantesque (*Testudo perpiniana*), une tête d'Antilope (*Palæoryx boodon*), et d'importants débris de Singes. Le Singe du Pliocène de Perpignan a été appelé *Dolichopithecus ruscinensis*. Il est caractérisé par la forme allongée de son museau, les canines inférieures sont fortes, les molaires sont celles des Semnopithèques. Au contraire, les membres sont moins élancés et plus robustes que chez ces derniers et se rapprochent de ceux des Macaques. Le *Dolichopithecus* est donc un type de transition voisin du *Mesopithecus* de Pikermi, mais qui en diffère par l'allongement de la face et de la mandibule. D'après M. Gaudry, le *Dolichopithecus* « serait un *Mesopithecus* qui a subi, du Miocène supérieur au Pliocène moyen, le même allongement que les Singes actuels ont subi depuis l'enfance jusqu'à la vieillesse. »

LA FLORE PLIOCÈNE.

La flore pliocène est encore assez riche, mais elle indique un refroidissement marqué en Europe, si on la compare à la flore miocène. Les Palmiers diminuent de plus en plus. Il y a des Platanes, des Lauriers, des Tulipiers, mais les Chênes, les Ormes, les Noyers, les Peupliers prédominent de plus en plus; les formes végétales distinctives de l'époque actuelle l'emportent finalement et se montrent seules à la fin du Pliocène. En même temps les différences climatériques entre le nord et le sud de l'Europe s'accentuent. Ainsi, dans la vallée du Rhône (Meximieux et la Valentine près Marseille), la flore rappelle celle des îles Canaries d'aujourd'hui. Le *Chamærops humilis* (Palmier Nain) s'y montre avec des Chênes qui ne poussent plus que dans le sud de l'Espagne; au contraire l'Érable, le Peuplier, le Noyer, le Mélèze étaient abondants, au centre de la France, tandis qu'il y avait en Angleterre des forêts de Pins et de Sapins.

Nous allons passer en revue les végétaux les plus remarquables trouvés dans les gisements pliocènes [1]. Au début de la période le Ginkgo et l'If nucifère ou *Torreya* du Japon existaient encore en France, à Meximieux près de Lyon; les Pins et Sapins, trouvés dans les cinérites du Cantal, ont les uns des formes exotiques, les au-

(1) Voir de Saporta, *Origine paléontologique des arbres* (Bibliothèque scientifique contemporaine). Paris, 1888.

tres des formes analogues à ceux qui vivent encore en Europe, comme le Pin sylvestre. Nous figurons ici un cône moulé par remplissage du *Pinus Salzmanni* (fig. 594), aujourd'hui refoulé vers les premiers escarpements de la Lozère. Il provient des couches pliocènes de l'Hérault. Les Sapins du Miopliocène de la Cerdagne et des cinérites du Cantal (*Abies Saportana*, *A. Ramesi* (fig. 595), rappellent l'*Abies cilicica* des montagnes de l'Asie Mineure ; il y a des Genévriers (*Juniperus drupana*), qui persistent encore dans l'île de Crète, le Taurus et le Liban.

Le *Chamærops humilis* croissait encore auprès de Marseille, à la Valentine, pendant le Pliocène moyen. Il y avait aussi des Bambous à Meximieux et dans les cinérites, ressemblant à ceux de Chine et du Japon.

Parmi les arbres à feuilles caduques citons d'abord les Aulnes, qu'on trouve avec leur espèce actuelle d'Europe (*Alnus glutinosa*) dans les marnes de Ceyssac (Haute-Loire) et les cinérites du Cantal. Il y a aussi des Charmes, des Noisetiers, des Hêtres (*Fagus pliocenica*) voisins du Hêtre actuel, des Chênes verts (*Quercus præcursor*, *Q. denticulata*), certains Chênes aujourd'hui exotiques et relégués en Asie, ou qui ont reculé de quelques degrés au sud (*Q. lusitanica*), enfin les ancêtres de nos Chênes Rouvres actuels (fig. 591 et 592). Les Peupliers actuels : *Populus alba*, *P. tremula*, etc., sont déjà fixés au commencement du Pliocène ; il en est de même des Saules. Le Platane est très répandu alors en Europe, il n'a quitté nos pays que vers le Quaternaire. Les Ormes présentent plusieurs espèces, notamment à Ceyssac.

Le Laurier des Canaries (*L. canariensis*) se trouve à Meximieux, le Laurier noble (*L. nobilis*) (fig. 595) à la Valentine. Il y avait encore des Sassafras, aujourd'hui cantonnés en Amérique et au Japon, des Tulipiers, des Jujubiers, des Magnolias. On trouve dans les cinérites du Cantal un Olivier (*Olea excelsa*) des forêts canariennes actuelles. Les Frênes déjà communs pendant l'Aquitanien se multiplient pendant le Pliocène. Le *Fraxinus gracilis* de Ceyssac est l'ancêtre direct du *Fr. oxyphylla* du sud de l'Europe. Le Laurier-Rose de Meximieux et de la Valentine est identique au *Nerium oleander* actuel (fig. 593). Les Viornes sont nombreuses. A Meximieux, M. de Saporta a trouvé l'ancêtre de notre Laurier-Tin (*Viburnum pseudotinus*) et celui d'une Viorne canarienne (*V. rugosum*). Il y a dans les tufs de la Valentine le prédécesseur direct de la Vigne cultivée ; c'est le *Vitis Salyorum* (fig. 596), analogue à une forme spontanée rapportée de la Chiffa (Algérie) par M. Marion. Le *Vitis vinifera* se trouve d'ailleurs dès le Pliocène supérieur. Les Tilleuls, assez rares dans le Miocène, se montrent dans le Miopliocène de la Cerdagne ; ils vivaient sans doute dans les montagnes. Les Érables sont communs dans les cinérites et rappellent les espèces actuelles d'Italie. Le Buis commence à se montrer dans le Miocène récent et le Pliocène inférieur ; le *Buxus pliocenia* de Meximieux diffère très peu du Buis européen actuel. Les Houx d'Europe et des contrées voisines sont représentés à Meximieux ; l'*Ilex Falsani* s'écarte à peine du Houx des Baléares, et d'autres empreintes se rapportent à l'*Ilex canariensis*. On trouve aussi dans la même localité des Noyers analogues aux Noyers actuels d'Amérique (*Juglans nigra* et *J. cinera*). Enfin il y a là des Grenadiers (*Punica Planchoni*). Les arbres de la famille des Rosacées sont peu connus encore dans le Tertiaire. A Ceyssac se trouvent des Aubépines (*Cratægus exyacanthoides*), dont les feuilles comparées à celles des espèces vivantes sont très réduites. En somme, les recherches faites jusqu'ici par MM. de Saporta, Marion, Rérolle, etc., permettent de conclure que la plupart des formes végétales actuelles se trouvaient déjà dans le Pliocène, tandis que les types exotiques étaient en pleine décroissance.

DIVISIONS DU PLIOCÈNE. PLIOCÈNE INFÉRIEUR ET MOYEN.

Le Pliocène est surtout bien représenté en Italie, et ses divisions portent des noms empruntés à des localités de ce pays. L'étage inférieur consiste en dépôts marins, en marnes disposées horizontalement tout le long de la chaîne des Apennins, ce qui prouve que cette chaîne avait déjà acquis son relief. Ces marnes dites *subapennines* sont bleues à la base et passent au sommet par des sables à l'étage moyen, elles forment l'étage *plaisancien*. — Viennent ensuite des sables d'origine fluviatile, très développés dans l'Astésan ; ils constituent l'étage moyen en *étage astien*. Enfin les eaux courantes prennent une grande importance et fournissent de puissants dépôts de graviers, de conglomérats, remplis d'ossements de

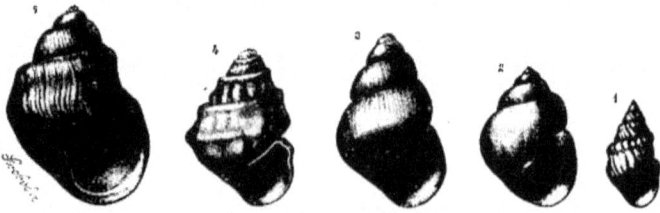

Fig. 597. — Paludines du Pliocène moyen de Slavonie et de Transylvanie. — 1. *Tylopoma avellana*; 2. *Paludina Fuchsi*; 3. *Paludina Herbichi*; 4. *Paludina (Tulotoma) Stuvi*; 5. *Paludina (Campeloma) Pilari*.

Mammifères. Ces graviers atteignent de 60 à 80 mètres d'épaisseur au val d'Arno (Toscane);

ils forment le Pliocène supérieur ou *étage arnusien*.

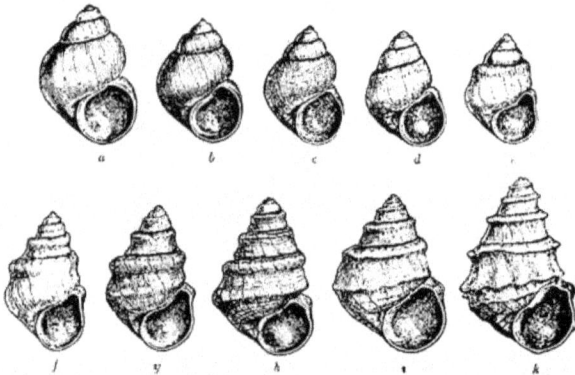

Fig. 598. — Série de formes de Paludines de Slavonie. — *a. Paludina (Vivipara) Neumayri* des couches les plus profondes; *k. Paludina (Tulotoma) Hoernesi* des couches les plus récentes; de *b à i*, formes intermédiaires (Neumayr).

Au début du Pliocène la mer fit invasion sur les bords de la Méditerranée actuelle, mais le

plus souvent elle n'a déposé ses dépôts qu'à 2 ou 3 kilomètres de la côte actuelle; cepen-

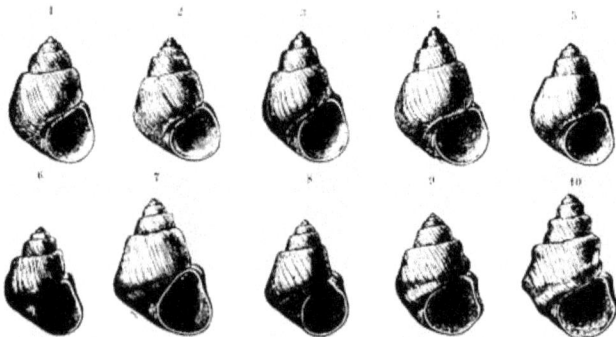

Fig. 599. — Série de formes de Paludines des couches pliocènes de l'île de Kos. — 1. *Paludina Brusinai*; 10. *Paludina Forbesi*; 2-9. Formes intermédiaires.

dant elle a pénétré au loin dans les vallées du Pô et du Rhône, en Toscane et dans le voisinage de Rome. Les premiers dépôts sont les *marnes subapennines* du Plaisancien ; elles sont bleues à la base (marnes de Cassano) et deviennent jaunes et sableuses au sommet. Puis viennent les sables jaunes de l'Astien. Ces deux formations ont, d'une manière générale, la même faune, qui tient le milieu entre la faune miocène et la faune méditerranéenne actuelle ; aussi réunit-on souvent ces dépôts marins du Pliocène inférieur et moyen sous le nom de *troisième étage méditerranéen*. Le caractère des coquilles est encore subtropical ; on trouve les grandes espèces des genres *Mitra, Conus, Terebra,* etc., mais leur nombre diminue, les Coraux ont disparu, les grands Clypéastres deviennent rares ; les espèces caractéristiques sont : *Fusus longirostris, Strombus Knorrii, Cerithium vulgatum, Nassa prismatica, Voluta Lamberti, Dentalium elephantinum, Isocardia cor, Turritella angulata, Terebratula ampulla,* etc. Les sables jaunes contiennent encore plus d'espèces actuelles que les marnes, entre autres *Pecten Jacobœus* et *Ostrea edulis*.

Les mêmes couches sont représentées aux environs de Rome dans les collines du Vatican et du Monte Mario. Les marnes bleues du Vatican renferment la *Nassa prismatica*, le *Dentalium elephantinum* ; les sables jaunes du Monte Mario, qui les recouvrent, contiennent le *Pecten Jacobœus* et la *Terebratula ampulla*.

Les marnes bleues s'observent en France dans la vallée du Rhône jusqu'aux portes de Lyon ; elles existent le long du littoral actuel, depuis Nice et Fréjus jusque dans le Roussillon. La mer s'est ensuite retirée à la fin du Plaisancien, sauf à Cannes et à Montpellier, où l'on trouve des sables et des marnes d'origine saumâtre à *Potamides Basteroti*. On retrouve le même faciès en Espagne, aux Baléares, en Algérie, aux îles Ioniennes et dans le Péloponèse. D'après Neumayr, la Méditerranée communiquait, au Pliocène inférieur et moyen, avec l'Atlantique, à travers la vallée du Guadalquivir. En Calabre et au voisinage de Messine les dépôts pliocènes consistent en marnes blanches avec nombreux Foraminifères, Bryozoaires, Brachiopodes et petits Bivalves et Gastéropodes ; ce sont des couches d'eau plus profonde que celles du nord et du centre de l'Italie. On a souvent désigné cette formation sous le nom d'*étage messinien*, et on l'a identifié avec l'*étage pontien* du Miocène

supérieur ; cependant, d'après Neumayr, il n'y a aucune raison sérieuse pour cette assimilation, et il faut regarder les dépôts de Messine comme un faciès particulier du Pliocène inférieur et moyen (1). Remarquons d'ailleurs que Neumayr ne sépare pas les marnes subapennines des sables de l'Astésan et en fait un seul et même étage, l'étage astien.

Une autre contrée d'Europe où les dépôts marins du Plaisancien et de l'Astien sont bien développés, est l'Angleterre. Là, sur les côtes orientales se trouvent des sables et des marnes agglutinés par du calcaire. Ces couches rem-

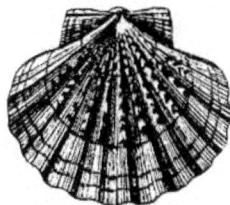

Fig. 600. — *Exemple de Pecten : Pecten maximus.*

plies de coquilles, portent le nom local de *crag*. On y distingue plusieurs assises. La partie inférieure, appelée *crag blanc* ou *corallin de Suffolk*, représente le Plaisancien. Sa faune marque la différence de la température qui existait déjà entre les régions méditerranéennes et l'Atlantique ; les coquilles indiquent encore un climat chaud, mais les types subtropicaux manquent presque complètement. Il y a beaucoup de Bryozoaires ; 31 p. 100 seulement des espèces sont aujourd'hui éteintes, 28 espèces vivent actuellement dans les mers du sud, une seule (*Cyprina islandica*) appartient aux mers froides (fig. 593). L'Astien est représenté par le *crag rouge de Suffolk*, composé de sables ferrugineux. Il y a beaucoup d'espèces actuelles, 25 p. 100 seulement sont éteintes. On n'y trouve plus que 19 espèces des mers du sud, tandis que le nombre des espèces arctiques s'élève à 11. Déjà se manifeste dans les régions septentrionales l'influence glaciaire qui prédomine dans le Pléistocène. On trouve des couches correspondant au crag d'Angleterre aux environs d'Anvers. La mer occupait alors l'estuaire de l'Escaut. Les *sables noirs d'Anvers* appartiennent au Plaisancien, les principales coquilles sont *Terebratula grandis*,

(1) Neumayr, II, p. 533.

Isocardia cor, *Voluta Lamberti* (fig. 601), *Panopœa Menardi*. Les *sables gris supérieur d'Anvers* correspondent au crag rouge et appartiennent à l'Astien. On y trouve *Pecten maximus* (fig. 600), *Ostrea edulis*, *Turritella subangulata* et beaucoup de coquilles des mers arctiques : *Cyprina islandica*, *Trophon antiquus*, *Buccinum undatum*, *Lucina borealis*, etc., indiquant un refroidissement lent, régulier, préludant à la période glaciaire. En faisant des fouilles dans les sables gris d'Anvers lors de l'établissement des fortifications de cette ville, on y a trouvé une énorme accumulation d'ossements de Mammifères marins : Dauphins, Baleines, Phoques, Morses, etc.

En France les dépôts marins du Pliocène existent en quelques points du Cotentin et dans l'estuaire de la Loire. Il y a là des sables et des argiles à *Nassa prismatica*, *Terebratula angulata*, *T. grandis*, *Ostrea edulis*, etc.

Les dépôts d'eau douce du Pliocène sont beaucoup plus importants. Ils renferment de nombreux restes de Mammifères. Ceux de l'Astien sont caractérisés par les Mastodontes, tandis que ceux du Pliocène supérieur ou arnusien contiennent des Éléphants (*Elephas meridionalis*). D'ailleurs, il n'est pas possible de séparer nettement la faune de Mammifères de l'Astien de celle de l'Arnusien ; certains gisements appartiennent à la fois aux deux époques. Aux environs du Puy-en-Velay, les sables à Mastodontes répondent à l'Astien. Les gisements de Perrier en Auvergne, près d'Issoire, consistent en graviers et en conglomérats recouverts de coulées basaltiques. La base correspond à l'Astien; on y trouve *Mastodon arvernensis* et *M. Borsani*; plus haut se montrent l'*Elephas meridionalis* et l'*Hippopotamus major* de l'Arnusien.

Les sables à Mastodontes existent aux environs de Montpellier, dans la vallée du Rhône, la Bresse et jusqu'aux environs de Dijon. Ils sont très développés près de Sienne, en Toscane ; ils se retrouvent également en Thuringe, en Angleterre, à Ainacsko en Hongrie, à Bribir en Croatie, etc.

Les dépôts à coquille d'eau douce sont extrêmement répandus dans l'Astien : il y a des marnes à Paludines en France, dans la vallée de la Saône jusqu'à Auxonne, dans le Valentinois, dans la Bresse (*marnes d'Hauterives*). Mais ces couches à Gastéropodes sont particulièrement développées dans le sud-est de l'Europe, dans les régions où les assises à Congéries atteignent leur développement maximum. Les

grandes nappes d'eau qui couvraient la Valachie, la Hongrie, la Slavonie, la Croatie et le bassin de Vienne disparurent et furent remplacées en différents points par des lacs plus petits qui l'emportaient en grandeur sur le lac de Genève et le lac de Constance. Ces lacs existaient dans des pays où nous ne trouvons pas de couches à Congéries, notamment en Albanie, en Macédoine, en Grèce et aux environs de la mer Égée actuelle. Dans ces petits lacs l'eau était douce ; de grands fleuves venaient s'y déverser ; des grands bassins remplis d'eau saumâtre de l'époque pontienne, restait seulement celui qui comprenait à la fois la mer Noire et la mer Caspienne de l'époque actuelle et la contrée qui les sépare aujourd'hui.

L'isolement de tous ces lacs et la diversité des conditions d'existence eurent pour résultat de produire une grande variété des formes animales, laissant très loin derrière elle celle qu'on remarquait déjà dans les couches pontiennes (1). Les couches d'eau douce de l'Europe orientale et de l'Asie Mineure, appelées souvent *couches levantines*, contiennent surtout de nombreuses espèces des genres *Unio*, *Paludine* et *Melanopsis*; les genres *Pisidium*, *Melania*, *Hydrobia*, *Valvata*, *Bythinia*, *Neritina*, etc., sont représentés par de nombreuses petites formes (fig. 597). On a recueilli toutes ces coquilles en quantité dans l'ouest de la Slavonie, en Hongrie en Transylvanie, en Albanie, en Roumnie, en Grèce, à Eubée, à Rhodes, à Kos, en Crète et sur la côte de l'Asie Mineure.

Les coquilles levantines permettent de reconnaître les transformations graduelles que les différents types ont subies dans les différents bassins. Les Paludines des couches de Slavonie présentent de grandes variations qui ont été étudiées par Neumayr (fig. 598). Les espèces des couches les plus profondes sont des Paludines à coquille arrondie, lisse, constituant le genre *Vivipara* (ex. : *V. Neumayri*. Au fur et à mesure que l'on considère des couches plus récentes, les tours deviennent carénés (ex. : *V. bifarcinata*, *V. stricturata*) ; enfin, les formes les plus jeunes prennent les caractères des *Tulotomes*, c'est-à-dire que les tours sont munis chacun d'une carène tuberculeuse (ex. : *T. Hoernesi*. On voit donc ici se modifier les espèces ; elles passent de l'une à l'autre. La figure 599 représente une série semblable de formes fournie par les couches de l'île de Kos.

(1) Neumayr, II, p. 534.

Les genres *Unio*, *Melanopsis*, etc., fourniraient des séries analogues. Le genre *Melanopsis* et les espèces du groupe de *Melania ricinus* ont encore aujourd'hui comme autrefois leur développement maximum dans les régions de la Méditerranée orientale. Mais beaucoup de types des couches levantines de Slavonie, de Dalmatie, etc., ont surtout des rapports frappants avec ceux qui habitent les cours d'eau de la Chine et de l'Amérique du Nord. Ces deux dernières régions ont, il faut le remarquer, des flores et des faunes peu différentes ; elles ont en commun beaucoup de Mollusques, l'Alligator, les Magnolias, etc. On doit admettre que, vers la fin du Tertiaire, ces deux pays, séparés aujourd'hui par le Pacifique, étaient en communication par une terre occupant le nord du Pacifique. Les genres suivants de Gastéropodes des couches de l'Europe orientale : *Campaloma*, *Tulotoma*, *Fossarulus*, *Tropidina*, *Prososthenia*, etc., existent encore dans les eaux de la Chine et de l'ouest de l'Amérique. Les *Unios* sont également communs aux deux régions et aux couches levantines. Les Paludines présentent la même analogie remarquable. Dans la province de Yunnan, au sud de la Chine, existe un grand lac, le lac de Talifu ; il renferme une Paludine, *Paludina Morgeriana*, alliée intimement à celles du Pliocène de Slavonie et de Hongrie (fig. 602). Récemment, on a trouvé dans ce lac un grand nombre de Bivalves et de Gastéropodes présentant les mêmes rapports. On peut dire avec Neumayr que le lac de Talifu est le dernier des bassins de l'étage levantin qui s'est conservé jusqu'à nos jours.

Nous pouvons aujourd'hui nous faire une idée de la distribution des terres et des mers dans la région méditerranéenne à l'époque du Pliocène moyen (fig. 603). On trouve les dépôts marins de l'Astien dans le Péloponèse, mais ils manquent dans tout l'archipel grec ; ils se montrent près d'Athènes. On peut en conclure qu'un golfe s'étendait entre la Crète et le Péloponèse, arrivait jusqu'à la côte sud de l'Attique ; la mer Égée était alors terre ferme et réunissait la Grèce à l'Asie Mineure ; sur cet emplacement se trouvaient les lacs dont on vient de parler. Les couches d'eau douce du Pliocène moyen se montrent à Rhodes, en Crète et en Asie Mineure avec une disposition horizontale et arrivent sans changement dans leur stratification au bord de la mer ; le fond de celle-ci est à 300 mètres de profondeur. On doit en tirer cette conclusion, que non seulement la mer Égée était terre ferme, mais qu'il en était de même au sud de la Crète, de Rhodes et de la côte d'Asie Mineure ; là se trouvait une terre qui plus tard s'est effondrée.

Il n'y a de dépôts du Pliocène moyen ni en Palestine, ni en Syrie, ni sur la côte d'Afrique à l'est de Tunis. La mer n'atteignait pas ces régions ; un bras cependant arrivait à Chypre. L'Afrique devait s'étendre plus au nord qu'aujourd'hui et comprendre la Sicile et Malte ; l'Asie Mineure unie à la Crète s'étendait aussi plus loin vers le sud.

La plus grande partie de l'Adriatique était encore terre ferme, et la Dalmatie était unie à l'Italie. En effet, on ne trouve pas en Dalmatie de dépôts pliocènes marins, tandis que dans les petites îles de Dalmatie il y a de nombreux restes de Mammifères quaternaires, qui n'auraient pu vivre dans une île aussi petite que Lesina ou sur un récif comme Silo. En outre, au Monte-Gargano, qui s'avance comme un éperon sur la côte d'Italie, on trouve une faune de Gastéropodes terrestres très différente de celle des environs et semblable à celle de Dalmatie. Tous ces faits permettent de supposer que l'Adriatique était encore au Pliocène moyen une terre ferme unie à la Dalmatie. La mer devait se diriger vers le nord en passant vers le Monte-Gargano et les Apennins. D'après Forsyth-Major, une partie de la mer Tyrrhénienne était aussi terre ferme. Ainsi, à une époque relativement récente, de grands changements se sont produits dans la Méditerranée orientale, et des masses continentales importantes se sont effondrées (1). C'est ce que montre d'une manière nécessairement assez vague la carte. Nous ne pouvons tracer que les contours principaux, les détails nous échappent.

LE PLIOCÈNE SUPÉRIEUR. ÉTAGE ARNUSIEN.

L'étage arnusien est remarquable par le grand développement des conglomérats et des graviers, qui montrent que les vallées actuelles étaient en voie de creusement. De plus il y a déjà des traces, notamment à Perrier, de moraï-nes annonçant le commencement prochain de la période glaciaire. Les dépôts de conglomérats du Pliocène supérieur contiennent de nom-

(1) Neumayr, II, p. 537.

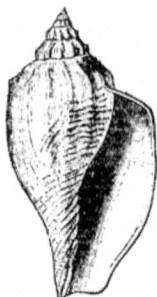

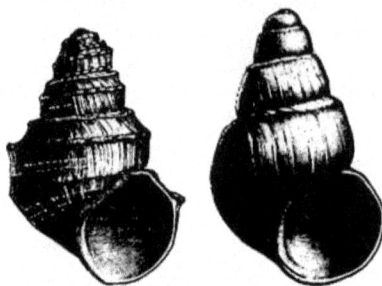

Fig. 601. — *Voluta Lamberti.*   Fig. 602. — *Paludina Margeriana* du lac de Talifu (Yûnnan).

breux ossements de Mammifères ; il faut citer particulièrement ceux du Val d'Arno (Toscane) et d'Auvergne. Les couches supérieures de Perrier renferment le plus ancien Éléphant d'Europe : *Elephas meridionalis*, l'*Hippopotamus major* voisin de l'Hippopotame actuel d'Afrique. Dans ces couches du Pliocène supérieur il y a aussi des chevaux (*Equus Stenonis*), des Cerfs, des Bœufs, des Chiens, des Ours, des Chats, etc. ; toutes ces espèces se rapprochent beaucoup de celles aujourd'hui vivantes. Aux environs de Montpellier on trouve le conglomé-

Fig. 603. — La Méditerranée pendant le Pliocène.

rat à *Elephas meridionalis ;* à Durfort (Gard) on a découvert des squelettes entiers d'Éléphants. Un gisement à *Elephas meridionalis* se montre aussi à Saint-Prest, aux environs de Chartres. Remarquons d'ailleurs que l'*Elephas meridionalis* et l'*Hippopotamus major* ne sont pas limités au Pliocène supérieur ; ils se montrent aussi dans les plus anciens dépôts du Pléistocène ou Quaternaire, ainsi dans le *Forest-bed* d'Angleterre.

Les dépôts marins les plus importants du Pliocène supérieur sont ceux d'Angleterre et des régions méditerranéennes. En Angleterre ils forment le *Crag de Norwich* qui surmonte le crag rouge. Le crag de Norwich est entremêlé de couches d'eau douce à *Elephas meridionalis* et de coquilles fluviatiles. Les espèces marines de ce crag sont pour la plupart encore vivantes. Il n'y a que 18 p. 100 d'espèces éteintes. On ne trouve aucune coquille des mers chaudes ; en revanche 15 sont arctiques, comme *Cyprina islandica*, *Lucina borealis* (fig. 606), etc., ce qui indique les premiers effets du refroidissement glaciaire. Cependant la majorité des espèces sont celles qui habitent aujourd'hui encore les mers anglaises ; au contraire, comme nous le verrons, les coquilles du Péistocène d'Angleterre sont celles des régions arctiques actuelles. Le refroidissement commençait donc seulement au Pliocène supérieur.

Les dépôts marins méditerranéens du Pliocène supérieur ne présentent presque pas, au point de vue de la faune, de différence avec la faune actuelle ; ce *quatrième étage méditerranéen* commence d'après Philippi par des couches où il y a 17 p. 100 d'espèces éteintes, et se continue par d'autres où cette proportion descend successivement à 15, 14, 11, 8, 5, 3 p. 100, pour se terminer par des couches où toutes les espèces appartiennent à des types encore vivants. A Palerme existe un calcaire blanc rapporté au Pliocène supérieur qui s'élève jusqu'à 200 mètres au-dessus du niveau actuel. Le Pliocène supérieur existe aussi à Valle Biaja en Toscane, au Monte Mario, à Rome, à Kos, à Rhodes, en Chypre. Les couches de Tarente et de Corinthe sont difficiles à séparer du Pléistocène. En certains points existent, mais en moindre proportion qu'en Angleterre, des coquilles arctiques, entre autres la *Cyprina islandica*. Ainsi au Monte Pellegrino, près de Palerme, existent 504 espèces dont 97 ne vivent plus dans la Méditerranée ; de celles-ci 66 sont éteintes, 31 vivent dans l'Atlantique, et de ces dernières la *Saxicava arctica*, la *Mya truncata*, la *Cyprina islandica*, la *Panopæa norvegica*, le *Trichotropis borealis*, le *Buccinum undatum* (fig. 604) sont septentrionales. Comme ces éléments arctiques se trouvent pour la plupart dans les couches les plus supérieures, on peut les regarder comme une manifestation des temps glaciaires (Neumayr).

Au Pliocène supérieur le sud de l'Espagne, Malte et la Sicile étaient encore réunis à l'Afrique ; la partie orientale de l'Adriatique était terre ferme. L'Attique et Eubée étaient encore jointes à l'Asie et les Cyclades formaient une chaîne côtière. En Syrie, en Égypte, la Méditerranée ne présentait pas non plus son état actuel. En Égypte la faune du Miocène et du Pliocène n'a aucune ressemblance avec celle de la mer Rouge, dont le caractère est indien. L'effondrement de la mer Rouge s'est produit dans le cours du Pliocène ; l'eau des mers du sud y a pénétré, introduisant ainsi une nombreuse population de Mollusques, Échinodermes et Coraux. Des deux côtés de la mer Rouge on trouve, à une grande hauteur au-dessus du niveau actuel, des dépôts du Pliocène supérieur. A Suez il y a une ancienne ligne du rivage à 60 mètres de hauteur ; près du Caire se trouvent des dépôts pliocènes à 64 mètres au-dessus de la mer. L'isthme de Suez atteint en son point le plus élevé 18 mètres au-dessus de la mer ; il est composé de dépôts quaternaires, et il n'a pas pu par suite empêcher la communication des deux mers, étant donné que le niveau était à 64 mètres au-dessus du niveau actuel. Il faut donc admettre que la séparation des deux bassins avait pour cause une haute terre située au nord de Suez et du Caire et qui s'est plus tard effondrée. Comment l'isthme a-t-il pu se former après l'effondrement, c'est ce qu'on ne sait pas exactement. Il y avait là probablement un bas-fonds où les dépôts miocènes étaient presqu'à fleur d'eau. Le côté nord de l'isthme est formé de dépôts récents de la Méditerranée, le côté sud de dépôts récents de la mer Rouge, et le milieu, de dépôts fluviatiles avec des coquilles dont les espèces vivent encore aujourd'hui dans le Nil et qui ont été sans doute formés par un bras de ce fleuve. Au début la mer était probablement à quelques mètres plus haut qu'aujourd'hui, et quand l'état actuel se produisit, les alluvions du fleuve et celles des deux mers ont constitué l'isthme. Pendant un temps très court au commencement du Pliocène supérieur, il y eut communication entre la Méditerranée et la mer Rouge, comme le montre le mélange des coquilles dans les couches pliocènes du voisinage du Caire. Aujourd'hui que l'isthme est percé d'un canal, des migrations de coquillages commencent à se produire d'une mer à l'autre (1).

La Méditerranée orientale, encore très différente, à la fin du Pliocène, de son état actuel, a subi des changements notables pendant le Pléistocène. Il en a été de même de la Méditerranée occidentale, où le détroit de Gibraltar s'est

(1) Neumayr, II, p. 540.

Fig. 604. — *Buccinum undatum.*

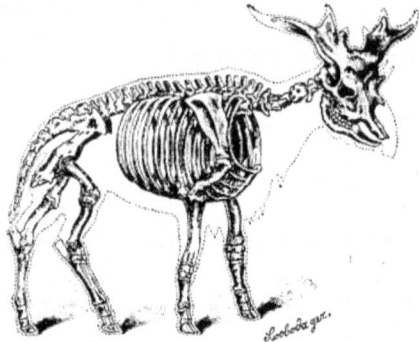

Fig. 605. — *Sivatherium giganteum* des couches des monts Siwalik.

ouvert pendant le Pliocène. La mer des Antilles s'est aussi formée à une époque récente, au Pliocène supérieur ou au Pléistocène, par suite d'un effondrement. De même les gisements avec Éléphants, trouvés au Japon et aux Philippines, la présence de grands Édentés à Cuba indiquent que ces régions étaient encore unies à la terre ferme avant la fin du Tertiaire. A l'île Anguilla, dans les Indes occidentales, on a trouvé des dépôts relativement récents avec des Cerfs et de grands Rongeurs ; ces dépôts arrivent jusqu'à la mer et s'interrompent alors brusquement. Une faune mammalogique d'un caractère récent a été découverte dans les îles Bahama, assuré-

ment trop peu étendues pour avoir nourri des animaux aussi gigantesques que les Mastodontes. Tous ces faits nous indiquent avec certitude

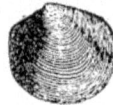

Fig. 606. — *Lucina borealis.*

que ces îles ont été séparées de la terre ferme par suite d'effondrement, à une époque géologique relativement récente (1).

LE TERTIAIRE RÉCENT EN DEHORS DE L'EUROPE.

Les dépôts tertiaires récents du Miocène supérieur ou Pliocène des pays lointains, nous sont encore peu connus. Aux Indes on trouve dans le groupe de Gaj une formation gypseuse miocène et des dépôts marins, mais les dépôts les plus importants sont les couches d'eau douce des monts Siwalik. Ils consistent en grès et en argiles contenant de nombreux restes de Mammifères. Il y a là des animaux semblables à ceux des gisements d'Europe et d'autres absolument spéciaux, comme un Pangolin (*Manis*) et des Ruminants gigantesques. Tels sont le *Sivatherium* (fig. 605) et le *Brahmatherium*. On les rattache aux Girafes. Le *Sivatherium giganteum* possédait un crâne du volume de celui de l'Éléphant. Il avait deux paires de cornes, l'une frontale et l'autre plus antérieure. Les cornes frontales

étaient larges et aplaties comme celles de l'Élan ; les cornes antérieures étaient courtes et coniques. Le *Brahmatherium* ressemblait au précédent, mais les cornes antérieures étaient grandes et réunies à leur base.

Pour la détermination de l'âge de ces couches, les animaux les plus importants sont ceux qui rappellent les Mammifères d'Europe. On trouve des *Dinotherium*, des Mastodontes, des Éléphants, des Rhinocéros armés de cornes et d'autres sans cornes (*Aceratherium*), des Hipparions et de vrais Chevaux. Il y a des Sangliers, des Hippopotames, des Ruminants nombreux : Cerfs, Antilopes, Bœufs, Chameaux, Girafes. Il y a même des formes de passage entre les Porcins et les Ruminants : *Hyopotamus* et

(1) Neumayr, p. 541.

Anthracotherium. Les Carnassiers sont représentés par des Chiens, des Chats, des Hyènes, des Ours et par les genres disparus: *Amphicyon*, *Hyænarctos*, *Ictitherium* et *Pseudælurus*. Il y a des Singes : Macaques, Semnopithèques ; citons encore quelques Rongeurs. On connaît une Autruche et des Tortues terrestres de grande taille, comme la *Colossochelys atlas*, de 4 mètres de long.

On voit que cette faune présente deux genres (*Hyopotamus* et *Anthracotherium*) de l'Oligocène, beaucoup de types du Miocène supérieur et surtout des Mammifères du Pliocène moyen et supérieur. Il est probable que les différents genres n'ont pas paru en même temps aux Indes et en Europe ; ils ont sans doute vécu plus tôt dans les Indes dont le climat est plus chaud ; mais cependant il est peu vraisemblable que tous ces animaux aient vécu en même temps. On admet que les couches des monts Siwalik correspondent au Miocène, au Pliocène, et peut-être aussi au commencement du Pléistocène.

Ces dépôts d'eau douce se montrent fortement redressés dans l'Himalaya et par suite sont antérieurs au principal mouvement qui a donné naissance à cette chaine. Au Thibet, dans la haute vallée du Satledsch, à 4,000 ou 5,000 mètres d'altitude, se montrent les couches en question, couronnées par des couches pléistocènes bien horizontales. Ces dernières renferment des restes de Hyènes, de Rhinocéros, Chevaux, Moutons, Bœufs, et ceux d'une Antilope (*Panthalops*) qui vit encore aujourd'hui à ces grandes hauteurs. Sauf l'Hyène et le Rhinocéros, tous ces animaux vivent encore maintenant au Thibet à cette altitude. Il faut voir dans ces couches les premiers dépôts du Pléistocène, alors que le climat étant plus chaud et plus humide qu'aujourd'hui, un grand lac était établi dans cette région (1).

Les couches de Siwalik se montrent encore à Java, au Japon et en Chine. Il y a aussi dans ces pays des couches marines appartenant au Tertiaire récent et montrant quelque analogie avec l'Astien de l'Italie.

Sur la côte ouest de l'Amérique du Sud, par exemple au Chili, il y a des couches marines qui d'après leurs fossiles appartiennent, les unes à l'Oligocène, les autres au Miocène ou au Pliocène. Les coquilles ressemblent à celles qui habitent aujourd'hui la côte ouest, cependant il y en a quelques-unes qu'on retrouve dans les dépôts de la côte atlantique ; or, aujourd'hui

(1) Neumayr, p. 543.

les deux côtes n'ont pour ainsi dire pas d'espèces communes. De plus certaines espèces se trouvent dans les dépôts miocènes d'Europe. Il faut supposer que l'Amérique du Sud et l'Amérique du Nord n'étaient pas alors réunies ; les deux océans pouvaient ainsi facilement communiquer par une voie plus propice aux migrations que celle du cap Horn. Nous ne pouvons guère supposer qu'il existât encore vers la fin du Tertiaire une terre ferme traversant l'Atlantique sud et réunissant l'Afrique au Brésil ; peut-être l'Amérique du Nord communiquait-elle encore avec l'Europe.

Aux Antilles se montrent des couches marines analogues à celles du Miocène d'Europe. Elles se retrouvent aux îles Bahama et sur la côte est des États-Unis, en Georgie, en Caroline, en Virginie, etc. Sur les bords du golfe du Mexique existent seulement les dépôts marins du Miocène inférieur et au-dessus des couches d'eau douce avec Tortues et empreintes végétales. Ainsi dans ces régions la mer s'est retirée au début du Miocène. Il y avait certainement une communication entre les deux Amériques au commencement du Miocène, car les Édentés du sud (*Morotherium*) se montrent alors dans le nord, tandis que l'*Anchitherium* du Miocène européen et nord américain apparaît dans le sud. La communication ne devait pas se faire par l'isthme de Panama qui est formée de dépôts récents, surtout de tufs volcaniques ; les Antilles semblent avoir été une terre continue baignée à l'est par l'Atlantique, à l'ouest par le Pacifique, et occupant l'emplacement actuel de la mer des Caraïbes. La communication entre les deux Amériques n'a été certainement que de courte durée, car le nombre des espèces de Mammifères communes aux deux continents est faible dans les couches du Miocène. Ainsi la chaine des Antilles s'est rompue, puis plus tard, à la limite du Tertiaire et du Pléistocène, une communication durable s'est établie, permettant le passage de nombreux animaux d'un continent à l'autre.

Les dépôts pliocènes se montrent sur la côte est de l'Amérique du Nord ; ce sont les *couches de Sumter* dans les deux Carolines ; leur faune montre avec celle de l'Atlantique actuel les mêmes rapports que la faune du Pliocène européen avec celle de la Méditerranée. Il y a aussi des formations terrestres avec ossements de Mammifères. Nous avons vu plus haut que les couches de White-River sont oligocènes et miocènes. Les *couches de Loup-Fork* sont plus

Fig. 607. — Pic de Sancy (Mont-Dore), photographie communiquée par M. Vélain.

récentes ; elles renferment d'une part des Mastodontes, des Hipparions, types du Miocène supérieur, et d'autre part il y a des espèces pliocènes comme les genres *Equus* et *Hippidium*. On ne peut encore paralléliser exactement les couches de Loup-Fork avec celles d'Europe. Dans l'Orégon des formations encore plus récentes paraissent correspondre déjà au Pléistocène.

Sur la côte ouest de l'Amérique du Sud, dans les plaines de la Plata et de la Patagonie, le Tertiaire récent est bien représenté. L'étage *mesopotamien*, dont nous avons déjà parlé, correspond à l'Éocène supérieur et contient des animaux alliés de près au *Palæotherium* et *Anoplotherium* d'Europe. On y trouve également des Rongeurs gigantesques, les *Megamys* (*M. Burmeisteri*). Ils atteignaient la grosseur d'un Tapir et même d'un Hippopotame alors que les Chinchillidés, leurs plus proches alliés actuels, sont de petite taille.

Un autre étage terrestre est l'*étage araucanien*, qui présente le genre *Anchitherium* du Miocène d'Europe. Viennent ensuite les sables d'alluvion de l'ouest des Pampas (*Piso Puelche*) placés à la limite du Miocène et du Pliocène, enfin la formation des Pampas consistant en argile avec nombreux restes de Mammifères. Elle se divise en plusieurs termes et correspond à la fois au Pliocène et au Pléistocène. Nous étudierons plus tard sa faune.

Citons enfin comme dépôts tertiaires récents les formations marines de Madère et des îles Canaries, correspondant au Miocène d'Europe ; les dépôts de plantes des terres arctiques (Groenland, Spitzberg, terre de Grinnell, etc.) rapportés aussi au Miocène, ainsi que certaines couches marines du Spitzberg dont les fossiles sont trop mal conservés pour permettre de reconnaître facilement leur âge (1).

(1) Neumayr, II, p. 516.

L'ACTIVITÉ ÉRUPTIVE PENDANT L'ÈRE TERTIAIRE.

Pendant l'ère tertiaire l'activité éruptive, qui avait sommeillé depuis le commencement des temps secondaires, au moins en Europe, se manifesta de nouveau et surtout à partir du Miocène. Il faut citer particulièrement l'Auvergne et les provinces Rhénanes.

Dans la Limagne on trouve, au milieu des calcaires correspondant aux calcaires et aux sables de l'Orléanais, des couches formées de cendres volcaniques. En outre il y a en certains points de ce calcaire des intercalations de basaltes, ce qui montre que les éruptions basaltiques se produisaient déjà. Ces éruptions se multiplièrent pendant la période pliocène. Le gisement de Perrier présente, comme nous l'avons déjà dit, des intercalations de basalte.

Les centres d'éruption principaux pendant le Tertiaire ont été le Cantal, le Mont-Dore (fig. 607) et le Velay. Le premier a fourni d'abord des andésites, puis des basaltes. Au Mont-Dore il y a des trachytes, des phonolites et les éruptions se sont terminées au Pliocène inférieur par des basaltes porphyroïdes. Plus tard, à la suite de dislocations importantes, sont sorties de grandes coulées de roches tra-chytiques, andésitiques et phonolitiques. Dans le Velay, les coulées les plus anciennes sont des basaltes se reliant à ceux du plateau des Coirons dans l'Ardèche; elles répondent au Miocène supérieur. Il y eut ensuite au Pliocène inférieur et moyen des coulées trachytiques et surtout des épanchements phonolitiques. Les volcans basaltiques des environs du Puy-en-Velay datent surtout du Pliocène supérieur.

Dans d'autres régions les éruptions ont été plus récentes. Nous avons déjà eu l'occasion de signaler les éruptions du Vicentin. Elles datent de l'Éocène supérieur, et consistent en basaltes. Il faut rapporter à la même époque les euphotides de Toscane et une partie des ophites des Pyrénées, ainsi que les granites récents de l'île d'Elbe et de la Tunisie. En Hongrie, en Transylvanie les éruptions ont commencé à l'Oligocène par des andésites. Au Pliocène correspondent dans la même région des rhyolites.

Les éruptions ont ensuite continué pendant le Pléistocène ou Quaternaire, et celles qui se produisent aujourd'hui ne sont qu'une suite de cette activité éruptive datant du Tertiaire (1).

COUP D'ŒIL GÉNÉRAL SUR LES MERS ET LES CONTINENTS TERTIAIRES.

Il nous reste maintenant à résumer ce que l'on connaît aujourd'hui sur la distribution des mers et des continents pendant l'aire tertiaire (1).

Des phénomènes importants se sont produits dans la région occupée pendant l'ère secondaire par la Méditerranée centrale, vaste bassin que limitent en Europe la Cordillère bétique, tout le système des Alpes, et plus à l'est la plus grande partie des hautes chaînes de l'Asie. Une phase négative s'est produite à la limite du Crétacé et du Tertiaire; à cette phase correspondent le Garumnien d'Espagne et du sud de la France, et le Liburnien de l'Adriatique. Pendant l'Éocène, des oscillations se produisirent, et la mer s'étendit sur tout le bassin de Paris, une partie de la Belgique et de l'Angleterre, sur les Alpes, les Carpathes, la Crimée et une grande partie de la Russie méridionale. Elle se prolongeait jusqu'à l'Himalaya, la Birmanie et la Malaisie; d'autre part, elle couvrait le nord de l'Afrique et la partie est du Sahara ainsi que la Syrie, l'Arabie et la Perse. Mais, malgré cette extension, jamais la mer éocène ne dépassa la limite des dépôts crétacés. Une nouvelle phase négative marque la fin de l'Éocène et correspond aux dépôts de gypse de Montmartre, à ceux de Provence et à la formation lignitifère de l'Allemagne du Nord.

De nouveau, une phase positive se produit au Tongrien. La transgression oligocène couvre les couches d'eau douce et le gypse de la période négative et s'étend un peu au delà de l'Éocène marin. L'argile marine qui se montre dans le nord de l'Allemagne et sur la plaine russe contient des espèces du type boréal; cela montre qu'à cette époque une communication a existé entre la Méditerranée centrale et le haut nord par le versant est de l'Oural. Ensuite la mer se retire, et les lignites de l'Aquitanien, la mollasse inférieure d'eau douce de la Suisse correspondent à ce mouvement de retraite.

(1) Suess, Das Antlitz der Erde, II, et Neumayr, Erdgeschichte, II, p. 547 et suivantes.

(1) Voir pour la description des roches : La Terre, les Mers et les Continents, p. 383.

Désormais, l'ancienne Méditerranée centrale va se rétrécir et se diviser.

Pendant l'Helvétien (*premier étage méditerranéen*), l'ancienne Méditerranée centrale était encore étendue. On trouve ses dépôts dans tout le sud de l'Europe, l'Asie Mineure et l'Arménie ; mais les coquilles trouvées en Perse montrent que la liaison avec les Indes, qui existait encore dans l'Éocène, était définitivement rompue. Dans tout l'est de l'Europe commençait à se produire un assèchement de la mer. C'est l'époque du *Schlier ;* les couches de sel des Carpathes se sont alors formées, ainsi que, fort probablement, les grandes dépressions salées de la Perse et du Turkestan.

Le Tortonien (*deuxième étage méditerranéen*) commence. La plus grande partie de l'est de l'Europe est abandonnée par la mer ; dans la Basse-Autriche et en Turquie s'est formé par effondrement un bassin où entrent les eaux marines, mais la Bavière, la Haute-Autriche sont à sec. Une nouvelle phase négative sépare de la Méditerranée la région sarmatique où se développe une faune particulière. La Méditerranée se réduit ensuite à l'époque pontienne à un espace plus petit qu'aujourd'hui. Sa limite est établi probablement au voisinage de la Corse et de la Sardaigne ; des lacs se sont établis sur le territoire abandonné, et les Mammifères se sont largement développés (Pikermi, Léberon, etc.). On ne connaît pas dans la région méditerranéenne de dépôts marins de cette époque ; on peut supposer, par suite, qu'à cette époque la ligne de rivage était plus bas qu'aujourd'hui. Cette époque pontienne sépare le Miocène du Pliocène.

Avec ce dernier débute un *troisième étage méditerranéen* (Plaisancien, Astien). Une nouvelle phase positive fait remonter le niveau marin, mais les contours étaient encore plus resserrés qu'aujourd'hui, car les effondrements qui ont agrandi la mer ne s'étaient pas encore produits. Ensuite se présente le *quatrième étage méditerranéen* (Arnusien) ; une immigration passagère de formes septentrionales se fait par la voie de l'Atlantique. Le détroit de Gibraltar est ouvert ; des effondrements donnent lieu à l'Adriatique, à la mer Tyrrhénienne où une grande terre disparaît, et à la mer Noire ; les eaux s'avancent en Syrie et sur la côte nord d'Afrique ; la Méditerranée actuelle est constituée ; pendant un temps très court même, une communication se fait avec les Indes par l'effondrement de la mer Rouge. En résumé, la Méditerranée actuelle est le reste d'un vaste bassin maritime qui couvrait, dans le sens des parallèles, une moitié de la Terre avant que l'océan Atlantique fût établi.

Nous devons maintenant nous occuper de ce dernier. A la fin du Crétacé, l'Europe occidentale était en communication avec l'Amérique du Nord ; l'Afrique formait avec le Brésil un seul et même continent ; enfin, entre le continent nord et le continent sud s'étendait, du Pacifique jusqu'à l'océan Indien, un vaste bassin maritime, la Méditerranée centrale. L'océan Atlantique s'est établi à la suite de l'effondrement des terres de communication situées entre l'Afrique et le Brésil d'une part, entre l'Écosse et l'Amérique du Nord d'autre part.

Le continent sud atlantique existait encore pendant l'Oligocène ; il y avait certainement alors une ligne de côtes continues ou au moins une chaîne d'îles très rapprochées au sud de la Méditerranée. En effet, les espèces sont les mêmes dans la région des Indes occidentales et dans les Alpes, notamment les Coraux ; or, les migrations n'ont pu se faire le long du continent nord, car les Coraux et les autres types méridionaux ne remontent pas aussi loin dans le nord en Europe et dans l'Amérique du Nord ; ils ne vont pas jusqu'à la lisière du continent septentrional ; ils se sont donc propagés le long des côtes d'un continent sud. D'ailleurs, les couches de l'Éocène supérieur de la République Argentine contiennent des types d'Europe comme *Palæotherium, Anoplotherium,* qui n'existent pas dans l'Amérique du Nord ; cela ne peut s'expliquer que par une communication de l'Amérique du Sud vers l'est avec le continent et les grandes îles le constituant alors l'Afrique, l'Europe et la région indienne. La présence des Édentés dans le sud de l'Amérique et l'Afrique ne peut s'expliquer aussi que de cette façon. Les îles Açores, les Canaries, les îles du Cap-Vert sont probablement les seuls restes de cette Atlantide. Remarquons que celle-ci n'a rien de commun avec l'Atlantide des Anciens, qui parlaient d'une grande terre disparue et dont l'Homme avait gardé le souvenir. La communication entre le continent sud américain et l'Afrique a cessé certainement bien avant l'apparition de l'Homme.

Le continent nord atlantique existait sans doute au commencement de l'Éocène, car les couches d'Europe et de l'Amérique du Nord qui datent de cette époque contiennent beaucoup de types communs ; il y avait donc communication, et celle-ci a persisté pendant l'Éocène moyen, mais a disparu ensuite, car les animaux trouvés dans l'Éocène supérieur, l'Oligocène d'Amérique, sont très différents des Mammifères d'Europe aux mêmes époques. De nouveau, les analogies se présentent au Miocène et jusqu'à la fin des temps tertiaires. A la même époque, il y avait communication entre l'Amérique du Nord et le nord de l'Asie, comme le montrent les analogies constatées entre les espèces de Mollusques d'eau douce. D'autre part, on n'observe pas de rapports évidents entre les dépôts tertiaires de l'Amérique et ceux d'Europe pendant le Miocène. On peut conclure de ces faits que jusqu'au Miocène, il y a eu communication plus ou moins ininterrompue entre l'Amérique du Nord, l'Europe et le nord de l'Asie. Ces régions formaient un seul et même continent dont l'Islande et les îles Fœroer sont des parties détachées. On trouve d'ailleurs des gisements ligniteux miocènes aussi bien en Islande et dans le Groënland qu'en Irlande et aux Hébrides, et dans toutes les localités des basaltes s'intercalent dans ces gisements. Ces analogies prouvent l'existence d'un seul et même plateau réunissant ces pays aujourd'hui distincts.

Par la rupture du continent nord et du continent sud se constitua donc l'Atlantique; son bassin était probablement complètement formé vers le milieu du Miocène. Désormais l'Amérique était séparée de l'Afrique et de l'Europe. Au début, l'Atlantique communiquait facilement avec le Pacifique dans la région des Antilles par la Méditerranée centrale qui s'étendait jusque-là. Plus tard, la séparation se fit absolument avec le Pacifique. Pendant la période miocène, il y eut certainement communication entre les deux continents américains, comme le montrent les types communs trouvés dans les deux régions. Il y avait entre les deux Amériques une grande terre dont les Antilles sont le reste. Cette communication ne dura pas longtemps, un effondrement se produisit, donnant naissance à la mer des Caraïbes; les espèces qu'on y trouve montrent qu'elle fut peuplée par des animaux venus du Pacifique. La communication actuelle entre les deux continents américains remonte seulement à la limite du Tertiaire et du Pléistocène; des Édentés passèrent du sud dans le nord par cette voie de communication; au contraire, les Mastodontes, les Tapirs, les Chevaux, les Lamas, etc., passèrent du nord au sud.

L'ère tertiaire est, comme on le voit, très importante; elle a vu se constituer les mers et les continents dans l'état où ils se présentent aujourd'hui. Comparée aux temps historiques, l'ère tertiaire a été certainement très longue, a duré vraisemblablement des milliers d'années. temps nécessaire pour l'évolution des types animaux; mais l'ère tertiaire a dû être beaucoup plus courte que les ères précédentes, étant données les analogies de ses formes animales avec les formes actuelles.

LE PLÉISTOCÈNE. DILUVIUM. PHÉNOMÈNES GLACIAIRES. ÉRUPTIONS VOLCANIQUES.

DÉFINITION DU PLÉISTOCÈNE.

A la fin des temps tertiaires les principaux traits de la nature actuelle étaient déjà fixés. La distribution des terres et des mers ne devait plus subir de grandes modifications, le relief de la surface terrestre était celui qu'elle présente aujourd'hui, sauf des détails, comme le creusement définitif des vallées, creusement déjà commencé vers la fin du Tertiaire, et la formation des lacs. L'activité éruptive qui se manifeste aujourd'hui avait produit ses premiers effets dès le Miocène. Le climat n'était guère plus chaud que le climat actuel. La faune marine était presque identique à celle qui vit maintenant dans nos mers. La population terrestre était encore assez différente de celle de notre époque; il y avait encore des formes géantes: Éléphants, Rhinocéros, etc., dont les espèces ont disparu depuis, mais les types actuellement vivants commençaient à se développer. Quant à l'Homme, aucune trace certaine de son existence n'a été trouvée jusqu'à présent dans les terrains tertiaires.

Le passage de l'ère tertiaire à l'ère actuelle s'est fait graduellement, et la période de tran-

Fig. 608. — Grottes de Baoussé-Roussé près Menton, vues avant les fouilles exécutées par M. Émile Rivière.
(Photographie communiquée par M. E. Rivière.)

sition a reçu les noms de *période quaternaire* ou *pléistocène*. Celui de quaternaire a l'inconvénient de donner trop d'importance à cette ère de passage, de la mettre au même rang que les temps primaires, les temps secondaires, les temps tertiaires, dont la durée a été certainement beaucoup plus longue. Aujourd'hui on emploie plutôt le nom de *Pléistocène*, ce qui veut dire : le plus récent. Les limites du Pliocène et de cette nouvelle période sont en effet assez flottantes. Nous avons déjà dit que pour bien des formations d'eau douce contenant des ossements de Mammifères, il est difficile de déterminer où finit le Pliocène et où commence le Pléistocène. La même difficulté se présente pour les sédiments marins. Les rapports de la terre ferme et de la mer ont si peu changé pendant le Pléistocène, que ces dépôts marins sont très peu nombreux au-dessus du niveau actuel. Ils contiennent la plupart des coquilles actuelles, ce qui a lieu aussi pour les dépôts pliocènes, et ne se laissent guère reconnaître que par la présence plus fréquente de coquilles d'origine arctique, indiquant un refroidissement notable. C'est ce que nous constaterons pour des dépôts d'Angleterre, d'Écosse ; c'est ce que nous avons constaté d'ailleurs déjà pour les dépôts pliocènes du crag. Aux environs de Palerme, en Toscane, en Corse, à Rhodes, aux Dardanelles, il y a des dépôts contenant de 2 à 3 p. 100 d'espèces éteintes, et où l'on trouve des formes boréales, comme *Cyprina islandica*, *Buccinum undatum*. Il est difficile de décider si ces couches appartiennent au Pliocène supérieur ou au Pléistocène.

Celui-ci se rattache donc intimement au Pliocène. Il n'y a pas entre eux de coupure très nette ; il n'y en a pas non plus entre le Pléistocène et l'ère actuelle. L'Homme a apparu dès le commencement des temps quaternaires. Presque toutes les espèces animales et végétales du Pléistocène existent encore aujourd'hui, soit dans les régions même où elles vivaient alors, soit dans des régions éloignées ; on doit tenir compte en effet des migrations dues à un changement de climat. Peu d'espèces quaternaires ont définitivement disparu; telles sont l'espèce d'Éléphant appelé Mammouth (*Elephas primigenius*) et une espèce de Rhinocéros (*Rhinoceros tichorhinus*). Le seul fait qui nous oblige à séparer la période pléistocène de la période actuelle est un changement climatérique momentané, un abaissement de température assez faible (5° ou 6°), accompagné de précipitations atmosphériques extrêmement abondantes. Celles-ci ont eu pour résultat, d'une part, des phénomènes d'érosion et d'alluvionnement très importants; d'autre part, dans les régions montagneuses ou septentrionales, des manifestations glaciaires dont nos glaciers actuels ne peuvent donner qu'une faible idée. Nous allons d'abord étudier les phénomènes géologiques de la période pléistocène; nous nous occuperons ensuite de la faune et de la flore de cette période. Quant à l'apparition de l'Homme, aux races primitives, aux manifestations de l'intelligence humaine dans les temps préhistoriques, nous laisserons de côté ces diverses questions; elles sortent de notre cadre et elles ont été traitées en détail dans un autre ouvrage (1).

ALLUVIONS PLÉISTOCÈNES. LE DILUVIUM.

Aujourd'hui les fleuves n'occupent plus que le fond de leurs vallées, mais on trouve sur les flancs de celles-ci et souvent à une grande hauteur, des alluvions, ce qui montre qu'autrefois les fleuves étaient beaucoup plus larges. Ils étaient alimentés par d'abondantes précipitations atmosphériques et par la fusion des glaciers. L'étude des alluvions anciennes a démontré que la Seine, dont la largeur moyenne est maintenant de 160 mètres, avait dans les temps quaternaires 6 kilomètres de large et roulait, au moment des crues, 60,000 mètres cubes d'eau par seconde.

Ces cours d'eau, dont le régime était torrentiel, comme le prouve la grosseur des blocs transportés, ont dû contribuer puissamment au creusement des vallées. Celles-ci devaient exister, au moins en partie, à la fin de l'ère tertiaire, car les dépôts d'eau douce qui se sont formés alors, l'abondance des ossements de Mammifères accumulés, exigent l'existence de cours d'eau considérables transportant tous ces débris dans des lacs ou des estuaires. Mais c'est à la période pléistocène qu'il faut rapporter le creusement définitif des vallées. Ce phénomène continue encore à se produire dans certaines régions; le Hong-ho ou fleuve Jaune et l'Amou-Daria (Oxus) sont célèbres par les modifications constantes qu'ils font subir à leur lit (1).

Les alluvions formées par les cours d'eau quaternaires se trouvent à des niveaux plus ou moins élevés au-dessus du niveau actuel des fleuves. On leur donne le nom de *diluvium*, car les crues des cours d'eau qui les ont déposées devaient produire de véritables déluges.

Les alluvions se composent à la base de graviers, de cailloux roulés, de sables; c'est le *diluvium gris*. On y trouve souvent des blocs considérables; ainsi les alluvions anciennes de la Seine au Champ-de-Mars contiennent des blocs roulés de granite et de porphyre provenant du Morvan; celles de la Marne présentent des cailloux calcaires, des silex roulés enlevés aux plaines crayeuses de la Champagne et au plateau jurassique de Chaumont. Au-dessus de cette assise à graviers se trouve un limon calcarifère appelé aussi en Allemagne *loess* ou *lehm*. Il est très fin et contient peu de débris organiques. Nous rechercherons plus tard son origine. L'épaisseur du loess peut être très considérable.

Souvent la couche superficielle du loess est rouge, et il en est de même de la partie superficielle du diluvium gris non recouverte par le loess. Cette formation est appelée le *diluvium rouge*. Elle n'est pas disposée régulièrement sur les couches sous-jacentes; elle les ravine et remplit souvent des cavités irrégulières qui y sont creusées; c'est ce qui forme les *poches* d'argile rouge que l'on voit souvent dans les tranchées des environs de Paris. Ce diluvium rouge n'est pas un dépôt particulier. Il faut l'attribuer à l'action des eaux, chargées d'acide carbonique, sur les alluvions. Elles en ont dissous le calcaire et suroxydé les sels de fer, ce qui explique la couleur rouge. Ces couches superficielles sont utilisées dans le nord de la France comme terre à betteraves et terre à briques. Le diluvium rouge contient habituellement de nombreux éclats de silex. On les

(1) Priem, *La Terre, les Mers et les Continents* (Collection des *Merveilles de la Nature*), p. 129.

(1) Verneau, *Les Races humaines* (Collection des *Merveilles de la Nature*).

attribue aux alternatives de gelée et de dégel qui ont fait éclater les cailloux.

Le diluvium présente de nombreux restes d'animaux quaternaires, le Mammouth (*Elephas primigenius*), des Rhinocéros (*R. tichorhinus*), des Ruminants, des Chevaux, des Carnassiers, etc. On trouve aussi des espèces qui depuis se sont retirées dans les régions polaires, comme le Renne (*Cervus tarandus*), le Glouton (*Gulo luscus*) et le Lemming (*Myodes torquatus*). Dans ces alluvions enfin on a découvert des ossements et les premières traces de l'industrie humaine, comme des silex taillés. Tous ces débris sont mêlés aux ossements de Mammouths, de Rhinocéros, de Rennes, etc., ce qui prouve que l'Homme a connu ces animaux sur notre sol.

Les alluvions sont extrêmement répandues. Elles recouvrent les terrains les plus divers, sauf les régions montagneuses et celles privées de cours d'eau; toutes les roches disparaissent sous un manteau plus ou moins épais de diluvium. Cette extension des alluvions pléistocènes n'est pas représentée sur les cartes géologiques, car, pour indiquer la constitution du sol, on est forcé de faire abstraction de la couche de diluvium; on ne la laisse guère qu'au bord des fleuves et dans les points où l'on ne connaît pas avec certitude la nature du sous-sol. Les dépôts quaternaires recouvrant tous les autres terrains contribuent pour une bonne part à la formation de la terre végétale. Celle-ci en effet est constituée par les débris des roches sous-jacentes et les produits de la décomposition des végétaux. Là où n'existe pas le diluvium, les Lichens qui poussent sur les roches les plus nues, sont les premiers agents de la formation de la terre végétale. En se décomposant ils produisent une première couche où

peuvent se fixer des végétaux plus élevés, qui en se décomposant à leur tour contribuent aussi à la formation d'une terre fertile.

Nous devons citer aussi les dépôts des cavernes. Celles-ci sont communes dans le Périgord (la Madeleine, Laugerie-Haute, Laugerie-Basse), dans la Haute-Garonne (Aurignac), le Tarn-et-Garonne (Bruniquel), la vallée de la Lesse en Belgique, etc. Ces cavernes consistent en cavités spacieuses pratiquées dans les couches sédimentaires par suite de dissolution ou d'éboulement; citons notamment les grottes de Baoussé-Roussé près Menton, si bien étudiées par M. Émile Rivière (fig. 608). Elles communiquent avec le dehors par des orifices qui s'ouvrent sur les flancs des montagnes et le plus souvent bien au-dessus du niveau actuel des eaux. Par les ouvertures, les eaux torrentielles quaternaires ont introduit dans les cavernes des limons, des cailloux roulés et des ossements. Souvent le tout est recouvert d'un plancher stalagmitique; il peut même y avoir des couches successives de limon séparées les unes des autres par des planchers stalagmitiques. Cela montre que les eaux torrentielles s'y sont introduites et les ont abandonnées à diverses reprises. Dans les intervalles les eaux d'infiltration déposaient des stalagmites. Parfois il y a des couches de cendres et de silex taillés enchevêtrées dans les couches de graviers et les nappes stalagmitiques, ce qui indique que les cavernes ont servi d'habitations temporaires à l'Homme. Des ossements d'animaux pléistocènes qui ont servi de nourriture à l'Homme, des plaques d'ivoire même où se trouvent représentés ces animaux, prouvent d'une manière manifeste la contemporanéité de l'Homme et de ces animaux (fig. 609).

LES PHÉNOMÈNES GLACIAIRES DANS LES ALPES.

Le phénomène le plus remarquable de la période pléistocène est la grande extension des glaciers. Ceux-ci, comme on sait, exercent une action puissante sur le fond et sur les parois des vallées qu'ils occupent. Le fond est raboté par le glacier, les roches perdent leurs angles, prennent une forme arrondie et mamelonnée; ce sont les *roches moutonnées*. Les parois subissent aussi un frottement énergique; de plus, elles sont rayées par les cailloux tombés entre le glacier et les parois, et que le glacier entraîne avec lui dans son mouvement de descente; les roches des parois sont ainsi

polies et *striées*. Tous les débris que le vent, la pluie arrachent aux parois, tombent sur le glacier et descendent lentement avec lui. Ils constituent les rangées de blocs appelés *moraines* : *moraines latérales* sur les deux côtés, *moraines médianes* dues à la rencontre de plusieurs glaciers, *moraines frontales* en avant du glacier (1). Quand le glacier recule il laisse en place ses moraines. Elles prouvent donc, ainsi que les roches moutonnées, polies et striées,

(1) Voir sur les glaciers, Priem, *La Terre, les Mers et les Continents* (Collection des *Merveilles de la Nature*), p. 147 et suivantes.

l'existence, à une époque antérieure, d'un glacier plus ou moins étendu dans une vallée aujourd'hui complètement libre.

Les preuves de l'ancienne extension des glaciers abondent dans les Alpes. La plus frappante est la présence en bien des points d'énormes blocs, le plus souvent isolés et qu'on a appelés *Blocs erratiques*. Telles sont la *Pierre-à-Bot*, bloc gneissique de 1,370 mètres cubes, près Neuchâtel en Suisse, la *Mule-du-Diable* (600 m. c.) à Artas en Bas-Dauphiné, la *Pierre-Brune* de Ranée à l'est de Trévoux (100 m. c.), la *Pierre-Fite*, gros bloc de granite à l'est de Lyon. Des blocs se rencontrent jusque sur les collines qui avoisinent cette ville, ainsi à Fourvières.

Pendant longtemps l'origine des blocs erratiques fut entièrement méconnue (1). Ils furent attribués par Saussure, Ébel, Dolomieu, etc., à des courants diluviens animés d'une grande vitesse ; Léopold de Buch admettait des courants boueux qui auraient plus facilement tenu en suspension ces blocs énormes, que n'auraient pu le faire de simples courants aqueux. Escher de la Linth imaginait des débâcles de lacs dans les parties supérieures des vallées de la Suisse. Élie de Beaumont supposait que les neiges et les glaces des Alpes avaient été fondues brusquement par les gaz auxquels il attribuait l'origine des dolomies et des gypses ; ces fontes subites, combinées à des ruptures de lacs, auraient suffi, d'après lui, pour disséminer les blocs erratiques aux diverses hauteurs auxquelles on les trouve.

Playfair, le premier, attribua dès 1802 le transport des blocs erratiques aux glaciers. Un courant d'eau n'aurait pu transporter, puis laisser sur une pente un bloc tel que la *Pierre-à-Bot ;* il l'aurait abandonné dans la première vallée qui se serait trouvée sur son passage. De plus, les blocs entraînés par les eaux perdent leurs angles, ils s'arrondissent ; au contraire, les blocs erratiques ont leurs angles vifs, ils n'ont pu être transportés ainsi sans frottement que par des glaciers. Venetz, Charpentier, Agassiz, Schimper, Desor, etc., adoptèrent successivement la théorie glaciaire, et bientôt de nombreux chercheurs s'occupèrent de démontrer l'ancienne extension des glaciers des Alpes et de fixer l'origine des divers blocs erratiques. Ces derniers, comme l'ont démontré Rendu, Guyot et d'autres, proviennent des parties supérieures des vallées où on les trouve, et

l'on peut, en notant la nature des blocs, fixer exactement la route suivie par les anciens glaciers.

Les glaciers des Alpes couvraient tout le massif, laissant seulement à découvert les cimes rocheuses qui leur fournissaient les matériaux des moraines superficielles. Leur épaisseur dépassait 1,000 mètres. Ils se sont étendus très loin de leur point d'origine ; on a pu s'assurer par l'étude des blocs erratiques qu'ils ont été rejoindre le Jura ; on trouve en effet sur les pentes du Jura suisse, des blocs de gneiss et de granite provenant de la chaîne centrale des Alpes. Le glacier du Rhône, qui n'occupe plus qu'une vallée du massif du Saint-Gothard, sur une longueur de 8 à 10 kilomètres, a formé pendant la période quaternaire une nappe immense de 400 kilomètres. Les travaux de MM. Favre, Falsan et Chantre, Renevier, etc., ont permis de reconstituer le cours de ce grand glacier. Il recevait des glaciers secondaires de la Jungfrau, du Cervin, du Mont-Rose et descendait de son point culminant, de 3,550 mètres, jusqu'au Chasseron dans le Jura.

Là il se divisait en deux courants, l'un remontant au nord-est vers les bassins de l'Aar et du Rhin, l'autre se dirigeant vers le sud-ouest et la vallée du Rhône. C'est le premier courant qui a transporté sur le Steinhof, près de Soleure, le bloc d'Arkésine cubant 2,060 mètres. La branche sud-ouest, grossie par les glaciers des montagnes de la Haute-Savoie, formait une vaste nappe de glace dans le bassin du Léman et s'étendait ensuite dans le Bugey, les Dombes, la Bresse. Les blocs erratiques éparpillés près de Lyon ou à Lyon même, à la Croix-Rousse, sur les collines de Loyasse, de Fourvières, etc., ont été apportés par les glaciers du Rhône et de la Savoie (1).

Le glacier du Rhin se divisait dès l'origine en deux courants. L'un occupait la dépression qui sépare la vallée du Rhin, au-dessous de Ragaz, du lac des Quatre-Cantons, et allait rejoindre le glacier de la Limmat ; l'autre beaucoup plus important suivait la vallée du Rhin, couvrait le lac de Constance et, ne trouvant aucun obstacle, s'étendait largement au nord sur la plaine de Souabe. Comme l'a montré M. Probst, il atteignait l'emplacement actuel de Sigmaringen et de Biberach. Le glacier de l'Inn présentait aussi une grande extension ; ceux de l'Adige, du Tessin, de la Doire et autres

(1) Voir pour l'historique, Falsan, *La période glaciaire.* Paris, 1889.

(1) Falsan, *La période glaciaire,* p. 280 et suivantes.

Fig. 609. — Plaque d'ivoire de la Madeleine sur laquelle est gravé le croquis d'un Mammouth.

fleuves subalpins, à cause sans doute d'une température plus élevée favorisant la fusion, n'ont pas formé en se joignant une vaste nappe glacée dans la plaine du Pô; ils sont restés séparés et ont constitué à la sortie des vallées des moraines disposées en demi-cercle.

Considérons maintenant les différents dépôts glaciaires qui peuvent se rencontrer. Lorsque les glaciers ont commencé à s'établir, les torrents provenant de leur fusion et circulant au-dessous de ces glaciers ont déposé dans les régions inférieures non encore gelées des alluvions composées des débris arrachés au lit des glaciers; ce sont des bancs de cailloux roulés et des cailloux striés. Sur ces *alluvions glaciaires inférieures* les glaciers se sont ensuite étalés; en beaucoup d'endroits ils les ont dispersés et fait disparaître; en d'autres ils ont déposé au-dessus les matériaux de leurs moraines. Le point extrême de l'extension est indiqué par les moraines frontales. Ensuite est venue la période du recul, pendant laquelle les torrents ont de nouveau déposé sur les moraines abandonnées des cailloux roulés. On a donc à considérer les alluvions glaciaires inférieures, les moraines et enfin les *alluvions glaciaires supérieures*. Naturellement la distribution de ces trois sortes de dépôts est très irrégulière; ainsi les cailloutis supérieurs se trouvent surtout dans les rigoles que les eaux glaciaires ont creusées au milieu des moraines et des caillouti inférieurs; en beaucoup de points l'un ou l'autre terme peut manquer (1).

Les moraines sont le terme le plus facile à reconnaître. Naturellement les moraines superficielles des glaciers quaternaires sont beaucoup moins importantes que celles des glaciers actuels, parce que les parties rocheuses laissées à nu par la glace et pouvant fournir les

matériaux de ces moraines étaient moins fréquentes; au contraire les *moraines profondes*, c'est-à-dire l'ensemble des matériaux que le glacier enlève à son lit pendant la descente, jouent un rôle prédominant. Les matériaux de ces moraines étaient empruntés aux matériaux meubles qui encombraient les pentes et les fonds des vallées au début des temps glaciaires, et aux débris que ces glaciers pouvaient directement arracher de leurs lits en les rabotant. Ces moraines profondes des anciens glaciers sont également beaucoup plus importantes que celles des glaciers actuels. Elles consistent en une masse non stratifiée de boue très fine, produit de l'écrasement que le glacier a opéré sur son lit, avec de petits cailloux et des blocs de grandeur variable. Ces cailloux sont pour la plupart arrondis et striés. De pareils dépôts atteignent 60, 70, 80 mètres d'épaisseur. Ils se distinguent nettement des alluvions aqueuses, par le manque de stratification et par le mélange très irrégulier de cailloux de toutes les tailles; un dépôt aqueux serait stratifié et les matériaux seraient groupés suivant leur grosseur.

Il y a aussi des moraines superficielles consistant en blocs anguleux, striés; on doit leur rapporter les blocs perchés sur les pentes des montagnes; tels sont les blocs erratiques. Ces derniers contribuent à donner aux plaines sur lesquelles se sont étendus les glaciers, un aspect tout particulier, que Desor a désigné sous le nom de *paysage morainique*. Les traits principaux de ce paysage sont fournis par les moraines frontales que constituent les matériaux des moraines profondes et les blocs transportés par le glacier. Il en résulte des bourrelets parallèles correspondant chacun à un recul du glacier. Le bourrelet le plus éloigné des hautes cimes est aussi le plus élevé; au fur et à mesure qu'on monte, on voit les moraines frontales

(1) Neumayr, II, p. 564.

devenir plus basses et s'écarter davantage les unes des autres. Cela montre que le phénomène glaciaire a toujours été en diminuant d'intensité ; chaque moraine frontale est le produit d'une longue période de stabilité ; les glaciers ont d'abord reculé lentement, puis la fusion a été de plus en plus rapide. Dans les dépressions sans écoulement, les eaux de pluie ou celles qui résultent de la fonte des neiges ont formé de petits lacs, ou des tourbières, des marécages, qui ne constituent pas l'un des traits les moins particuliers du paysage morainique.

Les pays anciennement soumis à la glaciation sont d'ailleurs beaucoup mieux pourvus de nappes lacustres que les pays de plaine. Le lit des grands glaciers présente de grandes dépressions, qu'on peut appeler les *dépressions centrales*. Elles se trouvent entre les hautes cimes et le pays sur lequel les glaciers quaternaires ont répandu leurs moraines. Tels sont les lacs de Genève, de Constance, ceux de la Lombardie, etc. Suivant beaucoup de géologues, comme Desor, Favre, Ch. Martins, Falsan, les bassins lacustres étaient déjà creusés avant l'extension des anciens glaciers et ceux-ci se sont bornés à les combler et à les conserver pour permettre plus tard à l'eau de prendre la place de la glace. A cette théorie de la conservation des lacs, Ramsay en a opposé une autre. D'après Ramsay la glace a creusé les lacs, depuis les plus petits jusqu'aux plus grands. M. Penck a récemment développé cette théorie ; il s'est basé sur les faits qu'il a constatés en étudiant les Alpes bavaroises. Les lacs d'Ammer et de Starnberg sont ouverts au milieu de la moraine profonde du glacier de l'Inn ; ils sont dans la même situation par rapport à la moraine la plus extérieure que le lac de Constance par rapport à la plaine de la Haute-Souabe. On ne peut reconnaître dans la région de ces lacs aucun indice de mouvements orographiques ou de plissements du sol ; ils sont donc l'œuvre de l'érosion glaciaire. « Les lacs et les vallées des Alpes, dit M. Penck, nous paraissent étroitement liés. Dans les vallées nous reconnaissons l'œuvre de l'érosion. Mais toutes les tentatives pour considérer les lacs comme des vallées

modifiées ou barrées ne peuvent nous satisfaire. Il ne reste donc plus qu'une issue : les considérer comme l'œuvre de l'érosion glaciaire. Or nous avons appris à connaître un matériel qui est en état de creuser les lacs et nous nous sommes souvenu que les lacs alpins étaient tous situés dans la région des anciens glaciers, qu'ils ont été creusés précisément pendant le développement de ces mêmes glaciers et qu'ils se trouvent aux endroits où la force érodante des glaciers était la plus considérable. Comment pourrait-on donc douter après cela que les lacs ne fussent un résultat de l'extension des glaciers et qu'ils ne fussent les témoins orographiques des temps glaciaires [1] ». Cette théorie est certainement exacte pour un grand nombre de lacs subalpins, notamment pour ceux de la région de l'Inn et de l'Isar. Mais il semble difficile que la glace ait pu creuser de grands lacs mesurant de 2 à 300 mètres de profondeur, comme ceux de Genève et de la Lombardie.

Les alluvions glaciaires inférieures (*unterer glazial schotter*), ces dépôts stratifiés de cailloux roulés qui se montrent sous les moraines, forment souvent, par exemple dans la vallée de l'Inn, des terrasses très nettes. L'une d'elles s'élève à 350 mètres au-dessus du niveau de l'Inn actuel ; elle est couverte par l'ancienne moraine du glacier.

Les alluvions glaciaires supérieures (*oberer glacial schotter*), qui sont au-dessus des moraines et correspondent au temps du recul des glaciers, sont moins importantes que les précédentes. On les trouve surtout entre les différents bourrelets parallèles des pays morainiques. Les torrents sortant des glaciers suivaient ces chemins tracés jusqu'à ce qu'ils pussent se frayer une route vers l'extérieur ; mais ces cours d'eau finissaient par se dessécher, car lorsque le glacier ne peut reculer jusqu'en deçà de la dépression centrale, celle-ci recevant toutes les eaux, le torrent d'aval n'est plus alimenté. On voit encore sur les hautes plaines bavaroises les chemins aujourd'hui à sec par lesquels se sont écoulées les eaux pendant les premiers temps du recul des glaciers.

PÉRIODE INTERGLACIAIRE.

Les temps glaciaires ont été d'abord considérés comme continus. Les glaciers auraient d'abord avancé, puis auraient plus tard définitivement reculé. Aujourd'hui la plupart des

géologues admettent deux périodes glaciaires ; les glaciers auraient subi un premier recul et,

[1] Penck, *Die Vergletscherung der deutschen Alpen*, 1882, p. 424.

après un intervalle de temps considérable, se seraient de nouveau avancés. Il y a donc à considérer une *période interglaciaire* comprise entre les deux périodes glaciaires. Plusieurs géologues, entre autres M. Penck, admettent même dans le Pléistocène trois périodes glaciaires et par suite deux périodes interglaciaires.

En plusieurs points de la Suisse on trouve au-dessous des formations glaciaires des couches de cailloux roulés de sables et d'argile, contenant des charbons feuilletés provenant d'une ancienne tourbière. On exploite ce combustible à Durnten et Wetzikon dans le canton de Zurich, à Utznach et Mörschwyl dans le canton de Saint-Gall. Oswald Heer constata que sous ces charbons feuilletés il y a aussi des formations glaciaires; elle est donc comprise entre deux de ces formations; elle s'est formée par suite entre deux périodes glaciaires successives. Il s'agissait cependant de savoir s'il n'y avait pas eu ici une simple oscillation des glaciers et non deux périodes distinctes. Pour résoudre cette question, Oswald Heer étudia la faune et la flore des charbons feuilletés. Les végétaux sont nombreux. On y trouve des Pins, des Sapins, des Mélèzes, des Ifs, des Bouleaux, des Chênes, des Noisetiers, des Érables, des Ronces (*Rubus Idæus*), il y a aussi des plantes herbacées : Roseaux (*Phragmites communis*), Cypéracées (*Scirpus lacustris*) (fig. 610), Poivre d'eau (*Polygonum hydropiper*), Châtaigne d'eau (*Trapa natans*) (fig. 611), un Nénuphar d'une espèce ayant aujourd'hui disparu, des *Equisetum*, des Mousses, etc. Les animaux trouvés sont un Éléphant (*Elephas antiquus*), un Rhinocéros (*R. Merckii*), l'Aurochs (*Bos primigenius*), des Cerfs, des Élans, des Carnassiers, tels que l'Ours des cavernes (*Ursus spæleus*), des Écureuils, etc. Il y a de plus quelques coquilles d'eau douce (*Pisidium amnicum*, *Valvata obtusa*, *V. depressa*) et quelques Insectes. — Des couches semblables, comprises aussi entre deux formations glaciaires, ont été trouvées à Saint-Jacob près de Bâle, à Algau près de Sonthofen, aux environs de Chambéry, enfin dans le Val Gandino (Haute-Italie).

La considération des animaux ne peut guère nous renseigner exactement sur le climat à l'époque de ces dépôts, car beaucoup de ces animaux habitent encore aujourd'hui le pays, mais les Éléphants, les Rhinocéros vivent aujourd'hui dans les climats tropicaux, et d'autre part on en a trouvé au contraire des restes en Sibérie. Aucune conclusion ne s'impose. Au contraire les végétaux, sauf le Nénuphar disparu et une espèce de Pin (*Pinus montana*), vivent aujourd'hui dans le pays et indiquent une température moyenne de 6° à 9°; la présence du *Pinus montana* montre que la température devait se rapprocher davantage du premier de ces nombres, mais on voit qu'il s'agit ici d'un climat tempéré et non d'un climat alpestre ou polaire. Ainsi les glaciers s'étaient retirés d'une manière notable, et une période caractérisée par un climat relativement doux avait succédé à la première période glaciaire [1].

Près d'Innsbrück on trouve aussi la preuve de l'existence d'une période interglaciaire. Il y a là une pierre de structure spéciale, une brèche, composée de fragments de dolomie et aussi de grès rouge et de schistes cristallins réunis par un ciment marneux de couleur rouge. Au-dessus d'Hötting, à 150 mètres environ au-dessus de la vallée de l'Inn, cette brèche forme des bancs presque horizontaux. Ce n'est autre chose que le cône de déjection d'un torrent qui descendait des pentes des montagnes à une époque où la vallée existait déjà mais était moins profonde qu'aujourd'hui d'environ 150 mètres. D'autre part, la brèche d'Hötting est recouverte d'un limon glaciaire et M. Penck a constaté que sous la brèche il y a une moraine; donc il s'agit encore ici d'une formation interglaciaire.

En bien des points du pays qui s'étend au bord des Alpes, on trouve au-dessus des moraines les plus profondes des conglomérats portant différents noms : *alluvions anciennes*, *nagelfluh diluvienne*, *diluvium alpin*, etc. Ces formations se rencontrent dans la Haute-Bavière, en Suisse, en France et dans la Haute-Italie; elles consistent en cailloux roulés réunis par un solide ciment calcaire de couleur grisâtre. Toutes les particularités de la *nagelfluh*, l'existence d'une fausse stratification, sa présence à des hauteurs très différentes, soit étalée sur une large surface, soit limitée à d'anciens lits de torrents, indiquent qu'il faut l'attribuer à l'action des eaux courantes. A la limite sud de la nagelfluh venait se terminer une nappe glaciaire, et les nombreux ruisseaux sortant du glacier ont produit la dissémination des cailloux roulés. Il faut remarquer d'ailleurs que dans la nagelfluh de la région de l'Isar il y a des cailloux roulés de roches cristallines, alors que cette région ne renferme pas de ro-

[1] Voir pour la période interglaciaire, Neumayr, II, p. 569.

ches de cette nature; ces galets sont certainement dus au transport par les glaciers de la vallée de l'Iun. Enfin, à la limite sud de la nagelfluh, les pierres sont striées, ce qui n'a pas lieu plus au nord. Ainsi cette formation doit être regardée comme la plus ancienne des alluvions glaciaires de la Haute-Bavière. Sa surface polie et striée, les galets de nagelfluh qui se trouvent dans les moraines supérieures, indiquent que la nagelfluh était absolument solidifiée et dans son état actuel lors de la seconde période glaciaire. M. Penck a même été conduit, ainsi que ses collaborateurs MM. Böhm et Brückner, à admettre, pour les Alpes bava-

après avoir atteint la limite nord la plus extrême, a reculé quelque peu jusqu'à la limite du terrain morainique intérieur et y est restée longtemps stationnaire. On a affaire sans doute ici, non à une véritable récurrence des glaciers, mais à une simple oscillation.

Au contraire, il reste bien établi par toutes les recherches ultérieures de MM. Penck,

Fig. 610. — *Scirpus lacustris.*

Fig. 611. — Châtaigne d'eau (*Trapa natans*).

roises, trois périodes glaciaires et deux périodes interglaciaires. La première période glaciaire, celle où les phénomènes ont été le moins intenses, a fourni la nagelfluh, la seconde et de beaucoup la plus importante a donné naissance au terrain morainique le plus extérieur, celui où les traits du paysage, les bourrelets caractéristiques sont en partie effacés par l'action des eaux, enfin la troisième a donné naissance au terrain morainique proprement dit. Cependant cette hypothèse de trois périodes glaciaires n'est pas généralement acceptée; la séparation qu'on veut faire du terrain morainique proprement dit et du terrain morainique extérieur, tient seulement à ce fait que la nappe de glace,

Böhm, Dupasquier, etc., que, aussi bien dans les Alpes que dans les Pyrénées, il y a eu deux périodes glaciaires, et les travaux des géologues allemands, ceux des géologues américains, ont montré qu'il en était de même pour le nord de l'Europe et pour le nord de l'Amérique. On a fait longtemps, aux géologues qui admettaient deux périodes glaciaires, cette réponse, qu'ils prenaient pour deux périodes distinctes ce qui n'était que le résultat d'une oscillation temporaire. Mais cette objection n'a pas résisté à l'examen. Si l'on considère, par exemple, la flore des charbons feuilletés de Suisse, elle indique bien une fusion complète des glaces. Si les glaciers étaient restés dans le voisinage

Fig. 642. — Vue de la vallée de Saint-Amarin; sur le premier plan le massif rocheux du Schlifheld, poli par les glaciers; l'église d'Odéren sur une moraine glaciaire barrant la vallée. (D'après Gapsil.)

Fig. 643. — Lac de Gérardmer (Photographie communiquée par M. Velain).

couvrant une vaste étendue du sol, on aurait eu simplement une végétation analogue à celle des régions polaires, végétation, d'ailleurs, que M. Nathorst a trouvée dans un gisement près de Schwarzenbach, dans le canton de Zurich, immédiatement au-dessus de la moraine profonde. Il y a découvert des Saules et des Bouleaux nains, et d'autres plantes des hautes cimes alpines et du pôle, comme *Dryas octopetala Arctostaphylos uva ursi*, *Polygonum viviparum*. La différence entre cette flore et celle des charbons feuilletés indique que cette dernière correspond à une notable élévation de température et à un recul considérable de la glace, en un mot à une véritable période interglaciaire.

LES PHÉNOMÈNES GLACIAIRES DANS L'EUROPE CENTRALE ET MÉRIDIONALE.

Nous allons passer maintenant en revue les principales régions de l'Europe centrale et méridionale en dehors des Alpes. Nous y trouverons de nombreuses traces glaciaires. Dans le Jura, il y avait des glaciers locaux, sans compter les nappes de glace des Alpes qui venaient se joindre à eux. D'après M. Benoît, les glaciers du Jura s'étendaient depuis le Rhin jusqu'au Rhône. Le glacier de Porrentruy pouvait se rattacher à ceux des Vosges, car les cailloux striés de Porrentruy se retrouvent aux environs de Montbéliard et de Belfort.

Dans les Vosges, on connaît beaucoup de traces d'anciens glaciers, notamment la moraine de Giromagny et celle de Wesserling dans la vallée de Saint-Amarin (fig. 612). Cette moraine est triple, et bien qu'on lui ait enlevé déjà 5 millions de mètres cubes de matériaux, il lui en reste, d'après Ed. Collomb, encore près de 13 millions (1). Sur les plus hauts sommets des Vosges, au ballon de Guebwiller, au Hohneck, au ballon d'Alsace, etc., on trouve de nombreux blocs (*Teufels Mühlen*) d'origine glaciaire; d'après plusieurs géologues, les contours arrondis des montagnes des Vosges seraient dus à l'action de la glace. Partout il y a des roches polies et striées. En bien des points, les vallées sont barrées par des moraines, ce qui a produit des lacs comme ceux de Longemer et de Gérardmer (fig. 613).

Dans le Morvan, il y a des restes de moraines assez nets. Quant au bassin de la Seine, on a voulu y voir aussi des traces de l'action glaciaire. En 1870, Belgrand signala les stries qui sillonnent la surface des grès de Fontainebleau, à la Padole et à Champcueil près de Corbeil; mais la plupart des géologues regardent comme hypothétiques les glaciers de la vallée de la Seine. M. Barrois a trouvé en Bretagne, sur la plage de Kerguillé, au sud de la rade de Brest, des roches de provenance lointaine, apportées peut-être par des glaces flottantes.

Les vallées du Beaujolais et du Lyonnais ont eu certainement chacune un glacier. Le mont Pilat a servi aussi de centre de dispersion à de nombreux glaciers. Ch. Martins a constaté, dans la vallée de Palhères, dans les Cévennes, de véritables moraines latérales et une moraine frontale. Les montagnes d'Auvergne fournissent des traces semblables. M. Julien a constaté que la plupart des vallées des massifs du Cantal, du Mont-Dore et du Puy-de-Dôme avaient été occupées par des glaciers; le plus important était celui de la vallée de l'Allagnon. Les blocs erratiques sont souvent de grandes dimensions. Dans le conglomérat de Perrier, près d'Issoire, Bravard en a cubé un de plus de 6,000 mètres cubes. M. Rames a étudié les traces glaciaires dans le Cantal. Elles se trouvent surtout dans les environs d'Aurillac et dans les vallées de la Cère et de la Jordanne. La moraine d'Aurillac est la véritable moraine frontale du glacier de la Cère.

Citons aussi les lambeaux de moraines trouvés par M. Tardy sur le versant oriental des chaînes du Velay et dans les montagnes de la Madeleine (Loire). M. Marcou a également trouvé des moraines, des blocs, des cailloux striés dans la vallée de la Dordogne, à Bort, à la Nobre, etc.

Les Pyrénées ont été très étudiées au point de vue des phénomènes glaciaires. M. Trutat s'est beaucoup occupé des blocs erratiques, et M. Penck est également venu étudier cette chaîne. Les glaciers des Pyrénées sont restés enfermés dans les vallées sans s'étendre comme ceux des Alpes sur les plateaux placés à leur pied. Il y avait treize glaciers principaux, dont le plus remarquable était celui de la Garonne. Sa moraine frontale se trouve à Montréjeau; il avait une longueur d'environ 70 à 75 kilomètres et une épaisseur de 600 à 700 mètres; celle des glaciers des Alpes

(1) Falsan, *La période glaciaire*, p. 314.

atteint au moins 1,000 mètres. Le glacier de la Garonne a charrié de nombreux blocs formant notamment les traînées de Luchon et de Mauléon. A Saint-Béat, où la vallée se resserre, le phénomène glaciaire a acquis une grande intensité, et l'on peut y voir de belles roches moutonnées et polies. Le glacier de la vallée d'Argelès a laissé aussi de nombreux blocs erratiques, et les roches polies sont très bien conservées près de Lourdes; le petit lac de cette localité est dû probablement à l'érosion glaciaire.

En Espagne, à la Sierra Nevada, à la Sierra Morena, les traces des anciens glaciers sont moins importantes que dans les Pyrénées. Elles sont faibles aussi dans le Harz et dans les Carpathes; cependant, il faut citer les lacs du Tatra, qui sont probablement d'origine glaciaire; des restes de moraines existent aussi dans les Carpathes de l'est et aux confins de la Transylvanie et de la Roumanie.

Jusqu'à présent, on n'a cité aucune trace d'action glaciaire dans la chaîne des Balkans et les montagnes de la Grèce; on en a cherché vainement au mont Athos, au mont Œta, au mont Olympe, etc. Enfin, le Caucase qui, encore aujourd'hui, présente d'importants glaciers, était couvert aussi, pendant le Pléistocène, de nappes de glace. Cependant, elles ne peuvent être comparées, étant données l'étendue et la hauteur du massif, à celles qui couvraient, à la même époque, la chaîne alpine. Ce dernier massif est certainement le plus remarquable de tous ceux d'Europe par l'importance de ses glaciers quaternaires.

LES PHÉNOMÈNES GLACIAIRES DANS LE NORD DE L'EUROPE.

Les phénomènes glaciaires, dans le nord de l'Europe, se présentent avec un caractère tout particulier. Dans les Alpes, il y a un massif important dont les glaciers ne se sont pas étendus très loin dans les plaines avoisinantes. Dans le nord de l'Europe, au contraire, on trouve les monts de la Scandinavie beaucoup moins élevés que les Alpes, mais dont les glaciers ont exercé leur action sur de vastes espaces. On constate, en effet, la présence de blocs d'origine scandinave dans tout le nord de l'Europe, sur les côtes d'Angleterre, à l'embouchure du Rhin en Hollande, en Saxe dans l'Erzgebirge, en Pologne, et en Russie jusqu'à Kiew et Nijni-Novgorod. Autrefois, on admettait avec Lyell, Charpentier, etc., que les glaces flottantes détachées des glaciers de la Suède ou de la Finlande avaient apporté ces blocs sur les côtes de la Baltique et de la mer du Nord. Aujourd'hui, les travaux de nombreux géologues ont démontré que les glaciers des terres scandinaves avaient comblé les bassins, d'ailleurs peu profonds, de la Baltique et de la mer du Nord, et s'étaient avancés jusqu'au pied des montagnes d'Allemagne, jusqu'aux Carpathes et au Dniéper.

La Suède et la Norwège étaient, pendant la période pléistocène, couvertes d'une nappe de glace continue analogue à l'Inlandsis du Groënland actuel et ne laissant probablement à nu aucune cime rocheuse (1). Tout le pays présente les traces de l'action glaciaire : roches polies et striées, roches moutonnées, nombreux lacs produits par l'érosion des glaces, blocs, cailloux dans une boue glaciaire, dus à des moraines profondes comme celles qu'on trouve dans les Alpes. Ces produits de moraines profondes sont appelés, en Scandinavie, *krostenslera*. Mais on ne trouve pas les autres formes de dépôts glaciaires, sauf en Scanie. Là il y a des sables et des argiles stratifiées sous la boue à cailloux, absolument comparables aux dépôts des Alpes provenant de la fusion des glaciers qui commençaient à s'établir (*unterer glazial schotter*).

Ces dépôts de sables et d'argiles, qui jouent aussi un rôle important en Allemagne, et qui proviennent des cours d'eau sortis des glaciers, sont tout à fait comparables, d'après Torell, à ceux que produisent en Islande, à l'époque actuelle, les torrents glaciaires.

Au-dessus des sables vient, avons-nous dit, la moraine profonde (*krostenslera*). En Scanie, cette moraine se divise en deux parties, l'une inférieure bleue, et l'autre supérieure jaune. Entre elles, il y a des sables et des argiles avec coquilles d'eau douce et restes de plantes, entre autres la *Dryas octopetala*. On a donc affaire ici à une formation interglaciaire; ce n'est pas, en effet, un phénomène tenant à une oscillation purement locale, car on trouve des intercalations de ce genre sur de vastes espaces, et même de l'autre côté de la Baltique, sur le sol allemand.

Au-dessus de la boue glaciaire supérieure se montrent des dépôts postglaciaires, formés

(1) *La Terre, les Mers et les Continents*, fig. 200, page 166.

probablement par les cours d'eau après la fusion des glaces. Ce sont des sables (*rullstensgrus*) ou bien des terrasses à pentes raides (*asar*), de 50 à 60 mètres de hauteur, composées de cailloux roulés, de sables de silex. Ces terrasses sont très communes dans les fjords (fig. 614). Leur longueur peut atteindre 200 kilomètres, et souvent on les trouve disposées parallèlement dans la direction nord-sud, jusqu'à des altitudes de 360 mètres au-dessus du niveau de la mer. L'origine de ces *asar* n'est pas encore bien élucidée. Suivant les uns, ils proviennent bien des cours d'eau résultant de la fusion des glaciers; suivant les autres, ce sont des rides de la moraine profonde, ou bien des restes d'un ancien dépôt fluviatile, ou encore des formations marines.

Souvent les *asar* présentent à leur pied des formations marines avec nombreuses coquilles; ces dépôts se montrent à diverses hauteurs et jusqu'à 200 mètres. La mer était donc plus élevée qu'aujourd'hui dans ces pays pendant le Pléistocène, et n'a pris que graduellement son niveau actuel. Les bancs les plus hauts sont naturellement les plus anciens. Or, on trouve que dans les bancs les plus hauts les coquilles appartiennent à des espèces qui ne vivent plus que sous les hautes latitudes, comme *Pecten islandicus*, *Mya truncata*, *Buccinum groenlandicum*, *Yoldia arctica*, etc. Plus bas, ces terrasses coquillières ne contiennent plus que rarement ces espèces, et leur faune se rapproche de plus en plus de la faune actuelle de la Baltique. Ces changements du niveau marin sont dus, d'après M. Penck, à l'attraction variable des glaces. La masse du continent accrue par l'épaisseur des glaciers provoquait une élévation du niveau, puis l'épaisseur diminuant, la ligne du rivage a baissé.

En Finlande, dans les provinces baltiques de la Russie, le sol était aussi couvert de glaciers; ils ont même, à la fin du Pléistocène, joué un rôle plus important que les glaciers scandinaves. Les nombreux lacs de la Finlande ont évidemment une origine glaciaire.

La plaine de l'Allemagne du nord présente des blocs erratiques sur une vaste étendue; les plus occidentaux se trouvent en Hollande à l'embouchure du Rhin; il y en a aussi sur une partie de la Belgique. Ils abondent en Westphalie, en Hanovre, dans le Brunswick, en Saxe, atteignent le pied du Riesengeberge, des Sudètes et des Carpathes. En Russie leur extension est limitée par une ligne passant par Brody, Kiew, Kalouga, Toula, Nijni-Novgorod, et qui arrive à l'océan Glacial entre la mer Blanche et les montagnes de Taimyr. Ces blocs sont formés par des roches qui n'existent que dans la Scandinavie; ceux de la Silésie viennent de Suède, ceux du Holstein et de la Hollande tirent leur origine des provinces baltiques de la Russie. Il y a là deux directions rectangulaires. On a longtemps expliqué cette dispersion par l'hypothèse de glaces flottantes chargées de blocs qui se détachaient des glaciers du nord et venaient échouer de l'autre côté de la Baltique alors plus élevée qu'aujourd'hui et couvrant l'Allemagne du nord; la glace en fondant laissait tomber les débris dont elle était chargée. Quant aux changements de direction qui se montrent dans la dispersion des blocs, on les expliquait par des variations dans la direction des vents qui entraînaient les glaces flottantes. Cette hypothèse n'est plus admise aujourd'hui après les travaux du géologue suédois Torell. Dès 1875 il proclama que la nappe de glace de la Scandinavie s'étendait autrefois sur l'Allemagne du nord, en comblant la Baltique, et que les blocs ont ainsi voyagé sur les glaciers eux-mêmes. S'il y a des changements de direction comme ceux que nous avons indiqués, cela tient à ce qu'il y a eu deux périodes glaciaires; dans la première les blocs venaient de la Scandinavie, dans la seconde ils venaient des provinces baltiques.

Les travaux de nombreux géologues, comme MM. Berendt, Credner, Dames, etc., sont venus confirmer et compléter les vues de M. Torell. Le terme le plus ancien du diluvium allemand consiste en sables stratifiés et en argiles dont les couches sont diversement colorées (*Bänder thon*). Il y a entre autres des dépôts avec fossiles. Ce sont des calcaires d'eau douce qu'on peut observer à Keilhack, non loin du chemin de fer de Berlin à Dresde, à Soltau dans le Lunebourg, etc. On y trouve des restes de Cerfs, de Bœufs, de Chevreuils, de Poissons d'eau douce, de Mollusques terrestres ou d'eau douce habitant encore le pays. La flore est également la flore actuelle: Peupliers, Saules, Tilleuls, Châtaigniers, etc. Le climat était donc peu différent du climat d'aujourd'hui; la présence des Tilleuls, des Châtaigniers, des Érables (*Acer platanoïdes*) indiquerait même une température un peu plus élevée. Parmi les Mollusques d'eau douce il faut citer la *Paludina diluviana*, analogue à certains types des couches à Paludines du Pliocène de l'Europe sud-orientale. Les dépôts marins du même âge que ces dépôts

Fig. 511. — Fjord de la Norwège.

Fig. 512. — Le Bœuf musqué (Ovibos moschatus).

d'eau douce ne manquent pas en Allemagne, par exemple dans le Schleswig-Holstein et à Elbing dans la Prusse occidentale ; il y a là des coquilles du haut nord : *Cyprina islandica, Yoldia arctica, Astarte borealis ;* les deux dernières se trouvent notamment à Elbing et indiquent une température plus basse que les coquilles du Schleswig. Loven en a conclu que la partie orientale de la Baltique communiquait par les lacs Ladoga et Onéga avec la mer Blanche et l'océan Glacial.

Sur les couches stratifiées provenant de la fonte des glaciers qui commençaient à s'établir, il y a une première boue glaciaire à cailloux de couleur bleue, correspondant à la moraine profonde. Elle n'est pas stratifiée, mais en certains points il y a des intercalations de sables stratifiés, ce qui tient à des oscillations locales. Puis viennent un sable interglaciaire stratifié et enfin une nouvelle boue glaciaire à cailloux, celle-ci de couleur jaune. Cette seconde moraine profonde est moins épaisse que la boue bleue et s'étend moins loin vers le sud. Quant aux sables interglaciaires ils sont si largement répandus qu'il faut admettre un recul général de la glace ; elle a abandonné non seulement l'Allemagne, mais encore la Scandinavie. La flore de ces sables, par exemple au Lunebourg, est celle qu'on trouve actuellement dans l'Allemagne du Nord. La faune est particulièrement intéressante. Les sables de Rixdorf, puis de Berlin ont fourni des restes nombreux de Mammouth (*Elephas primigenius*), de Rhinocéros (*R. tichorhinus*), de Bœuf musqué (*Ovibos moschatus*) (fig. 615), de Renne du Groënland (*Rangifer groënlandicus*), de Renard polaire, etc. La plupart de ces animaux indiquent un climat très froid, car, comme nous le verrons, le Mammouth et le *Rhinoceros tichorhinus* étaient couverts de poils et vivaient dans les parties septentrionales et centrales de l'Europe et de l'Asie. Mais on trouve aussi à Rixdorf, quoique beaucoup plus rarement, l'*Elephas antiquus* et le *Rhinoceros leptorhinus* qui vivaient dans l'Europe méridionale. Il est probable que la température, pendant la période interglaciaire, n'a pas été toujours la même. Vers le milieu de la période elle a été celle de l'époque actuelle, comme l'indique la flore des sables du Lauenbourg. Lorsque la seconde période glaciaire a été proche, un refroidissement s'est produit, ce qui explique les formes animales arctiques. Quant aux espèces méridionales, ou bien ce sont es derniers représentants, dans le pays, d'es-

pèces qui ont reculé devant le climat devenu plus froid, ou bien elles proviennent de formations interglaciaires plus anciennes, aujourd'hui détruites.

Sur les formations interglaciaires il y a la boue glaciaire supérieure, jaune, moins épaisse que la bleue et moins largement répartie. Enfin les dépôts glaciaires sont recouverts par des sables (*Decksand*) sable de revêtement, qui a été étalé par les eaux de fusion des glaciers.

Un fait à noter aussi est la présence, outre les blocs étrangers, de blocs venus de beaucoup moins loin et qui ne sont autre chose que des fragments des roches de l'Allemagne. De plus, en bien des points du pays, les roches anciennes sont polies et striées, par exemple le muschelkalk de Rüdersdorf près de Berlin, le porphyre près de Leipzig. Tout cela prouve bien que l'Allemagne a été couverte par les glaciers et qu'il faut définitivement abandonner l'hypothèse de glaces flottantes. Quant aux blocs d'origine étrangère, ils se rapportent à plusieurs localités. Ainsi on y reconnaît le granite rouge scandinave, la variété finlandaise appelée *Rappakiwi*, des roches porphyriques des environs de Christiania, des roches basaltiques de Scanie, mais surtout de nombreux galets cambriens et siluriens remplis de fossiles. Dans la Prusse orientale, le duché de Posen et la Silésie les blocs de la première période glaciaire sont venus des provinces baltiques, dans la Prusse occidentale ils proviennent de Finlande ; ceux du Mecklembourg, de Poméranie et du Brandebourg viennent de Suède. La direction principale du transport de ces blocs, d'après M. Dames, est orientée du nord ou du nord-est vers le sud ou le sud-ouest. Au contraire, pendant la seconde période, la direction principale est orientée de l'est vers l'ouest. Ainsi en Hollande et dans le sud de la Suède, on trouve des blocs venus de l'Esthonie. Ces changements de direction sont également mis en évidence par les stries qu'on observe sur les roches de l'Allemagne du nord ; elles ont une direction constante soit nord-sud, soit est-ouest ; en certains points comme sur le muschelkalk de Rüdersdorf près de Berlin, on voit se croiser les deux systèmes de stries, mais celles de la seconde série sont manifestement plus récentes. La première invasion glaciaire a atteint le pied des hauteurs de la Lusace et du Harz, tandis que la seconde n'a pas sensiblement dépassé Berlin.

Les dépôts glaciaires ont une épaisseur variable, parfois 40 mètres, souvent 100 mètres à

200 mètres; un sondage exécuté à l'île de Seeland, au voisinage de Copenhague, a rencontré les formations glaciaires sur plus de 400 mètres d'épaisseur. On évalue la masse totale des matériaux transportés à 700,000 kilomètres cubes. Il a dû en résulter pour la Scandinavie et les régions voisines une dénudation considérable et une diminution notable d'altitude. Le géologue norvégien Helland a même été conduit à admettre, pour expliquer l'abondance des matériaux disséminés sur toute l'Europe septentrionale, que la Baltique avait été creusée, en partie au moins, par les glaces en mouvement. On doit attribuer aussi à l'érosion glaciaire les lacs de la Scandinavie, de la Finlande, de la Russie. Ceux du Mecklembourg, de la Poméranie sont dus, les uns à l'érosion des glaces, les autres à des moraines qui se sont opposées à l'écoulement des eaux en faisant barrage. Enfin les glaces paraissent avoir joué un rôle important dans la formation du réseau des vallées de l'Allemagne du Nord.

La nappe de glace de la Scandinavie s'est également étendue sur la mer du Nord, et elle a déposé sur les côtes d'Angleterre, dans les comtés de Norfolk et de Lincoln, de nombreux blocs répandus dans une boue glaciaire analogue à celle d'Allemagne. Cette argile à blocs porte le nom de *Till* ou *Boulder-Clay*; les sables et les limons plus ou moins stratifiés qui la surmontent et qui ont été étalés par les eaux de fusion des glaciers, ont été appelés *drift*. Sur les côtes du Norfolk et du Lincoln, on retrouve des blocs de granite, de syénite zirconienne, de gneiss de la Norwège, et des silex qui proviennent sans doute de la craie du Danemark. Mais les glaces qui couvraient les Iles Britanniques ne venaient pas seulement de la Norwège; les montagnes de l'Angleterre, de l'Écosse, de l'Irlande, malgré leur hauteur médiocre, étaient les centres de dispersion de glaciers; les deux grandes îles formaient avec les Schetland, les Orcades, les Hébrides, une seule masse de glace qui se confondait à l'est avec la nappe scandinave.

En Angleterre comme en Scandinavie, en Allemagne, il y a deux niveaux d'argile à blocs séparés par des dépôts interglaciaires. Ces derniers contiennent des coquilles analogues à celles qui vivent aujourd'hui sur les côtes britanniques, mais elles indiquent toutefois une température un peu plus basse que la température actuelle. Ces dépôts coquilliers se trouvent à une hauteur considérable, jus-

qu'à 400 mètres. Mais alors les fossiles ne sont pas dans leur position originelle, ils sont dans l'argile à blocs et ont dû être transportés par la glace. En réalité les plus élevées des terrasses coquillières sont à 33 mètres, elles indiquent le niveau atteint alors par la mer, par suite de l'attraction des glaces, comme en Norwège.

Il faut noter en Angleterre comme particulièrement intéressants les dépôts préglaciaires qui existent sous le Boulder-Clay. A Cromer, sur la côte de Norfolk, existe une série de couches contenant de nombreux troncs d'arbres. C'est le *forest-bed*, ainsi nommé parce qu'on a cru d'abord qu'il y avait là une forêt ensevelie, mais les recherches récentes ont montré qu'il s'agissait seulement de débris de végétaux apportés par l'eau. Le forest-bed repose sur le crag de Norwich (Pliocène supérieur), et il est recouvert par les dépôts glaciaires. La flore consiste en Chênes, Aulnes, Pins, Sapins, Ifs, Noisetiers, Nénuphars, etc. La faune se compose de cinquante espèces; il y a trois espèces d'Éléphants, l'*Elephas meridionalis* du Pliocène supérieur et du Pléistocène inférieur, l'*E. antiquus* et l'*E. primigenius* (Mammouth); il y a des Rhinocéros, des Hippopotames, des Chevaux, des Sangliers, beaucoup de Ruminants, entre autres l'Aurochs (*Bos primigenius*), peut-être le Bœuf musqué (*Ovibos moschatus*) et de nombreux animaux du genre Cerf. Les Rongeurs sont représentés par le Castor, le *Trogontherium* très voisin du précédent, l'Écureuil et le Campagnol. Il y a aussi des Ours, des Hyènes, le *Machairodus*, le Loup, le Renard, le Glouton, la Marte et des Insectivores (Taupe, Musaraigne). Enfin on a trouvé des Mammifères aquatiques: Morses, Narvals, Dauphins. Ainsi la faune de Cromer présente des espèces datant de la période pliocène chaude, des espèces vivant encore aujourd'hui, et d'autres de la zone arctique (Bœuf musqué, Glouton, Morse); le climat n'était sans doute pas moins doux qu'aujourd'hui. Au contraire cette faune diffère notablement de la faune interglaciaire de Rixdorf et du charbon feuilleté de Suisse, par la présence de formes du Pliocène, comme *Elephas meridionalis* et *Hippopotamus major*.

En Écosse, il y a dans la vallée de la Clyde des dépôts marins au-dessus de la boue glaciaire supérieur. Il y a là de nombreux types des mers froides, du Groënland, d'Islande, etc. Ainsi la température de la mer au voisinage de l'Écosse est restée froide encore quelque temps après la disparition des glaciers et avant

Fig. 616. — Carte de la nappe glaciaire du nord de l'Europe pendant les temps quaternaires (principalement d'après Penck).

l'établissement des conditions actuelles (1). En résumé, les dépôts glaciaires du nord de l'Europe se sont étendus sur un vaste espace évalué à 6 millions de kilomètres carrés et équivalant aux deux tiers de l'Europe. C'est ce que montre la carte ci-jointe (fig. 616). Sur toute cette région s'étalait une nappe de glace dont on peut évaluer l'épaisseur à 1,000 mètres, et d'où émergeaient à peine quelques sommets. La masse de glace est évaluée à environ 70 millions de kilomètres cubes.

LES TOURBIÈRES. — LE LOESS.

D'autres formations pléistocènes sont importantes à considérer. Dans certains pays, comme en Irlande, dans l'Allemagne du Nord, en Picardie, se trouvent des localités humides et marécageuses où se forme un combustible : la tourbe (2). Celle-ci est due à la décomposition lente de certaines Mousses appelées Sphaignes. C'est un combustible médiocre; la tourbe est filamenteuse, brûle avec beaucoup de fumée et une odeur désagréable qu'elle doit à son origine organique. La tourbe est d'autant plus

(1) Neumayr, II, p. 593.
(2) Voyez La Terre, les Mers et les Continents, p. 504.

noire et moins filamenteuse qu'elle est plus

Fig. 617. — Gastéropodes du Lœss. — 1, Pupa muscorum; 2, Helix hispida; 3, Succinea oblonga, le tout très grossi. Les lignes indiquent la grandeur naturelle (d'après Sandberger).

ancienne. Les tourbières ont commencé à se former pendant le Pléistocène, surtout à la fin de la période après le recul des glaciers. On y

Fig. 618. — L'Antilope Saïga. *Saïga tartarica*.

trouve des ossements d'animaux quaternaires: Mammouth, Rhinocéros, etc., et des instru- ments, des armes qui attestent l'existence de l'Homme.

Fig. 619 — L'Alactaga Gerbe. *Alactaga jaculus*.

Le *loess* ou *lehm* dont nous avons déjà parlé, est un limon argilo-calcaire jaune grisâtre ou brun clair, généralement non stratifié; on y voit de nombreux trous verticaux, ce sont les espaces laissés libres par les radicelles des plantes. On trouve le loess dans les vallées, avec une épaisseur de 10 à 60 mètres, dans les vastes plaines, sur les pentes des collines. Il existe en France, notamment dans le bassin de Paris, mais il faut citer surtout en Europe les vallées du Rhin et du Danube, les plaines de la Pologne et de la Hongrie. En Angleterre, en Scandinavie, en Russie, il manque presque absolument. Mais c'est en Chine surtout que cette formation est bien développée. Dans le bassin du Hoang-Ho ou fleuve Jaune, elle atteint par endroits une épaisseur de 600 mètres. Les eaux de ruissellement l'ont divisée en prismes verticaux et en falaises qui se dressent à pic. Cette argile très légère est soulevée au moindre vent en nuées de fine poussière.

Le loess contient un grand nombre de coquilles de Gastéropodes terrestres (fig. 617), les coquilles d'eau douce sont très rares. Les plus répandues sont *Helix hispida*, *Pupa muscorum*, et *Succinea oblonga*. On trouve en outre des ossements de Mammifères et autres Vertébrés.

En Allemagne les rapports du loess et des formations glaciaires sont très particuliers. Partout où les dépôts glaciaires sont bien développés, le loess manque ; il n'existe que dans les régions où les dépôts de la seconde période glaciaire n'existent pas ; alors on voit le loess recouvrir la boue glaciaire inférieure. Cela montre que le loess est contemporain de la seconde période glaciaire, mais on ne peut pas en conclure que le loess n'ait pas commencé avant et ne se soit pas continué longtemps après. La présence du loess à la limite des formations glaciaires a conduit à cette idée, qu'il était dû à la boue glaciaire en suspension dans les eaux de fusion ; mais le loess n'est pas stratifié et contient des coquilles terrestres, d'ailleurs les dépôts glaciaires ayant cette origine n'ont pas la moindre analogie avec le loess. D'autres géologues ont supposé que le loess est le produit des crues des fleuves ; en retournant dans leur lit ils auraient laissé sur le bord un limon qui serait le loess. Cette hypothèse pourrait à la rigueur être acceptée pour le loess des vallées, bien qu'il ne soit pas stratifié, mais elle est tout à fait inapplicable au loess qui existe sur les plateaux. Une opinion souvent soutenue est celle qui regarde le loess comme un produit du ruissellement. Les eaux ruisselant sur les pentes auraient fait descendre peu à peu les particules les plus meubles et assez lentement pour ne pas briser les coquilles terrestres et pour ne pas interrompre la végétation des pentes, qui a laissé dans le loess des traces sous forme de tubes. Mais il est difficile cependant de s'expliquer comment les eaux de ruissellement auraient pu étendre sur de vastes étendues un dépôt aussi homogène, et comment elles auraient pu former un dépôt épais d'un grand nombre de mètres sur les pentes d'un plateau.

M. de Richthofen, après avoir étudié le loess si développé en Chine, a été conduit à le considérer comme un dépôt *éolien*, c'est-à-dire comme constitué par l'accumulation de poussières emportées par le vent. Les phénomènes qui se produisent dans les steppes permettent en effet de comprendre la formation du loess. Dans ces déserts, comme celui de Gobi, couverts d'une végétation qui est desséchée pendant une grande partie de l'année, de violentes tempêtes soulèvent des masses de sables et les accumulent en certains points ; le sédiment ainsi formé est analogue au loess ; il n'a pas de consistance, pas de stratification, et les racines des herbes du steppe y laissent en mourant leurs traces sous forme de tubes verticaux. Cette explication est donc très plausible pour la Chine, mais jusqu'à ces derniers temps elle paraissait inapplicable au loess de l'Europe ; rien n'y prouvait l'existence de steppes pendant la période pléistocène, d'autant plus que cette période a été caractérisée par l'abondance des précipitations atmosphériques. Mais, récemment, M. Nehring a étudié la faune du loess d'Allemagne et il y a trouvé un grand nombre de types d'animaux caractéristiques des steppes de la Russie et de l'Asie. Les localités qui ont fourni à M. Nehring le plus de documents sont Thiede et Westeregeln.

La faune des steppes quaternaires, comme celle des steppes actuelles, est composée de nombreuses Antilopes Saigas (*Saiga tartarica*), (fig. 618), très communes aujourd'hui aux environs de la mer Noire et de la mer Caspienne, de troupeaux de Chevaux sauvages (*Equus caballus ferus*) et d'Hémiones (*Equus hemionus*). Il y a aussi des Renards des steppes (*Canis corsac*), de nombreux Rongeurs très caractéristiques de ces régions, comme des Gerboises (*Alactaga jaculus*) (fig. 619), la Marmotte Bobac (*Arctomys bobac*), le Porc-Épic des steppes *Hystrix hirsutirostris*), différent du Porc-Épic méridional (*H. cristata*), des *Lagomys*, des Campagnols (*Arvicola*), des Hamsters (*Cricetus*) ;

Fig. 620. — Vallée du Kara-Su (Petit Pamir.)

il y a aussi des Lemmings (*Myodes*) qui habitent aujourd'hui les steppes glacées ou toundras des régions arctiques. Le Bœuf musqué (*Ovibos moschatus*), dont on trouve également les restes, ne devait fréquenter les steppes que d'une manière accidentelle, quand la neige couvrait le pays. Il faut y ajouter l'Aurochs (*Bos primigenius* et le Bison *B. priscus*) qui habitaient les steppes comme les Bœufs redevenus sauvages habitent les pampas, et les Buffalos (*Bison americanus*) les prairies de l'Amérique du Nord.

On s'étonne aussi de trouver dans la faune des steppes le Mammouth (*Elephas primigenius*) et le *Rhinoceros tichorhinus*, parce qu'il semble que ces gros animaux aient eu besoin d'une nourriture plus abondante que celle qu'ils pouvaient trouver dans les steppes. Mais en réalité les animaux des genres Éléphant et Rhinocéros n'habitent pas les forêts et se contentent de l'herbe des prairies. Comme le dit Darwin, les Rhinocéros et les Éléphants trouveraient dans les steppes de la Sibérie une nourriture au moins égale à celle que leur fournit le désert de Karoo de l'Afrique centrale (1).

En résumé, la faune mammalogique du loess permet de conclure avec certitude que le loess est un dépôt éolien, une formation de

(1) Voir une analyse des travaux de M. Nehring, faite par M. Trouessart, dans l'*Annuaire géologique universel*, t. V et VII.

steppe. Cela permet aussi d'expliquer la présence aujourd'hui dans l'Allemagne du Nord de quelques plantes des steppes et l'existence aussi en des points isolés sur le Danube, notamment en Serbie et jusqu'au voisinage de Vienne, d'un certain nombre d'Insectes des steppes de la Russie. Ce sont des types qui se sont établis dans le pays à l'époque pléistocène, et qui y ont persisté, tandis que les autres n'ont pu s'adapter à des conditions nouvelles et ont émigré.

LE PLÉISTOCÈNE EN DEHORS DE L'EUROPE.

Si nous considérons maintenant l'Asie, nous y trouverons des conditions assez différentes de celles de l'Europe. En Sibérie, on a trouvé dans le sol gelé de nombreux restes de Mammouth et de Rhinocéros (*R. tichorhinus*); mais il n'y a pas là les dépôts glaciaires si remarquables du nord de l'Europe. Les plaines de la Sibérie n'étaient pas couvertes de glaciers; on n'en a trouvé des traces que dans les montagnes de l'Est, entre la mer d'Ochotsk et le lac Baïkal. Les monts Altaï et les plateaux du Pamir (fig. 620), malgré leur élévation, n'en présentaient pas, ce qu'on ne peut expliquer que par le peu d'abondance des précipitations atmosphériques. Les glaciers existaient dans le Caucase, le Thianshan, l'Himalaya, peut-être dans le Liban. Il faut citer, parmi les dépôts pléistocènes de l'Asie le loess de la Chine dont nous venons de parler; dans les Indes, ainsi que dans l'Afrique tropicale, un dépôt terreux, rougeâtre, la *latérite*, provenant de l'altération des roches volcaniques. L'épaisseur de ce dépôt peut atteindre plus de 50 mètres.

En Afrique, dans les montagnes du Cap, il y a des traces manifestes d'actions glaciaires, mais le Sahara est particulièrement intéressant à considérer à l'époque pléistocène. Escher de la Linth et Desor émirent l'opinion que pendant les temps quaternaires cette région avait été occupée par les eaux marines. Ils attribuaient l'établissement des glaciers en Europe à la submersion de ce désert. Ils supposaient en effet que la fonte des glaces et des neiges était due aux vents brûlants du Sahara. Ce dernier, une fois couvert par les eaux, ne pouvait fournir aux vents la chaleur nécessaire pour fondre les glaces des Alpes, et, par suite, ces glaces s'étaient accumulées et avaient fini par acquérir des dimensions énormes. Ces idées sur la submersion du Sahara reposaient sur une étude imparfaite de ce désert. Il est inexact de penser qu'il est à un niveau inférieur à celui de la mer. On sait aujourd'hui qu'il se compose en grande partie de plateaux élevés; il y a même de hautes montagnes (1). On n'y

trouve aucune trace de dépôts marins récents, de lignes de rivages, de dépôts pléistocènes avec coquilles marines. Il est impossible d'admettre que la mer ait couvert cette région, sauf le pays des Chotts au sud de Tunis.

Bien des indices nous prouvent que le climat du Sahara a été très différent de ce qu'il est aujourd'hui. On y trouve de nombreuses vallées ou *ouadi* aujourd'hui sans eau, montrant que les précipitations atmosphériques étaient autrefois abondantes. Zittel a trouvé dans des tufs une feuille de Chêne vert. Il y avait certainement là une végétation comparable à celle des régions actuelles de la Méditerranée. Le Sahara était couvert de forêts précisément à l'époque où l'Europe était ensevelie sous la glace.

L'Amérique du Nord a présenté les phénomènes glaciaires avec une ampleur qu'ils n'ont jamais eue en Europe. Toute la région atlantique était couverte de glaces jusqu'au 39e degré de latitude nord, c'est-à-dire sur une étendue dépassant de 1,000 kilomètres celle de la nappe glaciaire du nord de l'Europe. Les dépôts glaciaires se montrent à New-York, en Pensylvanie, dans l'Ohio, l'Indiana, l'Illinois, le Missouri, le Kansas, et atteignent au sud le confluent de l'Ohio et du Mississipi. On les trouve dans la Sierra-Nevada et la partie nord des Montagnes Rocheuses. Tout le nord du continent était couvert de glaces; le territoire d'Alaska n'avait pas de glaciers, mais, comme dans le sol gelé de la Sibérie, on y a découvert des restes de Mammouth; ils sont contenus dans des couches argileuses reposant sur des masses épaisses de glaces; celles-ci sont donc des *glaces fossiles;* elles ont persisté à la place où on les trouve depuis la période pléistocène. Les bras de mer séparant les îles de l'archipel arctique américain du continent étaient sans doute comblés par les glaces, comme la Baltique et la mer du Nord en Europe; quant au détroit de Davis entre le Groënland et le Labrador, il est trop profond pour n'avoir pas échappé à ce comblement.

Aux Etats-Unis, on trouve de nombreu-

(1) Priem, *La Terre, les Mers et les Continents* (Collection des *Merveilles de la Nature*), page 98.

Fig. 621. — Moraines de Grape-Creek, montagnes de Sangre del Cristo (Colorado), d'après Stevenson.

ses roches moutonnées, polies et striées, des moraines (fig. 621) et des dépôts glaciaires

ou *drift* jusqu'à des hauteurs considérables; ainsi, à 1,770 mètres, au mont Washing-

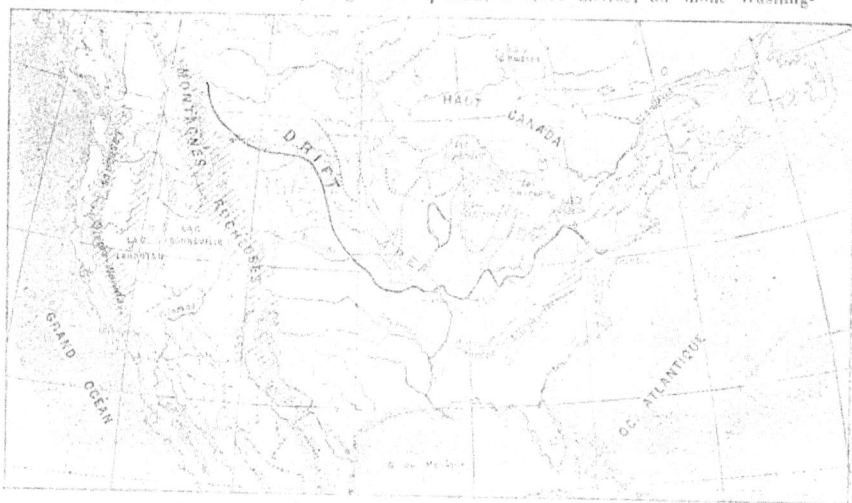

Fig. 622. — Carte des terrains glaciaires de l'Amérique du Nord, d'après des travaux récents (M. Boule). La ligne pleine délimite la *driftless* (terrain glaciaire), et les lignes pointillées, les bords morainiques des glaciers de la deuxième période. L'espace situé au milieu de la *driftless* est une région dépourvue de *drift*. Les hachures obliques figurent la répartition générale des grands glaciers des chaînes de montagnes. Les lacs Bonneville et Lahontan sont indiqués.

ton, le plus haut sommet des montagnes Blanches : à 1,330 mètres, au mont Mansfield, dans

les montagnes Vertes, Newberry a constaté la présence de deux niveaux de boue glaciaire avec blocs séparés l'un de l'autre par des formations interglaciaires. MM. Chamberlin, Salisbury et Frédérik Wright ont pu exactement délimiter deux chaînes de moraines marquant deux phases d'invasion des glaces dans l'Amérique du Nord. Il y a donc à considérer en Amérique comme en Europe deux périodes glaciaires (fig. 622).

On reconnaît aussi en Amérique, comme dans le nord de l'Europe, des bancs coquilliers avec espèces arctiques s'y trouvant parfois à des hauteurs considérables. Leur altitude d'ailleurs va en augmentant du sud au nord. Dans la Nouvelle-Angleterre elles sont à 3 ou 5 mètres, dans le Maine à 65 mètres, au lac Champlain à 100 mètres, près de Montréal à 140 mètres, et dans le Labrador elles s'élèvent à 300 mètres. Il faut y voir sans doute, comme en Europe, un effet de l'attraction variable des glaces sur les eaux marines. Les dépôts pléistocènes sont surtout développés dans la région du lac Champlain, ce qui leur a valu des géologues américains le nom de *Champlainformation*.

Un fait remarquable à noter aussi est la présence d'alluvions très puissantes dans la région aujourd'hui presque privée d'eau qui se trouve à l'est de la Sierra-Nevada. A l'époque pléistocène les précipitations atmosphériques étaient plus considérables, et il y avait dans ce pays un grand nombre de lacs, dont les principaux ont été appelés par les géologues américains lac Bonneville et lac Lahontan. Le premier se trouvait sur la lisière est du bassin au pied des monts Wahsatch ; son dernier vestige est le Grand lac Salé dont la superficie atteint 45,000 kilomètres carrés. Le lac Lahontan (fig. 623), plus petit, se trouvait sur la lisière ouest. On trouve là des terrasses d'alluvions très élevées ; l'une, la terrasse de Bonneville, est à 330 mètres au-dessus du niveau actuel du Grand lac Salé ; une autre, la Provoterrasse, est à 430 mètres au-dessous de la première, et il y en a cinq autres entre les deux principales. Les travaux de Gilbert, King et Russel nous ont appris l'histoire de ces lacs. Pendant le Pliocène, il n'y avait là aucun

grand lac, aucun dépassant le Grand lac Salé.

Leur établissement date du Pléistocène, et l'on doit distinguer deux phases. Dans la première se déposa une argile jaune, et dans la seconde une marne blanche. Ces deux formations correspondent à deux périodes correspondant à deux époques de niveau élevé, entre lesquelles les lacs subirent un abaissement considérable. C'est pendant la seconde période que le niveau fut le plus élevé. Il y avait alors écoulement vers la mer. Bonneville marque le niveau maximum ; il y eut alors abaissement avec des moments de repos marqué par les cinq terrasses inférieures, puis la Provoterrasse résulte de ce que l'écoulement fut fortement retardé, grâce à la présence d'un banc calcaire dans le lit du canal de sortie. Le climat devint alors de nouveau sec, et l'abaissement du niveau des lacs se fit, non plus par suite d'un écoulement, mais seulement par évaporation (1). On est tout naturellement porté à attribuer les deux remplissages successifs et les deux abaissements des lacs aux mêmes causes que les deux invasions et les deux reculs des glaces. Un abaissement de température et un accroissement des précipitations atmosphériques pouvaient produire en même temps un remplissage des lacs et une glaciation plus intense ; Gilbert rapporte avec raison les deux phénomènes à une seule et même cause.

Dans les montagnes de l'Amérique du Sud, à une faible distance de l'équateur, il y a des traces très nettes de glaciers. Dans la Sierra de Santa Maria, 11° latitude nord, Sievers a trouvé des moraines ; de même dans les Andes de Mérida, entre 7° et 10° latitude nord. Les Andes du Pérou et de l'équateur avaient un climat sec comme aujourd'hui ; mais au Chili, en Patagonie, à la Terre de Feu, il y avait d'énormes glaciers. Il faut citer enfin comme dépôts d'alluvions quaternaires ce qu'on a appelé la *formation des Pampas*, argiles rouges, sableuses, contenant un grand nombre de fossiles dont nous parlerons plus loin. Il y a des sédiments marins intercalés contenant des coquilles identiques à celles qui vivent encore aujourd'hui sur les côtes de la République Argentine.

LES ÉRUPTIONS VOLCANIQUES

Les éruptions volcaniques, déjà très nombreuses pendant le Pliocène, ont continué dans le Pléistocène. Celles de l'Auvergne ont été particulièrement importantes. La chaîne des

Puys date de cette époque. Les laves sont les unes *andésitiques*, comme celles de Volvic ; les

(1) Neumayr, II, p. 631.

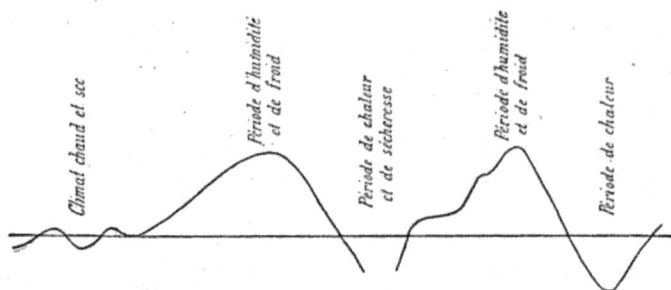

Fig. 623. — Courbes des périodes quaternaires du lac Lahontan, d'après M. Russel. Les abscisses sont proportionnelles aux durées des variations de niveau, et les profondeurs du lac sont figurées par les ordonnées.

autres *basaltiques*, comme celles de la vallée de la Sioule.

Le Velay a eu pendant le Pléistocène ses dernières éruptions. L'Homme en a été le témoin, car au volcan de la Denise, près du Puy, on a trouvé au milieu des tufs et des scories des ossements humains.

La région de l'Eifel possédait aussi de nombreux volcans. Ceux d'Italie commençaient à se manifester. On rapporte, en effet, au Quaternaire les tufs des Champs-Phlégréens, près de Naples, sur lesquels s'est ensuite édifié le Vésuve. De même les tufs qui forment le soubassement de l'Etna datent du commencement du Quaternaire. Il en est de même encore pour les volcans de l'archipel grec, comme celui de Santorin. Ces cratères de la région méditerranéenne ont continué leurs éruptions jusqu'à nos jours.

FAUNE, FLORE ET CLIMAT DE LA PÉRIODE PLÉISTOCÈNE.

FAUNE PLÉISTOCÈNE DE L'EUROPE. LES MAMMIFÈRES.

Les gisements de la période pléistocène ont fourni de nombreux restes d'animaux, et surtout des mammifères. On les trouve dans le diluvium, le loess, les cavernes à ossements, les brèches osseuses qui remplissent souvent les fentes des montagnes, dans les tourbières, etc.

Cette faune quaternaire se compose d'espèces qui existent encore aujourd'hui sur notre sol, et d'autres espèces qui ont émigré dans d'autres pays ou qui ont complètement disparu.

Parmi ces dernières, il faut citer tout particulièrement les Éléphants, dont on connaît plusieurs espèces. La plus ancienne est l'*Elephas meridionalis*, qui existait déjà dans le Pliocène, et qui a disparu au début de la première période glaciaire. L'*Elephas antiquus* est le plus gros de tous les Mammifères terrestres connus jusqu'à présent; il dépassait 4ᵐ,50 de hauteur; il annonce l'Éléphant africain actuel

(*E. africanus*). On le trouve surtout dans le sud de l'Europe; il existait cependant en France, ainsi dans les dépôts du Quaternaire ancien de Chelles avec les premières traces de la présence de l'Homme; il atteignait aussi l'Angleterre, mais il est rare en Allemagne. L'*Elephas priscus* est regardé par M. Pohlig comme une race de l'Éléphant d'Afrique; il a pénétré en Italie, mais il ne semble pas avoir dépassé les Alpes.

A Malte, on a trouvé plusieurs races d'Éléphants de petite taille. L'*Elephas Mneidriensis* atteignait encore 2 mètres de hauteur, l'*E. melitensis* est plus petit (1ᵐ,50), enfin l'*E. Falconeri* n'avait qu'un mètre; il était comparable à un Veau. M. Pohlig regarde ces « Éléphants Poneys » comme des races locales; on sait que dans les îles les Mammifères sont généralement plus petits que sur le continent, à cause d'une nourriture moins abondante.

L'Éléphant le plus remarquable du Pléis-

tocène est le Mammouth (*E. primigenius*)
(fig. 624), qui était largement répandu dans le
nord de l'Europe et de l'Asie, ainsi que dans
l'Amérique du Nord; il s'étendait cependant
assez loin au sud, jusqu'en Italie et en Arménie. L'Homme primitif, non seulement l'a connu
et chassé, mais encore il l'a dessiné. Dans la
grotte de la Madeleine, on a découvert une
plaque en ivoire fossile sur laquelle est fort
bien dessiné un Mammouth. Aucun animal fossile n'est plus répandu que cet Éléphant; ses
ossements gigantesques trouvés dans les alluvions anciennes étaient considérés autrefois
comme ceux de géants; on présenta des ossements de ce genre comme les restes de divers
personnages ou même comme ceux des Cimbres
anéantis par Marius dans les plaines de la Provence; les dents de Mammouth étaient identi-
fiées à tort avec celles des Éléphants actuels, et
bien des érudits y voyaient les débris des Éléphants de guerre dont se servait Annibal dans
ses campagnes militaires.

On connaît bien aujourd'hui le Mammouth,
grâce à une série d'heureuses découvertes. La
Sibérie et les îles voisines sont un vaste ossuaire
où abondent dans le sol gelé les restes de ces
animaux. Le tiers de tout l'ivoire employé dans
le commerce provient des Mammouths de Sibérie. Non seulement on y trouve les ossements,
mais assez souvent même les Éléphants entiers couverts de leur chair et de leur peau
Celle-ci était protégée par une épaisse toison
d'un rouge brun contre les rigueurs du climat.
La première découverte de ce genre date
de 1799. A l'embouchure de la Léna, un Toun-
gouse trouva un Mammouth entier; sept ans
après seulement le naturaliste Adams se rendit
au lieu de la découverte. L'animal avait été en
grande partie dévoré par les Ours, les Loups,
les Renards et les Chiens; il restait cependant
quelques lambeaux de chair et de peau et des
tendons; le squelette était entier. Il fut apporté
au Muséum de Saint-Pétersbourg, où il se trouve
encore. Ces exemplaires de Mammouths entiers
conservés dans le sol gelé de la Sibérie sont mis
à nu quand les fleuves attaquent fortement leurs
berges. On ne sait trop quelle est l'origine du
sol où sont ensevelis ces animaux. Dans beaucoup de cas il semble qu'on ait affaire à un ancien marécage où les Éléphants se soit em-
bourbés; ce sol, gelé ensuite, serait resté tel
depuis la période glaciaire. Ailleurs, par exemple, au golfe d'Eschscholtz, dans le nord-ouest
de l'Amérique, on trouve un dépôt de glace

d'âge quaternaire où sont intercalées d'anciennes lignes de rivage et sur lequel repose
une argile contenant des restes de Mammouth.

Autrefois, on regardait les Éléphants fossiles
de la Sibérie comme n'ayant pas vécu sur
place; on imaginait des courants d'eau diluviens venant du sud et apportant en Sibérie les
restes d'animaux des tropiques. D'après Cuvier,
au contraire, les Mammouths et les Rhinocéros
qui les accompagnent en Sibérie y avaient vécu
sous un climat chaud; un refroidissement subit
les avait ensuite tués. Aujourd'hui, on ne peut
plus se refuser à admettre que le climat de la
Sibérie, à l'époque des Mammouths, était comparable au climat actuel. L'épaisse toison de
l'animal lui permettait de braver les rigueurs
du froid; d'ailleurs, on trouve fréquemment
entre les dents et dans l'estomac des Mammouths plus ou moins bien conservés, qu'on a
découverts récemment, des débris de plantes,
notamment de Conifères, qui existent encore
aujourd'hui en Sibérie.

Le Mammouth était voisin par sa structure de
l'Éléphant indien actuel (*E. indicus*). Il en différait par sa grandeur comparable à celle de l'*E.
antiquus*, par sa toison et la crinière qu'il avait
sur le cou, par ses défenses très longues et
recourbées, enfin par ses molaires dont les lamelles sont plus nombreuses et plus serrées
(fig. 625).

Il faut citer en France parmi les gisements
les plus riches en débris de Mammouth, celui
du Mont-Dol (Ille-et-Vilaine), exploré par
M. Sirodot. Ce gisement a fourni plus de 400
molaires de cet Éléphant fossile.

Après les Éléphants viennent les Rhinocéros.
Ils ont eu également en Europe une grande
importance pendant le Pléistocène. Souvent on
trouve associé au Mammouth un Rhinocéros
de grande taille, le Rhinocéros à narines cloisonnées (*R. tichorhinus*) (fig. 626), ainsi appelé
parce que la cloison des fosses nasales était
complètement ossifiée; cette particularité est
en rapport avec la masse énorme que supportaient les os nasaux. Le Rhinocéros possédait en
effet deux cornes ayant un mètre de hauteur.
On a trouvé des cadavres de Rhinocéros à narines cloisonnées conservés tout entiers, avec
ceux du Mammouth, dans le sol gelé de la Sibérie; ils étaient couverts de leur chair et de
leur peau; celle-ci était pourvue d'une épaisse
fourrure. Ce fait est d'autant plus remarquable
que les Rhinocéros actuels viennent au monde
couverts d'une toison complète; on doit en

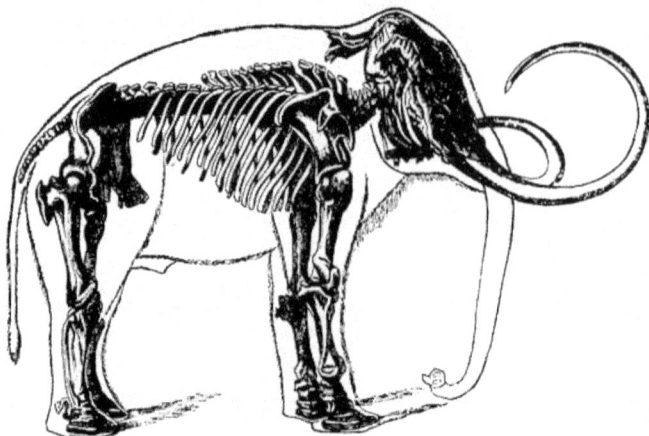

Fig. 624. — Squelette de Mammouth du Musée de Saint-Pétersbourg, provenant du sol glacé de la Sibérie. Quelques tendons sont conservés, le contour du corps a été complété.

conclure qu'ils descendent, sinon du *R. tichorhinus*, du moins d'un autre type velu. Le *R. tichorhinus* s'est moins étendu à l'est et au sud que le Mammouth; on ne le trouve ni dans l'Amérique du Nord ni en Italie et en Arménie, où le Mammouth a pénétré.

Le *Rhinoceros tichorhinus* est accompagné d'une autre espèce, *R. Merckii*, à narines non cloisonnées, mais couvert aussi d'une toison. Schrenck a découvert en Sibérie une tête de ce Rhinocéros couverte encore de la peau et de poils rougeâtres (fig. 627). Mais cette espèce était plutôt répandue dans le sud et le centre du continent. Une autre espèce, le *R. leptorhinus*, existe dans le diluvium ancien et se trouve aussi dans le sud de l'Europe; il ne se montre qu'isolé dans les régions septentrionales.

Aux Rhinocéros se rattache un animal remarquable, l'*Elasmotherium*, dont on trouve les restes en Sibérie et en Russie, notamment près

Fig. 625. — 1, Molaire de Mammouth (*Elephas primigenius*). 2, Molaire d'un Éléphant d'Afrique (*Elephas africanus*, d'après Zittel.

de Samara. Il atteignait la grosseur d'un Éléphant. MM. Gaudry et Boule ont pu récemment l'étudier d'après les pièces provenant de Russie (1). L'*Elasmotherium* (fig. 628), par son crâne, ressemble beaucoup au Rhinocéros, mais ses dimensions sont plus considérables; le crâne du Muséum de Paris a près d'un mètre de longueur. Les os frontaux forment une énorme bosse qui supportait une corne puissante; les

(1) Gaudry et Boule : *L'Elasmotherium* (Matériaux pour l'histoire des temps quaternaires), 3e fascicule.

os nasaux paraissent au contraire trop faibles pour avoir pu soutenir une petite corne, comme le pensent quelques auteurs. La forme de l'intermaxillaire fait supposer que l'*Elasmotherium* devait avoir un appendice labial développé, figurant une sorte de trompe. Les molaires diffèrent notablement de celles des Rhinocéros; il y a des bandes d'émail avec des plissements nombreux, d'où le nom d'*Elasmotherium* (d'un mot grec signifiant *lame*). Le cément est abondant et comble tous les vides;

le fût de la dent est très haut; il n'y a pour ainsi dire pas de collet. Les molaires ont ainsi une certaine ressemblance avec celles des chevaux ou des Ruminants. Ces différences avec les molaires des Rhinocéros sont dues probablement à un changement de région; l'*Elasmotherium*, dans les steppes qu'il habitait, ne pouvait trouver qu'une alimentation purement herbacée; il dut graduellement transformer ses dents coupantes de Rhinocéros en dents triturantes. Par son squelette, l'animal est tout à fait un Rhinocéros. Il avait probablement, comme le Mammouth et le Rhinocéros à narines cloisonnées, une épaisse toison le protégeant contre le froid. On peut se demander si c'est l'*Elasmotherium* qui a donné naissance à la fable de la Licorne, animal fantastique et héraldique ayant une longue corne au milieu du front. Il est possible au moins que l'*Elasmotherium* ait été contemporain de l'Homme en Sibérie; c'est ce qui paraît ressortir des récits faits par les Toungouses. Ils parlent d'un animal de grande taille qui vivait autrefois dans leur pays et pourvu d'une corne frontale si puissante, qu'à elle seule elle exigeait un traineau pour son transport (1).

Le Cheval quaternaire d'Europe (*Equus fossilis*) n'est autre chose que notre Cheval actuel (*E. caballus*). Il y en a plusieurs races, notamment une race de taille moyenne, à grosse tête, à os épais, et une autre plus petite ayant des os fins. Suivant toute probabilité, elles ont donné naissance aux races actuelles. Leur ressemblance avec nos Chevaux et leur fréquence dans les alluvions quaternaires d'Europe ne s'accordent guère avec l'idée courante d'après laquelle le Cheval nous serait venu d'Asie.

Les Artiodactyles sont nombreux. L'*Hippopotamus major* du Pliocène se montre avec l'*Elephas meridionalis* dans les plus anciens dépôts quaternaires, antérieurs à la période glaciaire, aussi bien en Angleterre et en Allemagne que dans le sud de l'Europe et en France. Il peuplait les fleuves de ces régions comme il peuple aujourd'hui ceux de l'Afrique. On ne le trouve pas dans les alluvions quaternaires plus récentes. En Sicile, à Malte, en Crète, on trouve une espèce d'Hippopotame plus petite (*Hippopotamus Pentlandi*); la distribution des terres et des mers devait être dans ces pays différente de ce qu'elle est aujourd'hui; en certains points, l'Afrique devait être en communication avec

(1) Neumayr, II, p. 609.

l'Europe. A Malte, il y avait en outre une espèce naine d'Hippopotame. A propos de l'analogie des faunes des diverses parties de l'Europe, on peut remarquer que toutes les espèces quaternaires de France se trouvaient aussi dans le Pléistocène d'Angleterre; il faut en conclure que la rupture du Pas de Calais est récente et remonte seulement à la fin du Quaternaire.

Les Ruminants présentent une grande variété de formes, notamment les Cervidés. Chez le *Cervus Sedgwicki* du forest-bed de Norfolk, les bois atteignent un développement extraordinaire. Ils étaient encore plus remarquables chez le grand Cerf des tourbières (*Cervus euryceros* ou *Megaceros hibernicus*) (fig. 629). Ses bois aplatis comme ceux des Élans atteignaient 4 mètres d'envergure. Cet animal a été trouvé dans beaucoup de tourbières d'Irlande; dans les autres pays, il est plus rare, bien qu'il paraisse avoir existé dans la plus grande partie de l'Europe.

Il y a déjà dans les alluvions quaternaires des espèces actuellement vivantes, comme notre Cerf, notre Daim, notre Chevreuil, le Cerf Wapiti, qui n'existe plus aujourd'hui que dans l'Amérique du Nord, l'Élan, qui existait encore en Allemagne au moyen âge. Le Renne d'Europe (*Rangifer tarandus*) était très commun dans le Pléistocène. Il ne s'étendait que jusqu'au sud de la France, mais dans sa zone de distribution il était très abondant. Les dépôts interglaciaires d'Allemagne renferment une autre espèce, le Renne d'Amérique ou Caribou, qui se trouve actuellement au Groënland et dans la partie arctique de l'Amérique du Nord.

Les Ruminants à cornes creuses sont moins bien représentés. Le Chamois n'était pas encore relégué dans les hautes montagnes; on le trouvait dans les plaines, de même l'Antilope Saiga caractéristique des steppes actuelles de l'Asie. Les Moutons et les Chèvres étaient assez rares, sauf le Bouquetin; le Bœuf musqué (*Ovibos moschatus*), animal voisin des Moutons et pourvu de larges cornes couvrant le front, est répandu dans le diluvium d'Europe. Il n'existe plus aujourd'hui qu'au Groënland et dans le nord de l'Amérique.

Les Bovidés sont les Ruminants à cornes creuses les plus répandus dans le Pléistocène. Il faut citer particulièrement l'Aurochs et le Bison d'Europe. L'Urus ou Aurochs (*Bos primigenius*) était un Bœuf de grande taille, pourvu de fortes cornes se dirigeant presque horizontalement sur les côtés. Il existait encore

Fig. 626. — Squelette de *Rhinoceros tichorhinus* des tourbières de Krecburg sur l'Ilau.

pendant le moyen âge en Allemagne. Ses
descendants les plus directs paraissent être

les Bœufs à demi sauvages de quelques localités d'Angleterre; le bétail du Holstein

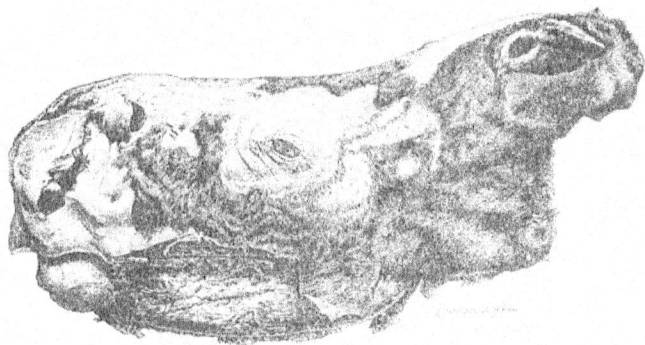

Fig. 627. — Tête de *Rhinoceros Merckii*, avec la peau et les poils, provenant du sol glacé de la Sibérie (d'après Schrenk).

en est aussi assez voisin. Dès le Quaternaire, l'Aurochs a fourni plusieurs races (*Bo-*

Fig. 628. — Crâne d'*Elasmotherium* (d'après de Möller). — *c*, occipital; *x*, rapport de la corne frontale; *n*, os nasaux; *m*, mâchoire supérieure.

brachyceros, *B. frontosus*); c'est de lui que sont sorties toutes nos races actuelles de Bœufs.

Le Bison d'Europe à front large mais court et un peu bombé est improprement appelé aussi Aurochs. L'espèce actuelle (*Bison europæus*), autrefois très répandue en Allemagne, est limitée maintenant au Caucase et à la forêt de Bialowicza en Lithuanie, où elle est spécialement protégée. Le *Bison priscus* du Quaternaire d'Europe est beaucoup plus grand que ses descendants actuels. Citons encore un buffle (*Bubalus Pallasi*), qui existait jusque dans les environs de Dantzig et qui était très voisin du Buffle indien actuel. Cette dernière espèce (*Bubalus vulgaris*), qui est souvent employée aujourd'hui en Italie et dans l'Europe orientale comme bête de somme, a été découverte dans les dépôts quaternaires de quelques localités d'Italie.

Les alluvions pléistocènes fournissent des ossements de Mammifères beaucoup plus petits, comme les Rongeurs. Ces derniers sont particulièrement représentés par le Castor et un animal qui en est voisin, mais beaucoup plus fort, le *Trogontherium*. Nous avons déjà parlé des Rongeurs de steppe découverts par M. Nehring dans le loess : Gerboises, Marmotte bobac, Porc-Épic des steppes, Hamster, etc. Il y a aussi des types des toundras de l'Asie septentrionale et du nord de la Russie : Lemming (*Myodes*) (fig. 630), Lièvre arctique (*Lepus glacialis*), etc. Les Écureuils, les Loirs existaient déjà dans les forêts.

Les nombreux Herbivores du Pléistocène tombaient sous la dent de Carnassiers de différentes espèces. En première ligne se placent les Félidés. Dans les cavernes à ossements se trouvent fréquemment les restes d'un Chat de grande taille (*Felis spelæa*), comparable au Lion d'Afrique. On l'a appelé Lion des cavernes. Il était très répandu dans toute l'Europe, sauf dans la partie la plus septentrionale. Rappelons d'ailleurs que le Lion existait encore en Grèce au cinquième siècle avant notre ère et y attaquait les convois de l'armée de Xerxès. En France, on trouve aussi un Chat voisin de la Panthère (*Felis antiqua*) et le Serval qui vit actuellement en Afrique; il y avait aussi en Europe les espèces indigènes de Chats sauvages et de Lynx. Le *Machairodus* (*M. latidens*), sorte de Tigre aux puissantes canines recourbées, qui existait déjà au Miocène supérieur, s'est montré dans le sud de l'Europe vers le milieu du Pléistocène. Il avait probablement émigré en Afrique à la fin du Tertiaire et c'est d'Afrique qu'il est revenu en Europe pendant le Pléistocène.

Les cavernes ont fourni également de nombreux débris d'Hyènes, aussi bien en Angleterre et en France qu'en Italie. L'Hyène des cavernes (*Hyæna spelæa*) (fig. 631) diffère à peine de l'Hyène tachetée (*H. crocuta*) qui habite actuellement le sud de l'Afrique; au contraire, les espèces du nord de l'Afrique (*H. striata* et *H. brunnea*) sont très rares en Europe à l'état fossile. On a trouvé un squelette entier d'*Hyæna spelæa* dans la grotte de Gargas (Hautes-Pyrénées).

Un autre animal des cavernes est un Ours qu'on a appelé l'Ours des cavernes (*Ursus spelæus*) (fig. 632 et 633), répandu dans presque toute l'Europe. Il était plus grand que nos Ours actuels; il l'emportait sur l'Ours blanc et sur l'Ours gris d'Amérique. Dans certaines cavernes, on a trouvé des squelettes longs de 3 mètres et hauts de 2 mètres. Les pattes étaient très robustes. La pente du front est plus brusque que chez les Ours actuels; en outre, chez les animaux adultes, les prémolaires manquent. Les molaires sont parfaitement tuberculeuses; l'animal devait avoir surtout une alimentation végétale.

On doit citer encore parmi les Carnassiers pléistocènes, les Martes, les Loutres, les Blaireaux, etc., encore très répandus dans nos régions. Le Glouton (fig. 636), aujourd'hui relégué dans les pays arctiques (*Gulo borealis*), était alors répandu dans une grande partie de l'Europe et s'étendait jusqu'en Dalmatie. Les Canidés sont représentés par le Loup, le Renard ordinaire, le Renard polaire et par un grand nombre de Chiens sauvages, qui n'ont pas encore été nettement séparés les uns des autres. On les regarde comme étant, au moins partiellement, les formes ancestrales de nos races européennes.

Les Insectivores (Musaraigne, Hérisson, Taupe) et les Chauves-Souris ont été découverts, mais jusqu'ici en petit nombre. Quant aux Singes, on pensait jusqu'à ces derniers temps qu'ils n'avaient pas dépassé pendant le Quaternaire le versant sud des Pyrénées. M. Gaudry a présenté récemment à l'Académie des sciences de Paris une portion de mandibule de Singe avec trois dents molaires; elle a été découverte au milieu de coprolithes d'Hyène et d'ossements d'animaux quaternaires au cours

Fig. 629. — Grand Cerf des tourbières (*Megaceros hibernicus*).

de l'exploitation de la carrière de Montsaunés (Haute-Garonne). L'espèce découverte offre une grande ressemblance avec le Magot actuel de Gibraltar (1).

Fig. 630. — Lemming (*Myodes torquatus*).

AUTRES ANIMAUX DU PLÉISTOCÈNE D'EUROPE.

Dans les alluvions pléistocènes, on a jusqu'à présent trouvé peu de types d'Oiseaux intéressants, sauf des espèces des pays froids, comme le Lagopède et la Chouette Harfang. Les Rep-

(1) Comptes rendus de l'Académie des sciences, 30 mai 1892.

tiles, les Batraciens, les Poissons sont de peu d'importance, sauf cependant d'énormes Tortues découvertes dans les alluvions anciennes de Malte. Il y a aussi des Tortues géantes dans l'Allemagne du sud et aux monts Siwalik, mais elles n'appartiennent pas au même groupe que les Tortues de Malte. Celles-ci appartiennent à un type encore vivant aux îles Galapagos, dans l'Amérique du Sud. Il y a encore aujourd'hui des Tortues gigantesques aux îles Mascareignes (Maurice et la Réunion), et les espèces de ces îles se rapprochent beaucoup plus, malgré la distance, de celles des îles Galapagos que de celles qui existent encore maintenant dans l'île Aldabra, au nord de Madagascar. La Tortue fossile de Malte est voisine de la *Testudo elephantopus* et autres espèces des Galapagos (fig. 634). On a été naturellement conduit d'abord, à penser que ces Chéloniens sont un type anciennement très répandu, et que par suite de la lutte pour l'existence, ils ont persisté seulement dans quelques îles écartées, éloignées les unes des autres; mais les découvertes géologiques ne fournissent pas le moindre argument en faveur de cette manière de voir, et jusqu'à présent la distribution géographique des Tortues de terre, de taille géante, est tout à fait inexplicable. Rappelons cependant que le Pliocène du Roussillon a fourni aussi une Tortue géante (*Testudo perpiniana*), ce qui rend moins singulière la trouvaille faite à Malte.

Nous devons aussi, à propos des îles Mascareignes, signaler la présence dans ces îles, à l'époque pléistocène, d'un singulier Oiseau qui n'a disparu que depuis deux siècles. Lors de la découverte de l'île Maurice en 1598, vivait dans cette île un Oiseau dont les ailes étaient rudimentaires, c'est le *Dronte* ou *Dodo*. Il fut rapidement détruit par les Européens et n'existait plus un siècle après la découverte. Les descriptions qui en ont été faites et les rares débris conservés dans quelques musées, ont montré que cet Oiseau était lourd, plus gros qu'un Cygne et ne pouvait voler. On le rapproche des Pigeons.

Parmi les Invertébrés pléistocènes, les seuls importants sont les Mollusques, particulièrement étudiés par Sandberger. Nous avons signalé déjà les Gastéropodes du loess; les sables de Mosbach, près de Wiesbaden, les tufs calcaires de Canstadt, près de Stuttgart, et d'autres localités encore ont fourni aussi beaucoup de ces coquilles. La plupart des Mollusques pléistocènes se rapportent à des espèces encore actuellement vivantes dans les mêmes contrées; on trouve cependant quelques types aujourd'hui relégués dans les pays arctiques ou sur les hautes montagnes, et d'autres qui ne vivent au contraire que dans les pays chauds. Telle est la *Cyrena fluminalis;* elle vivait pendant le Quaternaire en Allemagne, en Angleterre et en France; aujourd'hui, elle n'existe plus qu'en Syrie et dans le nord de l'Afrique.

ORDRE DE LA SUCCESSION DES ESPÈCES ANIMALES PLÉISTOCÈNES.

Les différentes espèces animales pléistocènes n'ont certainement pas été contemporaines, mais il est encore difficile de paralléliser les dépôts quaternaires des diverses parties de l'Europe et d'en tirer des conclusions définitives. On pourrait admettre qu'il y a eu d'abord une période antérieure aux temps glaciaires caractérisée par certains animaux, puis une période où dominaient les formes arctiques, ensuite un temps où florissait la faune des steppes, enfin la faune des forêts aurait paru en dernier lieu. Rien cependant n'autorise à penser que les choses se soient passées ainsi dans toute l'Europe. Il est au contraire très vraisemblable qu'au même moment où les animaux arctiques et alpins vivaient dans le voisinage des glaces, plus loin il y avait une faune des steppes et que les régions riches en précipitations atmosphériques étaient couvertes de forêts ayant une population particulière. Vers la fin des temps quaternaires, les grands Carnassiers et les grands Herbivores ont été très réduits et le Renne est au contraire devenu très abondant en France. Le Renne correspond aux couches pléistocènes récentes, mais rien n'indique que le même cas s'est présenté partout.

Avec les restrictions précédentes, on peut admettre la succession suivante :

Au début de la période pléistocène, l'*Elephas meridionalis* et l'*E. antiquus* étaient communs, ainsi que l'*Hippopotamus major*. Le Mammouth était encore rare. Cette faune correspond aux temps qui ont précédé la première invasion glaciaire; elle se présente en particulier à Cromer.

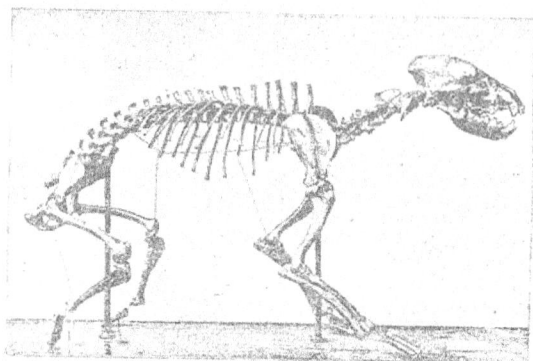

Fig. 631. — Squelette d'hyène des cavernes, *Hyæna spelæa*, découverte dans la grotte de Gargas (Hautes-Pyrénées) d'après une photographie.

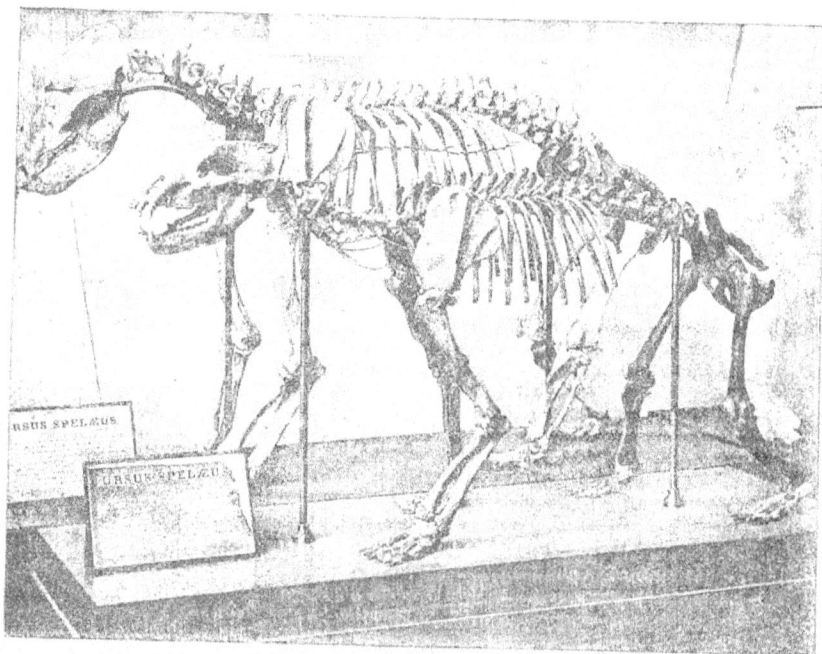

Fig. 632. — Squelettes d'ours des cavernes, *Ursus spelæus*, grande et petite races, d'après une photographie prise dans la galerie de Paléontologie du Muséum de Paris.

Puis l'*Elephas meridionalis* et l'Hippopotame ont disparu, l'*E. antiquus* et le *Rhinoceros leptorhinus* sont devenus peu communs ; le Mammouth et le *Rhinoceros tichorhinus* sont les animaux caractéristiques de cette seconde phase, qui répond à la première période glaciaire et à la période interglaciaire ; telles sont les faunes des sables de Rixdorf et des charbons feuilletés de Suisse. Dans les pays soumis à la glaciation, la faune interglaciaire se laisse bien reconnaître de la faune précédente, car il y a entre elles la masse des dépôts glaciaires presque dépourvus de fossiles, mais ailleurs il n'en est pas de même. Là où les glaciers ne se sont pas développés, cette séparation ne se montre pas bien. Pendant que dans les périodes froides, dans les pays soumis à la glaciation, il y a seulement des dépôts pauvres en fossiles, ailleurs se trouvaient de nombreux restes d'animaux du nord, et encore plus loin la faune des steppes, sans qu'on puisse exactement établir la succession de ces divers éléments.

Après la fin des temps glaciaires, l'*Elephas antiquus* a disparu ; le Mammouth et le *Rhinoceros tichorhinus* étaient encore nombreux, et le Renne (*Rangifer tarandus*) s'est propagé en Europe. Il y a eu passage graduel à l'état de choses actuel.

Cette succession est encore très imparfaitement établie, l'âge des animaux des steppes est problématique ; en outre, cette succession n'est admissible que pour l'Europe centrale ; dans le nord, les *E. meridionalis* et *E. antiquus* n'ont jamais pénétré [1].

On peut se demander quelle a été la cause de la disparition des puissants animaux de la période pléistocène. On est tenté d'abord de l'attribuer aux changements climatériques, entraînant des conditions de nourriture défavorables. Cependant le Mammouth, qui s'est étendu des bords de la Méditerranée jusqu'à la mer Glaciale, vivait, avant les temps glaciaires, au milieu d'une végétation semblable à celle que nous avons encore aujourd'hui en Europe ; plus tard, pendant la période glaciaire, il s'est nourri en Sibérie des plantes qui poussent encore dans ce pays, et après la fin des temps glaciaires il a encore persisté en Europe. On ne peut donc invoquer ici les changements de climat ; peut-être a-t-il disparu, grâce aux attaques de l'Homme et des animaux carnassiers. D'autre part, si nous considérons le Pléistocène d'Amérique, nous voyons, depuis les États-Unis jusqu'en Patagonie, les Mastodontes, et surtout de gigantesques Édentés. On ne peut invoquer ici les temps glaciaires, car cette faune se montre aussi bien dans les régions équatoriales qu'au nord et au sud. Invoquer l'action de l'Homme est aussi difficile, car il est invraisemblable que les indigènes à demi sauvages de l'Amérique sud-orientale aient fait disparaître ces animaux, tandis que les habitants beaucoup plus civilisés des Indes ne sont pas arrivés encore à faire disparaître les Éléphants et les Rhinocéros. Ainsi il est impossible, en Amérique, d'invoquer les deux causes qui, à la rigueur, suffiraient pour l'Europe ; on doit en conclure que la disparition des gros animaux quaternaires est encore pour nous un phénomène inexplicable [1].

LA FLORE PLÉISTOCÈNE EN EUROPE.

La flore pléistocène nous est encore peu connue. Au début de la période, le climat, aux environs de Paris, était plus chaud de quelques degrés que celui qui règne actuellement. Les tufs calcaires de cette époque ont conservé à l'état d'empreintes des plantes qui ne croissent plus spontanément dans notre région ; ainsi, dans les tufs de Moret, près de Fontainebleau (fig. 635), on trouve le Figuier et le Laurier des Canaries, qui ne poussent plus librement sous cette latitude. Nous avons signalé la flore du forest-bed de Cromer et celle du charbon feuilleté de la Suisse. Les espèces sont peu différentes des espèces actuelles.

Les tourbières contiennent un certain nombre de plantes intéressantes. En Scandinavie, elles ont été étudiées par MM. Blytt, Nathorst et Steenstrup. Ils ont cherché à déterminer les plantes qui existaient dans le pays à l'époque du dépôt des diverses couches de tourbe. M. Blytt est arrivé à ce résultat qu'il y avait eu plusieurs alternances de climat sec et de climat humide. D'après Steenstrup, au commencement de l'établissement des tourbières, l'arbre caractéristique des forêts danoises a été le Tremble, ensuite est venu le Pin sylvestre, auquel ont succédé le Chêne, le Hêtre et l'Aulne. Cette série a été observée aussi en Suède, en Norwége, fait

(1) Neumayr, II, p. 614.

(1) Neumayr, II, p. 615.

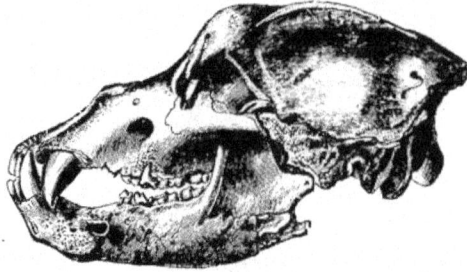

Fig. 633. — Tête d'Ours des cavernes (*Ursus spelæus*).

intéressant, car une succession à peu près identique se manifeste aujourd'hui en Sibérie, quand on s'avance du nord-est vers le sud-ouest. M. Fliche est arrivé à des conclusions du même genre en France, et nous devons attribuer ces variations à une élévation graduelle de température. Le phénomène n'a cependant pas été général; ailleurs s'est manifesté, au contraire, un abaissement de température; ainsi, d'après M. Geikie, aux îles Schetland, aujourd'hui privées d'arbres, il y a des arbres entre les diverses couches de tourbe (1).

Fig. 634. — Tortue géante des îles Galapagos. (Tortue d'Abington.)

Ce que nous savons maintenant de la distribution des animaux et des plantes pendant la période pléistocène, nous permettra de déterminer avec une certitude relative les conditions climatériques de l'Europe dans le cours de cette période.

(1) Neumayr, II, p. 618.

CONDITIONS CLIMATÉRIQUES DE L'EUROPE PENDANT LE PLÉISTOCÈNE.

Les géologues ont pensé d'abord que les temps quaternaires avaient été caractérisés par un très fort abaissement de température pour tout l'hémisphère nord, entraînant une glaciation générale. Mais il n'en a rien été, comme le prouve l'existence, au centre de l'Europe, de vastes régions non couvertes de glaces, habitées par une nombreuse population animale et végétale. Ce qui se passe aujourd'hui peut nous renseigner sur ce qui s'est passé autrefois.

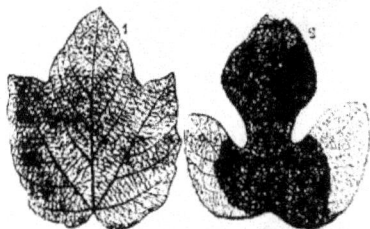

Fig. 635. — Ancêtres du Figuier européen (M. de Saporta). — 1, *Ficus dombeiopsis*, de Bilin, en Bohême; 2, *Ficus carica diluviana* des tufs de Moret, près Fontainebleau, feuille partiellement restaurée.

Pour que des glaciers se forment, il faut que, dans une région montagneuse donnée, la quantité de neige tombée pendant l'hiver soit plus grande que celle qui peut être fondue pendant le reste de l'année. Cette neige s'accumule, se rassemble dans des criques où elle se transforme en névé, puis en glace, et celle-ci descend dans les vallées jusqu'à ce qu'elle arrive en des régions où l'ablation produite par la fusion est supérieure à la masse qui arrive d'en haut. L'extension des glaciers sera favorisée par la diminution de la température moyenne, mais elle se produira aussi quand, la moyenne restant la même, les précipitations atmosphériques, notamment la masse de neige, augmentent. Les deux causes agissant séparément ou bien ensemble auront pour résultat non seulement d'accroître les glaciers, mais aussi de faire descendre plus bas sur les montagnes la limite des neiges persistantes. Ce dernier point est très important, car il est beaucoup plus facile de résoudre la question qui nous occupe en considérant la hauteur de la limite des neiges persistantes, qu'en soutenant l'extension plus ou moins grande des glaciers. Il faut chercher quelle a été la hauteur des neiges persistantes pendant les temps glaciaires, et se demander ensuite quelles causes sont intervenues pour la faire varier (1).

Pour les pays où l'extension glaciaire a été le plus considérable, comme la Scandinavie, la Finlande, les Alpes suisses, on n'est pas arrivé encore à déterminer exactement la limite des neiges persistantes pendant les temps quaternaires. Pour d'autres contrées, M. Penck donne les résultats suivants :

Pays de Galles	500m	Pyrénées	1700
Harz	700	Sierra-Nevada (Espagne)	2600
Erzgebirge	1000	Thianschan	2300
Riesengebirge	1150	Sierra-Nevada (Californie)	2600
Nord de la Forêt-Noire	800	Nag-Hills (Indes)	3600
Sud de la Forêt-Noire	950	Sierra de Santa Marta (Venezuela)	4000
Vosges	900	Le Cap	2500
Jura suisse	1050	Nouvelle-Galles du Sud	2000
Alpes bavaroises	1300	Nouv.-Zélande	1000-1200
Alpes orientales	1500		
Tatra	1500		
Alpes transylvaines	1800m		

Les lignes qui joignent, sur une carte, tous les points où la limite des neiges persistantes se trouve à la même altitude, portent le nom d'*isochiones*. L'isochione de 1,000 mètres aux temps glaciaires passait au nord du Riesengebirge, où l'on trouve 1,150 mètres, atteignait l'Erzgebirge, passait au sud de la Forêt-Noire et des Vosges, au nord du Jura suisse, et arrivait à l'océan Atlantique, au nord des Pyrénées; elle est orientée suivant la direction O. S. O.-E. N. E. D'après la position de la limite des neiges pendant le Quaternaire, le Riesengebirge, l'Erzgebirge, les Vosges, la Forêt-Noire, le Jura suisse (2) étaient dans les conditions actuelles du centre de la Norwège, les Alpes autrichiennes et le Tatra dans celles de la Norwège méridionale, et le pays de Galles dans l'état de l'île Jan Mayen. On voit donc que la différence avec les conditions d'aujourd'hui n'est pas aussi grande qu'on le supposait tout d'abord. Dans les Pyrénées, la ligne des neiges est aujourd'hui plus élevée de 1,000 mètres, comparée à la position qu'elle occupait dans les temps glaciaires, dans les Alpes plus élevée

(1) Nous empruntons ces considérations à Neumayr, II, p. 619 et suivantes.
(2) Toutes ces montagnes sont dépourvues aujourd'hui de neiges persistantes.

Fig. 636. — Le Glouton arctique (*Gulo Borealis*, page 436).

de 1,200 mètres, et dans le Tatra de 800 ; or, on sait que, pour une élévation de 100 mètres dans l'Europe centrale, la température s'abaisse de 0°,59 ; par suite, en supposant que la masse des précipitations atmosphériques n'ait pas changé, il en résultait, pour les Pyrénées, un abaissement de température d'environ 6°, pour les Alpes un abaissement de 7°, et pour le Tatra de 4°,7. Mais il est probable que les chutes de neige étaient plus abondantes ; alors l'abaissement de température devait être plus faible et atteignait au maximum 6° ; Vienne devait être dans les conditions actuelles de Saint-Pétersbourg, et Munich dans celles d'Hammerfest en Norwège.

Le tableau précédent montre que l'ouest de l'Europe était, d'une manière générale, plus favorisé que l'est ; c'est précisément ce qui a lieu aujourd'hui, sous l'influence du Gulf-Stream. On doit en conclure que ce dernier

existait déjà à l'époque quaternaire, et que les relations climatériques entre les différentes parties de l'Europe étaient alors ce qu'elles sont encore aujourd'hui.

Avant d'aller plus loin, il nous faut examiner une hypothèse mise en avant par Witney. D'après lui, les temps glaciaires ont pu être une période chaude pendant laquelle l'évaporation se faisait sous les tropiques avec plus d'intensité qu'aujourd'hui, de là une grande masse de précipitations atmosphériques dans les régions tempérées et froides. Le phénomène glaciaire, d'après lui, n'aurait pas d'autre cause. Witney se fonde sur la condition actuelle de la Terre de Feu et de la côte ouest de la Patagonie, pays où la température est très constante et où le climat est très humide. Sous ces latitudes, les glaciers descendent jusqu'à la mer, au milieu de forêts luxuriantes ; il n'y a pas là, comme dans les Alpes, une zone privée d'arbres, comprise entre la zone des forêts et la limite inférieure des neiges. Mais il résulte précisément de ce fait que si en Europe, aux temps quaternaires, le développement des glaciers n'a été dû qu'à une distribution constante de la température pendant toute l'année, et à de nombreuses précipitations atmosphériques, il devait y avoir aussi là des forêts jusqu'à la limite inférieure des glaces. Or, il n'en a pas été ainsi. M. Nathorst, avons-nous déjà vu, a démontré la présence, au front des glaciers, d'une végétation dépourvue d'arbres et ayant un caractère arctique (*Dryas octopetala*, Bouleau nain, etc.); les plantes alpines actuelles sont, comme on sait, alliées de très près à celles du haut nord, et l'on trouve sur les montagnes de l'Allemagne, et jusque dans la plaine de l'Allemagne du Nord, au voisinage de Berlin, des colonies de plantes alpines telles que *Gentiana verna*. Ces faits, ainsi que la présence, dans l'Europe centrale, du Renne du Groënland, du Bœuf musqué, du Renard polaire. du Glouton, du Lemming : la présence aussi de coquilles arctiques dans les alluvions quaternaires de la Méditerranée, prouvent surabondamment que la température était plus basse qu'aujourd'hui; l'abaissement, avons-nous vu, ne devait pas être de plus de 6°.

Une question qui se pose, et à laquelle il est difficile de répondre, est de savoir si les précipitations atmosphériques aux temps quaternaires étaient plus abondantes qu'aujourd'hui. On a avancé comme argument à l'appui de cette dernière opinion, que les montagnes couvertes de neige et de glace refroidissaient fortement les vents humides, et ceux-ci devaient abandonner leur humidité sous forme de pluie ou de neige; seulement la température en s'abaissant pourrait gêner l'évaporation dans les régions où se produisent les vents de pluie, et diminuer ainsi de nouveau les précipitations atmosphériques dans les régions couvertes de glaciers. On a donné aussi comme argument la largeur des vallées des fleuves, mais il faut remarquer que le tiers seulement des précipitations profite aux fleuves, le reste s'évapore ou s'infiltre. De plus, dans les régions couvertes de glace pendant le Quaternaire, l'évaporation était faible, la plus grande partie des précipitations se faisait sous forme de neige, et la pluie était aspirée par la glace et la neige couvrant le sol, par suite les fleuves pouvaient être plus importants qu'aujourd'hui, avec la même masse de précipitations atmosphériques. En somme le fait que dans les pays au sud de la nappe glaciaire alpine, dans le Sahara par exemple, le climat ait été alors plus humide qu'aujourd'hui, peut faire admettre qu'il en a été de même pour les terres couvertes de glace ; cependant nous devons attribuer l'influence prépondérante à un abaissement de température.

L'abaissement maximum de 6° répond à l'apogée des temps glaciaires, mais il s'agit de savoir quelle était la température aux diverses phases du Quaternaire. Avant l'ouverture de la période glaciaire le climat, serait-on porté à conclure, devait être très chaud, car on a constaté l'existence des Éléphants, Rhinoceros, Hippopotames, Hyènes et Lions ; mais déjà existait le Glouton arctique (fig. 636), et d'après ce que nous avons vu plus haut de la distribution géographique des grands animaux quaternaires, on doit admettre qu'ils pouvaient s'adapter à des conditions de température variées ; par suite on ne doit pas leur attacher une grande importance au point de vue qui nous occupe. Les plantes et les Mollusques nous renseigneront beaucoup mieux. Les coquilles du forest-bed et la flore des alluvions préglaciaires de l'Allemagne du Nord indiquent nettement que le climat était alors un peu plus chaud qu'aujourd'hui.

Quant à la période interglaciaire, sa faune et sa flore indiquent que la différence avec le climat actuel était assez faible. La présence fréquente du *Pinus montana* dans le charbon feuilleté de la Suisse montre que la température devait être un peu plus basse qu'aujourd'hui, d'environ 1° ou un 1°,5.

Naturellement il est difficile d'établir la marche de la température dans les régions qui n'ont pas été couvertes de glaciers. Là où l'on trouve en grand nombre des animaux septentrionaux on peut conclure, avec grande vraisemblance, que les dépôts appartiennent à l'époque glaciaire. Quand on trouve, comme à Mosbach près de Wiesbaden, l'*Elephas antiquus* avec de nombreux animaux qui ne répondent plus aux régions septentrionales, et avec des Gastéropodes indiquant un climat rude, on en conclut qu'on a affaire probablement à la période interglaciaire.

On peut supposer, d'une manière générale, que dans tous les pays, soit couverts de glace, soit dépourvus de cette enveloppe, la température a suivi la même marche. Quant aux steppes de l'Europe centrale, nous avons vu

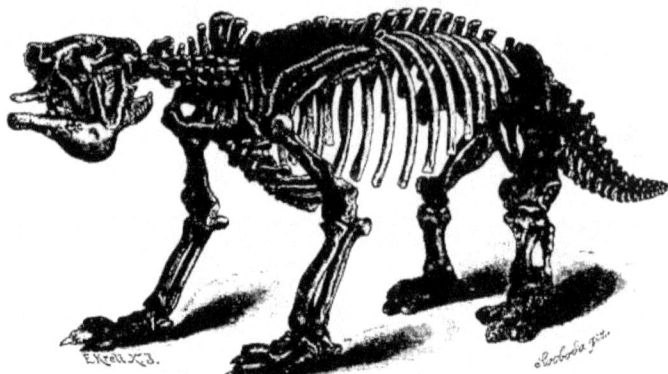

Fig. 637. — *Megatherium*, de la formation des Pampas (d'après une photographie).

déjà que vraisemblablement ils sont contemporains de la seconde période glaciaire. On n'a d'ailleurs aucune difficulté à comprendre qu'il y eut alors non loin des glaciers une région sèche; en effet, les vents chargés d'humidité devaient traverser, avant d'atteindre le pays du loess, de vastes régions glacées; ils s'étaient donc refroidis, avaient perdu sous forme de neige ou de pluie leurs précipitations atmosphériques, par suite ils arrivaient sur la zone non glacée, absolument desséchés; de là résultait nécessairement l'établissement de steppes.

CAUSES DE L'EXTENSION DES GLACIERS PENDANT LE PLÉISTOCÈNE.

Nous venons de voir que les temps glaciaires avaient été pour la plupart des pays une phase toute particulière, après laquelle se sont développées, d'ailleurs avec bien des oscillations, les conditions climatériques actuelles. Il y a eu successivement une première période glaciaire, une période interglaciaire, une seconde période glaciaire et enfin l'établissement de l'état actuel. Nous avons vu qu'il ne régnait pas pendant les temps glaciaires un froid excessif; un abaissement de température d'environ 4° à 6°, accompagné d'une augmentation des précipitations atmosphériques, a suffi pour déterminer l'extension des glaciers. Il faut maintenant chercher les causes des changements climatériques du Pléistocène, et examiner comment on a essayé d'expliquer l'extension des phénomènes glaciaires sur toute la terre.

Les hypothèses émises peuvent être groupées de la manière suivante. Les unes invoquent seulement des changements dans les conditions de la planète, dans la distribution des terres et des mers, dans celle des courants marins, etc. Les autres sont d'ordre cosmique et prennent en considération les relations de la Terre avec les autres corps célestes.

Considérons d'abord les hypothèses du premier groupe. M. de Charpentier avait simplement supposé que les Alpes étaient plus hautes qu'aujourd'hui, ce qui augmentait l'étendue de la région des neiges et par suite l'alimentation des glaciers; mais cette hypothèse date des premiers temps des recherches sur le Quaternaire, elle a été nécessairement abandonnée quand on a reconnu la grande extension des phénomènes glaciaires.

Escher de la Linth et Desor cherchaient la cause de ces phénomènes dans une submersion du Sahara pendant le Pleistocène. Alors, au lieu du vent brûlant, appelé le *föhn*, qui arrivan d'Afrique vient fondre les glaciers de la Suisse, ce dernier pays ne recevait plus que des vents humides, de là une extension des glaciers de la Suisse et aussi du nord de l'Europe. On adopta assez généralement cette opinion, et à ce point que quand le commandant Roudaire proposa de transformer la région des Chotts au sud de Tunis en une mer intérieure(1), beaucoup de personnes craignaient pour l'Europe

(1) Voir la carte relative au projet Roudaire, dans Priem, *La Terre, les Mers et les Continents* (Collection des *Merveilles de la Nature*), p. 97.

un abaissement de température et une extension des glaciers. Cette hypothèse d'ailleurs
n'est pas admissible ; nous avons vu que le
Sahara n'avait pas été submergé pendant le
Pléistocène, qu'il était au contraire couvert de
forêts et jouissait d'un climat tempéré. D'ailleurs la submersion du Sahara aurait peu d'influence sur le climat de l'Europe, notamment
elle ne modifierait pas le föhn. Celui-ci en effet
ne semble pas prendre son origine dans ces
régions, mais beaucoup plus à l'ouest. Lorsqu'il
arrive à la lisière sud des Alpes il est humide.
En s'élevant le long des pentes pour descendre
de l'autre côté, il se refroidit et abandonne
son humidité. En arrivant sur le versant nord,
il reprend sa chaleur perdue et peut ainsi fondre la glace des montagnes. Le föhn doit ses
propriétés simplement au travail mécanique
intense que lui imposent les Alpes (1).

Une autre hypothèse est celle qui admet
des changements de direction des courants
marins. On sait que le Gulf-Stream, sorti du
golfe du Mexique, a la plus heureuse influence
sur le climat de l'Europe occidentale. Hopkins
admet que des oscillations du fond de l'Atlantique avaient détourné le Gulf-Stream loin des
côtes de l'Europe, et en avaient suffisamment
abaissé la température pour déterminer une
période glaciaire. Constant Prévost imaginait
une rupture de l'isthme de Panama, laissant
perdre dans le Pacifique les eaux chaudes du
Gulf-Stream.

Nous ne pouvons accepter non plus cette
hypothèse. Dans les pages précédentes nous
avons constaté que le Gulf-Stream existait à
l'époque quaternaire comme aujourd'hui et
avait pour conséquence de faire remonter la limite des neiges dans les Iles Britanniques. De
plus nous savons que le Pacifique et l'Atlantique n'étaient pas en relation ; il y a beaucoup
d'espèces quaternaires communes aux deux
continents américains, ce qui exclut une rupture des terres de communication.

On ne peut admettre non plus l'opinion de
Lyell, qui supposait une submersion du nord de
l'Europe ; de là une grande humidité qui aurait alimenté les glaciers. L'existence de dépôts
glaciaires, regardés à tort autrefois comme étant
d'origine marine, avait donné lieu à cette hypothèse d'une submersion que rien en réalité ne
prouve.

Nous pouvons remarquer d'ailleurs que toutes

les hypothèses précédentes invoquent des causes purement locales qui ne pourraient expliquer la présence de glaciers pendant le Pléistocène aussi bien dans l'Amérique du Sud,
l'Afrique australe et la Nouvelle-Zélande qu'en
Europe ou dans le nord de l'Amérique. Les
hypothèses d'ordre cosmique ont au contraire
le caractère de généralité nécessaire.

M. de Boucheporn voulut expliquer les phénomènes par un déplacement de l'axe terrestre ;
le pôle nord se serait trouvé en un point de la
Baltique au nord de la Prusse et de la Pologne.
Pour expliquer chaque phénomène, l'auteur
devant admettre un changement de position du
pôle, aucune position fixe ne pouvait expliquer
l'ensemble des faits. Cette hypothèse, à cause
de sa complication même a été abandonnée. Il
en a été de même d'une autre, d'après laquelle
la Terre traverserait successivement des régions plus chaudes ou plus froides des espaces
célestes ; l'étoile fixe dont le système solaire
se serait approché et à laquelle serait dû un
échauffement des espaces célestes, devrait
exercer son attraction sur le système ; il devrait y avoir des changements dans les orbites
des planètes ; or l'astronomie n'a jamais observé
de traces de ce phénomène.

Nous arrivons maintenant à l'hypothèse
d'Adhémar basée sur la précession des équinoxes. D'après cette théorie, pour des périodes
de 10,500 ans, l'hémisphère nord et l'hémisphère sud jouissant alternativement d'un été
plus long, il en résulterait alternativement
pour chacun des hémisphères une période glaciaire. Il est douteux cependant que le raccour-
cissement de l'été, dans des faibles proportions
d'ailleurs, puisse avoir une telle influence.

MM. Croll et Geikie ont cherché la cause
du refroidissement périodique de la Terre
dans l'excentricité plus ou moins accentuée
de l'orbite terrestre, combinée à la précession
des équinoxes. L'ellipse terrestre est alternativement plus allongée et plus large, et se rapproche alors d'un cercle. Au moment du
maximum de l'excentricité, l'hémisphère pour
lequel le solstice d'hiver coïnciderait avec
l'aphélie aurait à supporter un climat glaciaire.
Une période d'excentricité maxima aurait commencé l'an 240,000 avant J.-C. et aurait duré
jusqu'à l'an 80,000. Cette période aurait précisément coïncidé avec les phénomènes glaciaires du Pléistocène. D'après M. Penck, l'excentricité de l'orbite par rapport à la translation
de la Terre autour du Soleil, doit déterminer

(1) Prieu, *La Terre, les Mers et les Continents*, p. 55.

alternativement dans chaque hémisphère des changements climatériques, des modifications importantes dans la direction des courants atmosphériques et marins qui, combinés à des circonstances orographiques locales, produiraient des périodes glaciaires (1). Mais il semble bien, d'après ce que nous avons dit, que les courants n'ont pas subi de modifications importantes pendant le Pléistocène. En outre, on n'a pas une preuve astronomique absolue de l'existence de périodes de forte excentricité. Il en est de même pour la théorie du docteur Blandet, adoptée par MM. de Lapparent et de Saporta, suivant laquelle le diamètre du Soleil aurait graduellement diminué. D'après ces savants, la période glaciaire serait due à ce fait que, les hautes chaînes ayant pris tout leur relief, elles ont été à même de jouer le rôle de condensateurs pour l'humidité atmosphérique, celle-ci étant devenue plus abondante à cause de l'abaissement de température, conséquence nécessaire de la concentration du Soleil. Comment expliquer alors, avec cette théorie, les périodes glaciaires dont on croit avoir reconnu les traces dans les plus anciennes périodes géologiques, alors que le diamètre du Soleil était très considérable ?

Remarquons aussi que la plupart des hypothèses que nous avons exposées admettent une périodicité dans la glaciation pour les deux hémisphères. A une phase interglaciaire de l'hémisphère nord devrait correspondre une glaciation maxima pour l'hémisphère sud. Or on a trouvé des traces incontestables de glaciers dans la Sierra de Santa Marta en Colombie, et dans les Andes, ainsi que dans l'Afrique australe. La glaciation paraît avoir eu lieu à la fois dans les deux hémisphères pendant le Pléistocène. L'extension des glaciers a été même probablement plus intense dans l'hémisphère austral, car les glaciers de nos pays n'atteignent pas le développement qu'ils présentent à la Nouvelle-Zélande et en Patagonie, où ils arrivent jusqu'à la mer, sous une latitude correspondant à celle de Naples.

En résumé les phénomènes glaciaires du Pléistocène indiquent pour toute la terre un abaissement de température de quelques degrés, mais nous ne pouvons jusqu'ici en fixer ni les causes, ni la durée; nous pouvons dire seulement que ces causes ont été générales et non purement locales.

LA FAUNE PLÉISTOCÈNE DE L'AMÉRIQUE.

Nous terminerons l'étude du Pléistocène en considérant les faunes quaternaires de l'Amérique, de l'Australie et de la Nouvelle-Zélande. Elle présentent de nombreuses particularités dignes d'intérêt.

Dans le Pléistocène de l'Amérique du Nord, il y a un certain nombre de types que nous avons rencontrés en Europe. Le Mammouth est très commun dans les régions les plus septentrionales, notamment aux environs du détroit de Behring. Dans les régions méridionales, il est remplacé par une espèce très voisine (*Elephas americanus*). Le Bœuf musqué existait en Amérique comme en Europe, de même l'Ours gris était commun aux deux continents; le Bison fossile d'Amérique ressemble beaucoup au nôtre, mais on ne trouve ni le Rhinocéros, ni l'Hippopotame, ni l'Ours ou l'Hyène des cavernes.

Le type Mastodonte, éteint en Europe avant la fin du Pliocène, a persisté plus longtemps dans l'Amérique du Nord. Le « grand animal

de l'Ohio » n'est autre chose qu'un Mastodonte (*Mastodon americanus, giganteus* ou *ohioticus*). Il avait de petites incisives inférieures (fig. 638). Cet animal se trouve dans le nord, au Canada et à la Nouvelle-Écosse, mais il est plus répandu dans les États-Unis, et il est particulièrement commun dans le sud jusqu'au Texas. On a pensé d'abord qu'il était d'âge pliocène, mais sa présence dans la formation du Champlain, plus récente que le glaciaire, montre que cette opinion est inexacte.

Nous avons déjà vu qu'il y avait en Amérique pendant le Tertiaire toute une série de formes conduisant graduellement au Cheval. Ce dernier était très commun dans ce pays pendant le Pléistocène, et présentait plusieurs espèces différentes de notre type d'Europe; tels sont *Equus occidentalis* de l'Amérique du Nord, *Equus Andium* de l'Amérique du Sud. Ces Chevaux américains n'ont pas laissé de descendants. A l'arrivée des Européens les Chevaux n'existaient plus en Amérique, et ceux qui y vivent aujourd'hui à l'état sauvage descendent d'individus importés par les Espagnols.

(1) Falsan, *La période glaciaire*, p. 197.

On doit admettre que les conditions d'existence d'abord favorables à la vie des Chevaux, ont subi un changement qui a fait disparaître ces animaux, et cependant la rapidité avec laquelle les Chevaux européens ont prospéré dès leur introduction dans le pays, est contraire à cette hypothèse.

Le Pléistocène de l'Amérique du Nord contient aussi des espèces qui lui sont particulières et dont les descendants y vivent encore. Tels sont le Pécari (*Dicotyles*), le Raton laveur, le Porc-Épic arboricole (*Erethizon dorsatum*); aussi le *Casteroïdes* voisin du Castor américain, mais plus grand, et deux espèces de Tapir, type qui manque aujourd'hui dans

On doit ajouter à cette faune une certain nombre de types sud-américains, le *Capybara*, Rongeur de forte taille, qui habite les fleuves du Paraguay et la République Argentine, et surtout des Édentés gigantesques (*Megatherium, Mylodon, Megalonyx*), que nous retrouvons dans la formation des Pampas.

Ainsi, la faune pléistocène de l'Amérique du Nord comprend trois sortes d'éléments : ceux qui sont propres au pays, ceux qui sont arrivés du continent eurasiatique, enfin ceux qui ont émigré de l'Amérique du Sud. On peut en conclure d'une part que le détroit de Behring était encore fermé, et d'autre part qu'une communication existait avec l'Amérique du Sud. Nous avons vu plus haut que pendant la plus grande partie du Tertiaire les deux continents américains ont été séparés par la mer. Au Miocène il y a eu une communication passagère produisant un échange de formes (*Anchitherium, Morotherium*), puis il y a eu rupture jusqu'à la fin du Tertiaire ou au commencement du Pléistocène. La première communication a eu vraisemblablement lieu par une rre dont les Antilles sont un débris, tandis qu'au Pléistocène les relations actuelles s'établirent[1]. Les grands Édentés, d'ailleurs, ne sont répandus que dans les régions méridionales de l'Amérique du Nord, ils sont rares dans le nord des États-Unis et manquent au Canada.

La faune pléistocène de l'Amérique du Sud présente des éléments spéciaux et des éléments venus du nord. Parmi ceux-ci il faut citer les Mastodontes (*Mastodon Andium* et *M. Humboldti*), les Cerfs, les Chevaux et des

[1] Neumayr, II, p. 635.

Carnassiers, comme le *Machairodus neogæus* aux puissantes canines dentelées, un Chat (*Felis protopanther*), des Ours et des Chiens. Le Tapir et le Lama qui vivent aujourd'hui dans l'Amérique du Sud, et depuis le Pléistocène, viennent aussi du nord où maintenant ils n'existent plus; on les trouve, en effet, dans le Tertiaire du continent septentrional. Le Pécari qui existe aujourd'hui dans l'Amérique du Sud et arrive jusqu'au Texas, doit avoir aussi une origine septentrionale, car les Porcins n'existent pas dans les couches anciennes du sud.

D'autres types, comme des Singes analogues à ceux qui vivent aujourd'hui en Amérique, des Rats, des Chauves-Souris, des Sarigues existent

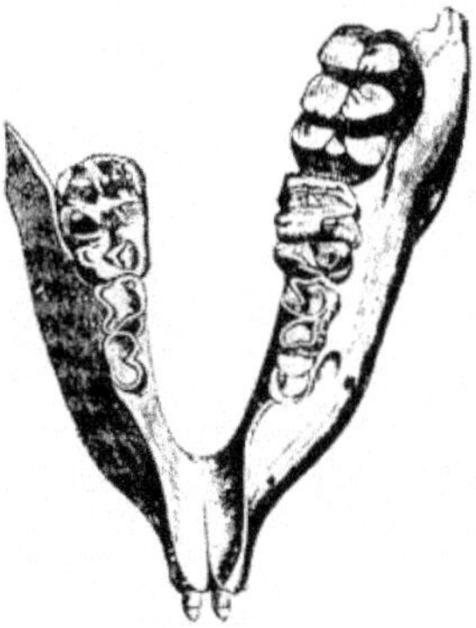

Fig. 638. — Mâchoire inférieure d'un jeune *Mastodon americanus*, au 1/6 de la grandeur.

aussi dans le Pléistocène; on ne sait s'ils sont indigènes ou immigrés.

La première place dans la faune pléistocène de l'Amérique du Sud appartient aux Édentés. Ces Mammifères sont, comme on sait, dépourvus d'incisives et quelquefois même absolument privés de dents (Fourmilier). Les dents, quand elles existent, sont toutes semblables; la dentition est donc homodonte. Ces dents sont à croissance continue; elles ne sont formées que d'ivoire recouvert de cément; il n'y a pas d'émail. Les Édentés sont aujourd'hui cantonnés dans l'Amérique du Sud (Tatou, Fourmilier, Paresseux), dans le sud de l'Afrique (Oryctérope, Pangolin), et aux Indes (Pangolin). Déjà dans le Tertiaire de l'Amérique du Sud il y avait des Édentés; ainsi dans l'Oligocène, on en trouve quelques formes (*Promegatherium, Promylodon*), qui, d'après M. Ameghino, diffé-

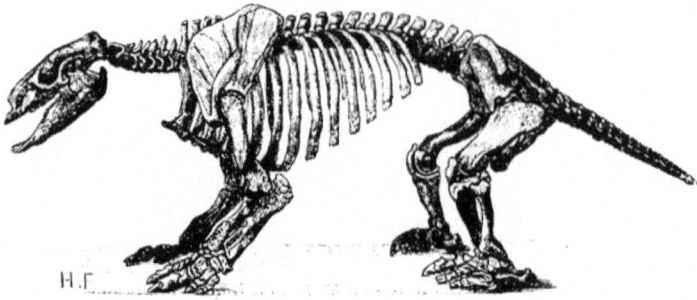

Fig. 639. — Squelette de *Scelidotherium leptocephalum*. (Galerie de Paléontologie du Muséum, 1/18.)

Fig. 640. — Squelette du *Glyptodon typus* (Galerie de Paléontologie du Muséum, 1/22.)

Fig. 641. — *Panochtus*, Glyptodonte de la formation des Pampas (d'après Burmeister).

rent de leurs descendants actuels par la présence sur leurs dents d'une faible couche d'émail. La formation des Pampas qui répond au Tertiaire supérieur et au Pléistocène renferme de nombreux restes d'Édentés.

L'un des plus remarquables est le *Megatherium*. Ce genre présente plusieurs espèces dont une a été dédiée à Cuvier (*Megatherium Cuvieri*) (fig. 637). Cet animal avait une longueur d'environ 4 mètres et une hauteur de 2 mètres et même 2^m,50. La tête est petite et présente l'apophyse zygomatique descendante caractéristique des Paresseux, mais elle s'unit au temporal, ce qui n'a pas lieu chez ces derniers. Les dents sont également plus serrées et forment une série continue, sans barre. Le bassin est très puissant et la queue très forte. Il y a quatre doigts en avant et trois en arrière. Trois des doigts de devant étaient munis d'énormes griffes et aux membres de derrière le doigt du milieu portait aussi une forte griffe servant probablement à fouir la terre. Le *Megatherium* marchait probablement comme le Fourmilier sur le côté du pied. Les pattes diffèrent beaucoup de celles du Paresseux qui sont armées de griffes recourbées, mais sont grêles et allongées ; ce qui frappe dans le squelette du *Megatherium*, c'est l'apparence massive du bassin, des pattes et de la queue. L'animal pouvait sans doute se dresser comme l'Iguanodon et s'appuyer sur sa robuste queue pour brouter le feuillage des grands arbres ; ses griffes puissantes lui permettaient de déraciner les plus petits.

Le *Mylodon* se place à côté du *Megatherium* et se trouve comme lui dans les deux Amériques. Il avait cinq doigts en avant et quatre en arrière, les deux extérieurs dépourvus de griffes. Les dents ont une section triangulaire au lieu d'être carrées comme chez le *Megatherium ;* de plus, elles sont séparées les unes des autres. Chez le *Megalonyx* les dents antérieures s'allongent et prennent la forme de canines ; elles sont séparées des autres par une barre. La section des dents est elliptique. Le squelette est moins massif que chez les précédents, les griffes sont extrêmement longues.

Le genre *Lestodon* est voisin du *Megalonyx ;* le crâne ressemble beaucoup à celui des Paresseux actuels *Bradypus* ou Aï, *Cholœpus* ou Unau.

Le *Megalonyx* et le *Lestodon* constituent un groupe plus ancien et moins différencié que le *Megatherium* et le *Mylodon*. Il est probable

que les Paresseux descendent du premier groupe tandis que le second a terminé son évolution sans laisser de descendance.

Une autre série de formes purement sud-américaines comprend le *Scelidotherium* (fig. 639) de la Patagonie et du Brésil ; c'était un animal à pattes courtes et robustes, ayant un crâne long et étroit ; il rappelle ainsi le genre *Myrmecophaga* (Fourmilier) ; il en est vraisemblablement la souche. On en rapproche les genres *Cœlodon*, *Sphenodon* et quelques autres, ainsi que les genres *Megalocnus* et *Myomorphus* trouvés à l'île de Cuba. Dans les cavernes à ossements du Brésil il y a aussi de vrais Paresseux de petite taille.

Les Tatous sont, comme on sait, l'un des types les plus remarquables de la faune sud-américaine. Ils sont couverts d'une carapace dorsale formée de bandes mobiles, les pattes sont armées de fortes griffes ; les dents sont très nombreuses ; il y en a 100 chez le Tatou géant. Les couches quaternaires de l'Amérique du Sud contiennent des animaux de ce type, à carapace plus ou moins mobile ; tels sont le *Chlamydotherium* qui atteignait la grosseur d'un Tapir et l'*Eutatus* tout à fait semblable par sa carapace à bandes mobiles et le nombre des dents au genre Tatou actuel (*Dasypus*). Mais le Pléistocène sud-américain a fourni aussi des animaux beaucoup plus grands, pourvus aussi d'une carapace. Ce sont les *Glyptodontes*. Le genre *Glyptodon* (*G. clavipes* et *G. typus*) (fig. 640), qui a donné son nom au groupe, est remarquable par le crâne pourvu d'une arcade zygomatique complète avec une branche descendante énorme. Les vertèbres cervicales, sauf l'atlas, sont soudés ; il en est de même des vertèbres dorsales. L'animal est protégé par une carapace rappelant celle des Tatous, mais formée de pièces entièrement soudées ; la tête et la queue sont également cuirassées. Les pattes sont munies de griffes, les dents présentent une surface triturante compliquée. Le *Glyptodon clavipes* mesurait jusqu'à l'extrémité de la queue environ 3 mètres de long ; la carapace d'une seule pièce a 1^m,50. Les animaux du genre *Panochtus* (fig. 641) présentaient des dimensions analogues ; un genre de taille considérable est le genre *Dœdicurus*, où la queue s'élargit à son extrémité en massue comme le pilon d'un mortier. Le groupe des Glyptodontes est, en somme, une branche collatérale du type Tatou, qui s'est éteinte sans descendance.

Fig. 642. — Crâne de *Diprotodon australis* (couches quaternaires d'Australie).

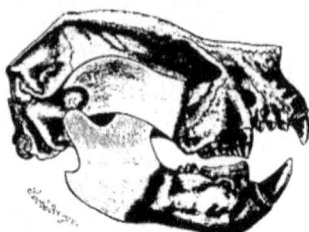

Fig. 643. — Crâne de *Thylacoleo carnifex* (couches quaternaires d'Australie).

La formation des Pampas a fourni d'autres animaux singuliers, d'affinités douteuses. Tels sont les *Toxodontes* qui, par le genre *Nesodon*, remontent au Tertiaire. Leurs caractères les rapprochent à la fois des Ongulés, des Rongeurs et des Édentés. Le *Toxodon* est un animal de la taille de l'Hippopotame, pourvu de cinq doigts à chaque patte ; le fémur, l'astragale, le tibia rappellent ceux de l'Éléphant ; il n'y a pas de canines supérieures, les incisives rappellent les Rongeurs par leur forme en biseaux, les molaires se rapprochent de celles des Édentés, bien qu'elles soient couvertes d'émail. La formule dentaire est : $\dfrac{2.0.4.3}{3.1.3.3}$.

On doit regarder les Toxodontes comme un type très ancien qui dérive probablement des Ongulés primitifs ou *Condylarthra*, car, comme chez ces derniers, les os du carpe et du tarse ne sont pas disposés en séries alternantes.

Un autre type sud-américain dont les affinités sont douteuses est le *Macrauchenia*; il rappelle les *Condylarthra*, mais ses pieds sont tridactyles. La formule dentaire est : $\dfrac{3.1.4.3}{3.1.4.3}$.

Les incisives sont creusées d'un cornet comme celles du Cheval. Les molaires, par leur complication, rappellent celles des Rhinocéros et des Chevaux. Les os nasaux rappellent ceux des Tapirs, et d'après Burmeister, le *Macrauchenia* était pourvu, comme ces derniers, d'une sorte de trompe.

Citons encore le *Protauchenia* voisin des Lamas et se rapprochant aussi du Chameau, puis les vrais Lamas. Les Rongeurs des genres *Capybara* (*Hydrochærus*) et Cabiai (*Cavia*), ainsi que l'Autruche américaine ou Nandou (*Rhea*) sont aussi d'âge pléistocène.

Nous n'avons pas à nous occuper dans ce volume de l'Homme fossile; disons seulement que l'Homme existait déjà pendant le Quaternaire aussi bien dans l'Amérique du Sud que dans l'Amérique du Nord ; on y trouve des ossements associés à ceux des espèces animales disparues : Mastodontes, *Megatherium*, *Glyptodon*, Toxodontes, etc. (1).

LA FAUNE PLÉISTOCÈNE DE L'AUSTRALIE ET DE LA NOUVELLE-ZÉLANDE.

La faune actuelle de l'Australie comprend seulement comme Mammifères les Marsupiaux (Kanguroo, Wombat, etc.), et les Monotrèmes (Ornithorhynque, Échidné), auxquels il faut ajouter un Chien sauvage, le Dingo, provenant sans doute de Chiens apportés par l'Homme et redevenus sauvages, les Rats et les Souris introduits par les navires, enfin les Chauves-Souris qui à l'aide de leurs ailes ont pu traverser les bras de mer séparant l'Australie des terres voisines.

Dans les couches pléistocènes on ne trouve naturellement pas les espèces introduites par l'Homme ; il y a seulement des Marsupiaux et des Monotrèmes, ayant une grande analogie avec les Mammifères du Trias et du Jurassique d'Europe. On peut dire que l'Australie et son annexe, la Tasmanie, ont conservé leur faune d'âge mésozoïque jusqu'au Pléistocène et à l'époque actuelle.

Certains Marsupiaux quaternaires d'Australie avaient une taille beaucoup plus considérable que les espèces actuelles. Comme on le sait, les Marsupiaux présentent de grandes différences au point de vue de la dentition et du régime ; il en était de même pendant le Pléisto-

(1) Verneau, *Les Races humaines* (Collection des *Merveilles de la Nature*).

cène. Ainsi on a découvert un grand Marsupial herbivore, le *Diprotodon australis* (fig. 642) dont le crâne mesure un mètre de long. Il devait alors avoir la taille du Rhinocéros. Les premières incisives en haut et en bas sont énormes et dépourvues de racine, elles étaient à croissance continue comme celles des Rongeurs ; les molaires présentent deux collines transversales comme celles des Kangouroos. D'après Owen, le *Diprotodon* devait être une sorte de Kangouroo gigantesque non organisé pour le saut. A côté de lui se trouve le *Nototherium*, un peu plus petit et dont les incisiv s sont moins fortes.

Fig. 644. — *Dinornis parvus.* — A, squelette ; *il*, ilium ; *is*, ischium ; *pp*, pubis ; *st*, sternum ; *t*, tibia ; *f*, péroné ; *tm*, tarso-métatarse ; B, tarso-métatarse avec articulation des doigts.

Le *Thylacoleo carnifex* (fig. 643) du Pléistocène d'Australie a donné lieu à plusieurs interprétations relativement à son genre de vie. Cet animal, qui avait la grosseur du Lion, présentait de fortes incisives, et la dernière prémolaire, d'un développement considérable, était tranchante et ressemblait à la dent carnassière des Félidés. La formule dentaire est : $\frac{3}{1} i + \frac{1}{0} c + \frac{3}{3} pm + \frac{4}{2} m$. Les arcades zygomatiques sont très larges, ce qui indique l'existence de muscles temporaux puissants. L'animal était probablement carnassier, comme le pense Owen, et il faut sans doute le rattacher aux Plagiaulacidés si développés pendant l'ère mésozoïque. Cependant Falconer et Flower regardent le *Thylacoleo* comme un Herbivore à cause des ressemblances que pré-

sente le squelette avec celui des Kangouroos, entre autres le grand développement des incisives et la ressemblance de la grande prémolaire avec celle de l'Halmature (*Macropus Benetti*). Les affinités du *Thylacoleo* ne sont donc pas encore bien établies.

Outre les Mammifères, le Pléistocène d'Australie contient les restes de gros Oiseaux sans ailes, analogues à l'Émeu actuel (*Dromæus*) ou aux *Dinornis* quaternaires de la Nouvelle-Zélande. Ce sont des *Ratites*, groupe d'Oiseaux sans bréchet et à ailes très courtes incapables de servir au vol ; les Ratites, on le sait, sont aujourd'hui répandus seulement dans les régions équatoriales et dans l'hémisphère sud ; ils comprennent, en Afrique, l'Autruche (*Struthio*), en l'apouasie le Casoar, en Australie l'Émeu, à la Nouvelle-Zélande l'*Apteryx* ou Kiwi, et dans le sud de l'Amérique, le Nandou ou Autruche à trois doigts (*Rhea*). Ce groupe était beaucoup plus répandu qu'aujourd'hui pendant le Pléistocène. L'Autruche vivait aux Indes. A Madagascar existait un gros Oiseau, l'*Æpyornis*, dont on retrouve les débris du squelette et même les œufs qui avaient une capacité de huit litres et valaient six œufs d'Autruche. Mais les Ratites ont présenté leur développement maximum à la Nouvelle-Zélande.

Là vivaient de grands Oiseaux dont on a fait le genre *Dinornis*. Ces Oiseaux, appelés Moas par les Maoris, pouvaient atteindre 3m,50 à 4 mètres de haut (*Dinornis giganteus*, *D. elephantopus*) ; les plus petits avaient un mètre (*D. parvus*) (fig. 644). Il n'y avait pas moins de onze espèces de Dinornis. Leurs ossements sont très nombreux, ce qui a permis de bien étudier leur organisation. Les extrémités antérieures étaient complètement atrophiées, le sternum était large et plat, les pattes très robustes avaient trois doigts munis de fortes griffes ; le crâne était court. Les Moas ont certainement disparu depuis peu, car on trouve encore les débris de leurs œufs qui étaient gros comme trois œufs d'Autruche, et les Maoris ont gardé le souvenir des combats qu'ils ont livrés aux Moas lorsqu'ils se sont établis dans l'île. Il est même fort probable que les derniers Moas vivaient encore vers la fin du siècle dernier ; un ancien chef maori qui mourut vers le milieu de notre siècle se rappelait avoir mangé, dans sa jeunesse, de la chair de Moa. M. de Hochstetter attribue la destruction rapide des Moas au manque de nourriture animale à la Nouvelle-Zélande, qui força les Maoris à détruire ces grands Oiseaux. A l'époque actuelle, une seule espèce représente ce groupe disparu, c'est l'*Apteryx* ou Kiwi, de la taille d'une Poule et dont les ailes très courtes sont cachées sous les plumes du corps. Le bec est allongé tandis que celui-ci des Dinornis était très court.

L'existence exclusive des *Ratites* dans les terres australes prouve une fois de plus, comme celle des Édentés, l'existence dans les périodes géologiques antérieures d'un continent brasilo-éthiopique se prolongeant vers les Indes par une péninsule; c'est ce qui résultait déjà, comme on l'a vu plus haut (1), de la répartition des dépôts marins mésozoïques. Cela résulte aussi de la présence de Marsupiaux du type australien dans les couches tertiaires inférieures de la Patagonie (2).

(1) Page 257.
(2) Page 346.

LA GÉOLOGIE RÉGIONALE DE LA FRANCE.

LE PLATEAU CENTRAL.

LA CARTE GÉOLOGIQUE DE FRANCE.

Dans les pages précédentes nous avons étudié les diverses époques géologiques, nous efforçant de tracer les limites des terres et des mers pendant la série de ces périodes, de reconstituer les faunes et les flores, et de préciser autant que possible les conditions climatériques. Pour obtenir ce résultat, nous avons mis à profit les renseignements que la Géologie et la Paléontologie ont recueillis dans toutes les contrées du globe étudiées jusqu'à présent. Les chapitres qui précèdent donnent donc une esquisse de l'histoire géologique de la terre entière, esquisse encore bien imparfaite en dehors de l'Europe. Nous nous proposons maintenant de considérer d'une manière spéciale la France et d'étudier géologiquement ses diverses régions naturelles. Nous possédons sur celles-ci un grand nombre de documents consistant en mémoires accompagnés de coupes géologiques et en cartes géologiques. Précisons d'abord la signification de ces coupes et de ces cartes.

Faire une coupe géologique c'est représenter sur le papier les diverses couches du sol dans l'ordre où elles se présentent. Il faut pour cela profiter, comme nous l'avons déjà dit, de toutes les dépressions et excavations du sol : tranchées, carrières, etc. On a soin d'indiquer l'épaisseur de chaque couche. Quand deux carrières suffisamment éloignées montrent pour les couches du sol la même disposition, on peut en conclure que les lieux intermédiaires ont la même constitution. Pour compléter les indications des coupes géologiques, il faut dresser la carte géologique du pays, c'est-à-dire indiquer la nature de la couche qui se trouve en chaque point immédiatement au-dessous de la terre végétale. Pour faire une carte géologique, on note donc les couches situées au-dessous de la terre végétale et on réunit par une courbe les

points où la constitution géologique est la même ; on colore ensuite diversement les régions qui présentent des terrains différents.

La première carte géologique de France est due à Guettard. Le nom de géologie n'était pas encore inventé. Guettard publia en 1746 dans les Mémoires de l'Académie des sciences sa *Carte minéralogique* sur la nature du *terrain d'une portion de l'Europe* et sa *Carte minéralogique, où l'on voit la nature et la situation des terrains qui traversent la France et l'Angleterre.* Cette œuvre frappa beaucoup par sa nouveauté les contemporains. « M. Guettard, dit Lavoisier, est le premier que je connaisse qui ait eu l'idée de représenter sur des cartes géographiques la nature des substances renfermées dans l'intérieur de la terre ; il s'est servi à cet effet des caractères minéralogiques analogues à ceux que les anciens chimistes ont employés (1). »

Monnet collabora au travail de Guettard et le continua. En 1780 il fit paraître son *Atlas et description minéralogique de la France.* Mais les premières cartes géologiques n'étaient pas coloriées ; les terrains étaient simplement différenciés par des hachures et des points gravés. C'est M. de Barral qui paraît avoir publié pour la Corse la première carte où soient représentés par des teintes uniformes les différents terrains (2). Ensuite Cuvier et Brongniart firent paraître en 1810 la *Carte géognostique des environs de Paris,* et d'Omalius d'Halloy en 1822 un *Essai d'une carte géologique des Pays-Bas de la France et de quelques contrées voisines.* A la même date, en 1822, commencèrent les travaux de Dufrénoy et Elie de Beaumont sous la direction de Brochant de Villiers, pour l'établissement d'une

---

(1) Cité par Raulin, *Histoire des cartes géologiques* (Bull. Soc. géol. de France, 1888, p. 949).
(2) *Id.*, p. 950.

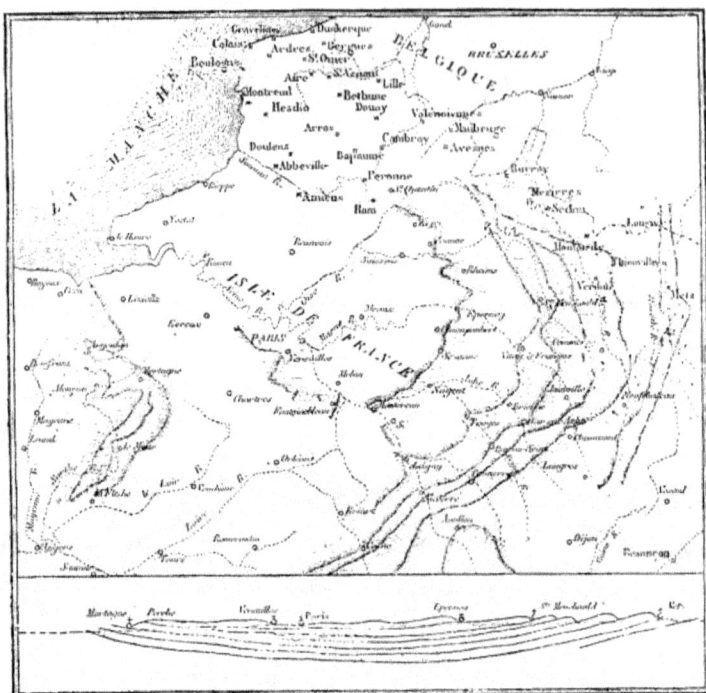

Fig. 645. — Bassin de Paris et ses ceintures. (Dufrénoy et Elie de Beaumont.)

carte géologique générale de la France. Elle fut publiée en 1840 au $\frac{1}{500,000}$, en six feuilles. Dufrénoy et Elie de Beaumont l'accompagnèrent d'une *Explication* justement célèbre, mais malheureusement restée inachevée. En 1868 fut organisé un service spécial pour l'exécution d'une carte géologique détaillée de la France. Cet immense travail est très avancé. Les relevés géologiques sont reportés sur la carte du Dépôt de la Guerre au $\frac{1}{80,000}$; sur 267 feuilles, 131 étaient publiées à la date du 1ᵉʳ août 1892. Ces feuilles sont accompagnées d'un texte explicatif. En outre le service de la Carte a fait paraître plusieurs mémoires et publie également depuis 1889 un *Bulletin* contenant de nombreuses monographies sur les régions françaises les plus diverses. En attendant l'achèvement de la carte détaillée de la France, le service de la Carte a donné au public, à la fin de 1888, une carte au millionième, et précédemment deux géologues, MM. Carez et Vasseur, avaient fait paraître de 1883 à 1889 les quarante-huit feuilles d'une carte au $\frac{1}{500,000}$ remplaçant avec avantage celle de Dufrénoy et d'Elie de Beaumont aujourd'hui insuffisante. Tous ces documents et ceux que contiennent le *Bulletin* et les *Mémoires* de la Société géologique de France fondée en 1830, ceux que renferment en outre les *Annales des sciences géologiques* et de nombreuses publications plus ou moins importantes, permettent aujourd'hui de se faire une idée assez exacte de la structure géologique de notre pays. Les grandes lignes en sont aujourd'hui fixées ; les détails se préciseront peu à peu grâce à l'activité du service de la Carte et aux efforts des membres de la Société géologique de France et des Sociétés provinciales, au premier rang desquelles il faut citer celle de Lille, la Société géologique du Nord.

L'*Annuaire du Club alpin* contient aussi de nombreuses notices d'un grand intérêt géologique.

Un coup d'œil donné à l'une des cartes géologiques de la France suffit pour constater différents traits importants qui frappent immédiatement l'attention. On voit d'abord que le terrain primitif de gneiss et micaschistes et les roches granitiques forment au centre du pays une grande zone sur laquelle se sont épanchées des roches volcaniques, c'est le Plateau Central de la France. Les roches granitiques et le terrain primitif forment aussi une notable partie des massifs les plus anciens, du massif armoricain comprenant la Bretagne, le Cotentin et la Vendée, des Vosges, du massif des Maures et de l'Esterel à l'extrémité de la Provence ; les mêmes roches sont disposées aussi parallèlement à l'axe des grandes chaînes de montagnes : Alpes et Pyrénées. Au nord-est, le massif de l'Ardenne est constitué uniquement de terrains paléozoïques.

Un autre caractère important est la disposition du système jurassique, teinté en bleu sur les cartes. Ce système constitue une sorte de ceinture autour du bassin de Paris et une autre autour du Plateau Central. Ces deux boucles se rejoignent pour former une sorte de 8 ouvert en haut. Le système jurassique remplit le détroit qui sépare le massif des Vosges du Morvan, prolongement septentrional du Plateau Central, et aussi le col qui sépare ce dernier de la Vendée. On peut donner à ces détroits les noms de détroit morvano-vosgien ou de Dijon, et de détroit du Poitou.

Un fait remarquable de la géologie de la France est la constitution du bassin de Paris, fait déjà indiqué par Guettard. Si l'on part de la Lorraine ou de la Normandie en s'avançant vers Paris, on trouve successivement toutes les couches du Jurassique et du Crétacé et enfin des couches tertiaires. Le bassin de Paris a donc une disposition concentrique. Les diverses couches qui se présentent sur l'un des bords plongent successivement pour se relever ensuite de l'autre côté. On peut comparer la région parisienne à une série de cuvettes emboîtées les unes dans les autres. Elle formait primitivement un golfe dont la mer s'est retirée peu à peu. Celle-ci n'en couvrait plus que la partie centrale pendant les temps tertiaires et a fini par abandonner complètement le pays. Les diverses zones qui entourent le bassin de Paris forment autant de remparts, de lignes de défense

dont le rôle historique a été fort important. Dufrénoy et Élie de Beaumont, dans leur *Explication de la Carte géologique de France* (1), ont mis ce fait en relief avec une réelle éloquence :

« Les rivières, disent-ils, qui comme l'Yonne, la Seine, la Marne, l'Aisne, l'Oise, convergent vers le centre du bassin parisien, traversent les crêtes successives dans des défilés que les révolutions du globe ont ouverts pour elles (2). Ces mêmes crêtes (fig. 643) forment les lignes naturelles de défense de notre territoire, et les opérations stratégiques de toutes les armées qui l'ont attaqué ou défendu s'y sont toujours coordonnées par la force même des choses. Jamais cette vérité n'a été mise plus vivement en lumière que dans la mémorable campagne de 1814. Sur la crête la plus intérieure formée par le terrain tertiaire, ou tout près d'elle, se trouvent les champs de bataille de Montereau, de Nogent, de Sézanne, de Vauchamps, de Montmirail, d'Épernay, de Craonne et de Laon. Sur la deuxième, formée par la craie, se trouvent Troyes, Brienne, Vitry-le-François, Sainte-Menehould. Là aussi se trouve Valmy. La troisième crête, beaucoup moins prononcée et plus inégale, présente cependant les défilés de l'Argonne. Près de la quatrième ligne saillante, qui déjà appartient au terrain jurassique, se trouvent Bar-sur-Seine, Bar-sur-Aube, Bar-le-Duc, Ligny. Près de la cinquième, qui est également jurassique, sont Châtillon-sur-Seine, Chaumont, Toul, Verdun. La sixième, déjà un peu excentrique, est formée par les coteaux élevés qui dominent Nancy et Metz, et qui s'étendent sans interruption depuis Langres jusqu'à Longwy, Montmédy et jusqu'aux environs de Mézières. Paris est placé au milieu de cette sextuple circonvallation opposée aux incursions de l'Europe et traversée par les vallées convergentes des rivières principales.

« Vers le nord-est, la branche orientale du grand 8 jurassique ne se rencontre que souterrainement et cesse de saillir à la surface; aussi ne trouve-t-on plus dans cette direction les mêmes lignes *naturelles* de défense; mais depuis longtemps on a senti le besoin d'y suppléer par des *moyens artificiels*, et l'on a renforcé par une triple ligne de places fortes cette partie faible de nos frontières.

« On voit donc que l'emplacement de Paris

(1) Tome I (1841), p. 26 et 27.
(2) On sait qu'Élie de Beaumont a été le dernier défenseur de la doctrine des cataclysmes.

Fig. 646. — Bassin de Paris et Dôme de l'Auvergne. (Dufrénoy et E. de Beaumont.)

avait été préparé par la nature, et que son rôle politique n'est pour ainsi dire qu'une conséquence de sa position. Les principaux cours d'eau de la partie septentrionale de la France convergent vers la contrée qui l'occupe d'une manière qui nous paraîtrait bizarre si elle nous était moins utile et si nous y étions moins habitués. Enfin la nature, prodigue pour cette même partie de la France, l'a dotée d'un sol fertile et d'excellents matériaux de construction. Environnée de contrées beaucoup moins favorisées, telles que la Champagne, la Sologne, le Perche, elle forme au milieu d'elles comme une oasis. L'instinct qui a dicté à nos ancêtres le nom d'Ile-de-France pour la province dont Paris était la capitale, résume d'une manière assez heureuse les circonstances géologiques de sa position.

« Ce n'est donc ni au hasard, ni à un caprice de la fortune que Paris doit sa splendeur, et ceux qui se sont étonnés de ne pas trouver la capitale de la France à Bourges ont montré qu'ils n'avaient étudié que d'une manière superficielle la structure de leur pays. Cette capitale n'a pris naissance et surtout n'a grandi que par l'effet de circonstances naturelles résultant, en principe, de la structure intérieure de notre sol. On en trouve le reflet dans le groupement des intérêts et des populations, de même qu'on voit la différence des climats influer sur les lois des différents peuples. »

L'opposition est saisissante quand on compare la structure du bassin de Paris, formé de cuvettes emboîtées, à celle du Plateau Central s'élevant comme un dôme (fig. 646). Comme le disent les auteurs de l'*Explication de la carte géologique de la France* (1), ce sont deux pôles exerçant des influences contraires ; l'un est en creux et attractif, l'autre en relief et répulsif :

« Le pôle en creux vers lequel tout converge,

(1) Dufrénoy et Élie de Beaumont, tome I, p. 24.

c'est Paris, centre de population et de civilisation. Le Cantal, placé vers le centre de la partie méridionale, représente assez bien le pôle saillant et répulsif. Tout semble fuir en divergeant de ce centre élevé, qui ne reçoit du ciel qui le surmonte que la neige qui le couvre pendant plusieurs mois de l'année. Il domine tout ce qui l'entoure, et ses vallées divergentes versent les eaux dans toutes les directions. Les routes s'en échappent en rayonnant, comme les rivières qui y prennent leurs sources. Il repousse jusqu'à ses habitants, qui, pendant une partie de l'année, émigrent vers des climats moins sévères.

« L'un de nos deux pôles est devenu la capitale de la France et du monde civilisé, l'autre est resté un pays pauvre et presque désert.

Comme Athènes et Sparte dans la Grèce, l'un réunit autour de lui les richesses de la nature, de l'industrie et de la pensée; l'autre, fier et sauvage au milieu de son âpre cortège, est resté le centre des vertus simples et antiques, et, fécond malgré sa pauvreté, il renouvelle sans cesse la population des plaines par des essaims vigoureux et fortement empreints de notre ancien caractère national. »

C'est par ce pôle répulsif de notre territoire, par le Plateau Central, que nous commencerons cette étude géologique des régions françaises. Nous considérerons ensuite les autres massifs anciens : Armorique, Vosges, Ardennes, Maures et Esterel; puis le Jura, les Alpes, les Pyrénées, enfin les plaines qui s'étendent entre ces massifs et au pied de ces montagnes.

CONSTITUTION GÉOLOGIQUE ET DIVISIONS DU PLATEAU CENTRAL.

Le Plateau Central occupe environ le cinquième de notre territoire. Il comprend à l'ouest le Limousin et la Marche, au centre une partie du Bourbonnais, l'Auvergne, le Velay et le Forez, à l'est le Beaujolais et le Vivarais. Il pousse au nord un cap avancé qui est le Morvan, et se prolonge au sud par la montagne Noire. Le Plateau Central consiste essentiellement en un plateau de gneiss et de micaschistes formant un socle d'une altitude moyenne supérieure à 500 mètres, traversé par des épanchements de roches granitiques. Des éruptions volcaniques, analogues aux éruptions modernes, ont fourni aux époques carbonifère et permienne de nombreuses porphyrites; puis, pendant le Tertiaire et le Pléistocène, de nouvelles éruptions ont fourni toute une série de roches basaltiques et trachytiques. Ces roches constituent les nombreux cônes volcaniques de l'Auvergne, du Velay, du Vivarais. Les bords du Plateau présentent des bassins houillers de grande importance; tels sont ceux d'Autun, de Saint-Étienne, d'Alais. En outre, une longue traînée de bassins traverse le Plateau depuis la Nièvre jusque dans l'Aveyron et le Tarn; elle comprend ceux bien connus de Decize, de Commentry, de Champagnac, de Decazeville et de Carmaux. Une autre rangée moins importante suit la vallée de l'Allier et renferme les bassins de Langeac et de Brassac. Sur le Plateau existent aussi un certain nombre de bassins remplis de sédiments tertiaires d'eau douce ou saumâtre, tels sont ceux de la Limagne, d'Aurillac et du Puy-en-Velay. Enfin, un golfe jurassique s'in-

sinue entre la montagne Noire et la partie sud-est du Plateau; c'est une région de plateaux arides, découpés par des vallées profondes et à pics; on appelle ces plateaux les *causses;* ils constituent la plus grande partie de la Lozère et de l'Aveyron.

Sur le plateau on ne trouve pas de sédiments paléozoïques antérieurs au Carbonifère; il y en a au contraire sur le pourtour du bassin; ainsi du Cambrien et du Silurien près de Brives, du Dévonien sur les bords de la montagne Noire, et au nord près de Bourbon-Lancy. On doit en conclure que le Plateau Central était émergé complètement aux débuts des temps paléozoïques; il constituait alors une île dont les rivages étaient baignés par les mers silurienne et dévonienne.

Cette île était sans doute alors un simple bombement de relief médiocre dû à un plissement anticambrien; mais d'autres plissements l'ont affecté ensuite vers l'époque carbonifère, s'accentuant de plus en plus. Ces plissements font partie du grand mouvement dit *hercynien,* qui a donné naissance aux hauteurs du Cornwall, du massif armoricain, des Ardennes, des Vosges, de la Forêt-Noire, de la Bohême et de l'Oural (1). Ils ont eu lieu du nord-ouest au sud-est, depuis la Bretagne jusqu'à la Montagne-Noire, pour remonter ensuite du sud-ouest au nord-est, suivant une direction presque

(1) Voir, pour les dislocations du sol, *La Terre, les Mers et les Continents (Merveilles de la Nature),* p. 348-382.

perpendiculaire jusque vers les Vosges (1). Ce mouvement hercynien a donné lieu à toute une série de plis en relief (anticlinaux) suivis chacun d'un pli en creux (synclinaux). C'est précisément dans les dépressions synclinales que se sont formées les houilles des bords du plateau. Dans ces échancrures creusées par des lagunes ou par des lacs, les cours d'eau entraînaient de nombreux débris végétaux qui se sont transformés graduellement en combustibles. Quant à la grande ligne de bassins houillers qui traverse le Plateau de Decize à Decazeville, elle est perpendiculaire à la direction des synclinaux hercyniens ; elle paraît correspondre à une faille qui se serait produite en même temps que ces plis. Les hauteurs occidentales du Plateau Central, les monts de la Marche et du Limousin représentent les anticlinaux hercyniens ; ils ont en effet la direction N.-O.-S.-E. Des éruptions considérables ont eu lieu pendant le Carbonifère et le Permien ; malgré les dénudations qui se sont produites depuis ces lointaines périodes, il en reste encore de nombreux vestiges, surtout dans le Forez, le Beaujolais et le Morvan. Nous en parlerons plus loin en détail.

Les éruptions ont continué pendant une partie de la période triasique, mais avec une intensité décroissante. La mer du Trias et du Jurassique a déposé ses sédiments autour du Plateau Central. Ce dernier même a été envahi par la mer jurassique ; le Morvan tout entier a été alors recouvert par les eaux, et la partie centrale seule de la région est restée émergée ; le Plateau Central devait être réduit alors à une île de peu d'étendue, séparée du massif breton et des Vosges par de larges détroits. C'est à cette époque que la plupart des plis du Plateau ont été érodés. Une retraite de la mer eut lieu pendant le Crétacé inférieur, et les détroits se sont alors bouchés pour se rouvrir lors de la grande transgression cénomanienne. Enfin, avec la terminaison de la période crétacée, les détroits se sont fermés définitivement, et le Plateau Central a été mis en communication permanente avec le massif armoricain et les Vosges ; mais son aspect était alors bien différent de celui qu'il avait après les plissements hercyniens. De grandes dénudations s'étaient produites par l'effet des invasions de la mer et des agents atmosphériques. C'était une terre basse à pente faible inclinée de l'est à l'ouest ; les points culminants se trouvaient sur l'empla-

cement actuel des monts de la Margeride (1). Pendant toute la première partie des temps tertiaires, la surface du Plateau a été couverte de lacs où se sont déposés des argiles, des marnes et des calcaires. Le plus grand de ces lacs correspondait à la Limagne actuelle ; d'autres importants, que nous avons déjà signalés, existaient près d'Aurillac et dans le Velay.

Avec le Miocène se produisirent de grands changements. C'est alors que des plissements d'une grande intensité ont donné naissance aux Alpes. Les plissements alpins ont affecté une vaste zone s'étendant des Pyrénées jusqu'à l'Himalaya. Un certain nombre de massifs anciens n'ont pas été affectés par ces plissements ; ils ont servi de môles inébranlables, de *hörste*, suivant l'expression de M. Suess, contre lesquels les plis sont venus se buter. M. Suess considère le Plateau Central comme ayant été un *horst* (2). Mais des recherches récentes montrent qu'il n'en a pas été ainsi. Le Plateau Central, au moins dans sa partie orientale, a subi le contre-coup des plissements alpins (3). Ceux-ci se sont propagés avec la direction générale N.-S., jusqu'au delà de l'Allier. Les vallées de la Loire et de l'Allier sont le résultat de la formation de synclinaux tertiaires par suite de ces plissements. Quant aux anticlinaux, aux plis en relief, il faut les voir dans les trois grandes chaînes d'orientation N.-S., séparant les vallées de l'Allier et de la Loire, savoir l'anticlinal des Cévennes entre Rhône et Loire, l'anticlinal des monts du Forez entre Loire et Allier ; enfin le plateau granitique servant de socle à la chaîne des Puys. Des cassures se sont produites dans la direction N.-S. et généralement aux points de jonction des synclinaux et des anticlinaux ; telles sont la grande faille du Forez et celle de la Limagne au pied de la chaîne des Puys. D'autres failles parallèles affectent les clefs de voûte anticlinales, qui présentent ainsi des effondrements par échelons, comme on peut le voir dans les monts du Forez et dans les Cévennes. En outre, le fond des synclinaux se trouve par contre relevé en son milieu par d'autres failles en éche-

(1) Fouqué, *Le Plateau Central de la France* (Discours lu dans la séance publique annuelle des cinq académies, 25 octobre 1890, et publié dans la *Revue scientifique* du 1er novembre 1890).
(2) Pricu, *La Terre, les Mers et les Continents* (*Merveilles de la Nature*), p. 358 et 382.
(3) A. Michel-Lévy, *Bulletin du service de la Carte géologique de France*, février 1890, p. 26, et Depéret, *Orogénie du Plateau Central*.

(1) Depéret, *Orogénie du Plateau Central* (*Annales de Géographie*, juillet 1892).

lons, mais disposées en sens contraire des précédentes.

D'autres phénomènes ont modifié l'orogénie du Plateau Central pendant le Tertiaire : ce sont les éruptions volcaniques. Elles ont trouvé une issue facile le long de la charnière suivant laquelle se croisent les deux directions S.-E. et N.-E. des plissements hercyniens. En ces points de faible résistance se sont constituées, avec la direction générale N.-S., les chaînes des Puys, des monts Dore, les montagnes du Cantal, d'Aubrac et du Velay. Plus à l'est, les ruptures dues aux plissements alpins ont permis l'épanchement des laves du Forez et du Vivarais.

Les premières éruptions volcaniques du Plateau Central se sont produites pendant le Miocène ; elles ont donné naissance à des basaltes d'un noir foncé bien développés près d'Aurillac, et surtout à des andésites et à des trachytes. Vers la fin du Miocène et au commencement du Pliocène, les éruptions ont changé de nature ; elles ont consisté surtout en roches verdâtres, qui se divisent en feuillets et qui rendent un son clair quand on les frappe ; elles doivent à ce caractère le nom de phonolite (1). Ces phonolites sont très répandues dans le Cantal, et surtout dans le Velay ; le Mezenc et le Gerbier-de-Joncs sont constitués par ces roches.

Enfin les basaltes ont succédé aux phonolites ; ils ont donné lieu aux éruptions du Pliocène supérieur et à celles du Quaternaire ; l'Homme a été le témoin des dernières de ces éruptions. Nous avons cité déjà plus haut la découverte de restes humains dans les projections basaltiques du volcan de la Denise près du Puy-en-Velay. Les basaltes pliocènes et quaternaires couvrent de vastes étendues ; ils forment notamment la cime du Plomb du Cantal, la chaîne du Cézalier qui relie le mont Dore au Cantal, et la chaîne des Puys. Pendant le Quaternaire ou Pléistocène, les grands phénomènes glaciaires que nous avons étudiés plus haut avec détails, se sont produits aussi dans le Plateau Central ; des moraines existent dans toutes les vallées autour des hauts sommets comme le Plomb du Cantal, le Cézalier, le Sancy ; c'est l'époque aussi du creusement définitif des vallées. Les phénomènes glaciaires n'ont d'ailleurs pas interrompu l'activité des volcans ; M. Fouqué cite des scories basaltiques remplies de carbonate de chaux et de silicates hydratés cristallisés, qui attestent la présence d'amas d'eau sur l'orifice même de certains volcans (1).

Nous terminons ici cette esquisse rapide de la géologie du Plateau Central ; nous allons maintenant étudier avec soin les diverses parties de cette vaste région.

LE LIMOUSIN ET LA MARCHE.

La partie occidentale du Plateau Central correspond aux anciennes provinces du Limousin et de la Marche. Son altitude moyenne est d'environ 500 mètres, mais il y a plusieurs crêtes saillantes, dont les montagnes de forme arrondie se dressent au-dessus du sol environnant. Au nord de Limoges se dresse la chaîne de Blond, qui sépare la vallée de la Vienne de celle de la Gartempe ; ses croupes s'élèvent à plus de 200 mètres au-dessus du terrain environnant, et certaines ont une altitude de beaucoup supérieure ; ainsi le massif des Échelles qui se détache de la chaîne principale vers le nord-est atteint 669 mètres ; le Puy de Sauvagnac a une altitude de 701 mètres au-dessus du niveau de la mer. La chaîne de Blond présente un certain nombre de chaînons latéraux, entre autres celui de Chanteloube. Une autre chaîne, que l'on désigne plus particulièrement sous le nom de montagnes du Limousin, sépare

le bassin de la Vienne de celui de la Vézère. Le faîte de cette chaîne méridionale passe par Surdoux, la Porcherie, Royère, Nexon, Chalus et Saint-Mathieu ; ses croupes les plus élevés sont à l'ouest le Puy Cogneux (590 m.) et à l'est le Puy Jargeau, haut de 950 mètres ; un chaînon remarquable, celui de Châteauneuf, se dirige au nord-ouest ; un autre qui va au sud est celui de Courbefi (2). Les deux chaînes de Blond et des montagnes du Limousin viennent s'unir vers l'est au plateau de Millevaches, situé dans la Corrèze. Ce plateau sépare le Limousin de l'Auvergne ; il est très élevé et son altitude moyenne est d'environ 800 mètres ; sur lui se dressent des montagnes arrondies, dénudées, de plus de 900 mètres, comme le mont Besson (984 mètres) et le mont Odouze (954 mètres). Le plateau de Millevaches donne naissance à de nombreuses rivières : la Vienne,

---

(1) Voir, pour la description des roches, Priem, *La Terre, les Mers et les Continents*, p. 383 et suivantes.

(1) Fouqué, *Le Plateau Central de la France*.
(2) Manès, *Statistique géologique et industrielle de la Haute-Vienne*, 1832.

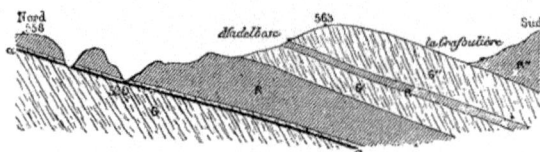

Fig. 647. — Coupe prise à l'ouest de Roche-de-Vic (M. de Launay), (feuille de Brives). — G G'G´, gneiss gris ; α, amphibolite ; R R'R´, leptynite rose.

la Gartempe, la Creuse, le Sioulet, tributaire de l'Allier ; le Chavanon et la Vézère, affluents de la Dordogne. En se dirigeant vers le nord-est de ce centre hydrographique, on trouve une autre région élevée, granitique comme la précédente, on l'appelle le Franc-Alleud ; puis, en se dirigeant vers le nord, on rencontre entre la Creuse et le Cher, à la lisière du Bourbonnais, les collines basses de la Combrailles, composées de gneiss et de micaschistes.

Le pays dont nous venons d'énumérer les principales lignes de relief est essentiellement formé de roches granitiques et de terrain primitif (gneiss et micaschistes). Il est peu fertile, car la terre provenant de la destruction du granite est en général très légère et doit recevoir beaucoup d'engrais. « Le seigle, le blé sarrasin, les pois, les pommes de terre, sont les seules plantes utiles à l'homme qui puissent y réussir dans l'état actuel de la culture. On y voit cependant, çà et là, quelques champs de blé et d'avoine, mais la paille est grêle et les épis clairsemés ne portent que des grains rares et fort petits. Les chênes et les hêtres y deviennent vigoureux ; le châtaignier y prospère presque partout, mais principalement sur les pentes des coteaux, car les sommets sont en général nus et stériles. Le châtaignier, véritable arbre à pain de cette partie de la France, fournit la principale nourriture du pauvre, sert en partie à celle des bestiaux et donne le revenu le plus solide, parce que, même sans culture, les produits en sont quelquefois très abondants (1). » Cependant le pays, malgré son aspect triste, ne manque pas de charme et présente plus de variété qu'on ne pourrait d'abord se l'imaginer. « Les bords des rivières, dit Élisée Reclus, offrent presque partout de ravissants paysages, où se combinent d'une manière admirable la grâce champêtre des plaines arrosées et l'austérité des pays de montagnes ; formées de bassins et d'étrangle-

ments successifs, elles présentent tour à tour de belles prairies parsemées de bouquets d'arbres et de courts défilés où murmurent les eaux assombries par le reflet des forêts (1). »

Le terrain primitif de gneiss et micaschistes présente un certain nombre de termes différents, qui ont été récemment séparés et étudiés par M. de Launay aux environs de Brives, et par M. Mouret (fig. 647), entre Tulle et Saint-Céré (2). L'étage le plus inférieur est formé de gneiss granitoïde d'un gris bleu et à stratification peu distincte. Ensuite vient un gneiss plus schisteux que M. de Launay appelle gneiss gris et renfermant des schistes amphiboliques et amphibolites, qu'on trouve d'ailleurs aussi à des niveaux plus élevés. Le sommet de la série des gneiss est composé d'une roche de couleur rosée, confondue autrefois avec le granite et qu'on appelle leptynite. Elle ressemble beaucoup au granite à mica blanc, appelé granulite ; c'est en somme une granulite stratiforme. Il faut y voir probablement une roche éruptive ancienne interstratifiée dans les gneiss. Les roches leptynitiques couvrent une bonne partie du Limousin et s'étendent jusqu'à Confolens. Il y a dans la série des gneiss aussi des micaschistes, puis ceux-ci forment un étage particulier au-dessus de la série des gneiss ; ils contiennent des amphibolites et sont traversés par de nombreux filons de granulite. Ensuite viennent des schistes verts sériciteux à mica noir, appelés autrefois talcschistes. Ces schistes à séricite bien développés sur les feuilles de Tulle et de Brives, contiennent des bancs de quartzite noir et aussi des ardoises exploitées notamment près de Travassac. Il faut probablement les séparer du terrain primitif pour les ranger dans le système précambrien, base de la série sédimentaire. Il en est de même à plus forte raison des phyllades qui les surmontent ; ces phyllades

(1) Dufrénoy, Explication de la Carte géologique de la France, t. I, p. 112).

(1) Reclus, Géographie universelle, la France, p. 439.
(2) De Launay, Bulletin des services de la Carte géologique de France, septembre 1889. Mouret (Bulletin mars 1890).

ressemblent beaucoup à ceux de Saint-Lô, type du système précambrien de France. Enfin les phyllades sont surmontés, à la limite du Plateau Central, par les schistes argileux de Terrasson, probablement cambriens, mais l'absence de fossiles ne permet pas de préciser leur âge. Les phyllades et les schistes argileux disparaissent ensuite plus au sud sous des grès rapportés au Permien et sous les calcaires jurassiques de la bordure du Plateau. Au terrain primitif sont parfois associés des calcaires cipolins, activement exploités comme marbres ; ainsi à Sussac près Eymoutiers.

Les roches éruptives anciennes de la région qui nous occupe sont surtout des roches granitiques. On doit y distinguer le granite proprement dit, la granulite et la pegmatite. Le granite proprement dit est, comme on sait (1), une roche grisâtre dont les éléments essentiels sont le quartz, le feldspath orthose et le mica noir. Le granite commun, à grain moyen, dont le type est celui de Vire en Normandie, est commun aux environs d'Ussel et de Guéret ; on l'exploite pour le pavement. C'est la roche éruptive la plus ancienne. Il y a aussi un granite à grandes parties caractérisé par la présence de grands cristaux d'orthose ; ce granite porphyroïde paraît être moins ancien et remonter au Cambrien ; on le trouve particulièrement près de Guéret. La granulite est plus commune : cette roche, qui est du granite à mica blanc, forme la chaîne de Blond et les hauts sommets du plateau granitique de Millevaches ; comme en bien des points, les couches carbonifères en contiennent des galets, elle est certainement antérieure au Carbonifère, mais elle est postérieure au granite ; on lui attribue un âge intermédiaire ; elle est probablement dévonienne. La granulite est extrêmement répandue dans le Limousin, ainsi que la pegmatite, roche qu'on peut considérer comme une granulite à grands cristaux. Ces roches couvrent non seulement de grandes étendues ; elles forment aussi des filons dans les amphibolites, les micaschistes et les phyllades.

La pegmatite de Chanteloube près de Limoges contient beaucoup d'espèces minérales, entre autres des phosphates de fer et de manganèse, du fer arsenical, du cuivre panaché (phillipsite), du wolfram, du grenat, de l'émeraude. Celle-ci est ou bien verdâtre ou bien blanchâtre ; la première variété, qui se trouve en cristaux pris-

(1) Pour la description détaillée des roches, voir Priem, *La Terre, les Mers et les Continents* (Collection des *Merveilles de la Nature*), p. 383 et suivantes.

més de 3 à 20 centimètres de diamètre, est susceptible d'être taillée, mais elle est relativement rare et sa couleur peu foncée lui donne peu de valeur dans le commerce (1).

La granulite et la pegmatite sont accompagnées souvent de filons quartzeux contenant du minerai d'étain (cassitérite). Ces gisements se trouvent des deux côtés de la chaîne granulitique de Blond ; ainsi à Vaulry, sur le versant nord, il y a un grand nombre de ces filons dont la puissance varie de 5 à 33 centimètres. Sur le versant sud il faut citer les localités de Cieux et de Monsac. A Saint-Léonard la cassitérite existe aussi, mais le gisement est moins riche que celui de Vaulry. Il y a là aussi de la pyrite, du mispickel et un peu d'or. Ce dernier métal est d'ailleurs étroitement lié aux éruptions de granulite. Il devait être avant la conquête des Gaules beaucoup plus abondant sur le Plateau Central et susceptible d'une exploitation régulière ; on trouve en effet les restes d'anciennes fouilles d'où les Gaulois ont tiré de l'étain et de l'or ; beaucoup de localités aussi en Limousin portent des noms indiquant d'anciens gisements d'or, tel est Saint-Sulpice-Laurière. Il y a aussi des filons concrétionnés, c'est-à-dire dus à l'action des eaux souterraines ; tels sont les filons plombifères de galène mélangée de pyrite et des filons avec bismuth, comme à Chanac près de Tulle.

Aux pegmatites se rattache le kaolin, qui provient de leur décomposition. Cette argile blanche, employée pour la fabrication de la porcelaine, a été découverte d'abord à Saint-Yrieix en 1765. Elle forme autour de cette ville une série d'amas et de filons ayant 5 et même 12 mètres de puissance. On exploite là, outre le kaolin, le feldspath de la pegmatite ; on le connaît dans le pays sous le nom de pétunsé ; il sert aussi à la fabrication de la porcelaine.

Il y a d'autres roches éruptives anciennes dans le Limousin, que les roches granitiques. Ainsi aux environs de Brives, existe une longue traînée de la roche verdâtre, appelée diorite. M. de Launay l'a étudiée. Elle est en rapport avec les amphibolites et prend parfois une structure schisteuse comme ces dernières ; elle provient d'éruptions amphiboliques qui se sont produites pendant que se formait le terrain primitif. M. Mouret a trouvé des filons de porphyrite aux environs de Tulle, à Gimel et à la Roche-Canillac.

Il existe quelques lambeaux de Houiller dans

(1) Manès, p. 4.

la partie occidentale du Plateau Central qui nous occupe, notamment près de Brives, dans la Corrèze et près de Bourganeuf, d'Aubusson et de Guéret dans la Creuse. Dans la Corrèze, il y a de la houille à Cublac (fig. 648), à Savignac et en quelques autres localités des environs de Brives ; elle forme des îlots entre les schistes et les phyllades rapportés au Cambrien et des grès d'âge permien, que les premiers explorateurs, comme Dufrénoy, rapportaient au Trias. Il est probable que la houille se prolonge au-dessous de ces grès permiens et occupe ainsi dans la Corrèze une étendue considérable, mais jusqu'à présent on l'a à peine exploitée et il s'est montré peu productif. Dans la Creuse, le seul bassin qui ait quelque importance, est celui d'Ahun au milieu du granite. Sa longueur est de 13 kilomètres et sa largeur de 2 ou 3 ; il est formé de sept couches disposées en fond de bateau ; leur puissance varie de 50 centimètres à 4 mètres ; elles sont divisées en huit fragments par des failles transversales. On n'exploite ce bassin que depuis peu ; il se montre assez riche et la production atteint environ le chiffre de 300,000 tonnes par an (1).

Pour achever l'énumération des terrains qui forment le plateau du Limousin et de la Marche, on doit citer enfin quelques lacs tertiaires près de Bellac, de Limoges, et surtout à la lisière du Bourbonnais. Ils sont composés d'argiles ou d'arkoses, sorte de grès dus à l'agglomération de matériaux provenant de la décomposition du granite ; ces couches contiennent du minerai de fer en grains, ce qui leur a valu le nom de terrain sidérolithique. On les rapporte à l'Éocène supérieur ou à l'Oligocène ; nous aurons l'occasion d'y revenir.

LE BOURBONNAIS.

Le Bourbonnais se trouve sur le bord du Plateau Central. Une partie de son territoire, arrosé par le Cher, fait partie du Plateau et se rattache à la Marche ; puis, au pied de ce promontoire de terrains anciens, s'étale une plaine tertiaire arrosée par l'Allier et comprise entre les monts d'Auvergne d'une part et les monts du Forez d'autre part.

M. de Launay a récemment étudié les terrains anciens de la vallée du Cher et les dislocations du nord du Plateau Central (1). Le terrain primitif de cette région est composé des termes habituels, c'est-à-dire des gneiss, d'une série d'amphibolites et de leptynites sans calcaires cipolins, enfin des micaschistes. En bien des points on trouve le granite au contact du gneiss, et alors on peut observer tous les passages entre les deux roches, depuis le granite franc contenant des boules de gneiss, jusqu'au gneiss injecté par un granite qui prend lui-même l'aspect gneissique. Ainsi dans le chemin d'Ébreuil à Vialleix, on passe du micaschiste franc au granite franc par l'intermédiaire de granites schisteux. A Treban, le granite paraît devoir sa richesse particulière en mica noir à son immixtion intime dans le gneiss. Près de Montluçon, le granite contient de nombreux fragments de gneiss.

Ce terrain primitif forme, comme l'a montré

M. de Launay, entre le Cher et l'Allier, une série de plis N.E.-S.O. se rattachant à ceux du Morvan. Dans chaque anticlinal apparaît le granite, et dans chaque synclinal le Houiller. A l'ouest du Cher, la direction des plis est au contraire N.O.-S.E. comme en Bretagne. La présence du granite aux anticlinaux doit être regardée comme une conséquence de ces plissements qui ont commencé sans doute à se produire dès la fin du Cambrien, et qui ont continué pendant le Houiller, le Permien et enfin dans le Tertiaire. Quant à la présence de la houille dans les synclinaux, elle s'explique aussi très facilement. Les synclinaux constituaient des dépressions préexistantes où se sont déposés les matériaux d'origine végétale charriés par les torrents pendant la période carbonifère.

Outre les plissements, on constate aussi la présence de nombreuses failles dues aux mouvements du sol (fig. 648). Une faille particulièrement remarquable est celle dite de Sancerre, qui peut être suivie sur plus de 100 kilomètres de longueur ; elle est jalonnée par les deux sources de Saint-Pardoux et de la Trollière et arrive jusqu'aux environs de Commentry, sans atteindre cependant cette localité. Une autre, importante aussi, passe par les sources thermales de Vichy et de Saint-Yorre et se prolonge jusqu'à Thiers.

(1) De Launay, *Les dislocations du terrain primitif dans le nord du Plateau central* (*Bull. Soc. géol.*, 3e série, t. XVI, 1888, p. 1045).

(1) Burat, *Géologie de la France*. Paris, 1874, p. 343.

Fig. 648. — Coupe du bassin houiller de Cublac ; H, houiller; Gn, gneiss; π, phyllades T, grès postérieurs au houiller.

En bien des points on voit la granulite percer les gneiss et micaschistes, et notamment dans la forêt des Colettes. Cette granulite est traversée par des filons de quartz, et au voisinage de ces filons il y a du kaolin dont les veines atteignent de quelques centimètres jusqu'à plusieurs mètres d'épaisseur. D'après M. de Launay, qui a étudié ces gisements des Colettes, le kaolin ne serait pas dû, comme cela se produit généralement, à l'action de l'eau de pluie chargée d'acide carbonique sur le feldspath. Il serait dû à un agent interne, probablement le fluor. La granulite se serait fissurée sous l'influence d'un mouvement lié probablement à sa venue même; des fluorures ont pu monter par ces fentes; le fluorure de silicium décomposé par l'eau aurait produit le quartz des filons, et le fluor aurait décomposé le feldspath (1).

Les terrains paléozoïques sont représentés dans la région qui nous occupe, par du Carbonifère inférieur, du Houiller et du Permien.

Le Carbonifère inférieur est représenté près de Vichy, à l'Ardoisière, par un calcaire analogue à celui de Visé, comme l'a montré récemment M. Julien. On trouve également des tufs porphyritiques dus aux roches éruptives du Carbonifère. Ils sont très développés

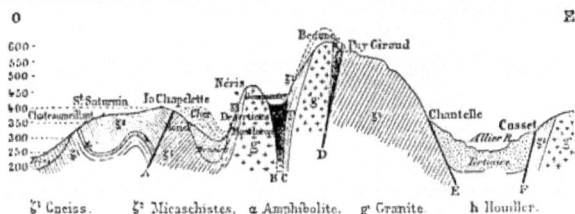

ξ¹ Gneiss. ξ² Micaschistes. α Amphibolite. g² Granite. h Houiller.

Fig. 649. — Plissements et failles dans le Bourbonnais. Coupe perpendiculaire aux plissements NO SE (d'après M. de Launay).

(L'échelle des hauteurs est 90 fois celle des longueurs.)

aux environs d'Aubusson et de Gannat; peut-être même ces roches existent-elles jusqu'aux environs de Boussac.

Le Houiller est très important dans le Bourbonnais. Il occupe, comme nous l'avons vu, les dépressions des synclinaux du terrain primitif. L'un de ces synclinaux comprend les bassins de Villefranche, Bézenet, Montvicq, Doyet et Commentry. Les lacs où la houille s'est déposée sont aujourd'hui nettement séparés les uns des autres, parce que le granite a refoulé devant lui les gneiss, mais ils font partie cependant de la même zone, bien que s'étant remplis séparément. Un autre synclinal comprend les bassins de Saint-Éloy (Puy-de-Dôme), Noyant et Souvigny et se prolonge par le bassin houiller de Decize (Nièvre).

M. Fayol a expliqué la formation de la houille dans les dépressions du Plateau Central par la théorie des deltas, qu'il a appliquée surtout au bassin de Commentry (2). Les couches houillères ont les plus grandes analogies avec les formations de deltas. Dans les unes comme dans les autres il y a des éléments variés, des sables, des galets, du limon et des végétaux. Les couches végétales des deltas sont représentées dans les terrains houillers par le combustible; les sables, les galets, les limons ont donné naissance aux poudingues, aux grès et aux schistes intercalés dans la houille. Dans les deux espèces de formation on observe des

(1) De Launay (Bulletin de la Société géologique, 3ᵉ série, t. XVI, p. 1071).
(2) Fayol, Lithologie et stratigraphie du terrain houiller de Commentry et Bulletin de la Société géologique, 3ᵉ série, t. XVI, p. 968.

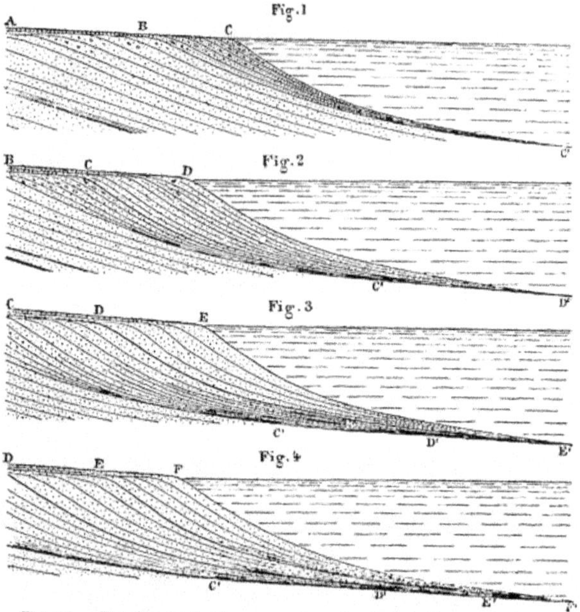

Fig. 650. — Remplissage d'un lac par une formation de delta (d'après M. Fayol).

variations de nature et de puissance d'un même banc, le défaut de parallélisme des bancs, la ramification des couches, les intercalations minérales au milieu d'une couche végétale, etc.

Comme dans les deltas, on trouve dans les couches de houille de Commentry des tiges ayant toutes les orientations : couchées, inclinées, ou debout avec la cime en bas, faits

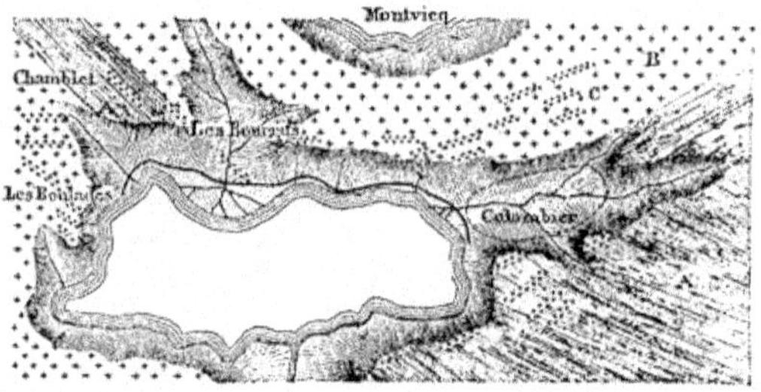

Fig. 651. — Disposition des deltas qui ont comblé le lac de Commentry (d'après M. Fayol).

qui montrent d'une manière incontestable que l'on n'a pas affaire ici à une forêt submergée, qu'il y a eu flottage et non pas croissance sur place. Les expériences faites par M. Fayol au sujet du charriage des arbres par les cours

d'eau, sont venues confirmer ces observations; ces tiges prennent toutes les directions possibles.

La théorie de M. Fayol amène encore à cette conclusion, que les différentes parties d'une

même couche peuvent être d'âge différent et
que des couches placées à des niveaux différents peuvent être contemporaines. Cela résulte
de la manière dont se fait le comblement des
lacs par les deltas. Les couches des deltas se
forment sur toutes les inclinaisons de 0° à 45°
et avancent de plus en plus vers l'intérieur du
lac. De cette manière la partie C' de la couche
C'F' est plus ancienne que la partie F' de la
même couche, et les bancs E et F de beaucoup
au-dessus de la partie C' de la couche C'F'sont
contemporains de la partie F' de la même
couche (fig. 630). L'axiome de l'horizontalité
primitive des couches sédimentaires est faux
lorsqu'il s'agit des deltas formés dans les bassins lacustres.

Étudions le bassin de Commentry en suivant
les travaux de M. Fayol.

Le bassin houiller de Commentry a la forme
d'une cuvette allongée, de 9 kilomètres de longueur, 3 de largeur moyenne et 700 mètres
environ de profondeur. Elle est entourée de
collines gneissiques et granitiques qui la dominent de toutes parts. Les sédiments consistent
en conglomérats et poudingues, grès, schistes
et enfin houille; celle-ci n'entrant que pour
une faible part dans la composition totale. Il
y a en outre du carbonate de fer, de la calcite,
de la pyrite, et le bassin est traversé par une
porphyrite micacée ou dioritine. La houille
forme non seulement des couches ou des veines,
mais aussi des lentilles isolées au milieu des
poudingues, des conglomérats, des grès ou des
schistes; elle existe également en grains et en
galets semblables comme forme et comme dimensions aux grains de sable et aux galets roulés par les cours d'eau. La couche la plus importante, connue sous le nom de Grande Couche, commence au S.-E. à Longeroux avec quelques centimètres d'épaisseur, puis elle se renfle
de manière à atteindre une épaisseur de 10 à
12 mètres, qui se maintient sur deux kilomètres
et demi de longueur; enfin elle s'amincit et disparaît du côté de Mont-Assiégé. Son inclinaison
est vers le sud et varie de 0° à 50°. Avant de
disparaître vers l'ouest, la Grande Couche se
ramifie en six couches distinctes qui divergent.
Elle s'unit de plus, vers Longeroux, à deux autres couches dites des grès noirs et des Pourrats, qui en sont séparées en leur milieu par
des épaisseurs de sédiments de 80 à 150 mètres.
Ainsi à l'ouest on voit huit couches séparées les
unes des autres. La houille a d'ailleurs une composition variable dans une même couche; elle

est plus ou moins chargée de matières bitumineuses suivant le point où on l'exploite.

M. Fayol considère le bassin de Commentry
comme ayant été rempli par les deltas de plusieurs cours d'eau (fig. 631). Au début de la
période houillère, le bassin devait se présenter
comme un lac entouré de montagnes escarpées.
Les eaux de pluie ruisselant sur les pentes ont
formé des torrents qui ont entraîné jusqu'au
lac des matériaux de diverses natures : débris
végétaux, cailloux, sables et limon. Les deux
deltas les plus importants sont au nord et à
l'est. A l'endroit appelé les Bourrus coulait un
torrent qui a déposé de nombreux galets et
même des blocs indiquant une forte pente. Son
delta s'est rapidement accru vers le sud et a
rejoint vers l'est le delta moins volumineux de
Colombier. Entre ces deux grands deltas s'en
sont formés plusieurs autres moins importants,
et à l'ouest des Bourrus ceux de Chamblet et
des Boulades. La Grande Couche provient des
apports des deux premiers deltas surtout; les
couches des grès noirs et des Pourrats datent
de plus tard, et après leur dépôt les sédiments
n'ont plus été constitués que de matériaux
grossiers. Quant aux éruptions de dioritine,
elles ne se sont produites, suivant M. Fayol,
que longtemps après le comblement du lac de
Commentry. Le phénomène de comblement a
été probablement assez lent; M. Fayol suppose
qu'il a fallu, pour combler le lac, environ
170 siècles, nombre cependant bien supérieur
aux 8,000 siècles qui devraient être admis, dans
l'hypothèse anciennement adoptée d'une végétation sur place avec affaissements du sol.

Après le bassin de Commentry, le plus important des bassins houillers du Bourbonnais
est celui de Doyet-Montvicq, où l'exploitation
dans les mines de Bézenet fournit annuelle-
ment plus de 300,000 tonnes de combustible (1).
On se contenta, jusqu'en 1840, d'y faire les
travaux à ciel ouvert ; maintenant on exploite
dans la profondeur. L'épaisseur est de 40 à 50 mètres. Le bassin de la Queune, connu aussi sous
les noms de mines de Fins et Noyant, des Ga-
beliers et du Montet, fournit aussi une houille
de bonne qualité, mais de faible épaisseur. Une
seule couche y atteint de 1 à 3 mètres de puissance ; à Fins et à Noyant elle présente une
allure en chapelet. La houille existe en différents points de la vallée du Cher, à Maulne,
dans la vallée de l'Aumance et au sud de la

(1) Burat, *Géologie de la France*, p. 335.

forêt de Tronçais ; mais, malgré la grande extension en surface de ces bassins, ils sont trop pauvres pour donner lieu à des exploitations avantageuses. Des travaux ont été exécutés à diverses reprises, mais la plupart ont été abandonnés.

Le Permien du Bourbonnais forme deux bassins bien distincts : celui de Bourbon-l'Archambault au nord et celui de Bert à l'est, où l'on exploite aussi la houille ; le premier est de beaucoup le plus important. Le Permien y repose sur le Houiller et disparaît sous le Trias un peu au sud de Lurcy-Lévy, pour reparaître ensuite dans la Nièvre aux environs de Decize. Les couches les plus importantes du Permien de Bourbon-l'Archambault sont des schistes bitumineux bien développés, surtout près de Buxière et de Souvigny. Ils ont dû se déposer dans des estuaires, par suite de l'apport des cours d'eau ; les couches plongent vers le centre et vont en s'épaississant à mesure qu'elles enfoncent. Les conditions de ces dépôts n'ont pas été très différentes de celles qui ont produit le Houiller de cette région. Il y a même au milieu des grès et des schistes bitumineux un niveau de houille. Il y a des calcaires siliceux et des bancs de silex. D'après M. de Launay (1), on doit se représenter les couches qui nous occupent comme s'étant formées dans des golfes où les vagues venaient remanier les alluvions des cours d'eau. De temps en temps se produisaient des dégagements hydrothermaux et les sources thermales épanchaient dans les estuaires du calcaire et de la silice. Les bitumes que l'on exploite dans les schistes proviennent sans doute également de dégagements hydrothermaux. La flore des schistes de Buxière est composée surtout de *Cordaïtes*, de *Calamodendron* et de Fougères du genre *Callipteris* (*C. conferta*) ; elle est plutôt houillère que permienne. Au contraire, la faune indique nettement le Permien. Elle se compose de Poissons Ganoïdes des genres *Amblypterus, Acanthodes*, et de Plagiostomes des genres *Onchus* et *Diplodus*. Il y a aussi des ossements qui paraissent appartenir à des Batraciens Stégocéphales, comme l'*Actinodon Frossardi*, d'Autun.

Les schistes bitumineux sont recouverts d'un grès rouge ou jaune alternant avec des argiles d'un rouge violacé. On trouve là les mêmes végétaux que dans les schistes, des *Cordaïtes*, des *Callipteris*, etc., et les mêmes espèces de Pois-

(1) De Launay, *Terrain Permien de l'Allier* (*Bull. Soc. géol.*, 3ᵉ série, t. XVI, 1887-88, p. 310).

sons. Enfin, le Permien de l'Allier se termine par une formation particulière, connue sous le nom d'*arkose de Cosne*, car elle est analogue à celle qui existe dans cette localité de la Nièvre. C'est une roche blanche, généralement parsemée de taches jaunes ou rouges. Elle se montre en stratification discordante, soit sur les couches permiennes, soit sur le Houiller ou sur le granite ; elle recouvre le Houiller de Villefranche, Montvicq, Doyet et même de Commentry. Cette formation ressemble beaucoup, par son aspect, aux couches tertiaires, dites sidérolithiques ; mais on y trouve, en différents points, par exemple à Montvicq, des plantes telles que les *Calamites*, les *Annularia*, etc., qui prouvent son âge permien. L'arkose de Cosne se transforme en différentes localités en un grès dur à pâte siliceuse ; ailleurs elle devient une argilolite grise, aussi presque exclusivement siliceuse. Certainement cette formation s'est produite dans un bassin où les éléments de la destruction des rivages ont été remaniés par les épanchements siliceux de sources thermales. S'il existait dans le voisinage, dit M. de Launay, des filons de porphyre pétrosiliceux, on pourrait considérer l'arkose permienne comme en étant un tuf. Sur le versant nord du Plateau Central, le Permien du bassin de Bourbon-l'Archambault disparaît sous le Trias. Celui-ci est représenté dans cette région par des grès argileux bariolés de violet et de jaune et très différents de l'arkose. C'est pour cette raison qu'ils ont été séparés du Permien. Ils couvrent toute la forêt de Tronçais.

Il nous reste à parler des formations tertiaires du Bourbonnais. Elles débutent par des dépôts dits *sidérolithiques*, composés d'argile et de grès plus ou moins silicifiés, et où l'oxyde de fer très abondant donne à la masse une couleur rouge. Cet oxyde est concentré en noyaux plus ou moins volumineux, ou en grains qui se détachent sur un fond plus clair. Nous avons dit déjà que l'arkose permienne a de grands rapports avec ces dépôts sidérolithiques. Ceux-ci reposent sur les terrains les plus différents, granite, micaschistes, Houiller, Permien, Trias ; ils sont recouverts en différents points du Bourbonnais et aussi dans le Berri par un calcaire qui en dérive par des transitions graduées. Or ce calcaire est analogue au calcaire de Brie des environs de Paris ; il contient comme ce dernier *Bythinia* (*Nystia*) *Duchastelli* et autres fossiles de l'Oligocène. Le calcaire en question est donc oligocène, et à cause des

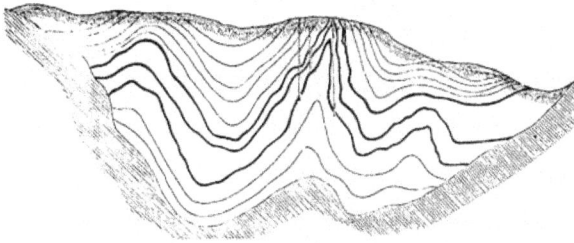

Fig. 652. — Bassin de Saint-Éloy (Puy-de-Dôme).

transitions, les dépôts sidérolithiques, bien que sans fossiles, sont regardés aussi comme oligocènes.

Les dépôts oligocènes sont particulièrement bien développés dans la partie du Bourbonnais que l'on nomme la Limagne bourbonnaise. C'est la plaine fertile qui s'étend entre l'Allier et la Sioule et se prolonge par la Limagne. Là, on trouve à la base des terrains tertiaires des arkoses et des argiles bariolées. Leurs éléments proviennent de la décomposition des roches granitiques et se sont déposés dans un lac. Ces couches correspondent au calcaire de la Brie, et par suite à l'Infra-Tongrien, étage inférieur de l'Oligocène. Il y a là quelques fossiles, entre autres diverses coquilles lacustres du calcaire de Brie. Au-dessus viennent d'autres couches qu'on doit rapporter à l'Aquitanien, étage supérieur de l'Oligocène. Elles sont caractérisées, comme le calcaire de la Beauce,

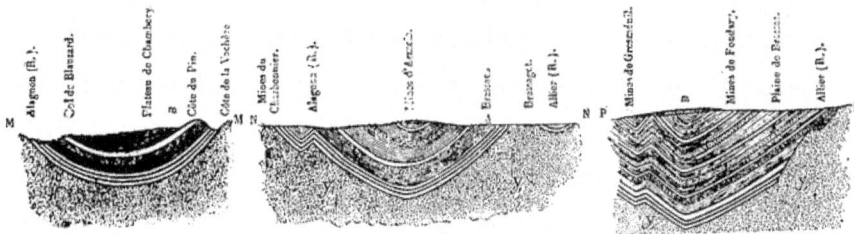

Fig. 653. — Coupes transversales du bassin houiller de Brassac, faites suivant les lignes MM, NN et PP de la coupe longitudinale. — La coupe MM passe par les côtes de Blanzard et du Piu, la coupe NN par les mines du Charbonnier et d'Armois, la coupe PP par les mines de Grosménil et de Fondary. g, gneiss; π, porphyre intercalé; m, terrain tertiaire.

par la présence de l'*Helix Ramondi*. Aux environs de Gannat, le calcaire oligocène est à l'état de travertin et contient des végétaux, surtout des Cicadées; à Vichy, il a une texture oolithique. A Saint-Gérand-le-Puy, le calcaire lacustre aquitanien est très riche en ossements de Mammifères qui ont été étudiés par M. Filhol. Il y a là de nombreux ossements de Ruminants et autres Ongulés, de Carnassiers, de Rongeurs, etc. Citons en particulier le genre *Palæochœrus*, forme primitive du Sanglier actuel. Dans les dépôts lacustres de l'Allier, M. Alphonse Milne-Edwards a trouvé les restes de quarante-trois espèces d'Oiseaux. Il y a aussi des Reptiles, des Batraciens et des Poissons. Un fait remarquable est la découverte à Saint-Gérand-le-Puy de plusieurs Oiseaux en place au-dessus d'œufs que ces animaux avaient dû couver. Ils étaient donc morts subitement, tués sans doute par des émanations asphyxiantes. D'ailleurs, de pareilles émanations surprennent parfois les animaux de nos jours aux environs de Montpensier (Allier). A Saint-Gérand-le-Puy, on trouve au-dessus du calcaire des marnes miocènes à *Anchitherium* et *Mastodon*.

Sur des marnes oligocènes s'étendent dans le nord de la Limagne, entre l'Allier et la Loire, des argiles et des sables avec graviers et galets

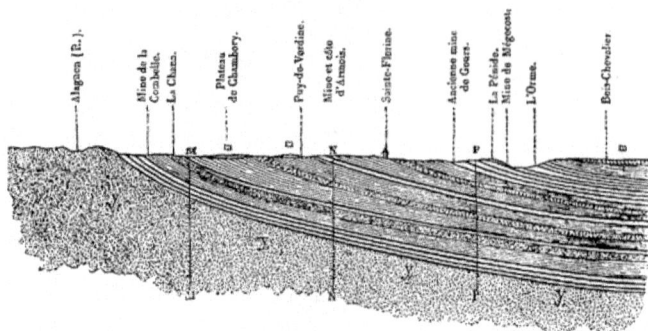

Fig. 654. — Coupe longitudinale du bassin houiller de Brassac, passant par les mines de la Combelle et de Mégecoste (Dufrénoy et Élie de Beaumont).

que l'on rapporte au Pliocène. Ce pays, peu fertile et parsemé d'étangs, à cause de son sol imperméable, porte le nom de Sologne bourbonnaise. Les sables à galets existent aussi au nord de Montluçon. Là, ils reposent indifféremment sur les micaschistes ou sur le Trias. M. de Launay y distingue plusieurs couches :

d'abord une couche formée de gros blocs de micaschiste et de quartz avec ciments ferrugineux, puis des grès avec galets d'un blanc jaunâtre, et enfin des grès à galets mélangés de terre (1). Ensuite viennent les alluvions anciennes du Quaternaire sur les bords de l'Allier.

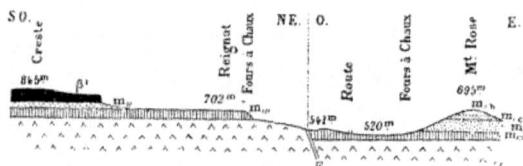

Fig. 655. — Coupe de Reignat aux fours à chaux de Montaigut (d'après M. Michel-Lévy). — γ', granite ; m″, arkoses inférieures et calcaires à Striatelles; m′, arkoses supérieures; m′c, calcaires à Potamides ; m′b, calcaires à Limnées, F, faille.

L'AUVERGNE. LES FORMATIONS SÉDIMENTAIRES.

L'Auvergne consiste, comme nous l'avons déjà dit, en un soubassement gneissique et granitique d'une altitude moyenne de 900 mètres, sur lequel se sont élevés des massifs de roches volcaniques, tels que la chaîne des Puys, le Mont-Dore, le Cantal. Dans des dépressions dues aux plissements qui ont affecté le plateau de roches anciennes, se sont déposées des couches carbonifères. En outre, plusieurs dépressions ont été occupées pendant les temps tertiaires par des lacs, et l'on trouve là des formations importantes.

Avant d'entamer l'étude des massifs volcaniques de l'Auvergne, nous nous occuperons des formations sédimentaires de ce pays.

Les plus anciennes sont celles du Carbonifère inférieur ou Culm. Elles consistent en tufs porphyritiques qui se développent de l'est à l'ouest le long d'une bande traversant la Creuse et s'étendant dans le nord du Puy-de-Dôme, aux environs de Manzat. Ces tufs sont localisés dans quelques plis synclinaux, résultat des mouvements anté-houillers qui ont bouleversé tout le Plateau Central. Un lambeau se trouve plus au sud, dans le Puy-de-Dôme, à Pontaumur. Ces tufs proviennent de projections analogues à celles de la période tertiaire; ces projections

(1) De Launay, La vallée du Cher dans la région de Montluçon (Bull. des services de la Carte géologique de la France, avril 1894, p. 38).

se sont déposées dans des lacs qu'elles ont fini par combler. Elles ont accompagné la venue des orthophyres et des porphyrites, roches éruptives du Carbonifère inférieur. D'ailleurs, on trouve aussi des coulées d'orthophyres et de porphyrites accompagnant les tufs. L'ensemble de la formation carbonifère du Puy-de-Dôme consiste, d'après M. de Launay, en plusieurs éléments distincts (1). A la base sont des tufs gris ressemblant à première vue à du granite à grain fin, mais on y voit de nombreux fragments d'orthophyres et de roches antérieures, comme le granite et la granulite; cette formation résulte probablement de projections de la roche en voie de formation (orthophyre) et des roches traversées par l'éruption (granite, etc.), réunies par une pluie de cendres. En différentes localités de la Creuse, ces tufs contiennent des couches schisteuses intercalées, avec anthracite et empreintes de plantes; de plus, les tufs sont traversés par des filons de microgranulite, roche éruptive qu'on trouve jusque dans le Houiller supérieur. Au-dessus des tufs se montrent les coulées d'orthophyres à mica noir, qui se présentent sous forme de roches vertes ou violacées, sur lesquelles on voit se détacher en blanc des lamelles feldspathiques et des grains de quartz. Aux orthophyres sont associées des perphyrites à pyroxène.

Les bassins houillers de l'Auvergne sont disposés le long d'une longue bande qui s'étend au sud de Commentry, à travers les départements du Puy-de-Dôme et du Cantal, depuis Saint-Éloy (Puy-de-Dôme) jusqu'à Pleaux (Cantal). Il y a en outre quelques autres bassins moins régulièrement disposés; les plus importants sont celui de Brassac et celui de Langeac, à la limite de l'Auvergne et du Velay, le long de l'Allier.

Le bassin de Saint-Éloy (fig. 652), près de Montaigut, consiste en une ellipse; on y trouve trois plissements très nets. L'épaisseur du charbon est d'environ 14 à 15 mètres, répartis en quatre couches principales. La production annuelle, qui augmente rapidement, est d'environ 200,000 tonnes. Viennent ensuite les mines de Herment, Messeix et Singles qui relient le bassin précédent à celui de Bort et Champagnac. Il y a là toute une bande bouillère assez étroite; elle a un kilomètre de largeur à Singles, se réduit à 100 mètres à Bort, s'élargit à Madic et atteint 3 kilomètres à Champagnac; elle se rétrécit

ensuite jusque vers Mauriac, où cette bande fournit quelques lambeaux houillers (1). Le bassin houiller de Bort et Champagnac, appelé aussi bassin de la Haute-Dordogne, est recouvert en différents points par les roches volcaniques, comme la nappe basaltique de Mauriac et les colonnades phonolitiques appelées orgues de Bort.

La longueur totale de ce bassin atteint environ 60 kilomètres; de toutes parts il est entouré par le granite. Plusieurs couches de houille sont exploitées. A Messeix, il y a deux couches anthraciteuses d'environ 1 à 2 mètres d'épaisseur. A Singles, on exploite trois couches de houille grasse de 0m,10 à 1 mètre. A Champagnac, les couches sont plus puissantes et plus régulières et sont activement exploitées. Au sud se trouvent, de l'autre côté de la Dordogne, les bassins de Lempret et de Pleaux.

Le bassin de Brassac (fig. 653 et 654), reposant sur les gneiss, se trouve à l'est du bassin tertiaire de Brioude, dans la Limagne d'Auvergne. Il a à peu près la forme d'une demi-ellipse comprise entre la rive gauche de l'Allier et l'Alagnon. Son étendue est d'environ 30 kilomètres carrés. La houille s'étend sur les dépôts tertiaires de Brioude pour reparaître plus au sud à Lamothe et à Javanges. On distingue trois étages distincts. L'étage inférieur, exploité à la Combelle et au Charbonnier, contient cinq couches de houille maigre d'une épaisseur totale de 4 à 5 mètres. Au-dessus se trouve une intercalation de roches éruptives porphyritiques. L'étage moyen est exploité à Grosmenil, Fondary et la Taupe; il comprend cinq couches assez irrégulières de houilles grasses. L'étage supérieur composé de dix couches a aussi des charbons gras; il ne couvre que 4 kilomètres carrés, et il est exploité à Bouxhors, au Feu et à Mège-Coste; l'étage moyen couvre 16 kilomètres et l'étage inférieur environ 35 (2). Le bassin de Brassac est connu depuis six cents ans; son exploitation était déjà importante vers la fin du seizième siècle.

Le bassin de Langeac, isolé au milieu des gneiss, se trouve sur le prolongement du grand axe de celui de Brassac. Il a 8 kilomètres de longueur sur 2 de largeur moyenne. Les couches y sont disposées assez régulièrement en fond de bateau; plusieurs fournissent de la houille d'assez bonne qualité. On a retiré des schistes houillers un grand nombre d'empreintes

(1) De Launay, *Terrain anthracifère du Puy-de-Dôme Bull. Soc. géol.*, 3e série, t. XVI, p. 1077).

(1) Burat, *Géologie de la France*, p. 339.
(2) Burat, p. 345.

de plantes parfaitement conservées. Au nord de Langeac, le gneiss s'est déplacé et recouvre le Houiller, de sorte que sur une surface de 7 à 8 hectares, on a pu extraire le combustible sous les roches anciennes superposées (1). L'exploitation se fait dans les communes de Langeac et de Teillac.

L'Auvergne présente un assez grand nombre de bassins tertiaires. Nous commençons leur étude par celle du petit bassin de Menat, situé sur la route de Riom à Montaigut. Il occupe une dépression creusée dans les micaschistes et qui n'a pas plus de 1 kilomètre de diamètre. Il est rempli d'abord d'une couche inférieure de conglomérats, puis au-dessus, de schistes auxquels succèdent encore des conglomérats; enfin, la partie supérieure du dépôt est formée d'une grande masse de schistes bitumineux brun-noirâtre. Les couches plongent vers le centre du bassin sous une inclinaison de 45°. Les couches supérieures, qui sont au centre du bassin, ont une épaisseur considérable, encore inconnue; un sondage, poussé jusqu'à 20 mètres, n'en a pas trouvé le fond. Les schistes, lorsqu'on les brûle à l'air, fournissent un résidu exclusivement formé de silice sous forme de carapaces de Diatomées et d'un peu d'alumine colorée en rose par l'oxyde de fer. On obtient donc ainsi du tripoli. Au contraire, en chauffant les schistes en vase clos, on obtient une sorte de charbon employé aux mêmes usages que le noir animal. Il faut regarder les couches de Menat comme dues au remplissage d'une dépression du sol par un torrent venu de l'ouest. La date du dépôt est rapportée à l'Aquitanien, étage supérieur de l'Oligocène. On rencontre dans les schistes de nombreux Poissons, comme le *Cyprinus papyraceus*, qui existe aussi dans les lignites de Bonn, en Allemagne, le *Cyclurus Valenciennensis*, la *Perca angusta*, etc. Souvent ces Poissons se trouvent dans des nodules de pyrite allongés et aplatis. Il y a aussi des végétaux que Heer a étudiés; ils indiquent un climat tempéré et humide; citons, parmi les espèces particulières à ces schistes de Menat : *Quercus Triboleti*, *Fraxinus agassiziana*, *Acer Schimperi*, *Prunus deperdita*. En outre, 20 autres espèces ont été retrouvées dans la mollasse de la Suisse ou dans d'autres dépôts tertiaires (2).

Le bassin tertiaire de beaucoup le plus important de l'Auvergne est la Limagne. On appelle ainsi une vaste plaine parcourue par l'Allier et qui s'étend entre la chaîne des Puys et le Mont-Dore à l'ouest, la chaîne des monts du Forez à l'est. Cette plaine est d'une richesse extraordinaire. « Elle produit les plus beaux blés de France. Les arbres fruitiers y déploient une fertilité vraiment prodigieuse, et la vigne elle-même, presque inconnue dans le centre de la France, y donne d'abondantes récoltes (1). » La Limagne se prolonge au nord, comme nous l'avons déjà dit, dans le Bourbonnais; au sud, elle arrive jusqu'à Brioude, dans la Haute-Loire. Le sol est formé de calcaires lacustres et de débris de roches volcaniques. On doit considérer la Limagne comme ayant été occupée pendant l'Oligocène par un grand lac qui s'est progressivement asséché vers la fin de cette période (Aquitanien). Les dépôts oligocènes sont surmontés par des couches miocènes et pliocènes moins étendues. Des mouvements ultérieurs du sol ont séparé la Limagne d'Auvergne en deux bassins, celui de Clermont et celui d'Issoire, mais la constitution géologique est la même.

Les couches tertiaires débutent par des arkoses inférieures et des argiles bariolées dont l'âge a été longtemps controversé, faute de fossiles. On les plaçait soit dans l'Éocène supérieur, soit dans l'Oligocène. M. Michel-Lévy, en 1884, constata l'existence dans ces arkoses de bancs de calcaire intercalés aux environs d'Issoire, à Montaigut, Reignat, etc. (fig. 635). Ces calcaires sont exploités comme pierre à chaux; ils n'avaient pas échappé aux investigations de Lecoq, mais ce géologue n'en avait pas recherché les fossiles. M. Michel-Lévy trouva dans ces calcaires un certain nombre de coquilles lacustres. Ces coquilles sont surtout des Striatelles, comme *Melania (Striatella) barjacensis*, *M. (St.) arvernensis*, et des Bythinies, comme *Nystia plicata*, *N. Duchastelli*. La *Striatella barjacensis* a été découverte par Fontanes, dans le bassin du Rhône, à Barjac, et M. Vasseur a trouvé dans le calcaire de Brie des environs de Melun, une Striatelle très voisine (2). On doit donc assimiler les arkoses in-

(1) Burat, *Géologie de la France*, p. 350.
(2) Lecoq, *Description géologique du bassin de Menat, en Auvergne*. Clermont, 1829, et de Launay (*Bull. Soc. géol.*, 3ᵉ sér., t. XVI, p. 1073).

(1) Dufrénoy, *Explication de la Carte géologique de France*, t. I, p. 113.
(2) Voir Michel-Lévy et Munier-Chalmas, *Sur la base des terrains tertiaires des environs d'Issoire* (*Comptes rendus Acad. des sciences*, 7 décembre 1885) et *Études sur les environs d'Issoire* (*Bull. Soc. géol.*, 21 janvier 1889). Voir aussi Michel-Lévy, *Réunion de la Société*

férieures au calcaire de Brie et les placer dans l'Infra-Tongrien.

Au-dessus, il y a des arkoses sableuses ayant plus de 100 mètres de puissance et contenant à différents niveaux des bancs de calcaires compacts avec *Bythinia Duchastelli*. Vers l'altitude de 670 mètres, M. Munier-Chalmas a découvert un petit banc d'arkose contenant beaucoup d'empreintes de *Potamides Lamarcki*, ce qui indique que ces couches correspondent au Tongrien (sables de Fontainebleau). Enfin le sommet du mont Rose est occupé par des couches de calcaire blanc à *Planorbis solidus* et Limnées représentant la base de l'Aquitanien.

Les couches à *Potamides Lamarcki* s'observent dans tout le sud de la Limagne. On les observe à Gergovie, Saint-Romain, Royat, etc. On y trouve des *Bythinia Dubuissoni*, des Poissons du genre *Lebias*; on y exploite du gypse. Ce calcaire à Potamides, parfois compact, donne un véritable marbre aux environs d'Issoire, le marbre de Nonnette. Au-dessus du calcaire à *Potamides* se montrent des marnes très fissiles contenant d'innombrables carapaces d'un petit Crustacé (*Cypris faba*) et des tiges aplaties de Chara. On trouve là aussi des Limnées(*Limnæus pachygaster*) et des Planorbes (*Planorbis cornu*). Parfois, d'après Poulett-Scrope, dans l'épaisseur d'un pouce (25 millimètres) il y a jusqu'à vingt ou trente feuillets. Ces couches annoncent le commencement de l'Aquitanien.

Viennent ensuite les couches à *Helix Ramondi*, correspondant au calcaire de Beauce et appartenant à l'Aquitanien (Oligocène supérieur). Elles consistent surtout en un calcaire dit calcaire à Phryganes ou à indusies, composé des étuis que fabriquent les larves aquatiques des Insectes appelés Phryganes, avec des coquilles de petits Planorbes ou de Paludines. Un seul de ces fourreaux ou indusies peut présenter plus d'une centaine de ces petites coquilles et un seul pouce cube (25 millimètres) de la roche contient six ou douze de ces étuis entassés ensemble irrégulièrement (1). Les couches à indusies se répètent plusieurs fois avec une épaisseur de 2^m,50 à 3 mètres. Les étangs et les marais qui ont succédé à l'époque

aquitanienne au grand lac de la Limagne ont donc nourri un nombre énorme de Phryganes et de Mollusques. Au milieu de la masse se montrent aussi de vrais travertins et des bancs de silice et des calcaires à Limnées et à Planorbes. On les observe particulièrement à Gergovie, au sud de Clermont, près de Romagnat. Dans les calcaires il y a des restes de Vertébrés: *Anthracotherium, Cœnotherium, Dremotherium, Amphitragulus*, etc.

La formation des calcaires à Phryganes contient des tufs basaltiques appelés *pépérites* qui ont une très grande importance; ils sont très développés autour de Pont-du-Château, au Puy-de-Mur, etc. Ils consistent en fragments de basalte scoriacé et vitreux, d'amphibole d'augite, de quartz, de calcaire, le tout recimenté par un ciment calcaire. Deux théories sont en présence pour expliquer les pépérites. D'après M. Julien il s'agit là de pluies de cendres et de scories dans les étangs et les marais où se déposaient les calcaires à phryganes; les pépérites seraient contemporaines de ces calcaires, et seraient interstratifiées dans ces calcaires. Mais il y a cependant des points où elles ne sont pas interstratifiées et forment des intrusions dans les calcaires. Souvent leur présence coïncide avec un dérangement notable des couches qui peuvent devenir verticales; de plus les pépérites sont en liaison avec des filons ou des coulées de basalte qui font intrusion, par exemple à Gergovie dans les calcaires; de sorte que les pépérites paraissent être les têtes de ces filons. Ces différents faits ont conduit beaucoup de géologues à supposer que les pépérites sont des brèches volcaniques provenant d'éruptions très postérieures au dépôt des calcaires à Phryganes et datant probablement du Pliocène. M. Michel-Lévy considère la question comme étant encore très obscure; les arguments sont nombreux pour l'une et l'autre des deux théories en présence. S'il est vraisemblable que la plupart des pépérites soient d'âge postérieur à celui des calcaires à Phryganes, rien ne prouve que quelques-unes ne soient pas contemporaines de ces calcaires; il est possible que des éruptions basaltiques aient eu lieu en Limagne à l'époque aquitanienne, bien que l'on n'en ait pas trouvé jusqu'ici des traces incontestables (1).

De tout ce qui précède, il résulte que la Limagne a été couverte aux époques tongrienne

---

géologique en Auvergne (*Bull. Société géol.*, 1889-90, p. 920).

(1) Poulett-Scrope, *Géologie et Volcans éteints du centre de la France*. Trad. franç. par Vimont. Paris, 1866, p. 23.

(1) *Bulletin de la Société géologique*, 3e sér., t. XVIII, p. 896-897.

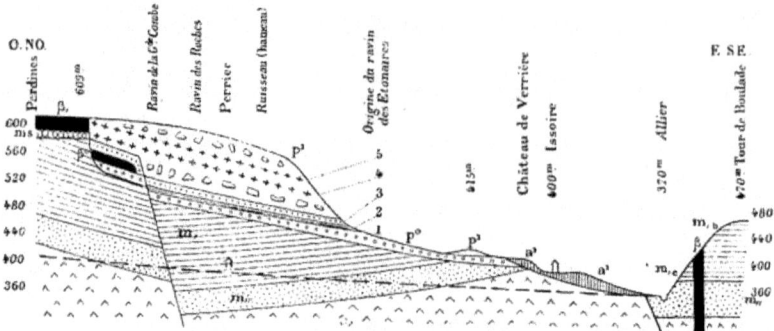

Fig. 656. — Coupe de Perrier (d'après MM. Michel-Lévy et Munier-Chalmas). — γ, granite; m_1, calcaire à Potamides et à Limnées; m_4, Miocène supérieur; p^2, Pliocène moyen; p^1, Pliocène supérieur; a^1, alluvions anciennes; β, basaltes.

et aquitanienne de lagunes saumâtres ou lacustres très étendues, et même au début, d'un grand lac. Ces nappes d'eau étaient en communication avec le lac de la Beauce des environs de Paris, comme l'indique la présence de l'*Helix Ramondi;* l'existence de Striatelles semblables à celles du bassin du Rhône paraît indiquer aussi une communication avec les lagunes de ce bassin à travers les Cévennes. Après les dépôts aquitaniens, les dépressions lacustres disparaissent en grande partie ou deviennent plus restreintes.

A Gergovie on trouve entre deux nappes de basalte des couches d'eau douce d'âge miocène, représentées par des marnes et des sables contenant la *Melania aquitanica.* On les rapporte au Miocène inférieur (Langhien). M. Julien y a trouvé une flore assez riche caractérisée surtout par *Laurus primigenia, Cinnamomum lanceolatum, Myrica lignitum,* etc. D'après M. de

Fig. 657. — Coupe d'ensemble des environs de Perrier (MM. Michel-Lévy et Munier-Chalmas). — Les lettres ont la même signification que dans la figure précédente; p^1g, indique le conglomérat considéré comme glaciaire.

Saporta cette flore indique un climat sec et chaud, analogue à celui de l'Australie (1).

On peut étudier les formations tertiaires supérieures de la Limagne dans la célèbre localité de Perrier, près d'Issoire. Elle a fait le sujet de nombreux travaux de la part de MM. Bravard, Pomel, Julien, Potier, Depéret ; et elle a été récemment l'objet d'observations importantes dues à MM. Michel-Lévy et Munier-Chalmas (2). Ce sont ces observations surtout que nous allons résumer ici.

(1) De Lapparent, *Traité de géologie,* p. 1198.
(2) *Bulletin de la Société géologique,* 3ᵉ série, t. XVII, p. 26, et t. XVIII, p. 929.

Sur le calcaire et les marnes à Potamides et à Limnées de l'Oligocène, repose un poudingue constitué par de nombreux cailloux de quartz blanc roulés, polis et souvent recouverts d'un enduit d'oxyde de fer. Cette couche de poudingues sans fossiles, dus sans doute à des torrents rapides, est recouverte par le basalte du plateau de Pardines qu'on rapporte au Pliocène inférieur. MM. Michel-Lévy et Munier-Chalmas regardent les poudingues de la base, mais avec doute, comme du Miocène supérieur. Ce basalte est raviné par les eaux, et dans les vallées qu'elles ont creusées pendant le Pliocène moyen on trouve suivant les localités différents dépôts.

Ce sont des couches de cailloux roulés formés de basaltes, de quartz, granite, granulite et gneiss, des graviers surmontés d'argiles sableuses et de bancs de cinérites, roches formées de débris de projections volcaniques. Enfin les couches précédentes sont recouvertes d'une formation remarquable appartenant au Pliocène supérieur. C'est un conglomérat composé de blocs anguleux, d'arkoses, d'argiles rouges, de cinérites peu agglutinées, le tout emballé dans une cinérite pure de tout mélange. Ce conglomérat est, d'après M. Julien, d'origine glaciaire. Il contient des fragments anguleux de toutes les roches volcaniques du Mont-Dore ; certains basaltes sont polis et striés ; il y a des blocs énormes, entre autres un bloc de trachyte de 30 mètres de côté sur 15 de hauteur. Les glaciers d'Auvergne s'expliquent par la production de failles qui traversent les dépôts du Pliocène moyen et dont on voit un bel exemple à Perrier, au ravin de la Grande-Combe. Les mouvements qui ont produit ces failles ont causé une surélévation du Plateau Central qui a permis aux glaciers de s'établir sur les flancs du Cantal et du Mont-Dore pendant le Pliocène supérieur. Alors des blocs polis et striés de roches diverses ont été charriés avec la boue glaciaire jusqu'aux portes d'Issoire ; telle serait l'origine du conglomérat de Perrier (1) (fig. 656 et 657).

Les blocs sont grossièrement polis et striés. Notons cependant que tous les géologues n'admettent pas l'origine glaciaire des blocs de Perrier, bien que leur masse permette difficilement d'attribuer cette accumulation à des phénomènes de transport.

Dans cette localité on trouve ainsi plusieurs faunes. Les graviers de Pliocène moyen ont été étudiés par Bravard, Pomel et Depéret ; ils contiennent *Mastodon arvernensis*, *M. Borsoni*, *Rhinoceros elatus*, *Machairodus*, etc. Les cinérites du Pliocène moyen ont fourni une flore dont les principaux éléments sont des Mousses, des Conifères et *Fagus pliocenica*, *Acer polymorphum*, *Bambusa lugdunensis*. Le conglomérat dit glaciaire du Pliocène supérieur contient l'*Elephas meridionalis*, la *Gazella Julieni*, l'*Equus Stenonis* et de nombreux Cervidés. Enfin les alluvions pléistocènes succèdent au Pliocène sur les bords de l'Allier et elles ont livré des ossements de Mammouth (*Elephas*

(1) *Bulletin de la Société géologique*, 3ᵉ série, t. XVII, p. 268.

primigenius), d'Ours des cavernes (*Ursus spelæus*), etc.

Dans le massif du Cantal se trouvent deux bassins tertiaires principaux, ceux d'Aurillac et de Mur-de-Barrez (Aveyron) ; en outre des bassins moins importants se voient à Lavessière, à Dienne, près de Saint-Flour. Ces bassins ont été notamment étudiés par M. Rames, qui a publié une *Géogénie du Cantal*, puis par M. Fouqué à qui l'on doit la carte géologique du massif du Cantal et celles des feuilles d'Aurillac, de Saint-Flour et de Mauriac. Lorsque le Tertiaire présente toutes ces assises, son épaisseur varie entre 150 et 140 mètres, ainsi dans le bassin d'Aurillac, mais le plus souvent elle est de beaucoup inférieure et peut se réduire à quelques décimètres. L'altitude est aussi très variable ; on trouve les couches tertiaires depuis l'altitude de 250 mètres à Maurs, jusqu'à celle de 1,167 mètres au Cézallier (1).

Les formations tertiaires du Cantal débutent par des arkoses, des sables et des argiles rouges ou vertes, et ce niveau a été longtemps regardé comme éocène. Mais M. Rames a y découvert en 1885 des fossiles qui permettent de rapporter les argiles du Cantal au Tongrien (Oligocène inférieur) (2). En effet à Brons, près de Saint-Flour, on trouve des restes de Tortues semblables à celles de Saint-Gérand-le-Puy (*Ptychogaster emydoïdes*) et des mâchoires ou des dents isolées d'Ongulés voisins des Rhinocéros, appartenant au genre *Accrotherium* (*A. lemanense*, *A. Gaudryi*).

Au-dessus des argiles tongriennes se montrent les couches de calcaires marneux compacts et feuilletés avec bancs de silex. Elles représentent l'Aquitanien (Oligocène supérieur). On peut y distinguer plusieurs niveaux. Dans le niveau inférieur existent des Mollusques comme *Potamides Lamarcki* et *Paludina Dubuissoni*, et de nombreuses carapaces de petits Crustacés (*Cypris faba*). Le niveau supérieur est un calcaire pétri de moules de *Limnæus symetricus*, *Limnæus pachygaster*, *Planorbis cornu* et *Helix arvernensis*. Ce calcaire est exploité dans le pays comme pierre à chaux.

Le Miocène supérieur (Tortonien) repose sur les couches aquitaniennes. Il consiste en alluvions quartzeuses plaquées souvent contre un basalte plus récent. Il est particulièrement fos-

(1) Rames, *Topographie raisonnée du Cantal*. Aurillac, 1879, p. 20).
(2) Rames, *Bulletin de la Société géologique*, 3ᵉ série, t. XIV, 1885-86, p. 357.

silifère au Puy Courny. Là, dans des couches qui n'ont pas plus de 2 ou 3 mètres d'épaisseur, on trouve assez fréquemment des ossements de Mammifères. M. Gaudry y a reconnu des Mastodontes, le *Dinotherium giganteum*, le *Rhinoceros Schleermacheri*, l'*Hipparion gracile*. La faune est comparable à celle de Pikermi et du mont Léberon. La même faune se montre en différents autres points du Cantal, comme Apchon, Joursac et Printegrade. Au même niveau appartiennent également des lits de cendre, des cinérites possédant une flore que M. de Saporta compare à celle d'Œningen en Suisse; elle indique un climat chaud.

Enfin le Pliocène inférieur est représenté par des cinérites très développées au Pas-de-la-Mougudo, à 980 mètres d'altitude et en d'autres localités: Peyre-del-Gros, la Pradelle, Niac, etc., de la vallée de la Cère. Elles atteignent 40 mètres d'épaisseur. Les cendres volcaniques, lancées dans les airs par les éruptions, ont été remaniées par les eaux. Les cendres ont enseveli des troncs d'arbres volumineux qui sont restés debout et se retrouvent silicifiés et dans un état de parfaite conservation. M. de Saporta a étudié la flore des cinérites du Cantal; il y a découvert de nombreuses espèces qui indiquent un climat moins chaud que celui des cinérites de Joursac. Les principales espèces sont: *Abies pectinata*, *Populus tremula*, *Fagus pliocenica*, *Hedera helix*, *Corylus insignis*, Chênes (*Quercus*) de diverses espèces, associées à des espèces aujourd'hui exotiques, comme *Bambusa lugdunensis*, *Sassafras officinarum*, *Lindera latifolia*. Les cinérites se trouvent sur les pentes des volcans et descendent jusque-là régulièrement sur le Tertiaire. Tout indique que le dépôt est dû à une pluie de cendres ayant enseveli des forêts, des montagnes; les cours d'eau ont entraîné les feuilles des arbres avec les poussières les plus ténues, mais les lacs et les marais n'ont joué aucun rôle dans le dépôt, comme le montre l'absence des Mollusques lacustres (1).

La flore des cinérites correspond à une faune du Pliocène inférieur, où l'on trouve *Mastodon arvernensis*, *M. Borsoni*, *Tapirus arvernensis*, *Equus Stenonis*, etc.

LA CHAINE DES PUYS.

L'un des massifs volcaniques les plus remarquables du Plateau Central est la chaine des Puys d'Auvergne qui domine la plaine de la Limagne. La nature de ces montagnes, qui présentent cependant de nombreux cratères bien conservés, n'est connue que depuis la fin du siècle dernier. Les scories si abondantes dans la région étaient regardées comme des débris de fourneaux de forges établies par les Romains. C'est en 1751 que Guettard et Malesherbes, membres de l'ancienne Académie des sciences, proclamèrent les premiers la nature volcanique des Puys. Ils avaient remarqué à Montélimar le pavé des rues composé de fragments de colonnes basaltiques et constatèrent la ressemblance de ces roches avec celles qu'ils avaient observées au Vésuve et aux environs de ce volcan. On leur dit que ces matériaux provenaient du Vivarais. Ils visitèrent cette province et se rendirent ensuite à Clermont-Ferrand. Aux environs de cette ville ils reconnurent la grande analogie des Puys avec le cratère du Vésuve. Guettard, de retour à Paris, publia un Mémoire où il annonçait l'existence de volcans éteints en Auvergne et quelques années plus tard Desmarest, ayant publié son mémoire sur l'origine des basaltes, accompagné de la carte de plusieurs coulées volcaniques de l'Auvergne, toutes les objections qu'avait soulevées d'abord l'assertion de Guettard, tombèrent définitivement (2).

La chaîne des Puys se dresse à l'ouest de la Limagne sur un plateau de roches gneissiques et granitiques à travers lesquelles les éruptions se sont produites. Ce plateau sépare la vallée de l'Allier de celle de la Sioule. Il y a là, sur une longueur totale d'environ 30 kilomètres, une soixantaine de cratères et de cônes volcaniques (3), la largeur de la bande volcanique ne dépasse guère 5 kilomètres, et il est rare qu'il y ait plus de trois cônes ou dômes dans le sens de la largeur. Aux cratères bien conservés, au nombre de plus de cinquante, on doit joindre cinq dômes en forme de chaudron renversé, dont le principal est précisément le Puy de Dôme, la montagne la plus élevée de toute la chaîne (altitude au-dessus de la mer : 1,468 mètres; au-dessus du soubassement,

(1) Rames, *Bulletin de la Société géologique*, 3ᵉ série, t. XII, p. 807 (Réunion de la Société géologique à Aurillac, 1884). — Fouqué, *Le Plateau Central* (*Rev. scient.*, 1ᵉʳ nov. 1890).

(2) Poulett-Scrope, *Géologie et volcans éteints du centre de la France*, p. 44.

(3) Voir la chaîne des Puys dans *la Terre, les Mers et les Continents*, fig. 248, p. 204.

500 mètres). Un certain nombre de cratères
s'écartent de la bande centrale et s'avancent à
l'est jusqu'aux bords de la Limagne; tels sont
les Puys de Gravenoire, de Montjoli, de Cha-
nat, de la Bannière. A l'ouest, il y a aussi
quelques montagnes détachées des autres (Puy
de Chalusset, Compéret). Enfin, on doit rattacher à la chaîne des Puys quelques volcans
isolés, au sud vers le Mont-Dore, les Puys de
Tartaret, de Montchal et de Montsineyre. Un
fait remarquable est l'existence au pied du
Montchal et du Montsineyre d'une vaste dépression remplie d'eau : les lacs Pavin (1)
et de Montsineyre. On doit attribuer ces cratères-lacs à une violente explosion qui a produit un effondrement du sol; les lacs Pavin et
de Montsineyre sont, en effet, bordés par des
escarpements à peu près verticaux de basalte.
Dans le voisinage, il y a d'autres cratères-lacs
moins importants, comme ceux appelés Chau-
vet, Bourdouze, Chambedaze et la Godivelle.

Les Puys ont une élévation moyenne de 150
à 300 mètres au-dessus de leur base. Beaucoup
d'entre eux sont couverts de végétation jusqu'à
une certaine hauteur, soit d'un gazon serré ou
de bruyères, soit de forêts de hêtres; mais toujours il y a des portions considérables absolument nues permettant de constater la composition de ces montagnes. Les cônes vlocaniques
sont composés d'un assemblage incohérent de
scories, de lapilli, de blocs de lave. Le cratère
est souvent parfait; il peut d'ailleurs y avoir
plusieurs cratères sur une même montagne;
ainsi le Puy de Montchié présente quatre cratères différents (2). Souvent aussi le cratère est
ébréché; les laves l'ont démoli sous l'effet de
leur pression; elles ont formé sur l'un des
côtés une échancrure et se sont déversées sur le
plateau environnant. Citons comme exemple
de cratères ébréchés le Puy de la Vache et celui
de Lassolas. Au pied des cratères on voit aussi
de vastes champs de laves dont la surface est
formée de roches scoriacées; cette surface est
irrégulière, toute hérissée et Poulett-Scrope la
compare à «une mer sombre et orageuse de matière visqueuse soudainement congelée au moment de sa plus terrible agitation». Les champs
de lave sont appelés *cheires* par les habitants
du pays; ils sont complètement nus ou couverts
de maigres broussailles.

Parmi les plateaux les plus étendus il faut
citer les suivants. Le plateau de Châteaugay
couvre sur une surface considérable le calcaire
d'eau douce de la Limagne; le basalte qui le
compose est divisé en colonnes prismatiques.
Il en est de même pour le plateau de la Serre, qui
présente vers le Crest et au château de Mon-
tredon de très beaux groupes de colonnes. Ce
plateau commence sur le granite à 1,154 mètres
d'altitude et descend sur le calcaire d'eau
douce jusqu'à 680 mètres. Le plateau de Gergovie au sud de Clermont est formé d'une
coulée basaltique provenant, d'après Poulett-
Scrope, du puy de Berzé, qui en est voisin. Ce
plateau est célèbre dans l'histoire; c'est là que
Vercingétorix défendit longtemps contre César
l'indépendance des Gaules. Il ne reste plus guère
de traces de l'ancienne cité des Arvernes, mais on
trouve encore des briques romaines, des mé-
dailles, des haches, etc. Sur les flancs sud et
ouest du plateau on trouve les formations tertiaires, dont nous avons parlé plus haut. Citons
encore, tout à fait au sud de la chaîne des Puys,
la coulée relativement moderne du Tartaret. Le
cône présente deux cratères qui ont contribué
ensemble à fournir cette vaste coulée; elle a
45 kilomètres de longueur. Elle s'étend dans
une vallée étroite dont les flancs sont bordés
par des coulées de basalte plus ancien. Le village
de Murol est bâti à la base même du cône; sur le
plateau qui s'étend au sud du village, on remarque un grand nombre d'éminences de basalte scoriacé contrastant avec le sol uni environnant.
Poulett-Scrope les attribue à des explosions de
vapeur; il suppose que la lave a rencontré en
coulant dans la vallée un terrain marécageux
dont l'eau brusquement réduite en vapeur aurait donné lieu à ces accidents de la surface (1).

Les cônes et les cratères volcaniques qui
constituent presque toute la chaîne ont fourni
des laves basaltiques de couleur sombre. Au
contraire, les cinq dômes en forme de demi-
sphère ou de chaudron renversé dont nous
avons parlé, se présentent avec une teinte
blanchâtre caractéristique. C'est ce que l'on voit
bien en particulier au Puy de Dôme, la plus
importante de ces montagnes arrondies; les
quatre autres dômes sont le Puy Chopine,
le Clierzou, le Petit Suchet et le Grand Sarcouy.
Tous ces dômes sont constitués par une roche
trachytique particulière, qu'on a appelée *dômite*. Cette roche, de couleur claire : blanche,
grise, quelquefois rouge brique, n'a pas fourni

(1) *La Terre, les Mers et les Continents.* Voir le lac
Pavin, fig. 249, p. 204.
(2) Poulett-Scrope, p. 55.

(1) Poulett-Scrope, p. 154.

Fig. 658. — Escarpement de basalte prismatique sur le bord de la Sioule, près de Pontgibaud (d'après Poulett-Scrope).

de cratères; elle est sortie du sol à l'état vis-queux et a formé ainsi des dykes au milieu de projections de même nature mais plus acides.

Le Puy de Dôme est ainsi constitué par un

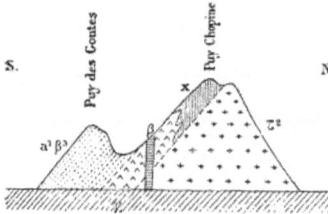

Fig. 659. — Puy Chopine (d'après M. Michel-Lévy). — γ₁, granite; x, schistes micacés; τ², dyke de dômite; β, basalte; a¹β³, cratère basaltique du Puy des Gouttes.

dyke central (A) dont les flancs est et ouest sont composés de projections (B) de verre acide, de sanidine, de kaolin (1) (fig. 660). Contre le

(1) Michel-Lévy, La chaîne des Puys (Bull. Soc. géol., 3ᵉ sér., t. XVIII, 1889-90, p. 710.

flanc nord du Puy de Dôme se trouve un cône volcanique, le petit Puy de Dôme (1,254 mètres),

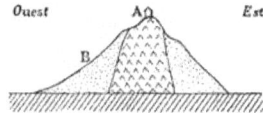

Fig. 660. — Puy de Dôme (d'après M. Michel-Lévy). — A, dyke central trachytique; B, projections.

qui paraît à première vue en être une dépendance, mais en réalité, c'est un cône formé de

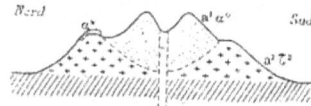

Fig. 661. — Coupe N.-S. du Pariou (d'après M. Michel-Lévy). — a¹τ², dômite; a¹, andésite; a¹a³, projections andésitiques.

scories basaltiques et de cendres, beaucoup

plus récent. Son cratère, parfaitement régulier, est appelé le *Nid de la Poule*.

Le Puy Chopine (fig. 659) est un dôme très remarquable. Il est formé d'un dyke de domite qui a soulevé, en faisant éruption, une grande masse de granite à amphibole γ, et de schistes scoriacés (*x*). Le tout est percé par un filon de basalte (β), de sorte que, suivant l'expression de Poulett-Scrope, les roches anciennes sont pressées entre la dòmite et le basalte, comme la chair dans un sandwich. Enfin contre le flanc nord du Puy Chopine se dresse le demi-cratère basaltique appelé le Puy des Gouttes.

En résumé, la domite n'a pas coulé, à la façon des roches volcaniques ; elle s'est accumulée sous les couches plus superficielles et les a soulevées en y faisant intrusion. On peut assimiler ces phénomènes à ceux que présentent les dômes acides des Hébrides et aux montagnes trachytiques de l'Arménie (1). Il y a une analogie évidente avec les laccolithes américaines (2).

M. Michel-Lévy a étudié en détail les roches volcaniques des Puys et y a distingué quatre groupes distincts : les trachytes (domites) très acides, contenant 62 0/0 de silice, des roches appelées andésites, contenant de 55 à 58 0/0 et deux séries de roches basaltiques : les labradorites relativement encore assez acides (53 à 58 0/0 de silice) et les basaltes francs (50 0/0 de silice).

Les dômites sont, avons-nous dit, des roches de couleurs claires : blanches, grises, jaunes ou rouge brique ; elles sont très rugueuses et sont comme poreuses. Au microscope on y voit de très petits cristaux (microlithes) de fer oxydulé et de feldspath orthose, formant une pâte dans laquelle sont inclus des cristaux plus grands (éléments de première consolidation) de divers feldspaths (orthose, anorthose, labrador), et de minéraux ferrugineux. Ce sont ces derniers qui ont permis de subdiviser les dômites ou trachytes des Puys en plusieurs groupes. Les plus répandus sont les trachytes à mica noir et amphibole. Ce sont ceux du Puy de Dôme. Certaines variétés contiennent des microlithes très fins de pyroxène vert et font ainsi passage à des trachytes pyroxéniques à mica noir et à amphibole qu'on trouve dans la montée sud du Puy de Dôme. Un autre groupe est celui des trachytes à mica noir et pyroxène

augite, comme ceux du Puy de Chaumont, à l'est du Puy Chopine. Ceux de ce dernier peuvent être qualifiés de trachytes augitiques à mica noir et pyroxène : la pâte contient des microlithes d'augite. En somme, les domites des Puys sont des trachytes acides, où les deux tiers du poids sont constitués par les microlithes d'orthose. Le mica noir s'associe toujours aux grands cristaux de feldspaths ; suivant les cas, il y a du pyroxène ou de l'amphibole. Enfin, comme éléments accessoires, il faut signaler l'apatite, le zicion, le sphène.

Les roches trachytiques sont certainement les roches les plus anciennes de la chaîne des Puys. On voit les projections basaltiques du Nid de la Poule et du Puy des Gouttes, les projections andésitiques du Puy de Pariou reposer nettement sur les dykes domitiques du Puy de Dôme, du Puy Chopine et sur la partie antérieure du Pariou.

Ce dernier cône (fig. 661) est en effet composé de deux parties qu'on peut comparer à deux cratères emboîtés l'un dans l'autre. Le cratère interne est andésitique, le cratère externe est formé de débris de domite. L'éruption a donc eu pour premier effet de briser la domite déjà consolidée, ce qui a produit un premier cratère, et ensuite les projections andésitiques se sont accumulées autour de l'orifice et ont ainsi fourni le cratère interne. Enfin les volcans basaltiques ont donné des projections contenant des débris de domite, et ils ont arraché ces débris à leur cheminée. On voit les coulées de basaltes et de labradorites se superposer à des cinérites avec morceaux de domite. Tous ces faits montrent bien que les éruptions domitiques sont les plus anciennes. Or, comme les premiers basaltes datent du commencement du Pléistocène, il faut sans doute attribuer les éruptions trachytiques au Pliocène supérieur ; elles ne sont pas antérieures à cette date, car on ne trouve de blocs de domite que dans les alluvions rapportées au Pliocène supérieur ou au Pléistocène le plus ancien.

Plusieurs faits importants ont permis à M. Michel-Lévy de déterminer avec précision l'âge des diverses roches volcaniques des Puys. Il existe des coulées basaltiques couvertes par les andésites et les labradorites, par suite plus anciennes que ces dernières ; ainsi les basaltes de Saint-Genest-l'Enfant, recouverts par l'andésite de la Nugère, celui du petit Puy de Dôme (Nid de la Poule), qui passe sous l'andésite du Pariou. Le basalte de Theix se cache sous la labradorite de Fontfreide, et ceux de Pescha-

(1) Michel-Lévy, *La chaîne des Puys*, p. 711.
(2) Voir Priem, *La Terre, les Mers et les Continents* (Collection des *Merveilles de la Nature*).

doire et de Mazaye sous les labradorites de Côme (1). D'autre part il y a quelques basaltes postérieurs aux labradorites; ainsi le Puy de Louchardière a fourni des basaltes scoriacés qui recouvrent, le long du chemin de la Cheire au Bouchet, la labradorite. Enfin les labradorites sont postérieures aux andésites; on voit la labradorite de Côme recouvrir l'andésite du Puy de Lantegy; ce fait est d'ailleurs presque unique, car les andésites ont coulé le plus souvent vers l'est et les labradorites vers l'ouest, de sorte que leurs coulées respectives ne se rencontrent que fort rarement.

Ainsi la succession des éruptions a été la suivante : 1° trachytes (domites); 2° basaltes anciens; 3° andésites; 4° labradorites; 5° basaltes supérieurs. Les domites datent de la fin du Pliocène supérieur ; les basaltes récents sont certainement postérieurs au commencement du Pléistocène, car les coulées de Gravenoire recouvrent des sables à *Elephas primigenius;* et antérieurs à la fin du Pléistocène, car les coulées du Tartaret sont couvertes près de Neschers d'alluvions de l'âge du Renne : on y a trouvé des ossements de Renne, de Cheval, de Loup et aussi des ossements travaillés, des silex taillés, ce qui indique la présence de l'Homme. Ce dernier a certainement assisté aux dernières éruptions des Puys. En effet, MM. Girod et Gautier ont trouvé des ossements humains dans les projections non remaniées du volcan de Gravenoire. La découverte a été faite dans la carrière de la Brenne sur le flanc est-nord-est du volcan ; et il n'y a aucun doute à avoir, les couches sont manifestement en place, elles n'ont subi aucun remaniement (2). En résumé donc les premières éruptions ont été celles de domite au Pliocène supérieur ; mais les Puys se sont édifiés surtout pendant le Pléistocène ; les premiers basaltes sont contemporains du début de cette période, et les plus récents ont immédiatement précédé les temps historiques ; les andésites et les labradorites doivent être intercalées entre ces deux éruptions de basaltes. L'activité volcanique n'est pas d'ailleurs complètement éteinte dans la région. On connaît l'abondance des sources thermales dans le pays ; il y a aussi des émanations d'acide carbonique ou *mofettes.* Ainsi ce gaz s'échappe d'une petite caverne à Montjoly, dans la vallée de Royat ; cette caverne rappelle la célèbre

(1) Michel-Lévy, p. 702.
(2) Comptes rendus de l'Académie des sciences, 19 mai 1891.

grotte du Chien près de Pouzzoles. Enfin le Puy de la Poix à l'est de Clermont laisse couler, surtout pendant l'été, une grande quantité de bitume.

Considérons maintenant ces diverses roches volcaniques au point de vue de leur structure.

Les andésites sont des pierres poreuses, grises, assez légères. La pâte est composée de microlithes appartenant à un feldspath voisin de l'oligoclase, microlithes d'olivine et de pyroxène. Les cristaux de première consolidation disséminés dans cette pâte sont des cristaux de fer oxydulé, d'amphibole hornblende et de feldspath (labrador et andésine). Les andésites forment des coulées au pied du Puy de la Nugère ; elles y sont exploitées depuis plusieurs siècles à Volvic comme pierre à bâtir. La lave de Volvic, poreuse et d'une couleur gris clair, se taille en effet très facilement. Le Puy de Pariou a également fourni deux coulées de laves andésitiques qui s'étendent jusqu'à Fontmort et Durtol. Enfin il faut citer encore la petite coulée d'andésite du Puy de Lantégy.

Les labradorites forment, par leur composition, passage des andésites aux basaltes, avec lesquels on les a longtemps confondues. Ce sont des roches noires, compactes, lourdes, composées d'une pâte microlithique d'olivine, de fer oxydulé, d'augite et de feldspath intermédiaire entre l'anorthite et le labrador. Les grands cristaux sont des feldspaths (surtout le labrador), du pyroxène augite et de l'amphibole hornblende ; parfois il y a aussi de l'olivine en grands cristaux. Les coulées les plus remarquables de labradorites sont celles du Puy de Louchardière, celle qui se trouve au pied même du Puy de Dôme et surtout les coulées fournies par le Puy de Dôme. L'une de ces coulées s'est avancée jusqu'à Pontgibaud et s'est précipitée dans la vallée de la Sioule (fig. 638). Cette rivière a dû se frayer un passage entre la lave et le granite de sa rive occidentale ; elle a produit une érosion considérable de cette labradorite, qui montre dans le lit de la Sioule une magnifique colonnade prismatique, et y recouvre le basalte ancien.

Les basaltes diffèrent des labradorites en ce que l'olivine, assez abondante, n'existe qu'en grands cristaux et non en microlithes ; il y a des cristaux de pyroxène, mais l'amphibole hornblende manque toujours. Le feldspath est le labrador, et c'est le minéral prédominant dans la roche. On ne peut signaler, d'après

Fig. 602. — Vue du Mont-Dore. (Photographie communiquée par M. Velon.)

M. Michel-Lévy, aucune différence pétrographique entre les basaltes inférieurs et les basaltes supérieurs. Ils ont tous la même composition, aussi bien celui qui se montre sous la labradorite près de Pontgibaud ou celui qui existe près de Royat, que ceux beaucoup

Fig. 603. — Le Mont-Dore ou de Boure d'après M. Michel-Lévy.

plus récents de Gravenoire et du Tartaret. Nous avons déjà parlé, au début de cette étude du Plateau Central, des plis hercyniens que présente la région et du coude qu'ils forment. Il y a là, à l'endroit de ce coude, une sorte de charnière et c'est précisément le long de cette charnière que sont disposées les bouches d'éruption. Avec M. Michel-Lévy, il faut

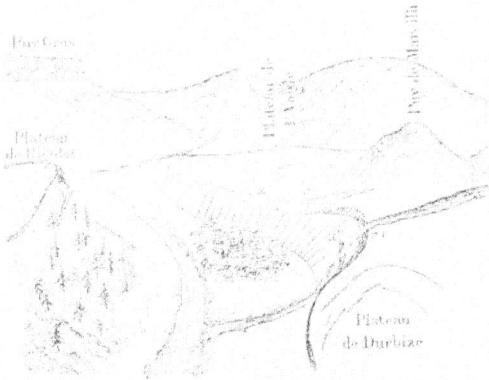

Fig. 604. — Vue de la Grande Cascade des pentes du roc de Cuzeau d'après M. Michel-Lévy.

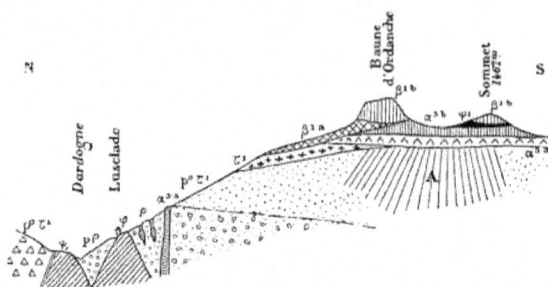

Fig. 665. — Coupe de Lusclade à la Banne d'Ordanche, montrant les superpositions des diverses roches éruptives (d'après M. Michel-Lévy). — φ^1, phonolites ; ρ, rhyolites ; β, basaltes ; τ^1, trachytes ; α, andésites ; A, dépôts sur les pentes.

attribuer aux tassements provenant de la réaction des plissements alpins sur la charnière hercynienne, les éruptions des Puys. Ces tassements ont permis l'ouverture, à travers le plateau gneissique et granitique, de fractures par lesquelles les matières fondues se sont épanchées à la surface. Ces éruptions ont commencé, dans la région qui nous occupe, à la fin du Pliocène et se sont poursuivies pendant toute la durée du Quaternaire, jusqu'au commencement sans doute des temps historiques. Le plateau primitif avait au début une altitude moyenne de 900 mètres. M. Julien a montré d'une manière certaine qu'il était recouvert en grande partie par les calcaires infra-tongriens à Striatelles et les arkoses tongriennes ; l'Aquitanien aussi était largement étendu sur le plateau, car le calcaire à *Potamides Lamarcki* existe à Pradas à plus de 1,000 mètres d'altitude. Les roches volcaniques ont recouvert une bonne partie de ces couches tertiaires et les ont protégées contre l'érosion.

Nous arrivons maintenant à un massif où les éruptions volcaniques ont commencé plus tôt que dans la chaîne des Puys : il s'agit du massif du Mont-Dore.

LE MONT-DORE.

Ce massif (fig. 662 et 665) constitue une ellipse dont le grand axe dirigé N.-S. a une longueur de 32 kilomètres et le petit axe E.-O. une longueur de 23. Le soubassement est un plateau d'environ 1,000 mètres d'altitude, où domine le granite, mais au sud on voit des gneiss, au nord des micaschistes, enfin vers l'est des schistes micacés précambriens qui existent aussi dans la chaîne des Puys. Sur ce plateau s'élèvent sept ou huit sommets groupés dans un circuit d'environ 1 kilomètre et demi. Le Puy Ferrand a à peu près la même hauteur que le Sancy, viennent ensuite le Pan de la Grange et le Cacadogne. D'autres sommets sont les Puys de l'Angle, le Puy Gros, les Puys de Hautechaux, du Barbier, du Baladois, de l'Aiguiller. Le sol est couvert en bien des points de vastes pâturages dont le tapis de verdure cache la roche, mais celle-ci est toujours visible sur les bords escarpés des cours d'eau qui sortent du

massif (1). Ces cours d'eau sont nombreux ; ils

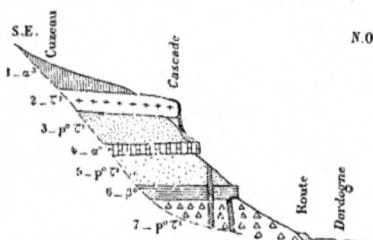

Fig. 666. — Grande Cascade, flanc méridional (d'après M. Michel-Lévy). — 1, andésite ; 2, trachyte ; 3, cinérite ; 4, andésite ; 5, cinérite ; 6, basalte ; 7, brèche cinéritique.

descendent des sommités centrales par des gorges étroites ; deux d'entre eux particulière-

(1) Poulett-Scrope, p. 136 et suivantes.

ment importants sont la Dore et la Dogne qui mêlent leurs eaux pour former la Dordogne. Ces deux rivières ont une forte pente ; aussi peut-on admirer près des bains du Mont-Dore la grande cascade que forme la Dordogne pour atteindre une altitude moins considérable (fig. 664). Les diverses sources de la Dordogne se réunissent dans un vaste cirque dominé par le Sancy et s'ouvrant vers le nord ; c'est la vallée de la Dordogne ; sur le flanc opposé du massif s'ouvre vers le nord-est la vallée de Chambon, d'où s'échappe par la grotte de Chaudefour la Couse septentrionale, affluent de l'Allier. Au milieu de la vallée de Chambon se dresse le Puy du Tartaret dont nous avons déjà parlé et qui, en barrant cette vallée, a produit le lac de Chambon.

Le massif du Mont-Dore se relie insensiblement vers le sud au massif du Cantal par un plateau élevé qui sépare les eaux de la Dordogne de celles de l'Allier ; c'est ce qu'on appelle le Cézalier, région gneissique couverte d'une maigre végétation.

Les roches éruptives du Mont-Dore sont très variées, plus variées que celles des Puys. On y voit des basaltes de différents âges, des andésites, des trachytes, des téphrites, des phonolites, des rhyolites ; les cinérites atteignent un grand développement et constituent même la plus grande masse du Mont-Dore.

Un certain nombre de coupes naturelles ont permis à divers observateurs à Poulett-Scrope et surtout à M. Michel-Lévy, d'établir l'âge relatif de ces roches. Telles sont la coupe de la Grande Cascade du Mont-Dore (fig. 666), celle du ravin des Égravats, un peu plus haut dans la vallée ; celle de Lusclade (fig. 665) à la Banne d'Ordanche sur la rive droite de la Dordogne, et d'autres encore.

Voici la succession des roches du Mont-Dore d'après Michel-Lévy (1).

Les premières éruptions ont fourni des rochers acides, les *rhyolites*, qui forment des coulées dans des cinérites, qualifiées de *cinérites inférieures*, blanches, ressemblant à des domites. Aux rhyolites sont associées des *phonolites*. Ensuite viennent des *cinérites supérieures* contenant des blocs projetés souvent basaltiques. Les cinérites sont traversées par des intercalations d'*andésites*, de *labradorites*, de *basaltes*. Certains de ces derniers sont certainement antérieurs à la cinérite à blocs, mais en faisant

(1) Michel-Lévy, *Le Mont-Dore* (*Bulletin de la Société géologique*, 3ᵉ série, t. XVIII, p. 746 et suivantes).

abstraction de ces produits basiques relativement peu importants, on peut dire que les premières éruptions volcaniques du Mont-Dore sont acides. Les cinérites supérieures sont surmontées d'*andésites acides* et de *trachytes à grands cristaux de sanidine*, qui ont précédé des *andésites plus basiques* et des *téphrites*. Après sont venus les *phonolites supérieures*, enfin les *basaltes*. Ces derniers peuvent être divisés au point de vue stratigraphique en deux groupes. Les plus anciens sont les *basaltes des plateaux*, antérieurs aux principales érosions des vallées voisines. Les plus récents sont les *basaltes des pentes* qui parviennent de cratères à moitié conservés.

Quant à l'âge absolu des éruptions, on peut l'établir grâce à quelques faits (1). Les basaltes du Tartaret et du lac Pavin dont nous avons déjà parlé, à propos de la chaîne des Puys, à laquelle on peut les rattacher, sont quaternaires, mais les autres basaltes sont antérieurs au Pliocène supérieur. En effet, ils existent en blocs avec les autres roches volcaniques du pays sur les bords de la Couse, dans un conglomérat évidemment d'origine glaciaire et où l'on a trouvé la faune de Perrier à *Elephas meridionalis*. Les couches inférieures de Perrier rapportées au Pliocène moyen et contenant *Mastodon arvernensis, M. Borsoni, Bambusa lugdunensis*, etc., contiennent des lits de cinérite acide et des cailloux des basaltes les plus anciens. Il semble d'après cela que les éruptions acides seules doivent être rapportées à une époque antérieure au Pliocène moyen, et que les trachytes, les phonolites soient postérieurs à la faune inférieure de Perrier. Mais quelques faits tendraient à prouver que le Pliocène moyen serait postérieur à presque toutes les projections cinéritiques et à certains trachytes et phonolites. D'autre part les cinérites ont fourni des empreintes de feuilles, notamment aux environs de la Bourboule et près du lac de Chambon, qui répondent probablement au Pliocène moyen. Ainsi, bien que la question ne soit pas absolument tranchée, on peut affirmer que la plupart des éruptions du Mont-Dore se sont produites avant le Pliocène supérieur, et toutes les cinérites sont probablement contemporaines du Pliocène moyen. Il paraît sûr aussi qu'il n'y a pas eu d'éruption au Miocène, car MM. Michel-Lévy et Munier-Chalmas ont trouvé sur l'Aquitanien un poudingue quartzeux qu'ils rappor-

(1) Michel-Lévy, p. 843.

tent au Miocène supérieur et où ne se trouve aucun galet représentant les roches volcaniques de la région ; les éruptions n'avaient donc pas commencé au moment où ce poudingue se déposait.

En résumé, les éruptions du Mont-Dore sont sans doute postérieures au Miocène supérieur, et notamment antérieures au Pliocène supérieur; elles seraient contemporaines du Pliocène moyen, tandis que les éruptions de la chaîne des Puys sont quaternaires, et ont persisté jusqu'à l'âge du Renne.

Considérons avec quelques détails ces roches et signalons leurs principaux gisements.

Les rhyolites sont des roches qui en France n'existent que dans le Mont-Dore près de Lusclade ; elles sont au contraire très répandues en Hongrie. Von Lasaulx (1) le premier les signala en Auvergne sous le nom de *trachytes quartzifères*. Les rhyolites du Mont-Dore sont grises ou rouge-brique ; leur pâte est composée d'un magma vitreux contenant de nombreux globules (sphérolithes) siliceux, du quartz grenu, de petits grains de fer oxydulé et des microlithes d'orthose. Les grands cristaux sont représentés par la variété d'orthose vitreux appelée sanidine, par du feldspath triclinique, du fer oxydulé et aussi par des cristaux très rares de mica noir, d'amphibole hornblende, etc. Aux rhyolites il faut associer d'autres roches qui y passent graduellement, ce sont les perlites qu'on trouve particulièrement sur la route de Murat-le-Quain près des rhyolites. Les perlites sont des roches dont l'éclat rappelle celui des obsidiennes ; elles sont noires ou brunes ; leur pâte contient des sphérolithes analogues à ceux des rhyolites et des cristaux de sanidine.

Les cinérites formées par l'accumulation des projections volcaniques se divisent, avons-nous dit, en cinérites inférieures et en cinérites supérieures. Les premières, associées aux rhyolites, sont blanches, onctueuses, riches en kaolin et en débris de sanidine. Aux environs de Lusclade elles contiennent des fragments rhyolitiques et perlitiques cimentés par des produits siliceux (2). Les cinérites supérieures contiennent des fragments de roches diverses. Parfois elles se laissent tailler facilement et peuvent être employées pour la construction ; c'est ce qui a lieu pour la cinérite de la Buchette, sous Prégnoux.

(1) Von Lasaulx, *Études pétrographiques sur les roches volcaniques de l'Auvergne*, trad. française de Gouard. Clermont, 1875, p. 119.

c(2) Michel-Lévy, p. 790.

Les trachytes et andésites acides à grands cristaux de sanidine sont des roches remarquables qui passent graduellement de l'une à l'autre ; les trachytes sont plus acides et sont plus porphyroïdes, c'est-à-dire contiennent des cristaux plus grands que les andésites, mais il y a des transitions qu'on peut appeler *trachy-andésites*. Les trachytes les plus acides sont formés d'une pâte composée surtout de microlithes de sanidine et de fer oxydulé avec de grands cristaux de sanidine, de mica noir, de pyroxène. Certaines variétés blanches, qu'on trouve entre le Puy de la Tache et le Puy du Barbier, ressemblent tout à fait aux domites de la chaîne des Puys. Les trachytes les plus communs contiennent dans leur pâte des microlithes de pyroxène. Ils sont de couleur foncée. On peut bien les étudier au Puy Gros ; ils y forment une énorme coulée, qui, près du village de Laqueuille, se termine par une véritable colonnade : celle-ci est composée de prismes à six pans, ayant une dizaine de mètres de hauteur et 5 mètres de diamètre. A la Grande-Cascade du Mont-Dore, on trouve des trachytes contenant du péridot (olivine) ; il en est de même des grandes coulées qui descendent en gradins étagés du rocher appelé Roc de Cuzeau. Les hauts sommets du groupe du Mont-Dore sont formés de trachyte : tel est le pic de Sancy (fig. 640, page 405) où la roche est rougeâtre, le Puy Ferrand, le Puy de l'Aiguiller où l'on voit trois à quatre dykes verticaux ressemblant à des aiguilles.

Les andésites sont des roches plus lourdes et plus foncées que les trachytes ; leur magma scoriacé les fait comparer à la lave de Volvic. Elles renferment beaucoup d'augite et d'olivine ; les cristaux d'orthose sont petits et rares ; les microlithes de feldspath oligoclase sont abondants. On doit citer notamment les andésites qui ont coulé du Roc de Cuzeau et forment le plateau de Durtbize, et aussi celles qui constituent le plateau de l'Angle ; ces dernières ressemblent à des basaltes ; elles recouvrent le trachyte à grands cristaux de la Grande-Cascade.

M. Michel-Lévy a découvert au Mont-Dore des roches qui ont été longtemps confondues avec les andésites et même avec les basaltes. Elles sont compactes et de couleur foncée ; on y trouve beaucoup de cristaux de labrador, de l'amphibole, du pyroxène, mais le minéral caractéristique de ces roches est l'hauyne, qui se présente en grains bleu foncé. Ces roches andésiques à hauyne sont considérées par

M. Michel-Lévy comme des téphrites. Elles sont analogues par leur composition aux roches de ce nom, où cependant l'hauyne est remplacée par un minéral de composition très voisine, la néphéline. M. Michel-Lévy a trouvé des téphrites ou andésites à hauyne sous la Banne d'Ordanche, dans le ravin de Lusclade, dans la région comprise entre le roc Blanc et le lac de Guéry, enfin aux environs du Puy d'Alou (1).

Les phonolites sont des roches qui se divisent facilement en feuillets ; elles rendent un son clair au marteau, ce qui leur a valu un nom qui signifie pierres sonores. Il y en a, avons-nous vu, au commencement de la série éruptive du Mont-Dore, ainsi près de Lusclade, mais la plupart appartiennent à l'un des termes supérieurs de la série ; elles viennent immédiatement au-dessous des basaltes. On en trouve des dykes énormes dans la vallée de Rochefort, dykes qui paraissent provenir d'une même masse que le torrent coulant dans la vallée a peu à peu divisée. Les portions ainsi isolées sont le Puy de Loueire, le dyke de la Malviale et les roches Tuilière et Sanadoire (2). Ces dernières sont bien connues. Elles se dressent de chaque côté de la vallée de Rochefort. La phonolite y forme des prismes très réguliers. Ceux de la Tuilière sont verticaux et se divisent en lames minces, employées comme ardoises dans le pays, d'où ce nom de Tuilière ; ceux de la Sanadoire s'entrelacent, puis divergent comme les branches d'un éventail (3). La phonolite de la Tuilière est composée d'une pâte microlithique d'orthose et de pyroxène vert, où sont plongés des cristaux plus volumineux d'orthose, de sphène, d'amphibole et de pyroxène ; la néphéline y a été découverte; cependant, d'après M. Michel-Lévy, sa présence serait encore douteuse ; elle aurait été confondue avec l'hauyne ou noséane. La phonolite du Piton placé au nord du Puy Gros, et celle du Puy Cordé sont au contraire néphéliniques sans contestation possible. La roche Sanadoire est formée d'une phonolite plus foncée. Il n'y a plus là sûrement de néphéline ; en revanche on y trouve l'hauyne bleue et sa variété jaune, la noséane, chargée d'inclusions noires.

Il nous reste à parler des basaltes du Mont-Dore. On en distingue plusieurs variétés suivant leur structure. Certains, comme ceux du Puy Gros sont de véritables labradorites à microlithes d'olivine ; d'autres, les vrais basaltes, sont peu feldspathiques ; ce sont les plus abondants, enfin d'autres encore plus anciens que les précédents sont au contraire très feldspathiques ; les grands cristaux de feldspath sont visibles à l'œil nu (structure trachytoïde) et les microlithes de feldspath sont de grande taille (structure ophitique); en outre, il y a dans la pâte des matières vitreuses, l'olivine est rare. Ces basaltes ophitiques ont été observés par M. Michel-Lévy au Puy de la Croix-Morand, et à la Banne d'Ordanche.

LE MASSIF DU CANTAL.

Le massif du Cantal se présente comme un cône aplati et irrégulier couvrant la plus grande partie du département. Les flancs descendent d'une manière assez uniforme. Ils sont interrompus par de nombreuses vallées qui rayonnent tout autour du massif. Il y en a vingt-deux, dont douze de premier ordre, rayonnant tout autour du massif (4). Les principales sont, au nord et à l'ouest, celles de la Cère et de la Jordanne, de la Maronne et de la Rhue, dont les eaux vont se jeter dans la Dordogne ; à l'est et au sud-est, les vallées du Goul et de la Trueyre, tributaires du Lot, enfin au nord-est celle de l'Allagnon, seule rivière du Cantal qui se rende à l'Allier.

Le centre du massif est constitué par des andésites, des trachytes et des phonolites ; sur les pentes se sont épanchés des basaltes. Le centre est occupé par une vaste cavité, une *caldeira* circulaire, ayant plus de deux lieues de diamètre. Le milieu en est occupé par trois pitons phonolitiques, le Puy de Griou (1,694 mètres), le Griounot (1,452 mètres) et le Puy de Lusclade (1,439 mètres). La Caldeira est entourée d'un premier cercle composé de divers sommets andésitiques ; ce sont les montagnes les plus élevées du massif ; parmi les principales il faut citer le Puy Brunet (1,806 mètres), le Plomb-du-Cantal (1,858 mètres) couronné de basalte, le roc de Combe-Nègre, le Puy du Lioran (1,368 mètres), le Puy de Bataillouze (1,686 mètres), le Puy de Peyre-

(1) Michel-Lévy, p. 820.
(2) Voir *La Terre, les Mers et les Continents*, fig. 493, page 407.
(3) Poulett-Scrope, p. 148.
(4) Rames, *Topographie raisonnée du Cantal.* Aurillac, 1879.

Fig. 965. — Montagne de Bonnevie, formée par un faisceau de prismes basaltiques, au-dessus de Murat (d'après Poulett-Scrope).

Arse (1,567 mètres), le Puy Mary (1,787 mètres), le Puy Chavaroche ou l'Homme-de-Pierre (1,744 mètres). Trois Puys importants, ceux de Peyre-Guarry, de la Tourte et d'Orcet, sont un peu au nord du cercle. Ce dernier est entouré d'un cercle extérieur formé de montagnes basaltiques comme le Puy Gros (1,599 mètres), le Puy Fouqué (1,642 mètres), le Grand-Morne (1,614 mètres), le Suc-de-Rond (1,582 mètres), le Roc-des-Ombres (1,647 mètres), le Puy Violent (1,594 mètres), le Suc-de-Récusset (1,534 mètres), les Puys du Limon (1,568 mètres et 1,569 mètres). De ces montagnes basaltiques partent de grands plateaux triangulaires en pente douce ayant plusieurs lieues d'étendue. Le plateau du sud est commandé par le Puy Gros; au sud-ouest se détache le plateau de Badailhac. A l'est se trouve le plateau le plus important, celui de la Planèze, dominé par le Plomb-du-Cantal, les Puys Fouqué, de Belle-Viste, de Nyermont; son altitude moyenne est de plus de 1,000 mètres. Au nord-est se trouve aussi un plateau qui plonge vers l'Allagnon; il est dominé par les Puys de Gelneuf

(1,473 mètres) et de Pramajou (1,492 mètres). Il rencontre au nord les pentes basaltiques du Cézallier. Au nord se montre le plateau le moins considérable, mais le plus élevé, celui du Limon; enfin à l'ouest il faut citer le grand plateau qui prend successivement les noms de plateaux de Salers, de Mauriac et de plaine de Pleaux. Il est dominé par le Roc-des-Ombres, le Puy Violent et le Suc-de-Récusset.

Entre les montagnes que nous venons de citer existent un certain nombre de cols dont il faut signaler les principaux. Ce sont le Col-de-Cabre (1,539 mètres) entre les Puys de Peyre-Arse et de Batailbouze, le col de la Font-des-Vaches entre les Puys Griou et de Lusclade, le col du Lioran (1,250 mètres) entre les rochers de Combe-Nègre et le Lioran, enfin le col de Sagne (1,250 mètres) entre le Lioran et le Plomb-du-Cantal.

Les éruptions du massif du Cantal ont été étudiées avec grand soin et dans le plus grand détail par M. Fouqué, qui a fait la carte géologique des feuilles de Mauriac, Aurillac, Brioude et Saint-Flour. Ces éruptions se sont produites à travers un plateau de gneiss et de micaschistes; les roches volcaniques reposent aussi en partie sur les roches tertiaires dont nous avons parlé plus haut.

L'activité volcanique a commencé dans le Cantal plus tôt que dans les massifs précédents; elle a commencé plus tôt, avons-nous vu, dans le Mont-Dore que dans la chaîne des Puys; ainsi il y a un retard de plus en plus accusé quand on s'avance du sud vers le nord.

Les premières éruptions ont fourni des coulées de basalte (basalte inférieur), remarquables par leurs grands cristaux de labrador et d'anorthite; la roche est à grains fins, sa pâte est riche en labrador et en fer oxydulé. Ce basalte s'observe surtout près d'Aurillac et dans la vallée de l'Allagnon. Il repose sur le calcaire oligocène à *Helix Ramundi*, et il est lui-même recouvert au Puy Courny par un gravier à *Hipparion* appartenant au Miocène supérieur. On doit donc considérer ce basalte comme d'âge miocène.

Ensuite des explosions ont fourni des cinérites blanches, ressemblant à de la domite, contenant de grands cristaux de sanidine, du sphène, du mica noir. Cette roche trachytique est exploitée comme pierre de construction en diverses localités. On l'observe surtout au fond des vallées de la Cère, de la Jordane, de l'Allagnon, c'est-à-dire vers le centre du massif. Au sommet de cette série il y a un basalte (basalte moyen ou porphyroïde) contenant de grands cristaux, visibles à l'œil nu, de pyroxène et d'olivine. On peut l'observer aux environs de Thiézac et de Lascelles, entre les vallées de la Cère et de la Jordane (1).

Une seconde série d'éruptions s'est produite vers le Pliocène moyen. Elle a débuté par des explosions qui ont fourni les cinérites supérieures du Cantal, dont nous avons cité la flore. C'est de cette époque que date la *Caldeira* centrale. De nombreux blocs émis peu après ont fourni une brèche andésitique dont les débris sont plus ou moins soudés par de la matière vitreuse. Cette brèche, dont l'épaisseur atteint de 250 à 4 ou 500 mètres, se voit bien près de Vic-sur-Cère et sur le bord du plateau de Thiézac, sur plusieurs kilomètres de longueur. Les grands cristaux de feldspath sont du labrador; les microlithes sont de l'oligoclase; les autres minéraux sont le fer oxydulé, la néphéline, l'amphibole hornblende et surtout le py-

roxène. La brèche andésitique est recouverte par des nappes d'andésites à amphibole et labrador, entremêlées de lits scoriacés. Les dykes d'andésites constituent la majeure partie des hauts sommets du Cantal : le Puy Mary, Chavaroche, Lioran, Pierre-Arse, Cantalou, le Plomb-du-Cantal, etc.

Aux andésites ont succédé ces roches compactes, facilement divisibles en feuillets, de couleur verdâtre, qu'on appelle les phonolites. Elles constituent le Puy Griou, le Griounot, Roche-Taillade, le Puy de Lusclade et fournissent en outre plusieurs filons. La traînée phonolitique se continue au nord jusqu'à la localité de Bort, où se montre à 900 mètres d'altitude la belle colonnade appelée *orgues* de Bort, à la limite commune des trois départements du Cantal, du Puy-de-Dôme et de la Corrèze. Les phonolites du Cantal sont riches en feldspath; elles contiennent en outre des microlithes de pyroxène et, en grands cristaux, de l'amphibole, du pyroxène, du sphène, du mica noir, de la noséane; il peut y avoir de la néphéline, mais ce minéral peut faire aussi complètement défaut.

Enfin, pendant la dernière partie du Pliocène et dans le Quaternaire ou Pleistocène, les éruptions ont été basaltiques. Ces basaltes, appelés basaltes des plateaux ou basaltes supérieurs, forment la cime du Plomb-du-Cantal. Ils sont composés dans la haute vallée de la Marse de six coulées distinctes atteignant ensemble 120 mètres d'épaisseur. Ils ont une grande tendance à se diviser en colonnades prismatiques, par suite d'un phénomène de retrait. On peut citer les *orgues* de Saint-Flour et de Murat. Au-dessus de cette dernière ville s'élève la montagne de Bonnevie (fig. 667) haute de 120 mètres et formée de prismes qui convergent vers le sommet; ceux du centre sont droits, ceux du dehors sont légèrement courbés. Ces prismes ont de 15 à 20 mètres de haut et de 20 à 25 centimètres de diamètre (1).

Ce même basalte constitue la chaîne du Cézallier qui unit le Cantal au Mont-Dore. On le retrouve aussi au sud du Cantal. Il y forme les montagnes d'Aubrac, pays qui s'étend entre les trois localités de La Guiole, Saint-Geniez et Saint-Urcize dans l'Aveyron. Le point le plus élevé est le pic de Mailhebiau (1,471 mètres).

Comme reste de l'activité volcanique dans la région du Cantal, on peut citer les sources de Chaudesaigues dans la vallée de Remonta-

(1) Voir *Notices du ministère des Travaux publics* pour l'Exposition universelle de Paris de 1889, p. 47.

(1) Poulett-Scrope, p. 162.

lou, au sud de la Truyère. Plusieurs de ces sources jaillissent du lit même du torrent de Remontalou, et leur température élevée (88°) augmente sensiblement en aval celle des eaux de ce torrent. Depuis de nombreuses années les habitants du pays ont utilisé les sources d'une manière très intelligente; des conduits de bois amènent l'eau chaude dans les maisons et elle sert pour les divers travaux domestiques, le lavage du linge, la cuisson des œufs, etc.

Les glaciers étaient très développés pendant le Pléistocène et aussi à la fin du Pliocène dans le massif du Cantal. Il y a des traces incontestables de leur existence. Depuis longtemps déjà MM. Julien et Rames ont trouvé leurs moraines. L'un des glaciers les plus considérables occupait la vallée de l'Allagnon, qui est divisée par des contreforts en un grand nombre de vallées secondaires. Au débouché de chacune de ces vallées existe un amas de débris glaciaires, et les moraines latérales s'élèvent à une grande hauteur sur les flancs de ces vallées. Quant aux moraines de la vallée principale, on peut les suivre sur plus de 12 kilomètres, de Murat à Neussargues. Il en est de même pour la vallée d'Allanches. Du côté de Neussargues les blocs sont basaltiques ou cristallins; le long de l'Allagnon ils sont surtout andésitiques et proviennent du Plomb-du-Cantal. Le glacier d'Allanches a fourni une belle moraine frontale sur laquelle est précisément bâti le village de Moissac. Les vallées de la Cère, de la Jordane étaient aussi occupées par des glaciers qui ont édifié une grande moraine à Aurillac. Sur la route de Carlat, M. Rames a signalé des moraines d'âge pliocène contenant de gros blocs de basaltes à grands cristaux. A Carnéjac une moraine barre le vallon du Vézac (1).

LE VELAY. — SA CONSTITUTION GÉOLOGIQUE. — SES FORMATIONS TERTIAIRES.

Le Velay est un petit pays de l'ancien Languedoc, qui forme actuellement la plus grande partie du département de la Haute-Loire. Malgré son étendue restreinte, il présente un grand intérêt géologique, aussi allons-nous le décrire avec quelques détails.

Bien des travaux ont été publiés sur le Velay. Nous citerons seulement ici d'abord la *Description géognostique des environs du Puy-en-Velay*, par Bertrand-Roux (plus connu sous le nom de Bertrand de Doue) qui, malgré sa date de publication déjà ancienne (1823), est restée un modèle de monographie géologique; ensuite, la *Carte géologique de la Haute-Loire*, publiée en 1880 par M. Tournaire; enfin la *Description géologique du Velay*, par M. Boule (1892), travail considérable et définitif (1). Pour l'esquisse qui va suivre, nous nous servirons de ces divers ouvrages, et surtout du dernier.

Le Velay est séparé, à l'ouest, de la Lozère (ancien Gévaudan) et du Cantal, par la chaîne volcanique appelée chaîne du Velay ou du Devès; au nord, se dressent les montagnes du Forez et le plateau granitique et gneissique de l'Auvergne orientale; enfin, au sud et à l'est, s'élèvent les massifs phonolitiques et basaltiques du Mézenc et du Mégal, séparant le Velay de l'ancien Vivarais (Ardèche). Dans le cirque ainsi délimité se sont déposées, sur un soubassement principalement granitique, des couches tertiaires. Elles constituent le bassin du Puy-en-Velay, parcouru par le cours supérieur de la Loire. Ce bassin est lui-même séparé en deux par une grande masse granitique s'allongeant du nord-ouest au sud-est, couverte de forêts et atteignant environ 1,000 mètres d'altitude, que la Loire traverse par une gorge profonde et escarpée entre Peyredeyre et La Voûte. Le bassin oriental est le bassin du Puy proprement dit, et le bassin occidental porte le nom de bassin d'Emblavès.

Au-dessous des terrains tertiaires et des roches volcaniques, le granite occupe presque toute l'étendue du Velay. Dans les parties les plus élevées, il affleure çà et là et forme le fond des vallées. En se décomposant, il fournit une arène peu fertile appelée dans le pays terre de varène. Les éléments principaux sont, comme toujours, le mica noir, les feldspaths orthose et oligoclase, le mica noir très abondant. Il y a aussi du mica blanc, du zircon, différents autres minéraux, entre autres une substance d'un vert foncé, en grains ou en noyaux assez volumineux, appelée la pinite. La masse granitique contient fréquemment des enclaves considéra-

---

(1) *Bulletin des services de la Carte géologique de la France et des topographies souterraines*, n° 28. Mars 1892.

(1) *Bulletin de la Société géologique*, 3e série, t. XII, 1883-84, p. 12.

bles de gneiss et micaschistes, que le granite a arraché au terrain primitif lorsqu'il a fait éruption. On peut observer des enclaves de ce genre, notamment dans les défilés de la Loire, entre Peyredeyre et La Voûte; elles s'y présentent sous forme de taches sombres contrastant avec la teinte plus claire du granite. Dans ces mêmes défilés, le granite est traversé par de nombreux filons de granulite de couleur rose, exploitée pour l'empierrement des routes.

Les gneiss et les micaschistes se voient rarement dans le Velay, à cause du grand développement du granite. Pour observer le terrain primitif, il faut se rendre dans la haute vallée de l'Allier, qui sépare la chaîne volcanique du Velay des montagnes de la Margeride. Là, les gneiss sont encaissés entre le massif granitique de la Margeride et le soubassement granitique des monts du Velay; M. Boule a particulièrement étudié ces gneiss de la vallée de l'Allier. Ils sont généralement injectés de nombreux filons de granulite; mais à ces gneiss granulitiques sont fréquemment associés des gneiss où l'amphibole est l'élément le plus remarquable; elle peut dominer au point que le feldspath et le quartz ne forment que de rares taches blanches au milieu du feutrage des cristaux d'amphibole (1).

Dans le Velay (fig. 668), on n'observe pas de formations sédimentaires antérieures au Tertiaire, sauf cependant le petit bassin houiller de Langeac, qui est à la limite de ce pays et de l'Auvergne, et dont nous avons déjà parlé.

Au début de la période tertiaire, le pays était couvert de lacs où se sont déposées des arkoses, à l'aide des éléments arrachés aux roches granitiques par l'action des eaux. On trouve ces arkoses aussi bien sur le voussoir granitique séparant le bassin du Puy de celui de l'Emblavès, que dans le fond du premier de ces bassins, à 300 mètres au moins plus bas. Cela s'explique par les mouvements du sol qui se sont produits vers la fin du Miocène, au moment des premières éruptions volcaniques. Il en est résulté des dénivellations, et le massif granitique en question est resté en place entre les deux bassins autrefois réunis et maintenant séparés; il a joué le rôle de *horst* résistant et immobile.

Les arkoses s'observent bien sur la route du Puy à Yssingeaux, au village de Blavozy, où

(1) Boule, *Les gneiss amphiboliques et les serpentines de la haute vallée de l'Allier* (*Bulletin de la Société géologique*, 3e série, t. XIX, 1891.

elles sont exploitées de temps immémorial. Elles reposent sur le granite et atteignent là environ 60 mètres d'épaisseur. A Saint-Quentin-Chaspinhac, les arkoses se montrent à environ 930 mètres d'altitude. Dans ces localités, elles ne présentent pas de fossiles. Au contraire, les arkoses de Brives, sur les bords de la Loire, tout près du Puy, ont fourni des empreintes végétales. Ces arkoses supportent les argiles marneuses et sableuses de la montagne de Brunelet. Leur épaisseur est d'environ 15 à 20 mètres. Les empreintes végétales des arkoses de Brives ont été déterminées par M. de Saporta. On trouve là des Palmiers (*Sabalites microphyllus, Palæophœnix Aymardi*), des Protéacées (*Dryandra Micheloti*), des Laurinées (*Laurus Forbesi*), etc. D'après M. de Saporta, cette flore indique l'Éocène moyen; le *Dryandra Micheloti* existe en effet dans les marnes du Trocadéro, à Paris, à la partie supérieure du calcaire grossier. Ainsi, les arkoses du Velay sont éocènes, tandis que celles du Puy-de-Dôme sont, comme nous l'avons vu, du Tongrien inférieur, et de même celles du Cantal sont tongriennes (Oligocène inférieur).

Pendant la période oligocène, le Velay a été occupé, comme l'Auvergne, par des lacs qui devaient être en relation avec ceux de Roanne et de Montbrison, comme l'indique l'existence de lambeaux isolés. On trouve également de ceux-ci sur la barrière granitique séparant les bassins du Puy et d'Emblavès; preuve manifeste que cette barrière n'existait pas d'abord, et qu'il s'est produit de notables dénivellations démontrées, d'ailleurs, par l'existence de failles.

Les dépôts oligocènes sont à peu près semblables dans les deux bassins. Ils débutent par des argiles sableuses et des marnes sans fossiles. Ces argiles constituent presque toute la formation dans l'Emblavès, tandis que dans le bassin du Puy on peut distinguer plusieurs termes qui sont les suivants: 1° les argiles et les marnes, avec des couches de gypse; 2° des calcaires marneux compacts alternant avec des marnes, et connus sous le nom de calcaires de Ronzon.

Les argiles et les marnes se montrent parfaitement superposées aux arkoses. Leur épaisseur est d'environ 50 ou 60 mètres. Elles sont blanches, jaunes, bleues, rouges, bigarrées. A Cormail et au Mont-Anis, qui porte la ville du Puy, se trouvent, à la partie supérieure, des couches marneuses contenant du gypse; on les a exploitées à diverses reprises, mais l'exploi-

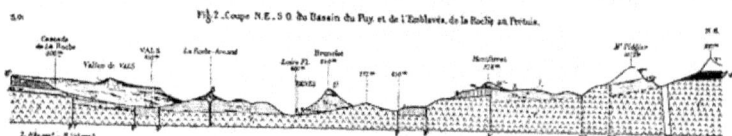

Fig. 668. — Coupe N.E.-S.O. du bassin du Puy et de l'Emblavès, de la Roche au Pertuis. — β¹, basaltes du Pliocène supérieur; β⁰, basaltes du Pliocène moyen; p⁰, sables à Mastodontes; φ⁰, phonolite; p⁰φ⁰, tufs phonolitiques; $m_1$⁰, Oligocène; e, arkoses éocènes; γ¹, granite; F, failles.

tation est aujourd'hui abandonnée. Dans les marnes alternant avec le gypse, il y a des empreintes nombreuses de *Cypris* et des Mollusques comme *Bythinia Aymardi* (*Nystia Duchasteli*); enfin, on a trouvé, dans le gypse, des ossements de *Palæotherium* (*P. magnum* et *P. crassum*). La faune de cet ensemble conduit M. Boule à regarder les argiles et les marnes gypseuses du Puy comme équivalent aux marnes à *Cyrena convexa*, aux marnes à *Limnæa strigosa*, et à la partie supérieure du gypse du

bassin de Paris; par suite, on aurait là de l'Infra-Tongrien le plus inférieur ou le sommet de l'Éocène supérieur.

Les calcaires marneux compacts qui surmontent la série précédente sont exploités à Ronzon et à Espaly, aux portes même du Puy; on en fabrique de la chaux hydraulique. Les calcaires alternent avec des marnes compactes ou feuilletées. L'ensemble atteint environ 100 mètres. Il y a là de nombreux restes d'animaux et de végétaux. M. Tournouër a déterminé, parmi les

Fig. 669. — Berges du Liguon, à Fay-le-Froid (d'après M. Boule). — m⁰, Miocène supérieur; a², alluvions récentes.

Mollusques, le *Nystia Duchasteli* du calcaire de Bret sous le nom de *Bythinia Aymardi*, des Limnées (*L. cylindrica*), des Planorbes (*Pl. cornu*). Il y a aussi des *Cypris* et un autre Crustacé (*E'osphæroma*) difficile à distinguer de l'*E. Brongniarti* des marnes à Cyrènes du bassin de Paris. On trouve des empreintes d'Insectes (Coléoptères, Névroptères, Diptères), des Poissons (*Lebias Aymardi*), des restes de Tortues, de Crocodiles, des ossements et des plumes de divers Oiseaux avec des œufs bien conservés; il faut citer notamment les *Elornis*, voisins des Flamants actuels. Mais la faune de Ronzon est

plutôt remarquable par ses Mammifères. Ceux-ci, étudiés par Aymard, l'omel, Gervais, etc., ont été décrits ensuite avec le plus grand soin par M. Filhol (1). Les genres *Palæotherium*, *Paloplotherium*, *Acerotherium*, *Ancodus*, *Gelocus*, *Hyænodon*, sont représentés. Cette faune, bien que distincte de celle du gypse, a cependant des rapports avec elle, et l'absence de l'*Anthracotherium* lui donne un caractère d'antiquité relative. Aussi est-on conduit à considérer le cal-

(1) Filhol, *Étude des Mammifères fossiles de Ronzon* (Haute-Loire) (Bibl. de l'école des Hautes-Études. Sc. naturelles, vol. XXIV, 1882).

LA TERRE AVANT L'HOMME.

caire de Ronzon comme représentant le calcaire de Brie (Infra-Tongrien). Les couches les plus supérieures, qui surmontent les calcaires et les marnes exploités à Ronzon, ne renferment pas de fossiles ; M. Boule y a cherché vainement le *Potamides Lamarcki*, si commun en Auvergne ; c'est donc avec doute qu'il les considère comme tongriennes.

Les végétaux des couches de Ronzon ont été étudiés par M. Marion. La flore est assez pauvre. Il faut citer notamment l'*Equisetum ronzonense*, le *Laurus primigenia*, le *Mimosa Aymardi*, et surtout le *Pistacia* (*Lentiscus*) *oligocenica*, qui diffère à peine du Lentisque actuel des bords de la Méditerranée. Cette flore est, d'après M. Marion, une flore infra-tongrienne, et indique pour le bassin du Puy, à l'époque oligocène, une température moyenne de 23°.

Sur les berges du ruisseau de Laussonne on trouve, au-dessus des argiles sableuses oligocène, une formation remarquable dont l'âge est encore controversé. Cette formation, qui constitue presque complètement la montagne de Lherm et qui existe aussi à Fay-le-Froid (fig. 669), au-dessous des alluvions récentes, et en d'autres localités du massif du Mézenc, consiste en argiles et en sables contenant des éléments basaltiques et de nombreux cailloux roulés, notamment des *chailles* jurassiques, c'est-à-dire des rognons ayant pour centre des fossiles du Jurassique. Ces fossiles sont des Bélemnites, des Ammonites (*A. Parkinsoni*, *A. Niortensis*), etc., du Bajocien. Les chailles ne proviennent certainement pas de couches jurassiques qui auraient existé dans cette partie du Plateau Central, car elles se montrent rarement dans les couches oligocènes inférieures aux sables en question. Il faut les attribuer sans doute à des courants qui ont amené dans le Velay des débris du Jurassique du Lyonnais ou de l'Ardèche. Quant aux sables et aux argiles qui les renferment, ils sont en discordance marquée de stratification sur l'Oligocène. De plus, dans le calcaire siliceux qui accompagne ces sables à Fay-le-Froid, M. Aymard a trouvé une coquille en mauvais état, rapportée avec doute à l'*Helix Ramondi* ; enfin, d'après M. Boule, cette formation a de grandes analogies avec les sables à *Dinotherium* et *Hipparion* du Cantal. Pour toutes ces raisons M. Boule rapporte les sables à chailles au Miocène supérieur (Tortonien).

Les couches pliocènes ne manquent pas dans le Velay, et elles sont en relation, comme nous le verrons, avec les roches volcaniques. Sur l'Oligocène reposent, notamment à Vals, des sables à Mastodontes qu'il faut rapporter au Pliocène moyen. Ces sables, quartzeux, ferrugineux, atteignent une épaisseur de 50 mètres. Ils alternent avec des argiles contenant des coquilles mal conservées appartenant aux genres *Bythinia*, *Clausilia*, *Helix*, *Planorbis*. Comme Vertébrés recueillis dans ces sables on trouve ceux de Perrier : *Mastodon arvernensis*, *Equus Stenonis*, *Tapirus arvernensis* et des ossements de Cervidés. En différents points les sables alternent avec des argiles riches en Diatomées (tripoli) bien développées, surtout à Ceyssac où elles atteignent une dizaine de mètres d'épaisseur. Là existent des empreintes d'Insectes (Coléoptères et Diptères) et des empreintes végétales qui ont été déterminées par M. de Saporta. On y trouve notamment *Alnus glutinosa*, var. *Aymardi*, *Ulmus palæomontana*, *Acer creticum*, *Cratægus oxyacanthoïdes*, *Picea excelsa pliocenica*. Cette flore, d'après M. de Saporta, est pliocène et diffère peu de celle des cinérites du Cantal (1). Il insiste particulièrement sur la présence de l'Érable à feuilles semi-persistantes, appelé *Acer creticum*, qui est confiné de nos jours sur les montagnes de la Crète. Quant aux Diatomées qui forment le tripoli de Ceyssac, M. de Saporta les attribue à des sources thermales, favorables à la multiplication de ces organismes, mais rien cependant ne démontre l'existence de semblables sources dans cette localité.

Le Pliocène supérieur est représenté par des tufs et des conglomérats sur lesquels nous aurons à revenir. Ils existent notamment au volcan de Denise près du Puy, et à Sainzelles. Leur âge est bien déterminé, car on trouve là l'*Elephas meridionalis*, l'*Hippopotamus major*, le *Rhinoceros etruscus*, le *Machairodus*, etc. Récemment encore M. Boule a découvert l'*Elephas meridionalis* dans les cendres basaltiques du volcan de Senèze, au sud-est de Brioude ; les dents bien conservées ont permis de voir que ce type différait assez notablement de celui de Durfort ; il est certainement un peu plus ancien et a conservé certains caractères des Mastodontes (2).

Les dépôts pléistocènes consistent en sables et en graviers avec des blocs de basalte. A Solilhac ils ont fourni de nombreux ossements

(1) De Saporta, *Le monde des plantes avant l'apparition de l'homme*. Paris, 1879, p. 344.

(2) Comptes rendus de l'Académie des sciences, 24 octobre 1892.

d'un Éléphant voisin de l'*Elephas meridionalis*, mais il y a le *Rhinoceros Merckii*, le *Bison priscus* et des Cervidés variés, qui indiquent que ces dépôts datent du Pléistocène inférieur.

Au lieu dit Les Rivaux, sur les rives de la Borne, dans une terre sableuse avec blocs, existent de nombreux ossements du Pléistocène supérieur : le Mammouth (*Elephas primigenius*), le Rhinocéros à narines cloisonnées (*Rhinoceros tichorhinus*), l'Ours des cavernes (*Ursus spelæus*), etc. Enfin, aux portes mêmes du Puy, les alluvions du Pléistocène le plus récent ont fourni des ossements de Renne (*C. tarandus*).

LES ÉRUPTIONS DU VELAY.

Les éruptions paraissent avoir commencé dans le Velay vers le Pliocène inférieur ; elles se sont produites plus tôt dans les massifs du Mézenc et du Meygal que dans les environs immédiats du Puy.

Le massif du Mézenc se montre entre le bassin de la Loire et celui du Rhône. Du côté de la vallée de la Loire, en sortant du village des Estables, on voit se dresser le Mézenc au-dessus d'une pente douce couverte de prairies. Par ces surfaces gazonnées qui reposent sur le basalte on arrive facilement au sommet de la montagne. Celle-ci présente deux sommets séparés par une partie plus basse. Le sommet qu'on voit à sa droite est le plus élevé (1,754 mètres). Les phonolites et les trachytes phonolitiques dominent au Mézenc. A gauche du Mézenc se dresse la masse phonolitique du mont Alambre, de forme mamelonnée et qui paraît à première vue plus élevée que le Mézenc à cause de sa proximité. Si l'on tourne le dos au Mézenc, on voit s'élever au-dessus des Estables le rocher Tourte (1,536 mètres) formé de prismes phonolitiques verticaux divisés transversalement, ce qui figure assez bien l'apparence de gaettes empilées. Si vers le nord et l'ouest le Mézenc s'abaisse doucement, il n'en est pas de même du côté de l'est et du sud-est. Du sommet du Mézenc on voit là des gorges escarpées s'enfoncer jusqu'à 800 mètres de profondeur. Ces gorges sont taillées dans le granite, elles sont séparées par des crêtes couronnées de roches volcaniques ; le pic phonolitique du Gerbier-des-Joncs (1,562 mètres) s'y dresse au-dessus de la source de la Loire ; une série de montagnes de plus en plus basses conduisent à la vallée du Rhône, à l'orient de laquelle on voit s'élever, du haut du Mézenc, la chaîne blanche et dentelée des Alpes.

Le massif du Mégal, situé au nord de celui du Mézenc, est également formé de basaltes et de roches phonolitiques. Il se relie au Mézenc par le plateau basaltique de Champelause, où l'on remarque le cratère-lac de Saint-Front, profond de 9 à 10 mètres. En se dirigeant ensuite vers le Pertuis, on voit les montagnes phonolitiques de Boussoulet, du Mégal, de Lizieux, de Raffy, puis le Loségal ainsi désigné sur la carte, mais appelé les Eygaux par les habitants du pays, les monts Jaurence et Gros, tous voisins l'un de l'autre et entourés de plantations de pins, enfin le Suc-du-Pertuis (1,100 mètres), le Pidgier. A partir de là on tombe dans le bassin tertiaire d'Emblavès et le « pays phonolitique » n'est plus représenté que par quelques montagnes, comme le Jalore et le Gerbison. Cependant les phonolites se trouvent encore au delà de la Loire près de Retournac, au voisinage des défilés de Chamalières. Là se dressent le mont Miaune et la Madeleine. Celle-ci, dont l'altitude est de 876 mètres, a la forme d'une table reposant sur une base assez large et plane, les flancs sont presque verticaux ; cette montagne est constituée par des prismes verticaux divisés transversalement ; la roche, d'une teinte claire, est en partie décomposée.

Les phonolites se laissent diviser en feuillets très minces rendant un son clair au marteau. Ces feuillets sont exploités sous le nom de *lauzes*, pour être employés en guise d'ardoises. Au Loségal il y a plusieurs carrières ou *lauzières* d'une belle phonolite brillante d'un gris foncé. Mais c'est au Mézenc qu'on trouve le plus de variétés de phonolites ; il en est de compactes, d'autres se divisent facilement en feuillets, d'autres sont mouchetées. Elles présentent des taches foncées et brillantes sur un fond plus clair et plus terne, ce qui est dû à une altération superficielle et inégale de la masse.

Les phonolites du Velay ont une composition minéralogique assez constante. Les grands cristaux sont formés de sanidine surtout. La pâte est constituée par des microlithes de sanidine, d'augite et de fer oxydulé. Le pyroxène augite peut exister aussi en grands cristaux ; il est d'une couleur vert-clair et appartient à la variété appelée ægyrine, qui existe aussi dans diverses autres phonolites, notamment dans celles du Hegau (Allemagne). L'augite des phonolites du Velay est souvent ouralitisée, c'est-à-dire transformée en amphibole hornblende; elle prend alors une teinte brune. Comme minéral accessoire du premier temps de consolidation, il faut citer le sphène. La néphéline est un minéral abondant dans certaines phonolites; elle existe dans beaucoup de celles du Velay, abstraction faite des roches qui, d'abord rangées dans les phonolites, ont été reconnues depuis comme étant des trachytes. On distingue très bien la néphéline dans les lauzes du Mézenc. D'ailleurs M. Bourgeois a trouvé dans l'escarpement phonolitique de Jacassy, sur les pentes du Mézenc, de nombreux cristaux de néphéline atteignant 1 millimètre de longueur. La néphéline est également assez abondante dans les phonolites de Jaurence et du mont Gros. La noséane est constante dans les phonolites du Velay en cristaux hexagonaux ou arrondis, remplis d'inclusions noires très fines (1).

On a longtemps confondu avec les phonolites des roches qui peuvent être feuilletées comme ces dernières, mais qui souvent aussi sont massives. M. Boule a démontré que ces roches sont des trachytes. Elles ne renferment ni néphéline, ni noséane; il y a des feldspaths en grands cristaux et en microlithes, de l'augite, de l'amphibole, du mica noir, du fer oxydulé et souvent de la matière vitreuse. Ces trachytes forment des montagnes isolées comme au Mont-Chanis, au Montusclat, et au pied nord du Mézenc où se trouvent trois buttes connues sous le nom de Dents du Mézenc. D'autres trachytes, que M. Boule appelle trachytes supérieurs ou augitiques, s'étalent en larges coulées dans la région du Mézenc, à Lardeyrol, à Moudeyres, etc. Ils font transition des phonolites aux basaltes; leur teinte est noirâtre, ils se laissent débiter facilement en dalles, les grands cristaux de feldspath, d'augite, d'hornblende sont rares, tandis que la roche est composée presque exclusivement de microlithes, de feldspath, d'augite et de mica noir.

Enfin, outre les phonolites, les trachytes et basaltes, il existe au Mézenc et dans le massif du Mégal d'autres roches qui à l'œil nu se confondent avec les basaltes; il y a des labradorites et des andésites augitiques, ainsi que des inter-médiaires entre ces deux groupes, que M. Boule appelle andési-labradorites. La masse phonolitique du Mézenc repose sur d'énormes coulées d'andési-labradorites compactes, séparées par des couches de tufs rougeâtres (1).

Pendant longtemps on a regardé les roches phonolitiques du Mézenc comme étant antérieures aux basaltes. C'est en 1887 que M. Termier a déterminé la série des éruptions successives au Mézenc, puis en 1890 au Mégal. Il a démontré que certains basaltes sont antérieurs aux phonolites (1).

D'après M. Boule, la succession des roches éruptives dans la région du Mézenc et du Mégal a été le suivant : d'abord sont sortis des basaltes; ils appartiennent au Miocène supérieur, car ils se relient à ceux du plateau des Coirons dans l'Ardèche, qui sont certainement de cet âge; d'ailleurs sous les basaltes inférieurs du Mézenc il y a des argiles et des lignites avec tufs volcaniques, et contenant précisément la flore du Miocène supérieur des Coirons (*Betula prisca*, *Carpinus pyramidalis*, *Carpinus orientalis*, *Quercus drymeja*, etc.). Au-dessus viennent des trachytes inférieurs, puis des coulées plus ou moins basiques d'andésites augitiques, de labradorites, de basaltes (fig. 670). Les éruptions des trachytes supérieurs et des phonolites sont postérieures. Comme dans les sables à Mastodonte des environs du Puy, qui appartiennent au Pliocène, moyen il y a toutes les roches volcaniques des massifs anciens à l'état de cailloux roulés : basaltes, labradorites, andésites, phonolites; on doit en conclure que les éruptions du Mézenc étaient terminées au Pliocène moyen; les cailloux de phonolites sont tellement abondants dans les sables à Mastodontes, que M. Boule regarde les éruptions de ces roches comme très antérieures au dépôt de sables; les phonolites seraient donc sorties vers la fin du Pliocène inférieur ou au commencement du Pliocène moyen. Ainsi les éruptions de la partie orientale du Velay se sont produites entre le Miocène inférieur et le Pliocène moyen; des basaltes sont cependant sortis après les phonolites; ils forment le revêtement extérieur du Mézenc et du Mégal. Mais ces basaltes, qualifiés de semi-porphyroïdes, à cause de leurs assez grands cristaux de pyroxène, d'olivine, peuvent être postérieurs au Pliocène moyen, car on en trouve des cail-

(1) Boule, *Description géologique du Velay*, p. 155, et Priem, *Les phonolites de la Haute-Loire* (*Le Naturaliste*. 15 fév. 1891).

(1) Boule, p. 91.
(2) Termier, *Comptes rendus de l'Académie des sciences*, 5 décembre 1887, et *Bulletin du service de la Carte géologique* n° 13, juin 1890.

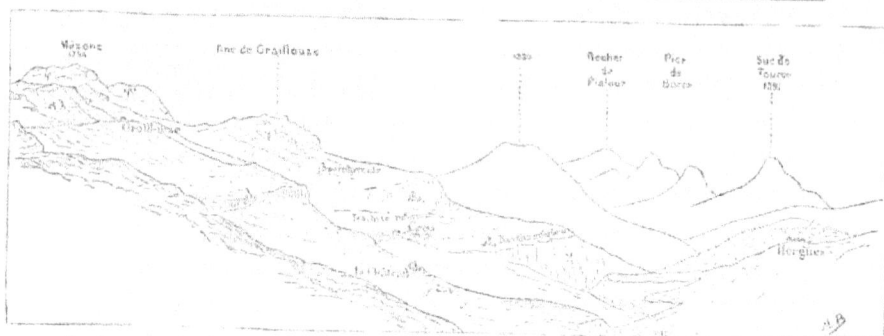

Fig. 670. — Croquis du cirque des Boutières et de la vallée de la Saliouze d'après M. Boule. — π, Phonolite ; αλ, andési-labradorite ; β, basalte ; λ, labradorite ; τ,t, trachyte ; γ, granite.

loux roulés dans les sables à Mastodontes.

Au moment où s'éteignaient les volcans du Mézenc et du Mégal, ceux des environs du Puy entraient en activité. Les éruptions de cette région ont sans doute commencé au Pliocène inférieur, car on y trouve en différents points des andésites augitiques rappelant celles du

Fig. 671. — Coupe d'un escarpement formé à Taulhac par le basalte intercalé dans les sables à Mastodontes (M. Boule). — pe, sables à Mastodontes ; βe, basalte ; pr3e, projections basaltiques.

Mézenc et du Mégal. C'est notamment le cas sur les bords du ruisseau appelé Riou-Pezzouliou, qui coule près d'Espaly. Là existe une roche noire qui a été prise longtemps pour du basalte, et cette roche contient parfois des zircons et autres pierres précieuses, comme des grenats et du saphir. Les habitants d'Espaly recueillent ces gemmes dans les sables entraînés par le Riou-Pezzouliou ; c'est de là que viennent les zircons dits d'Espaly que l'on

voit dans les collections. M. Boule a montré que la roche d'Espaly n'est pas un basalte mais une véritable andésite augitique, et il a pu trouve

Fig. 672. — Vue du rocher Saint-Michel, au Puy-en-Velay.

en place dans cette roche un beau zircon. En réalité les gemmes d'Espaly ne font pas partie intégrante de la roche où on les trouve ; elles ont été arrachées par cette dernière aux terrains primitifs. M. Lacroix a constaté que beaucoup de roches basaltiques contiennent des enclaves granitiques ou gneissiques qui ont été plus ou moins fondues par la roche volcanique qui les englobe, à l'exception des minéraux très résistants comme le zircon [1]. Le fait se montre d'une manière très nette au volcan du Coupet (commune de Mazeyrat-Crispinhac) ; là, dans le gneiss enclavé par le tuf basaltique, on trouve le zircon et le corindon bleu.

Les éruptions des environs du Puy ont été importantes pendant le Pliocène moyen. On voit les coulées de basalte s'intercaler dans les sables à Mastodontes qui datent de cette époque, par exemple près de Taulhac (fig. 671). Les cendres et lapilli projetés en même temps par les cratères se sont dispersés dans les vallées où coulaient les cours d'eau du Pliocène moyen ; on voit ces projections former des lits en alternant avec les sables à Mastodontes. Souvent elles ou consistent en fragments anguleux scoriacés en enclaves empruntées au terrain primitif et à l'Oligocène, le tout étant réuni par un ciment grisâtre ou jaunâtre qui n'est autre qu'une cinérite très fine où dominent les matières vitreuses. Ces brèches volcaniques, étudiées avec soin par M. Boule, sont qualifiées par lui de *brèches limburgitiques* ou mieux de *brèches de tachylite limburgitique*. M. Lacroix y a trouvé de nombreuses enclaves formées surtout de granulite à cordiérite. Ces brèches alternent avec les alluvions à Mastodontes au volcan de Denise tout près du Puy, à Laval, dans le vallon de Ceyssac, etc. On les exploite, notamment à Denise comme matériaux de construction.

Mais les accidents les plus remarquables auxquels ont donné lieu ces brèches volcaniques sont les rochers isolés qu'elles forment dans différents points de la vallée de la Borne. Telles sont les roches Corneille, Saint-Michel, d'Espaly, de Polignac, de Ceyssac.

Le rocher Corneille forme le sommet du Mont-Anis sur lequel s'élève la ville du Puy. La hauteur totale du rocher est de 130 mètres ; il est surmonté d'une statue colossale de la Vierge. Le rocher Saint-Michel (fig. 672), au nord de Corneille, à la base du Mont-Anis, a une hauteur de 85 mètres. Il s'élève en pointe et porte une chapelle datant du dixième siècle. Le rocher d'Espaly, surmonté d'un château, s'élève dans le lit même de la Borne ; les rochers de Ceyssac et de Polignac servent également de

base à des châteaux dont les matériaux ont été pris aux rochers eux-mêmes. Les ruines du château de Polignac sont particulièrement imposantes. On a longtemps regardé ces rochers comme étant sortis du sein de la terre à la manière des dykes basaltiques. Il faut y voir en réalité avec Lory et Delanoue les restes d'une grande formation résultant de l'entassement des produits de projections volcaniques. Il est facile souvent de voir une véritable stratification dans ces brèches volcaniques. Le rocher Saint-Michel en particulier représente probablement la cheminée d'un ancien cratère qui a été remplie ensuite par des projections. De plus des filons basaltiques se sont injectés au milieu des brèches du rocher Saint-Michel et les ont ainsi consolidées [1].

Certains volcans de la chaîne du Velay, séparant la vallée de la Loire de celle de l'Allier, étaient aussi en éruption au Pliocène moyen. Ainsi au volcan du Coupet, dans une sorte de brèche stratifiée formée par les projections du cône, on trouve les animaux caractéristiques du gisement de Perrier : *Mastodon arvernensis*, *Tapirus arvernensis*, etc. Toutefois le même gisement a fourni des débris de molaire d'Éléphant, ce qui montre que le dépôt s'est produit très lentement. A Chilhac, près de Langeac, il y a une coulée de basalte divisée en prismes verticaux et aussi des projections dans lesquelles on a trouvé des représentants de la même faune de Perrier.

Mais c'est au Pliocène supérieur que l'activité volcanique a atteint son maximum dans le Velay. Alors se sont épanchées d'énormes masses de basaltes qui occupent tous les plateaux aux environs du Puy : ceux de Farreyroles, Senilhac, Ceyssac, du Croustet, etc. Leur âge est déterminé, car ils recouvrent en différents points, comme à Sainzelles, des tufs à *Elephas meridionalis*. De même, sur le flanc oriental de la montagne de Denise, on voit au-dessus des brèches du Pliocène moyen des basaltes et des tufs à *Elephas meridionalis*, notamment à la Malouteyre. Les montagnes de Doue, de Brunelet, etc., qui se dressent autour du Puy, sont probablement aussi du Pliocène supérieur, et il en est probablement de même du fameux dyke de la Roche-Rouge. C'est une masse basaltique qui s'élève d'environ 25 à 30 mètres au-dessus du granite environnant, au voisinage des montagnes de Doue et de Saint-Maurice. Sa forme est grossièrement

---

[1] Lacroix, *Sur les enclaves acides des roches volcaniques de l'Auvergne (Bull. du serv. de la Carte*, n° 11. août 1890), p. 28.

[1] Boule, p. 199.

cylindrique. Elle est composée de basalte compact, homogène et de basalte scoriforme. On doit attribuer ce dyke à la différence de résistance qu'ont opposée à l'érosion atmosphérique le granite et le basalte. Le premier, détruit peu à peu par l'action de l'atmosphère et des eaux, a laissé en saillie le filon basaltique qui le traversait. Quant au nom de Roche-Rouge, il est dû vraisemblablement à la couleur des lichens qui recouvrent le dyke (1).

Les éruptions du Pliocène supérieur ont édifié les cônes volcaniques de la chaîne du Velay. Cette chaîne, appelée aussi chaîne du Devès, du nom de son plus haut sommet (1,423 mètres), s'étend sur une longueur de 60 kilomètres entre l'Allier et la Loire. Il y a là un grand nombre de volcans; on en compte au moins 150. Certains se présentent simplement comme des cônes réguliers sans cratère : tels sont le Devès et la montagne de la Durande. D'autres au contraire ont un cratère véritable, tel est le volcan de Bar; il y en a même qui, autour d'un petit cône régulier, possèdent une *somma* comme le Vésuve, tel est le plus élevé des sucs de Bresse. Enfin on peut citer aussi un cratère occupé par un lac; c'est celui du Bouchet. Ce dernier est des plus remarquables. Il est situé à 14 ou 15 kilomètres du Puy, à 1,208 mètres d'altitude. Pour y arriver, on traverse un vaste plateau en pente douce où se trouve le village de Cayres. Ce plateau, tout parsemé de blocs basaltiques, couvert d'une herbe rare, presque dépourvu d'arbres, balayé sans cesse par un vent violent, a un aspect désolé. A partir de Cayres, il faut traverser, pour atteindre le lac, un bois de Pins et de Sapins. Le lac du Bouchet occupe un vaste cratère, à pentes brusques; au niveau de l'eau, le cratère a un diamètre de 800 mètres et une profondeur de 27 mètres. Ses rives sont couvertes de pelouses et de massifs de Conifères et de Bouleaux. Les eaux rejettent sans cesse sur les bords des galets de basalte et des morceaux de scories. Le niveau du lac est à peu près constant; les différences ne dépassent pas 30 ou 40 centimètres. On ne voit sur les bords du lac aucun filet d'eau, aucune trace d'écoulement. Le trop-plein s'infiltre sans doute à travers les rives scoriacées du cratère, mais on ne peut guère expliquer le remplissage du lac qu'en admettant avec Lecoq des

(1) Voir *La Terre, les Mers et les Continents*, fig. 500, page 413.

sources intérieures et abondantes au-dessous de la surface de l'eau (1).

Les coulées de basalte sorties des volcans de la chaîne du Velay couvrent de grandes étendues; celles des environs du Puy en sont seulement le prolongement. Leur épaisseur peut atteindre 100 mètres. Elles transformèrent la vallée de la Loire en un vaste plateau que les eaux ont dû ensuite creuser de nouveau.

Les basaltes de la chaîne du Velay diffèrent de ceux du Mézenc et du Mégal par leur couleur bleuâtre, leur compacité moins grande et l'abondance du péridot. Souvent on trouve des bombes volcaniques à olivine, de vraies péridotites. Celle du lac du Bouchet a été étudiée spécialement par M. Boule. Cette péridotite noire, lourde, présente à l'œil nu de nombreux cristaux; les minéraux sont l'olivine, le fer oxydulé, l'augite, l'hornblende, l'apatite. M. Boule la considère comme une picrite à hornblende (2).

Pendant le Pléistocène (Quaternaire) les éruptions basaltiques ont continué aux environs immédiats du Puy, et les coulées de basalte se trouvent sur les pentes des vallées à divers niveaux, ce qui indique que le creusement des vallées actuelles s'est produit graduellement depuis la fin du Pléocène supérieur jusqu'au Pléistocène supérieur. Les alluvions à ossements de Mammouth (*Elephas primigenius*) sont associées à des tufs basaltiques et à des coulées de basalte. Celles-ci occupent non seulement les pentes, mais même le fond des vallées actuelles; les basaltes des vallées sont relativement récents et remontent tout au plus au Quaternaire inférieur.

On voit notamment de belles coulées descendre du cône scoriacé de Denise, jusqu'au fond de la vallée de la Borne. Là se dressent près de l'Ermitage deux rangées superposées de colonnes basaltiques. La rangée supérieure est appelée Croix-de-la-Paille; l'inférieure, qui forme un escarpement à pic au-dessus du niveau de la Borne, porte le nom d'Orgues d'Espaly (1). Ces prismes très réguliers sont généralement verticaux; ils peuvent cependant être notablement inclinés et disposés en éventail. Du côté est, on voit souvent deux prismes infé-

(1) Lecoq, *Le lac du Bouchet* (Réunion extraordinaire de la Société géologique au Puy-en-Velay, septembre 1869).
(2) Boule, p. 228.
(1) Voir *La Terre, les Mers et les Continents*, fig. 494, page 408.

Fig. 673. — Coupe schématique de la montagne de Denise et de ses abords d'après M. Boule. — β^1, basalte; β^2, orgues; $\sigma'\beta^2$, brèches basaltiques; $p\delta$, sables et graviers ferrugineux à Mastodontes; $p^2\beta^3$, brèches basaltiques plus récentes; ai^1, Oligocène; a^2, alluvions anciennes; F, failles; H, gisement de l'homme fossile.

rieurs se réunir plus haut en un seul de diamètre double, disposition qui contribue efficacement à constituer la verticalité de ces colonnes. Dans la partie sud de la Croix-de-la-Paille, les prismes augmentent de grosseur en s'élevant, de sorte que beaucoup d'entre eux sont tombés les uns sur les autres et se sont empilés horizontalement sur la montagne dans un équilibre fort instable.

La coulée basaltique de la Croix-de-la-Paille est certainement plus ancienne que le Pleistocène supérieur et doit dater du Pléistocène inférieur, car au lieudit les Bivaux on voit au-dessus de la coulée des brèches d'éboulis à *Elephas primigenius* et *Rhinoceros tichorhinus*.

La montagne de la Denise (fig. 673 et 674), qui a fourni ces belles coulées de la Croix-de-la-Paille, est bien connue des géologues. Les pa-

Fig. 674. — Volcan de Denise, d'après une photographie de M. Boule.

rois de la cheminée sont taillées dans les brèches anciennes du Pliocène moyen et les tufs du Pliocène supérieur. Cette cheminée est elle-même remplie de scories noires et de bombes volcaniques. Du côté de l'est, la montagne de Denise présente une dépression en arc de cercle, qui est sans doute un cratère égueulé. Dans les fentes des brèches anciennes que recouvrent les scories, existent des ossements de *Rhinoceros Merckii*, d'Hyènes, d'Ours, de Bœufs, etc., indiquant un gisement qui date du Quaternaire inférieur. Les scories sont donc plus récentes encore.

On a d'ailleurs des preuves manifestes de l'existence de l'Homme lors des dernières manifestations volcaniques du volcan de Denise. Des ossements humains ont été trouvés dans les scories, sur la pente sud de la montagne, près de l'Ermitage. Le premier ossement trouvé par un cultivateur des environs, en 1844, fut un os frontal (fig. 675). Il porte des traces vagues d'incisions, et sa partie concave contient des couches concentriques de cendres volcaniques agglutinées par de la limonite. Quelques mois après, on trouva au même endroit un bloc de tuf contenant différents osse-

Fig. 675. — Coulée de basalte prismatique de la Volane.

ments comme des fragments de mâchoire supérieure avec des dents, une vertèbre, une partie d'un radius et d'un métatarse. Ce bloc existe au Musée du Puy. A plusieurs reprises, depuis, le même gisement a fourni des débris humains. Paul Gervais lui-même, qui s'était rendu à Denise pour juger de l'authenticité de la découverte, a pu recueillir sur place une dent humaine. Beaucoup de savants se sont occupés des ossements de Denise. Les géologues locaux, Bertrand de Doue, Félix Robert, Aymard, provoquèrent en 1856 la réunion du congrès scientifique de France au Puy, et la question de l'Homme de Denise a été, à différentes époques, examinée par Poulett-Scrope, Larlet, Lyell, Gervais, Hebert, M. Gaudry, etc. La découverte faite dans le Velay a été l'objet d'un examen d'autant plus attentif, qu'à l'époque où elle se produisait, bien des géologues, partageant l'avis d'Élie de Beaumont, ne croyaient pas à l'existence de l'homme fossile. Poulett-Scrope, l'un des premiers, proclama l'authenticité des débris humains de Denise. « L'étude que j'ai faite, dit-il dans la seconde édition de son livre, sur le lieu de la découverte qui est au-dessus de la maison de l'Ermitage, sur la route du Puy à Brioude, n'a pas laissé le moindre doute dans mon esprit à ce sujet. » Toutefois l'âge du gisement n'est pas encore bien déterminé. La roche est très remaniée; ses éléments sont très divers : quartz, mica, oligoclase, cinérite, le tout très altéré. D'après M. Hébert, le gisement est certainement postérieur au Pliocène, et M. Boule partage cette opinion. Il regarde le dépôt de l'Ermitage comme un terrain d'atterrissement sensiblement contemporain de la faune à *Rhinoceros Merckii* (Quaternaire inférieur). L'Homme a donc assisté aux dernières éruptions du Velay. Ses restes sont également représentés et sans aucun doute possible, dans le Quaternaire supérieur. Aux Rivaux, Bertrand de Doue a trouvé un tibia humain dans les alluvions contenant le Mammouth (*Elephas primigenius*) et le Rhinocéros à narines cloisonnées (*Rhinoceros tichorhinus*).

En résumé, les phénomènes volcaniques ont commencé dans le Velay au Miocène supérieur. Ils ont pris naissance dans le Mézenc et le Mégal; ils se sont manifestés seulement au Pliocène moyen dans les environs du Puy et

ont continué pendant la plus grande partie du Pléistocène. Suivant différents auteurs qui s'appuyaient sur des citations empruntées à Sidoine Apollinaire et à saint Avit, les éruptions du volcan de Denise auraient pris fin seulement

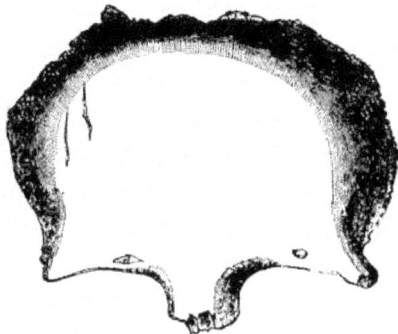

Fig. 676. — Frontal humain trouvé dans les tufs volcaniques de Denise près du Puy-en-Velay (*Bulletin de la Société géologique*).

au cinquième siècle de notre ère, mais en réalité saint Avit ne mentionne pas d'éruption, et M. Salomon Reinach a prouvé que le texte de Sidoine Apollinaire avait été mal traduit.

Notons, en terminant, que M. Boule a démontré qu'il n'y a pas eu de période glaciaire dans le Velay. On ne rencontre pas de moraines ni de conglomérats d'origine vraiment glaciaire.

LE VIVARAIS.

A l'est du massif du Mézenc, qui le sépare du Velay, s'étend un autre petit pays de l'ancien Languedoc, le Vivarais. Ce pays, qui forme aujourd'hui la plus grande partie du département de l'Ardèche, est limité à l'ouest par le Mézenc, au nord par le massif du Pilat, à l'est par la vallée du Rhône, et au sud par le Chassezac, affluent de l'Ardèche; au delà de ce petit cours d'eau commencent les Cévennes proprement dites. Le Vivarais est composé d'un ensemble de hauts plateaux de gneiss, de micaschistes et de granite sur lesquels sont étalées des coulées basaltiques et se dressent des cônes volcaniques.

Au delà du Mézenc on trouve le Gerbier-des-Joncs (1,562 mètres), montagne phonolitique qui repose sur le basalte (1). Au pied de

(1) Voir *La Terre, les Mers et les Continents*, fig. 492, p. 406.

cette montagne la Loire prend sa source. Ce fleuve se dirige d'abord vers le sud, mais le relief du sol le force à se rejeter vers l'ouest, puis vers le nord pour entrer dans le bassin du Puy.

A la limite du Velay et du Vivarais, sur le plateau granitique, à plus de 100 mètres au-dessus de la Loire, le lac d'Issarlès étale ses eaux profondes. Ce lac est regardé soit comme un cratère d'explosion, soit, ainsi que le pense M. Fabre, comme le résultat d'un simple effondrement.

Au nord du massif gneissique et micaschisteux du Tanargue qui s'élève (1,520 mètres) entre l'Ardèche et le Chassezac, se montrent diverses montagnes volcaniques. M. Fabre a, dans ces dernières années, fait connaître le groupe volcanique de Bauzon, entre Pradelles et la Loire, au bord de l'escarpement qui limite

Fig. 677. — Plateau basaltique des Coirons (Ardèche), d'après Poulett-Scrope.

le plateau du Haut-Vivarais (1). Là se montre le cirque de la Vestide du Pal dominé par le Suc du Pal (1,405 mètres). C'est une enceinte circulaire de 1,700 mètres de diamètre et de 150 de profondeur, occupée par des pelouses au milieu desquelles s'élèvent de petits cônes de scories. De nombreux blocs de granite y sont accumulés avec du sable granitique et des bombes volcaniques; ils proviennent sans doute d'une explosion gazeuse formidable qui s'est produite au milieu du granite; cette explosion a donné naissance au cirque de la Vestide : les laves sont sorties du cirque vers le sud-ouest par une étroite coupure, mais surtout au sud par une bouche latérale dite du Chambon, qui est à 100 mètres en contre-bas du fond du grand cirque. Quant au Suc de Bauzon lui-même (1,474 mètres), il est formé par une accumulation de scories s'élevant de plus de 300 mètres au-dessus du plateau granitique; son sommet porte un cratère ébréché au N.-O ; par là s'est épanchée une énorme coulée qui a comblé le lit de la Loire pendant 7 kilomètres sur une épaisseur moyenne de 30 à 40 mètres. Les eaux se sont frayé un nouveau passage entre le basalte et le granite ; il y a là sur les bords de la Loire une longue colonnade de basalte à deux étages de prismes.

Des colonnades de ce genre se présentent avec un caractère encore plus grandiose sur les bords de l'Ardèche et de la Volane dans le Bas-Vivarais. Là s'élèvent plusieurs cônes volcaniques isolés qui ont été étudiés avec soin dès 1826 par Poulett-Scrope (2). De ce côté le

plateau gneissique s'abaisse rapidement vers l'est, et ses déclivités sont coupées par des gorges profondes le divisant en crêtes escarpées. Ces gorges sont presque comblées par des basaltes pliocènes et quaternaires, sortis des cônes de Montpezat, de Burzet, de Thueyts, de Jaujac, de Souillols et d'Ayzac. Sur les bords des torrents les coulées de basaltes présentent de superbes colonnades de 35 à 70 mètres de hauteur. On doit citer notamment celle qui s'étend le long de l'Ardèche près du village de Thueyts, et celle qu'a mise à nu la Volane en se frayant un passage dans la coulée du volcan d'Ayzac, près de Vals. La colonnade de la Volane (fig. 675) s'élève jusqu'à 50 mètres. On y distingue trois étages : le plus inférieur est régulièrement prismatique, celui du milieu l'est moins, et l'étage supérieur, encore moins bien divisé, est formé de basalte scoriacé.

Un plateau basaltique fort important est celui des Coirons, qui s'étend jusqu'au Rhône entre l'Érieux et l'Ardèche. Il commence à l'est du Gerbier-des-Joncs, près de Mézilhac, sur le terrain primitif. Là on voit commencer les basaltes des Coirons. Ils reposent, comme l'a montré M. Torcapel (1), sur des alluvions composées de sables fins, avec des cailloux roulés contenant des basaltes et des tufs basaltiques à ossements de Vertébrés, reposant eux-mêmes sur des poudingues et des marnes éocènes. Les tufs des Coirons renferment à Aubignas des Mammifères qui ont été déterminés par M. Gaudry. Il y a là : *Machairodus cultridens*, *Machairodus meganthereon*, *Hipparion gracile*, *Dremotherium Pentelici*, etc., c'est-à-dire une faune

(1) Fabre, *Description du groupe des volcans de Bauzon* (Ardèche), *Bull. Soc. géol.*, 3ᵉ sér., t. XV, 1877, p. 346.
(2) Poulett-Scrope, p. 199.

(1) *Bulletin de la Société géologique de France*, 3ᵉ série, t. X, p. 406.

du Miocène supérieur. Avec les tufs alternent des argiles schisteuses contenant des empreintes de plantes que MM. de Saporta et Boulay rapportent aussi au Miocène supérieur. On peut donc dire que les basaltes les plus anciens des Coirons remontent au Pliocène supérieur.

Les basaltes des Coirons s'étendent à l'est sur le Jurassique et sur le Crétacé, sur une longueur d'environ 45 kilomètres et sur une largeur qui peut atteindre 18 kilomètres vers sa terminaison, près de Saint-Jean-le-Centenier et de Mirabel. Les Coirons sont plutôt un ensemble de plateaux qu'un plateau unique ; des gorges profondes les entament surtout du côté du nord et du côté du sud. Il y a de chaque côté huit ou neuf de ces gorges parcourues par des torrents qui vont se jeter dans l'Ardèche ou dans le Rhône. Les basaltes scoriacés forment en différents points de grandes accumulations qui indiquent des lieux d'éruption, bien qu'il n'y ait plus trace de cratère. Citons particulièrement les balmes de Montbrul où Faujas Saint-Fond voulait voir un cratère, mais d'après Poulett-Scrope, il y a là seulement une excavation produite accidentellement dans le basalte et les scories. Dans ces masses scoriacées on voit des grottes creusées de main d'homme ; ce sont ces grottes qu'on appelle des balmes.

Les érosions du plateau des Coirons (fig. 675) ont séparé des promontoires composés de prismes très réguliers, que les habitants ont nommés les *Palais du Roi*, s'imaginant qu'ils étaient l'œuvre de quelque monarque géant (1). La montagne de Chenavari est très remarquable par ses colonnades de magnifiques prismes qui sont exploités pour le pavé de Montélimar.

Tout près du Rhône on trouve des rochers isolés qui, bien que séparés des Coirons, en sont certainement la prolongation. Telle est la colline de Rochemaure et deux autres situées dans le voisinage. D'après Poulett-Scrope, ces rochers ne sont pas dans leur position naturelle ; ils seraient descendus par suite d'un affaissement ou d'un glissement des hauteurs qui les dominent.

Non loin de Rochemaure (1), à Villeneuve-de-Berg, un filon basaltique traverse des collines calcaires crétacées et surgit en plusieurs points distincts l'un de l'autre de 200 mètres. La roche éruptive a métamorphisé le calcaire, qui est devenu sur une épaisseur de 15 à 20 centimètres comme de la porcelaine (2).

Les systèmes carbonifère et permien sont représentés sur les bords est du Vivarais par quelques lambeaux. Ainsi à Prades se trouve un petit bassin houiller. Plus loin, près de Largentière, M. Fabre a étudié récemment un petit district permien où l'épaisseur des couches atteint 250 mètres (3). Elles sont composées de grès rouges et de psammites argileux avec empreintes de *Cordaites ;* il y a aussi des argilolites de couleur claire indiquant des éruptions porphyriques.

Le Trias repose en discordance sur le Permien et forme une bande assez étendue, composée de grès blancs et fins et de marnes schisteuses. La bande triasique s'étend depuis le Chassezac jusqu'au-delà de Privas. Elle disparaît vers l'est sous le Jurassique qui forme notamment les plateaux des Gras ; enfin jusqu'au Rhône s'étend le Crétacé inférieur. Nous retrouverons plus tard ces couches jurassiques et crétacées en nous occupant de la vallée du Rhône.

LES CÉVENNES ET LES CAUSSES.

Au sud du Chassezac commencent les Cévennes ; elles se terminent au col de Naurouse (190 mètres) au sud-ouest de la Montagne-Noire. Cette longue chaîne présente des massifs granitiques et de terrain primitif que nous allons énumérer. De hauts plateaux jurassiques appelés *causses*, séparent le massif de l'Aigoual du promontoire méridional du Plateau Central, comprenant le Rouergue et la Montagne-Noire.

Une première région des Cévennes est l'ancien pays de Gévaudan, qui constitue aujourd'hui le département de la Lozère. Il est formé de trois grandes protubérances granitiques

s'élevant au milieu des micaschistes et des schistes à séricite du terrain primitif : ce sont l'Aubrac, la Margeride et la Lozère. Ces massifs sont reliés les uns aux autres par trois districts schisteux parcourus par des gorges profondes : la Boulaine (1,297 mètres), le Goulet (1,477 mètres), et le Bouges (1,424 mètres). Ces six massifs, alternativement granitiques et schisteux, forment un fer à cheval de 50 kilomètres de

(1) Poulett-Scrope, p. 177.

(1) Voir *La Terre, les Mers et les Continents,* fig. 497, p. 410.
(2) Dufrénoy, *Explication de la Carte géologique de France,* t. III, 1873, p. 212.
(3) *Bulletin de la Société géologique,* 3e série, t. XVIII, 1889, p. 22.

Fig. 678. — Vue du terrain houiller de Portes.

diamètre, ouvert seulement au sud-ouest et enserrant les causses (1).

L'Aubrac, qui est le massif le plus occidental, est situé, avons-nous déjà dit plus haut, au sud du Cantal, et sur son soubassement granitique se sont épanchées des coulées basaltiques. Il a

Fig. 679. — Cañon du Tarn, entrée du Détroit.

la forme d'une ellipse irrégulière partagée en deux par le Bès, affluent de la Truyère ; tous

ses torrents descendent vers le Lot. Son point culminant est le Malhebiau (1,471 mètres). L'Aubrac est couvert de pâturages nourrissant de nombreux bestiaux, mais les arbres sont rares et les habitations sont clairsemées. Quatre lacs : ceux de Bord, de Saint-Andéols, de Souverols et de Salhiens, parsèment la surface du plateau, mais ce ne sont que des étangs tourbeux qui doivent leur origine aux coulées de basaltes ayant endigué des marécages. D'autres étangs, ceux de Pin-Doliou, d'Aubrac et des Moussous sont aujourd'hui complètement comblés par la tourbe (1). L'Aubrac est séparé à l'est de la Margeride par la Boulaine, mais il lui est rattaché au nord de cette région schisteuse par un isthme granitique. C'est près de là qu'on trouve le point culminant de la Margeride, le signal de Randon (1,554 mètres), entre Saint-Amans-la-Lozère et Châteauneuf-de-Randon.

Les monts de la Margeride occupent tout le nord-ouest du département de la Lozère, sur une longueur d'environ 40 kilomètres et réunissent ainsi le Velay à l'Aubrac et au Cantal. Cette région granitique présente des montagnes arrondies et de vastes plateaux ; parmi ceux-ci, l'un des plus vastes est le *Palais du Roi*, aux environs de Saint-Chely, vaste surface aride et désolée, dont le nom a été sans doute donné par dérision. Au contraire, plus à l'est s'étend la grande forêt de Mercoire, traversée par les premières eaux de l'Allier ; au sud de Mercoire s'élèvent les montagnes schisteuses du Goulet.

La partie septentrionale de la Margeride est formée de gneiss et de micaschistes, puis le reste du plateau est constitué par le granite porphyroïde, roche à gros cristaux d'orthose atteignant jusqu'à 10 centimètres de long. Ce granite est traversé par des massifs et des filons de granulite, et il y a parfois des enclaves gneissiques. Le granite de la Margeride se désagrège facilement, de là les croupes arrondies qui dominent dans le pays, et les gros blocs entassés d'une manière pittoresque. La désagrégation du granite produit finalement une arène grossière dont le feldspath se décompose pour se changer en un véritable kaolin ; c'est ce qu'on voit au pied de la Margeride près de Mende. Les croupes arrondies de la Margeride entourent dans la partie haute de la vallée de la Truyère un petit bassin tertiaire, celui de Malzieu, qui n'a pas plus de 9 kilomètres de longueur sur 2 kilomètres et demi de largeur. Sur le granite ou la granulite reposent, par l'intermédiaire de poudingues, des argiles rouges ou vertes et des arkoses. Celles-ci présentent des couches plus minces de grès très fins contenant des empreintes de végétaux et des spécimens de bois silicifié. M. de Saporta a reconnu parmi ces empreintes des *Cinnamonum* (*C. lanceolatum*, *C. polymorphum*) et un Platane (*Platanus aceroïdes*). En résumé le bassin de Malzieu rappelle absolument les couches inférieures tertiaires d'Auvergne, et il faut sans doute le rapporter au Tongrien (1).

La chaîne schisteuse du Goulet sépare les monts de la Margeride des montagnes de la Lozère, ainsi appelées à cause des ardoises qu'on tire de leurs micaschistes. Le point culminant est le pic de Finiels (1,702 mètres). L'ensemble des monts de la Lozère se présente comme des protubérances granitiques s'élevant faiblement au-dessus d'un plateau très élevé (1,400 mètres) entouré par les micaschistes et schistes à séricite du Goulet et du Bougès. Cette région déboisée, pelée, dont les flancs cependant portent des pâturages, s'étend de l'ouest à l'est sur une longueur d'environ 35 kilomètres et une largeur qui varie de 10 à 15 kilomètres en moyenne ; le granite est porphyroïde comme celui de Margeride, et au nord et au sud on trouve des massifs de granulite. Dans ce massif prennent naissance au nord-est le Lot, au sud-ouest le Tarn, au sud-est les affluents de la Cèze et ceux de l'Ardèche.

Des crêtes schisteuses et granitiques rattachent les monts de la Lozère à ceux de l'Aigoual, placés plus au sud dans le Gard. Il y a là deux sommets distants l'un de l'autre de 2 kilomètres, l'un au nord (1,564 mètres), l'autre au sud (1,567 mètres), celui de l'Hort-Dieu (jardin de Dieu) ainsi nommé parce qu'il domine une sorte de cirque parsemé de nombreuses fleurs. Tout le massif est couvert de bois épais, de nombreux torrents en descendent, et en particulier l'Hérault. A ce massif granitique succèdent vers le sud les crêtes schisteuses de l'Espérou, puis les montagnes d'Aulas et du Lingas appelées aussi monts du Vigan. Sur le bord sud de ces derniers apparaissent les schistes micacés du Cambrien, et l'on arrive ensuite aux plateaux calcaires jurassiques traversés par l'Hérault. C'est après la traversée de ces plateaux qu'on aborde la Montagne-Noire. Sur le bord oriental des Cévennes on trouve près d'Alais un bassin houiller important. Ce bassin, appelé bassin du Gard ou bassin d'Alais, s'étend depuis cette dernière ville jusqu'à celle de Vans dans l'Ardèche.

---

(1) Martel, *Les Cévennes et la région des Causses*, Paris, 1890, p. 271.

(1) Boule, *Bassin tertiaire de Malzieu* (*Bull. Soc. géol.*, 3ᵉ sér., t. XVI, 1888, p. 341).

Fig. 680. — Cañon du Tarn, milieu du Détroit. (Photographie de C. Julien.)

La partie visible du bassin repose sur une série de schistes anciens, séricîteux, chloriteux, quartziteux désignés en bloc sous le nom impropre de micaschistes (1). Le bassin est comme coupé en deux par le cap micaschisteux des vallées du Luech et du Rouergue, où probablement le terrain houiller a été détruit par l'érosion. Il reste en tout pour les affleurements visibles une superficie de 8,523 hectares, mais le combustible existe au-dessous du Trias et de l'Infra-Lias et des sondages ont permis de retrouver la houille. Du côté du sud un système de failles orienté S.-S.-O. N.-N.-E., appelé failles des Cévennes, a rejeté le Houiller sous les terrains crétacés et tertiaires à plus de 1,000 mètres de profondeur; de ce côté donc, l'exploitation est impossible et

(1) Parran, *Bassin houiller du Gard* (Ann. géol. univ., 1889, p. 1495).

la surface réelle du bassin est évaluée par M. Grand'Eury à 22,000 hectares. Les veines de houille sont séparées par des assises stériles qui, cependant, comme à l'Alnesable, peuvent contenir des nodules de fer carbonaté. Toute la formation houillère débute par une assise de poudingues et de conglomérats contenant un peu d'or, car les rivières qui les traversent, la Gagnière, la Cèze, le Gardon d'Alais, roulent des paillettes. La flore a permis à M. Grand'Eury de subdiviser le houiller du Gard en trois étages. L'étage inférieur ou de Bessèges est le plus étendu; il est épais de 800 à 1,000 mètres, il comprend les couches de la montagne Sainte-Barbe, Bessèges, Lalle, Sallefermouse, etc. Après un puissant dépôt de couches stériles de 800 mètres d'épaisseur, vient l'étage moyen ou de la Grand'Combe, séparé par 300 mètres de dépôts sans combustible, de l'étage supérieur. Ce dernier, appelé étage de Champelauson et de Portes, peut atteindre 600 mètres. Il est surmonté de poudingues quartzo-micacés avec galets de porphyre. M. Grand'Eury rapproche cette assise de celle qui surmonte le Houiller de Saint-Étienne et qui fait passage au Permien.

Ce pays houiller du Gard est l'un des plus tristes pays de France. « Ses escarpements grisâtres, constamment dénudés et ravinés, dit Burat, donnent au sol un aspect sauvage qui augmente à mesure qu'on s'élève sur les pentes. L'altitude du terrain houiller dépasse en effet 500 mètres, et la route de Mende n'y a trouvé pour son passage que le col de Portes, élevé de 400 mètres au-dessus du niveau de la mer (1). » La figure représente le terrain houiller de Portes (fig. 678), vu de la montagne des Pinèdes; ce terrain s'étend sous forme d'une haute colline, dite des Bouziges, jusqu'aux contreforts de la Lozère. Au-dessous du col de Portes se trouve la couche de Champelauson.

Dans le sud du département du Gard repose sur les schistes micacés du Cambrien le bassin houiller du Vigan, contre lequel s'appuient les marnes irisées du Trias. Il est dominé par les montagnes granitiques de l'Aigoual et du Lingas. On exploite le combustible près du chef-lieu de l'arrondissement et dans la commune de Sumène. Aux environs du Vigan le Houiller constitue dans la commune de Molières une' exploitation assez importante.

Nous arrivons maintenant à la région des Causses, ces vastes plateaux calcaires qui couvrent une grande partie des départements du Lot, de la Lozère, de l'Aveyron, du Gard et de l'Hérault. Au nord ils sont limités par Espalion, Marvejols et Mende, à l'est par Florac et le massif de l'Aigoual, au sud par Lodève, à l'ouest par Saint-Affrique et Milhau. Leur disposition générale est celle d'un Z, Rodez est à la pointe supérieure gauche de ce Z, Saint-Affrique à l'angle inférieur, Mende à la pointe supérieure droite (2). Ces Causses, dont le nom vient du patois *caous* qui veut dire *chaux*, sont formés des divers étages jurassiques. La bordure est constituée par l'Infra-Lias et le Lias; c'est la bande liasique qui constitue les régions mamelonnées et fertiles de Marvejols, Mende et Florac; ensuite viennent le Bajocien et le Bathonien, et le Jurassique supérieur couronne

(1) Burat, *Géologie de la France*. Paris, 1874 p. 400.
(2) Martel, *Les Cévennes et la région des Causses*. Paris, 1890, p. 3.

enfin ces plateaux dont l'altitude moyenne est de 1,000 mètres. De nombreuses failles ont divisé la surface des causses en parties isolées, limitées par des bords verticaux, et dont certaines ont subi des dénivellations considérables. En outre, l'érosion des cours d'eau a creusé au milieu des causses d'étroites vallées, de véritables cañons, comparables à ceux du Colorado et d'une profondeur de 4 à 600 mètres. Il faut citer en particulier la gorge du Tarn, où pendant 53 kilomètres, d'Ispagnac (Lozère) à Peyreleau (Aveyron), la rivière ondule dans une fente sinueuse, profonde de 500 mètres, limitée par deux escarpements verticaux. Au passage dit le *Détroit* (fig. 679) ou les *Étroits*, les falaises se rapprochent tellement, que la rivière occupe toute la largeur du défilé et l'intervalle qui sépare en haut les deux lèvres du cañon n'est que de 1,200 mètres.

Le cañon du Tarn (fig. 680) sépare l'un de l'autre deux des causses les plus étendus : celui de *Sauveterre*, qui est le plus septentrional, et le *causse Méjean* (du milieu), plus aride, long de 30 kilomètres, large de 10 ou 12, et élevé de 900 à 1,200 mètres. Le causse Méjean se rattache au massif de l'Aigoual par un isthme qui, en certains endroits, n'a que 10 mètres de large; il est entouré de gorges profondes, parcourues par des torrents (fig. 681). Le cañon de la Jonte le sépare du causse plus méridional, appelé *causse Noir*, beaucoup plus petit; entre le causse Noir et celui de Larzac, qui est le plus grand (1,000 kilomètres carrés), on trouve le gouffre de la Dourbie. La Vis sépare le Larzac des monts du Vigan, des causses de Campestre et de Blandas. Au sud-est se trouve la montagne de la Séranne, qui sépare le Larzac de l'Hérault. Vers l'ouest, la région des Causses se prolonge, avons-nous vu, dans les environs de Rodez; les causses dits de Rodez se trouvent au nord de cette ville.

M. Fabre a particulièrement étudié la constitution géologique des Causses et il y a distingué les divers étages du Jurassique. La stratigraphie est compliquée, car, à cause des failles, les étages les plus anciens peuvent se trouver à un niveau plus élevé que les étages plus récents. Ainsi, entre Florac et le col de Montmirat, l'Eschino d'Ase, sur la rive droite du Tarn, présente, à 1,235 mètres d'altitude, le Bajocien, tandis que sur la rive gauche le causse Méjean est formé à 1,070 mètres d'assises oxfordiennes. A différents niveaux se trouvent des dolomies; il y en a dans l'Infra-Lias, d'autres dans le Bajocien, le Bathonien et dans le Rauracien (Ganges); ces roches donnent lieu à de superbes escarpements ruiniformes. Dans les grands causses, on voit les dolomies bajociennes au bord même des rivières, au fond des cañons, puis, après 100 à 300 mètres de calcai-

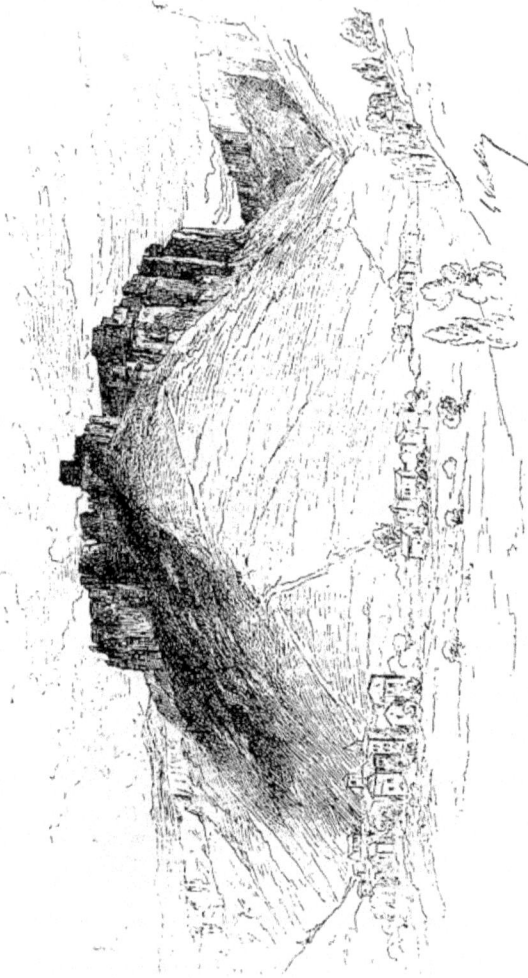

Fig. 681. — Promontoire du causse Méjean.

res, viennent les dolomies bajociennes. Le Callovien, quoique peu épais, est très constant, comme l'a montré M. Fabre. Il est surmonté, dans les quatre grands Causses, par des cal- caires gris oxfordiens, formant des plaquettes disposées en retrait comme les marches d'un escalier. Le Jurassique supérieur (Rauracien et Tithonique) s'observe au causse de Blandas, à la Séranne et en divers autres points.

Il faut noter également la présence sur le Larzac, aux environs de Milhau, notamment à la Cavalerie, de couches minces ligniteuses appartenant à l'étage bathonien ; ces couches exploitables sont couvertes de calcaires calloviens. Dans les fentes et les failles des causses, on trouve des formations sidérolithiques consistant en une argile rouge ferrugineuse et en bauxite. On rapporte ces formations à l'Oligocène ; il en est de même des phosphorites qui remplissent les fentes jurassiques dans le Quercy (Lot); il y a là, comme on sait, de nombreux restes de Vertébrés que M. Filhol a étudiés avec soin.

Les cañons du Tarn, de la Dourbie et des autres torrents ne sont pas les seules beautés naturelles des causses. Les eaux de ruissellement ont donné lieu à de nombreux accidents pittoresques ; elles ont notamment découpé sur le bord du causse Noir, au-dessus de la Dourbie, des rochers qui ont pris l'aspect de ruines d'une ville. Cet ensemble remarquable, décrit pour la première fois en 1883 par M. de Malafosse, porte le nom de Montpellier-le-Vieux. Nous représentons ici une sorte de donjon partagé en salles et en galeries, qui domine la pseudo-ville, c'est la *Citadelle* (fig. 682), elle-même commandée par le *Douminal* (fig. 683).

Enfin, de nombreux gouffres ou *avens*, profonds de plusieurs centaines de mètres, s'ouvrent sur les causses, et certains aboutissent à des rivières souterraines. M. Martel et M. Gaupillat ont fait connaître beaucoup de ces avens où ils sont courageusement descendus (1). L'aven de Rabanel n'a pas moins de 165 mètres

de profondeur. Ces gouffres sont dus aux eaux d'infiltration qui ont creusé aussi les superbes grottes, notamment celles de Bramabiau (fig. 683), parcourues par un cours d'eau souterrain formant plusieurs cascades.

Cette triste région des Causses, si peu favorable au peuplement, a cependant été habitée dès les temps préhistoriques. Les dolmens, les tumuli abondent dans la Lozère, et ont fourni une foule d'instruments et de restes humains. De nombreuses cavernes ont été occupées par l'homme ; elles ont été surtout étudiées par le Dr Prunières, de Marvejols, qui a fait connaître notamment la caverne de l'*Homme-Mort*, près de Saint-Pierre-des-Tripiers, sur le causse Méjean. La grotte de Nabrigas, près de Meyrueis, est également célèbre. Elle s'ouvre dans le causse Méjean, sur la vallée de la Jonte, à 250 ou 300 mètres au-dessus de la rivière. Dès 1835, cette grotte, explorée par M. Joly, de Toulouse, lui avait fourni un fragment de poterie grossière mêlée à des ossements d'Ours des cavernes ; un crâne d'Ours présentait même la cicatrice d'une blessure qui semblait avoir été faite par un silex taillé. En 1885, MM. de Launay et Martel ont exploré avec soin la grotte de Nabrigas, et en ont extrait une portion de mâchoire humaine avec trois dents, des débris de crânes humains, et un morceau de poterie, *en contact immédiat* avec les restes de deux squelettes d'Ours des cavernes (*Ursus spelæus*) (1). Il est donc prouvé aujourd'hui que l'homme existait dans la Lozère à l'époque du grand Ours, et connaissait déjà l'art de faire des poteries.

LE ROUERGUE ET LA MONTAGNE-NOIRE.

Le Plateau Central se termine au sud par un promontoire correspondant à une bonne partie des départements de l'Aveyron, du Tarn, Tarn-et-Garonne, Aude et Hérault. On peut y distinguer deux massifs de roches anciennes. Le plus méridional est le prolongement direct des Cévennes, et consiste en une chaîne de montagnes présentant des chaînons parallèles. Cette chaîne comprend les monts de l'Espinouse, du Caroux, de la Montagne-Noire, ceux de Lacaune et le Sidobre. L'altitude atteint de 1,000 à 1,200 mètres ; le pic de Nore, au sud du massif, se dresse à 1,210 mètres. Ce massif méridional

porte le nom de Montagne-Noire, qu'il emprunte à la plus grande de ses chaînes, s'étendant de Castelnaudary à Saint-Pons. Les cours d'eau se rendent les uns vers l'Atlantique, comme l'Agout ; les autres à la Méditerranée, tels sont le Jaur et l'Orb.

Le massif septentrional porte le nom de Rouergue. Il occupe la plus grande partie de l'Aveyron. C'est un plateau d'une altitude moyenne de 600 mètres, présentant cependant vers l'est quelques crêtes dépassant 1,000 mètres, comme le Lévézou et les Palanges. Les vallées escarpées du Lot, du Tarn, de l'Avey-

(1) Martel, *Les Cévennes et la région des Causses.*

(1) *Id.*, p. 305.

Fig. — La Citadelle, au Mont-Pierre-de-Ataux (Club alpin).

s'étend de Cabrières à Félines d'Hautpoul. Cette formation, en discordance sur toutes les autres assises, montre que le massif avait déjà atteint son relief avant la période carbonifère. C'est pendant l'Anthracifère que les éruptions granulitiques ont atteint leur maximum. Quant aux éruptions granitiques, elles sont certainement postérieures au moins aux premiers dépôts du Silurien. Ainsi le Sidobre, à l'est de Castres (1), célèbre par ses gros blocs entassés d'une manière pittoresque, s'élève au milieu des schistes précambriens et cambriens qu'il a métamorphisés. D'après M. Bergeron, ces éruptions se seraient produites à la fin de la période dévonienne. D'autres roches éruptives : microgranulite et diabase, sont probablement anthracifères.

Le Houiller est cantonné dans des régions limitées, dans des dépressions dues à des failles. Ces bassins sont, dans la Montagne-Noire, celui de Roujan-Nefliez non exploré, et celui de Graissessac, important au contraire, et qu'il faut rapporter à la base du Houiller supérieur (zone des Cévennes de M. Grand'Eury). Le premier de ces bassins est sur le versant sud de la Montagne-Noire, et le second sur le versant nord. Au sud du Rouergue se trouve le bassin de Réalmont, aujourd'hui abandonné; puis viennent les bassins de Carmaux, de la Capelle, de Puech-Mignon, de Najac. Dans la vallée du Tarn, près de Requista, il y a des lambeaux houillers non exploités. Dans le nord-est du Rouergue, de petits gisements, comme ceux de Gages et de Bennac, longent la montagne des Palanges; ils sont les restes d'un bassin recouvert par le Jurassique, et que des failles ont amené à une profondeur trop grande pour qu'on ait songé à le retrouver. Enfin le gisement le plus septentrional du Rouergue et le plus important, est celui de Decazeville qui forme, au milieu des terrains anciens, un îlot limité par des failles. Il y a là de nombreuses couches de houille qu'on divise en trois systèmes : l'inférieur ou d'Auzits, le moyen ou de Campagnac, le supérieur ou de Bourran.

Le Permien est bien représenté. On y distingue le sous-étage inférieur ou Autunien et le sous-étage moyen ou *Rothliegende*, consistant en grès et marnes rouges. Dans le premier, se trouvent des conglomérats et des schistes gréseux bien développés à Lodève, où ils contiennent une flore bien connue : *Odontopteris per-*

miensis, Annularia longifolia, Walchia piniformis. Les gisements d'Autunien sont au voisinage des dépôts houillers et généralement en concordance de stratification avec eux. Le Permien moyen s'étend davantage. On distingue le bassin permien de Lodève, celui de Camarès au nord-ouest de la Montagne-Noire, et celui de Rodez. Des dislocations et des roches éruptives se sont produites pendant le Permien. Des porphyrites et des mélaphyres datent de cette période. Les dépôts triasiques n'existent que dans l'est et le sud du double massif; quant au Jurassique, on en voit des témoins dans le Rouergue qui devait être pendant cette période tout entier sous les eaux. Les dépôts tertiaires forment la bordure. Des éruptions se sont produites dans le sud-est pendant le Pliocène, comme le prouve l'existence de tufs dans les formations fluviatiles de cette période. Ces éruptions consistent en basaltes labradoriques, où les microlithes sont surtout du feldspath, et en limburgites où les microlithes d'augite prédominent. Il y a d'ailleurs passage d'une roche à l'autre, et dans les deux types le péridot existe en grands cristaux. La plaine permienne de Salagou, au sud de Lodève, présente de nombreux pointements de limburgite. Les roches basaltiques, souvent divisées en prismes, forment toute une chaîne, celle d'Escandorgue, dirigée du sud au nord près de Lodève et Bédarieux et s'étendant jusque dans les causses. Des basaltes labradoriques francs forment un massif aux environs de Roquelaure dans l'Aveyron; il y a aussi un pointement à l'ouest de Milhau à l'Azinières. Ces roches volcaniques continuent vers le sud la traînée des Puys du Mont-Dore et du Cantal. Le dernier volcan de France se trouve sur le littoral même de la Méditerranée, près d'Agde, à l'embouchure de l'Hérault ; c'est le pic Saint-Loup (115 mètres).

M. Bergeron résume de la manière suivante l'histoire géologique du Rouergue et de la Montagne-Noire. Le premier des deux massifs est resté émergé pendant une grande partie des temps paléozoïques ; il s'est plissé dans la direction N.-S. avant l'époque anthracifère ; au Permien il était sous les eaux. La Montagne-Noire, elle, était sous la mer pendant les premiers temps paléozoïques, mais un premier ridement s'est formé à la fin du Silurien sous l'effet d'une pression venant du sud-est et d'une réaction de sens contraire due précisément à l'existence du Rouergue. Des mouvements du sol, accompagnés de cassures, de plissements et de

Fig. 683. — Le Douminal, vu du cirque du Lac.

refoulements, se sont encore produits après le Dévonien supérieur, refoulant les eaux marines vers le sud. A partir du Permien, le Rouergue a commencé à s'affaisser et a été recouvert par les mers permienne et jurassique, tandis que la Montagne-Noire devenait à son tour la partie stable. « Dès la fin du Jurassique, le Rouergue et la Montagne-Noire ne formèrent plus qu'un seul massif qu'entourèrent et même recouvrirent en partie les eaux douces ou salées de la période tertiaire (1). »

LE PILAT, LE FOREZ, LE BEAUJOLAIS ET LE MONT D'OR LYONNAIS.

Revenons maintenant à la partie orientale du Plateau Central au nord des Cévennes. Nous y trouvons le massif du mont Pilat qui continue les Cévennes ; il atteint 1,434 mètres d'altitude. Du Pilat descendent le Furens vers la Loire et le Gier vers le Rhône (fig. 685). Le massif est constitué par le gneiss granitoïde, autour duquel se sont effondrées les autres parties du terrain primitif ; il se présente donc comme une masse stable, un *horst*, suivant l'expression de M. Suess. Ce gneiss granitoïde est remarquable par la grande abondance de la Cordiérite. En outre il est très mélangé de granite. Les gorges de la Déome, entre Bourg-Argental et Annonay, sont creusées dans une sorte de mélange de gneiss et de granite. Ce dernier forme également des dykes énormes que l'érosion a mis à nu en corrodant le gneiss. Tel est celui du versant méridional du Pilat, dyke qui n'a pas moins de 15 kilomètres de largeur (2).

Les gneiss et micaschistes supérieurs forment une bande au nord-est du massif et sont relativement plus développés. Ensuite, encore plus au nord, viennent les micaschistes chloriteux et les schistes quartziteux qui s'enfoncent au-dessous du bassin houiller de Saint-Étienne. Les schistes sont accompagnés de quartzites à grains fins, sorte de grès blancs très compacts et très durs. A la partie supérieure de l'étage, il y a des schistes à séricite, et aux environs de Vienne ils sont surmontés de phyllades que M. Termier rapporte au Cambrien ; on n'observe entre les deux terrains aucune discordance de stratification.

Le terrain primitif est traversé par la granulite ou granite à deux micas, qui métamorphise le gneiss et les micaschistes. Elle est nettement postérieure au granite qu'elle traverse en un grand nombre de points. A Pélussin surtout on voit des fibres de granulite former des saillies considérables au-dessus du granite. A Doizieu la roche, qui constitue de beaux escarpements d'un blanc pur, a complètement métamorphisé les schistes : ceux-ci ne se manifestent plus que par l'existence de traînées discontinues de mica noir.

On doit signaler aussi dans le gneiss granitoïde du Pilat des amphibolites interstratifiées. Il y a aussi des serpentines et celles-ci peuvent apparaître en plein granite, comme à Marlhes et à Roisey. On y voit de l'olivine non encore altérée.

Enfin dans le Houiller il y a plusieurs niveaux de porphyres pétrosiliceux, de couleur claire et connu par les mineurs sous le nom de *gores blancs*. Tels sont les gores de la Péronnière et de l'Éparre. Des filons de quartz traversent aussi le Houiller et proviennent sans doute de scories siliceuses contemporaines de la formation de la houille.

La région gneissique et granitique du Pilat a été plissée et l'on peut distinguer quatre plis synclinaux nord-est séparés par trois anticlinaux dont la clef de voûte rompue laisse voir le granite et le gneiss granitoïde. Dans un de ces synclinaux se trouve le bassin houiller de la Loire (fig. 686), étudié par M. Grüner. Ce bassin occupe un espace presque triangulaire limité au sud-sud-est par le Pilat, au nord-nord-ouest par la chaîne de la Riverie, et à l'ouest par la chaîne du Forez. Il s'étend de Givors sur le Rhône jusqu'à la Loire au delà de Firminy. Le substratum est constitué par les micaschistes sériciteux. Bien qu'on emploie les expressions de bassins de Saint-Etienne, de Firminy, de Rive-de-Gier, il s'agit en réalité d'un bassin unique, dont voici d'après M. Grüner la composition :

(1) Bergeron, p. 341.
(2) Termier, *Étude sur le massif cristallin du mont Pilat* (*Bull. du serv. de la Carte*, n° 1, 1889), et *Notices du ministère des Travaux publics pour l'Exposition de 1889.*

Étage houiller (partie supérieure).	8. Faisceau de St-Étienne.	Série du bois d'Aveize.
		— de Bérard.
	...	— de St-Chamond.
	7. Massif stérile, conglomérats avec graines silicifiées de Grand'Croix.	
	6. Faisceau de Rive-de-Gier.	

Fig. 684. — Bramabiau, descente de la deuxième cascade (Club alpin).

Etage anthracifère.
5. Épanchement de porphyres quartzifères et arrêt de la sédimentation.
4. Grès anthracifère avec coulée de porphyre noir 200 à 500 mètres.
3. Épanchement de porphyre granitoïde.
2. Calcschistes et calcaire carbonifère de Régny.
1. Grauwacke quartzoschisteuse du Roannais.

Comme on le voit, le faisceau de Rive-de-Gier appartient à un niveau plus ancien que celui de

Saint-Étienne. Nous avons indiqué la différence des flores (1).

Dans la région de Rive-de-Gier on exploite notamment la grande couche de houille de Montrambert; elle a 15 à 20 mètres de puissance et présente même à la Ricamarie un renflement de 65 mètres.

Au-dessus du Houiller se trouvent des assi-

(1) Page 15.

ses de grès et de poudingues rougeâtres dont la flore a des affinités permiennes. M. Grand'-Eury les range dans le Permien. Cet étage stérile peut atteindre 500 mètres de puissance.

En se dirigeant de Saint-Étienne vers le nord-ouest, on pénètre dans le Forez, auquel succède au nord le Roannais. Le pays est limité à l'est par les monts du Lyonnais et du Beaujolais dont nous allons parler plus tard, et à l'ouest par des montagnes qui le séparent de la vallée de l'Allier. Ces montagnes appelées d'une manière générale monts du Forez comprennent plusieurs massifs. Le plus méridional est celui de Pierre-sur-Autre ou mont Herboux (1,640 mètres) ou des monts du Forez proprement dits; vient ensuite au-dessus du Lignon du nord la chaîne des Bois-Noirs dont le point culminant est le Puy de Montoncel (1,292 mètres), enfin le massif le plus septentrional est celui de la Madeleine. Ces montagnes du Forez, couvertes de forêts épaisses, dominent du côté de l'ouest les plaines tertiaires d'Ambert et de la Limagne, et du côté de l'est d'autres plaines tertiaires, celles de Montbrison et de Roanne. La Loire traverse d'abord la plaine de Montbrison, puis se fraye un passage à travers un plateau montagneux formé de roches carbonifères, pour arroser la plaine du Roannais.

Les terrains tertiaires du Forez et du Roannais sont constitués à la base par des argiles et des sables feldspathiques ou des arkoses; on rapporte ces couches au Tongrien; elles sont presque dépourvues de fossiles. Au-dessus viennent des grès, des calcaires et des marnes qui sont certainement Aquitaniens; le *Potamides Lamarcki* se trouve dans les calcaires. Ces dépôts oligocènes sont recouverts de cailloutis et d'argiles quaternaires ou pliocènes en partie. Les couches tertiaires du Forez et du Roannais sont affectées par des failles, et sont relevées de telle sorte que le Tongrien se montre sur les bords des bassins à un niveau généralement plus élevé que l'Aquitanien. Des basaltes labradoriques à olivine constituent des pointements coniques au milieu de la plaine tertiaire du Forez et aussi dans les granites qui la limitent à l'ouest (fig. 683). Il faut citer notamment le mont d'Uzore, qui sur un parcours de 4 kilomètres s'élève au milieu des argiles tongriennes, la butte de Palogneux divisée en prismes verticaux, et le mont Semiol à l'est de Châtelneuf, nappe basaltique qui couvre le granite sur une largeur de 800 mètres

et une longueur de 2,500. Ces basaltes sont antérieurs au creusement des vallées actuelles; aucun cône ne se trouve dans ces vallées; ils datent probablement du Pliocène moyen (1).

La chaîne occidentale, traversée dans la direction N.-O. par une grande faille, est formée surtout de granite et de gneiss jusqu'à la latitude de Boën. La granulite constitue aussi de grandes masses sur le granite et au milieu des gneiss. Des schistes micacés et amphiboliques disloqués par le granite et traversés par des roches dioritiques représentent le Cambrien. A partir de Boën jusque vers l'extrémité de la chaîne de la Madeleine, les roches éruptives d'âge carbonifère sont très développées. Elles traversent les couches carbonifères qui sont composées de calcaire carbonifère et de grès à anthracite appartenant au Culm. Ces roches éruptives sont surtout des microgranulites et des porphyres globulaires. Les microgranulites que Grüner désignait sous le nom de porphyre granitoïde, sont développées à Boën où elles injectent le granite; il y a là aussi des roches micacées qui ont été distinguées des précédentes sous le nom de Kersantites. Le porphyre globulaire forme des faisceaux de filons dans la microgranulite. Celle-ci, de couleur rouge, forme la plus grande partie de la chaîne des Bois-Noirs et de celle de la Madeleine. Le seuil montagneux traversé par la Loire pour pénétrer dans le Roannais, est composé de tufs feldspathiques et d'orthophyres disposés en coulées dans ces tufs. Ces roches à pâte brune, grise ou noire, compactes et homogènes, employées pour l'empierrement, sont de l'âge du Culm supérieur.

Au nord de la chaîne de la Madeleine, à égale distance de l'Allier et de la Loire, se trouve le petit bassin houiller de Bert et Montcombroux s'appuyant au sud sur le granite et recouvert au nord par le Permien.

A l'est de la plaine du Forez se dressent les monts du Lyonnais ayant comme point culminant le Bois-Saint-André (950 mètres); ils se continuent par la chaîne de Tarare dont le sommet, le mont Boussière, s'élève à 1,004 mètres. Ensuite, au nord de la vallée de la Brevenne, commencent les monts du Beaujolais.

La région des montagnes lyonnaises présente trois plissements ayant la direction S.-O,

(1) Le Verrier, *Note sur la formation géologique du Forez et du Roannais (Bull. du service de la Carte*, n° 15 août 1890).

Fig. 685. — Mont Pilat, près Saint-Étienne. « La grange de Pilat ».

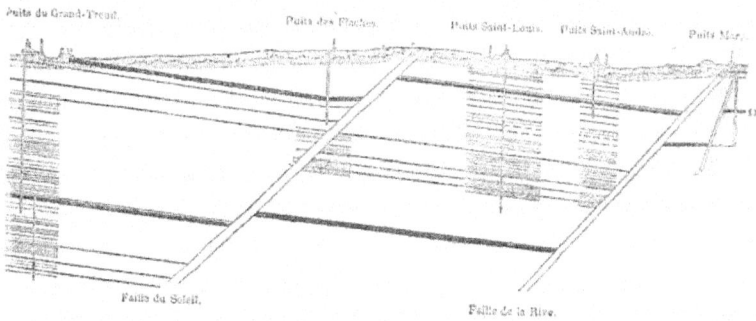

Fig. 686. — Bassin de Saint-Étienne, coupe prise dans la plaine du Treuil.

Fig. 687. — Coupe, de l'ouest à l'est, à travers le mont d'Or lyonnais (MM. Falsan et Locard). — La partie blanche figure le gneiss avec des filons éruptifs. Au-dessus se trouvent les diverses couches du Trias, de l'Infra-Lias et du Lias, le Bajocien inférieur (calcaires à fucoïdes et à entroques), enfin le Bajocien supérieur se voit aux Aires sous forme d'un calcaire bleuâtre ou blanchâtre, à fossiles silicifiés, appelé ciret.

N.-E. (1). On trouve d'abord le plissement synclinal de Rive-de-Gier composé de micaschistes
à séricite servant de substratum au terrain
houiller. Puis au nord vient l'anticlinal, qui
constitue les montagnes du Lyonnais; il s'étend
entre Lyon et Valfleury; il est constitué par des
gneiss à cordiérite sur lesquels reposent des
gneiss feuilletées et des micaschistes où apparaissent des traînées d'amphibolites. De nombreuses
éruptions granulitiques se sont produites sur
le versant nord-ouest. En outre le granite a
traversé le gneiss, constituant des dykes dont
les plus importants sont ceux de Charbonnière,
de Soucieu et de Chassagny. C'est un granite à
grands cristaux (granite porphyroïde) exploité
en un grand nombre de points. Il y a aussi des
granites à amphibole, notamment à Vaugneray.
Au pli anticlinal succède un synclinal qui s'é-
tend de la Brevenne à Tarare, consistant en
micaschistes sériciteux et chloriteux et en couches cambriennes : schistes argileux, quartzites
et cornes vertes, roches métamorphiques compactes dues à l'action des diorites et des dia-
basis. Le synclinal de la Brevenne est rompu
en son milieu par un énorme dyke de granite
à grands cristaux qui commence au N.-E., près
de Saint-Laurent-d'Oingt, au milieu du Cambrien
et qui s'élargit au S.-O., aux environs de Sainte-
Foy-l'Argentière. Cette dernière localité est le
centre d'un bassin houiller reposant sur les
micaschistes. Contre les montagnes du Lyonnais s'appuie à l'ouest un plateau d'une altitude
d'environ 300 mètres, découpé par des vallées
profondes et escarpées. On l'appelle le *bas plateau lyonnais*. Il est formé d'un gneiss à cordiérite et de schistes anciens, le tout traversé par
des dykes et des filons de granite-granulite,
microgranulite et porphyrite. Ce plateau, étudié
récemment avec soin par M. Attale Riche (2), est
recouvert en grande partie d'alluvions anciennes pliocènes et quaternaires dont les cailloux
appartiennent les uns aux roches de la région
même, les autres à des quartzites et des calcaires des Alpes et du Jura. Le nord-est du
Plateau Lyonnais supporte un massif secondaire qui se dresse sur le gneiss de la
rive droite de la Saône; c'est le mont d'Or
Lyonnais (fig. 687). Nous possédons une monographie importante de MM. Falsan et Locard

sur le mont d'Or Lyonnais. Le gneiss supporte
les trois étages du Trias, auxquels succèdent
les étages du Jurassique : Rhétien, Hettangien,
Sinémurien, Liasien et Bajocien. Ce dernier se
termine par un calcaire blanchâtre, siliceux,
appelé le *ciret*, dont les Ammonites transformées en silice se détachent très bien quand on
attaque la roche, plus tendre, par un acide.

Le massif de Tarare que l'on trouve au nord
de la Brevenne nous offre tout un ensemble de
roches carbonifères. Ce sont elles qui constituent
la bordure sud-est de la plaine de Roanne.
Les orthophyres, les microgranulites couvrent
de vastes espaces, il y a aussi des porphyres
pétrosiliceux et autres roches confondues autrefois sous le nom général de porphyres. Les
couches sédimentaires du Carbonifère sont, à
la partie supérieure, des tufs et des grès à anthracite rapportés au Culm supérieur ; au-dessous des poudingues composés de galets de
quartzites, de granulite et de schistes, bien
développés surtout près de Régny ; au-dessous
encore des quartzites et des grès contenant
près de Régny des empreintes de plantes du
Culm ; enfin l'étage inférieur est constitué par
des schistes argileux et du calcaire carbonifère.
Celui-ci a livré près de Régny, de Nérondes, de
Montagny, etc., des fossiles assez nombreux,
qui ont permis à M. Julien de les identifier
avec ceux de la faune de Dinant en Belgique ;
il y a entre autres : *Productus cora, Chonetes
conoïdes, Evomphalus crotalostoma, Palæchinus
gigas*, etc. Le bord ouest du Carbonifère est limité
du côté de Roanne par une bande de Jurassique coupée par de nombreuses failles et composée des étages compris entre le Bathonien et
le Liasien.

La formation carbonifère des environs de
Tarare va rejoindre près d'Amplepuis et de
Thizy les formations analogues du Beaujolais.

Ce dernier est constitué par des montagnes
d'une structure géologique compliquée et qui
s'élèvent vers Beaujeu à une altitude de 1,012
mètres (signal de Saint-Rigaud). La stratigraphie et la pétrographie du Beaujolais ont été
étudiées surtout par M. Michel-Lévy (1). Le
Beaujolais se compose essentiellement de schistes feldspathisés, de schistes sériciteux et micacés, de schistes verts compacts et de cornes
vertes, ensemble de roches métamorphiques
cambriennes qui doivent leur métamorphisme à
diverses roches éruptives. Les schistes feldspa-

---

(1) Michel-Lévy, *Roches des montagnes du Lyonnais*
(*Bull. Soc. géol.*, 3ᵉ série, t. XVI, 1887), et *Notice pour
l'Exposition universelle de* 1889.
(2) Riche, *Constitution géologique du Plateau lyonnais* (*Bull. Soc. géol.*, 3ᵉ série, t. XVI, 1887-88.

(1) *Bulletin de la Société géologique*, 3ᵉ série, t. IX,
1881, et *Notices pour l'Exposition universelle de 1889*.

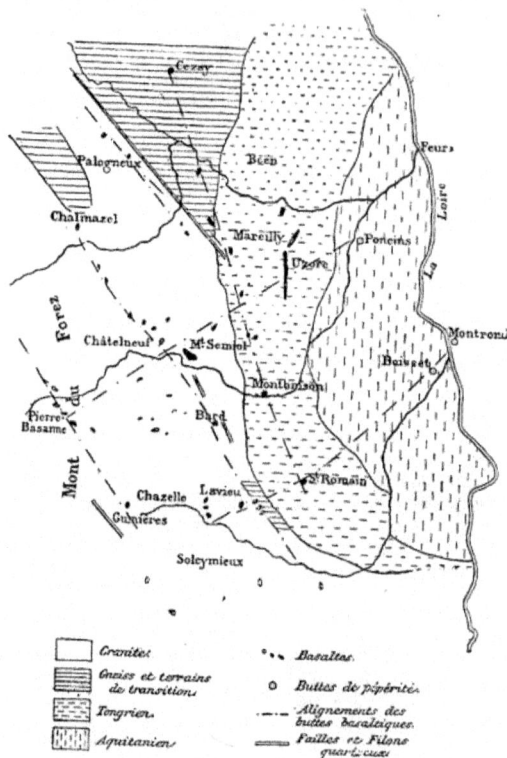

Fig. 688. — Carte de la plaine du Forez, d'après M. Le Verrier (*Bulletin du service de la Carte*).

thisés sont dus à l'action du granite, lequel a traversé le Cambrien, par exemple à Saint-Lager et à Morgon, où il englobe des fragments volumineux de schistes; il en est de même sur la route de Beaujeu à Avenas. Ce granite a fait intrusion dans le Cambrien, ce qui montre qu'il lui est postérieur. En certains points même il se cache, comme aux environs de Montmelas et Rivolet, sous les roches cambriennes intactes, tandis qu'entre Fleurie et Vaux il forme une ellipse allongée que les érosions ont mise à nu. Le granite est lui-même traversé par des granulites, des porphyrites micacées et des mélaphyres du Carbonifère supérieur. Les cornes vertes sont dues aux diabases et aux diorites qu'on trouve en intrusion et à l'état de vastes dykes. Au nord-ouest se montrent des couches

carbonifères, des tufs avec poudingues roulés et schistes contenant la flore de Culm, le tout accompagné de coulées éruptives d'orthophyres ou porphyres noirs, et de microgranulites. A la Chapelle-sous-Dun il y a des lambeaux de Houiller supérieur englobés par failles dans la microgranulite et dans le porphyre pétrosiliceux qui occupe le centre des massifs de microgranulite.

Des plissements N.-E. sont bien nets dans le Beaujolais. En se dirigeant de la Saône vers l'est, on trouve d'abord des dépôts pliocénes avec quelques pointements jurassiques, puis une grande faille N.-N.-E. limitant une ride montagneuse cambrienne, ensuite une zone granitique, puis de nouveau un pli synclinal limité par un versant oriental cambrien s'élevant à plus de 800 mètres ; ensuite vers le N.-O. se montrent les dépôts carbonifères. De grandes failles N.-O., transversales aux plissements précédents qui sont carbonifères, se sont produites pendant le Permien, et elles ont été remplies par des émanations geysériennes dont les filons manganésifères de Romanèche, les filons galé-nifères et cuprifères des Ardillats, etc., sont des témoins. Enfin de nouveaux plissements et des failles N.-N.-E. ont eu lieu pendant le Miocène. Le Beaujolais, en somme, a été façonné à la fois par le grand mouvement hercynien et par celui qui a donné naissance aux Alpes.

LE CHAROLAIS ET LE MORVAN.

Le Beaujolais se continue au nord-ouest par le Charolais dont les hauteurs sont de simples plateaux présentant quelques mamelons en saillie, comme le Saint-Vincent (608 mètres). Le pays se compose d'une arête granitique centrale traversée par la granulite ; à l'est de cette arête se trouvent les collines jurassiques du Mâconnais, et à l'ouest les côtes triasiques et jurassiques de Charolles. On retrouve dans cette région les failles N.-N.-E. et les fractures transversales N.-O. que nous avons signalées dans le Beaujolais. Au nord-ouest de l'arête granitique se montre une bande gneissique, celle du mont Saint-Vincent, avec des dykes de granulite, et enfin à la suite s'étale la dépression occupée par le bassin houiller et permien de Blanzy et du Creusot.

Ce bassin, en y rattachant celui de Bert situé au nord des monts de la Madeleine, de l'autre côté de la Loire, s'étend sur une longueur d'environ 100 kilomètres. Sa largeur maximum en face de Montceau-les-Mines, où elle atteint 14 kilomètres, ne dépasse pas 4 kilomètres 1/2 au nord-est près de Saint-Bérain, et 4 kilomètres près de Bert (1). Le bassin est occupé pour la plus grande partie par le terrain permien ; on ne voit affluer le Houiller que sur les deux bordures sud-est et nord-ouest. La première présente les couches de combustible exploitées à Montceau-les-Mines, Blanzy et Montchanin ; la seconde comprend le bassin du Creusot et quelques autres affleurements, comme Saint-Eugène, Toulon-sur-Arroux, Pully, Grand-Champ (fig. 689). Le Permien, qui occupe tout l'espace compris entre les deux bordures houillères, comprend à sa base des schistes gris ou noirs, qui affleurent à Charmoy, puis une zone de grès gris à laquelle succède une couche épaisse de grès rouges. Ces derniers butent sous une inclinaison peu prononcée contre les couches houillères au contraire très tourmentées, plis-sées et traversées par des failles. Des phénomènes de compression latérale ont même parfois, comme à Montchanin, déversé le Houiller sur le grès rouge.

Au nord-est de la dépression de Blanzy et du Creusot commence la région montagneuse du Morvan, promontoire septentrional du Plateau Central.

Le Morvan constitue un massif ancien, présentant un certain nombre de croupes dont les altitudes varient de 600 à 900 mètres (fig. 690). Le Haut-Folin ou pic des Bois-du-Roi, le point le plus élevé du Morvan, atteint 902 mètres ; le Beuvray s'élève à 814 mètres, le mont Brenet à 804 mètres. Sur le sol cristallin du Morvan, la pluie qui tombe en abondance forme de nombreux étangs, dont certains, desséchés, sont devenus des champs fertiles, des « ouches », entre les montagnes gazonnées ou boisées. De ces montagnes descendent un grand nombre de torrents. De Saulieu au mont Beuvray se dresse une arête de partage comprenant le Haut-Folin et le Beuvray. Au sud-est de cette crête on trouve l'Arroux qui traverse la plaine d'Autun, puis la croupe granitique bordant le bassin du Creusot et qui par ce dernier atteint la Loire. Au nord de la crête de partage, toutes les eaux du Morvan alimentent les affluents de la Seine. L'Yonne prend sa source au pied du Beuvray, à plus de 800 mètres d'altitude. Son tributaire, la Cure, naît aussi au cœur du Morvan, à 723 mètres d'altitude ; elle se fraye un passage à travers les granites ; plus bas sa vallée s'élargit, et on y a établi aux Settons (596 mètres d'altitude), un barrage grâce auquel il est possible de retenir au moment des crues 22 millions de mètres cubes. « Ce vaste réservoir, qui alimente à la fois le flottage des rivières et la navigation des canaux, est un des plus beaux travaux nouvellement créés pour l'aménagement des eaux (1). »

Le Morvan forme aujourd'hui l'arrondisse-

(1) Delafond, *Observations sur le bassin de Blanzy et du Creusot (Bull. du serv. de la Carte géolog. de la France*, n° 12, 1890, p. 6).

(1) Burat, *Géologie de la France*. Paris, 1874, p. 130.

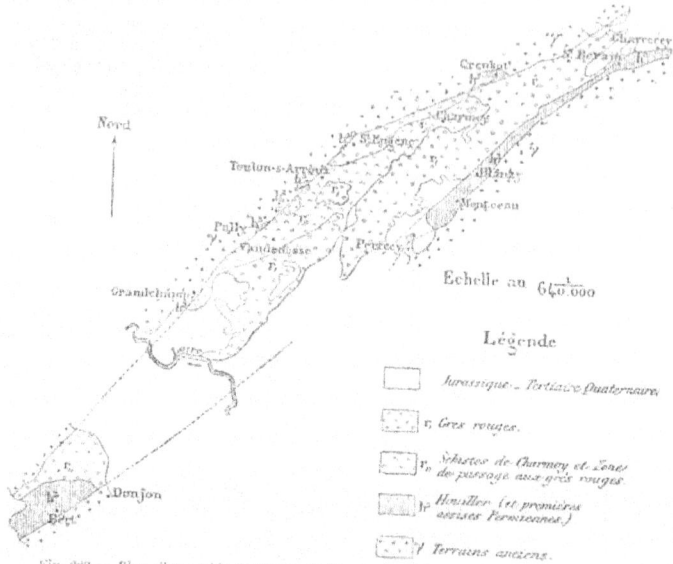

Fig. 689. — Plan d'ensemble du bassin de Blanzy et du Creusot (d'après M. Delafond).

Fig. 690. — Vue du Morvan, près d'Avallon. (Photographie de M. Vélain.)

ment de Château-Chinon dans la Nièvre, une partie de celui d'Avallon dans l'Yonne, et s'étend aussi sur la lisière des départements de Saône-et-Loire et de la Côte-d'Or. La granulite rose du Morvan affleure encore à Semur et à Avallon, au contact des couches liasiques. La contrée est essentiellement formée de gneiss, de granite et de granulite, mais il y a en outre de nombreuses roches éruptives de types variés et des lambeaux de Cambrien, de Dévonien, de Carbonifère et de Permien (1). Sur les bords apparaissent, séparées des formations anciennes par de grandes failles, les couches triasiques et jurassiques.

Le substratum de tout le pays est constitué par un gneiss gris accompagné d'amphibolites et de serpentines. Le granite, qui est à grands cristaux (granite porphyroïde), a traversé le gneiss et en englobe souvent de grandes masses. La granulite de couleur rose est la roche la plus répandue dans les montagnes du Morvan; elle en forme les points culminants (Haut-Folin); tantôt elle forme des coulées, tantôt de minces filons. Elle injecte le gneiss et l'a transformé en gneiss granulitique (gneiss rouge), elle traverse le granite et métamorphise même des couches dévoniennes (Bourbon-Lancy, Cussy-en-Morvan); ses éruptions se sont succédé jusqu'au Carbonifère. Il y en a plusieurs variétés, notamment des pegmatites et des elvans, roches compactes, d'aspect porphyrique.

La base des terrains stratifiés consiste en schistes micacés et en quartzites rapportés au Cambrien ou au Précambrien, et traversés par des diorites, des diabases, des porphyrites amphiboliques. Viennent ensuite des grauwackes dévoniennes; au milieu d'elles, M. Michel-Lévy a trouvé à Gilly et à Diou-sur-Loire une lentille de marbre avec quelques fossiles incontestablement dévoniens; il y a, entre autres, de nombreux *Atrypa reticularis*. Des éruptions de granulites, de minettes et de kersantites ont précédé le Carbonifère. Celui-ci est représenté à sa base par des tufs porphyritiques qu'il faut rapporter au Culm et qui sont associés à des coulées de roches dont nous avons eu déjà l'occasion de parler plus haut: les orthophyres à mica noir, des porphyrites à pyroxène, roches longtemps confondues sous le nom de porphyres noirs.

A ces derniers ont succédé pendant le Houiller

(1) Michel-Lévy, *Réunion extraordinaire de la Société géologique à Semur*, 1879, et *Notices pour l'Exposition universelle de 1878*.

de nombreuses roches de couleur variée: des microgranulites, des porphyres à quartz globulaire, des porphyres pétrosiliceux, dont la détermination pétrographique est due à M. Michel-Lévy.

Enfin le Permien d'Épinac, d'Igornay, etc., a été traversé par des roches qui avaient été improprement appelées trapps. Ce sont des porphyrites micacées, dont certaines variétés se rattachent aux mélaphyres et ressemblent parfois à s'y méprendre au basalte des plateaux d'Auvergne. Telle est la roche noire, à grains intacts d'olivine, qui existe au Drevin, sur la bordure S.-E. du Morvan.

Malgré une complication apparente, le Morvan laisse voir une disposition nettement zonaire de ses roches. Comme dans les régions précédentes, de grands plissements N.-E. se sont produits entre le Culm et le Houiller. Une première bande composée de granulite va de Semur à Avallon; vient ensuite une région gneissique de Chastellux à Flée, comprenant le bassin houiller de Sincey. A cette bande succède une région granitique comprise entre Lormes (fig. 691), Précy, Saulieu et Château-Chinon, où existent un massif de granulites (Roche-du-Chien) et une vaste trainée porphyrique s'étendant de Blisme-Poussignot à Monsauche. Puis les terrains du Culm, Dévonien et Cambrien constituent une écharpe à travers le pays, de Sermage à Liernais et de la Roche-Millay à Épinac. Au sud elle borde le bassin d'Épinac et d'Autun, à la suite duquel une région de granite avec enclaves de granulite et de gneiss sépare le Morvan du bassin de Blanzy et du Creusot.

Des failles et des filons viennent troubler la structure géologique du Morvan. Il faut d'abord noter les deux grands faisceaux de failles qui limitent le Morvan à l'est et à l'ouest. La microgranulite forme des filons N.-N.-E. S.-S.-O.: les porphyres à quartz globulaire remplissent de filons N.-E. S.-O., et les porphyrites micacées des veines O.-N.-O. E.-S.-E. Enfin des filons de quartz de l'âge des arkoses triasiques et liasiques suivent les deux directions de failles N.-O., S.-E. et N.-E. S.-O. Cette dernière direction est celle des filons pyriteux de Champrobert et des uranites (chalcolithe, autunite) de Saint-Symphorien-de-Marmagne.

Nous avons déjà parlé du bassin houiller et permien d'Autun (1). Ce bassin, étudié par

(1) Page 156.

V.—Coupe Est-Ouest, au travers du Morvan, de Saulieu à Lormes.

Fig. 691. — Coupe est-ouest, au travers du Morvan, de Saulieu à Lormes (d'après MM. Michel-Lévy et Vélain). — 2, Lias inférieur; 1, Infra-Lias; hv-vi, schistes et quartzites carbonifères; d, quartzites et schistes dévoniens; x, schistes maclifères; Q₁ quartz d'épanchement (Trias); ϑ₁ porphyrites micacés; π¹ porphyre pétrosiliceux; γ³, microgranulite; γ¹, granulite à mica blanc; F, faille.

M. Delafond, a la forme d'une ellipse irrégulière dont le grand axe E.-O. mesure 37 kilomètres, et le petit N.-S. 13 à 14. Il est sillonné par de nombreuses failles et traversé par des roches éruptives. Il est recouvert par des terrains secondaires (Trias et Lias du plateau de Curgy) ou par des alluvions anciennes ou modernes. Dans le nord-ouest on trouve le terrain anthracifère avec empreintes végétales du Culm (*Lepidodendron Veltheimianum*). Les couches de houille qui viennent ensuite appartiennent au Houiller supérieur. On y distingue un étage inférieur (50 à 100 mètres) exploité à Épinac, un étage moyen (800 à 1,000 mètres) presque stérile, et un étage supérieur (150 mètres) exploité autrefois à Molloy, Pauvray, etc. Le Permien couvre toute la plaine d'Autun, mais recouvert lui-même comme nous l'avons dit. On y distingue à la base une série de schistes bitumineux fournissant une huile légère et exploités à Igornay; ils sont surmontés de bancs de calcaire magnésien, auxquels succèdent les schistes bitumineux de Muse; enfin l'étage supérieur ou du Boghead est exploité pour l'huile à Millery, aux Thélots, etc. Les schistes bitumineux d'Autun ont fourni une flore et une faune dont nous avons parlé plus haut. Au-dessus il y a des grès rouges qui n'ont donné jusqu'ici aucun fossile. A l'est du bassin d'Autun s'en trouve un autre, celui d'Aubigny-la-Ronce presque complètement recouvert par le Jurassique.

LE MASSIF OCCIDENTAL (BRETAGNE, COTENTIN, VENDÉE).

STRUCTURE GÉOLOGIQUE DE L'ARMORIQUE.

L'ouest de la France est occupé par un grand massif de terrains anciens qui comprend le Cotentin, la Bretagne, la Vendée et une partie du Maine et de l'Anjou. Ce massif occidental est appelé souvent Armorique, nom qui désigne cependant d'une manière plus spéciale la Bretagne.

Le sol de l'Armorique est formé de gneiss,

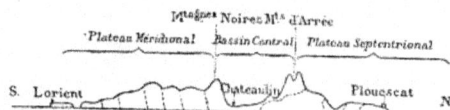

Fig. 692. — Coupe transversale orographique de la Bretagne (d'après Puillon-Boblaye).

de micaschistes, de roches granitiques et autres roches éruptives anciennes, de couches précambriennes, siluriennes et dévoniennes; il y a en outre quelques bassins carbonifères et des lambeaux de sédiments tertiaires.

La configuration du pays est remarquable,

(2) Delafond, Renault et Zeiller, *Bassin houiller et permien d'Autun et d'Épinac.*

bien que le relief ne soit qu'assez faiblement accusé. « En effet, dit Dufrénoy, la presqu'île de Bretagne, quoique montagneuse, n'offre pas ces arêtes saillantes, ces pics isolés qui donnent aux contrées anciennes les formes sauvages et pittoresques que recherchent presque tous les voyageurs. Les chaînes longues et étroites qui la sillonnent n'atteignent jamais qu'une faible hauteur, rarement supérieure à 300 mètres. Ces chaînes forment à l'horizon des lignes droites sans échancrures, analogues à celles qui existent dans les plaines où les roches stratifiées ont éprouvé peu de dérangements. Il semble qu'une cause générale a nivelé ces montagnes ; et l'existence sur un grand nombre de sommités, de petits lambeaux tertiaires, nous fait penser qu'à l'époque où ces terrains se déposaient, la Vendée et la Normandie étaient soumises à une action diluvienne puissante. Peut-être aussi le relief de ces provinces a-t-il été, en partie, effacé par le temps ; car les révolutions qui les ont en quelque sorte façonnées sont pour la plupart antérieures au dépôt des terrains houillers. Mais ces causes, tout en altérant profondément la physionomie générale du pays, n'ont pu en détruire les traits principaux. L'étude et la direction des chaînes, qui courent généralement de l'E. 10° à 15° N. à l'O. 10° à 15° S., ainsi que celle des couches, dévoilent les perturbations principales dont l'influence s'est fait sentir sur toute son étendue (1). »

Dans un mémoire publié en 1827, Puillon-Boblaye a mis en évidence la structure très simple de la Bretagne (2) (fig. 692). Le pays se compose de deux plateaux presque parallèles, allant de l'est à l'ouest ; ces deux plateaux, appelés plateau septentrional et plateau méridional, sont séparés par une vallée longitudinale allant de la rade de Brest jusqu'aux limites du bassin hydrographique de la Vilaine. Le plateau septentrional, parallèle à la Manche et dont l'altitude a pour maximum 320 mètres, est limité au nord par la mer et au sud par les montagnes d'Arrée, succession de crêtes formées surtout de roches précambriennes et aussi de grès armoricain. Ce dernier forme le point culminant de ces montagnes, le Saint-Michel (391 mètres) ; c'est le point le plus élevé de la Bretagne. Les montagnes d'Arrée se continuent à l'ouest par les monts du Menez dont le sommet est le Menez Bel-Air (349 mètres), près de Moncontour dans les Côtes-du-Nord. Les monts du Menez sont des croupes granitiques mamelonnées couvertes de bruyères et d'ajoncs.

Le plateau méridional est limité au nord par les Montagnes-Noires, où dominent les

schistes et le grès blanc dit grès armoricain ; elles doivent leur nom aux forêts qui les couvraient autrefois, ou peut-être aussi aux brouillards dont elles sont toujours enveloppées. Le point le plus élevé de la chaîne est le Menez-Hom (326 mètres), au nord de Douarnenez, massif qui prolonge à l'ouest les Montagnes-Noires. Vers le nord, près de Rostrenen, le plateau méridional pousse vers le plateau septentrional une sorte de cap avancé. Son altitude maximum ne dépasse pas 300 mètres. Il y a de nombreuses vallées longitudinales et transversales ; de ces dernières, trois seulement versent à l'Océan les eaux de la vallée intérieure ; l'une près de Baud reçoit les eaux du Blavet et de l'Ével ; une autre reçoit au-dessous de Ploermel les eaux de l'Oust et de nombreux affluents ; ces eaux se joignent à la Vilaine au-dessus de Redon ; enfin la troisième s'ouvre à Bruz et livre passage aux eaux du bassin supérieur de la Vilaine. La côte du Morbihan termine ce plateau au sud ; elle est très sinueuse, et la mer remonte jusqu'à deux ou trois lieues dans les terres. Quant à la vallée de la Vilaine, sa pente faible permet aux eaux de l'Océan d'arriver jusqu'au delà de Redon. Le plateau du sud se prolonge de Lorient à Redon par des landes peu élevées couvertes de Fougères, celles de Lanvaux, dont aucune n'atteint 200 mètres d'altitude. A ces landes succèdent les croupes granitiques également peu élevées constituant le *sillon de Bretagne ;* ces croupes s'étendent entre la basse Vilaine et l'estuaire de la Loire.

Les deux plateaux nord et sud de la Bretagne sont réunis par les petites chaînes transversales de Quénécan (Morbihan) et de Quillio (Côtes-du-Nord) qui se relient au nord aux montagnes du Menez, près de Moncontour. Cette bande transversale sépare auprès d'Uzel (Côte-du-Nord) la vallée inférieure de Bretagne en deux bassins : le bassin occidental ou du Finistère ; et le bassin oriental ou bassin de Rennes.

Le bassin occidental présente quatre ouvertures par lesquelles les eaux s'échappent vers l'Océan. La plus importante, fracture de 100 mètres de profondeur, verse à l'ouest les eaux de l'Aulne et de ses affluents dans la rade de Brest. La deuxième est celle par laquelle le Blavet s'échappe à travers les montagnes de Quénécan ; c'est une gorge de 8 kilomètres de longueur et de 200 mètres de profondeur, n'ayant que la largeur de la rivière qui est un véritable torrent. Un dos peu prononcé, s'éten-

(1) *Explication de la Carte géologique de France,* t. I, p. 176.
(2) *Essai sur la configuration et la constitution géologique de la Bretagne (Mémoires du Muséum,* t. XV, 1827).

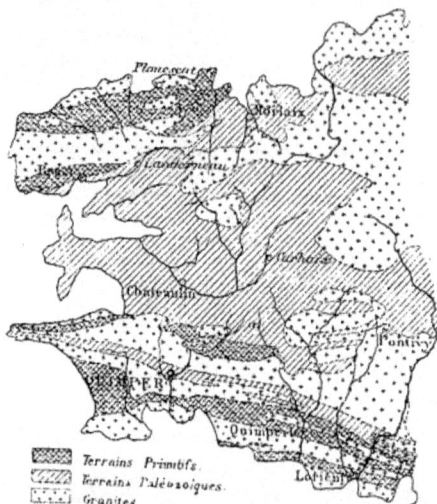

Fig. 693. — Carte schématique du Finistère (d'après M. Ch. Barrois).

dant de Kergrist à Glomel, sépare les affluents du Blavet de ceux de l'Aulne. La troisième ouverture peu importante est à l'est de la seconde. La quatrième située près d'Uzel livre passage à l'Oust supérieur.

Le bassin de Rennes présente trois ouvertures seulement par lesquelles les eaux se dirigent vers le sud ; elles se rassemblent pour former la rivière de Ploërmel, l'Aff et la Vilaine.

Les deux plateaux de la Bretagne sont composés essentiellement de terrain primitif (gneiss, micaschistes) et de couches précambriennes, le tout traversé et modifié par des roches granitiques : les gneis et les micaschistes se voient dans le plateau méridional ; les micaschistes et les schistes précambriens dans le plateau septentrional. Entre ces deux plateaux, il y a une bande de couches paléozoïques (Silurien, Dévonien, Carbonifère) occupant toute la dépression centrale de la Bretagne et traversées par des roches éruptives variées. C'est ce que montre la carte schématique du Finistère (fig. 693). M. Charles Barrois poursuit depuis de longues années déjà d'importantes études sur la géologie de la Bretagne, et a publié la plus grande partie des feuilles de la Carte géologique détaillée au 1/80 000, consacrées à cette région. Ses études l'ont conduit à confirmer, tout en les

complétant largement, les idées de Puillon-Boblaye.

La Bretagne a été soumise, d'après M. Barrois, à une puissante poussée latérale qui a plissé toutes les couches. Les ridements se sont produits à diverses époques, mais le plus important et le plus récent remonte à la période carbonifère. Un premier ridement a donné lieu, vers la fin de la période primitive, aux deux plis anticlinaux constituant le plateau nord et le plateau sud, plis entre lesquels se trouve le vaste bassin géosynclinal (pli concave), où se sont déposés les sédiments paléozoïques. Plusieurs ridements se sont ensuite manifestés après le Cambrien, avant le début du Dévonien et enfin pendant le Carbonifère et après le Houiller supérieur. Le dernier a été le plus intense. Il a fait émerger définitivement la Bretagne et lui a donné son relief. Il a plissé successivement toutes les strates, de sorte que le grand bassin géosynclinal est occupé par les couches redressées verticalement et disposées en une série de plis synclinaux et anticlinaux. Ces plis, relativement peu nombreux dans la partie occidentale, se multiplient dans la partie orientale, donnant à la carte géologique de la contrée une disposition rayée très remarquable. Ils ne sont pas rigoureusement parallèles et convergent vers l'ouest, comme cela a lieu d'ailleurs pour les deux plateaux externes. Les arêtes de ces plis sont rectilignes au sud de la région et présentent la direction S.-E.; dans le nord au contraire elles sont sinueuses, avec des éléments dirigés successivement N.-E. et S.-E. (1).

Ainsi le massif breton est un massif de plissements. Les mouvements du sol qui lui ont donné naissance se sont manifestés sur une largeur de plus de 3° de latitude, de la Normandie à la Vendée, mais ces mouvements n'en sont pas isolés. La pression latérale, qui a donné lieu au grand ridement de la Bretagne pendant la période carbonifère et après cette période jusque vers la fin des temps primaires, s'est exercée tout le long d'une longue zone, s'étendant de la Bretagne et du pays de Galles à la Saxe et à la Silésie. Cette zone plissée constitue ce que nous avons déjà appelé la chaine hercyniennne, chaine dont l'importance était certainement comparable à celle des Alpes. Depuis la fin des temps primaires, cette chaine s'est disloquée, la Bretagne est un de ses débris; de plus les agents atmosphériques ont produit une érosion considérable qui a graduellement abaissé les hauts sommets de la Bretagne des temps primaires, et les a réduits à leur état actuel de modestes collines.

Les plis synclinaux de terrains paléozoïques qui existent entre les deux plateaux nord et sud, se prolongent, comme l'a montré M. Barrois, tout le long du maissf occidental. M. Barrois a prouvé en particulier la continuité des bassins carbonifères de Châteaulin et de Lorient. Entre ces deux bassins se dresse bien la chaine transversale des montagnes du Menez, de Quillio et de Quénécan, mais lors de leur formation ces bassins aujourd'hui distincts ne constituaient qu'un bassin unique, comme le prouve la construction géologique de ces montagnes, et celles-ci ne constituent pas en réalité une chaine d'axe N.-S., comme on l'avait supposé d'abord. Le massif du Menez ne s'est constitué que pendant le Carbonifère; ce n'est autre chose qu'un bombement anticlinal dirigé de l'est à l'ouest, qui a ramené à l'affleurement les schistes du terrain primitif, mais qui a affecté aussi les couches dévoniennes; un réseau de failles a morcelé son flanc nord plus abrupt que le flanc sud (1).

D'après M. Barrois, on peut grouper les plis synclinaux en un certain nombre de systèmes ou bassins principaux. Ces bassins paléozoïques sont du sud au nord : le bassin d'Ancenis, le bassin d'Angers, le bassin de Segré, le bassin de Châteaulin à Laval. On doit distinguer de plus en Vendée le bassin de Vouvant, et en Normandie, celui de Mortain à Alençon et celui de Falaise à Coutances.

LE TERRAIN PRIMITIF DE LA BRETAGNE.

Le terrain primitif de la Bretagne comprend des gneiss, des micaschistes et des schistes à minéraux, outre diverses roches dont nous allons parler.

L'étage inférieur est composé d'un gneiss granitoïde bien développé surtout à Quimperlé; ce gneiss est d'ailleurs modifié en bien des points par des roches granitiques. L'étage moyen est formé d'un gneiss feuilleté et de micaschistes à mica noir; on peut notamment le suivre dans les environs de la baie d'Audierne; là les micaschistes alternent avec des gneiss à grain fin, des amphibolites, des chloritoschistes, et ils présentent aussi des masses interstratifiées de diorites et de granulites. Toutes ces roches constituent avec les granites qui les injectent le pays de Cornouaille appartenant au plateau méridional de l'Armo-

rique; dans le pays de Léon, qui fait partie du plateau septentrional, on trouve en alternance avec les gneiss et les micaschistes des bancs de leptynite blanche, sorte de granulite stratiforme.

Outre les gneiss, micaschistes, amphibolites, chloritoschistes, il faut signaler des roches particulières portant le nom de *pyroxénites*. Ce sont des roches d'un gris verdâtre, ou gris blanchâtre, massives, compactes, finement grenues, où le microscope décèle comme éléments constituants : le pyroxène vert, du feldspath plagioclase et de l'orthose, du sphène, de l'idocrase, du zircon, du grenat, du quartz, sans compter d'autres minéraux comme l'actinote et la wollastonite. Les pyroxénites ont été d'abord découvertes par Gall à Roguédas dans le Morbihan, elles y ont été utilisées par

(1) Ch. Barrois, *Constitution géologique de l'ouest de la Bretagne (Ann. Soc. géolog. du Nord*, t. XVI, 1888, p. 3).

(1) Ch. Barrois : *Structure stratigraphique des montagnes du Menez (Côtes-du-Nord) (Annales de la Société géologique du Nord*, t. XIII, 1885).

les habitants préhistoriques de l'Armorique pour faire des haches ; c'est la roche de Roguédas qui est connue sous le nom de jade breton et qu'on a rapportée à tort à la jadéite. Les îles et les îlots, au nombre de plus de 300, qui parsèment le golfe du Morbihan, sont formés de gneiss, de micaschistes, d'amphibolites et de pyroxénites, le tout traversé par des masses granitiques. M. Barrois a fait une étude approfondie des pyroxénites. Il les regarde comme des roches cristallisées métamorphiquement aux dépens de sédiments riches en chaux, mais dont l'origine est inconnue (1).

D'autres roches de l'étage moyen du terrain primitif ont été désignées par M. Barrois sous le nom de *gneissites*, emprunté à Cotta ; elles paraissent correspondre aux gneiss granulitiques de M. Michel-Lévy. A ce type appartient la roche énigmatique de la Promenade de Quimper, prise par les uns pour une granulite, par d'autres pour un grès, etc. Les gneissites étant toujours à la limite d'une roche schisto-cristalline ancienne et d'une roche granitique, sont certainement d'origine métamorphique.

L'étage supérieur du terrain primitif est constitué par les schistes à minéraux de l'île de Groix. On y distingue toute une série de chloritoschistes, de schistes charbonneux et de micaschistes, série caractérisée par l'abondance de staurotide, de grenat, de magnétite, etc. A l'île de Groix se trouve une éclogite, roche grenatifère remarquable par l'abondance des cristaux de glaucophane, amphibole d'une

jolie teinte bleue. Les schistes à graphite de Pont-Croix appartiennent aussi à cet étage, surtout représenté dans la Cornouaille. Toutefois, dans le Léon, on trouve des schistes micacés, grenatifères, avec amphibolites.

La disposition des roches primitives dans le plateau méridional de la Bretagne est remarquable. Elle a été mise en évidence par M. Barrois, qui distingue cinq bandes principales dirigées O. 14° N. à E. 14° S. Ces bandes sont, du nord au sud : 1° la bande de Ploaré, qui passe à Cléden, Goulien, Ploaré, Kerlas, Locronan ; les micaschistes, les gneiss et les amphibolites qui la constituent sont peut-être des phyllades précambriens métamorphisés, comme cela s'est produit plus au nord, à Brest, pour ces phyllades qui ont pris l'aspect de gneiss ; 2° la bande de la Forest, s'étendant de la baie d'Audierne à Quimperlé ; 3° la bande de Pont-Scorff, qui s'étend de Port-Manech sur la rivière de Pont-Aven à Hennebont ; 4° la bande de Lorient et du Pouldu, s'allongeant de l'île Raguenez à Saint-Sterlin ; elle est formée surtout de chloritoschistes ; 5° la bande de Groix, formée des schistes à minéraux. La bande de Ploaré et celle de Pont-Scorff correspondent à deux anticlinaux ; les autres sont des synclinaux. Suivant ces lignes synclinales et anticlinales, des failles se sont ouvertes, et, de plus, suivant ces lignes, sont arrivées les masses granitiques qui présentent aussi une disposition en traînées régulières parallèles aux bandes primitives (1).

LE PRÉCAMBRIEN ET LE SILURIEN DE LA BRETAGNE.

Les couches sédimentaires les plus anciennes de la Bretagne sont représentées par des schistes et des phyllades. Dans la partie occidentale de la Bretagne elles constituent les *schistes de Rennes*. Ces schistes précambriens sont divisés par M. Lebesconte en trois assises qui sont de haut en bas : les schistes gris verdâtres terreux, les schistes roses et les schistes verts en grandes dalles. Ces derniers sont exploités comme ardoises en diverses localités : Collinée, Mauron, Châteaubourg, etc. Dans ces assises il y a aussi des lits de calcaire, parfois saccharoïde, comme à Pontpéan, les Mesliers, etc. Jusqu'à présent, les seuls fossiles des schistes de Rennes sont des *Arenicolites* et des *Oldhamia*, auxquels

il faut ajouter des formations ressemblant à des faisceaux de colonnes accolées. Ces débris problématiques sont regardés par M. Lebesconte comme des colonies d'Éponges ; il leur donne le nom de *Neantia* (2).

Dans le pays de Tréguier (Côtes-du-Nord), à Paimpol, à Lanmeur, le Précambrien se compose de phyllades, de schistes, de poudingues, avec nombreuses intercalations de roches éruptives (diorites, diabases, etc.)

Dans l'ouest de la Bretagne, le Précambrien remplit l'intervalle laissé entre les plateaux primitifs de Cornouaille et du Léon. Il y est représenté par les *Phyllades verts de Douarnenez*,

(1) Barrois, *Études de M. Whitman Cross sur des roches de Bretagne* (Ann. Soc. géol. du Nord, t. VIII, 1881) et *Pyroxénites des îles du Morbihan* (Id., t. XV, 1887).

(1) Barrois, *Annales Société géologique du Nord*, t. X, 1883.
(2) Lebesconte, *Constitution du massif breton* (Bull. Soc. géol., 3ᵉ série, t. XIV, p. 783).

schistes d'un noir verdâtre, satinés, avec bancs de quartzite; ces phyllades forment les falaises de la baie de Douarnenez; on les voit affleurer aussi dans les Montagnes-Noires, dont ils forment l'axe anticlinal, et dans une grande partie des montagnes d'Arrée, ainsi qu'aux environs de Morlaix, où ils sont remplacés par des quartzo-phyllades. La partie supérieure des phyllades est occupée par des poudingues formés de galets, de quartz, avec rares galets de schistes, dans une pâte blanc-grisâtre. Ces poudingues, appelés *poudingues de Gourin*, présentent leur plus beau développement dans cette localité du Morbihan, mais on les observe au pied des Montagnes-Noires, de Trégourez à Roudouallec. Du Finistère jusqu'aux environs de Redon, les phyllades forment cinq bandes parallèles suivant l'axe des anticlinaux. On n'y trouve pas de fossiles, sauf quelques *Arenicolites* et *Oldhamia*, d'ailleurs douteux.

Le Silurien acquiert en Bretagne une grande importance, mais il présente des caractères très constants. Sur les phyllades précambriens, schistes de Rennes ou phyllades de Douarnenez, reposent, plus ou moins en discordance, des poudingues pourprés et des schistes rouges. Ces *schistes rouges* représentent l'étage cambrien. On peut le voir aux environs de Rennes, notamment à Montfort-sur-Meu, où la discordance de stratification avec les schistes précambriens est très nette au premier abord, mais en y regardant de plus près, on voit les schistes de Rennes passer au-dessous des schistes rouges, comme le fait remarquer M. Lebesconte (fig. 694). Les schistes rouges se voient bien aussi dans la forêt de Paimpont, au sud de Montfort; ils sont surmontés près de Plélan-le-Grand par le grès armoricain. Ces schistes de couleur amarante sont beaucoup moins fissiles que les schistes précambriens, ils ont un aspect bosselé ou déprimé caractéristique. Les fossiles des schistes sont tout à fait problématiques; ce sont des tubes connus sous le nom de *Scolithus* et des cannelures qui ont reçu de Marie Rouault le nom de *Vexillum.*

Dans l'ouest de la Bretagne on retrouve les poudingues et les schistes rouges; ils forment une bande continue de l'est à l'ouest dans le Finistère et sont extrêmement développés au cap la Chèvre. « Quand, arrivé à l'extrémité du cap la Chèvre, dit M. Ch. Barrois, on regarde à ses pieds, on se retrouve tout à coup à Montfort; le sol a cette même teinte rougeâtre qui est si frappante aux environs de Montfort-sur-

Meu : de tous côtés on ne voit que schistes pourprés, rouge lie-de-vin. En avançant un peu vers le nord, on voit, avant d'arriver au dolmen, le grès blanc à scolithes (grès armoricain) recouvrir ces schistes rouges (1). »

L'étage moyen du Silurien débute en Bretagne par un grès blanc dur et compact, que Dufrénoy appela *grès des Montagnes-Noires*, et qui a reçu de Marie Rouault le nom, adopté aujourd'hui, de *grès armoricain*. Ce grès, que l'on rencontre dans tous les départements bretons, à peu près avec les mêmes caractères, constitue notamment la masse principale des Montagnes-Noires (fig. 693). « Ce grès forme dans le Finistère, dit M. Barrois, des montagnes arrondies où l'on se croirait toujours au lendemain d'un jour de neige; de rares herbes maigres percent çà et là le tapis d'une blancheur éclatante formé par les fragments de grès blanc qui résistent encore à la décomposition : ce sont des montagnes désertes et nues. » C'est le grès armoricain qui a donné naissance dans la presqu'île de Crozon aux grottes bien connues des falaises de Morgat. Dans le grès armoricain se trouvent en abondance des Scolithes (*Scolithus linearis*) et des Bilobites (*Cruziana*); il y a aussi des Lingules (*Lingula Lesueuri, L. Salteri*, etc.). Les recherches de MM. de Tromelin et Lebesconte, et le mémoire récent publié par M. Ch. Barrois, ont fait connaître la faune assez riche mais mal conservée du grès armoricain. Parmi les Trilobites se trouvent *Ogygites armoricana*, *Homalonotus Barroisi, Homalonotus Heberti*, formes caractéristiques de la faune seconde silurienne. Parmi les Lamellibranches se trouvent les *Actinodonta*, les *Ctenodonta*, les *Redonia*. L'ensemble de la faune amène M. Barrois à conclure que le grès armoricain appartient bien au Silurien moyen (étage ordovicien), mais ne correspond certainement pas à la base de cet étage; il correspondrait aux couches des Llandeilo du pays de Galles (2).

On trouve aussi en Bretagne des assises ordoviciennes supérieures au grès armoricain : d'abord des schistes noirs, correspondant aux ardoises d'Angers. Dans la Bretagne orientale on les trouve à Vitré, à Bain, à Guichen, avec la faune caractéristique d'Angers (*Calymene Tristani, Illænus giganteus*); dans l'ouest et dans

(1) Ch. Barrois, *Terrain silurien de l'ouest de la Bretagne* (Ann. Soc. géol. du Nord, t. IV, 1876, p. 41).
(2) Ch. Barrois, *Mémoire sur la faune du grès armoricain* (Ann. Soc. géol. du Nord, t. XIX, 1891; p. 234).

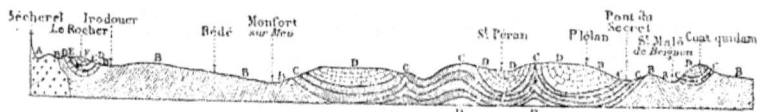

Fig. 694. — Coupe de Bécherel à Coat-Quidam (d'après M. Lebesconte). — A, granite ; B, schistes de Rennes ; C, schistes rouges ; D, grès armoricain ; E, schistes ardoisiers ; F, grès dévoniens.

le sud de la Bretagne ils atteignent une grande épaisseur, ainsi à Dinan, Camaret, Morgat. M. Barrois y distingue trois assises : les schistes à Calymènes à la base, puis les grès de Kerarvail sans fossiles, enfin les schistes de Morgat proprement dits, très riches en fossiles (*Pleurotoma-*

ria bussacensis, Ctenodonta bussacensis). Dans le Morbihan, aux Salles de Rohan, on retrouve ces schistes à Calymènes modifiés par le métamorphisme ; nous aurons à y revenir. Au nord de la Bretagne l'assise est représentée seulement par les schistes de Plougerneau, ardoisiers

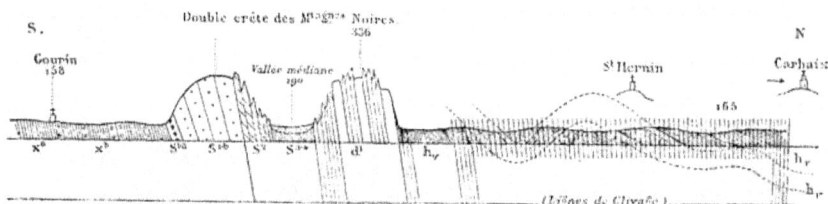

Fig. 695. — Coupe transversale des Montagnes-Noires (d'après M. Ch. Barrois). — h_v, schistes de Châteaulin ; d^1, quartzites de Plougastel ; $S^{2\text{-}3}$, schistes du Silurien supérieur ; S^2, ardoises d'Angers ; $S^{1\text{-}b}$, grès armoricain ; $S^{1\text{-}a}$, schistes et poudingues de la Chèvre ; x^b, schistes et poudingues de Gourin ; x^a, phyllades de Saint-Lô.

souvent cristallins et sans fossiles. Les schistes de Morgat sont surmontés par le calcaire de Rosan contenant de nombreux Orthis (*Orthis actoniæ, O. testudinaria*) ; il correspond d'après M. Barrois à l'assise de Caradoc. Enfin le Si-

lurien moyen se termine dans la rade de Brest par des psammites blancs et des quartzites sans fossiles. A l'est au contraire, sur les schistes ordoviciens inférieurs à Calymènes, se superposent des grès à *Homalonotus*, à *Calymene*

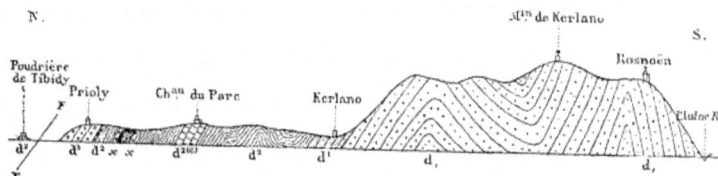

Fig. 696. — Coupe de Prioly à Rosnoën (rivière de Châteaulin ou Aulne) montrant la succession des couches dévoniennes, d'après M. Ch. Barrois. — d^3, schistes à nodules de Porsguen ; d^3, grauwacke et $d^{3(c)}$, calcaire de Néhou ; d^1, grès de Gahard ; d, schistes et quartzites de Plougastel ; x, kersanton ; FF, failles.

Bayani (grès de Saint-Germain-sur-Ille), puis des schistes à *Trinucleus ornatus* (schistes de Riadan, de Coesmes).

Le Silurien supérieur (étage bohémien) débute aux environs de Rennes par un grès sans fossiles (grès de Bourg-des-Comptes) passant graduellement à des schistes noirs, charbonneux (schistes ampéliteux) bien développés no-

tamment à Poligné. On peut y distinguer plusieurs horizons d'après les Graptolithes (*Diplograptus, Monograptus*), qu'ils renferment. On y trouve à la partie supérieure la *Cardiola interrupta*. A l'ouest, dans la presqu'île de Crozon, M. Barrois a démontré aussi l'existence du Silurien supérieur ; il y a là des schistes ampéliteux à *Monograptus colonus*, surmontés par des schistes à nodules avec *Cardiola interrupta*, très fossilifères ; les nodules sont remplis d'Orthocères, de Lamellibranches et de Crustacés. Les divers niveaux du Silurien supérieur manquent dans le nord du Finistère. L'extension de la mer silurienne a donc été moindre à la fin de la période en Bretagne. Une transgression au contraire s'est produite au début du Dévonien dont l'extension est plus vaste que celle du Silurien qu'il recouvre.

LE DÉVONIEN DE LA BRETAGNE.

Le Dévonien de Bretagne est disposé dans plusieurs plis synclinaux. L'un d'eux forme une traînée qui, partant de la Sarthe, entoure le Carbonifère de Laval, aborde l'Ille-et-Vilaine pour s'élargir à Vitré, puis, s'amincissant jusqu'à Saint-Germain-sur-Ille, atteint enfin Plœuc dans les Côtes-du-Nord. Là il va se diviser en plusieurs plis que nous allons retrouver à l'extrémité occidentale de la Bretagne.

Les couches dévoniennes de l'Ille-et-Vilaine débutent par des grès transgressifs sur le Silurien. Ce sont les *grès de Gahard ;* sombres et mélangés de schistes à leur base, ils deviennent ensuite blancs et compacts. On y trouve comme fossiles : *Orthis Monnieri, Homalonotus gahardensis, Grammysia hamiltonensis*, etc. Ils sont surmontés de calcaires gris foncé, appelés *calcaires de Néhou*, d'une localité du Cotentin où ce niveau a été d'abord découvert : le fossile caractéristique est *Athyris undata*. Enfin la série se termine par une grauwacke à *Pleurodictyum problematicum*. Le tout correspond à la partie du Dévonien inférieur de l'Ardenne, désignée sous le nom de Coblentzien.

Dans le Finistère M. Barrois distingue plusieurs petits bassins synclinaux qui se poursuivent à l'est dans les Côtes-du-Nord ; ces bassins sont : celui des Montagnes-Noires s'étendant de la mer jusqu'à Châteaulin, celui du Faou à Bolazec, celui de Daoulas à Sizun, enfin celui de Loperhet à Plouigneau. Les couches dévoniennes (fig. 696) débutent dans cette région par les *schistes et quartzites de Plougastel*, accumulation de plus de 1,000 mètres d'épaisseur, de schistes grossiers, gris verdâtre et de quartzites vert sombre. Cette assise à fossiles peu nombreux correspond aux couches les plus inférieures du Dévonien des Ardennes, à l'étage gédinnien de M. Gosselet ; elles correspondent à une invasion transgressive de la mer. Au-dessus se trouve le *grès blanc de Landévennec*, correspondant au calcaire de Gahard ; puis viennent des bancs alternants de schistes, de grauwackes et de calcaires répondant aux couches de Néhou ; tels sont les calcaires de Brest à *Athyris undata* et la grauwacke du Faou

inférieure à ce calcaire. Les calcaires sont exploités en divers points de la rade de Brest, à Roscanvel, à la poudrière du Faou, à l'île Ronde, etc. : ils fournissent une chaux grasse qui devient hydraulique une fois mêlée à de la grauwacke cuite au four. Cet ensemble répond à l'étage coblentzien du Dévonien inférieur. Les *schistes de Porsguen* qui le surmontent et qui sont très développés en Bretagne, appartiennent à la partie supérieure du Dévonien moyen et répondent à l'étage eifélien de l'Ardenne. Ces schistes feuilletés de couleur foncée, à nodules calcaires, contiennent à la base le *Pleurodictyum*, le *Spirifer cultrijugatus*, et au sommet des Céphalopodes, *Orthoceras, Goniatites, Bactrites*. Au sommet on trouve d'autres schistes représentés surtout à Rostellec (rade de Brest). Ils renferment des nodules pyriteux, ils sont fins, charbonneux, traversés par des veines de talc blanc. M. Barrois a pu trouver un certain nombre de fossiles dans les nodules calcaires compris dans ces schistes en différents points de la rade de Brest. On y trouve notamment *Cypridina serratostriata, Cardiola retrostriata, Goniatites simplex* et *G. undulatus*. Toutes les espèces de Rostellec existent dans les schistes de Nehden du Dévonien supérieur d'Allemagne, ce qui engage M. Barrois à placer les couches de Rostellec au sommet du Dévonien, dans l'étage famennien de M. Gosselet (1). Il y a donc ici dans le Dévonien une lacune considérable répondant aux étages givétien et frasnien, c'est-à-dire à la plus grande partie du Dévonien moyen et supérieur. Les couches paléozoïques de la Bretagne sont rarement riches en fossiles ; signalons comme faisant exception ceux que des recherches persévérantes ont tirés du gisement dévonien du Merdy, près de Morlaix, découvert par le docteur Le Hir. On y trouve *Rhynchonella Puilloni, Spirifer octoplicatus*, et d'autres fossiles qui le font rapporter au grès de Landévennec.

Une traînée dévonienne partant des environs d'Angers se poursuit dans le nord du départe-

(1) *Annales de la Société géologique du Nord*, t. XVI, mars 1889 p. 132.

ment de la Loire-Inférieure, près de Château-briant. Là on trouve à Erbray des schistes argileux, contenant à différents niveaux des lentilles calcaires qui sont seules fossilifères : les calcaires d'Erbray ont été étudiés récemment par M. Barrois qui en a décrit la faune. On supposait autrefois que le calcaire d'Erbray appartenait au Silurien supérieur, mais M. Barrois a prouvé que cette faune, par son mélange de formes coblentziennes et eiféliennes, ainsi que par ses affinités siluriennes, correspond à l'étage hercynien des géologues allemands, et doit être par suite rangé dans le Dévonien inférieur (1). Pour M. Barrois le calcaire d'Erbray est un récif formé à l'époque des schistes gédinniens de Plougastel dans ces bassins où la sédimentation s'opérait lentement, loin de tout apport de matières clastiques. Au-dessus de ce calcaire d'Erbray se trouve le calcaire du Pont-Maillet à *Pleurodictyum problematicum*, *Cryphæus laciniatus* et *Phacops occitanicus*; il appartiendrait au Coblentzien. Il est surmonté de grauwacke et de schistes rapportés avec doute au Dévonien supérieur.

Une dernière bande dévonienne traverse la basse Loire, entre Angers et Ancenis, en passant par Chalonnes. Le calcaire de l'Écochère à *Uncites* appartient au Dévonien moyen, et celui de Cop-Choux à *Rhynchonella cuboïdes* au Dévonien supérieur.

LE CARBONIFÈRE DE BRETAGNE.

Après la période d'émersion correspondant au Dévonien supérieur, la dépression qui s'étend de Châteaulin à Laval, et qui avait déjà reçu des sédiments dévoniens, a été de nouveau envahie par la mer. Les dépôts carbonifères couvrent en transgression les couches dévoniennes; ils ont commencé à se déposer dans la partie nord de la dépression, puis les eaux se sont déplacées graduellement vers le sud, de sorte que les couches supérieures du Carbonifère ne se trouvent plus qu'à la latitude de Quimper et de la pointe du Raz. Les dépôts inférieurs, ceux qui reposent immédiatement sur le Dévonien, sont des *poudingues et des tufs porphyriques*, formant un ruban étroit sur plus de 30 kilomètres, au nord du bassin de Châteaulin, entre Lopérec et Carnoet. Ensuite des *tufs porphyritiques* constituent une bande étroite, de La Marche-en-Brasparts à Rumein-en-Locmaria. Là existe une roche appelée *roche verte* par les anciens mineurs du Huelgoat; elle est composée d'un magma serpentineux abondant, avec chlorite, calcite, épidote et calcédoine, enfermant des débris de mica noir, de pyroxène et de feldspath. C'est un tuf porphyritique (2). Les premiers dépôts carbonifères ont donc été dans le Finistère des projections de cendres étalées par les eaux.

Au centre du bassin s'étale sur le Dévonien, en s'appuyant sur les tufs du nord, la formation connue sous le nom de *schistes de Châteaulin*. Ce sont des schistes ardoisiers remarquables par la présence de microlithes de rutile et de tourmaline. Ils alternent avec des psammites. On les a d'abord rangés dans le Silurien. M. Barrois a démontré que ces schistes sont carbonifères. Il y a en effet des lentilles de calcaire à crinoïdes avec *Phillipsia* et *Productus* carbonifères, notamment à Saint-Ségal. Dans les psammites (grès micacés), on a trouvé le *Spirifer striatus*, enfin les schistes qui alternent avec les ardoises près de Carhaix ont fourni de mauvaises empreintes végétales. L'épaisseur des schistes de Châteaulin est évaluée à 1,500 mètres.

Près de Goarec, à l'ouest de Plougernevel (Côtes-du-Nord), sur la bordure méridionale du bassin, on voit les schistes de Châteaulin métamorphisés par le granite; ils renferment du mica noir et de l'andalousite. A Goarec même, on trouve interstratifiées dans les schistes de Châteaulin des roches feuilletées, de couleur gris verdâtre clair. On y voit des noyaux formés de cristaux, de feldspath ou de quartz, autour desquels on distingue du mica blanc en fines paillettes ayant tout à fait l'aspect de la séricite. Ces roches ressemblent absolument aux *porphyroïdes* que l'on trouve dans l'Ardenne; elles sont dues probablement à l'injection du granite dans les schistes de Châteaulin aux points de moindre résistance.

Les schistes de Châteaulin appartiennent à l'étage du calcaire carbonifère (étage dinantien). Au Houiller de l'étage stéphanien se rapportent les trois petits bassins de Quimper, de Kergogne et de la baie des Trépassés. Ils sont formés de couches alternantes de schistes charbonneux, d'arkoses et de psammites, avec

(1) *Mémoires de la Société géologique du Nord*, t. III.
(2) Ch. Barrois, *Structure géologique du Finistère* (*Bull. Soc. géol. de France*, t. XIV, p. 661).

poudingues où l'on trouve des galets de granulite, porphyre quartzifère, gneiss, etc., etc.
Ces schistes charbonneux contiennent des empreintes de végétaux. Jusqu'à présent ces bassins houillers n'ont aucune importance industrielle.

Le bassin de Châteaulin qui s'arrête aujour-
d'hui à Plœuc (Côtes-du-Nord) se prolongeait,
avons-nous dit déjà, jusqu'à Laval; la continuité primitive est démontrée par l'existence,
dans l'intervalle, à Saint-Aubin d'Aubigné, d'un
calcaire où M. Lebesconte a trouvé des fossiles
carbonifères (*Phillipsia, Productus reticulatus,
Spirifer striatus*).

Au nord des montagnes d'Arrée, à Morlaix,
le Carbonifère paraît représenté par une formation puissante de schistes noirs alternant
avec des bandes gréseuses, verdâtres. Cette formation, appelée par M. Barrois *schistes de Morlaix*, ne contient pas de fossiles; elle contient
notamment au Dourdu des poudingues rem-

plis de galets de roches éruptives remaniées
de toute sorte, ce qui indiquerait pour ce
poudingue une date paléozoïque relativement
récente, considération en faveur de l'âge carbonifère des schistes de Morlaix.

Enfin, à l'autre extrémité de la Bretagne,
aux environs d'Ancenis, existe une traînée de
dépôts carbonifères qui, d'après M. Barrois, se
continuerait jusque dans le Morbihan. Ces dépôts appartiennent au Culm; ils consistent en
schistes et psammites avec *Bornia, Stigmaria*, etc., et en anthracites. Ces anthracites de
la Basse-Loire sont exploitées à Mouzeil et
aux Touches; elles sont accompagnées d'une
roche verte, dite *pierre carrée*, qui n'est autre
chose qu'un tuf porphyrique. Récemment
M. Barrois a signalé un horizon supérieur au
Culm, avec *Cordaites borassifolius* dans les
schistes et poudingues de Teillé et de Roche-
fort-sur-Loire.

LES ROCHES ÉRUPTIVES DE LA BRETAGNE ET LEURS ACTIONS
MÉTAMORPHIQUES.

En Bretagne les roches éruptives sont nombreuses et elles ont exercé sur les roches encaissantes de remarquables actions métamorphiques.

Considérons d'abord les roches granitiques,
c'est-à-dire le granite à mica noir ou granitite
et le granite à deux micas (mica noir et mica
blanc) ou granulite. Ces roches forment un
certain nombre de massifs indépendants, ayant
une tendance à s'aligner suivant les axes des
plis anticlinaux; elles en forment le noyau
et n'affleurent aujourd'hui que par suite de
dénudations postérieures à leur formation.
Citons comme exemple d'alignements dans le
Finistère et le Morbihan les traînées suivantes :
1° celle de Locronan, de la pointe du Van au
Pont-Calleck ; 2° celle de Rosporden, de la
pointe du Raz à Lanvaudan; 3° celle de Trégune, de la pointe de Penmarch à Pont-Aven
où elle se divise en deux bandes parallèles
séparées par le gneiss de Pont-Scorff, 4° enfin
celle de Port-Louis, des îles Glénan à Étel
(Barrois).

Les roches granitiques de Bretagne sont
d'âges très divers, comme l'a montré M. Barrois en se guidant sur les assises qu'elles ont
traversées. Il y en a de précambriennes et de
cambriennes, comme le granite gneissique de
Belon, le granite à grands cristaux (porphy-

roïde) de Pont-Aven, le granite grenu d'Hennebont, le granite syénitique rosé de Lanil-
dut, les granites de Guingamp, de Kersaint,
enfin le granite à grain moyen de Vire en Normandie, qui se prolonge aux environs de Fougères. D'autres granites sont dévoniens, tel est
le granite à amphibole de Morlaix; enfin, il y
en a qui datent seulement du Carbonifère :
tels sont les granites porphyroïdes de Rostrenen et de Huelgoat, et la granulite de Pon-
tivy, de Quimper, de Locronan, du Faouet (1).

Toutes ces roches granitiques présentent des
particularités intéressantes. Celui de Kersaint,
riche en mica noir, a métamorphisé les phyllades cambriens, les transformant ainsi en une
sorte de gneiss. Le granite de Pont-Aven est
riche en grands cristaux d'orthose, et en
quartz, mica noir, plagioclase. On l'exploite
dans de nombreuses carrières, notamment dans
celle du Bourgneuf; il se divise facilement en
monolithes minces de 2 mètres de long. Ce
granite, comme toutes les roches granitiques
d'ailleurs, se décompose en une arène qui,
entraînée par l'eau de pluie, laisse à nu des
parties plus résistantes sous forme de blocs
parfois énormes; certaines boules de granite

(1) Barrois, *Constitution géologique de l'ouest de la
Bretagne (Ann. Soc. géol. du Nord*, t. XVI, 1888, p. 11.)

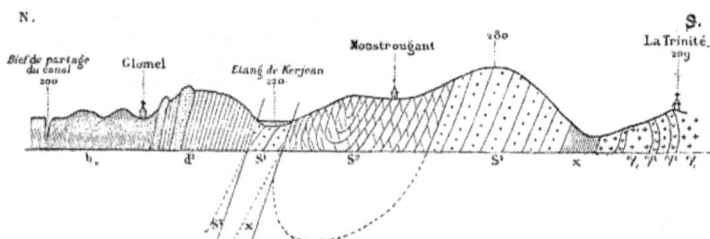

Fig. 697. — Coupe au flanc occidental du massif granitique de Rostrenen (d'après M. Ch. Barrois). — Aᵛ, schistes de Châteaulin, màclifères ; dᵗ, schistes de Plougastel màclifères ; S², schistes d'Angers, màclifères ; Sᵗ, quartzites armoricains ; x, schistes micacés de Saint-Lô, γ¹ granulite ; γₜ, granite porphyroïde.

des landes de Pont-Aven et de Trégune ont de 20 à 30 mètres cubes.

Le massif granitique de Rostrenen (Côtes-du-Nord), à la lisière commune des trois départements des Côtes-du-Nord, du Finistère et du Morbihan, est particulièrement remarquable. Il a été étudié au point de vue de la structure, de l'âge et des actions métamorphiques par M. Barrois. C'est une roche à très grands cris-taux blancs d'orthose ; les autres minéraux sont le quartz, le mica noir, l'oligoclase auxquels s'adjoignent le zircon, le sphène et l'apatite. On peut recueillir dans l'arène pro-venant de la décomposition de granite, des cris-taux d'orthose ayant jusqu'à 10 centimètres de long. Au fur et à mesure qu'on s'approche du granite de Rostrenen, on voit les roches sé-dimentaires : schistes à Calymènes, schistes de

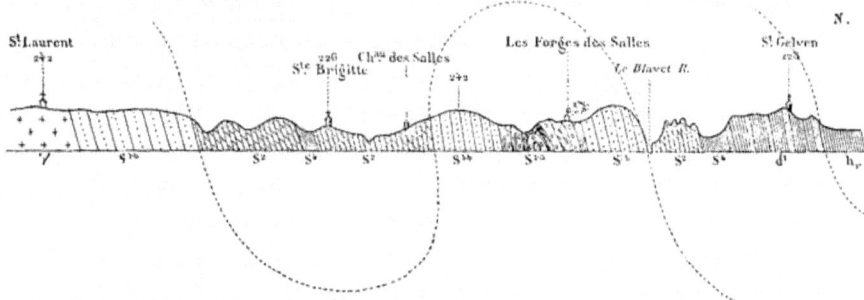

Fig. 698. — Coupe des montagnes de Quénécan (d'après M. Ch. Barrois). — γ, granite à deux micas ; S¹⁻ᵃ, schistes rouges de la Chèvre ; S¹⁻ᵇ, grès armoricain ; S², schistes d'Angers ; S⁴, schistes du Silurien supérieur ; dᵗ, schistes et quartzites de Plougastel ; Aᵛ, schistes et psammites de Châteaulin.

Plougastel, schistes de Châteaulin, se charger de cristaux d'andalousite ou màcle. Ainsi, sur le flanc occidental du massif, à Glomel, les schistes de Plougastel deviennent màclifères ; à Monstrougant il en est ainsi des schistes à Ca-lymènes (schistes d'Angers).

La coupe (fig. 697) montre toutes ces assises, et le massif de granite porphyroïde traversé en divers points par des filons de granulite. Ci-tons encore, au hameau de Megouette près de Rostrenen, un rocher de schistes et quartzites de Plougastel modifié par l'action du granite et de la granulite ; la roche est devenue bleu foncé, on y voit au microscope de l'andalousite, des micas noir et blanc, du grenat, de la sillima-nite, de la cordiérite, etc. Cordier lui a donné le nom de *Leptynolithe micacée grenatifère*.

Sur le versant oriental du massif de Rostre-nen, dans les montagnes de Quénécan se trou-vent les fameux schistes màclifères des Salles de Rohan, métamorphisés par le granite et surtout par la granulite qui se montre près de

Sainte-Brigitte, au voisinage des Salles (fig. 698). Le gisement des Salles de Rohan, connu depuis longtemps, a été décrit en 1838 par Puillon-Boblaye. Il montra que dans le même morceau de schiste se trouvaient réunis des cristaux de mâcle et des fossiles des schistes d'Angers : *Calymene pulchra, Trinucleus ornatus, Orthis Berthoisi ;* ce fait démontre bien le métamorphisme subi par les schistes, qui cependant sont à plus de 3 kilomètres des roches éruptives.

Le massif granitique du Huelgoat présente aussi beaucoup d'intérêt. Il est entièrement isolé des autres massifs par des couches siluriennes et dévoniennes métamorphisées par lui. Il est d'un blanc verdâtre passant souvent au gris noirâtre. On y voit de grands cristaux d'orthose disséminés dans une pâte où l'on trouve du plagioclase, du quartz, du mica noir, souvent du mica blanc et différents autres minéraux, entre autres la cordiérite généralement transformée en pinite. Ce granite pinitifère du Huelgoat présente diverses variétés passant à la granulite, surtout au voisinage des limites du massif. M. Barrois a suivi avec soin les modifications métamorphiques produites par le granite du Huelgoat sur les assises qui l'environnent. Notons que ce granite donne lieu par sa décomposition à des blocs empilés les uns sur les autres, notamment près du moulin à l'est du bourg ; on y voit aussi une série d'excavations produites par des galets mis en mouvement par l'eau du ravin du Gouffre, en aval du moulin ; c'est ce qu'on appelle le *Ménage de la Vierge.* Une autre curiosité du Huelgoat est la *roche tremblante*, énorme bloc de granite de 164 mètres cubes, pesant au moins 350,000 kilogrammes ; elle est posée dans un tel équilibre qu'il suffit d'un faible effort pour la faire osciller.

D'autres roches éruptives importantes en Bretagne sont les diabases, roches vertes à plagioclase et à pyroxène augite. On en trouve de nombreux filons dans le Finistère, l'un entre autres de Tréboul à Quimper, qui traverse le Carbonifère et la granulite ; ailleurs, dans le Menez-Hom se rencontrent des filons et des coulées de diabases accompagnées de porphyrites et de tufs avec projections de lapilli et de cendres. Les porphyrites sont des roches microlithiques au lieu d'être des roches grenues comme les diabases ; d'ailleurs certaines de ces dernières, les diabases ophitiques, font transition entre les diabases grenues et les por-

phyrites. La présence de tufs et de projections montre que le Menez-Hom possédait à l'époque du Silurien supérieur de véritables volcans sous-marins émettant des cendres et des laves. Les premières veines diabasiques du Menez-Hom sont contemporaines des schistes de Morgat (Silurien moyen), ont acquis plus d'importance à l'époque suivante du calcaire de Rosan, et enfin se trouvent interstratifiées à tous les niveaux du Silurien supérieur (1). M. Barrois distingue quatre âges de diabases : Cambrien inférieur (diabases et porphyrites du Trégorrois), Silurien supérieur (diabases, porphyrites, tufs et cinérites du Menez-Hom), Dévonien supérieur (diabases et porphyrites avec tufs du Huelgoat), et Carbonifère (diabases ophitiques et porphyrites en filons du Finistère ; en coulées avec tufs et cinérites dans la Basse-Loire).

Des roches moins importantes sont les porphyres quartzifères, les diorites et le kersanton.

Les porphyres quartzifères sont des roches microlithiques répondant aux microgranulites et aux micropegmatites. Ils forment des filons ou encore des apophyses des massifs de granulites. Leurs éruptions ont dû commencer pendant le Dévonien, car ces roches existent à l'état de galets, remaniés dans le Carbonifère inférieur, mais les éruptions ont continué pendant le Carbonifère, comme le montrent les filons qui traversent ce terrain. Il y a des porphyres pétrosiliceux dans le Cambrien du Trégorrois.

Les diorites sont des roches vertes à amphibole. La plupart de celles de Bretagne sont quartzifères, elles sont très communes aux environs de Saint-Brieuc, dans la vallée du Gouët, et se montrent aussi dans les falaises des sables blancs à l'ouest de Concarneau. Elles sont plus anciennes que les diabases qu'elles traversent en filons minces ; la plupart cependant paraissent postérieures au Dévonien et antérieures au Carbonifère. Un type particulier de diorite est la diorite de Kermorvan près de Quimper, le quartz y est fort rare, le feldspath de la roche est du labrador ; à Créach-Maria il y a une diorite à oligoclase.

Le Kersanton est une roche absolument caractéristique de la Bretagne, et circonscrite même à la rade de Brest, où elle forme une cinquantaine de filons, notamment dans les localités de Kersanton et à l'hôpital Camfront. Cette roche d'un vert foncé est formée essentiel-

(1) Ch. Barrois, *Éruptions diabasiques siluriennes du Menez* (*Bull. du service de la Carte.* nº 7, décembre 1889).

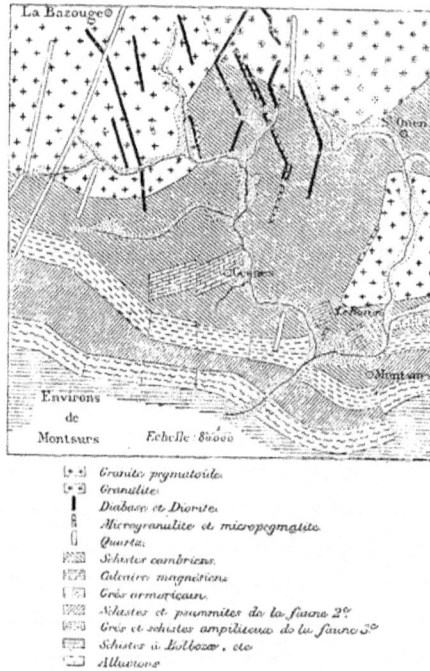

Fig. 699. — Carte des environs de Montsurs (d'après M. Œhlert).

lement de feldspath oligoclase et de mica noir, elle passe souvent à la porphyrite micacée en ne présentant plus à l'œil qu'une pâte compacte avec quelques grains cristallins. « La facilité avec laquelle on taille le kersanton, sa presque inaltérabilité à l'air, l'ont fait rechercher des constructeurs du moyen âge ; et on retrouve constamment cette roche dans la construction de ces églises et de ces chapelles dont on admire encore, à juste titre, dans la Bretagne occiden-tale, l'architecture aux détails gracieux, aux formes hardies et élancées» (Dufrénoy). Le kersanton est postérieur aux schistes de Châteaulin.

Comme on le voit, les éruptions ont été particulièrement abondantes pendant le Carbonifère, époque de grands mouvements du sol pour la Bretagne. Depuis cette période le pays est resté terre ferme et la mer n'y a pénétré, comme nous le verrons, et d'une manière toute particielle, que pendant le Tertiaire.

LISIÈRE ORIENTALE DE L'ARMORIQUE.

A la lisière orientale de l'Armorique, on voit se continuer les plissements du massif breton, mais avec des dislocations nombreuses. Ils atteignent ainsi la plaine jurassique qui forme, de ce côté, la limite du bassin de Paris.

En Anjou s'étend le bassin silurien d'Angers dont nous avons parlé déjà à plusieurs reprises. Sur les grès à Bilobites peu épais ici et sur-montés de schistes avec minerai de fer reposent les schistes ardoisiers à *Calymene Tristani, Illænus giganteus*, etc., activement exploités à Trélazé(1). C'est la plus importante exploitation d'ardoises de France. Au-dessus des schistes à Calymènes s'étend de Mozé à Vern une assise

(1) Voir *La Terre, les Mers et les Continents*, p. 470.

à Graptolithes. Plus près d'Angers, à la Mei-
gnanne, existe un calcaire blanc exploité pour
faire de la chaux ; il appartient au Silurien le
plus supérieur. La bande dévonienne que nous
avons signalée plus haut à Erbray près de Châ-
teaubriant se continue aux environs d'Angers ;
il y a là des calcaires exploités à Saint-Malo,
les Fourneaux, Chaufour, etc. M. Œhlert a
étudié récemment leur faune (1) ; elle est identique à celle du calcaire d'Erbray, et par suite
ces couches d'Angers doivent être rangées dans
le Dévonien inférieur ; elles paraissent correspondre à l'Hercynien de M. Kayser.

En suivant vers le nord la lisière orientale
du massif breton, on arrive ensuite dans un
pays d'herbages dont le sol argileux tire son
origine des phyllades précambriens ; ce pays appelé le Craonais s'étend aux environs de Châ-
teau-Gontier ; c'est le prolongement oriental de
la bande des schistes de Rennes. On aborde ensuite le bassin de Laval, prolongement direct,
avons-nous déjà dit, du grand bassin qui traverse l'Armorique en commençant à Châteaulin.

Le bassin de Laval a été bien étudié par
M. Œhlert. Il est entouré d'une bande dévonienne où l'on retrouve les diverses couches
du Dévonien de Bretagne : schistes et quartzites
de Plougastel, grès à *Orthis Monnieri*, calcaire
à *Athyris undata* exploité à la Baconnière et
dans quelques autres localités. Au-dessus vient
le Carbonifère inférieur représenté par le calcaire noir de Sablé-sur-Sarthe et de Changé
(Mayenne), calcaire qui contient des *Productus*.
A la base de ce calcaire il y a des anthracites,
comme à la Baconnière, avec végétaux du Culm.
Sur le calcaire se montrent des schistes et également des anthracites. Enfin au centre du
bassin on voit des grauwackes, des calcaires
supportant la houille de Saint-Pierre-la-Cour.
Ce gisement, situé sur les confins de l'Ille-et-
Vilaine, se compose en réalité de deux parties
séparées par 1,500 mètres de terrains carbonifères. Le combustible est une houille maigre
assez impure, employée presque exclusivement
à la fabrication de la chaux destinée à l'agriculture (2). L'extraction annuelle est d'environ
12,000 tonnes. La flore assez riche de ce gisement houiller appartient à l'étage de Saint-
Étienne.

M. Œhlert a tracé l'histoire suivante du bas-

sin de Laval. Les sédiments se sont déposés
sans interruption ni oscillation depuis la base
du Silurien jusqu'au Dévonien inférieur. Un premier ridement N.-O.-S.-E. a permis alors aux
couches à *Athyris undata* de se déposer dans les
dépressions ; des plissements et une émersion
correspondent ensuite au Dévonien moyen et
supérieur. Une nouvelle invasion de la mer
s'est produite au Carbonifère, mais les couches
à *Productus* ne se sont déposées que dans le
centre du bassin à cause d'un nouveau mouvement d'émersion. Des éruptions de diabases se
sont produites entre le Dévonien inférieur et le
Carbonifère inférieur ; ensuite des roches porphyriques diverses sont venues au jour au
début du Carbonifère et pendant le Houiller (1).

Au nord du bassin de Laval se montrent la
région silurienne et dévonienne de la Charnie
entre la Sarthe et la Mayenne, puis la chaîne des
Coevrons. Ceux-ci, formés essentiellement de
grès armoricain, ont été parfois qualifiés
d'Alpes mancelles ; le point culminant, le
mont Rochard, dépasse 350 mètres.

M. Œhlert a étudié avec soin cette région
où l'on trouve à la base des poudingues, puis
des schistes gris avec intercalation de calcaires,
des grès blancs, des psammites à *Lingula cru-
mena*; tout ce Cambrien couronné par le grès
armoricain.

Dans ce Cambrien bien développé se trouvent des brèches porphyriques et des tufs. Au
nord et au nord-ouest de Montsurs (fig. 699), on
voit les couches siluriennes et dévoniennes relevées et comprimées sous forme de bandes
orientées N.-O.-S.-E. ; elles présentent des
failles dont les directions correspondent à celles
des filons des roches éruptives, notamment des
diabases. Ces couches sédimentaires viennent
buter au nord contre un massif granitique avec
lequel les schistes cambriens sont en contact
immédiat sans intercalation de micaschistes.
Ce massif, d'une largeur de 10 à 15 kilomètres et
d'une longueur de 35, présente plusieurs espèces
de roches granitiques : un granite ancien analogue à celui de Vire, un granite plus récent
de structure pegmatoïde, une granulite, enfin
un granite amphibolique. De nombreux filons
de diabases, de microgranulite et de micropeg-
matite ainsi que des filons de quartz, percent
le massif granitique. Il y a à la fois de la diabase et de la diorite. Ces roches, appelées *bi-
zeul* dans le département de la Mayenne, for-

(1) Œhlert, *Dévonien des environs d'Angers* (Bull. Soc.
géol., 3ᵉ série, t. XVII, 1889.
(2) *Notices du ministère des Travaux publics pour
l'Exposition de 1878, p. 365.*

(1) Œhlert, *Comptes rendus de l'Académie des sciences,*
1887.

Fig. 700. — Coupe de la route d'Avranches à Villedieu (Hébert). — 1, grès rougeâtre; 2, schistes rouges; 3, grès et conglomérats; 4, granite et granulite; 5, phyllades.

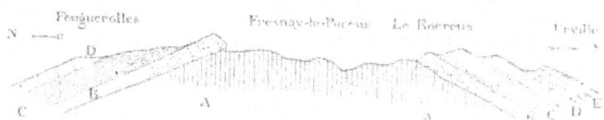

Fig. 701. — Coupe de Fougerolles à Urville d'après M. Renault. — A, grauwacke et phyllades; B, poudingue à galets de quartz; C, schistes et grès rouges; D, grès feldspathiques; E, grès armoricain.

Fig. 702. — Carrière à May (Calvados). Discordance du Bajocien sur les grès du Silurien moyen (photographie communiquée par M. Bigot, professeur à la Faculté des sciences de Caen). — 1, grès de May; 2, Bajocien inférieur; 3, Oolithe ferrugineuse; 4, Oolithe blanche du Bajocien supérieur; 5, éboulis.

ment des dykes et des filons. Elles percent le granite pegmatoïde, la granulite et les schistes cambriens ; elles ne traversent pas le grès armoricain et par suite sont plus anciennes que lui, au moins dans le massif de Montsurs. Ailleurs elles se montrent au contraire dans le Dévonien et à la base du Carbonifère (1).

En s'acheminant encore plus au nord on voit réapparaître le Silurien et le Dévonien dans le *Désert* de Pré-en-Pail où se trouve un sommet assez élevé : le mont des Avalloirs (417 mètres). On se trouve ici à la limite des départements de la Mayenne et de l'Orne, et sur le prolongement oriental du Cotentin.

LE COTENTIN.

La région géologique qu'on appelle le Cotentin ne comprend pas seulement le département de la Manche ou Cotentin proprement dit. Les terrains anciens qui la constituent couvrent aussi une bonne partie des départements du Calvados et de l'Orne. Ils couvrent au sud du dernier les forêts d'Écouves et d'Andaine et se terminent au massif granulitique d'Alençon. Il faut rattacher même à cet ensemble la forêt de Perseigne, îlot de schistes cambriens et siluriens qui émerge du Jurassique au nord-est de Mamers. Ainsi nous appellerons Cotentin toute la partie nord-est du grand massif occidental.

Le sud du Cotentin est traversé par une longue chaîne de collines, les collines de Normandie, qui commence à l'ouest à Mortain et passe par Domfront, Juvigny, Bagnoles de l'Orne, pour se terminer aux environs de Séez. Elle se rattache au sud à la forêt d'Écouves et au mont des Avalloirs qui se dresse au nord d'Alençon, à 417 mètres d'altitude, comme nous l'avons déjà dit ; c'est le point le plus culminant de tout le massif occidental. La chaîne de Mortain et Domfront, composée essentiellement de grès armoricain reposant sur les phyllades précambriens et le granite, est très pittoresque ; elle présente des escarpements coupés à pic, des gorges où l'eau forme des cascades ; de là le nom de Suisse normande donné parfois au pays. Au nord de ces collines s'étend une région formée de bandes de phyllades séparées par des bandes granitiques disposées de l'est à l'ouest. C'est le Bocage normand, des environs de Vire et de Saint-Lô, remarquable par ses champs et ses herbages entourés de taillis ou de haies entre lesquelles serpentent des chemins creux. Une chaîne, celle de la Vire, traverse le Bocage, de Condé-sur-Noireau à Granville, avec une hauteur à peu près constante de 300 mètres, et une direction générale d'est 12° sud à l'ouest 12° nord. Une autre plus septentrionale et parallèle à

celle de Vire, est la chaîne dite les Bruyères de Clécy, traversant tout le département de la Manche de l'est à l'ouest ; cette ligne de hauteurs, beaucoup moins importante que celle de Vire, est formée de grès armoricain dont les escarpements sont traversés par l'Orne à Clécy et Harcourt. Plus au nord commence le Cotentin proprement dit, dont l'aspect général est celui du Bocage. Çà et là le grès armoricain que l'érosion a respecté forme des saillies plus ou moins prononcées ; telle est notamment, au sud de Cherbourg, la montagne du Roule (191 mètres). Le granite forme aussi des hauteurs importantes et pittoresques ; tel est le massif s'étendant de Mortain à Avranches entre la Sélune et la Sée, et en face duquel se dresse l'îlot granulitique du Mont-Saint-Michel ; tels sont encore le massif qui s'étend de Vire à la mer, celui au nord de Coutances, le massif de Flamanville et de Diélette au nord-ouest de la pointe du Cotentin, le cap de la Hague qui forme cette pointe, et le pays de Barfleur et de la Hougue au nord-est de la presqu'île.

Les terrains primaires du Cotentin ont été bien étudiés par Dalimier, et récemment M. Bigot a précisé encore la stratigraphie du Précambrien et du Cambrien de cette région (1).

Le Précambrien est formé par les *Phyllades de Saint-Lô*, roches schisteuses, verdâtres, dépourvues de fossiles et alternant avec des grès sombres. Au voisinage des massifs de granite les phyllades deviennent mâclifères ; dans le nord, près de Cherbourg, ils sont remplacés par des schistes à séricite (talcschistes) qui en dérivent probablement par métamorphisme.

Le Silurien inférieur (Cambrien) débute par des *conglomérats et grès pourprés ;* dans une pâte rouge lie-de-vin se montrent des galets de quartz blanc. Viennent ensuite des schistes pourprés dans lesquels s'intercalent des lentilles de marbre, par exemple à Laize-la-Ville,

---

(1) Œhlert, *Géologie des environs de Montsurs (Bull. Soc. géol.*, 3ᵉ série, t. XIV, p. 526).

(1) Bigot, *L'Archéen et le Cambrien dans le nord du massif breton et leurs équivalents dans le pays de Galles.* Cherbourg, 1890.

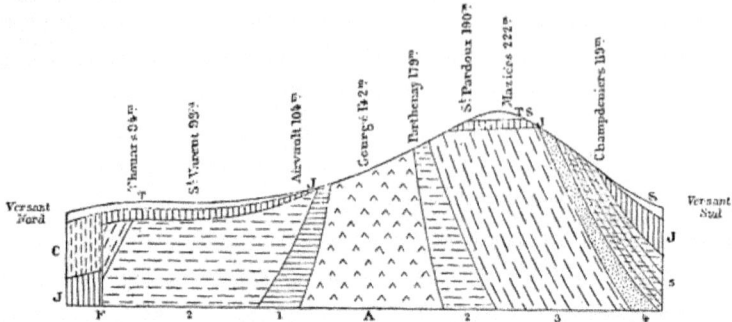

Fig. 703. — Coupe schématique du massif vendéen, par Parthenay (Deux-Sèvres), d'après M. Fournier. —
A, granulite ; 1, gneiss passant au micaschiste ; 2, leptynite, amphibolites ; 3, chloritochiste ; 4, schiste argileux ;
5, schistes à séricite ; J, Jurassique ; C, Crétacé ; T, Tertiaire ; TS, Tertiaire-sidérolithique ; S, sidérolithique ;
F, faille.

à Clécy. Des *schistes vert-clair* leur succèdent, et au-dessus se trouvent des *grès feldspathiques*. Tout cet ensemble de couches cambriennes correspond aux poudingues et schistes de Montfort. Ces couches se montrent en discordance de stratification avec les phyllades de Saint-Lô ; c'est ce que montre bien la coupe de la route d'Avranches à Villedieu (fig. 700) et aussi la coupe de Feuguerolles à Urville où l'on voit les assises siluriennes reposer sur les phyllades et les grauwackes verticaux de Saint-Lô (fig. 701).

Les grès feldspathiques sont recouverts par le grès armoricain, base du Silurien moyen (Ordovicien). Ce grès, qui forme la chaîne de Mortain à Domfront, est généralement fort dur et compact ; c'est un véritable quartzite employé pour l'empierrement. Les Bilobites y abondent et aussi de longs tubes cylindriques appelés Tigillites. Le grès à Tigillites forme la montagne du Roule. Sur le grès armoricain se montre une couche de minerai de fer (hématite rouge), exploité à Bourberouge près de Mortain ; au-dessus viennent des schistes ardoisiers à Calymènes. Ces derniers supportent un grès bien développé au sud de Caen, à May, dans une apophyse du massif occidental qui pénètre dans le Jurassique.

Le grès de May est généralement rouge, très dur et traversé de petits filons de quartz blanc laiteux. On y trouve de nombreux fossiles : *Dalmanites incertus, Homalonotus Brongniarti, Conularia pyramidata, Modiolopsis armoricana*, etc. Dans ces carrières, activement exploi-

tées, on voit sur les grès le Lias moyen et le Bajocien (fig. 702). Près de Cherbourg, à Sottevast et Martinvast, le grès de May est recouvert par les schistes à *Trinucleus*. La partie supérieure du Silurien consiste en schistes ampéliteux avec Graptolithes visibles à Saint-Sauveur-le-Vicomte, zone remplacée à Feuguerolles (Calvados) par un schiste avec nodules calcaires où l'on trouve des Graptolithes, des Orthocères et la *Cardiola interrupta*.

L'ensemble des couches siluriennes du Cotentin présente une disposition remarquable (1). Sur les phyllades reposent en stratification discordante les poudingues et grès pourprés, traçant à la surface du sol de longues ondulations en rapport avec les contours des massifs granitiques. Au milieu des plissements apparaissent des affleurements de grès armoricain, formant des arêtes discontinues. Au sud-est les poudingues et les grès se massent, environnant une ligne de faîte, autour de laquelle se sont produits tous les mouvements du sol ; cette ligne se continue en jouant le rôle d'un axe anticlinal à travers le Jurassique et le Crétacé ; c'est l'axe du Merlerault, ainsi appelé d'une localité à l'est d'Argentan, où l'on constate un véritable bombement du Bathonien.

Le Dévonien est en transgression sur les phyllades et sur le Silurien. Il présente des grès à parois contenant *Orthis Monnieri* et *Grammysia hamiltonensis* ; on le voit apparaître contre la forêt d'Écouves. Dans le nord-

(1) *Notices du Ministère des travaux publics pour l'Exposition universelle de 1889*, p. 41.

ouest, à Barneville, à Néhou, se montre un calcaire d'âge plus récent, caractérisé par la présence de l'*Athyris undata.*

La mer carbonifère a pénétré assez loin dans
les environs de Coutances et a formé à Règne-
ville un calcaire marbre gris foncé à *Productus giganteus, Cyathophyllum,* etc. Il faut
ranger aussi dans le Carbonifère les calcaires
de Bahais et de la Meauffe près Saint-Lô, longtemps regardés comme précambriens. On voit
affleurer le Houiller des assises les plus élevées
du Stéphanien, et tout à fait séparé du calcaire
carbonifère, à Littry (Calvados) et au Plessis
(Manche). Ce Houiller est accompagné d'éruptions de porphyrite micacée. On n'exploite
que le bassin de Littry. Peut-être, entre les
deux affleurements y a-t-il un dépôt continu
à grande profondeur sous les marais de Carentan (1). En concordance sur le Houiller se
montrent des marnes et des grès rouges où l'on
trouve des Poissons (*Palæoniscus, Amblypterus*)
qui font attribuer cette formation au Permien.

Nous avons déjà signalé plus haut les principaux massifs granitiques du Cotentin. Le
granite de Vire, roche à grain moyen, activement exploité pour les trottoirs de Paris,
semble être d'âge postérieur à celui des phyllades et antérieur à celui du grès armoricain ;
M. de Lapparent a signalé des filons de granite dans les phyllades. La granulite du Mont-
Saint-Michel est postérieure au granite de Vire ;
elle est peut-être d'âge dévonien. La granulite

d'Alençon est certainement postérieure au Silurien moyen, car à Saint-Barthélemy on voit
le grès armoricain changé à son contact en un
quartzite micacé, et les schistes à Calymènes
se chargent de cristaux de mâcle de 1 à 2 centimètres de longueur (1). Le granite porphyroïde de Flamanville forme, comme l'a montré
M. Bigot, des filons dans le Dévonien inférieur
de Diélette ; il est par suite postérieur à cet
étage, et peut-être carbonifère. Ainsi dans le
Cotentin, comme en Bretagne, nous voyons que
les roches granitiques sont de différents âges ;
il y en a de primitives ou de précambriennes,
comme le granite des îles Chausey, de siluriennes et de postdévoniennes.

La mer jurassique a envahi la partie est du
Cotentin et y a laissé des dépôts en divers
points. C'est ainsi qu'on trouve à Coigny des
grès rapportés à l'étage rhétien, puis à Valognes, à Osmanville, un calcaire hettangien à
Pecten Valoniensis, Lima Valoniensis. On trouve
aussi dans la Manche différents affleurements
du Crétacé supérieur ; ainsi à Orglandes, à
Néhou, etc. Ces petits bassins formés de grès
verts à Orbitolines surmontés des calcaires à
Baculites de l'étage danien, sont épars au bord
des marais jusqu'au niveau de la mer. La craie
à Baculites est souvent recouverte par un calcaire noduleux d'âge éocène qui s'y soude
intimement. Nous étudierons plus loin les invasions marines de la période tertiaire dans le
massif armoricain.

LA VENDÉE.

La Vendée constitue la partie sud du grand
massif occidental (fig. 703). Comme le reste de
ce massif, elle consiste essentiellement en roches granitiques et en phyllades. Le granite
et la granulite forment un grand massif à
l'angle sud-est aux environs de Parthenay, de
Bressuire, et s'étendent jusque vers Clisson. Il
en résulte une chaîne de hauteurs, les hauteurs
de Gâtine, qui s'allonge du sud-est au nord-ouest
parallèlement à la Sèvre nantaise ; cette rivière
coule entièrement dans ce terrain granitique.
La plus grande élévation de cette chaîne est
de 300 mètres. La montagne des Alouettes près
des Herbiers et le bouquet de Pouzange en
sont les points culminants.

«La sommité de Pouzange, célèbre parmi les
marins de la côte, qui reconnaissent de loin le

bois qui la surmonte, est composée de granite
rose avec mica noir » (Dufrénoy).

Les micaschistes forment une bande au nord
du massif granitique vers Cholet, et Montfaucon, et aussi une bande au sud du massif à
Montaigu, bande qui s'étend le long de la rive
gauche de la Loire jusqu'à Paimbœuf et Saint-
Brevin. Les micaschistes se montrent aussi sur
la côte des Sables-d'Olonne, et dans l'île
d'Yeu qui se trouve en face, les escarpements
de micaschiste et de granite ont, comme le
remarque Dufrénoy (2), un aspect très différent ; le granite, par sa décomposition, prend
des formes arrondies tandis que les micaschistes, ordinairement anguleux et déchiquetés, sont toujours très escarpés ; c'est ce que

(1) *Notices pour l'Exposition de 1889,* p. 42.

(1) Bigot, p. 128.
(2) *Explication de la Carte géologique de France,* I,
p. 184.

Fig. 704. — Disposition des micaschistes au château de l'île d'Yeu, *y*, micaschistes.

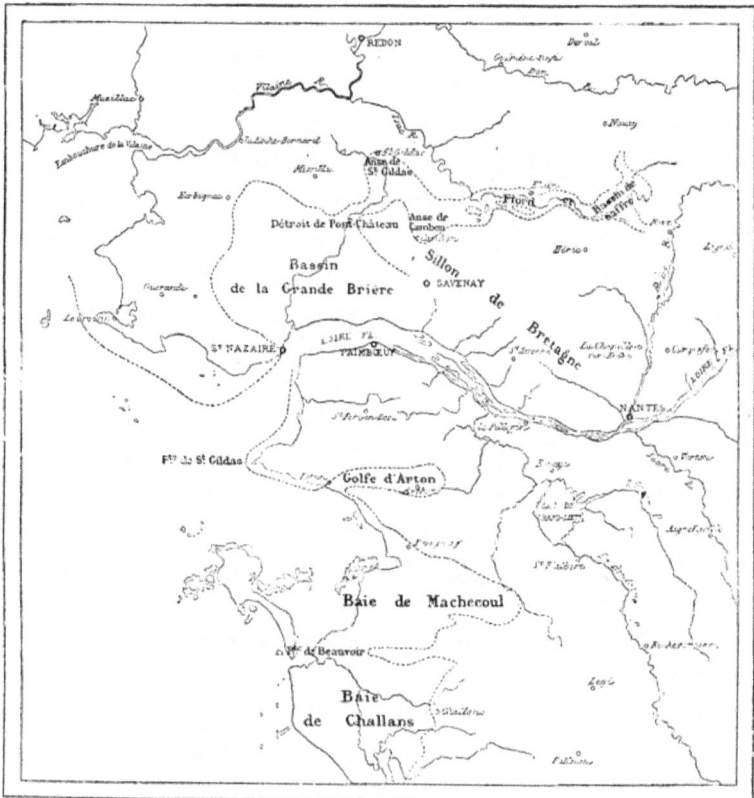

Fig. 705. — Carte de la mer éocène en Bretagne, à l'époque du calcaire grossier (d'après M. Vasseur).

montre particulièrement l'île d'Yeu (fig. 704).

A l'ouest du grand massif granitique et granulitique de Bressuire, le sol est formé de phyllades précambriens, devenus sériciteux sans doute sous l'action des roches granitiques. Celles-ci forment d'ailleurs au milieu des phyllades divers pointements, et à l'angle méridional, à l'est des Sables d'Olonne, se montre un massif granulitique. Ce pays des phyllades est bien connu dans l'histoire sous le nom de Bocage vendéen. Les herbages verdoyants de cette région sont entourés de haies vives reliées entre elles par des chênes et des châtaigniers. Ces haies sont sur des levées de terre entre lesquelles circulent des chemins creux. L'aspect général est celui d'une vaste forêt, d'où le nom de Bocage. Le pays, très difficile à parcourir autrefois, est coupé maintenant de belles routes qui en ont rendu l'abord beaucoup plus facile.

Les phyllades forment aussi la côte aux environs de Pornic dans le pays de Retz (Loire-Inférieure), mais entre le Bocage et la baie de Bourgneuf les phyllades ne dressent que quelques saillies au-dessus d'une vaste plaine d'alluvions; c'est le Marais vendéen, où les eaux restent stagnantes, comme cela a lieu aussi au delà du massif ancien, dans le Marais du sud

près de Luçon. Le lac de Grandlieu, l'un des plus grands de la France, remplit une dépression de micaschistes non loin de la Loire. De l'autre côté de celle-ci d'ailleurs, près de Saint-Nazaire, on trouve aussi des marécages, comme la Grande Brière, traversés par le Brivé; on y exploite activement la tourbe; celle-ci a recouvert une ancienne forêt.

En Vendée on trouve de petits bassins houillers alignés parallèlement au bassin d'Ancenis; ce sont ceux de Saint-Laurs, Faymoreau, Veuvant et Chantonnay, entourés par les phyllades. Par leur flore, ils appartiennent au Houiller inférieur; leurs plantes se rapprochent de celles du bassin franco-belge.

La mer jurassique a formé ses dépôts sur la lisière de la Vendée, ils constituent une bande continue passant par Luçon et Fontenay-le-Comte. Ce pays jurassique constitue la région appelée la Plaine. La mer jurassique a d'ailleurs laissé des témoins sur la Vendée proprement dite; ces dépôts forment un bassin dans la région de Vouvant et de Chantonnay. Il y a également quelques lambeaux de Crétacé aux environs de Challans. Les dépôts tertiaires présentent une certaine importance; nous allons les étudier ainsi que ceux du reste du massif armoricain.

LE MASSIF OCCIDENTAL PENDANT LES TEMPS TERTIAIRES ET QUARTERNAIRES.

Le massif occidental a été envahi partiellement par la mer pendant les temps tertiaires. Il ne paraît pas avoir été submergé pendant la première partie de l'Éocène, car on n'y trouve pas de dépôts tertiaires antérieurs au calcaire grossier (étage parisien). M. Vasseur (1) a étudié soigneusement les couches tertiaires du massif occidental et il a pu reconstituer la carte du pays à l'époque du calcaire grossier et plus tard pendant le Miocène. Nous pouvons reproduire ici ces cartes grâce à l'obligeance de l'auteur.

Le calcaire grossier est confiné dans la Loire-Inférieure et dans le nord de la Vendée; on le trouve au pied du Sillon de la Bretagne, dans le bassin de Cambon et de Saffré et dans la Grande-Brière. Sur la rive gauche de la Loire il occupe les environs d'Arton, de Machecoul, de Beauvoir et de Challans. La mer occupait

(1) Vasseur, *Recherches géologiques sur les terrains tertiaires de la France occidentale*, thèse de doctorat, Paris, 1881.

donc les dépressions du littoral actuel comblées aujourd'hui par des atterrissements; elle s'avançait aussi dans le bassin de la Grande-Brière, et s'engageait dans la vallée du Brivé pour entrer dans les bassins de Saint-Gildas-des-Bois, de Cambon et de Saffré (fig. 705). Ce bras de mer formait un véritable fjord limité au sud par le Sillon-de-Bretagne. L'un des gisements fossilifères les plus riches est celui de Boisgouët, près de Saffré, où M. Vasseur a trouvé des ossements de *Lophiodon*, des Céphalopodes (*Belosepia* et *Vasseuria*), de nombreux Gastéropodes et Lamellibranches (*Ostrea mutabilis*), des Oursins (*Scutella Cailliaudi* et *Scutellina nummularia*), etc., en tout 438 fossiles dont 154 espèces nouvelles. Le Cotentin était aussi envahi par la mer pendant le calcaire grossier, comme le montrent les fossiles aux environs de Valognes, dans les calcaires de Fresville et d'Orglandes.

Pendant l'époque des sables de Beauchamp qui succède à celle du calcaire grossier, le massif occidental paraît avoir été abandonné par

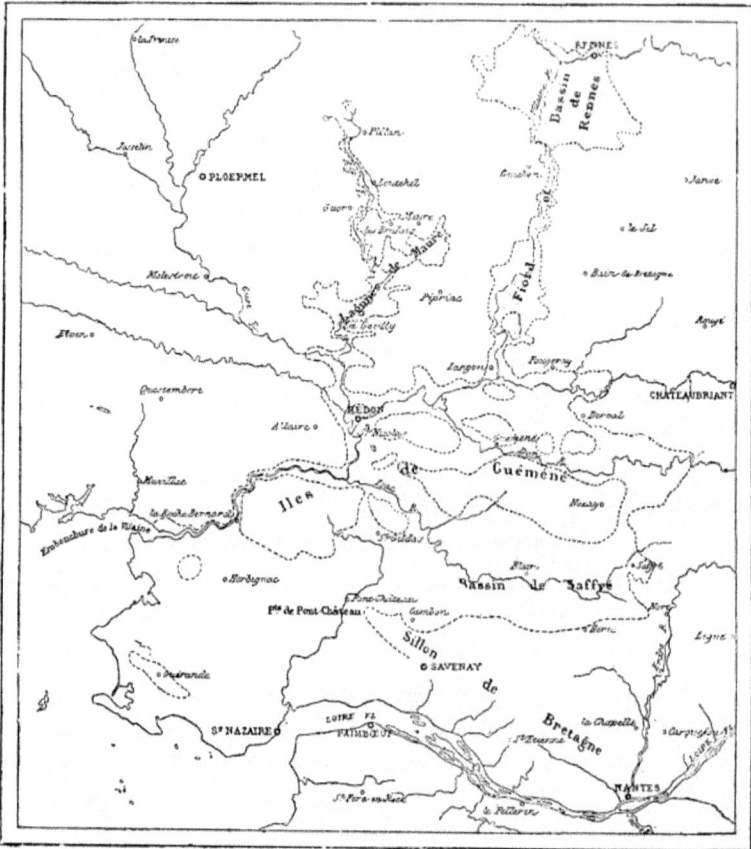

Fig. 706. — Carte de la mer tongrienne en Bretagne (d'après M. Vasseur).

la mer. On ne trouve, en effet, aucun dépôt de cette époque dans le Cotentin et la Bretagne. A Noirmoutier (Vendée), existent des grès où M. Crié a découvert des empreintes de Palmiers Sabals (*Sabalites andegavensis*); c'est une formation fluviatile; les cours d'eau charriaient alors dans cet endroit des débris de végétaux.

L'Éocène supérieur a été aussi une période d'émersion. On ne peut rapporter à cette époque en Bretagne que les argiles de Landéan, près de Fougères, contenant des coquilles d'eau douce (*Bythinia Monthiersi, Potamides perditus, Melania muricata*, etc.). Il y avait sans doute là un

étang dont les eaux se déversaient dans la vallée du Couesnon pour se rendre ensuite dans la Manche ; des lacs du même genre existaient dans le Cotentin, comme le montre l'existence d'un calcaire à *Potamides perditus* et à *Bythinia Monthiersi* à Gourbesville près de Valognes. M. Vasseur l'assimile au gypse parisien. Récemment d'ailleurs on a trouvé à Gourbesville une dent de *Palæotherium magnum*, ce qui confirme cette conclusion (1).

(1) De Lapparent, *Cailloutis à ossements de Lamantins, de Gourbesville* (Manche) (*Bulletin de la Société géologique*, t. XIX, 1891).

Une nouvelle invasion a eu lieu pendant le Tongrien (Oligocène inférieur), et la mer s'est avancée alors plus loin que pendant l'époque du calcaire grossier. Les dépôts tongriens existent en particulier aux environs de Rennes. Il y a là, à Lormandière et à la Chausserie, un calcaire considéré d'abord comme identique au calcaire grossier éocène, mais il contient en réalité des fossiles des sables de Fontainebleau (*Natica crassatina*, *Cytherea splendida*, *Cerithium trochleare*, etc.) ; il est donc bien d'âge tongrien. Un fossile caractéristique de ce calcaire est un Foraminifère : *Archiacina armorica*. La mer tongrienne s'avançait dans l'intérieur des terres comme l'indique la carte (fig. 706), formant un fjord aboutissant au bassin de Rennes. Entre ce dernier et le bassin de Saffré existait un petit archipel : les îles de Guéméné. A l'ouest, dans les environs de Maure s'étendaient des lagunes d'eaux douces ou jaunâtres : on y trouvait des *Potamides Lamarki*, et même, aux Brulais, une flore intéressante. M. Bureau y a reconnu dans les marais des restes d'*Eucalyptus*, de *Vaccinuim*, etc. Dans le Cotentin il faut rapporter au niveau du Tongrien les argiles à Corbules et à *Cerithium plicatum* recouvrant le calcaire grossier des environs de Saint-Sauveur-le-Vicomte et de Néhou. Au Ludes, près de Saint-Sauveur-le-Vicomte, il y des marnes et des calcaires à *Bythinia Duchasteli*, contemporains du calcaire de la Brie ; mais rien dans la région ne représente les sables de Fontainebleau. On doit remarquer que les fossiles du Tongrien de Bretagne présente plus de rapports avec ceux des dépôts du bassin de Bordeaux et de Dax qu'avec ceux des sables de Fontainebleau ; cela montre que le bassin de Bretagne communiquait directement avec la mer couvrant l'Aquitaine, et qu'il était au contraire séparé par un isthme de celle qui occupait le bassin d'Étampes et se prolongeait en Belgique et dans le Limbourg.

La longue période correspondant à la formation des calcaires et des sables de l'Orléanais, des argiles et des sables de la Sologne, n'est représentée par aucun gisement dans le Cotentin et dans la Bretagne. Au contraire, la formation falunienne (étage helvétien) existe. Ces dépôts du Miocène se montrent en une foule de points. Ils paraissent appartenir à deux âges différents : Helvétien et Tortonien, mais ils ont entre eux une liaison si intime, qu'il est difficile de les classer dans deux étages distincts. On peut citer dans les Côtes-du-Nord, les gisements du Quiou et de Saint-Juvat, constitués par une mollasse coquillière, employée comme moellon et comme pierre à chaux ; le gisement de Saint-Grégoire, près de Rennes, reposant sur les schistes anciens ; ceux de Saint-Jacques et de la Chausserie, également près de Rennes ; les gisements de Noyal, d'Erbray, des Cléons, dans la Loire-Inférieure, et Challans, dans la Vendée. Les faluns sont remplis de débris de Bryozoaires, de Polypiers ; on y trouve beaucoup de Mollusques (*Voluta Lamberti*, *Ostrea crassissima*, *Pecten solarium*, etc.), et d'Echinides (*Scutella Faujasi*, *Echinolampas dinanensis*, etc.). Il y a aussi des restes assez abondants de Vertébrés (*Halitherium*, Phoques, Mastodontes). La mer, pendant le Miocène moyen, couvrait la pente méridionale du Cotentin, aux environs de Carentan, elle couvrait aussi la dépression orientale de la Bretagne et contournait les collines du Bas-Maine pour s'étendre ensuite vers l'Anjou et la Touraine. A l'époque du Miocène supérieur les eaux n'avaient pas entièrement abandonné la contrée, comme le montrent les dépôts à *Terebratula perforata* qui existent dans le Cotentin à Saint-Georges-de-Bohon, et à la Dixmerie, dans la Loire-Inférieure.

Les dépôts pliocènes sont peu connus dans le massif occidental et ne permettent pas de tirer de conclusion relativement à la distribution de la mer pendant cette période. Près de Redon, on trouve à Saint-Jean-la-Poterie, une argile bleue ou verdâtre avec *Nassa mutabilis* et *N. prismatica*; M. Vasseur la rapporte au Pliocène inférieur. Dans le Cotentin, à Saint-Georges-de-Bohon, au Bosq d'Aubigny, à Rauville, Régneville et près d'Orglandes on trouve des argiles analogues. A Gourbesville, dans ce même ancien golfe compris entre Carentan, Saint-Sauveur-le-Vicomte et Valognes, on trouve également les argiles à *Nassa prismatica*. Elles sont superposées à un cailloutis renfermant de nombreux ossements de Siréniens (*Halitherium*). Ce cailloutis repose lui-même sur le calcaire lacustre éocène à Paludines. Le plateau compris entre Rauville-la-Place, Orglandes et Amfreville est couronné de sables sans fossiles rapportés aussi au Pliocène. D'après MM. Lecornu et Bigot, les gisements de phosphates d'Orglandes sont des amas d'ossements appartenant à la même période. En Bretagne, le Pliocène supérieur paraît représenté par des sables rouges et des argiles à graviers sans fossiles qui couvrent les argiles

LES ANCIENS FJORDS DE CARENTAN

Fig. 707. — Les anciens Fjords de Carentan (d'après M. Vélain).

à *Nassa prismatica*. En Vendée, au sud des Sables d'Olonne, le Pliocène marin a été récemment découvert par M. Vasseur (1), à la butte de Fontaine, à 36 mètres d'altitude ; la mer pliocène a sans doute recouvert toute la lisière méridionale de la Vendée.

Pendant la période quaternaire, des invasions de la mer se sont produites sur le littoral du massif armoricain. C'est ce que montrent les marécages nombreux s'étendant au pied du monticule granulitique appelé le Mont-Dol (Ille-et-Vilaine). Au-dessous du sol actuel, M. Sirodot, qui a étudié cette localité, a rencontré une terre limoneuse avec débris de silex, cendres et os carbonisés, puis du gravier et un sable fin avec coquilles terrestres (*Pupa muscorum*). Encore plus bas il y a un sédiment avec coquilles marines, blocs granitiques éboulés et ossements nombreux de Mammouth (*Elephas primigenius*) ; il n'y a pas moins là de 800 molaires de ces animaux ; beaucoup d'ossements présentent des traces de fractures et d'écorchures faites par les silex des hommes préhistoriques. Les sédiments à coquilles marines (*Cardium edule*) se montrent jusqu'à 12 mètres au-dessus du niveau actuel de la mer, ce qui indique une invasion notable pendant la période pléistocène. Bien des faits d'ailleurs indiquent des changements du littoral pendant le Quaternaire et dans les temps historiques ; ils semblent marquer une amplitude de plus en plus grande des marées sur les côtes de Bretagne et du Cotentin (1).

On trouve également sur ces côtes des traces de l'action glaciaire. Sur les côtes bretonnes, il y a des levées de cailloux et des coquilles crétacées et tertiaires que M. Barrois attribue à

(1) Vasseur, *Sur l'existence de dépôts marins pliocènes en Vendée* (*Comptes rendus de l'Académie des sciences*, 1890).

(1) Voir *La Terre, les Mers et les Continents*, p. 330.

l'apport par des glaçons de charriage. M. Barrois a signalé particulièrement un poudingue d'origine glaciaire sur les côtes du Finistère, aux environs de Kerguillé et de Penhors. Sur la côte normande, à Grandcamp, non loin d'Isigny, M. Vélain a signalé des blocs erratiques; d'après lui le Cotentin était couvert de glaciers locaux occupant des vallées étroites, de véritables fjords sur le littoral de Carentan (fig. 707); les blocs entraînés par les glaces flottantes détachées de ces glaciers se seraient déposés là où on les trouve aujourd'hui (1). La carte représente ces anciens fjords de Carentan, aujourd'hui obtrués par des atterrissements. Ces derniers couvrent d'un épais manteau toutes les formations antérieures. Ils semblent indiquer pendant la période quaternaire de grands phénomènes d'érosion, qui, peut-être, ont donné lieu à un détroit traversant toute la péninsule du Cotentin, de la baie de Veys, sur la côte orientale, au havre de St-Germain, près Lessay, sur la côte occidentale (2).

L'ARDENNE.

CONFIGURATION GÉNÉRALE DE L'ARDENNE.

L'Ardenne est une vaste région dont une faible partie seulement, constituant notre département des Ardennes et l'arrondissement d'Avesnes (Nord), se trouve en France. La majeure partie de l'Ardenne appartient à la Belgique et au Luxembourg, mais il est nécessaire de donner ici une idée générale de ce massif.

« L'Ardenne, dit Élie de Beaumont (1), s'étend des sources de l'Aisne à celles de la Roër, entre les plaines fertiles et basses de la Belgique et les plaines sèches et ondulées de la Champagne et du Luxembourg, en formant, à l'horizon de ces plaines, comme un mur d'une hauteur presque uniforme, ce qui résulte de ce qu'elle constitue un grand plateau plus élevé que les contrées environnantes, et presque uni, entamé seulement par des vallées plus ou moins profondes. Vue de plus près, ou vue d'un point culminant de sa propre surface, l'Ardenne présente comme une foule de coteaux très faiblement ondulés qui s'élèvent jusqu'à un niveau constant, ou une série de plateaux qui fuient les uns derrière les autres (fig. 708.)

« Les compartiments dans lesquels le massif général de l'Ardenne se trouve divisé par les vallées forment autant de plateaux partiels qui sont quelquefois tellement unis que les eaux y sont stagnantes et en forment des déserts humides, connus sous le nom de *fagnes* ou *fanges*. Ce caractère se développe de plus en plus à mesure que l'on s'avance vers le N.-E., et les fagnes les plus remarquables sont celles de Montjoie, entre cette ville, Malmédy et Spa. Cette dernière contrée porte en bas-allemand le nom de *Hooge Veenen* (dans l'allemand écrit, *Hohe-Veen*), d'où l'on a fait dans le patois français ou wallon celui des *Hautes-Fagnes*. C'est un plateau marécageux, couvert de tourbes, de bruyères et de quelques buissons, d'où se précipitent en cascades les sources de différentes rivières qui coulent dans toutes les directions vers la Meuse, la Moselle et le Rhin. L'Ardenne se termine à ses marécages élevés, à partir desquels commence l'Eifel, qui s'avance vers les bords du Rhin et de la Moselle. » Vers le sud les Ardennes se rattachent aux plateaux élevés du Hundsrück.

Les Hautes-Fagnes sont à l'altitude de 695 mètres au signal de Botrange en Prusse. De cette région culminante, les plateaux ardennais vont en s'abaissant progressivement vers l'O.-S.-O.; au hameau de la Rue d'Ardennes, près de Mondrepuis, où se termine le massif, l'altitude n'est plus que de 237 mètres. L'un des points le plus élevés des Ardennes françaises est la Bergerie, au S.-E. de Fumay (492 mètres), mais le point culminant est à la Croix-Scaille (504 mètres).

Les plateaux à peine ondulés de l'Ardenne sont en certains points découpés par des vallées profondes dont les flancs sont à pic. Telles sont les gorges où coulent entre des escarpements

(1) *Explication de la Carte géologique de France*, t. I, p. 243.

(1) Vélain, *Blocs erratiques sur la côte normande* (*Bull. Soc. géol.*, 3ᵉ série, t. XIV, p. 569).
(2) *Notices pour l'Exposition universelle de 1889*, p. 43.

Fig. 208. — Disposition générale des vallées et des plateaux de l'Ardenne (E. de Beaumont).

plus de 200 mètres de hauteur la Meuse, la Semoy, l'Ourthe, la Warge, la Rœr, etc. La Meuse depuis Charleville jusqu'à Fépin occupe une coupure creusée dans un massif ardoisier et où il n'y a place que pour les eaux du fleuve; les berges s'élèvent à 270 mètres au-dessus du niveau.

Les deux côtés de la gorge sont souvent composés, présentent un des sites les plus sauvages qu'on puisse voir, à tel point que la nudité, la roideur, l'aspect désolé de ces coteaux, les ont fait quelquefois surnommer la Sibérie de la France. Il y a des endroits où leurs crêtes ont plus de 130 mètres de hauteur d'un seul jet, par exemple devant Fumay et Revin. Quelquefois la tranchée s'élargit subitement : ainsi on y trouve la petite ville de Revin, bâtie sur un espace plat entouré par un contour de la Meuse, et Fumay est dans une position analogue. Ces deux petites plaines annulaires, entourées presque en entier par la Meuse, et dont le sol légèrement incliné au N.-E., dans l'une comme dans l'autre, est formé par le terrain ardoisier, sont au nombre des phénomènes géologiques les plus remarquables que présente la tranchée de la Meuse. Elles peuvent servir à prouver que si, d'une part, cette brèche, qui ouvre si merveilleusement le rempart de l'Ardenne, doit presque nécessairement son origine première à une fissure, de l'autre son élargissement ne peut être attribué qu'à un vaste délai, probablement violent et rapide, comme les courants diluviens (c'est-à-dire quaternaires). «Élie de Beaumont.» On ne regarde plus aujourd'hui la vallée de la Meuse comme une vallée de fracture, mais comme une vallée d'érosion ordinaire.

Lorsque des environs de Sedan ou de la Thiérache aux verdoyants pâturages, on s'avance vers le bord S.-O. de l'Ardenne, le changement est complet. La limite de l'Ardenne apparaît comme une saillie prononcée revêtue de bois. Le bord saillant, couvert de sombres forêts, offre un contraste aussi agréable que frappant avec les terrains ondulés qu'on voit s'éten-

dre à son pied méridional. Il semble former la limite du monde cultivé, et on est tenté de penser au premier abord, que le département des Ardennes, malgré le nom qu'il porte, franchit ses limites naturelles en embrassant une partie de ce terrain sauvage et d'un aspect pour ainsi dire étranger. S'élevant comme un rempart naturel, il fait, des environs de Mézières et de Sedan, une espèce de Petite Provence, protégée contre les vents du nord et du nord-ouest qui communiquent à la Flandre et même à l'Ardenne et à l'Eifel, toute l'incertitude et l'humidité du climat de la mer du Nord. Des avantages naturels aussi marqués ont sans doute contribué fortement à faire de ce bassin un centre d'industrie et d'activité.» (É. de Beaumont.)

Les bois qui couvrent l'Ardenne, dans les parties qui ne sont pas occupées par les bruyères et les marécages, n'ont rien de la richesse de ceux de la Thiérache, aux environs de Nouvion, et de ceux de Mormal plus au nord. La végétation est pauvre, ce qu'il faut attribuer surtout à la nature du sol, schisteux ou aré-nacé et dépourvu de calcaire. Il y a seulement des bouleaux, de petits chênes rabougris et quelques hêtres. Les arbres résineux, pins, sapins, sont fort rares.

Le procédé de culture très primitif, usité dans le pays et connu sous le nom d'essartage, contribue encore à appauvrir les forêts. Tous les vingt ans on coupe les arbres, on brûle les taillis et les broussailles, puis après avoir retourné la terre on y sème du seigle, dont on ne fait qu'une récolte. Les anciennes souches repoussent à la saison suivante et fournissent de nouveaux bois.

La partie la plus favorisée de l'Ardenne est le Hainaut français, formant l'arrondissement d'Avesnes. C'est à l'est de ce district que s'étendent les Fagnes de Rocroi et de Chimay, auxquelles succèdent encore plus à l'est les Hautes-Fagnes. Au nord de l'Ardenne proprement dite se trouve une région schisteuse triste et monotone appelée la Famenne ; son altitude n'atteint que de 220 à 275 mètres. Cette région est séparée de l'Ardenne par une bande calcaire. C'est dans les calcaires qui traversent les schistes de la Famenne que s'ouvrent les fameuses grottes de Han-sur-Lesse. Au nord des plateaux de la Famenne s'en présente un autre plus élevé, compris entre la Meuse et l'Ourthe, au nord du bassin carbonifère de Dinant, c'est le Condros dont l'altitude atteint de 280 à 300 mètres. On n'y voit que de grandes plaines cultivées en céréales mais où le blé ne mûrit pas. La crête du Condros est formée par une bande de grès couverte de bois. Cette bande sépare du Condros le vaste bassin hôuiller de la Belgique (Liège, Namur, Mons), au nord duquel s'étendent les plaines tertiaires du Brabant et de la Flandre.

L'Ardenne et les zones annexes comme la Famenne et le Condros sont composées de terrains primaires, disposés en couches plissées dont l'érosion a détruit les parties saillantes de manière à former des plateaux. Nous devons passer en revue maintenant les divers étages primaires représentés dans cette grande région naturelle et essayer de fixer les diverses phases par lesquelles est passée l'Ardenne dans le cours des périodes géologiques. C'est ce que nous permettra surtout de faire le magnifique ouvrage de M. Gosselet récemment publié (1).

LE CAMBRIEN DE L'ARDENNE.

Le Cambrien de l'Ardenne consiste en phyllades exploités comme ardoises ; il y a déjà longtemps que cette structure pétrographique a été remarquée. Déjà Monnet en 1780, dans sa *Description minéralogique de la France*, observait le passage brusque du calcaire à l'ardoise quand on pénètre dans l'Ardenne, et plus tard en 1808, d'Omalius d'Halloy qualifiait le terrain de l'Ardenne de terrain ardoisier.

Le Cambrien forme dans l'Ardenne quatre massifs : deux grands, ceux de Rocroi et de Stavelot, et deux petits, ceux de Givonne et de Serpont. Les massifs de Rocroi et de Givonne vont seuls nous occuper parce qu'ils se trouvent presque entièrement sur le territoire français ; les massifs de Stavelot et de Serpont sont exclusivement belges. Le massif de Rocroi a comme limites Mondrepuits à l'ouest, Louette Saint-Pierre à l'est, Fépin au nord et Arreux au sud. Sa partie occidentale n'a qu'une altitude inférieure à 375 mètres et disparaît sous les couches tertiaires ; sa partie orientale au contraire s'élève à plus de 375 mètres et n'est pas recouverte. Le massif de Givonne, situé au nord-ouest de Sedan, doit se relier souterrainement à celui de Rocroi à l'ouest de Charleville (1).

Le Cambrien de l'Ardenne est formé de phyllades, de quartzites et de quartzo-phyllades. Les phyllades sont des schistes durs dont la plupart peuvent se diviser facilement en lames minces et dures, ce qui les fait employer comme ardoises. M. Renard a étudié microscopiquement ces roches et a constaté que l'élément fondamental est la séricite sous forme de lamelles blanches enchevêtrées ; la pâte de la roche contient en outre comme éléments essentiels la chlorite et le quartz ; il doit y avoir en outre du fer oligiste, de la magnétite, de la tourmaline, du rutile, etc. Le plus souvent la direction de clivage des ardoises ne coïncide pas avec celle de la stratification. Ainsi à Fumay l'inclinaison des couches sur l'horizon est d'environ 27° et celle des feuillets de 40°.

Les quartzites sont des grès durs formés de grains de quartz irréguliers cimentés eux-mêmes par du quartz ; il y a de plus des fragments de tourmaline. Ils peuvent former des masses épaisses ou bien des lits isolés au milieu des phyllades. Quant aux quartzo-phyllades, leur nom vient de ce qu'ils se composent de bandes alternativement quartzeuses et phylladiques ; ces dernières peuvent être réduites à de simples lames au milieu d'une masse quartzeuse.

Les couches cambriennes de l'Ardenne française plongent uniformément vers le sud avec quelques écarts vers l'est ou l'ouest ; l'inclinaison moyenne est de 35°. Il y a de nombreux plissements (fig. 709 et 710) et des failles, ce qui rend fort difficile la stratigraphie de cette région. M. Gosselet partage le Cambrien ardennais en deux étages, un étage inférieur : le Devillo-Revinien qui existe dans les quatre massifs et un étage supérieur, le Salmien qui n'existe que dans le massif belge de Stavelot.

La Meuse coupe presque perpendiculairement les couches devillo-reviniennes du massif

(1) Gosselet, *L'Ardenne*, p. 26.

(1) Gosselet, *L'Ardenne* (Mémoires pour servir à l'explication de la Carte géologique détaillée de la France). Paris, 1888, in-4° avec planches.

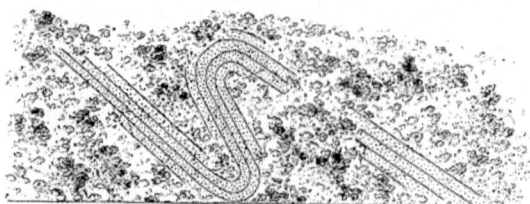

Fig. 709. — Pli dans les quartzites cambriens, au sud de la Petite-Commune (M. Gosselet).

de Rocroi, ce qui permet d'y reconnaître quatre assises, qui sont du nord au sud : les schistes de Fumay (A), puis les schistes et quartzites noirs de Revin (B), les ardoises vertes aimantifères de Deville (C), enfin les schistes de Bogny (D). Le plongement se fait régulièrement au sud, d'où M. Gosselet conclut, jusqu'à preuve contraire, que les couches les plus septentrionales sont aussi les plus anciennes (fig. 711).

« Fumay, disait déjà Monnet (en 1780), est une ville célèbre par ses grandes couches d'ardoise, exploitées depuis bien longtemps, et par l'industrie de ses habitants, appliqués uniquement à ce genre de travail. Elle est située sur la pointe d'une petite plaine formée par le contour ou demi-cercle que décrit la Meuse en cet endroit. C'est, si l'on veut, un bassin extrêmement enfoncé entre les côtes de la Meuse, et entouré de bancs de bonne ardoise (1). »

Les ardoises de Fumay sont violettes ou rougeâtres ; il y a aussi des schistes d'un vert grisâtre et des quartzites blancs ou gris. Vues au microscope, les ardoises de Fumay montrent de la séricite, de la chlorite, du quartz, en outre des grains de fer oligiste et des microlithes de rutile et de tourmaline. Les schistes verts sont plus tendres et ne sont jamais employés comme ardoises. Sur les ardoises violettes ou rougeâ-

Fig. 710. — Pli avec faille à Laifour (M. Gosselet).

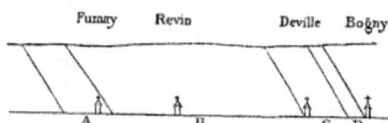

Fig. 711. — Coupe théorique du Cambrien de la vallée de la Meuse (d'après M. Gosselet). — A, schistes violets de Fumay; B, schistes et quartzites noirs de Revin ; C, ardoises vertes aimantifères de Deville ; D, schistes et quartzites noirs de Bogny.

tres il y a des taches vertes plus siliceuses que les parties violettes et ne contenant que peu de fer. Il semble que les taches vertes soient un produit d'altération de l'ardoise violette. Suivant M. Gosselet, l'eau chargée d'oxygène et de diverses substances minérales a enlevé les matières ferrugineuses et a apporté de la silice et de la calcite. Les couches d'ardoises de Fumay sont extrêmement plissées. On les exploite en diverses localités de la vallée de la Meuse ; il y a huit couches exploitables. La couche supérieure qui est la plus exploitée a une épaisseur de 16 mètres, c'est la couche de la Renaissance. La seconde, séparée de la précédente par une masse de quartzite blanc ou verdâtre de 120 mètres, a 6 ou 7 mètres de puissance. On

l'appelle la couche de Sainte-Anne; les autres couches sont moins importantes et peu exploitées. Comme fossiles on n'a trouvé dans les ardoises de Fumay que des empreintes d'*Oldhamia radiata* et des traces indécises, probablement des pistes de Mollusques, où l'on a voulu voir à tort un ver marin sous le nom de *Nereites cambrensis*.

Les phyllades de Revin sont noirs, homogènes, à pâte fine; on y voit au microscope de la séricite, du quartz, de la chlorite et en outre du rutile, de la tourmaline, de l'oligiste, de la limonite et de la matière charbonneuse. Les ardoises qu'ils fournissent sont beaucoup

(1) E. de Beaumont, *Explication de la Carte géologique de la France*, p. 253.

moins estimées que celles de Fumay. Certaines variétés sont quartzeuses et se divisent nettement en petits parallélipipèdes rhomboïdaux. Les bancs sont fendus par retrait suivant ces joints parallélipipédiques et du quartz s'est introduit dans les fentes pour ressouder tous les fragments. Les phyllades sont accompagnés de quartzo-phyllades et de quartzites. Ces derniers sont exploités pour l'empierrement des routes, notamment à Monthermé, à Revin, à Hirson, à Mondrepuits. Les deux couches de Revin contiennent de la pyrite de fer en cristaux parfois volumineux. On n'a pas trouvé d'autres fossiles jusqu'à présent que le *Dictyonema sociale.*

Les ardoises de Deville présentent deux variétés : le schiste gris-bleu et le schiste vert aimantifère. Le premier, légèrement satiné, renferme une assez grande quantité de fer oligiste. Le second est tout rempli de petits cris-

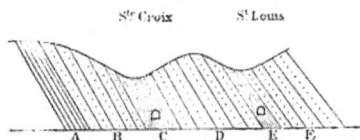

Fig. 712. — Coupe schématique montrant la position du Grand-Terne et du Petit-Terne, vis-à-vis Deville (M. Gosselet). — A, phyllade noir, assise de Revin ; B, quartzite ; C, Grand-Terne ; D, quartzite ; E, Petit-Terne ; F, quartzite.

taux octaédriques de fer oxydulé (aimant).Assez souvent les schistes de Deville renferment des cristaux de pyrite. Ces schistes sont accompagnés de quartzites blancs ou gris exploités pour l'entretien des routes. Les ardoises vertes sont surtout exploitées à Deville et à Monthermé ; il y a là trois bandes ardoisières séparées par des massifs de quartzites ; chacune des bandes comprend deux veines d'ardoises appelées le Grand-Terne et le Petit-Terne (fig. 712). A Rimogne on trouve deux sortes d'ardoises : les bleues et les vertes. Ces deux sortes sont toujours réunies dans la même veine ; les bleues sont au centre et les vertes à l'extérieur. (fig. 713).

L'assise des phyllades de Bogny est composée de phyllades et de quartzites noirs qu'on pourrait confondre avec ceux de Revin si les deux assises n'étaient pas séparées par les schistes de Deville ; d'ailleurs, à l'ouest de Rimogne, ces derniers n'existent pas et les assises de Revin et de Bogny paraissent se confondre.

Les assises étudiées précédemment sont celles des massifs de Rocroi. Le massif cambrien de Givonne est formé de quartzite d'aspect cireux, compact, généralement pyritifère. La couleur est variable : noire, grise ou rosâtre. Il y a là de plus des phyllades noirs comme ceux de Revin. On trouve également à Muno des schistes à ostrélite, où ce minéral forme des lamelles de 1/2 à 1 millimètre de diamètre.

Le Cambrien des bords de la Meuse, entre

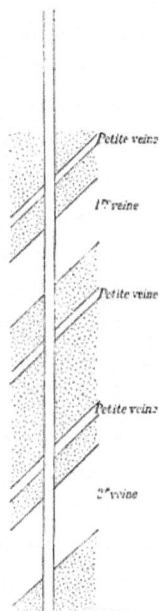

Fig. 713. — Coupe du Puits-Pierka à Rimogne. (M. Lahoussaye.)

Deville et Revin, présente de remarquables roches cristallines connues sous le nom de *porphyroïdes*, intercalées au milieu des schistes. C'est ce que l'on voit notamment dans le vallon de Mairus au-dessous de Deville. Ces roches sont d'apparence gneissique, à cause d'un grand nombre de paillettes de mica noir, de séricite et de chlorite régulièrement alignées dans le sens des couches ; la pâte contient en outre des cristaux microscopiques d'oligoclase et de quartz. Les grands cristaux répandus dans la pâte sont du quartz bleu bipyramidé, de l'orthose d'un

Fig. 714. — Carte de l'Ardenne au commencement de l'époque gédinnienne (Dévonien inférieur), d'après M. Gosselet.

beau rose, en cristaux atteignant 10 centimètres, et des cristaux d'oligoclase. Certaines porphy-roïdes sont schisteuses ; elles diffèrent des autres par l'abondance du mica, de la chlorite

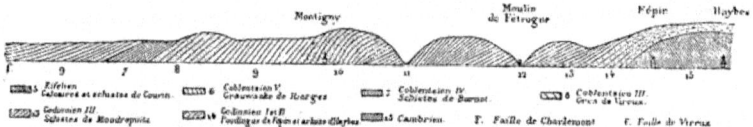

Fig. 715. — Coupe du terrain dévonien de Haybes à Vireux (d'après M. Gosselet), échelle de 1/40000.

et surtout de la séricite qui leur donne un éclat soyeux et argentin. La nature de ces roches est encore controversée. Pour différents géologues ce sont des roches éruptives ayant coulé

Fig. 716. — Coupe du terrain dévonien de Vireux à Givet (d'après M. Gosselet), échelle de 1/40000.

à la manière des laves; pour d'autres comme MM. de la Vallée-Poussin et Renard, elles ont cristallisé sur place au fond de la mer peu après la sédimentation; elles seraient des roches sédimentaires de précipitation. M. Renard ensuite abandonna sa manière de voir pour exprimer l'avis que les porphyroïdes sont des roches éruptives devant leur schistosité et leurs produits phylliteux (mica, séricite) à des actions mécaniques postérieures. L'idée admise par MM. Michel-Lévy et Barrois est que les porphyroïdes ne sont autre chose que des schistes cambriens métamorphisés par injection de roches granitiques, et l'on trouve en effet à Mairus un véritable schiste contenant des noyaux de feldspath et des cristaux de quartz bleu identiques à ceux des porphyroïdes.

On trouve également dans les Ardennes des roches formées d'amphibole, de feldspath plagioclase et des grains de quartz. Ces roches intercalées aussi dans les couches cambriennes ont été d'abord désignées sous le nom de diorites ; ce sont des amphibolites.

On ne trouve pas dans l'Ardenne proprement dite de couches siluriennes supérieures au Cambrien. La crête du Condros, qui limite au sud le bassin houiller franco-belge, est composée de psammites (grés micacés) et de schistes satinés avec nodules calcaires. Les fossiles qui s'y rencontrent : *Cardiola interrupta, Monograptus priodon*, etc., permettent de rapporter ces couches au Silurien supérieur (étage bohémien ou gothlandien).

LE DÉVONIEN DE L'ARDENNE.

Le Dévonien couvre la majeure partie de l'Ardenne. Il se montre en discordance complète de stratification sur le Cambrien. Ces assises dévoniennes fortement plissées ont été soumises ensuite à une érosion qui a rasé leur surface et lui a donné l'apparence d'un plateau presque horizontal. Les surfaces occupées par chacun des étages dévoniens sont d'autant moins étendues que les étages sont plus récents. Le plus ancien forme au centre de l'Ardenne une bande nord-est-sud-ouest et comprend les massifs cambriens ; à partir de là les étages supérieurs sont disposés en retrait, d'une part vers la Famenne et le Condros, de l'autre vers l'Eifel et le Luxembourg. Au début de la période dévonienne (fig. 714), l'Ardenne a été couverte par un bras de mer s'étendant au sud-est jusqu'aux Vosges, à l'est jusqu'au Harz et à l'ouest jusqu'en Angleterre. Ce bras de mer faisait communiquer la mer dévonienne de la Westphalie avec ce qui forme aujourd'hui la Manche. Le rivage septentrional de ce détroit de l'Ardenne était longé de Liège à Charleroi par la crête du Condros, au delà de laquelle s'étendait la plaine de Namur. Le rivage méridional était formé par les massifs cambriens de Rocroi et de Givonne. Le massif de Rocroi se reliait sous-marinement à ceux de Serpont et de Stavelot. La mer située entre la crête du Condros et cette ligne Rocroi-Serpont-Stavelot constituait le bassin de Dinant ; celle située au sud de ces terres formait le bassin de Neufchâteau ou du Luxembourg, qui s'approfondissait vers le nord-est pour constituer celui de l'Eifel (1). Les sédiments dévoniens se sont déposés dans ces bassins. On doit les diviser en plusieurs étages auxquels M. Gosselet a donné les noms suivants. Le Dévonien inférieur comprend l'étage gédinnien en bas, l'étage coblentzien en haut. Le Dévonien moyen est formé de l'étage eifélien à la base, de l'étage givétien au sommet. Enfin le Dévonien supérieur se divise aussi en deux étages : le Frasnien et le Famennien, ce dernier termine la série des assises dévoniennes (fig. 715 et 716).

Le Gédinnien débute par des poudingues appelés poudingues de Fépin, qui reposent en discordance bien marquée sur le Cambrien. Ces poudingues sont formés de blocs parfois énormes de quartzites et de schistes cambriens, disséminés dans une pâte schisteuse. Au-dessus viennent des arkoses tourmalinifères dues vraisemblablement à la destruction de roches granitiques. Ces arkoses sont bien développées sur la côte septentrionale du massif de Rocroi. La partie supérieure du Gédinnien est composée de schistes ayant des faciès variés : schistes verdâtres de Mondrepuits, schistes bigarrés rouges et verts d'Oignies, schistes de Saint-Hubert où il y a des phyllades, des schistes aimantifères, des schistes à biotite, etc. Les fossiles sont rares dans le Gédinnien. On en trouve notamment dans les schistes de Mondrepuits ; citons : *Homalonotus Rœmeri, Spirifer Mercuri, Pterinœa ovalis*. L'étage gédinnien est après le Cambrien, comme le remarque M. Gosselet, l'étage le plus important de l'Ardenne. Il forme le sous-sol des vastes landes de Paliseul, de Saint-Hubert, de Bastogne, d'où sortent les sources de la Lesse, de l'Ourthe, de la Vierre et de la Sure.

(1) Gosselet, *L'Ardenne*, p. 176.

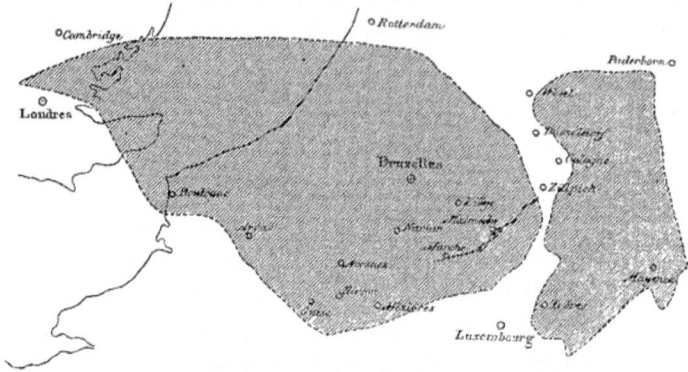

Fig. 717. — Carte de l'Ardenne à l'époque triasique (d'après M. Gosselet).

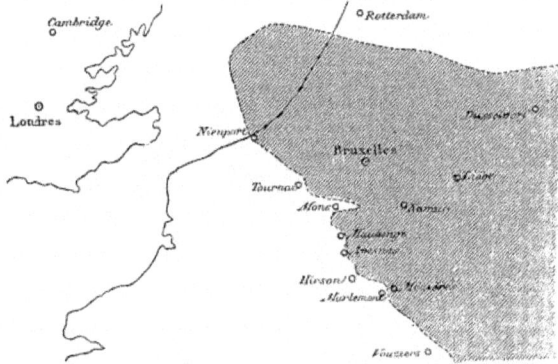

Fig. 718. — Carte de l'Ardenne à l'époque cénomanienne (d'après M. Gosselet).

Fig. 719. — Carte de l'Ardenne à l'époque sénonienne (d'après M. Gosselet).

L'étage coblentzien se présente sous plusieurs facies : le facies normal ou grauwackeux a pour type la grauwacke développée en Allemagne aux environs d'Ems et de Coblentz, roche intermédiaire entre le grès et le schiste ; le facies quartzeux, où la roche est un grès de couleur claire ; enfin le facies phylladeux, comprenant les phyllades ardoisiers d'Alle-sur-la-Semoy. Les trois facies sont caractérisés par des fossiles différents ; le premier est remarquable par l'abondance des Brachiopodes (*Spirifer, Orthis*, etc.) ; le second, par les Lamellibranches et les Gastéropodes ; le troisième, par des Astéries et les Encrines. Quelques fossiles sont communs à toutes les assises du Coblentzien ; tels sont : *Spirifer cuspidatus, Leptæna Murchisoni, Pleurodictyum problematicum*. M. Gosselet distingue dans le Coblentzien cinq assises qui sont, de la plus ancienne à la plus récente, le grès d'Anor, la grauwacke de Montigny, le grès de Vireux, les schistes de Burnot et la grauwacke de Hierges. Les dépôts du Coblentzien inférieur ont eu pour effet de boucher le détroit qui existait entre le massif de Rocroi et l'îlot de Serpont ; puis, vers le milieu de l'époque coblentzienne, le détroit qui séparait encore le massif de Serpont de l'île de Stavelot se ferma à son tour, de sorte que les deux bassins de Dinant et du Luxembourg ne communiquèrent plus directement (1). Sur le bord septentrional du bassin de Dinant, le long de la crête du Condros, le Dévonien inférieur est représenté par un ensemble de poudingues tels que ceux de Burnot, d'arkoses et de schistes rouges où M. Gosselet a trouvé les équivalents du Gédinnien et du Coblentzien du littoral sud de l'Ardenne.

Avec le Dévonien moyen apparaissent des calcaires durs, souvent de véritables marbres, employés pour l'ornementation. Ils sont en grande partie formés de restes de Coraux et de Stromatoporides ; M. Dupont a prouvé même à l'aide de coupes microscopiques que la pâte de ces calcaires est elle-même composée de débris coralliens. Suivant M. Dupont, certains de ces calcaires, ceux qui longent le bord sud du bassin de Dinant, c'est-à-dire le littoral nord de l'Ardenne proprement dite, sont des récifs coralliens littoraux. D'autres sont des récifs isolés, des îlots dont les intervalles ont été comblés par des schistes. Toutefois il serait excessif d'assimiler ces récifs de Stromatopo-

(1) Gosselet, p. 275.

rides aux récifs de Coraux actuels ; peut-être se sont-ils étalés, dit M. Gosselet, « au fond des mers, en tapis qui formaient soit des strates, soit tout au moins des noyaux lenticulaires ». Une bande longeant la côte de l'Ardenne au sud du bassin de Dinant, de Wignehies à Ferrière, constitue l'étage eifélien. On l'observe aussi çà et là sur la crête du Condros, de Bavai à Charleroi. Cet étage est formé de schistes, de grès et de calcaires. Le schiste contient des nodules calcaires, le grès est psammitique, souvent argileux, et le calcaire généralement bleu foncé avec Coralliaires, Stromatopores ou parfois Crinoïdes, forme des bandes ou des monticules isolés dans les schistes. Ces fossiles caractéristiques de l'Eifélien sont : *Calceola sandalina, Spirifer speciosus, Pentamerus galeatus, Bronteus flabellifer*, etc. A Fourmies on observe dans les schistes à Calcéoles deux masses calcaires qui sont exploitées. La bande calcaire la plus importante de l'Eifélien est celle connue sous le nom de calcaire de Couvin. On l'exploite notamment à Trélon, où le marbre *petit granite* est presque entièrement formé de débris de Crinoïdes.

L'étage givétien, qui succède à l'Eifélien, est en stratification transgressive sur ce dernier ; il le dépasse aussi bien sur le rivage du Condros que sur celui de l'Ardenne. C'est un étage essentiellement calcaire, fournissant des marbres bleu foncé ou noirs comme le marbre Sainte-Anne de Trélon rempli de Stringocéphales (*Stringocephalus Burtini*), et le marbre Sainte-Anne de Givet rempli de Polypiers. La ville de Givet, qui a donné son nom à l'étage, est bâtie au pied d'un escarpement calcaire portant la citadelle de Charlemont.

Le Dévonien supérieur débute par l'étage frasnien formé de schistes et surtout de calcaires. Il recouvre en stratification discordante les étages givétien, eifélien et même coblentzien. On le voit émerger dans le département du Nord, à Féron ; il passe à Glageon, au nord de Trélon et de Chimay ; à Givet, à Han-sur-Lesse, Rochefort, Marche, etc. On y trouve de nombreux marbres, comme le marbre Florence, formé de Stromatopores et de Polypiers, le marbre rouge avec des Coraux, des Crinoïdes et des Stromatopores particuliers, le marbre Sainte-Anne proprement dit, qui est gris avec de nombreuses plages spathiques ; il contient des Stromatopores (*Diapora*) et des *Cyathophyllum*. Les fossiles caractéristiques sont : *Atrypa reticularis, Spirifer Verneuili, Rhynchonella cu-*

boïdes. L'étage frasnien se termine par les schistes de Matagne à *Cardium palmatum*.

. Le Frasnien est bien développé entre Sambre et Meuse, dans les environs d'Avesnes et de Maubeuge. Les affleurements les plus occidentaux se trouvent à Saint-Waast, près de Bavai. On peut lui rapporter les calcaires de Sous-le-Bois et le rocher sur lequel est bâtie la ville de Maubeuge (1).

Le Famennien, dernier terme du Dévonien, comprend les schistes de la Famenne et les psammites du Condros. Les schistes sont de couleur variée, verts, violets, noirs. Ils ne sont pas très feuilletés et n'ont pas la dureté de l'ardoise.

En s'altérant à l'air ils fournissent un sol argileux, humide, où ne peut guère prospérer une autre végétation que celle des bois. Ces schistes forment le sol d'une région couverte de forêts qu'on appelle la Fagne, à l'ouest de la Meuse, dans le sud de l'arrondissement d'Avesnes, et la Famenne, entre la Meuse et l'Ourthe (2).

Les psammites sont des grès plus ou moins micacés; quand le mica est abondant, ils se laissent fendre facilement, mais le quartz peut être dominant, alors les psammites sont assez durs pour servir à l'empierrement. Ils existent seuls, sans mélange de roches schisteuses, au nord du bassin de Dinant et forment là le plateau du Condros, relativement fertile à cause du mélange des psammites avec l'argile provenant de leur décomposition. Quant aux parties purement gréseuses, elles ne sont couvertes que de bois. A l'ouest de la Meuse on trouve les deux faciès schisteux et arénacé. Près d'Avesnes, dominent les schistes; aux environs de Maubeuge et de Jeumont, les grès.

Les diverses assises du Famennien contiennent le *Spirifer Verneuili* existant aussi dans le Frasnien et caractéristique par suite de tout le Dévonien supérieur. Des fossiles caractéristi-

ques sont aussi les *Rhynchonella Omaliusi* et *R. Dumonti*, qui se trouvent surtout dans les schistes. Les psammites contiennent dans le Condros des empreintes de végétaux (*Sphenopteris flaccida, Rhaçophyton Condrusum*); il y a aussi des Poissons rappelant les types du vieux grès rouge d'Écosse.

Le calcaire forme souvent des bancs réguliers ou des nodules dans les schistes et les grès et souvent il est exploité pour faire de la chaux. Mais ce calcaire constitue en outre la partie supérieure du Famennien. A Étrœungt, au sud d'Avesnes, où il est bien développé, c'est une roche bleu foncé, employée comme pierre de taille. Le calcaire d'Étrœungt forme une assise de transition entre le Dévonien et le calcaire carbonifère. Avec le *Spirifer distans*, qui est carbonifère de même que le *Spirifer tornacensis*, on y trouve des fossiles dévoniens tels que *Spirifer Verneuili* et *Atrypa reticularis*.

Le calcaire carbonifère, sur lequel nous n'insisterons pas ici (1), forme un massif à Berlaimont et un certain nombre de bandes isolées aux environs d'Avesnes; citons le calcaire d'Avesnelles, et ceux de Marbaix et de la Marlière autrefois exploités comme marbre. Le calcaire d'Avesnelles est noir foncé, celui de Marbaix bleu foncé avec débris d'Encrines; le calcaire de la Marlière est au contraire de couleur claire. De plus, sur le territoire français se montrent, aux environs d'Avesnes, deux bandes houillères : celle de Saint-Aubin et celle d'Aulnoye.

Le bassin de Dinant, limité au sud par la Famenne et au nord par le Condros, est formé de bandes parallèles carbonifères pincées dans le Dévonien. Il y a çà et là des lambeaux de Houiller pris au milieu des plis synclinaux du calcaire carbonifère.

FORMATION DE L'ARDENNE.

Nous devons maintenant résumer l'histoire des diverses phases par lesquelles l'Ardenne a passé dans la succession des temps géologiques. On trouve les couches cambriennes redressées; il faut en conclure que l'Ardenne a subi un premier mouvement de plissement après le Cambrien et avant le début de la période dévonienne, car le poudingue gédinnien repose

en stratification discordante sur les couches siluriennes. C'est ce que M. Gosselet appelle le *ridement de l'Ardenne*. Plus tard, les couches dévoniennes et carbonifères, transgressives sur le Cambrien, furent elles-mêmes plissées. Le mouvement du plissement est appelé le *ridement du Hainaut*. A la fin de la période carbonifère, l'Ardenne formait donc un massif fai-

(1) Gosselet, p. 506.
(2) Gosselet, p. 542.

(1) Voir page 133.

sant partie de la grande chaîne hercynienne, qui s'étendit à travers l'Europe, de l'ouest à l'est, et dont l'Armorique, le Plateau Central, les Ardennes, les Vosges, le Harz, le massif de Bohême sont des lambeaux. Suivant M. Gosselet le Dévonien ne s'est pas déposé au-dessus des massifs cambriens, il ne les a jamais recouverts. Pendant le Gédinnien la mer dévonienne aurait atteint la plus grande étendue sur le continent ardennais, puis elle aurait graduellement perdu. Les surfaces occupées par chacun des étages successifs du Dévonien sont d'autant moins étendues que ces étages sont plus récents, et M. Gosselet admet que les limites actuelles des différents étages coïncident précisément avec les anciens rivages des mers correspondantes. M. Gosselet s'appuie en particulier sur le fait de l'absence des lambeaux dévoniens sur les massifs cambriens. Cette opinion de M. Gosselet n'est pas admise par tous les géologues. M. de Margerie pense qu'il faut tenir compte des dénudations ultérieures et que les couches dévoniennes ont existé sur les massifs cambriens, reliant ainsi celles du bassin de Dinant à celles du bassin du Luxembourg et de l'Eifel. D'après M. de Margerie, » l'Ardenne a été rasée par le travail séculaire des agents d'érosion postérieurement au plissement de ses couches dévoniennes et carbonifères, dont le mode de distribution tel qu'il est aujourd'hui, bien loin de refléter le tracé des rivages primitifs, résulte uniquement de la répartition horizontale et de l'amplitude verticale des différents plis, relativement à l'altitude actuelle de la surface ; dans cette hypothèse, l'absence des lambeaux est nécessaire, de même que la restriction des étages dévoniens moyens et supérieurs au bassin de Dinant et à l'Eifel : ce double fait est simplement la conséquence de la régularité avec laquelle l'amplitude verticale des plis décroît du nord au sud (1). » Ainsi le Dévonien tout entier aurait couvert l'Ardenne ; si les massifs cambriens affleurent au centre des anticlinaux les plus saillants, cela résulte de la dénudation inégale de la zone plissée.

Quoi qu'il en soit, l'Ardenne formait au commencement de l'ère secondaire une région absolument émergée. Dans des lacs qui existaient alors se sont déposés les grès et les argiles triasiques de Malmédy, de Stavelot et de Basse-Bodeux. La mer baignait le sud de l'Ardenne et poussait au nord-est un golfe séparant la région ardennaise de la Westphalie (fig. 717).

Pendant le Jurassique il y eut diverses oscillations de la mer sur les côtes de l'Ardenne. Le bras de mer qui séparait l'Ardenne de la Westphalie pendant le Trias se combla, la côte sud-occidentale fut au contraire envahie, comme le montrent les couches jurassiques d'Hirson. C'est à l'époque bathonienne que la mer a eu sa plus grande extension sur le flanc de l'Ardenne ; mais celle-ci sûrement est restée émergée, comme le prouve l'absence de tout lambeau jurassique à sa surface et sur ses prolongements en Belgique et dans le département du Nord.

Au commencement du Crétacé la mer était assez éloignée de l'Ardenne, mais lors de la grande transgression cénomanienne dont nous avons parlé plus haut (1), tout le prolongement occidental fut recouvert par les eaux (fig. 718). Dans l'arrondissement d'Avesnes le Cénomanien recouvre les terrains primaires (2) ; il a donné naissance à un poudingue glauconieux que les mineurs appellent tourtia. Pendant le Sénonien la mer gagna vers le nord de la région (fig. 719), tandis que le sud subit un ridement qui se continue jusque dans le Boulonnais sous forme d'un plissement ou d'une faille ; c'est le ridement de l'Artois. L'extension de la mer dans le nord a déposé dans les Hautes-Fagnes des silex jaunâtres, attribués au Danien, et de même entre Sambre et Meuse.

Au commencement de l'Éocène la mer envahit le continent ardennais et y déposa des sables qu'on trouve disséminés sur le plateau dévonien d'Avesnes, sur le plateau cambrien de Rocroi, aux environs de Givet et tout le long du bord nord. Les sables sont souvent accompagnés de galets de quartz, d'argile et de minerai de fer. A l'époque du calcaire grossier et à celle du gypse la mer était certainement éloignée de l'Ardenne ; elle envahit de nouveau la région par le nord pendant le Tongrien.

La période quaternaire ou pléistocène a été marquée dans l'Ardenne par la formation de limon, d'oxyde de fer et de tourbe. Le limon avec cailloux provient de la décomposition des schistes ; il y en a jusque sur les plateaux cambriens, et ils masquent ailleurs les sables tertiaires. C'est au Quaternaire qu'il faut aussi faire commencer la formation des tourbières des hauts plateaux. Quant aux glaciers, ils semblent n'avoir pas existé dans l'Ardenne ; on n'en trouve aucune trace sérieuse.

(1) *Annuaire géologique universel*, t. V, 1889, p. 685.

(1) Voir page 294.
(2) Gosselet, p. 816.

Fig. 720. — Coupe des Vosges (croquis visuel) d'Épinal à Guebwiller, direction N.-O.-S.-E. (d'après Hogard).

LES VOSGES.

LES MONTAGNES ET LES LACS DES VOSGES.

La chaîne des Vosges (fig. 720) sépare la vallée du Rhin de celle de la Moselle. Cette chaîne s'étend sur une longueur d'environ 250 kilomètres depuis le département de la Haute-Saône au sud, jusque dans la Bavière rhénane au nord. Au point de vue de l'altitude, on peut diviser les Vosges en Hautes-Vosges, Moyennes Vosges, et Basses-Vosges.

Les Hautes-Vosges occupent la partie méridionale de la chaîne ; elles se dressent au-dessus de la trouée de Belfort et s'étendent jusqu'au col de Sainte-Marie-aux-Mines. Dans cette région dont

Fig. 721. — Vue de la montagne du Brézouard, d'après un dessin inédit de M. G. de Golbéry.

l'altitude moyenne dépasse 1,000 mètres, ce sont les roches éruptives, granite, granulite, etc., et le gneiss qui dominent ; de là le nom de Vosges cristallines qu'on lui donne aussi.

Les Vosges moyennes, où l'altitude moyenne n'est plus que de 800 mètres, occupent l'étendue qui sépare le col de Sainte-Marie-aux-Mines de celui de Saverne. Il y a encore là des roches cristallines, mais les roches gréseuses du Trias, grès vosgien et grès bigarrés, y dominent. Enfin les Basses-Vosges méritent bien le nom de Vosges gréseuses, elles sont exclusivement formées de couches triasiques et constituent un plateau d'environ 400 mètres d'altitude, qui se continue dans la Bavière Rhénane par le pays appelé la Hardt.

LA TERRE AVANT L'HOMME.

II — 70

Dans les Hautes-Vosges, au-dessus de la crête dont l'altitude est de 1,000 mètres, s'élèvent des proéminences arrondies en forme de dômes ; on leur donne le nom de *ballons*. Il faut citer le ballon de Guebwiller(1,426 mètres), le ballon d'Alsace ou de Giromagny (1,250 mètres), celui de Servance (1,189 mètres), le Rossberg (1,106 mètres). La cime la plus avancée vers le sud-est est le Bärenkopf (1,077 mètres); au nord de toutes les précédentes, près du col de la Schlucht, se dresse le Hohneck (1,366 mètres), le second des sommets des Vosges au point de vue de la hauteur. En s'avançant encore vers le nord on voit que les montagnes perdent leurs formes arrondies, qui sont dues au mode de décomposition des roches constituantes. Elles sont à contours moins nettement accusés ; tels sont le Brézouard (1,237 mètres) (fig. 721) et le Champ-du-Feu (1,300 mètres).

Les montagnes des Vosges ne sont pas assez élevées pour appartenir à la région des neiges persistantes ; aucun sommet ne reste couvert de neige pendant l'été. Des bois couvrent les pentes jusque vers la cime, qui se présente simplement avec l'aspect d'une pelouse gazonnée.

« Indépendamment de leurs formes semblablement arrondies, dit Élie de Beaumont (1), tous ces dômes de pelouse ont un aspect complètement analogue. Toujours les forêts qui couvrent les pentes viennent s'y terminer par des buissons de hêtres nains de l'apparence la plus chétive. Les buissons sont généralement déjetés et courbés au nord-est par le vent du sud-ouest, de manière à faire comprendre que la violence du vent est la cause principale qui dépouille d'arbres les parties supérieures des Vosges et n'y laisse croître que du gazon. Le dépérissement des arbres est ici naturel, et la dent des bestiaux qui broutent impitoyablement leur feuillage n'est que l'auxiliaire des agents atmosphériques. Les éclaircies que présentent les forêts des Vosges à l'endroit de toutes les cimes élevées ont donc existé dans tous les temps, et le langage des habitants ne pouvait manquer de renfermer un nom approprié à la désignation de ces pelouses solitaires et culminantes, qui, du temps des druides, jouaient nécessairement un rôle dans les pratiques religieuses. On les appelle les *chaumes* (*calvi montes*), et l'une de ces chaumes, qui forme la partie la plus élevée des montagnes du Ban-de-la-Roche, à l'ouest de Barr, a

(1) *Explication de la Carte géologique de France*, t. I, p. 272.

conservé jusqu'à nos jours le nom de *Champ-du-Fé*, *Champ-du-Feu* ou *Haut-Champ* (en allemand, *Vieh-Feld* ou *Hoch-Feld*). La cime la plus haute de la Forêt-Noire, groupe de montagnes en tout si semblable aux Vosges, porte le nom de *Feld-Berg*. Ces noms indiquent tous un champ élevé, par conséquent un lieu découvert et dominant et probablement sacré.

« Les *hautes chaumes* sont pour les Vosges ce que les *hautes fagnes* sont pour les Ardennes et les *landes* pour la Bretagne. Ces trois formes de prairies élevées sont éminemment caractéristiques pour les trois régions naturelles que je viens de nommer. Chaque région vraiment naturelle possède ainsi, presque toujours, quelques formes spéciales, dont l'instinct des habitants, même les plus anciens, n'a jamais manqué d'être frappé, et dont le nom revient constamment dans leur bouche lorsqu'ils parlent aux étrangers des particularités de leur pays. »

Les montagnes gréseuses qui constituent les Vosges moyennes ont un tout autre caractère que les ballons. Au lieu de présenter des contours arrondis, elles sont aplaties ; leurs pentes sont plus escarpées, leurs couches ont des angles saillants et elles se terminent par des cimes. On peut citer le Donon (1,013 mètres) (fig. 722) couronné de grandes roches de grès contenant des galets quartzeux. Les touristes connaissent bien cette montagne d'où l'on peut embrasser, de la terrasse terminale, un vaste horizon comprenant la plus grande partie de la Lorraine, de l'Alsace et du grand-duché de Bade. D'autres sommets gréseux importants sont le Haut-du-Tault (980 mètres), le Haut-du-Roc (1,016 mètres), le Climont (974 mètres).

Les Basses-Vosges, qui s'étendent au nord de Saverne jusque vers le mont Tonnerre dans la Bavière Rhénane, constituent une sorte de plateau formé de grès vosgien et remarquablement uniforme, bien qu'il y ait quelques parties saillantes, comme le *Gross-Wintersberg* (527 mètres) se dressant au-dessus du pays environnant, dont l'altitude est d'environ 400 mètres. L'aspect des Basses-Vosges couvertes de forêts de hêtres, de chênes, de bouleaux et presque désertes, diffère beaucoup de celui bien plus varié des Vosges méridionales.

Des fractures nord-nord-est se trouvent à la bordure rhénane des Basses-Vosges, et aussi à l'intérieur du massif de grès. Des fractures de même direction limitent sur le versant rhénan, les Vosges cristallines ou Hautes-Vosges,

Fig. 722. — Vue du Donon, prise du versant lorrain, d'après un dessin de M. G. de Golbéry
(*Annuaire du Club alpin français*, 1879).

Fig. 723. — Lac des Corbeaux. (Photographie communiquée par M. Velain.)

au contact des formations secondaires et tertiaires.

L'un des caractères les plus remarquables des Hautes-Vosges est l'existence de lacs et de tourbières. Celles-ci se sont développées dans des dépressions des montagnes et aussi jusque vers les cimes, telles sont les tourbières des Hautes-Chaumes du Champ-de-Feu ; on en voit sortir des petits ruisseaux qui coulent sur les pentes.

Les lacs sont nombreux dans la région cristalline des Vosges. Dans les Hautes-Chaumes de Pairis, près de l'ancienne abbaye de ce nom, on trouve les deux lacs dont l'altitude est la plus considérable : le lac Blanc dont la surface est à 1,054 mètres au-dessus du niveau de la mer, et le lac Noir à 950 mètres. « Leur aspect est sévère et des plus sauvages ; leurs amphithéâtres sont en grande partie formés de rochers sourcilleux. Ces rochers et l'azur du ciel se réfléchissent seuls dans les eaux du lac Blanc. Quelques arbres adoucissent l'âpreté du paysage sur les bords du lac Noir. » (E. de Beaumont). Au nord du Hohneck il y a une sorte de cirque analogue aux deux précédents, mais occupé par une simple flaque d'eau, le lac Vert. Un autre à bords très rapides, en forme d'entonnoir, est le lac du Ballon, sur le flanc septentrional du ballon de Guebwiller. Les talus sont rectilignes, inclinés à 26 ou 28°. La surface du lac est à environ 900 mètres au-dessus du niveau de la mer et les parois s'élèvent à plus de 250 mètres au-dessus des eaux ; la profondeur est de 30 mètres.

Les lacs les plus célèbres sont ceux du versant lorrain, près du col de la Schlucht, ceux des Corbeaux (fig. 723), du Marchais, de Blanchemer, Retournemer, Longemer (fig. 724), Gérardmer, occupant les dépressions du massif granitique. Le lac de Retournemer (800 mètres au-dessus du niveau de la mer) communique par un émissaire avec celui de Longemer (746 mètres). De ce dernier sort la Vologne, bien connue par sa cascade du Saut-des-Cuves. Ce cours d'eau reçoit lui-même l'émissaire du lac de Gérardmer (631 mètres au-dessus du niveau marin). Le lac de Gérardmer, le plus vaste de tous les lacs lorrains, est la gloire des Vosgiens, qui répètent ce vieux dicton : « Sans Géradmer et un peu Nancy, que serait la Lorraine ? » Ces nappes d'eau du versant occidental ont en effet un charme pénétrant qu'expriment bien les lignes suivantes d'Élie de Beaumont (1). « On trouverait difficilement des réduits plus calmes, plus solitaires,

(1) *Explication de la Carte géologique de la France*, t. I, p. 277.

plus propres à une méditation silencieuse, que ces amphithéâtres creusés dans les flancs de montagnes inhabitées. Vues des pentes boisées qui les dominent, ces eaux bleues et tranquilles semblent comme un miroir placé au fond d'une coupe de verdure. Elles sont entourées d'une végétation vigoureuse, dont la beauté est due en partie à l'abri que produit naturellement le contour, presque complétement fermé, de leurs bassins. Des sapins séculaires, des hêtres magnifiques, croissent sur ces pentes rectilignes, et mélangent leurs feuillages de mille teintes diverses, jusqu'à leurs limites supérieures. Cette forêt fait un effet d'autant plus agréable qu'elle change de caractère en s'élevant, comme les fleurs d'un bouquet symétriquement disposé. Vers la base les arbres sont grands et les sapins blancs dominent souvent parmi eux. Ils y naissent et meurent en paix, et on en voit des troncs séculaires, morts de vieillesse et restés sur pied au milieu de la verdure. A mesure que l'on s'élève ils cèdent la place aux hêtres, auxquels se mêlent des sapinettes, des frênes, de très beaux planes (1), de magnifiques tilleuls, ainsi que des merisiers, des saules, des sorbiers, des oiseaux, etc. Les framboisiers, l'osier fleuri, occupent toutes les parties où les arbres sont petits et clairsemés. Tout au haut de l'amphithéâtre on voit finir tous les arbres, à l'exception des hêtres, qui, restés maîtres du terrain, tendent déjà eux-mêmes à disparaître. Ils deviennent petits, crochus, en quelque sorte nains, et se perdent sous forme de buissons, comme nous l'avons déjà souvent remarqué dans les pelouses qui couvrent le dôme du Ballon et celui du Hohneck. »

La plupart des lacs des Vosges sont attribués à l'action des glaciers de la période pléistocène. Des moraines frontales ont barré les vallées et ont ainsi retenu les eaux. Ces moraines sont très nettes en bien des points ; elles sont formées de sables, de galets et de fragments anguleux ; le tout présente une stratification incomplète due à l'action des eaux provenant de la fusion des glaces. On doit citer notamment les moraines du lac aujourd'hui desséché de Frondomeix, des lacs des Corbeaux, Blanchemer, Longemer et Gérardmer. C'est la moraine terminale de Gérardmer qui empêche les eaux du lac de se déverser dans la vallée de Cleurie, conformément à la pente du sol, et les force à se porter vers la Vologne.

(1) Plane, sorte d'érable (*Acer platanoïdes*).

Fig. 724. — Vallée des lacs Retournemer et Longemer. (Photographie communiquée par M. Velain.)

Nous avons déjà eu l'occasion [1] de signaler les nombreuses traces de l'action glaciaire dans les Vosges. Outre les moraines des lacs,

on doit lui rapporter la moraine qui barre en partie la vallée de la Moselle au Longnet, au-dessus d'Éloyes, les moraines de la vallée de

Fig. 725. — Roches Margoi, granite vosgien. (Photographie communiquée par M. Velain.)

Saint-Amarin, les roches polies et striées qu'on remarque dans cette vallée près de Wesserling et de nombreux blocs erratiques. Ils sont sur-

tout abondants aux environs de Giromagny, où un bloc de diorite verte atteint le volume de 60 mètres cubes [1]. Il y en a au sommet des

(1) page 118.

(1) Falsan, La période glaciaire, p. 514.

moraines frontales: ainsi à Gérardmer, et aussi sur les plus hauts sommets comme le Hohneck et les Ballons. On doit en conclure l'existence dans les Vosges, pendant le Pléistocène, de grands glaciers descendant des plus hautes montagnes des Vosges. Il faut probablement admettre avec MM. Fliche et Bleicher que dans les Vosges, comme ailleurs, la période glaciaire n'a pas été simple ; deux périodes glaciaires se sont sans doute succédé : l'une longue, pendant laquelle un creusement des bassins lacustres a commencé ; ensuite les eaux provenant de la fusion des glaces ont fourni les entonnoirs profonds de certains des lacs, comme le lac Blanc ; enfin, une seconde période glaciaire survenant (1), les dépressions formées ont été occupées par de nouveaux glaciers, dont la disparition a laissé en place les moraines qui s'opposent aujourd'hui à l'écoulement des eaux, moraines d'ailleurs remaniées par les eaux elles-mêmes.

Un certain nombre de sources minérales sont en rapport dans les Vosges avec les lignes de fracture ; telles sont dans les Hautes-Vosges les sources de Châtenois, Watteviller, Soultzbach et Soultzmatt placées sur le versant alsacien, et les eaux salées de Soultz-les-Bains sur le même versant dans les Vosges gréseuses. Le versant lorrain présente Bussang, dont les eaux sortent de fractures affectant un massif carbonifère, et plus loin, tout au bord du versant occidental ou méridional, les sources de Plom-

bières (département des Vosges) et de Luxeuil (département de la Haute-Saône). A Plombières, les sources, au nombre de vingt-sept, sont les unes froides, les autres chaudes, certaines atteignent la température de 74°. Ces sources qui sortent du granite sont disposées sur des fractures dont la direction générale est nord-est-sud-ouest. Leurs eaux contiennent des silicates, notamment du silicate de soude ; certaines déposent une sorte de savon minéral qui est un hydrosilicate d'alumine. Les sources de Plombières, et de même celles de Luxeuil, ont été connues des Romains qui avaient aménagé des thermes dans ces localités.

Les sources de Luxeuil sortent des grès bigarrés qui forment la limite méridionale des Vosges. La température des plus froides est de 10° ou 11° et celle des plus chaudes de 55°. Ces eaux contiennent différentes substances : du chlorure de sodium, du carbonate et du sulfate de soude, du sulfate de magnésie, du carbonate de fer et de la silice.

Ayant étudié les grands traits de la structure des Vosges, nous allons aborder maintenant l'étude des diverses formations géologiques qui les constituent. Ces formations sont variées, comme le montre la carte géologique ci-jointe (fig. 726), empruntée à l'intéressant ouvrage de M. Bleicher sur la région qui nous occupe. Nous commencerons par les roches cristallines : terrain primitif et roches granitiques.

LE TERRAIN PRIMITIF ET LES ROCHES GRANITIQUES DANS LES VOSGES.

Le terrain primitif et les roches granitiques forment essentiellement les Hautes-Vosges ou Vosges méridionales, qui présentent, en outre des schistes cambriens, des calcaires dévoniens, du Carbonifère et du Permien. Le massif gneisso-granitique atteint sa largeur maximum entre Wintzenheim et Remiremont et va en s'amincissant vers le nord et le nord-est.

Le terrain primitif, qu'on peut particulièrement bien observer au Champ-du-Feu, aux environs de Sainte-Marie-aux-Mines et à l'est de Saint-Dié, se compose de gneiss. Ce dernier peut se diviser en deux parties : un gneiss ancien à grain grossier, se chargeant souvent de mica, et passant alors au micaschiste, et un gneiss plus récent ou gneiss à grenat, accom-

(1) Voir G. Bleicher, *Les Vosges, le sol et les habitants* (Bibliothèque scientifique contemporaine). Paris, 1890, p. 106.

pagné de gneiss amphiboliques et de serpentines. Il est accompagné aussi de *leptynite*, roche claire à grain fin, composée de grenat, de quartz et d'orthose. Ce gneiss est traversé aussi par de la diorite et des porphyres. Dans le gneiss se trouvent des amas subordonnés de graphite et de calcaire. Le gneiss de la Croix-aux-Mines, de Fraize, et de Sainte-Croix-aux-Mines contient encore des écailles de graphite qui n'ont d'ailleurs pas d'importance. Au contraire, les calcaires de Saint-Philippe, près de Sainte-Marie, sont exploités comme pierre à chaux. Ils renferment beaucoup de mica et sont de véritables cipolins. Sur le versant français, au Chippal, à Laveline-devant-Saint-Dié, les cipolins, de couleur grise ou bleuâtre, sont exploités comme marbres et sont assez estimés.

Les roches granitiques des Vosges compren-

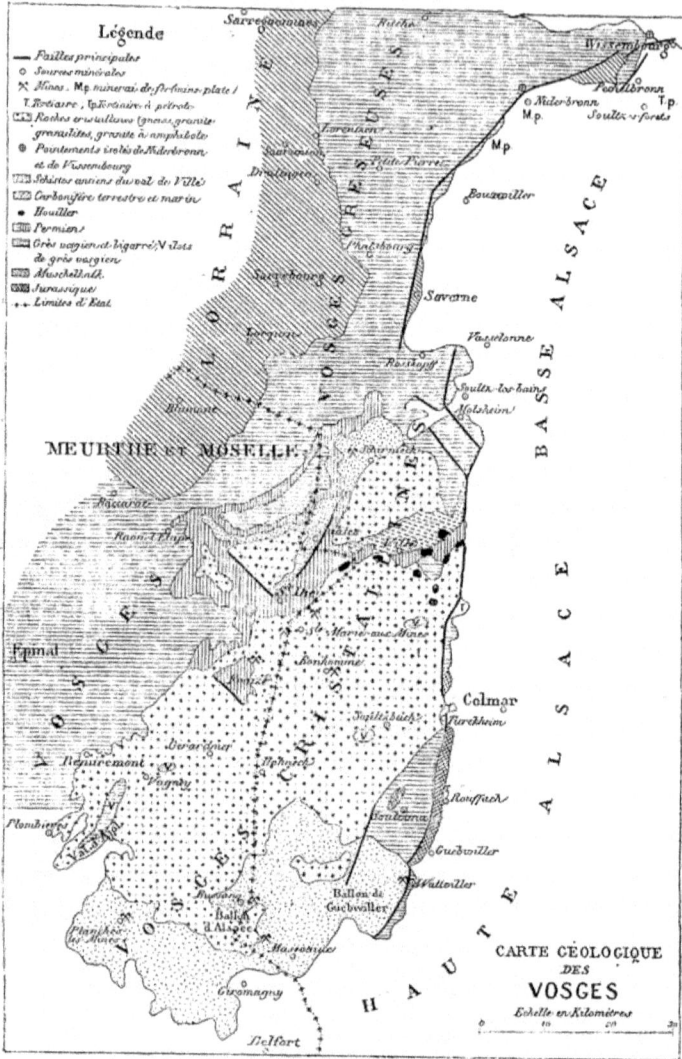

Fig. 726. — Carte géologique des Vosges (M. Bleicher).

nent diverses variétés de granite proprement dit et de granulite ou granite à deux micas (blanc et noir), (fig. 725). Le granite ordinaire ou granitite se présente sous deux formes : le *granite commun* à petits grains se montre notamment au Hohneck et dans la gorge de la Vologne. Le *granite porphyroïde* ou à grands cristaux constitue toute la crête des Vosges depuis le col du Bonhomme, sur la route de Colmar à Bruyères, jusqu'au col de Bussang, sur la route de Thann à Remiremont (1). C'est dans ce granite que sont creusés les lacs Blanc et Noir et celui de Gérardmer. Le granite porphyroïde contient généralement deux feldspaths, l'orthose et un plagioclase; le mica noir passe souvent au vert par suite d'une décomposition. Le granite commun peut passer au leptynite, ainsi au Haut-du-Them (commune de Servance) et à Plancher-les-Mines, où le granite contient quelques grenats. Ailleurs, par exemple, au massif du Brézouard, entre le Bonhomme et la vallée de Sainte-Marie-aux-Mines, le granite se charge de stéatite et passe ainsi à une protogyne caractérisée.

Le granite des Vosges contient souvent de l'amphibole. Ce minéral peut devenir très abondant, on a alors un granite amphibolique ou syénitique où le feldspath prend une teinte rouge. Cette roche, couleur rougeâtre ou feuille-morte, est très abondante dans les Vosges méridionales, où on l'exploite comme pierre de taille. Le granite syénitique se montre dans les environs du Tillot, dans la vallée du Valtin et passe très souvent à la syénite proprement dite en perdant son quartz. La syénite est une roche granitoïde sans quartz, dont les éléments essentiels sont l'orthose et l'amphibole. C'est la syénite qui forme les ballons d'Alsace et de Servance. Une variété de syénite est la minette, où l'amphibole est remplacée par le mica noir. Cette syénite micacée tire son nom de ce qu'elle est associée à Framont à la *mine de fer*, amas de fer oligiste et de fer dont l'exploitation est aujourd'hui abandonnée.

La granulite ou granite à mica blanc est fréquente dans les Vosges, où on la confond souvent avec le leptynite. Elle est injectée dans le gneiss comme à la cascade de Gréhard, ou bien forme des filons dans la syénite comme à Plombières. Les variétés compactes de granulite des Vosges portent le nom d'*aplites*.

Parfois la granulite passe à l'état de pegmatite : le quartz et le feldspath s'engagent l'un dans l'autre, affectant l'apparence de caractères cunéiformes ou hébraïques, et le mica blanc devenu moins abondant s'agglomère par place, constituant des masses palmées d'un blanc d'argent. Ces pegmatites, de couleur claire, blanche ou rosée, forment des filons dans le gneiss de Sainte-Marie et de Sainte-Croix ; elles sont abondantes surtout dans les vallées de Fertrupt, de Phaunoux et de Saint-Philippe. Ce qu'on appelle pegmatite aux environs de Raon-l'Étape n'est qu'un granite où le mica est peu abondant (1).

D'autres roches communes dans les Vosges sont les diorites, roches d'une teinte noire verdâtre, composées de cristaux d'amphibole et de feldspath plagioclase. Elles sont associées aux syénites et aux granites amphiboliques. Souvent des filons de diorite traversent le granite, ainsi au Ban-de-la-Roche et aux environs du Champ-du-Feu. Des diorites bien caractérisées existent aussi dans le voisinage de Schirmeck. Au Donon, on voit de la diorite au-dessous du grès vosgien.

Les roches éruptives dont nous venons de parler ont fait éruption avant le Carbonifère : les granites francs d'abord, puis les syénites, les granulites et les diorites ; nous aurons plus bas à signaler de nombreuses éruptions d'âge carbonifère ou permien.

LES TERRAINS PRIMAIRES DES VOSGES.

Dans les Vosges, les terrains sédimentaires les plus anciens consistent en schistes cambriens formant une large bande aux environs de Val-de-Villé. Ils bordent depuis Saales jusqu'à Andlau le pied du massif granitique du Champ-du-Feu. En certains points, comme dans la forêt de Hohwald et au nord de Villé, ces schistes sont très fissiles et sont exploités comme ardoises. A Steige, dans le val de Villé, on trouve des schistes sériciteux gris, blanchâtres, jaunâtres, verdâtres, lie-de-vin et des schistes noir pailleté. Les schistes de Steige (*Steiger Schiefer*) présentent de beaux exemples du métamorphisme dû à l'action des roches éruptives, exemples étudiés en détail par M. Rosenbusch aux environs de Barr et d'Andlau. Il y a là un granite à mica noir sur lequel est bâtie la ville d'Andlau. M. Rosenbusch attribue le métamorphisme à cette roche, mais en réalité on doit le rapporter à la granulite qui présente dans le granite des filons nombreux (2).

(1) *Explication de la Carte géologique de France*, t. I, p. 303.

(1) *Explication de la Carte géologique de France*, p. 311.

(2) Notes prises au cours de M. Fouqué, au Collège de France, 1887-88.

DISTRIBUTION DU CARBONIFÈRE DANS LA RÉGION DES VOSGES

Échelle 1:120.000

Fig. 727. — Distribution du Carbonifère dans la région des Vosges (d'après M. Vélain).

On peut distinguer plusieurs zones de transformation. La première, la plus éloignée de la roche éruptive, est celle des phyllades noduleux (*Knotenthonschiefer*); les schistes contiennent des nodules où se trouve concentrée la matière amorphe des schistes, tandis que les cristaux sont moins nombreux que dans la roche ambiante. La seconde zone, celle des schistes micacés noduleux (*Knotenglimmer-*

schiefer), présente des nodules moins nets, la séricite des schistes est remplacée par du mica noir, le schiste devient tout entier un schiste micacé. Plus près de la roche éruptive se trouve la troisième zone, celle des cornéennes (*horn-fels*), où la matière colorante des schistes a disparu, la roche est blanche, il n'y a plus de nodules ; le mica noir, le quartz sont abondants et la mâcle ou andalousite se développe, la schistosité n'existe plus. Enfin, au contact même, il y a mélange complet avec la granulite, celle-ci entre en entier dans le schiste.

Le Dévonien est représenté dans les Vosges. Aux environs de Schirmeck, il y a des calcaires contenant des Goniatites. Dans la vallée de la Bruche on a recueilli des fossiles dévoniens dans un calcaire gris : *Stringocephalus Burtini, Calceola sandalina*, etc. Les roches éruptives à amphibole (syénites et granites amphiboliques) ont métamorphisé le calcaire dévonien de Rothau, comme l'a reconnu M. Daubrée (1). Ce calcaire est transformé jusqu'à plusieurs centaines de mètres des granites amphiboliques. Les cristaux d'amphibole, de grenat, d'axinite y ont pénétré. Les empreintes laissées dans le calcaire par les Polypiers (*Calamopora spongites*) sont accompagnées de ces divers minéraux, parmi lesquels l'amphibole est le plus abondant. Certains Polypiers même sont remplacés sans déformation par ces produits du métamorphisme.

Le Carbonifère débute dans les Vosges par des éruptions de roches brunes ou jaunâtres ou ayant une teinte bleuâtre. Ces roches, appelées par Élie de Beaumont *porphyres bruns*, correspondent aux orthophyres noirs de la Loire. Ce sont des porphyrites pétrosiliceuses où, dans la pâte riche en sphérolithes quartzeux, il y a des cristaux d'amphibole, d'oligoclase, d'orthose et de fer oxydulé. Les teintes variées de ces porphyrites sont dues à des altérations. Ces porphyres bruns sont très répandus, ainsi au ballon de Guebwiller, dont la cime est formée de ces porphyres et de roches carbonifères métamorphisées par eux, dans les vallées de Saint-Amarin, de Thann, etc. Les roches de Raon-l'Étape, qualifiées du nom de *trapps*, sont aussi des porphyrites. Il en est de même des grands dykes à labrador de Belfahy, de Faucogney, de Giromagny, dont la roche imite le porphyre vert antique. Les porphyrites forment parfois des colonnades prismatiques, comme aux Étroitures dans le nord de Ternuay. Aux environs de Giromagny, les porphyrites sont accompagnées de microgranulites à grands cristaux d'orthose. Dans la vallée de la Bruche, au pied du Donon, on trouve des schistes transformés en cornéennes par des injections de porphyrites, et au-dessus se montrent de puissants massifs calcaires exploités comme marbres. M. Vélain (2) a trouvé

dans ces calcaires, près de Schirmeck, des fossiles qui permettent de les rapporter aux couches marines de l'étage dinantien. On y trouve des coquilles de la faune de Visé : *Productus cora, Orthis resupinata, Martinia lineata, Spirifer bisulcatus, Dielasma hastata, Rhynchonella cuboïdes*, etc. A Plancher-les-Mines, M. Jourdan a trouvé des schistes contenant le *Productus giganteus* associé aux genres *Euomphalus* et *Philipsia*. M. M. Bleicher et Mieg, dans les Vosges méridionales, aux environs de Burbach, ont trouvé des schistes et de grauwackes avec fossiles marins : *Spirifer bisulcatus, Spirifer lineatus, Productus cora, Orthis resupinata, Capulus Œhlerti, Naticopsis elegans*, déjà trouvés dans les calcaires de la vallée de la Bruche. Ainsi, au commencement de la période carbonifère, les Hautes-Vosges étaient baignées sur leur lisière orientale par un golfe qui pénétrait au nord dans l'intérieur du massif, dans une dépression dont l'emplacement est aujourd'hui occupé par la vallée de la Bruche. Ce golfe, après avoir de même côtoyé le Morvan et le Plateau Central, devait venir se relier à la mer qui couvrait alors les régions méditerranéennes (1).

Mais ce qui domine dans le Carbonifère des Vosges, c'est la formation côtière et terrestre appelée le *Culm*. Dans la vallée de la Bruche il y a près de Tomesbach des grès arkosiques à pavé et des schistes où l'on trouve des empreintes de végétaux : *Bornia, Sphenophyllum*. Près d'Hersbach et de Lutzelhausen, les schistes et les grauwackes contiennent des empreintes de *Sphenopteris* et de *Lepidodendron*. Les végétaux sont particulièrement nombreux dans la région de Thann, sur le versant alsacien, où la roche vulgairement appelée grauwacke n'est autre chose qu'un ensemble de brèches et de tufs porphyritiques. Il y a là, de même qu'à Rougemont près de Belfort, des frondes de *Cardiopteris frondosa, Sphenopteris Schimperi*, le *Bornia radiata*, le *Lepidodendron Weltheimianum*. A Burbach, près de Thann, on a trouvé, avons-nous vu, des fossiles marins ; ces couches en question sont inférieures aux couches à *Bornia*, mais les fossiles marins sont accompagnés de végétaux, de débris de *Lepidodendron*, indiquant que le dépôt s'est effectué le long d'un rivage en voie d'émersion. Les eaux, par suite de ce mouvement d'émersion dû à des plissements, n'ont plus occupé à l'intérieur du massif des Hautes-Vosges que de petits bassins lacus-

(1) Daubrée, *Géologie expérimentale*. Paris, 1879 p. 141.
(2) Vélain, *Le Carbonifère dans la région des Vosges* Bull. Soc. Géol., 3ᵉ série, t. XV, 1887, p. 703).

(1) Vélain, p. 713.

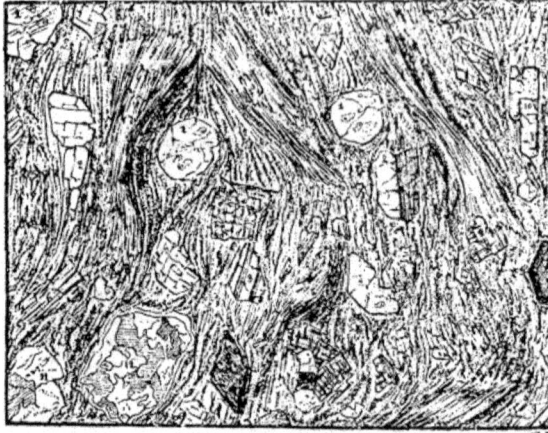

Fig. 728. — Argilolite de Faymont, vue au microscope polarisant (d'après M. Vélain). — 1, quartz bipyramidé ; 2, orthose ; 3, microcline ; 4, mica blanc ; 5, mica noir ; 6, mica noir chloritisé ; 7, amphibole ; 8, amphibole chloritisé ; 9, tourmaline ; 10, débris de granulite ; 11, débris de quartz granulitique ; 12, talc ; 13, magma fluidal complètement amorphe chargé de granulations opaques.

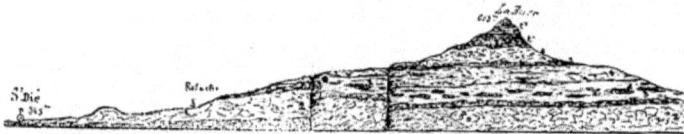

Fig. 729. — Coupe du grès rouge entre Saint-Dié et la Bure (d'après M. Vélain). — t¹, grès vosgien ; t², grès bigarrés ; 1-6, Permien moyen (conglomérat porphyrique, grès argileux et argiles rouges, grès rouges avec dolomie, grès argileux supérieurs avec éléments porphyriques).

Fig. 730. — Coupe du grès rouge dolomitique (environs de Moussey), (d'après M. Vélain). — t¹, grès vosgien ; t², grès bigarrés ; Gr, grès rouge permien ; d, rognons d'agate et galets de mélaphyre ; M, mélaphyre ; N, porphyre quartzifère ; S, schistes carbonifères.

Fig. 731. — Coupe géologique du versant lorrain des Vosges. — D, diorite ; P, porphyre ; Gr, grès rouge (Permien) ; Gv, grès vosgien ; Gb, grès bigarré (M. Bleicher, Guide du géologue en Lorraine).

tres, où les torrents ont accumulé, avec des sédiments détritiques : arkoses, schistes argileux,
des débris végétaux. Ces derniers en se déco m-
posant ont fourni de la houille.

Il existe en effet de petits bassins houillers
localisés les uns au pied des ballons d'Alsace
et de Servance, les autres entre le massif du
Champ-de-Feu et les montagnes qui dominent
les vallées de la Liepvrette et du Giesen (fig.
727). L'abbé Boulay les a rangés, d'après leur
flore, en quatre groupes distincts :

Le premier comprend les bassins de Saint-
Hippolyte et de Roderen, sur le versant rhénan. Ils sont supportés par les roches granitiques et gneissiques. Ces bassins correspondent
par leur flore avec *Pecopteris dentata*, *Neuropteris heterophylla* et Sigillaires, à la base
du Houiller (étage westphalien, partie inférieure).

Le second groupe plus méridional des bassins
du Hury et de Lalaye correspond à la zone de
Rive-de-Gier. Les Lépidodendrées ont presque
disparu, les *Cordaites* sont abondants. C'est
donc la base de l'étage stéphanien. Il en est de
même pour les bassins de Roppe et de Ronchamp au sud des Ballons; il y a là des *Asterophyllites*, des *Sphenophyllum* (*S. Schlotheimi*),
et les *Walchia* apparaissent.

Le lambeau de Lubine sur le versant lorrain
appartient nettement à l'étage stéphanien ; sa
flore est analogue à celle du faisceau moyen de
Saint-Étienne. Enfin le quatrième groupe est
constitué par les schistes et grès houillers du
val de Villé. On peut le rattacher à la partie
supérieure du Stéphanien. A Erlenbach, il y a
même avec les espèces houillères (*Pecopteris
cyathea*, *Calamites Suckowi*) des espèces permiennes comme *Tæniopteris multinervis*, *Ul-
mannia lanceolata*.

Plusieurs de ces bassins houillers sont exploitables, notamment ceux du val de Villé, mais
le seul qui ait donné lieu à une exploitation
importante est celui de Ronchamp (Haute-Saône)
qui fournit par an 300 000 tonnes environ. La
puissance des couches de combustible ne dépasse pas 28 à 32 mètres; la surface utile est de
600 hectares. Des failles nombreuses et des protubérances du sous-sol appartenant au Carbonifère marin ont longtemps empêché l'exploitation. On se bornait à exploiter la couche la
plus supérieure aujourd'hui épuisée. Les schistes qui recouvrent cette couche sont alumineux,
et sur l'indication de Guettard et Lavoisier, qui
visitèrent Ronchamp en 1767, on avait entre-

pris de s'en servir pour fabriquer de l'alun (1).

Le Permien est développé dans diverses parties des Vosges. Il repose soit sur le Carbonifère, comme à Sénones et à Moussey, soit sur le
gneiss ou la granulite, comme à Faymont, dans
le val d'Ajol, entre Bruyéres et Saint-Dié. A Ronchamp, il repose sur le Houiller, de même à
Villé, dans la dépression qui sépare le Champ-
du-Feu des montagnes de Sainte-Marie-aux-
Mines. Parfois le Permien est relevé jusqu'à
600 ou 800 mètres et couronne alors les montagnes, comme à la Vêche près de Faymont et
à la Grande-Fosse, mais le plus souvent, au
contraire, il n'occupe que la base des montagnes et se trouve recouvert par le grès vosgien
du Trias (2).

La roche dominante du Permien des Vosges
est un grès rouge argileux présentant souvent
des conglomérats d'un rouge violacé avec de
nombreux fragments de pophyres pétrosiliceux. Mais les grès rouges ne sont que le terme
supérieur du Permien des Vosges. On trouve à
leur partie inférieure des tufs argileux dont la
couleur varie du bleu verdâtre au rouge amarante et au blanc. Ce sont les *argilolites*. Ces
couches se montrent en relation directe avec
des coulées de porphyre pétrosiliceux, et ne
sont autre chose que le résultat des projections
de cendres et de lapilli qui ont accompagné la
sortie des roches éruptives. Ces argilolites reposent à Ronchamp et dans le bassin de Villé
sur le Houiller et sont surmontées par les grès
rouges. Dans le val d'Ajol elles sont beaucoup
plus développées ; à Faymont elles atteignent
25 mètres d'épaisseur et reposent là sur le
gneiss; au Géhard elles se trouvent sur la granulite. On voit partout dans ces argilolites du
val d'Ajol pénétrer des nappes porphyriques et
tous les passages existent entre la roche éruptive et ces roches détritiques.

M. Vélain a étudié microscopiquement les argilolites (fig. 728). Dans une pâte amorphe avec
des zones de fluidalité bien marquée, il y a des
amas de quartz, de mica blanc et noir, d'amphibole, etc. Le fer oxydulé, assez abondant,
provient de la décomposition du mica noir et de
l'amphibole. L'altération des éléments ferrugineux a aussi donné lieu aux diverses colorations rougeâtres, violacées ou verdâtres des
argilolites. Celles-ci peuvent être très silicifiées,

(1) *Explication de la Carte géologique de France*, p. 685.
(2) Vélain, *Le Permien dans la région des Vosges* (*Bulletin de la Société géologique*, 3e série, t. XIII, 1885,
p. 536).

deviennent compactes et portent alors improprement le nom d'*arkoses*. C'est ce qui a lieu dans la montagne de la Vèche où les argilolites sont traversées par un large filon de quartz.

L'âge permien des argilolites est bien déterminé par la flore qu'on y trouve. Ces projections porphyriques ont enseveli toute une riche végétation dont les débris sont très répandus dans le val d'Ajol. Il y a de nombreux troncs silicifiés et des empreintes de feuilles. On trouve notamment des *Cordaïtes*, des *Calamodendrons*, le *Pecopteris cyathea*, le *Callipteris conferta*, le *Sphenophyllum angustifolium*. Cette flore rappelle celle des schistes bitumineux d'Autun.

Le grès rouge est particulièrement développé sur le versant lorrain aux environs de Sénones, de Saint-Dié, de Bruyères (fig. 729). Il peut atteindre près de Saint-Dié une épaisseur de 150 mètres. A sa base il y a des conglomérats avec nombreux fragments de porphyre pétrosiliceux et des argiles rouges. Dans la masse du grès existent des dolomies parfois très développées, notamment au-delà de Saint-Dié, à Raon-sur-Plaine, Petite-Raon, Moussey (fig. 730), etc., où on les exploite pour la fabrication de la chaux. Le grès vosgien surmonte le grès rouge permien et la séparation des deux terrains est toujours très nette; la surface de contact est ravinée, ondulée, et le grès rouge argileux, peu résistant, offre des pentes douces, au-dessus desquelles le grès vosgien forme une falaise abrupte. La partie supérieure des grès rouges est recouverte à la Grande-Fosse par des coulées de mélaphyres andésitiques, qui forment ainsi le terme supérieur du Permien des Vosges.

La période permienne dans les Vosges a été marquée par une grande activité éruptive. Au début se sont produites des éruptions de por-

Fig. 732. — Château et rochers du vieux Windstein, près Niederbronn (grès vosgien), d'après M. F. Piton.

phyre pétrosiliceux dont les tufs argileux, avons-nous dit, sont précisément les argilolites. Il y a également des pyromérides. Les porphyres forment souvent de belles coulées, très pittoresques. A la jolie cascade du Nydeck, près du Ban-de-la-Roche, il y a une coulée de 20 mètres d'épaisseur divisée dans toute sa hauteur en grandes colonnades prismatiques.

Le dépôt du grès rouge a coïncidé avec l'émission de porphyrites et de mélaphyres dont les tufs sont mélangés aux grès rouges. Les coulées de mélaphyres sont interstratifiées dans les grès. Ces mélaphyres, d'un noir grisâtre ou bruns dans les coulées préservées du contact de l'air, sont décomposés, terreux et violacés dans les parties moins protégées. A l'œil nu, on ne peut y distinguer que des cristaux blancs de feldspath. Quand on étudie ces roches au microscope, comme l'a fait M. Vélain, on voit que la masse se compose de microlithes de labrador ou d'oligoclase et de granules de fer oxydulé et d'augite (1). Les cristaux les plus grands consistent en labrador, augite, fer oxydulé et péridot. Lorsque la roche est en partie décomposée, on trouve des amas verdâtres ou des veines de serpentine provenant de l'altération

(1) Voir *La Terre, les Mers et les Continents*, fig. 478, page 403.

du péridot. Souvent aussi les mélaphyres présentent des vacuoles remplies des silicates hydratés appelés zéolithes (mésotype, analcime, mésolite). Les mélaphyres les plus anciens sont labradoriques, tels sont ceux de Petite-Raon, de Sénones, de Provenchères, de Rénemont. Ceux plus récents de la Grande-Fosse, qui surmontent les grès rouges, contiennent de l'oligoclase.

Les éruptions permiennes du val d'Ajol se sont terminées par l'émission de filons de quartz contenant du fer oligiste, ainsi à Faymont et à la Poirie. Les Vosges en effet sont riches en filons métallifères. Il y a beaucoup de filons ferrugineux près du col de Bussang et dans les vallées de Saint-Amarin et de Massevaux. A Framont on a exploité pendant longtemps des amas de fer oligiste et de limonite. Dans les porphyres bruns près de Giromagny, il y a des filons remplis de galène et de minerais de cuivre contenant de l'argent. La galène argentifère existe aussi à Faucogney (Haute-Saône). Dans le gneiss de Sainte-Marie et de la Croix courent des filons contenant des minerais de plomb, de cuivre, d'arsenic et d'argent. Mais tous ces gisements sont aujourd'hui abandonnés et les exploitations minières des Vosges n'ont laissé qu'un souvenir que perpétuent les noms de Plancher-les-Mines, Sainte-Marie-aux-Mines, Sainte-Croix-aux-Mines, la Croix-aux-Mines, etc.

LE TRIAS DES VOSGES.

Les montagnes des Vosges, qui s'étendent à l'ouest des Ballons et vers le nord depuis le Donon, et que prolonge au delà du col de Saverne le plateau des Basses-Vosges, sont formées de grès. On y trouve à la base les grès rouges permiens. Au-dessus vient le grès vosgien recouvert lui-même par les grès bigarrés. Ces deux sortes de grès constituent l'étage inférieur du Trias.

Les montagnes gréseuses ont, comme on l'a vu déjà, une forme toute différente de celle des Ballons. Elles sont aplaties, de formes carrées et à pentes raides. C'est ce que montre bien le Donon (fig. 731) couronné par une épaisseur de grès vosgien d'environ 300 mètres. Les couches sont sensiblement horizontales, les pentes sont rapides et couvertes en certains points de blocs de grès ; la montagne se termine par une grande terrasse. Le grès vosgien est un grès grossier à grains de quartz cimentés par du peroxyde de fer, qui donne à la masse une couleur rouge brique. Souvent il renferme des couches de poudingues formés de galets de quartz parfois assez volumineux. L'érosion donne souvent aux rochers de grès vosgien qui couronnent le sommet des montagnes, des formes singulières, tenant à ce que les diverses couches successives se sont inégalement dégradées. « Très souvent, dit É. de Beaumont, les agents destructeurs, en arrondissant et en abaissant le sommet, y ont laissé, comme un témoin de sa première hauteur, un rocher stable et taillé à pic, qui peut être comparé à ceux qui s'élèvent le long des escarpements. Les formes carrées de ces rochers, les lignes horizontales qui s'y dessinent, leur donnent un aspect de ruines qui s'allie assez heureusement avec celui des vieux châteaux, dont plusieurs sont, en effet, couronnés (fig. 732).

« Leur position dominante et leurs flancs taillés à pic les rendaient faciles à fortifier. Dans toute la partie des Vosges où l'on parle encore la langue allemande, chacun de ces rochers a fourni les fondements et, pour ainsi dire, l'esquisse d'un château qu'on a taillé en grande partie dans sa masse et qui semble associé à sa durée. D'une portion détachée et plus élevée que le reste, on a fait une tour, dans l'intérieur de laquelle on a taillé un escalier tournant. Dans une partie plus massive, on a ouvert des salles et des chambres. Avec les pierres qu'on en a extraites, on a construit l'étage supérieur et formé les créneaux de la plate-forme. Un petit nombre de très petites fenêtres, entourées d'ornements contournés et délicats, percent les flancs du rocher, qui conserve parfois entre elles sa surface brute et allie aux décorations légères et maniérées de l'architecture gothique des lignes horizontales et des corniches naturelles d'un style plus élevé (1). »

Élie de Beaumont et beaucoup d'autres géologues ont longtemps regardé le grès vosgien comme appartenant au Permien. Mais nous savons déjà que les deux grès diffèrent notablement et que la surface de contact est ravinée. De plus, au Spessart en Bavière, on voit le grès vosgien reposer sur l'étage supérieur (Zechstein) du Permien (2).

Les grès bigarrés recouvrent le grès vosgien.

(1) *Explication de la Carte géologique de France*, t. I, p. 287.
(2) De Lapparent, *Géologie*, 2ᵐᵉ édition, p. 919.

On voit nettement la superposition se faire en différents points, tandis qu'ailleurs, par suite de dénudations, le grès vosgien est absolument découvert. On trouve ainsi souvent les grès bigarrés au pied des montagnes surmontées de grès vosgien, formant des échelons successifs jusqu'à la vallée du Rhin. C'est à la Hornisgrinde, à 1,151 mètres d'altitude, que le grès bigarré s'élève le plus haut.

Les grès bigarrés sont essentiellement micacés, ce qui les distingue du grès vosgien. Leur couleur est variable, rouge, violette, jaune, grise. A l'inverse du grès vosgien dépourvu de fossiles, ils contiennent des empreintes végétales. Ces empreintes, surtout abondantes à Soultz-les-Bains et près de Plombières, sont des *Equisetum arenaceum*, *Voltzia heterophylla*, *Anomopteris Mougeoti*, etc. De plus on a trouvé des débris de Vertébrés : *Mastodonsaurus*, *Nothosaurus*, etc. Comme le grès vosgien, les grès bigarrés fournissent d'excellents matériaux de construction.

Le versant alsacien des Vosges se termine en pente raide par une série de gradins, dus à l'effondrement qui a donné naissance à la vallée du Rhin. Ces gradins constituent des collines étagées où l'on trouve des terrains plus récents que ceux qui constituent la chaîne (fig. 733) : les étages moyen et supérieur du Trias (muschelkalk et marnes irisées), du Jurassique (Lias et Oolithe) et même du Tertiaire (Oligocène). Ces terrains sont visibles à cause de failles puissantes qui longent le versant alsacien dans la direction N.-N.-E. On doit rattacher à ces fractures N.-N.-E. les suintements de bitume de Ribeauvillé et de Saint-Hippolyte et les sources salées et pétrolifères de Pechelbronn dans l'Oligocène d'Alsace, au sud de Wissembourg. Il y a là des sables mélangés de bitume et formant des amas parallèles aux couches du sol. L'épaisseur de ces amas varie de un à deux mètres. Le bitume a d'abord été apporté par une petite source qui a donné son nom (Pech. Bronnen) à la localité. Aujourd'hui par des sondages on a pu obtenir là des jets de pétrole analogues à ceux des États-Unis et du Caucase et fournissant par jour 10,000 litres (1).

Sur le versant lorrain l'allure des couches est beaucoup plus régulière que sur le versant rhénan. Elles plongent vers l'O.-N.-O., recouvertes par le muschelkalk que nous retrouverons plus tard en étudiant la géologie des plaines de la Lorraine.

FORMATION DE LA CHAINE DES VOSGES.

Quelle est l'origine de la chaîne des Vosges ? Cette question a été l'objet de nombreuses études et a fourni matière à bien des discussions. Le premier, Élie de Beaumont traça l'histoire de la formation des Vosges. Il constata l'existence de grandes failles nord-nord-est, telles que celle de Saverne qui se poursuit de Pirmasens au nord, jusqu'à Saales au midi, et qui indique une dénivellation de 200 mètres. Il remarqua la symétrie parfaite que présentent des deux côtés de la vallée du Rhin, les Vosges d'une part, et la Forêt-Noire et l'Odenwald d'autre part. Des deux côtés on voit des gradins provenant d'un effondrement longitudinal ayant donné naissance à la vallée du Rhin. Celle-ci résulte d'une chute en échelons de bandes parallèles limitées par des cassures (fig. 734).

« Me trouvant, dit Élie de Beaumont, le 28 juillet 1836, au lever du soleil, par un ciel sans nuages, sur la cime de Rothi-Fluhe au-dessus de Soleure, je détournai un instant mes regards du spectacle si attachant que m'offraient les Alpes et leurs magnifiques glaciers, pour considérer les lignes moins hardies de la partie septentrionale de l'horizon. Les Vosges présentaient alors les pentes abruptes de leur flanc sud-est par-dessus les crêtes successives du Jura et la plaine de Belfort, et je remarquais en même temps la terminaison escarpée qu'elles offrent en se prolongeant vers le nord le long de la plaine du Rhin. Je suivais de l'œil leur bord oriental jusqu'à la montagne de Sainte-Odile. Je distinguais aussi très nettement le profil de la Forêt-Noire. L'horizon de la Souabe s'élevait doucement vers ce large massif, qui ne se découpait un tant soit peu que vers le Belchen, presque sur le bord de la plaine du Rhin. Le Feldberg se détachait à peine de la ligne générale. La chute rapide du Blauen vers la vallée du Rhin était très sensible. Mes regards s'étendaient sur cette plaine unie, du milieu de laquelle je voyais surgir le petit groupe isolé du Kaiserstuhl, semblable à une taupinière dans le fond d'un large fossé. L'imagination se représentait aisément cette plaine, remplacée par des masses aussi élevées que le

(1) Bleicher, *Les Vosges, le sol et les habitants*, 1890, p. 70.

Vosges et la Forêt-Noire, entre lesquelles elle s'étend, formant de ces deux groupes une seule proéminence légèrement bombée, dont la voûte extrêmement surbaissée s'inclinait légèrement, d'un côté, vers la Lorraine, et de l'autre vers le Wurtemberg. Il semblait qu'il ne manquait que la clef de cette voûte, qui se serait un jour abaissée pour donner naissance à la plaine du Rhin flanquée de part et d'autre par ses culées restées en place, de manière à former sur ses flancs deux escarpements ruineux en regard l'un de l'autre (fig. 734). (1) »

La théorie d'É. de Beaumont, bien que subsistant dans ses grandes lignes, ne rend pas un compte suffisant des faits. Pour Élie de Beaumont il y avait eu d'abord soulèvement du massif des Vosges et de la Forêt-Noire, puis écroulement de la partie médiane. Aujourd'hui la doctrine des soulèvements est absolument abandonnée. Avec MM. Suess et Neumayr, la plupart des géologues ne font plus intervenir dans la formation des chaînes que des mouvements de plissement et des effondrements.

Une première zone de plissement a constitué la chaîne calédonienne ; au sud de celle-ci une seconde zone a formé la chaîne hercynienne de M. Marcel Bertrand, ce que M. Suess appelle les chaînes armoricaine et variscique. Une troisième zone de plissement encore plus méridionale a donné naissance aux Alpes, aux Carpathes, aux Pyrénées. Les deux premières zones sont aujourd'hui disloquées, réduites à des débris restés debout tandis que tout autour d'eux s'est effondré. Ces sortes de piliers stables ont reçu de M. Suess le nom de *horste*. Les monts Grampians, les monts Scandinaves sont des *horste* de la chaîne calédonienne, la Bretagne, le Plateau Central de la France, les Ardennes, les Vosges et la Forêt-Noire, le massif de Bohême sont des *horste* de la chaîne hercynienne. On doit donc se représenter la formation des Vosges de la manière suivante : elles font partie d'une zone de plissement qui date des derniers temps primaires ; les mouvements qui lui ont donné naissance se sont produits pendant le Carbonifère, mais ne se sont pas vraisemblablement arrêtés avant la fin du Permien (2). A la fin de la période primaire les Vosges étaient en relation directe avec le Plateau Central d'une part et le massif de Bohême d'autre part. Des effondrements se sont produits et ont laissé à l'état de *horste* le massif des Vosges, séparé d'ailleurs en outre de la Forêt-Noire par l'effondrement linéaire de la vallée du Rhin. Ces effondrements expliquent l'existence autour du massif cristallin qui constitue le noyau des Vosges de terrains non plissés mais fracturés et disposés en gradins, de telle sorte que la lèvre abaissée de chaque cassure soit la plus éloignée de l'axe du massif.

Quelle a été l'amplitude de ces effondrements et quand se sont-ils produits ? M. Bleicher le premier, dans sa thèse de doctorat intitulée : *Étude comparée des Pyrénées, du Plateau Central et des Vosges*, a émis l'idée que les Vosges ont été primitivement couvertes de toute l'épaisseur du Trias et du Jurassique, que l'on retrouve d'une part à l'ouest des Vosges et d'autre part à l'est de la Forêt-Noire ; il y aurait eu continuité des couches sédimentaires de la Lorraine au Wurtemberg. Cette idée a été reprise par M. Suess et par M. Neumayr. Les couches mésozoïques se sont effondrées autour des Vosges et de la Forêt-Noire restées immobiles. « Ces piliers inébranlables, ces *horste*, dit M. Suess (1), qui sont restés en place entre les divers champs d'effondrement, ne doivent pas leur relief actuel à un soulèvement propre, mais seulement à un effondrement général des régions environnantes. Pour avoir la mesure exacte du mouvement de descente de l'écorce terrestre et celle des érosions qui se sont produites depuis, il faut imaginer sur les Vosges, la Forêt-Noire et leurs prolongements septentrionaux, la masse du Trias et du Jurassique. » M. Suess donne comme argument en faveur de son opinion l'identité des formations jurassiques des deux côtés des Vosges et leur caractère nettement marin sur la lisière de la chaîne. D'ailleurs il y a des restes de terrains jurassiques sinon sur les Vosges elles-mêmes, au moins sur la Forêt-Noire qui lui est identique. En 1887, M. Schuhmacher a découvert sur le flanc du Feldberg, au fond du Val-d'Enfer (grand-duché de Bade) à 1,020 mètres d'altitude, dans une fente du gneiss, un conglomérat dans lequel se trouvaient représentés, sous la forme de débris anguleux, toute la série des roches sédimentaires depuis le grès bigarré et le muschelkalk jusqu'au Lias et même jusqu'à l'oolithe (2). Comment comprendre cette formation à ce niveau élevé autrement que par l'idée

(1) *Explication de la Carte géologique de France*, t. I, p. 436.
(2) Marcel Bertrand, *La chaîne des Alpes et la formation du continent européen* (*Bulletin de la Société géologique*, 3e série, t. XV, p. 440.

(1) Suess, *Das Antlitz der Erde*, t. I, p. 266.
(2) Bleicher, *Les Vosges*, p. 79.

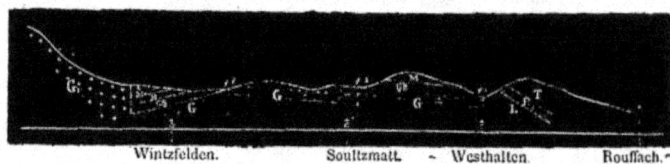

Fig. 733. — Coupe géologique du versant alsacien des Vosges. — *Gr*, granite; *G*, grès vosgien; *GB*, grès bigarré; *M*, muschelkalk; *Mi*, marnes irisées; *L*, Lias; *Ji*, Bajocien; *T*, Tongrien (Oligocène); *f¹f²f³*, failles (d'après M. Bleicher).

d'une érosion qui a dépouillé la Forêt-Noire et les Vosges de leurs manteaux sédimentaires, dans le cours des temps géologiques en les abaissant de près de 1,000 mètres? En résumé, les effondrements qui ont donné naissance aux Vosges et aux autres *horste* hercyniens seraient postérieurs au Jurassique et graduellement, depuis cette époque, le massif aurait perdu de sa hauteur par l'effet des dénudations. Remarquons cependant que l'émersion du massif a peut-être commencé avant la fin du Jurassique, car au Feldberg, M. Schuhmacher n'a pas trouvé de fossiles postérieurs à l'oolithe bathonienne et M. de Lapparent fait remarquer que le Rauracien (Corallien) de la Lorraine, avec ses massifs de Polypiers, a tous les caractères d'un

Fig. 734. — Coupe transversale des Vosges, de la Forêt-Noire et de la vallée du Rhin, d'après M. le professeur Andræ. — I, formations archéennes et paléozoïques plissées; 2, formations mésozoïques composées en partie de grès vosgien; 3, Tertiaire disposé en coin, fissuré du côté gauche par glissement, et recouvert par le diluvium; H, failles principales; N, failles secondaires; V, failles latérales ayant provoqué la formation de gradins.

récif barrière [1]. Le rivage était donc peu éloigné et les Vosges au moins devaient déjà être émergées. Il faudrait d'après cela fixer la formation du massif non à la fin du Jurassique, mais vers le milieu de cette période.

LA MONTAGNE DE LA SERRE.

Comme témoin de l'ancienne continuité des Vosges et du Plateau Central, on peut citer la montagne de la Serre qui se trouve à peu près au milieu de la distance de 150 kilomètres séparant le Morvan du massif vosgien. Cette montagne émerge au nord de Dôle à travers le Jurassique. C'est un assemblage de gneiss et de roches granitiques sur les pentes duquel se montrent le Permien et le Trias. Il y a près de Moissey et dans le bois d'Offlange des roches porphyroïdes, pétrosiliceuses verdâtres ou rougeâtres exploitées pour l'empierrement des routes.

Le Permien s'observe bien près d'Offlange et au sud de Moissey. Il consiste en poudingues et en grès rouge foncé alternant avec des argiles micacées. Dans ces argiles on a trouvé des empreintes de plantes permiennes, notamment des *Walchia Schlotheimii* et *W. hypnoïdes* et en outre une mâchoire de Reptile Rhyncocéphale que M. Coquand a rapporté au *Proterosaurus* trouvé par von Meyer dans le Permien de Thuringe [1]. A Offlange on a pu sonder jusqu'à 115 mètres, sans sortir du grès rouge permien.

Sur le Permien de la Serre se montrent les divers étages du Trias : les grès bigarrés, le muschelkalk et les marnes irisées avec dépôts de gypse. Les grès bigarrés atteignent une épaisseur de 25 mètres, le muschelkalk riche en articles d'*Encrinus liliiformis* à une puissance de 35 à 40 mètres; quant aux marnes irisées elles ne sont là que peu développées.

(1) De Lapparent, *Sur le sens des mouvements de l'écorce terrestre* (*Bull. Soc. géol.*, 3ᵉ série, t. XV, p. 224).

(1) Resal, *Statistique géologique, minéralogique et métallurgique des départements du Doubs et du Jura*, p. 266.

LES MAURES ET L'ESTEREL.

CONFIGURATION GÉNÉRALE DE LA RÉGION.

On trouve au sud-est de la France, sur le littoral du département du Var, une petite région ancienne fort intéressante, c'est celle des Maures et de l'Esterel, qui s'étend de Toulon à Antibes et se prolonge à l'intérieur jusque vers Grasse, Draguignan, Cuers et Soliès. « Cette petite contrée, dit Élie de Beaumont, défendue du froid par l'abri des Alpes et par les vents tièdes de la Méditerranée, est la plus douce de toute la France pour son climat : c'est la Provence par excellence, la terre de prédilection des plantes odorantes et des oliviers (1). »

La partie la plus méridionale, qui s'étend de Toulon jusqu'à Fréjus, porte le nom de montagnes des Maures parce qu'elles furent occupées par les Sarrasins pendant les dixième et onzième siècles. La vallée de l'Argens, où se trouve Fréjus, sépare les Maures du massif plus septentrional de l'Esterel borné au nord-est par l'Argentière. Enfin on trouve au delà de cette rivière le petit massif du Tanneron qui se termine à la mer entre la Napoule et Cannes.

Les montagnes des Maures sont disposées en plusieurs chaînes qui sont en relation avec l'existence du golfe de Grimaud ou de Saint-Tropez (2). Ces chaînes de collines partent des bords du golfe et divergent à partir de là dans tous les sens. Il y a six chaînes assez élevées et trois autres moins importantes. La première comprend les îles d'Hyères qui s'élèvent en avant de la côte : on y distingue le récif de l'Esquillade, les îles du Levant, de Port-Cros, de Bagneau, de Porquerolles, et enfin la presqu'île de Giens, qui n'est réunie à la terre ferme que par un banc de sable. La seconde chaîne suit la côte sud, du cap Camarat au cap Benat ; la troisième sépare les bassins de la Verne et de la Molle, elle se bifurque au Roc-Rigaud (640 mètres); la quatrième, comme la troisième et comme la précédente, a une direction générale est-ouest, mais elle se dirige ensuite vers l'ouest-nord ; c'est cette chaîne qui comprend les som-

mités du massif des Maures, la montagne de Notre-Dame-des-Anges près de Pignans et celle de la Sauvette (779 mètres), point culminant situé au nord de Collobrières. La cinquième chaîne, qui se dirige du sud-est au nord-ouest, comprend les Roches-Blanches (638 mètres) et la colline au pied de laquelle est bâtie la ville de la Garde-Freinet ; sur cette colline les Sarrasins avaient établi une de leurs plus importantes forteresses (fig. 735). La sixième chaîne importante des Maures part du cap des Issambres à l'est de Sainte-Maxime, se dirige d'abord de l'est à l'ouest, puis se divise en plusieurs branches disposées en éventail.

Les montagnes des Maures sont généralement arrondies. Les plus hauts sommets, ceux des environs de Collobrières et de la Garde-Freinet, sont couverts de forêts de châtaigniers qui fournissent les fameux marrons dits marrons de Lyon. Plus au sud les châtaigniers s'associent aux chênes-verts, aux chênes-lièges et aux pins.

La végétation devient plus luxuriante et plus variée dans les collines littorales, notamment sur les bords du golfe de Grimaud, à Sainte-Maxime et Saint-Tropez. Élie de Beaumont explique de la manière suivante le charme de ces rivages : « L'influence d'un climat privilégié, combinée avec celle d'un sol différent de celui des contrées calcaires qui l'entourent, s'y révèle, pour ainsi dire, à l'aspect de chaque arbre et de chaque buisson. Le pin d'Alep, le chêne-vert et le chêne-liège, de grandes bruyères presque arborescentes, l'arbousier toujours vert, image d'un printemps perpétuel, toujours orné à la fois de ses jolis fruits rouges et de ses fleurs blanches, y sont les formes les plus répandues et les plus caractéristiques. Près des côtes, sur la plage historique de Cannes et sur quelques autres, des groupes de pins en parasol rappellent les beaux sites de l'Italie. Au bord d'anses plus favorisées encore, ouvertes aux seules brises du midi, à Cagnes, à Sainte-Maxime, à Bormes, à Hyères, l'oranger, le citronnier, le grenadier, le cactus, l'aloès et même le dattier déploient leurs formes méridionales, et décèlent le rivage de

(1) *Explication de la Carte géologique de France*, I, p. 438.
(2) Wallerant, *Étude stratigraphique et pétrographique de la région des Maures et de l'Esterel*, Rennes, 1889, p. 5.

la mer qui baigne la Corse et l'Algérie (1). »

L'Esterel se présente comme une chaîne unique se dirigeant dans son ensemble de l'est-est-sud à l'ouest-ouest-nord. Le coteau sud-ouest est en pente très douce; de là, une différence de niveau assez brusque entre la région des Maures et celle de l'Esterel, ce qui n'existe pas entre l'Esterel et le massif du Tanneron qui sont à peu près au même niveau. Les montagnes de l'Esterel ont des contours plus abruptes que celles des Maures, ce que montre notamment le cap Roux (fig. 736). La végétation de ces montagnes frappa les regards de Saussure quand il les parcourut en 1787. « Au cap Roux les arbousiers, les chênes-ilex, les cistes, le laurier-tin, la tulipe sauvage, excitèrent l'attention de Saussure presque à l'égal des rochers de porphyre qui étaient le but de son excursion. De l'Agay (près Fréjus) à l'ermitage de la Sainte-Baume (voisin du cap Roux), on monte, dit Saussure, par des bois de pins, d'arbousiers, de chênes-verts et de bruyères, dans de parfaites solitudes. Ces solitudes, où Saussure se complaisait à si juste titre, n'ont

pas toujours été paisibles, puisque la forêt de l'Esterel a été autrefois un repaire de brigands; mais le progrès de la civilisation est venu à leur secours, en les débarrassant de ces hôtes incommodes, et le percement d'une belle route n'a rien fait perdre à l'Esterel de son aspect pittoresque, qu'il doit en grande partie aux beaux rochers dont nous avons déjà parlé, et à ses profondes vallées ombragées de pins d'Alep, de chênes-lièges et de châtaigniers. » (Élie de Beaumont.)

Sur les pentes douces de l'ouest, vers Puget, il y a de vastes espaces incultes, semés de petits bois de pins, de chênes, de bruyères, de genêts. Le massif est divisé en deux par la vallée du Reyran.

Le massif du Tanneron se rattache par sa constitution géologique à la région des Maures dont il a été séparé par le soulèvement de l'Esterel. Il se compose de deux chaînes de collines dirigées du sud-est au nord-ouest, se réunissant au point culminant du massif, le Mont-le-Duc (474 mètres).

LES ROCHES PRIMITIVES ET LES ROCHES GRANITIQUES DES MAURES ET DE L'ESTEREL.

La géologie de la région des Maures et de l'Esterel a été le sujet d'assez nombreux travaux parmi lesquels nous citerons ceux de MM. Potier, Marcel Bertrand et Wallerant. On trouve dans cette région des roches primitives (gneiss et micaschistes), du Houiller, du Permien et des lambeaux de Pliocène et de Quaternaire. Cette série sédimentaire est traversée par des roches granitiques, des roches éruptives permiennes; enfin il y a à considérer des roches éruptives récentes (fig. 737).

Les roches primitives des Maures et de l'Esterel comprennent quatre étages. L'étage inférieur consiste en un gneiss granitoïde que l'on voit surtout bien développé sur le versant nord de l'Esterel; il est remarquable surtout par le peu d'abondance du quartz. Viennent ensuite d'autres gneiss beaucoup plus riches en silice, 72 à 80 p. 100, contenant du mica blanc et souvent métamorphisés par la granulite; alors ils prennent une teinte rouge caractéristique, comme à Cannes, à Bagnols. Ces gneiss sont accompagnés de micaschistes qui s'intercalent à leur partie supérieure avec des amphibolites.

Ce second étage joue un rôle important. Il forme le massif du Tanneron, le versant nord de l'Esterel et se retrouve sur le versant est des Maures.

Les deux autres étages ne se montrent que dans les Maures. Ils consistent d'abord en micaschistes et schistes à séricite, terminés par un banc d'amphibolite, et contenant aussi des gneiss. Les micaschistes contiennent de nombreux minéraux accessoires, comme le disthène, la tourmaline, le grenat, l'andalousite et la staurotide; les trois derniers sont surtout abondants. L'étage le plus supérieur développé près de Toulon comprend des phyllades vert clair ou gris de fer qui ont un aspect nettement sédimentaire; aussi M. Wallerant, malgré l'absence de cailloux roulés, les range-t-il dans le système précambrien (1). Les phyllades se terminent par des schistes argileux noirs semblables à des ardoises et renfermant des rognons de quartz. Saussure signale surtout sous ce rapport la presqu'île de Giens. « Au nord de la presqu'île de Giens, dit-il, près du port de la Madrague, on observe dans un champ

(1) *Explication de la Carte géologique*, I, p. 441.

(1) Wallerant, p. 54.

Fig. 735. — Les montagnes de la Garde-Freinet, vues d'un point situé en mer à l'est de Saint-Tropez. (Elie de Beaumont.)

Fig. 736. — Le cap Roux vu des environs de Cannes. (Elie de Beaumont.)

Fig. 737. — Carte géologique des Maures et de l'Esterel (d'après M. Wallerant).

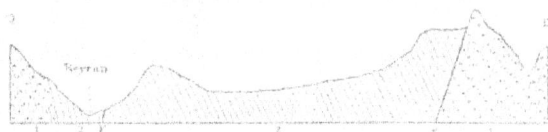

Fig. 738. — Coupe transversale de la vallée du Reyran. — 1, grès ou lépidoptères; 2, grès et schistes houillers 1, faille : Wallerants.

un rocher isolé de 20 à 25 pieds de hauteur. Ce rocher est de quartz, mais d'une espèce

douteuse. Sa surface extérieure est jaunâtre, un peu lisse et douce au toucher, mais pourtant

Fig. 739. — La montagne de Roquebrune, vue de la mer à l'entrée du golfe de Fréjus. (Elie de Beaumont.)

moins que celle du quartz proprement dit. Il se casse en fragments souvent rhomboïdaux,

et cette forme est déterminée par des fentes remplies de points ferrugineux qui, en se

Fig. 740. — Les rochers du cap Roux, vus de la mer à une petite distance.

décomposant, colorent en rouge les parois de ces fentes. La cassure vraie de la pierre pré-

sente un grain fin, blanc, scintillant et d'assez grosses écailles. On y remarque par place des veines minces et irrégulières de mica jaunâtre et brillant (1). »

De plus les schistes argileux de la presqu'île de Giens contiennent des couches calcaires. « Les rochers à l'ouest, dit Saussure, sont de pierre calcaire grenue, d'un gris bleuâtre, d'un grain médiocrement grossier et assez brillant, avec des veines de spath calcaire blanc mélangé de quartz. Ces veines sont inégalement épaisses, mais toutes parallèles aux couches de la pierre ; celles-ci sont tourmentées comme celles des schistes argileux. »

Notons de plus ce fait, signalé déjà par Élie de Beaumont, de la présence de graphite dans le gneiss ; le graphite forme ainsi des veines dans le gneiss des environs de Notre-Dame-de-Milamas et dans les micaschistes de la Garde-Freinet. Enfin, dans les micaschistes de la rade de Cavalaire et dans ceux de la Molle il y a des masses de serpentines accompagnées d'asbeste et de fer chromé. Ces deux derniers se montrent d'ailleurs interstratifiés dans les micaschistes de Collobrières. Les serpentines ne résultent probablement pas de la décomposition de roches péridotiques et doivent être attribuées à la cristallisation directe du silicate de magnésie.

Le granite forme dans les Maures un massif important près du Plan-de-la-Tour. C'est un granite blanc à grands cristaux d'orthose (granite porphyroïde) qui s'est fait jour à travers les gneiss du second étage. L'éruption s'est produite depuis le dépôt des phyllades et antérieurement au Houiller qui repose sur ce granite. Autour de ce dernier il y a une auréole de microgranulite pénétrant en filons dans le granite et passant parfois à la pegmatite à grands éléments. On trouve deux autres îlots de granite moins étendus, à l'est de Cogolin.

La granulite ou granite à mica blanc existe dans les Maures à Saint-Tropez et à Camarat, sur la route de Cogolin à la Garde-Freinet, et dans l'Esterel. Le plus souvent elle est blanche et passe à la pegmatite graphique ; elle est alors formée de gros cristaux de feldspath et de quartz. Cette pegmatite avait déjà été signalée par Élie de Beaumont qui note sa décomposition en kaolin sur la route de la Garde-Freinet et la présence de traces charbonneuses. Au nord de Bagnols la granulite est rose. Cette roche s'est fait jour à travers les micaschistes et les a souvent métamorphosés ainsi que les gneiss qu'elle a transformés en gneiss rouge ; des galets de granulite se trouvent dans les couches houillères, ce qui indique pour la roche un âge anté-houiller.

LE HOUILLER ET LE PERMIEN DES MAURES ET DE L'ESTEREL.

Dans la région que nous étudions le Houiller et le Permien existent, et il est souvent bien difficile de distinguer le Permien inférieur du Houiller supérieur. Le bassin houiller le plus important est celui de la vallée du Reyran qui partage en deux le massif de l'Esterel (fig. 738). Il repose sur le gneiss et il est lui-même recouvert dans la partie sud par les dépôts permiens. Le bassin est constitué par des grès avec intercalation de schistes noirs, bitumineux, dont on fait de l'huile de schiste ; mais les tentatives faites jusqu'à présent pour trouver de la houille n'ont pas eu de succès, pas plus que dans les autres parties du Var. Les empreintes végétales trouvées dans les schistes de Reyran (Cordaites lingulatus, Pecopteris cyathea, etc.) permettent de rapporter ces couches à l'horizon inférieur de Saint-Étienne. Le petit bassin de Plan-de-la-Tour appartient au Houiller supérieur ; la présence du Callipteris conferta permet même d'admettre là le Permien infé-

rieur. Quant au bassin houiller de Saint-Nazaire, s'étendant le long de la presqu'île qui sépare la rade de Toulon de celle de Saint-Nazaire, les empreintes recueillies par M. Grand'Eury montrent que ces couches touchent aussi au Permien. On y a trouvé notamment Walchia piniformis.

Le Permien occupe une large place dans la région, il est déposé en arc de cercle autour du massif des Maures et prend part à la formation de l'Esterel (1). Élie de Beaumont le confondait avec le Trias ; Villeneuve de Flayosc, le premier, distingua le Permien, mais regardait encore les couches supérieures comme triasiques. M. Wallerant distingue dans le Permien trois horizons. L'horizon inférieur consiste en grès gris et en schistes noirs analogues à ceux du Houiller, et traversés par le porphyre rouge quartzifère ; on y trouve Walchia piniformis. Cet horizon recouvre les roches anciennes de l'Esterel et forme aussi des îlots à l'ouest des

(1) De Saussure, cité par É. de Beaumont, p. 449.

(1) Wallerant, p. 89.

Maures. L'horizon moyen, formé des schistes rouge amarante avec intercalation de schistes verts, est l'horizon le moins développé; il commence à l'est à Agay, se montre à Saint-Raphaël, puis remonte vers le nord. L'horizon supérieur peut atteindre une épaisseur de 300 mètres. Il consiste en schistes rouges et en grès rouges reposant en couches redressées sur le terrain primitif. Ces grès rouges forment le pourtour des Maures; ils atteignent tout leur développement dans la plaine de Fréjus et à la montagne de Roquebrune (fig. 739) où ils sont séparés du porphyre rouge quartzifère par un conglomérat.

Les roches éruptives du Permien sont nombreuses et intéressantes. M. Wallerant signale d'abord au Plan-de-la-Tour une roche grisâtre appelée eurite dans le pays, c'est un porphyre pétrosiliceux qui est contemporain du Permien inférieur. Il est antérieur aux porphyres rouges de l'Esterel bien connus depuis longtemps. Ces porphyres donnent à l'Esterel un caractère particulier, ils forment des masses escarpées divisées en prismes par des fentes verticales. Parmi les montagnes porphyriques les plus pittoresques il faut citer le cap Roux (489 mètres) (fig. 740) qui doit précisément son nom à la couleur de la roche. Ces porphyres se sont fait jour pendant toute la durée du Permien. Leur couleur varie du rose au rouge vermillon et au violet; à l'œil nu on y voit des cristaux d'orthose et du quartz en proportion variable. L'étude microscopique montre qu'il faut les placer parmi les porphyres pétrosiliceux. Aux porphyres rouges viennent se joindre des porphyres violets dits porphyres tabulaires, qui s'interstratifient au milieu des couches permiennes et dont l'éruption est postérieure à celle des porphyres rouges; à l'œil nu on n'y voit que quelques rares grains de quartz.

Les pyromérides sont nombreuses, leur aspect général est celui des roches feuilletées, d'un rose grisâtre qui peut passer au violet foncé et au vert vif. M. Wallerant y a reconnu au microscope trois types: celui des pechsteins, celui des porphyres à quartz globulaire, enfin celui des microgranulites. Ces roches sont contemporaines du Permien supérieur, on n'en trouve des galets que dans les couches les plus élevées de ce système (grès de Saint-Raphaël). Il y a eu aussi pendant le Permien supérieur des éruptions de roches vertes, souvent désignées sous le nom de mélaphyres, et où l'on reconnaît des porphyrites et des dolérites. Ces roches se rencontrent, de même que les pyromérides, surtout sur le versant du sud de l'Esterel et sont plus abondantes sur la rive gauche du Reyran que sur la rive droite.

Entre Saint-Raphaël et Agay se montre un porphyre bleu grisâtre contenant de gros noyaux de quartz et de gros cristaux feldspathiques d'andésine, ainsi que de l'amphibole. Ce porphyre ne couvre que quelques kilomètres carrés. On en exploite au bord de la mer une variété blanchâtre pour en faire des pavés. Mais les Romains avaient ouvert des carrières dans la variété bleue, pour en décorer le port de Fréjus; ce porphyre a été porté jusqu'à Rome. M. Texier a retrouvé les carrières antiques dans les collines de Caus, à un kilomètre ou deux du rivage. « En suivant la côte, dit Élie de Beaumont, on rencontre le torrent de Boulouris, dont la vallée conduit aux carrières exploitées par les Romains, dans lesquelles on voit encore des blocs taillés et même des coins de fer engagés dans les rainures longitudinales destinées à faciliter l'extraction des masses d'un grand volume. Un vase antique, des débris de poterie grossière et une médaille en bronze frappée à l'effigie de Vespasien, trouvés par M. Coquand dans cette localité, attestent que la carrière a été travaillée par les Romains, qui en ont tiré des matériaux pour les monuments de Fréjus (*Forum juliense*). »

Le porphyre bleu de Saint-Raphaël se décompose facilement à l'air, fournissant une terre cultivable d'un jaune très clair à cause de la faible quantité de fer contenu dans la roche. Ce porphyre ressemble beaucoup aux trachytes, comme l'avait déjà remarqué Élie de Beaumont. L'examen microscopique de la roche a montré que c'est de la dacite, roche tertiaire de Hongrie, dont le porphyre bleu se rapproche le plus. Il y a beaucoup d'incertitude sur son âge. Le porphyre bleu traverse nettement le Permien, il lui est donc postérieur, mais on ne sait si la roche est triasique ou bien même tertiaire, comme pourraient le faire supposer ses analogies avec la dacite. Il se pourrait, d'après M. Wallerant, que le porphyre fût simplement une variété acide des labradorites d'Antibes.

ROCHES TERTIAIRES DES MAURES ET DE L'ESTEREL.

Les roches tertiaires de la région sont des labradorites et des basaltes. Les premières existent seulement aux environs d'Antibes, par conséquent déjà à l'extérieur du massif de l'Esterel. Ce sont des roches d'un noir verdâtre ou d'un gris jaunâtre à grain fin et où le microscope montre l'anorthite, le labrador, le pyroxène et le fer oxydulé. A l'œil nu on n'y voit que le feldspath vitreux et fendillé et le pyroxène. La roche forme des conglomérats dans les assises tertiaires; elle appartient soit à l'Eocène supérieur, soit à l'Oligocène.

Les basaltes se montrent en plusieurs points de la région des Maures, comme l'avait déjà constaté Saussure. On le trouve près de Saint-Tropez, aux environs de la Molle, aux environs de Toulon où le basalte forme la pointe du cap Nègre en injectant des phyllades. Ce basalte des Maures se rattache certainement aux nappes du même genre qu'on trouve dans le reste de la Provence, et par suite il doit dater de l'époque aquitanienne (Oligocène supérieur) ou du Miocène inférieur.

La roche est grisâtre, vacuolaire, elle n'est franchement noire que dans les parties scoriacées. On y voit des grains de péridot très foncé, plus ou moins décomposé; dans les vacuoles il y a souvent de la calcite. En certains points le basalte peut passer à la dolérite; il n'y a plus alors de péridot et le labrador forme des cristaux le plus souvent trapus et à faces cannelées.

HISTOIRE GÉOLOGIQUE DES MAURES ET DE L'ESTEREL.

Il nous reste à parler des mouvements du sol qui ont donné lieu aux massifs des Maures et de l'Esterel. On peut distinguer deux mouvements distincts.

Le premier a été une poussée suivant une direction sensiblement E.-O., et l'axe nord-sud du soulèvement coïncide avec la direction du massif granitique allongé de Plan-de-la-Tour. Le mouvement a affecté non seulement les roches primitives, mais aussi les phyllades précambriennes. Le mouvement est donc postérieur au Précambrien. Il a affecté aussi le massif du Tanneron. Le pli anticlinal nord-sud provenant de la poussée devait se prolonger, d'après M. Wallerant, à travers la vallée actuelle de l'Argens, depuis Plan-de-la-Tour jusqu'à Bagnols. Le versant abrupt se trouvait à l'est et le pli synclinal qui suit est occupé maintenant par la vallée du Reyran.

D'autres mouvements se sont produits pendant le Houiller et se sont poursuivis pendant le Permien et jusque dans le Trias (1). Ces mouvements sont dus à une poussée s'exerçant du sud vers le nord et à la réaction de sens contraire provenant de la résistance des cou-

(1) Wallerant, p. 151 et suivantes.

ches situées au nord de l'Esterel. Dans les Maures la poussée a produit à l'ouest et au sud le redressement et le plissement des couches, et a donné naissance à des failles suivant les vallées de la Molle et du Colobrier; c'est la lèvre sud qui s'est affaissée; ces failles affectent le Permien inférieur; c'est vers la fin de cette époque que la poussée a dû avoir son effet maximum. Le résultat le plus important du mouvement a été la séparation des Maures et de l'Esterel, le Permien s'est déposé dans la partie intermédiaire. Les failles de l'est des Maures, au lieu d'être dirigées est-ouest, sont dirigées du nord au sud; la poussée a été déviée par la résistance du granite.

L'Esterel a commencé à se soulever pendant le Permien inférieur. Il s'est produit un pli anticlinal avec le versant nord abrupt, et suivant l'axe du soulèvement ont fait éruption les porphyres rouges. Au nord de l'anticlinal, les roches primitives jusqu'alors émergées se sont affaissées; un synclinal a pris naissance dans lequel la mer du Permien supérieur et celle du Trias ont pu pénétrer au nord de l'Esterel. Le mouvement a dû continuer à s'exercer encore pendant le Trias, car près de Bagnols on trouve un lambeau de muschelkalk soulevé.

LES ALPES.

LA CHAINE DES ALPES. LES ALPES FRANÇAISES.

Dans les pages précédentes nous avons décrit les massifs anciens de la France, nous allons étudier maintenant les massifs plus récents, en commençant par les Alpes.

La chaîne des Alpes s'étend sur une longueur totale de 1,200 à 1,300 kilomètres, depuis les Carpathes jusqu'aux Apennins ; on peut la diviser en trois groupes de massifs : les Alpes orientales ou autrichiennes, de la vallée du Danube au Bernina ; les Alpes centrales ou suisses, du Bernina au Mont Blanc, et les Alpes occidentales ou françaises, du Mont Blanc à la Méditerranée. Les Alpes occidentales doivent seules nous occuper.

Elles s'étendent sur une longueur en ligne droite de 350 kilomètres, et qui atteint 500 kilomètres si l'on suit toutes les sinuosités ; la largeur moyenne est de 200 kilomètres, la surface de 70,000 kilomètres carrés. Cette formidable muraille présente une arête dominante à laquelle se rattachent vers l'ouest des lignes de hauteurs moins élevées, formant comme des gradins s'abaissant de l'est à l'ouest vers la vallée du Rhône. Les hauts sommets sont répartis en plusieurs sections séparées par des cols et qui sont du nord au sud : les Alpes Pennines dont un seul massif, le massif le plus méridional, appartient à la France, c'est le Mont Blanc ; les Alpes Grées ou Graies qui s'étendent du col de la Seigne à celui du Mont-Cenis ; les Alpes Cottiennes comprises entre le col du Mont-Cenis et le col d'Agnello ; enfin les Alpes Maritimes entre le col d'Agnello au nord et le col de Tende au sud (1).

Le massif du Mont Blanc est un massif isolé que nous étudierons à part. Les Alpes Grées ont pour point culminant le massif du Grand-Paradis (4,061 mètres), situé en Piémont ; en France le massif de la Vanoise, d'une altitude d'environ 3,000 mètres, sépare l'une de l'autre les vallées de l'Isère et de l'Ain. Vers l'ouest les Alpes Grées s'abaissent progressivement et forment ainsi les Grandes-Alpes, puis les Pe-

(1) Voir pour la géographie des Alpes : Falsan, Les Alpes françaises (Bibliothèque scientifique contemporaine), Paris, 1893, et Marcel Dubois, France et Colonies, Paris, 1892.

LA TERRE AVANT L'HOMME.

tites-Alpes de la Savoie. Les premières comprises entre l'Arve, l'Arly et l'Isère, sont les montagnes de la Tarentaise. Les secondes s'étendent dans le Chablais, le Faucigny, aux environs d'Annecy, comme le massif des Beauges avec la dent de Nivolet (1,558 mètres), le massif des Bornes, où certaines montagnes atteignent près de 2,700 mètres, le massif des Dranses (1,100 mètres), entre l'Arve et le lac de Genève, dominé par la dent d'Oche (2,434 mètres) et la dent du Midi (3,281 mètres).

Les Alpes Cottiennes ont comme point culminant le mont Viso (3,840 mètres), situé en Italie. On y trouve le mont Thabor (3,205 mètres), puis aux environs de Briançon le pic de Chaberton (2,138 mètres) et le mont Gondran (2,643 mètres), entre lesquels le col du mont Genèvre (1,854 mètres) offre une route célèbre qui fait communiquer Briançon et Suze (fig. 741). A l'est de la vallée de la Durance deux chaînes se détachent des Alpes Cottiennes et enferment le petit pays du Queyras. Par le mont Thabor les Alpes Cottiennes se rattachent à l'ouest aux grandes Alpes du Dauphiné et de la Maurienne. Ces dernières, placées au nord-est et séparées par l'arc des montagnes de la Tarentaise, présentent le Grand Galibier (3,242 mètres) et les aiguilles d'Arve (3,514 mètres). Viennent ensuite dans les Alpes du Dauphiné les Grandes-Rousses (2,473 mètres), la chaine de Belledonne (2,981 mètres), qui domine à l'est la vallée de l'Isère ou Grésivaudan ; puis, au delà du col du Lautaret, le massif principal des Alpes du Dauphiné, celui du Pelvoux ou de l'Oisans, s'élève jusqu'à 3,955 mètres. C'est là que se trouvent les sommets les plus élevés des Alpes françaises : la Meije (3,987 mètres), le pic Lory (4,083 mètres), la Barre-des-Écrins (4,103 mètres). Au delà du Drac, en face du Pelvoux, le massif du Dévoluy, avec ses montagnes dénudées et éboulées où se dresse la tête de l'Aubiou (2,790 mètres), fait partie des petites Alpes du Dauphiné ; celles-ci se continuent vers le sud par les montagnes de la Drôme qui n'atteignent plus que 1,000 ou 1,200 mètres en moyenne. Au nord du Dévoluy se montre le Vercors dont les principaux sommets sont le Grand-Veymont (2,346 mètres), la Grande-Moucherolle (2,289 mètres) et le mont Aiguille (2,097 mètres) (fig. 742); encore plus au nord le massif de la Grande-Chartreuse borde à l'ouest la vallée du Grésivaudan; le signal de Chamechaude (2,087 mètres) en est le point culminant. Le monastère (977 mètres) est dominé par le Grand-Som (2,033 mètres). Encore plus au nord nous retrouvons les petites Alpes de Savoie, séparées du massif précédent par la vallée de Chambéry.

Les Alpes maritimes ne présentent pas de sommets dépassant 3,400 mètres; c'est l'altitude du point culminant, l'aiguille de Chambeyron. La plupart des cimes se trouvent en Italie; tels sont la Rocca dell' Argentiera (3,297 mètres) et le pic de Rioburent (3,381 mètres). Sur le territoire français, aux environs de Barcelonnette, se dresse le massif de l'Enchastraye dont le sommet le plus élevé est le Tinibras (3,031 mètres). A l'ouest, succèdent aux Alpes maritimes les grandes Alpes de Provence, comme la montagne Blanche (2,510 mètres), le Cheval-Blanc (2,325 mètres), le Grand-Cheval-de-Bois (2,841 mètres), les Trois-Évêchés (2,927 mètres); le mont Pelat (3,050 mètres), au sud de Barcelonnette, rattache les Alpes de Provence à la chaîne principale. Les grandes Alpes de Provence sont comprises entre la Durance, l'Ubaye et la mer; elles s'abaissent à l'ouest, donnant ainsi naissance aux petites Alpes provençales, comme les montagnes de la forêt de Saou au sud de la Drôme, la montagne de Lure (1,827 mètres) entre Sisteron et Forcalquier, le mont Leberon ou Luberon (1,125 mètres), qui se rattache à la précédente par une chaîne transversale, puis les Alpilles ou Alpines (386 mètres), contrefort du Leberon par de là la Durance. Plus à l'ouest encore le mont Ventoux (1,912 mètres) dresse au-dessus d'Apt et de Carpentras son arête dénudée et blanchâtre de 20 kilomètres de longueur. Près d'Aix, on voit la montagne de Sainte-Victoire (1,011 mètres); plus au sud, celle de la Sainte-Beaume (1,154 mètres); enfin les derniers contreforts des Alpes se voient aux environs de Toulon; le massif ancien des Maures leur succède à l'est.

COUP D'ŒIL SUR LA STRUCTURE GÉOLOGIQUE DES ALPES.

La chaîne des Alpes se compose de zones parallèles, symétriques, qui se montrent dans toute sa longueur avec peu d'irrégularités. Au centre il y a des gneiss, des micaschistes, des roches granitoïdes, et les terrains paléozoïques viennent s'appuyer sur le terrain primitif. De part et d'autre de cet axe s'étend une zone parallèle composée de Trias, de Jurassique et de Crétacé. Vient ensuite une bande de couches tertiaires; le Miocène, comme nous le verrons, est le terrain le plus récent qui ait participé au soulèvement de la chaîne.

C'est Lory qui fit le premier connaître d'une manière précise la structure des Alpes françaises. On lui doit un ouvrage considérable, faisant époque dans la science : la *Description géologique du Dauphiné* (1862-1864) accompagnée d'une carte géologique de cette province. Lory divise les Alpes en cinq grandes zones parallèles, de largeurs inégales, séparées les unes des autres par de grandes failles, failles très anciennes, antérieures au Houiller et qui d'après Lory ont joué à diverses époques, déterminant ainsi des gradins de plus en plus affaissés à partir de l'axe du système. Ces failles ne sont pas, comme Lory le pensait, des cassures verticales dues à l'action de la pesanteur, elles sont dues aux mouvements de plissement. La chaîne des Alpes doit son origine à des mouvements de poussée latérale ayant formé une suite de plis anticlinaux et synclinaux. Or, quand un pli oblique ou renversé est soumis à une action de refoulement latéral, la partie anticlinale, c'est-à-dire en saillie, tend à s'avancer vers le haut, tandis que la partie synclinale, ou en creux, tend à s'enfoncer vers le bas en sens inverse de la première. La partie médiane comprimée entre deux masses de mouvements contraires s'étire, s'amincit, et enfin une rupture se produit suivant un plan parallèle aux couches, c'est un plan de glissement. Les « failles » de Lory sont seulement des surfaces de glissement parallèles aux couches; le pli est le phénomène principal, la faille n'en est qu'une conséquence (1).

Cette réserve faite, considérons les diverses zones distinguées dans les Alpes par Lory.

En partant de la plaine on trouve d'abord la *zone subalpine*, composée de Jurassique et de

(1) Marcel Bertrand, *Les récents progrès de nos connaissances orogéniques* (Revue des Sciences, 15 janvier 1892). — Kilian, *Structure géologique des chaines alpines de la Méditerranée, du Briançonnais, etc.* (Bull. Soc. géol., 3e série, t. XIX, 1891, p. 634 et 661).

Fig. 711. — Col et village du mont Genèvre.

Genèvre. Elle comprend les massifs calcaires | inférieurs du Crétacé y sont surtout bien déve-
de la Chartreuse, du Vercors, etc. Les étages | loppés et fournissent les caractères orogra-

Fig. 712. — Le mont Aiguille.

plurpes des plus saillants, les lambeaux du | 1,500 mètres de hauteur, indiquant que le
molasse marine miocène se montrent jusprès | plissements qui ont façonné ces chaînes subal-

pines datent de l'époque de la mollasse. La vallée du *Grésivaudan* sépare, dans le Dauphiné, la zone subalpine de la *première zone alpine* (fig. 743). Celle-ci, fort importante, comprend au nord le Mont Blanc, les Aiguilles Rouges, puis plus au sud les grandes Alpes du Dauphiné : chaînes de Belledonne, des Grandes-Rousses et massif du Pelvoux. Toutes ces montagnes sont formées de gneiss, de micaschistes en couches redressées, de schistes cristallins et de roches granitoïdes ; il y a de plus des grès à anthracite pincés dans les replis des schistes ; cela indique que les mouvements qui ont fourni ces chaînes sont postérieurs au Houiller. On voit des terrains secondaires, Trias et surtout Lias, reposer horizontalement sur les tranches du grès à anthracite ou les micaschistes, et ces terrains sont souvent soulevés à une grande hauteur.

La *seconde zone alpine* (fig. 744), séparée de la première par une faille de glissement de plus de 150 kilomètres de longueur, n'a qu'une largeur de 5 à 12 kilomètres. Elle est formée surtout de schistes lustrés d'âge incertain et de Lias très bouleversés. Les schistes et les grès connus sous le nom de *flysch* et le calcaire nummulitique éocène appartiennent aussi à cette zone et s'avancent depuis le littoral méditerranéen jusqu'au versant sud-est du Pelvoux, pour continuer par une bande étroite se terminant entre Saint-Jean-de-Maurienne et Moutiers. Le calcaire s'est évidemment déposé dans un golfe long et étroit en communication avec la Méditerranée.

La *troisième zone alpine*, composée essentiellement des schistes à anthracite du Houiller, s'étend à travers le Briançonnais, la Maurienne, la Tarentaise. L'épaisseur du Houiller atteint plus de 2,000 mètres. On le voit reposer à Modane sur les schistes cristallins, et il supporte des lambeaux de Trias et de Lias en stratification sensiblement concordante. A l'est et à l'ouest les grès à anthracite sont nettement limités par une faille. La seconde et la quatrième zone sont donc nettement affaissées par rapport à la troisième zone qui représente ainsi la clef de voûte des Alpes (1).

La *quatrième zone alpine* (fig. 745), la plus large de toutes, atteint 60 kilomètres de largeur moyenne. Sa limite occidentale passe par Briançon et Modane ; elle atteint à l'est le lac Majeur où commence une zone orientale de

(1) *Notices du ministère des Travaux publics pour l'Exposition de 1889*, p. 85.

chaînes subalpines. Sur les schistes cristallins on voit, comme dans la seconde zone, des schistes gris lustrés que Lory rapportait au Trias et dont nous aurons à discuter l'âge ; ils sont certainement antérieurs au Trias. Le Lias est représenté par des calcaires compacts (bande des Encombres et du Galibier) superposés à des calcaires triasiques dolomitiques. Des massifs de schistes cristallins se montrent dans les déchirures de ces couches, tels sont le massif du mont Viso et certaines parties de celui de la Vanoise. Une bonne partie du versant italien est constituée par des schistes cristallins sur la pente desquels le Trias repose en stratification concordante.

Les Alpes se sont constituées graduellement dans le cours des périodes géologiques par toute une série de mouvements de plissement. Les premiers mouvements se sont produits dans les temps primaires, les derniers et les plus importants pendant le Miocène. Les mouvements paléozoïques ne sont bien accentués que dans la première zone alpine, par exemple dans la chaîne de Belledonne ; ailleurs il y a eu simplement émersion ; l'absence de dépôts marins de la période primaire montre bien qu'il y avait là une terre émergée ; la nature continentale des grès anthracifères de la Tarentaise, de l'Isère et du Briançonnais conduit à la même conclusion. Ainsi des plissements antéhouillers, probablement peu intenses, ont affecté la région alpine, notamment la première zone (1). Des mouvements posthouillers et permiens ont eu lieu, comme l'indique la discordance du Trias, notamment à Saint-Gervais, sur le Houiller. Ils ne se sont pas fait sentir dans le Briançonnais où toutes les assises sont en concordance, mais ils se sont manifestés dans les Alpes orientales. Pendant le Trias la mer était peu profonde sur la lisière de la chaîne, comme l'indique la nature lagunaire des couches triasiques des environs de Digne ; d'après M. Haug l'emplacement actuel du massif du Pelvoux était émergé. Pendant le Jurassique et le Crétacé, la mer a recouvert la plus grande partie de l'emplacement des Alpes, mais il y a eu certainement des mouvements du sol, car si les couches sont concordantes dans la zone subalpine dont la formation n'était pas encore ébauchée, il y a des discordances et des lacunes dans les massifs

(1) Voir pour l'orogénie des Alpes françaises : Kilian, *Structure géologique des chaînes alpines de la Maurienne, du Briançonnais*, etc. (*Bull. Soc. géol.*, 3ᵉ sér., t. XIX, 1891, p. 649 et suivantes).

Fig. 743. — Première zone alpine. 1, Schistes cristallins et gneiss; 3, Trias; 4, Lias; F, faille (d'après M. Lory).

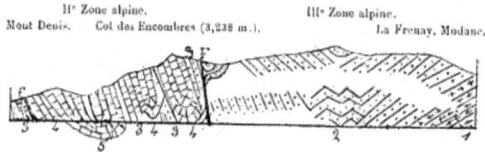

Fig. 744. — Deuxième et troisième zones alpines. 1, Schistes cristallins et gneiss; 2, grès anthracifère; 3, Trias 4, Lias; 5, calcaires à nummulites; F, failles (d'après M. Lory).

Fig. 745. — Quatrième zone alpine. 1, Schistes cristallins et gneiss; 3, Trias; F, faille limite (d'après M. Lory).

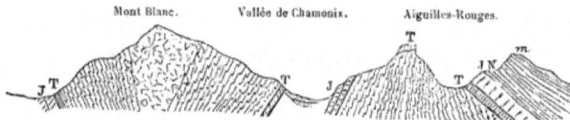

Fig. 746. — Coupe du Mont Blanc et des Aiguilles-Rouges (Favre). — T, Trias; J, Jurassique; N, Nummulitique m, mollasse.

Fig. 747. — La Grande Aiguille-Rouge (Favre) surmontée d'un lambeau triasique et jurassique.

intéreurs (zones alpines). Au commencement du Crétacé une émersion s'est produite, mais la seconde partie de cette période a été marquée par une invasion nouvelle de la mer dans la première zone, où l'on voit dans certaines parties le calcaire à Hippurites reposer en discordance sur le Jurassique.

A la limite du Crétacé et de l'Éocène, se sont produits des mouvements importants, comme le montre la discordance du Nummulitique sur le Crétacé; il y avait pendant l'Éocène un golfe marin dans la deuxième zone séparée par un anticlinal de la région subalpine où ne se sont déposés que des sédiments lacustres et saumâtres. Les couches nummulitiques et oligocènes sont en certains points, comme à Saint-Geniez, à l'est de Sisteron, affectées de dislocations et de failles attestant des mouvements du sol qui n'ont pas intéressé la mollasse marine helvétienne (Miocène moyen). Ces mouvements correspondent au Langhien (Miocène inférieur). La mer de la mollasse a recouvert toute la ré-gion subalpine; après le dépôt des couches mollassiques et par suite à l'époque tortonienne (Miocène supérieur), les poussées horizontales ont acquis leur développement maximum. La mollasse a été plissée et redressée, les chaines subalpines se sont formées et la mer a quitté définitivement la région des Alpes; elle était resserrée au Pliocène dans la vallée du Rhône. En résumé, les mouvements orogéniques des Alpes se sont produits à diverses reprises, mais surtout pendant le Tertiaire et sous la forme de poussées émanées de la zone centrale et dirigées vers l'extérieur de la chaîne. Au Pliocène les mouvements ont cessé complètement et les érosions ont commencé avec la période quaternaire. Les glaciers se sont établis sur de vastes surfaces, les vallées se sont définitivement formées et le relief des montagnes s'est peu à peu atténué sous l'influence des eaux torrentielles. Cette œuvre de destruction se poursuit encore de nos jours, activée d'ailleurs par le déboisement des pentes (1).

LE MASSIF DU MONT BLANC ET SES ANNEXES.

Le Mont Blanc (4,810 mètres) présente une remarquable disposition en éventail. Le centre est constitué par la protogyne qui est divisée par des lignes de joints en couches, qui s'épanouissent comme les épis d'une gerbe dressée (fig. 746). Contre la protogyne on voit des schistes cristallins, puis le Trias, le Jurassique dont les couches se replient dans la vallée de Chamonix pour se relever de l'autre côté sur les pentes du massif des Aiguilles-Rouges. Ce dernier fait face au massif du Mont Blanc et présente la même constitution générale. Au sommet de la plus haute des Aiguilles-Rouges se montre un lambeau de Trias et de Jurassique indiquant bien l'importance des dislocations de cette partie des Alpes (fig. 747). Le Jurassique en contact avec les schistes cristallins des Aiguilles-Rouges, se prolonge au nord-ouest jusqu'au Buet. Sur le versant opposé au Buet, au-dessus de la vallée de Sixt s'élèvent les montagnes de Sambet, des Sales, des Fiz, où le système jurassique est surmonté de couches crétacées et nummulitiques. La montagne des Fiz est célèbre par la découverte de Brongniart, qui, dans des calcaires noirs considérés avant lui comme des couches primaires, trouva des fossiles cénomaniennes tels que des Ammonites (*Schloenbachia varians, Acanthoceras Mantelli*).

La structure en éventail du Mont Blanc avait été déjà signalée par Saussure et elle fut mise en évidence par les importants travaux d'Alphonse Favre. La structure feuilletée de la protogyne, sa disposition en éventail, son passage aux schistes chloriteux avaient conduit Lory à admettre qu'elle n'est pas une roche franchement éruptive et qu'elle appartenait au groupe supérieur des schistes cristallins.

Pour Lory le Mont Blanc est un pli synclinal très aigu du groupe supérieur des schistes cristallins, isolé entre deux failles suivant lesquelles se sont affaissées les deux bandes de Lias de la vallée de Chamonix et du val d'Entrèves. Pour les géologues italiens, comme M. Zaccagna, le Mont Blanc est au contraire un anticlinal au milieu duquel apparaissent les gneiss les plus anciens et les roches granitiques subordonnées; pour eux la protogyne n'est qu'un faciès des gneiss glanduleux primitifs. Enfin M. Michel-Lévy qui a récemment étudié la région est arrivé aux conclusions suivantes : le Mont Blanc n'est ni un synclinal ni un anticlinal; il est constitué par une masse éruptive de protogyne. Lors des poussées latérales qui ont plissé les Alpes, cette masse éruptive a subi à une certaine profondeur son maximum de compression, ce qui a motivé une sorte d'écoulement de bas en haut et par

(1) Voir *La Terre, les Mers et les Continents*, p. 119.

Fig. 558. — La Pierre-à-Bérard, sommet des Aiguilles-Rouges (Trias et Jura), soubassement en micaschistes granitiques (Michel-Lévy).

suite la structure en éventail si manifeste aujourd'hui (1).

Dans la région des Aiguilles-Rouges et du Mont Blanc M. Michel-Lévy distingue trois zones de schistes cristallins. Une zone occidentale va du mont Ruet au Brévant, oblique par rapport à la

(1) Michel-Lévy, *Étude sur les roches cristallines et éruptives des environs du Mont Blanc* (*Bull. serv. de la Carte*, n° 9, fév. 1890).

vallée de Chamonix ; elle est formée de micaschistes plus ou moins feld-pathisés, comprenant une traînée d'amphibolites et d'éclogites. Une zone médiane composée de schistes micacés et amphiboliques précambriens, s'élargit beaucoup vers le nord ; elle englobe en largeur l'espace compris entre le col du Montet et Pierre-à-Bérard. Enfin une zone orientale vient toucher la protogyne du Mont Blanc, elle comprend des micaschistes, des amphibolites et des schistes chloriteux; ses couches sont nettement disposées en éventail. On peut étudier cette zone sur les deux rives de la mer de Glace. La figure 748 représente les micaschistes injectés de granulite qui constituent la première zone à la Pierre-à-Bérard; sur eux reposent les couches triasiques et jurassiques du sommet des Aiguilles-Rouges.

La roche de teinte verdâtre, connue depuis longtemps sous le nom de protogyne, forme, comme nous l'avons dit, la partie centrale du massif du Mont Blanc. Au point de vue pétrographique elle n'est autre chose, d'après M. Michel-Lévy, qu'un granite pegmatoïde, c'est-à-dire où le quartz moule les autres éléments; elle est pauvre en mica, assez riche en microcline et très riche en anorthose (feldspath triclinique, mélange d'albite et d'orthose). Le mica noir est verdi, chargé d'épidote et transformé souvent en chlorite. Il y a d'ailleurs plusieurs variétés de protogyne, notamment une protogyne amphibolique assez voisine de la syénite et qu'on trouve intercalée dans les schistes calcifères et magnésiens aux Grands-Mulets. La protogyne se comporte absolument comme une roche éruptive, et son origine interne n'est pas douteuse. On la voit pousser des prolongements au milieu des schistes de la troisième zone et s'y ramifier. On voit aussi des fragments de micaschistes empâtés dans la roche granitique. Ces faits montrent aussi que la protogyne est postérieure aux micaschistes et elle l'est probablement aussi aux schistes précambriens. Il est difficile de préciser plus nettement son âge; on peut dire cependant qu'elle est antérieure au Houiller, car dans les conglomérats houillers de l'Ajour, sur la rive droite de l'Arve, existent de nombreux fragments de protogyne.

La protogyne n'est pas la seule roche granitoïde de la région du Mont Blanc. A Vallorsine on trouve un granite gris porphyroïde traversé par la granulite. Il injecte les schistes précambriens micacés et amphiboliques du voisinage et les transforme en gneiss secondaires. C'est ce que M. Michel-Lévy a constaté notamment dans le ravin des Rupes et sur les deux rives de la cascade de Bérard (fig. 749).

Vallorsine est connue par le conglomérat houiller désigné sous le nom de poudingue de Vallorsine et déjà signalé par Saussure. Le Houiller se voit aussi dans les montagnes qui forment le prolongement sud des Aiguilles-Rouges, les montagnes de Pormenaz et de Prarion. A la montagne de Pormenaz le Houiller, composé d'alternances de schistes noirs et de grès foncés micacés, s'enfonce à l'ouest sous le Trias formant le soubassement de la montagne de Fiz, comme l'indique la coupe (fig. 751), tandis, qu'à l'est il repose en discordance sur les schistes chloriteux. Le gisement le plus connu de ce Houiller se trouve à l'endroit appelé les Fougères, près de Méda, gisement dominé par la plus haute des Aiguilles-Rouges (fig. 750). Là, Alph. Favre a recueilli de nombreuses empreintes végétales. Au Prarion on trouve aussi le Houiller, et sur son versant occidental on voit le Trias reposer en discordance sur les micaschistes à Saint-Gervais. Dans cette localité le Trias présente une brèche à jaspe exploitée dans le ravin des Cheminées-des-Fées. Cette brèche se compose de débris de micaschistes cimentés par de la silice; le jaspe y forme des traînées d'un beau rouge. On l'a employé pour la décoration de l'Opéra de Paris.

M. Michel-Lévy a étudié les montagnes de Pormenaz et de Prarion (1). Pour lui le Prarion est la prolongation des Aiguilles-Rouges, décrochée et tordue, de façon que son extrémité nord a été rejetée vers l'ouest. Comme l'indique le schéma (fig. 752) qui est la coupe précédente simplifiée, au synclinal de la vallée de Chamonix succède l'anticlinal des Aiguilles-Rouges, avec une traînée d'amphibolites; de même, plus au sud, on voit au synclinal de Chamonix succéder l'anticlinal complexe du Prarion également traversé par une traînée d'amphibolites. De même encore, à la voûte éocène surbaissée du désert de Platé, correspond pour le Prarion l'anticlinal de Mégève. Ces faits prouvent la similitude du Prarion et des Aiguilles-Rouges et montrent que ces montagnes sont le prolongement l'une de l'autre, séparées par un décrochement.

En terminant cette étude rapide de la région du Mont Blanc, disons que la vallée de Chamonix doit être regardée, d'après M. Michel-Lévy, comme le résultat d'un formidable glissement vertical d'une amplitude de plus de 2,000 mètres, différence entre l'altitude des Aiguilles-Rouges et celle du sommet du Mont Blanc. Ce seul fait donne une idée des dislocations énormes dont cette région a été le théâtre.

(1) Bulletin du service de la Carte, n° 27, février 1892.

Fig. 19. — Cascade de Bérard. Granite injectant les schistes (Aug. Michel-Lévy).

LES ALPES DE SAVOIE.

Les Alpes de la Tarentaise et de la Maurienne sont fort intéressantes au point de vue géologique, notamment le massif de la Vanoise exploré récemment par M. Termier (1). Le massif, limité de tous côtés par des coupures profondes, a une altitude moyenne de 3,000 mètres ; le col

(1) Termier, *Étude sur la constitution géologique du massif de la Vanoise* (Bull. serv. de la Carte, n° 26, septembre 1891).

de la Vanoise qui a donné son nom à toute la région s'abaisse seul à 2,527 mètres. Le plissement s'y manifeste d'une manière intense ; les failles ne sont dans le massif de la Vanoise que le résultat de l'exagération d'un pli ; quant aux failles proprement dites, résultant de mouvements verticaux, elles semblent manquer totalement.

À l'est on voit affleurer les schistes lustrés gris

sans fossiles; ils n'existent pas dans l'intérieur du massif. Ils sont gris ou noirs très fissiles; le minéral dominant est la séricite, mica blanc légèrement hydraté, mais le quartz et le calcaire forment aussi des zones dans les schistes. Ces derniers se délitent facilement à l'air à l'état de boue noirâtre; au pied de leurs escarpements il y a de nombreux débris, par exemple dans les pâturages de la Leisse. Lory attribuait ces schistes au Trias supérieur, mais les études des géologues italiens, MM. Zaccagna et Mattirolo, celles de MM. Potier, Bertrand et Kilian en France, les font considérer aujourd'hui comme antérieurs au Houiller; d'après M. Zaccagna ils seraient même prépaléozoïques et inférieurs à toute la série des couches primaires. En France on s'accorde maintenant à

Fig. 750. — La Fougère et les Aiguilles-Rouges.
(M. Aug. Michel Lévy.)

les attribuer au Paléozoïque ancien, mais sans préciser l'âge.

Le Houiller affleure dans la haute vallée du Doron de Champagny, entre Pralong et Laisonnay. Il se compose de schistes tendres présentant des lits charbonneux consistant en une anthracite inexploitable. Il y a aussi des lits de quartzite, surtout dans la partie du Houiller qui avoisine le Trias. L'épaisseur du Houiller de Laisonnay est évaluée par M. Termier à environ 1,000 mètres de puissance. Dans la zone de grès à anthracite qui s'étend à l'ouest de la Vanoise, de Saint-Michel-en-Maurienne à Bozel, l'épaisseur est plus considérable encore et atteint plusieurs milliers de mètres. Les couches houillères de la Savoie sont connues depuis longtemps et elles ont donné lieu à de longues discussions. A Petit-Cœur en Tarentaise on trouve une alternance de grès et de schistes. Dans les

schistes il y a des Bélemnites du Lias et dans les grès des végétaux du Houiller (fig. 753). Élie de Beaumont admettait la contemporanéité des deux formations; en réalité, il s'agit ici d'un contournement des assises.

M. Termier attribue au Permien les phyllades à chlorite et séricite, plus ou moins feldspathisés, qui séparent dans la région de la Vanoise les couches houillères à anthracite du Trias. Ces phyllades recouvrent en concordance les dépôts houillers; ils sont associés à des quartzites. Cet ensemble est très métamorphisé et contient de nombreux minéraux : mica, épidote, rutile, zircon, grenat, tourmaline, etc. Les couches permiennes constituent deux anticlinaux partant l'un et l'autre de Modane et aboutissant le premier au cirque de Pramecou, le second au vallon de la Leisse; entre eux apparaît un synclinal triasique.

Le Trias consiste : 1° en quartzites blancs représentant sans doute les grès bigarrés; 2° en marbres chloriteux et sériciteux, avec des calcaires et des cargneules (dolomies caverneuses), le tout sans fossiles; ces couches correspondent d'après M. Termier au muschelkalk inférieur; on trouve un niveau de gypse immédiatement au-dessus des quartzites; 3° des calcaires grisâtres regardés par Lory comme jurassiques, mais qui représentent en réalité le muschelkalk supérieur et une partie du Keuper; on y trouve des débris de Polypiers, d'Encrines et des fragments de Gastéropodes; 4° les cargneules supérieures associées à des gypses et correspondant au Keuper supérieur. On ne trouve dans le massif de la Vanoise aucune trace de Jurassique. Le Trias semble ne pas y avoir été recouvert.

Le Jurassique est au contraire bien développé dans les montagnes de la Maurienne, où l'on voit le Lias et le Bajocien. Jusqu'à ces dernières années on n'y avait pas signalé le Jurassique supérieur. M. Kilian vient de découvrir ce dernier dans le massif du Grand-Galibier (3,249 mètres), à la limite des départements de la Savoie et des Hautes-Alpes (1). Il y a là des calcaires à Crinoïdes, Bélemnites (*Duvalia lata*) et des Ammonites, qui répondent au Tithonique. Ces calcaires, généralement rouge lie-de-vin, surmontent une brèche multicolore avec ciment rouge, que les habitants appellent marbre Portor. Ainsi à l'époque du Jurassique supérieur une grande portion des chaînes alpines était

(1) Kilian, *Bulletin de la Société géologique*, 1892, t. XX, p. 21.

Fig. 151. — Coupe par Pormenaz (d'après M. Michel-Lévy). — c, Nummulitique et flysch; c³, Crétacé supérieur; c², gault; c¹, Urgonien; c¹ʰ¹, Néocomien; l, Lias; θ, carguentes; t, quartzites; h, Houiller supérieur; x, schistes micacés et chloriteux; θ', amphibolites; θ², micaschistes à mica blanc; γ¹, granulite (protogyne).

Fig. 152. — Coupe schématique des Aiguilles-Rouges et de Pormenaz (M. Michel-Lévy). — *Trait plein:* terrains secondaires, *Trait en points longs:* terrain houiller; θ, passage de la traînée d'amphibolites.

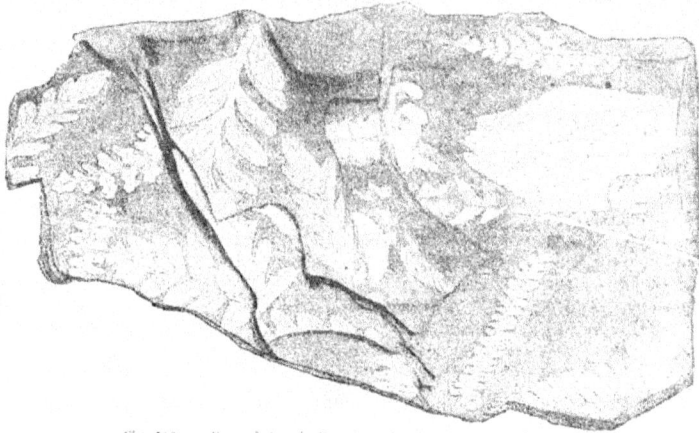

Fig. 153. — Empreintes de Fougères du gisement de Petit-Cœur.

Fig. 154. — Montagne de la Balme. Faille transversale dans la cluse de Sillingy. J³, Jurassique supérieur; c¹ˣ, Néocomien et valenginien; c³, Aptien et urgonien; e⁵, Éocène supérieur et ligurien; mgl, Moraines glaciaires; a', alluvions postglaciaires.

immergée ; les parties émergées devaient être de simples îlots dans cette région des Alpes.

Le Nummulitique débute en Savoie aux environs de Moutiers par une brèche micacée composée de fragments variés ; Lory la regardait comme d'âge triasique ; en réalité elle est éocène d'après M. Kilian. La partie supérieure du Nummulitique est formée soit de schistes pourris, soit de schistes ardoisiers (Moutiers, Maurienne, Saint-Julien), alternant avec des grès brunâtres ; le tout est désigné sous le nom de *flysch*.

Aux environs d'Annecy s'étendent dans le Chablais et le Faucigny les petites Alpes de la Savoie. Elles sont dominées par la Dent du Midi dont nous donnons (page 589) une coupe d'après M. Schardt (fig. 755). La montagne est constituée par le Crétacé inférieur, et sur les pentes on voit le Crétacé supérieur et le Nummulitique. Une des montagnes les plus remarquables de la région d'Annecy est le Semnoz, situé à l'ouest du lac. On y voit le Crétacé inférieur avec un grand développement de l'Urgonien (*Requienia ammonia*) et du calcaire à Ptérocères. Le gault se montre sous l'aspect d'un grès vert foncé sans fossiles. La craie comprend probablement tous les étages du Cénomanien au Sénonien et même au Danien ; elle consiste ici en un calcaire marneux dont on fait de la chaux hydraulique. L'Éocène n'existe pas. Le Miocène recouvre immédiatement le Crétacé, c'est la mollasse, formée de grès gris et de marnes rouges ou bleues. Le Miocène est lui-même recouvert par les alluvions glaciaires. Au pied des Alpes d'Annecy s'étend un plateau tertiaire et quaternaire. Il est constitué par les marnes et les grès mollassiques, recouverts eux-mêmes, sauf sur les flancs des coteaux et dans le fond des ravins, par les dépôts glaciaires et post-glaciaires (1). Des montagnes des environs d'Annecy comprises entre le Fier et le lac, nous représentons ici, d'après M. Maillard, les rochers du Cruet (fig. 756) où l'on voit le Néocomien, l'Urgonien, le calcaire à *Heteraster oblongus* (étage rhodanien)

et l'Aptien. Le plateau mollassique vient s'adosser à l'ouest aux premières chaînes du Jura, c'est-à-dire au Salève et à la montagne de la Balme qui prolonge ce chaînon au sud. La montagne de la Balme, ici figurée, présente le Jurassique supérieur (Portlandien), le Valenginien, le Néocomien et l'Urgonien (fig. 754, p. 587). Du côté du nord-ouest les couches sont en partie masquées par la mollasse miocène et les dépôts erratiques. Au milieu des couches éocènes du flysch qui couvrent le Chablais aux environs des Gets et des Fenils, dans le nord de la région d'Annecy, il y a quelques pointements de roches éruptives. On en compte cinq : ceux de la Rosière, des Bonnes, de Mouille-Ronde, des Atraix et des Fenils. Le plus important est celui des Atraix, découvert par M. Jaccard ; il forme une butte isolée sur la pente orientale des crêtes du Nabor. Ces pointements ont été étudiés par M. Michel-Lévy (1). Il y a distingué les roches suivantes : la protogyne, la serpentine, des diabases, des gabbros, des porphyrites à grands cristaux de feldspath et à structure ophitique, enfin des porphyrites presque entièrement feldspathiques et ayant la structure de la roche appelée variolite ; les petits cristaux (microlithes) y sont enchevêtrés ou bien groupés en sphérolites réguliers comme ceux de la variolite formant les galets de la Durance. Ces roches du Chablais forment ainsi une série analogue à celle que nous aurons à étudier au mont Genèvre ; elles sont certainement antérieures au flysch, mais il est impossible de déterminer leur âge d'une manière précise.

Après avoir décrit rapidement dans les pages précédentes la structure géologique des montagnes de la Savoie, nous allons maintenant étudier au même point de vue la constitution des Alpes du Dauphiné, en prenant pour guides la *Description géologique* donnée par Lory et les travaux plus récents, notamment ceux de M. Kilian sur les chaînes alpines du Briançonnais et des régions adjacentes (2).

LES ALPES DU DAUPHINÉ.

Considérons d'abord la zone subalpine formée du Jurassique et du Crétacé. Dans les environs de Grenoble, le Tithonique (Jurassique supérieur) est bien développé dans le massif de la Porte-de-France que nous avons eu déjà l'oc-

casion de signaler (3). On y trouve au-dessus de l'Oxfordien à *Perisphinctes Martelli* des

(1) Maillard, *Géologie des environs d'Annecy (Bulletin du service de la Carte géologique*, n° 6, novembre 1889).

(1) Michel-Lévy. *Pointements de roches cristallines du Chablais (Bull. serv. de la Carte*, n° 27, février 1892).
(2) Kilian, *Notes sur l'histoire et la structure géologique des chaînes alpines de la Maurienne, du Briançonnais et des régions adjacentes (Bulletin de la Société géologique*, t. XIX, 1891).
(3) Page 249.

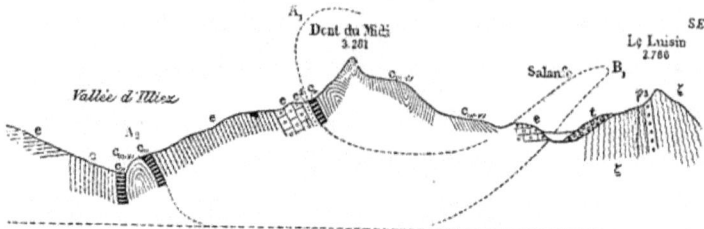

Fig. 755. — Coupe de la Dent du Midi (d'après MM. Schardt et Maillard. — c, Nummulitique et Flysch; c², Aptien; c', Urgonien; c^m-vi, Néocomien, Valenginien; t, Trias; ζ, Micaschistes; γ², Microgranulite; A₁, anticlinal de la Dent du Midi; A₂, anticlinal de la vallée d'Illiez; B₁, syclinal intermédiaire.

calcaires à Térébratules perforées semblables | à ceux du Lemenc près de Chambéry, puis des

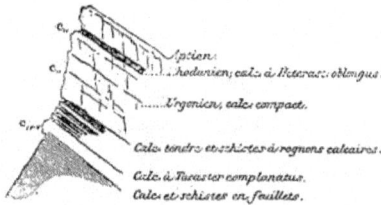

Fig. 756. — Rochers du Cruet. Coupe de l'Urgonien et du Néocomien supérieur, d'après M. Maillard.

calcaires à ciment avec la faune de Berrias (1) | (Ardèche); les fossiles caractéristiques sont

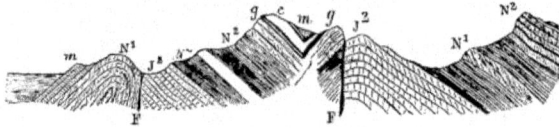

Fig. 757. — Coupe de Saint-Laurent à la Grande-Chartreuse (Lory). — m, mollasse; N¹N², Néocomien; J², Jurassique; g, gault; c, craie; F, faille. (Voy. p. 590.)

des Ammonites telles que *Hoplites privasensis* | et *H. occitanicus*. A Aizy s'intercalent, entre le

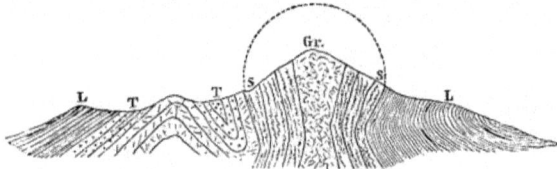

Fig. 758. — Coupe schématique de la structure en éventail de la grande chaîne du canton d'Allevard (Lory). — Gr, protogyne; S, schistes; T, Trias; L, Lias. (Voy. p. 590.)

calcaire à Térébratules perforées et les calcaires | à ciment, des couches coralliennes à *Cidaris glandifera*, qui forment à l'Échaillon un grand récif.

(3) p. 287

Sur les calcaires de la faune de Berrias se montre le Néocomien sur lequel est construit le couvent de la Grande-Chartreuse (fig. 757, p. 589). Le massif lui-même de la Grande-Chartreuse consiste surtout en un calcaire blanc compact à *Requienia ammonia* (étage urgonien). Il y a là des contournements répétés et de nombreux plis-failles. La craie blanche se trouve pincée dans un pli en forme de V qui constitue le sommet du Grand-Som. Dans le Vercors le calcaire à Réquiénies se montre aussi en couches très puissantes.

La première zone alpine de Lory nous présente les chaînes de Belledonne, des Grandes-Rousses, du Pelvoux. La chaîne de Belledonne offre la disposition en éventail du Mont Blanc, comme on peut le voir en s'élevant à partir d'Allevard jusqu'au pic culminant (2,982 mètres). Les roches granitiques et les schistes primitifs font *hernie*, suivant l'expression de Lory et refoulent les couches redressées du Houiller et du Trias; au delà de ce dernier se montrent les calcaires liasiques (fig. 758, p. 589). A la Mure (Isère), l'exploitation des grès à anthracite est assez importante.

Par les vallées de la Romanche et du Vénéon nous arrivons dans l'Oisans, remarquable par ses escarpements abrupts bien connus des chercheurs de minéraux. On y voit le Lias, le Trias et les couches houillères reposer sur les schistes cristallins. « Rien n'est plus frappant, dit Lory, aux environs du bourg d'Oisans, que cette superposition des calcaires du Lias sur les tranches des couches presque verticales des schistes cristallins ou des grès à anthracite. Bien que d'énormes bouleversements aient eu lieu depuis la formation du Lias et que ses couches soient aujourd'hui disloquées, redressées et contournées, on les trouve encore à peu près horizontales dans leur ensemble, ou faiblement inclinées sur le sol des plateaux de Huez, d'Aurès, du mont de Lans, et de loin, de la grande route par exemple, on peut aisément apercevoir le contraste de leur position avec celle des strates sous-jacentes. On peut voir que les assises inférieures du terrain calcaire se sont moulées sur les aspérités d'un fond formé par des terrains cristallisés et par les lambeaux restant des grès à anthracite, les uns et les autres déjà profondément bouleversés, redressés, plissés, sillonnés et entamés par la dénudation. »

Les montagnes de l'Oisans sont dominées par le massif du mont Pelvoux. Il se compose d'un centre granulitique sur lequel s'appuie un ensemble de gneiss et de schistes chloriteux. Les gneiss et les schistes sortent eux-mêmes de dessous les calcaires nummulitiques qui forment le fond du val Louise. « La structure orographique du groupe, dit Burat (1), est celle d'un cirque dont le village de la Bérarde occupe le centre; on y pénètre par la vallée du Vénéon qui y prend sa source. Les pentes extérieures sont assez douces, et c'est seulement par ces pentes qu'on peut atteindre les cimes du Pelvoux, des Arsines, etc. Les pentes de l'intérieur sont au contraire escarpées et entrecoupées de courbes à pic qui les rendent inaccessibles. La structure géologique présente ainsi un milieu granitique qui aurait soulevé autour de lui les couches de gneiss dont les relèvements aigus forment les cimes culminantes. Le caractère spécial du groupe résulte de ce que les masses granitiques centrales sont disposées suivant un arc de cercle très prononcé, dont les extrémités tendent à se fermer vers Saint-Christophe, de telle sorte qu'il en résulte une disposition cratériforme. »

Nous abordons maintenant la région du Briançonnais répondant aux deuxième et troisième zones alpines de Lory. On y trouve différents terrains, d'abord les schistes gris lustrés et les schistes calcaréo-talqueux du Queyras. Ils se montrent nettement inférieurs aux couches triasiques, par exemple aux environs de Briançon et dans la haute vallée de l'Ubaye. Nous avons déjà eu l'occasion de discuter leur âge; ils sont certainement paléozoïques, mais jusqu'à présent on peut seulement dire qu'ils sont antérieurs au Permien. Toutefois ils pourraient être carbonifères, car d'après M. Kilian on ne voit nulle part la superposition du terrain houiller sur ces schistes; leur présence semble exclure celle des grès houillers; il semble y avoir là une sorte de remplacement, bien que différents faits stratigraphiques paraissent indiquer pour les schistes lustrés un âge plus ancien.

Le Houiller composé de grès à anthracite forme un grand anticlinal, à droite et à gauche duquel les plissements ont donné lieu à des glissements et des étirements de couches; il en est résulté de grandes failles appelées par Lory failles de Saint-Michel et de Modane. Nous reproduisons ici un profil théorique donné par M. Kilian et faisant comprendre le mécanisme

(1) Burat, *Géologie de la France*. Paris, 1874, p. 74.

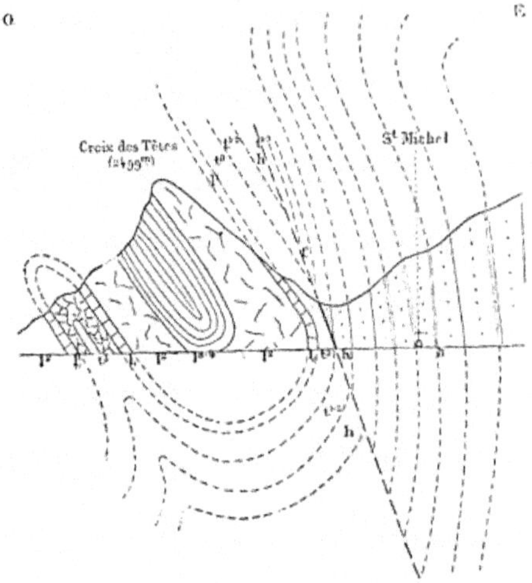

Fig. 759. — Profil théorique de la faille Saint-Michel (exemple de pli-faille inverse), d'après M. Kilian. — t^4, Rhétien; l^{2-5}, Lias; t^{1-3}, Trias; h, Houiller.

qui a donné lieu à la faille de Saint-Michel (fig. 759).

Certaines couches regardées par Lory comme houillères ont été reconnues par M. Kilian

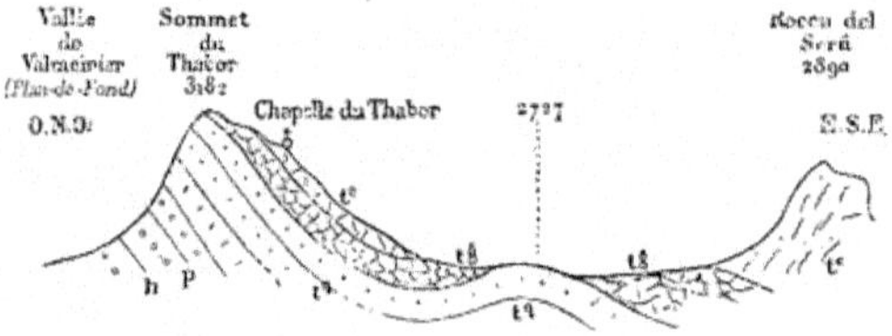

Fig. 760. — Coupe du mont Thabor (d'après M. Kilian). — t^e, calcaire et dolomies du Trias; tg, cargneules; P.¹Permien; t^q, quartzites; h, Houiller.

comme étant permiennes. Tels sont les phyl- | lites verts des environs du Thabor, et les argi-

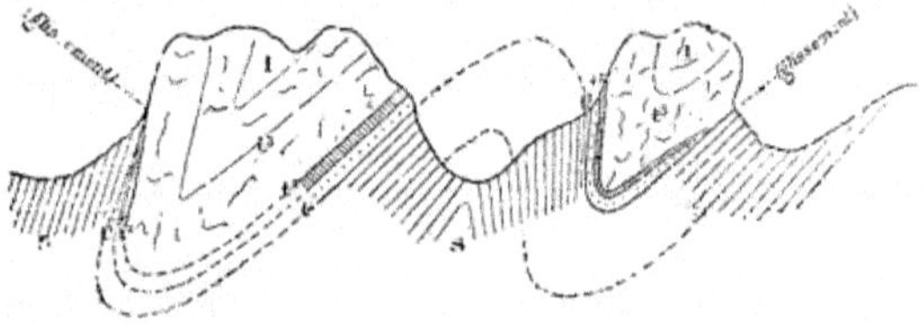

Fig. 761. — Étirement du Trias inférieur entre les dolomies triasiques et les schistes lustrés (d'après M. Kilian), — t^1, quartzites; t^g, cargneules et gypses; t^3, dolomies triasiques; l, brèche liasique; S, schistes lustrés.

lolites rouge lie-de-vin ou vertes de l'Argentière (Hautes-Alpes). Dans la Vallée-Étroite, en

descendant du mont Thabor on voit les assises du Trias se redresser et laisser apparaître au fond le Permien et le Houiller. M. Kilian a retrouvé au-dessous des quartzites du Trias des talcschistes et des chloritoschistes à noyaux feldspathiques analogues aux roches appelées *bésimaudites*, étudiées par M. Zaccagna dans les Alpes italiennes. Il a retrouvé aussi des conglomérats à galets de quartz, fragments de porphyrite violacée et ciment lie-de-vin ou verdâtre, rappelant le *verrucano* permien des Alpes suisses.

Le Trias débute par des quartzites d'un blanc rosé, avec taches verdâtres, qui deviennent parfois feuilletés et talqueux; ils méritent alors le nom de *schistes argentins*. C'est sur ce dernier état qu'ils se présentent à la Rocca del Seru, dans le massif du Thabor. Les quartzites d'ailleurs forment tout le soubassement de ce massif (fig. 760, p. 591). On distingue de loin leurs escarpements entourés de débris, grâce à un lichen jaune qui s'y attache presqu'à l'exclusion des roches voisines. Au-dessus des quartzites viennent des cargneules (dolomies caverneuses), et des gypses; ces assises se voient bien au-dessous des calcaires sur lesquels est construite la chapelle du Thabor. Aux cargneules et aux gypses se superposent les calcaires dolomitiques, saccharoïdes, cristallins désignés, par Lory sous le nom de *calcaires du Briançonnais*. Ils forment une longue bande continue de la Tarentaise à l'Ubaye en passant par le Thabor, la Vallée-Étroite, Briançon, le mont Genèvre, le Queyras et la vallée de Barcelonnette. Ils peuvent reposer directement sur les schistes lustrés comme aux environs de Briançon; alors les quartzites et les cargneules disparaissent; ce que M. Kilian attribue à un étirement désassises par suite de plissements très énergiques. La figure 761 (p. 591) fait comprendre la disposition mécanique du Trias inférieur entre les dolomies triasiques et les schistes lustrés (S). Près de Briançon on exploite dans ces dolomies un beau marbre blanc veiné de vert très pâle et de rose clair. Les dolomies forment le sommet du mont Thabor; on y trouve des débris d'Encrines; il y a aussi dans ces couches dolomitiques des traces de Polypiers et des Gastéropodes indéterminables. La partie supérieure du Trias, développée en Savoie, semble faire presque complètement défaut dans le Briançonnais; elle consiste en gypse et cargneules supérieures surmontés par les grès rhétiens à *Avicula contorta*. Des schistes lilas et verdâtres qui occupent la partie supérieure des gypses en Savoie se retrouvent dans le Briançonnais.

Lory attribuait les *calcaires du Briançonnais* au Lias. Comme on vient de le voir, M. Kilian les attribue, au moins pour la plus grande partie, au Trias. Le Lias est cependant représenté dans le Briançonnais, pincé en nombreux lambeaux dans les calcaires triasiques. Le Lias débute par des calcaires noirâtres et des brèches à éléments calcaires correspondant d'après les fossiles aux niveaux inférieurs. Puis vient ce que Lory appelle le Lias schisteux, schistes noirs ou grisâtres à Bélemnites et qui correspondent probablement à la fois au Toarcien (Lias supérieur) et au Bajocien. Quant au Jurassique supérieur, Lory l'a fait connaître sous le nom de calcaire de Guillestre dans les Hautes-Alpes; ce calcaire blanc et rouge contient des Ammonites et des Bélemnites (*Duvalia lata*). Il existe aussi à peu de distance de Briançon.

La région du mont Genèvre est bien connue des géologues à cause des roches intéressantes qu'on y trouve. Le massif éruptif a environ cinq kilomètres de long sur deux à trois de large. Il est limité à l'ouest par le vallon de Gondran, d'où descend la source de la Durance, et à l'est par un vallon qui débouche en face des Clavières et d'où s'échappe une branche de la Doire. Le massif se dresse au milieu des schistes lustrés et des calcaires du Briançonnais. Le centre est constitué par des gabbros ou euphotides, roches verdâtres composées de feldspath plagioclase et de diallage. D'après MM. Cole et Gregory, qui ont récemment étudié le massif, les gabbros sont traversés par des filons de diabase à structure ophitique. A l'est et au sud on trouve des serpentines, mais elles ne proviennent pas, comme on le supposait, de l'altération des gabbros; elles résultent de la transformation d'une lherzolite.

Au col de Gondran et dans le vallon du même nom, d'où descend la Durance, on trouve non de la serpentine, mais la variolite, roche verte à sphérolites blanchâtres formant des taches sur le fond vert de la roche. Cette roche constitue les galets de la Durance et de la rivière des Cervières; elle est susceptible d'un beau poli et on la travaille parfois pour l'ornementation. Jusqu'à présent on regardait la variolite comme une variété de contact des gabbros voisins, mais d'après MM. Cole et Gregory, il faut la considérer comme s'étant épanchée autour des épanchements plus anciens de gabbros. La diabase compacte serait le type massif de ces épanchements et les variolites en seraient de simples enduits vitreux, superficiels

N.O

S.E

Bedoin

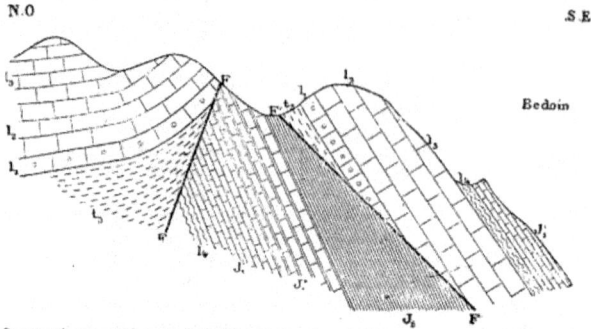

Fig. 762. — Coupe prise au nord-ouest de Bedoin (M. Haug). — t_2, Keuper; l_1, Infra-Lias; l_{2-3}, Lias inférieur et moyen; l_4, Lias supérieur; J'$_1$, Bajocien; J"$_1$, Bathonien; J^2, Callovien; FF', plis-failles.

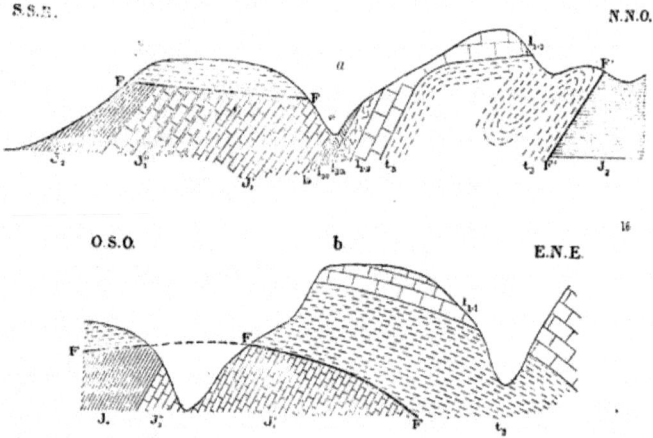

S.S.E.

N.N.O.

a

O.S.O.

b

E.N.E.

Fig. 763. — a, Coupe prise entre Astoin et Bayons, sur la rive droite du torrent (M. Haug). b, Coupe transversale du torrent d'Astoin (M. Haug). — Légende commune : t^3, Keuper; l_{1-2}, Infra-Lias et Lias inférieur; l_3a, Lias moyen, partie inférieure; l_3c, calcaires à Amm. spinatus; l^4, Lias supérieur; J'$_1$, Bajocien; J"$_1$, Bathonien; J$_2$, marnes callovo-oxfordiennes; FF', plis-failles.

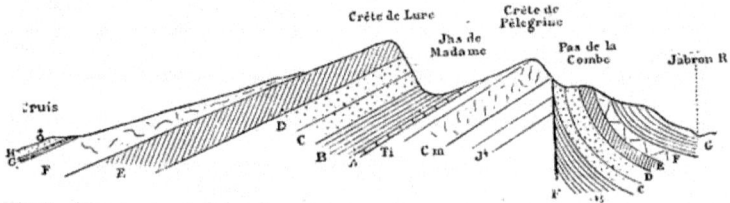

Crête de Lure

Crête de Pélégrine

Jas de Madame

Pas de la Combe

Jabron R

Cruis

Fig. 764. — Coupe transversale de la montagne de Lure (M. Kilian). — A, couches de Berrias; BCDEFGH, couches diverses du Néocomien, de l'Aptien et du Gault; J^4, calcaires à Am. polyplocus et acanthicus; Cm, calcaire massifs à Am. Loryi; Ti, calcaires à Am. geron et couches à Am. Calisto.

LA TERRE AVANT L'HOMME.

II — 75

(tachylites sphérolitiques), plus tard dévitrifiés par de lentes actions secondaires. Ces roches diabasiques et variolitiques sont accompagnées et recouvertes d'une formation composée de diabase et de variolite; MM. Cole et Gregory la regardent comme un tuf, comme un représentant des projections aériennes qui ont accompagné la venue *volcanique* en question. Quant à l'âge de cette venue il est encore incertain; les calcaires triasiques (calcaires du Briançonnais) étant légèrement influencés et disloqués par les roches éruptives, il faut conclure que celles-ci sont au moins postcarbonifères. Lory les regarde, mais probablement à tort, comme contemporaines de la partie supérieure du Trias.

LES ALPES DE PROVENCE.

Plus loin, nous étudierons en détail la structure géologique de la Provence; ici nous nous bornerons à considérer les montagnes provençales qui se présentent manifestement comme des contreforts des Alpes. Elles sont comprises entre la Durance, l'Ubaye, la région des Maures et de l'Esterel et la mer; au delà de la Durance se trouvent les petites Alpes de Provence. Dans les hautes chaînes on trouve le Jurassique, le Crétacé et le Nummulitique. Les chaînes subalpines, comprises entre Gap et Digne, sont particulièrement intéressantes et elles ont fait le sujet d'un travail considérable publié par M. Haug dans le *Bulletin du service de la Carte géologique de la France* (1). Dans cette région dont les cimes les plus élevées sont le pic de l'Aiguillette (2,610 mètres), les Trois-Évêchés (2,927 mètres) et le Cheval-Blanc (2,325 mètres), les terrains anciens sont à peine représentés. Près de Barles, il y a des schistes à séricite primitifs ou précambriens et des grès à anthracite contenant beaucoup d'empreintes végétales, mais inexploitables. Ces couches appartiennent au Houiller supérieur et se placent au niveau des gisements du Dauphiné, tels que ceux de la Mure (Isère).

Les grès bigarrés et le muschelkalk ne sont que faiblement représentés et en un petit nombre de points, au contraire l'étage supérieur du Trias, le Keuper, existe dans tout le bassin de la Durance avec une remarquable uniformité. Il consiste en argiles rouges et vertes, en dolomies jaunâtres et en cargneules au milieu desquelles s'intercalent des lentilles de gypse. Les argiles et les cargneules profondément érodées par les eaux ont donné lieu à des ravines ou *roubines* parcourues par des torrents redoutables. De plus, ces couches affouillées par la base ont laissé ébouler les calcaires de l'Infra-Lias qu'elles supportent. Ces calcaires

associés à des schistes noirs sont très développés aux environs de Digne. On y trouve l'*Avicula contorta*, caractéristique de l'étage, des Ammonites et différents autres fossiles. Le Lias se présente sous trois facies que M. Haug appelle le facies provençal, le facies dauphinois et le facies briançonnais. Le premier, caractérisé par la prédominance des calcaires, se montre à l'ouest et au sud; le second, au nord-est du précédent, est remarquable par l'existence de schistes et de calcaires marneux à Céphalopodes, tandis que les Brachiopodes et les Lamellibranches dominent dans le Lias provençal; enfin le troisième, encore plus oriental, rappelle le facies provençal par ses calcaires cristallins à Céphalopodes, Gastéropodes et Lamellibranches. En résumé, le facies provençal est limité à la zone des chaînes subalpines, le facies dauphinois correspond à la première zone alpine de Lory, et le facies briançonnais caractérise la deuxième et la troisième zone alpine. Le Jurassique moyen (Bajocien et Bathonien) formé de roches marneuses et calcaires est très uniforme. Il atteint 400 mètres d'épaisseur à Digne où le Lias a aussi une épaisseur énorme (650 mètres). Enfin on trouve les différents étages du Jurassique supérieur, à la base le Callovien, l'Oxfordien composé de schistes marneux noirs et le Kimmeridgien et le Portlandien (Tithonique) à l'état de calcaires.

M. Haug a observé le Crétacé sous forme de marnes et de calcaires marneux, indiquant un facies vaseux de mer profonde caractérisé par des Céphalopodes. On distingue les différents étages Néocomien, Aptien, Cénomanien, Turonien, Sénonien. Le Gault paraît manquer, à moins qu'il ne se confonde avec la partie supérieure de l'Aptien, très peu fossilifère. M. Fallot qui a étudié le Crétacé supérieur du sud-est de la France, a bien caractérisé les divers étages de cette formation dans les Basses-Alpes, malgré le peu d'abondance des fossiles.

Le Tertiaire n'occupe dans cette région sub-

(1) Haug, *Les chaînes subalpines entre Gap et Digne* (*Bulletin du service de la Carte géologique*, n° 21, juillet 1891).

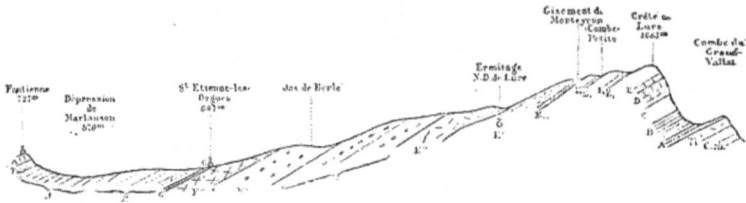

Fig. 765. — Coupe d'un versant méridional de la montagne de Lure (M. Kilian). — Cm, calcaires à *Am. Loryi*; Ti, couches à *Am. geron* et *Am. Calisto*; les majuscules A à J indiquent les mêmes couches que celles de la coupe précédente; E, calcaire et plaquettes; E', couches marneuses à *Am. Caillaudi*; E", calcaires à silex; E⁗, niveau à *Heteroceras*; E', calcaires à silex asibroïdes; F, calcaires à silex; F', calcaire à *Ancyloceras*; F", calcaire des Graves à *Am. Martini*; T, Éocène et Tongrien; A, Aquitanien.

alpine qu'une médiocre étendue et ne forme que des lambeaux isolés. On y voit l'Éocène sous forme de calcaires gris à Nummulites. Aux environs de Gap, ils sont recouverts par ces grès schisteux à Fucoïdes que l'on désigne dans la région des Alpes sous le nom de Flysch, si développés aux environs d'Embrun (grès de l'Embrunais de Lory).

Fig. 766. — Le mont Ventoux.

M. Haug signale dans les Basses-Alpes, au-dessus des calcaires nummulitiques, des grès rouges qu'il désigne sous le nom de mollasse rouge. Ils ont été à tort considérés comme triasiques et contemporains des grès bigarrés des Vosges. Leur superposition au Nummulitique et leur analogie avec la mollasse rouge nettement aquitanienne (Oligocène supérieur)

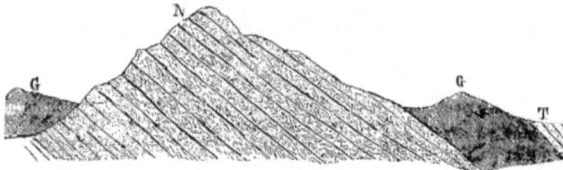

Fig. 767. — Coupe transversale du mont Ventoux. — N, Néocomien; G, sables du gault; T, grès glauconieux.

des environs de Vevey, les font considérer comme oligocènes. Enfin, aux environs de Tanaron et de Lambert, M. Haug a trouvé une mollasse marine à fossiles helvétiens (Miocène moyen).

Les dislocations sont nombreuses dans la région étudiée par M. Haug. Les plus importantes sont dues à des mouvements de poussée horizontale : les plus simples sont des plis anticlinaux et des synclinaux, mais il y a de nombreuses failles dues aux plissements (plis-failles). La coupe de Bedoin empruntée à M. Haug en fournit un exemple (fig. 762). Il s'est produit aussi des chevauchements horizontaux, des recouvrements tels que celui de Bayons où le Trias vient se superposer au Jurassique (fig. 763). Enfin M. Haug signale aussi des champs d'affaissement résultant de mouvements verticaux, ainsi ceux de Turriers-Faucon, d'Esclangon et de Thoard, limités chacun par des failles.

Une autre région des Basses-Alpes, étudiée récemment avec le plus grand soin par M. Kilian (1), est la montagne de Lure qui relie le mont Ventoux aux Alpes proprement dites. La montagne de Lure s'étend sur une longueur de 42 kilomètres entre la Provence et le Dauphiné. Escarpée et abrupte au nord, faiblement boisée, elle s'incline graduellement sur le midi. L'altitude de la crête centrale se maintient entre 1,400 et 1,600 mètres en moyenne. Le point culminant est le Signal-de-Lure (1,827 mètres). Le massif présente le Trias supérieur, le Jurassique inférieur du Lias, le Jurassique moyen, le Jurassique supérieur, le Crétacé, jusques et y compris le Cénomanien, puis des traces de l'Éocène, le Miocène et les dépôts quaternaires. Le Trias est constitué par des grès, des poudingues, des argiles bariolées avec amas de gypse. Le Jurassique inférieur est représenté, ainsi que le Jurassique moyen, par une série de calcaires et de schistes noirs. Le Jurassique supérieur et le Crétacé inférieur forment la moyenne partie de la montagne de Lure. C'est ce que montrent les deux coupes ci-jointes (fig. 764 et 765) empruntées à M. Kilian. On y distingue les masses oxfordiennes à *Ammonites Lamberti* et *Amm. cordatus*, les calcaires marneux à *Amm. Martelli*, *Amm. bimammatus* et Bélemnites plates, des calcaires à silex avec *Amm. polyplocus*, ensuite des assises à faune mixte qui séparent les assises jurassiques des couches franchement crétacées : tels sont des calcaires à *Amm. Loryi*, des brèches et des calcaires à *Amm. Geron* et *Amm. transitorius*, enfin des calcaires blancs à *Amm. Calisto*, *Amm. transitorius*, *Terebratula janitor*. Au-dessus de ces dernières couches on trouve les assises néocomiennes et les suivantes jusqu'au Cénomanien. L'épaisseur totale de toutes ces assises nettement crétacées peut atteindre 1,000 mètres. Le Gault et le Cénomanien sont

(1) Kilian, *Description géologique de la montagne de Lure* (Basses-Alpes). Paris, 1888.

constitués par des grès verts extrêmement développés, et dont les couches inférieures sont phosphatées. Voici la succession des assises : A, calcaires dits de Berrias à *Amm. Boissieri* ; B, couches à Bélemnites plates et à *Amm. (Holcostephanus) Astieri* ; C, couches à *Amm. Jeannoti* ; D, couches à *Crioceras Duvali* ; E, calcaires à *Ammonites difficilis* et *Macroscaphites Yvani* (Barrêmien) ; F, calcaires à *Ancyloceras Matheroni* (Aptien inférieur ou Rhodanien et Voconcien de Kilian) ; G, marnes à *Amm. Nisus* et *Belemnites semicanaliculatus* (Aptien supérieur ou Gargasien de Kilian) ; H, grès verts du Gault à *Amm. inflatus, Inoceramus concentricus*, etc. ; J, grès verts du Cénomanien à *Amm. rothomagensis, Amm. Mantelli*, etc. ; K, couches à *Ostrea columba* (Cénomanien supérieur).

Les dépôts tertiaires forment la bordure méridionale du massif de Lure et vont se continuer dans les bassins de Digne et de Forcalquier ; dans le cœur même de la région ils ne se montrent qu'en lambeaux isolés. L'Éocène est représenté d'après M. Kilian par des conglomérats et des argiles bariolées gypsifères contenant peu de fossiles, puis viennent des couches de marnes et de schistes à *Potamides Lamarki* (Oligocène inférieur, étage tongrien) et des calcaires lacustres à *Helix Ramondi* (Oligocène supérieur, étage aquitanien). Le Tertiaire se termine par la mollasse marine helvétienne (Miocène moyen) et des limons et poudingues tertiaires (Miocène supérieur) qui forment la bordure sud-est du massif. Quant aux dépôts pléistocènes ils sont représentés par les terrasses d'alluvions anciennes de la Durance qui s'élèvent à plus de 60 mètres au-dessus du niveau actuel de la rivière. Il semble n'exister dans cette région, pas plus qu'au Ventoux, de traces bien nettes de dépôts glaciaires. Il y en aurait cependant, d'après M. Ch. Martins, aux environs de Sisteron, indiquant l'existence d'anciens glaciers.

Les dislocations de la région de Lure sont uniquement dues à des phénomènes de plissement ; elles consistent en anticlinaux et en failles dues à des plis brusques ; telle est la grande faille de Lure qui se décompose à l'ouest en plusieurs branches. Elle doit son origine à un pli brusque couché vers le nord et dont la montagne de Lure proprement dite est le flanc méridional. Cette faille est postérieure au Miocène supérieur. Il y a également de petites failles dues à la torsion des couches, telles sont celles du champ de fractures de Banon.

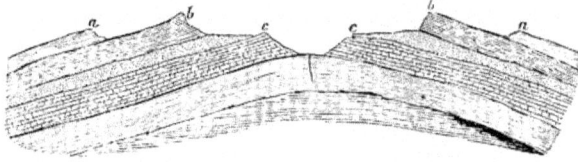

Fig. 768. — Le Jura : Voûte, flanquements et crêts. — *a,b,c*, flanquements.

M. Kilian arrive à cette conclusion, que dans la région considérée les plissements sont d'âge de plus en plus récent à mesure que l'on s'approche du bord de la chaîne. La zone intérieure la plus ancienne du massif a subi une poussée agissant du nord au sud et la zone extérieure une poussée du sud au nord.

Le mont Ventoux (fig. 766) par lequel nous terminerons cette étude rapide des Alpes de Provence nous est bien connu grâce aux travaux de Scipion Gras et surtout de M. Leenhardt (1). Le massif du mont Ventoux, dont le point culminant atteint une altitude de 1,912 mètres, se rattache à l'est à la montagne de Lure. Il a 44 kilomètres de longueur de l'ouest à l'est et 21 du nord au sud. Vers l'est il s'abaisse graduellement, tandis qu'au nord, au sud et à l'ouest il offre des chutes brusques et même des escarpements à pic. Les masses calcaires qui le constituent sont criblées de cavités irrégulières ou *avens* dans lesquelles s'engouffrent les eaux fluviales. Elles se rassemblent ainsi dans des réservoirs souterrains qui alimentent des sources nombreuses,

dont la plus remarquable est la célèbre fontaine de Vaucluse. La plus grande partie de la chaîne du Ventoux est formée de calcaire néocomien (fig. 767). A la base se présentent les marnes et calcaires marneux à *Amm.* (*Olcostephanus Astierianus*) et à Bélemnites plates, puis viennent les calcaires à *Crioceras Duvali* et ceux à *Macroscaphites Yvani*. Sur le flanc méridional il y a des couches à *Ostrea aquila* recouvertes par le calcaire à Réquiénies ; ce dernier est remplacé à l'ouest près de Vaison par un calcaire gris à Céphalopodes dit calcaire de Vaison, représentant l'Aptien inférieur. On y trouve comme Ammonites *Hoplites consobrinus*. Le Gault ou Albien est représenté à Bedoin par des sables de couleur variée auxquels succèdent des grès glauconieux à *Amm.* (*Schlœnbachia*) *inflata*. Le Tertiaire est assez peu développé dans le massif du Ventoux ; il faut y signaler cependant les argiles bariolées probablement éocènes qui existent dans la montagne de Lure et la mollasse marine miocène (étage helvétien) qui débute par une couche remarquable de conglomérats.

LE JURA.

CONFIGURATION GÉNÉRALE DU JURA.

La région du Jura se prolonge parallèlement aux Alpes, du sud-ouest au nord-est depuis le Rhône jusqu'en Souabe. Elle se partage donc entre la France, où elle constitue la Franche-Comté et une partie du Bugey, la Suisse et l'Allemagne du sud. Tandis que le Jura allemand se présente comme un ensemble de plateaux, le Jura franco-suisse nous offre le type le plus parfait des régions composées de plis alternativement anticlinaux et syncli-

naux. Il y a cependant, comme nous le verrons, des accidents variés qui rompent la régularité de la chaîne, des renversements et des failles. Thurmann (1) le premier montra d'une manière précise que le Jura est constitué par un ensemble de chaînons parallèles. Il en comptait cent soixante, qu'il répartissait en plusieurs classes. La première compte trente chaînons où les calcaires coralliens (étage séquanien ou rauracien) sont seuls visibles : tels sont le Sa-

(1) Leenhardt, *Étude géologique du mont Ventoux.* Paris, 1883.

(1) *Bull. Soc. géol.*, 2e sér., t. VII et t. XI, et *Esquisses orographiques de la chaîne du Jura* (Porrentruy, 1852).

lève, la Dôle, le Risoux. La seconde classe compte quatre-vingts chainons où l'on voit toute la série oolithique : tels sont le Reculet, le Grand Colombier, le Lomont Puis cinquante-deux chainons présentent le Lias et le Trias : l'un des principaux est le chainon du mont Terrible, en Suisse, près de Porrentruy.

Les chainons jurassiques offrent différents accidents de relief qui ont reçu des noms spéciaux. Lorsque les couches ne sont pas rompues au sommet d'un anticlinal on a une *voûte;* on appelle *val* le sillon longitudinal, c'est à-dire le synclinal qui sépare deux chainons parallèles. La voûte peut se rompre, alors de chaque côté on voit des *flanquements* dont les arêtes ou *crêts* sont généralement formés de calcaires durs et constituent des falaises escarpées. L'excavation laissée à la base des crêtes par la rupture de la voûte porte le nom de *combe;* on y voit les couches marneuses oxfordiennes (fig. 768). Enfin les vallées longitudinales sont mises en communication par des fractures transversales ou *cluses* qui affectent un ou deux chainons. On appelle *ruz* la coupure transversale d'un crêt. D'après Thurmann il y a quatre-vingts cluses. Voici ce qu'il en dit (1) : « Ces cluses offrent les observations les plus intéressantes. En traversant leurs défilés pittoresques, on trouve réunis, dans un espace limité, tous les ordres d'accidents indiqués précédemment. On voit se relever, se dresser sous des formes variées et hardies, les strates coralliens, tantôt élancés en pics décharnés ou isolés en feuillets verticaux, tantôt suspendus en massifs surplombants, creusés de nombreuses cavernes. On les voit recouvrir entièrement d'un cintre immense la voûte concentrique des couches oolithiques inférieures, ou seulement en revêtir les flancs arrondis, en dominant de leurs escarpements le thalweg sinueux et incliné de la combe oxfordienne. On touche du doigt les voussures avec tous les détails du ploiement et les effets de la résistance ; on peut en compter les couches superposées et mesurer du regard leur énorme puissance ; en un mot, reconnaitre le profil du soulèvement dessiné par la nature avec une netteté parfaite. »

Dans les départements francs-comtois on distingue trois zones en allant de l'ouest à l'est correspondant aux diverses altitudes de la chaine. La zone occidentale déjà plissée est la plaine ou région du vignoble, puis vient la zone

des plateaux ou des moyennes montagnes, divisée par des failles en gradins successifs atteignant des élévations de plus en plus considérables; enfin la zone orientale ou des hautes chaines, régulièrement plissée, se prolonge jusqu'aux plaines suisses.

La partie nord du Jura français se présente comme un plateau portant plusieurs chainons dont le mieux caractérisé est celui du Lomont : son altitude est de 500 mètres en moyenne, et elle arrive même près de la frontière à 812 mètres. La chaine du Lomont se rattache à la chaine suisse du mont Terrible (998 mètres). Plus au sud, aux environs de Pontarlier, le Larmont atteint 1,326 mètres. Au delà du col de Jougne les chainons parallèles du Jura se présentent avec toute leur régularité. On peut distinguer dans le département du Jura sept chainons, qui sont les suivants en allant de l'est vers l'ouest (1) : 1° la chaine du mont Tendre (1,680 mètres, Suisse) qui a son sommet le plus élevé, le mont Reculet (1,720 mètres) également en Suisse; en France les points culminants sont le signal de Noirmont et la Dole (1,680 mètres); 2° la chaine du Risoux comprenant le mont d'Or dans le département du Doubs (1,463 mètres), le Risoux (1,740 mètres), les Rousses (1,160 mètres); 3° la chaine du mont Noir dont l'altitude atteint 1,074 mètres; 4° la chaine des Hautes-Joux d'environ 1.200 mètres; 5° la chaine de Maclus (800 à 900 mètres); 6° la chaine de la Fresse qui traverse la forêt de Champagnole; le signal de la Fresse s'élève à 888 mètres; 7° la chaine de l'Houte. Plus au sud, avant d'arriver au Rhône, se trouve le Crêt de la Neige (1,723 mètres) qui est le point culminant de tout le système; enfin, au sud de Bellegarde, le long du Rhône se dresse le Grand-Colombier (1,534 mètres).

Le Jura présente une foule de points pittoresques; il est d'aspect moins grandiose mais plus riant que les chaines alpines ; on n'y voit pas le roc nu comme dans les Alpes ; tout est couvert d'une belle végétation. « Si ce n'est en hiver, dit Reclus, et pendant les premières semaines du printemps, le Jura n'est pas embelli comme les Alpes par le contraste des neiges et de la verdure ; mais il a presque partout de magnifiques forêts de sapins, qui lui auraient valu dit-on, son nom, synonyme de « Bois défendu » ; il a aussi des pâturages dont l'herbe

(1) Cité par Burat, *Géologie de la France,* p. 451.

(1) Rezal, *Statistique géologique, minéralogique et métallurgique des départements du Doubs et du Jura.* Besançon, 1864, p. 245.

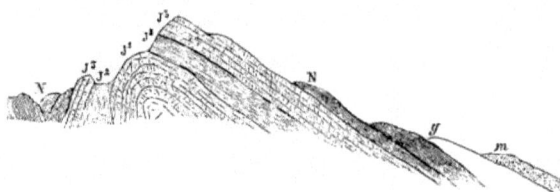

Fig. 769. — Coupe du Reculet. — J¹J²J³, Jurassique; N, Néocomien; *g*, gault; *m*, mollasse.

touffue encadre de sa verdure les eaux des petits lacs allongés dans le fond des vallées ; seulement ces petits lacs, peu profonds à cause de
la forme du pli où ils se trouvent, se continuent
souvent en amont et en aval par des tourbières

envahissantes : plusieurs nappes d'eau ont
même complètement disparu, bues, pour ainsi
dire, par les sphaignes et autres plantes qui se
gonflent d'humidité (1). »

COUP D'ŒIL GÉNÉRAL SUR L'HISTOIRE GÉOLOGIQUE DU JURA.

Les chaînons du Jura présentent, avons-nous
dit, des accidents variés qui en rompent la régularité. Ainsi les flanquements qui surmontent les voûtes peuvent se présenter de chaque
côté sous des inclinaisons différentes. C'est ce
que montre en particulier la coupe de la mon-

tagne de Reculet (fig. 769). Du côté de la France,
sur la voûte de la formation oolithique inférieure, les assises jurassiques moyennes et supérieures et du Néocomien sont presque verticales, tandis que du côté de la Suisse ces mêmes
assises présentent une pente beaucoup plus

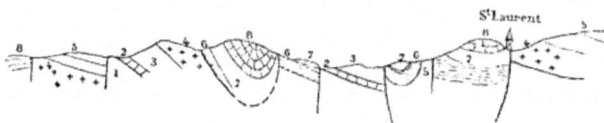

Fig. 770. — Coupe prise au sud de Lons-le-Saulnier, normalement à une faille courbe, d'après M. Marcel Bertrand. — 1, marnes irisées; 2, Infra-Lias et calcaire à gryphées; 3, Lias ; 4, Bajocien; 5, Bathonien; 6, Oxfordien ; 7, Rauracien (ancien corallien); 8, Astartien.

douce, recouverte par le gault et la mollasse.

M. Marcel Bertrand a particulièrement étudié les dislocations variées de la chaîne du
Jura (1), les renversements et les failles. Ces
dernières sont surtout nombreuses dans la partie la plus occidentale ; elles se ramifient en
passant du N.-E.-S.-O. au N.-S. pour revenir con-
verger au mont Poupet près de Salins (872
mètres), qui est le point culminant de cette partie de la chaîne. M. Marcel Bertrand a observé
aussi des failles courbes. Ainsi dans les environs d'Arbois on voit le Bathonien entouré par
le Bajocien et le Lias et comme enfermé dans
une faille elliptique complètement fermée. Un
fait du même genre existe au sud de Lons-le-
Saulnier, entre Gevincey et Vincelles. La coupe

ci-jointe (fig. 770), prise de l'est à l'ouest normalement à l'accident et à la chaîne, montre les
rapports de la bande affaissée avec les terrains
qui l'entourent. M. Marcel Bertrand pense que
les bandes de terrain en question se sont affaissées dans des vides produits à la longue par
l'action des eaux qui est arrivée à dissoudre les
calcaires et à délayer les argiles. « Ces phénomènes, dit-il, sont bien difficiles à expliquer si
l'on veut voir dans toutes les failles des cassures qui traversent de part en part l'écorce terrestre, ou même seulement le résultat d'efforts
d'ensemble auxquels cette écorce aurait été
soumise. Ils me semblent au contraire avoir une
signification bien nette si, sans s'arrêter à ce
mot de faille et à l'idée qu'il éveille ordinaire-

(1) *Bull. Soc. géol. de France*, 3e sér., t. XXII et
Notices de la Carte géologique détaillée.

(1) Reclus, *Géographie universelle: L'Europe centrale*,
p. 31.

ment, on les considère en eux-mêmes et indépendamment de dislocations générales auxquelles l'observation directe ne les rattache pas : puisque des terrains stratifiés se trouvent au milieu d'autres plus anciens, c'est qu'ils sont descendus de leur position première, c'est par conséquent qu'il existait au-dessous d'eux un vide où cet affaissement a pu se produire. La cause de ce vide peut être discutée ; le mécanisme du mouvement peut plus ou moins facilement se concevoir ; mais le fait en lui-même ne semble pas contestable (1). »

Ainsi la bordure occidentale du Jura présente de petits bassins d'effondrement encadrés de failles courbes parfois complètement formées et isolant des terrains plus récents que ceux qui les entourent. La région orientale des hautes chaînes montre au contraire des failles transversales. Ces dernières, d'après M. Marcel Bertrand (2), sont le résultat d'une torsion correspondant à un déplacement inégal dans le sens horizontal des couches plissées ; elles ont joué un rôle important dans la formation des cluses ; celle de Monthe (Doubs) est particulièrement remarquable. On regardait primitivement les plis du Jura comme couchés vers la France, mais en réalité les renversements sont peu accentués et ne sont que des oscillations autour de la verticale, se produisant indifféremment dans les deux sens. Là où le renversement est le plus marqué (Besançon, Saint-Claude), il est bien cependant tourné vers le nord-ouest, comme par suite d'un effort venu des Alpes.

On doit en effet rattacher l'histoire du soulèvement du Jura à celle des mouvements alpins. Le Jura a subi des oscillations dès la fin des temps jurassiques et dans les hautes chaînes le Purbeckien et le Crétacé font défaut, ce qui indique une émersion de ces parties. L'émersion a progressé vers l'ouest ; le Crétacé supérieur est partout absent et le Tertiaire est représenté seulement par des dépôts d'eau douce de l'Éocène et par la mollasse marine du Miocène. C'est après le dépôt de celle-ci, comme cela s'est produit dans les Alpes, que les principaux mouvements de plissement ont eu lieu ; la mollasse est la formation la plus récente que l'on trouve sur les pentes du Jura. En somme, d'après

(1) Bulletin de la Société géologique., 3e sér., t. XII, p 457.
(2) Notices pour l'Exposition de 1889, p. 16.

M. Michel-Lévy (1), les diverses zones que l'on peut rapporter au système des Alpes sur le versant français à partir du massif du Mont Blanc, sont les suivantes : 1° les Alpes proprement dites entre le Mont Blanc et Bonneville ; 2° le grand synclinal mollassique qui s'étend d'Annecy à la vallée du Rhône ; 3° un grand anticlinal constitué par les plissements serrés du Jura ; 4° le grand synclinal de la vallée de la Saône rempli par le bassin pliocène de la Bresse et du Doubs ; enfin 5° les mouvements alpins se sont fait sentir, comme on l'a vu plus haut, sur la bordure orientale et même jusqu'au cœur du Plateau Central.

Les massifs anciens du voisinage ont influé tout naturellement sur l'orientation des chaînons jurassiens et ont produit des déviations de la poussée dont l'origine était sud-est. La direction de la chaîne est nord-sud dans le voisinage des Alpes ; elle devient ensuite nord-est-sud-ouest, et enfin en Suisse elle est à peu près ouest-est ; les changements s'effectuent d'ailleurs graduellement et par des courbes continues. Au sud de la coupure de Nantua, les rides s'allongent du nord au sud sous l'influence sans doute d'un massif ancien caché sous les couches récentes de la Bresse et orienté nord-sud, comme le bord du Plateau Central. On doit tenir compte aussi d'une autre bande ancienne qui relie souterrainement, comme on l'a vu dans un chapitre précédent, les Vosges au massif de la Serre et au Morvan (2). Enfin la direction ouest-est de la dernière partie du Jura est due à l'influence des Vosges et de la Forêt-Noire ; la déviation s'est produite parallèlement à leur bord méridional.

Nous allons maintenant examiner en détail les divers terrains qui constituent la région du Jura. Nous aurons à étudier successivement le Trias, les différents étages du Jurassique le Crétacé, l'Oligocène sous le facies sidérolithique et le Miocène. Quant aux terrains plus anciens que le Trias, on ne les trouve que dans le massif de la Serre, au nord de Dôle, qui rattache les Vosges au Morvan. Là se montrent des roches granitiques et primitives ainsi que des couches permiennes.

(1) Michel-Lévy, Étude sur les roches cristallines et éruptives des environs du mont Blanc (Bulletin du serv. de la Carte, n° 9, février 1890, p. 23).
(2) page 569.

Fig. 771. — Niveaux coralligènes du Jura (d'après M. Choffat).

LE TRIAS DU JURA.

Dans le département du Doubs, le Trias n'est guère représenté que par les marnes irisées. Les grès bigarrés n'existent pas et le muschelkalk n'existe qu'à Chazelot sur un kilomètre de longueur et un demi-kilomètre de largeur. Le muschelkalk de Chazelot est un calcaire magnésien grisâtre, employé comme pierre de construction. Quant aux marnes irisées elles constituent plusieurs lambeaux, dont le principal existe aux environs de Rougemont, sur la lisière de la Haute-Saône. Il y en a aussi près de Baume, de Bourre, de Vorges, etc. On trouve des couches alternantes de marnes, de dolomies et de grès avec des amas de gypse très importants exploités en plusieurs localités, notamment à Bourre, à Vorges, à Arguel, à Ougney. Il y a même à Gémonval un combustible de médiocre qualité que l'on a renoncé à exploiter (1).

Le Trias est bien développé dans le département du Jura. Au nord de Dôle, on voit à la

(1) Resal, *Statistique géologique, minéralogique et métallurgique des départements du Doubs et du Jura.* Besançon, 1864, p. 87.

montagne de la Serre les trois étages du Trias. Les grès bigarrés comprennent les arkoses exploitées dans les carrières de Moissey et d'Offlange, et au-dessus, des argiles micacées exploitées pour la fabrication des tuiles et des grès argileux qui donnent naissance à un sol très propre à la culture de la vigne. Les seuls fossiles sont des empreintes de végétaux (*Equisetum arenaceum*). Le muschelkalk des environs de la Serre forme une bande de 5 kilomètres de longueur et de 300 mètres de largeur; il y a là des argiles et des calcaires dont certaines couches sont pétries d'articles d'*Encrinus liliiformis*. Sur les assises de muschelkalk s'appuient, sur le versant oriental de la Serre, les marnes irisées, dont l'épaisseur est faible; les amas de gypse sont peu importants.

Dans le centre du département l'étage des marnes irisées prend au contraire une grande extension et se relève sur les bords du massif jurassien. « En partant de Lons-le-Saulnier et se dirigeant vers le nord, on rencontre les marnes irisées dans la zone déterminée par cette ville, Poligny, Arbois, Labergement, Brainans et Montmorot ; au nord elles forment une bande à partir de Montigny-les-Arsures, qui occupe le fond de la vallée qui se dirige vers Salins, au bout de laquelle elle vient mourir, mais auparavant elle se bifurque et sa seconde branche qui longe le pied du mont Poupet ne se termine qu'à Nans-sous-Sainte-Anne (Doubs) (1) ». L'étage, d'une puissance de 200 à 400 mètres, se compose de couches alternantes de marnes, de dolomies et de grès. La dolomie est exploitée en quelques localités, notamment à Grozon, mais c'est une pierre gélive. Des amas de gypse sont subordonnés et ils sont exploités à Salins et aux Petits-Nans, à Poligny, à Arbois, etc. Par des sondages on s'est assuré de la présence du sel gemme dans les assises inférieures. A Grozon le sel est à la profondeur de 75 mètres ; à Montmorot près de Lons-le-Saulnier il se trouve à 334 mètres, et à Salins il y en a plusieurs

bancs, le moins profond à 279 mètres et le plus profond à 283 mètres. On exploite ces amas au moyen de trous de sonde : le sel est dissous soit par des sources intérieures, soit par des eaux dirigées du dehors. Par évaporation obtenue en chauffant la dissolution on a ensuite le sel. Quant aux sources salées elles-mêmes, qui ont mis sur la trace de la découverte du sel, elles sont en grande partie envoyées dans les trous de sonde. A Salins elles alimentent un établissement de bains.

Dans les marnes irisées de Grozon se trouve une couche de combustible dont la puissance varie de 0^m,40 à 0^m,80. Cette houille a été reconnue aussi à Salins, à Marnoz et à Pymont. Elle est mélangée de gypse et de pyrite et tombe en poussière après une courte exposition à l'air. Sa mauvaise qualité et sa faible puissance calorifique en ont fait abandonner l'exploitation commencée en 1843.

LE JURASSIQUE INFÉRIEUR ET MOYEN DE LA RÉGION DU JURA.

L'Infra-Lias est représenté dans le Jura par des grès avec ossements de Poissons, des schistes à *Avicula contorta*, fossile caractéristique de l'étage rhétien, puis viennent des couches à *Cardium cloacinum*. Au-dessus des assises rhétiennes, on trouve l'étage hettangien, consistant en calcaires bleus avec *Ostrea irregularis* et *Littorina clathrata*.

. Les trois étages du Lias : Sinémurien, Charmouthien et Toarcien, existent en Franche-Comté, notamment le long de la bordure occidentale.

Le Sinémurien, caractérisé par la *Gryphea arcuata*, consiste en un calcaire gris bleuâtre ou jaunâtre dont les diverses couches sont séparées par des lits marneux. Il forme une bande très nette autour du bassin des marnes irisées qui existe dans le centre du département du Jura. On l'exploite soit comme pierre de construction, soit pour le pavage à Salins et à Poligny. Il fournit même d'assez beaux marbres.

L'étage liasien ou charmouthien avec *Gryphea cymbium*, Bélemnites et diverses Ammonites, consiste en marnes et en calcaires. Les marnes inférieures qui atteignent 40 mètres d'épaisseur dans la cluse de Mouthier, sont bitumineuses ; on a même cherché, mais sans grand succès, à en extraire des goudrons et des huiles. Il y a aussi des rognons de pyrite. Le calcaire

marneux de cet étage est de plus disposé en rognons (*septaria*) formés de couches concentriques autour d'un noyau central et que l'on exploite pour la fabrication de la chaux hydraulique. Le Charmouthien se termine par des marnes et des calcaires caractérisés par la présence de Plicatules. Cette dernière assise a une puissance d'environ 6 ou 8 mètres.

L'étage toarcien ou Lias supérieur débute par des schistes bitumineux à Posidonies, ayant un aspect ardoisier ; entre leurs feuillets il y a de petites plaquettes de bitume noir. Viennent ensuite des marnes bleues à *Trochus*, renfermant des nodules de calcaire et de pyrite ; elles servent à la fabrication des tuiles. Enfin la partie supérieure de l'étage consiste en un grès d'un gris foncé, consistant en grains de quartz cimentés par une pâte marneuse (1). On y trouve en certains points de nombreuses empreintes végétales. Au-dessus de ces marnes on trouve une couche d'oolithe ferrugineuse, formée d'un banc de calcaire oolithique à pâte argilo-calcaire ferrugineuse. Les oolithes miliaires qu'elle renferme sont sphériques et composées de couches concentriques de fer hydroxydé. Dans cette assise on trouve encore les fossiles du Lias supérieur, quoique en petit nombre. Cette assise ferrugineuse du Toarcien est l'objet de diverses exploitations pour l'ali-

(1) Resal, p. 272.

(1) Resal, p. 93.

mentation des hauts-fourneaux. Dans le Doubs on l'exploite à Laissez, à Souvance, à Deluz, Rougemontot, etc. Le minerai est utilisé par les hauts-fourneaux de la région et par ceux du Creusot et du Midi. Dans le département du Jura le meilleur minerai est celui d'Ougney et de Saligney. A Malange l'exploitation se fait à ciel ouvert (1).

Le Bajocien ou Oolithe inférieure débute par le calcaire à entroques, formé de débris de tiges d'Encrines. Sa puissance varie de 6 à 8 mètres. Il forme au flanc des vallées, au-dessus des marnes toarciennes, des escarpements caractéristiques. On y exploite de nombreuses carrières de pierre de taille, notamment aux environs de Besançon. Une couche de marne à *Pecten æquivalvis* sépare le calcaire à entroques d'un autre calcaire compact et rempli de Polypiers, également employé pour la construction. Il renferme de nombreux rognons siliceux ou *chailles*. Dans le Doubs et dans la partie occidentale du Jura, cette assise à Polypiers ne dépasse pas 10 mètres d'épaisseur, mais dans le haut Jura elle atteint plus de 60 mètres. La partie supérieure devient marneuse et renferme un grand nombre de Térébratules (*Waldheimia subbucculenta*).

Le Bathonien est très bien développé dans le Jura. Il débute par des marnes schisteuses jaunâtres et des calcaires également marneux, le tout caractérisé par l'*Ostrea acuminata*. Cette première partie, très bien représentée à Vesoul, porte souvent le nom de sous-étage *Vésulien*. Elle répond au *fuller'searth* des Anglais. Dans la région du Jura la puissance de ces couches n'atteint guère que 5 ou 6 mètres ; cependant elles arrivent dans la haute montagne à 30 mètres environ.

La partie la plus importante du Bajocien jurassique est la grande oolithe et le *forest marble* des géologues francs-comtois. La grande oolithe est un calcaire oolithique dont les bancs généralement schistoïdes fournissent des dalles très minces, employées sous le nom de *lave* pour couvrir les maisons. Le *forest marble*, qui

renferme d'ailleurs les mêmes fossiles dont le plus caractéristique est *Rhynchonella digona*, est un calcaire compact à cassure conchoïdale ou esquilleuse ; souvent il y a des veinules de calcite. L'épaisseur totale du forest marble et de la grande oolithe est de 110 mètres à la citadelle de Besançon. Au-dessus viennent des calcaires oolithiques bleuâtres, à *Waldheimia digona* et parfois à Polypiers. On les connaît sous le nom de *cornbrash*. Comme les assises précédentes ils fournissent de bonnes pierres de construction. « Le cornbrash présente souvent, dit M. Resal (1), un caractère assez curieux ; chacun des bancs qui le constituent est disposé en feuillets de quelques centimètres d'épaisseur par des plans parallèles inclinés de plusieurs degrés sur les plans de stratification ; et comme les directions de ces clivages sont concourantes pour deux bancs consécutifs, les sections verticales faites dans le cornbrash présentent des figures en zigzag d'un aspect bizarre. Cette disposition est notamment observable aux environs de Baume-les-Dames. » L'épaisseur du cornbrash n'est que de 10 mètres à la citadelle de Besançon. Les calcaires sont divisés en deux masses par une couche de marne. Dans la montagne le cornbrash est représenté surtout par des marnes bleuâtres et des calcaires roux contenant des restes d'Encrines. La partie supérieure du cornbrash consiste souvent en un calcaire à plaquettes renfermant de grandes huîtres à reflets nacrés ; on lui donne le nom de *dalle nacrée* (2) ; ce calcaire à plaquettes établit un passage insensible entre le Bathonien et le Callovien auquel on le rattache souvent. Le Jura méridional, à la limite des départements du Jura et de l'Ain, présente un Bathonien avec des caractères spéciaux ; il renferme des calcaires tout pétris de Polypiers. D'après M. Riche le Bathonien supérieur de cette région offre ainsi un faciès coralligène à ses deux extrémités nord-est et sud-ouest ; dans l'intervalle se trouve le faciès marneux (3).

LE JURASSIQUE SUPÉRIEUR DE LA RÉGION JURASSIENNE.

Les divers étages du Jurassique supérieur se montrent dans la région jurassienne où ils présentent un grand intérêt. On doit y distinguer un faciès franc-comtois proprement dit

presque identique à celui du bassin de Paris et un autre limité au Jura méridional. Le Callovien débute dans le nord par une couche de faible

(1) Resal, p. 307.

(1) p. 119.
(2) Voir *La Terre, les Mers et les Continents*, p. 472.
(3) Riche, *Bull. Soc. géol.*, 3e série, t. XVIII, p. 109.

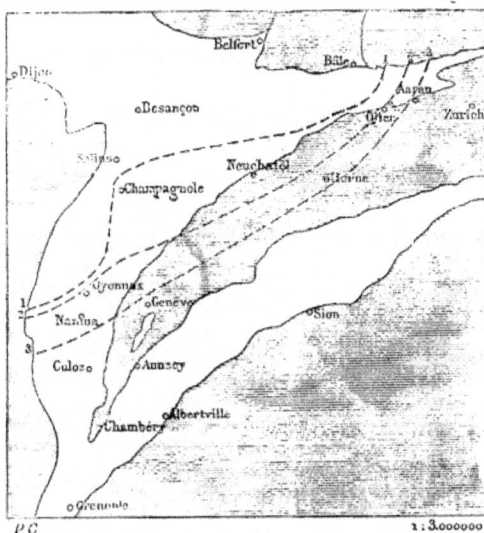

Fig. 772. — Limite nord-ouest des trois bancs à Spongiaires dans le Jura (d'après M. Choffat).

épaisseur, formée d'une argile où se trouvent disséminés des grains ovoïdes de fer hydroxydé. Cette couche à minerai caractérisée par *Ammonites* (*Reineckia*) *anceps* s'observe dans le Doubs, particulièrement à Baume-les-Dames. Près de Dôle elle n'a que 0m,30 d'épaisseur. On ne l'exploite pas, bien qu'au lavage on puisse recueillir environ 20 p.100 de minerai. Au-dessus se trouvent des marnes et des calcaires marneuses grisâtres à *Ammonites* (*Cardioceras*) *Lamberti*, auxquels succèdent d'autres marnes bleues à *Oppelia Renggeri* où les fossiles sont pyriteux. On exploite les marnes pour la fabrication des tuiles et des tuyaux de drainage.

L'Oxfordien consiste en calcaires marneux employés pour la fabrication de la chaux hydraulique. Ils contiennent l'*Ammonites* (*Cardioceras*) *cordatum*. On y trouve des rognons volumineux ou *chailles*, très riches en silice. Ce niveau très constant dans la Haute-Saône et le Doubs est peu important dans les départements du Jura. Vient ensuite un premier niveau coralligène à *Glypticus hieroglyphicus* et à Polypiers constituant la base du Rauracien. Il

est surmonté d'une série de couches oolithiques, c'est l'oolithe corallienne à *Diceras arietinum* exploitée comme pierre de taille sous le nom de *vergenne*. La partie supérieure de l'oolithe corallienne est un calcaire blanchâtre, compact ou tendre, contenant des Nérinées.

La partie supérieure du Rauracien ou Séquanien forme un sous-étage appelé Astartien ou calcaire à Astartes, contenant aussi des récifs coralligènes à Polypiers, Nérinées et Diceras; ce calcaire est souvent très compact et employé pour la construction.

Le Kimmeridgien inférieur ou Ptérocérien se compose d'assises calcaires où se trouvent intercalées des couches de marnes. On y trouve encore des Nérinées. Les formations coralligènes de cet étage, bien développées aux environs de Saint-Claude et de Nantua, portent le nom de calcaire de Valfin. Viennent ensuite les couches kimmeridgiennes proprement dites à *Exogyra virgula*. On les qualifie du nom de sous-étage virgulien. Les marnes à Exogyres n'ont généralement que quelques mètres d'épaisseur, et dans la haute montagne elles

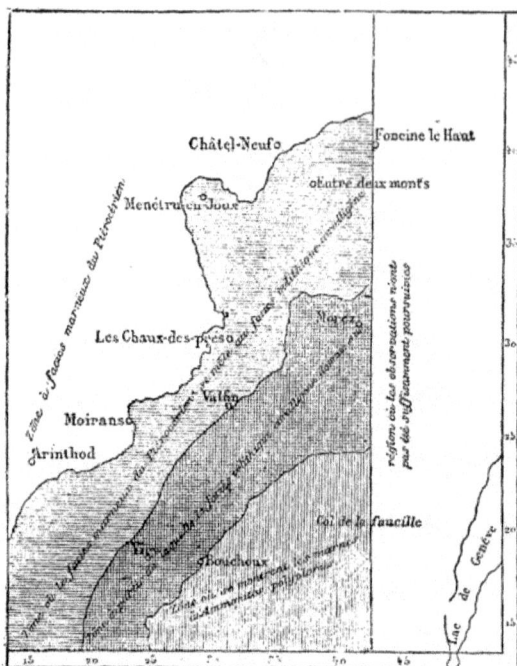

Fig. 773. — Distribution géographique approximative des facies du Jurassique supérieur à travers le Jura (M. l'abbé Bourgeat).

finissent par disparaître. On les exploite surtout pour l'amendement des terres.

L'étage portlandien débute par des calcaires compacts alternant avec des calcaires fossiles ou perforés dont les tubes irréguliers sont souvent remplis d'un calcaire grossier et terreux (1). Ces derniers, désignés à tort sous le nom de *dolomies portlandiennes*, car ils ne paraissent pas renfermer de magnésie, contiennent *Ammonites (Stephanoceras) portlandiens*. Ces dolomies deviennent de plus en plus communes à mesure qu'on s'approche du sommet du Jurassique; elles sont alors en plaquettes de couleur jaunâtre et ayant une cassure rubanée. Les dolomies supérieures contiennent près de Pontarlier des fossiles saumâtres (*Corbula inflexa*); elles forment le fond de la rivière de l'Ain depuis sa source jusqu'à sa pente près de Bourg-de-Sirod.

(1) Resal, p. 323.

Comme nous l'avons vu plus haut, le Jura présente plusieurs niveaux coralligènes. Le premier existe dans le Rauracien et c'est lui qui, découvert tout d'abord, a reçu le nom de Corallien. Cette oolithe corallienne disparaît un peu au sud de Champagnole. Un second niveau se trouve dans l'Astartien, c'est lui qui fut appelé par Étallon le Corallinien; il disparaît vers Saint-Claude. Au sud-est de cette localité, les récifs coralliens existent dans le Ptérocérien de Valfin et d'Oyonnax (Ain) au-dessus du Rauracien. Dans le Virgulien il faut ranger les niveaux coralligènes au sud de Nantua, et ils forment avec la base du Portlandien le Corallien du Grand-Colombier et de Chanaz. Enfin, encore plus au sud, au niveau du Portlandien supérieur, se placent les couches coralliennes du Salève et de l'Échaillon. Elles ne sont séparées au Salève du Crétacé que par une mince assise purbeckienne, et à l'Échaillon elles sont recouvertes directement par le Valenginien

(Crétacé inférieur). La carte ci-jointe indique, d'après M. Choffat (1), les limites des divers niveaux coralligènes (fig. 771, p. 601).

Il y a aussi divers niveaux à Spongiaires dans le Jurassique supérieur. Les Éponges siliceuses du groupe des Hexactinellides y dominent. Le niveau le plus ancien, d'après M. Choffat (2), correspond à l'Oxfordien. Il a pour limite une ligne se dirigeant d'abord vers l'ouest par Liestal (Bâle), Soleure, Chaux-de-Fonds, Arc-sous-Montenot (Doubs), Valempoulières (Jura), puis elle se dirige vers le sud, passe entre Saint-Claude et Molinges; enfin elle prend une direction sud-ouest et traverse la chaine à Oyonnax. Un deuxième banc, correspondant au Rauracien, couvre le Jura oriental jusqu'aux environs d'Olten, disparaît sous la plaine suisse et ne reparaît que dans le Jura occidental; sa limite nord-ouest passe au nord de Saint-Claude et de Nantua. Il y a mélange. vers sa limite, d'Éponges calcaires et de Polypiers; le facies typique à Éponges siliceuses se montre dans le Bugey. Enfin le troisième banc, qui est astartien, a sa limite nord-ouest à peu près parallèle à celle du second, mais elle est un peu plus sud-est. Ces bancs s'éloignent, comme le montre la carte (fig. 772, p. 604), de plus en plus de Besançon, au fur et à mesure que l'on monte la série stratigraphique. Comme les trois bancs présentent les mêmes espèces de Spongiaires, tandis que les Céphalopodes qui s'y trouvent n'appartiennent qu'à des espèces voisines, M. Choffat admet que la prospérité de ces bancs était liée à une profondeur d'eau donnée; il en conclut que le sol du Jura s'exhaussait lentement vers le nord-ouest tandis qu'il s'affaissait du côté des Alpes.

M. l'abbé Bourgeat, qui a publié sur le Jura de nombreux et importants travaux, a particulièrement suivi la différence des facies à travers le Jura méridional (3). Cette différence est mise en évidence par la figure 773, page 605. Le facies marneux vers l'ouest devient de plus en plus oolithique au fur et à mesure qu'on s'avance vers le sud-est. Ainsi l'Astartien calcaréo-marneux à l'ouest, avec Lamellibranches et *Waldheimia*, présente déjà de l'oolithe à Pont-de-Laime; à Valfin les assises coralligènes s'épaississent et atteignent une trentaine de mètres à Viry. Plus à l'est on voit

(1) Choffat, *Niveaux coralliens dans le Jura* (*Bulletin de la Société géologique*, 3e sér., t. XIII, p. 869).
(2) Choffat, *Bancs de Spongiaires du Jura* (*Id.*, p. 834).
(3) *Bulletin de la Société géologique*, 3e sér., t. XIII, p. 794.

ce facies oolithique disparaître graduellement et il est remplacé par les marnes à *Ammonites polyplocus*, si développées dans le Midi. Le Ptérocérien, marneux au nord-ouest, acquiert peu à peu vers l'est et vers le sud des bancs coralligènes qui gagnent de plus en plus sur les marnes et finissent par s'y substituer peu à peu, de sorte que les marnes disparaissent complètement à Valfin et dans le voisinage d'Oyonnax. De même le Virgulien présente à l'ouest deux niveaux marneux à *Exogyra virgula*. Le supérieur reste constant d'un bout à l'autre de la chaine, mais le second s'atténue à l'est et au sud et il n'y en a plus trace à Valfin et à Viry; les couches qui le séparent du niveau supérieur passent au facies coralligène. Dans le Portlandien un facies coralligène apparaît aussi vers Pont-de-Laime, acquiert une certaine puissance vers Morez et s'accroit encore vers Viry. Ces changements de facies tiennent évidemment à la bande de massifs anciens qui s'étend du Plateau Central aux Vosges et à la Bohême. Cette bande dessinait à l'époque jurassique une ligne de rivage ou de hauts fonds, parallèlement à laquelle variaient les conditions d'existence et de dépôt. De l'ouest à l'est s'observent par suite trois sortes de formations bien distinctes quoique synchroniques : les formations à Lamellibranches et à Gastéropodes, les formations coralliennes, et enfin les formations pélagiques à Céphalopodes de la région des Alpes.

Pour terminer cette étude du Jurassique supérieur de la région jurassienne, il nous reste à parler du Purbeckien. Le Purbeckien du Jura, découvert par Pidancet et étudié par MM. de Loriol et Jaccard, puis par M. Naillard (1), affleure dans un territoire compris entre Moutiers près Délémont, Bienne, la plaine suisse, le Salève, le val du Fier, Yenne, les confins de l'Isère, la vallée de Brenod à Hauteville et Charrix. A l'ouest la limite est incertaine, au nord elle se placerait de Mont-de-Laval au vallon de Saint-Imier. Certaines localités ont fourni un certain nombre de fossiles, entre autres Villiers-le-Lac et Pont-de-la-Chaux. Il y a des coquilles d'eau saumâtre ou d'eau douce comme des Corbules (*Corbula Forbesi*), des Planorbes (*Planorbis Loryi*), des Physes, des Bythinies, et aussi une plante (*Charra Jaccardi*). On peut diviser l'ensemble des couches purbeckiennes en deux sous-étages. Le sous-

(1) *Bulletin de la Société géologique*, 3e sér., t. XIII, p. 844.

étage inférieur comprend à la base de 5 à 10 mètres de marnes grises ou noires contenant en diverses localités, comme la Rivière et Morteau (Doubs), des amas de gypse; viennent ensuite des calcaires, dits cornicules, qui sont cloisonnés; le remplissage des cloisons est friable et renferme de fines parcelles de quartz; les calcaires cloisonnés n'atteignent que 1 mètre à 1ᵐ,50 d'épaisseur. Ce sous-étage supérieur est formé d'une alternance de calcaires et de marnes grises avec fossiles d'eau douce, atteignant 4 à 5 mètres d'épaisseur, et recouverte par des calcaires oolithiques ou marneux à fossiles saumâtres ou marins; ces calcaires

n'atteignent que 50 centimètres de puissance. Dans plusieurs gisements comme à Villers-le-Lac, M. Maillard signale un retour de fossiles portlandiens dans les couches saumâtres supérieures; sur plusieurs points aussi, entre autres à Bienne et aux Petites-Chiettes, il y a des alternances de Purbeckien et de couches infra-crétacées (Valenginien). Ces faits indiquent une liaison intime entre le Jurassique le plus supérieur de l'Infra-Crétacé. Ils montrent aussi que l'émersion du Jura à la limite du Jurassique et du Crétacé a duré un certain temps avec des alternatives et de faibles invasions d'eaux marines dans les eaux douces purbeckiennes.

LE CRÉTACÉ DU JURA.

Le Jura présente un grand développement des couches infra-crétacées, comme nous l'avons déjà vu, en étudiant le Crétacé dans les diverses régions (1). C'est dans le Jura que le premier étage du Crétacé, le Néocomien, offre ses caractères typiques. « Ce terrain, dit M. Resal(2) est principalement développé dans le haut Jura, où il forme, au fond et sur le flanc des vallées portlandiennes, jusqu'à une certaine hauteur, des dépôts importants en stratification concordante avec les dolomies supérieures sur lesquelles il repose. Au fond des vallées il constitue des éminences plus élevées et plus ou moins arrondies, sous la forme de voûtes dirigées dans l'axe des cirques jurassiques dans lesquels il est compris; ces voûtes, dont les ondulations du terrain accusent la succession, sont ordinairement peu étendues. Les vallées néocomiennes sont généralement fertiles et couvertes de prairies; elles portent de nombreuses traces d'érosion et il arrive souvent qu'elles sont occupées au fond par des tourbières et des étangs, comme aux Rousses, à Saint-Laurent, etc. »

On distingue dans le Néocomien, à la base, le sous-étage valenginien constitué par des marnes, des calcaires noduleux, et des calcaires blancs compacts. Ces derniers contiennent des bancs coralligènes à Nerinées et à Dicérates (Valletia). Le sommet du Valenginien consiste en un calcaire roux employé comme pierre de construction. A Saint-Claude, à Montépile, les calcaires coralligènes, remplis de petits Polypiers branchus, contiennent également le genre Valletia. Le sous-étage suivant ou hauterivien

tire son nom des marnes bleues d'Hauterive très riches en fossiles; au-dessus il y a un calcaire à grains verts développé au fort de l'Écluse, et un calcaire jaune dit de Neuchâtel, activement exploité à Pontarlier. Le Néocomien se termine par le sous-étage barrêmien formé d'un calcaire blanc à Rudistes (Requienia ammonia et Radiolites neocomiensis). La partie supérieure du Barrêmien constitue le sous-étage rhodanien de M. Renevier. C'est un calcaire roux qui atteint 30 mètres de puissance à la Perte-du-Rhône près de Bellegarde (Ain), il est caractérisé par Heteraster oblongus et Requienia Lonsdalei.

Les assises néocomiennes des environs de Seyssel (Ain) sur les deux rives du Rhône, sont imprégnées de bitume. Ce gîte se prolonge vers Lovagny en Savoie et vers Travers en Suisse. Ce sont des grès qui sont ainsi imprégnés, à Pyrimont c'est du calcaire. Ce dernier contient de 9 à 10 p. 100 de bitume et les grès de 15 à 18 p. 100 (1).

L'Aptien qui surmonte le Néocomien consiste à la Perte-du-Rhône en grès verdâtre à Ostrea aquila et Plicatula placunea divisés en deux assises par des sables verts sans fossiles. Dans le Jura proprement dit, l'Aptien consiste en calcaires marneux avec les mêmes fossiles.

Le Gault ou Albien est peu développé dans la région jurassienne. C'est à la Perte-du-Rhône qu'il offre le plus de puissance; il y atteint 35 mètres, mais 30 mètres sont constitués par des sables sans fossiles, qui séparent le Crétacé du Tertiaire. Dans les couches fossilifères on trouve des Ammonites : Acanthoceras mamil-

(1) page 337.
(2) Resal, p. 332

(1) Stanislas Meunier, Combustibles minéraux (Encyclopédie chimique, t. 11 complément., 1885).

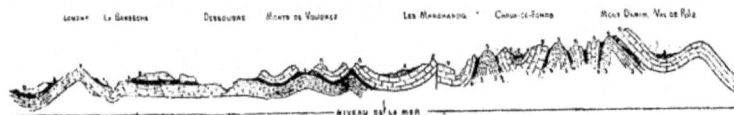

Fig. 774. — Coupe de Lomont au val de Ruz (Boyer). — 1, Keuper; 2, Lias; 3, Oolithe (Bajocien et Bathonien); 4, Oxfordien; 5, Jurassique supérieur; 6, Crétacé; 7, Tertiaire; 8, Quaternaire.

lare, *Schloenbachia inflata*, etc. Dans le département du Jura le Gault existe entre Saint-Julien et Lains sous forme d'une argile bleuâtre avec sable vert de quelques mètres d'épaisseur reposant sur l'Aptien. On y trouve comme fossiles : *Inoceramus concentricus*, *Acanthoceras mamillare*, etc. Les couches les plus élevées du Gault sont exploitées à cause du phosphate de chaux qu'elles renferment; le minéral n'existe ni en nodules, ni en grains, mais à l'état de moules de fossiles. C'est dans ces moules que s'est produite la concentration du phosphate. L'exploitation se fait nettement à Lains (Jura) et aussi à Seyssel (Ain).

La craie n'existe qu'à l'état de lambeaux dans le Jura. La craie chloritée (Cénomanien) a au plus deux mètres d'épaisseur. On l'a découverte d'abord entre Saint-Julien et Lains avec ses fossiles caractéristiques : *Turrilites costatus* et *Scaphites æqualis*. Depuis, M. l'abbé Bourgeat en a trouvé une dizaine de gisements qui attestent l'extension de la mer crétacée dans la région jurassienne. Quant à la craie blanche (Sénonien) elle n'a laissé que des traces. En 1857 le frère Ogérien, qui a étudié avec soin le Jura, accompagné de Bonjour et de Defranoux, découvrit aux environs de Saint-Julien un lambeau de calcaire blanchâtre avec silex

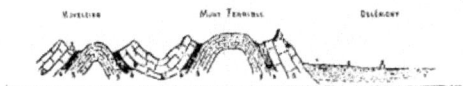

Fig. 775. — Coupe de Movellier à Délémont par le mont Terrible (Boyer).

et Oursins. M. l'abbé Bourgeat a étudié aux environs des Rousses des lambeaux de craie blanche contenant des Huîtres (*Ostrea larva*), des *Janira*, une Rhynchonelle voisine de la *Rhynchonella octoplicata* et un *Micaster* (1).

LE TERTIAIRE DU JURA.

Dans le Jura on trouve fréquemment les calcaires jurassiques criblés de poches et de fentes remplies d'une argile rouge où se trouvent disséminés des grains de limonite de la grosseur d'un pois. C'est ce qu'on appelle les dépôts sidérolithiques. Ils sont depuis longtemps exploités en Franche-Comté, notamment à Audincourt, et aussi en Alsace où se prolonge cette formation. L'âge des dépôts sidérolithiques est encore controversé. Dans le val de Délémont en Suisse, ils contiennent des restes de *Palæotherium crassum* et *medium* et paraissent appartenir à l'Éocène supérieur; mais il est plus probable que le sidérolithique doit être rapporté à l'Oligocène inférieur. Il est le plus souvent recouvert d'un calcaire d'eau douce avec Charas, Limnées, Planorbes, etc. Tel est le calcaire à *Limneus longiscatus* de la vallée

de Joux. A Charmont (Doubs), Thirria en 1834

Fig. 776. — Terrain glaciaire près de Poligny (d'après MM. Pidancet et Chopart). — *t*, Trias; J, Jurassique avec failles; *a*, terrain glaciaire éparpillé; *m*, moraine.

a signalé aussi sur le minerai sidérolithique une marne ligniteuse épaisse d'une trentaine de mè-

(1) Les profils géologiques ci-joints dus à M. Boyer, *Orographie des monts Jura*, 1887 (Société d'émulation du Doubs), donnent une idée de la structure (fig. 774 et 775).

Fig. 777. — Les monts Maudits (Maladetta), d'après une photographie prise du signal de Montarto (page 611). Dessin de M. F. Schrader (C. A. F.).

Fig. 778. — Pic du Midi d'Ossau. Dessin de M. de Caburol.

tres, avec Néritines, Planorbes et Paludines.

Aux environs de Pontarlier, M. Gustave Dollfus [1] a étudié des gisements tertiaires mal

(1) Dollfus, *Tertiaire du Jura* (Bulletin de la Société géologique, 3ᵉ sér., t. XV, 1887, p. 79).

LA TERRE AVANT L'HOMME.

connus avant lui. Ces gisements forment deux groupes situés dans deux plis synclinaux consécutifs : le premier, au nord de Pontarlier, dans le vallon des Lavaux, ne comprend que des terrains d'eau douce; le second, plus impor-

II — 77

tant, occupe, entre le fort de Joux à 4 kilomètres au sud-est de Pontarlier et la frontière
près des Verrières françaises, une bande qui
se prolonge sur le territoire suisse ; elle est
composée de terrains d'eau douce et saumàtre
en relation avec la mollasse marine.

M. Dollfus a été amené à distinguer plusieurs
niveaux. Le plus inférieur est une mollasse
rouge à *Helix rugulosa* qui se montre en Suisse
tout le long du pied du Jura ; elle est antérieure
à la mollasse marine et doit se ranger dans
l'Aquitanien (Oligocène supérieur). Vient ensuite aux Verrières la mollasse marine, helvétienne (Miocène moyen), avec *Pecten scabrellus*,
Ostrea crassissima, etc. Les couches qui se rencontrent au-dessus sont des marnes et mollasses grises à fossiles d'eau saumàtre (*Mela-
noïdes Escheri*) recouvertes par une argile rouge
à *Helix Larteti*. Tout cet ensemble appartient
au Miocène moyen. Quant aux couches d'eau
douce du vallon des Lavaux, c'est une marne
calcaire à *Helix sylvana* que M. Dollfus place
dans le Miocène supérieur au niveau des assises bien connues d'Œningen.

Au pied du Jura s'étendent les alluvions anciennes de la Bresse dont nous aurons à nous
occuper plus loin ; elles sont d'âge pliocène.

Quant aux formations pleistocènes elles consistent comme ailleurs en diluvium et en limon
qui s'observent notamment le long du cours de
l'Ain, sur le plateau de Champagnole et aux
Rousses dans la vallée de la Bienne. Il faut noter aussi les éboulis calcaires ou *groise* signalés par M. Girardot au pied des escarpements
jurassiques et qui résultent de la désagrégation
des roches sous l'action des agents atmosphériques. Leur formation se continue encore en
bien des points.

Les traces glaciaires se montrent en grand
nombre dans le Jura, notamment aux Rousses.
à Fort-de-Joux et dans la vallée de Saint-
Claude. Les vallées du Jura ont été occupées
par des glaciers locaux, et d'autre part les glaciers alpins ont empiété sur la région. Nous
représentons ici d'après MM. Pidancet et Chopart une moraine signalée par eux, en 1882,
aux environs de Poligny (fig. 776).

LES PYRÉNÉES.

ÉTENDUE ET CONFIGURATION GÉNÉRALE DE LA CHAINE.

De loin les Pyrénées se présentent comme
une muraille uniforme hérissée de pointes qui
sont les plus hauts sommets. Ces derniers ne
dépassent pas de beaucoup l'arête de la chaine
et ne sont séparés que par des cols ou *ports*
souvent assez élevés. De la chaine centrale partent de nombreux chainons latéraux, se déta-
chant à peu près à angle droit. Il y a aussi des
chainons parallèles à la chaine principale, notamment dans les départements de l'Ariège et
des Basses-Pyrénées ; l'un des principaux constitue les montagnes des Corbières, séparées des
Pyrénées par la vallée de l'Agly.

Ces chaines sont en rapport avec autant de
vallées. Les vallées longitudinales, si nombreuses dans les Alpes et le Jura, sont ici beaucoup plus rares ; on n'en compte que neuf.
Les vallées transversales sont au contraire
très communes, ce qui résulte de la fréquence
des contreforts perpendiculaires ; les unes très
profondes sont des fentes ou fractures de même
origine que la chaine ; elles se sont produites
lors des mouvements du sol qui ont donné nais-

sance aux Pyrénées ; d'autres, moins nombreuses, paraissent être le résultat des érosions.
Certaines vallées sont remarquables par le
cirque profond qui existe à leur origine. « Plusieurs vallées, dit Dufrénoy [1], présentent à
leur naissance, au lieu d'une gorge rapide et
étroite, un bassin d'une certaine étendue, entouré de tous côtés par une muraille de rochers. Ces murailles ont souvent une hauteur
considérable ; elles sont en outre fréquemment surmontées d'un talus rapide, auquel
succède une seconde muraille atteignant
enfin la crête de la montagne. Cette disposition donne aux bassins l'apparence d'un am-
phithéàtre ou d'un cirque. Les montagnards
les désignent dans leur pittoresque langage
sous le nom d'*oule*, dérivé du mot *olla*, chau-
dière. »

« Le plus beau cirque des Pyrénées est la
célèbre oule de Gavarnie [2], à la naissance de

[1] Dufrénoy, *Explication de la Carte géologique de
France*, t. III, 1re partie. Paris, 1873, p. 113.
[2] Voir une figure représentant le cirque de Gavar-

la vallée de Saint-Sauveur. Les glaciers du Marboré, qui le surmontent, lui impriment un caractère de majesté qui ne se retrouve pas, même dans les Alpes. L'espace renfermé dans son enceinte serait un gouffre, s'il n'était immense. Cette enceinte a 4,000 mètres de tour et plus de 1,000 mètres de haut. L'oule de Heas est plus vaste, mais moins profonde, son circuit est de plus de deux lieues. De nombreux troupeaux s'y égarent et ont peine à en trouver les limites. Trois millions d'hommes ne la rempliraient pas, dix millions auraient place sur son amphithéâtre. »

Les cirques des Pyrénées résultent probablement de mouvements du sol et sont indépendants de l'action des eaux, mais on ne peut plus les regarder, avec Dufrénoy, comme des cratères de soulèvement. L'existence de ces derniers n'a rien de réel.

La ligne de faite dans les Pyrénées est généralement la partie la plus élevée de la chaine, mais cependant cette ligne n'a qu'une valeur secondaire, « ayant été déterminée après coup par le travail de l'atmosphère, dans l'enchevêtrement des blocs primitifs (1) ». C'est ce qui explique pourquoi la plupart des grands sommets ne sont pas situés sur son parcours. Le Mont Perdu, la Maladetta (fig. 777, p. 609), points les plus élevés de la chaine, sont situés sur le versant méridional ; le Canigou, le Pic du Midi de Bigorre, le Pic du Midi d'Ossau (fig. 778, p. 609), etc., sont au contraire entièrement en France, et quelques-uns, comme le pic de Bigorre, tout à fait en avant de la chaine.

Au point de vue géographique, on peut diviser les Pyrénées en trois groupes, qui diffèrent par leurs altitudes : les Pyrénées orientales, les Pyrénées centrales ou Hautes Pyrénées, et les Pyrénées occidentales.

Les Pyrénées orientales comprennent d'abord les Albères qui s'étendent du cap Creus aux sources du Tech ; leur altitude n'est que de 1,300 mètres. Ensuite vient un massif dont le nœud est le Puigmal (2,909 mètres) ; on y trouve le Canigou (2,785 mètres) ; puis le massif de Carlitte (2,920 mètres) s'étend jusqu'à la vallée de l'Ariège, et enfin les sommets vont encore en s'élevant jusqu'au val d'Aran ; les plus hautes

cimes sont le mont Vallier (2,840 mètres), et le Montcalm (3,079 mètres) (1).

Au pied des Pyrénées orientales s'étendent des montagnes moins élevées connues sous le nom de Petites Pyrénées. Tels sont le massif de Tabe, la forêt de Rivarenert et celle de Fougaron. Le dernier gradin au-dessus de la plaine est le Plantaurel (5 à 600 mètres d'altitude). Les Corbières forment une zone à part entre les Pyrénées proprement dites et le Plateau Central.

Les Pyrénées centrales ou Hautes Pyrénées se présentent comme un assemblage de deux chaines, l'une au nord moins élevée et traversée par les cours d'eau, l'autre au sud peu entaillée et portant les principaux pics. Dans la première se trouvent le massif de Néouvielle (3,092 mètres) et celui du Pic du Midi de Bigorre (2,877 mètres). La seconde comprend à l'est sur le versant espagnol les monts Maudits ou Maladeta dont le point culminant est le Pic d'Anethou ou de Nethou (3,404 mètres). (fig. 779, p. 612). Viennent ensuite le massif du Posets (3,367 mètres), et celui du Mont Perdu (3,331 mètres) (fig. 780, p. 612). Puis à l'ouest se dressent le Marboré, le Vignemale (3,290 mètres) ; les pics s'abaissent avec le Pic du Midi d'Ossau (2,885 mètres) et le Pic d'Anie (2,504 mètres), point de raccordement des chaines méridionale et septentrionale.

Les Pyrénées occidentales, continuation de la chaine méridionale du centre, sont moins élevées que les précédentes. Le point culminant est le Pic d'Orhy (2,017 mètres). Un contrefort se détache des Pyrénées occidentales et se développe entre la Nive et la Bidassoa ; son sommet est la montagne de la Rhune (900 mètres). Les géographes considèrent généralement le Port-de-Velate ou celui d'Idiazabal comme le point terminal des Pyrénées, et considèrent la chaine cantabrique comme une chaine indépendante ; mais en réalité, dans les provinces basques, malgré la diminution notable de l'altitude, « les couches continuent à être plissées sans interruption et suivant une direction générale identique, jusqu'à la région paléozoïque des Asturies où il y a pour ainsi dire pénétration réciproque des plissements carbonifères et des plissements postcrétacés » (2).

nie, dans La Terre, les Mers et les Continents, p. 374. On trouvera dans cet ouvrage des représentations des principaux sites des Pyrénées.
(1) Schrader, Aperçu sommaire de l'orographie des Pyrénées (Annuaire du Club alpin, 1885, p. 441).

(1) Voir aussi pour l'orographie des Pyrénées, Marcel Dubois, Géographie de la France et de ses Colonies. Paris, 1892, p. 81 et suivantes.
(2) De Margerie et Schrader, Aperçu de la structure géologique des Pyrénées (Annuaire du Club alpin français, 1891, p. 64).

Fig. 779. — Vue du Nethou et de la Maladetta au-dessus de la vallée de Luchon (Petit).

Mont Perdu.   Marboré.   Cirque de Gavarnie.   Brèche de Roland.

Fig. 780. — Le massif du Mont Perdu.

Fig. 781. — Le pic de Bugarach (d'Archiac) Voy. p. 615.

Les glaciers des Pyrénées sont relativement peu nombreux, ils ne sont pas encaissés dans les vallées comme ceux des Alpes et sont seulement suspendus sur les pentes des plus hauts sommets. « Tous les glaciers de ces montagnes, dit Charpentier (1), sont très éloignés des habitations et je n'en connais même aucun auprès duquel il y ait des pâturages abondants. On

(1) De Charpentier, *Essai sur la constitution géographique des Pyrénées*, 1823, p. 51.

Fig. 782. — Le Mont Serrat. Dessin de M. de Calmels.

chercherait donc en vain dans les Pyrénées des glaciers qui descendent au milieu des prairies et au vue des terres labourées, comme quelques-

uns des Alpes. Ils ne sont pas non plus contigus les uns aux autres, comme dans plusieurs contrées de la Suisse; chacun d'eux est plus ou

Fig. 783. — Sarrancolin.

moins isolé et séparé des autres par des intervalles quelquefois très considérables. C'est cet isolement des glaciers qui fait que les Pyrénées, lorsqu'on les observe de loin, ne présen-

tent point cette espèce de ceinture ou de bande blanche qui semble entourer à une certaine hauteur les sommités des Alpes.

« Dans les Pyrénées la plus grande étendue

d'un glacier, ou sa longueur, est ordinairement dans le sens de la direction de la crête de la montagne, sur la pente de laquelle il repose ; c'est de cette disposition, qui est presque générale dans les glaciers de cette chaine, que résultent la forte inclinaison qu'ils présentent ordinairement et, par suite, la difficulté de leur accès.

« Ce n'est que dans la partie la plus élevée des Pyrénées, c'est-à-dire dans les montagnes comprises entre la vallée de la Garonne et celle d'Ossau, que l'on trouve des glaciers. Ailleurs, dans les parties les plus basses de la chaine, on rencontre seulement des amas considérables de glace ou de neige, ordinairement formés par des avalanches, lesquels, se trouvant à l'abri du soleil et surtout des vents chauds, n'ont pu être fondus par la chaleur d'un seul été et se conservent même quelquefois plusieurs années. »

La plupart des glaciers des Pyrénées sont sur le versant septentrional, ou au moins sur les pentes exposées au nord. Les principaux sont celui de la Maladetta, celui du Mont-Perdu et ensuite ceux de Vignemale et de Néouvielle. Ce dernier est le seul de tous les grands glaciers qui se trouve à une distance assez considérable de la ligne de faîte.

A l'inverse de ce qui a lieu dans les Alpes, les Pyrénées sont riches en sources thermales. Ces dernières sont en relation avec les dislocations du sol. L'abondance et la température des eaux croissent à mesure que l'on s'avance vers l'est où ces dislocations sont les plus nombreuses et où les roches granitiques sont le plus développées. Lorsqu'elles sortent du granite, c'est presque toujours au contact de cette roche avec des terrains stratifiés, preuve du rapport qui existe entre les eaux thermales et les dislocations. A Cauterets et à Saint-Sauveur les sources sont près du contact du granite et du calcaire.

STRUCTURE GÉOLOGIQUE ET AGE DES PYRÉNÉES.

Les Pyrénées ont été étudiées à bien des reprises. Palassou est le premier géologue qui se soit occupé de leur structure, ses premiers écrits datent de 1784. Ensuite sont venus Ramond, M. de Charpentier, Dufrénoy, Magnan et Leymerie qui ont fait connaître les différentes parties de la chaine et ont publié de nombreux mémoires sur la constitution générale de la chaine. Beaucoup d'autres savants ont porté leurs efforts sur des points particuliers de la géologie pyrénéenne ; nous citerons particulièrement MM. Jacquot, Schrader, de Margerie, Carez, Roussel et Caralp. Récemment MM. Schrader et de Margerie ont publié dans l'*Annuaire du Club alpin* un aperçu de la structure géologique des Pyrénées accompagné d'une carte d'ensemble très intéressante. Nous avons déjà cité cet important travail et nous le mettrons souvent ici à contribution.

D'après Palassou les Pyrénées sont composées de bandes stratifiées et de masses de granite parallèles à la direction même de la chaine ; les bandes stratifiées se prolongent d'après lui de l'ouest-nord-ouest à l'est-sud-est avec une inclinaison sur la verticale d'environ 30°. Charpentier fit remarquer que la ligne de faîte subit vers les sources de la Garonne un brusque rejet ; elle présente un coude, de sorte que la partie occidentale est plus reculée vers le sud que la partie orientale d'environ 30 kilo-

mètres. Dufrénoy croyait à l'existence d'une faille postérieure à la chaine et l'ayant partagée en deux bandes parallèles ; M. Schrader a montré qu'il n'y avait pas deux axes granitiques, mais au moins quatre, plus inclinés au sud-est que la ligne de partage des eaux ; d'ailleurs plusieurs opinions sont en présence au sujet des directions géologiques des Pyrénées. Suivant Palassou ces directions sont parallèles à la direction générale de la chaine ; suivant la plupart des géologues elles sont obliques à la direction générale de la chaine ; d'après les uns elles se relèveraient davantage vers le nord ; d'après les autres elles s'abaisseraient davantage vers l'ouest. En réalité, d'après MM. de Margerie et Schrader, les trois hypothèses, vraies chacune pour une partie de la chaine, sont trop absolues et ne s'étendent pas aux Pyrénées tout entières (1).

Au point de vue de l'origine de la chaine, les opinions ont beaucoup varié. Dufrénoy y voyait un soulèvement principal dû à l'apparition des granites qui forment en partie la chaine centrale (2), et plusieurs soulèvements secondaires. Il attribuait à l'éruption des roches vertes appelées ophites le soulèvement du Canigou suivant la direction est 20° nord à ouest 20° sud. Magnan fit voir que le granite et

(1) De Margerie et Schrader, p. 9.
(2) Dufrénoy, p. 117.

l'ophite avaient eu un rôle purement passif et attribua la formation des Pyrénées à des mouvements sans rapport avec les éruptions. D'après lui ces mouvements étaient surtout des mouvements verticaux, des effondrements qui avaient laissé en place certaines parties du sol, tandis que les parties avoisinantes s'étaient affaissées. Il croyait trouver une preuve de ces affaissements dans les failles nombreuses dont il admettait l'existence : failles des Pyrénées proprement dites dirigées en moyenne ouest 70° nord, failles des Corbières (N. 30° à 36° E.) et failles Pyrénéo-Corbiériennes (E.-O.). En réalité le réseau de failles de Magnan ne résiste pas à l'examen ; pour le construire l'auteur s'est basé constamment sur le relief du sol, utilisant notamment de simples directions de cours d'eau sans valeur structurale. « La plupart des mailles, disent MM. de Margerie et Schrader, qui le constituent (ce réseau) représentent de faux alignements dont les tronçons successifs ont une origine complètement distincte, et dont le relief du sol a fourni les éléments dans la majeure partie des cas, sans être appuyé par des preuves géologiques suffisantes. Ce défaut de méthode et de critique n'apparaît nulle part plus clairement que dans cette prétendue *faille de la Maladetta* dirigée ouest 7° nord qui, après avoir fait buter les dolomies primaires contre le granite des monts Maudits, irait « au milieu des puissants massifs du Mont Perdu et de Gavarnie » séparer les terrains crétacé supérieur et éocène des « roches primordiales et de transition ».

Cependant Magnan ne méconnaissait pas complètement les plissements, les compressions latérales. « Nous avons vu, dit-il, les couches qui forment nos montagnes se ployer, se tordre, se courber et généralement s'incliner vers la ligne de faîte au lieu de s'incliner vers la plaine. » C'est dans les actions de poussée horizontale qu'il faut chercher l'explication de la structure géologique des Pyrénées. Celles-ci constituent bien une chaîne plissée comme les autres montagnes. Leymerie mit en évidence les plis dans la Haute-Garonne, M. l'abbé Pouech dans l'Ariège, M. Roussel dans les petites Pyrénées depuis la Garonne jusqu'à la Méditerranée ; M. de Margerie étudia les plis de la haute chaîne de Gavarnie et montra que les Corbières ont tous les caractères des zones plissées normales. Enfin M. Carez a démontré l'existence dans les Pyrénées de phénomènes qui doivent leur origine à des mouvements de

poussée énergique ; il s'agit de phénomènes de recouvrement des terrains plus récents par des terrains plus anciens (1). Dans les Pyrénées de l'Aude, au célèbre pic de Bugarach (fig. 781, p. 612), point culminant des Corbières (1,231 mètres) M. Carez a vu les calcaires dolomitiques d'âge jurassique et les calcaires urgoniens (Crétacé inférieur) passer au-dessus des marnes sénoniennes (Crétacé supérieur). Des faits du même genre se représentent dans les localités de Peyrepertuse, de Cubières et de Camps et au pic de Chalabre, tous situés entre Bugarach et Duillac, à la limite des départements de l'Aude et des Pyrénées-Orientales. Ces faits ne peuvent s'expliquer que par des glissements horizontaux en des points où les mouvements de plissement ont été rendus plus intenses par la résistance que leur opposait le massif primaire des Corbières.

Les Pyrénées, en somme, consistent en une chaîne très plissée de terrains primaires avec massifs granitiques, et bordée au nord et au sud de deux bandes de terrains secondaires et tertiaires. La direction d'ensemble est ouest-nord-ouest à est-sud-est. MM. de Margerie et Schrader distinguent sur le versant français, du nord au sud, à partir de la plaine tertiaire de l'Aquitaine, les zones suivantes ; 1° zone des Corbières, 2° zone des Petites Pyrénées, 3° zone de l'Ariège, 4° zone centrale ou haute chaîne. Sur le versant espagnol on rencontre successivement en se dirigeant vers le sud les zones suivantes : 1° zone du Mont Perdu, 2° zone de l'Aragon, 3° zone des Sierras. Vers l'est se trouvent les montagnes de la Catalogne avec le Mont Serrat (fig. 782, p. 613). On serait tenté de considérer les zones espagnoles comme correspondant terme à terme à celles du versant français, mais il y a en réalité de notables différences de structure. La zone des Corbières n'a pas d'équivalent en Espagne, à moins de considérer comme tel la Cordillère catalane. La zone des Petites Pyrénées est l'homologue de celle des Sierras, mais tandis qu'elle n'atteint qu'une largeur de 4 kilomètres à peine, la zone des Sierras présente au moins une épaisseur de 30 à 40 kilomètres dans les provinces d'Huesca et de Saragosse. La zone de l'Ariège n'est pas représentée sur le versant espagnol, en revanche celle du Mont Perdu n'a pas d'analogue sur le versant septentrional.

Considérons maintenant avec MM. de Marge-

(1) Carez, *Phénomènes de recouvrement dans les Pyrénées de l'Aude (Bulletin du service de la Carte, n° 3, septembre 1889).*

rie et Schrader les diverses zones françaises en commençant par la zone centrale.

Cette haute chaîne peut se diviser en trois régions. La région orientale sur la rive gauche de la Têt montre une bande granitique est-ouest qui s'épanouit entre Ax, la frontière espagnole et la Pique d'Estats. Des terrains primaires redressés verticalement ou renversés vers le nord, se développent entre l'Aude, Belcaire et Ax et séparent le granite des terrains jurassiques du nord. Sur la rive droite de la Têt il y a des schistes cambriens et des couches siluriennes, dévoniennes et même carbonifères formant un synclinal. Au Canigou commence une seconde bande granitique enveloppée vers l'est par les schistes cambriens. Une autre bande granitique est celle des Albères dont la limite coïncide à peu près en France avec la vallée du Tech.

Dans la partie centrale de la haute chaîne, qui s'étend entre Vicdessos et Luz, on trouve un premier massif granitique orienté ouest-sud-ouest à est-nord-est. Il occupe les vallées supé-rieures d'Aulus et d'Ustou. C'est un granite érup-tif qui tend à se déverser par-dessus la série des terrains primaires qui le bordent au nord. Ces terrains fortement plissés débutent par des schistes cambriens s'appuyant directement contre le granite. Aux environs du Port-de-Sa-lau le granite disparaît dans la profondeur; on n'y voit plus que des grès et des schistes si-luriens. Plus au nord, au pied du mont Vallier, le granite reparaît. Vers le sud il y a des ter-rains primaires avec Houiller au sommet ; ils plongent vers le sud où ils se présentent verti-calement. Aux monts Maudits ils viennent buter contre un chaînon granitique se continuant sur une longueur de 40 kilomètres. C'est là que se trouve la Maladetta. Plus à l'ouest, après avoir disparu sous les schistes primaires, le granite reparaît et alterne avec des gneiss; il sur-plombe les schistes cambriens eux-mêmes ren-versés sur le Silurien. Vers Luchon, le Dévonien et le Carbonifère s'ajoutent aux terrains précé-dents. Le massif de Néouvielle est granitique ; plus à l'ouest se montre également le granite sous forme d'une traînée parallèle à celle des monts Maudits ; cette traînée coupe de biais la ligne de faîte et se développe surtout du côté de l'Espagne.

Dans la région occidentale le granite n'existe qu'au sud de Cauterets, où il s'étend sur 25 ki-lomètres du Pic d'Ardiden (2,988 mètres) au lac d'Artouste. Le granite s'arrête au pied du Vigne-male. On le trouve au fond de la vallée d'Ossau

entre les Eaux-Chaudes et Gabas; c'est là le dernier affleurement granitique de l'ouest, abs-traction faite des lambeaux du Labourd et du Guipuzcoa. Le granite de Cauterets serait rela-tivement récent, car d'après M. Frossard il s'ap-puie sur des granites et des calcaires dévoniens. Les terrains permien et triasique sont très puis-sants dans cette région et se montrent plissés en concordance avec le Houiller. Le Pic du Midi d'Ossau est formé d'une masse d'orthophyre interstratifié dans la série carbonifère. Un fait remarquable est la présence au milieu des terrains granitiques du Crétacé supérieur. Des calcaires crétacés constituent le massif du Pic de Ger. Une formation calcaire de cette région, désignée par M. Jacquot sous le nom de *dalle* et regardée par lui comme cambrienne, ne se-rait autre chose d'après Liétard que du Crétacé métamorphisé par suite d'actions mécaniques. Aux Eaux-Chaudes, le Crétacé repose sur le granite ; il forme plus loin des crêtes déchi-quetées.

La zone de l'Ariège présente, quand on s'a-vance de la Méditerranée à la vallée d'Aure, les traits suivants : d'abord le pointement grani-tique de Foix qui paraît isolé, puis une bande granitique assez continue formant le massif du Saint-Barthélemy (2,349 mètres) et le massif d'Aspel. Au sud de cette bande il y a une bande de terrains secondaires : Jurassique et Crétacé, mais où le rôle principal appartient au premier de ces terrains. Une autre bande granitique naît à la vallée de l'Ariège avec le massif des Trois-Seigneurs (2,199 mètres) et se prolonge par le massif de Castillon (1,872 mètres). Le Jurassique est très développé aux environs de Tarascon et se prolonge de Vicdessos à Seix sous forme d'une crête déchiquetée ; ensuite on le re-trouve à Saint-Béat et jusqu'à la Neste ; il fournit à Saint-Béat et à Sarrancolin (fig. 783, p. 613) des marbres estimés. En somme la zone de l'A-riège constitue une série de grands plis paral-lèles alternativement synclinaux et anticlinaux. Les premiers sont remplis de Jurassique et les seconds laissent apparaître le granite. Un fait remarquable est l'avancée considérable vers le nord du massif ancien de Foix. Au delà de la vallée de la Neste la zone de l'Ariège se sim-plifie ; le Trias qui existait dans la partie orien-tale, disparaît entre les vallées de Campan et d'Ossau. Le Crétacé inférieur y forme des crê-tes escarpées atteignant jusqu'à 2,000 mètres d'altitude. Les couches sont inclinées et sou-vent verticales ou renversées.

Fig. 784 — Masse granitique de Bagnères-de-Luchon (Leymerie). — Gr, granite; C, gneiss; S, schistes cristallins.
(Voyez page 617.)

Les Petites Pyrénées de la Haute-Garonne sont remarquables par le défaut de correspondance entre les massifs situés de part te d'autre du fleuve et la dissymétrie des plis successifs qui tendent tous à se renverser vers le nord. On y trouve le Crétacé supérieur et l'Éocène. Il en est de même dans les Petites Pyrénées de l'Ariège. Ces dernières, aux environs de Foix, n'ont qu'une faible largeur à cause de l'avancée du massif ancien de cette région ; les escarpements crétacés et éocènes ne sont séparés du granite que par une faible voûte jurassique, celle du Pech de Foix. Vers l'ouest la zone des Petites Pyrénées se prolonge jusque vers l'Océan. Les derniers affleurements crétacés se montrent autour de Gensac et de Monléon. Le Nummulitique reparaît au nord de Bagnères-de-Bigorre, à Orignac où il est renversé vers le nord. A partir d'Ossun la bande nummulitique se poursuit sans interruption jusqu'à l'Océan par Nay, Navarreinx, Bidache, Biarritz. On y voit aussi des calcaires daniens et sénoniens et du Trias. Les plissements de cette région d'abord parallèles à l'axe de la chaîne se relèvent vers le nord pour se diriger ensuite vers le sud-ouest ; en somme ils épousent les contours du massif ancien de Labourd (1). Plus au nord encore existent d'autres plissements qui font reparaître le Crétacé au milieu de la plaine tertiaire de l'Aquitaine. Une première série de protubérances se montre aux environs de Saint-Sever, et une autre entre Roquefort (Landes) et Lavardens (Gers).

Les Corbières ont comme noyau le massif schisteux de Mouthoumet qui s'aligne de l'est à l'ouest sur une longueur de 45 kilomètres entre Alet et Durban (2). On n'y voit que les terrains primaires qui se déversent au nord par-dessus l'Éocène de la base. Les terrains secondaires ne dépassent pas le pied sud du massif et n'existent pas non plus dans la dépression du canal du Midi. C'est pourquoi on a pu dire que les Corbières représentent un fragment du massif central de la France, englobé plus tard dans la zone des plissements pyrénéens. La dissymétrie des plissements est générale dans les Corbières ; toujours le flanc nord est le plus abrupt, aussi bien au nord dans la montagne d'Alaric qui est le dernier pli des Corbières septentrionales qu'au sud-ouest dans les couches crétacées des environs de Rennes-les-Bains.

Du massif de Mouthoumet vers la Méditerranée, on voit apparaître les terrains secondaires ; ils deviennent de plus en plus complets, mais les plis prennent la direction nord-est-sud-ouest. On retrouve cette direction dans les chaînons des environs de Narbonne que l'on rattache, malgré leur différence de structure, aux Corbières proprement dites. Dans ces Petites Pyrénées de l'Aude il y a des phénomènes de recouvrement, comme nous l'avons déjà signalé plus haut au Pic de Bugarach. Ces chevauchements ont lieu vers le nord, comme si le massif de Mouthoumet avait empêché les plis pyrénéens de se développer librement comme ils pouvaient le faire à l'est et à l'ouest.

Nous devons maintenant rechercher l'âge des mouvements qui ont donné naissance à la chaîne pyrénéenne. On constate que les couches les plus récentes relevées le long de cette chaîne sont des poudingues, dits de Palassou, qui constituent le dernier terme de la série nummulitique. Au pied s'étendent en stratification horizontale les sédiments oligocènes et miocènes de l'Aquitaine. Le Nummulitique se trouve relevé sans dislocations sensibles jusqu'à 3,350 mètres au Mont Perdu ; il est recevé jusqu'à la verticale en Espagne dans la sierra de Guarra. Les mouvements principaux ont donc eu lieu à la fin de l'Éocène, et par conséquent

(1) Seunes, *Recherches géologiques sur les terrains secondaires et l'Éocène de la région sous-pyrénéenne du sud-ouest de la France.* Paris, 1890, p. 217.
(2) De Margerie et Schrader, p. 2.

ils sont plus anciens que ceux des Alpes ; mais il y a eu d'autres mouvements moins importants à une époque encore plus ancienne. Ainsi les couches primaires jusqu'au Houiller sont concordantes avec les schistes cristallins. Il y a donc eu un mouvement avant le Carbonifère. Les couches sédimentaires du Houiller au Crétacé inférieur sont concordantes entre elles mais discordantes avec la série précédente, ce qui indique encore un autre mouvement avant le mouvement définitif, vers l'époque cénomanienne.

Les Corbières ont fait l'objet d'un important mémoire publié par d'Archiac. Magnan les a également étudiées, enfin M. de Margerie s'est récemment occupé de leur structure géologique (1). D'après Magnan l'histoire des Corbières serait différente de celle des Pyrénées proprement dites ; il y aurait eu dans cette région un mouvement après l'Oligocène et un autre même pendant le Pliocène. Mais en réalité les couches oligocènes ne sont que très légèrement relevées et d'une manière toute locale, sur le massif urgonien de la Clape ; et il faut y voir seulement le résultat d'un dépôt effectué en eau tranquille sur un fond incliné. Le mouvement pliocène, d'après M. de Margerie, n'a non plus aucune réalité.

On a cherché à plusieurs reprises à raccorder les Pyrénées par les Corbières à la zone alpine. Le prolongement oriental des Petites Pyrénées et des Corbières se rattache directement par les chaînons du Minervois (pays de Lézignan et d'Olonzac) aux Cévennes, et ces dernières se rattachent d'autre part à la zone subalpine du Dauphiné. Il serait possible ainsi de considérer avec Magnan les Pyrénées et les Alpes comme une seule et même zone montagneuse. Ce n'est d'ailleurs pas la seule liaison entre les Pyrénées et les Alpes. Les plissements des Petites Pyrénées et ceux de la Provence qui se font face des deux côtés du golfe du

Lion, sont homologues; ils sont du même âge (Éocène supérieur) et ont même direction (1). On peut supposer que le pli du Var et des Bouches-du-Rhône ait rejoint primitivement ceux de l'Aude et du Roussillon, sur l'emplacement actuel du golfe du Lion. Ce dernier résulterait d'un effondrement datant de la fin de la période oligocène; la Provence et les Pyrénées auraient été séparées précisément à la même date que les Alpes l'ont été des Carpathes, et le golfe du Lion serait l'homologue, au point de vue de la structure et de l'âge, du bassin de Vienne (2).

En résumé, par la Provence, région plissée qui est la continuation des Alpes, les Pyrénées se rattachent à la chaîne alpine. « Ainsi se trouve complété, dit M. Marcel Bertrand (3), le dessin général donné par M. Suess des lignes principales des plissements tertiaires en Europe (leitlinien des Alpen) : les Pyrénées qui n'y apparaissent que comme une ligne isolée, sans lien avec les autres, forment avec les Alpes et les Carpathes le bord de la zone de plissement du fuseau de l'écorce terrestre qui a été écrasé entre l'Europe septentrionale et l'Afrique. Quant aux apophyses méditerranéennes qui, avec leurs directions divergentes, occupent la partie méridionale de ce fuseau, leur signification en ressort avec plus de clarté ; les Apennins sont une branche de l'éventail ouvert dans la zone plissée par la masse résistante des Maures, de la Corse et de la Sardaigne ; de même que les Alpes illyriennes sont une branche de l'éventail ouvert à l'ouest par le massif de la Hongrie et du Banat. »

Après avoir étudié d'une manière générale les Pyrénées et avoir fixé leur place dans l'orogénie de l'Europe, il nous reste à considérer en détail les divers terrains qui les forment. Nous commencerons par les roches granitiques et primitives.

LES ROCHES GRANITIQUES ET PRIMITIVES DES PYRÉNÉES.

Le granite forme, comme nous l'avons vu, plusieurs massifs de la haute chaîne centrale et constitue les montagnes les plus importantes, comme le Nethou, le Canigou, le Néouvielle, etc. La figure 781, p. 617, représente, d'après Leymerie, une masse granitique qui à Bagnères-de-Luchon a soulevé le gneiss (C) et les schistes cristallins (S).

(1) De Margerie, Notes sur la structure des Corbières (Bulletin du service de la Carte, n° 17, octobre 1890).

On peut distinguer plusieurs variétés de granite. La plus répandue d'après Charpentier est le granite à grain fin ou moyen à orthose blanc et mica noir. Un granite à grain plus gros, accompagné de tourmaline, est assez rare et se

(1) Marcel Bertrand, Notices pour l'Exposition de 1889, p. 133.
(2) De Margerie, p. 35.
(3) Marcel Bertrand, Îlot triasique du Beausset (Bull. Société géologique, 3e sér., t. XV, 1887, p. 697).

trouve dans la vallée de Suc et aux environs de Mendionde (Basses-Pyrénées). Enfin une autre variété est le granite porphyroïde avec de grands cristaux de feldspath. Ceux-ci, qui résistent mieux que le reste de la masse à l'action de l'atmosphère, font souvent saillie sur la roche. Ce granite existe au port d'Oo et au port de Clarbide dans les environs de Bagnéres-de-Luchon. Il existe aussi au Canigou, à la Maladetta, où cependant les cristaux de feldspath sont moins gros.

Il faut citer aussi la pegmatite à mica palmé de Bagnéres-de-Luchon et d'Ax. Les granulites ne sont pas rares et leurs éruptions ont souvent transformés en pseudogneiss les schistes anciens. M. Lacroix (1) a étudié à ce point de vue le massif de Saint-Barthélemy dans l'Ariège et a constaté que les roches de cette région sont très métamorphisées par la granulite. Celle-ci offre un grand nombre de variétés dans le massif de Saint-Barthélemy, particulièrement des variétés à andalousite et cordiérite. Beaucoup prétendus micaschistes de l'Ariège sont des schistes précambriens métamorphisés, notamment aux environs d'Ax. M. Lacroix (2) a étudié aussi à Pouzac (Hautes-Pyrénées), au nord de Bagnéres-de-Bigorre, un gisement intéressant d'une syénite néphélinique. Cette roche, connue depuis longtemps, est en partie décomposée et à

l'état d'arène. Dans cette arène elle forme de grosses boules arrondies, elle est en contact avec des calcaires jaunes probablement crétacés et elle perce une brèche calcaire où s'est développée une cristallinité marquée. Dans ces calcaires, il y a de nombreux minéraux : pyroxène, dipyre, actinote, pyrite, qui semblent dus à l'action de la syénite. La roche de Pouzac est rapprochée par M. Lacroix d'autres syénites néphéliniques trouvées au Portugal, au Brésil et à Montréal (Canada), mais le métamorphisme dû à la syénite de Montréal est beaucoup plus manifeste.

Le terrain primitif des Pyrénées présente la composition ordinaire. A la base se trouve un gneiss granitoïde surmonté de gneiss rubanés. Puis viennent des gneiss feuilletés, des micaschistes, des chloritoschistes, des amphibolites, des calcaires cipolins et des schistes à séricite. Ces derniers sont assez rares ; ils affleurent dans le Roussillon près de Port-Vendres et de Banyuls-sur-Mer. Beaucoup de marbres des Pyrénées sont des calcaires cipolins formant des veines dans le gneiss. Tels sont ceux du pays de Labourd (Basses-Pyrénées) déjà signalés par Charpentier. Les marbres de Labourd renferment du graphite. Comme nous l'avons dit, beaucoup de prétendus micaschistes des Pyrénées sont des schistes précambriens métamorphisés.

LES TERRAINS PRIMAIRES DANS LES PYRÉNÉES.

Le précambrien a été notamment étudié par M. Caralp aux environs de Luchon. Il consiste en phyllades satinés contenant de nombreux minéraux : grenat, amphibole, wernérite, andalousite. Il y a aussi des schistes màclifères à staurolide, des quartzites, des poudingues et des schistes à chloritoïde, minéral triclinique, tandis que les chlorites sont monocliniques.

Le Silurien des Pyrénées a donné lieu à de nombreuses discussions. Le Cambrien se compose d'après M. Caralp, de schistes feldspathiques, de schistes verdâtres satinés, de phyllades subardoisiers, de schistes màclifères, de schistes argileux souvent micacés, de calcaires rubanés, etc. Les quartzites de Viella dans la Haute-Garonne et les ardoises des Pales de Sajust seraient aussi du Cambrien. M. Jacquot rapporte au même étage un horizon dont il a constaté

l'existence dans une grande partie des Pyrénées à la base de la série des terrains primaires. Il consiste en une roche que M. Jacquot a appelée dalle, pour rappeler sa tendance à se diviser en un nombre considérable de petites couches aux faces planes. Là dalle est calcaire et magnésienne. Le manque de fossiles et les difficultés stratigraphiques ne permettent pas jusqu'à présent de fixer définitivement l'âge de la dalle. Celle-ci, si vraiment elle est paléozoïque, serait plutôt précambrienne que cambrienne, d'après M. Jacquot lui-même, car d'après lui la roche devait être placée à la partie supérieure des phyllades de Saint-Lô, et au-dessous des couches à faune primordiale (faune cambrienne) (1). D'après M. Caralp, la dalle devrait être placée au niveau des grès à bilobites dans l'Ordovicien. M. Œhlert fait de la dalle des Eaux-Bonnes du Carbonifère. Suivant M. Stuart Menteath les calcaires considérés par M. Jacquot,

(1) Lacroix, Roches métamorphiques et éruptives de l'Ariège (Bulletin serv. de la Carte, n° 11, avril 1890).
(2) Id., Syénites néphéliniques de Pouzac et de Montréal (Bull. Soc. géol., 3e sér., t. XVIII, 1890, p. 511.

(1) Jacquot, Le Cambrien des Pyrénées (Bulletin de la Soc. géologique, 3e sér., t. XVIII, 1890, p. 648).

comme cambriens seraient de divers âges, la plupart seraient dévoniens ou carbonifères, d'autres seraient des calcaires crétacés, métamorphisés, opinion émise aussi par Liétard (1).

Le Silurien moyen ou Ordovicien est représenté, d'après M. Caralp, par des dalles à encrines et une grauwacke schisteuse à *Echinosphærites*. Leymerie a trouvé autour de Luchon les fossiles de la faune troisième (Silurien supérieur) de Bohême : des *Cardiola interrupta*, des *Orthoceras* (*O. bohemicus, O. pyrenaicum*) et des Graptolithes (*Monograptus priodon*). La série du Silurien supérieur des Pyrénées comprend des schistes carburés et le calcaire à *Cardiola interrupta*.

Le Dévonien est assez développé dans les Pyrénées. L'étage inférieur, composé de schistes, de grauwakes, de calcaires avec *Rhynchonella sub Wilsoni, Leptæna Murchisoni, Spirifer macropterus*, etc., se trouve au col d'Aubisque. Les montagnes du Thuir, au pied du Canigou, sont formées de calcaires cristallins avec débris d'Encrines, rapportés au Dévonien. La partie supérieure présente d'une manière constante dans les Pyrénées des marbres amygdalins exploités activement pour l'ornementation. Ce sont des calcaires ordinairement compacts, de couleur verdâtre ou rouge, alternant avec des schistes argileux. Le calcaire forme généralement des nodules enveloppés de schiste. Quand le schiste qui accompagne le calcaire est rougeâtre, on donne au marbre le nom de *marbre griotte;* quand le schiste est coloré en vert, c'est le *marbre Campan.* On l'exploite dans la vallée de ce nom. La coloration de ces marbres est due à des oxydes métalliques ; le fer à l'état de peroxyde a produit les teintes rouges, et à l'état de pecoxyde les teintes vertes. Les nodules calcaires du marbre griotte sont généralement des moules de Céphalopodes. On y trouve notamment des *Goniatites* (*G. cyclolobus, G. crenistria*, etc.). M. Barrois est porté à considérer le marbre griotte des Pyrénées comme appartenant au Carbonifère le plus inférieur (2). Mais les recherches récentes de M. Bergeron dans la Montagne-Noire paraissent démontrer d'une manière définitive que les marbres griotte appartiennent bien au Dévonien supérieur, comme l'avaient pensé les premiers explorateurs, L. de Buch, Élie de Beaumont, M. de Verneuil et Leymerie.

Dans le val de l'Arboust M. Gourdon a signalé des schistes gris à Trilobites (*Phacops fecundus, Dalmanites Gourdoni*). Ils appartiennent au Dévonien inférieur (étage coblentzien).

Le Carbonifère existe dans les Corbières et dans les Pyrénées proprement dites. Dans les Corbières on trouve notamment des calcaires et des schistes marneux à *Productus.* M. Bureau a trouvé des plantes houillères à la montagne de la Rhune et à Sare près d'Ibantelli ; il a trouvé *Pecopteris Nestleriana, Dictyopteris nevropteroïdes, Annularia longifolia, Calamites Cisti*, etc. M. Stuart-Menteath a trouvé aussi des plantes houillères (*Calamites Suckowi*) entre Hosta et Saint-Just.

M. Caralp (1) a indiqué la répartition des combustibles minéraux dans les Pyrénées. On trouve l'anthracite dans le Houiller de la Rhune, de Vera, de Plan-des-Étangs à la Maladetta. La houille forme un certain nombre de bassins, mais peu productifs. Dans les Corbières on trouve deux gisements, à Ségure et à Durban (Aude). Le bassin de Ségure (fig. 785) près de Tuchan est à découvert sur une longueur de 4 kilomètres. La figure indique d'après Dufrénoy et É. de Beaumont les centres houillers encaissés d'un côté par les terrains antécarbonifères et d'autre part plongeant sous les calcaires crétacés formant les plateaux. Il y a deux dykes de roches porphyritique, dont l'un porte le château de Ségure. Le bassin de Durban, plus restreint, a une disposition analogue.

D'après M. Caralp le Carbonifère des Pyrénées forme quatre bandes : 1° zone de Larbout, comprenant les Corbières et passant à Montségur entre Foix et Saint-Girons ; 2° zone du col de l'Aspin, passant aux environs d'Argelès et à Laruns ; 3° zone du Plan-des-Étangs, comprenant la montagne de Rious, Saint-Jean-Pied-de-Port, le massif de la Rhune et Vera ; enfin, 4° une zone aragonaise passant entre Torla et le port de Gavarnie.

Le Permien existe dans les Corbières sous forme de grès et de marnes rouges, analogues à ceux de la Montagne-Noire. A la Rhune on lui attribue des grauwackes, des conglomérats et des schistes rouges et jaunes, qui recouvrent le Houiller.

(1) Caralp, *Combustibles minéraux des Pyrénées* (*Bull. Soc. hist. nat.* Toulouse, t. XXIII, 1890, p. 141).

(1) De Margerie et Schrader, p. 49.
(2) Barrois, *Le marbre griotte des Pyrénées* (*Ann. Soc. géol. du Nord*, t. VI, 1879).

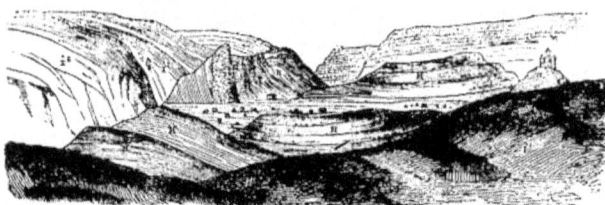

Fig. 785. — Vue du bassin houiller de Ségure, près de la montagne de Quintillan (Dufrénoy et E. de Beaumont). — P, terrains antécarbonifères; H, houille; π, porphyre; C, Crétacé. Sur le porphyre se trouve le château de Ségure.

LE TRIAS DES PYRÉNÉES.

M. Jacquot (1) a particulièrement étudié le Trias des Pyrénées; d'après lui cet étage se présente dans la région pyrénéenne avec la même composition qu'en Lorraine et dans d'autres régions classiques. Il débute par des grès bigarrés qui se distinguent nettement des grès et poudingues permiens sur lesquels il repose. Vient ensuite un étage calcaire et dolomitique qui ne peut être autre chose que le muschelkalk, bien qu'il ne contienne pas de fossiles. Enfin les marnes irisées couronnent le Trias comme en Lorraine, et contiennent, comme à Dieuze et aux environs de Nancy, des amas de sel gemme et de gypse. Des roches vertes, les ophites, sur lesquelles nous aurons à revenir, accompagnent habituellement le Trias sans faire partie intégrante toutefois de la formation. Ainsi le lambeau triasique d'Amélie-les-Bains n'en contient pas.

M. Jacquot établit une distinction capitale entre le Trias des montagnes et celui de la plaine. Le premier forme de petits bassins alignés suivant l'axe de la chaîne et enclavé dans les plis des terrains paléozoïques; les trois étages s'y trouvent. Au contraire le Trias de la plaine, rarement complet, n'apparaît le plus souvent que par failles au milieu d'assises plus récentes, crétacées ou nummulitiques.

Le Trias joue un rôle important dans les Pyrénées, car il occupe un espace considérable. On ne le trouve pas seulement dans la chaîne, mais encore à 75 kilomètres au nord, à Dax et à Gaujacq, ce qui prouve son extension souterraine.

M. Jacquot a considéré le Trias dans toute la chaîne, notamment aux environs de Saint-Jean-Pied-de-Port, aux environs de Mauléon, à Be-

dous, aux Eaux-Bonnes, etc. Un fait remarquable mis en évidence par l'auteur est le rôle social du Trias. Il a favorisé l'agglomération des populations, parce que ses roches généralement peu consistantes se sont facilement désagrégées sous l'effet des agents atmosphériques pour fournir un sol arable. Le Trias contraste ainsi avec les terrains paléozoïques dans lesquels il est enclavé. « Aussi, au milieu des déserts qui s'étendent sur ces derniers, constitue-t-il autant d'oasis bien cultivées où l'on retrouve avec plaisir une partie des productions de la plaine. » Le fait se manifeste à Saint-Jean-Pied-de-Port, à Saint-Étienne de Baigorry et dans le pays de Soule, à Larrau et Saint Engrace, etc.

Les amas de sel gemme sont nombreux dans les marnes irisées des Pyrénées. M. Jacquot a appelé l'attention des géologues sur le petit bassin salifère de Sougraigne dans les Corbières, au sud-est des Bains-de-Rennes. Il y a là des sources assez puissantes alimentant la rivière connue sous le nom caractéristique de Sals. Ces sources contiennent du chlorure de sodium en proportion notable. Elles sortent des couches triasiques qui remplissent le fond de la vallée sur une longueur de trois kilomètres. Ces couches comprennent, outre les marnes irisées et gypseuses, les roches qui accompagnent ces marnes en Lorraine : calcaire magnésien connu sous le nom de dolomie, moellon, grès argileux avec de petites couches de houille pyriteuse, cristaux de quartz bipyramidé désignés sous le nom de hyacinthe de Compostelle. Le bassin de Sougraigne est enclavé par failles dans le Sénonien.

M. de Lacvivier (1) a suivi le Trias dans l'A-

(1) Bulletin de la Société géol., 3e sér., t. XVI, 1888, p. 850.

(1) Bulletin du service de la Carte, n° 23, septembre 1891.

riège. Il a constaté l'existence de deux bandes. La première se trouve dans les Pyrénées proprement dites. Elle est formée de lambeaux discontinus qui commencent à Montségur et se continuent à Labat, à Arnove près d'Agneit et à l'est de Seix. Sur ce parcours le Trias ne présente que les marnes irisées avec des amas de gypse et des cargneules. La seconde bande plus septentrionale fait partie des Petites Pyrénées. Elle est continue, commence à Roque-

linade près de Foix et se continue jusque sur la rive droite du Salat et à Alos. Les marnes irisées y sont incontestables ; quant au muschelkalk il paraît représenté par des calcaires dolomitiques et des calcaires gris de fumée avec silex noirs ; mais M. de Lacvivier fait des réserves sur ce point, ainsi que sur les poudingues et les grès de la base qui représentent peut-être à la fois les grès bigarrés et le Permien.

LE JURASSIQUE DES PYRÉNÉES.

Le Jurassique ne joue pas un rôle très important dans les Pyrénées. Il y existe cependant sur les deux versants, soit à l'état de calcaire marneux, soit à l'état saccharoïde ou dolomitique. « Le calcaire déposé au pied de la chaîne constitue, dit Dufrénoy (1), une série de collines peu élevées qui se distinguent par leur forme arrondie; il est compact, esquilleux, gris clair et possède tous les caractères habituels aux formations jurassiques. Celui qui s'élève au centre de la chaîne, comme au col d'Aulus, forme, au contraire, des escarpements à pic, des crêtes saillantes et rectilignes ; il est souvent saccharoïde et toujours grenu. On y trouve, mais rarement, des fossiles qui témoignent de son âge. L'absence de schistes argileux le distingue encore assez bien du terrain de transition (terrains primaires). Les strates fissiles avec lesquelles il alterne sont des calcaires schisteux qui font constamment effervescence avec les acides et diffèrent essentiellement du terrain de transition. »

Le marbre de Saint-Béat appartient au Lias inférieur. Le Lias existe en divers points sur toute la longueur de la chaîne. Ainsi dans l'Ariège on voit le Rhétien caractérisé par l'Avicula contorta. Au-dessus viennent des calcaires compacts rapportés à l'Hettangien ou au Sinémurien (Lias inférieur). A Vicdessos le Lias est développé ; il présente un calcaire marbre, qui est le même que celui de Saint-Béat, et il est

surmonté de couches à Bélemnites, Pecten æquivalvis, Gryphea cymbium, par conséquent du Lias moyen (Charmouthien). On trouve le Toarcien (Lias supérieur), notamment à Cambo (Basses-Pyrénées). Dans cette dernière localité l'Infra-Lias est douteux, mais le Lias moyen à Pecten æquivalvis existe et le Toarcien consiste en calcaires marneux, souvent schisteux, noirâtres. M. Seunes (1) a pu y reconnaître deux niveaux à Ammonites, le niveau inférieur à Harpoceras bifrons et le niveau supérieur à Harpoceras serpentinus, H. aalensis et Belemnites tripartitus.

A Cambo également M. Seunes a découvert le Bajocien représenté par des couches à Posidomies et à Stephanoceras subcoronatum. M. Seunes rapporte au Bathonien des calcaires marneux contenant des fragments de Bélemnites ressemblant à Belemnites bessinus. Le Callovien qui surmonte l'étage précédent à Cambo est exploité pour matériaux de construction et a fourni Belemnites hastatus et Ammonites (Reineckia) anceps. Il y a au-dessus de ces couches calloviennes des calcaires plus durs, pyriteux et presque sans fossiles. M. Seunes les regarde comme oxfordiens. Quant au Jurassique supérieur il est mal caractérisé tant dans les Basses-Pyrénées que dans le reste de la chaîne ; il semble consister en calcaires noirâtres, parfois dolomitiques et dépourvus de restes organisés.

LE CRÉTACÉ DES PYRÉNÉES.

Les roches crétacées des Pyrénées jouent un rôle orographique considérable. Elles constituent notamment avec l'Éocène tout le massif du Mont Perdu. « La forme des montagnes de

calcaires crétacés, dit Dufrénoy (2), varie avec la nature des roches et leur position dans la

(1) Dufrénoy, Explication de la Carte géologique, t. III, p. 153.

(1) Seunes, Recherches géologiques sur les terrains secondaires et l'Éocène inférieur de la région sous-pyrénéenne du sud-ouest de la France. Paris, 1890, p. 130.
(2) Dufrénoy, p. 161.

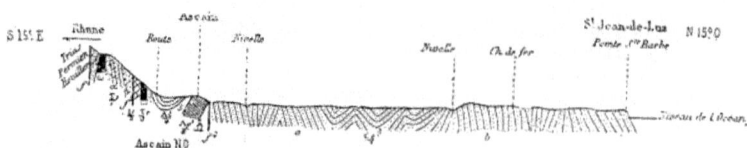

Fig. 786. — Coupe d'Ascain à Saint-Jean-de-Luz (M. Seunes). — *Tr*, Trias (ω.α.β) ; *Il*, Infra-Lias ; *Al*, Gault ; *Ap*, Aptien corallien ou Urgonien ; *Ceβ*, Cénomanien (*a.b.c*) ; *f*, failles.

chaîne ; cependant elles s'allongent, en général, dans le sens de la direction des strates. Leurs pentes sont interrompues par un ou plusieurs escarpements, séparés les uns des autres par un talus, et leur sommet présente un plateau incliné dans le sens de la stratification. Les escarpements correspondent toujours à des couches de calcaire à pâte fine, plus ou moins exemptes d'argile et de sable ; les talus sont ordinairement de calcaire argileux ou de grès. Les fentes ont, en effet, dû se propager diversement dans des roches si différentes ; tandis que le calcaire homogène était coupé à pic et donnait naissance à ces murs infranchissables qu'on rencontre à chaque pas dans les montagnes secondaires des Alpes et des Pyrénées, les couches tendres et destructibles formaient des talus naturels relativement doux. Le cirque de Gavarnie, avec sa triple enceinte de murailles verticales et de glaciers en gradins, nous offre un exemple célèbre de cette remarquable disposition. »

Le Néocomien proprement dit n'existe pas dans les Pyrénées. Au contraire l'Aptien du type corallien, appelé autrefois Urgonien, est connu depuis longtemps. Il constitue par les couches que Dufrénoy désignait sous le nom de calcaire à Dicérates. Ce sont des calcaires à Rudistes (*Toucasia carinata*) et à Orbitolines (*Orbitolina discoïdea, O. conoïdea*). L'Aptien supérieur se compose d'après M. Seunes, dans les Basses-Pyrénées, de marnes noirâtres à *Ostrea aquila* et Ammonites (*Hoplites Dufrenoyi*). L'Aptien acquiert une grande épaisseur dans les Corbières, où il constitue la montagne de Bugarach ; plus au nord, près de Narbonne, il forme la montagne de la Clape.

Le Gault ou Albien atteint aussi une grande épaisseur dans les Pyrénées, notamment dans l'Ariège et dans les Corbières. M. Seunes l'a signalé dans les Basses-Pyrénées, aux environs d'Orthez et d'Ascain. Il comprend à la base des calcaires coralliens à Rudistes (*Horiopleura Lamberti*) classés d'abord dans l'Urgonien avec

les calcaires à *Toucasia*. Mais il passe graduellement aux marnes incontestablement albiennes où l'on trouve : *Desmoceras Mayori, Inoceramus concentricus, Orbitolina conoïdea* et *O. discoïdea*. Il y a donc à considérer dans l'Albien des Pyrénées un faciès vaseux et un faciès corallien. Le Gault se termine par des grès à *Desmoceras Mayori* et à *Nucula bivirgata*. La figure (fig. 786), qui représente la coupe d'Ascain à Saint-Jean-de-Luz, montre près d'Ascain les grès argileux du Gault.

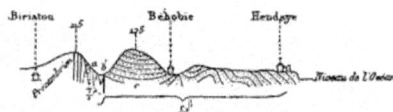

Fig. 787. — Coupe de Biriatou à Hendaye (d'après M. Seunes). — *Tr*, argiles rouges du Trias ; *Ceβ*, Cénomanien ; *a*, poudingues ; *b*, schistes ; *c*, calcaires ; *f*, faille.

Le Cénomanien qui vient au-dessus montre aussi une formation corallienne et une formation gréseuse, marneuse et calcaire. La première est caractérisée par des Rudistes comme *Caprina adversa* et *Toucasia lævigata*. La seconde, avec *Orbitolina concava*, se montre particulièrement dans la coupe d'Ascain à Saint-Jean-de-Luz et dans celle de Biriatou à Hendaye (fig. 787). Dans les Basses-Pyrénées cette formation est connue sous le nom de calcaire de Bidache ; elle est schisteuse et contient de nombreuses empreintes de Fucoïdes, ce qui l'a fait appeler par M. Seunes flysch cénomanien ou flysch à Orbitolines. Le Cénomanien existe aussi dans les autres parties des Pyrénées. M. de Lacvivier a trouvé les grès à *Orbitolina concava* dans l'Ariège et l'Aude avec une interruption à Belesta ; M. Roussel a découvert un gisement cénomanien au Pech-de-Foix, du côté de Leychert.

Le Turonien existe dans les Corbières près des sources salées de Sals sous forme de calcaires à *Sphærulites* et à *Hippurites cornuvac-*

cinum. Hébert et Coquand l'ont signalé entre les Eaux-Chaudes et le Pic de Ger ; c'est un calcaire marmoréen, noir ou gris tacheté de couleurs rosées et pétri par place de Polypiers, d'Hippurites, de Sphérulites, etc. Il repose sur le granite aux Eaux-Chaudes et sur les schistes paléozoïques au Pic de Ger. Aux environs de Dax le Turonien existe également, d'autre part il existe dans l'Ariège près de Leychert.

Le Sénonien dans les Corbières se voit au pied du Pic de Bugarach où il vient buter contre les couches du Crétacé inférieur. Il est encore plus développé auprès des Bains-de-Rennes et de Sougraigne. On y voit notamment une couche à Échinides (*Holaster integer, Micraster brevis, M. Matheroni*) surmontée des grés de Sougraigne avec Bélemnitelles et Ammonites ; il y a des intercalations de bancs à Hippurites (*H. biocultus, H. dilatatus,* etc.). Dans la Haute-Garonne le Sénonien présente un facies à Rudistes très net. Au contraire, dans les Basses-Pyrénées et jusque dans les Landes, le Sénonien offre un facies pélagique et l'on y rencontre les mêmes Céphalopodes que dans la craie de Haldem en Westphalie. Ce Sénonien de la partie occidentale des Pyrénées a été surtout étudié par M. Hébert. Il y place à la base le calcaire siliceux de Bidache sans fossiles. Puis la partie supérieure contient les calcaires marneux de Bidart et de Gan à *Stegaster Bouillei* et les calcaires de Tercis et d'Angoumé à *Ananchytes Heberti,* contenant *Heteroceras polyplocum* et *Ammonites (Pachydiscus) Neubergicus* de Haldem.

Le Danien est très développé dans les Pyrénées où il a été surtout étudié par Leymerie. A sa base il y a des couches marines contenant

Hemipneustes pyrenaicus, Hippurites ardiosus, Ostrea larva, etc., tels sont les calcaires nankins et les argiles d'Ausseing et de Gensac dans la Haute-Garonne, et les couches dans lesquelles est entaillé le cirque de Gavarnie. Ces couches correspondent à la craie de Maestricht (sous-étage maestrichtien). Dans les Basses-Pyrénées et le sud des Landes M. Seunes les a découvertes sous formes d'un calcaire avec des Échinides particuliers (*Stegaster Heberti, Offaster cuneatus,* etc.), des Ammonitidés (*Pachydiscus Jacquoti, Pachydiscus Fresvillensis, Baculites anceps*) du Danien du Cotentin. Dans les Corbières, les grés d'Alet rangés par d'Archiac dans le Tertiaire appartiennent aussi au Danien : ils contiennent des coquilles marines et des empreintes végétales.

Le Danien supérieur constitue l'étage garumnien de Leymerie. Il consiste en argiles rutilantes avec gypse, mais dépourvues de fossiles, et en calcaires compacts et poudingues multicolores avec faune d'eau saumâtre : *Cyrena garumnica,* Physes, Paludines, etc. Ce Garumnien très développé dans les Pyrénées centrales et les Pyrénées de la Haute-Garonne, l'Ariège, les Corbières, se termine au Tuco et à Ausseing par des couches marines à *Micraster tercensis, Hemiaster constrictus, Schizaster antiquus,* etc. Ces couches, par leurs fossiles, font passage au Tertiaire ; on y trouve même des Miliolites. Le Garumnien des Basses-Pyrénées est nettement marin. Il contient *Nautilus danicus* et des *Cidaris* voisins de ceux des calcaires pisolithiques. Les Échinides y sont fort nombreux, citons particulièrement : *Cidaris Beaugeyi, Hemiaster constrictus, Offaster Munieri,* et les genres : *Isopneustes, Coreaster, Galeaster* et *Jeronia.*

LE NUMMULITIQUE DES PYRÉNÉES.

L'Éocène des Pyrénées atteint une puissance considérable, plus de 2,000 mètres d'épaisseur, et se divise en un certain nombre d'assises. Considérons d'abord les Corbières bien étudiées par d'Archiac et récemment par M. de Margerie. Dans les Basses-Corbières, non loin de Carcassonne, s'étend la montagne d'Alaric (fig. 788), avec une longueur d'environ 20 kilomètres sur 5 ou 6 de largeur. Son altitude varie de 5 à 600 mètres. Cette montagne constitue une voûte formée seulement de Garumnien (Danien supérieur) et de Nummulitique. La surface de la voûte coïncide avec la surface des calcaires dits *nummulitiques inférieurs,* où avec

le *Micraster tercensis* il y a des Miliolites. Il faut considérer ces calcaires comme une couche de passage entre le Garumnien et l'Éocène. Partout où la voûte calcaire est trouée, on voit apparaître au-dessous les marnes rouges ou bigarrées avec sables, grés et cailloux roulés du Garumnien. Sur les pentes de la montagne apparaissent les différents termes de l'Éocène qui suit, du plus ancien au plus récent : 1° *marnes bleues* de Pradelles avec *Orbitolites complanata, Nummulites planulata,* Miliolites et Turritelles (*Turritella edita, T. alariciana,* etc.) ; 2° *grés de Montlaur* également à Nummulites et avec Cérithes, correspondant, ainsi que les couches

Fig. 788. — Le mont Alaric, extrémité orientale (d'Archiac).

précédentes, au calcaire grossier inférieur; 3° les *marnes* et les *grès de Carcassonne*, et 4° les *poudingues supérieurs* de la Malapeyre. Les deux dernières couches paraissent correspondre au calcaire grossier supérieur. Le plus souvent les grès de Carcassonne sont pauvres en fossiles, mais à Issel ils contiennent des ossements de *Lophiodon* et de *Propalæotherium*. « Le pied nord de la montagne d'Alaric, dit M. de Margerie (1), sur une longueur de 15 kilomètres environ, entre Moux et la route de Monze à Carcassonne, constituerait un excellent terrain pour l'étude pratique de la topographie

géologique : des bancs de grès, verticaux ou même renversés, rappelant les murailles ruiniformes de *Quadersandstein* des bords du Harz, y forment une série de petites crêtes parallèles, séparées par autant de vallons minuscules creusés dans les marnes tendres. Quelques vallées, normales à la direction de la voûte, servent d'artères maîtresses sur lesquelles s'embranchent à angle droit tous ces accidents longitudinaux en rapport avec les résistances. Les colorations vives des roches, tranchant sur le vert foncé des pins, ajoutent encore à l'effet pittoresque du paysage, auquel servent d'arrière-

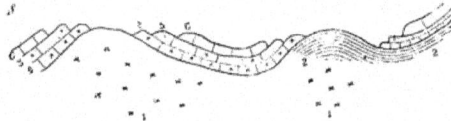

Fig. 789. — Coupe entre Vic et Ségalas, indiquant l'âge des ophites de l'Ariège (d'après M. de Lacvivier). — 1, ophite; 2, marne irisées; 3, Infra-Lias; 4, brèche ophitique; 5, brèche ophitique et calcaire; 6, brèche calcaire.

plan, du côté du nord, les sommets lointains de la Montagne-Noire. »

Dans les Pyrénées centrales et les Petites Pyrénées de l'Ariège et de la Haute-Garonne, le Nummulitique commence par des calcaires à Alvéolines, *Operculina Heberti* et qui renferment aussi, dans les Pyrénées-Occidentales d'après M. Seunes, des Nummulites (*N. spilecensis*) de l'Éocène inférieur du Vicentin. On doit donc ranger cette couche, qui atteint 250 mètres parfois, dans l'Éocène inférieur à la hauteur des sables de Cuise. Puis viennent des calcaires à *Nummulites complanata*, *N. perforata*, surmontés d'autres calcaires à *N. striata*. On les range dans l'Éocène moyen au

niveau du calcaire grossier. Les couches qui leur succèdent sont des calcaires à *Orbitoïdes maxima*, des marnes bleues à Orbitolites et à *Serpula spirulæa*, atteignant quelquefois 500 mètres de puissance; ces couches sont les équivalents des sables de Beauchamp et du calcaire de Saint-Ouen du bassin parisien. Enfin les assises nummulitiques s'enfoncent sous d'épaisses assises de poudingues, pouvant atteindre 1,000 mètres d'épaisseur et qui forment, suivant l'expression de Leymerie, « comme une cuirasse à l'extérieur des Pyrénées, dont ils constituent le dernier élément. » Ces poudingues, dits de Palassou, sont formés de gros galets calcaires, gris, jaunes ou roux, empruntés surtout au terrain crétacé; il y a aussi des silex, des débris de schistes paléo-

(1) De Margerie, *Note sur la structure des Corbières* (*Bull. serv. Carte*, n° 17, octobre 1890, p. 5).

zoïques, de granite, etc. Parfois les galets se pénètrent et deviennent ainsi des *cailloux impressionnés*, comme il y en a dans les Vosges et les Alpes. Les poudingues de Palassou ont donné lieu à de nombreuses discussions ; on ne s'entend même pas toujours sur la signification du terme employé par Leymeric. Il y a en effet plusieurs niveaux de poudingues dans l'Éocène et M. Carez en note au moins deux dans les Pyrénées espagnoles, l'un à la base, et l'autre au sommet de l'Éocène. En somme ces poudingues constituent une formation littorale qui a pu continuer pendant toute la durée du Nummulitique. La plupart des géologues réservent maintenant le nom de poudingues de Palassou aux poudingues les plus supérieurs et les regardent comme les équivalents du gypse parisien (Éocène supérieur). Ils renferment en effet des ossements de *Palæotherium*, et alternent à Sabarat et au mas d'Azil (Ariège), d'après M. l'abbé Pouech, avec des calcaires lacustres à *Planorbis planulatus*.

Nous retrouverons les étages supérieurs du Tertiaire dans la plaine sous-pyrénéenne, mais il faut signaler ici la grande extension en divers points des dépôts quaternaires connus sous le nom de *loess pyrénéen*. Ils consistent en alluvions formées en proportions presque égales de sable, d'argile et de calcaire avec des cailloux et des blocs. C'est un dépôt torrentiel qui s'est prolongé très loin dans les vallées. Il faut noter particulièrement les trois vastes cônes de déjection qui débouchent des vallées du Gave à Lourdes, de l'Adour à Bagnères-de-Bigorre, de la Neste à Hèches. Le plateau de Lannemezan est formé par les alluvions de la Neste. « A Capverne, dit Burat (1), en sortant de la vallée de la Neste, on débouche sur le plateau de Lannemezan ; le regard s'étend sur une plaine unie, aux contours indécis, qui est bornée au sud par l'amphithéâtre monumental des Pyrénées et qui vers le nord s'affaisse et fuit à l'horizon. On est alors à l'aval du déversoir par où le loess s'est épanché. »

Nous avons décrit plus haut (2) les phénomènes glaciaires des Pyrénées. Beaucoup de vallées, celles d'Aspe, d'Ossau, du Gave de Pau, de Lourdes, etc., présentent des moraines, des blocs erratiques et des roches polies et striées. La longueur des anciens glaciers, d'après M. Penck, était plus grande sur le versant septentrional que sur le versant méridional. Leur limite inférieure descendait en moyenne jusqu'à l'altitude de 4 à 600 mètres.

Il nous reste pour terminer à nous occuper des ophites.

LES OPHITES.

Ces roches, dont la désignation est due à Palassou, sont caractérisées par leur texture particulière, qui tient le milieu entre celle des roches microlithiques et celle des roches granitiques. Elles sont composées de feldspath (oligoclase ou labrador), d'amphibole et de diallage qui donne à la roche une teinte verte. Aux ophites sont associées des roches également vertes, dont le type se trouve à l'étang de Lherz dans l'Ariège ; de là le nom de lherzolites qu'on donne à ces roches. Elles sont granitoïdes et se composent de péridot incolore, de pyroxène vert et de diallage avec pléonaste, fer chromé et enstatite brune formant de fines aiguilles.

Les ophites ne forment pas de grandes masses ; elles paraissent en pointements isolés en beaucoup de points, surtout au milieu des marnes bariolées du Trias, et à leur voisinage se trouvent souvent des amas de gypse.

La nature et l'âge de ces roches ont donné lieu à de nombreuses discussions. Plusieurs géologues, notamment Virlet d'Aoust, Magnan, Garrigou, les regardaient comme étant d'origine sédimentaire ; d'après le premier les ophites étaient des sédiments d'âge triasique intercalés entre les grès bigarrés et les marnes irisées. Pour Dieulafait elles se seraient déposées chimiquement à froid dans des mers qui auraient accumulé surtout des sédiments empruntés aux roches primordiales. La plupart des géologues admettaient au contraire la nature éruptive des ophites, et M. Michel-Lévy en 1878 a démontré qu'il en était bien ainsi par l'analyse microscopique de ces roches. Dufrénoy regardait les ophites comme d'âge récent ; elles seraient d'après lui d'âge très récent et il faudrait leur attribuer le relèvement des terrains tertiaires. Lyell, Cordier et d'autres les considéraient comme crétacées, mais la majorité des géologues y voyaient des roches d'âge triasique.

(1) Burat, *Géologie de la France*, p. 545.
(2) Page 418.

En réalité on a confondu sous le nom d'ophites des roches diverses : véritables ophites, diorites et diabases de texture plus ou moins ophitique et d'autres roches encore. Il semble démontré aujourd'hui que les véritables ophites sont bien triasiques. M. de Lacvivier a récemment étudié les ophites et les lherzolites de l'Ariège (1). Il a toujours vu les ophites au-dessous des marnes irisées (Trias supérieur), et depuis l'Infra-Lias jusqu'aux terrains récents, on ne les trouve plus qu'à l'état détritique ; aucun de ces terrains ne présente de phénomènes métamorphiques dus à l'action des ophites. M. de Lacvivier en conclut que les ophites de l'Ariège ont fait leur apparition vers la fin de la période triasique, avant le dépôt des marnes irisées. La coupure (fig. 789, p. 625) empruntée à M. de Lacvivier, montre l'ophite surmontée des marnes irisées ; celles-ci sont recouvertes par un lambeau d'Infra-Lias qui lui-même est surmonté par une brèche liasique contenant généralement des fragments d'ophite ; cette brèche est par suite postérieure à l'éruption de la roche. D'autre part, les lherzolites de l'Ariège se trouvent toujours dans le voisinage de calcaires cristallins connus sous le nom de *calcaire primitif* de Charpentier et dont on a fait successivement du Dévonien, du Crétacé, etc. M. de Lacvivier considère ce calcaire comme jurassique. Les faits stratigraphiques lui permettent de considérer les lherzolites comme étant venus au jour après le dépôt du Lias moyen ;

elles sont donc plus récentes que les ophites.

MM. Jacquot et Bertrand ont signalé des filons de roches ophitiques dans le Crétacé sur la route du val d'Ossau à Pau. Il ne s'agit probablement pas de véritables ophites, mais de diabases ophitiques ou d'autres roches passant plus ou moins à la structure ophitique. MM. Seunes et Beaugey ont vu dans les Pyrénées Occidentales des microgranulites récentes, des syénites, des porphyrites ophitiques encaissées dans les couches crétacées (Aptien, Cénomanien, Garumnien) et produisant des phénomènes de métamorphisme très nets. Ils ont trouvé aussi des diabases ophitiques dont les galets sont nombreux dans les poudingues du Gault et du Cénomanien. Les filons de diabases ophitiques, en Andalousie, percent, d'après M. Kilian, les calcaires du Lias supérieur. Les faits connus jusqu'à présent portent à croire que ces diabases datent du Jurassique supérieur ou du commencement du Crétacé.

En somme, la question des ophites commence à s'élucider ; les contradictions des auteurs s'expliquent par le vague de cette dénomination qu'ils appliquaient à des roches variées. Comme le dit M. Michel-Lévy (1), « de patientes observations stratigraphiques sur le terrain, corroborées par l'analyse microscopique des roches, pourront seules résoudre définitivement cette question si controversée et restreindre tout au moins la limite plausible des incertitudes. »

LA PLAINE SOUS-PYRÉNÉENNE ET LE LITTORAL OCCIDENTAL DE LA MÉDITERRANÉE.

L'AQUITAINE.

Au pied des Pyrénées s'étendent les vastes plaines des bassins de la Garonne et de l'Adour. C'est ce qu'on nomme l'Aquitaine. Cette région est limitée au nord et au nord-est par la bande de terrains secondaires des Charentes, du Périgord et du Quercy, qui la séparent du massif vendéen et du Plateau Central ; à l'est, les deux massifs de la Montagne-Noire et des Corbières s'avancent l'un vers l'autre pour la séparer du littoral occidental de la Méditerranée, et ne laissent entre eux que la dépression de

(1) *Bulletin du service de la Carte*, n° 31, octobre 1892.

l'Aude et du canal du Midi ; enfin, à l'ouest, l'Aquitaine est limitée par l'Atlantique.

C'est un grand bassin tertiaire. Sur la craie, on trouve les couches éocènes, oligocènes, miocènes et pliocènes, recouvertes elles-mêmes de dépôts quaternaires sur le littoral et le long des cours d'eau (fig. 790). Les couches tertiaires constituent une nappe ondulée qui semble représenter encore un vaste golfe sédimentaire aussi grand que celui de Paris (2).

(1) *Bull. Soc. géol.*, 3ᵉ sér., t. VI, 1878 (*Note sur quelques ophites des Pyrénées*).
(2) Burat, p. 530.

En dehors des terrains tertiaires, on trouve en Aquitaine des pointements d'assises plus anciennes. Ainsi le Trias forme plusieurs pointements aux environs de Dax, à plus de 75 kilomètres de l'axe des Pyrénées ; il y est accompagné d'ophites et d'amas de gypse et de sel gemme qui sont exploités. Les protubérances crétacées sont nombreuses (1). La plus importante est celle d'Audignon, au sud de Saint-Sever, où l'on voit le Cénomanien, le Turonien, le Sénonien et le Danien. Ce pointement se rattache, à l'est, aux Petites Pyrénées de la Haute-Garonne par les gisements de Mauléon et de Gensac, au nord du plateau de Lannemezan. Le Cénomanien et le Danien seulement sont représentés dans le pointement de Roquefort, au nord-est de Mont-de-Marsan, qui se relie à la protubérance crétacée de Bordères, près de Lavardens, par les gîtes de la Pouchette, du Gentilhomme, de la Hiouère, de Créon, de Biérenx et de Tussac. Enfin, encore plus au nord, non loin de Labrède, citons le gisement crétacé de Cabanac, et près de La Réole celui de Landiras.

Si l'on considère la carte géologique de l'Aquitaine, on voit affleurer des terrains de plus en plus récents, à mesure qu'on s'approche du centre du bassin. L'Éocène se montre à la lisière des Pyrénées, près de Bayonne, dans la Chalosse, le Béarn, dans les plaines de l'Aude ; puis, d'autre part, dans l'Albigeois, le Quercy, le Périgord et le nord-est du département de la Gironde (Fronsadais). Les dépôts oligocènes se montrent ensuite et couvrent le pays entre la Dordogne et la Garonne, le Bazadais, l'Agenais, le pays de Montauban. Le Miocène se montre à découvert ou caché par les dépôts quaternaires dans le Lauraguais et le pays de Toulouse, la Lomagne, l'Armagnac, l'Astarac, le Fezenzac et d'autres pays de l'ancienne Gascogne, et en outre dans une partie de la Chalosse et du Marsan. On constate, de plus, que les assises d'eau douce sont prédominantes dans l'est, tandis que les couches marines l'emportent dans l'ouest. La plus grande partie de l'ancienne Gascogne, le Toulousain, la plaine de Carcassonne sont couverts de dépôts lacustres. Cependant la mollasse miocène marine à *Ostrea crassissima* et *Cardita Jouanetti* s'est déposée postérieurement aux couches lacustres de l'Agenais et de l'Armagnac, et les ont profondément ravinées ; elles y forment des falaises encore très accusées dans le relief du sol. Les assises les plus récentes sont les sables des Landes qui couvrent un espace considérable ; ils commencent aux bords du golfe de Gascogne, et s'élèvent graduellement jusqu'à une altitude de 170 mètres non loin de Montréal-du-Gers. Ces sables sont superposés à des argiles bigarrées, que l'on voit recouvrir aussi bien le Miocène lacustre de l'Armagnac que l'Oligocène marin du Bazadais, ou même le Crétacé. On rapporte ces argiles bigarrées et les sables des Landes au Pliocène, à cause de leur indépendance par rapport à tous les autres terrains.

Un fait remarquable, mis en évidence par M. Jacquot (1), est le renversement de la stratification, pour ainsi dire, qu'on observe dans le bassin tertiaire de l'Aquitaine, par suite des inégalités de la dénudation. Cela se manifeste bien quand on se dirige du golfe de Gascogne vers le centre du bassin. Ainsi, les argiles bigarrées font souvent saillie sous forme de buttes au-dessus des sables des Landes qui sont cependant plus récents. Dans l'est du département des Landes, dans le Marsan, c'est la mollasse marine miocène qui pointe au-dessus du sable landais. Dans le bas Armagnac, on voit les marnes lacustres miocènes surgir au sommet des plateaux couverts d'argiles pliocènes. Enfin, à la limite du bas et du haut Armagnac, le terrain lacustre forme des falaises qui dominent la mollasse marine étendue à leur pied.

Nous allons entrer maintenant dans le détail des assises tertiaires de l'Aquitaine.

L'ÉOCÈNE DE L'AQUITAINE.

L'Éocène du bassin de l'Adour se présente à Biarritz avec des caractères particuliers. La base des falaises est constituée par des calcaires marneux ou sableux, jaunes ou bleuâtres, contenant de nombreux Polypiers et aussi *Serpula spirulæa*, *Echinanthus sopitianus*, etc.

La falaise du Port-des-Barques est remplie de Serpules. Les rochers au nord de Biarritz, ceux de la côte du Moulin, sont formés d'assises supérieures aux précédentes, consistant en calcaires bleuâtres très sableux, avec quelques bancs jaunâtres, où les fossiles carac-

(1) Jacquot, *Notices pour l'Exposition de 1889*, p. 88.

(1) Jacquot, p. 90.

Fig. 790. — Coupe transversale par les vallées de la Gironde et de la Dordogne (Burat). — D, craie ; C, Éocène et Oligocène ; b, Miocène ; a, Quaternaire.

téristiques sont : *Nummulites intermedia*, *Euspatagus ornatus*, *Echinolampas subsimilis*.

Aux falaises de la Chambre d'Amour, on trouve des grès durs et des sables avec Operculines

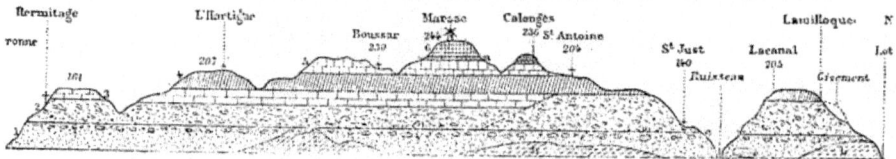

Fig. 791. — Coupe de l'Agenais et du Périgord, de l'Hermitage d'Agen à Lamilloque (d'après M. l'abbé Landesque). — 1, mollasse inférieure ; 2, mollasse supérieure ; 3, calcaire de l'Hermitage ; 4-5, calcaire ; 6, calcaire supérieur ; a, argile, sable ; b, tuf et grès ; c, galets.

(*Operculina ammonæa*), Foraminifères voisins des Nummulites et très communs, d'ailleurs,

dans les formations tertiaires du sud-ouest. La formation se termine par des sables calcaires à

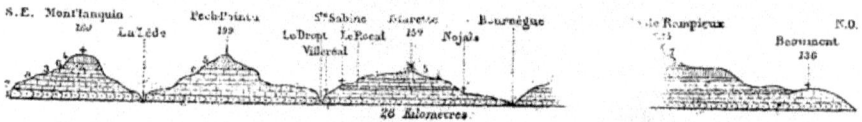

Fig. 792. — Coupe de l'Agenais et du Périgord, de Montflanquin à Beaumon (d'après M. l'abbé Landesque). — 1, mollasse ferrugineuse ; 2, calcaire à *Palæotherium* ; a, argile ; 3, calcaire siliceux ; b, mollasse ; 4, calcaire à *Helix Ramondi* ; d, argile blanche ; 5, mollasse ; c, gisement d'*Anthracotherium magnum* ; 6, calcaire de Rampieux ; 7, calcaire bréchiforme.

Cytherea Verneuili. Dans la Chalosse, les assises éocènes débutent par des marnes dites de

Saint-Aubin et de Sainte-Colombe, avec restes des Crabes (*Xanthopsis Dufouri*) ; c'est au-

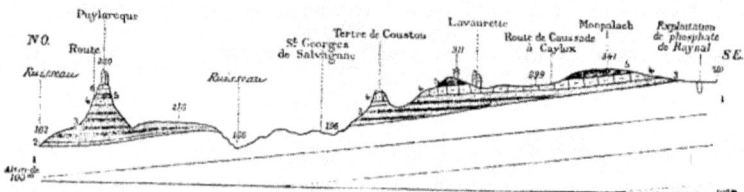

Fig. 793. — Coupe aux environs de Saint-Antoine et de Caylus, dans la région des phosphorites du Quercy (M. Vasseur). — 1, Jurassique ; 2, calcaire à *Helix* inférieur ; 3, mollasse de l'Agenais ; 4, calcaire de l'Albenque ; 5, mollasse ; 6, calcaire de l'Agenais.

dessus que se montrent les couches à Serpules. On range la formation nummulitique de l'Adour dans l'Éocène supérieur, mais il est difficile de

l'homologuer avec les termes de l'Éocène du bassin de Paris, qui a servi de type pour la nomenclature.

Les couches de Bos d'Arros, près de Pau, contiennent la *Serpula spirulæa* et des *Orbitolites* comme à Port-des-Barques.

A l'ouest, on trouve un grand bassin lacustre, c'est celui de Limoux, de Carcassonne et de Castelnaudary, qui se prolonge au nord dans le Castrais et l'Albigeois. Le grès de Carcassonne, dont nous avons déjà parlé, contient à Issel des restes de *Lophiodon* et de *Propalæotherium*, qui le font considérer comme l'équivalent du calcaire grossier supérieur. Ce grès est surmonté, à Castelnaudary, d'une mollasse avec dépôt de gypse, associée à des calcaires contenant, à Mas-Saintes-Puelles, des fossiles terrestres (*Cyclostoma formosum*) et des Mammifères du gypse parisien (*Xiphodon, Palæotherium medium*). Le calcaire du Castrais à *Palæotherium* est aussi de l'âge du gypse; celui de l'Albigeois, mélangé de marnes et d'argiles, est d'âge un peu plus récent. Il contient *Melania albigensis, Cyclostoma formosum* et *Anchitherium Radegondense*. On peut le regarder comme correspondant aux marnes supra-gypseuses qui relient l'Éocène supérieur à l'Oligocène.

Les dépôts éocènes de la Gironde sont intéressants et méritent de nous arrêter(1). Des sondages ont prouvé que la couche la plus ancienne de l'Éocène, celle qui repose sur la craie dans le Médoc et le Blayais, consiste en sables argileux à *Numumlites* (*N. perforata, N. spira*) et *Orbitoïdes* (*O. submedia*). Ils existent jusqu'à 72 mètres de profondeur et à 36 mètres au-dessous du niveau de la Gironde. Ils passent insensiblement, à leur partie supérieure, au *calcaire grossier de Blaye*. Ce dernier, d'après M. Matheron, se divise nettement en deux horizons : le premier, caractérisé par *Echinolampas stelliferus*, et le supérieur par *Echinolampas girundicus*. Toutes ces assises correspondent au calcaire grossier de Paris. Elles sont surmontées par des argiles verdâtres ou jaunâtres qu'on trouve constamment dans le Blayais et le Médoc. Ces argiles renferment en abondance l'*Ostrea cucullaris*, espèce caractéristique des sables de Beauchamp du bassin de Paris. Le calcaire de Saint-Ouen de Paris est remplacé, dans le Blayais, par le *calcaire lacustre de Plassac* à *Limnæus longiscatus, Planorbis rotundatus*, et à Bégadan (Médoc) par un calcaire à faune saumâtre ou marine représentée par des Cérithes (*C. interruptum, C. perditum*). Cet étage a fourni des ossements de *Palæotherium girundicum*.

L'Éocène supérieur est constitué par le *calcaire marin de Saint-Estèphe*, qui occupe une grande étendue dans le Médoc. Il affleure à Pauillac, Château-Laffitte, Saint-Estèphe, etc., et aussi aux environs de Civrac. On l'a d'abord confondu avec le calcaire grossier à cause de sa faune qui comprend *Rostellaria fissurella, Turritella sulcifera, Corbis lamellosa*, etc., mais il y a aussi des Échinides (*Echinolampas ovalis*). M. Matheron a fixé la place du calcaire de Saint-Estèphe au niveau du gypse parisien dont il serait l'équivalent marin, car il repose en effet sur le calcaire de Plassac correspondant au calcaire de Saint-Ouen, et il est recouvert par la mollasse du Fronsadais qui est infra-tongrienne.

L'OLIGOCÈNE DE L'AQUITAINE.

Au-dessus du calcaire de Saint-Estèphe s'étendent des argiles à *Anomia girundica*, avec de grandes Huîtres qui rappellent l'*Ostrea longirostris*. Ces couches forment la base de l'Oligocène inférieur c'est-à-dire de l'étage infra tongrien. On peut bien étudier ce dernier aux environs de Fronsac, de La Réole, de Bergerac, de Beaumont-de-Périgord. Sur les marnes à Anomies repose une assise sableuse marine, appelée mollasse du Fronsadais formant la partie inférieure des coteaux des bords de la Dordogne. Cette mollasse renferme *Ostrea longirostris* et passe à sa partie supérieure dans le Médoc (Artigues, Verteuil) à un calcaire pétri de petites Huîtres (*Ostrea cyathula*). Au-dessus se trouvent des assises lacustres à *Bythinia Duchastelli* correspondant par suite au calcaire de Brie; tels sont les calcaires lacustres de Civrac (Médoc), de Castillon et de Sainte-Foy-la-Grande sur les bords de la Dordogne.

MM. Potier et Vasseur ont étudié les formations infra-tongriennes du bassin de la Gironde(1) et sont arrivés à d'importantes conclusions. Ils ont constaté que les assises infra-tongriennes sont très variables au point de vue de leur composition minéralogique et présentent différents faciès. La base de l'Oligocène sur la bordure du bassin tertiaire, dans le Pé-

(1) Vasseur, *Terrains tertiaires de la France occidentale*, p. 404.

(1) Société Linnéenne de Bordeaux, 18 juillet 1888.

rigord et le Lot, consiste en sables et en argiles avec minerai de fer (sidérolithique)reposant directement sur la craie. Telles sont les couches des bords du Lot et de l'Allemance. Au-dessus se trouvent des assises lacustres qui correspondent par leur position aux marnes à Anomies. Ainsi à Duras, sous la mollasse du Fronsadais, il y a des argiles dites *infra-mollassiques* contenant de nombreux ossements de *Paloplotherium minus*, de *Xiphodon gracile* et de *Palæotherium*. A Villeréal, à la bordure du bassin, il y a un calcaire superposé à des sables ferrifères et contenant des restes de *Palæotherium girundicum* et d'un autre *Palæotherium* voisin du *P. medium*. Non loin de là le gypse exploité à Sainte-Sabine contient des débris analogues.

Aux Ondes près Fumel se trouve aussi sur les sables ferrifères un calcaire à ossements (*Palæotherium*, *Xiphodon*, etc.).Au niveau de la mollasse du Fronsadais qui surmonte les argiles infra-mollassiques, MM. Potier et Vasseur placent les sables à *Palæotherium* de la Grave qui reposent bien sur les argiles infra-mollassiques. Ils y placent aussi les argiles à tuiles de La Réole ; les grès de Bergerac, les sables grossiers de Saint-Cernin appartiennent encore au même niveau.

La partie supérieure de l'Infra-Tongrien est le *calcaire de Castillon*. Ce dernier, rudimentaire à Fronsac, s'épaissit rapidement à Saint-Émilion. A son niveau se développe une seconde faune paléothérienne à Villeréal, dans les calcaires de la butte de Parisot ; elle est séparée de la première faune paléothérienne par les argiles à tuiles. Le calcaire de Saint-Cernin à grands *Palæotherium*, *Xiphodon*, etc., est du même âge.

Le Tongrien est représenté dans la Gironde par le *calcaire à astéries* ou de Bourg, calcaire jaunâtre, argileux qui affleure dans le Médoc, constitue les collines des environs de Bordeaux et la falaise qui longe la Gironde et la Dordogne. Il contient des articulations d'Astéries et en outre des fossiles des sables de Fontainebleau : *Cerithium plicatum*, *C. trochleare*, *Natica crassatina*, etc. Les faluns de Gaas dans les Landes, assemblage de marnes et de grès calcaires, possèdent la même faune et sont par suite aussi tongriens. Le calcaire à Astéries proprement dit n'existe qu'à l'ouest de la ligne qu'on pourrait tracer de Marmande à Auriac et à Saint-Astier ; à l'est, le dépôt marin est remplacé par une formation d'eau douce dont l'épaisseur va constamment en croissant. C'est la *mollasse dite*

de l'Agenais qui, à Moissac, contient des restes d'*Anthracotherium*.

MM. Potier et Vasseur se sont occupés aussi du calcaire de Beaumont-du-Périgord, calcaire lacustre atteignant une grande épaisseur(40 mètres) et contenant des Limnées, des Planorbes et des ossements de *Palæotherium*. On a d'abord regardé ce calcaire comme éocène. MM. Potier et Vasseur ont vu la mollasse qui surmonte le calcaire des Ondes passer graduellement au calcaire noduleux qui constitue la base de la formation de Beaumont au-dessus des sables ferrifères. D'autre part le calcaire le plus supérieur de Beaumont, le calcaire de Saint-Cernin, lequel doit s'identifier avec celui de Castillon. Ainsi le calcaire de Beaumont correspondrait à l'ensemble du calcaire des Ondes, de la mollasse du Fronsadais et du calcaire de Castillon ; il répond donc à l'Infra-Tongrien.

La mollasse de l'Agenais, qui termine le Tongrien, est surmontée dans le Lot-et-Garonne par d'épaisses assises aquitaniennes (Oligocène supérieur). Ce sont elles qui forment là, par exemple à la colline du Tabor, au nord d'Aiguillon, la surface du sol. Elles débutent par le *calcaire blanc de l'Agenais* à *Helix Ramondi*. Des marnes et argiles marines le surmontent ; elles sont caractérisées par l'*Ostrea aginensis*. Vient ensuite un autre calcaire lacustre : *calcaire gris de l'Agenais*, à Limnées et Planorbes (*Planorbis solidus*, *Limnæus Larteti*), que surmonte encore une couche à *Ostrea aginensis*. Dans les environs de Bordeaux, au lieu de trouver des couches lacustres, il n'y a que des sables coquilliers marins à *Ostrea aginensis*, *Cerithium bidentatum*, etc. Ce sont les *faluns de Bazas*, de *Lariey*, de *Saint-Avit*. A Saucats (Gironde) le calcaire gris est intercalé entre deux couches de faluns, ce qui montre bien que ces derniers sont l'équivalent marin du calcaire gris.

La succession des couches observées aux environs d'Agen ne s'observe plus vers l'est. On ne trouve plus un calcaire blanc et un calcaire gris séparés par des argiles à Huitres. Cette argile disparaît graduellement et les deux calcaires, le premier blanc, le second devenu jaunâtre et très dur, forment une seule et même masse.C'est ce que M. Vasseur a notammentobservé à Laugnac (1). Dans cette localité même

(1) Vasseur, *Contribution à l'étude des terrains ter-*

le calcaire gris a fourni de nouveaux ossements de Mammifères. On n'y connaissait jusqu'ici que l'*Anchitherium aurelianense* et le *Steneofiber Escheri*. M. Vasseur a trouvé en outre *Amphitragulus*, *Palæochœrus*, *Cainotherium*, et en outre des ossements de Lézards et des débris de carapace de Tortue. Le calcaire blanc de l'Agenais correspond évidemment au calcaire de Beauce du bassin de Paris et le calcaire gris au calcaire de l'Orléanais.

Les coupes ci-jointes (fig. 791-792, p. 629), empruntées à M. l'abbé Landesque, donnent la succession des assises dans l'Agenais et le Périgord ; la première depuis le calcaire de l'Hermitage d'Agen jusqu'à Lamilloque, et la seconde de Montflanquin à Beaumont qui repose, avons-nous vu, sur l'Infra-Tongrien.

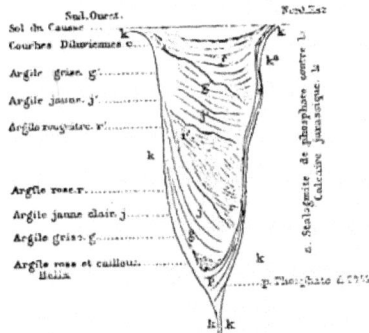

Fig. 794. — Phosphorites du Quercy. Poche à phosphate (d'après M. Tardy).

On sait que dans le Quercy, aux environs de Saint-Antonin, Caussade, Caylus, Mouillac, dans les fentes des calcaires jurassiques qui forment la bordure du bassin tertiaire, il y a des dépôts de phosphate de chaux. Les grands plateaux jurassiques appelés *causses* du Quercy présentent ainsi des poches à phosphate : les *phosphorites du Quercy*. La figure 794 due à M. Tardy indique les diverses couches qui remplissent une poche à phosphate à Cajarc. Le phosphate est à la partie inférieure recouvert par de l'argile. Dans les phosphorites M. Filhol a découvert toute une faune de Mammifères très riche dont nous avons déjà parlé. Il y avait encore récemment des incertitudes au sujet de l'âge des phosphorites ; M. Vasseur a *tinires du sud-ouest de la France (Bull. serv. Carte, n° 19, décembre 1890, p. 6).*

pu les dissiper. La coupe (fig. 793, p. 629) indique les diverses couches oligocènes des environs de Caylus. On y voit à Raynal, au voisinage immédiat des phosphatières, et à un niveau supérieur à celui des exploitations, les derniers vestiges de la mollasse de l'Agenais qui est surmontée du calcaire à Hélix de l'Albenque (*Helix cadurcensis*). M. Vasseur (1) en conclut : « que la partie continentale sur laquelle se sont formés les phosphates n'a été envahie par les eaux du lac tertiaire que lors du dépôt des couches supérieures de la mollasse de l'Agenais ; seules les dernières assises mollassiques avec le calcaire à Hélix (horizon de l'Albenque) qu'elles comprennent, ont pu s'étendre sur les phosphorites ». Les débris de Mammifères, d'ailleurs, qui existent dans ces poches appartiennent soit à l'Infra-Tongrien (*Palæotherium*, *Anoplotherium*), soit au Tongrien (*Anthracotherium magnum*). Le remplissage s'est produit donc depuis la fin de l'Éocène jusque vers la fin du Tongrien sans cependant atteindre la limite supérieure de cette période ; jamais on ne trouve dans les phosphorites les Mollusques de la faune de l'Albenque (*Helix Ramondi, H. cadurcensis, Cyclostoma cadurcense*, etc.).

Les excavations sont dues sans doute à l'action d'une eau acide sur les calcaires jurassiques. Elles se sont remplies peu à peu de résidus entraînés par le ruissellement : particules siliceuses, argile rouge d'origine chimique, minerai de fer en grains, débris de Vertébrés. Tous ces matériaux de charriage ont été cimentés par du phosphate et du carbonate de chaux ou de la limonite. Quelle est l'origine du phosphate de ces poches ? On a d'abord attribué ce phosphate à des dépôts de sources ou à des vapeurs phosphoriques qui auraient asphyxié les animaux. C'est l'opinion que nous avons développée dans un volume précédent (1). M. Vasseur adopte au contraire l'opinion soutenue par Dieulafait et par plusieurs autres géologues, suivant laquelle le phosphate proviendrait des calcaires eux-mêmes, où il est en proportion très faible. Les calcaires une fois détruits par l'eau acide, le phosphate se serait concentré dans les fentes. Dieulafait résume son avis de la manière suivante (3) : « 1° La quantité de phosphate de chaux existant dans les cavernes du sud-ouest de la France ne représente pas la dixième par-

(1) *Id.*, p. 14.
(2) *La Terre, les Mers et les Continents*, p. 523.
(3) *Comptes rendus de l'Académie des Sciences* (4 août 1884).

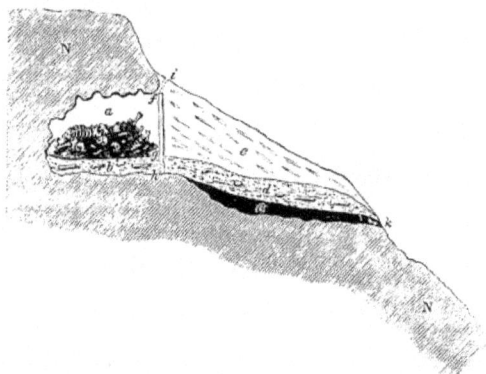

Fig. 795. — Coupe d'une partie de la colline de Fajoles, passant par la grotte funéraire d'Aurignac (Ed. Lartet). — *a*, partie de la grotte où l'on a retrouvé les restes des dix-sept squelettes humains; *b*, lit de terre rapportée de 50 centimètres d'épaisseur; *c*, lit de cendres et de charbon de bois de 15 centimètres d'épaisseur avec des os de mammifères éteints et récents, brisés, brûlés et rougis; *d*, dépôt contenant des objets analogues; *e*, talus formé de déblais venant de la partie supérieure de la colline; *fg*, plaque de pierre qui fermait la grotte; *fi*, terrier de lapin qui amena la découverte de la grotte; *kk*, terrasse primitive sur laquelle s'ouvrait la grotte; N, calcaire nummulitique de la colline de Fajoles.

tie de celui qui existait dans les calcaires dont l'enlèvement a produit les cavernes;

« 2° Les argiles ferrugineuses qui accompagnent et souvent recouvrent les phosphates, ont la même composition que celles qu'on obtient comme résidu quand on attaque par un acide faible et oxydant les roches consti-

tuant les parois des cavernes à phosphorites;

« 3° Des substances rares, en particulier le manganèse, le nickel, le cobalt, le zinc, le cuivre, l'iode, qui existent dans les roches normales des régions à phosphates, se retrouvent à l'état de concentration relative dans les phosphorites et dans les argiles qui les accompagnent. »

LE MIOCÈNE DE L'AQUITAINE.

Le Miocène et l'Oligocène aux environs de Bordeaux sont intimement unis. Il est difficile

Fig. 796. — Coupe de la colline de Sansan. — *m*, marne sans fossiles; *2°*, marne et calcaire renfermant des coquilles terrestres; *cm*, concrétions marneuses à galets quartzeux et os de mammifères; *e*, calcaire; *o*, amas détritiques de coquilles et d'os; *m'*, couche mince de marne; *c'*, calcaire; *r*, calcaire rose avec coquilles; M, marne à ossements de mammifère; *m²*, couche de marne sans fossiles; G, grès mollasse sans fossiles (d'après E. Lartet).

de fixer la limite entre l'Aquitanien (Oligocène supérieur) et le Langhien (Miocène inférieur).

Ainsi à Mérignac, d'après M. Fallot [1], on trouve, avec la plupart des espèces des faluns oligocènes de Lariey, un nombre assez grand de formes appartenant au falun langhien de

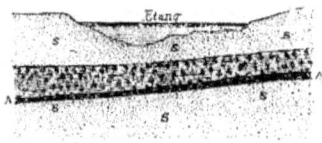

Fig. 797. — Situation de l'alios AA, dans les sables des Landes, S.

Léognan. Ces couches forment donc le passage entre l'Aquitanien et le Langhien.

Le Miocène du Bordelais est formé de faluns analogues par leur composition, sinon par leur âge, à ceux de la Touraine. «Le falun consiste

[1] *Bull. Soc. géol.*, 3e sér., t. XVII, 1888, p. 53.

en un sable formé de grains quartzeux et de minces débris de coquilles fossiles marines, toutes bien conservées et dont quelques-unes ont encore leur éclat nacré. Le falun possède une certaine solidité ; il faut pour l'exploiter se servir de la pioche. Les fossiles sont contigus et comme soudés les uns aux autres sans qu'on puisse distinguer le ciment qui les réunit. Après quelque temps d'exposition à l'air, la roche se désagrège ; elle sert alors à l'amendement des terres. Les fossiles éprouvent souvent la même décomposition que la roche ; on peut néanmoins en recueillir beaucoup d'entiers. Les cérites et les turritelles sont seules difficiles à obtenir bien complètes (1). » La grande proportion de calcaire des faluns, qui les fait employer pour l'amendement, provient de la destruction des coquilles. Ces faluns sont des dépôts littoraux. On en distingue plusieurs niveaux dans le Miocène.

Le premier niveau, qui surmonte les faluns oligocènes de Bazas, est constitué par les faluns jaunes et la mollasse marine de Mérignac et de Léognan, contenant *Ancillaria glandiformis*, *Pecten burdigalensis*, *Cancellaria acutangulata*. Ce niveau constitue l'étage langhien. Aux couches à coquilles peuvent être associées des formations ossifères comme la mollasse de Léognan, Canéjan, Saint-Médard, etc., à ossements de Dauphins et de *Squalodon*, accompagnés de dents de Requins (*Carcharodon*, *Megalodon*).

Le niveau qui vient ensuite est synchronique de celui des faluns de Touraine ; il constitue l'étage helvétien. Il est constitué par les faluns du haut de Saucats et de Cestas caractérisés par *Oliva Basteroti* et *Buccinum baccatum*. Un niveau encore plus élevé est celui des faluns de Salles, de la Cime près de Saucats, contenant *Caelita Jouannetti*, *Ostrea crassissima*, *Voluta Lamberti*. Ces faluns correspondent à ceux de l'Anjou et des environs de Rennes.

Le Tortonien (Miocène supérieur) n'existe pas dans la Gironde, où les couches les plus

élevées sont les sables des Landes et la *grave* ou gravier du Médoc, qui sont pliocènes. On l'observe dans le sud du département des Landes, à Saubrigues et à Saint-Jean-de-Marsacq. Là existent des argiles bleues à Pleurotomes (*Pleurotoma cataphracta*), *Ranella marginata*, *Ancillaria glandiformis*, indiquant le niveau le plus élevé du Miocène.

Si l'on se dirige vers l'est, on trouve le Miocène lacustre bien représenté dans le département du Gers par le *calcaire de l'Armagnac*, considéré comme langhien. Ce calcaire présente 300 mètres de puissance. On y distingue des grès calcarifères ou *mollasses* et des marnes de couleurs variées. Les Mollusques terrestres ou aquatiques qu'on y trouve sont : *Helix Larteti*, *H. Leymeriei*, *Unio flabellifer*, *Melania aquitanica*. Mais cette formation de l'Armagnac est surtout remarquable par les nombreux ossements de Vertébrés qu'elle a fournis. L'un des gisements les plus riches est celui de Sansan (fig. 796) exploré par Lartet. On y a trouvé de nombreux Mammifères tels que des Mastodontes (*Mastodon angustidens*, *M. tapiroïdes*), des Rhinocéros (*Rhinoceros sansaniensis*), des *Machairodus*, etc. Il y a aussi des Oiseaux étudiés par M. Milne-Edwards, des Reptiles, des Batraciens, des Poissons. Les Mollusques qui leur sont associés sont *Limnæus Laurillardi*, *Planorbis Goussardi*, *Helix sansaniensis*, etc.

Le calcaire de Simorre et de Lombez, regardé par Lartet comme contemporain de celui de Sansan, paraît en réalité être un peu plus récent. Il contient des *Anchitherium* (*A. aurelianense*), des Mastodontes (*M. tapiroïdes*, *M. simorrensis*), le *Dinotherium giganteum*, etc.

Comme nous l'avons déjà dit au début de ce chapitre, le calcaire de l'Armagnac est recouvert par la *mollasse de l'Armagnac* contenant des fossiles marins, ceux des faluns de l'Anjou : *Ostrea crassissima*, *Pecten solarium*, qui indiquent le sommet de l'Helvétien.

LE PLIOCÈNE DE L'AQUITAINE.

On attribue au Pliocène l'importante formation des landes, qui couvre indifféremment tous les autres terrains sur le littoral de l'Atlantique. Leur continuité est remarquable. Elles constituent de vastes plaines sur lesquelles s'élèvent seulement les dunes qui bordent le

(1) Dufrénoy, *Explication de la Carte géologique*, t. III, p. 78.

littoral. Derrière celles-ci les eaux s'accumulent sous forme d'étangs. On ne peut confondre les sables des Landes avec ceux des dunes qui sont quaternaires. En effet, les premiers ont une couleur grise souvent assez foncée, due à l'humus végétal interposé entre les grains siliceux ; de plus, ils contiennent des galets de quartz qui manquent dans les dunes, et qu'on retrouve sur la plupart des coteaux de la Chalosse. A une faible profondeur sous les sables des Landes on rencontre une sorte de grès compact d'une couleur foncée, imperméable, appelé *alios* (fig. 797). Les grains siliceux qui le forment sont agglutinés par des matières organiques et par de l'oxyde de fer hydraté. L'alios est dû aux infiltrations qui ont entraîné dans la profondeur les matières organiques de la surface ; le fer était contenu dans les eaux à la faveur des acides organiques et s'est peu à peu suroxydé. Les sables des Landes sont complètement dépourvus de fossiles. Le gravier du Médoc est également attribué au Pliocène.

Quant au Pléistocène ou Quaternaire, il con-siste dans l'Aquitaine en cailloux et en limon qui couvrent les plateaux et qui forment ainsi des terrasses le long des rivières. Il faut signaler les nombreuses cavernes de la région sous-pyrénéenne, notamment dans la vallée de la Vézère, affluent de la Dordogne, où les cavernes des Eyzies, de la Madelaine, de Laugerie-Basse, de Laugerie-Haute sont bien connues et ont fourni beaucoup de vestiges de l'Homme préhistorique. Dans le Tarn-et-Garonne il faut signaler celle de Bruniquel, près de la jonction de la Veyre et de l'Aveyron, et dans la Haute-Garonne la grotte d'Aurignac (fig. 795), découverte l'une des premières et décrite avec soin par Lartet.

LE ROUSSILLON.

La plaine du Roussillon, dont Perpignan occupe à peu près le centre, constitue une petite région distincte. C'est un ancien golfe comblé par les sédiments pliocènes, pléistocènes et modernes. Deux prolongements étroits de bassins, qu'on peut comparer à des *fjords*, remontaient le premier jusqu'aux portes de Céret, le second jusqu'un peu au delà de Prades, à près de 60 kilomètres du rivage actuel. La forme générale est celle d'un quadrilatère irrégulier, limité à l'est par la mer et entouré sur les autres côtés par des montagnes : au nord les Corbières, à l'ouest le massif du Canigou relié aux Corbières par le chaînon de Força-Real, enfin au sud la chaîne des Albères. Le Roussillon n'est pas, à proprement parler, une plaine ; il est assez accidenté, il s'élève graduellement du littoral jusque vers l'ouest où il atteint une altitude de 300 mètres. Les cours d'eau : l'Agly, le Têt, le Réart et le Tech ont raviné le plateau et ont donné naissance ainsi à des collines allongées de l'ouest à l'est, qui séparent les différents bassins. Ce sont les *aspres*, développées seulement à l'ouest. A l'est, au contraire, les bassins se confondent et forment de véritables plaines alluviales très fertiles, telles que la plaine de Salanque. Sur le littoral, des dunes, des étangs forment une bande continue du nord au sud, depuis l'étang de Leucate jusqu'au cap Biar.

Les formations géologiques et les animaux fossiles du Roussillon nous sont aujourd'hui bien connus, grâce aux importants travaux de M. Depéret, que nous allons résumer ici (1).

On ne trouve dans le Roussillon ni Éocène, ni Oligocène, ni Miocène. Les dépôts tertiaires qui forment le sous-sol sont uniquement pliocènes. Ils reposent, comme l'ont indiqué les sondages, soit sur les schistes primitifs, soit sur les terrains primaires ou le Crétacé. Le Roussillon était donc émergé pendant les deux premières périodes tertiaires. Il résulte d'un effondrement récent survenu aux dépens du prolongement oriental de la zone médiane des Pyrénées.

Les couches pliocènes sont disposées en cuvettes emboîtées les unes dans les autres ; par suite les couches inférieures ne peuvent affleurer que sur les bords du bassin, mais des sondages ont prouvé qu'elles se prolongent sous la plaine d'une manière continue et avec une composition identique.

Les assises pliocènes inférieures sont marines. Elles répondent à l'étage plaisancien. Elles débutent par des *graviers et conglomérats grossiers* à cailloux peu roulés de granite, de gneiss, de schistes micacés et terreux divers. Il y a des alternances de sable fin et d'argile compacte. Les cailloux sont parfois volumineux et deviennent même de véritables blocs. Cette assise ne se montre que sur une surface très restreinte dans les bassins de la Têt et du Tech ; au Boulou elle atteint 25 mètres d'épaisseur ; les couches sont parfaitement régulières. M. Depéret regarde ces graviers et conglomérats comme les anciens deltas des torrents pliocènes. On trouve d'ailleurs dans ces couches de nombreux galets littoraux avec Poly-

(1) Depéret, *Bassin tertiaire du Roussillon* (Thèse), Paris, 1885, et Depéret, *Les animaux pliocènes du Rous-sillon* (*Mémoires de la Société géologique. Paléontologie* t. 1, 1890).

piers, Huîtres, Peignes ayant vécu sur place, aux points où on les recueille maintenant.

L'assise qui vient ensuite et qui est de beaucoup la plus connue est celle des *argiles bleues micacées*. Elles affleurent dans les deux bassins de la Têt et du Tech, où leur épaisseur est d'environ 25 mètres, notamment à Millas. La base consiste en une argile jaunâtre ou rougeâtre qui se colore en bleu de plus en plus foncé vers le haut. Ces argiles bleues sont identiques aux argiles subapennines d'Italie et en contiennent la faune. Les coquilles marines abondent, leur test est bien conservé. Les principales espèces sont : *Nassa semistriata*, *Ranella marginata*, *Pleurotoma turricula*, *Cerithium vulgatum*, *Venus islandicoïdes*. Vers le sommet les couches deviennent plus grises, plus sableuses. L'étage se termine par des sables gris à *Pecten scabrellus*, *Ostrea perpiniana*, *O. cucullata*, consolidés à leur base, près de Millas, en un calcaire marneux pétri de gros Bivalves (*Janira benedicta*, *Pectunculus stellatus*). L'assise des argiles bleues indique l'existence de plages tranquilles, d'une mer calme et peu profonde où les Mollusques se développaient avec exubérance ; l'ensemble des formes animales indique pour cette mer une température plus élevée que celle de la Méditerranée actuelle. Peu à peu le golfe s'est comblé, la mer n'a pénétré que difficilement dans cette baie devenue lagune, et la faune a par suite changé. Elle est devenue moins abondante et s'est réduite aux types les plus robustes : *Ostrea*, *Pecten*, qui caractérisent les niveaux supérieurs sableux.

L'étage astien, qui succède au Plaisancien, débute par des *sables jaunes* en parfaite concordance avec les argiles inférieures. Ils correspondent aux sables d'Asti, dans le Piémont. Leur puissance est d'une trentaine de mètres à Millas. A la partie supérieure ils deviennent gris et présentent des lits de graviers de plus en plus fréquents et de plus en plus grossiers au fur et à mesure qu'on s'élève. La faune est très pauvre ; elle se compose de quelques espèces marines (*Ostrea cucullata*, *Anomia ephippium*) et d'espèces saumâtres (*Potamides Basteroti*). Les sables jaunes indiquent un comblement de plus en plus accusé du bassin et un mélange des eaux marines avec les eaux douces, condition mauvaise pour le développement de la faune.

Ensuite la retraite de la mer est définitive et une grande partie du pays devient une vaste nappe lacustre ou marécageuse, ayant pour limites le revers méridional des Corbières, le pied des Albères et une ligne passant par Banyuls-dels-Aspres, Tresserre, Terrats, Thuir et Millas. En effet, la formation qui surmonte les sables jaunes consiste en *limons et argiles sableuses fluvio-terrestres*, avec Mollusques aquatiques et terrestres et nombreux ossements de Vertébrés, surtout de Mammifères, dont les débris ont été entraînés, sans doute par les eaux de ruissellement dans les dépressions parcourues par les rivières pliocènes.

Ce Pliocène d'eau douce occupe le fond de la cuvette du Roussillon et atteint au centre, près de Perpignan, une épaisseur de 200 mètres. Il recouvre le Pliocène marin et le déborde vers l'ouest ; il est en discordance marquée avec les couches marines. Ses couches sont à peu près horizontales ou seulement inclinées vers la mer de 2 ou 3 degrés au plus. M. Depéret y distingue quatre assises. A la base se trouvent des argiles brunes ou bleues contenant des débris végétaux ; la roche même passe en certains points à une sorte de lignite impur. C'est aux briqueteries de Millas que ces argiles atteignent leur plus grande épaisseur (7 mètres). Au-dessus il y a des sables siliceux d'origine nettement fluviatile, puis des marnes calcaires concrétionnées ; enfin le Pliocène se termine par des argiles sableuses claires, rougeâtres et jaunâtres. C'est dans les sables siliceux et les argiles sableuses du sommet que les fossiles sont le plus abondants. Les localités les plus riches sont Villemolaque, Trouillas dans la vallée du Réart ; Thuir, Millas, le Serrat d'en Vaquer, la citadelle à Perpignan dans la vallée de la Têt, et les briqueteries de Rivesaltes dans la vallée de l'Agly. Le docteur Donnezan a recueilli de nombreux débris dans les argiles sableuses du Serrat d'en Vaquer, près Perpignan. Nous devons signaler surtout des restes d'un grand Singe de la taille des plus forts Semnopithèques actuels : le *Dolichopithecus ruscinensis*. Il y a de nombreux Carnassiers : *Machairodus*, Civettes (*Viverra*), Hyènes, Ours, etc. Les Mastodontes, les Rhinocéros, les Tapirs, les Hipparions (*H. crassum*), les Sangliers sont abondants ; les Cervidés comprennent trois espèces, une de Cerf, deux de Chevreuils. Il y a des Oiseaux, notamment des Corbeaux, divers Gallinacés et un Palmipède voisin de l'Oie. On a trouvé une grande Tortue terrestre (*Testudo perpiniana*) et en outre une Tortue fluviale (*Trionyx*) et une de marais (*Emys Gaudryi*).

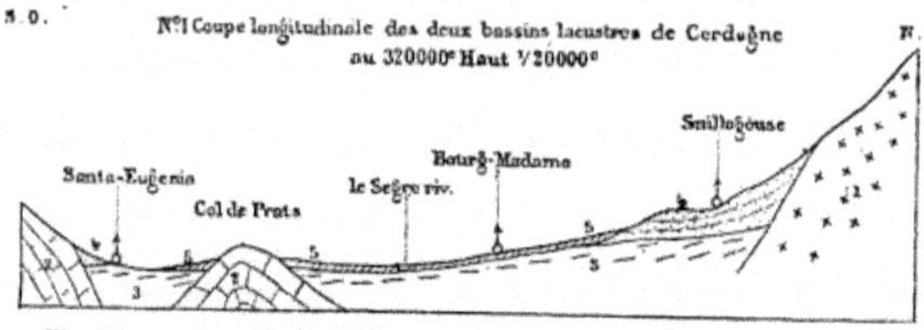

Fig. 798. — Coupe longitudinale des deux bassins lacustres de Cerdagne.

M. Depéret ne signale qu'un seul Poisson de genre indéterminable, de la famille des Siluroïdes; c'est certainement d'après cela un Poisson d'eau douce. Les seuls Mollusques découverts sont des *Helix*, des Unios (*Unio Nicolasi*), des Planorbes, et quelques autres, le plus souvent à l'état de moules internes. Quant aux plantes, elles sont rares et peu déterminables.

Le Pliocène est recouvert sur presque toute la surface du Roussillon par des sables, des graviers, des cailloux roulés, qu'on trouve jusque sur les collines tertiaires les plus élevées. Ils dominent le niveau des alluvions actuelles de 25 mètres dans la vallée de l'Agly, de 60 dans la vallée de la Têt, de plus de 120 sur la rive gauche du Tech. Ces alluvions anciennes représentent le Pléistocène, mais jusqu'ici on n'y a trouvé aucune trace de fossiles ou de débris de l'industrie humaine.

Sur la rive droite du Tech, près du hameau de Nidolières, M. Trutat a signalé un gros bourrelet de blocs à peine émoussés, disposés sans ordre dans une argile grisâtre. C'est certainement une ancienne moraine glaciaire. De plus, on trouve çà et là sur les hauteurs, au-dessus des alluvions anciennes, des blocs erratiques

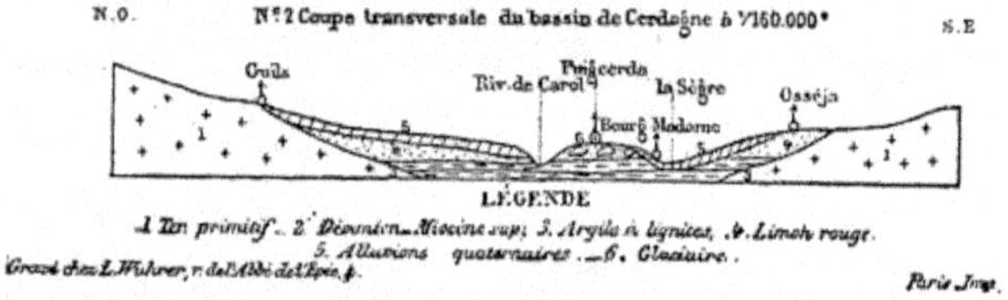

Fig. 799. — Coupe transversale du bassin de Cerdagne.

prouvant que les glaciers s'étendaient autrefois dans les grandes vallées du Roussillon.

Avant de quitter la région sous-pyrénéenne, il nous faut dire quelques mots du pays tertiaire de la Cerdagne, territoire situé sur le versant méridional des Pyrénées, à une centaine de kilomètres de la mer, et divisé politiquement entre la France (département des Pyrénées-Orientales) et l'Espagne. La Cerdagne constitue une plaine de 1,100 mètres d'altitude, entourée de collines et de hautes montagnes. Elle se divise en deux bassins distincts : la Cerdagne proprement dite et le bassin de Bellver plus petit. Un isthme de collines sépare ces deux bassins qui communiquent cependant par la dépression de Prats et le défilé d'Isobol. MM. Depéret et Rérolle ont étudié ce pays (1).

(1) *Bull. Soc. géol.*, 3e sér., t. XIII, p. 488.

Les coupes ci-jointes (fig. 798 et 799) leur sont empruntées.

Sur les roches anciennes : terrain primitif et Dévonien, reposent en discordance transgressive des couches d'origine lacustre qui appartiennent au Miocène supérieur. Leur base est formée d'argiles grasses, de couleur claire, alternant avec des couches de lignite. Ce combustible est exploité depuis longtemps à Estavar (Cerdagne française), Sanavastre et Prats (Cerdagne espagnole), et Santa-Eugenia (bassin de Bellver); on doit creuser pour l'atteindre à une profondeur d'environ 10 mètres. La couche qui vient ensuite est une argile sableuse à empreintes végétales. Enfin la couche la plus supérieure est un limon rouge ou orangé (*argilolite rutilante* de Leymerie) avec sables et graviers intercalés; on n'y trouve aucun fossile. Au contraire, les argiles ont fourni de nombreux ossements de Mammifères analogues à ceux des sables d'Eppelsheim (Miocène supérieur); tels sont : *Hipparion gracile, Sus major, Amphycion major, Castor Jœgeri*. Les seuls Mollusques trouvés sont peu déterminables et en général écrasés; ce sont des Planorbes (*P. pyrenaïcus*), des Limnées, des Bythinies. Les végétaux les plus répandus sont les Aulnes, les Hêtres, les Chênes; il y a aussi une Conifère remarquable (*Doliostrobus*) voisine des *Araucaria* et des *Dammara*. Cette flore est analogue à celle des couches miocènes supérieures d'Œningen, de Stradella, Sinigaglia, etc.

Les dépôts miocènes sont recouverts par des alluvions quaternaires formant aux environs de Bourg-Madame une nappe presque continue de 8 à 10 mètres d'épaisseur; elle manque cependant par places dans le bassin de Bellver. Ces alluvions consistent en un cailloutis grossier schisteux et granitique, avec ciment argilo-sableux. On trouve de plus des restes d'action glaciaire, notamment une belle moraine frontale qui domine de 60 mètres la plaine de la Sègre et vient se terminer à Puiggerda. Cette ville est bâtie sur une butte glaciaire.

LE LITTORAL OCCIDENTAL DE LA MÉDITERRANÉE.

La zone qui va maintenant nous occuper s'étend du Roussillon jusqu'à la limite du bassin du Rhône. Elle est bornée au sud-est par le golfe du Lion, à l'ouest par les Corbières, au nord-ouest par la Montagne-Noire et par les causses du Rouergue. Elle est séparée de la plaine tertiaire de Carcassonne par des affleurements de Crétacé. On y trouve des couches secondaires et surtout tertiaires.

Le Jurassique existe en particulier à l'ouest de Narbonne; on y voit tous les étages depuis le Lias jusqu'aux couches supérieures. Il y a aussi du Jurassique aux environs de Montpellier, et sur les limites du Gard et de l'Hérault, aux environs de Sumène, de Ganges et de Saint-Hippolyte, le Jurassique supérieur présente une grande épaisseur. On y observe le Rauracien, le Kimmeridgien et le Portlandien. Nous aurons à nous occuper de ces couches à propos de la lisière occidentale du bassin du Rhône. Le Jurassique moyen se montre non loin du littoral de la Méditerranée qu'il atteint même à Cette.

Le Crétacé existe à découvert près de Sijean au sud de Narbonne, et à la Clape, entre Narbonne et la mer (1). A Fontfroide on trouve un ensemble de grès et de psammites de 500 mètres de puissance avec des intercalations de bancs à Rudistes (*Hippurites cornuvaccinum*); au sommet il y a des couches plus récentes à *Hippurites organisans*. Le petit bassin crétacé supérieur des environs de Narbonne s'étend sur les deux rives de l'Ausson. De trois côtés il est limité par le Lias et le Crétacé inférieur, et à l'ouest par le terrain tertiaire continuant celui des plaines de l'Aude.

(1) Voir page 623.

On trouve l'Éocène à l'ouest de Narbonne et aux environs de Montpellier.

Près de la première de ces villes l'Éocène est formé de marnes dans lesquelles sont intercalées des couches de lignite, ainsi à la Caunette. Il y a trois niveaux de lignite; celui du bas fournit un combustible compact, d'un noir brunâtre. Le suivant donne un lignite de moins bonne qualité; le niveau supérieur est improductif à cause du mélange d'argile et de pyrite. Les marnes contiennent des coquilles d'eau douce, surtout des Planorbes. Au-dessus du lignite il a un calcaire lacustre avec beaucoup de Planorbes et de Limnées.

Près de Saint-Gély, aux environs de Montpellier, l'Éocène consiste en un travertin blanc avec empreintes végétales (*Flabellaria gelyensis*) indiquant le niveau le plus inférieur du système. Viennent au-dessus des couches calcaires ou gréseuses correspondant au calcaire grossier supérieur et contenant des restes de *Lophiodon*. Elles sont surmontées de lignites à *Palæotherium* et à *Xiphodon* qui représentent le niveau du gypse. Au-dessus des lignites se trouve à Grabels un calcaire à *Planorbis pseudoammonius* et *Strophostoma lapicida* qui appartient à l'Éocène le plus supérieur ou à l'Infra-Tongrien.

Le Tongrien marin n'existe pas dans la région qui nous occupe, mais les couches d'eau douce de l'Oligocène se montrent en un grand nombre de points comme à Leucate, Sijean et Armissan. Cette dernière localité, située entre Narbonne et la mer, est devenue célèbre par ses empreintes végétales étudiées par M. de Saporta. Il y a là une couche de calcaire de 28 centimètres d'épaisseur qui se divise en dalles très minces dont les feuillets renferment d'innombrables débris de plantes.

La flore d'Armissan se rapporte visiblement, d'après M. de Saporta (1), à une grande forêt établie à portée d'un lac aux eaux limpides et profondes, sur le sol crétacé du massif de la Clape situé entre Armissan et la mer. Les espèces d'Armissan indiquent un âge aquitanien (Oligocène supérieur), la forêt contenant des *Sequoia* (*S. Tournali* et *S. Couttsiæ*), de grandes Laurinées, des Juglandées du genre *Engelhardtia*, des Houx, des Araliacées, des Sophorées, des Mimosées et aussi des Bouleaux, des Peupliers, des Érables remarquables par l'ampleur de leurs feuilles, des Ormes et probablement des Châtaigniers. Plus près du lac il y a d'autres arbres et arbrisseaux, des Andromèdes, des Myricées (*Myrica lignitum*, *Comptonia dryandæfolia*) dont on retrouve des branches entières avec des grappes fleuries. Les rives du lac étaient tapissées de Mousses. Sur les eaux flottaient des Nymphéacées, telles que l'*Anæctomeria Brongniarti*, qui s'écarte des Nénuphars vivants par l'aspect de ses rhizomes et surtout par la structure de son fruit.

La mollasse marine helvétienne existe ; elle est surmontée à Béziers, Pézenas, Montpellier par le Pliocène qui acquiert une grande importance. Les couches pliocènes de Montpellier, étudiées par Marcel de Serres, de Christol, M. de Rouville, etc., ont été l'objet aussi d'un travail d'ensemble publié par M. Viguier (2).

Sur la mollasse helvétienne se trouvent des sables marins à *Ostrea cucullata*, représentant le Pliocène inférieur (Plaisancien). Leur épaisseur atteint environ 40 à 50 mètres. Ils sont quartzeux, mais avec une proportion de calcaire qui peut devenir assez forte; elle s'élève jusqu'à 45 p. 100. Les sables peuvent être interrompus par les zones de marnes jaunes ou verdâtres et des assises de graviers. Les bancs à *Ostrea cucullata* existent dans les zones moyenne et supérieure. Ces zones contiennent aussi des ossements de Mammifères, soit terrestres et apportés dans la mer par les cours d'eau (*Rhinoceros leptorhinus*, *Mastodon arvernensis*), soit marins : (*Delphinus pliocenus*, *Halitherium Serresi*, *Pristiphoca occitanica*).

La partie supérieure des sables devient argileuse ou marneuse, et contient, avec des *Ostrea cucullata*, des Mollusques d'eau saumâtre comme *Potamides Basteroti*. Cette forma-

tion fait le passage à une seconde assise, celle des marnes sableuses à *Potamides Basteroti* et *Auricula Serresi*. On a regardé parfois les marnes comme inférieures aux sables, mais leur superposition à ces derniers est évidente, comme l'a montré M. Viguier en diverses localités qui entourent Montpellier, telles que la colline de Prunet et le port Juvénal.

Au-dessus des couches marines se trouvent des couches d'eau douce représentant le Pliocène moyen (Astien). On peut y distinguer les marnes à *Helix* de Celleneuve, les marnes à Limnées de la vallée de la Mosson et les argiles fossilifères du Palais de Justice de Montpellier, qui atteignent environ 2 mètres d'épaisseur. Dans les argiles du Palais de Justice se trouvent, avec des Mollusques terrestres comme *Triptychia sinistrorsa* voisine des *Clausilies*, de nombreux ossements de Mammifères : Singe (*Semnopithecus monspessulanus*), Mastodonte *Mastodon arvernensis*), Rhinoceros (*R. leptorhinus*), Ruminants (*Palæoryx Cordieri*, *Cervus Cauvieri*), etc. Les argiles fossilifères sont recouvertes de poudingues et graviers formant le sol même de Montpellier: là existe du mercure métallique sous forme de veinules ramifiées.

Les couches astiennes sont immédiatement recouvertes par le Diluvium rouge (Pléistocène). Cependant, au mas de Martel, M. Viguier signale entre le Diluvium et les poudingues supérieurs une zone d'argiles jaunes ou rouges avec cailloux roulés. On n'y a pas trouvé de fossiles. Elle est peut-être cependant l'équivalent des alluvions à *Elephas meridionalis* de Saint-Martial (Hérault) et de Durfort (Gard). Dans ce cas elles représenteraient le Pliocène le plus supérieur (Arnusien).

Il nous reste à signaler sur le littoral occidental de la Méditerranée des lambeaux volcaniques. Nous en avons déjà dit un mot (1). On en trouve aux environs de Pézenas, de Montpellier, d'Agde. Tout près de Montpellier, le monticule de Montferrier est un cône de scories avec un cratère évident (1). A Agde se trouve la montagne Saint-Loup, cratère ébréché dont les pentes couvertes de vignobles s'élèvent au-dessus de la mer. Les alluvions modernes bordent le littoral et tendent à combler les étangs du rivage. Le plus étendu de ces derniers est l'étang de Thau, séparé de la Méditerranée par une plage étroite.

(1) De Saporta, *Le Monde des plantes avant l'apparition de l'homme*, p. 264.
(2) Viguier, *Étude sur le Pliocène de Montpellier* (*Bull. Soc. géol.*, 3e sér., t. XVII, 1889, p. 379).

(1) Page 508.

LES CHARENTES ET LA BORDURE NORD-EST DE L'AQUITAINE.

LA BORDURE JURASSIQUE DE L'AQUITAINE.

La plaine tertiaire de l'Aquitaine est séparée du Plateau Central par une bande assez large de terrains secondaires composés du Jurassique au contact du Plateau, et du Crétacé au contact des formations tertiaires.

La bordure jurassique commence au sud de Caylus et de Villefranche-de-Rouergue, et remonte par Figeac, Souillac, Excideuil, à travers le Périgord, jusqu'à Nontron. Elle se continue ensuite par la formation jurassique des Charentes. Au sud la bordure jurassique a une grande largeur et s'étend de Villefranche-de-Rouergue jusqu'au delà de Cahors; elle va en s'amincissant sur le nord et elle est fort étroite à Nontron.

On trouve toutes les formations, depuis l'Infra-Lias jusqu'au Jurassique supérieur (Kimmeridgien). Ce dernier est très développé aux environs de Cahors, où l'on trouve les différentes assises de l'Oxfordien et du Rauracien, terminées et recouvertes par les calcaires et marnes à *Exogyra virgula* de Mareuil, Chapdeuil, Saint-Just, Lalbenque, etc. Dans la même région le Bajocien et le Bathonien sont aussi très développés; ces calcaires oolithiques constituent de remarquables escarpements ruiniformes. A Cadrieu les calcaires contiennent des intercalations de lignite, et à Cajare des couches d'eau douce à *Paludina* et *Melania*. A Borrèze (Dordogne), non loin de Sarlat, on retrouve cet horizon d'eau douce. Dans cette localité, on peut observer toutes les couches depuis le Bathonien jusqu'au Virgulien. M. Mouret a étudié ce terrain oolithique (1). A la base on voit des calcaires lithographiques à grain fin alternant avec des marnes feuilletées. Au-dessus reposent des calcaires souvent bitumineux avec fossiles d'eau douce et végétaux; ils correspondent au niveau d'eau douce du Bathonien du Lot. Certains calcaires supérieurs, peu fossilifères, avec beaucoup de fragments de Polypiers noyés dans la roche, sont exploités comme pierre de taille dans la vallée de la Borrèze. Ils sont surmontés d'un niveau de calcaires plus durs, sublithographiques avec

Nerinea Esgaudi, *N. subcylindrica* et autres espèces de même genre. Il y a au-dessus un niveau de calcaire d'eau douce qui appartient au Ptérocérien inférieur. Vers la Genebrière, sous le Crétacé, on trouve des calcaires à *Exogyra virgula*. En résumé, ces couches oolithiques de la Dordogne ont un facies coralligène; la rareté et le mauvais état des fossiles ne permettent pas de déterminer l'âge très exactement, mais il y a deux niveaux à faune d'eau douce, l'un au sommet du Bathonien qui se retrouve encore à Thenon (Dordogne), l'autre à la base du Ptérocérien.

A Excideuil (Dordogne) le calcaire oolithique est exploité comme pierre de taille. Il y a là aussi, intercalés dans le calcaire jurassique, des dépôts de fer hydraté. Ils forment deux bassins distincts que sépare une chaîne calcaire; l'un s'étend du Fuveau à Beaunoir et l'autre va de Lâge à Mirambeau. Ces bassins sont, à des hauteurs assez grandes, environnés de toute part de calcaire, excepté du côté du sud où ils communiquent à la vallée de la Loue par de petits vallons resserrés (1). Le minerai, compact ou mamelonné, est disposé dans le calcaire en veines ou en lentilles; il est accompagné d'argiles de couleur variable, souvent jaunâtre.

A Nontron (fig. 300), le Jurassique est remarquable. Il forme des escarpements au-dessus du granite (y'). M. Delanoue qui a étudié cette formation distingue au-dessus du granite une arkose (7) surmontée de couches épaisses de calcaire magnésien (6, 5, 4). Viennent ensuite des dolomies (3) avec fossiles du Lias (Gryphées, Bélemnites). Des argiles jaspées les surmontent. Elles sont marbrées de jaune, de rouge et de noir (2 et 1). Dans ces argiles il y a des oxydes de manganèse, formant des veinules noires; les oxydes de fer et de manganèse, le silicate de manganèse ont donné aux argiles leurs diverses couleurs. On exploite le manganèse en diverses localités, notamment à Nontron, Milhac-de-Nontron et Saint-Martin-de-Fressengeas. Ce manganèse est accompagné de

(1) *Bull. Soc. géol.*, 3e sér., t. XV, 1887, p. 912.

(1) Dufrénoy et E. de Beaumont, *Explication de la Carte géologique de France*, t. II, p. 668.

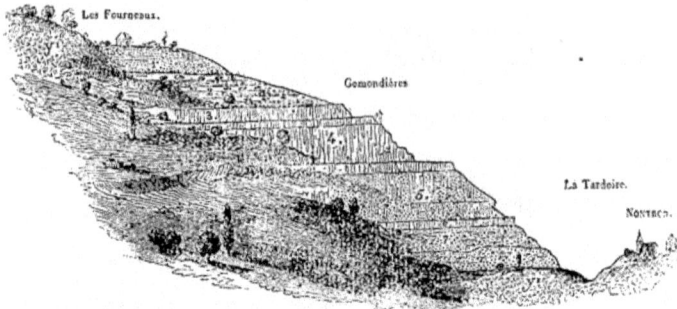

Fig. 800. — Disposition des formations jurassiques à Nontron, au-dessus du granite y¹ (Delanoue).

baryte sulfatée; en outre M. Delanoue a reconnu que les oxydes de manganèse de la Dordogne

contiennent du cobalt en assez grande quantité pour être exploité avec bénéfice.

LE JURASSIQUE DES CHARENTES.

Les couches jurassiques se continuent dans le nord des deux Charentes. Une bande comprenant le Callovien, l'Oxfordien, le Rauracien s'étend depuis la limite du Périgord, par Montbron, La Rochefoucauld, Ruffec jusqu'à la Rochelle. Une autre bande plus méridionale, comprenant le Kimmeridgien et le Portlandien, commence un peu au nord-ouest d'Angoulême et se poursuit par Rouillac, Saint-Jean-d'Angely jusqu'aux environs de Rochefort. De plus on trouve sur le littoral et aux îles de Ré, d'Oléron des assises jurassiques non recouvertes par les alluvions modernes.

Le Lias existe dans la Charente à la limite du Plateau Central et sur la lisière du Poitou. On peut bien l'observer aux environs de Montbron (fig. 801). Là, d'après Coquand, la dolomie y joue un rôle important; elle existe dans le Lias inférieur et reparaît dans le Lias moyen à Menet, au contact même du granite. Les calcaires oolithiques (Bajocien et Bathonien) forment une bande étroite qui longe les deux rives de la Charente à Civray, à Ruffec, puis se dirige vers le nord-ouest pour s'élargir dans les Deux-Sèvres où nous le retrouverons.

Le Rauracien, constitué par des falaises de calcaires marneux et de calcaires lithographiques, se montre avec un grand développement à la Rochelle. On y observe des Ammonites (*Perisphinctes Achilles*), des Spongiaires, des Polypiers. Ces falaises sont couronnées par les calcaires d'Angoulins et de la pointe du Ché,

LA TERRE AVANT L'HOMME.

avec nombreux Polypiers disposés en massifs; les autres fossiles qu'on trouve là sont: *Cidaris glandifera, Pseudocidaris Thurmanni, Nerinea Mandelslohi*, etc., qui indiquent la base du Ptérocérien (Kimmeridgien inférieur). De la pointe du Ché le Ptérocérien se retrouve à Surgères, Éduts (Charente-Inférieure) et forme une zone qui, passant par Marcillac et Vars (Charente),

Fig. 801. — Coupe de Menet à Montbron (d'après Coquand). — y, granite; j¹ᵈ, dolomie; j¹ᵐ, grès du Lias moyen; j¹ˢ, Lias supérieur; j¹ᵘ, Bajocien.

vient plonger sous les couches crétacées vers Angoulême. A la base des falaises de Chatelaillon se trouvent des marnes bleuâtres virguliennes (Kimmeridgien supérieur). Ces marnes se prolongent au loin de la mer qui les recouvre à chaque marée: les principaux fossiles sont *Pholadomya Protei, Pholadomya Ponti, Ceromya excentrica, Exogyra virgula, Ammonites (Stephanoceras) Cymodoce*. Le sommet du Kimmeridgien se voit non loin de là aux roches d'Yves; sur les bancs minces à *Exogyra virgula*, il y a des bancs plus puissants à *Pholadomya multicostata* et Ammonites (*A. Orthocera, A. Lallieri*).

Le Portlandien à *Ammonites* (*Stephanoceras*) *gigas* existe aux environs de Rochefort, Saint-Jean-d'Angely, Jarnac, Cognac. Au sommet se trouve à Jarnac et à Chassors, un calcaire oolithique avec fossiles purbeckiens (*Cardium dissimile, Corbula inflexa*). Ce calcaire supporte des argiles avec gypse. Elles couvrent la région comprise entre la Boutonne et la Charente au sud de Saint-Jean-d'Angely, et connue sous le nom de Pays-Bas de Matha. On les retrouve au sud-est de Rochefort, à Saint-Froult et à Moëse, et dans l'île d'Oléron au château et à la pointe de Chassiron. A la falaise de Fouras les argiles gypsifères existent au-dessous du Cénomanien. L'âge des argiles à gypse est encore controversé. Coquand y a trouvé un banc de coquilles d'eau douce ou saumâtre, *Paludina, Cyclas, Cyrena, Physa* (*P. Bristovii*). Pour Coquand cette formation est purbeckienne, mais M. Arnaud est disposé à la regarder, au moins pour la plus grande partie, comme le représentant du Crétacé inférieur dont les étages marins font défaut dans la région (1).

LE CRÉTACÉ DES CHARENTES ET DU PÉRIGORD.

Le Crétacé des Charentes et du Périgord forme à la plaine tertiaire de l'Aquitaine une seconde bordure qui double la bordure jurassique. Elle se trouve immédiatement au contact des formations éocènes qui la recouvrent en certains points. Le Crétacé du sud-ouest est remarquable par la continuité des dépôts : continuité verticale, car on ne peut guère constater de lacunes dans la sédimentation ; continuité horizontale permettant de suivre sans interruption les diverses couches d'une extrémité à l'autre du bassin et de saisir au passage, en retenant la preuve de leur contemporanéité, leurs transformations graduelles et les modifications corrélatives de leurs faunes (1).

Les couches crétacées reposent dans la Charente-Inférieure et l'ouest de la Charente sur les argiles bariolées gypsifères dont nous avons parlé plus haut et qui indiquent une formation littorale. Dans l'est de la Charente et la Dordogne ces argiles décroissent graduellement, disparaissent, et les premières couches crétacées reposent sur le Jurassique marin.

Le Crétacé du sud-ouest présente toutes les assises depuis le Cénomanien. Il a été bien étudié par Coquand (2), qui a proposé un certain nombre de subdivisions. Coquand a divisé le Cénomanien en trois parties qui sont, de bas en haut : le Rothomagien, le Gardonien et le Carentonien. Le Rothomagien ou craie de Rouen à *Pecten asper, Scaphites æqualis,* n'existe pas dans le sud-ouest. Coquand désigne sous le nom de Gardonien des argiles pyriteuses et lignifères qui occupent la base du Cénomanien des Charentes ; leur nom vient de l'analogie qu'elles présentent d'après Coquand avec la formation fluvio-marine du Gard. On trouve ces lignites à Fouras et à l'île d'Aix. Dans cette dernière localité on voit à marée basse des argiles massives avec une couche d'environ 2 mètres 50 d'épaisseur formée de troncs d'arbres, de tiges et de rameaux en partie silicifiés ou transformés en lignite. On y trouve aussi des nodules d'ambre jaune, dont certains sont gros comme la tête. Dans la Dordogne, aux environs de Sarlat, on trouve aussi une formation ligniteuse importante développée à Saint-Cyprien, Veyrines, la Chapelle-Péchaud, Simeyrols. Ces couches ligniteuses de Simeyrols atteignent 8 ou 10 mètres d'épaisseur ; elles sont exploitées surtout dans le vallon de Fleytoulet, quoique depuis de longues années une portion des lignites brûle souterrainement. Il y a là en outre un banc de calcaire dur, compact, qui contient un grand nombre de fossiles d'eau douce (*Cyclotus primigenius, Helix petrocoriensis,* etc.), et en outre des fossiles d'eau saumâtre identiques à ceux des environs d'Uzès (Gard). Les calcaires de Simeyrols ont fourni aussi des empreintes végétales que M. Zeiller a étudiées. Les Dicotylédones sont représentées par des feuilles incomplètes et mal conservées ; ce qui domine ce sont des ramules de *Sequoia.* Il y a deux espèces de Conifères : le *Sequoia Reichenbachi* et le *S. aliena,* qui ont été trouvés dans le Crétacé de divers points de l'Europe et dans les couches crétacées du Groënland.

La subdivision supérieure du Cénomanien est le Carentonien de Coquand, ainsi appelé parce

(1) Arnaud, *Bull. Soc. géol.*, 3e sér., t. XV, 1887, p. 809.
(2) Coquand, *Description physique, géologique, paléontologique et minéralogique de la Charente.* Besançon, 1858.

(1) *Bull. Soc. géol.,* 3e sér., t. XVII, 1889, p. 296.

qu'il est typique dans les Charentes. On y trouve de nombreux Sphærulites, Ichthyosarcolithes et Caprines (*Caprina adversa*), des Ostracés (*Ostrea biauriculata, Exogyra flabellata, Ex. columba*), des Oursins (*Anorthopygus orbicularis*), des Orbitolines (*Orbitolina concava*), etc. On distingue plusieurs niveaux, notamment le calcaire inférieur à Rudistes, dit calcaire à Ichthyosarcolithes, les argiles tégulines, les sables et grès à Ostracés, enfin le calcaire supérieur à Ichthyosarcolithes. C'est à la falaise de Piédemont et à l'île Madame qu'on trouve le plus beau développement de Carentonien. On exploite les calcaires comme pierre de taille, dans une zone comprise entre Saint-Cyprien (Charente-Inférieure) et Nersac près d'Angoulême. Les argiles tégulines sont surtout développées de Châteauneuf (Charente), à Mareuil (Dordogne) (1).

Le Turonien a été subdivisé par Coquand en Ligérien (craie de la Loire), Angoumien et Provencien. Le Ligérien repose dans le bassin du sud-ouest, soit sur le Carentonien, soit sur les lignites du Sarladais ou sur le Jurassique. On peut bien l'observer à la falaise du Port-des-Barques au-dessus du Carentonien, les Rudistes n'y existent pas. On y voit, à la base, des calcaires marneux à *Terebratella carentonensis*, puis des marnes et calcaires à *Exogyra columba*, enfin les bancs supérieurs contiennent l'*Ammonites Rochebrunei*. On peut aussi observer la succession du Carentonien au Ligérien près d'Angoulême, à Sillac, dans la tranchée du chemin (fig. 802). Sur les étages du Carentonien C² (sables), C³ (grès), C⁴ (calcaire) repose le calcaire D¹ à *Terebratella carentonensis* du Ligérien inférieur. L'Angoumien est constitué par des calcaires blancs, le plus souvent marneux dans les zones inférieures, mais présentant déjà des calcaires solides, surtout développés dans la partie supérieure. C'est dans ces calcaires supérieurs qu'on trouve de nombreux Rudistes : *Radiolites lumbricalis, Rad. cornupastoris, Hippurites organisans*. On exploite les calcaires durs de l'Angoumien entre Saintes et Taillebourg, notamment à Saint-Vaize. La pierre de taille à *Rad. lumbricalis* appartient à l'Angoumien supérieur ; on la trouve dans la Charente et le nord de la Dordogne, d'Angoulême à Périgueux. Au delà de cette ville la pierre de taille disparaît et l'Angoumien se termine par des calcaires grenus, noduleux, qui ne peuvent servir que pour l'empierrement. A Chancelade

(1) Voir Arnaud, *Résumé sur la craie du sud-ouest* (*Bull. Soc. géol.*, 3ᵉ sér., t. XV, 1887, p. 884).

où les pierres de taille sont exploitées souterrainement dans des carrières profondes de 200 mètres, ces calcaires grenus et durs portent le nom de pierre de Chaudron. Ils sont surmontés par les calcaires du Provencien dont la faune est différente. Au lieu de Radiolites, on trouve *Sphærulites Sauvagesi, Hippurites giganteus*. Le Provencien fournit des calcaires tendres, marneux et des calcaires noduleux. On les exploite dans toute la région. Le Provencien supérieur consiste en marnes qui à Sauveterre (Lot-et-Garonne) sont remplies d'Échinides et de Gastéropodes. Ailleurs, notamment près de Gourdon, les marnes contiennent une

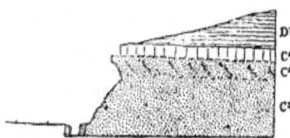

Fig. 802. — Tranchée de Sillac, près d'Angoulême (d'après M. Arnaud). — Carentonien : C², sables à *Exogyra columba*; C², grès noduleux ; C⁴, calcaire à Rudistes; D¹, calcaire ligérien à *Terebratella carentonensis*.

riche agglomération de Rudistes (*Sphærulites sinuatus*).

Le Sénonien débute dans les mêmes conditions que le Turonien, c'est-à-dire que les Rudistes manquent dans sa partie inférieure, qui est pélagique au lieu d'être coralligène. Coquand distingue trois subdivisions dans le Sénonien : le Coniacien à la base ou craie de Cognac, puis le Santonien ou craie de Saintes, enfin au sommet le Campanien, qui n'est autre que la craie de Champagne et des environs de Paris. Le Coniacien débute à Jarnac et à Cognac par des sables et des grès auxquels succèdent des calcaires noduleux. Le Coniacien inférieur est caractérisé par *Rhynchonella petrocoriensis, Ammonites petrocoriensis*. Le Coniacien moyen à *Ammonites tricarinatus* et *Bourgeoisianus* est un calcaire tendre qui est exploité comme pierre de taille dans le Sarladais. Le Coniacien supérieur à *Ammonites Margæ* est exploité à Marignac, Pons (Charente-Inférieure) et surtout à Périgueux. Le Santonien contient de nombreux Rudistes (*Hippurites dilatatus, H. bioculatus*, etc.), des Oursins (*Micraster brevis*, var. : *turonensis*, etc. A la partie moyenne il y a des Ostracés (*Ostrea vesicularis, O. proboscidea*). Les formations coralligènes nulles au début atteignent leur plus grand développement dans le Santonien supérieur. On peut surtout étudier le Santonien dans les tranchées du chemin de fer d'Angoulême à Bordeaux et dans la Dordogne à Sarlat et Villefranche-de-Belvès. Le Campanien, qu'on peut observer surtout dans les falaises de Caillau et de Talmont près de Royan, va en s'amincissant vers le sud. Il est pélagique et contient notamment *Belemnitella quadrata*, *Cyclolites ellipticus*, bien qu'au sommet apparaissent quelques Rudistes (*Radiolites royanus*, *Sphærulites Coquandi*, etc.).

Quant au Danien, il est représenté par sa partie inférieure, que Coquand qualifie de Dordonien; ce Dordonien correspond au Maestrichtien. Il s'observe dans les falaises de Royan et Meschers, dans l'arrondissement de Barbezieux, puis dans la vallée de la Dordogne, notamment à Beaumont.

Il débute par des calcaires glauconieux auxquels succèdent des calcaires dolomitiques. Les fossiles principaux sont *Ostrea larva*, *Lapeirousia Jouanetti*, *Hippurites radiosus*. C'est à Beaumont que se trouve la partie supérieure de l'étage sous forme de grès et de sables à *Radiolites Bournoni* et *Sphærulites Toucasi*.

En résumé, le Crétacé du sud-ouest présente une alternance de faciès pélagiques et coralligènes (c'est-à-dire à Rudistes; ces derniers formant des récifs comme les Coraux). Le Carentonien, l'Angoumien, le Provencien, le Santonien, le Dordonien sont coralligènes; le Ligérien, le Coniacien, le Campanien sont pélagiques (1).

LE TERTIAIRE ET LES ALLUVIONS DES CHARENTES.

En différents points le Crétacé est recouvert par les dépôts éocènes, notamment aux environs de Royan, à Saint-Palais. Au feu de Terre-Nègre le gisement en question consiste en une couche blanchâtre calcaire et gréseuse avec Oursins mal conservés reposant sur la craie à *Ostrea vesicularis*. A la falaise du Bureau le Tertiaire plus développé s'étend sur une longueur de 32 mètres. Sur la craie de Royan on trouve un conglomérat avec Nummulites, Alvéolines et ossements roulés d'*Halitherium*, de *Myliobates*, de Squales, de *Trionyx*; puis vient le calcaire grisâtre, sableux de Saint-Palais contenant de nombreux Oursins: *Cælôpleurus Delbosi*, *Echinolampas dorsalis*, *E. Heberti*, *Schizaster Archiaci*, etc. M. Vasseur y a recueilli aussi des fossiles qui indiquent le niveau du calcaire grossier inférieur de Paris, notamment *Fusus scalarinus*, *Rostellaria fissurella* et une espèce qui semble être la *Rostellaria Boutillieri* du calcaire grossier de Blaye.

Au Bureau, le calcaire de Saint-Palais est surmonté de sables argileux et grossiers contenant l'*Ostrea flabellula*. Cette assise est elle-même recouverte par le sable des dunes.

Les alluvions récentes ont comblé la plupart des anciennes indentations du littoral aux embouchures de la Sèvre Niortaise, de la Charente et de la Seudre. Il y avait primitivement là des îlots de terrains jurassique où crétacé qui sont maintenant reliés entre eux et à la côte. L'anse de l'Aiguillon est le seul reste du golfe de la Sèvre Niortaise. La Petite-Flandre résulte du comblement du golfe de la Charente. Plus au sud on trouve les marais salants de Brouage et enfin l'ancienne baie de la Seudre, comprise entre les pointes de Marennes et d'Arvert. Les alluvions consistent en une argile gris bleuâtre, tenace, connue dans le pays sous le nom de Bri. On y trouve à un ou deux mètres de profondeur des ossements de Mammifères pléistocènes: *Bos primigenius*, *Cervus* et des coquilles marines d'autant plus abondantes qu'on se rapproche davantage des rivages actuels (2). Mais ces apports n'ont pas seuls modifié la configuration de la côte. Il y a eu aussi des destructions. Des alluvions s'étendent entre l'île d'Aix et le continent, cependant l'île était autrefois sans doute reliée à la pointe de Châtelaillon dont un bras de mer la sépare. L'île d'Oléron est la continuation évidente des plages de la Tremblade, et le pertuis de Maumusson qui la sépare de ces plages s'est élargi depuis le quatorzième siècle. L'île de Ré est également un lambeau détaché de l'ancien littoral; ses roches jurassiques sont exactement celles de la côte voisine.

Les dunes se retrouvent sur les plages de l'Aunis, à Arvert, à la Tremblade, et comme sur celles des Landes on les fixe à l'aide de plantations de pins, « Vues de Marennes, les dunes de la Tremblade ont perdu leur aspect de nuages brillants : ce sont maintenant des collines comme les autres, revêtues d'une sombre verdure. » (Reclus.)

(1) Arnaud, p. 910.
(2) Fournier, *Bull. Soc. Géol.*, 3e sér., t. XVI, 1887, p. 181.

LE POITOU.

APERÇU GÉNÉRAL DE LA CONSTITUTION GÉOLOGIQUE DU POITOU.

Dans les pages qui vont suivre nous étudierons une région qui mettait en communication pendant la période jurassique les mers du bassin parisien et du bassin de l'Aquitaine. Cette région est le Poitou; on lui donne aussi, à cause de sa position entre les deux bassins, le nom de détroit ou de seuil poitevin.

Le seuil du Poitou occupe l'intervalle compris entre le massif ancien de Vendée (Gâtine et Bocage) et le massif granitique du Limousin qui fait partie du Plateau Central. Il s'étend au nord jusqu'aux premières assises crétacées qui limitent vers Châtellerault le bassin de Paris, et au sud il contourne le massif vendéen pour rejoindre ensuite vers l'est les dépôts jurassiques de la Charente. En somme il comprend la majeure partie du département de la Vienne, le sud des départements de la Vendée et des Deux-Sèvres et le nord de la Charente. Il se présente comme un vaste plateau d'une altitude moyenne de 145 mètres, qui se relève légèrement vers le Limousin jusqu'à 225 mètres et vers le massif vendéen jusqu'à 175 mètres. Quelques lignes de hauteurs atteignant 160 et même 190 mètres se montrent à la surface du plateau; la plus importante constitue les collines de Montalembert, qui joignent le Limousin au massif de la Vendée (1). Enfin de profondes vallées entaillent le seuil du Poitou; elles conduisent les eaux vers la Loire, la Sèvre Niortaise et la Charente.

Le granite et les roches cristallines du Plateau Central et du massif armoricain se continuent au-dessous du seuil poitevin, comme l'indiquent les affleurements de roches de ce genre qu'on rencontre dans certaines vallées, mais les terrains qui constituent le Poitou sont les divers étages du Jurassique, eux-mêmes recouverts en bien des points par les terrains tertiaires. Les calcaires oolithiques forment des escarpements bien développés, notamment vers Poitiers où l'on y voit de nombreuses carrières. Ces calcaires jurassiques portent aussi de nombreux fours à chaux dont le produit sert à amender les terres granitiques du Limousin ou les argiles

(1) Welsch, *Essai sur la géographie physique du seuil du Poitou* (Ann. de géographie, 15 oct. 1892).

et sables tertiaires. Le plus souvent le sous-sol calcaire est couvert d'une terre rougeâtre avec fragments calcaires. Dans le pays on appelle cette formation la *terre de groie* ou *groge*. Elle porte surtout des noyers. Ailleurs le Jurassique est représenté par des niveaux argileux constituant les *terres blanches* au sud d'Avon. Quant aux districts tertiaires, argileux et sableux, ils forment la région des brandes et des forêts de Vouillé et de Saint-Hilaire. Le sol argileux est très propre au développement des châtaigniers, notamment au sud des collines de Montalembert. De cette localité à Saint-Maixent et Niort, le pays est couvert d'arbres et rappelle le Bocage vendéen.

M. Welsch a récemment mis en évidence les ondulations du sol dans le détroit poitevin (1). En partant du bassin de l'Aquitaine pour se diriger vers le bassin de Paris, il distingue les éléments suivants : 1° le pli anticlinal de Montalembert constituant le dos de pays que l'on peut suivre de Saint-Claud (Charente) à Saint-Maixent (Deux-Sèvres) sur une longueur de 80 kilomètres; l'altitude atteint 170 et 190 mètres; 2° le pli synclinal de Lezay-Avon, région affaissée s'étendant de Civray à Saint-Maixent; la Sèvre Niortaise y coule et des marais s'y sont formés ; 3° le pli anticlinal de Champagné-Saint-Hilaire, d'une longueur de 65 kilomètres, allant d'Availles-Limousine à Ménégoutte (Deux-Sèvres); le point culminant est Champagné (194 mètres); 4° le pli synclinal de Vivonne peu prononcé; 5° le pli anticlinal de Ligugé à 8 kilomètres au sud de Poitiers; sa longueur est de 75 kilomètres depuis le Limousin jusqu'à la Gâtine de Parthenay. Les axes de tous ces plis sont dirigés à peu près du sud-est au nord-ouest; ils ne sont point parallèles entre eux, ils convergent vers l'ouest et ont presque la même direction que les plissements de la Bretagne, lesquels convergent vers un point situé à l'ouest d'Ouessant.

M. Welsch fait cette remarque, qu'il n'y a pas de rapport entre la ligne de partage des eaux de la Loire, de la Charente et de la Sèvre

(1) Welsch, p. 63.

et les lignes d'altitude maximum; la ligne de partage ne coïncide avec aucune arête importante. Le Clain supérieur et la Charente à Civray entament le même plateau; les eaux de la vallée synclinale de Lezay s'écoulent dans toutes les directions, en creusant des vallées étroites à travers les plissements de Champagné et de Ligugé ou en traversant l'axe de Montalembert.

On peut distinguer une autre série d'ondula- tions dont la direction est plus ou moins perpendiculaire aux plissements sud-est-nord-ouest. Le plus important est le pli anticlinal sud-sud-ouest nord-nord-est, passant par Montalembert, Champagné, Châtellerault, et croisant l'anticlinal de Champagné, il a produit une cassure suivant laquelle coulent les eaux du Clain pour traverser avec la Vienne la région crétacée de Châtellerault et se jeter dans la Loire.

LE JURASSIQUE DU POITOU.

Considérons d'abord le Jurassique au sud du massif vendéen. Il y forme deux plaines séparées par la vallée au fond de laquelle coule la Vendée; on les désigne dans le pays sous le nom de plaine de Niort et plaine de Luçon. On peut y observer presque toute la série, depuis l'Infra-Lias reposant sur les schistes cambriens jusqu'à l'Oxfordien ; les couches plongent vers le sud et les assises supérieures sont marquées par les alluvions récentes du Marais de la Sèvre Niortaise ; elles reparaissent plus loin dans la Charente-Inférieure (1).

Aux environs de Fontenay-le-Comte et dans la plaine de Luçon, M. Baron a observé la succession suivante. A la base se trouve une argile ou une arkose, provenant de la destruction des roches primaires ; au-dessus il y a un calcaire ferrugineux avec Cardinies ; il représente l'Hettangien. Viennent au-dessus les dépôts liasiques. Le Lias inférieur (Sinémurien) est représenté par un calcaire blanc très dur avec peu de fossiles déterminables. Le Lias moyen (Charmouthien) est au contraire bien net, c'est un calcaire sableux jaunâtre, exploité sous le nom de pierre rousse ; on y trouve la Gryphea cymbium, des Ammonites, des Bélemnites. Le Lias supérieur (Toarcien) formé de marnes et de calcaires marneux à Harpoceras bifrons et H. Opalinum est assez épais et supporte le Bajocien dont les calcaires oolithiques sont partout exploités comme pierre de taille dans les environs sud-ouest de Fontenay. Le Bathonien fait suite, recouvert par les couches calloviennes à Macrocephalites macrocephalus, terminées elles-mêmes par le calcaire marneux feuilleté à Reineckia anceps. Les couches supérieures ne se montrent pas dans cette partie du pays. De l'autre côté de la vallée, sur la rive gauche de la Vendée, on verrait les mêmes couches se répéter avec les mêmes particularités.

M. Toucas (1) a étudié le Jurassique des environs de Saint-Maixent et de Niort. La figure ci-jointe (fig. 803, p. 649) montre la succession des assises aux environs de la première de ces villes. Les schistes du terrain primitif sont relevés, ce qui a produit aussi le relèvement des assises jurassiques. Deux grandes lignes de fracture les limitent ; l'une apparaît à 2 kilomètres au nord-est de Saint-Maixent et forme le ravin du puits d'Enfer ; l'autre apparaît sur la rive gauche de la Sèvre à 2 kilomètres au sud-ouest de la vallée et se continue le long du ravin de l'Hermitain. On voit toutes les couches depuis le Rhétien (n° 1) jusqu'à l'Oxfordien supérieur ou Argovien (n° 14) à Spongiaires et Ammonites (Ochetoceras canaliculatum).

La partie centrale du Poitou montre à la tête de toutes les vallées, comme celles de la Gartempe et de la Vienne, le Lias représenté par des calcaires dolomitiques ou par des marnes bleues. Les premiers appartiennent au Lias moyen (Charmouthien), et les secondes au Lias supérieur (Toarcien) ; elles contiennent des Bélemnites et des Ammonites (Harpoceras bifrons). Les marnes bleues employées pour faire des tuiles, ou pour amender les terres, constituent en outre la grande nappe imperméable du Poitou ; les assises calcaires placées au-dessus absorbent l'eau qui est ensuite retenue par ces marnes.

Le Bajocien et le Bathonien des environs de Poitiers consistent en calcaires dolomitiques et surtout en calcaires à silex. Le silex forme des rognons volumineux disposés en lignes régulières dans le calcaire jaunâtre et pulvérulent ; quand celui-ci a été enlevé par suite des actions atmosphériques, les silex font saillie à la sur-

(1) Baron, *Bull. Soc. géol.*, 3ᵉ sér., t. XIII, 1885, p. 476.

(1) *Bull. Soc. géol.*, 3ᵉ sér., t. XIII, 1885, p. 420.

LE TERTIAIRE ET LE QUATERNAIRE DU POITOU.

647

face de la roche. Les calcaires à silex contiennent à la base les Ammonites du Bajocien (*Harpoceras Murchisonæ*) et au sommet les fossiles du Bajocien (*Terebratula spheroïdalis*). Ils atteignent dans les vallées du Clain et de la Vienne des épaisseurs considérables, 80, 100 et même 150 mètres de puissance. A leur partie supérieure ils peuvent devenir blancs, compacts et oolithiques. La pierre de taille de Chauvigny appartient au Bathonien supérieur. Le Callovien consiste dans la vallée du Clain en calcaires siliceux à *Macrocephalites macrocephalus* se continuant par des calcaires blancs crayeux, à Ammonites (*Reineckia anceps, Stephanoceras coronatum*). On exploite ces calcaires au nord de Poitiers dans les grandes carrières de Lourdines, Lavoux, Grand-Pont. Plus au nord-ouest le facies change. Au lieu de trouver sur les calcaires à silex du Bathonien des calcaires comme ceux de Poitiers, on voit à Moncontour le Callovien représenté par des calcaires marno-gréseux et une oolithe ferrugineuse à *Peltoceras athleta*. Au-dessus viennent des marnes à Spongiaires à *Ochetoceras canaliculatum* qui se poursuivent au nord jusqu'un peu au-delà de Loudun pour disparaître ensuite sous les assises crétacées (1). En se dirigeant ensuite au nord-ouest de Moncontour on aborde la région de Thouars qui a fourni le type du Lias supérieur (Toarcien). Enfin les affleurements jurassiques disparaissent sur un long parcours, marqués par les dépôts cénomaniens qui, de ce côté, débordent de plus en plus vers l'ouest. Cependant, à l'angle nord occidental du Poitou, à l'extrémité sud-est du département de Maine-et-Loire, se trouve la localité de Montreuil-Bellay. Là, le Callovien débute par un calcaire gris pétri d'oolithes ferrugineuses et contenant un grand nombre de Gastéropodes et de Brachiopodes très bien conservés. Cette oolithe est surmontée par un calcaire avec diverses Ammonites (*Peltoceras athleta, Cardioceras Lamberti*), recouvert lui-même par des marnes remplies de petites Ammonites transformées en phosphate de chaux. Au nord de Montreuil-Bellay, le Jurassique disparaît au-dessous du Cénomanien de l'Anjou. De même, à l'est de Loudun et de Moncontour, il disparaît au-dessous du Crétacé du Châtelleraudais, commencement de la Touraine.

LE TERTIAIRE ET LE QUATERNAIRE DU POITOU.

Les parties les plus élevées du Poitou, les axes anticlinaux de Montalembert, Champagné, Ligugé, sont couverts de couches plus récentes consistant en argiles et sables dépourvus de calcaires. Les argiles sont des dépôts *sidérolithiques;* elles sont rougeâtres, ferrugineuses, remplies souvent de rognons de silex semblables à ceux qui existent dans le Bajocien et le Bathonien sous-jacents. D'après M. Fournier, on trouve ces argiles sidérolithiques sur tous les points où les calcaires bajocien et bathonien forment le sous-sol, et elles font défaut partout où la série jurassique est plus complète. Au contact des calcaires et des argiles, les premiers sont fortement corrodés et toujours dressés. Pour M. Fournier (1), ces argiles sont dues à l'intervention de sources minérales qui ont corrodé les calcaires et d'après lui il n'y a pas la moindre relation d'âge et d'origine avec les dépôts suivants. Ces derniers, qu'il faut ranger dans l'Éocène, consistent en argiles compactes, blanchâtres, jaunâtres ou rougeâtres, passant supérieurement à des sables agglomérés souvent en grès qui contiennent des débris de végétaux. On trouve dans les sables et les argiles de nombreux grains de limonite. Ces minerais de fer ont été exploités autrefois notamment à Luchat (Vienne) et à la Meilleraye (Deux-Sèvres) pour alimenter les forges du Berri et du Poitou. La zone des sables et des argiles est surtout bien développée sur la lisière du Limousin, à La Trémouille, Montmorillon, et sur les bords du massif vendéen à Vivonne, Challendray, etc. Elle s'étend aussi vers le Maine-et-Loire et vers la Charente. Les seuls restes organiques qu'on y ait trouvés dans la Vienne et les Deux-Sèvres sont des débris végétaux indéterminables.

D'autres dépôts supérieurs aux précédents et rangés dans l'Oligocène inférieur (Infra-Tongrien) sont des argiles et des meulières d'eau douce avec empreintes mal conservées de Bythinies, Limnées et Planorbes. On trouve ces assises dans la partie est et sud-est de la Vienne, entre Dangé, Vouneuil, Poitiers, Champagné-Saint-Hilaire, Charroux, Lussac, Saint-Sévin. Dans les Deux-Sèvres ils constituent des mamelons, dans la vallée où coule la Sèvre Niortaise

(1) *Bull. Soc. géol.*, 3e sér., t. XVI, 1887, p. 177.

(1) De Grossouvre, *Bull. Soc. géol.*, 3e sér., t. XV, 1887, p. 515.

entre Saint-Maixent, Sainte-Eanne, La Mothe-Sainte-Héraye et Souvigné.

Quant au Miocène il n'existe pas dans le Poitou, sauf un dépôt de faluns signalé par M. Fournier sur la commune d'Amberre près du village de Régny.

M. Vasseur a découvert un lambeau pliocène à la limite de la plaine de Luçon et du Marais Poitevin. Le plateau bathonien du Bernard et de Longueville est couronné à Fontaine par une butte formée de sable dont l'altitude atteint 36 mètres. Le sable argileux et rubéfié contient, dans des nodules de limonite, des empreintes de Pholade (*Pholas dactylus*) et des débris coquilliers se rapportant aux genres *Trochus*, *Littorina*, *Pecten*, etc. Ce n'est qu'au pied même du plateau du Bernard, à 3 ou 4 mètres d'altitude que se trouvent les alluvions marines pléistocènes à *Cardium edule* et *Nassa reticulata*, au bord même du Marais, près de la ville d'Angle. M. Vasseur (1) considère ces sables comme pliocènes. On les retrouve sur différents points de la ceinture jurassique formant la ceinture du Marais Poitevin. M. Vasseur en conclut que la mer pliocène a dû recouvrir une grande partie de la plaine de Luçon, à l'époque où elle occupait aussi en Bretagne quelques points du littoral, comme nous l'avons vu plus haut (2).

Les alluvions anciennes et récentes constituent le sous-sol du pays traversé par la Sèvre Niortaise, qu'on appelle le Marais Poitevin. On y trouve parfois des animaux pléistocènes (*Bos primigenius*). Il faut citer aussi un cordon littoral connu depuis longtemps à Saint-Michel-en-l'Herm, cordon auquel se rattache le dépôt coquillier de la ville d'Angle. A Saint-Michel-en-l'Herm, à 6 kilomètres de la mer et à 10 mètres au-dessus du niveau actuel de l'Océan, on voit des buttes formées d'Huîtres. On a considéré d'abord ces buttes comme artificielles, comme de simples apports de l'homme, des débris de cuisine tels que les *kjoekkenmöddinger* du Danemark ; mais il n'est pas ainsi. M. Deslongchamps a constaté que les Huîtres sont toujours dans leur position normale et avec leurs deux valves. De plus on n'y trouve aucune trace de l'industrie humaine et les Mollusques carnassiers qui dévorent les Huîtres y sont représentés également. Ces buttes sont donc de véritables bancs d'Ostracés auxquels un bras de mer, aujourd'hui desséché, a permis de se développer (1).

Les alluvions pléistocènes des faubourgs de Niort contiennent des ossements de Mammouth, de Rhinocéros, de Cheval, de Sanglier, etc. A la butte Saint-Hubert, dans les sablières, il y a des alluvions fluviatiles avec *Helix*, débris de Crapaud (*Bufo*) et ossements de *Bos primigenius*, *Arctomys marmotta*, etc. Près de Melle, la grotte de Loubeau a fourni de nombreux ossements de Lion des Cavernes (*Felis spelæa*), Hyène des cavernes (*Hyena spelæa*), *Bos primigenius*, *Equus adamaticus*, etc.

LE BASSIN PARISIEN.

Le bassin parisien est remarquable, avons-nous déjà dit (3), par la disposition concentrique de ses différentes assises. Les divers étages du Jurassique et du Crétacé se montrent en Lorraine et en Champagne ; les étages les plus anciens étant vers l'extérieur. Ils plongent successivement vers Paris pour reparaître de l'autre côté en Normandie. La région parisienne est composée, en somme, de cuvettes secondaires emboîtées les unes dans les autres et le centre est occupé par les terrains tertiaires. Nous allons étudier successivement les diverses ceintures du bassin parisien, en commençant par la partie orientale.

LA ZONE TRIASIQUE DE L'EST.

Le sol de la Lorraine est formé de couches triasiques et jurassiques. Les premières constituent une large bande au pied des Vosges. Dufrénoy et Élie de Beaumont, dans leur *Ex-* *plication de la Carte géologique de la France* (2), ont donné une remarquable description des plaines de la Lorraine. Nous ne pouvons certainement mieux faire que d'en reproduire ici les principaux passages, avant d'aborder l'étude des diverses assises du Trias.

(1) Vasseur, *Comptes rendus de l'Académie des sciences*, 9 juin 1890.
(2) Page 511.
(3) Page 456.

(1) *Annuaire géologique universel*, 1887, t. III, p. 500.
(2) T. II, 1848, p. 3 et suivantes.

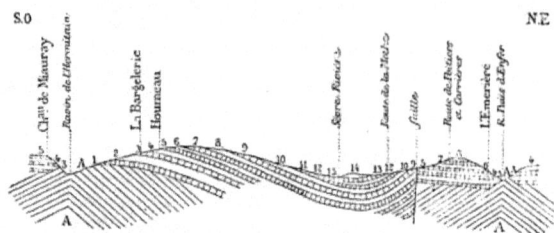

Fig. 863. — Coupe du ruisseau du Puits d'Enfer au ravin de l'Hermitain, aux environs de Saint-Maixent (d'après M. Toucas). — A, schistes du terrain primitif; 1 à 14, couches du Jurassique depuis le Rhétien jusqu'à l'Argovien à Spongiaires et Ammonites.

« Lorsque, des cimes élevées des Vosges, telles que le Hohneck ou le Donon, on promène ses regards vers l'ouest, on voit s'étendre, au pied des montagnes, des terrains qui paraissent plats et qui sont bornés, dans un lointain obscur, par des lignes de coteaux à profils rectilignes et horizontaux.

«Ces coteaux sont les bords proéminents du grand dépôt jurassique, qui joue un rôle si important dans la structure de la France septentrionale ; ils règnent de Langres à Longwy, suivant une ligne continue, mais légèrement festonnée et découpée par plusieurs rivières, notamment par la Meurthe et par la Moselle. Indépendamment de ces dentelures, on voit au sud et surtout au nord et au nord-est de Nancy s'élancer en avant de leurs escarpements, comme des forteresses détachées, des masses qui leur sont égales en hauteur et semblables en composition : telles sont la côte de Vaudemont, la côte d'Amance, la côte de Delme.

« Au pied des escarpements des plateaux

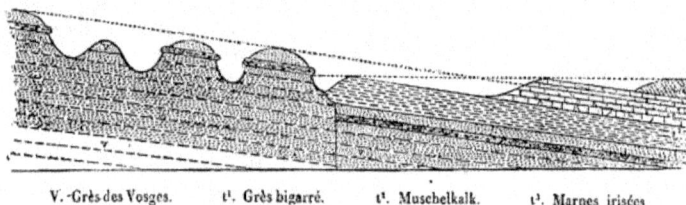

V. -Grès des Vosges.   t¹. Grès bigarré.   t². Muschelkalk.   t³. Marnes irisées.

Fig. 864. — Coupe figurant la disposition relative des grès des Vosges et des autres assises du Trias aux environs de Rambervillers (Dufrénoy et E. de Beaumont).

calcaires, commence une contrée plus basse, qui entoure les masses proéminentes dont nous venons de parler et qui s'étend jusqu'au pied des Vosges. Ces montagnes la terminent, vers l'est, par une falaise presque continue. Quoique dominée des deux côtés par les deux lignes de proéminences qui viennent d'être mentionnées, cette contrée présente des séries d'ondulations plus ou moins interrompues qui vont généralement en diminuant de saillie et de profondeur à mesure qu'on s'approche des montagnes. On y remarque même quelques protubérances qui rivalisent presque en hauteur avec la falaise oolithique dont elles suivent à

LA TERRE AVANT L'HOMME.

peu près les contours, mais qui sont loin de l'égaler en continuité.

« Ainsi, des environs d'Épinal on distingue au nord-ouest la côte de Virine et les collines qui lui font suite à droite et à gauche. C'est la dernière ligne de proéminences un peu prononcées. En avant de ces collines, en se rapprochant des Vosges, on ne voit plus que de très faibles ondulations.

« Sur la même ligne que la côte de Virine, dans son prolongement vers le nord-nord-est, se trouve la côte d'Essey, située entre Rambervillers, Lunéville et Charmes. C'est une espèce de belvédère d'où l'on peut observer tout le

II — 82

versant occidental des Vosges, et promener ses regards sur les plaines qui bordent leur base.

« D'autres saillies analogues s'observent aux environs de Blamont, de Rechicourt, de Dieuze, de Hellimer, de Bouzonville.

« Les proéminences de la plaine sont encore assez élevées pour que l'œil puisse embrasser de leurs sommets une grande étendue de la région qui nous occupe. Elle ne paraît plus alors complétement plate, comme des cimes des Vosges. On y distingue, au contraire, une foule d'ondulations de détail, mais dont aucune n'a une saillie considérable au-dessus de celles qui l'avoisinent ; l'horizon est généralement presque uni et on voit que la contrée peut être considérée, dans son ensemble, comme une grande plaine ondulée.

« Cette plaine est la Lorraine proprement dite : elle a toujours formé le noyau et la partie caractéristique de cette province, dont l'histoire a été une conséquence de sa configuration et de sa position géographique.

« D'une part, la Lorraine est protégée du côté de l'Allemagne par le rempart des Vosges, de l'autre elle est séparée de la Champagne par les remparts moins élevés mais triples qui présentent les crêtes successives des trois étages du système oolithique, crête dont la dernière domine la ville de Nancy. Les territoires des trois évêchés de Metz, Toul et Verdun se trouvaient, en grande partie, au-delà de la première falaise jurassique, mais en deçà des deux autres : c'était déjà un autre pays, quoique souvent sous la même dénomination ; mais ce n'était pas encore la Champagne. Quant aux versants occidentaux des Vosges, ils étaient un appendice naturel de la plaine située à leur pied. Ainsi la Lorraine, formant déjà en elle-même une contrée assez vaste, sans divisions naturelles, semblait encore appelée à en grouper d'autres plus petites autour d'elles. Voilà pourquoi, jusqu'au moment où la civilisation, en agrandissant son échelle, a commencé à effacer les barrières les moins prononcées des États, la Lorraine est restée un pays à peu près distinct entre la France et les États germaniques.

« La dénomination de *Lorraine* sera toujours commode pour désigner la région peu élevée et faiblement ondulée qui s'étend entre les bases des plateaux oolithiques et le pied des Vosges.

« Le sol de cette région est formé par une série de couches qui s'enfoncent au-dessous de celles dont se composent les plateaux oolithiques et qui s'appuient sur la base des Vosges ; de là la position intermédiaire qu'elles occupent sur la surface du sol.

« Les plus élevées de ces couches, qui constituent à l'est et au-dessous des grands plateaux une série de plateaux plus bas ou les couronnements de quelques proéminences, appartiennent encore à la base du système jurassique désignée sous le nom de Lias.

« Celles qui suivent en descendant viennent se montrer plus bas ou plus à l'est.

« On y distingue trois formations : le grès bigarré, le muschelkalk et les marnes irisées composant, par leur réunion, la grande formation du Trias. Elles sont remarquables par la constance de leur composition et par celle des rapports mutuels qu'elles offrent entre elles en Lorraine, de même qu'en Alsace et en Allemagne. C'est, pour ainsi dire, une portion du sol germanique qui fait incursion au milieu de nos départements.

« Au milieu des ondulations variées et d'une apparence généralement irrégulière que présente le terrain, le profil, l'inclinaison et la position étagée de ces grandes assises se prononcent cependant à l'horizon, lorsqu'on l'observe d'un point élevé et dans une position convenable. On peut en juger par le profil pris du sommet de la côte d'Essey.

« Il représente la portion sud-ouest de l'horizon occupée par les collines situées entre Vittel et Darney. Les ressauts qu'on remarque dans ce profil indiquent autant de bandes distinctes, formées par les grandes assises dont nous avons parlé.

« Les affleurements de ces grandes assises traversent la Lorraine du nord au sud. Nous les y suivrons de point en point ; et on conçoit aisément, d'après l'exemple que nous venons de donner, comment les faibles accidents topographiques qui se dessinent dans la plaine qu'occupent au pied occidental des Vosges le grès bigarré, le muschelkalk et les marnes érisées, se rattachent à la disposition par bandes sinueuses de ces trois formations.

« Le grès bigarré donne naissance à une première bande située immédiatement au bord de la région montagneuse ; sa surface supérieure, ainsi que ses assises, plongent légèrement vers l'extérieur.

« Plus loin, le dépôt calcaire du muschelkalk s'élève brusquement au-dessus de lui, et se dessine sur sa surface, à peu près comme les récifs calcaires autour de certaines côtes.

« Sur le muschelkalk s'étend le grand dépôt des marnes irisées, formant une série de collines qui constituent un terrain mamelonné, à contours très mous et très arrondis. »

Les grès bigarrés forment une première zone qui s'élève sur le flanc occidental des Vosges, c'est celle des forêts de sapins. Cette première bande triasique constitue la majeure partie du pays désigné par les géographes sous le nom de monts Faucilles, rattachant les Vosges proprement dites au Plateau de Langres. En bien des endroits les blocs s'éboulent sous l'action de la gelée et forment des accumulations au pied des affleurements de bancs durs ; ce sont des *déserts de pierres* (1). La couleur varie beaucoup : du rouge amarante au bleuâtre, au blanchâtre ou au jaunâtre. Des assises argileuses divisent la masse en un grand nombre de bancs. On les exploite en un grand nombre de points comme pierre de taille, notamment à Rambervillers et aux environs d'Épinal. Près de Rambervillers on voit les grès bigarrés s'étendre au pied des montagnes de grès vosgien, comme l'indique la figure ci-jointe (fig. 804). A Bacarat on voit le grès vosgien supporter le grès bigarré. A l'ouest et au sud-ouest d'Épinal le grès forme des plateaux étendus, en parfaite concordance de stratification avec le grès vosgien ; ces plateaux rattachent la Lorraine à la Haute-Saône.

On trouve dans les grès bigarrés des empreintes végétales. Elles sont rares dans la partie inférieure, bien que M. Braconnier ait rencontré des empreintes d'*Equisetum* dans les grès rouges de la base aux environs de Cirey. Dans la partie supérieure, activement exploitée, il y a de nombreux restes d'*Anomopteris*, *Voltzia*, etc. Les marnes schisteuses séparant les divers bancs sont remplies d'*Estheria minuta*. L'étage des grès bigarrés est surmonté d'une ou plusieurs couches de grès plus ou moins dolomitiques contenant à l'état de moules des fossiles marins du muschelkalk, notamment aux environs de Badonviller ; M. Bleicher (2) y a recueilli : *Gervillea socialis*, *Lima striata*, *Myophoria vulgaris*, etc.

Le muschelkalk forme à l'ouest des grès bi-

garrés une bande suivant toutes les inflexions de la première. Ce calcaire compact, gris de fumée, riche en fossiles dont les plus répandus sont *Terebratula vulgaris*, *Myophoria vulgaris*, *Myophoria Goldfussi*, *Ceratites nodosus*, est généralement associé à des marnes et souvent à des dolomies. Il donne naissance à des collines ou à des plaines doucement ondulées qu'on peut observer à Blamont, Gerbeviller, Magnière près de Bacarat ; puis viennent les coteaux des environs de Rambervillers et de Girecourt. Au-delà de la Moselle le muschelkalk contribue à former la ligne de partage entre les eaux qui coulent vers la mer du Nord et celles qui coulent vers la Méditerranée. Le coteau de Dommartin-aux-Bois et celui de Harol (434 mètres) versent leurs eaux d'un côté vers la Moselle et de l'autre vers le Coney, affluent de la Saône. Le muschelkalk s'étend ensuite par Pierrefitte, Adompt, Valleroy vers Vittel et Contrexéville. Au point de vue stratigraphique, M. Bleicher divise le muschelkalk en trois horizons : 1° l'horizon inférieur ou de la *Myophoria rotunda* ; 2° l'horizon du *Ceratites rudosus* ; 3° l'horizon supérieur ou de le *Myophoria Goldfussi*. On exploite les parties compactes du muschelkalk comme pierres de taille ; les marnes les plus pures sont employées dans les faïenceries de Lunéville. Les argiles sont utilisées pour la poterie et la fabrication des tuiles. La zone calcaire constituée par cet étage est assez fertile et les terres labourées y sont nombreuses.

Celle qui vient ensuite, la zone argileuse des marnes irisées, est occupée au contraire par des prairies, des étangs et des bois. Elle est rebelle à la culture et montre partout de grandes surfaces dénudées.

« En temps de sécheresse, dit Burat (1), ces marnes argileuses se dessèchent et présentent un sol incohérent, formé de petits fragments polyédriques, fendillés par une multitude de fissures de retrait. Leurs surfaces, à moins qu'elles n'aient été modifiées par des amendements, forment des steppes secs dont les couleurs grisâtres, bariolées de veines d'un rouge sale, attristent la vue. Les vents violents mettent en mouvement les petits fragments marneux ; de sorte que la mobilité du sol renouvelant les surfaces ajoute un nouvel obstacle à la végétation. Il semblerait que la saison des pluies va ramener le sol à des conditions nor-

---

(1) De Lapparent, *Description géologique du bassin parisien et des régions adjacentes* (*La Géologie en chemin de fer*). Paris, 1888, p. 79.
(2) Bleicher, *Guide du géologue en Lorraine*. Paris et Nancy, 1887, p. 34.

(1) Burat, *Géologie de la France*, p. 118.

males ; mais ces marnes sont trop argileuses, elles se renflent en absorbant l'eau, tous les fragments se soudent et constituent bientôt des surfaces imperméables sur lesquelles les eaux restent en flaques stagnantes.

« Cette triste formation, heureusement recouverte dans les fonds par des alluvions, contient des couches de sel gemme nombreuses et puissantes, et les industries développées par leur exploitation compensent en partie les inconvénients de sa composition. »

Ces marnes irisées, bariolées de rouge lie-de-vin et de gris-verdâtre ou bleuâtre, forment à l'ouest des bandes parallèles du grès bigarré et du muschelkalk, une autre bande beaucoup plus irrégulière et souvent beaucoup plus large, qui traverse, comme les précédentes, la Lorraine du nord au sud. Cette zone se divise en deux compartiments, l'un au sud, l'autre au nord de Lunéville, séparés par un étranglement où le muschelkalk de Xermaménil et de Mont se rapproche beaucoup des plateaux du Lias. Cette courbe saillante du muschelkalk correspond à celle que forme le grès bigarré près de Domptail. Le compartiment méridional, qui est le moins étendu, s'étend de Norroy à Bayon. A Norroy il y a là des gisements de houille impure. Aux environs de Mirecourt les marnes irisées forment des collines surmontées en certains points par le Rhétien. La vallée de la Moselle, de Châtel à Flavigny, est creusée dans ces marnes où l'on trouve le gypse. Le compartiment septentrional se termine d'une part aux portes de Nancy, de l'autre à celles de Sarreguemines ; Dieuze est presque exactement au centre de ce bassin. Là dans les marnes on trouve des amas de gypse et d'anhydrite et des couches de sel gemme en forme de lentilles allongées. A Dieuze, entre la surface et 200 mètres de profondeur, il y a treize couches de sel dont la plus puissante a 13 mètres. Les marnes gypsifères et salifères sont recouvertes par des grès bariolés et des dolomies. On a été mis sur la trace de ces gisements de sel par les sources salées qui sortent en bien des points de la vallée de la Seille. Certaines de ces sources avaient déterminé dès le moyen âge la fondation de salines à Dieuze, Marsal, Vic, Moyenvic, Château-Salins. C'est en 1819 seulement que, par des sondages, on atteignit le sel à Vic ; on le trouva ensuite à Dieuze. Depuis l'annexion à l'Allemagne du

pays de Château-Salins, de Vic et de Dieuze, les exploitations du département de Meurthe-et-Moselle se sont développées rapidement ; telles sont celles de Varangéville, Saint-Nicolas, Rosières-aux-Salines, etc.

La plaine des marnes irisées présente, au sud de Lunéville, sur les confins des départements des Vosges et de Meurthe-et-Moselle, un accident intéressant. On voit se dresser au-dessus de cette plaine une montagne régulièrement conique, la côte d'Essey (427 mètres) (fig. 805). Elle présente à la base les calcaires marneux du muschelkalk, surmontés des marnes irisées. Viennent ensuite les grès grossiers à *Avicula contorta* du Rhétien et les calcaires bleuâtres à Gryphées arquées du Sinémurien (Lias inférieur). Au milieu de ces diverses assises du Trias et du Lias on voit des filons presque verticaux de roches noires basaltiques. Ils se terminent brusquement au sommet sans aucun indice de coulées. A cause de leur résistance aux actions atmosphériques, ils ont donné lieu à des saillies telles que La Biscatte (403 m.), le Signal du Château (427 m.), la Pointe-de-la-Croix (423 m.), la Molotte (370 m.). Les fibres de la Molotte sont divisées en petits prismes tronqués à trois ou six pans. M. Vélain qui a étudié les roches de la côte d'Essey (1) a montré qu'elles étaient pour la plupart dépourvues de tout élément feldspathique ; ce ne sont pas toutes de vrais basaltes, mais des néphélinites à olivine. Les basaltes à labrador se trouvent à la Pointe-de-la-Croix et à La Biscatte. Il y a aussi des labradorites augitiques. Toutes ces roches se rattachent sans doute à celles de même nature du massif du Kaiserstuhl situé presque en face, de l'autre côté du Rhin, au bord de la Forêt-Noire, et sont vraisemblablement du même âge, c'est-à-dire miocènes ou pliocènes. Elles ont exercé des actions métamorphiques très nettes sur les couches traversées : les calcaires sont devenus cristallins, les marnes irisées sont silicifiées et passent à l'état de porcellanite et de jaspes ; les grès qui les accompagnent et ceux du Rhétien sont vitrifiés au contact. Un peu au sud de la côte d'Essey on trouve des filons éruptifs de même nature, ainsi à Rehaincourt au milieu des marnes irisées, et près de la ferme Bédon en plein muschelkalk.

_____

(1) *Bull. Soc. géol.*, 3ᵉ sér, t. XIII, 1885, p. 565.

Fig. 805. — Coupe N.-S. de la côte d'Essey à la ferme Bédon (d'après M. Vélain). — 1, 4, 7, Néphélinite à olivine ; 2, Labradorite ; 3, 4, 6, Basaltes à labrador ; l², calcaire à *Gryphées* ; l¹, Infra-Lias ; d, calcaire dolomitique ; Gr, grès keupérien et grès à *Equisetum* ; m, marnes irisées ; M, muschelkalk.

LES ZONES JURASSIQUES DE L'EST DU BASSIN PARISIEN

Le Jurassique constitue autour du bassin parisien plusieurs zones que nous allons d'abord considérer en Lorraine. La première, appuyée sur les marnes irisées, se montre à l'ouest de Lunéville et se continue jusqu'à Nancy ; elle atteint une plus grande largeur, comme nous le verrons au nord de cette ville et aussi dans le sud de la Lorraine. Cette

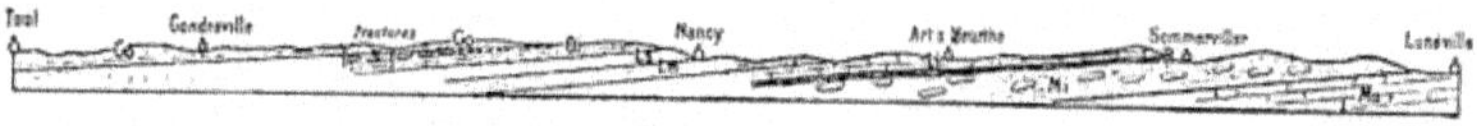

Fig. 806. — Coupe de Lunéville à Toul par Nancy (M. Bleicher). — Go, Bathonien ; Oi, Bajocien ; Ls, Lias supérieur ; Lm, Lias moyen ; R, Rhétien ; Mi, marnes irisées ; Mu, muschelkalk.

bande comprend le Rhétien et le Lias. L'Hettangien, étage supérieur de l'Infra-Lias, ne se montre, entre le Rhétien et les premières assises du Lias, que vers le pays messin et la lisière du Luxembourg. Le Rhétien comprend les grès à *Avicula contorta*, les grès de Varangéville à impressions végétales, des dolomies et des marnes rouges à grumeaux calcaires (mar-

Fig. 807. — Coupe de Toul à Void (Meuse), d'après M. Wohlgemuth. — a, b, c, d, Rauracien ; e, g, Oxfordien ; h, Callovien ; k, m, n, Bathonien ; o, niveau de la Meuse.

nes de Levallois) ; l'épaisseur totale aux environs de Nancy est de 8 à 10 mètres. Le Lias débute par des calcaires marneux avec Ammonites (*Schlotheimia angulata, Arietites bisul-* catus), et Gryphées arquées. Au Lias inférieur (Sinémurien) se superpose le Lias moyen (Charmouthien) commençant par des marnes à *Hippopodium ponderosum*) ; dans les marnes,

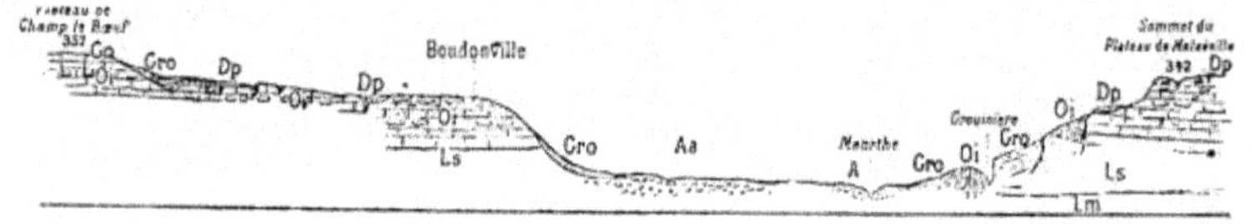

Fig. 808. — Coupe entre les plateaux de Boudonville et Malzéville (d'après M. Bleicher). — Dp, diluvium des plateaux ; Gro, grouine (amas de débris anguleux) ; Aa, alluvions anciennes ; Ar, alluvions récentes ; Lm, Ls, Lias moyen et supérieur.

les calcaires et les grès de cet étage il y a de nombreux fossiles (*Gryphea cymbium, Pecten æquivalvis, Belemnites clavatus, Amaltheus margaritatus*, etc.). Le Lias supérieur (Toarcien) commence par des schistes à *Posidonomya* Bronni ; viennent ensuite des marnes, des calcaires marneux avec Ammonites (*Harpoceras bifrons* et *H. Thoarcense*) et enfin un niveau à *Trigonia navis* et *Gryphea ferruginea*, contenant un minerai de fer activement exploité aux environs de Nancy. Ce minerai se trouve d'ailleurs aussi à la base de la formation suivante.

Celle-ci, l'étage bajocien, constitue avec le Bathonien la seconde zone jurassique que l'on traverse dans toute son épaisseur de Nancy à Toul. C'est un calcaire oolithique ou marneux et sableux. Dans le Bajocien ou oolithe inférieur il faut distinguer plusieurs niveaux dont le plus épais (60 mètres) est caractérisé par l'*Ammonites (Stephanoceras) Humphriesianus*. Là on trouve, surtout à la partie supérieure, des calcaires remplis de débris de Polypiers (*Isastrea, Aplophyllia*, etc.). En outre, au sommet, des marnes et des sables, n'ayant que quelques centimètres d'épaisseur, ont fourni à MM. Fliche et Bleicher une flore assez riche, surtout dans la localité des Baraques-de-Toul; il y a là des Fougères (*Tæniopteris*), des Équisétacées, des Cycadées, etc. (1). Le Bathonien (ou Grande-Oolithe) commence par un horizon peu développé en dehors de la Lorraine annexée et caractérisé par l'*Ammonites (Parkinsonia) niortensis*. L'horizon à *Parkinsonia Parkinsoni* est plus développé. Ensuite viennent des couches d'oolithe blanche et de calcaires à Polypiers très développées à Toul et remplacées aux environs de Neufchâteau par un calcaire compact, d'après M. Wohlgemuth. Le Bathonien supérieur est surtout constitué par des marnes ou des calcaires gris en plaquettes, avec *Ostrea Knorri* et *Rhynchonella varians*. La coupe ci-jointe (fig. 806) montre la succession des couches de Lunéville à Toul par Nancy, d'après M. Bleicher. Dans les marnes irisées les lentilles de sel gemme sont indiquées, et dans la partie supérieure du Bajocien les niveaux à Polypiers.

La troisième zone traversée par la Meuse comprend les diverses assises du Jurassique depuis le Callovien jusqu'au Kimmeridgien. Le Callovien argileux marneux ou marno-calcaire atteint plusieurs mètres d'épaisseur, notamment de Toul aux environs de Neufchâteau. On y distingue les trois zones à *Macrocephalites macrocephalus, Reineckia anceps, Peltoceras athleta*. L'Oxfordien inférieur, exclusivement argileux, contient la *Serpula vertebralis;* ces argiles peuvent atteindre 100 mètres d'épaisseur. Elles sont surmontées par des calcaires à rognons argilo-siliceux ou *chailles* avec *Pholadomya exaltata, Collyrites bicordata*. L'étage

(1) Bleicher, *Guide du géologue en Lorraine*, p. 65.

suivant est constitué par les diverses assises du Rauracien. La partie inférieure (Glypticien) est constituée par d'épais massifs de calcaires à Polypiers avec *Glypticus hieroglyphicus, Cidaris florigemma*, qui constituent les falaises bien connues de Saint-Mihiel sur la rive droite de la Meuse. puis au-dessus on voit l'oolithe corallienne à *Diceras*, et enfin au sommet des calcaires lithographiques. Ces derniers terminent le Rauracien (ou Séquanien) inférieur. Ils contiennent aux environs de Saint-Mihiel et de Verdun *Nerinea elongata* et des restes de Sauriens, de Poissons, de plantes. L'Astartien qui termine cette zone, et en même temps constitue le Rauracien supérieur, consiste en marnes à *Exogyra bruntrutana* et *Ostrea deltoidea*. Ces Ostracés forment souvent par leur agglomération de véritables calcaires, connus sous le nom de *Lumachelles*.

Une quatrième zone jurassique s'étend à l'ouest de la précédente jusqu'à la lisière du Crétacé. Elle couvre une bonne partie du département de la Meuse, celle qu'on appelle le Barrois, du nom de Bar-le-Duc. Cette bande jurassique comprend les étages supérieurs du système : le Kimmeridgien et le Portlandien. Le premier débute par les assises ptérocériennes de Gondrecourt: calcaires lithographiques à *Waldheimia humeralis*, calcaire dur à *Pterocera ponti, P. oceani;* puis au-dessus on trouve les calcaires marneux et les argiles à *Exogyra virgula* (Virgulien). Le Portlandien consiste en calcaires compacts connus sous le nom de *calcaires du Barrois*. A la base il y a des calcaires lithographiques à *Ammonites (Olcostephanus gigas)* et au sommet des calcaires cariés à *Cyprina Brongniarti* et une oolithe vacuolaire exploitée comme pierre de taille sous le nom de pierre de Savonnières.

La coupe (fig. 807) montre dans les vallées de la Meuse et de la Moselle la succession des couches depuis le Callovien jusqu'à l'Astartien.

Connaissant la succession des couches qui composent les diverses zones jurassiques de l'est, nous pouvons les suivre depuis le sud de la Lorraine jusque dans le département des Ardennes. La première zone, qu'on peut appeler la zone liasique, s'étend au pied des falaises oolithiques, à l'ouest des marnes irisées. Elle forme une série de plateaux qui, partant des sources de la Meuse, se dirigent vers Nancy, Metz et Luxembourg, pour se replier ensuite vers Mézières et se terminer à Hirson sur la bordure de l'Ardenne. Aux environs de Mézières on exploite le calcaire à Gryphées pour la fabrication de la chaux hydraulique, notamment à Warcq. De même qu'aux environs de Nancy on exploite à Longwy, à Villerupt, un minerai de fer appartenant à la zone de la *Trigonia navis*. « Les plateaux des deux rives de la Moselle, disent Dufrénoy et Élie de Beaumont (1), sont sillonnés par un grand nombre de vallées peu profondes et assez ouvertes, sans escarpements. Ils sont couverts d'une belle végétation et les arbres y sont nombreux, les moindres dépressions y produisent des lieux humides où des hameaux peuvent s'établir et où les saules et les peupliers croissent facilement, où il y a même des prairies naturelles. C'est là en effet le caractère des plateaux de calcaire à gryphées arquées, où tout annonce un sol argileux dans lequel les couches, assez solides pour présenter des fentes permanentes, sont peu puissantes. L'apparence de la végétation et de la culture y est à peu près la même que sur les marnes irisées, et cette circonstance ne contribue pas peu à l'aspect uniforme et un peu monotone que présentent les plaines de la Lorraine. »

Nancy, bâtie sur les marnes qui terminent le Lias supérieur, est dominée par les coteaux oolithiques de la deuxième zone, bajocienne et bathonienne. Les calcaires oolithiques forment un vaste plateau qui des environs de Neufchâteau s'étend vers Toul et Pont-à-Mousson. Il est enfermé par la Meuse entre Soulancourt et Neufchâteau, puis par la Moselle et la Meurthe. Cette dernière est dominée à son entrée dans le plateau par la côte de Maxéville au sud-ouest et par celle de Malzéville au nord-est (fig. 808). Là se trouvent de nombreuses carrières d'où l'on extrait de belles pierres de taille. Déjà Monnet, au siècle dernier (1780), avait signalé ces carrières. « En voyant, dit-il (2), les belles maisons de Nancy, on reconnaît qu'on est tout près d'un pays calcaire où les bancs fournissent la plus excellente pierre de taille. On remarque d'abord près de cette belle ville, vers les villages nommés Laxon, Bathelemont, Villé, Vandœuvre, etc., et en suivant la route de Nancy à Toul, au lieu nommé Balin, où se voit une carrière de pierres considérable, on voit, dis-je, des bancs d'un jusqu'à trois pieds d'épaisseur, d'excellente pierre à bâtir : elle est en général grenue, d'une dureté moyenne ; on y découvre facilement de ces grains qu'on

désigne sous le nom d'oolithes. A Balin (1) le chemin passe à travers quinze ou vingt bancs de pierre de taille ; la pierre de Bathelemont est plus dure, et les grains plus durs, plus serrés les uns contre les autres, en sorte qu'elle sert à paver les rues de Nancy ; c'est qu'ici les bancs ou couches sont délités ou comme brisés ; et c'est, comme on sait, une propriété de ces sortes de couches, d'avoir de la pierre plus dure que celle qui est en bancs épais et continus ou avec des fentes de loin en loin. Une côte très élevée borde les rives où coulent la Meurthe et la Moselle. Nous avons commencé d'examiner la nature de ces bancs à Maxéville, village très agréablement situé sur la pente de cette côte, à une demi-lieue de Nancy. Tout à fait au-dessus de ce village se trouve la plus fameuse carrière qu'il y ait dans ce pays, et qui fournit le plus de pierre à la ville de Nancy. J'y ai compté vingt bancs d'un à trois pieds d'épaisseur, les uns sur les autres, lesquels on trouve souvent fendus en plusieurs sens, mais on en tire néanmoins d'assez grandes pierres. »

A la zone oolithique appartient encore le pays de Haye, plateau sec et boisé autour duquel tourne la Moselle entre Nancy et Toul. Ensuite la falaise calcaire se continue à travers les cantons de Domèvre, de Pont-à-Mousson, de Thiaucourt et l'arrondissement de Briey ; puis la bande se recourbe vers Longwy et Montmédy ; cette contrée s'appelle le Jarnisy. De l'autre côté de la Meuse, la bande oolithique se poursuit dans le département des Ardennes et jusque dans le département de l'Aisne, à Aubenton, à Hirson. Les carrières du département des Ardennes fournissent un calcaire jaunâtre ou grisâtre d'un aspect particulier.

La troisième zone comprend, de Neufchâteau à Montmédy, une région argileuse formée par le Callovien et l'Oxfordien. Cette région, connue sous le nom de Voëvre, atteint toute sa largeur au nord de Toul. Elle est semée de bois et entrecoupée d'étangs. « Une bande uniforme de prairies, dit M. de Lapparent (2), occupe tous les thalwegs, recouvrant une traînée de gravier calcaire. Le reste se partage entre la culture agricole et la végétation forestière. Les horizons sont largement découverts ; mais l'aspect de ces plaines, en dépit de leur fertilité,

---

(1) T. II, p. 313.
(2) Cité par Dufrénoy et É. de Beaumont, t. II, p. 419.

(1) Carrières aujourd'hui abandonnées.
(2) De Lapparent, *Description géologique du bassin parisien* (*La Géologie des chemins de fer*), p. 71.

produit une impression inévitable de monotonie et de tristesse. » Vers l'ouest, le long
des rives de la Meuse, la zone argileuse est
limitée par les falaises coralliennes. Non loin
de Neufchâteau les coteaux coralliens portent
les bois de Coussey et ceux de Domremy-la-
Pucelle, puis ils continuent vers Commercy
et Saint-Mihiel où ils fournissent, avons-nous
déjà vu, de bonnes pierres de construction.
Vers le nord, les calcaires coralliens continuent à Verdun et au delà de Dun-sur-Meuse.
La troisième zone pénètre ensuite dans les Ardennes, constituée par les couches argileuses
oxfordiennes surmontées des calcaires raura-
ciens. Ces derniers forment de véritables crêtes
coralliennes à pente rapide vers le nord-est et
dominant le pays argileux compris entre Ste-
nay (Meuse) et Signy-l'Abbaye (Ardennes). Les
couches calcaires s'étendent dans la direction
de l'ouest vers le Chesne-le-Populeux et se
poursuivent jusqu'à Wagnon et à Wassigny où
elles se cachent sous le terrain crétacé.

La zone du Jurassique supérieur (Kimmeridgien et Portlandien) qui couvre le Barrois
méridional (Bar-sur-Seine, Bar-sur-Aube), se
montre avec les mêmes caractères dans le Barrois septentrional (Bar-le-Duc). L'Ornain occupe une vallée profonde dont le Jurassique
supérieur forme les flancs et dans laquelle se

trouvent Ligny et Bar-le-Duc. Des coteaux de
Portlandien et de Kimmeridgien séparent la
vallée de l'Ornain de celle de la Meuse; ils
s'élèvent jusqu'à 414 mètres; le canal de la
Marne au Rhin les traverse près de Mauvage.
La vallée de l'Ornain « offre, disent Dufrénoy
et É. de Beaumont (1), un encaissement comparable à celui de la vallée de la Seine, près
de Bar-sur-Seine et de la vallée de l'Aube au-
dessous de Bar-sur-Aube. Ses flancs, couverts
de vignes à leur base, présentent vers leurs
cimes et sur les plateaux qui les couronnent,
un sol couvert de pierrailles calcaires irrégulières, souvent trouées et quelquefois très
grosses. » A Brillon, au sud-ouest de Bar-le-
Duc, on exploite l'oolithe vacuolaire.

A partir de la vallée de l'Ornain, la bande
du Jurassique supérieur court vers le nord;
elle est traversée par la vallée de l'Aire dont
elle forme les rives jusqu'au delà de Varennes-
en-Argonne (fig. 809). Elle se termine à Montfaucon où le Jurassique disparaît sous le Crétacé inférieur. D'ailleurs, des lambeaux infra-
crétacés se montraient déjà dans le Barrois
septentrional. Riches en sables et en argiles,
ils sont généralement bien boisés et contrastent
ainsi avec les calcaires oolithiques beaucoup
moins favorisés sous le rapport de la végétation.

LE JURASSIQUE DANS LE SUD-EST ET LE SUD DU BASSIN PARISIEN.

Les formations jurassiques continuent avec
les mêmes caractères généraux dans le sud-est
du bassin de Paris. Elles y couvrent le plateau
de Langres, le Bassigny, la Bourgogne. La
zone du Jurassique supérieur constitue les coteaux de Bar-sur-Seine et de Bar-sur-Aube; ils
y forment les flancs des vallées des deux rivières. Les argiles et les calcaires marneux du
Kimmeridgien, qui forment leurs pentes, sont
couverts de vignes; les plateaux portlandiens
qui les couronnent sont boisés à Bar-sur-Aube
et beaucoup plus arides à Bar-sur-Seine. Ces
plateaux continuent vers le nord-est en s'élevant de plus en plus et atteignent au mont Gi-
mont 405 mètres. Ils se poursuivent jusqu'à la
Marne qui les traverse à Joinville, puis ils
atteignent la vallée de l'Ornain où nous les
avons déjà vus.

En remontant les vallées de l'Aube et de la
Marne on entre dans le Bassigny. Là nous re-
trouvons la zone oxfordienne et corallienne.
Les calcaires coralliens forment des collines éle-

vées et abruptes près de la Ferté-sur-Aube, Châ-
teau-Villain et Chaumont. Ces deux dernières
villes sont bâties à la limite de la troisième et de
la deuxième zone jurassique. La falaise corallienne domine le plateau bathonien du Bassigny, et ce dernier s'élève lui-même progressivement vers l'est pour dominer à son tour le
plateau liasique sur lequel se trouvent Mar-
cilly-en-Bassigny, Andilly et les environs de
Bourbonne-les-Bains.

La contrée connue sous le nom de plateau
de Langres s'étend sur une longueur de 130 kilomètres, de la vallée de la Meuse à celle de
l'Armançon. Son point culminant est au sud:
c'est le mont Tasselot (608 mètres), plus au
nord-est se trouve le Haut-du-Sec (516 mètres).
Ce plateau qui unit l'Auxois aux Vosges est
couronné par les calcaires oolithiques bathoniens et bajociens, recouverts eux-mêmes par
une terre rougeâtre assez peu épaisse. Dans

(1) II, p. 544.

Fig. 809. — Coupe du Jurassique supérieur dans l'Argonne, entre Busancy et Grandpré (M. Gosselet). — s², calcaire à Nérinées et Dicéras; s², calcaire à Céromies; t¹, marne à *Ostrea deltoidea*; t², calcaire à Astartes; t³, marnes de Verpel; t², oolithe à Nérinées; t⁶, calcaire compact; u¹,u², calcaire et marnes à *Exogyra virgula*; c, Crétacé.

les vallées on voit affleurer le calcaire à entroque bajocien ou les marnes du Lias. La ville de Langres est bâtie sur un promontoire du plateau oolithique, atteignant une altitude de 473 mètres. La vallée de la Marne l'entoure à l'est et au nord, et le vallon de la Bonnelle à l'ouest. Le promontoire domine le pays liasique qui s'étend vers l'est. Au sud le plateau se rattache à la côte d'Or.

A l'ouest de la région que nous venons de considérer, nous trouverons les divers pays qui composaient l'ancienne province de Bourgogne.

La côte d'Or est séparée du plateau de Langres par la vallée d'Ouche. C'est une bande d'une longueur de 30 kilomètres, atteignant une altitude d'environ 600 mètres; le point culminant est le Bois Janson (636 mètres). Cette bande, qui s'étend au nord de Dijon et de Beaune, est formée de calcaires oolithiques formant l'axe de la chaîne, et de dépôts suprajurassiques qui se développent plus au sud. Les premiers présentent au-dessus du Bajocien les diverses couches du Bathonien représenté surtout par un calcaire compact gris blanchâtre fournissant d'excellentes pierres de taille. Les

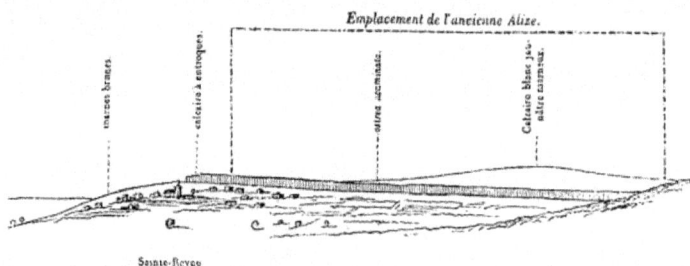

Fig. 810. — Sainte-Reine et le mont Auxois (Dufrénoy et É. de Beaumont).

assises supérieures sont formées de dalles minces appelées *laves*. Le Callovien est peu représenté; au contraire, l'Oxfordien atteint une centaine de mètres d'épaisseur, et le Rauracien consiste en calcaires coralliens très puissants. Il fournit des *laves* ou dalles et à Is-sur-Tille une oolithe blanche. Le système se termine par le calcaire à Astartes et les assises kimméridgiennes.

En se dirigeant vers l'ouest on rencontre l'intéressante région dont Semur est le centre; c'est l'Auxois, dont la géologie a particulièrement été bien étudiée par M. Collenot (1).

(1) Collenot, *Description géologique de l'Auxois*, Semur (1867-1871), et Réunion extraordinaire de la Société géologique à Semur, en 1878, p. 31).

L'Auxois s'étend au pied du Morvan dont les masses granitiques s'abaissent peu à peu en une pente douce qui fait à peu près continuité avec celle des plateaux infra-liasiques et liasiques. La bordure du Jurassique inférieur est continue autour du Morvan. On y observe le Rhétien constitué par des grès grossiers appelés arkoses et des marnes. A Pouilly on y exploite un ciment noir. L'Hettangien est formé d'une couche de lumachelle appelée *pierre bise* par les carriers, et d'un calcaire marneux jaunâtre appelé *foie de veau*. A Thostes on exploite un minerai de fer. Le Lias inférieur ou Sinémurien est typique aux environs de Semur; la Gryphée arquée y abonde; on y exploite des nodules de phosphate de chaux. Au-dessus se trouvent le Lias moyen et le Lias supérieur avec des pierres à ciment. L'Auxois est limité à l'est et au nord-est par les coteaux oolithiques; ils forment une ligne ininterrompue commençant au nord-ouest d'Avallon, passant au nord d'Époisses et de Semur et se continuant vers Clamerey, Vitteaux et Nolay; leurs escarpements ruiniformes dominant le Lias sont de véritables positions stratégiques, déjà utilisées par les Gaulois. Ainsi au-dessus de Sainte-Reine s'élève le mont Auxois, ancien emplacement de la ville d'Alesia où Vercingétorix soutint la lutte suprême contre César. « Cette ville gauloise, capitale des Mandubes, n'avait pas été bâtie au hasard; le cap sur lequel elle s'élevait, entouré de trois côtés par des vallées profondes, et séparé des plateaux qui atteignent sa hauteur par un col fortement déprimé, forme déjà par lui-même une forteresse naturelle, comparable par sa position au site de la ville de Langres, et même encore mieux placée. » Dufrénoy et É. de Beaumont.) Ce plateau, d'une longueur de 2 kilomètres et d'une largeur de 800 mètres, est formé le calcaire à entroques du Bajocien, surmonté des argiles à *Ostrea acuminata* et du calcaire blanc jaunâtre du Bathonien (fig. 810).

La bande liasique se prolonge jusqu'au delà d'Avallon, toujours bornée au nord par les coteaux oolithiques, notamment à Vezelay et à Arcy. L'Yonne et la Cure traversent ensuite, aux environs de Vermenton, la zone oxfordienne et rauracienne. Les calcaires à Coraux sont exploités à Châtel-Censoir et à Coulanges-sur-Yonne. A Tonnerre se trouve une oolithe blanche crayeuse. Au nord de Tonnerre commence la zone du Jurassique supérieur. Celui-ci forme de coteaux couronnés par les marnes et calcaires à *Exogyra virgula*. Leurs flancs sont souvent couverts de vignes. Chablis est au pied de ces coteaux et Tonnerre est presque entouré par eux. Le Jurassique supérieur est traversé par l'Yonne aux environs d'Auxerre; là on trouve les couches virguliennes et un calcaire portlandien fournissant un calcaire terreux exploité à Saint-Siméon. Au nord d'Auxerre commence la première zone crétacée.

De l'autre côté du Morvan, dans le Nivernais, le Berri, les diverses zones jurassiques existent, mais elles sont moins nettement délimitées. Sur le bord occidental du Morvan les couches marneuses du Lias caractérisent le petit pays du Bazois. Aux environs de Nevers on peut observer les couches de l'Infra-Lias (Rhétien et Hettangien) qui sont bien développées, et les couches liasiques; ensuite, en se dirigeant de Nevers à Pougues, on trouve les diverses assises bajociennes et bathoniennes, et de Pougues à Pouilly-sur-Loire, les couches calloviennes, oxfordiennes et rauraciennes. Les carrières de Donzy fournissent un calcaire rempli de débris de Polypiers. Le Jurassique supérieur se trouve aux environs de Cosne. De l'autre côté de la Loire la colline de Sancerre est composée de couches coralligènes surmontées elles-mêmes du Kimmeridgien. Les couches à *Exogyra virgula* sont recouvertes par le Crétacé, et des poudingues tertiaires forment le sommet de la colline.

Dans le Berri on peut observer les divers étages jurassiques. Au sud, le long du Plateau Central, contre le Trias représenté, comme sur la lisière orientale du Morvan, par des grès et des marnes bariolées, on trouve le Rhétien et l'Hettangien. A Saint-Amand-Montrond ce dernier étage fournit un calcaire à pavés. Vient ensuite le Lias avec ses trois étages et ses caractères habituels. Le Bajocien et le Bathonien sont aussi bien caractérisés près de Saint-Amand. La zone moyenne du Jurassique offre un assez faible développement de Callovien et l'Oxfordien, mais au contraire les couches rauraciennes sont très puissantes. Au Rauracien appartiennent la pierre blanche de Bourges remplie de Polypiers et des calcaires lithographiques. Ces derniers existent aussi dans le Kimmeridgien où ils alternent avec les couches à *Exogyra virgula*. Quant au Portlandien il n'affleure que dans la partie nord du Berri sous forme de marnes rubanées alternant avec des calcaires sableux. On y a trouvé aux environs de Massay des ossements de Tortues et de Sauriens (1). Les calcaires lithographiques des environs de Bourges se poursuivent vers l'ouest, aux environs d'Issoudun et de Châteauroux. Ils forment les grandes plaines monotones de la Champagne berrichonne. En beaucoup de points ils sont recouverts par les dépôts tertiaires sidérolithiques dont nous aurons plus tard à nous occuper. Enfin, en continuant notre marche à l'ouest, nous arriverions au Poitou dont nous avons déjà parlé. Il nous reste donc pour compléter l'étude du Jurassique du bassin parisien, à considérer la lisière occidentale qui sépare la région parisienne du massif armoricain.

(1) Douvillé, *Feuille de Bourges*.

LE JURASSIQUE DANS L'OUEST DU BASSIN PARISIEN.

Quand on s'avance sur la lisière du massif armoricain, de Saumur vers la Flèche, on ne voit pas d'abord de Jurassique; tout le pays est crétacé. Mais cependant dans les environs de la dernière ville, dans le pays crétacé appelé les Vaulx du Loir, on trouve çà et là des pointements jurassiques et ils se manifestent, depuis la Flèche jusqu'à l'ouest du Mans, sous forme d'une trainée dont la continuité est rompue par le Crétacé. Dans la vallée du Loir, à Durtal, on voit surgir un ilot jurassique constitué par les calcaires oolithiques. Au sud du Mans se trouve une petite région jurassique, le Belinois, où apparaissent les couches marneuses de l'Oxfordien, dans une dépression qu'entourent de toute part les assises cénomaniennes. « Le changement de terrain se manifeste par la disparition complète des bois, uniquement assis sur les sables crétacés qui entourent et dominent cette oasis d'herbages jurassiques (1). » C'est aux environs de la Ferté-Bernard que le Jurassique s'avance le plus loin vers le centre du bassin. Là on trouve les assises de calcaire corallien et aussi une argile grise à plaquettes, contenant des *Exogyra virgula*, qui affleure dans le fond de la vallée et sort de dessous le grès vert cénomanien.

A partir de Sablé on voit toute une bande ininterrompue de Jurassique qui s'étend le long du massif armoricain dans le nord du département de la Sarthe en Normandie. Les couches jurassiques de la Sarthe ont été étudiées avec soin par Guillier qui y a reconnu les assises suivantes. Elles commencent avec le Lias moyen (Charmouthien), mais les assises les plus développées sont le Bajocien et le Bathonien qui couvrent la plus grande partie du département. A l'époque bajocienne la mer ne laissait émergées qu'une mince bande liasique le long du massif armoricain, et la forêt de Perseigne, fragment de ce massif, qui formait une ile de terrains primaires au milieu de la mer jurassique. Les plateaux oolithiques constituent la Champagne mancelle de Conlie et le Saosnois de Mamers. On y voit une alternance de sables et de calcaires compacts. L'oolithe de Mamers appartient au Bathonien; on y trouve seulement un petit nombre de fossiles animaux, mais les

empreintes végétales (Fougères et Cycadées) sont nombreuses. Les couches bathoniennes sont recouvertes aux environs de Mamers par le Callovien et l'Oxfordien. La série se termine par des calcaires à Diceras et à Astartes représentant le Rauracien.

On retrouve la même succession dans le département de l'Orne. Contre le massif granulitique d'Alençon viennent buter les calcaires oolithiques formant la campagne d'Alençon. Là le Bajocien présente à sa base une sorte d'arkose feldspathique, silicifiée après coup et contenant de la barytine, de la galène, de la blende. Dans le Bathonien les débris végétaux de l'oolithe de Mamers constituent de vrais lits charbonneux. Plus à l'est, à Mortagne et à Bellème se montrent les couches plus élevées du Jurassique qui existent près de Mamers. En s'avançant encore au nord, on voit les calcaires oolithiques et le Callovien former la plaine d'Argentan. Elle est limitée à l'est par un accident remarquable, le bombement du Merlerault qui constitue un massif où la Rille, l'Iton, la Sarthe et le Don prennent leur source. Là on voit le Callovien supérieur en couches presque horizontales buter contre les assises soulevées de l'oolithe miliaire bathonienne. M. Lecornu (1) désigne sous le nom d'axe du Merlerault une ligne joignant le sommet de la butte du Menil-Gauthier près de Sainte-Gauburge (Orne) à celui des buttes de Jurques près d'Aunay-sur-Odon (Calvados). C'est une ligne de hauteurs à partir de laquelle les terrains s'abaissent progressivement au nord jusqu'à la mer, tandis qu'au sud on voit une sorte de sillon. L'axe du Merlerault semble avoir été une sorte de charnière autour de laquelle toutes les couches ont joué; sa direction est nord 14° est.

En s'avançant au nord vers le Calvados les dépôts jurassiques forment une large bande, véritable région naturelle dont les limites sont nettement tranchées. « La nature du sol, ses productions, son relief, sont des circonstances qui le signalent au premier abord à l'observateur, et lorsque d'un point élevé il en embrasse l'ensemble, il peut facilement en dessiner les contours. Ce terrain forme une vaste plaine dont l'uniformité n'est interrompue que par de

(1) De Lapparent, *Description géologique du bassin parisien*, p. 88.

(1) *Annuaire géologique universel*, t. VI, 1889, p. 384.

légères éminences et quelques vallées. Le contact immédiat des calcaires jurassiques avec les terrains de transition du Cotentin et de la Bretagne, dont le sol montueux est sillonné de petits ruisseaux, apporte une opposition qui rend les caractères que nous venons de signaler encore plus frappants : aussi de tout temps a-t-on distingué ce pays en deux régions naturelles, le Bocage et la Plaine. Une pente assez prononcée marque leurs limites ; il en résulte que, sur une carte exécutée avec quelque soin, on peut distinguer, par le relief et la disposition des cours d'eau, les contrées granitiques et schisteuses de celles dont le calcaire forme le sol. » (Dufrénoy et É. de Beaumont.)

Dans la plaine il faut distinguer deux parties. D'abord à l'ouest, contre le massif armoricain, une bande liasique appuyée elle-même contre les couches argileuses du Trias et du Permien ; elle constitue le Bessin méridional et forme la lisière du Bocage normand. Ensuite à l'est les calcaires oolithiques forment la campagne de Caen. Aux environs de May et de Fontaine-Étoupefour, au sud de Caen, le Lias immédiatement superposé au Silurien débute par l'étage moyen (Charmouthien) avec *Amaltheus margaritatus*, *Spiriferina Tessoni*, nombreux Gastéropodes, etc. Au-dessus se trouve le Toarcien (Lias supérieur), où M. Munier-Chalmas[1] distingue à la base des calcaires à Crinoïdes avec petits lits d'argile rouge intercalés, où l'on rencontre l'*Harpoceras serpentinum* et de nombreuses Ammonites voisins de *Harpoceras radians ;* il y a là aussi des Brachiopodes tels que : *Koninckella, Eudesella*, etc. Le Toarcien terminal est représenté en un seul point des carrières de May par les couches à *Harpoceras opalinum*. Les couches liasiques du Bessin se continuent avec un plus grand développement dans la partie occidentale du pays ; elles forment le sol couvert d'herbages d'Isigny et de la région appelée Penesme, qui s'étend vers Valognes au nord du golfe et des marais de Carentan. Là l'Infra-Lias existe ; il débute par les grès rhétiens du désert de Coigny et se termine par le calcaire hettangien d'Osmanville et de Valognes, que l'on exploite notamment à Picauville, au milieu des marais de Carentan. Le Sinémurien (Lias inférieur) avec Gryphées arquées déborde l'Infra-Lias vers l'est à partir d'Isigny et s'étend jusqu'à Bayeux, pour céder plus loin la place au Charmouthien et au Toar-

[1] Munier-Chalmas, *Bull. Soc. géol.*, 3e sér., t. XIX, 22 juin 1891.

cien. Les diverses couches liasiques sont ainsi en retrait les unes sur les autres vers le nord-est. Un point du Calvados remarquable par le développement du Toarcien est Curcy, où l'on voit des argiles avec grands nodules calcaires ou miches. Ces nodules renferment des Poissons, des restes de grands Reptiles (Ichthyosaures) et des Céphalopodes parfois munis encore de leur poche à encre.

Considérons maintenant la bande oolithique qui couvre jusqu'à la mer la campagne de Caen et de Bayeux. Elle présente plusieurs assises bajociennes et bathoniennes. Le Bajocien débute par un calcaire marneux blanchâtre, la mâlière, caractérisé par la *Lima heteromorpha*, et épais de plusieurs mètres à Port-en-Bessin. Puis vient l'oolithe ferrugineuse de Bayeux avec nombreuses Ammonites (*Stephanoceras Humphriesianum*). L'oolithe blanche se trouve au-dessus, c'est un calcaire blanc grisâtre à *Belemnites bessinus, Parkinsonia Parkinsoni*, etc. Elle est exploitée en bien des points, notamment à Sully, à Meslay, à Croisilles et existe dans les falaises depuis Port-en-Bessin jusqu'au delà de Sainte-Honorine. Le Bathonien débute par une argile bleue, contenant aussi des couches subordonnées d'un calcaire marneux. C'est l'argile de Port-en-Bessin correspondant au *fuller'searth* anglais. Elle est bien développée sur les bords de la mer à Vierville, Port-en-Bessin et Arromanches (fig. 811). A Port-en-Bessin elle atteint jusqu'à 30 mètres de puissance ; elle retient les eaux et donne naissance à des sources abondantes, ce qui donne au pays un caractère particulier. Les principaux fossiles sont *Belemnites bessinus* et *Morphoceras polymorphum*. A cette assise correspond le calcaire de Caen, pierre de construction très estimée, exploitée aux environs de la ville dans de nombreuses carrières, notamment celles d'Allemagne. Elle a servi non seulement à la construction des édifices du Calvados, mais aussi pour la tour de Londres et la cathédrale de Cantorbéry. On a trouvé de nombreux ossements de Reptiles, tels que les Téléosaures. La couche qui se montre au-dessus est l'oolithe miliaire très pauvre en fossiles, surmontée elle-même d'un calcaire à Bryozoaires, improprement appelé calcaire à Polypiers, développé sur la côte, à Ranville, Langrúne, Lion-sur-mer. On peut d'ailleurs y distinguer plusieurs faciès et plusieurs subdivisions. Les rochers du Calvados, compris entre la Seule et l'Orne en sont constitués. Le calcaire

Fig. 811. — Les falaises de Port-en-Bessin, à Vierville. (Caumont), — J¹, Oolithe ferrugineuse; 2, Bajocien supérieur (oolithe blanche); 3, argiles de Port-en-Bessin; 4, oolithe miliaire.

de Caen et le calcaire à Bryozoaires donnent au sol des caractères différents. Le premier constitue des plaines d'une richesse remarquable ; lorsque le second se montre, le sol est plus accidenté et se couvre de collines douces et assez allongées. Aussi désigne-t-on souvent le calcaire de Caen sous le nom de calcaire des plaines et celui à Bryozoaires sous le nom de calcaire des collines.

Les couches du Jurassique supérieur commencent à se montrer à l'est de la campagne de Caen dans le pays d'Auge arrosé par la Dives. Les marnes et les argiles qui y dominent constituent un sol favorable aux pâturages. Le

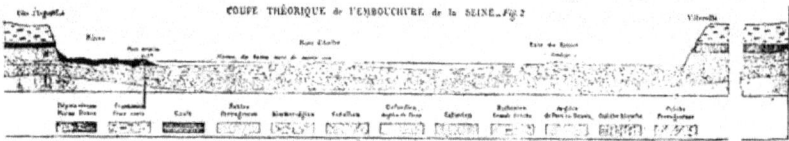

Fig. 812. — Coupe prise en travers de l'embouchure de la Seine (M. Lennier).

pays d'Auge diffère donc par son aspect des campagnes de Caen propices à la culture. Il en diffère encore par son relief. « A la grande plaine de Caen dont l'uniformité n'est interrompue que par de légères éminences, succède, en allant vers l'est, un pays coupé par des vallées larges et profondes, et formé de plateaux élevés de plus de cent mètres au-dessus de la mer. » (Dufrénoy et É. de Beaumont.)

Le Jurassique supérieur débute par les argiles calloviennes de Dives à *Gryphæa dilatata*, *Cardioceras Lamberti*, *Peltoceras athleta*. Ces argiles d'un bleu noirâtre sont très développées dans les falaises dites des Vaches-Noires, entre

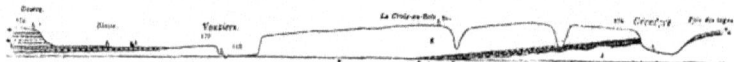

Fig. 813. — Coupe du Crétacé de l'Argonne (d'après M. Barrois). — J, jurassique; d, zone à *Ostrea aquila*; e, zone à *Ammonites mamillaris*; f, zone à *A. interruptus*; g, zone à *A. inflatus*; h³, sables de la Hardoye; l, zone à *Belemnites plenus*; n, zone à *Terebratulina gracilis*; o, zone à *Micraster breviporus* (Turonien supérieur).

Dives et Villers (1) ; elles forment sur une hauteur de 30 mètres la base de ces falaises. Elles sont surmontées par les argiles et les calcaires oolithiques argileux à *Cardioceras cordatum* formant l'Oxfordien. En s'avançant vers Trouville on trouve les étages supérieurs Le Rauracien,

(1) Voir les figures 380 et 381, page 243.

sous forme d'un calcaire corallien, se montre à Auberville, Bénerville et constitue les massifs qui dominent Trouville. Plus à l'est, à Hennequeville, ces calcaires à Oursins sont surmontés par le Rauracien supérieur ou Astartien, constitué par un calcaire à silex avec *Trigonia Bronni*. Encore plus à l'est, sur cet Astartien on trouve les argiles kimméridgiennes de

Villerville à Ptérocères, couronnées elles-mêmes par les argiles bleuâtres de Honfleur.

Les fossiles caractéristiques sont *Exogyra virgula* et *Ostrea deltoïdea*. Le sommet de ces falaises de l'embouchure de la Touques et d'Honfleur, est formé par le Crétacé (Albien et Cénomanien).

Les couches du Jurassique supérieur se continuent dans l'intérieur vers Pont-l'Évêque et Lisieux. Ainsi à Glos, près de cette dernière ville, on peut observer des sables astartiens à *Trigonia Bronni;* les marnes oxfordiennes apparaissent dans les vallons, de sorte que le Lieuvin est un pays mixte; il y a des herbages dans les dépressions tandis que les plaines couronnées par la craie cénomanienne et des limons à silex sont propres à la culture.

De l'autre côté de la Seine (fig. 812), les couches supra-jurassiques apparaissent dans les falaises au-dessous du Cénomanien et du Gault. Ainsi à la Hève on voit à la base, tout à fait au niveau de la mer, les couches marneuses à Ptérocères recouvertes par des sables ferrugineux infra-crétacés. A Octeville les couches à Ptérocères sont surmontées par les argiles à *Exogyra virgula*.

LE CRÉTACÉ A L'EST DU BASSIN PARISIEN.

Dans la première partie de ce livre nous nous sommes déjà occupé du Crétacé du bassin de Paris (1), dont plusieurs parties ont servi de type pour la classification des assises de ce système. Nous n'aurons donc ici qu'à considérer la distribution du Crétacé parisien et son influence sur le relief et la nature du sol.

A l'est, contre la bordure jurassique on distingue une première zone comprenant le Crétacé inférieur ou Infra-Crétacé, c'est-à-dire l'ensemble des couches depuis le Néocomien jusqu'au Cénomanien. Cette bande se présente depuis les environs d'Hirson au nord jusqu'au delà d'Auxerre au sud. En plusieurs points elle empiète sur les dépôts du Jurassique supérieur, notamment dans le Barrois septentrional. C'est dans l'Yonne et la Haute-Marne que la succession des assises est la plus complète. On y voit le Néocomien inférieur consistant en argiles noirâtres, sables ferrugineux, calcaire à Spatangues. Le Néocomien supérieur consiste en une argile grise ou bleuâtre appelée depuis longtemps argile ostréenne (*Ostrea Leymeriei*), sables et argiles bariolés avec minerai de fer, exploité à Wassy. La *couche rouge* de Wassy qui termine l'étage a pour fossile caractéristique l'*Heteraster oblongus* : elle a à peine 50 centimètres d'épaisseur; l'étage aptien est représenté par des argiles à plicatules, et l'Albien ou Gault consiste en sables verts et en argiles dites tégulines, parce qu'on les emploie pour la fabrication des tuiles. Ce terrain infra-crétacé, riche en sables et en argiles doucement ondulé, parcouru par de nombreux cours d'eau, a mérité le nom de Champagne Humide : il est couvert de prés et de bois. Plus au nord,

au delà de Saint-Dizier, commence l'Argonne (fig. 813). L'Albien y prend une grande extension. On y trouve dans les sables verts inférieurs des nodules de phosphate de chaux activement exploités. Il y en a aussi dans les argiles qui les surmontent. Enfin le Gault se termine par une assise à *Ammonites (Schloenbachia) inflata*, qui fait transition au Cénomanien; c'est la *gaize*, grès poreux, argilo-sableux, qui constitue les hauteurs boisées de l'Argonne aux environs de Sainte-Menehould, Clermont, Varennes, Grand-Pré. L'altitude n'est pas très considérable (332 mètres près de Montfaucon), mais les passages sont rares et resserrés, ce qui a fait de l'Argonne en 1792 une bonne ligne de défense. La zone infra-crétacée perd de son importance de l'autre côté de l'Ain et diminue rapidement de largeur dans les environs de Rethel où l'on exploite encore les phosphates.

Le Crétacé proprement dit, avec ses différents étages : Cénomanien, Turonien, Sénonien, forme une large zone à l'ouest de la première et ses couches supérieures affleurent même sous des dépôts plus récents aux environs immédiats de Paris.

Dans le nord du département de l'Aisne se trouve le petit pays de Thiérache constitué par les marnes ou *dièves* du Turonien recouvertes par le limon ou l'argile à silex. « Ce pays, dont une partie est accidentée et l'autre plate, est verdoyant, bien arrosé et agréablement boisé. Sa végétation fait un heureux contraste avec l'aridité des plaines crayeuses qu'il faut traverser pour y parvenir. L'humidité du sol, en favorisant la croissance de l'osier, en a fait un pays de vanniers, et le houblon y est aussi cultivé. Quant aux forêts, plusieurs sont d'une rare beauté » (de Lapparent).

(1) Pages 291 et 294.

Les mêmes marnes turoniennes, couvertes d'alluvions, forment entre Vouziers et Rethel un pays fertile. Elles se continuent encore au sud le long de la bande infra-crétacée, mais c'est le Sénonien ou craie blanche qui couvre tout le pays de l'ouest depuis les environs de Rethel jusqu'aux environs de Troyes, et depuis le pied de l'Argonne jusqu'aux portes de Reims et d'Épernay. Cette large bande est bien connue sous le nom de Champagne Pouilleuse. Elle est remarquable par son aridité et par la nudité des côtes crayeuses qui n'est interrompue que dans les vallons. Là sortent les eaux d'infiltration qui ont traversé les assises perméables de la craie et l'on voit des rangées d'arbres : Saules, Peupliers, Bouleaux. C'est là aussi que se concentrent les habitations. Le contraste avec les contrées où affleure la craie marneuse du Turonien est très marqué.

« Lorsque la craie est marneuse, dit Burat (1), les surfaces qu'elle constitue peuvent être favorables à la végétation et à la culture ; lorsqu'elle est blanche et pure, la trop grande simplicité de sa composition, la perméabilité résultant de la multitude des fissures qui la sillonnent, sont des obstacles difficiles à surmonter. La moindre écorchure, faite sur les versants ou les plateaux de craie blanche, met à nu cette roche à peine recouverte de quelques centimètres de terre végétale et des plus maigres gazons, et fait ressortir son incompatibilité avec les conditions nécessaires à la végétation et à la culture.

« La Champagne Pouilleuse est l'expression la plus nette de cette incompatibilité. En maint endroit elle montre cette craie indécomposable, absorbant l'humidité qu'elle refuse aux plantes, réfléchissant les rayons solaires au lieu d'en conserver la chaleur, laissant les pluies abondantes filtrer à travers son tissu et surtout à travers les réseaux de fissures qui la divisent. Les engrais, entraînés par les eaux, disparaissent dans ce sol, qui forme une sorte de crible, ou bien, s'ils ont été répandus en temps de sécheresse, s'évaporent dans l'atmosphère sans avoir pu produire aucune réaction utile.

« De maigres récoltes et des bois rabougris attestent les efforts de l'agriculture qui lutte avec ces difficultés. La supériorité des craies

(1) Page 471.

marneuses, dont les surfaces sont généralement fertiles, met en évidence ce qui peut être fait pour les plateaux de la Champagne ; c'est en modifiant les sols crayeux par des amendements qu'on peut en corriger les défauts. Les sables marneux, les marnes argileuses, les limons alluviens sont des correctifs précieux ; mais il faut constituer ainsi une épaisseur suffisante de sol arable, et bien qu'une grande amélioration ait été déjà obtenue, il reste beaucoup à faire pour nos terrains crayeux. Les alluvions naturelles qui ont recouvert le fond des vallées et des dépressions ont heureusement créé des oasis dans ces contrées déshéritées. »

Vers Reims la craie est surmontée de dépôts tertiaires, notamment au mont Berru, ce qui donne au sol une certaine fertilité.

Au sud de la Champagne Pouilleuse, dans le Sénonais on voit affleurer le Turonien au-dessous du Sénonien. Le Pays d'Othe est sénonien dans sa partie septentrionale et turonien dans sa partie méridionale ; la craie y est d'ailleurs couverte d'argile éocène. Encore plus à l'est le Cénomanien apparaît et domine la bande inférieure sous forme de falaise.

Aux environs même de Paris la craie affleure en différents points. Elle est toujours représentée par les couches les plus supérieures du Sénonien, les assises à Bélemnitelles. La craie à Bélemnitelles apparaît au Bas-Meudon, à Saint-Cloud, à Sèvres, et en face sous le Quaternaire de la plaine de Billancourt et du Point-du-Jour. Elle existe au Vésinet, à Chatou, à Port-Marly, à Bougival. L'altitude la plus élevée qu'elle atteigne est celle de 100 mètres à Chavenay et Villepreux. Les sondages ont montré qu'elle présente sous Paris une épaisseur de 300 à 350 mètres. La craie est surmontée soit par l'argile plastique éocène, soit par le calcaire pisolithique. Ce dernier qui appartient à l'étage danien forme des lambeaux disséminés. On le trouve dans l'est du bassin, ainsi au Mont-Aimé (Marne), où il a une épaisseur de 20 mètres et à Laversines, à Vigny dans l'Oise ; mais il existe aussi non loin de Paris, ainsi aux Moulineaux, au Bas-Meudon, à Bellevue, à la Malmaison, à Bougival, à Port-Marly, et enfin à Saint-Germain où il s'enfonce sous des terrains plus récents. Sa puissance maximum est de 4 mètres au Bas-Meudon.

LE CRÉTACÉ AU SUD ET A L'OUEST DU BASSIN PARISIEN.

Considérons maintenant le Crétacé au sud du bassin parisien. Au sud de l'Yonne, entre cette rivière et la Loire, s'étend le pays appelé la Puisaye, vaste plaine boisée, formée par la bande infra-crétacée. Au-dessus de l'Aptien le Gault est très développé et ses argiles sont couronnées par des sables ferrugineux, appelés sables de la Puisaye, dont l'épaisseur peut atteindre 100 mètres à Saint-Fargeau. Sur la rive gauche de la Loire, l'Infra-Crétacé se continue dans le Sancerrois et au nord de la Champagne berrichonne. Les argiles ostréennes existent encore à Vierzon, où elles contiennent un minerai de fer. Les argiles du Gault se continuent jusque vers Bourges, recouvertes des sables ferrugineux de la Puisaye et des sables argileux glauconieux du niveau de la gaize. On trouve aussi dans cette région le Cénomanien et le Turonien, mais les couches crétacées sont généralement remplacées par une argile rouge remplie de silex et de fossiles crétacés remaniés, occupant toutes les cavités de la surface de la craie. Cette argile à silex est généralement regardée comme provenant de la dissolution de la craie sous l'influence des eaux météoriques. D'après M. de Lapparent une partie au moins de ces conglomérats à silex proviendrait de l'action d'eaux chargées d'acide carbonique sur la craie après le dépôt de couches éocènes, et ce serait celles-ci qui, s'enfonçant dans les poches de la craie, auraient fourni la moyenne partie de la gangue argileuse des silex (1). Quoi qu'il en soit de l'origine des argiles à silex du Sancerrois, lesquelles d'ailleurs paraissent être éocènes, on les trouve à des hauteurs variables. Les collines du Sancerrois doivent leur relief à des dislocations qui ont fait naître plusieurs failles de direction nord-sud ; l'argile à silex se trouve à 47 mètres à Humbligny, à 150 mètres à Neuvy, et à 177 mètres au pied de la montagne de Sancerre. C'est à la fin de l'Éocène qu'il faut rapporter ces dislocations.

En Touraine on voit affleurer la craie marneuse du Turonien, c'est le tuffeau de Touraine qui se montre sur le flanc des vallées, où il est exploité. Elle est couverte dans la basse Touraine par le Sénonien recouvert lui-même le plus souvent par les dépôts tertiaires, mais à Villedieu (Loir-et-Cher), on voit affleurer la craie blanche sénonienne. Au nord du Loir la craie turonienne et sénonienne disparaît et l'on voit affleurer le Cénomanien. Il constitue la plus grande partie du Maine, sous forme de sables ou de grès (grès du Maine) aujourd'hui couverts de nombreux bois de pins. Plus au nord, dans le Perche, le Cénomanien sableux repose sur des couches argileuses qui donnent un sol plus fertile. Les hauteurs du Perche aux environs de Nogent-le-Rotrou sont couronnés par les conglomérats à silex. « Les plateaux qui forment ces conglomérats ne portent guère que des genêts et des bruyères. Au-dessous, sur les pentes de sables et de marnes du Crétacé, s'étendaient autrefois de grandes forêts, aujourd'hui en partie défrichées, mais dont on voit encore de beaux restes, notamment à Bellême, à Longni, autour de Mortagne, à Regmalard, etc. Les ruisseaux et les étangs abondent dans la contrée, ainsi que les clôtures de haies vives et d'arbres dont beaucoup entourent des pâtures destinées à l'élevage des chevaux » (de Lapparent). On pénètre ensuite dans les plaines de la Haute-Normandie qui dominent d'une centaine de mètres les pâturages du Calvados. C'est un vaste plateau de craie blanche recouvert par l'argile à silex et le limon quaternaire qui en rendent le sol très fertile. Ce plateau comprend les campagnes d'Évreux, de Pont-Audemer, et de l'autre côté de la Seine le Pays de Caux compris entre le Havre et Dieppe, puis entre la Seine et l'Epte le Vexin normand.

On peut étudier en Normandie les divers étages de la craie ; aux portes de Rouen le Cénomanien très développé forme des hauteurs telles que la côte Sainte-Catherine (1). Il se voit aussi très bien au cap de la Hève dont il forme le couronnement. Les falaises de la côte de la Manche depuis le cap d'Antifer jusqu'à Dieppe et au Tréport (fig. 814) présentent à leur base la craie marneuse turonienne, et au-dessus la craie blanche. La craie marneuse a dix-huit mètres d'épaisseur à Étretat, quarante à Fécamp où elle disparaît vers l'est, pour reparaître au delà de Dieppe ; elle existe à la base des falaises du Tréport tandis que la craie sénonienne forme toute l'épaisseur de celles de Saint-Valery-en-Caux à Dieppe, avec

(1) *Bull. Soc. géol.*, 3° sér., t. XIX, 1891, p. 305.

(1) Voir page 294.

Fig. 814. — Vue des Falaises crétacées, du Tréport à Yport et Étretat.

Fig. 815. — Falaises de Saint-Valery-en-Caux à Veules (d'après Lennier) montrant la disposition des silex de la craie.

Fig. 816. — Les Arcades et Aiguilles de la Craie, à Étretat.

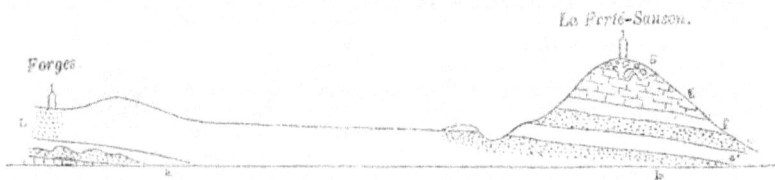

Fig. 817. — Coupe du Crétacé inférieur du pays de Bray (d'après M. Gosselet). — a, argile de Forges ; a', argile panachée ; b, sables blancs ; e, zone à A. mamillaris ; f, zone à A. interruptus ; g, zone à A. inflatus ; S, argile à silex.

une puissance de 100 à 150 mètres. Dans cette craie blanche on voit des bancs de silex et ces derniers fournissent les galets qui s'accumulent au bas des falaises. Les bandes de silex ne sont pas toujours horizontales ; elles présentent des sinuosités comme l'indique la figure (fig.815). La ligne des falaises n'est pas continue ; elle présente des dépressions et de brusques fractures ; il en résulte des anfractuosités du rivage où sont établis tous les ports du littoral, tels que Étretat, Saint-Valery, Dieppe, le Tréport. L'action des vagues les a découpées souvent d'une manière très pittoresque en arcades et en aiguilles, comme à Étretat (fig. 816).

Quant à l'étage le plus supérieur de la craie, l'étage danien, on ne peut l'observer que dans le Cotentin, aux environs de Valognes. Il y est représenté par les calcaires à Baculites bien connus à Picauville, Fréville, Orglandes, Reigneville, etc. A l'ouest d'Orglandes il ne forme que des lambeaux disposés suivant deux directions : l'une gagnant Néhou par le Quesnay et Sainte-Colombe, l'autre vers Rauville-la-Place par Reigneville et Crosville. Il faut signaler aussi le calcaire pisolithique qui existe près de Gisors, avec les mêmes caractères que celui observé aux environs de Paris (1).

Avant d'aborder l'étude des terrains tertiaires enfermés dans la ceinture secondaire du bassin de Paris, nous devons considérer une petite région particulière : le Pays de Bray.

LE PAYS DE BRAY.

En s'avançant de Rouen vers le nord-est sur le plateau crayeux du Pays de Caux, on arrive à une crête rectiligne qui ferme absolument l'horizon. Cette crête n'est autre chose que l'arête supérieure d'un talus escarpé, véritable falaise de 60 mètres de hauteur, au pied de laquelle on voit un pays verdoyant : le pays de Bray. De l'autre côté se dresse une falaise identique à la première et ayant comme elle une direction sud-est-nord-ouest. Ainsi le pays de Bray se présente d'abord comme une large vallée encaissée entre deux falaises escarpées. Mais ce n'est pas une vallée ordinaire, ce n'est pas une plaine d'alluvions ; on y voit des éminences groupées sans loi apparente, séparées par des vallons de directions variées ; certaines de ces collines atteignent même la hauteur des falaises extérieures. Quant à celles-ci, on reconnait qu'elles finissent par se rejoindre en pointe au nord-ouest et au sud-est, circonscrivant ainsi une sorte de fuseau allongé, avec d'étroites coupures par où s'échappent les cours d'eau mettent en communication avec le dehors. M. de Lapparent donne du pays de Bray la définition topographique suivante : « C'est une large et profonde tranchée, au fonds très irrégulièrement accidenté, ouverte au milieu des plateaux qui joignent la Normandie à la Picardie, et ayant en gros la forme d'une demi-ellipse qui se termine en pointe, d'un côté à Saint-Vaast, entre Neufchâtel et Dieppe, de l'autre au hameau de Tillard près de Noailles, au sud de

Beauvais. La longueur du grand axe, orienté 130° (angle compté à partir du nord, dans le sens de la marche des aiguilles d'une montre), est de 80 kilomètres ; celle du demi-petit axe est de 14 kilomètres. » Les principaux cours d'eau qui arrosent le Bray sont la Béthune s'échappant au nord-ouest, l'Epte sortant vers le sud-ouest, et l'Avelon qui, par une coupure orientale, va rejoindre le Thérain. L'aspect du pays est des plus riants, quand on l'observe du sommet de la falaise occidentale. « Sur le premier plan règne une sorte de terrasse où les villages se succèdent à des intervalles assez rapprochés. Les clochers, avec leurs tours carrées, dépourvues de tout ornement architectural, s'aperçoivent de loin, et leur silhouette massive se détache avec netteté sur le fond du paysage. On dirait des postes avancés, établis au pied de la falaise pour surveiller le reste du pays, qu'ils dominent de toute la hauteur d'un second talus, à peine moins élevé que le précédent. Au delà, après une zone boisée de peu d'étendue, se présente une succession de collines aux formes gracieuses, couvertes, de la base au sommet, par des prairies où paissent des bêtes à cornes. Chaque herbage est entouré d'une ceinture d'arbustes d'où se détachent quelques beaux arbres, chênes, hêtres ou frênes, attestant que ces riches pâturages ont dû être conquis sur une forêt qui recouvrait autrefois toute la contrée. Les fermes sont nombreuses, disséminées et de peu d'importance ; les villages, presque entièrement cachés dans des plis de terrain, consistent

(1) De Lapparent, *Le Pays de Bray* (*Mémoires pour servir à l'explication de la Carte géologique détaillée de la France.* Paris, 1879, p. 12).

(1) Voir page 297.

en un petit nombre d'habitations groupées autour de l'église » (de Lapparent).De la première falaise à la falaise orientale on peut distinguer trois gradins ou. terrasses, dont chacune se relève au nord-est et se termine de ce côté par un talus relativement brusque. La terrasse occidentale est occupée par des terres labourées et des prairies ; c'est la zone des villages. La seconde terrasse dont la surface est assez ondulée est occupée surtout par des bois, bien que le défrichement, aujourd'hui très avancé, tende à transformer cette zone en une contrée d'herbages. Enfin la troisième zone appuyée contre la falaise orientale, est ce qu'on appelle le Haut-Bray ; son altitude se maintient constamment au-dessus de 200 mètres ; c'est une croupe plutôt qu'une terrasse ; elle est occupée par des terres fortes propres au labourage, mais il y a aussi des herbages.

Si l'on considère maintenant la nature du sol, on voit qu'il est argileux, marneux ou argilosableux. Ainsi l'élément boueux occupe presque toute la surface du Bray, et d'ailleurs ce nom dérivé du mot gaulois *Braïum* signifie boue, marécage. Les formations géologiques qui affleurent sont jurassiques, infra-crétacées, et crétacées.

L'assise la plus inférieure du Jurassique dans le Bray est l'étage kimmeridgien représenté par les calcaires et les argiles à *Exogyra virgula*. Les calcaires compacts lithographiques, avec quelques fossiles tels que des Ammonites voisines de l'*Olcostephanus gigas*, forment les croupes du Haut-Bray. Ils fournissent un excellent caillou d'empierrement. L'étage kimmeridgien se termine par des lumachelles à Exogyres.

Viennent ensuite les couches portlandiennes débutant par des grès calcaires glauconieux et des marnes bleues à *Ostrea bruntrutana*, puis une argile bleue à *Ostrea expansa* et grandes Ammonites. Les couches supérieures sont des sables et des grès ferrugineux à *Trigonia gibbosa*.

L'Infra-Crétacé (fig. 817) débute par des sables blancs où l'on trouve souvent des particules charbonneuses d'origine végétale, ce sont des fragments de Fougères, abondants surtout à la sablonnière de Saint-Paul. Ces sables représentent la base du Néocomien. Cet étage très développé dans le pays de Bray contient une argile réfractaire très exploitée aux environs de Forges-les-Eaux, des argiles plastiques recherchées pour les fabriques de poteries des

environs de la Chapelle-aux-Pots, de Saint-Germain-la-Poterie, etc., et des grès ferrugineux autrefois exploités comme minerai de fer. Ce Néocomien se termine par des argiles panachées que surmontent les argiles grises aptiennes à *Ostrea aquila*. L'étage albien est représenté par des sables verts sans fossiles et par l'argile du Gault, qui atteint une trentaine de mètres aux environs de Neufchâtel ; mais cette argile est généralement peu épaisse, elle retient fortement les eaux ; aussi les terres dont elle forme le sous-sol sont-elles converties en pâturages. La *gaize*, analogue à celle de l'Argonne, sert de transition au Crétacé proprement dit qui débute par l'étage cénomanien. La craie glauconieuse cénomanienne et la craie marneuse du Turonien forment les parties inférieures des falaises qui limitent le Bray ; la craie blanche sénonienne n'apparaît qu'au sommet de ces falaises. La coupe (fig. 818) montre les différents terrains du pays de Bray, ainsi que la faille sur laquelle coule la Béthune. A l'ouest, au mont Bernard, on voit le Portlandien soulevé à l'altitude de 224 mètres ; à l'est la falaise de craie se dresse à 230 mètres. Sur les lèvres du pays de Bray on trouve soulevés les sables de Bracheux et l'argile plastique éocène. La boutonnière du Bray qui laisse voir le Jurassique et l'Infra-Crétacé doit être regardée comme le résultat d'une compression latérale ayant eu pour effet un bombement du sol. Ensuite les agents d'érosion ont enlevé, en profitant de fissures nombreuses, la craie blanche et les dépôts éocènes. La croupe du pays de Thelle qui prolonge au sud le Bray et qui sépare le Beauvaisis du Vexin, est due au même mouvement du sol. On y voit sur la craie les sables de Bracheux, l'argile plastique, les sables de Cuise ; enfin au voisinage le calcaire grossier et les sables de Beauchamp, ainsi que le calcaire de Saint-Ouen, se montrent également relevés. On doit donc, avec M. de Lapparent, considérer la dislocation du pays de Bray comme postérieure au calcaire de Saint-Ouen ; elle date de l'Éocène supérieur et par suite elle est du même âge que le soulèvement principal des Pyrénées. D'ailleurs cette dislocation se rattache à toute une série d'accidents parallèles ayant affecté tout le nord de la France depuis le Perche jusqu'à l'Artois, suivant une direction voisine de 130°. « Ces accidents résultent d'une compression latérale qui tendait à faire naître, dans toute cette région, une succession de plis synclinaux. Trois de ces plis, celui de la Seine, celui du Bray et celui de l'Ar tois, ont affecté une allure particulièrement brusque, qui les a obligés en beaucoup de points à se résoudre en failles. Cet effort a été porté à son maximum dans le pays de Bray où la lèvre normande de l'accident a été relevée en certains points de plus de 300 mètres au-dessus de la lèvre picarde. En outre sur son parcours cette dislocation offre des différences d'intensité qui paraissent en rapport avec l'existence d'accidents antérieurs (1). »

LE MASSIF TERTIAIRE PARISIEN ; L'ILE-DE-FRANCE.

La zone crétacée du bassin de Paris entoure un vaste massif tertiaire. Quand on s'avance vers Paris par le nord et surtout par l'est, on voit ce massif borné par une sorte de falaise dominant les plaines crayeuses de la Champagne, de la Picardie et du Vexin normand (contrée de Gisors). De loin en loin la falaise s'interrompt pour livrer passage à une rivière, ainsi la Seine à Moret, la Marne à Épernay, la Vesle et l'Aisne devant Reims, l'Oise à Chauny, la Brèche à Clermont, le Thérain à Beauvais (1). La falaise qui limite ainsi la région tertiaire et qui est particulièrement bien accusée entre Reims et Laon, est due à l'érosion qui a fait disparaître la bordure meuble du massif, composée de sables et d'argiles, ne laissant intactes que les assises calcaires. Il résulte de cela que ce massif se présente du côté du nord et de l'est comme une île aux bords escarpés. Cette région arrosée par la Seine, la Marne et l'Oise porte le nom d'Ile-de-France. Les falaises du nord et de l'est, qui atteignent de 200 à 250 mètres d'altitude, la limitent de ce côté; au sud-est elle est bornée par le cours de la Seine que domine entre Montereau et Provins une falaise en grande partie crayeuse. Du côté de l'ouest et du sud l'Ile-de-France n'est pas nettement délimitée; elle se relie graduellement par le Mantois, le Hurepoix (pays de Chevreuse et de Corbeil arrosé par l'Essonne), au plateau de la Beauce. Ce dernier s'incline progressivement vers la Loire; son altitude, en moyenne de 100 mètres, ne dépasse jamais dans les parties les plus élevées, voisines de la Seine, 150 mètres.

En résumé, l'Ile-de-France comprend à sa partie méridionale, sur les deux rives de la Seine, entre les confluents de ce fleuve avec la Marne et l'Oise, une dépression où se trouve bâti Paris, c'est la plaine Saint-Denis et ses abords. Sur la rive droite de la Marne se dressent entre Paris et Chelles les hauteurs de l'Aulnaye, qui dominent Paris à l'est. Au nord s'étendent la plaine de Dammartin et le plateau du Valois compris entre l'Ourcq et l'Oise; au delà le Soisson-

nais, le Laonnais, le Noyonnais s'étendent jusqu'aux limites de la Picardie. A l'est on trouve, entre l'Ourcq et la Marne, le Tardenois, pays de hauteurs et de vallons qui se prolonge jusqu'à la Montagne de Reims, promontoire tertiaire qui fait saillie au-dessus des plaines de Champagne. Entre la Marne et la Seine s'étendent les plaines de Brie. Enfin à l'ouest, entre l'Oise et l'Epte, on trouve le Vexin français séparé du Beauvaisis par le pays de Thelle dont nous avons parlé plus haut.

Nous avons déjà étudié dans la partie de ce livre les formations tertiaires de l'Ile-de-France qui sont exclusivement éocènes et oligocènes (2). Nous n'avons plus ici qu'à compléter ce que nous avons dit, en considérant surtout la distribution géographique de ces formations et leur influence sur la nature et le relief du sol.

L'Éocène le plus inférieur est représenté par les marnes blanches strontianifères de Meudon qui reposent sur le calcaire pisolithique; elles sont couvertes par l'argile plastique. Aux environs immédiats de Paris, manque un terrain de l'Éocène inférieur à l'argile plastique et très développé dans le Soissonnais : les sables de Bracheux ou sables inférieurs du Soissonnais.

L'argile plastique atteint une épaisseur de 10 à 12 mètres vers Meudon et Issy, et l'on peut y distinguer plusieurs niveaux. La partie inférieure consiste en un conglomérat, dit *conglomérat de Meudon*, reposant directement en cette localité sur le calcaire pisolithique raviné, dont les marnes blanches ont été enlevées. On y trouve des ossements de *Coryphodon* et de *Gastronis*. La carte (fig. 819) indique l'emplacement de ce conglomérat ainsi que les affleurements des autres couches que l'on peut observer dans l'excursion classique de Meudon. Le gisement du conglomérat est maintenant presque caché par des éboulis et des remblais, parce que l'exploitation de l'argile plastique en ce point a été abandonnée. Vient ensuite l'argile plastique proprement dite, rouge, gris-

(1) De Lapparent, *Description géologique du bassin parisien*, p. 44.

(1) De Lapparent, *Le Pays de Bray*, p. 177.
(2) Page 330 et page 354.

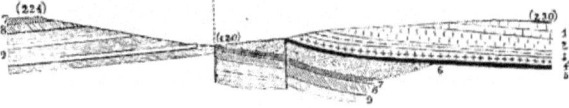

Fig. 818. — Coupe du pays de Bray (d'après M. de Lapparent). — 1, craie blanche; 2, craie marneuse; 3, craie glauconieuse; 4, gaize; 5, argile du gault; 6, sables verts; 7, sables ferrugineux à Trigonies; 8, argile et grès calcaires du Portlandien inférieur; 9, argiles à *Exogyra virgula*.

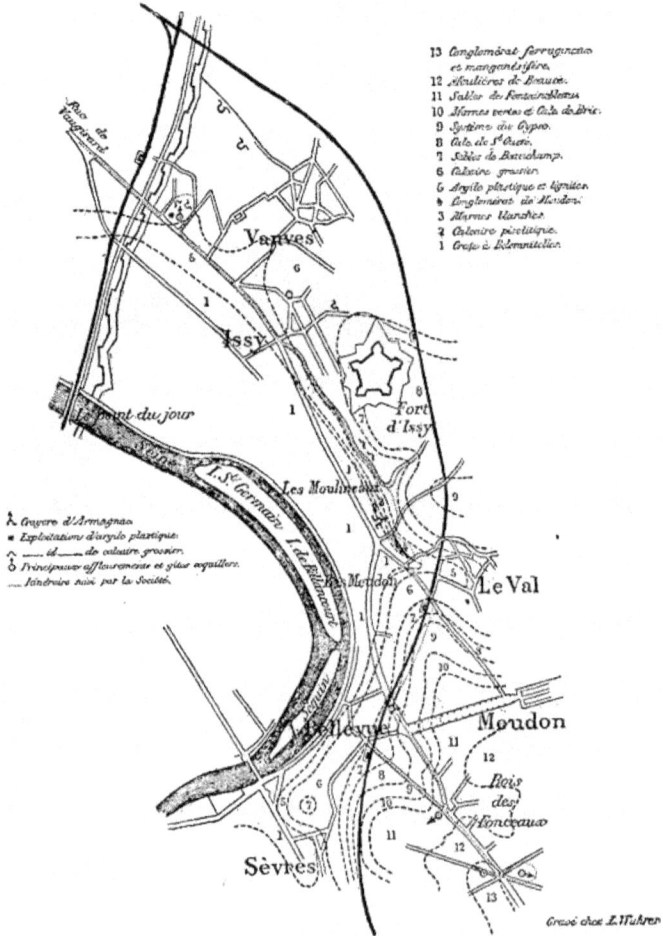

Fig. 819. — Carte des environs de Meudon indiquant les affleurements des différents terrains (Réunion extraordinaire de la Société géologique de France, 1878.)

clair ou jaune. Elle se termine par des argiles grises, mêlées de lits sableux et ligniteux connus sous le nom de *fausses glaises*. C'est un niveau qui dans le Soissonnais présente des lignites dont nous parlerons plus loin. Le niveau qui prend place entre l'argile plastique et le calcaire grossier porte le nom de sables de Cuise ou sables moyens du Soissonnais ; il est peu représenté aux environs immédiats de Paris, et n'existe pas à Meudon ; mais on le retrouve à Bougival, à Chatou (1), etc.

Le calcaire grossier atteint une grande épaisseur aux environs de Paris où il affleure en un grand nombre de points. Nous avons déjà parlé des carrières de Meudon, d'Issy, de Vaugirard, de Gentilly, d'Arceuil (2). Il est encore exploité sous tout le plateau de Montrouge jusque dans Paris ; il y a peu d'années on l'exploitait rue des Fourneaux. Dans la vallée de la Bièvre, rue de Tolbiac, à la station de Montsouris ; à la Glacière, le calcaire grossier inférieur est bien visible. M. Dollfus, sur sa carte, en marque trois bandes d'affleurement, une bande sud-ouest, c'est celle dont nous venons de parler, une bande centrale (Verneuil, Médan, Poissy), et une bande nord ou de la rive droite de la Seine (bois de Boulogne, Passy, Trocadéro). Des sondages le révèlent sous des terrains plus récents au nord et au sud. La partie supérieure des calcaires grossiers constitue les *caillasses*, assemblage varié de calcaires blancs ou jaunâtres, de calcaires siliceux, de marnes, d'argile, de zones de silex et de gypse. Les sables de Beauchamp reposent sur le calcaire grossier ; leur puissance s'accroît beaucoup vers le nord. Ils forment le sous-sol de la forêt de Saint-Germain ; les cultures faites sur les sables et grès de Beauchamp sont médiocres, et exigent un marnage abondant. Le calcaire de Saint-Ouen, calcaire blanc et gris avec marnes interstratifiées, s'observe au-dessus des sables de Beauchamp ; il les couronne dans la forêt de Saint-Germain, les séparant des sables quaternaires. A Paris même il surmonte la butte du Panthéon, existe à Montmartre, Belleville, sous l'Arc de Triomphe, et forme une grande bande dans les quartiers de la rive droite.

La formation gypseuse est, comme on sait, fort importante. On peut y distinguer à la base, au-dessus des sables verts à *Cerithium tricari-*

natum, les marnes infra-gypseuses à *Pholadomyà ludensis*, puis le gypse proprement dit divisé en quatre masses : les masses inférieures 4, 3 et 2 contiennent des coquilles saumâtres, et la masse supérieure, 1re masse ou haute masse, a fourni les ossements de Mammifères (*Palæotherium*, etc. Le tout est couronné par les marnes bleues supra-gypseuses et les marnes blanches de Pantin à *Limneus strigosus*. Le gypse est bien développé à Montmartre, Pantin, Romainville, jusqu'à Bagnolet et Nogent-sur Marne, dans les buttes de Cormeilles, d'Herblay à Orgemont, et de Saint-Leu à Montmorency. Au nord on l'observe à Stains, Pierrefitte, etc. Dans la Brie le gypse est remplacé par un calcaire silicifié, le calcaire ou travertin de Champigny.

Il aut noter que le gypse n'est pas spécial, comme on l'a cru d'abord, à l'Éocène supérieur. Il existe partout où des évaporations se sont faites dans des lagunes. Des sondages l'ont fait connaître dans le calcaire grossier (Choisy-le-Roi, Brevannes, gare de l'Est, quai de Jemmapes) et dans le calcaire de Saint-Ouen (Belleville et quai de Jemmapes). On le trouve aussi dans les couches supérieures de l'Éocène, ainsi dans les marnes à Cyrènes et les marnes vertes, dans le calcaire de Sannois équivalent du calcaire de Brie et dans les marnes à *Ostrea cyathula* (1).

Les marnes à Cyrènes et les marnes, ou mieux les argiles vertes constituent la base de l'Oligocène inférieur (Infra-Tongrien). C'est un des horizons les plus nets du bassin de Paris, et c'est un niveau d'eau toujours évident. « Quand bien même dans un coteau toutes les autres couches sont masquées, les marnes vertes apparaissent ; c'est aussi un fonds très favorable à la vigne et que l'agriculture s'efforce d'utiliser, enfin c'est le niveau des osiers et des plantes aquatiques, des lavoirs, des fontaines, des tuileries situées dans des positions parfois très singulières à flanc de coteau qu'on peut aisément niveler (2). » D'autre part cependant ces argiles donnent lieu à des difficultés considérables lorsqu'il s'agit de constructions, à cause de leur tendance à l'affaissement et à l'écroulement. C'est ainsi que la construction des forts de Romainville, de Noisy-le-Sec, etc., a été très pénible et que les tranchées du chemin de fer de Lyon, au delà de Brunoy, s'affaissent incessamment.

(1) G. Dollfus, *Carte géologique des environs de Paris.* Notice explicative, 1885, p. 21.
(2) *La Terre, les Mers et les Continents*, page 361.

(1) Munier-Chalmas, *Comptes rendus de l'Académie des sciences*, 1890.
(2) G. Dollfus, p. 68.

Les argiles vertes sont surmontées d'un calcaire que nous trouvons très développé dans la Brie, sur la rive gauche de la Marne ; on l'a appelé calcaire de Brie. A l'ouest il n'existe plus ou est rendu tout à fait méconnaissable ; au Mont-Valérien il disparaît d'un côté à l'autre du mont.

L'Oligocène moyen (Tongrien), que nous verrons très développé dans le Hurepoix et le Gâtinais français sous la forme des marnes à Huîtres et des sables de Fontainebleau, existe déjà dans les environs de Paris et à Paris même. Les marnes à Huîtres (*Ostrea cyathula*) se trouvent à Belleville, Romainville, Montmartre, Villejuif, dans le vallon de Sèvres, dans la vallée de la Bièvre, etc. Les sables et grès de Fontainebleau ont 40 mètres en moyenne à Versailles et 75 à Longjumeau. Vers l'ouest ils forment une masse continue couverte par les meulières supérieures et découpée par les vallées de l'Yvette et de la Bièvre. On en voit des îlots à Breteuil, au Mont-Valérien ; la forêt de Meudon, le plateau de Chaville en sont constitués en grande partie. Sur la rive droite de la Seine ils sont puissants à Montmorency, Écouen, Cormeilles, Orgemont. Au centre ils forment les îlots de Montmartre et de Belleville, les seuls endroits des environs immédiats de Paris où ils soient fossilifères. On exploite les grès à Orsay, à Gif, à Palaiseau. Enfin les collines de Cormeilles, de Montmorency, le plateau de la forêt de Marly, ceux de Versailles, Orsay, Chevreuse, sont couverts par la meulière dite de Montmorency qui représente la meulière de Beauce (Oligocène supérieur ou Aquitanien). On la retrouve à Bellevue, Meudon, Châtillon, Sceaux, etc. Cette meulière n'est pas le dernier étage des terrains tertiaires de Paris ; sur elle on voit reposer des sables grossiers, quartzeux, à éléments exclusivement granitiques, qui couvrent les plateaux au sud de Paris et s'étendent jusqu'au Plessis-Piquet. M. Dollfus les appelle sables granitiques de Lozère, du nom d'une localité voisine de Palaiseau. Ils sont probablement miocènes ou pliocènes, et comme les sables de la Sologne auxquels ils ressemblent beaucoup, on doit les considérer comme un apport de grands cours d'eau descendant du sud vers Paris. Enfin les couches tertiaires sont recouvertes par les dépôts pléistocènes et modernes. Les plus élevés sont les plus anciens, car ils ont été ravinés par les plus jeunes qui sont aussi les plus bas, ceux qui se rapprochent davantage comme niveau des formations actuelles des vallées. On doit distinguer dans les dépôts pléistocènes le diluvium des hauts plateaux, sables quartzeux, caillouteux avec argiles bariolées, le diluvium des vallées, dépôt torrentiel grisâtre, sableux ou calcaire avec cailloux roulés et parfois blocs énormes, puis le limon appelé aussi lehm ou lœss. Le diluvium des vallées ou diluvium gris contient une faune pléistocène très riche ; souvent il est raviné par une formation rouge argileuse, avec cailloux siliceux. Ce diluvium rouge n'est qu'une altération du diluvium gris par l'action des eaux atmosphériques. Quant au lœss, terre argileuse ou sableuse à pâte très fine, c'est une sorte de boue consolidée, excellente pour l'agriculture. Il repose indistinctement sur toutes les roches plus anciennes, tertiaires ou pléistocènes sans distinction. On trouve des tourbières dans les vallées de l'Essonne et de la Juine.

Comme on le voit, la région située au voisinage de la rencontre de la Seine avec l'Oise et la Marne présente une variété considérable d'assises, dont beaucoup fournissent des matériaux utiles : pierre de taille, pierre à plâtre, grès, argiles grossiers pour mortiers ; tout désignait donc, conditions géologiques et raisons topographiques, cette dépression favorisée pour devenir l'emplacement d'une grande ville.

Les niveaux inférieurs de l'Éocène sont surtout bien développés dans le nord de la région parisienne, dans le Soissonnais et le Beauvaisis. Là le couronnement des plateaux est formé par le calcaire grossier, et l'on voit au-dessous dans les vallons les sables de Cuise, les argiles plastiques avec lignites, et les sables de Bracheux. Dans la vallée de l'Oise, près de Pont-Sainte-Maxence, les argiles lignitifères sont exploitées. On les désigne sous le nom de *cendres noires*. Les lignites sont pyriteux et servent à la fabrication de l'alun et du sulfate de fer. La cendrière de Sarron est bien connue des géologues ; on peut y voir ces lignites avec un grand développement. La coupe dirigée N.-S. de Sarron à la butte de Grandfresnoy montre au-dessous de l'argile plastique les sables de Bracheux et au-dessus les sables de Cuise et le calcaire grossier (fig. 820). Dans la forêt de Compiègne on peut également bien observer les sables de Cuise qui tirent leur nom d'un petit village près de Pierrefonds. La coupe (fig. 821) montre l'allure des diverses couches à travers la forêt de Compiègne. Les mêmes sables se trouvent sur les pentes de la montagne de Laon (188 mètres),

Fig. 820. — Coupe N.-S. de la cendrière de Sarron à la butte de Grandfresnoy (M. Thomas). — 11, craie ; 10, conglomérat ; 9, sables de Bracheux ; 8, lignites ; 7, argile ; 6, sable jaune ; 5, argile plastique ; 4, sable jaune ; 3, argile plastique ; 2, sables de Cuise ; 1, calcaire grossier glauconieux ; a¹ᵃ, diluvium de l'Oise ; a¹ᵇ, limon ; a², alluvions modernes ; mn, limite inférieure des lignites.

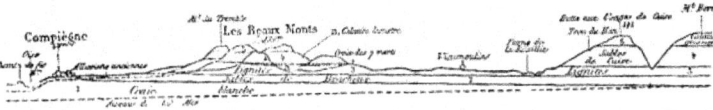

Fig. 821. — Coupe de Compiègne à Cuise-la-Motte, montrant l'Éocène inférieur. (Réunion extraordinaire de la Société géologique de France, 1878.)

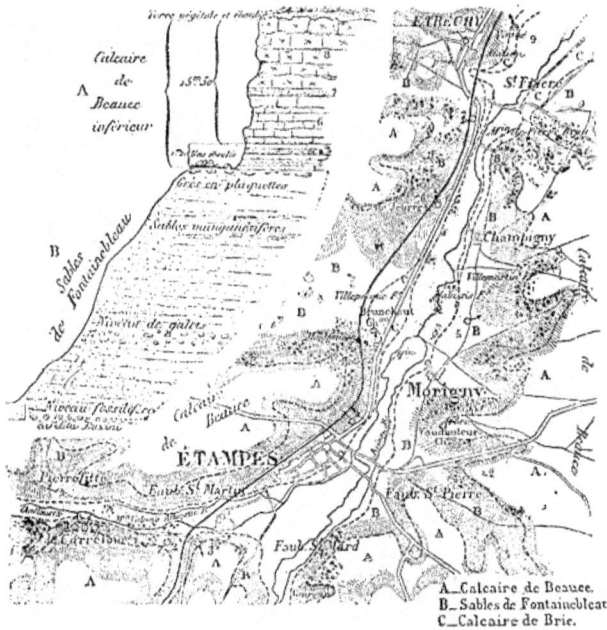

Fig. 822. — Excursion d'Étampes, coupe de la côte Saint-Martin (MM. Munier-Chalmas et Vélain). — 1, marnes à Paludestrines ; 2, marnes à silex ; 3, marnes à Paludestrines et à Potamides ; 4, marnes et sables ligniteux ; 5, marnes à Paludestrines ; 6, calcaire à Limnées, Planorbes et Hélix ; 7, banc ligniteux ; 8, calcaire bréchoïde présentant à sa base des bancs à Hélix.

Fig. 823. — Coupe de la sablière du Carrefour, en face du moulin de Challouette (M. Vélain).

Fig. 824. — Coupe N.-S. de la carrière de grès du Cuvier Châtillon, dans la forêt de Fontainebleau, d'après une photographie (M. Douvillé). — B, calcaire de Beauce; G, grès; S, sables.

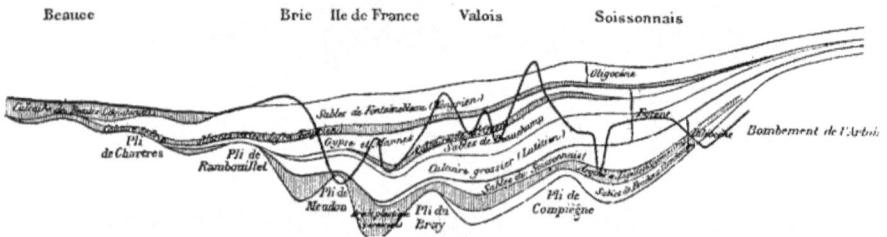

Fig. 825. — Plis du bassin de Paris (d'après M. Marcel Bertrand).

dernier représentant du Soissonnais, dont l'érosion l'a séparée. La ville s'élève sur le calcaire grossier ; au nord commence la plaine crayeuse de Picardie.

Les dépôts oligocènes sont beaucoup mieux représentés au sud-est de Paris que dans les environs immédiats de la capitale. La Brie est entièrement constituée par un calcaire plus ou moins siliceux, grisâtre, sorte de meulière qui caractérise le pays. Il est employé dans toute la Brie soit comme matériaux d'empierrement (Villeneuve-Saint-Georges, Bry-sur-Marne), soit pour meules de moulin comme à la Ferté-sous-Jouarre, quand la roche est entièrement siliceuse, ce qui a lieu au sommet de la formation ; des argiles et des marnes sont associées à cette assise qui repose sur les marnes vertes. Les plaines de la Brie sont recouvertes de limon qui les rend très fertiles ; les marnes vertes retiennent l'eau et favorisent ainsi le développement des arbres, mais produisent aussi çà et là de petites mares.

Le pays de Chevreuse, de Corbeil et celui de Montlhéry, d'Étampes, de Fontainebleau, offrent un beau développement des sables tongriens, dits sables de Fontainebleau. C'est là qu'on trouve les niveaux fossilifères de ces sables. La côte Saint-Martin près d'Étampes (fig. 822) offre une belle coupe de sables de Fontainebleau avec la faune d'Ormoy à *Cardita Bazini;* le calcaire de Beauce inférieur en forme le couronnement. Près d'Étampes aussi a été prise la coupe figurée ici (fig. 823) de la sablière du Carrefour en face du moulin de Challouette; on y voit les sables sans fossiles et la faune d'Ormoy liée aux premiers dépôts du calcaire de Beauce.

Les gros blocs de grès qui accompagnent les sables tongriens donnent aux paysages du Hurepoix et du Gâtinais français un caractère tout particulier. Nous avons parlé déjà de l'accumulation de ces blocs tombés les uns sur les autres par suite de l'érosion des parties moins résistantes (1). Ils ne sont pas disposés au hasard. Ainsi M. Douvillé (2) a montré que dans la forêt de Fontainebleau les bandes sableuses et gréseuses sont alternatives et orientées E.-O. Ces bandes de grès correspondent à des ondulations en saillie à la surface de la formation sableuse. Le tout est recouvert par le calcaire de Beauce, séparé des grès par une couche de sable non calcifié. Le ciment des grès est calcaire ; on a attribué leur formation aux eaux d'infiltration qui, traversant le calcaire de Beauce, entraînaient du calcaire, lequel soudait les grains de sable. M. Douvillé croit plutôt à une concentration du calcaire analogue au phénomène qui a donné naissance aux silex par la concentration de la silice dans la craie. La figure 824 montre dans une carrière les grès recouverts par une couche de sable et par le calcaire de Beauce ; la bande de grès s'élève progressivement vers le sud et occupe manifestement le sommet d'une ondulation de la surface supérieure de la formation tongrienne.

LA BEAUCE, L'ORLÉANAIS ET LA TOURAINE.

La partie ouest du massif tertiaire parisien, s'étendant du côté de Chartres et de Châteaudun, est couverte d'argile à silex rouge ou blanche rapportée à l'Éocène et reposant sur la craie. Sur elle il y a une couche de limon. De l'autre côté du Loir on entre dans la Beauce, plateau qui continue au sud l'Ile-de-France, comme nous l'avons déjà dit, par l'intermédiaire du Hurepoix. Ce pays est couvert de calcaire lacustre aquitanien, passant à l'état de meulière. Celle-ci, dite meulière de Beauce, est plus claire, plus celluleuse que la meulière de la Brie, et plus rubéfiée à la surface. Cette formation est cachée par des limons peu épais, ayant rarement plus d'un mètre. La Beauce offre ainsi l'aspect d'une vaste plaine s'inclinant vers la Loire, à surface unie, sans ondulations sensibles. On ne voit pas d'arbres ; le sol uniformément sec n'est couvert que de céréales et de fourrages artificiels. Les habitations ne sont pas isolées, elles sont réunies en villages clairsemés sur cette région monotone ; cette concentration des maisons est une conséquence de la nature du sol : les limons sablonneux de la surface absorbent les eaux pluviales et il faut, pour les trouver, creuser des puits profonds. « Considérée donc son ensemble, dit Burat (3), la Beauce ne peut désirer qu'une chose : de l'eau. Il lui faudrait d'abord de l'eau pour les consommations des fermes, qui ne trouvent que des ressources insuffisantes dans quelques sources et dans les puits ; il lui en faudrait ensuite assez pour pouvoir obtenir des

(1) *La Terre, les Mers et les Continents*, p. 447.
(2) *Bull. Soc. géol.*, 3e sér., t. XIV, 1886, p. 471.
(3) P. 525.

irrigations autour des centres de population, afin d'y créer des jardins productifs et quelques prairies. Parmi les projets présentés pour atteindre ce but, il n'en est pas de plus intéressants que ceux qui ont été étudiés pour créer un canal de dérivation de la Loire, traversant la ligne de faîte qui la sépare de la Seine et distribuant ainsi une partie des eaux de la Loire à Paris et surtout le parcours. »

A l'est, la Beauce se continue avec le Gâtinais orléanais compris entre Pithiviers et Gien. Ce pays est plus ondulé ; la masse de calcaire se divise en deux assises : le calcaire de Beauce inférieur, et le calcaire supérieur ou calcaire de l'Orléanais, séparé du précédent par une assise de sables argileux dite mollasse du Gâtinais. C'est cette mollasse qui donne au pays un autre aspect qu'à la Beauce, en retenant les eaux. Les arbres sont abondants et en régularisant l'écoulement des eaux d'infiltration, on a singulièrement augmenté la fertilité de cette région.

L'Orléanais proprement dit offre des formations oligocènes et miocènes. Le calcaire dit de l'Orléanais est recouvert de sables d'âge miocène, les sables de l'Orléanais, qui diffèrent du calcaire par leur faune (1). Ils couvrent le sol infertile de la forêt d'Orléans, mais du côté de Blois, à Suèvres, ils sont surmontés de marnes et d'un calcaire (calcaire de Montabuzard) contenant des ossements de Vertébrés miocènes. Dans le Vendômois se montrent au-dessus des dépôts oligocènes des sables et des argiles infertiles atteignant une épaisseur considérable, jusqu'à 40 mètres. On n'y trouve pas de fossiles, mais cette formation est certainement miocène et plus ancienne que les faluns de Touraine qui le recouvrent près de Soings. Ces sables et ces argiles, qui couvrent le sol de la forêt de Marchenoir, sont surtout développés au sud de la Loire, dans le pays appelé la Sologne. Il ne faut pas confondre ces sables avec

les sables diluviens qui longent la Loire. La Sologne est comprise entre le Cher et le coude septentrional de la Loire et sa superficie est d'environ 480,000 hectares. Ce pays, qui manque de calcaire et dont le sol argileux est imperméable, a été longtemps l'un des pays les plus pauvres et les plus malsains de France ; les landes de genêts et les marécages couvraient la plus grande partie de sa surface, surtout entre la Sauldre et le Beuvron, au nord de Romorantin. Depuis 1852 la contrée s'est transformée. Des rigoles assurent l'écoulement des eaux, des routes et un grand canal de 45 kilomètres, creusé de Blancafort à la Motte-Beuvron, permettent l'arrivée facile de la marne et de la chaux nécessaire à l'amendement des terres; enfin des plantations de pins, de chênes, de châtaigniers, de bouleaux, ont été entreprises avec succès dans les parties exclusivement sablonneuses où l'on ne pouvait essayer d'autres cultures. Les bruyères et les flaques d'eau d'autrefois ne se trouvent plus que dans quelques cantons, sur la route de Blois à Romorantin et sur les bords du Naon (1).

En Touraine nous trouvons une autre formation, les *faluns* miocènes, qui couvrent les sables de l'Orléanais et les calcaires lacustres oligocènes. Le sous-sol est constitué par les argiles à silex éocènes, reposant sur la craie tuffeau. Les faluns sont des dépôts tendres, remplis de coquilles; ils s'agglutinent parfois sous forme de mollasses poreuses. Ils consistent en un mélange de calcaires, de sables siliceux et d'argile auquel s'adjoignent tant de débris de coquilles et autres restes organiques, que ce dépôt, imprégné de phosphate de chaux, sert à la fois d'amendement et d'engrais (2). Entre le Cher et la Loire s'étend une zone très fertile constituée par des alluvions. Celles-ci font de tout ce pays de la Loire, de Tours à Blois, le « jardin de la France ».

LES PLISSEMENTS DU SOL DANS LE BASSIN PARISIEN.

Les couches crétacées et tertiaires du bassin de Paris ne sont pas restées horizontales ; elles ont subi une série d'ondulations (fig. 825), aussi bien dans ce bassin que dans le sud de l'Angleterre. La plus importante de ces ondulations est le bombement du pays de Bray dont nous avons déjà parlé. M. Hébert a montré qu'il y a eu en réalité un double système de ridements : le plus important, sensiblement parallèle à la vallée de la Seine, et un autre perpendiculaire au premier. M. G. Dollfus a étudié avec soin les ondulations des couches tertiaires du bassin de Paris (3). Il distingue

(1) Voir page 379.

(1) Voir sur la Sologne un article de M. Gallouédec (*Annales de géographie*, 15 juillet 1892).
(2) Burat, p.526.
(3) *Bull. Serv. Carte*, n° 14, juillet 1890.

quatre grands faisceaux de plis longitudinaux grossièrement orientés nord-ouest-sud-est, traversant toute la région depuis la Loire jusqu'à l'Artois. Chacun de ces faisceaux : faisceau du Perche, faisceau de l'Ile-de-France, faisceau de la Picardie et faisceau de l'Artois, présente trois axes anticlinaux principaux séparés par autant de synclinaux. La figure 826 indique, d'après les données de M. Dollfus, complétées par celles de M. Marcel Bertrand, les axes principaux des ondulations tertiaires dans le bassin parisien. Dans le faisceau du Perche l'axe le plus connu est celui du Merlerault. Dans le faisceau de l'Ile-de-France l'axe de Beynes, au sud de Mantes, est très important ; il est coupé par la vallée de la Mauldre qui est due aux eaux quaternaires ; celles-ci ont profité des fractures nord-est-sud-ouest pour franchir l'anticlinal de Beynes ; cet anticlinal est coupé par de petits plis perpendiculaires, bien visibles dans les tranchées du canal de l'Avre (1). Dans le faisceau de la Picardie on remarque l'axe du Pays de Bray, et dans celui de l'Artois l'axe du Boulonnais. D'après M. Dollfus, tous les plis ont été formés à la même époque sous les mêmes influences, et il est disposé à attribuer à la période pliocène l'époque des derniers mouvements qui ont donné naissance à ces plis.

M. Marcel Bertrand a récemment complété et précisé dans un mémoire fort important les résultats déjà obtenus (1). Il a étudié la direction des plissements sur les bords du bassin, dans la Sarthe, le sud du Cotentin, la lisière septentrionale du Plateau Central et le sud de l'Ardenne : il a étudié aussi sous ce rapport le Boulonnais et le bord occidental du bassin de Londres. Les conclusions sont les suivantes : 1° Les plis tertiaires suivent la direction des plis primaires auxquels ils sont superposés ; ils se sont toujours produits aux mêmes places dans les bassins de Paris et de Londres. 2° Ces plis se sont formés progressivement par suite de mouvements latéraux continus. 3° Le système des plis principaux est accompagné d'un système de ridements perpendiculaires.

M. Marcel Bertrand est porté à généraliser les résultats obtenus pour le bassin de Paris (2). D'après lui la déformation de l'écorce terrestre se poursuit suivant un double système de courbes perpendiculaires ; il y aurait des *méridiens* et des *parallèles* de déformation. Les chaînes de montagnes épouseraient alternativement les courbes de l'un et de l'autre système. Les points de convergence des courbes méridiennes ne seraient pas les pôles actuels, mais se rapprocheraient des pôles magnétiques. L'auteur tient d'ailleurs à séparer ces tentatives de généralisation des faits d'observation relatifs au bassin de Paris.

LES PLAINES DU NORD DE LA FRANCE.

CONFIGURATION GÉNÉRALE.

Au nord du bassin parisien, entre la Manche, le Pas de Calais et la mer du Nord d'une part, et l'Ardenne d'autre part, s'étendent de vastes plaines qui se prolongent en Belgique. Elles constituent la Picardie, l'Artois, la Flandre française. La première de ces provinces présente une série de plateaux monotones, faiblement ondulés, dont le sol est la craie blanche revêtue d'argile à silex et de limon, mais entre Péronne et Montdidier on voit des mamelons éocènes sableux et argileux qui rappellent l'Ile-de-France. Il en est de même dans le plateau relativement accidenté du Vermandois qui forme la région de Saint-Quentin.

(1) Munier-Chalmas, *Bull. Soc. géol.*, 3ᵉ sér., t. XX, 25 mai 1892.

Au nord de la Picardie se trouve le ridement de l'Artois jalonné par une dislocation, pli ou faille. A une faible profondeur, sous la craie blanche et le limon se trouve le terrain houiller. Dans cette contrée il y a aussi, surtout vers l'est, des dépôts éocènes. La craie forme des collines peu accusées. A l'ouest une région particulière se présente au regard, entourée d'un escarpement demi-circulaire de craie blanche : c'est le Boulonnais, sorte de dépression formée de terrains plus anciens que la

(1) Marcel Bertrand, *Sur la continuité du phénomène de plissement dans le bassin de Paris* (*Bull. Soc. géol.*, 3ᵉ sér., t. XX, 1892, p. 118 165).
(2) *Comptes rendus de l'Académie des sciences*, 22 février 1892.

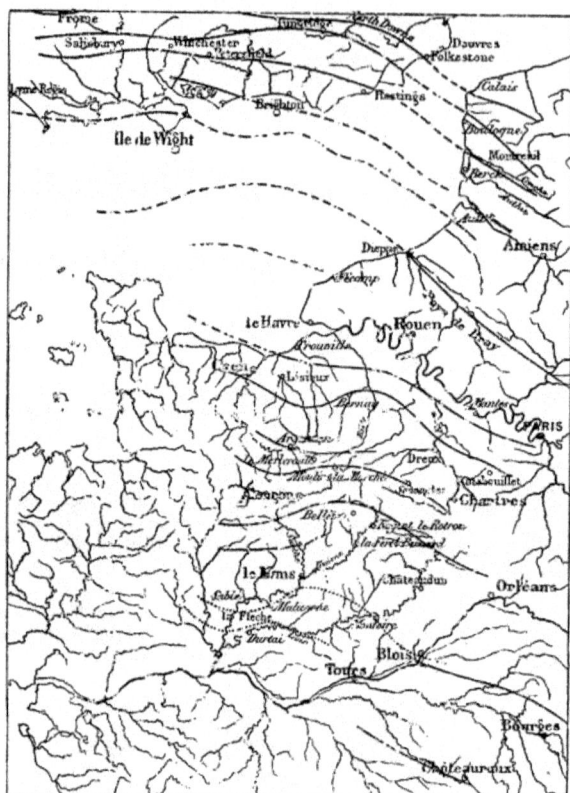

Fig. 826. — Axes des ondulations tertiaires du bassin de Paris (d'après M. Marcel Bertrand).

Fig. 827. — Coupe à travers la Picardie et l'Artois (MM. Gosselet et de Marcey). — D, Dévonien; *k* à *o*, Céno-manien, Turonien; *p*, zone à *Micraster cor-testudinarium*; *q*, zone à *Micraster cor-anguinum*; *r*, zone à *Belem-nitella quadrata*; FF, failles.

Fig. 828. — Coupe à Hardivillers, d'après M. de Mercey. — D*x* et D*y*, limons et graviers; *c*, bief à silex; B, crai e à *Belemnitella quadrata*; B*x*, blanche à silex; B*y*, phosphatée arénacée; B², phosphatée cohérente; A, craie à *Micraster cor-anguinum*.

craie : terrains primaire, Jurassique et Infra-Crétacé. Nous aurons à étudier à part cette dépression assez analogue au pays de Bray. Au nord, le ridement de l'Artois s'abaisse jusqu'aux plaines de la Flandre, plaines absolument horizontales où la craie est recouverte d'une couche épaisse de dépôts tertiaires souvent argileux (argile des Flandres) et de limon formant un sous-sol humide sur lesquels poussent de gras pâturages. Le nord du pays, connu sous le nom de pays des Watteringhes, est couvert d'alluvions marines et de dépôts tourbeux. L'agriculture les a transformées en une région très fertile; les eaux habilement aménagées s'écoulent par de nombreux canaux jusqu'à la mer. Des lambeaux de terrain éocène,

de l'âge du calcaire grossier, forment des monticules, par exemple Cassel; c'est un district tout particulier. Dans la région de Valenciennes, de Douai, on trouve sous la craie, à une certaine profondeur, le terrain houiller; il constitue dans le Nord et le Pas-de-Calais un bassin qui n'est autre chose que la continuation de celui de Belgique.

Nous considérerons d'abord les assises qui constituent essentiellement toute cette contrée : la craie, les couches tertiaires et les alluvions quaternaires et modernes, puis nous nous occuperons du Houiller du Nord et du Pas-de-Calais. Nous terminerons par l'étude spéciale du Boulonnais.

LE CRÉTACÉ DE LA RÉGION DU NORD.

L'Infra-Crétacé est représenté dans une partie de la région du Nord par une formation fluviatile ou lacustre analogue au Wealdien anglais. Ainsi à Anzin, à Fourmies, à Saint-Waast, à Bavai et aux environs de Tournai et de Mons (Belgique), on trouve à la surface des calcaires carbonifères ou dévoniens des poches remplies d'argile noire ou brune avec des nids de sables et des veines ligniteuses. Ces dépôts sont recouverts à Bavai, Saint-Waast, par les couches cénomaniennes à *Pecten asper* ou par d'autres assises crétacées. Ils forment une bande continue en Belgique, sur la frontière française depuis Haime-Saint-Pierre à l'est jusqu'à Bernissart à l'ouest; il y a là un assemblage d'argiles de couleurs variées : rouge, grise, blanche, noire, exploitées pour les poteries, de sables blancs ou jaunes et de galets de quartz. A Bernissart on a trouvé, comme nous l'avons déjà dit (1), des squelettes d'*Iguanodon*; il y a aussi des Poissons (*Lepidotus, Caturus*, etc.) et des Fougères : *Lonchopteris Mantelli, Pecopteris polymorpha*. Tous ces fossiles montrent que les dépôts en question correspondent bien au Wealdien anglais. Dumont leur a donné le nom d'*Aachénien* par suite d'une assimilation, d'ailleurs inexacte, avec les sables crétacés d'Aix-la-Chapelle.

A Fourmies, à Sains, l'Aachénien est représenté par des sables à gros grains contenant de l'oxyde de fer. Entre Anzin et Denain, il comprend des sables grossiers occupant une dépression de la surface des schistes houillers;

ces sables ont donné lieu à de grandes difficultés lors du percement de certains puits, à cause de l'eau qu'ils laissent passer en grande quantité; de là le nom de *torrent d'Anzin*. Cette eau ne vient pas de la surface du sol, puisque le torrent est complètement recouvert par les couches imperméables des dièves (Turonien). Elle sort du terrain houiller, et, comme les eaux de ce terrain, elle contient une certaine quantité de chlorure de sodium. On trouve dans le torrent des morceaux de bois silicifié (1). On a aussi rapporté au Wealdien ou Aachénien de Dumont les minerais de fer de Maubeuge, qui se trouvent au-dessous des marnes à *Pecten asper*.

Les couches marines infra-crétacées ne sont pas développées dans la région du Nord. Près de Fourmies il y a des argiles glauconieuses de l'étage aptien avec *Ostrea aquila*. Des couches glauconieuses à *Acanthoceras mamillare*, avec nodules de phosphate de chaux, se montrent le long de quelques affleurements dévoniens du nord de l'Artois; elles appartiennent au Gault. Enfin la zone de passage entre le Gault et le Cénomanien, caractérisés par le *Schlœnbachia inflata*, cette zone qui constitue la *gaize* de l'Argonne, existe sur la frontière belge aux environs de Condé. Elle atteint son épaisseur maxima (183 mètres) à Harchies. C'est un grès glauconifère pénétré de silice soluble dans les alcalis, et qui porte dans la région le nom de *meule* de Bracquegnies.

Le premier étage du Crétacé proprement dit,

(1) Page 281.

(1) Gosselet, *Esquisse géologique du nord de la France*, 2ᵉ fasc., Lille, 1881, p. 230.

l'étage cénomanien ou de la craie glauconieuse, existe dans la Flandre et le Hainaut. Il débute aux environs de Bavai par une roche appelée *sarrazin* de Bellignies, formée de sable, de grains de limonite et de débris de fossiles, réunis par un ciment calcaire. Le sarrazin est quelquefois utilisé comme pierre à bâtir. Il est surmonté par les marnes à *Pecten asper*, remplies de glauconie. Les mineurs les appellent *tourtia*. Beaucoup de puits houillers les traversent ; le tourtia recouvre généralement d'une manière directe les schistes houillers et autres roches primaires, et alors à la base il y a une couche de cailloux roulés. On distingue plusieurs assises de tourtia : en bas le tourtia de Sassegnies qui forme des escarpements sur la rive droite de la vallée de la Sambre, celui d'Assevent avec nodules phosphatés, celui de Montigny-sur-Roc, poudingue qui recouvre à Tournai l'Aachénien ou le calcaire carbonifère, enfin le tourtia de Mons à *Belemnites plenus*, consistant en marnes très développées à Bavai, où elles contiennent des Éponges transformées en phosphate de chaux.

L'étage turonien se montre formé en Flandre et en Artois par des marnes grises, bleues ou vertes contenant *Inoceramus labiatus* ; les mineurs leur donnent le nom de *dièves ;* beaucoup de fosses houillères les traversent. Ces dièves atteignent une épaisseur de 30 à 40 mètres. Les couches inférieures, à Valenciennes appelées *dièves rouges*, appartiennent peut-être au Cénomanien. La zone à *Inoceramus labiatus*, et surmontée par la marne à *Terebratulina gracilis*, constitue les *bleus* et les *gris* des mineurs de Douai et de Lens. Enfin le Turonien se termine par une craie grise à *Micraster breviporus* avec gros silex désignés sous le nom de *cornus*. Les plaines marneuses du Turonien sont couvertes vers l'est, dans le Cambrésis et sur les confins de la Thiérache, au Nouvion, à la Capelle, de beaux bois et de prairies qui contrastent avec la maigre végétation du pays crayeux avoisinant.

L'étage sénonien ou craie blanche est très développée dans le Nord et le Pas-de-Calais. Sa zone inférieure à *Micraster cor-testudinarium* fournit une craie grisâtre, glauconifère, tendre mais compacte, exploitée comme pierre de taille, surtout avant que les chemins de fer aient permis d'amener dans le nord la pierre à bâtir du calcaire grossier de Creil. « La plupart des vieux édifices de Cambrai, Valenciennes, Douai, Lille, Arras, sont construits en

craie de ce niveau. Aussi trouve-t-on dans ces pays une foule d'anciennes carrières souterraines qui, à certaines époques, ont servi de refuges aux populations (1). » On l'exploite près de Lille, à Lezennes. Là on trouve à la base un ou plusieurs bancs, tous avec nodules de phosphate de chaux ; ce sont les *tuns*. A Lille on trouve deux bancs de *tun* séparés par un calcaire sableux où s'ouvrent beaucoup de puits de cette ville. La zone suivante de la craie, zone à *Micraster cor-anguinum*, est épaisse ; on lui connaît 40 mètres à Douai, 60 à Lens ; elle existe sous le Tertiaire à Bailleul, Bourbourg, etc. En Picardie elle est plus puissante et atteint 100 à 120 mètres. La coupe ci-jointe (fig. 827) indique les divers étages du Crétacé en Picardie et en Artois. La zone supérieure, la craie à Bélemnitelles, affleure seulement en Picardie, à Montdidier, à Hardivillers près de Breteuil (Oise), à Beauval près de Doullens et à Hallencourt au sud-est d'Abbeville. Elle est caractérisée par les *Belemnitella quadrata*. La zone la plus supérieure à *Belemnitella mucaronta* n'existe pas.

C'est à ce niveau que MM. Buteux et de Mercey ont trouvé du phosphate de chaux. La craie à *Belemnitella quadrata* offre à Beauval, à Hardivillers, Hallencourt, etc., une apparence très différente de la craie blanche ordinaire ; elle est grise et cette couleur est due à un grand nombre de petits grains de phosphate disséminés dans sa masse (2). En outre le phosphate s'isole en certains points et tapisse l'intérieur de poches creusées dans la craie, comme l'a montré M. Merle en 1886. Ce sable phosphaté, dont le titre dépasse 80 p. 100 de phosphate, est devenu une richesse pour les environs de Doullens, où les terrains ont acquis une valeur énorme. Aujourd'hui des sondages ont révélé l'existence de la craie à phosphate en de nombreux points de la Picardie et du Pas-de-Calais. La figure 828 représente, d'après M. de Mercey, la coupe de Hardivillers, où la craie est surmontée du bief à silex et des limons et graviers.

En Picardie les versants des vallées creusées dans la craie présentent souvent une particularité singulière : on y voit des ressauts brusques, ayant l'inclinaison des talus d'éboulement ; c'est ce qu'on appelle dans le pays des *rideaux*. Ils ne suivent pas les lignes de niveau ; ils leur sont souvent plus ou moins obliques et parfois

(1) Gosselet, p. 264.
(2) Voir, sur le phosphate de chaux, *La Terre, les Mers et les Continents*, p. 518.

même presque perpendiculaires. Lorsqu'ils sont parallèles à l'une des vallées, ils ne sont nullement au même niveau sur les deux versants, mais dans des positions quelconques. M. Lasne leur attribue l'origine suivante (1): La pente était d'abord continue sur les versants, mais les eaux d'infiltration ont pénétré les couches supérieures et ont été arrêtées en profondeur par une couche imperméable ; elles sont restées stagnantes et ont dissous le calcaire, laissant en place une couche de silex. L'appui a manqué alors aux roches supérieures, qui ont glissé le long des cassures préexistantes, déterminant ainsi des dénivellations superficielles, les rideaux. M. de Lapparent n'admet pas pour le phénomène des rideaux une cause géologique (1). Il pense que ceux-ci sont dus à l'action de l'homme. « Les rideaux sont tout simplement la régularisation opérée par le labourage et la culture, de tous les accidents naturels qui interrompent la régularité de la pente d'un versant tant soit peu raide. » Une pente étant livrée à la culture, la charrue suit naturellement les horizontales du terrain ou les alignements entre lesquels le vallon se décompose. Tout changement de pente un peu brusque conduit à partager le versant en terrasses successives séparées les unes des autres par des lignes dont la charrue augmente graduellement la hauteur et la régularité. A la rencontre d'un bois tous les rideaux s'arrêtent sans y pénétrer ou plutôt s'y évanouissant.

LE TERTIAIRE DU NORD DE LA FRANCE.

Les couches tertiaires du nord de la France appartiennent presque exclusivement à l'Éocène inférieur. Ainsi dans le sud de la Picardie on retrouve les sables glauconieux, dits sables de Bracheux, l'argile plastique avec des lignites et au-dessus des sables jaunes, dits sables de Sinceny, qui font transition entre l'assise des lignites et celles des sable de Cuise. Pour ces couches éocènes qui se poursuivent dans le département du Nord et en Belgique, on emploie des désignations telles que : *étage landénien*, *étage yprésien*. L'étage landénien correspond aux couches les plus inférieures, aux sables de Bracheux et à la glauconie de la Fère. Il débute, d'après M. Gosselet, par une argile noire ou grise déposée dans les bas-fonds de la craie, c'est l'*argile de Louvil*, que des sondages ont mise en évidence en un grand nombre de points. Vient ensuite un sable vert, argileux et micacé, parfois cimenté en un tuffeau dont le fossile caractéristique est *Cyprina planata*. Enfin l'étagé se termine par les *sables d'Ostricourt*, qui correspondent aux sables de Bracheux comme le montrent les fossiles qu'on y trouve : *Ostrea bellovacina*, *Cyrena cuneiformis*, *Melania inquinata*. Ces sables ainsi appelés d'une localité près de Lille, se présentent sous différents aspects ; ils peuvent être blancs, gris ou verts. Parfois, comme dans le Cambrésis, ils sont agglutinés en un grès dur employé pour le pavage, et exploité à Bavai, Solesmes, Artres, etc. Ce grès contient des empreintes végétales, *Lygodium, Flabellaria, Laurus*, etc., qu'on retrouve aussi dans le Pas-de-Calais, à Béthune et Givenchy.

L'étage yprésien, qui surmonte le précédent, est beaucoup plus développé et atteint une grande épaisseur. Il est surtout argileux, et il est connu aussi sous le nom d'*argile des Flandres*. Mais, d'après M. Gosselet (2), il faut y distinguer plusieurs assises. L'assise inférieure ou *argile d'Orchies*, épaisse de 40 mètres, est bleue ou grise ; elle couronne les sables d'Ostricourt et correspond à l'argile plastique du bassin de Paris. L'assise moyenne ou *argile de Roubaix* atteint 36 mètres d'épaisseur. On y trouve des sables dits sables de Mons-en-Pevèle, dont les fossiles (*Nummulites planulata, Turritella hybrida, T. edita*) sont ceux des sables de Cuise du bassin de Paris. Enfin l'assise supérieure ou *argile de Roncq* correspond au *Panisélien* des géologues belges. Elle atteint 35 mètres d'épaisseur. On y trouve aussi des sables glauconifères. Il faut l'homologuer, d'après M Gosselet, à l'argile qui, à Laon, retient les eaux des puits et sépare le calcaire grossier des sables à *Nummulites planulata*. En résumé, l'argile des Flandres forme dans toute cette contrée un sous-sol imperméable, épais de 100 mètres à Bailleul, et parfaitement approprié à la culture des prairies.

Cette plaine argileuse est surmontée d'un certain nombre de petites collines : le mont Cassel (157 mètres), le mont des Récollets

(1) *Bull. Soc. géol.*, 3ᵉ sér., t. XVIII, 1890, p. 475.

(1) *Bull. Soc. géol.*, 3ᵉ sér., t. XIX, 1890, page 4.
(2) *Esquisse géologique du nord de la France*, 3ᵉ fasc., Lille, 1883, p. 307, et *Bull. serv. de la Carte*, nᵒ 8, janvier 1890.

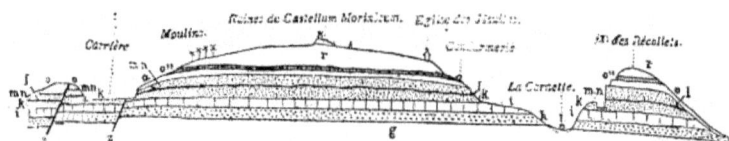

Fig. 829. — Coupe des monts Cassel et des Récollets. — *g*, argile de Roncq; *h*, sable glaucDnifère paniselien;
i, couche à Turritelles; *k*, sables à *Rostellaria ampla*; *l*, sables à *Nummulites lævigata*; *m*, sables à *Ditrupa strangulata*; *n*, sables à *N. variolaria*; *o*, argile glauconifère à *Pecten corneus*; *r*, sables ferrugineux de Diest; *z*, failles.

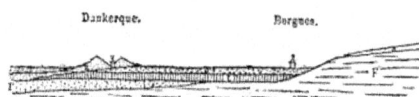

Fig. 830. — Coupe de la plaine maritime de la Flandre française (M. Gosselet). — *r*, sable des dunes; *s*, sable marin; *t*, tourbe avec poteries gallo-romaines; *c*, sable marin quaternaire; *a*, limon quaternaire; F, argile de Flandre.

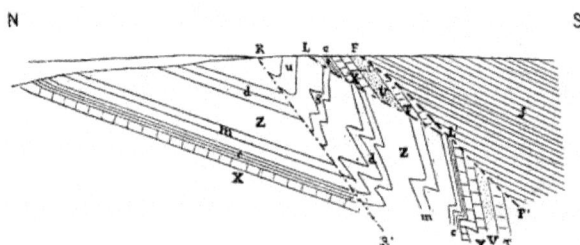

Fig. 831. — Esquisse du bassin houiller à Anzin (d'après M. Gosselet). — 1, 2, 3, 4, houille maigre; 5, 6, houille demi-grasse; 7, 8, houille grasse; 9, veines de la Citadelle; 10, veines du puits Petit; X, calcaire carbonifère; J, schistes gédinniens; FF', grande faille; RR', faille de retour; *f*, failles secondaires.

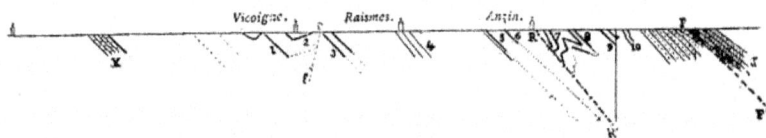

Fig. 832. — Structure schématique du bassin houiller franco-belge (d'après M. Gosselet). — J, schistes et psammites de Fooz (gédinnien); S, poudingue de Pairy-Bony (Givétien); T, calcaire d'Huy (Frasnien); V, psammite (Famennien); X, calcaire carbonifère; Z, Houiller; *e*, zone à *Productus carbonarius*; *m*, houille maigre; *d*, houille demi-grasse; *g*, houille grasse; *u*, houille à gaz-ou flenu; FF', grande faille; LL', faille-limite; RR', faille de retour.

Fig. 833. — Esquisse de la partie sud du bassin houiller de Dourges (d'après M. Gosselet). — 1, 2, 3, veines en place (plateures); 4, 5, 6, veines, renversées.

(140 mètres), le mont des Cats (158 mètres), le mont de Boescheppe (137 mètres), le mont Noir (131 mètres), le mont Kemmel (110 mètres), etc. Ces collines sont formées de sables et de grès appartenant à l'étage parisien et correspondant au calcaire grossier des environs de Paris. La base est constituée par les sables glauconifères du Panisélien et par des marnes verdâtres à *Turritula edita*, *Cardita planicosta*, puis viennent les diverses assises du Parisien. MM. Ortlieb, Chellonneix (1) et Gosselet distinguent les suivantes, de bas en haut : sables et grès à *Rostellaria ampla*, sables et grès à *Nummulites lævigata*, sables à *Ditrupa strangulata*, sables et bancs durs à *Nummulites variolaria* et *Cerithium giganteum*, argile glauconifère à *Pecten corneus* (fig. 829). On exploite les sables et les grès dans un grand nombre de carrières, notamment aux Récollets. Toutes les collines ont la même structure, et les couches se suivent dans le même ordre; on peut en conclure qu'elles étaient primitivement réunies et ne constituaient qu'un seul et même plateau; celui-ci a été raviné par les eaux de la période quaternaire et a été réduit ainsi à quelques lambeaux, témoins du niveau de l'ancienne plaine. De ces points culminants couronnés de moulins à vent, on voit une grande partie des pays environnants. Au sud, l'horizon est borné par les collines crayeuses de l'Artois, à l'ouest s'étend la ligne des dunes qui bordent la côte; au nord, se prolonge la vaste plaine des Flandres, au-dessus de laquelle on voit émerger les clochers et les beffrois de nombreuses localités françaises et belges.

L'Oligocène et le Miocène n'existent pas dans la région qui nous occupe, mais il y a des dépôts pliocènes. Ils couronnent précisément les collines des environs de Cassel. Ils consistent en sables et en grès ferrugineux d'un brun rougeâtre; leur base est remplie de galets de silex. Les sables inférieurs, plus fins que les supérieurs et non agglutinés, portent le nom de *sables chamois*. L'ensemble est désigné sous le nom de *sables de Diest*; c'est en effet à Diest et à Anvers en Belgique, qu'ils sont le plus développés. A Cassel ils atteignent environ 20 mètres d'épaisseur. Les sables de Diest correspondent à l'étage plaisancien du système pliocène; le seul fossile assez abondant est la *Terebratula grandis*.

LES DÉPÔTS PLÉISTOCÈNES ET LES DÉPÔTS MODERNES DE LA RÉGION DU NORD.

Ces dépôts pléistocènes sont très développés dans la région, mais leur étude est fort difficile et encore incomplète. Ils consistent surtout en limon jaune ou rouge contenant des silex, les uns entiers, les autres cassés. Ce limon remplit des poches creusées dans la craie. On l'appelle le *bief à silex*. M. Gosselet en distingue deux niveaux souvent presque confondus, mais parfois entre les deux on trouve des blocs de grès ou des sables. Le niveau inférieur date du commencement de l'ère tertiaire, et ses éléments ont été empruntés soit à la craie (silex) soit aux sédiments apportés par la première mer tertiaire (argile, sable). Le niveau supérieur seul est quaternaire, et ses silex proviennent du remaniement du bief éocène. M. Ladrière a cherché à déterminer l'âge relatif des assises pléistocènes du nord de la France. Il a reconnu dans les vallées trois niveaux se succédant toujours dans le même ordre; ils arrivent jusque vers le sommet des plateaux les plus élevés. D'après M. Boule ces dépôts des vallées sont tous du Quaternaire supérieur; le plus ancien est nettement fluviatile et ne s'élève pas à plus de 50 mètres au-dessus des fleuves actuels; il contient le Mammouth (*Elephas primigenius*), et se montre aux environs de Paris, à Chelles, superposé à l'assise encore plus ancienne contenant l'*Elephas antiquus*. Les deux niveaux supérieurs des vallées du nord de la France seraient dus à des phénomènes de ruissellement (1).

Les dépôts pléistocènes de la Picardie sont célèbres par les recherches de Boucher de Perthes, qui y a trouvé, à Abbeville, à Saint-Acheul, des silex taillés et autres traces de l'homme préhistorique. L'établissement des tourbières de la vallée de la Somme a commencé pendant la période quaternaire, et le phénomène se continue à l'époque actuelle (2).

La plaine qui constitue dans le nord de la Flandre française et aux environs de Saint-

(1) Ortlieb et Chellonneix, *Étude géologique des collines tertiaires du département du Nord*. Lille, 1871.

(1) *Bull. Soc. géol.*, 3e sér., t. XIX. Comptes rendus sommaires, 13 juin 1892.
(2) Voir, sur la tourbe, *La Terre, les Mers et les Continents*, p. 504.

Omer le pays des Watteringhes est une plaine d'alluvions récentes (fig. 830). Sur l'argile des Flandres repose une couche de sables et d'argiles, connue seulement par des sondages. C'est un dépôt quaternaire à coquilles marines atteignant 31 mètres d'épaisseur à Dunkerque, 38 mètres à Calais, 22 à Bourbourg. A la base se trouvent des cailloux roulés ; à Ostende on y a découvert la *Cyrena fluminalis*, qui existe aussi dans le Quaternaire anglais. Sur ces sables quaternaires il y a une couche de tourbe contenant des débris de l'époque gallo-romaine ; elle formait entièrement le sol de tout ce pays pendant la domination romaine et du temps des Ménapiens et des Morins qui se défendirent avec tant d'énergie contre César. Sur la tourbe enfin, il y a un dépôt de sable et d'argile avec coquilles marines qui ont gardé leur position normale, les deux valves réunies, le siphon en haut. La mer a donc envahi la contrée vers la fin de la domination des Romains, soit par suite d'un tassement graduel du sol, soit par suite d'un changement dans la force des marées. Le golfe flamand s'étendait d'Ardres à Sangatte, à Watten, à Bergues, mais il y avait un certain nombre d'îles, ainsi le banc de galets sur lequel sont bâtis Saint-Pierre, Marck, Oye, le haut fond qui s'étend entre Loon et Grande Synthe, et l'emplacement de Bergues. Au sud,

d'après MM. Gosselet et Rigaux, le golfe ne dépassait pas Watten, et jamais il ne s'est étendu jusqu'à Saint-Omer, car entre Watten et Saint-Omer il y a sur la tourbe non du sable marin mais une couche d'eau douce formée dans un immense marais. Cet état persista plusieurs siècles, mais dès le VIIIe siècle les eaux marines s'étaient déjà en partie retirées, comme le montre l'existence de Loon citée au VIIe siècle, de Guemps (an 826), Holque (an 864). A part deux dépressions, celle de Sangatte à Fréthun, et celle de l'embouchure de l'Yser, le golfe s'était comblé par l'apport des sédiments. Toutefois le niveau du sol est inférieur encore à celui de la mer, et sans les dunes et les écluses la plaine alluviale du nord de la France serait un vaste marais salant (1). Le phénomène des dunes a une grande importance sur ces côtes. A diverses reprises ces monticules de sable ont envahi des champs et des villages, notamment, au siècle dernier, le village de Zuydcoote près de Dunkerque ; la tour de l'église, haute de 20 mètres, est entourée de sable de tous côtés. Les dunes sont aujourd'hui fixées par des herbes de diverses sortes : le Carex des sables (*Carex arenaria*), de la famille des Cypéracées, et plusieurs Graminées, telles que le Roseau des sables (*Psamma arenaria*) connu sous le nom vulgaire d'Oyat.

LE HOUILLER DE LA RÉGION DU NORD.

Nous avons déjà parlé du Houiller de la région du Nord (1), qui n'est que le prolongement du bassin de Belgique. Il suffira donc ici d'ajouter quelques détails et de donner quelques figures. La figure 832 représente d'une manière schématique, d'après M. Gosselet, le bassin franco-belge. On y voit les couches plissées et disloquées par trois grandes failles : la *grande faille*, entre le Dévonien en place du bassin de Dinant et les couches plus récentes, renversées du bassin de Namur ; la *faille limite* entre le lambeau de poussée dévonien et carbonifère, qui a été déplacé du bassin de Namur vers le nord, et l'étage houiller productif ; enfin la *faille* ou *cran de retour* en plein terrain houiller entre les couches plissées et renversées du sud et les couches en place du nord. En France, le bassin carbonifère se trouve au-dessous d'une grande épaisseur, parfois 150 mètres, de terrain crétacé, ce que les mineurs

appellent les *morts-terrains*. Pour arriver à la houille il faut percer les *dièves* turoniennes et le *tourtia* cénomanien. Sur les couches schisteuses à *Productus carbonarius*, on distingue quatre zones qui sont de bas en haut : 1° la zone de Vicoigne ou des charbons maigres ; 2° la zone d'Anzin ou des charbons demi-gras ; 3° la zone de Denain ou des charbons gras ; 4° la zone des charbons à gaz ou flénus exploités sur le bord méridional du Pas-de-Calais, à Bully-Grenay, Bruay, Marles, etc.

A Anzin (fig. 831), on voit au nord les fouilles maigres de Vicoigne ; les fosses d'Anzin sont établies sur les faisceaux de houille demi-grasse et de houille grasse, séparés par la faille de retour.

A Dourges, la faille de retour est compliquée

(1) *La Terre, les Mers et les Continents*, p. 491.

(1) Voir sur le littoral flamand, Debray, *Etude géologique et archéologique de quelques tourbières du littoral flamand et du département de la Somme*. Lille, 1873, et Gosselet et Rigaux, *Mouvement du sol de la Flandre, depuis les temps géologiques*. Lille, 1878 (*Ann. Soc. géol.*).

d'une autre faille presque horizontale, ou plutôt elle est horizontale sur une partie de son parcours (fig. 833). Les bassins de Denain, d'Aniche, etc., présentent d'autres particula-rités. A partir de Fléchinelle le Houiller disparaît pour reparaître dans le Boulonnais, où nous allons le retrouver.

LE BOULONNAIS.

Le Boulonnais forme une petite région à part, avons-nous dit, dans le nord de la France. Un escarpement demi-circulaire de craie blanche entoure des terrains plus anciens. On a là une déchirure analogue à celle du pays de Bray; mais de plus, si l'on considère le sud de l'Angleterre, on y trouve une région tout à fait semblable au Boulonnais; c'est le Weald. En somme le Weald et le Boulonnais ne formaient primitivement qu'une seule et même région elliptique dont le grand axe est dirigé du sud-est au nord-ouest; sa continuité primitive a été rompue lors de l'ouverture du détroit du Pas de Calais. La constitution géologique du Boulonnais est la suivante. La crête crayeuse qui entoure le pays du côté de l'intérieur forme en outre des falaises depuis Sangatte près Calais jusqu'au sud de Wissant ; la principale est celle du cap Blanc-Nez. Une ceinture infra-crétacée double la crête crayeuse et entoure un massif jurassique, sur lequel d'ailleurs il y a aussi des lambeaux infra-crétacés. Le Jurassique forme les falaises des environs de Boulogne. Enfin, vers l'est, aux environs de Marquise, affleurent le Dévonien et le Carbonifère. Par des sondages même on a pu constater l'existence du Silurien ; à Caffiers, un puits creusé pour la recherche de la houille a rencontré des schistes à Graptolithes.

Le Dévonien (fig. 834) débute dans le Boulonnais par des schistes rouges reposant sur le Silurien et des grès verdâtres avec empreintes végétales; ces couches, qui se terminent par le calcaire de Blacourt, appartiennent au Dévonien moyen. Le Dévonien supérieur est représenté par les schistes fossilifères de Beaulieu avec bancs de dolomie formant de petites collines rocailleuses comme la Roche des Noces, par le calcaire de Ferques qui fournit des pierres de taille estimées, et par les psammites et des grès jaunes ou rouges de Fiennes et de Saint-Godelaine exploités pour faire des pavés.

Le calcaire carbonifère des environs de Marquise fournit des marbres estimés. A la base se trouve la dolomie du Hure, puis la carrière du Haut-Banc, à la vallée Heureuse, donne un calcaire gris ou brun, concrétionné (marbres Henriette et Caroline). A des couches supérieures appartiennent des marbres gris ou roses (marbres Napoléon et Notre-Dame) et le marbre dit Joinville gris à veines rouges, synchronique du calcaire de Visé. La figure 835 donne la coupe du calcaire carbonifère à Ferques.

Les houillères du Boulonnais sont situées à Locquinghen et à l'ouest d'Hardinghen (fig. 836). Les couches exploitées sont des schistes reposant sur des grès qui contiennent aussi des veinules charbonneuses.

Le Jurassique débute dans le Boulonnais par des sables avec bancs intercalés d'argile et de lignites pyriteux, reposant directement sur le Carbonifère. D'après M. Gosselet (1) il faut les rapporter au Bajocien, ou peut-être même à un étage plus ancien: c'est une formation de lac ou d'estuaire. Le Bathonien qui vient ensuite se voit bien dans la carrière d'Hydrequent. Il occupe la partie supérieure des carrières de Marquise, où il fournit un calcaire oolithique employé pour les constructions. Le Jurassique supérieur est très développé. Le Callovien et l'Oxfordien sont peu épais, ils fournissent des argiles exploitées pour poteries. Le Rauracien consiste en une argile grise contenant des bancs de calcaire où l'on trouve les fossiles caractéristiques : *Cidaris florigemma, Hemicidaris crenularis*. C'est ce qu'on voit à Bruedale dans la vallée de la Liane et à Échinghen au pied du Mont-Lambert. On y voit aussi les couches à Astartes et à *Ostrea deltoïdea*. Le Kimmeridgien caractérisé par *Exogyra virgula* se divise en un grand nombre d'assises, bien visibles au Mont-Lambert (fig. 837). L'une des plus importantes est celle que caractérise l'*Aspidoceras (Ammonites) caletanum;* il y a là un calcaire argileux noir employé pour fabriquer le ciment de Boulogne. Au milieu de ces couches à *Aspidoceras caletanum*, MM. Douvillé et Rigaux ont signalé récemment un banc coralligène à *Cidaris*. Le Portlandien atteint une épaisseur considérable et se divise d'après M. Pellat en un grand nombre d'assises dont nous ne citerons que les principales. Cet étage forme les

(1) Gosselet, *Esquisse géologique du nord de la France*, 2ᵉ fasc., 1881, p. 190.

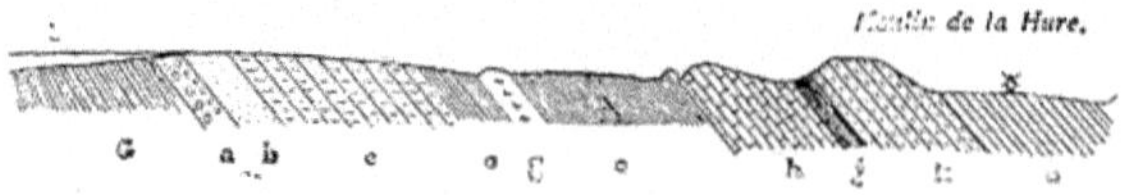

Fig. 834. — Coupe du terrain dévonien du Boulonnais (M. Gosselet). — G, schistes siluriens; a, poudingue; b, psammites à végétaux; c, calcaire de Blacourt; e, schistes de Beaulieu; g, dolomie des Noces; h, calcaire de Ferques; j, schistes; k, psammites à *Cucullæa Hardingii*; o, dolomie carbonifère; l, gault.

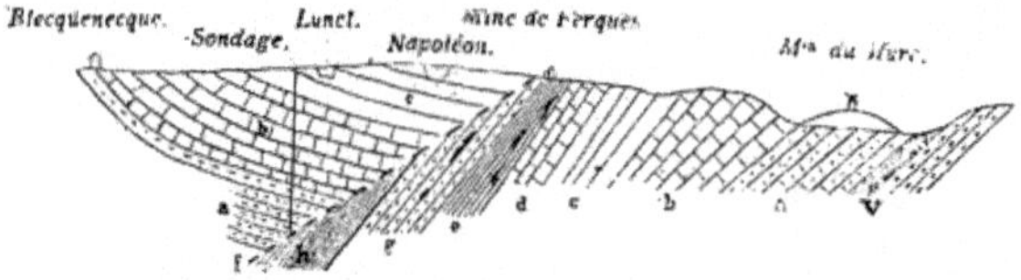

Fig. 835. — Coupe du Carbonifère de Ferques (d'après M. Gosselet). — V, Famennien; a, dolomie du Hure; b, calcaire du Haut-Banc; c, calcaire Napoléon; d, calcaire de Visé; e, calcaire, schistes avec veinules de houille; g, grès de plaines avec veinules de houille; h, schistes et houille; f, faille.

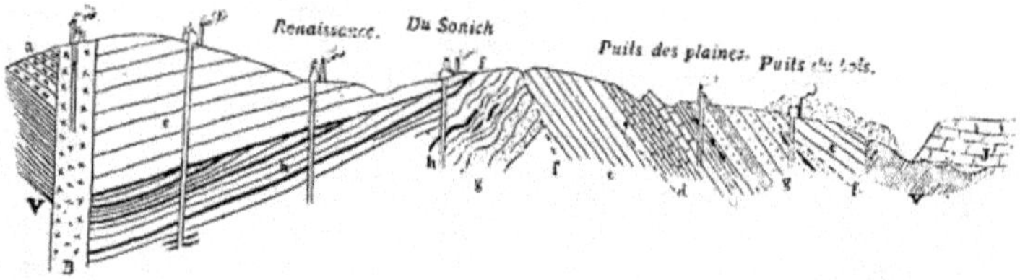

Fig. 836. — Coupe du Carbonifère à Hardinghen (d'après M. Gosselet). — J, Jurassique; V, Famennien; a, dolomie du Hure; b, calcaire du Haut-Banc à *Productus cora*; c, calcaire de Limont (Napoléon); d, calcaire de Visé à *Productus giganteus*; e, calcaire, schistes et veines de houille; g, grès de plaines avec veines de houille; h, schistes et houille; f, failles; B, brèche remplissant une faille.

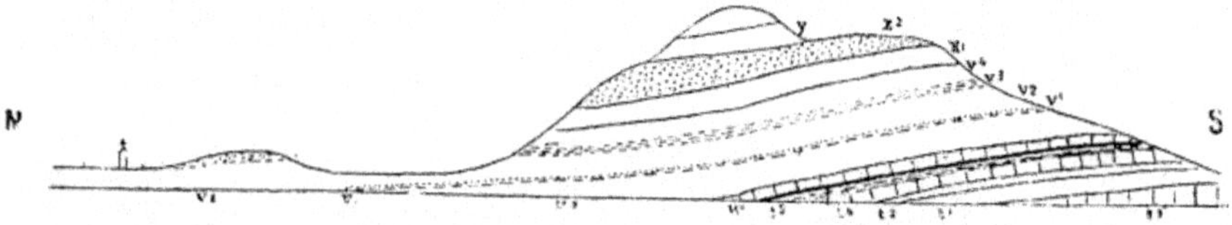

Fig. 837. — Coupe du Jurassique supérieur au Mont-Lambert, près Boulogne (d'après M. Pellat). — s^3, zone à *Cidaris florigemma*; t^1, argiles à *Ostrea deltoidea*; t^3, calcaire à *Trigonia Bronni*; t^4, oolithe à Nérinées; t^5, grès de Virvigne; $u^1 u^2$, zone à *A. orthocera* et *E. virgula*; $v^1 v^5$, zone à *A. caletanum*; $x^1 x^2$, zone à *A. portlandicus*; y, argile à *Ostrea expansa*.

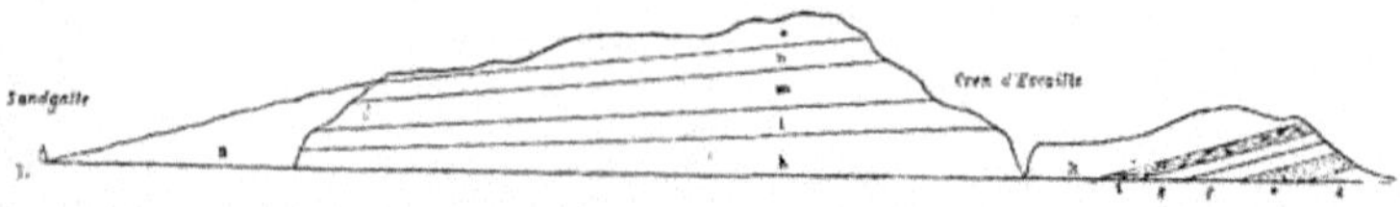

Fig. 838. — Coupe des falaises du cap Blanc-Nez (d'après MM. Chellonneix et Barrois). — B, diluvium et limon; d, zone à *Ostrea aquila*; e, zone à *A. mamillaris*; f, zone à *A. interruptus*; g, zone à *A. inflatus*; i, zone à *A. laticlavius*; k, zone à *Holaster sub-globosus*; l, zone à *B. plenus*; m, zone à *Inoceramus labiatus*; n, zone à *Terebratulina gracilis*; o, zone à *Micraster breviporus*.

falaises des environs de Boulogne. La zone inférieure à *Ammonites* ou *Olcostophanus portlandicus* comprend des argiles, des sables et des grès calcarifères; ceux-ci forment le sommet de la falaise du cap Gris-Nez. La zone argileuse à *Ostrea expansa* qui atteint 30 mètres se trouve dans la falaise de Wimereux et du Portel. Elle est surmontée par des sables et des grès à *Trigonia gibbosa*. Ces diverses zones constituent le Portlandien proprement dit ou *Bononien*. Il faut signaler dans le Bononien du Portel des empreintes problématiques découvertes par M. Stanislas Meunier et Boursault et analogues aux fameuses Bilobites du Silurien. Il s'agit probablement aussi de pistes laissées sur la vase par des animaux marins.

Les couches bononiennes sont couronnées par des assises qui répondent aux Purbeckien anglais. Ce dernier est considéré soit comme un étage à part, soit comme le sous-étage supérieur du Portlandien. Les assises jurassiques les plus supérieures du Boulonnais contiennent un mélange d'espèces marines et saumâtres, telles que *Cerithium Mantelli*, *Cyrena Pellati*, etc. Les couches à Cyrènes indiquent que la mer quittait le Boulonnais, laissant des lagunes qui, d'abord saumâtres, devinrent peu à peu entièrement lacustres. Près de Wimille, à Rupembert et à Ecaux, le sable à *Cyrena Pellati* et *Cyrena ferruginea* est tellement imprégné de limonite qu'on l'exploite comme minerai de fer.

Les couches infra-crétacées du Boulonnais sont analogues à celles d'Angleterre. Le Wealdien, par lequel débute l'Infra-Crétacé de l'autre côté de la Manche, est représenté ici par des sables glauconifères ou ferrugineux accompagnés de veines d'argile. Ils couvrent toutes les hauteurs et forment une bande régulière autour du massif jurassique. On y trouve des fossiles d'eau douce : Unios, Cyclas, Cyrènes. Ces sables exploités à Desvres, à Wissant, contiennent à Saint-Étienne-au Mont près de Boulogne des nodules de limonite employés comme minerais de fer. L'Aptien existe sur la plage de Wissant sous forme d'une argile noire pyriteuse à *Ostrea aquila*, c'est la couche que les géologues anglais ont appelée *Sandgatte beds*. Les sables verts albiens à *Acanthoceras mamillare* et nodules de phosphate de chaux entourent d'une ceinture continue le massif jurassique du Boulonnais. A la falaise du Blanc-Nez, on doit leur rapporter les rochers de grès verts qui affleurent à marée basse près de Wissant.

L'argile noire du Gault, avec de nombreux fossiles tels que *Inoceramus concentricus*, *I. sulcatus*, *Hoplites interruptus*, atteint une dizaine de mètres à Wissant sous la falaise du Blanc-Nez. Cette falaise (fig. 838) a été bien étudiée par M. Chellonneix, puis par M. Barrois. On y voit diverses couches du Cénomanien et du Turonien. La zone à *Schloenbachia inflata*, qui fait transition du Gault au Cénomanien, existe au voisinage de la falaise vers l'ouest. La zone à *Pecten asper* n'existe pas. Au-dessus on trouve une marne glauconifère avec diverses Ammonites (*A. varians*, *A. laticlavius*). Le pied de la falaise est constitué par une craie grise, dure, un peu argileuse, avec *Holaster globosus*, *Schloenbachia varians*, etc., à laquelle succèdent les couches marneuses à *Belemnites plenus*. Les couches turoniennes constituent la moyenne partie de la falaise; la zone à *Inoceramus labiatus* est une craie noduleuse de 20 mètres d'épaisseur. La zone à *Terebratulina gracilis* qui vient ensuite atteint 40 mètres; c'est une craie marneuse, compacte, avec des silex à la partie supérieure. La craie sableuse, dure, à gros silex, couronne le Blanc-Nez. Enfin la craie sénonienne à *Micraster cor-testudinarium* se montre dans les collines qui sont à l'est de la falaise et qui entourent le Boulonnais.

LE BASSIN DE LA SAONE ET DU RHONE.

LA BRESSE ET LA DOMBES.

La longue vallée de la Saône et du Rhône est limitée à l'est par le Jura et les Alpes dont nous avons déjà étudié la structure. Au nord on trouve les collines jurassiques de la Haute-Saône qui séparent cette vallée des Vosges. A l'ouest nous trouvons d'abord la Côte d'Or entièrement jurassique, puis la côte chalonnaise qui en est le prolongement et où le Trias et les diverses formations jurassiques longent le Plateau Central. Il en est de même plus bas pour le Mâconnais, où des dépôts pliocènes cachent en partie le Jurassique; de plus on trouve là des roches éruptives carbonifères, notamment près de Cluny. Nous trouvons ensuite les roches éruptives du Beaujolais et le Jurassique du Mont-d'Or lyonnais dont nous avons déjà parlé. Puis le Plateau Central lui-même longe le Rhône au-dessous de Lyon jusqu'au-dessus de Valence. A partir de là le Jurassique et le Crétacé bordent le Plateau Central dans les départements de l'Ardèche et du Gard; nous avons à étudier cette bordure de terrains secondaires.

La vallée de la Saône est une vaste plaine ondulée de plus de 200 kilomètres de longueur et de 40 à 60 de largeur, s'étendant jusqu'à Lyon. Cette plaine porte le nom de Bresse; jusqu'à Louhans elle constitue la Bresse chalonnaise, puis continue vers Bourg en formant la Bresse proprement dite. C'est une région couverte de dépôts pliocènes, mais au sud-est les couches pliocènes sont cachées par des alluvions pléistocènes beaucoup plus puissantes, argileuses, imperméables et qui se rattachent intimement aux phénomènes glaciaires. Il en résulte un pays tout différent de la Bresse, très faiblement ondulé, tout parsemé d'étangs; c'est la Dombes, qui jusque vers le milieu du siècle était l'une des régions les plus insalubres de France. Mais de grands travaux de dessèchement ont été entrepris, des prairies artificielles ont été créées et l'agriculture a fait de grands progrès, grâce au chaulage et au marnage. M. Gallois dépeint de la manière suivante l'aspect de ce coin de France jadis si peu favorisé: « Aujourd'hui la Dombes n'est plus la région déshéritée d'autrefois. Le voyageur qui se détourne des grandes routes pour la visiter, et qui l'aborde généralement sous l'impression des sombres peintures qu'on en a faites, éprouve plus d'une surprise. De ce pays solitaire, aux horizons toujours noyés dans la brume, se dégage un grand charme. Les claires nappes d'eau, et çà et là les masses sombres de ses petits bois de chênes et de bouleaux rompent la monotonie des prairies et des champs étroits aux sillons profonds. Détachées du troupeau voisin, quelques bêtes, dans l'eau jusqu'à mi-jambes, paissent la brouille des étangs, tandis que de jeunes chevaux d'élevage, l'entrave aux pieds, parqués dans de vastes enclos, animent ce paysage un peu triste. De loin en loin, émergeant de la verdure, apparaît la large toiture d'une ferme ou le clocher d'un petit village dont les maisons, construites en terre ou en briques, n'ont cependant rien de misérable. Au

levant se dressent les crêtes du Jura et des Alpes, au couchant les sommets plus arrondis du Beaujolais. N'était quelquefois l'odeur du marécage, lorsqu'on approche de la queue des étangs, ou la rencontre de quelque vieux paysan souffreteux, au teint jauni par la fièvre, rien ne rappellerait plus l'ancienne Dombes. Cette régénération rapide est un des plus beaux exemples de ce que peuvent les efforts intelligents et méthodiques de l'homme sur la nature (1). »

L'horizontalité de la Bresse et de la Dombes fait que les coupes sont fort rares et par suite le sous-sol est mal connu. On sait cependant que les formations sidérolithiques du Jura se prolongent dans la Bresse avec les mêmes caractères, et l'on y trouve aussi des couches lacustres manifestement oligocènes à *Helix Ramondi* et *Potamides Lamarcki*. En plusieurs points, par exemple à Clériat près de Coligny (Ain), Tournoüer a signalé la présence de mollasse marine miocène avec fossiles abondants, mais d'ailleurs mal conservés.

Les dépôts qui forment essentiellement toute cette région sont d'âge pliocène. Ils ont été surtout étudiés par M. Delafond (2). En faisant abstraction du cailloutis et du limon de recouvrement dont nous parlerons plus loin, le sol de la Bresse et de la Dombes est constitué par des marnes généralement bleues, quelquefois verdâtres ou rougeâtres, alternant avec des sables fins micacés quartzeux. On peut les observer dans toutes les vallées, notamment celles du Rhône, de l'Ain, de la Chalaronne; tous les puits un peu profonds, tous les ravinements importants décèlent l'existence de ces marnes bleues qu'on observe aussi bien sur les flancs des coteaux et sur les plateaux que dans le fond des vallées. Les sources qui alimentent les rivières et les ruisseaux de la Dombes se trouvent presque toutes au contact des cailloutis des plateaux et des marnes bleues sous-jacentes. Celles-ci peuvent atteindre une épaisseur de 100 mètres; elles sont caractérisées par la présence de nombreuses Paludines, de Pyrgules (*Pyrgula Nodoti*), de Planorbes (*Planorbis Philippei, Pl. Thiollierei*, etc.) et de Mollusques terrestres (Hélix, Clausilies). Elles sont rapportées au Pliocène moyen (Astien). Sur quelques points les terrains observés sont différents. Ainsi

(1) Gallois, *La Dombes* (*Annales de géographie*, 15 janv. 1892).

(2) *Bull. Soc. géol.*, 3e série, t. XIII, 1884 et t. XV, 1886.

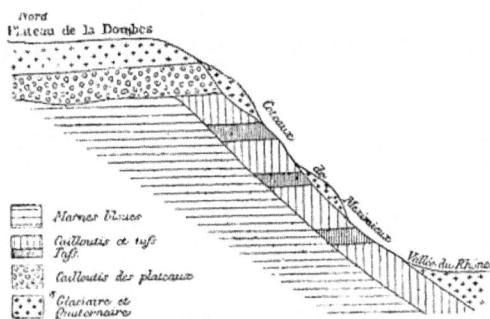

Fig. 839. — Coupe du gisement de Meximieux (M. Delafond).

à Montmerle et à Trévoux on voit surgir au milieu des marnes bleues deux promontoires sableux d'une centaine de mètres d'élévation. Ces sables appelés *sables de Trévoux* sont plus récents que les marnes et les ravinent. Ils sont caractérisés par les ossements de Mastodontes (*Mastodon arvernensis*), de Rhinocéros (*R. leptorhinus*), des coquilles terrestres (*Helix Chaixi, Clausilia Terveri*, etc.). Cette formation correspond aux couches les plus anciennes de Perrier en Auvergne et date de la fin du Pliocène moyen. Suivant M. Delafond, Trévoux et Montmerle n'étaient pas à l'origine des points exceptionnels, comme aujourd'hui, au milieu des marnes; ils faisaient partie d'un ensemble continu, occupant probablement, au moins en partie, la vallée actuelle de la Saône et les vallées latérales, et que l'érosion aurait fait disparaître en grande partie. Au sommet des sables on voit apparaître des bancs de conglomérats formés de cailloux roulés; ils deviennent de plus en plus nombreux et relient aux sables les cailloutis qui couvrent les plateaux. Ainsi le Pliocène moyen présenterait dans la Bresse deux phases distinctes. Le dépôt des marnes à Paludines aurait été suivi d'un changement dans le régime des marnes ayant amené le ravinement de ces marnes; de cette époque paraît dater le creusement des diverses vallées actuelles, notamment de celle de la Saône. Puis les dépôts de sables auraient comblé les dépressions creusées dans les marnes; ils se seraient ensuite continués par les cailloutis des plateaux. Enfin les sables et les cailloutis démantelés plus tard en grande partie, probablement à l'époque pléistocène, n'auraient laissé que quelques témoins.

Sur les flancs des coteaux de la Dombes, constitués par les marnes bleues, on voit apparaître des tufs calcaires déposés par des ruisseaux ou des sources : ils passent d'ailleurs par place à des cailloutis. On les observe bien surtout à Meximieux dans l'Ain (fig. 839). Ces tufs sont regardés par M. Delafond comme contemporains des sables de Trévoux ; ils s'expliquent de la manière suivante. Après le ravinement des marnes bleues et la formation des vallées profondes, celles-ci ont été comblées, mais tandis que dans la vallée de la Saône se déposaient des sables fins comme à Trévoux et à Montmerle, les formations de la vallée du Rhône étaient constituées par des cailloutis grossiers au milieu desquels des eaux calcaires, provenant probablement des plateaux marneux de la Dombes, laissaient déposer des tufs. Les coquilles trouvées dans les tufs sont les mêmes que celles des sables, mais il y a, en outre, une flore très riche étudiée par M. de Saporta. Les principaux végétaux de Meximieux sont : une Taxinée aujourd'hui japonaise (*Torreya nucifera*), un Chêne vert (*Quercus præcursor*), des Laurinées canariennes ou américaines (*Laurus canariensis, Persea carolinensis*), un Tilleul (*Tilia expansa*), un Daphne (*D. pontica*) aujourd'hui cantonné dans l'Asie Mineure et en Thrace, des Platanes, des Magnolias, des Tulipiers analogues à ceux que possède aujourd'hui l'Amérique, une sorte de Bambou (*Bambusa lugdunensis*) de faible taille, etc. M. de Saporta esquisse de la manière suivante le tableau que présentait Meximieux pendant le Pliocène. « Les eaux incrustantes de la localité pliocène étaient couronnées de plantes qui se penchaient sur elles, entourées de grands arbres qui ombrageaient

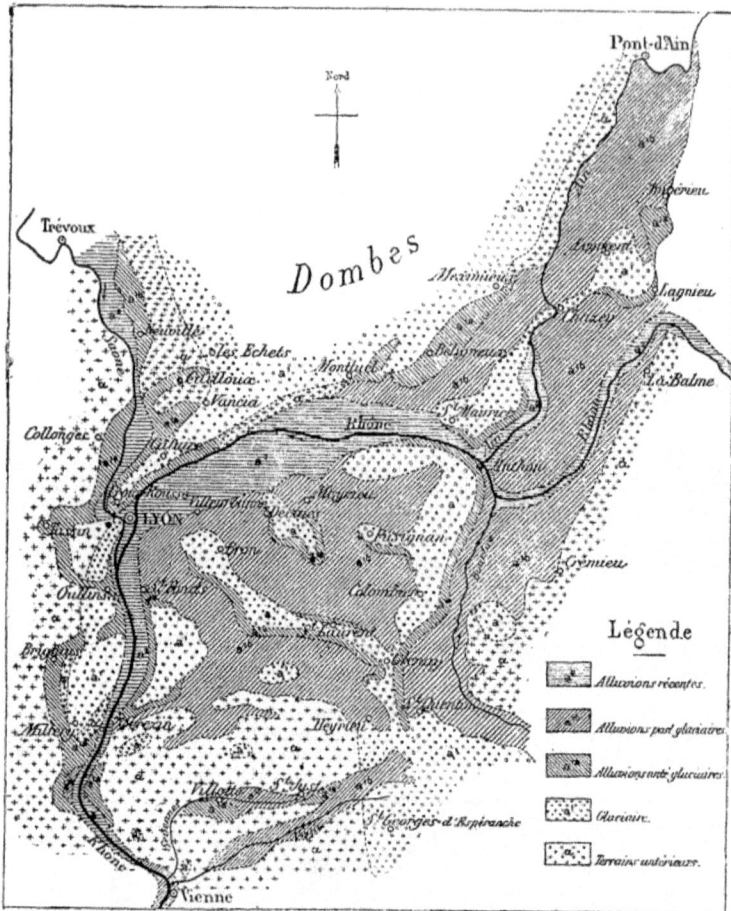

Fig. 840. — Carte des alluvions des environs de Lyon, d'après M. Delafond.

leur cours; elles traversaient de puissantes forêts, dont les dépouilles entraînées par les flots rapides ont laissé dans la roche en voie de formation l'empreinte fidèle de leurs diverses parties : feuilles, fruits, fleurs, rameaux, hampes, folioles éparses et parfois des tiges ou des branches entières.

« La forêt de Meximieux ressemblait à celles qui font encore l'admiration des voyageurs

dans l'archipel des Canaries. Ce sont, en partie, du moins, les mêmes essences qui reparaissent, en tenant compte de la richesse plus grande dont la localité pliocène garde le privilège. Pour émettre à son égard une juste appréciation, il faut joindre aux Canaries l'Amérique du Nord, à l'Europe moderne l'Asie caucasienne et orientale, et recomposer, au moyen des éléments empruntés à ces divers pays, un ensemble qui donnera la mesure exacte de la végétation qui couvrait alors le sol aux environs de Lyon. » (1)

Les cailloutis, graviers ou sables qui couvrent de si vastes superficies dans la Bresse et la Dombes appartiennent certainement à des âges très divers. Les cailloutis les plus anciens recouvrent soit les terrains tertiaires, soit les terrains anciens et secondaires de la bordure de cette grande dépression. Ils sont toujours fort altérés et présentent une couleur rougeâtre due à la suroxydation du protoxyde de fer ; les matériaux y sont très divers ; dans la Bresse ils renferment des éléments empruntés aux Vosges, tandis que dans la Dombes les matériaux alpins (roches granitiques, calcaires noirs) dominent. La stratification est confuse, parfois très inclinée, les matériaux les plus gros sont à la partie inférieure, tandis qu'en haut il y a des sables fins se reliant intimement au limon superficiel. Ces dépôts ont raviné les terrains sous-jacents et présentent tous les caractères de sédiments d'origine fluviatile. Ils forment des terrasses étagées depuis la côte de 280 mètres jusqu'à celle de 450 aux environs de Beaujeu ; l'épaisseur est d'environ 20 mètres. D'après M. Delafond tout indique que ces alluvions anciennes sont des dépôts de cours d'eau dont les niveaux ont varié. Leur âge est encore douteux ; cependant elles se sont déposées après les sables de Trévoux à *Mastodon arvernensis* et paraissent contemporaines de l'*Elephas meridionalis*, c'est-à-dire du Pliocène supérieur. La terrasse du niveau 190-195 de la vallée de la Saône, développée à Chalon-Saint-Cosme, Saint-Germain-des-Plaines, etc., présente des marnes, dites de Saint-Cosme, longtemps confondues avec les marnes bleues à Paludines ; mais, d'après M. Delafond, elles sont plus récentes (2). Ces marnes, exploitées pour tuileries, ne contiennent jamais de Paludines ni de Pyrgules ; en fait de Mollusques il n'y a que *Valvata inflata* et *Bythinia tentaculata*, et en outre on y a trouvé une corne de *Cervus Perrieri*, qui caractérise le Pliocène supérieur. Les marnes de Saint-Cosme sont ravinées par les sables et graviers avec coquilles et ossements pléistocènes (*Cervus megaceros, Cervus laphus, Bos, Equus, Elephas primigenius*).

Outre les alluvions anciennes de la Bresse et de la Dombes se trouvent deux autres caillou-

tis ; l'un est dû aux alluvions des cours d'eau pléistocènes et renferme le Mammouth (*Elephas primigenius*) ; il forme dans la Bresse des dépôts de rives masqués aux environs de Chalon et de Tournon par des alluvions récentes, et dans la Dombes il constitue des terrasses peu élevées, comme à Thoissey et Saint-Bernard près Trévoux. L'autre, d'ailleurs du même âge, recouvre les plateaux de la Dombes et tapisse les pentes des collines ; il est d'origine glaciaire et provient des torrents qui s'écoulaient des glaciers, entrainant les galets et les boues ; on y trouve aussi l'*Elephas primigenius*. Ce cailloutis ne se rencontre que dans le voisinage des dépôts erratiques, en avant des moraines frontales des anciens glaciers descendus des Alpes, et il y a tous les degrés entre le terrain glaciaire non remanié et le cailloutis proprement dit. Ainsi, après le dépôt des sables de Trévoux, un nouveau creusement des vallées s'est produit et les cailloutis des terrasses se sont déposés. Ces glaciers sont ensuite arrivés dans la Dombes, alors nouveau creusement et élargissement des vallées, dépôt dans celles-ci de graviers à *Elephas primigenius* et dépôt dans la Dombes à toutes les hauteurs de cailloutis et de limons déposés par les torrents glaciaires (1).

A Lyon et aux environs immédiats de cette ville les dépôts pliocènes et pléistocènes sont aussi très développés. Le Pliocène marin existe à Loir, ce qui montre que la mer s'est avancée à cette époque jusqu'aux portes de Lyon. A la Croix-Rousse, des excavations faites pour les travaux d'un tunnel ont montré à Fontannes, que le gneiss est recouvert immédiatement par les sables pliocènes à *Mastodon arvernensis*, puis il y a des alluvions à *Elephas meridionalis* et enfin des alluvions quaternaires et le terrain glaciaire. Mais il y a aussi des terrains plus anciens que le Pliocène, précisément à la Croix-Rousse, à Saint-Fons de l'autre côté du Rhône, etc. Sous le Pliocène, le plateau de la Croix-Rousse présente la partie supérieure du Miocène supérieur (Tortonien). M. Depéret a étudié la faune de la Croix-Rousse et y a découvert l'*Hipparion gracile*, le *Dinotherium Cuvieri*, etc., et aussi une espèce nouvelle d'*Hyæmoschus* (*H. Jourdani*) qui comble la lacune séparant l'*H. crassus* du Miocène moyen de l'*H. aquaticus* vivant dans l'Afrique occidentale (2). Le Miocène moyen (Helvétien) existe

---

(1) De Saporta, *Le monde des plantes avant l'apparition de l'homme*, p. 332.

(2) *Bulletin du Service de la Carte*, n°17, mai 1890.

(1) Delafond, *Bull. Soc. géol.*, 3e série, t. XV, 1886, p. 80.

(2) *Bull. Soc. géol.*, 3e série, t. XV, 1887, p. 512.

à Toussieu, Saint-Fons, etc.; il consiste en sables à *Nassa Michaudi* et avec dents de Squales. A Polcymieux et Dardilly le Miocène inférieur est représenté par un conglomérat formé de blocs bréchiformes de calcaires jurassiques, agglomérés par un ciment calcaire et ferrugineux.

Ces alluvions pléistocènes qui couvrent tous les plateaux des environs de Lyon, ont été récemment étudiées par M. Delafond. La carte ci-jointe (fig. 840) indique la distribution de ces alluvions. M. Delafond distingue des dépôts glaciaires et des alluvions préglaciaires et postglaciaires (1). Ces dépôts glaciaires sont très étendus ; les moraines terminales se montrent jusqu'à Sathonay, la Croix-Rousse à Lyon, et aussi au delà de la Saône à Fourvières et à Sainte-Foy. Le glaciaire forme une nappe qui sur la rive droite du Rhône recouvre tout le flanc est des collines qui bordent le fleuve entre Lyon et Millery ; dans la région dauphinoise, à l'est de Lyon, il recouvre les plateaux de Grenay, Saint-Fons, etc., et forme une immense bourrelet de 50 kilomètres de longueur, depuis Lagnieu jusqu'au delà de Saint-Georges d'Espéranche ; c'est une vaste moraine frontale.

A l'est de Lyon s'étendent des plaines non recouvertes de glaciaires, ainsi celles de Meyzieu, de Villeurbanne, de la Valbonne. Ce sont des surfaces constituées par des cailloutis non recouverts de limon et atteignant de 20 à 30 mètres d'épaisseur. On voit ces cailloutis s'arrêter contre les moraines ; ils sont dus aux torrents qui s'écoulaient de ces moraines. Ces alluvions postglaciaires forment des terrasses élevées de 15 mètres au-dessus du niveau ac-

tuel du Rhône. D'autres alluvions sont au contraire nettement préglaciaires, elles sont généralement recouvertes par le glaciaire et en outre sont fortement démantelées, tandis que les premières sont presque intactes. Ces alluvions préglaciaires se voient nettement au plateau de la Croix-Rousse et de Caluire, sur le plateau de Collonges au mont d'Or, près d'Ambérieu, etc. Fontannes supposait que ces alluvions avaient été déposées par le Rhône alors alimenté par des glaciers établis en Savoie et dans les Alpes, puis le Rhône, à mesure que les glaciers progressaient, aurait raviné ces dépôts qui étaient ainsi fortement démantelés quand les glaces arrivèrent dans la région lyonnaise. M. Delafond a reconnu que ces alluvions forment des cônes de déjection ou des plateaux inclinés et proviennent de torrents glaciaires parcourant la région comprise entre Ambérieu, Crémieu et Saint-Georges d'Espéranche. Jusqu'à présent tous ces dépôts n'ont fourni que peu de documents paléontologiques permettant d'établir leur âge. Les alluvions préglaciaires n'ont donné que de très rares ossements de Mammouth (*Elephas primigenius*); les alluvions postglaciaires ont donné près de Brou le Mammouth, à Miribel le *Bison priscus*, et à la Valbonne des ossements de Bœuf d'une espèce indéterminable. L'*Elephas primigenius* est rare dans les alluvions post glaciaires, tandis qu'il est abondant dans les graviers de la Saône et du Rhône qui sont plus récents. Il semble cependant, d'après ce qu'on a trouvé dans les alluvions préglaciaires de la Demi-Lune à Lyon, qu'il ait déjà fait son apparition dans le pays lors de la grande extension glaciaire.

LE BAS-DAUPHINÉ.

Au sud de la dépression bressanne on trouve une autre région qui s'étend entre les Petites Alpes du Dauphiné à l'est, et le Rhône à l'ouest; cette région est le Bas-Dauphiné, comprenant les basses vallées de l'Isère et de la Drôme, le Viennois et le Valentinois. Elle correspond à la partie montagneuse du département de l'Isère et au département de la Drôme. Nous trouvons là de terrains secondaires, Jurassique et Crétacé à l'est, et le Crétacé s'étend jusqu'au Rhône aux environs de Montélimar ; il y a même sur la rive du Rhône, aux environs

de Saint-Vallier, un affleurement de roches jurassiques d'une longueur de 16 kilomètres, et de 2 à 3 kilomètres de largeur; cet affleurement se termine au rocher de Pierre-Aiguille dont le revers méridional, appelé Coteau de l'Ermitage, est renommé pour la qualité de ses vins (1). Mais les terrains qui ont la plus grande extension sont les terrains tertiaires ; Miocène et Pliocène.

Le Jurassique se trouve entouré par le Crétacé et forme un bassin étendu comprenant Die, la Motte, Rémuzat, le Buis ; il arrive jus-

(1) *Bulletin du service de la Carte*, n° 2 septembre 1889.

(1) Scipion Gras, *Statistique minéralogique du département de la Drôme*. Grenoble, 1835, p. 44.

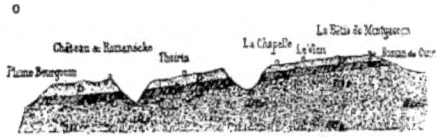

Fig. 841. — Coupe du terrain miocène de La Tour du Pin (Isère), d'après M. Fournet. — *ms.* mollasse marine; *mc*, lignites; B, conglomérat bressan.

qu'au nord de Nyons; les couches les plus développées sont celles du Callovien et de l'Oxfordien, mais elles sont entourées d'une mince bordure de Jurassique supérieur.

Le Crétacé inférieur a un grand développement dans toute cette région. C'est dans le Royans et le Vercors que se trouvent des couches urgoniennes typiques à Réquiénies; on voit aussi des couches aptiennes et albiennes. M. Fallot a particulièrement étudié le Crétacé des environs de Crest (1). Il y a trouvé les couches néocomiennes proprement dites; le cal-

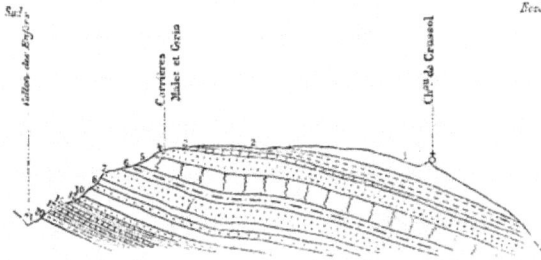

Fig. 842. — Coupe de la montagne de Crussol, d'après M. Toucas. — 1, couches à *Pygope janitor* et *Phylloxera ptychoicum*; 2 à 21, couches jurassiques, depuis le Kimmeridgien supérieur jusqu'à l'Infra-Lias.

caire à Réquiénies paraît manquer complétement dans cette partie de la Drôme. Les marnes aptiennes à *Belemnites semicanaliculatus* sont représentées, surtout aux environs de Beaufort et de Suze. A la partie supérieure il y a un grès roussâtre, appelé par M. Fallot grès sus-aptien, et qui répond probablement à l'Albien (Gault). Enfin, à Saint-Pancrace, ce grès est surmonté d'un calcaire blanc qu'il faut rapporter sans doute, suivant toute apparence, au Crétacé supérieur. Ce dernier existe d'ailleurs à Sassenage, au Villard-de-Lans,

Fig. 843. — Coupe de Théziers (Gard), d'après M. Caziot.

dans la forêt de Saou et aux environs de Dieule-Fit. Ici, on trouve des calcaires marneux turoniens, des calcaires sénoniens à *Micraster cor-testudinarium*, que surmontent des grès jaunes et verdâtres qu'il faut rapporter au Sénonien supérieur. Près de Nyons on voit s'inter-caler dans le Sénonien des bancs à Hippurites, qui caractérisent la craie de la Provence.

Le Miocène inférieur (Langhien) consiste, dans la région qui nous occupe, en des argi-

(1) *Bull. Soc. géol.*, 3e série, t. XVII, 1889, p. 541.

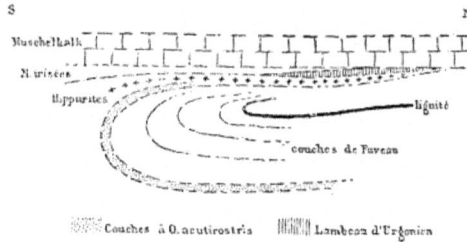

Fig. 844. — Coupe schématique du pli du Beausset (d'après M. Marcel Bertrand).

les rouges à minerai pisolithique remplissant les fentes du calcaire jurassique de la Grive Saint-Alban (Isère). On y trouve une faune analogue à celle de Sansan (Gers), mais peut-être un peu plus jeune, d'après Depéret (1). En effet, avec les espèces de Sansan telles que *Mastodon angustidens*, *Rhinoceros sansaniensis*, *Anchitherium aurelianense*, *Pliopithecus antiquus*, il y a des espèces qui indiquent un degré d'évolution plus avancé, comme le *Machairodus Jourdani*, et une Loutre (*Lutra Larteti*) plus

voisine des Loutres actuelles que l'*Hydrocyon sansaniensis*; en outre des types anciens de Sansan: *Cainotherium*, *Steneofiber*, manquent à la Grive.

Le Miocène moyen (Helvétien) atteint un grand développement dans le Bas-Dauphiné et dans le bassin de Crest et les environs de Visan. Il est représenté par une mollasse marine. Fontannes (1) a trouvé dans le bassin de Crest, au-dessus des couches tongriennes à Cyrènes et du calcaire aquitanien à *Helix Ra-*

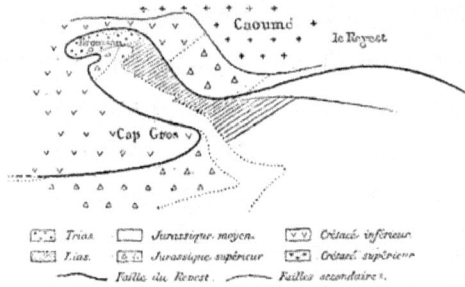

Fig. 845. — Faille sinueuse du Revest, près de Toulon (d'après M. Marcel Bertrand).

mondi, un système mollassique très puissant; il a distingué plusieurs assises; il y a là en particulier des grès à *Ostrea crassissima* et des sables à *Ancillaria glandiformis* et *Cardita Jouanneti* reposant sur une mollasse à *Pecten præscabriusculus*. Cette dernière atteint une cinquantaine de mètres d'épaisseur à Saint-Paul-Trois-Châteaux. En quelques points, comme à Saint-Fons, Vienne, Romans, etc., on trouve des dépôts d'estuaires avec des Mammifères qui indiquent une faune de passage

entre le Miocène moyen et le Miocène supérieur. Il y a là *Hipparion gracile*, *Dinotherium Cuvieri*, *Dicrocerus elegans*, *Sus palæochœrus*, etc.

Le Miocène supérieur (Tortonien) existe dans le Bas-Dauphiné sous forme de sables d'eau douce avec des argiles et des lignites, notamment au voisinage de la Tour-du-Pin (fig. 844), de Voreppe, de Saint-Jean-de-Bournay (Isère). Il y a là une mollasse grossière à *Helix delphinensis*, et dans ces couches on a trouvé des

(1) *Bull. Soc. géol.*, 3e série, t. XV, 1887, p. 509.

(1) Fontannes, *Études stratigraphiques et paléontologiques sur le tertiaire du bassin du Rhône*, t. VI, 1880

Mammifères comme *Dinotherium giganteum*, *Hipparion gracile*, *Mastodon longirostris*, *Sus major*, etc. ; les lignites de Pommiers, près de Voreppe, contiennent du jayet qu'on a tenté d'exploiter à plusieurs reprises. Le Tortonien de Montrigaud (Drôme) contient des ossements de *Dinotherium*. On en a découvert en 1613 au château de Langon ; ils furent exhibés à Paris, par le chirurgien Mazurier, de Beaurepaire, comme étant les restes du géant *Teutobochus*, roi des Cimbres, défait par Marius (1).

Le Pliocène marin à Congéries et à *Potami-* des Basteroti est surmonté par des marnes lacustres très développées dans le Viennois et le Valentinois. Ces marnes bleues ou blanches renferment des lignites. Ce sont les *marnes d'Hauterives*, contenant des Mollusques terrestres tels que les Hélix et des Clausilies ; elles correspondent à l'Astien. Le sommet est occupé par des conglomérats et des glaises à concrétions de limonite représentant le Pliocène supérieur (Arnusien). Ces glaises sont développées à Chambaran et sur les plateaux des arrondissements de Saint-Marcellin, de Vienne et de Valence.

LA RIVE DROITE DU RHONE.

Sur la rive opposée du Rhône on voit un grand développement de couches jurassiques. Les divers étages de cette formation longent les Cévennes et occupent une grande partie de l'Ardèche et la lisière occidentale du département du Gard. Depuis la Voulte et le Pouzin, cette bande jurassique, après avoir longé le Rhône, pénètre dans l'intérieur du département de l'Ardèche, vers Chomérac et Privas. On y observe le Lias, la série oolithique et le Jurassique supérieur; mais deux lambeaux sont situés plus au nord, adossés aux collines granitiques en face de Valence : l'un, formé par le Callovien et l'Oxfordien, se voit entre Châteaubourg et Cornas ; le second beaucoup plus important forme la montagne de Crussol, et se prolonge jusqu'à Soyons. M. Toucas a bien étudié la situation géologique de la montagne de Crussol ; la figure ci-jointe donne la succession des assises (fig. 842). On y voit à la base toutes les couches depuis l'Infra-Lias, mais le sommet de la montagne est constitué par les calcaires compacts à Térébratulés trouées (*Pygope janitor*) et à *Phylloceras ptychoïcum* du Tithonique inférieur (2). Les assises du Tithonique supérieur, connues sous le nom de calcaire de Berrias, se voient plus au sud au Pouzin, au-dessus des couches à *Pygope janitor*. Ce calcaire de Berrias fait transition au Néocomien.

Ce dernier est très développé dans l'Ardèche et dans le Gard, il occupe plus du quart de ce dernier département. On retrouve là les diverses couches de Crétacé inférieur (Néocomien et Aptien) dont nous avons donné plus haut le détail (1). A la Roussette et au Teil on exploite des grès glauconieux de l'âge du Gault, contenant des nodules de phosphate de chaux. Le Cénomanien qui vient au-dessus atteint une grande épaisseur, ainsi 40 mètres à Pont-Saint-Esprit, de 100 à 150 à Uzès. Le Turonien consiste en un calcaire marneux à *Inoceramus labiatus*, et un calcaire compact à *Trigonia scabra*. Les assises qui le surmontent constituaient l'étage *ucétien* d'Émilien Dumas ; elles renferment *Ostrea mornasensis;* elles correspondent aux grès de Mornas par lesquels débute le Sénonien en Provence. Enfin, le Crétacé du Gard se termine par des calcaires sénoniens à Hippurites. Le Crétacé de cette région renferme des dépôts fluvio-lacustres (2). Ainsi à la base du Turonien existent des couches marneuses et argileuses noirâtres, bitumineuses, avec des bancs de lignites plus ou moins purs; ce sont les lignites de Saint-Paulet et des bassins de la Tave et de la Cèze, dépôts d'estuaire avec Mollusques variés : *Melania Pauletii, Ampullaria Faujasii, Corbula angusta, Unio Lombardi*, et troncs de Dicotylédones. Il y aussi des argiles réfractaires et des lignites, mais peu développés, dans les environs d'Uzès, appartenant à l'Ucétien de Dumas. Les couches lacustres supérieures aux calcaires à Hippurites sont beaucoup plus importantes ; ainsi à Uzès et aux environs de Pont-Saint-Esprit, elles correspondent aux couches d'eau douce du Crétacé supérieur de Provence. Comme dans cette région ce sont des calcaires et des sables d'eau douce, des dépôts d'argiles

(1) Scipion Gras, p. 203
(2) Voir page 249.

(1) Voir page 288.
(2) De Sarran d'Allard, *Bull. Soc. géol.*, 3ᵉ série, t. XII, 1884, p. 553.

rutilantes et de lignites; on doit les regarder comme daniennes.

Les couches tertiaires sont bien représentées aussi sur la rive droite du Rhône. Le bassin d'Alais s'étend sur plus de 100 kilomètres de longueur, sur 7 à 8 de largeur. Les dépôts représentent l'Éocène supérieur et l'Oligocène. Ils débutent par des marnes rouges et des conglomérats développés à Montclus et Euzet, puis viennent à Galès, à Saint-Jean-de-Ceyrargues, des couches de gypse contenant des *Palæotherium* et des calcaires à Limnées et à Striatelles. L'Oligocène n'est représenté là que par des marnes, des argiles à silex et des conglomérats. Il est plus développé dans le bassin de Sommières qui se rattache au précédent par le détroit de Montpezat. Là, sur des calcaires éocènes à *Limnæus longiscatus* et à *Potamides*, reposent des calcaires tongriens à *Planorbis cornu* et à Cyrènes. Quant à l'Aquitanien il consiste en calcaires et marnes à *Helix Ramondi*.

Aux environs de Sommières, d'Uzès, de Beaucaire, le Miocène existe sous forme d'une mollasse coquillière exploitée sous le nom de *moellon* de Beaucaire. On y trouve l'*Ostrea crassissima* et en outre beaucoup de restes de mammifères tels que *Halitherium Beaumonti*, *Squalodon Grateloupi*, *Anchitherium aurelianense*. Dans les collines de Théziers-Vacquières on voit reposer sur la mollasse à *Pecten præscabriusculus* des dépôts pliocènes consistant en argiles blanches ou jaunes à *Nassa semistriata*, couches marneuses à *Potamides Basteroti*, sables et grès recouverts par les couches quaternaires (diluvium (fig. 843). Ces dépôts appartiennent au Pliocène inférieur, mais ailleurs on trouve les couches les plus supérieures du Pliocène. Ainsi à Durfort existe l'*Elephas méridionalis* ; c'est de cette localité que vient l'exemplaire entier de cet animal possédé par le Muséum de Paris.

LA PROVENCE.

Au sud de la région dauphinoise commence la Provence. Son aspect général est semblable à celui des plaines et des collines de la Drôme. Les assises crétacées y dominent, sauf au bord du Rhône. « On ne voit à l'horizon, dit Burat [1], que des escarpements dénudés et pierreux, des cimes chauves dont les surfaces anguleuses et dénudées attestent l'aridité. Au pied de ces montagnes et de ces escarpements s'étendent des plaines unies, dont les terres rougeâtres plus ou moins mélangées de calcaires fragmentaires sont couvertes de cultures et d'oliviers et qui présentent un contraste heurté avec leur encaissement : on voit les eaux superficielles partout aménagées et l'on comprend que, sous la double influence d'une température élevée et de la nature meuble des terres, la fertilité des plaines peut, dans une certaine mesure, compenser l'aridité des montagnes. »

« Ces contrastes prennent un caractère grandiose autour du Ventoux, dans les paluns et les plaines d'Avignon. Les montagnes calcaires et rocailleuses semblent placées là pour faire ressortir la splendeur des coteaux et des plaines : ce sont les réservoirs des eaux qui vont y exalter l'énergie de la végétation. »

« Cependant on regarde avec une certaine préoccupation le Leberon, les Alpines et les horizons montagneux qui se succèdent, on pressent que la grande vallée du Rhône est une région exceptionnelle ; bientôt, en effet, les Alpes annoncent leur voisinage par la Crau, vaste contrée inondée de ses cailloux quartzeux ; on doit la traverser pour entrer dans la vraie Provence, celle du littoral. On y pénètre, en abordant les montagnes calcaires qui entourent les plaines ondulées couvertes par les dépôts tertiaires ; les populations ont pu s'établir dans les fonds et les vallées, et principalement sur les méplats plus ou moins étendus que présentent les côtes, entre les caps qui se succèdent. »

On peut étudier en Provence le Trias au voisinage du massif des Maures et de l'Esterel, le Jurassique, le Crétacé et les divers étages du Tertiaire. Les recherches nouvelles de M. Marcel Bertrand ont beaucoup appris sur cette importante région [1]. Elles ont montré que la Provence est un pays plissé qui se rattache sans interruption et par des lignes très sinueuses aux plissements alpins. Les sinuosités sont surtout accusées au voisinage du massif des Maures, où l'on voit un système compliqué de chaînons divergents ; cela s'explique par la présence même du massif ancien des Maures, qui a joué le rôle d'un *horst* dont la masse a fait obstacle aux plissements et les a forcés à se diviser en décrivant des replis sinueux. « Cette

(1) Burat, *Géologie de la France*, p. 492.

(1) *Notices pour l'Exposition universelle de* 1889, p. 124.

sinuosité des plis, dit M. Marcel Bertrand, qui est une des particularités de la Provence, ne se retrouve pas seulement dans les traits généraux qui viennent d'être indiqués, mais dans le détail de chacun d'eux. Ainsi, entre Draguignan et Toulon, la bande triasique qui borde les Maures et la plaine permienne pénètre dans la région jurassique par une série d'avancées plus ou moins profondes dont chacune constitue par elle-même un pli anticlinal très accentué, normal ou très oblique à la bordure. Les deux avancées les plus profondes ont jusqu'à 40 kilomètres de long et vont se réunir à la large bande transversale de Saint-Maximin et de Barjols, formée de couches triasiques presque toujours verticales, normales à la direction générale des plis et souvent renversées sur des lambeaux crétacés ou tertiaires. La limite du Trias dessine ainsi une véritable dentelure qui accompagne fidèlement la ligne discontinue des bassins crétacés. Les plis successifs forment une série de couches parallèles qui s'emboîtent les unes dans les autres. » Vers l'ouest les sinuosités s'atténuent au fur et à mesure qu'on s'éloigne de la zone de torsion, et dans la vallée du Rhône les plis s'alignent de l'est à l'ouest parallèlement à ceux du Leberon et des Alpines.

Dans toute la partie orientale de la Provence, entre Marseille et Draguignan, les effets des compressions latérales sont extraordinaires. Tous les grands plis sont des *plis couchés*, c'est-à-dire que chaque pli anticlinal, au lieu de se dresser verticalement, est rabattu horizontalement sur le bassin synclinal qui l'accompagne au nord. Sur des largeurs qui atteignent parfois 5 kilomètres, on observe ce *recouvrement* de plis synclinaux ; on voit des terrains plus récents cachés par des terrains plus anciens. Ainsi au Beausset près de Toulon on voit le Trias (muschelkalk, marnes irisées) recouvrir les couches crétacées (couches urgoniennes à Réquiéniés, calcaire à Hippurites, couches de Fuveau) (fig. 844). On observe souvent un étirement des diverses assises ; les masses qui formaient la partie supérieure du pli ont été poussées en avant et la partie inférieure, par suite de ce mouvement, s'est amincie, laminée, de sorte que parfois dans quelques mètres ou même quelques décimètres d'épaisseur on trouve représentés plusieurs étages distincts caractérisés par leurs fossiles.

D'autres complications peuvent aussi se produire ; la masse de recouvrement du pli couché, d'abord horizontale, a été parfois soumise, comme cela paraît s'être produit près de Marseille,

au massif d'Allauch, à des actions de refoulement postérieures, de sorte que le pli couché est lui-même *plissé* plus ou moins ; de là des complications stratigraphiques de toutes sortes.

Les failles dans cette région de la Provence comme dans toutes les régions plissées, sont très remarquables. La plupart sont des *plis-failles*, c'est-à-dire des failles longitudinales suivant la direction des plis ; ces cassures tournent avec le pli et ont des allures très sinueuses ; telle est celle du Revest près de Toulon (fig. 845) qui met en contact le Lias avec l'Aptien (Crétacé inférieur), continue vers Broussan en séparant la masse crétacée du Caoumé des étages inférieurs du Jurassique et du Trias, puis s'infléchit brusquement vers l'est, fait butter l'Urgonien du cap Gros contre le Bathonien et s'infléchit de nouveau vers l'ouest (1).

Il y a aussi des *failles courbes* telles que celles qui s'observent dans le Jura. M. Marcel Bertrand cite particulièrement la faille courbe du mont Faron dont les crêtes blanches et dénudées s'élèvent à 700 mètres d'altitude au nord de Toulon. Le sommet en est formé d'Urgonien, qui au nord butte successivement contre les différents étages du Jurassique et du Trias et qui au sud repose sur le Néocomien et sur les dolomies jurassiques passant au Bathonien. Celui-ci est à son tour séparé du muschelkalk par une faille qui peut se suivre sans discontinuité sur les flancs de la montagne jusqu'à ce qu'elle aille rejoindre celle du versant nord. On peut ainsi faire le tour de la montagne sans observer de dérangement, mais on ne peut la gravir sur aucun de ses versants sans rencontrer une grande faille (1). Dans la coupe donnée par M. Bertrand (fig. 846) les traits pointillés indiquent la continuation supposée de cette faille en profondeur.

Cependant toutes ces complications que présente la Provence ne me semblent être jusqu'à présent que des faits locaux. « Le caractère général de la région, dit M. Marcel Bertrand, (3) ce qui constitue sa grande originalité, c'est la grande étendue des terrains restés horizontaux au milieu de ces grands bouleversements. Le bassin de Fuveau et celui du Beausset, toute la basse vallée du Gapeau et même une partie des plateaux de recouvrement de Salerne donnent, à première vue, l'impression de couches restées à peu près, comme celles du

(1) Marcel Bertrand, *La chaîne de la Sainte-Beaume* (*Bull. Soc. géol.*, 3e série, t. XVI, 1888, p. 777).
(2) *Bull. Soc. géol.*, 3e série, t. XII, 1884, p. 458.
(3) *Notices pour l'Exposition de 1889*, p. 131.

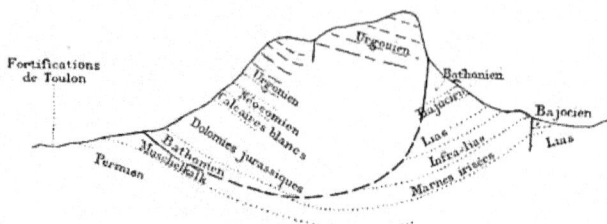

Fig. 846. — Coupe du mont Farou, près de Toulon, exemple de faille courbe (d'après M. Marcel Bertrand).

bassin de Paris, dans leurs conditions et dans leurs relations originaires de dépôt. Tandis que les Alpes suisses étalent aux yeux leurs plissements, la Provence dissimule les siens, et

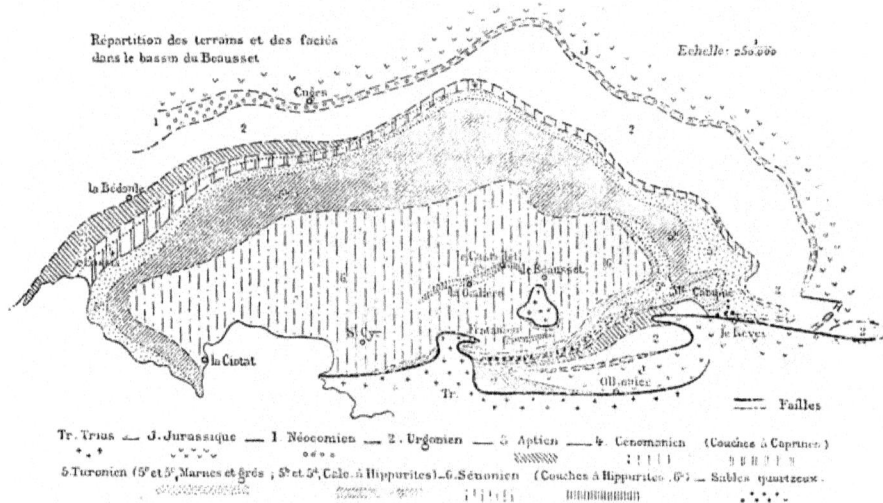

Fig. 847. — Bassin du Beausset (d'après M. Marcel Bertrand).

il faut arriver à l'observation du détail pour les constater. Il faut ajouter pourtant que les chaînons et massifs qui bordent ces bassins (Sainte-Beaume, Sainte-Victoire la Loube), malgré des

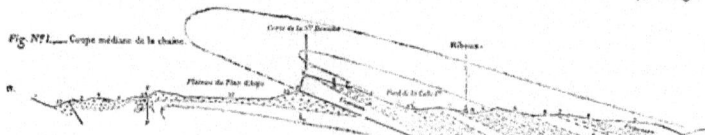

Fig. 848. — Coupe médiane de la chaîne de la Sainte-Beaume (M. Marcel Bertrand). — 1, Trias; 2, Infra-Lias; 3, Lias; 4, Bajocien et Bathonien marneux; 5, Bathonien calcaire; 6, Dolomies jurassiques; 7, Jurassique supérieur (calcaire blanc); 8, Néocomien; 9, Urgonien; 10, Aptien; 11, Couches à *Micraster brevis*; 12, Calcaire à Hippurites; 13, Grès et marnes à lignites (Santonien); E, faille du Plan d'Aups; ff, faille du pied de la crête; fe, faille faisant suite à la bande d'étirement.

altitudes relativement faibles, montrent, par la hardiesse des lignes et par l'escarpement des cimes déchiquetées, une physionomie qui rappelle celle des chaines alpines et qui pourrait déjà, aux yeux d'un topographe exercé, trahir en partie le secret de la région. »

LES TERRAINS SECONDAIRES DE LA PROVENCE.

Le Trias de Provence se présente avec le facies continental ou lagunaire de l'Europe septentrionale; on y trouve à la base les grès bigarrés et des argiles rouges avec poudingues quartzeux, puis le muschelkalk calcaire à *Terebratula vulgaris*, enfin le keuper avec gypse et cargneules; ce keuper contient en outre des lignites au nord de la Sainte-Beaume, lignites qui se retrouvent plus développées entre Draguignan et la frontière italienne. Ce qui est intéressant dans le Trias de la Provence, c'est sa disposition par rapport aux autres terrains, comme nous l'avons déjà dit à propos du Beausset. Ici l'on voit sur les bords le Jurassique, puis le Crétacé inférieur, et enfin au milieu affleurent les couches crétacées supérieures presque horizontales : Sénonien et Danien. La singularité de ce bassin est la présence au milieu du Crétacé d'un ilot triasique absolument isolé (fig. 847). Il fut regardé d'abord comme un récif, comme une saillie du fond de l'ancienne mer crétacée, contre lequel le Sénonien se serait déposé dans la position même où nous le voyons aujourd'hui; mais il n'en est rien. M. Marcel Bertrand a montré que le Trias est en réalité superposé au Crétacé et qu'il s'agit ici d'un pli couché; le Trias du Beausset est un *lambeau de recouvrement* de ce pli (1).

Dans le massif d'Allauch (au nord-est de Marseille), on voit autour du Crétacé une ceinture triasique, et le Trias est incliné comme pour aller recouvrir le massif d'un manteau de couches plus anciennes (fig. 849). On peut supposer qu'il en a bien été ainsi et qu'ensuite la surface du vaste pli couché qui s'était produit a été dénivelée par des failles, bosselée par des compressions ultérieures; les érosions s'attaquant alors aux parties en saillie auraient fait apparaître le substratum à la place actuelle du massif. Cependant M. Bertrand, après avoir donné cette explication, a été arrêté par des difficultés stratigraphiques pour raccorder le massif d'Allauch aux massifs voisins. Il y a des raisons pour faire croire que les plissements ultérieurs n'ont pas eu grande importance, le plissement principal aurait produit tous les accidents de la surface, et le massif d'Allauch serait non plus un massif surélevé mais un massif affaissé, les affleurements crétacés marqueraient la place des parties plus profondément enfoncées, et les affleurements triasiques celle des parties amenées en saillie. En somme la question de ce massif est encore obscure, mais le fait à retenir est la disposition singulière du Trias.

Le Jurassique de Provence présente sur la bordure des Maures et de l'Esterel un facies littoral, tandis que sur l'emplacement actuel des chaines alpines il a un facies pélagique. La zone pélagique est enveloppée par la zone littorale. L'Infra-Lias est bien développé dans celle-ci sous forme de marnes vertes, de bancs en plaquettes couvertes d'*Avicula contorta* et de dolomies blanches qui représentent sans doute la partie supérieure de l'étage. Le Lias inférieur n'existe que dans la région alpine, où nous l'avons étudié plus haut. Le Lias moyen et supérieur et le Bajocien forment ceinture autour des Maures à l'ouest de Toulon; il n'y a plus que le Bajocien autour de Draguignan et au sud de Puget-Théniers. Le Bathonien est très développé dans la zone littorale tandis que le Callovien et l'Oxfordien sont très restreints et ont été soumis à une forte dénudation. Vient ensuite le Jurassique supérieur. La coupe de la chaine de la Sainte-Beaume (fig. 848), chaine qui présente des plis couchés et des phénomènes de recouvrement comme ceux du Beausset, nous montre la série des couches jurassiques de la Provence. Sa crète est formée par les calcaires crétacés urgoniens atteignant 300 mètres de puissance.

Le Crétacé inférieur débute par le Néocomien qui se développe de Toulon vers le nord et le nord-ouest. A Toulon il ne consiste qu'en calcaire marneux et feuilleté avec moules de Bivalves et *Terebratula prælonga*. Plus au nord, les diverses couches déjà existantes dans les Alpes et sur la rive droite du Rhône existent : calcaires de Berrias, marnes à Bélemnites, calcaires marneux à *Crioceras* et calcaires à Scaphites du Barrémien. L'Urgonien, facies de Néocomien supérieur ou de l'Aptien inférieur,

(1) Marcel Bertrand, *Ilot triasique du Beausset* (Var) (*Bull. Soc. géol.*, 3e série, t. XV, 1887, p. 667).

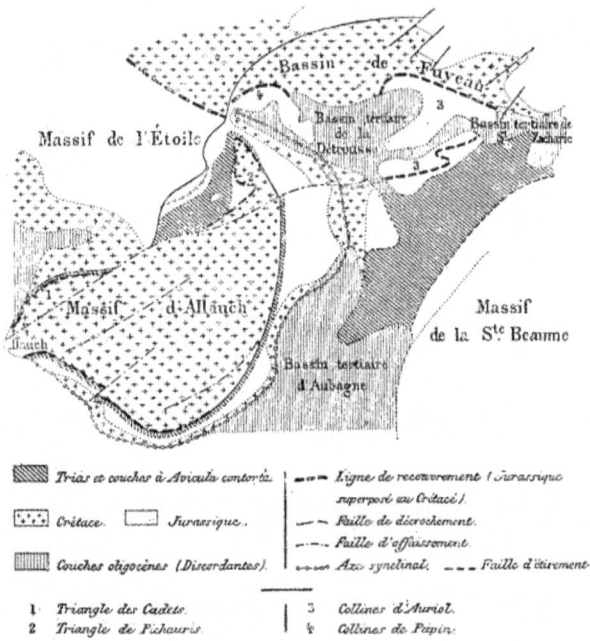

Fig. 849. — Croquis du massif d'Allauch (d'après M. Marcel Bertrand).

consiste en calcaires à Réquiénies formant de Toulon à Grenoble une vaste ceinture de récifs

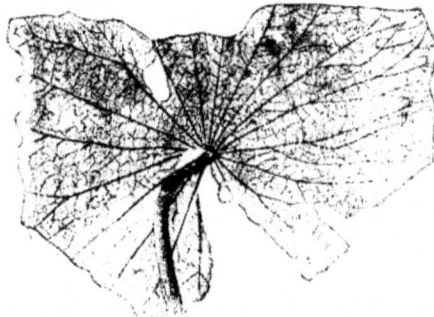

Fig. 850. — Lambeau de feuille d'un Lotus ou Nelumbium (*N. protospeciosum* Sap.), du gisement de Céreste près de Manosque (Basses-Alpes).

côtiers autour de la chaîne alpine. Le type de l'Aptien se trouve à Gargas, aux environs d'Apt, sous forme de marnes à Ammonites pyriteuses et à *Belemnites semicanaliculatus*, surmontant des calcaires marneux à *Ancyloceras Matheroni*. L'Albien ou Gault est formé de grès verts ou de marne chloritée avec rognons de phosphate de chaux. MM. Kilian et Leenhardt rapportent au Gault et au Cénomanien inférieur des sables à phosphates et à minerai de fer très développés aux environs d'Apt, au village de Roussillon et à Gargas; ces sables avaient été considérés comme tertiaires, mais ils renferment *Belemnites canaliculatus, Ostrea Aquila, Plicatula radiola*, etc., qui indiquent leur âge crétacé (1).

Le Cénomanien, base du Crétacé proprement dit, se présente sous différents aspects : calcaires glauconieux, marneux ou sableux, calcaires gréseux à *Orbitolina concava*, marnes à Ostracés (*O. flabella, O. biauriculata*), et surtout calcaires à Caprines formant entre Marseille et Digne des masses de 100 mètres de puissance. Ces calcaires ainsi que les calcaires à Hippurites des étages supérieurs, compacts, arides et secs, donnent à la Provence un aspect particulier; on exploite ces pierres partout, les routes en sont empierrées et elles couvrent tout le pays d'une poussière caractéristique (2).

Le Turonien a des facies variés. Au Beausset, il consiste en calcaires compacts à Hippurites (*Hipp. organisans, Radiolites cornu-pastoris*) surmontant les marnes à *Periaster Verneuili*. Du côté des Maures on voit s'intercaler dans les calcaires à Hippurites des sables, des grès et les conglomérats de la Ciotat. On doit rapporter aussi au Turonien les grès calcarifères d'Uchaux. Déjà à la fin de la période turonienne se manifeste une tendance à l'émersion, comme l'indiquent les bancs saumâtres d'Allauch et des Martigues près de Marseille. M. Vasseur (3) a récemment découvert au sommet du Turonien des Martigues, au-dessous des premiers bancs sénoniens, des argiles à végétaux et des grès lignitifères. Il y a là des Fougères, des Cycadées (*Podozamites*), des Conifères (*Sequoia, Thuyites*), des Monocotylédones (*Dracænites*) et

des Dicotylédones (*Myrica, Salix, Magnolia*, etc.).

Le Sénonien est composé dans le bassin du Beausset de bancs à *Ostrea acutirostris*, de calcaires onduleux à *Lima ovata*, de marnes et de grès calcarifères à *Micraster brevis*, où s'intercalent des bancs de calcaires à Hippurites (*H. dilatatus*). Dans le Nord ces calcaires à Hippurites occupent tout l'étage (Plan d'Aups, Allauch). A l'ouest, dans le bassin d'Uchaux il y a des grès grossiers (grès de Mornas) avec des bancs à Hippurites.

Le bassin de Fuveau présente toute une série de couches lacustres. Sur les bancs marins à *Ostrea acutirostris* reposent des couches saumâtres à Turritelles (*Cassiope Coquandi*), puis des calcaires marneux à *Melanopsis*, des couches à Cyrènes et à Physes avec d'importantes couches de lignites exploitées. Les calcaires qui atteignent 5 à 600 mètres sont surmontés eux-mêmes de calcaires à *Lychnus* (calcaires de Rognac) avec des grès grossiers et des marnes rouges. Toutes ces couches sont daniennes. Elles sont recouvertes par des argiles rutilantes très développées à Vitrolles et au Cengle, faisant passage à l'Éocène et analogues à celles du Garumnien des Pyrénées.

Dans ce bassin lacustre se trouve une roche toute particulière, la *bauxite*, blanche ou rougeâtre, formant de véritables couches associées parfois à des sables grossiers. Elle ravine les étages inférieurs et y forme des poches. Elle n'existe que là où la série des couches présente une lacune qui précisément comprend toujours l'Aptien et le Gault. La bauxite paraît donc être d'âge aptien ou albien. Son origine est encore problématique et a donné lieu à plusieurs hypothèses. Le rôle industriel de cette roche est maintenant assez important; on l'emploie dans la fabrication de l'aluminium, de l'alun et aussi comme terre réfractaire. Son nom vient de la commune des Baux (Bouchesdu-Rhône) (1).

LES TERRAINS TERTIAIRES DE LA PROVENCE.

Les assises tertiaires occupent une grande étendue en Provence, elles s'étalent dans toute la basse vallée du Rhône, n'y laissant voir que par place les assises crétacées. Dans le nord

de la Provence, sur la lisière de la Drôme, c'est-à-dire dans le Haut Comtat-Venaissin, nous trouvons les mêmes assises que dans le BasDauphiné. Ainsi aux environs de Bollène, audessus d'une argile plastique éocène exploitée à Noyère, on trouve un grand développement

(1) *Bulletin du service de la Carte*, n° 16, septembre 1890.
(2) Burat, *Géologie de la France*, p. 493.
(3) Comptes rendus de l'Académie des sciences, 27 mai 1890.

(1) Voir Priem, *La Terre, les Mers et les Continents*, p. 529.

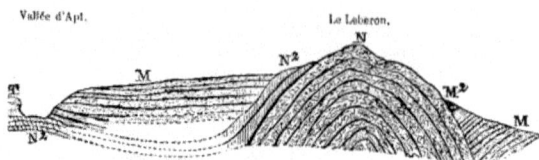

Fig. 851. — Coupe du mont Leberon (Scipion Gras). — M, Mollasse marine; T, Tertiaire; N et N²; Néoconien (infra-mollassique); M², Mollasse d'eau douce (Aquitaine).

de la mollasse miocène à *Pecten præscabrius-culus;* à Bollène même se montrent les marnes pliocènes à Congéries et à *Nassa semistriata,* recouvertes par les alluvions quaternaires.

Aux environs d'Orange, à Gigondas, se trouvent, d'après Fontannes, deux séries de couches

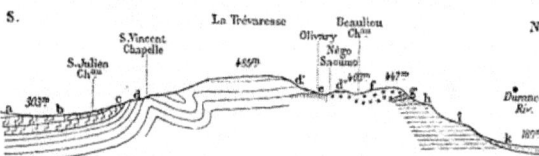

Fig. 852. — Coupe du nord au sud de la chaîne de la Trévaresse et le volcan éteint de Beaulieu, aux environs d'Aix (d'après M. Collot). — *a*, Travertin et brèche, Miocène supérieur; *b*, Limon rouge; *c*, Helvétien, marne et calcaire coquillier; *dd'*, calcaire oligocène à Limnées; *e*, tuf volcanique; *d''*, îlot de calcaire à Limnées sur le basalte scoriacé; *f*, basalte et dolérite; *g*, tuf volcanique; *i*, calcaire à Potamides, oligocène, plus ancien que *d*, plus bas gypse; *k*, alluvions locales et plus bas alluvions de la Durance.

différentes. Auprès de la Malaucène, au-dessous de la mollasse marine miocène se trouvent des calcaires blonds tongriens à *Melania Lauræ,* et une alternance de grès et d'argiles multico-lores avec gypse, représentant le Tongrien inférieur et l'Éocène supérieur. Au contraire, dans la région de Vacqueyras, plus au sud, il y a au-dessous du Miocène marin des grès ver-

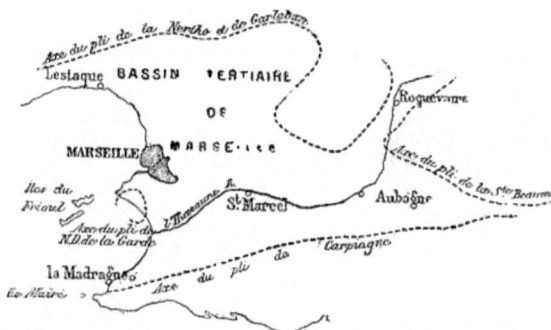

Fig. 853. — Coupe du bassin tertiaire de Marseille (d'après M. Depéret).

dâtres (Tongrien moyen), des calcaires et des marnes constituant le Tongrien inférieur, des sables et argiles rougeâtres (Éocène supérieur), et les cargneules de Suzette représentant le sommet de l'Éocène moyen. En s'avançant vers le sud le long du versant du mont Ventoux, on rencontre aux environs de Malemort et de Méthamis, le Tongrien très développé, représenté par des calcaires durs à *Potamides*, des calcaires gypsifères, et se terminant par un calcaire dur à Hydrobies et Néritines. La mollasse marine miocène vient ensuite et s'étend sur les formations plus anciennes jusqu'aux environs de Gargas et d'Apt.

La vallée d'Apt nous présente un bassin éocène et oligocène important. Sur un calcaire à *Planorbis pseudo-ammonius* représentant le calcaire de Saint-Ouen des environs de Paris, il y a des argiles vertes ou des sables gypseux figurant la base de l'Éocène supérieur. Ce dernier est très développé aux environs de Gargas, dans les lieux dits Priarial Guérin, la Débruge, Sainte-Radegonde (fig. 854). Cette formation, composée de calcaires marneux, d'argile, de lignite, contient les animaux du gypse de Paris : *Palæotherium*,

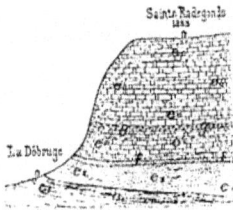

Fig. 854. — Coupe de la colline de Sainte-Radegonde (d'après Scipion Gras). — c_1, marnes aptiennes; e^5, sables schisteux; f, couche fossilifère; e^e, calcaires et marnes schisteuses; g, gypse.

Paloplotherium, *Xiphodon*, etc. Puis viennent les assises tongriennes : calcaire schisteux à Cyrènes, sables et gypse de Gargas, calcaire à Hydrobies et Striatelles; enfin l'Aquitanien à *Helix Ramondi*. Ce dernier atteint une épaisseur de 120 ou 130 mètres à Manosque; il y a là des lignites où M. de Saporta a découvert toute une flore remarquable (Palmiers, Sequoias, etc.). Ces lignites indiquent l'existence à Manosque (fig. 850, page 699) d'un lac étendu à l'époque aquitanienne et autour duquel se développait une riche végétation forestière.

Au sud de la vallée d'Apt se trouve le massif crétacé du mont Leberon (fig. 851), sur les pentes duquel se sont déposées les couches tertiaires. Ainsi à Cucuron et à Cabrières on voit la mollasse marine. Mais non loin de Cucuron il y a un gisement des Mammifères, étudié avec soin par M. A. Gaudry (1). Là, sur les

(1) A. Gaudry, *Animaux fossiles du mont Leberon*, Paris, 1873.

marnes tortoniennes à *Helix Christoli*, repose un limon rouge où M. A. Gaudry a retrouvé les fossiles de Pikermi en Grèce, tels que *Hipparion Dinotherium*, *Helladotherium*, *Machairodus*, etc. Les limons rouges du Leberon appartiennent bien au Miocène supérieur et non au Pliocène, comme le supposent quelques géologues; en effet, dans la localité de Vaugines M. Depéret (1) a trouvé les limons rouges non plus seulement superposés aux marnes à *Helix Christoli*, mais intercalés dans ces marnes; ils sont donc déjà tortoniens (Miocène supérieur) comme ces marnes elles-mêmes.

Par le bassin du Pertuis on passe de la vallée d'Apt dans le bassin tertiaire d'Aix, bien connu grâce aux travaux de M. de Saporta et de Fontannes. Ces assises inférieures sont les marnes rouges et les poudingues de Saint-Canadet et de Puy-Sainte-Réparade, auxquels succèdent des marnes noires ligniteuses. Fontannes range ces couches dans l'Éocène supérieur, et place dans le Tongrien inférieur les calcaires et marnes à *Potamides margaritaceus* et ces assises gypseuses à empreintes végétales et à Insectes (2) rangées par M. de Saporta dans l'Éocène. Le Tongrien moyen est représenté par des assises de marnes et de sables sans fossiles; enfin le Tongrien supérieur comprend des calcaires marneux à Potamides et d'autres calcaires à *Hydrobia Dubuissoni*. On trouve aussi aux environs d'Aix, au nord de cette ville, des affleurements de mollasse marine helvétienne (Miocène moyen), sur lesquels est bâti le château de Cabanes, mais il n'y a pas de calcaire aquitanien (Oligocène supérieur) à *Helix Ramondi*. Dans cette région, à une douzaine de kilomètres d'Aix, au milieu des terrains tertiaires du plateau de la Trévaresse, se trouve le pointement basaltique de Beaulieu et des tufs basaltiques. Ces formations volcaniques sont indiquées sur la coupe ci-jointe (fig. 852). Elles ont été étudiées par M. Collot et Depéret. Le basalte est certainement postérieur au Tongrien le plus supérieur et peut-être même, d'après M. Depéret, son époque d'éruption est-elle postérieure à l'Helvétien, car dans les galets des conglomérats helvétiens en contact avec la nappe basaltique, on ne trouve aucun caillou emprunté à cette roche éruptive (3).

Au sud de l'étang de Berre, près de Marti-

(1) *Bulletin de la Soc. géol.*, 3e série, t. XVIII, 1889, p. 103.
(2) Voir page 357.
(3) *Bulletin de la Soc. géol.*, 3e série, t. XVIII, p. 905 (M. Collot), et p. 905 (M. Depéret).

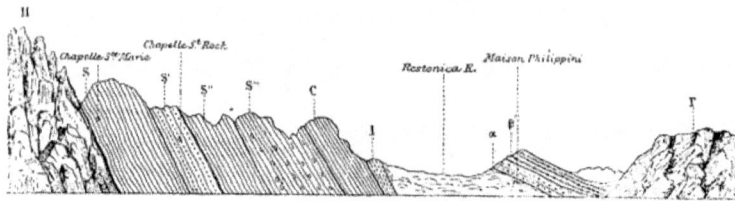

Fig. 855. — Coupe de Corte (d'après M. Hollande). — II, Protogyne, S, S', S'', S'', schistes luisants avec calcaires cipolins intercalés; C, calcaire noir charbonneux; I, calcaires infra-liasiques; α, β, couches nummulitiques; Γ, granite.

gues, on trouve un petit bassin tertiaire où sont représentées les couches oligocènes ou miocènes, mais un bassin beaucoup plus important est celui de Marseille, qui se continue au nord-est par celui de Saint-Zacharie (1); le bassin de Marseille (fig. 853) correspond à la vallée inférieure de l'Huveaune jusqu'à Roquevaire; il est compris entre deux plis anticlinaux de terrains secondaires, le pli de la Nerthe au nord et celui de Carpiaque au sud. A l'est la bordure est constituée par l'extrémité terminale du massif de la Sainte-Beaume. Sur les couches sénoniennes reposent les assises oligocènes. Leur base est constituée par les argiles à lignite de Gémenos qui sont exploitées; puis viennent des calcaires en minces plaquettes avec *Potamides Lamarcki* (Infra-Tongrien), des argiles rouges avec ossements de Mammifères, tenant le milieu entre ceux de Ronzon (Haute-Loire) et ceux de Saint-Gérand-le-Puy et qui indiquent le Tongrien supérieur; enfin les argiles jaunâtres aquitaniennes de Marseille à *Helix Ramondi*. Le tout est recouvert par des tufs et des travertins d'âge pliocène, qui ont fourni à M. Marion en quelques points (Saint-Marcel, la Valentine), des empreintes végétales. On y a trouvé aussi une molaire d'*Elephas meridionalis*, qui montre que ces dépôts appartiennent au Pliocène supérieur; des dépôts analogues, à *Elephas meridionalis*, existent à l'ouest de Draguignan (Var).

Les couches oligocènes de Saint-Zacharie ont fourni à M. de Saporta toute une flore très riche où il faut citer particulièrement un type de plante palustre aujourd'hui éteint (*Rhizocaulon polystachium*). La flore de Saint-Zacharie est d'âge tongrien supérieur. La flore des gypses de Saint-Jean-de-Garguier qui lui fait

suite, est attribuée au Tongrien supérieur; on y trouve notamment des Palmiers (*Sabal major*); la flore de Saint-Jean-de-Garguier rappelle celle, un peu plus récente, de Manosque.

Les couches tertiaires permettent de fixer l'âge des plissements de la Provence. Ils sont certainement antérieurs pour la plupart aux couches à *Palæotherium* du bassin d'Apt et par suite antérieurs à l'Éocène supérieur, mais ils ont continué à se produire pendant l'Oligocène et jusqu'à la fin de cette période. La disposition des couches aux environs de Barjols, d'après M. Zurcher (1), semble même indiquer, à cause des dislocations éprouvées par l'Aquitaine, que des mouvements ont encore eu lieu après le dépôt de l'Oligocène. De même, au nord d'Aix, on voit la mollasse marine relevée, tandis que vers l'est et vers le sud cette mollasse est postérieure aux plissements principaux; des plissements s'étaient probablement déjà produits avant la fin du Crétacé supérieur, car les couches de Rognac (Crétacé supérieur) se montrent au pli de la Nerthe transgressivement et en discordance sur les couches jurassiques. Il est probable que les plissements ont exigé la durée de plusieurs périodes géologiques, mais leur âge moyen se place vers la fin de l'Éocène. Ils sont homologues, comme nous l'avons déjà vu (2), pour l'âge et la direction à ceux des Petites Pyrénées. C'est encore au même âge qu'il faut attribuer le soulèvement de la seconde zone des Alpes dauphinoises et de celle de flysch dans les Alpes suisses et bavaroises. Ainsi la Provence se rattache à la fois aux Alpes et aux Pyrénées, complétant de cette manière la zone des plissements tertiaires en Europe.

(1) Depéret, *Bulletin du service de la Carte*, n° 5, septembre 1889.

(1) *Bulletin de la Soc. géol.*, 3e série, t. XIX, p. 1196.
(2) Voir page 618.

LA CRAU ET LA CAMARGUE.

Les alluvions pléistocènes et modernes occupent une grande étendue en Provence sur les
bords du Rhône. A l'ouest d'Orange il faut signaler une vaste plaine très fertile, composée
d'alluvions récentes. La vaste plaine d'Avignon
est aussi formée d'alluvions modernes reposant
comme à Orange sur un sous-sol constitué en
moyenne partie par des marnes d'âge miocène
(Helvétien). L'une des parties les plus fertiles
de Vaucluse est la plaine appelée les *Paluds*,
qui s'étend de Monteux jusqu'à la Durance ; le
limon qui la forme repose sur une couche
tourbeuse indiquant que ce lieu, comme l'indique d'ailleurs son nom, était autrefois un
vaste marécage où s'étalaient les eaux de l'Ou-
vèze, de l'Auzon, de la Nesque et de la Sorgues.
Mais les deux régions d'alluvions les plus remarquables de la Provence sont la Crau et la
Camargue.

La Crau est une vaste plaine de cailloux, le
Campus lapideus des Latins, qui s'étend à l'est
du grand Rhône au sud des Alpines ; on
lui donne aussi le nom de Grande Crau ou Crau
d'Arles pour la distinguer d'une autre plaine
caillouteuse, la petite Crau, située au nord des
Alpines. La Crau d'Arles est limitée à l'ouest
par des étangs et des marais, de même au sud,
tandis qu'à l'est un talus montagneux la sépare
de la dépression de l'étang de Berre. On peut
la regarder approximativement comme un
triangle dont les trois sommets sont Arles, Sa-
lon et Foz. Sa superficie est évaluée à 50,000
hectares (1). Cette « mer de pierres » n'est pas
absolument horizontale ; elle s'incline du nord au
sud, et de l'est-nord-est au sud-sud-ouest ; l'altitude qui est d'environ 60 mètres près de Sa-
lon, n'est plus que de quelques mètres près
d'Arles et de Foz ; d'ailleurs la pente n'est pas
régulière, il y a plusieurs terrasses disposées
longitudinalement. Le sous-sol de la Crau, d'a-
près Fontannes (2), est composé de grès miocènes sur lesquels reposent en quelques points
des marnes nettement pliocènes et d'origine
marine contenant la *Nassa semistriata*. Enfin
les couches marines sont surmontées de deux
couches de poudingues déjà distinguées par
Coquand. Le poudingue inférieur est à cailloux

calcaires prédominants, tandis que le poudingue
supérieur est à cailloux presque exclusivement
siliceux. Certains de ces cailloux, ou plutôt de
ces galets, atteignent la grosseur de la tête.
Les roches qui les forment sont celles qu'on
trouve dans les Alpes : amphibolites, granites,
variolites, euphotides, etc. Le poudingue supérieur doit donc son origine aux torrents descendus de ces montagnes pendant la période
pléistocène, soit au Rhône quaternaire d'après
Coquand, soit d'après Martins à la Durance.
Suivant Martins, la Crau n'est autre chose que
le cône de déjection de la Durance, ayant passe
par le pertuis de Lamanon pour couvrir de ses
cailloux toute la plaine du bas Rhône. Quant
au poudingue inférieur calcaire, il est antérieur ;
il repose, avons-nous vu, sur les marnes pliocènes. Il est donc du Pliocène supérieur ou du
début du Pléistocène ; quant à son origine, marine d'après Coquand, Fontannes la laisse indé-
cise, car on n'a trouvé dans ce poudingue aucun reste organique.

La Crau est en partie colmatée aujourd'hui
par le limon que lui apportent le canal de Cra-
ponne et d'autres canaux d'irrigation. Son aspect se modifie ; le désert caillouteux couvert
pendant l'automne et l'hiver d'une herbe fine
qui permet l'élevage de nombreux moutons,
cède aujourd'hui la place aux cultures, aux céréales et à la vigne.

Entre le Grand Rhône et le Petit Rhône, à
l'ouest de la Crau, s'étend une plaine toute différente : c'est la Camargue formée par les alluvions modernes du Rhône. Sa superficie atteint 73,000 hectares. Les alluvions se continuent
sur la rive gauche du Grand Rhône dans les
plaines du Plan-du-Bourg, et sur la rive droite
du Petit Rhône dans ce qu'on appelle la Petite
Camargue. Cet ensemble de dépôts constituant
le delta du Rhône couvre 110,000 hectares.
« Sur toute cette étendue, on ne voit que plaines
et lagunes ; peu d'arbres, si ce n'est quelques
lignes de bouquets vers les dunes sablonneuses
de la mer. Un horizon de lagunes et de roseaux,
à peine limité par les digues qui encaissent le
Rhône et ses divisions ; quelques constructions
et hangars pour abriter des troupeaux errants et
leurs bergers ; point de villages ni hameaux ;
on se croirait dans les déserts des pampas américains ou dans les steppes de l'Asie. »

(1) Rainaud, *La Crau* (*Annales de Géographie*, 15 janvier 1893).
(2) *Bulletin de la Soc. géol.*, 3ᵉ série, t. XII, 1884, p. 463.

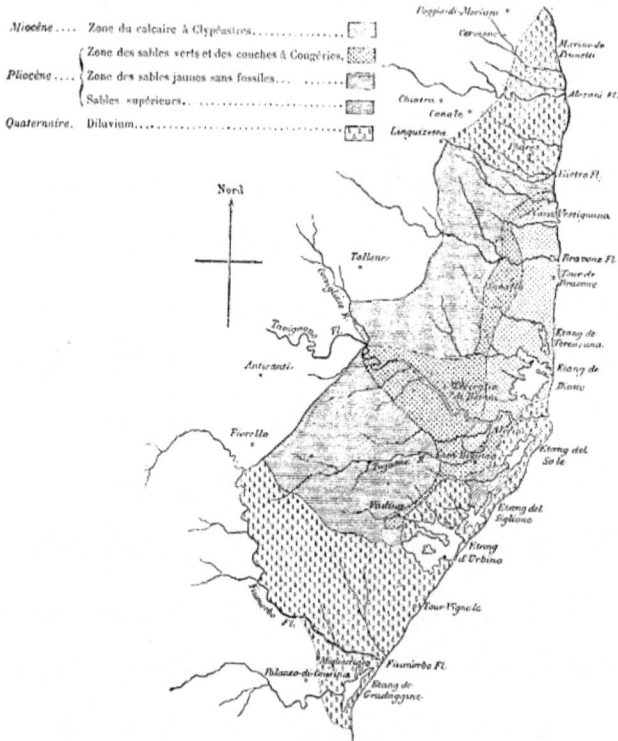

Miocène.... Zone du calcaire à Clypéastres...............

Pliocène.... { Zone des sables verts et des couches à Congéries.
{ Zone des sables jaunes sans fossiles... ....
{ Sables supérieurs. ....

Quaternaire. Diluvium.................................

Fig. 856. — Plaine d'Aleria en Corse (d'après M. Hollande).

« C'est que ce pays est frappé de malaria comme les marais Pontins et comme les maremmes de la Toscane ; à un moindre degré cependant, les influences morbides étant souvent neutralisées par les vents du Nord (1). »

Des travaux d'irrigation et de colmatage sont nécessaires pour assainir cette région presque déserte. Les limons de la grande Camargue sont aptes à la culture ; on cultive déjà 14,000 hectares, mais la plus grande partie du delta est encore neutralisée par les lagunes, les marécages et par le sel qui est en forte proportion dans le sol, jusqu'à 21 millièmes. Les districts sablonneux pourraient être plantés en pins ; de semblables plantations ont déjà été essayées avec succès.

LA CORSE

L'île de Corse est restée jusqu'à présent le pays de France le plus négligé au point de vue géologique. Le géologue y trouve d'ailleurs de nombreux obstacles. « Le bouleversement des couches, dit M. Hollande (1), leurs nombreux plissements, leurs cassures formant souvent de

(1) Burat, *Géologie de la France*, p. 573.

LA TERRE AVANT L'HOMME.

(1) Hollande, *Géologie de la Corse (Annales des Sciences géologiques,* 1887).

gigantesques crevasses, des abîmes de plusieurs centaines de mètres de profondeur, au fond desquels on entend vaguement le murmure d'un torrent, tout cela est bien fait pour le décourager, dira-t-on. Et cependant ce ne serait rien, si ces terrains tant déchirés renfermaient de nombreux fossiles. Il y trouverait une grande compensation aux difficultés qu'offre la stratigraphie, et, avec le secours de la paléontologie, il arriverait bien vite à connaître le terrain qu'il foule. Malheureusement, les fossiles y sont excessivement rares; leur absence vient ajouter de nouvelles et grandes difficultés. »

Ce que nous savons de la Corse est dû surtout à M. Hollande et à M. Le Verrier (1).

On peut résumer de la manière suivante la constitution géologique de l'île de Corse, d'après la carte dressée par M. Hollande et d'après la carte de France au millionième. La partie occidentale de l'île est occupée par des roches éruptives; le granite domine, mais il y a aussi de la granulite et de la protogyne formant en particulier une longue bande suivant le méridien de Corte, de la syénite, des pointements de diorite et un grand développement de porphyres pétrosiliceux d'âge carbonifère; ils constituent un énorme massif au sud de Calvi. La partie orientale de l'île, séparée de la partie occidentale par la bande granulitique de Corte, est formée surtout de schistes sans fossiles de couleur variée reposant sur la protogyne. Ces schistes, qualifiés du nom de schistes luisants par M. Hollande, sont regardés par lui comme représentant les terrains primaires antérieurs au Carbonifère; le service de la Carte les inscrit comme schistes cristallins. Il faut y distinguer à la base des micaschistes et ensuite des schistes probablement précambriens. Ils contiennent des calcaires cipolins. La partie orientale présente aussi de nombreux filons d'euphotides, de gabbros, de serpentines. Les calcaires carbonifères existent ainsi que les couches houillères. Les seuls dépôts secondaires reconnus dans l'île appartiennent à l'Infra-Lias. Il y a des lambeaux tertiaires en différents points, notamment au golfe de Saint-Florent, à Corte, dans la plaine d'Aleria et à Bonifacio.

Entrons maintenant dans quelques détails sur ces diverses formations. Le granite commun est un granite noir avec grands cristaux de feldspath, notamment aux environs d'Ajaccio. La protogyne forme des masses éruptives puissantes entre le granite et les schistes du nord-est; elle pousse des filons dans le granite sous forme de granulite ordinaire. La protogyne se charge parfois d'éléments empruntés aux schistes, et il peut y avoir passage entre les deux formations; la roche éruptive devient elle-même schisteuse sur les bords. Il y a, d'après M. Le Verrier, sur la côte ouest, des enclaves de diorite antérieures au granite; ainsi à la pointe de Parata, des pointements de syénite et des traînées de granulite à gros grains dirigées N.-S. Dans l'arrondissement de Sartène, on trouve en filons à Campologo, dans le granite, une superbe roche : la corsite ou diorite orbiculaire, susceptible d'un beau poli (1).

Les micaschistes et les schistes précambriens ne forment que de petites enclaves au sud de Calvi, dans la région granitique. Ils sont au contraire, avons-nous dit, très développés dans la partie orientale. M. Le Verrier y distingue des micaschistes, puis un étage de cipolins, d'amphibolites à glaucophane et de phyllades plus ou moins calcaires; ensuite, un niveau de quartzites compacts, au-dessus desquels se trouvent des amphibolites à actinote et des euphotides plus ou moins schisteuses. Une variété de ces roches est connue sous le nom de *Verde di Corsica*. Cette euphotide, susceptible d'un beau poli, est en énormes filons dans les vallées d'Orezza et de l'Alezani. Cette formation de schistes, d'amphibolites, d'euphotides est, d'après M. Le Verrier, le résultat d'éruptions sous-marines où des coulées et des tufs se mélangeaient aux sédiments clastiques. On retrouve quelques pointements de diabase granitoïde représentant peut-être d'anciennes bouches volcaniques. Des porphyrites à oligoclase arborisé se rencontrant en lentilles dans les schistes; ce sont sans doute des coulées minces refroidies rapidement. La serpentine se trouve le plus souvent entre les roches éruptives et les schistes. Près de Ponte alla Leccia, il y a un massif de gabbro à olivine et anorthite peut-être plus récent, ressemblant aux gabbros éocènes de la Toscane.

Les formations carbonifères consistent en calcaires gris ou noirs avec nombreux fragments de Crinoïdes et autres fossiles. Il y a des couches de houille et de grès avec empreintes végétales : *Neuropteris*, *Sphenopteris*. Le seul

(1) Le Verrier, *Roches éruptives et terrains anciens de la Corse* (Assoc. franç., Congrès de Limoges, 1891).

(1) Voir *La Terre, les Mers et les Continents*, page 402.

bassin qui ait été autrefois exploité, est celui d'Osani, sur la côte occidentale. Il est recouvert par des tufs d'orthophyres et des coulées de porphyres pétrosiliceux ; ces derniers se prolongent dans l'intérieur sur le granite et forment les monts les plus élevés de la Corse : Monte-Cinto, Paglia-Orba, Tafonato, Padro, etc. D'après M. Le Verrier, ces porphyres paraissent d'âge permien comme ceux de l'Esterel, et il faut aussi rapporter probablement à la même époque des filons de diabase ophitique, qui se rencontrent fréquemment dans le granite.

Les couches infra-liasiques sont représentées dans la partie orientale, notamment aux environs de Corte, par des calcaires fissiles, à *Terebratula gregaria, Plicatula intustriata* et *Avicula contorta.* La coupe (fig. 855, page 703) prise par M. Hollande aux environs de Corte, le long de la Restonica, montre la succession des couches précambriennes, carbonifères et infraliasiques. Sur la protogyne reposent les schistes luisants avec calcaire saccharoïde (cipolins), puis un calcaire noir charbonneux et le calcaire à *Tere-*

bratula gregaria. Au-dessus reposent les couches nummulitiques.

Celles-ci consistent en calcaires et en grès avec *Nummulites Ramondi, Orbitolites Fortisii, Cyclolites Vicaryi* et nombreux fragments de Polypiers et de Gastéropodes indéterminables. Elles représentent l'Éocène moyen.

Le Miocène de Saint-Florent, d'Aleria, de Bonifacio consiste en un calcaire à Clypéastres (*Clypeaster scutellatus, C. gibbosus.*) A Aleria (fig. 856) ce calcaire est surmonté de calcaire marneux, avec nombreux débris de *Pecten.* Au-dessus se trouvent des couches pliocènes : sables et marnes à Congéries (*Congeria simplex*), sables jaunes sans fossiles, sables supérieurs à *Nassa variabilis, Buccinum polygonum, Cerithium vulgatum.* Les dépôts pliocènes, développés seulement à Aleria, sont en grande partie recouverts par des sables gris, vaseux, d'âge pléistocène. Ces dépôts pléistocènes existent le long de la côte orientale et aussi dans les golfes de Calvi et de Saint-Florent ; on y trouve souvent des coquilles vivant encore actuellement dans la Méditerranée.

FIN.

INDEX ALPHABÉTIQUE

FIN DE L'INDEX ALPHABÉTIQUE.

TABLE DES MATIÈRES

FIN DE LA TABLE DES MATIÈRES.

5125-1893. — Corbeil. Imprimerie Éd. Crété.

www.ingramcontent.com/pod-product-compliance
Lightning Source LLC
Chambersburg PA
CBHW031542210326
41599CB00015B/1984